U0441636

工业自动化与智能化丛书

控制系统与强化学习

Control Systems and Reinforcement Learning

[美] 肖恩·梅恩（Sean Meyn）著

王占山 王秋富 葛伊阳 译

机械工业出版社
CHINA MACHINE PRESS

图书在版编目（CIP）数据

控制系统与强化学习 / (美) 肖恩 · 梅恩 (Sean Meyn) 著；王占山，王秋富，葛伊阳译. -- 北京：机械工业出版社，2025. 2. -- (工业自动化与智能化丛书). -- ISBN 978-7-111-77576-8

Ⅰ. TP271

中国国家版本馆 CIP 数据核字第 2025Z79D21 号

机械工业出版社（北京市百万庄大街 22 号 邮政编码 100037）
策划编辑：刘 锋 责任编辑：刘 锋 冯润峰
责任校对：孙明慧 杨 霞 景 飞 责任印制：刘 媛
三河市宏达印刷有限公司印刷
2025 年 4 月第 1 版第 1 次印刷
186mm × 240mm · 27.25 印张 · 638 千字
标准书号：ISBN 978-7-111-77576-8
定价：149.00 元

电话服务
客服电话：010-88361066
010-88379833
010-68326294

网络服务
机 工 官 网：www.cmpbook.com
机 工 官 博：weibo.com/cmp1952
金 书 网：www.golden-book.com
机工教育服务网：www.cmpedu.com

2021 年 3 月 9 日是我人生中最悲伤的日子之一，我相信对于我的大多数同事而言也是如此。在这一天，Kishan Baheti 被新冠病毒带走了。

本书献给我亲爱的朋友 Kishan。

THE TRANSLATOR'S WORDS

译者序

由于之前我在机械工业出版社翻译的两本英文书都已出版了，合作比较顺利，因此在编辑老师联系我翻译这本书时，我就欣然接受了，这将是我翻译的第三本关于自动控制理论、自动化技术的书。下面我就谈谈此次翻译过程中的一些认识和体会，希望对读者理解书中的内容能有所帮助。

本书的主题非常好，讲解也详略得当、通俗易懂，既体现了作者的真知灼见，又能够让读者通过清晰的语言表述、丰富的示例、习题和注记了解相关内容与事件的来龙去脉。本书共有10章，分为两部分，第一部分(第1~5章)是关于无噪声情况或者确定性情况下的基础知识的；第二部分(第6~10章)是关于含有噪声或者随机过程的学习控制主题的。具体来说，第一部分简要讲述确定性控制系统相关内容，如控制的基本问题、最优控制及其优化算法设计以及价值函数近似等，特别是对何为控制问题、控制理论到强化学习的演化关系、期望和方差的现实意义、优化算法设计以及价值函数近似等问题的阐述，别具特色，具有很强的启发意义。第二部分讲述存在噪声或者处于某类马尔可夫链描述情况下的随机系统优化设计问题，主要包括马尔可夫链的相关知识、基于马尔可夫决策过程的随机控制、随机近似基础知识、用于随机优化的几类时间差分算法以及演员-评论家算法及其架构等内容，其中对于Watkins的Q学习、LQG、QSA、ZAP随机近似以及随机控制与强化学习之间的关系演化等内容的阐述也很有见地，令人耳目一新。此外，本书对控制系统舞台设计的演员-评论家算法架构的阐述也非常生动形象，展现出了自然系统和人文生活系统和谐地构成天然的信息物理交互系统的图景。这对于理解各种算法的由来以及功能大有裨益。

控制系统本身也是一类系统，更多强调的是如何协同或协调各要素之间的关系，以使得所设计的系统满足预期的设定要求。这一点与生产力的本意相似，生产力是通过生产要素的组合运用提供产品和服务的能力。协调各要素之间的关系涉及要素变量的选取和甄别、不同要素之间的权重组合以及这些组合的适应性和可扩展性等。扩大应用先进和新型生产要素是控制系统持续健康发展的动力之源，只有进一步提高全要素生产率，建立起更高水平、更可持续的产业竞争新优势，才能创造出更多控制策略或智能算法。如果仅基于对稳定性的分析考虑控制系统，那么该主题属于经典控制理论范畴(包括频域法和时域法的基础理论)；如果再增加相应的控制性能指标和实时性，就发展成了解决较复杂过程的高级控制理论和技术；再考虑环境和对象模型的双边不确定性，特别是对象规模、性能指标和边界约束的增加，就使得控制策略从定常到时变、从鲁棒到自适应、从固定策略到学习策略、从最优到近似最优、从单一情境到复杂多情境的再生等，这一切既体现了认知的与时俱进、解决时代问题的前沿性，也体现了控制理论从物理底层的局部回路调节演化到与应用层和管理层通过网络层实现半全局乃至全局的统筹规划和运筹帷幄，是逐渐从“硬件在回路”向“算法在回路”和“人在回路”的策略转变，更加体现了人的能动性在整个控制系统或管理系统中的作用。控制与学习的发展是随着研究对象的变化而变化的，经典的控制仅利用对象模型自身相关的确定信息来组成要素调节策略，而学习不仅要利用与对象自身相关的确定信息，还要在设计的预期目标中考虑某些人为因素的投影，在适应性和处理不确定性方面具有更大的自由度，从而能够将这种学习模式迁移出去，体现出一种嵌入的能动性或使能性。以上这些是我对控制系统与强化学习这个主题的一些认识和理解，希望能为阅读本书的读者提供一个不一样的“入门体验”。

本书的翻译分工如下：王秋富负责第 1~5 章以及前言和附录的翻译，葛伊阳负责第 6~10 章的翻译，王占山负责对全书译文进行审校。考虑到译者在控制系统，特别是强化学习方面的知识有限，以及原著语境口语化的特点，书中的翻译可能存在纰漏和不足之处，敬请读者批评指正。

此外，感谢机械工业出版社编辑的及时沟通和努力合作，以及东北大学刘秀翀博士在我的讨论班上对控制科学、智能科学以及哲学等方面给出的中肯见解和意见。

王占山

2024 年 8 月于东北大学南湖校区

PREFACE

前　言

在 2020 年春季学期，笔者正在教授随机控制课程，该课程的最后几周通常专注于强化学习(RL)主题。整个学期，笔者都在思考今年晚些时候要开设的强化学习专题课程：计划在巴黎和柏林开设的两个夏季课程，以及作为 Simons(西蒙斯)研究所强化学习项目的一部分安排的另一门课程㊀。

春季学期结束后不久，笔者收到了剑桥大学出版社编辑 Diana Gillooly 的邮件。她写道："有人提到你计划讲授关于强化学习的课程"，并问笔者是否有兴趣写一本关于这个主题的书。正是她这封简短的电子邮件推动了本书的诞生。

当然，本书的历史其实更加悠久——本书是笔者结合十多年来准备的讲义，以及更长时间以来积累的零散资料而最终写成的。

此外，笔者向 Simons 研究所 RL 项目的联合组织者承诺，笔者将为初学者提供一门不需要大量数学背景的速成课程。笔者也保证，要写一本面向高年级本科生和研究生的可读性较强的书。疫情引发了笔者的这些思考，使笔者觉得有必要阐明两个主题：

(i)在控制系统文献中，有动态规划技术可以近似强化学习中出现的 Q 函数。特别是，这个"价值函数"是一个简单凸规划的解(一个例子就是式(3.36)中阐释的"DPLP"㊁)。强化学习中的许多算法都是为近似相同的函数而设计的，但都是基于求根问题，除了一些非常特殊的情况外，这些问题往往难以被充分理解。

这只是需要在控制和 RL 之间建立更好的沟通桥梁的一个例子。笔者不能声称这座桥已经完全建成，但笔者希望这本书能够基于不同学科的见解为未来的研究发现提供线索。

(ii)随机近似(SA)是分析递归算法最常用的方法。这种方法通常被称为常微分方程(ODE)方法[136,229,301,357]。在沃特金斯(Watkins)引入 Q 学习[169,352]后不久，人们认识到了 RL 和 SA 之间的关系。在过去的十年里，用于分析优化算法的 ODE 方法变得越来越复杂[198,318,335,375]。相关的 ODE 方法是统计力学、遗传学、流行病学(例如 SIR 模型)甚至投票的标准建模框架的一部分[24,122,225,276]。

本书将采用反向的叙述方式：书中的每个算法都从一个理想的 ODE 开始，它被视为算法设计的"第一步"，而不是简单地将 ODE 视为一种分析工具。笔者相信这为算法综合和分析提供了更好的见解。

㊀ 2020 年秋季课程的视频和幻灯片现已公布在 https://simons.berkeley.edu/programs/rl20 网站上。

㊁ DPLP 即 dynamic programming linear programming，动态规划的线性规划。——译者注

然而，使用 SA 来证明这种方法的合理性是高度技术性的，特别地，最近的学位论文和相关著述[107,110]（建立在类似的叙述之上）对随机过程理论的应用背景进行了假设。在本书中，我们正式宣称：只要你愿意使用正弦曲线或其他确定性探测信号而不是随机过程，随机近似就没有本质上的随机性。第 4 章和第 5 章所研究的 ODE 方法就没有提及概率论。

这是笔者的第三本书，和前两本书一样，笔者也是基于新的发现才写成这本书的。在研究主题(i)时，笔者和同事 Prashant Mehta 发现，通过借鉴目前流行的批处理 RL 概念，凸 Q 学习可以变得更加实用。这个发现促使笔者开始研究新的课题[246,247]以及开展与 Gergely Neu 的新合作。你们会在第 3 章和第 5 章中找到这些论文的文本和方程。

第 4 章主要讨论 ODE 方法和准随机近似方面的内容，该章建立在文献[40,41]的基础之上。在 2020 年夏天，笔者将所有这些材料整合起来，并就这些算法的收敛性和收敛速率创建了一个完整的理论，以更好地理解这些算法在 RL 的无梯度优化和策略梯度技术中的应用[85-87]。

本书的第二部分涉及 Q 学习的 Zap Zero（快速调零），以及对演员-评论家方法收敛速度的深刻见解等内容。每章末的“注记”概述了各章主要结论的起源。

许多刚接触强化学习的人可能会失望地发现，本书中的理论和算法与大众媒体描绘的“美好景象”相距甚远：强化学习通常被描述为一个在物理环境中互动的“智能体”，并随着经验的积累而趋于成熟。不幸的是，考虑到当今的技术水平，除了在线广告等非常特殊的场景外，“从零开始进行控制”的过程不太可能成功。

但是本书的基调完全不同：我们提出了一个最优控制问题，并展示了如何在设计探索策略和调整规则的基础上获得近似解。这不是笔者的怪癖，而是一种有严格要求的、被广泛接受的方法，可以推导出强化学习的所有标准方法。特别是沃特金斯的 Q 学习算法及其扩展被设计用于求解或近似 20 世纪 50 年代引入的“动态规划”方程。

这个领域还很年轻，它的未来可能就像你在读这篇前言之前所设想的那样。希望在不久的将来，我们能发现 RL 的新范式，也许我们可以从智慧生物那里获得灵感，而不是从 20 世纪的最优方程中获得灵感。笔者相信，如果没有最优控制范式的束缚，本书提及的基本原理在未来仍将很有价值！

致谢

一切要从 30 年前说起。20 世纪 90 年代中期，笔者（象征性地）中了彩票：一笔 Fulbright 奖学金。我带着全家，包括我年幼的女儿 Sydney 和 Sophie，来到了印度的班加罗尔。与 Vivek Borkar 在印度科学研究所（IISc）工作的 9 个月是我们富有成效的合作和长期友谊的开始。本书后半部分的几乎每一页的文字背后都有 Vivek 的影响和参与。

当 Ben Van Roy 在麻省理工学院（MIT）完成他的学位论文研究时，笔者也有幸与他进行了互动。他和 John Tsitsiklis 的合作绝对是一项壮举，本书的许多方面都借鉴了他早期的强化学习（RL）研究。他目前的研究也可能会产生类似的长期影响。

Prashant Mehta 曾对笔者说：“我知道你是怎么做到的了！你周围都是了不起的人！”了不起是对的，而他就处在了不起的最顶端。本书是与 Vivek、Prashant 和许多其他人（包括 Ana

Bušić、Ken Duffy、Peter Glynn、Ioannis Kontoyiannis、Eric Moulines），以及联合技术研究中心的许多老朋友（包括 Amit Surana 和 George Mathew）合作的产物。笔者的博士指导老师 Peter Caines 是笔者的第一位同事，也是笔者目前所遇到过的最好的同事之一，他热情地支持笔者的马尔可夫链理论研究，这为笔者在澳大利亚国立大学攻读博士后期间与 Richard Tweedie 的合作奠定了基础。这些人都很了不起，所有人都会认同这一点！

对笔者的研究产生影响的一位优秀青年学者是 Shuhang Chen，他是文献[88]（关于更精细 ODE 方法的论文）的主要作者。非常感谢在读研究生 Fan Lu 对本书早期草稿提出的意见和在数值实验方面提供的帮助。

Prabir Barooah 帮助笔者从伊利诺伊大学迁至佛罗里达大学生活。笔者从与其互动以及与他的学生（包括 Naren Raman 和 Austin Coffman）的互动中受益匪浅。

Max Raginsky 帮助笔者收集和整理了一些笔者平时不太关注的文献。他的建议以及 Polyak 最近的论文[136]帮助我了解了苏联学者在 RL 和 SA 方面的早期贡献。Max Raginsky 的研究也给了笔者灵感：虽然本书中的许多地方都有对他研究成果的引用，但他的这些研究成果中的大部分内容都更适用于学术专著。

第 2 章和第 3 章的大部分内容都是基于伊利诺伊大学决策与控制实验室开设的状态空间控制课程写成的。非常感谢 Bill Perkins、Tamer Basar 和 Max Raginsky，感谢他们允许笔者使用文献[29]中的相关材料，还要感谢负责创新控制实验设计的实验室主任 Daniel Block。

2018 年，笔者有幸在美国国家可再生能源实验室（NREL）度过了几个月，在自主能源系统实验室进行了研究。这些交流的一个成果就是促使笔者开展有关随机近似的研究，并发表了多篇文章[40,41,85-87,93]。如果没有在 NREL 与 Andrey Bernstein、Marcello Colombino、Emiliano Dall'Anese 以及笔者以前的研究生 Yue Chen 的合作，就不会有现在的这本书。

在回顾第 4 章关于极值搜索控制的文献时，笔者对研究文献中普遍认为这一想法始于 20 世纪 20 年代的说法持怀疑态度。这段历史中最令人信服的案例是在文献[348]中提出的。笔者联系了合著者 Iven Mareels，他向笔者保证了这段历史的准确性。然后，在法国同事的帮助下，笔者找到并翻译了 1922 年的文献[217]，该文献被认为是这种优化技术的来源。

Frank Lewis 是 RL 和控制理论交叉领域最伟大的“桥梁建设者”之一，他主导了关于这些主题的几本论文集的创作。10 年前，当他想到笔者并促成投稿时[165]，笔者感到很惊讶，而 10 年后他邀请笔者为新书投稿时[110]，笔者非常高兴地接受了。

直到最近，笔者一直认为 RL 是一种爱好，是复杂系统（如网络[254]）简化模型的动力，也是教授控制理论的工具。随着 Adithya Devraj 来到佛罗里达大学，笔者的认识发生了变化，他和笔者一起攻读研究生，直到 2020 年春毕业后他去了斯坦福大学。他的好奇心和智慧在很多方面都给了我灵感，尤其是驱使笔者更多地了解了 RL 在过去十年中的演变。本书第二部分的许多数据和理论都来源于他的学位论文[107]，他还对本书中许多部分提出了改进建议。

笔者欠西蒙斯学院一笔很大的人情。2018 年春天，笔者作为实时决策项目的长期访问学者，有幸与 Ana Bušić和 Adithya Devraj 开展合作。我们从其他的访问学者和 Peter Bartlett（以及其他当地学者）那里学到了很多。我们当时的讨论推动了 2020 年的 RL 项目，该项目提供了一个关于该主题各个方面的大型速成课程，并着重强调了笔者试图通过本书进行探讨的那种桥梁建设。2020 年秋天，就在完成关于这个主题的第 10 章之前，笔者观看了关于最近演员-评论家技巧的教程。本书受益于 Gergely Neu、Ciara Pike-Burke 以及 Csaba Szepesvári 组织的强化学习虚拟研讨会系列⊖，该系列也受到了西蒙斯 2020 年 RL 项目的启发。

回到现在：2021 年春天，笔者在本书第一部分的基础上开设了一门新课程。许多学生都渴望参与控制系统和 RL 的简易入门学习，好在这些学生都挺过了困难重重的三个月。笔者很感激这学期收到的所有反馈，并且会尽力做出回应。感谢 Arielle Stevens，他纠正了前三章中许多表述不清晰的段落，并提出使用灰色方框来突出重要的概念。为了回应其他学生（包括 Caleb Bowyer、Bo Chen、Austin Coffman、Chetan Dhulipalla、Weihan Shen、Zetong Xuan、Kei-Tai Yu 和 Yongxu Zhang）的意见，我们做出了更多改进。这份名单上还有最近毕业的 Bob Moye 博士以及与笔者一起进行 RL 和相关课题研究的在读研究生：Mario Baquedano Aguilar、Caio Lauand 和 Amin Moradi。

2021 年 8 月在 Twitter（现 X）上发布草稿后不久，笔者还收到了在读博士生 Vektor Dewanto 的大量反馈。

当然，笔者不会忘记自己的资助者。美国空军科学研究办公室（AFOSR）的 Bob Bonneau 资助了笔者和 Prashant Mehta 在 Q 学习、平均场博弈和非线性滤波方面的早期研究。美国陆军研究办公室的 Derya Cansever 和 Purush Iyer 资助了更多相关主题的研究。美国国家科学基金会（NSF）资助了笔者最抽象、看似毫无价值的一些研究课题，希望这些课题能带来一些有价值的东西。笔者在 NSF 最可靠的盟友是 Radhakisan（Kishan）Baheti，他为笔者的第一笔资助提供了资金（开始于 20 世纪 90 年代初的自适应控制课题）。Baheti 是一位出色的导师，他始终对潜在的愚蠢想法保持着警觉，同时也懂得如何从那些新的、看似无用的研究方向中获得启发。他知道控制界中的每个人都在做什么！他还通过他的马拉松长跑以及对瑜伽的精通激励着我们所有人。

肖恩·梅恩

2021 年 8 月 1 日

⊖ https://sites.google.com/view/rltheoryseminars/home。

CONTENTS

目　录

第二部分 强化学习与随机控制

附　录

CHAPTER1

第1章 引言

要定义强化学习(Reinforcement Learning，RL)，首先有必要定义一下自动控制。我们日常生活中的示例可能包括汽车中的巡航控制系统，空调、冰箱和热水器中的恒温器，以及现代干衣机中的决策规则。传感器用于收集数据，计算机根据获取的数据来了解“世界”的状态(如汽车是以正确的速度行驶吗？毛巾仍然潮湿吗?)，并且基于这些测量结果，由计算机驱动的算法发出命令来调整任何需要调整的内容，如节气门、风扇速度、加热线圈电流等。更令人兴奋的例子则包括太空火箭、人造器官和进行手术的微型机器人。

RL 的梦想是真正自动化的自动控制。在没有任何物理学、生物学或医学知识的情况下，RL 算法能将自身调整为超级控制器：打造最平稳的太空之旅，成为最专业的显微外科医生！

在大多数应用程序中，这个梦想是遥不可及的，但最近的成功事例激发了工业界、科学家和新一代学生的灵感。

DeepMind 公司开发的 AlphaGo 程序在 2015 年击败围棋冠军樊麾(Fan Hui)，并在次年击败李世石(Lee Sedol)(在 2017 年，该故事被改编为了一部电影[185])，轰动了世界。不久之后出现了令人惊讶的 AlphaZero，它可以在没有任何专家帮助的情况下通过“自我对弈”学习下国际象棋和围棋[150,310,322]。㊀

1.1 本书涵盖的内容

今天的强化学习基于两个同等重要的支柱：

1. 最优控制：两个最著名的 RL 算法——TD(时间差分)和 Q 学习，都是关于近似最优控制核心的价值函数的算法。类似地，演员-评论家方法是基于状态反馈的，它是受最优控制理论的启发而形成的。

㊀ 这些成功事例是基于棋盘类游戏的漫长演示历史的延续。早期的突破是 Tesauro 利用神经网络函数近似实现 TD 学习，以获得双陆棋/五子棋的 RL 算法[350]。1997 年 IBM“深蓝”战胜国际象棋冠军加里·卡斯帕罗夫(Garry Kasparov)也是头版新闻[373]。虽然该算法类似于模型预测控制，而不是本书中描述的任何 RL 算法，但我们将不加区分地使用控制和 RL 这两个概念，因为我们希望能兼顾两者的长处。

2. 统计学和信息论，尤指老虎机㊀理论中的探索性课题。试想一下 YouTube 上那些令人讨厌的广告，这是谷歌探索的一个例子："Diana 会点击吗？"[171,216,307]。RL 的探索是一个快速发展的领域——在未来几年肯定会产生许多这方面的新书。

本书的重点是最优控制，侧重于最优控制的几何结构，以及为什么创建可靠的学习算法并不困难。我们不会忽视统计学和信息论：在不深入探究理论的情况下解释相应的动机和成功的启发方法。读者将学到足够的知识来用自己编写的计算机代码进行实验，并将建立起一个大的算法设计选项库。在读完本书的前半部分时，笔者希望学生能够充分理解为什么这些期望的算法有时有用，以及为什么它们有时会失败。

这只有通过掌握以下几个基础知识才有可能理解：

(i)控制设计的哲学基础。

(ii)最优控制理论。

(iii)常微分方程(Ordinary Differential Equation，ODE)：稳定性和收敛性。ODE 方法，包括将其转换为算法。

(iv)机器学习(Machine Learning，ML)基础知识：函数近似和优化理论。

读者可能会奇怪于为什么这个列表这么短！以下主题被看作 RL 理论的基础，也是笔者大部分研究内容的基础：

(i)随机过程和马尔可夫链。

(ii)马尔可夫决策理论。

(iii)随机近似和算法的收敛性。

是的，我们会讨论上述所有内容。然而，笔者还想明确一点，即没有必要用概率论来理解 RL 中的许多重要概念。

本书的前半部分包含 RL 理论和设计技术，不涉及任何概率基础知识。这意味着我们假设世界是纯粹确定性的，直到"马尔可夫"出现在本书的后半部分。这种认识的合理性部分来自第 2 章和第 3 章所述的控制基础。当我们设计一个将宇航员送上月球的控制系统时，你认为我们建模时考虑了撞上海鸥的概率吗？传统控制设计中使用的模型通常非常简单，但足以使我们深入了解如何控制一艘火箭或一个胰腺了。

除此之外，一旦你在这种简化的设置中理解了 RL 技术，就可以轻松地将这些想法扩展到更复杂的概率领域。

本书第一部分的亮点如下：

- ODE 设计。自 20 世纪 50 年代初 Robbins 和 Monro 的随机近似技术诞生以来，ODE 方法一直是算法分析的主力[301]。在本书中，我们将从连续时域开始介绍。这种叙述角度能带来不一样的效果：

  (i)我们将看到，ODE 比最终实现的离散时间噪声算法更易于描述和分析。

  (ii)优化文献中的许多显著发现夯实了这种方法的价值：首先设计一个具有理想特性

㊀ 依据需要解决的问题的性质，bandit 可译为抽奖问题或者最优选择问题。事实上，bandit 算法来源于历史悠久的赌博学，由此来看，bandit 也可译作"赌博机"或"老虎机"，或音译成"班迪特"。——译者注

的 ODE，然后找一个数值分析师在计算机上实现这一点[318]。众所周知，Polyak 和 Nesterov 的著名加速技术就可以用这种方式来解释。

(iii) Zap㊀ Q 学习将是本书中描述的众多算法之一。这是一种基于经济学文献中介绍的牛顿-拉弗森(Newton-Raphson)流的特殊 ODE 设计，斯梅尔(Smale)在 20 世纪 70 年代首次分析了其收敛性[325]。Zap ODE 具有普遍的稳定性和一致性，因此在仔细变换该方法时，可为 RL 设计提供新的技术[89,107,110,112]。Zap 设计的能力如图 1.1 所示，详见 9.8.2 节。

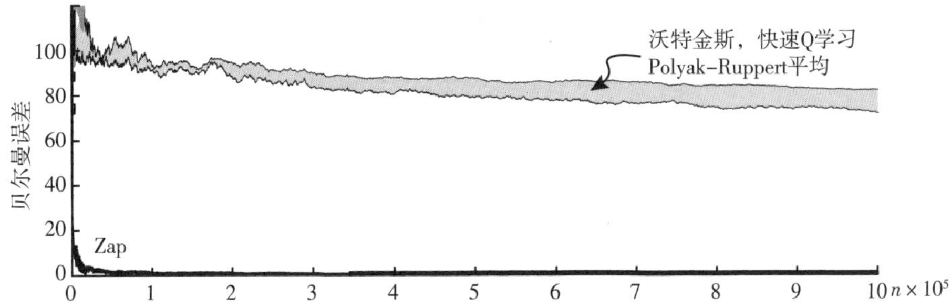

图 1.1 各种 Q 学习算法的最大贝尔曼误差 $\{\overline{\mathcal{B}}_n: n \geq 0\}$[107]

▶ 拟随机近似。“随机近似”理论相当于证明基于 ODE 近似的离散时间算法是正确的。从整体上理解该理论需要大量的数学背景。

在这里，笔者将向读者介绍随机近似，而无须了解“随机”的含义。这可以通过用混合的正弦曲线代替随机性来实现，新兴的科学研究也证明了这一点[11,51,52,87,93,228]。这不仅更容易操作，而且其应用在 RL 策略梯度方法中的性能也非常出色。

图 1.2 中显示的曲线基于第 4 章中描述的实验，比较了使用正弦曲线探索与传统随机“独立同分布”(i. i. d.)探索的情况。直方图是通过 1000 次独立实验生成的，与拟随机近似(QuasiStochatic Approximation，QSA)相比，标记为“1SPSA”的传统方法需要许多数量级的额外训练。

▶ 批处理 RL 方法和凸 Q 学习。AlphaGo 的创始人之一承认，这些技术的扩展并不容易：“这种方法在诸如自然语言理解或机器人等结构更为糟糕的问题中无法奏效，因为在这些问题中，状态空间更为复杂，而且没有明确的目标函数”[150]。

在控制建筑系统、能源电网、机器人手术或自动驾驶汽车的应用中，我们需要仔细考虑

㊀ Zap 字面上有“迅速做、迅速切换、沿某方向快速移动、快速调节”的意思，而 Zap Q 学习算法是一种变矩阵增益的多标度学习算法，即在矩阵梯度方向上发生多标度的改变，进而实现快速算法收敛。这样看来，将 Zap Q learning 也可译为快速 Q 学习或快速调节 Q 学习，但是与 faster Q learning、Speedy Q-learning 的翻译又有些重复。Zap 更侧重在一个方向上、一个功用上的探索，而 faster 和 Speedy 则能体现对整体性能的关注，而不局限于某一具体方面。因此，为了准确区分这些仍处于不断改进或变化之中的算法，除了在此进行适当的翻译解释之外，本书的后续部分都采用保留原文的形式，以便更加清晰地展现各种算法之间的区别和联系，避免因为中文称谓的相同而产生歧义或混淆。——译者注

更结构化的学习和控制架构，并对其进行设计，以便我们获得可靠的结果(希望在性能和发生灾难的概率方面有一些保证)。AlphaZero 的基本 RL 引擎是深度 Q 学习(Deep Q-Learning, DQN)[259-261]：一种易于解释的批处理 Q 学习方法，并提供了极大的灵活性以允许包含“专家的见解”。本书中要介绍的全新内容则是 RL 的凸分析方法，它有更强大的支持理论，并且可以将其设计成对性能施加限制。

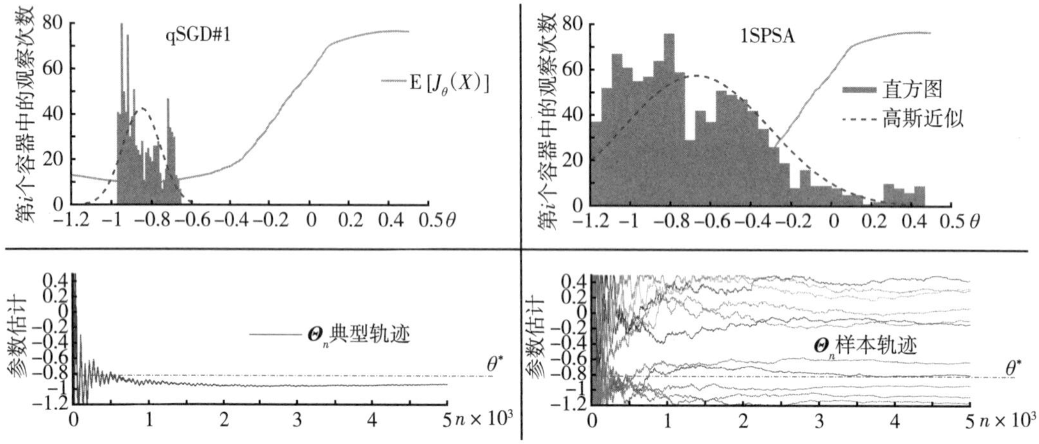

图 1.2　使用 QSA 和传统随机探索方法，山地车的两种策略梯度算法的误差分析

第二部分可能被认为是 RL 的一种更传统的处理方法，因为它从马尔可夫模型开始，并概述了 20 世纪 90 年代开发的原始 TD 方法。本书的独特之处在于对算法设计的关注，包括在选择“元参数”(如步长增益)时获得洞见的方法。还有一些新内容，例如，针对 Q 学习和演员-评论家方法的方差减少方法(也称为加速技术)。

1.2　未深入探讨的内容

本书重点介绍与强化学习最相关的控制基础知识，以及基于这些基础知识的 RL 算法设计的大量工具。

以下一些重要主题在这里并没有得到特别关注：

(i)探索[⊖]。这是目前研究的热门主题[171,216,244,281,307]。该理论主要是在老虎机理论的分支学科内构建起来的。本书仅涉及老虎机理论的一些基础知识，用以解释 RL 中如何权衡探索和利用的问题。

(ii)数据科学。笔者在这里指的是统计学和计算机工程的实证方面的数据科学。RL 理

⊖　在强化学习里面，探索(exploration)和利用(exploitation)是两个核心问题。探索是指怎么去探索这个环境，通过尝试不同的行为来得到一个能得到最大奖励的最佳策略。有时也可译作探试、探测等，即尝试之意。利用是指不去尝试新的东西，仅采取已知的可以得到很大奖励的行为。——译者注

论的一些成功案例最初可能是受到了核心数学分析的启发，但其在应用上的成功需要计算机工程师创建高效的代码，耐心地测试算法，并根据在特定示例中获得的深刻见解来改进这些算法。

本书中没有描述大规模的实证研究。此外，也没有尝试对不断发展的 RL 算法列表进行分类。

(iii)机器学习主题。本书将解释神经网络和核的含义，但建议读者参照其他文献来获得更多详细信息。

这里仅简要介绍样本复杂性理论。毫无疑问，样本复杂性理论是统计学习理论和老虎机理论的基石。然而，笔者认为，它在 RL 中的价值是有限的：边界通常是松散的，且到目前为止，它们对算法设计提供的深刻见解很少。例如，笔者看不出今天的有限 n 边界(finite-n bound)将如何帮助 DeepMind 为围棋或国际象棋创造更好的算法。

在 RL 文献中，渐近统计的价值被低估了，而表达这一点的最佳方式是图像。图 1.3 摘自文献[114](许多类似的图可以在 A. Devraj 的论文[107]中找到)。有关这些图的技术细节可以在 9.7 节中找到。

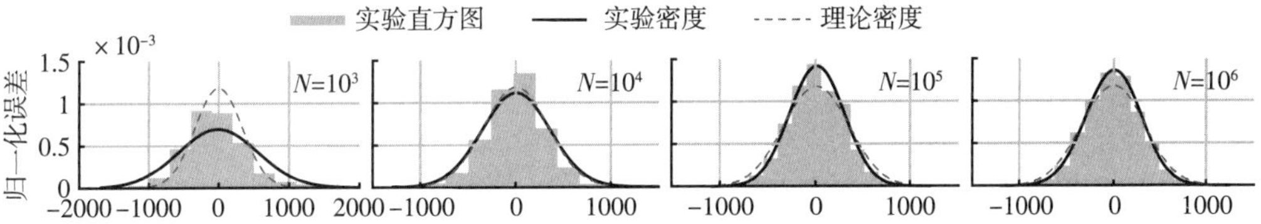

图 1.3 随机最短路径问题的 Q 学习算法和相对 Q 学习算法的比较[112]。相对 Q 学习算法不受大折扣的影响

该直方图显示了使用一个特定实现的表格 Q 学习(tabular Q-learning)算法对一个单参数(多个参数中的一个)的估计误差。整数 N 表示算法的运行长度，直方图是从 1000 次独立实验中获得的。“理论密度”是可以从随机近似的渐近统计理论中获得的。根据有限的数据可以很容易估计出这个密度。特别地，在这个实验中，很明显在 $N=10^4$ 个样本之后，我们有一个非常好的方差估计。在运行到 $N=10^7$(一旦有了方差估计，我们就知道需要运行多远)之后，这可以用来获得近似的置信边界。

SA 的方差理论用于确定运行长度。它也用于算法设计：例如，调整算法中的变量，使得渐近方差最小。Zap 随机近似和 Polyak-Ruppert 平均是这种方法的两个例子。除了老虎机理论的文献，笔者不知道在样本复杂性文献中有哪些工作可以为强化学习中的算法设计提供类似的价值。

1.3 参考资料

第 2 章和第 3 章中介绍的许多示例改编自 *Lecture Notes on Control System Theory and Design*[29]。前几章提供了有用的线性代数背景，还包括大量远远超过本书所需要的控制理论的相关内容。

关于确定性控制系统，有很多很棒的教材。例如，通过阅读文献[15]和 Murray 的两部分在线综述[268]，可了解建模和设计的基础知识；文献[7,76,205]中涉及有关线性控制系统的更多信息。Bertsekas[45,46]对非线性系统的最优控制进行了深入的研究，并从与本书类似的角度介绍了 RL。

Luenberger[230]是我最喜欢的优化导论性书籍，Boyd 和 Vandenberghe[73]被视作必读书目，其在数值方法领域有更深入的研究。另外，还可参阅 Bach[19]。

Sutton 和 Barto[338]是对 RL 的百科全书式介绍；文献[44,47,347]是更基础的介绍；文献[289]是对这里 RL 处理相关内容的补充。文献[221,360]包含了研究人员在 RL 和控制交叉领域的论文。最后，别忘了 Simons 研究所网站 simons. berkeley. edu 上的资源。

第一部分

无噪声情况下的基础知识

CHAPTER2

第2章

控制理论概述

仅仅用一章很难充分恰当地描述控制理论和实践的神奇领域。教材[15]对控制的哲学和实践进行了通俗易懂的介绍，而且还充分讲述了控制的历史发展过程。笔者曾有幸来到加州伯克利的 Simons 研究所，当时教材[15]的其中一位作者正在讲授书中的思想观点㊀。对于控制系统的新手来说，这些讲座是一个很好的起点。对于熟悉控制系统的人来说，这些讲座也具有启发作用。

2.1 身边的控制问题

你肯定在日常生活中遇到过控制问题。如果你知道如何驾驶汽车，那么你就一定知道成为控制系统的一部分是什么感觉：

y 观测值(也称为“输出”)指的是你为了有效操纵汽车通过交通路段而处理的数据：这包括你对街道和灯光的看法，以及愤怒的司机恳求你调整车速的声音。

u 你将输入应用到系统：方向盘、制动器和油门踏板会根据你的观测不断进行调整。

ϕ 该符号将用于表示接受观测值 y 并产生响应 u 的算法。这种从 y 到 u 的映射称为策略，有时也称为反馈律㊁。

ff 你不仅仅是对道路上的喇叭、灯光和线路做出反应。你从一个计划开始：在上午 9 点前赶到农贸市场，同时避免因示威而导致的市区交通拥堵。该计划是前馈控制的一个示例。计划是基于预测的，因此计划不可避免地会随着你在途中收集到的信息而发生变化：交通信息更新，或者朋友邀请你停车并加入抗议活动。

前馈分量通常是在关注参考信号 r 的情况下定义的。主要的控制目标是跟踪问题：构建一个策略，对于所有的 $k\geqslant 0$，使得某个感兴趣的对象 $z(k)$ 近似等于 $r(k)$(在控制过程中，通常假设 $z=y$)。

道路上的喊叫和颠簸统称为扰动。与参考信号一起，在控制系统的前馈和反馈分量中考虑了扰动的部分测量及其预测。最终输入通常定义为两个分量的总和：

㊀ https://simons.berkeley.edu/talks/murray-control-1。

㊁ 笔者向那些习惯使用符号 π 的人道歉。π 是为无理数保留的。

$$u(k)=u_{ff}(k)+u_{fb}(k) \tag{2.1}$$

以购物问题为例，u_{ff} 量化了在前往市场之前计划的结果(可能每 20 分钟更新一次)，而 u_{fb} 是汽车的逐秒操作。

RL 的梦想是模仿并超越人类创造的技能，通过使用内部算法 ϕ 来熟练地穿越复杂且不可预测的环境。

图 2.1 显示了基于模型的控制设计中通常使用的框图，并说明了一些常见的设计选择：有一个状态需要使用**观测器**进行估计，状态估计值为 $\hat{x}$ 。标注为**轨迹生成**的模块包含了两个信号：控制的前馈分量，以及一个内部状态需要跟踪的参考信号 x_{ref}(状态与物理过程相关)。控制设计若对于所有 k，有 $x(k)=x_{ref}(k)$，则这意味着跟踪问题得到了解决。**状态反馈**旨在实现这一目的。

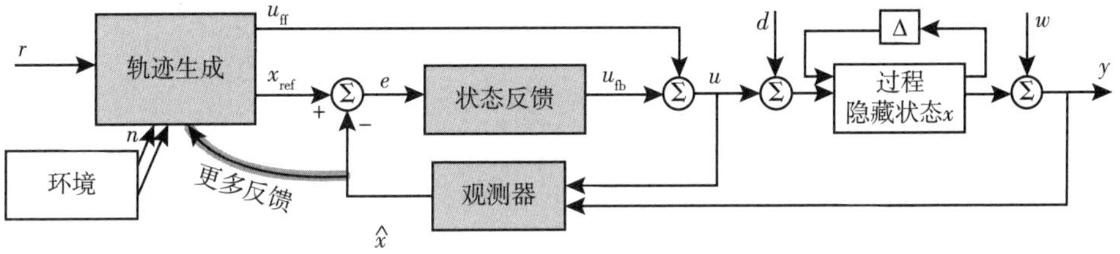

图 2.1　控制系统包含纯粹的反应反馈，以及定期更新的计划。这代表了两层反馈，二者的区别部分取决于对新观测结果的响应速度。这些观测值通常是有限的，使得我们需要对部分“隐藏”状态过程 x 估计 $\hat{x}$

有一个更大的“世界状态”或外部状态，被标注为**环境**，可以对其进行部分测量，并对未来事件进行预测。预测在规划过程中当然很重要，它是轨迹生成的一部分。

三个灰色块的设计基于过程模块、测量(或传感器)噪声 w、扰动(如图中所示的“输入扰动”d)和环境模块。“Δ-反馈回路”是一个标准方法，用以表示与被控过程相关的模型不确定性。这一特征可能是受一个不幸的故事的启发而被发明出来的。

自适应控制系统的失败

从 20 世纪 50 年代开始，控制理论家与美国空军合作，寻找无模型的飞行控制方法。由此产生了“MIT 规则㊀”(MIT rule)，这可以被视为自适应控制或“纯演员”(actor-only)强化学习的早期尝试。文献[240]对 MIT 规则的分析是基于与 ODE 方法类似的技术，而 ODE 方法正是本书的基础。最新研究可参见文献[280]。

初步的仿真显示出该方法具有美好前景，X-15 飞机的现场测试也证明如此。1970 年的报告[300]中的一些话可体现出当时参与测试的科学家和飞行员的乐观情绪：

1)基本上在所有空气动力学飞行条件下都提供了几乎不变的响应。

㊀ 即梯度法，最早由美国麻省理工学院(MIT)提出。——译者注

2)设计一个令人满意的系统不需要精确的有关飞行器空气动力学特性的先验知识。

3)飞机配置的变化得到了充分的补偿。

4)双冗余概念提供了一个可靠的故障安全系统。

报告中还写道，自适应控制系统“激发了信心，并能给予飞行员充分的时间交叉检查飞行仪表、检查子系统和‘观光游览’。”

这些观测结果是在 65 次试飞之后写下的。

控制系统没有足够的鲁棒性来在所有情况下提供稳定控制。不幸的是，一名飞行员因自适应系统引起的振动而坠机身亡。研究计划被叫停了，但这场悲剧也引发了人们对控制设计鲁棒性的更多关注。

不言而喻，每个控制工程师或执业经济学家都必须研究失败。飞机和经济都不可避免地会崩溃。从长远来看，如果专家们不肯从灾难中吸取教训，那将是更大的悲剧。

2.2 该怎么办

关于控制解决方案的大量文献都建立在控制对象的输入-输出行为模型的基础之上，该模型可用于设计策略 ϕ。建模和控制设计都是一种艺术形式，从庞大的统计和控制工具箱中可以找到许多可行的解决方案。

当我们说到模型时，我们指的是从输入到输出的一系列映射：

$$\boldsymbol{y}(k)=\boldsymbol{G}_k(u(0),u(1),u(2),\cdots,u(k)),\qquad k\geqslant 0 \tag{2.2}$$

每个函数 $\boldsymbol{G}_k$ 也可能取决于外部变量(在我们的控制之外)，例如，天气和交通状况。在这里，我们谈到了控制设计最重要的原则之一：模型必须捕获被控系统的基本属性，同时必须足够简单才能有用。

例如，航空航天工程师将为飞行控制系统的设计创建极其简单的模型，并据此创建一个旨在能很好地适用于该模型的策略 ϕ。当然，他们并不止于此。下一步是创建一个全新的模型，在一系列场景下进行验证和模拟，以回答一系列问题：当飞机满载、空载或飞过雷暴时会发生什么？发动机与机翼分离后，控制系统的性能如何？如果其中一项测试失败，那么控制工程师会回去改进模型、改进策略或改进飞机。没错，我们可能需要额外的传感器来测量俯仰角，或者需要更强大的电机来控制副翼、襟翼或升降舵。

这些文字是笔者在没有任何航空航天工程知识的情况下写下的。笔者意在为对控制设计感兴趣的所有人描述以下一般原则：

(1)建立用于控制的模型。

(2)基于模型设计策略 ϕ。

(3)基于高保真模型进行模拟，然后重复步骤 1 和步骤 2。

从文献[15]叙述的历史可以看出，这种方法取得了巨大的成功。

线性时不变模型。线性时不变(Linear and Time Invariant，LTI)模型是最成功的一类极其简单的模型。一般标量的 LTI 模型由一个标量序列$\{b_i\}$(脉冲响应)来定义，对于给定的标量输入序列 u，该模型定义的 $\boldsymbol{y}(k)$ 为如下求和：

$$\boldsymbol{y}(k)=\sum_{i=0}^{k} b_i \boldsymbol{u}(k-i), \quad k \geqslant 0 \tag{2.3}$$

实际上，在许多情况下，这太复杂了。一个更易处理的 LTI 模型是自回归移动平均(Auto-Regressive Moving-Average，ARMA)模型：对于标量系数$\{a_i, b_i\}$，

$$\boldsymbol{y}(k)=-\sum_{i=1}^{N} a_i \boldsymbol{y}(k-i)+\sum_{i=0}^{M} b_i \boldsymbol{u}(k-i), \quad k \geqslant 0 \tag{2.4}$$

线性输入-输出模型启发了策略 ϕ 的设计，使其具有类似的线性形式。从 3.6 节开始的后续章节将描述基于优化的通用设计技术。

2.3 状态空间模型

2.3.1 充分统计量与非线性状态空间模型

在统计学中，术语*充分统计量*用于表示总结所有过去观察结果的数量。状态在控制理论中扮演着类似的角色。

*状态空间模型*需要以下要素：*状态空间* X，*状态* $\boldsymbol{x}$ 在此空间上进行演化；*输入空间*(或*动作空间*)U，输入 $\boldsymbol{u}$ 在此空间上进行演化。可能还有额外的约束来耦合该状态和输入，可通过如下形式表示：

$$\text{当 } \boldsymbol{x}(k)=\boldsymbol{x} \in X \text{ 时，} \boldsymbol{u}(k) \in U(\boldsymbol{x}) \tag{2.5}$$

其中，对于每个 $\boldsymbol{x}$，有 $U(\boldsymbol{x}) \subseteq U$。我们可能还想对在集合 Y 上演化的观测过程 $\boldsymbol{y}$ 进行建模。在控制理论文献中，通常假设 X, U 和 Y 是欧几里得空间的子集，而在运筹学和强化学习中，更常见的假设是它们为有限集。只要有可能，在本书中我们更偏好控制观点，这样我们可以更容易地搜索控制解决方案的结构：例如，最优输入是状态的连续函数吗?

接下来我们需要两个函数 $F: X \times U \to X$ 和 $G: X \times U \to Y$，它们定义了以下状态方程：

$$\boldsymbol{x}(k+1)=F(\boldsymbol{x}(k), \boldsymbol{u}(k)), \quad \boldsymbol{x}(0)=\boldsymbol{x}_0 \tag{2.6a}$$

$$\boldsymbol{y}(k)=G(\boldsymbol{x}(k), \boldsymbol{u}(k)) \tag{2.6b}$$

LTI 模型通常可以转换为状态空间模型，其中 F、G 这两个函数在$(\boldsymbol{x}, \boldsymbol{u})$中是线性的。

我们也可以允许 F、G 依赖于时间变量 k。从 3.3 节的讨论可知，简单地假设状态 $\boldsymbol{x}(k)$ 包括 k 作为一个分量，这种表示通常更方便。

然而，有一个时间相关模型的例子，其强调了状态作为充分统计量的作用。式(2.2)中的一般输入-输出模型总有一个状态空间描述，其中状态是以下输入的完整历史：

$$\boldsymbol{x}(k+1)=[u(0),u(1),u(2),\cdots,u(k)]^{\mathrm{T}} \tag{2.7}$$

我们有 $\boldsymbol{x}(k+1)=F_k(\boldsymbol{x}(k),\boldsymbol{u}(k))$，由级联定义可知，$\boldsymbol{y}(k)=G_k(\boldsymbol{x}(k),\boldsymbol{u}(k))$是式(2.2)的重述。对于这种由输入完全决定输出的确定性模型，式(2.7)称为(完整)历史状态。一个实用的状态空间模型可以看作是历史状态的压缩㊀。

在许多情况下，我们可以通过状态反馈构建一个好的策略，即对于某些 $\phi:\mathbb{R}^n\to\mathbb{R}$，有 $\boldsymbol{u}(k)=\phi(\boldsymbol{x}(k))$；在随机控制中，这种情况下通常说 ϕ 是一种马尔可夫策略。然而，只有当我们灵活地定义状态时，才能充分发挥这种方法的威力。由于复杂性，我们不会使用完整的历史状态。更重要的是，“完整的历史”可能还不够丰富。

2.3.2　状态增广和学习

跟踪和扰动抑制是控制设计中的两个基本目标。在这里，我们将简要地介绍用于同时抑制扰动和跟踪参考信号 $\boldsymbol{r}$ 的两种技巧：

(i)状态的定义并不神圣，状态定义是用来发明一种简化控制设计的状态过程。

(ii)未知量，包括扰动甚至状态空间模型，都可以根据输入-输出测量值进行学习。

让我们做一个简单的假设，即输入和输出都是标量值，并取 $X=\mathbb{R}^n$。状态演化还受到标量扰动 d 的影响，该扰动是我们无法控制的，此时则需要对式(2.6a)进行修改：

$$\boldsymbol{x}(k+1)=F(\boldsymbol{x}(k),\boldsymbol{u}(k),d(k)) \tag{2.8}$$

最终目的是要同时实现以下三个目标：

(a)跟踪：记 $\tilde{\boldsymbol{y}}(k)=\boldsymbol{y}(k)-\boldsymbol{r}(k)$，则

$$\limsup_{x\to\infty}|\tilde{\boldsymbol{y}}(k)|=e_\infty \tag{2.9}$$

其中$e_\infty=0$，或者非常小。

(b)扰动抑制：误差 e_∞ 对扰动 d 不是很敏感。

(c)可调整的暂态响应(驾驶汽车时，你可能知道什么样的加速度“感觉合适”)。

一个常见的特殊情况是，假设参考信号和扰动与时间无关(例如，在稳定的逆风下以恒定速度行驶)。在这种特殊情况下，另外假设扰动是已知的。此时，我们可以选择 $\boldsymbol{u}(k)=\phi(\boldsymbol{x}(k),\boldsymbol{r}(0),d(0))$，其中策略 ϕ 是为控制目的而设计的：$e_\infty=0$。通常，设计的 ϕ 也使得状态是收敛的：当 $k\to\infty$ 时，有 $\boldsymbol{x}(k)\to\boldsymbol{x}(\infty)$。极限值必须满足：

$$\begin{aligned}\boldsymbol{x}(\infty)&=F(\boldsymbol{x}(\infty),\boldsymbol{u}(\infty),d(0))\\ \boldsymbol{u}(\infty)&=\phi(\boldsymbol{x}(\infty),\boldsymbol{r}(0),d(0))\end{aligned}$$

$e_\infty=0$ 表示为最终约束：

$$\boldsymbol{r}(0)=\boldsymbol{y}(\infty)=G(\boldsymbol{x}(\infty),\boldsymbol{u}(\infty))$$

㊀　参见文献[337]及其参考文献。

因此，该方法依赖于准确的模型以及 d 的直接测量。

不要求扰动能够精确测量，我们假定有一个状态空间模型，其输出为 $\boldsymbol{y}_m(k)=(\boldsymbol{r}(k),d(k))^{\mathrm{T}}$：

$$\boldsymbol{z}(k+1)=F_m(\boldsymbol{z}(k)) \tag{2.10a}$$

$$\boldsymbol{y}_m(k)=G_m(\boldsymbol{z}(k)) \tag{2.10b}$$

其中，对于某个整数 $p\geqslant 1$，$\boldsymbol{z}$ 在 $\mathbb{R}^p$ 上演化。假设函数 $F_m:\mathbb{R}^p\to\mathbb{R}^p$ 和 $G_m:\mathbb{R}^p\to\mathbb{R}$ 是已知的。如果扰动是静态的，则此状态的部分描述为 $d(k+1)=d(k)$。

假定更大的状态空间模型，即式(2.8)和式(2.10)，我们可能会选择一个基于观测器的解决方案：

$$\boldsymbol{u}(k)=\phi(\boldsymbol{x}(k),\boldsymbol{r}(k),\hat{d}(k))$$

其中，$\{\hat{d}(k)\}$是基于时间 k 之前的输入-输出测量值的扰动估计(如果我们不直接观测状态，可以用 $\hat{\boldsymbol{x}}(k)$ 替换 $\boldsymbol{x}(k)$)。在一个典型的入门课程中，观测器设计部分约占状态空间控制系统内容的 20%[7,29,76]。

第二种选择称为内模原理，即创建一个可完全可观测的不同状态的增广。为了便于说明，我们再次考虑恒定参考信号/扰动的情况。在 $\boldsymbol{z}(k)=\boldsymbol{y}_m(k)$ 这种情况下，我们有式(2.10)，并且 F_m 是恒等函数：

$$\boldsymbol{z}(k+1)=\boldsymbol{z}(k)$$

基于这个模型进行状态增广：对每个 k，定义

$$\boldsymbol{z}^I(k+1)=\boldsymbol{z}^I(k)+\tilde{\boldsymbol{y}}(k) \tag{2.11}$$

误差 $\tilde{\boldsymbol{y}}(k+1)$ 由式(2.9)定义。我们将$(\boldsymbol{x}(k),\boldsymbol{z}^I(k))$视为用于控制目的的状态，因此状态反馈采用以下形式：

$$\boldsymbol{u}(k)=\phi(\boldsymbol{x}(k),\boldsymbol{z}^I(k)) \tag{2.12}$$

式(2.12)是积分控制的一个例子，因为 $\boldsymbol{z}^I$ 是误差的总和(积分的离散时间模拟)。

假设当 $k\to\infty$ 时，$\boldsymbol{z}^I(k)$ 收敛到某个有限极限 $\boldsymbol{z}^I(\infty)$，极限值无关紧要。这和式(2.11)意味着完美的跟踪：

$$\lim_{k\to\infty}\tilde{\boldsymbol{y}}(k)=\lim_{k\to\infty}[\boldsymbol{z}^I(k+1)-\boldsymbol{z}^I(k)]=0$$

这个结论值得注意：为了得到完美的跟踪，我们只需要设计策略 ϕ 以使 $\boldsymbol{z}^I(k)$ 收敛到某个有限的极限值。成功的秘诀是一个隐藏的“学习”要素，其来自积分控制。

状态增广还有许多其他维度。如果我们能预测一些重大扰动，那么利用这些数据是明智的：预测的扰动可用于式(2.1)中前馈作用 $u_{\mathrm{ff}}(k)$ 的设计，也可以用于状态增广。

2.3.3　线性状态空间模型

当 $\boldsymbol{F}$ 和 $\boldsymbol{G}$ 为线性时，我们可以得到线性状态空间模型：

$$\boldsymbol{x}(k+1)=\boldsymbol{F}\boldsymbol{x}(k)+\boldsymbol{G}\boldsymbol{u}(k),\quad \boldsymbol{x}(0)=x_0 \tag{2.13a}$$

$$\boldsymbol{y}(k)=\boldsymbol{H}\boldsymbol{x}(k)+\boldsymbol{E}\boldsymbol{u}(k) \tag{2.13b}$$

其中$(\boldsymbol{F},\boldsymbol{G},\boldsymbol{H},\boldsymbol{E})$是合适维度的矩阵(特别地，对于一个 n 维状态空间，$\boldsymbol{F}$ 为 $n\times n$ 矩阵)。

状态空间模型不是唯一的，因为即使状态过程 $\boldsymbol{x}$ 的定义会根据模型而改变，但$(\boldsymbol{F},\boldsymbol{G},\boldsymbol{H},\boldsymbol{E})$有很多选择，进而导致相同的输入-输出行为。永远不要忘记，我们可以向 $\boldsymbol{x}(k)$ 添加额外的分量作为解决控制问题的方法。

线性状态反馈

构建式(2.13)的目的通常是使 $\boldsymbol{x}(k)$ 保持在原点附近，即调节问题(regulation problem)。例如，考虑飞行控制，我们希望将速度和高度保持在某个恒定值。我们首先将问题归一化，使这些常数值为零。然后通常采用线性控制律

$$\boldsymbol{u}(k)=-\boldsymbol{K}\boldsymbol{x}(k) \tag{2.14}$$

其中，$\boldsymbol{K}$ 称为增益矩阵。为了评估增益的选择，我们添加了类似参考信号的东西：

$$\boldsymbol{u}(k)=-\boldsymbol{K}\boldsymbol{x}(k)+\boldsymbol{v}(k)$$

含有新“输入 $\boldsymbol{v}$”的闭环行为具有类似的状态空间描述：

$$\boldsymbol{x}(k+1)=(\boldsymbol{F}-\boldsymbol{G}\boldsymbol{K})\boldsymbol{x}(k)+\boldsymbol{G}\boldsymbol{v}(k),\quad \boldsymbol{x}(0)=x_0 \tag{2.15a}$$

$$\boldsymbol{y}(k)=(\boldsymbol{C}-\boldsymbol{E}\boldsymbol{K})\boldsymbol{x}(k)+\boldsymbol{E}\boldsymbol{v}(k) \tag{2.15b}$$

式(2.15a)中出现的信号 $\boldsymbol{v}(k)$ 被视为一个“输入扰动”。控制的目标是选择 $\boldsymbol{K}$，使得闭环行为对这种扰动不太敏感，同时确保良好的跟踪。

实现理论

式(2.4)可描述无限数量的不同状态空间模型。首先考虑标量自回归模型：

$$\boldsymbol{y}(k)=-\sum_{i=1}^{N}a_i\boldsymbol{y}(k-i)+\boldsymbol{u}(k),\quad k\geqslant 0$$

即式(2.4)，其中 $M=0$ 和 $b_0=1$。通过选择 $\boldsymbol{x}(k)=(\boldsymbol{y}(k),\cdots,\boldsymbol{y}(k-N+1))^{\mathrm{T}}$，可获得 $n=N$ 时的状态空间模型，即式(2.13)，且

$$\boldsymbol{F}=\begin{bmatrix}-a_1 & -a_2 & -a_3 & \cdots & \cdots & -a_N\\ 1 & 0 & 0 & \cdots & \cdots & 0\\ 0 & 1 & 0 & \cdots & \cdots & 0\\ 0 & 0 & 1 & \cdots & \cdots & 0\\ \vdots & \vdots & \vdots & \ddots & & \vdots\\ 0 & 0 & 0 & \cdots & 1 & 0\end{bmatrix},\quad \boldsymbol{G}=\begin{bmatrix}1\\0\\0\\0\\ \vdots\\0\end{bmatrix} \tag{2.16}$$

$\boldsymbol{H}=[1,0,0,\cdots,0]$，且 $\boldsymbol{E}=\boldsymbol{0}$。

这个结构可以推广：在式(2.4)中令 $M=N-1$，我们首先定义一个中间过程

$$z(k)=-\sum_{i=1}^{N}a_i z(k-i)+\boldsymbol{u}(k),\quad k\geqslant 0 \tag{2.17}$$

所以我们可以得到一个状态空间模型来描述 z 的演变，其状态空间为 $\boldsymbol{x}(k)=(z(k),\cdots,z(k-N+1))^{\mathrm{T}}$。接下来我们使用假设 $M=N-1$：对于 $k<0$，设 $\boldsymbol{u}(k)=z(k)=0$，可得

$$\boldsymbol{y}(k)=\sum_{i=0}^{N-1} b_i z(k-i)=\boldsymbol{H}\boldsymbol{x}(k)+\boldsymbol{E}\boldsymbol{u}(k)$$

式中，

$$\boldsymbol{H}=[b_0,b_1,\cdots,b_{N-1}],\qquad \boldsymbol{E}=\boldsymbol{0} \tag{2.18}$$

式(2.16)和式(2.18)的状态空间描述称为可控规范型(Controllable Canonical Form)。还有许多其他具有特殊属性的“规范型”，这些可以在线性系统课程中学习到[7,15,29,76,205]。

2.3.4　向牛顿和莱布尼茨致敬

在许多工程应用中，我们最好从连续时间开始，同时还要感谢牛顿和莱布尼茨给我们带来了微积分。

为连续时间保留的一些符号约定：首先，使用下标[如 $\boldsymbol{u}_t$ 而不是 $\boldsymbol{u}(t)$]来表示时间，以提示时间是连续的。此外，在公式中整体省略掉对时间的依赖，通常也是很方便的，例如用 $\frac{\mathrm{d}}{\mathrm{d}t}\boldsymbol{u}$ 表示在一个未指定时间处的导数。

连续时间状态空间模型具有如下形式：

$$\frac{\mathrm{d}}{\mathrm{d}t}\boldsymbol{x}=\boldsymbol{f}(\boldsymbol{x},\boldsymbol{u}) \tag{2.19}$$

式中，$\boldsymbol{x}$ 是在 $\mathbb{R}^n$ 中演化的状态，$\boldsymbol{u}$ 是在 $\mathbb{R}^m$ 中演化的输入。在 $\mathbb{R}^2$ 空间中非线性状态空间模型的典型解的运动如图 2.2 所示。

当式(2.19)中出现的函数 f 是线性时，可得到连续时间内的线性状态空间模型。如式(2.13)所示，这伴随着在 $\mathbb{R}^p$ 上演化的观测过程 $\boldsymbol{y}$：

$$\frac{\mathrm{d}}{\mathrm{d}t}\boldsymbol{x}=\boldsymbol{A}\boldsymbol{x}+\boldsymbol{B}\boldsymbol{u} \tag{2.20a}$$

$$\boldsymbol{y}=\boldsymbol{C}\boldsymbol{x}+\boldsymbol{D}\boldsymbol{u} \tag{2.20b}$$

$\boldsymbol{A},\boldsymbol{B},\boldsymbol{C},\boldsymbol{D}$ 是适当维数的矩阵。

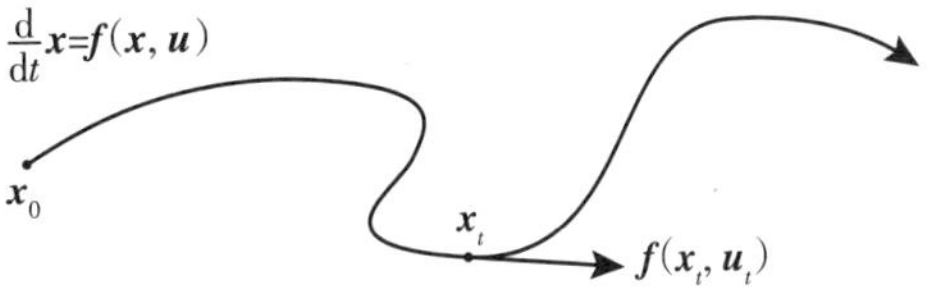

图 2.2　二维非线性状态空间模型的轨迹：在任何时间 t，速度 $\frac{\mathrm{d}}{\mathrm{d}t}\boldsymbol{x}_t$ 是当前状态 $\boldsymbol{x}_t$ 和输入 $\boldsymbol{u}_t$ 的函数

图 2.2 中所示的几何结构有时对获得控制设计的直觉很有价值(注意，向量 $\boldsymbol{f}(\boldsymbol{x}_t,\boldsymbol{u}_t)$ 与状态轨迹相切)。因为这种简单的几何形状以及微积分带来的简单性，所以稳定性理论和最优控制理论在连续时域中最具吸引力。

然而，最终我们必须对时间进行采样来应用控制和学习算法。在本书中，我们将选择欧拉近似。对于采样间隔 Δ，式(2.19)的离散时间近似具有式(2.6a)的形式，其中 $\boldsymbol{F}(\boldsymbol{x},\boldsymbol{u})=\boldsymbol{x}+\Delta\boldsymbol{f}(\boldsymbol{x},\boldsymbol{u})$。对于式(2.20a)，则有 $\boldsymbol{F}=\boldsymbol{I}+\Delta\boldsymbol{A}$。

2.4 稳定性和性能

在本节中，我们考虑闭环形式的状态空间模型，即式(2.6a)：选择一个策略 ϕ，使得对于每个 k，有 $\boldsymbol{u}(k)=\phi(\boldsymbol{x}(k))$。由于反馈律是固定的，因此状态演化就像没有控制作用的状态空间模型那样变化。稍微滥用一点符号，我们有

$$\boldsymbol{x}(k+1)=\boldsymbol{F}(\boldsymbol{x}(k)),\quad k\geqslant 0 \tag{2.21}$$

我们关注的是状态过程的长期行为。特别地，它会收敛到一个平衡点(equilibrium)[⊖]吗？我们还将寻找一个被称为总成本的特定性能指标的界。

在本节中，我们始终做如下假定：

$$\text{状态空间 } X \text{ 等于 } \mathbb{R}^n\text{，或是一个闭子集} \tag{2.22}$$

例如，我们允许正象限，$X=\mathbb{R}^n_+$。对式(2.22)施加约束，使得任何封闭且有界的集合 $S\subset X$ 必然是 X 的紧子集。

平衡点$\boldsymbol{x}^e$ 的定义是直接的——它是系统冻结或静止的状态：

$$\boldsymbol{x}^e=\boldsymbol{F}(\boldsymbol{x}^e) \tag{2.23}$$

平衡点实际上是控制设计的一部分。想一想汽车中的巡航控制系统，其中“平衡点”意味着以恒定速度沿直线行驶。特定速度是你作为驾驶员将选择的适当状态，然后控制系统尽其所能使 $\boldsymbol{x}(k)$保持在期望值$\boldsymbol{x}^e$ 附近。

2.4.1 总成本

总成本这个性能指标基于一个函数 $c:X\to\mathbb{R}_+$，可解释为“策略 ϕ 下的成本函数”，这将在第 3 章中进行更深入的讨论。基于此，我们得出一个奇怪但普遍存在的定义：总成本是 $\boldsymbol{x}$ 的一个函数，称为(既定策略)价值函数，且被定义为无穷和：

$$J(\boldsymbol{x})=\sum_{k=0}^{\infty}c(\boldsymbol{x}(k)),\quad \boldsymbol{x}(0)=\boldsymbol{x}\in X \tag{2.24}$$

假设 $c(\boldsymbol{x}^e)=0$，并且我们寻求确保当 $k\to\infty$时 $\boldsymbol{x}(k)\to\boldsymbol{x}^e$ 的条件，所以有可能 J 是有限值的。对于巡航控制问题，当状态 $\boldsymbol{x}$ 对应的速度与期望值相差较大时，所设计的成本函数应使得 $c(\boldsymbol{x})$很大。

⊖ 从上下文来看，在控制系统设计中将 equilibrium 译为“平衡点”更为准确，因为对系统的动态性能分析都是在平衡点附近展开的，如在给定平衡点处线性化、判断给定平衡点的稳定性、工作点附近的动态特性等。相应地，在表述动力系统的运行动态过程时，可将达到稳态时的状况称为“平衡态”，因此在不同的情境下，equilibrium 的中文译名会有所不同。——译者注

为什么控制界对总成本如此兴奋？这种性能指标不是很直观，但有充分的理由将其用作控制设计中的性能指标：

(i)这是“前瞻性的”。有人可能会争辩说式(2.24)看得太远了(谁在乎无穷大?)，但这隐含着对未来的“折扣”，因为对于一个好的策略，当 $k\to\infty$ 时，应有 $c(\boldsymbol{x}(k))\to 0$。

(ii)总成本最优控制的理论通常与平均成本最优控制(可参见本书第二部分)密切相关。

(iii)如果 J 是有限值，则通常可以保证稳定性。

(iii)是这个性能指标中最抽象的，但也是最有价值的方面。2.4.2 节着重于稳定性理论及其与价值函数的关系。部分稳定性理论是基于如下(既定策略)动态规划方程的[⊖]：

$$J(\boldsymbol{x})=c(\boldsymbol{x})+J(\boldsymbol{F}(\boldsymbol{x})) \tag{2.25}$$

这可以从式(2.24)导出，并写为

$$J(\boldsymbol{x})=c(\boldsymbol{x})+\sum_{k=0}^{\infty}c(\boldsymbol{x}^{+}(k))$$

式中，$\boldsymbol{x}^{+}$是式(2.21)的解，初始值为 $\boldsymbol{x}^{+}(0)=\boldsymbol{F}(\boldsymbol{x})$。

2.4.2　平衡点的稳定性

在这里，针对一个非线性状态空间模型，我们概述了其稳定性的最常见定义。第一个也是最基本的就是平衡点 $\boldsymbol{x}^{e}$ 附近的连续性形式。令 $\mathcal{X}(k;\boldsymbol{x}_0)$ 表示初始条件为$\boldsymbol{x}_0$ 时模型在时间 k 处的状态：这就是式(2.21)从初始值$\boldsymbol{x}(0)=\boldsymbol{x}_0$ 开始，不断递归得到的简单的$\boldsymbol{x}(k)$。特别地，平衡点属性[即式(2.23)]意味着对于所有的 k，$\mathcal{X}(k;\boldsymbol{x}^{e})=\boldsymbol{x}^{e}$。

李雅普诺夫意义下的稳定。如果对于所有 $\varepsilon>0$，存在 $\delta>0$，使得如果 $\|\boldsymbol{x}_0-\boldsymbol{x}^{e}\|<\delta$，那么对于所有的 $k\geqslant 0$，有 $\|\mathcal{X}(k;\boldsymbol{x}_0)-\mathcal{X}(k;\boldsymbol{x}^{e})\|<\varepsilon$，则平衡点$\boldsymbol{x}^{e}$ 在李雅普诺夫意义下是稳定的。

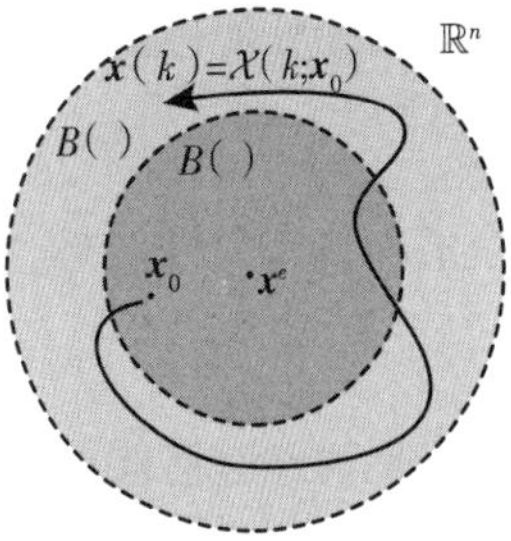

图 2.3　如果$\boldsymbol{x}_0\in B(\delta)$，则对于所有的 $k\geqslant 0$，有 $\mathcal{X}(k;\boldsymbol{x}_0)\in B(\varepsilon)$

换言之，如果初始条件接近平衡点，那么它将永远保持接近。图 2.3 提供了一个说明，其中，对于任何$r>0$，有 $B(r)=\{\boldsymbol{x}\in\mathbb{R}^{n}:\|\boldsymbol{x}-\boldsymbol{x}^{e}\|<r\}$。

这是一个非常弱的稳定性概念，因为无法保证状态会永远接近理想的平衡点。下面的几个定义对收敛性进行了限制。

⊖　动态规划方程和贝尔曼方程可以互换使用，见参考文献[35]。

渐近稳定性。如果$\boldsymbol{x}^e$ 在李雅普诺夫意义下是稳定的，并且对于$\delta_0>0$，当$\|\boldsymbol{x}_0-\boldsymbol{x}^e\|<\delta_0$ 时，

$$\lim_{k\to\infty}\mathcal{X}(k;\boldsymbol{x}_0)=\boldsymbol{x}^e \tag{2.26}$$

那么平衡点$\boldsymbol{x}^e$ 被认为是渐近稳定的。使上述极限成立的$\boldsymbol{x}_0$ 的集合称为$\boldsymbol{x}^e$ 的吸引域。

如果吸引域是整个 X，则平衡点是全局渐近稳定的，即$\delta_0=\infty$，因此对于任何初始条件，都有 $\boldsymbol{x}(k)\to\boldsymbol{x}^e$。

人们通常说状态空间模型是全局渐近稳定的，也就是说，这是式(2.21)的一个经常被强调的性质，而不是平衡点$\boldsymbol{x}^e\in X$。

有时我们会获得非常快的收敛速率：如果存在常数$\varrho_0>0$ 和$B_0<0$，使得对于每个初始条件和 $k\geqslant 0$，有

$$\|\mathcal{X}(k;\boldsymbol{x}_0)-\boldsymbol{x}^e\|\leqslant B_0\|\boldsymbol{x}_0-\boldsymbol{x}^e\|e^{-\varrho_0 k} \tag{2.27}$$

则称状态空间模型是全局指数渐近稳定的。

2.4.3　李雅普诺夫函数

构造李雅普诺夫函数 V 是建立渐近稳定性以及价值函数边界(包括状态过程更一般的边界)的最常用方法。从广义上说，V 是 X 上的一个非负值函数，使 V 成为李雅普诺夫函数的关键属性是，当 $\boldsymbol{x}(k)$ 较大时，$V(\boldsymbol{x}(k))$是递减的：这种描述被形式化为漂移不等式。李雅普诺夫函数 V 通常被视为到“状态空间中心”的“距离”的粗略概念。

对于任何标量 r，令 $S_V(r)$表示下水平集：

$$S_V(r)=\{\boldsymbol{x}\in X:V(\boldsymbol{x})\leqslant r\} \tag{2.28}$$

除了 V 的非负性之外，我们经常假设它是下紧的[⊖](inf-compact)：

$$\text{对于每个}\boldsymbol{x}^0\in X,\{\boldsymbol{x}\in X:V(\boldsymbol{x})\leqslant V(\boldsymbol{x}^0)\}\text{ 是一个有界集合}$$

也就是说，对任何 r，集合$S_V(r)$为以下三种形式之一：空集，$S_V(r)=X$，或者$S_V(r)\subset X$ 是有界的。

在大多数情况下，我们发现$S_V(r)=X$ 是不可能的，因此我们得出更强的强制性假设：

$$\lim_{\|\boldsymbol{x}\|\to\infty}V(\boldsymbol{x})=\infty \tag{2.29}$$

⊖　如果对于每一个 $r\in\mathbb{R}$，集合$\{\boldsymbol{x}\in S:g(\boldsymbol{x})\leqslant r\}$(或者$\{\boldsymbol{x}\in S:g(\boldsymbol{x})\geqslant r\}$)是紧的(compact)，则称拓扑空间 S 上的一个实值函数 g 是下紧的(inf-compact)或者上紧的(sup-compact)。另一种等价定义是：令 S 是一个拓扑空间，如果对于每一个 $r\in\mathbb{R}$，集合 $g^{-1}([-\infty,r])$ 是紧的，则称函数 $g:S\to\mathbb{R}$ 是下紧的。——译者注

此时，在我们一贯采用的式(2.22)的假设下，对于每个 r，集合$S_V(r)$要么是空的，要么是有界的。图 2.4 说明了 $X=\mathbb{R}$ 时的两类函数(左边显示的函数是有界的)。以下是三个数值示例：

(i) $V(x)=x^2$ 是强制性[㊀]的，因为式(2.29)成立。

(ii) $V(x)=x^2/(1+x^2)$ 是下紧的，但不是强制的：对于 $r\geqslant 1$，有$S_V(r)=\mathbb{R}$，且对于 $0\leqslant r<1$，有$S_V(r)=[-a,a]$(一个有界区间)，其中 $a=\sqrt{r/(1-r)}$。

(iii) $V(x)=e^x$ 两者都不是：对于 $r>0$，$S_V(r)=(-\infty,\log(r)]$不是 $\mathbb{R}$ 的有界子集。

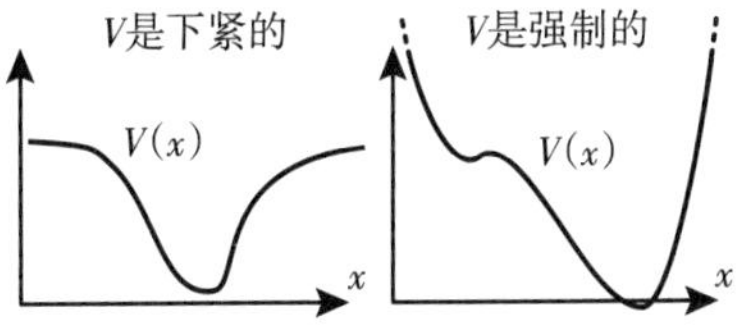

图 2.4 下紧的和强制的函数 V

价值函数 J 在适当的条件下满足李雅普诺夫函数的直观性质：

引理 2.1 假设式(2.24)中定义的成本函数 c 和价值函数 J 是非负且有限值的，则：

(i) $J(x(k))$是非递增的，且对于每个初始条件，有 $\lim\limits_{k\to\infty}J(x(k))=0$。

(ii) 另外假设 J 是连续的、下紧的，并且仅在x^e 处消失[㊁]。那么对于每个初始条件，都有 $\lim\limits_{k\to\infty}x(k)=x^e$。

其证明将在 2.4.4 节中给出，但在这里我们要注意第一步：对于每个 $k\geqslant 0$，式(2.25)意味着

$$J(x(k+1))=J(x(k))-c(x(k))\leqslant J(x(k)) \tag{2.30}$$

即 $J(x(k))$是非递增的，因此对于每个 $k\geqslant 0$，都有 $x(k)\in S_J(r)$，其中 $r=J(x(0))$。下紧的假设意味着状态轨迹在有界集合$S_J(r)$中是“封闭的”。

在总成本最优控制的情况下，本书考虑的基本漂移不等式是泊松不等式：对于非负函数 V，$c:X\to\mathbb{R}_+$，以及一个常数 $\bar{\eta}\geqslant 0$，有

$$V(F(\boldsymbol{x}))\leqslant V(\boldsymbol{x})-c(\boldsymbol{x})+\bar{\eta} \tag{2.31}$$

此处参考了法国数学家的工作，并在 2.9 节中进行了解释。通过引入 $\bar{\eta}$ 和不等式，泊松不等式是对式(2.25)的一种拓展和改进。

定义泊松不等式时要注意系统动态特性：结合式(2.31)和式(2.21)，我们得到一个类似于式(2.30)的公式：

$$V(\boldsymbol{x}(k+1))\leqslant V(\boldsymbol{x}(k))-c(\boldsymbol{x}(k))+\bar{\eta},\quad k\geqslant 0$$

如果 $\bar{\eta}=0$，则序列$\{V(\boldsymbol{x}(k):k\geqslant 0\}$是非递增的。在对 V 施加适当的假设下，我们能获得一种弱形式的稳定性：

㊀ 称一个函数是强制性的(coercive)，当且仅当它在无穷远处趋于无穷大，即当自变量趋于无穷大时，函数值也趋于无穷大。——译者注

㊁ vanish 一词在全文中多次出现，字面意思是消失，但结合上下文，也可译为“等于零”“趋于零”。为了表述统一，本书将 vanish 译为“消失”，并适当补充一下解释。——译者注

命题 2.2　假设当 $\overline{\eta}=0$ 时式(2.31)成立。此外假设 V 是连续的、下紧的并且在 $\boldsymbol{x}^e$ 处有一个唯一的最小值，则这个平衡点在李雅普诺夫意义下是稳定的。

证明　根据下水平集的定义，我们得到

$$\bigcap\{S_V(r):r>V(\boldsymbol{x}^e)\}=S_V(r)\Big|_{r=V(\boldsymbol{x}^e)}=\{\boldsymbol{x}^e\}$$

最终的等式来自于 $\boldsymbol{x}^e$ 是 V 的唯一最小值的假设。下紧的假设意味着以下内部和外部近似：对于每个 $\varepsilon>0$，我们可以找到 $r>V(\boldsymbol{x}^e)$ 和 $\delta<\varepsilon$，使得[⊖]

$$\{\boldsymbol{x}\in X:\|\boldsymbol{x}-\boldsymbol{x}^e\|<\delta\}\subset S_V(r)\subset\{\boldsymbol{x}\in X:\|\boldsymbol{x}-\boldsymbol{x}^e\|<\varepsilon\}$$

如果 $\|\boldsymbol{x}_0-\boldsymbol{x}^e\|<\delta$，则 $\boldsymbol{x}_0\in S_V(r)$，由于 $V(\boldsymbol{x}(k))$ 是非递增的，因此对于所有 $k\geqslant0$，有 $\boldsymbol{x}(k)\in S_V(r)$。前面的最后包含意味着对于所有的 k，$\|\boldsymbol{x}(k)-\boldsymbol{x}^e\|<\varepsilon$，这就是李雅普诺夫意义下的稳定性。 □

价值函数 J 的边界是通过迭代获得的。例如，两个边界

$$V(\boldsymbol{x}(2))\leqslant V(\boldsymbol{x}(1))-c(\boldsymbol{x}(1))+\overline{\eta},\qquad V(\boldsymbol{x}(1))\leqslant V(\boldsymbol{x}(0))-c(\boldsymbol{x}(0))+\overline{\eta}$$

意味着 $V(\boldsymbol{x}(2))\leqslant V(\boldsymbol{x}(0))-c(\boldsymbol{x}(0))-c(\boldsymbol{x}(1))+2\overline{\eta}$。当然，我们可以更进一步得到下面的命题。

命题 2.3　（比较定理）　式(2.31)蕴含着下面的界限：

(i)对于每个 $\mathcal{N}\geqslant1$ 和 $\boldsymbol{x}=\boldsymbol{x}(0)$，有

$$V(\boldsymbol{x}(\mathcal{N}))+\sum_{k=0}^{\mathcal{N}-1}c(\boldsymbol{x}(k))\leqslant V(\boldsymbol{x})+\mathcal{N}\,\overline{\eta}\tag{2.32}$$

(ii)如果 $\overline{\eta}=0$，则对于所有的 $\boldsymbol{x}$ 都有 $J(\boldsymbol{x})\leqslant V(\boldsymbol{x})$。

(iii)假设 $\overline{\eta}=0$，且 V，c 是连续的。此外假设 c 是下紧的，并且仅在 $\boldsymbol{x}^e$ 处消失，那么，这个平衡点是全局渐近稳定的。 □

证明见 2.4.4 节。

命题 2.3 提出了一个问题：如果泊松不等式是紧绷的(tight)，使得式(2.31)中的不等式变为等式怎么办？考虑一下 $\overline{\eta}=0$ 时的这个理想情况，并对李雅普诺夫函数使用更具启发性的符号 $V=J^\circ$：

$$J^\circ(F(\boldsymbol{x}))=J^\circ(\boldsymbol{x})-c(\boldsymbol{x})\tag{2.33}$$

如果 J° 是非负值，那么我们可以取命题 2.3 中的 $V=J^\circ$，则对所有 $\boldsymbol{x}$，可得上界 $J(\boldsymbol{x})\leqslant J^\circ(\boldsymbol{x})$。等式则需要更进一步的假设：

命题 2.4　假设式(2.33)成立，以及以下假设成立：

(i) J 是连续的、下紧的，并且仅在 $\boldsymbol{x}^e$ 处消失。

(ii) J° 是连续的。

⊖ 理解这个结论需要一点拓扑学知识：用“开覆盖”来表征紧集。如果你不了解拓扑知识，也不要担心：拓扑学不是学习本书的前提条件。

那么对于每个 $\boldsymbol{x}$，有 $J(\boldsymbol{x})=J^{\circ}(\boldsymbol{x})-J^{\circ}(\boldsymbol{x}^{e})$。

2.4.4 技术证明

为了构建命题 2.3 和命题 2.4，我们首先需要引理 2.1。

引理 2.1 的证明　我们从式(2.25)的样本路径表示开始：

$$J(\boldsymbol{x}(k+1))-J(\boldsymbol{x}(k))+c(\boldsymbol{x}(k))=0 \tag{2.34}$$

对于每个 $\boldsymbol{x}=\boldsymbol{x}(0)$ 和每个 $\mathcal{N}$，从 $k=0$ 到 $\mathcal{N}-1$ 对上式两边求和，得到

$$J(\boldsymbol{x})=J(\boldsymbol{x}(\mathcal{N}))+\sum_{k=0}^{\mathcal{N}-1}c(\boldsymbol{x}(k))$$

在取极限时，我们得到

$$J(\boldsymbol{x})=\lim_{\mathcal{N}\to\infty}\left\{J(\boldsymbol{x}(\mathcal{N}))+\sum_{k=0}^{\mathcal{N}-1}c(\boldsymbol{x}(k))\right\}=\left\{\lim_{\mathcal{N}\to\infty}J(\boldsymbol{x}(\mathcal{N}))\right\}+J(\boldsymbol{x})$$

在 $J(\boldsymbol{x})$ 是有限的假设下，上式蕴含着条件(i)。

在(ii)中强加的下紧假设是用来确保状态轨迹在一个有界集合中演化：式(2.30)意味着，对于特定值 $r=J(\boldsymbol{x}(0))$ 和每个 $k\geqslant 0$，有 $\boldsymbol{x}(k)\in S_J(r)$。假设 $\{\boldsymbol{x}(k_i):i\geqslant 0\}$ 是状态轨迹的收敛子序列，其极限为 $\boldsymbol{x}^{\infty}$，则依据 J 的连续性可知，$J(\boldsymbol{x}^{\infty})=\lim\limits_{i\to\infty}J(\boldsymbol{x}(k_i))=0$。

J 仅在 $\boldsymbol{x}^{e}$ 处消失这一假设意味着 $\boldsymbol{x}^{\infty}=\boldsymbol{x}^{e}$。因为每个收敛的子序列都达到相同的值 $\boldsymbol{x}^{e}$，进而(ii)得证。 □

命题 2.3 的证明　由前面的讨论得到了式(2.32)。我们从式(2.31)的样本路径表示开始，类似于式(2.34)：

$$V(\boldsymbol{x}(k+1))-V(\boldsymbol{x}(k))+c(\boldsymbol{x}(k))\leqslant\overline{\eta} \tag{2.35}$$

从 $k=0$ 到 $\mathcal{N}-1$ 对上式两边求和，得到(i)：

$$V(\boldsymbol{x}(\mathcal{N}))-V(\boldsymbol{x}(0))+\sum_{k=0}^{\mathcal{N}-1}c(\boldsymbol{x}(k))\leqslant\overline{\eta}\mathcal{N}$$

(ii)也成立，因为对于每个 $\mathcal{N}$，有 $V(\boldsymbol{x}(\mathcal{N}))\geqslant 0$，这样当 $\overline{\eta}=0$ 时，结合上面的边界公式，得到

$$\sum_{k=0}^{\mathcal{N}-1}c(\boldsymbol{x}(k))\leqslant V(\boldsymbol{x}(0))$$

(iii)的证明与引理 2.1 的证明相同：(ii)意味着 $\lim_{k\to\infty}c(\boldsymbol{x}(k))=0$，且对 c 的假设意味着，当 $k\to\infty$ 时，有 $\boldsymbol{x}(k)\to\boldsymbol{x}^{e}$。

$\boldsymbol{x}^{e}$ 在李雅普诺夫意义下是稳定的仍有待证明。为了证明这点，首先观察当 $\overline{\eta}=0$ 时，式(2.31)意味着 $V\geqslant c$，因此 V 也是下紧的。式(2.31)以及关于 c 和 $\overline{\eta}$ 的条件也意味着，当 $\boldsymbol{x}(k)\neq\boldsymbol{x}^{e}$ 时，$V(\boldsymbol{x}(k))$ 是严格递减的。V 的连续性意味着对于每个 $\boldsymbol{x}(0)$，有 $V(\boldsymbol{x}(k))\downarrow V(\boldsymbol{x}^{e})$，因此对于所有的 $\boldsymbol{x}(0)\in X$，都有 $V(\boldsymbol{x}^{e})<V(\boldsymbol{x}(0))$。这样，根据命题 2.2，可以得出李雅普诺

夫意义下的稳定性。 □

命题 2.4 的证明　如命题 2.3 证明那样，证明从迭代开始：

$$J^{\circ}(\boldsymbol{x}(\mathcal{N}))+\sum_{k=0}^{\mathcal{N}-1} c(\boldsymbol{x}(k))=J^{\circ}(\boldsymbol{x})$$

引理 2.1 的(ii)和J°的连续性意味着，当 $\mathcal{N}\to\infty$ 时，有$J^{\circ}(\boldsymbol{x}(\mathcal{N}))\to J^{\circ}(\boldsymbol{x}^{e})$，这意味着期望的恒等式：$J^{\circ}(\boldsymbol{x}^{e})+J(\boldsymbol{x})=J^{\circ}(\boldsymbol{x})$。 □

2.4.5　连续时间域的几何

让我们简要地考虑一个式(2.21)的连续时间模型，它的状态在 $X=\mathbb{R}^{n}$ 上演化：

$$\frac{\mathrm{d}}{\mathrm{d}t}\boldsymbol{x}_{t}=f(\boldsymbol{x}_{t}) \tag{2.36}$$

其中，$f:\mathbb{R}^{d}\to\mathbb{R}^{d}$ 称为向量场。书写时通常会略掉时间指数，可记作$\frac{\mathrm{d}}{\mathrm{d}t}\boldsymbol{x}=f(\boldsymbol{x})$。

当需要强调对初始条件 $\boldsymbol{x}_0$ 的依赖性时，我们用 $\mathcal{X}(t;\boldsymbol{x}_0)$ 表示式(2.36)在时间 t 处的解。平衡点 $\boldsymbol{x}^{e}$ 的渐近稳定性的定义与式(2.21)的离散时间状态空间模型的相同。此外，如果平衡点是全局渐近稳定的，则对所有的 $\boldsymbol{x}_0\in X$，有

$$\lim_{t\to\infty}\mathcal{X}(t;\boldsymbol{x}_0)=\boldsymbol{x}^{e}$$

全局渐近稳定性的验证需要以下假设，推广了离散时间域的理论。回想一下，如果梯度 ∇V 存在且连续，则 $V:\mathbb{R}^{n}\to\mathbb{R}$ 是连续可微的(或 C^{1})。

用于分析全局渐近稳定性的李雅普诺夫函数

- V 是非负值和 C^{1} 函数。
- V 是下紧的[回想一下式(2.28)之后的定义]。
- 对于任意解 $\boldsymbol{x}$，当$\boldsymbol{x}_{t}\neq\boldsymbol{x}^{e}$ 时，有

$$\frac{\mathrm{d}}{\mathrm{d}t}V(\boldsymbol{x}_{t})<0 \tag{2.37}$$

自然地，如果$\boldsymbol{x}_{t}=\boldsymbol{x}^{e}$，则$\frac{\mathrm{d}}{\mathrm{d}t}V(\boldsymbol{x}_{t})=0$：在这种情况下，对于所有 $s\geqslant 0$，$V(\boldsymbol{x}_{t+s})=V(\boldsymbol{x}^{e})$。

图 2.5 说明了在特殊情况 $X=\mathbb{R}^{2}$ 时，向量场f的含义，该图旨在强调，当 V 是李雅普诺夫函数时，$V(\boldsymbol{x}_{t})$是非增的。式(2.37)的漂移条件可以用函数形式表示：

$$\langle\nabla V(\boldsymbol{x}),f(\boldsymbol{x})\rangle<0,\quad \boldsymbol{x}\neq\boldsymbol{x}^{e} \tag{2.38}$$

图 2.6 给出了上式的几何解释。

命题 2.5　如果存在一个满足全局渐近稳定性假设的李雅普诺夫函数 V，则平衡态 $\boldsymbol{x}^{e}$ 是全局渐近稳定的。 □

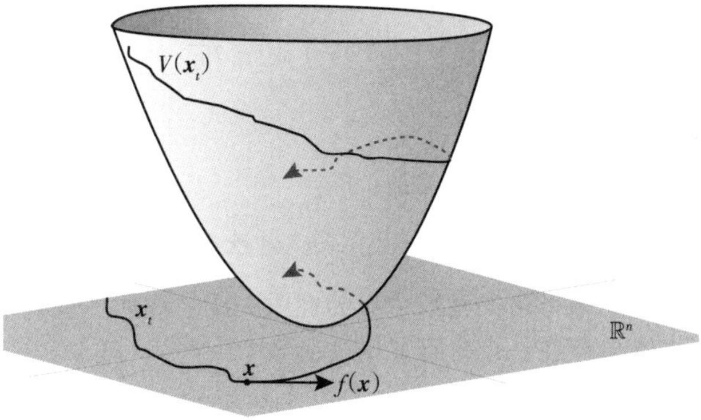

图 2.5 如果 V 是一个李雅普诺夫函数，则 $V(\boldsymbol{x}_t)$ 不随时间增加

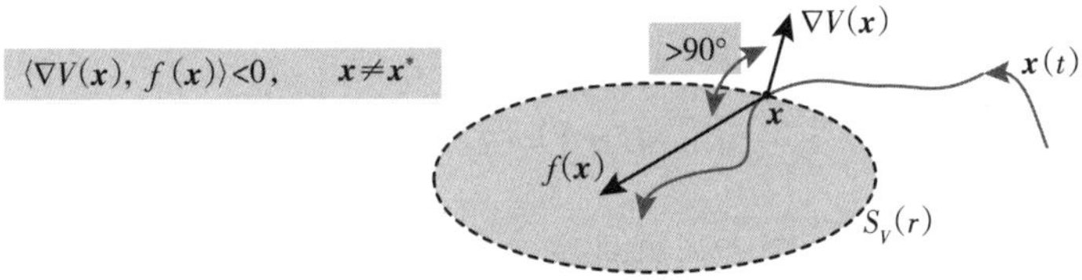

图 2.6 李雅普诺夫漂移条件的几何解释：梯度 $\nabla V(\boldsymbol{x})$ 与水平集 $\{\boldsymbol{y}:V(\boldsymbol{y})=V(\boldsymbol{x})\}$ 正交，这是 $r=V(\boldsymbol{x})$ 时集合 $S_V(r)$ 的边界

命题 2.5 将命题 2.3 部分扩展至连续时间模型。要想完全扩展，则需要一个不同形式的泊松不等式。假设 $c:\mathbb{R}^n\to\mathbb{R}_+$ 是连续的，$V:\mathbb{R}^n\to\mathbb{R}_+$ 是连续可微的，且 $\overline{\eta}\geqslant 0$ 为常数，并同时满足

$$\langle \nabla V(\boldsymbol{x}), f(\boldsymbol{x}) \rangle \leqslant -c(\boldsymbol{x})+\overline{\eta}, \quad \boldsymbol{x}\in X \tag{2.39}$$

链式法则的应用意味着，这是式(2.31)的连续时间形式：

$$\frac{\mathrm{d}}{\mathrm{d}t}V(\boldsymbol{x}_t)\leqslant -c(\boldsymbol{x}_t)+\overline{\eta}, \quad t\geqslant 0$$

经过更多的工作，我们得出以下结论：

命题 2.6 如果式(2.39)对于非负的 $c,V,\overline{\eta}$ 成立，则

$$V(\boldsymbol{x}_T)+\int_0^T c(\boldsymbol{x}_t)\,\mathrm{d}t\leqslant V(\boldsymbol{x})+T\overline{\eta}, \quad \boldsymbol{x}_0=\boldsymbol{x}\in X,\ T>0$$

如果 $\overline{\eta}=0$，则总成本是有限的：

$$\int_0^\infty c(\boldsymbol{x}_t)\,\mathrm{d}t\leqslant V(\boldsymbol{x}), \quad \boldsymbol{x}_0=\boldsymbol{x}\in X \tag{2.40}$$

证明　对于任何 $T>0$，我们通过微积分基本定理得到

$$-V(\boldsymbol{x}_0) \leqslant V(\boldsymbol{x}_T)-V(\boldsymbol{x}_0)=\int_0^T\left(\frac{\mathrm{d}}{\mathrm{d}t}V(\boldsymbol{x}_t)\right)\mathrm{d}t \leqslant T\overline{\eta}-\int_0^T c(\boldsymbol{x}_t)\,\mathrm{d}t,\qquad T\geqslant 0$$

如果 $\overline{\eta}=0$，且令 $T\to\infty$，则式(2.40)得证。□

逆定理　我们已经看到了如下蕴含关系：

存在李雅普诺夫函数 ⇒ 稳定性和性能边界

其中稳定性的性质取决于李雅普诺夫函数边界的性质。反之如何？也就是说，如果系统是稳定的，我们是否可以推断出存在一个李雅普诺夫函数？

此外，假设总成本是有限的：

$$J(\boldsymbol{x})=\int_0^{\infty} c(\boldsymbol{x}_t)\,\mathrm{d}t,\ \boldsymbol{x}_0=\boldsymbol{x}$$

初始条件是任意的。如果 J 是可微分的，那么我们使用 $V=J$ 可获得式(2.37)的一个解。

命题 2.7　如果 J 是有限值的，则对于每个初始条件 $\boldsymbol{x}_0$ 和每个 t，有

$$\frac{\mathrm{d}}{\mathrm{d}t}J(\boldsymbol{x}_t)=-c(\boldsymbol{x}_t) \tag{2.41}$$

如果 J 是连续可微的，则可得到等式的李雅普诺夫界：

$$\nabla J(\boldsymbol{x})\cdot f(\boldsymbol{x})=-c(\boldsymbol{x})$$

证明　我们有一个简单形式的贝尔曼原理(第 3 章的一个重点)：对于任意 $T>0$，

$$J(\boldsymbol{x}_0)=\int_0^T c(\boldsymbol{x}_r)\,\mathrm{d}r+J(\boldsymbol{x}_T)$$

对于 $t\geqslant 0$，给定 $\delta>0$，将 $T=t+\delta$ 和 $T=t$ 应用于此等式：

$$J(\boldsymbol{x}_0)=\int_0^{t+\delta} c(\boldsymbol{x}_r)\,\mathrm{d}r+J(\boldsymbol{x}_{t+\delta})$$

$$J(\boldsymbol{x}_0)=\int_0^{t} c(\boldsymbol{x}_r)\,\mathrm{d}r+J(\boldsymbol{x}_t)$$

两式相减，然后除以 δ，得到

$$0=\frac{1}{\delta}\int_t^{t+\delta} c(\boldsymbol{x}_r)\,\mathrm{d}r+\frac{1}{\delta}\left(J(\boldsymbol{x}_{t+\delta})-J(\boldsymbol{x}_t)\right)$$

令 $\delta\downarrow 0$，因为 $c:\mathbb{R}^n\to\mathbb{R}$ 是连续的，第一项收敛于 $c(\boldsymbol{x}_t)$；第二项收敛于 $J(\boldsymbol{x}_t)$ 关于时间的导数，从而式(2.41)成立。根据链式法则可得最终结论。□

2.4.6　线性状态空间模型

如果式(2.21)中的动力学是线性的，且 $\boldsymbol{x}(k)\in X=\mathbb{R}^n$，那么

$$x(k+1)=Fx(k),\quad k\geqslant 0 \tag{2.42}$$

对于一个 $n\times n$ 矩阵 $\boldsymbol{F}$，通过迭代可得

$$x(k)=F^k x,\quad k\geqslant 0,\ x(0)=x$$

该等式在 $k=0$ 时有效，因为我们取 $\boldsymbol{F}^0=\boldsymbol{I}$，即 $n\times n$ 单位矩阵。

假设成本函数也是二次型的，$c(\boldsymbol{x})=\boldsymbol{x}^{\top}\boldsymbol{S}\boldsymbol{x}$，其中 $\boldsymbol{S}$ 是对称正定矩阵。由此可得，对于每个 k，$c(\boldsymbol{x}(k))$ 是 $\boldsymbol{x}(0)$ 的二次型函数：

$$c(x(k))=(F^k x)^{\top} S F^k x$$

因此式(2.24)中定义的价值函数 J 也是二次型的：

$$J(x)=x^{\top}\left[\sum_{k=0}^{\infty}(F^k)^{\top} S F^k\right]x,\quad x(0)=x\in X$$

即 $J(\boldsymbol{x})=\boldsymbol{x}^{\top}\boldsymbol{M}\boldsymbol{x}$，其中 $\boldsymbol{M}$ 是括号内的矩阵。$\boldsymbol{M}$ 满足线性不动点方程，被称为(离散时间)李雅普诺夫方程：

$$M=S+F^{\top}MF \tag{2.43}$$

基于这些计算可以证明如下结论：

命题 2.8　对于式(2.42)的线性状态空间模型，如下结论等价：

(i) 原点是局部渐近稳定的。

(ii) 原点是全局渐近稳定的。

(iii) 对于任意 $\boldsymbol{S}\geqslant 0$，式(2.43)存在一个解 $\boldsymbol{M}\geqslant 0$。

(iv) $\boldsymbol{F}$ 的每个特征值 λ 满足 $|\lambda|<1$。 □

可控规范型。回想一下，这个状态空间实现是基于式(2.4)的 ARMA 模型，其中 $N=n$。如果你学过信号和系统的课程，那么你就会知道 ARMA 模型的稳定性[在输入-输出意义下称为有界输入、有界输出(BIBO)稳定性]是通过检查如下有理函数的根 $\{p_i:1\leqslant i\leqslant n\}$ 进行验证的：

$$a(z)=1+\sum_{i=1}^{n} a_i z^{-i}=\prod_{i=1}^{n}(1-p_i z^{-i}),\quad z\in\mathbb{C}$$

对于每个 i，如果有 $|p_i|<1$，则系统是 BIBO 稳定的。$\boldsymbol{F}$ 的特征值 $\{\lambda_i:1\leqslant i\leqslant n\}$ 是求根问题 $\Delta_F(\lambda)=0$ 的解，其中

$$\Delta_F(\lambda)=\det(\lambda I-F)=\prod_{i=1}^{n}(\lambda-\lambda_i),\quad \lambda\in\mathbb{C}$$

对于可控规范型的状态空间模型，可以证明，对于任意 $z\in\mathbb{C}$，有 $\Delta_F(z)=a(z)z^n$，因此 $\{p_i:1\leqslant i\leqslant n\}=\{\lambda_i:1\leqslant i\leqslant n\}$。

例 2.4.1(连续时间线性模型) 考虑线性 ODE

$$\frac{\mathrm{d}}{\mathrm{d}t}\boldsymbol{x}=\boldsymbol{A}\boldsymbol{x} \tag{2.44}$$

其解是矩阵指数:

$$\boldsymbol{x}_t=\mathrm{e}^{\boldsymbol{A}t}\boldsymbol{x}(0), \quad \mathrm{e}^{\boldsymbol{A}t}=\sum_{m=0}^{\infty}\frac{1}{m!}t^m\boldsymbol{A}^m \tag{2.45}$$

因此，当且仅当 $\boldsymbol{A}$ 是赫尔维茨(Hurwitz)矩阵时，从每个初始条件出发，当 $t\to\infty$ 时，$\boldsymbol{x}_t\to 0$：$\boldsymbol{A}$ 的每个特征值都具有严格的负实部。

式(2.41)的解是通过二次方程 $J(\boldsymbol{x})=\boldsymbol{x}^{\top}\boldsymbol{Z}\boldsymbol{x}$ 获得的，其中矩阵 $\boldsymbol{Z}$ 可以通过一些线性代数和微积分来得到。价值函数是非负的，所以我们可以假设 $\boldsymbol{Z}$ 是半正定的(特别地，对称时有 $\boldsymbol{Z}=\boldsymbol{Z}^{\top}$)。对称意味着，

$$\frac{\mathrm{d}}{\mathrm{d}t}J(\boldsymbol{x}_t)=2\boldsymbol{x}_t^{\top}\boldsymbol{Z}\boldsymbol{A}\boldsymbol{x}_t=\boldsymbol{x}_t^{\top}[\boldsymbol{Z}\boldsymbol{A}+\boldsymbol{A}^{\top}\boldsymbol{Z}]\boldsymbol{x}_t$$

从式(2.41)可得

$$\boldsymbol{x}_t^{\top}[\boldsymbol{Z}\boldsymbol{A}+\boldsymbol{A}^{\top}Z]\boldsymbol{x}_t=-c(\boldsymbol{x}_t)=-\boldsymbol{x}_t^{\top}\boldsymbol{S}\boldsymbol{x}_t$$

给定连续时间的李雅普诺夫方程，对每个 t 和每个 $\boldsymbol{x}(0)$，下式恒成立:

$$\boldsymbol{0}=\boldsymbol{Z}\boldsymbol{A}+\boldsymbol{A}^{\top}\boldsymbol{Z}+\boldsymbol{S} \tag{2.46}$$

欧拉近似 如果我们以恒定的采样间隔 $\Delta>0$ 进行采样，则从式(2.44)的连续时间模型可得到式(2.42)的线性模型：当 $t_k=k\Delta$ 时，

$$\boldsymbol{x}(t_{k+1})=\mathrm{e}^{\Delta\boldsymbol{A}}\boldsymbol{x}(t_k), \quad k\geqslant 0 \tag{2.47}$$

由式(2.44)的欧拉近似也得到了式(2.42)的线性模型，但 $\boldsymbol{F}=\boldsymbol{I}+\Delta\boldsymbol{A}$。矩阵 $\boldsymbol{F}$ 恰好是矩阵指数的一阶泰勒级数近似。虽然这只是一个近似值，但对于控制设计来说，它通常已经足够好了。

一个特定的二维示例是 $\boldsymbol{A}=\begin{pmatrix}-0.2, & 1\\ -1, & -0.2\end{pmatrix}$。这是一个赫尔维茨矩阵，具有两个特征值 $\lambda(\boldsymbol{A})=-0.2\pm\mathrm{j}$。采样间隔 $\Delta=0.02$，我们发现 $\boldsymbol{F}=\boldsymbol{I}+\Delta\boldsymbol{A}$ 也有两个复数特征值:

$$\lambda(\boldsymbol{F})=1+\Delta\lambda(\boldsymbol{A})\approx 0.996\pm 0.02\mathrm{j}$$

特征值满足 $|\lambda(\boldsymbol{F})|<1$，所以我们看到，离散时间近似的稳定性是从连续时间模型继承来的。

当 $\boldsymbol{S}=\boldsymbol{I}$(单位矩阵)时，MATLAB 命令 `M=dlyap(F',eye(2))` 返回式(2.43)的一个解:

$$\boldsymbol{M}=\begin{bmatrix}131.9 & 0\\ 0 & 131.9\end{bmatrix}$$

$\boldsymbol{F}$ 具有复数特征值这一事实意味着状态过程将表现出旋转运动。图 2.7 左侧所示的 $\boldsymbol{x}$ 的样本路径向原点盘旋，直观上是“稳定的”。右侧的曲线图是受“白噪声”扰动的线性模型的模拟：

$$\boldsymbol{X}(k+1)=\boldsymbol{F}\boldsymbol{X}(k)+\boldsymbol{N}(k+1), \quad k\geqslant 0 \tag{2.48}$$

扰动过程 $\boldsymbol{N}$ 的细节参见式(7.46)的讨论。■

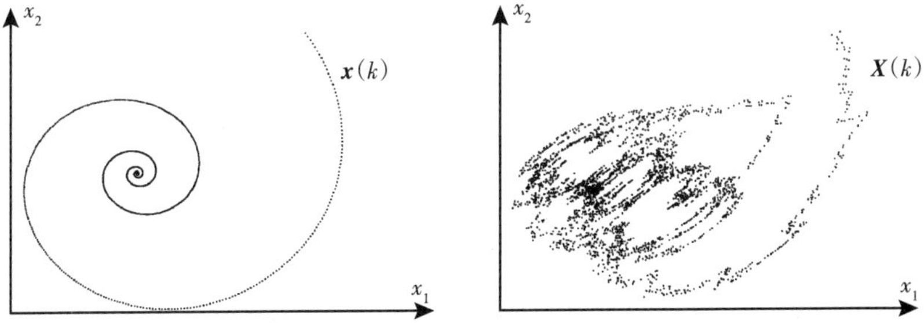

图 2.7 左边是式(2.42)的样本路径。右边是式(2.48)的样本路径

例 2.4.2(无摩擦摆) 图 2.8 左侧所示的无摩擦摆是物理学和本科控制课程中最受欢迎的示例。它基于几个简化的假设：

- 没有摩擦或空气阻力。
- 摆锤摆动的杆是刚性的并且没有质量。
- 摆锤有质量，但体积为 0。
- 运动只发生在两个维度上。
- 引力场是均匀的。
- “$f=ma$”(在符合上述规定的情况下，应用经典力学得到)。

可以得到一个非线性状态空间模型，其中 x_1 是角位置 θ，x_2 是它的导数：

$$\frac{\mathrm{d}}{\mathrm{d}t}\boldsymbol{x}=f(\boldsymbol{x})=\begin{bmatrix} x_2 \\ -\dfrac{g}{\ell}\sin(x_1) \end{bmatrix} \tag{2.49}$$

图 2.8 右侧显示的是 $\boldsymbol{x}_t$ 的样本轨迹和两个平衡点。

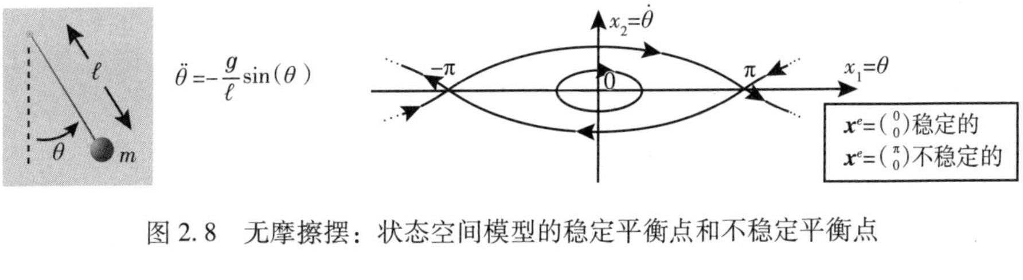

图 2.8 无摩擦摆：状态空间模型的稳定平衡点和不稳定平衡点

对图 2.8 右侧所示的状态轨迹进行检查，发现平衡点 $\boldsymbol{x}^e=\begin{pmatrix}\pi\\0\end{pmatrix}$ 在任何意义下都不稳定，这与物理直觉一致(在这种情况下，摆是直立的)。在平衡点 $\boldsymbol{x}^e=0$ 附近开始的轨迹此后将保持在该平衡点附近。

原点在李雅普诺夫意义下是稳定的。为说明这一点，考虑一个由势能和动能之和定义的李雅普诺夫函数：

$$V(\boldsymbol{x})=\mathrm{PE}+\mathrm{KE}=mg\ell[1-\cos(x_1)]+\frac{1}{2}m\ell^2x_2^2$$

第一项是相对于平衡点 $\boldsymbol{x}^e=0$ 处高度的势能，第二项是经典的“$\mathrm{KE}=\frac{1}{2}mv^2$”动能公式。$V$ 在 $\boldsymbol{x}^e=\boldsymbol{0}$ 时最小也就不足为奇了。

我们有 $\nabla V(\boldsymbol{x})=m\ell^2[(g/\ell)\sin(x_1),x_2]^{\mathrm{T}}$，且

$$\nabla V(\boldsymbol{x})\cdot f(\boldsymbol{x})=m\ell^2\{(g/\ell)\sin(x_1)\cdot x_2-x_2\cdot(g/\ell)\sin(x_1)\}=0$$

这意味着 $\frac{\mathrm{d}}{\mathrm{d}t}V(\boldsymbol{x}_t)=0$，因此 $V(\boldsymbol{x}_t)$ 不依赖于时间。例如，图 2.8 所示的周期轨道在 V 的水平集中演化：

$$\frac{g}{\ell}[1-\cos(x_1(t))]+\frac{1}{2}x_2(t)^2=\text{常数}$$

由此可知，原点在李雅普诺夫意义下是稳定的。

线性化：使用一阶泰勒级数近似 $\sin(\theta)\approx\theta$，摆的状态空间方程可以近似为式(2.44)：$\frac{\mathrm{d}}{\mathrm{d}t}\boldsymbol{x}=\boldsymbol{A}\boldsymbol{x}$，其中

$$\boldsymbol{A}=\begin{bmatrix}0 & 1\\ -g/\ell & 0\end{bmatrix} \tag{2.50}$$

$\boldsymbol{A}$ 的特征值可通过求解二次方程 $0=\det(\boldsymbol{I}\lambda-\boldsymbol{A})$ 获得：

$$0=\det\left(\begin{bmatrix}\lambda & -1\\ g/\ell & \lambda\end{bmatrix}\right)=\lambda^2+g/\ell\Rightarrow\lambda=\pm\sqrt{g/\ell}\,\mathrm{j}$$

复特征值与摆的周期行为一致。 ■

2.5　展望未来：从控制理论到强化学习

以下是维基百科在 2020 年 7 月给出的定义：“强化学习(RL)是机器学习(ML)的一个领域，涉及软件智能体应该如何在环境中采取行动，以最大限度地提高累积奖励。”以下是一些关键术语的翻译：

▲ **机器学习**是指基于采样数据的预测/推理。

▲ **采取行动**≡反馈。也就是说，根据观测为每个 k 选择 $u(k)$[⊖]。

▲ **软件智能体**≡策略 ϕ。这就是机器学习的用武之地：ϕ 的创建基于在“环境”中收集的大量训练数据。

▲ **累积奖励**≡成本总和的负数，如式(2.24)，但包含输入：

$$\text{累积奖励}=-\sum_k c(x(k),u(k))$$

学术界强调的是真正的无模型 RL，其大部分理论都建立在下一章中讨论的最优控制概念之上。其中一些主要想法可以在这里进行讲述。

下面是关于当前如何制定 RL 算法的背景知识。认真考虑其他替代方案——记住，这个领域还很年轻！

2.5.1 演员-评论家

强化学习的*演员-评论家*算法是在随机控制的背景下专门设计的，因此这是第二部分的主题。这些术语的起源值得在这里解释一下。给定一族参数化的策略$\{\phi:\theta\in\mathbb{R}^d\}$，它们扮演着演员的角色。对于每个 θ，我们(或我们的“软件智能体”)可以在所选策略下观测状态过程 $\boldsymbol{x}$ 的特征。然后由设想中的“评论家”准确地计算相关的价值函数J_θ，但在现实情况中，我们只有一个估计。

由于在本书中，我们是在最小化成本而不是最大化奖励，因此演员-评论家算法的输出是最小值，

$$\theta^*=\arg\min_\theta\langle\nu,J_\theta\rangle \tag{2.51}$$

其中$\nu\geqslant 0$ 为状态权重。这将被定义成一个和式：

$$\langle\nu,J_\theta\rangle=\sum_i J_\theta(\boldsymbol{x}^i)\,\nu(\boldsymbol{x}^i)$$

其中，$\nu(\boldsymbol{x}^i)$对于“重要状态”而言取值相对较大。

4.6 节将探讨使用*无梯度优化*方法求解式(2.51)。这些算法旨在近似 4.4 节中概述的真正的梯度下降优化算法，通常称为“纯演员方法”(actor-only method)。第 10 章将解释演员-评论家方法的含义。

这是 ML 的一个示例：为了进行预测或分类，需要在大型函数类上优化一个复杂的目标函数(在这种情况下，我们正在预测最佳策略)。5.1 节将简要介绍 ML。

2.5.2 时间差分

*在哪里能找到评论家？*也就是说，我们如何在没有模型的情况下估计一个价值函数？一个答案就在既定策略动态规划方程的样本路径表示中，在式(2.30)中已公布过。对于任何

⊖ 术语特征通常用于指代图 2.1 中所示的观测过程 $\boldsymbol{y}$。

θ，我们有

$$J_\theta(\boldsymbol{x}(k))=c(\boldsymbol{x}(k),\boldsymbol{u}(k))+J_\theta(\boldsymbol{x}(k+1)),\quad k\geqslant 0,\quad \boldsymbol{u}(k)=\phi^\theta(\boldsymbol{x}(k))$$

我们可能会寻求一个近似 $\hat{J}$ 来很好地逼近这个恒等式。这启发了 RL 算法中常用的时间差分(Temporal Difference，TD)序列：

$$\mathcal{D}_{k+1}(\hat{J})\stackrel{\text{def}}{=}-\hat{J}(\boldsymbol{x}(k))+\hat{J}(\boldsymbol{x}(k+1))+c(\boldsymbol{x}(k),\boldsymbol{u}(k)),\quad k\geqslant 0,\quad \boldsymbol{u}(k)=\phi^\theta(\boldsymbol{x}(k)) \tag{2.52}$$

收集 N 个观测值后，我们得到均方损失：

$$\Gamma^\varepsilon(\hat{J})=\frac{1}{N}\sum_{k=0}^{N-1}[\mathcal{D}_{k+1}(\hat{J})]^2 \tag{2.53}$$

然后我们面临另一个机器学习问题：在一个给定的类中，对所有的 $\hat{J}$ 最小化这个目标函数(例如，这是神经网络经常发挥作用的地方)。

如果可以使式(2.53)接近于 0，就可以得到一个很好的价值函数估计。除了应用于演员-评论家方法之外，还有 TD 和 Q 学习技术，它们可用来最小化式(2.53)或替代项，同时它们也是更大的 RL 工具箱的一部分。

2.5.3　老虎机与探索

假设我们的策略很好。也许它在任何意义下都不是最优的，但是 $\boldsymbol{x}(k)\to\boldsymbol{x}^e,\boldsymbol{u}(k)\to\boldsymbol{u}^e$ 会随着 $k\to\infty$ 快速变化，其中极限满足 $c(\boldsymbol{x}^e,\boldsymbol{u}^e)=0$。然后，我们通常会有连续性表示：

$$\lim_{k\to\infty}[-\hat{J}(\boldsymbol{x}(k+1))+\hat{J}(\boldsymbol{x}(k))-c(\boldsymbol{x}(k),\boldsymbol{u}(k))]=-\hat{J}(\boldsymbol{x}^e)+\hat{J}(\boldsymbol{x}^e)-c(\boldsymbol{x}^e,\boldsymbol{u}^e)=0 \tag{2.54}$$

由此可见，我们并没有通过式(2.52)进行太多观测。如果 N 非常大，则有 $\Gamma^\varepsilon(\hat{J})\approx 0$。这基本上摧毁了对价值函数进行可靠估计的所有希望。换言之，一个好的策略不会导致对状态空间的充分探索。

引入探索的方法有很多种。例如，我们可以按如下方式调整标准：用 $\Gamma^\varepsilon(\hat{J};\boldsymbol{x})$ 表示在 $\boldsymbol{x}(0)=\boldsymbol{x}$ 时获得的均方损失。与其进行很长时间的运行，不如从许多个($M>1$)初始条件执行很多较短的运行。要最小化的损失函数是下面的平均值：

$$\Gamma(\hat{J})=\frac{1}{M}\sum_{i=1}^{M}\Gamma^\varepsilon(\hat{J};\boldsymbol{x}^i) \tag{2.55}$$

选择样本 $\{\boldsymbol{x}^i\}$ 的最佳方式则可以作为一个研究课题。

另一种方法是让输入进行探索。通过引入“噪声”对该策略进行轻微修改：

$$\boldsymbol{u}(k)=\breve{\phi}(\boldsymbol{x}(k),\ \xi(k))$$

例如，$\{\xi(k)\}$ 可能是一个标量信号，定义为正弦波的混合。定义的噪声策略满足如下条件：

(i)对于“大多数的 k”，有 $\breve{\phi}(\boldsymbol{x}(k),\xi(k))\approx\phi^\theta(\boldsymbol{x}(k))$。

(ii)状态过程“探索”。特别地，设计该策略以避免 $(\boldsymbol{x}(k),\boldsymbol{u}(k))$ 收敛到任意极限值。

这是一种粗略的方法，因为通过改变输入过程，相关的价值函数也会改变。我们将在第

4 章和第 5 章，以及本书的第二部分讲述更明智的方法：Q 学习和“异策略 SARSA”可能也是围绕这样的探索性策略设计的，总的来说，这些算法是经过精心设计的，以避免探索中的偏见。

探索理论只有在非常特殊的背景下才是成熟的：多臂老虎机。针对老虎机，你把钱放入机器，拉一次拉杆(臂)，希望弹出更多的钱。一个更合理的应用是在广告业，其中“拉杆(臂)”是一个广告(需要花钱)，广告商希望广告播出后可以促进销售，从而带来更多收入。启发式和科学有着悠久的历史，只基于对候选人广告表现的噪声观测，就可以创建成功的算法来实现利润最大化(文献[216]是对老虎机理论的很好参考，7.8 节包含了一个简短的概述)。在这里，“探索/利用”的权衡最为明显：为了学习最佳策略，你必须接受探索过程中的一些收入损失，然后随着你对自己的估计越来越有信心而“利用”策略。

在控制应用中，情况要复杂得多：想象一下，对于每个状态 $x(k)$，都有一个多臂老虎机。在时间 k 时“拉动臂 a”意味着选择 $\boldsymbol{u}(k)=a\in U$。老虎机理论的概念已经引导了启发式方法，并用其最大限度地平衡 RL 中出现的探索/利用的矛盾。这也是一个令人兴奋的未来研究方向[171,307]。

2.6 如何忽略噪声

很难向一个没有概率论背景的学生准确地解释这一问题。如果你对随机过程有所了解，那么可以浏览 7.2 节：你将在 7.2 节学习如何基于更详细和复杂的随机状态空间模型构建一个确定性的“流体模型”或“平均场模型”，并为基于更简单模型的控制设计找到依据。

对这个问题的务实回答是，我们很少有一个可靠的扰动模型，所以我们不对它们进行建模，但也不忽略它们。也就是说，我们试图创造一种对扰动不太敏感的控制结构。为此，存在一个很好的鲁棒控制理论，尽管这里的“鲁棒性”也仅仅是关于某些不确定性类中的扰动。鲁棒控制理论最成功的成果主要依赖于频域概念。例如，假设扰动(图 2.1 中的 d)在很大程度上局限于较低的频率，而测量噪声(图中右侧的 w)局限于较高的频率。

非线性控制系统的证明基于李雅普诺夫函数技术。如 2.4.3 节所述，我们通过一个李雅普诺夫函数 V 来确定控制系统平衡点的稳定性，然后证明，即使在模型 F 中有误差，或者存在扰动 d，V 仍将继续具有式(2.31)中的“负漂移”特性。

最后，通过物理学或 7.2 节中所概述的技术得到的理想的“无干扰”模型，通常为控制系统平衡点的结构提供了大量的深刻见解。我们可以利用这一见解来构建强化学习的架构。

2.7 示例

2.7.1 华尔街

让我们从一个显然不属于本章的例子开始。在互联网浏览器上搜索“闪崩”，可以看到股价在许多时间尺度上剧烈波动的图像。虽然在本书的这个阶段，我们几乎没有介绍用于控制设计的工具，但许多有趣的建模问题将有助于说明控制和 RL 哲学。

控制问题在哪

让我们考虑股票投资组合管理的具体问题。目标是创建一个计算机程序来决定每秒可以购买或出售哪些股票。目标是“利润最大化”，但也要考虑风险问题，如果没有概率和统计工具，风险是不容易定义的。

也许更重要的是，这个控制问题不是集中式的。请考虑图 2.1 是如何解释股票交易的。这个过程就是全球经济以及随之而来的一切！状态反馈和观测器这两个模块是成千上万的个体决策者(“智能体”)的结果，这些决策者预测未来价格(和其他事件)，并采用优化策略进行在线决策。轨迹生成对于每个智能体也将是本地的：这可能代表有关新计算机、新员工或靠近华尔街的新办公室的采购订单的决策。

总结：股票交易是一种博弈而不是一个经典的控制问题，但这并不妨碍我们对其进行讨论。作为个人(或为他人设计软件的公司)，我们可以将“过程”与所有其他参与者的行为一起视为一个更大的过程。强化学习是一种很有吸引力的控制设计方法，因为学习(或训练)不需要详细的模型(尽管训练需要大量数据)。

这是控制中体现测量环节和执行环节价值的一个很好的例子。你的测量越好，在最优控制解决方案中可以期望赚到的钱就越多——没有比这更好的例子来说明这一点了。*Flash Boys* 这本书包含了对执行作用的一种大众处理方式——特别是反馈回路中的延迟成本[223](另见文献[30])。据称，将响应延迟减少一毫秒可以节省数百万美元！

状态反馈

我们如何解释 $\boldsymbol{u}(k)=\boldsymbol{\phi}(\boldsymbol{x}(k))$？鉴于前面对股票投资组合管理问题的描述，输入 $\boldsymbol{u}(k)$ 很容易理解。

什么是状态 $\boldsymbol{x}(k)$？笔者不知道，也不会相信任何声称自己知道答案的人！传统上，我们将价格视为一个随机过程，它根据数百万公民和数百家公司的执行动作而演变。存在基于鞅和测度变化的建模理论，因此，数理金融方面的理论可以为如何构建状态过程提供相关认识。一个快速的“直觉反应”可能是这样的：$\boldsymbol{x}(k)=\boldsymbol{x}^0(k)$，代表在时间 k 时所有股票价格的向量。在没有任何金融知识的情况下，直觉告诉我，这将是一个巨大的错误。以下是许多人在进一步思考后添加的样例：

(i)过去的价格历史。从趋势和波动两个方面考察最近的表现是很重要的。

(ii)价格预测。你可能有内幕消息。你可能会意识到，某些有影响力的人的推文(tweet)可以洞察他人的决策，从而影响股价。

(iii)目标是什么？一旦你有了回报和风险的公式，就要确保这些基本量是你的状态过程的函数。

然后你将拥有一个非常高维的向量 $\boldsymbol{x}(k)$，剩下的就是寻找反馈律 ϕ。

不存在精确的状态描述。即使可获得状态空间模型，也无法直接观察到完整的状态(我们仍然希望使用“辅助信息”，例如，CEO 和政客的推文)。附录 C 包含对部分可观测控制问题的置信状态(Belief State)的总结。为控制目的而创建完全可观测的状态是一种完美方式，但在复杂性方面会带来巨大成本。

以下是一些简单示例，用于说明如何应用本书中所开发的方法。由于微积分和经典力学的完美和成熟，我们将用连续时间形式展示相应的模型。

2.7.2 山地车

本示例的目标是驾驶一辆发动机非常弱的汽车到达一座非常高的山的顶端，如图 2.9 所示。

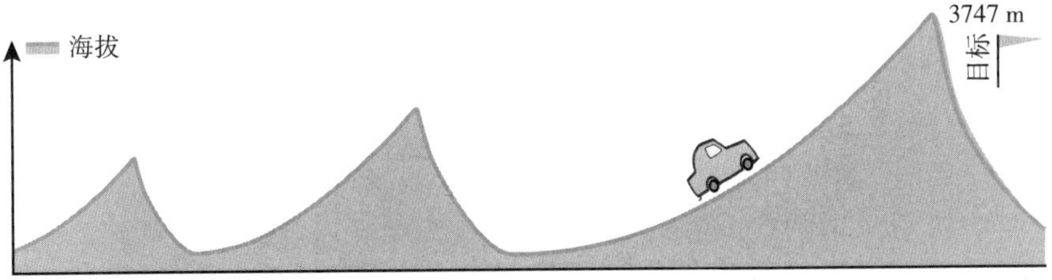

图 2.9 山地车

使用位置和速度$\boldsymbol{x}_t=(z_t,v_t)^{\top}$得到一个二维状态空间模型，输入 u 是节气门位置(汽车倒车时为负)。下面，状态空间被定义为一个矩形区域：

$$X=[z^{\min},z^{\text{goal}}]\times[-\bar{v},\bar{v}]$$

其中$z^{\min}$是位置z_t的下限，且目标位置是z^{goal}。约束$\boldsymbol{x}_t\in X$意味着速度v_t的大小受$\bar{v}>0$限制。

在 RL 文献中，这个例子是在文献[264]中给出的，并从此成为最受欢迎的基础例子[338]。

使这个问题变得有趣的是，发动机非常弱，以至于汽车无法凭借某些初始条件直接到达山顶。一个成功的策略有时是让汽车倒车，并以最大速度远离目标，到达左侧更高的高度。这可能需要几个来回才能达到目标。

连续时间模型可以基于汽车上的两个力来构建，如图 2.10 所示。为了获得一个简单的模型，我们需要注意距离概念：$z^{\text{goal}}-z_t$表示沿着道路到目标的路径距离，它与图 2.9 中沿横轴的距离不同。根据这一惯例，牛顿定律给出

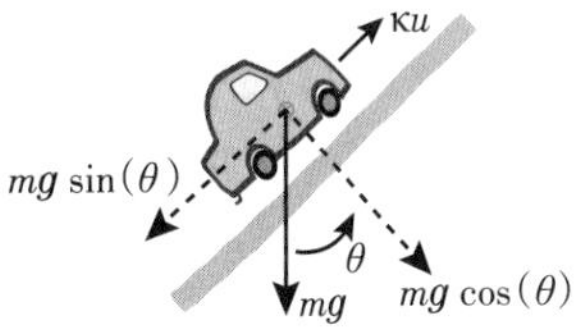

图 2.10 山地车上的两个力

$$ma=m\frac{\mathrm{d}^2}{\mathrm{d}t^2}z=-mg\sin(\theta)+\kappa u$$

对于状态 $\boldsymbol{x}=(z,v)^{\top}$，我们得到二维状态空间模型：

$$\begin{aligned}\frac{\mathrm{d}}{\mathrm{d}t}x_1&=x_2\\ \frac{\mathrm{d}}{\mathrm{d}t}x_2&=\frac{\kappa}{m}u-g\sin(\theta(x_1))\end{aligned}\qquad(2.56)$$

其中 $\theta(x_1)$ 是 $z=x_1$ 时的道路坡度。

对势能 $\mathcal{U}$ 的观察告诉我们可以从哪些状态无控制地达到目标[在式(2.56)中令 $u=0$]。势能与海拔成正比，可以通过对 $-F(z)$ 进行积分来计算。对于无控制模型，我们有 $-F(z)=mg\sin(\theta(z))$，因此

$$\mathcal{U}(z)=\mathcal{U}(0)+mg\int_0^z \sin(\theta(z))\,\mathrm{d}z \tag{2.57}$$

文献[338]的第 10 章中采用的该模型使用了以下数值：

$$\kappa/m=1,\quad g=2.5,\quad \theta(z)=\pi+3z$$

在这种情况下，式(2.57)给出 $\mathcal{U}(z)=\mathcal{U}(0)+mg\sin(3z)/3$。图 2.11 显示了势能是区间 $[z^{\min},z^{\text{goal}}]$ 上 z 的函数。它在 z^{goal} 处有一个唯一的最大值，这意味着对于任何满足 $z(0)<z^{\text{goal}}$ 和 $v(0)\leqslant 0$ 的初始条件，都需要施加外力才能达到目标。

目标是否可以达到？我们再次检查势能。将力视为 z 的函数，其中对于所有 k，有 $u(k)=1$。我们得到 $-F(z)=mg\sin(\theta(z))-\kappa$，得到的势能是积分，表示为 $\mathcal{U}^1(z)=\mathcal{U}(z)-\kappa z$，如图 2.11 所示。我们现在有 $\mathcal{U}(z^{\min})>\mathcal{U}(z^{\text{goal}})$，因此，从 $z(0)=z^{\min}$ 开始，我们将通过这个开环控制律达到目标。

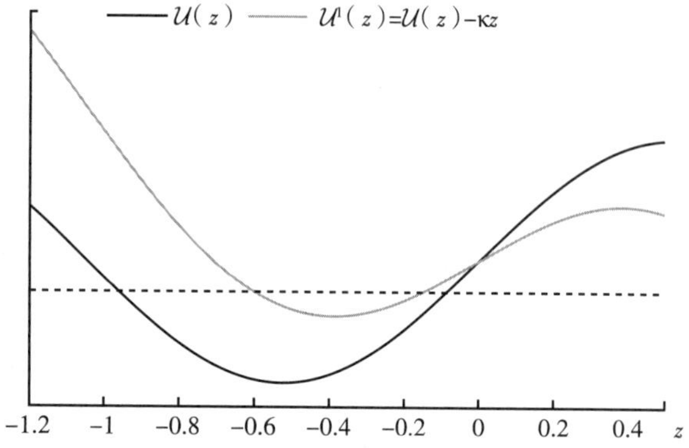

图 2.11　山地车的势能

考虑初始位置 $z^0=-0.6$，其中 $\mathcal{U}^1(z^0)$ 用虚线表示，令 z^1 表示满足 $z^1>z^0$ 和 $\mathcal{U}^1(z^1)=\mathcal{U}^1(z^0)$ 的另一个值。如果对于所有 k 有 $u(k)=1$，则在初始条件 $z^0=-0.6$ 和 $v(0)=0$ 的情况下，汽车最初将向右移动，并在时间 t_1 停止，其中 $z(t_1)=z^1$。然后它会反转方向，直到它停在位置 z^0，并且这个过程会重复。

文献[338]的第 10 章采用了离散时间模型。基于采样间隔为 $\Delta=10^{-3}$ 的 ODE 进行采样：使用符号 $\boldsymbol{x}(k)=(z(k),v(k))^{\top}$，

$$z(k+1)=[\![z(k)+\Delta v(k+1)]\!]_1 \tag{2.58a}$$

$$v(k+1)=[\![v(k)+\Delta[u(k)-2.5\cos(3z(k))]]\!]_2 \tag{2.58b}$$

通过将式(2.58b)中 $v(k+1)$ 的表达式代入式(2.58a)的右侧，可以将其表示为式(2.6a)的形式。

使用 $\theta(z)=\pi+3z$，该模型与式(2.56)一致。括号表示将 $z(k+1)$ 的值投影到区间 $[z^{\min},z^{\text{goal}}]$，并将 $v(k+1)$ 的值投影到区间 $[-\bar{v},\bar{v}]$。此外，当 $z(k)=z^{\min}$ 时施加约束 $v(k)\geqslant 0$，并且当 $z(k)=z^{\text{goal}}$ 时，$v(k)=0$（汽车一旦到达目标就停下来）。在数值实验中选择以下值：

$$z^{\min}=-1.2,\quad z^{\text{goal}}=0.5,\quad \bar{v}=70 \tag{2.58c}$$

这是一个让你登上顶峰的积极策略：无论你朝哪个方向前进，都以最大速度朝那个方向加速(假定这是可行的)：

$$u(k)=\begin{cases}0 & z(k)=z^{\text{goal}}\\ \text{sign}(v(k)) & \text{其他}\end{cases} \tag{2.59}$$

如果 $v(k)=0$，则 $\text{sign}(v(k))$ 可以取为 1 或 -1，但受 $v(k+1)\neq 0$ 的约束。

2.7.3　磁球

图 2.12 中所示的磁悬浮金属球将用于说明几个重要的建模概念。特别地，它展示了如何将一组非线性微分方程转换为状态空间模型，以及如何通过形如式(2.20)的线性状态空间模型对其进行近似。可以在讲义[29]中找到控制系统方面的更多详细信息。

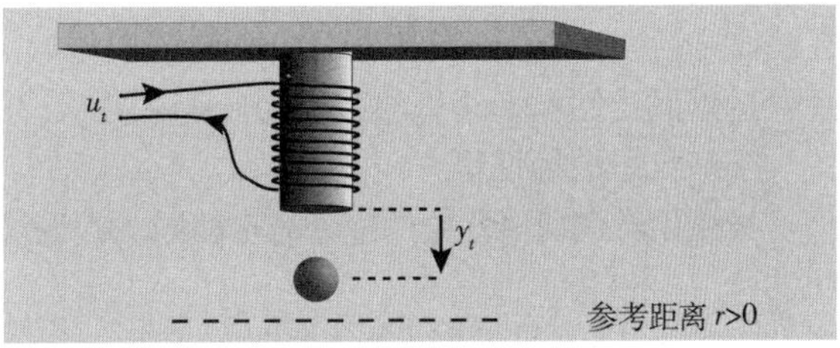

图 2.12　磁悬浮金属球

输入 u 是施加到电磁铁的电流，输出 y 是球中心与磁铁底部边缘之间的距离。由于在该系统的输出端无法区分正输入和负输入，因此这不可能是线性系统。由电流输入引起的向上力大约与 u^2/y^2 成正比，因此根据平移运动的牛顿定律，我们采用以下模型：

$$ma=m\frac{\mathrm{d}^2}{\mathrm{d}t^2}y=mg-\kappa\frac{u^2}{y^2}$$

其中，g 是引力常数，κ 是某个取决于磁铁和球的物理特性常数。

控制设计目标：保持与磁铁的距离为某个参考值 r。

我们获得状态空间模型作为控制设计的第一步。该输入-输出模型可以转换为状态空间形式，以获得类似于式(2.16)和式(2.18)中 ARMA 模型的可控规范型描述：使用 $x_1=y$ 和 $x_2=\frac{\mathrm{d}}{\mathrm{d}t}y$，

$$\frac{\mathrm{d}}{\mathrm{d}t}x_1=x_2,\quad \frac{\mathrm{d}}{\mathrm{d}t}x_2=g-\frac{\kappa}{m}\frac{u^2}{x_1^2}$$

其中后一个等式由公式 $\frac{\mathrm{d}}{\mathrm{d}t}x_2=\frac{\mathrm{d}^2}{\mathrm{d}t^2}y$ 得出。这两个方程定义了形如式(2.19)的二维状态空间模型：

$$\frac{\mathrm{d}}{\mathrm{d}t}x_1=x_2=f_1(x_1,x_2,u) \tag{2.60a}$$

$$\frac{\mathrm{d}}{\mathrm{d}t}x_2=g-\frac{\kappa}{m}\frac{u^2}{(x_1)^2}=f_2(x_1,x_2,u) \tag{2.60b}$$

上式为非线性的，因为f_2是x的非线性函数，而且状态空间是受约束的：$X=\{x\in\mathbb{R}^2:x_1\geqslant 0\}$。

假设施加一个固定电流$u^\circ>0$，且状态x°为平衡点：$f(x^\circ,u^\circ)=0$。根据式(2.60a)中f_1的定义，必须有$x_2^\circ=0$，并在式(2.60b)中将$f_2(x^\circ,u^\circ)$设为0，有

$$x_1^\circ=\sqrt{\frac{\kappa}{mg}}u^\circ>0 \tag{2.61}$$

如果控制设计非常成功，并且对于所有t，有$\boldsymbol{x}_t=(r,0)^{\mathrm{T}}$，那么我们必须有

$u_t=u^\circ$，　$t\geqslant 0$，其中$u^\circ=r\sqrt{mg/\kappa}$，即当$x_1^\circ=r$时，式(2.61)的解

当然，我们并不期望这种“开环”方法会成功。如果我们实际上是成功的，对于所有t(可能在瞬态之后)，有$x_t\approx r$，那么我们也应该期望$u_t\approx u^\circ$。为实现这一目标而设计的反馈律通常是通过近似线性模型获得的，称为线性化。

平衡状态的线性化

线性化与式(2.49)中的定义完全相同。假设信号x_1,x_2，和u保持靠近不动点$(x_1^\circ,x_2^\circ,u^\circ)$，并写成

$$x_1=x_1^\circ+\tilde{x}_1$$
$$x_2=x_2^\circ+\tilde{x}_2$$
$$u=u^\circ+\tilde{u}$$

其中$\tilde{x}_1,\tilde{x}_2$和$\tilde{u}$是小振幅信号。根据式(2.60)，有

$$\frac{\mathrm{d}}{\mathrm{d}t}\tilde{x}_1=x_2^\circ+\tilde{x}_2=\tilde{x}_2$$
$$\frac{\mathrm{d}}{\mathrm{d}t}\tilde{x}_2=f_2(x_1^\circ+\tilde{x}_1,x_2^\circ+\tilde{x}_2,u^\circ+\tilde{u})$$

对第二个方程的右侧应用一阶泰勒级数展开，得到

$$\frac{\mathrm{d}}{\mathrm{d}t}\tilde{x}_2=f_2(x_1^\circ,x_2^\circ,u^\circ)+\left.\frac{\partial f_2}{\partial x_1}\right|_{(x_1^\circ,x_2^\circ,u^\circ)}\tilde{x}_1+\left.\frac{\partial f_2}{\partial x_2}\right|_{(x_1^\circ,x_2^\circ,u^\circ)}\tilde{x}_2+\left.\frac{\partial f_2}{\partial u}\right|_{(x_1^\circ,x_2^\circ,u^\circ)}\tilde{u}+d$$

最后一项d表示泰勒级数近似中的误差。计算偏导数后，我们得到

$$\frac{\mathrm{d}}{\mathrm{d}t}\tilde{x}_1=\tilde{x}_2$$
$$\frac{\mathrm{d}}{\mathrm{d}t}\tilde{x}_2=\alpha\tilde{x}_1+\beta\tilde{u}+d,\ \text{其中}\ \alpha=2\frac{\kappa}{m}\frac{(u^\circ)^2}{(x_1^\circ)^3},\beta=-2\frac{\kappa}{m}\frac{u^\circ}{(x_1^\circ)^2}$$

这可以表示为具有扰动的线性状态空间模型：

$$\frac{\mathrm{d}}{\mathrm{d}t}\tilde{x}=\begin{bmatrix}0 & 1\\ \alpha & 0\end{bmatrix}\tilde{x}+\begin{bmatrix}0\\ \beta\end{bmatrix}\tilde{u}+\begin{bmatrix}0\\ 1\end{bmatrix}d,\qquad \tilde{y}=\tilde{x}_1 \tag{2.62}$$

式(2.62)中有一个隐藏的近似值，因为 d 实际上是 (x,u) 的非线性函数。在控制设计中，通过令 $d\equiv 0$，将该近似值进一步提高，以获得式(2.20)。虽然近似模型对于仿真不是很有用，但通常会产生有效的控制解决方案。

2.7.4　倒立摆

下一个示例倒立摆[⊖]在控制系统文献[14,258,331]中有着悠久的历史，并且在 Barto 等人[26]的早期研究中被引入到 RL 文献中。它是今天 openai.com 上流行的测试示例。从控制教育的角度来看，倒立摆的历史可以在文献[385]中找到，它提供了状态为 $\boldsymbol{x}=(z,\dot{z},\theta,\dot{\theta})$ 的动态方程，其中 z 是小车的水平位置，角度 θ 如图 2.13 所示。

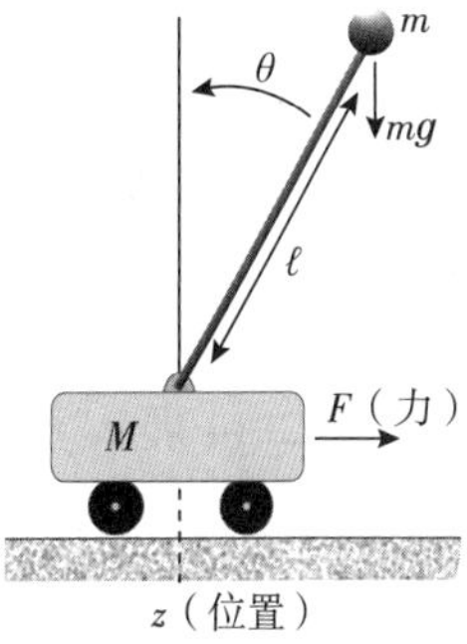

图 2.13　倒立摆

控制设计目标是调节并保持杆的平衡：当小车以某个所需速度或某个所需固定位置移动时，保持 $\theta=0$。上述文献描述了几种成功的策略，可以在没有过多能量的情况下将杆摆动到所需位置。文献[385]中使用的归一化模型如下所示：

$$
\begin{aligned}
&\frac{\mathrm{d}}{\mathrm{d}t}z=\frac{\mathrm{d}}{\mathrm{d}t}x_1=x_2,\frac{\mathrm{d}}{\mathrm{d}t}x_2=u,\\
&\frac{\mathrm{d}}{\mathrm{d}t}\theta=\frac{\mathrm{d}}{\mathrm{d}t}x_3=x_4,\frac{\mathrm{d}}{\mathrm{d}t}x_4=\sin(x_3)-u\cos(x_3)
\end{aligned}
\tag{2.63}
$$

对于任何 z^e，状态方程很容易在平衡点 $u^e=0$ 和 $\boldsymbol{x}^e=(z^e,0,0,0)^{\mathrm{T}}$ 附近线性化：使用一阶泰勒级数近似 $\sin(x_3)\approx x_3$ 和 $\cos(x_3)\approx 1$，类似式(2.62)的推导，我们得到

$$
\begin{aligned}
&\frac{\mathrm{d}}{\mathrm{d}t}\tilde{x}_1=\tilde{x}_2, && \frac{\mathrm{d}}{\mathrm{d}t}\tilde{x}_2=u,\\
&\frac{\mathrm{d}}{\mathrm{d}t}\tilde{x}_3=\tilde{x}_4, && \frac{\mathrm{d}}{\mathrm{d}t}\tilde{x}_4=\tilde{x}_3-u+d
\end{aligned}
\tag{2.64}
$$

忽略“扰动”(误差项) d，式(2.64)是式(2.20)的一种形式，其中

$$
\boldsymbol{A}=\begin{bmatrix}0&1&0&0\\0&0&0&0\\0&0&0&1\\0&0&1&0\end{bmatrix},\quad \boldsymbol{B}=\begin{bmatrix}0\\1\\0\\-1\end{bmatrix}
$$

$\boldsymbol{A}$ 不是赫尔维茨矩阵，其特征值为 ± 1，重复特征值为 0。这在开始时就已预料到：在恒定的“开环”输入 $u_t\equiv 0$ 下，不太可能保持杆摆直立。该线性模型在洞察和设计线性反馈律来保持系统在平衡点附近具有重要价值：

⊖ 倒立摆(CartPole)又叫小车倒立摆、车杆倒立摆。小车上放了一根杆，杆会因重力而倒下。为了不让杆倒下，我们要通过移动小车来保持其直立状态。——译者注

$$\tilde{u}=-K\tilde{x}$$

本书后面的章节将研究通过最优控制技术来获得 4×1 矩阵 $\boldsymbol{K}$ 的方法。

总之，我们知道在平衡点附近做什么，但是，如何将车杆摆动到所需垂直位置，线性化方法并没有提供任何见解。机器人界已经为包括倒立摆在内的一类非线性控制问题开发了巧妙的专门技术(参见文献[14,82,331,385]和习题 3.10 对文献[14]中的方法的介绍)。在不久的将来，我们希望将现有的控制方法与 RL 的无模型技术相结合，以便在更复杂的环境中获得可靠的控制设计。

2.7.5 Pendubot 和 Acrobot

图 2.14 展示了 20 世纪 90 年代出现在伊利诺伊大学机器人实验室的 Pendubot(Pendulum Robot——摆式机器人)的照片以及表示其组件的草图[29,330]。它类似于 Sutton 的 Acrobot[341](Acrobat Robot，杂技机器人)，这是目前在 openai.com 上流行的另一个例子。控制目标类似于倒立摆：从任何初始条件开始，将 Pendubot 摆动到期望的平衡点而不会消耗过多的能量。

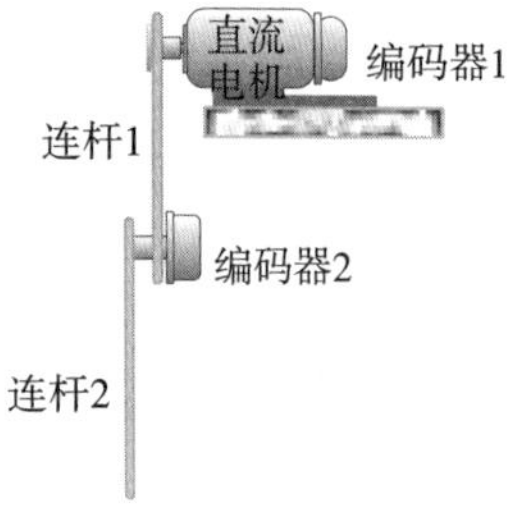

a）Pendubot 组件

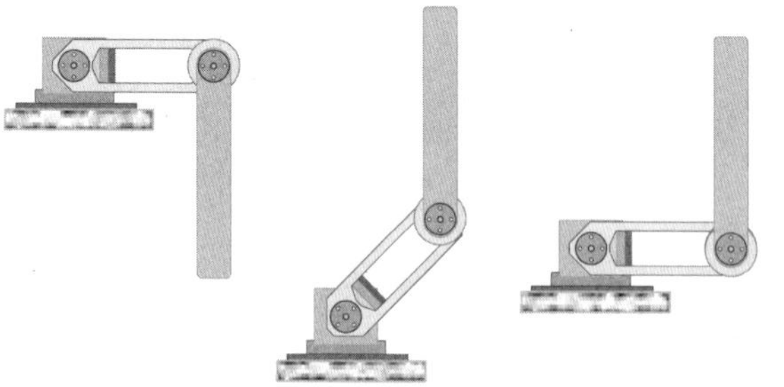

b）三个潜在的平衡点

图 2.14 伊利诺伊州的 Pendubot 及其组件和平衡位置的连续性

文献[330]的前言中解释了这个例子的价值，并将其与倒立摆和 Furuta[137]的一种变体进行了比较：

在工作点处对运动方程进行线性化，并设计一个线性状态反馈控制器，Pendubot 的平衡问题就可能得到解决，这类似于传统的车-杆问题……Pendubot 与传统的车-杆系统以及 Furuta 系统的一个非常有趣的区别在于平衡位置的连续性。Pendubot 的这一特性在教学上有多种用途：可以向学生展示泰勒级数线性化如何依赖于工作点，以及用于控制器切换和增益调度的教学。学生也可以从物理上轻松地理解线性化系统在 $q_1=0,\pm\pi$ 时如何变得不可控。[此处节选指的是图 2.14b 中第一个和第三个图示，以及图 2.15 中所示的 q_1,q_2 关节角度。]

Pendubot 由两个刚性铝制连杆组成：连杆 1 直接连接到安装在桌子末端的直流电机的轴上。连杆 1 还包括用于第二个关节的轴承座。两个光学编码器提供位置测量：一个附在肘关节处，另一个附在电机上。请注意，没有电机直接连接到连杆 2——这使得系统的垂直控制非常困难，如图 2.14 所示。

系统动力学可以使用机器人教科书中所谓的欧拉-拉格朗日方程来推导[332]。

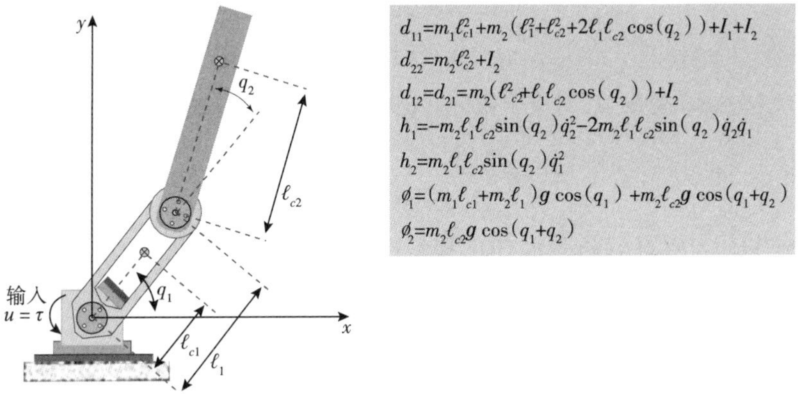

图 2.15　Pendubot 的坐标描述：ℓ_1 为第一个连杆的长度，ℓ_{c1}，ℓ_{c2} 为各连杆到质心的距离。变量 q_1，q_2 是各个连杆的关节角度，输入是施加到下关节的力矩

$$d_{11}\ddot{q}_1+d_{12}\ddot{q}_2+h_1+\phi_1=\tau \tag{2.65a}$$

$$d_{21}\ddot{q}_1+d_{22}\ddot{q}_2+h_2+\phi_2=0 \tag{2.65b}$$

其中，变量可以从图 2.15 中推断出来。因此，该模型可以写成状态空间形式，$\frac{\mathrm{d}}{\mathrm{d}t}\boldsymbol{x}=f(\boldsymbol{x},u)$，其中 $\boldsymbol{x}=(q_1,q_2,\dot{q}_1,\dot{q}_2)^{\top}$，$f$ 由前面的等式定义。

该模型允许存在不同平衡：例如，当 $u^e=\tau^e=0$ 时，垂直向下位置 $\boldsymbol{x}^e=(-\pi/2,0,0,0)$ 是一个平衡点，如图 2.14 右侧所示。图 2.14b 中显示了其他三种可能性，每种可能性都有 $\tau^e\neq 0$。

第五个平衡点是在直立的垂直位置获得的，其中 $\tau^e=0$ 且 $\boldsymbol{x}^e=(-\pi/2,0,0,0)^{\top}$。从图 2.14 的左图中可以清楚地看出，直立平衡点在 $\tau=0$ 的情况下是非常不稳定的，物理系统不太可能保持静止。尽管如此，速度向量消失了，$f(\boldsymbol{x}^e,0)=\mathbf{0}$，因此根据定义，直立位置在 $\tau=0$ 时处于平衡点。

尽管它们很复杂，但我们可以在垂直平衡点处再次将这些方程线性化。在输入 u 等于施加的扭矩，输出 y 等于下连杆角度的情况下，由此产生的状态空间模型由以下矩阵集定义，该矩阵集在文献[330]所描述的 20 世纪 90 年代的经典系统中给出：

$$\boldsymbol{A}=\begin{bmatrix}0 & 1.0000 & 0 & 0\\ 51.9243 & 0 & -13.9700 & 0\\ 0 & 0 & 0 & 1.0000\\ -52.8376 & 68.4187 & 0 & 0\end{bmatrix},\quad \boldsymbol{B}=\begin{bmatrix}0\\ 15.9549\\ 0\\ -29.3596\end{bmatrix}$$

$$\boldsymbol{C}=[1\quad 0\quad 0\quad 0],\qquad \boldsymbol{D}=\mathbf{0} \tag{2.66}$$

后记

对于那些本科学过控制系统课程的人来说，他们知道相关的传递函数具有一般形式

$$P(s)=k\frac{(s-\gamma)(s+\gamma)}{(s-\alpha)(s+\alpha)(s-\beta)(s+\beta)}$$

其中 $k>0$，$0<\alpha<\gamma<\beta$。变量“s”对应于微分。记作

$$P(s)=k\frac{s^2-\gamma^2}{s^4-2(\alpha^2+\beta^2)s^2+\alpha^2\beta^2}$$

传递函数符号 $Y(s)=P(s)U(s)$ 表示 ODE 模型：

$$\frac{\mathrm{d}^4}{\mathrm{d}t^4}\tilde{y}-2(\alpha^2+\beta^2)\frac{\mathrm{d}^2}{\mathrm{d}t^2}\tilde{y}+\alpha^2\beta^2\tilde{y}=k\left[\frac{\mathrm{d}^2}{\mathrm{d}t^2}u-\gamma^2u\right]$$

$P(s)$ 的分母的根为 $\{\pm\alpha,\pm\beta\}$，这对应于 $\boldsymbol{A}$ 的特征值。正的特征值意味着 $\boldsymbol{A}$ 不是赫尔维茨矩阵。对于正值 $s_0=\gamma$ 有 $P(s_0)=0$ 这一事实意味着更多的坏消息（这个主题远远超出了本书的范围，但是右半平面中零点对传递函数的影响值得阅读一些基础教材，例如，文献[7,15,76,205]）。

2.7.6 合作赛艇

在划桨船上，每个划手都有两个桨，船的两侧各有一个。这里讨论的控制系统涉及作为单个团队一部分的 N 个单独的赛艇运动员（即每艘船只有一个赛艇运动员）的协调。你可以在图 2.16 的左侧看到 N 个队友中的 5 个。该团队的目标是保持以恒定速度驶向目标（比如考艾岛），并保持船只之间的“安全距离”。

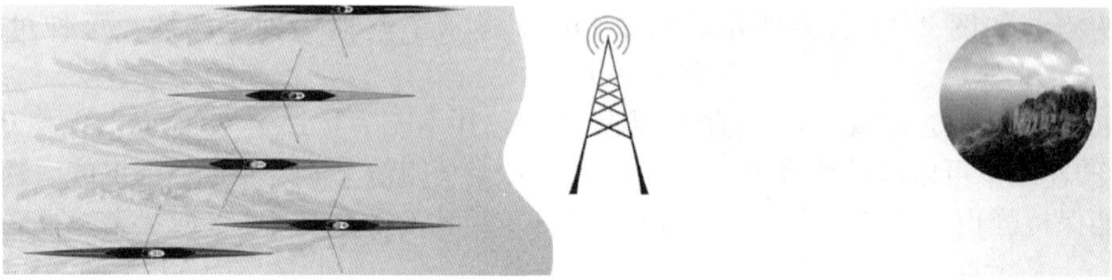

图 2.16 有部分信息的合作赛艇

状态空间模型可以表述如下。设 z_t^i 表示与原点的距离，u_t^i 是赛艇运动员在时间 t 施加的力。考虑到阻力随速度的增加而增加，并再次应用牛顿定律 $f=ma$，可以得出以下系统方程：

$$\frac{\mathrm{d}^2}{\mathrm{d}t^2}z^i=-a_i\frac{\mathrm{d}}{\mathrm{d}t}z^i+b_iu^i-d^i$$

其中 $\{a_i,b_i\}$ 是正标量，扰动 $\{d_t^i\}$ 是未建模的。如果我们忽略扰动（出于控制设计的目的），我们可以将划船博弈视为线性二次最优控制问题：这是 3.1 节和 3.6 节中涵盖的主题。我们将看到以下形式的策略：

$$u^i=\boldsymbol{K}^i\boldsymbol{x}+r^i$$

其中 $\boldsymbol{x}$ 是所有赛艇运动员的位置和速度的 $2N$ 维向量，$\boldsymbol{K}^i$ 是 $2N$ 维行向量，r^i 是取决于跟踪目标的时间标量函数。该策略的实施要求每个赛艇运动员每次都知道其他赛艇运动员的位置和速度。让我们考虑一下，如果没有这么多数据，赛艇运动员将如何合作。

想象一下，每个划船者只看到左右最近的邻居。这将规模为 N 的团队分成(重叠的)规模为 3 的子团队，这些子团队单独协调。不幸的是，众所周知，如果 N 很大，这种分布式控制架构会导致船只相对于远处岛屿的位置出现大幅振荡[130]。

平均场博弈理论表明，只需一点全局信息即可获得更稳健的策略：假设在每个时间 t，赛艇运动员 i 可以访问三个标量观测值：她自己的位置和速度 z_t^i，v_t^i，以及所有赛艇运动员的平均位置：

$$\bar{z}_t=\frac{1}{N}\sum_{j=1}^{N} z_t^j \tag{2.67}$$

一种可能性是假设 $\boldsymbol{x}_t^i=(z_t^i,v_t^i,\bar{z}_t)^{\mathsf{T}}$ 根据形如式(2.19)的状态空间模型进行演化，在这种情况下，搜索状态反馈策略 $u_t^i=\phi^i(\boldsymbol{x}_t^i)$ 是合适的。

在确定该策略的架构之前，考虑目标是至关重要的。由于我们假设安全距离是通过一个独立的控制机制来管理的，因此只有两种：对于所有大的 t，

$$z_t^i\approx \bar{z}_t,\qquad v_t^i=\frac{\mathrm{d}}{\mathrm{d}t}z_t^i\approx v^{\mathrm{ref}}$$

基于 2.3.2 节的讨论，通过引入第四个变量，我们可以获得更好的协调，该变量定义为位置误差的积分

$$z_t^{Ii}=z_0^{Ii}+\int_0^t[z_r^i-\bar{z}_r]\,\mathrm{d}r$$

或者粗略近似

$$z_t^{Ii}=z_0^{Ii}+\int_0^t \mathrm{e}^{\varrho(t-r)}[z_r^i-\bar{z}_r]\,\mathrm{d}r$$

其中$\varrho>0$，一旦我们做出选择，就会搜索一个定义为四个变量的函数的策略，$u_t^i=\phi^i(z_t^i,v_t^i,\bar{z}_t,z_t^{Ii})$。

然而，不要忘记，这是一个博弈。对于所有的 $j=i$，ϕ^i 的“最佳”选择将取决于 ϕ^j 的选择。我们可能会尝试“最佳响应”方案，这些方案旨在学习一组对所有人都有效的策略 $\{\phi^i:1\leqslant i\leqslant N\}$。AlphaZero[322] 中的 RL 训练背后也是最佳响应方案。

2.8 习题

2.1 可控规范型。考虑式(2.18)的状态空间模型，其中 $X=\mathbb{R}^3$。

(a) 对于一个 1×3 的增益矩阵 $\boldsymbol{K}$，如果输入由 $u(k)=-\boldsymbol{K}\boldsymbol{x}(k)+v(k)$ 定义，求一个可控规范型的状态空间模型(具有新输入 v)。

(b)对于特殊情况 $n=3$(使得 $\boldsymbol{F}$ 是 3×3 矩阵)，设计 $\boldsymbol{K}$ 以使 $\boldsymbol{F}-\boldsymbol{GK}$ 的特征值均位于 1/2 处。手动执行此计算。你的答案将取决于 $\{a_1, a_2, a_3\}$。基于你的计算解释为什么这被称为可控规范型。

(c)更深入地思考：你解决了控制问题吗？借助于式(2.17)定义的状态 $\boldsymbol{x}(k)$，你会说你已经充分利用了输出测量吗？

如果你感到困惑，可以向你的老师、同学请教，也可以查阅关于状态反馈方法的好书！

2.2　可控性和可观测性。考虑线性状态空间模型

$$\boldsymbol{x}(k+1)=\boldsymbol{F}\boldsymbol{x}(k)+\boldsymbol{G}\boldsymbol{u}(k),\qquad \boldsymbol{x}(0)=\begin{pmatrix}1\\1\end{pmatrix}$$

$$y(k)=\boldsymbol{H}\boldsymbol{x}(k),\text{其中 } \boldsymbol{F}=\begin{bmatrix}0.5 & 1\\0 & 2\end{bmatrix},\boldsymbol{G}=\begin{bmatrix}1\\0\end{bmatrix},\boldsymbol{H}^{\mathrm{T}}=\begin{bmatrix}0\\1\end{bmatrix} \tag{2.68}$$

如果你学过状态空间控制课程，那么你就会知道这个系统是不可控且不可观测的。如果你没有这个背景，那么你可能会在完成本题后猜出这些术语的定义。

(a)你能找到一个反馈律 $\boldsymbol{u}(k)=\phi(\boldsymbol{x}(k))$ 使得输出 $\boldsymbol{y}$ 有界吗？

(b)如果 $\boldsymbol{H}=[1\quad 0]$，情况会有所改善吗？

(c)如果 $\boldsymbol{G}=[0\quad 1]^{\mathrm{T}}$ 会怎样？

2.3　镇定性(stabilizability)。如果存在一个反馈律 $u(k)=\phi(\boldsymbol{x}(k))$，使得闭环系统是全局渐近稳定的，则状态空间模型称为可镇定的(stabilizable)。习题 2.2 中的例子不是可镇定的。

在 $\boldsymbol{F}=\begin{bmatrix}2 & 1\\0 & 0.5\end{bmatrix}$ 和 $\boldsymbol{G}=\begin{bmatrix}1\\0\end{bmatrix}$ 时，执行以下计算：

(a)设计 $u(k)=-\boldsymbol{K}\boldsymbol{x}(k)$ 中的增益，使得 $\boldsymbol{F}-\boldsymbol{GK}$ 具有重复的特征值(你会发现你无法选择该值)。$\boldsymbol{K}$ 是唯一的吗？

(b)求解式(2.43)，将 $\boldsymbol{F}$ 替换为(a)中的闭环矩阵 $\boldsymbol{F}-\boldsymbol{GK}$，且 $\boldsymbol{S}=\boldsymbol{I}$。

(c)令 $y(k)=x_1(k)=\boldsymbol{H}\boldsymbol{x}(k)$。假设我们的目标是确保当 $k\to\infty$ 时，有 $y(k)\to r$，其中 r 是常数。按如下方式修改你的控制设计：

$$u(k)=-K_1\tilde{y}(k)-K_2x_2(k)-K_3z^I(k)$$

其中，$\tilde{y}(k)=y(k)-r$ 且 $z^I(k+1)=z^I(k)+\tilde{y}(k)$[回顾一下围绕式(2.11)的讨论]。找到足够小的 $\bar{K}_3>0$，使得系统在 $0\leqslant K_3\leqslant\bar{K}_3$ 时保持稳定。由于反馈固有的鲁棒性，这是可能的(我们已经验证了 $K_3=0$ 时的稳定性)。

(d)求一个闭环系统的状态空间模型，其增广状态为 $\boldsymbol{x}^a=(x_1, x_2, z^i)$：

$$\boldsymbol{x}^a(k+1)=\boldsymbol{F}^a\boldsymbol{x}^a(k)+\boldsymbol{G}^a r$$

其中 $\boldsymbol{F}^a$ 是 3 × 3 矩阵，$\boldsymbol{G}^a$ 是 3 × 1 矩阵。在 $K_3>0$ 的范围内绘制 $\boldsymbol{F}^a$ 的特征值，并解释你的发现。

(针对你最喜欢的控制设计)求解平衡点方程：$\boldsymbol{x}^a(\infty)=\boldsymbol{F}^a\boldsymbol{x}^a(\infty)+\boldsymbol{G}^a r$。平衡点

$x^a(\infty)$是否与你的控制目标一致?

绘制关于 k 的函数 $y(k)$的图,初始条件为 $x_1(0)>>r$,并验证它是否收敛到期望的极限并以预测的速率收敛。

2.4 考虑标量状态空间模型,$x(k+1)=x(k)-\alpha x(k)^3$。

(a)证明原点在李雅普诺夫意义下是稳定的,并估计吸引区域(这将取决于 α)。

(b)解释为什么这个状态空间模型不是全局渐近稳定的。

状态过程 x 实际上是 ODE $\frac{\mathrm{d}}{\mathrm{d}t}x=-x^3$ 的欧拉近似。关于该解的一些有意义的特性,请参阅习题 2.15。

连续时间控制系统

要模拟一个 ODE,可以在 MATLAB 中尝试 `ode45`,也可以尝试几种 Python 替代方案。

2.5 *积分控制设计*。电炉中的温度 T 由如下线性状态方程主导:

$$\frac{\mathrm{d}}{\mathrm{d}t}T=u+w$$

其中 u 是控制(电压),w 是由于热损失引起的恒定扰动。该方程不是直接可观测到的。希望将温度调节到由设定点 $T=T^0$ 规定的稳态值,其中 T^0 是给定的舒适的温度。以下问题应该手动求解:

(a)设计一个状态加积分反馈控制器,以保证对于任何常量 w,当 $t\to\infty$ 时,有 $T_t\to T^0$。

这可以采用 $u=-K_1(T-T^0)-K_2z^I$ 的形式,其中

$$z_t^I=z_0^I+\int_0^t[T_r-T^0]\,\mathrm{d}r$$

闭环极点应具有自然频率 $\omega_n\approx1$(即定义了闭环状态空间模型的 2×2 矩阵的特征值应满足$|\lambda|\approx1$。)

(b)当 $t\to\infty$ 时,控制 u_t 收敛到什么值?控制器是否已经“学习”了 w?

2.6 根据线性状态空间模型$\frac{\mathrm{d}}{\mathrm{d}t}\boldsymbol{x}=\boldsymbol{A}\boldsymbol{x}$,其中 $\boldsymbol{A}=\begin{bmatrix}-1 & 4\\ 0 & -1\end{bmatrix}$,求解以下问题:

(a)证明 $V(\boldsymbol{x})=\|\boldsymbol{x}\|^2=x_1^2+x_2^2$ 不是一个李雅普诺夫函数。

(b)找到一个二次型函数 V。

(c)考虑欧拉近似 $\boldsymbol{x}(k+1)=\boldsymbol{F}\boldsymbol{x}(k)$,其中 $\boldsymbol{F}=\boldsymbol{I}+\Delta\boldsymbol{A}$,且 $\Delta>0$。估计 $\Delta>0$ 的范围,其中(b)中的函数 V 是这个离散时间系统的李雅普诺夫函数。这个范围完整吗?也就是说,它是否包括位于 $\mathbb{C}$ 的开单位圆盘中 $\boldsymbol{F}$ 的特征值的所有值?

2.7 在这个习题中,基于 2.7.6 节中描述的模型的一个简化版本,考虑合作划船的一个特定控制架构。并且考虑一个齐次且无扰动的系统:

$$\frac{\mathrm{d}^2}{\mathrm{d}t^2}z^i=-a\frac{\mathrm{d}}{\mathrm{d}t}z^i+u^i,\qquad 1\leqslant i\leqslant N$$

其中 $a>0$。目标是对所有 t 保持 $v_t^i \overset{\text{def}}{=} \frac{\mathrm{d}}{\mathrm{d}t} z_t^i \approx v^{\text{ref}}$，并且对每个 i,t，都有 $z_t^i \approx \bar{z}_t$，其中 $\bar{z}_t$是平均位置[回想一下式(2.67)]。我们希望在不要求每个赛艇运动员都有完整观测结果的情况下实现这些目标。

以下控制架构属于文献[130]中研究的类别：

$$u^i = -\boldsymbol{K}_- [z^i - z^{i-1}] - \boldsymbol{K}_+ [z^i - z^{i+1}] - \boldsymbol{K}_v \left[\frac{\mathrm{d}}{\mathrm{d}t} z^i - v^{\text{ref}}\right], \quad 1 \leqslant i \leqslant N$$

其中，为了方便表示，我们记 $z^0 = z^N$ 和 $z^{N+1} = z^1$。这种架构在目标和仅基于本地信息做出决策的愿望方面具有很好的动机。不幸的是，只有当 N 很大时，理论上才能预测问题。

(a)将闭环动力学描述为具有恒定输入 v^{ref} 的 $2N$ 维状态空间模型。对于某些矩阵 $\boldsymbol{K}$ 和向量 $\boldsymbol{g}$，该模型将具有以下形式：

$$\frac{\mathrm{d}}{\mathrm{d}t}\boldsymbol{x} = (\boldsymbol{A} - \boldsymbol{BK})\boldsymbol{x} + \boldsymbol{g} v^{\text{ref}}$$

该习题的其余部分是数值计算，$a = v^{\text{ref}} = 1$，$\boldsymbol{K}_- = \boldsymbol{K}_+$，以及 N 的几组值(比如 10，500，5000)：

(b)选择非负增益 $\boldsymbol{K}_+$和 $\boldsymbol{K}_v$，以使闭环系统稳定，在这种意义下，关键误差项作为时间的函数是有界的且收敛的：

$$e_z^i = \lim_{t\to\infty}(z_t^i - \bar{z}_t), \qquad e_v^i = \lim_{t\to\infty}(v_t^i - v^{\text{ref}})$$

看看能否获得增益，使得 $|e_v^i| \leqslant 0.05$。

*请注意，还没有任何工具可以有效地计算控制增益。*我们只是进行实验，直到找到有用的东西。

(c)针对所选的 N 值，绘制 $\boldsymbol{A}-\boldsymbol{BK}$ 的特征值图。你能找到复特征值吗？特征值为 0 吗？

(d)针对各种非理想初始条件模拟你的控制设计。认真思考如何绘制结果以显示这些赛艇运动员的不良行为。讨论你的发现。

2.8 现在让我们考虑划船博弈，每个划船者都可以访问式(2.67)的平均位置，控制架构如下：

$$u^i = -K_p[z^i - \bar{z}] - K_I z^{Ii} - K_v \left[\frac{\mathrm{d}}{\mathrm{d}t} z^i - v^{\text{ref}}\right], \quad 1 \leqslant i \leqslant N \tag{2.69}$$

在 2.7.6 节的符号说明中，有

$$z_t^{Ii} = z_0^{Ii} + \int_0^t [z_r^i - \bar{z}_r]\,\mathrm{d}r$$

基于此策略重做习题 2.7 的(a)~(d)。

2.9 给定一个由非线性微分方程定义的非线性输入-输出系统：

$$\ddot{y}=y^2(u-y)+2\dot{u} \tag{2.70}$$

(a)求一个具有输出 y、输入 u 和状态 $x_1=y$ 以及 $x_2=\dot{y}-2u$ 的二维非线性状态空间描述。

(b)当 $u\equiv 1$ 时，将此方程组围绕其平衡输出轨迹进行线性化，并写成状态空间形式。

(c)对于那些具有经典控制背景的人：找到(b)中获得的线性系统的传递函数，并解释其含义。

(d)设计用于线性化的线性补偿器 $u=-\boldsymbol{K}\tilde{\boldsymbol{x}}$，其中 $\tilde{\boldsymbol{x}}=(y-1,\dot{y})^{\mathrm{T}}$。为了成功，对于每个足够小的初始条件 $\|\tilde{\boldsymbol{x}}_0\|$，你希望当 $t\to\infty$ 时，有 $\tilde{\boldsymbol{x}}_t\to\boldsymbol{0}$。

2.10 我们现在考虑受到持续扰动的式(2.70)：

$$\ddot{y}(t)=y^2(u-y)+2\dot{u}+d$$

其中 d 的值事先未知。在这种情况下，我们不能期望得到完美的跟踪效果，除非我们引入积分控制：

$$u=-\boldsymbol{K}\tilde{\boldsymbol{x}}^a\text{，其中 }\tilde{\boldsymbol{x}}^a=(y-1,\dot{y},z^I)^{\mathrm{T}},\quad z_t^I=\int_0^t(y-1)\,\mathrm{d}r$$

找到一个 1×3 的行向量 $\boldsymbol{K}$，使得这个控制设计在 $\tilde{\boldsymbol{x}}^a$ 有界的情况下是镇定的，并且对于“小”初始条件，$\tilde{\boldsymbol{x}}$ 消失或等于 $\boldsymbol{0}$。对于初始条件接近平衡点以及满足 $|d|\leqslant 1$ 的任何固定值 d，进行模拟以验证完美跟踪的实现。

2.11 考虑状态空间模型 $\frac{\mathrm{d}}{\mathrm{d}t}\boldsymbol{x}=\boldsymbol{A}\boldsymbol{x}+\boldsymbol{B}\boldsymbol{u}$，$\boldsymbol{y}=\boldsymbol{C}\boldsymbol{x}$，其中 $\boldsymbol{A}$ 类似于对角矩阵，即 $\boldsymbol{\Lambda}=\boldsymbol{V}^{-1}\boldsymbol{A}\boldsymbol{V}$，其中 $\boldsymbol{\Lambda}$ 是对角矩阵，每个 $\boldsymbol{\Lambda}(i,i)$ 是 $\boldsymbol{A}$ 的特征值，$\boldsymbol{V}$ 是一个矩阵，其列是特征向量。

(a)对于 $\bar{\boldsymbol{x}}=\boldsymbol{V}^{-1}\boldsymbol{x}$，通过找到($\bar{\boldsymbol{A}},\bar{\boldsymbol{B}},\bar{\boldsymbol{C}}$)的表示，求形如 $\frac{\mathrm{d}}{\mathrm{d}t}\bar{\boldsymbol{x}}=\bar{\boldsymbol{A}}\bar{\boldsymbol{x}}+\bar{\boldsymbol{B}}\boldsymbol{u}$，$\boldsymbol{y}=\bar{\boldsymbol{C}}\bar{\boldsymbol{x}}$ 的状态空间模型。这种状态空间表示称为模态形式。

余下则是数值计算，其中

$$\boldsymbol{A}=\begin{bmatrix}8 & -7 & -2\\ 8 & -10 & -4\\ -4 & 5 & 2\end{bmatrix},\quad \boldsymbol{B}=\begin{bmatrix}0\\0\\1\end{bmatrix},\quad \boldsymbol{C}=[1\quad 0\quad 0]$$

(b)求 $\boldsymbol{A}$ 的特征值和特征向量，当 $\boldsymbol{V}$ 为由特征向量组成的矩阵时，验证矩阵 $\boldsymbol{\Lambda}=\boldsymbol{V}^{-1}\boldsymbol{A}\boldsymbol{V}$ 确实是对角矩阵。

(c)求一个模态形式的状态空间模型。

2.12 福斯特准则(Foster's Criterion)。假设 $\frac{\mathrm{d}}{\mathrm{d}t}x=f(x)$ 是 $\mathbb{R}^n$ 上的非线性状态空间模型。还假设存在一个 C^1 函数 $V:\mathbb{R}^n\to\mathbb{R}_+$ 和一个集合 S，使得

$$\langle\nabla V(\theta),f(\theta)\rangle\leqslant -1,\quad \theta\in S^C \tag{2.71}$$

在 20 世纪中叶，福斯特为马尔可夫链引入了这种稳定性准则的一个版本[135]。

(a) 对于 $\boldsymbol{x}\in\mathbb{R}^n$，证明 $T_K(\boldsymbol{x})\leqslant V(\boldsymbol{x})$，其中

$$T_K(\boldsymbol{x})=\min\{t\geqslant 0:\boldsymbol{x}_t\in K\},\qquad \boldsymbol{x}_0=\boldsymbol{x}\in\mathbb{R}^n$$

(b) 在稳定线性系统($f(\boldsymbol{x})=\boldsymbol{A}\boldsymbol{x}$，其中 $\boldsymbol{A}$ 是赫尔维茨矩阵)的特殊情况下，对于某个矩阵 $\boldsymbol{M}>\boldsymbol{0}$，并且对于某个标量 k，$\boldsymbol{S}=\{\boldsymbol{x}:\|\boldsymbol{x}\|\leqslant k\}$，证明式(2.71)的一个解是 $V(\boldsymbol{x})=\log(1+\boldsymbol{x}^{\mathrm{T}}\boldsymbol{M}\boldsymbol{x})$。

(c) 对于 $\boldsymbol{A}=\begin{bmatrix}-1 & 4\\ 0 & -1\end{bmatrix}$(习题 2.6 中使用的矩阵)，求一个显示表示的 $\boldsymbol{V},\boldsymbol{S}$。

2.13 在实线上考虑非线性状态空间模型，

$$\frac{\mathrm{d}}{\mathrm{d}t}x=f(x)=\frac{1-\mathrm{e}^x}{1+\mathrm{e}^x}=-\tanh(x/2)$$

(a) 画出 f 作为 x 的函数，并从该图中解释为什么 $x^e=0$ 是一个平衡点，且这个平衡点是全局渐近稳定的。

(b) 求式(2.39)的一个解：$\langle\nabla V,f\rangle\leqslant -c+\overline{\eta}$，其中 $c(x)=x^2$ 且 $\overline{\eta}<\infty$。你可以尝试一个多项式，或者一个 $|x|$ 的多项式的对数。看看你是否能找到 $\overline{\eta}=0$ 时的一个解。

(c) 求式(2.71)的一个解 V，其中，对于某个 $k>0$，$S=[-k,k]$。另外，使用 $S=\{0\}$ (即 $k=0$)解释一下为什么 $T_S(x)$ 不是有限值。

2.14 假设要最小化一个 C^1 函数 $V:\mathbb{R}^n\to\mathbb{R}_+$。点 $x^\circ\in\mathbb{R}^n$ 是一个极小值的必要条件为它是一个驻点：$\nabla V(x^\circ)=0$。

考虑最速下降算法 $\frac{\mathrm{d}}{\mathrm{d}t}x=\nabla V(x)$。对于这个方程，为了确保给定的驻点 x° 是渐近稳定的，求函数 V 满足的条件。一种方法是：找出函数 V 是此状态空间模型的李雅普诺夫函数的条件。在 4.4 节中我们将回到这个主题。

2.15 在实线上考虑非线性状态空间模型

$$\frac{\mathrm{d}}{\mathrm{d}t}x=f(x)=-x^3$$

(a) 画出 f 作为 x 的函数，并从该图中解释为什么 $x^e=0$ 是一个平衡点，且这个平衡点是全局渐近稳定的。

(b) 在 $c(x)=x^2$ 时，求式(2.39)的一个解：$\langle\nabla V,f\rangle\leqslant -c+\overline{\eta}$，其中 $\overline{\eta}<\infty$。你可以尝试一个多项式，或者一个 $|x|$ 的多项式的对数。看看你能否找到 $\overline{\eta}=0$ 时的一个解。

(c) 求式(2.71)的一个有界解。

2.16 考虑范德波尔(Van der Pol)振荡器，它由如下两个方程描述：

$$\frac{\mathrm{d}}{\mathrm{d}t}x_1=x_2$$

$$\frac{\mathrm{d}}{\mathrm{d}t}x_2=-(1-x_1^2)x_2-x_1 \tag{2.72}$$

(a)在唯一平衡点 $\boldsymbol{x}^e=\boldsymbol{0}$ 附近，求一个线性近似模型 $\frac{\mathrm{d}}{\mathrm{d}t}\tilde{\boldsymbol{x}}=\boldsymbol{A}\tilde{\boldsymbol{x}}$。

(b)验证 $\boldsymbol{A}$ 是赫尔维茨矩阵，并对此线性模型求一个二次型李雅普诺夫函数 V。

(c)对于某个 $r>0$，在式(2.28)所定义的集合 $S_V(r)$ 上，证明 V 也是式(2.72)的一个李雅普诺夫函数。也就是说，证明只要 $\boldsymbol{x}_t\in S_V(r)$，式(2.37)就成立。

可以得出结论：集合 $S_V(r)\subset\Omega\equiv\boldsymbol{x}^e$ 的吸引域。

(d)我们能找到整个吸引域吗？对于某个整数 m(肯定大于 1，但小于 10 就足够了)，围绕原点取一个方框 $B=\{x:-m\leqslant x_1\leqslant m,-m\leqslant x_2\leqslant m\}$。选择 N(如$N=103$)个值 $\{\boldsymbol{x}^i\}\subset B$，$x_0=x^i$，对每个 i 模拟该 ODE，用以测试对于某个 $t<\infty$，是否有 $x_t\in S_V(r)$，因此 $x^i\in\Omega$。

为什么进入 $S_V(r)$ 就可以保证 x_0 处于渐近稳定的区域？

2.17 带摩擦的倒立摆。考虑具有作用力 u 和“阻尼力”$b\dot{\theta}$ 的单摆：

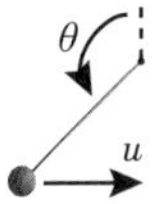

$$\frac{\mathrm{d}}{\mathrm{d}t}\boldsymbol{x}=f(\boldsymbol{x},u)=\begin{bmatrix}x_2\\ g\sin(x_1)-u\cos(x_1)\end{bmatrix}$$

其中 $\boldsymbol{x}=(\theta,\dot{\theta})^{\mathrm{T}}$，且 $a,b>0$。注意到 $\theta=0$ 的位置现在位于顶部，与图 2.8 中所示的相反。这是因为我们这里的目标是将摆向上摆动，并稳定在不稳定的向上位置(在本习题中对应于 $\theta=0$)。

将状态空间设想为一个无限长的管子：对于任何 n,θ 和 $\theta+2\pi n$ 相等。

(a)对每个可能的平衡点(你会发现这要求 $x_2^e=0$)，求一个具有平衡点$(\boldsymbol{x}^e,\boldsymbol{u}^e)$的线性化状态空间模型。请说明 $x_1^e=\pm\pi/2$ 时的挑战情况。

(b)求一个线性反馈律，使得 $\boldsymbol{x}^e=\boldsymbol{0}$ 是渐近稳定的(局部)。

在第 3 章学完最优控制的一些概念后，你将在习题 3.10 中求得全局渐近稳定的控制解。

2.18 磁球的线性控制设计。我们的目标是使球在距磁铁的某个预先指定的距离 r 处保持静止。

(a)找到 u°，使得 $\boldsymbol{x}^\circ=(r,0)^{\mathrm{T}}$ 是一个平衡点：$f(\boldsymbol{x}^\circ,u^\circ)=\boldsymbol{0}$。基于式(2.62)，对式(2.62)设计一个线性控制律，其形式为

$$\tilde{u}=-\boldsymbol{K}\tilde{\boldsymbol{x}}=-K_1\tilde{x}_1-K_2\tilde{x}_2$$

其中 $\tilde{x}_1=\boldsymbol{x}-\boldsymbol{x}^\circ$且 $\tilde{x}_2=x_2$。确保所得到的解使得 $\boldsymbol{A}-\boldsymbol{B}\boldsymbol{K}$ 是赫尔维茨矩阵。

(b)这种设计的一个困难是 u°取决于 c/m，这可能是未知的。按如下方式修改设计：

$$\tilde{u}=-\boldsymbol{K}\tilde{\boldsymbol{x}}^a,\text{其中 }\tilde{\boldsymbol{x}}^a=(\tilde{x}_1,\tilde{x}_2,z^I)^{\mathrm{T}},z_t^I=\int_0^t\tilde{x}_1\mathrm{d}r \tag{2.73}$$

其中 $\boldsymbol{K}=[K_1,K_2,K_3]$。这就是有名的比例-积分-导数(PID)[⊖]控制。求一个三阶线

⊖ 习惯上将 PID 称为比例积分微分控制，实际上称作比例积分导数控制更合适，因为每个环节的作用都是一个具体的量值，毕竟微分不是一个具体的量值。——译者注

性状态空间模型，并选择 $K_3>0$，使得 3×3 矩阵保持为赫尔维茨矩阵，且暂态行为保持在“良好”(由你决定良好意味着什么)。可观察到，平衡条件$\frac{d}{dt}z^I=0$ 意味着 $x_1^e=r$。

(c)按照习题 2.16 中的方式进行模拟，用以估计吸引域(你可以将模拟限制在零速度的初始条件)。

2.19 磁球的反馈线性化。对于具有简单非线性的系统，有一种“蛮力”方法，可以获得线性模型。对于磁球，我们可以将$\nu=u^2/x_1^2$ 视为输入，借助式(2.60)，我们可以获得一个线性系统：

$$\frac{d}{dt}x_1=x_2$$

$$\frac{d}{dt}x_2=g-\frac{\kappa}{m}\nu$$

(a)与前面的习题一样，求一个控制律$\nu=-\boldsymbol{K}\tilde{\boldsymbol{x}}$，其中参数 K_1 和 K_2 的选择应保证系统的稳定性和良好的暂态响应。

(b)使用在(a)中得到的增益 $\boldsymbol{K}$，求闭环系统的平衡点 $\boldsymbol{x}^e$ 的一个表达式。这可通过令$\frac{d}{dt}x_i=0$ 得到，其中 $i=1,2$。

(c)按照式(2.73)修改相应设计：$\nu=-\boldsymbol{K}\tilde{\boldsymbol{x}}^a$。找到一个 $K_3>0$，使得暂态行为保持在“良好”。

(d)需要修改(c)中的策略，使得ν为非负值，例如，$\nu=\phi(\tilde{\boldsymbol{x}}^a)=\max(0,\boldsymbol{K}\tilde{\boldsymbol{x}}+K_3z^I)$。然后使用此策略施加到磁铁上的电流为

$$u=x_1\sqrt{\phi(\tilde{\boldsymbol{x}}^a)} \tag{2.74}$$

模拟并估计吸引域。你可以将模拟限制在零初始速度。

当 κ 加倍时，吸引域如何变化？κ 除以 2 呢？不要改变策略！关键是要检查你得到的解是否对不精确的模型具有鲁棒性。

警告：回想一下，不可能从任何初始条件收敛到 x°。

注意：关于反馈线性化的概述，请参见文献[199]——这个主题的深度远远超过这个例子。

矩阵代数

2.20 令 $\boldsymbol{A}$ 为 $n\times n$ 矩阵，并假设存在以下无限和：

$$\boldsymbol{U}=\boldsymbol{I}+\boldsymbol{A}+\boldsymbol{A}^2+\boldsymbol{A}^3+\cdots$$

其中 $\boldsymbol{I}$ 表示单位矩阵。验证 $\boldsymbol{U}$ 是矩阵 $\boldsymbol{I}-\boldsymbol{A}$ 的逆矩阵。

需要说明的是，这一点与 $n=1$ 时 $f(x)=1/(1-x)$ 的泰勒级数展开相一致。

2.21 如果存在一个可逆矩阵 $\boldsymbol{M}$，使得

$$\boldsymbol{A}=\boldsymbol{M}^{-1}\overline{\boldsymbol{A}}\boldsymbol{M}$$

则称矩阵 $\boldsymbol{A}$ 和 $\bar{\boldsymbol{A}}$ 是相似的。对于两个相似矩阵 $\boldsymbol{A}$ 和 $\bar{\boldsymbol{A}}$，可以得到如下结果：

(a)对于任何 $m\geqslant 1$，证明 $\boldsymbol{A}^m$ 与 $\bar{\boldsymbol{A}}^m$ 相似，其中上标“m”表示矩阵乘积，

$$\boldsymbol{A}^1=\boldsymbol{A},\quad \boldsymbol{A}^m=\boldsymbol{A}(\boldsymbol{A}^{m-1}),\quad m\geqslant 1$$

(b)证明 $\boldsymbol{v}$ 是 $\boldsymbol{A}$ 的一个特征向量，当且仅当 $\boldsymbol{M}\boldsymbol{v}$ 是 $\bar{\boldsymbol{A}}$ 的一个特征向量。

(c)假设 $\bar{\boldsymbol{A}}$ 是对角的(如果 $i\neq j$，有 $\bar{\boldsymbol{A}}_{ij}=\boldsymbol{0}$)。此外假设对于每个 i，都有 $|\bar{\boldsymbol{A}}_{ii}|<1$。参考习题 2.20，证明 $\boldsymbol{I}-\boldsymbol{A}$ 存在一个逆矩阵。

2.22　矩阵指数。对所有 t，以及如下 2×2 矩阵，计算 $e^{\boldsymbol{A}t}$：

$$\boldsymbol{A}=a\boldsymbol{I}+b\boldsymbol{J},\quad \boldsymbol{I}=\begin{bmatrix}1 & 0\\ 0 & 1\end{bmatrix}\quad \boldsymbol{J}=\begin{bmatrix}0 & 1\\ -1 & 0\end{bmatrix}$$

该符号旨在提示：$\boldsymbol{J}^2=-\boldsymbol{I}$。

正如式(2.45)中所要求的，对于每个 m，求得 $\boldsymbol{A}^m$ 的一个公式并不困难。在 $a<0$ 且 $b\neq 0$ 的情况下，求非零初始条件下 $\frac{\mathrm{d}}{\mathrm{d}t}\boldsymbol{x}=\boldsymbol{A}\boldsymbol{x}$ 的一个解。

2.9　注记

“状态”的概念在控制理论[15]和强化学习[337,338]中都很灵活。每个领域的动机都是一样的：从在线决策的角度来看，用一些有限维的“充分统计量”$x(k)$ 代替在时间 k 的全部观测历史。RL 中出现的一个约束是状态过程必须是直接可观测的，特别地，在部分可观测的马尔可夫决策过程中出现的置信状态需要(基于模型的)非线性滤波器，因此置信状态不能直接用于无模型 RL。在实践中，“RL 状态”被指定为对整个观测历史的某种压缩——有关进一步讨论，请参阅文献[338]的 17.3 节。

有关线性模型的更多信息，请参阅文献[7,80]以及文献[118]以获得更高级的新材料。

在文献[45](非线性)和文献[7,205](线性)中可以找到关于李雅普诺夫理论的规范论述。伊利诺伊大学的电气和计算机工程(ECE)系有一门很棒的关于状态空间方法的课程，其讲义现在可以在线获取[29]。文献[165]的第一部分包含一个用类似于本书的风格编写的、关于李雅普诺夫理论的简短概述，并可应用于强化学习。

式(2.31)与数学家 Siméon Poisson 提出的著名方程相去甚远(两者相距大约两个世纪)。当时相关研究的动机是势能理论，正如理论物理学中所定义的。大约一个世纪后，泊松方程作为研究布朗运动(一种特殊的马尔可夫过程)密度演化的核心问题出现了。泊松不等式和泊松方程这两个术语如今被应用于任何马尔可夫链，生成器扮演着拉普拉斯算子的角色。生成器将任何一个函数 $h:\mathsf{X}\to\mathbb{R}$ 转换为一个新函数，标记为 $\mathcal{A}h$。特别地，式(2.21)可以被视为马尔可夫链[257]，且关联的生成器定义为

$$\mathcal{A}h(x)=h(F(x))-h(x)$$

在这种表示法中，式(2.31)将变为 $\mathcal{A}V\leqslant -c+\bar{\eta}$。

CHAPTER3

第3章

最优控制

本章将概述图 2.1 中反馈回路设计的优化技术。

输入的前馈分量通常是基于优化技术设计的，但是没有通过动态规划方程来设计，而动态规划方程是本章以及许多 RL 理论的重点。当你将 RL 应用于现实世界的控制问题时，请记住更大的反馈回路。

3.1 总成本的价值函数

首先，让我们回忆一些符号：$\boldsymbol{x}(k)$是 k 时刻的状态，它在状态空间 X 中演化；$\boldsymbol{u}(k)$是 k 时刻的输入，它在输入(或动作)空间 U 中演化(集合 X 和 U 可能是欧几里得空间、有限集或更怪异的东西)。也可能有一个如图 2.1 所示的输出 $\boldsymbol{y}$，但在本章中通常被忽略。输入和状态通过式(2.6a)相关联

$$\boldsymbol{x}(k+1)=F(\boldsymbol{x}(k),\boldsymbol{u}(k)) \tag{3.1}$$

式中 $F:X\times U\rightarrow X$。

基于成本函数 c 设计一个状态反馈策略 $\boldsymbol{u}(k)=\phi\boldsymbol{x}(k)$。始终假设成本函数是非负值的：

$$c:X\times U\rightarrow\mathbb{R}_+$$

与特定控制输入 $\boldsymbol{u}\overset{\text{def}}{=}u_{[0,\infty)}$相关的总成本 J 定义为下面的总和：

$$J(\boldsymbol{u})=\sum_{k=0}^{\infty}c(\boldsymbol{x}(k),\boldsymbol{u}(k))$$

价值函数被定义为所有输入的最小值，它是初始条件的函数：

$$J^{\star}(\boldsymbol{x})=\min_{u}\sum_{k=0}^{\infty}c(\boldsymbol{x}(k),\boldsymbol{u}(k)),\quad \boldsymbol{x}(0)=\boldsymbol{x}\in X \tag{3.2}$$

最优控制的目标是找到一个能达到式(3.2)中最小值的输入序列。在大多数情况下，我们都采用一个近似值。

我们为什么要关心最优策略？在我们的日常生活中，很少有人会考虑在无限的范围内解决决策问题。它在控制理论文献中受到青睐，因为最优策略通常具有稳定性保证。定理 3.1

蕴含了最优输入输出过程的这一特性：

$$J^\star(\boldsymbol{x}^\star(k))=c(\boldsymbol{x}^\star(k),\boldsymbol{u}^\star(k))+J^\star(\boldsymbol{x}^\star(k+1))$$

这是式(2.31)的一个变形，此时$\overline{\eta}=0$(即不等式被等式所代替)。命题 2.3 中列出的宽松条件意味着 $\boldsymbol{x}^e$ 在最优策略下是全局渐近稳定的。

更重要的是，一旦你理解了总成本公式，其他标准的最优控制目标就可以看作它的特殊情况[㊀]。我们将在 3.3 节中解释这一点。

在我们假设 c 是非负的情况下，价值函数也是非负的。为了确保 $J^\star$ 是有限的，以下是所需的最少假设：

(i)存在一个目标状态 $\boldsymbol{x}^e$，对某个输入 $\boldsymbol{u}^e$ 而言，它是一个平衡点：

$$F(\boldsymbol{x}^e,\boldsymbol{u}^e)=\boldsymbol{x}^e$$

(ii)成本函数 c 是非负的，并且在这个平衡点处消失(或等于 0)，即 $c(\boldsymbol{x}^e,\boldsymbol{u}^e)=0$。

(iii)对于任意初始条件 $\boldsymbol{x}_0$，都有一个输入序列 $\boldsymbol{u}_0$ 和一个时间 T^0，使得对于这个初始条件和这个输入，有 $\boldsymbol{x}(T^0)=\boldsymbol{x}^e$。

条件(iii)是一种弱形式的可控性。在这三个假设下，对于每个 $\boldsymbol{x}$，有 $J^\star<\infty$。

例 3.1.1(线性二次调节器)　线性二次调节器问题是指式(2.13)的特例，其具有二次型成本函数：

$$c(\boldsymbol{x},\boldsymbol{u})=\boldsymbol{x}^{\mathsf{T}}S\boldsymbol{x}+\boldsymbol{u}^{\mathsf{T}}R\boldsymbol{u} \tag{3.3}$$

始终假定 $\boldsymbol{S}\geqslant 0$(半正定)和 $\boldsymbol{R}>0$(正定)。如果存在一个策略使得 $J^\star$ 是有限值的，那么价值函数是二次型的：$J^\star(\boldsymbol{x})=\boldsymbol{x}^{\mathsf{T}}M^\star\boldsymbol{x}$，其中 $M^\star\geqslant 0$。最优策略是通过线性状态反馈获得的：$\phi^\star(\boldsymbol{x})=-\boldsymbol{K}^\star\boldsymbol{x}$，其中矩阵 $\boldsymbol{K}^\star$ 是 $M^\star$ 和其他系统参数的函数。在 3.6 节中包含了更多关于这种特殊情况的内容，在那我们将会明白为什么要强加 $\boldsymbol{R}>0$。

3.2　贝尔曼方程

令 $\boldsymbol{x}=\boldsymbol{x}(0)$ 为任意初始状态，令 k_m 为中间时间，$0<k_m<\infty$。我们将 $J^\star(\boldsymbol{x}(k_m))$ 视为在时间 k_m 处的运行成本(cost to go)：这是最优状态-输入轨迹在剩余生命周期内的最优总成本。

基于这种解释，我们得到以下内容：

$$\begin{aligned}J^\star(\boldsymbol{x})&=\min_{u_{[0,\infty)}}\Big[\sum_{k=0}^{k_m-1}c(\boldsymbol{x}(k),\boldsymbol{u}(k))+\sum_{k=k_m}^{\infty}c(\boldsymbol{x}(k),\boldsymbol{u}(k))\Big]\\&=\min_{u_{[0,k_m]}}\Big[\sum_{k=0}^{k_m-1}c(\boldsymbol{x}(k),\boldsymbol{u}(k))+\underbrace{\min_{u_{[k_m,\infty)}}\Big(\sum_{k=k_m}^{\infty}c(\boldsymbol{x}(k),\boldsymbol{u}(k))\Big)}_{J^\star(\boldsymbol{x}(k_m))}\Big]\end{aligned}$$

㊀ 这里给出了为何进行最优控制的一种理论解释，而不是实用解释。这同时也意味着经典的实用解释是这种理论解释的一种自然结果！这种解释更容易让读者抓住问题的本质。——译者注

该式给出了泛函的“不动点方程”：

$$J^{\star}(\boldsymbol{x})=\min_{u_{[0,k_m-1]}}\left[\sum_{k=0}^{k_m-1}c(\boldsymbol{x}(k),\boldsymbol{u}(k))+J^{\star}(\boldsymbol{x}(k_m))\right] \tag{3.4}$$

因此，整个区间的最优控制具有图 3.1 所示的属性：如果最优轨迹在时间 $\boldsymbol{x}(k_m)$ 使用控制 $\boldsymbol{u}^{\star}=\boldsymbol{u}_{[0,\infty)}$ 通过状态 $\boldsymbol{x}_m$，那么对于在时间 k_m 从 $\boldsymbol{x}_m$ 开始的系统，控制 $\boldsymbol{u}^{\star}_{[k_m,\infty)}$，必须是最优的。如果在$[k_m,\infty)$上确实存在更好的 $\boldsymbol{u}^{\star}$，那么我们就会选择它。这个概念被称为最优性原则。

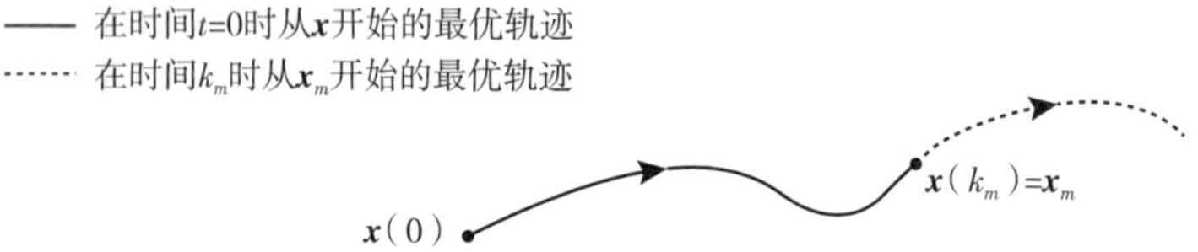

图 3.1 最优性原则：如果在$[k_m,\infty)$上确实存在更好的控制，那么我们就会选择它

通过令 $k_m\downarrow 0$ 来进行连续时间分析，可得到一个偏微分方程。离散时间的理论要简单得多：设 $k_m=1$ 可获得以下著名结果。

定理 3.1 假设价值函数 $J^{\star}$ 是有限值的，并且存在一个求解式(3.2)的最优输入 $\boldsymbol{u}^{\star}$。那么价值函数满足

$$J^{\star}(\boldsymbol{x})=\min_{u}\{c(\boldsymbol{x},\boldsymbol{u})+J^{\star}(F(\boldsymbol{x},\boldsymbol{u}))\} \tag{3.5}$$

对于每一个 $\boldsymbol{x}$，假设式(3.5)中的最小值都是唯一的，并让 $\phi^{\star}(\boldsymbol{x})$ 表示最小值。那么最优输入可表示为状态反馈

$$\boldsymbol{u}^{\star}(k)=\phi^{\star}(\boldsymbol{x}^{\star}(k)) \tag{3.6}$$

□

式(3.5)通常被解释为未知“变量”$J^{\star}$中的不动点方程。它被称为贝尔曼方程或动态规划(Dynamic Programming，DP)方程：这两个术语在本书中可以互换使用。

Q 函数。式(3.5)中求解最小值的两个变量的函数就是强化学习的 Q 函数：

$$Q^{\star}(\boldsymbol{x},\boldsymbol{u})\stackrel{\text{def}}{=}c(\boldsymbol{x},\boldsymbol{u})+J^{\star}(F(\boldsymbol{x},\boldsymbol{u})) \tag{3.7a}$$

贝尔曼方程表示为

$$J^{\star}(\boldsymbol{x})=\min_{u}Q^{\star}(\boldsymbol{x},\boldsymbol{u}) \tag{3.7b}$$

任意最小值下的最优反馈律表示如下：

$$\phi^{\star}(\boldsymbol{x})\in\arg\min_{\boldsymbol{u}}Q^{\star}(\boldsymbol{x},\boldsymbol{u}),\quad \boldsymbol{x}\in X \tag{3.7c}$$

用 Q 函数求解不动点方程：

$$Q^{\star}(\boldsymbol{x},\boldsymbol{u})=c(\boldsymbol{x},\boldsymbol{u})+\underline{Q}^{\star}(F(\boldsymbol{x},\boldsymbol{u})),\quad \boldsymbol{x}\in X,\boldsymbol{u}\in U \tag{3.7d}$$

其中，对于任意函数 Q，都有$\underline{Q}(\boldsymbol{x})\stackrel{\text{def}}{=}\min_u Q(\boldsymbol{x},\boldsymbol{u})$。

通过式(3.7b)消去式(3.7a)中的 $J^{\star}$，进而得到式(3.7d)。从 3.7 节开始，这个动态规划方程的应用将贯穿全书。

术语动态规划也指代递归算法，该算法常被设计用于获得贝尔曼方程的解。然而，只有当 X 是有限的，或者系统具有特殊结构(例如线性状态空间模型和二次代价)时，动态规划才是实用的。两种最流行的算法是值迭代和策略迭代(也称为策略改进)。

3.2.1　值迭代

给定式(3.5)中出现的 $V^{\star}$ 的初始近似值 V^0，近似值序列是通过下式递归定义的：

$$v^{n+1}(\boldsymbol{x})=\min_u\{c(\boldsymbol{x},\boldsymbol{u})+V^n(F(\boldsymbol{x},\boldsymbol{u}))\},\quad \boldsymbol{x}\in X,\boldsymbol{n}\geqslant 0 \tag{3.8}$$

像这样求解不动点方程的递归通常称为*逐次逼近*。在习题 3.5 中，你将建立以下表示：

$$V^{n+1}(\boldsymbol{x})=\min_{u_{[0,n]}}\left\{\sum_{k=0}^{n}c(\boldsymbol{x}(k),\boldsymbol{u}(k))+V^0(\boldsymbol{x}(n+1))\right\},\quad \boldsymbol{x}(0)=\boldsymbol{x}\in X \tag{3.9}$$

式(3.8)称为值迭代算法(VIA)。在非常一般的条件下它是收敛的：对于每个 $\boldsymbol{x}$，

$$\lim_{n\to\infty}[V^n(\boldsymbol{x})-V^n(\boldsymbol{x}^e)]=J^{\star}(\boldsymbol{x})$$

下面是这类算法的最简单的结果：

命题 3.2　*在以下假设条件下考虑 VIA：*

(i)状态空间 X 和输入空间 U 是有限的。

(ii)成本函数 c 是非负的且仅在$(\boldsymbol{x}^e,\boldsymbol{u}^e)$消失，此外 $J^{\star}$ 是有限值的。

(iii)选择具有非负元素的初始值 V^0，且 $V^0(\boldsymbol{x}^e)=0$。

那么有 $n_0\geqslant 1$，使得

$$V^n(\boldsymbol{x})=J^{\star}(\boldsymbol{x}),\quad \boldsymbol{x}\in X,n\geqslant n_0$$

证明　令 $\phi^{\star}$ 为一个最优策略，$n_0\geqslant 1$ 表示一个值，使得对于 $k\geqslant n_0$，有$(\boldsymbol{x}^{\star}(k),\boldsymbol{u}^{\star}(k))=(\boldsymbol{x}^e,\boldsymbol{u}^e)$。因为 $J^{\star}$ 是有限值的，所以这样的整数存在。

从式(3.9)可得

$$V^n(\boldsymbol{x})\leqslant\sum_{k=0}^{n-1}c(\boldsymbol{x}(k),\boldsymbol{u}(k))+V^0(\boldsymbol{x}(n))$$

对于每个 k，当 $\boldsymbol{u}(k)=\phi^{\star}(\boldsymbol{x}(k))$时，$\boldsymbol{x}(0)=\boldsymbol{x}\in X$。

对于 $n\geqslant n_0$，右侧恰好是 $J^{\star}(\boldsymbol{x})+V^0(\boldsymbol{x}^e)=J^{\star}(\boldsymbol{x})$。对于这样的 n，由于式(3.9)和 $\phi^{\star}$ 的最优性，不等式此时必须是等式。　□

VIA 生成一系列策略，定义为式(3.8)中的最小值。对于每个 $n\geqslant 0$，

$$\phi^n(\boldsymbol{x}) \in \arg\min_u \{c(\boldsymbol{x},\boldsymbol{u}) + V^n(F(\boldsymbol{x},\boldsymbol{u}))\}, \quad \boldsymbol{x} \in X \tag{3.10}$$

受初始价值函数假设的约束，这些策略中的每一个都是可镇定的：函数 V^0 是非负的，并且对某个 $\overline{\eta} \geqslant 0$，满足

$$\min_u \{c(\boldsymbol{x},\boldsymbol{u}) + V^0(F(\boldsymbol{x},\boldsymbol{u}))\} \leqslant V^0(\boldsymbol{x}) + \overline{\eta}, \quad \boldsymbol{x} \in X \tag{3.11}$$

对于使用策略 ϕ^0 控制的系统，这也可以解释为式(2.31)的一个变形：

$$V^0(F(\boldsymbol{x},\phi^0(\boldsymbol{x}))) \leqslant V^0(\boldsymbol{x}) - c(\boldsymbol{x},\phi^0(\boldsymbol{x})) + \overline{\eta}$$

命题 3.3　假设式(3.11)成立，且 V^0 是非负的。即

$$\{c(\boldsymbol{x},\boldsymbol{u}) + V^0(F(\boldsymbol{x},\boldsymbol{u}))\}\Big|_{\boldsymbol{u}=\phi^0(\boldsymbol{x})} \leqslant V^0(\boldsymbol{x}) + \overline{\eta}, \quad \boldsymbol{x} \in X$$

则对每一个 n，都有一个类似的界限：

$$\{c(\boldsymbol{x},\boldsymbol{u}) + V^n(F(\boldsymbol{x},\boldsymbol{u}))\}\Big|_{\boldsymbol{u}=\phi^n(\boldsymbol{x})} \leqslant V^n(\boldsymbol{x}) + \overline{\eta}_n, \quad \boldsymbol{x} \in X$$

其中上界是非负且非递增的：

$$\overline{\eta} \geqslant \overline{\eta}_0 \geqslant \overline{\eta}_1 \geqslant \cdots$$

当 $\overline{\eta}=0$ 时，命题 3.3 的结论是最有意义的，使得对于每个 n，下式成立：

$$\{c(\boldsymbol{x},\boldsymbol{u}) + V^n(F(\boldsymbol{x},\boldsymbol{u}))\}\Big|_{\boldsymbol{u}=\phi^n(\boldsymbol{x})} \leqslant V^n(\boldsymbol{x})$$

由命题 2.3 可知，下面的界限成立：

$$J^n(\boldsymbol{x}) \leqslant V^n(\boldsymbol{x}), \quad \boldsymbol{x} \in X$$

其中 J^n 是使用策略 ϕ^n 的总成本。

命题 3.3 的证明　对于 $n \geqslant 0$，记

$$\mathcal{B}^n(\boldsymbol{x}) = V^{n+1}(\boldsymbol{x}) - V^n(\boldsymbol{x}), \quad \overline{\eta}_n = \sup_x \mathcal{B}^n(\boldsymbol{x})$$

对于任意 $\boldsymbol{x}$，从 VIA 递归式(3.8)可得

$$\min_u \{c(\boldsymbol{x},\boldsymbol{u}) + V^n(F(\boldsymbol{x},\boldsymbol{u}))\} = V^{n+1}(\boldsymbol{x}) = V^n(\boldsymbol{x}) + \mathcal{B}^n(\boldsymbol{x})$$

因此，函数 $\mathcal{B}^n$ 称为贝尔曼误差(与用 V^n 对 $J^\star$ 的近似相关)。从 ϕ^n 的定义则可得出李雅普诺夫界：

$$\{c(\boldsymbol{x},\boldsymbol{u}) + V^n(F(\boldsymbol{x},\boldsymbol{u}))\}\Big|_{\boldsymbol{u}=\phi^n(\boldsymbol{x})} = \min_u \{c(\boldsymbol{x},\boldsymbol{u}) + V^n(F(\boldsymbol{x},\boldsymbol{u}))\} \leqslant V^n(\boldsymbol{x}) + \overline{\eta}_n$$

这仍然需要获得 $\{\overline{\eta}_n\}$ 的界。首先观察式(3.11)，

$$V^1(\boldsymbol{x}) \leqslant \{c(\boldsymbol{x},\boldsymbol{u}) + V^0(F(\boldsymbol{x},\boldsymbol{u}))\}\Big|_{\boldsymbol{u}=\phi^0(\boldsymbol{x})} \leqslant V^0(\boldsymbol{x}) + \overline{\eta}$$

从中我们得出结论，对于所有 $\boldsymbol{x}$，有 $\mathcal{B}_0(\boldsymbol{x}) \leqslant \overline{\eta}$，因此 $\overline{\eta}_0 \leqslant \overline{\eta}$。

接下来的步骤是类似的：对于 $n \geqslant 1$，

$$V^{n+1}(\boldsymbol{x}) \leqslant \{c(\boldsymbol{x},\boldsymbol{u})+V^{n}(F(\boldsymbol{x},\boldsymbol{u}))\}\big|_{\boldsymbol{u}=\phi^{n-1}(\boldsymbol{x})}$$

$$V^{n}(\boldsymbol{x}) = \{c(\boldsymbol{x},\boldsymbol{u})+V^{n-1}(F(\boldsymbol{x},\boldsymbol{u}))\}\big|_{\boldsymbol{u}=\phi^{n-1}(\boldsymbol{x})}$$

相减得到

$$\mathcal{B}^{n}(\boldsymbol{x})=V^{n+1}(\boldsymbol{x})-V^{n}(\boldsymbol{x}) \leqslant \{V^{n}(F(\boldsymbol{x},\boldsymbol{u}))-V^{n-1}(F(\boldsymbol{x},\boldsymbol{u}))\}\big|_{\boldsymbol{u}=\phi^{n-1}(\boldsymbol{x})} \leqslant \overline{\eta}_{n-1}$$

因此，可知 $\overline{\eta}_n=\sup_x \mathcal{B}^{n}(\boldsymbol{x}) \leqslant \overline{\eta}_{n-1}$。 □

3.2.2 策略改进

策略改进算法(PIA)从初始策略 ϕ^0 开始，递归更新如下：对于策略 ϕ^n，计算相关的总成本

$$J^{n}(\boldsymbol{x})=\sum_{k=0}^{\infty} c(\boldsymbol{x}(k),\boldsymbol{u}(k)),\boldsymbol{u}(k)=\phi^{n}(\boldsymbol{x}(k)),\text{对于每个 } k,\boldsymbol{x}(0)=\boldsymbol{x}\in X \tag{3.12}$$

这需要求解既定策略贝尔曼方程：

$$J^{n}(\boldsymbol{x})=\{c(\boldsymbol{x},\boldsymbol{u})+J^{n}(F(\boldsymbol{x},\boldsymbol{u}))\}\big|_{\boldsymbol{u}=\phi^{n}(\boldsymbol{x})} \tag{3.13}$$

接下来就是通过策略改进步骤来获得下一个策略：

$$\phi^{n+1}(\boldsymbol{x}) \in \arg\min_{\boldsymbol{u}}\{c(\boldsymbol{x},\boldsymbol{u})+J^{n}(F(\boldsymbol{x},\boldsymbol{u}))\},\quad \boldsymbol{x}\in X \tag{3.14}$$

下面的证明类似于命题 3.3 的证明。价值函数非增的证明是命题 2.3 的一个应用。

命题 3.4 在 J^0 是有限值的意义上，假设 ϕ^0 是可镇定的。然后对于每个 $n \geqslant 0$，

$$\{c(\boldsymbol{x},\boldsymbol{u})+J^{n}(F(\boldsymbol{x},\boldsymbol{u}))\}\big|_{\boldsymbol{u}=\phi^{n+1}(\boldsymbol{x})} \leqslant J^{n}(\boldsymbol{x}),\quad \boldsymbol{x}\in X$$

因此，价值函数是非递增的：

$$J^{0}(\boldsymbol{x}) \geqslant J^{1}(\boldsymbol{x}) \geqslant J^{2}(\boldsymbol{x}) \geqslant \cdots$$

□

3.2.3 佩龙-弗罗贝尼乌斯定理[㊀]：简单介绍*

PIA 中的一个步骤需要一个子程序：如何求解既定策略动态规划方程[即式(3.13)]？当状态空间为有限的时候，这里的目的是提出一种计算价值函数的有效方法。这也是马尔可夫链理论以及 ML 中出现的谱图理论的开端。

让我们暂时回到 2.4 节，在那里我们仅考虑了没有控制作用的状态空间模型

$$\boldsymbol{x}(k+1)=F(\boldsymbol{x}(k)),\quad k \geqslant 0$$

㊀ 佩龙-弗罗贝尼乌斯定理(Perron-Frobenius Theory)是指对于任何一个马尔可夫模型，只要状态集是有限的，且不同状态之间的转移概率是固定的，在一系列转移后就能够从任何一个状态变换为任何其他状态。只要状态之间不存在固定的循环，就必定会收敛到唯一的统计均衡。——译者注

和相关的价值函数[式(2.24)]，在此处回顾一下：

$$J(\boldsymbol{x})=\sum_{k=0}^{\infty}c(\boldsymbol{x}(k)),\quad \boldsymbol{x}(0)=\boldsymbol{x}\in X$$

该价值函数满足式(3.13)的一种变形，它在式(2.25)中是以如下更简单的形式表示的：

$$J(\boldsymbol{x})=c(\boldsymbol{x})+J(F(\boldsymbol{x})),\quad \boldsymbol{x}\in X \tag{3.15}$$

佩龙-弗罗贝尼乌斯定理的大部分内容都涉及矩阵的不动点方程的计算。要应用这个理论，我们需要一个矩阵。假设状态空间是有限的，并且为了简化符号表示，假设状态空间是一个正整数序列：对于某个 $N>1$，有 $X=\{1,2,3,\cdots,N\}$。假设 $x^e=N$，根据平衡点的性质，它满足 $F(N)=N$。同时假设 $c(N)=0$，则价值函数是有限值的。

定义一个如下所示的 $N\times N$ 转移矩阵 $\boldsymbol{P}$：对于每个 i 和 j，有 $\boldsymbol{P}(i,j)=0$ 或 1，并且 $\boldsymbol{P}(i,j)=1$ 意味着 $j=F(i)$。因此，$\boldsymbol{P}$ 的第 i 行恰好有一个非零元素。特别地，$\boldsymbol{P}(N,N)=1$ 表征了平衡点的特性。借助这些符号，我们对既定策略动态规划方程有了一种新的思考方式：

$$J(i)=c(i)+\sum_{j=1}^{N}\boldsymbol{P}(i,j)\boldsymbol{J}(j),\quad 1\leqslant i\leqslant N \tag{3.16}$$

现在，请接受一种新的思维注记符号方式：

$$\vec{\boldsymbol{J}}=\vec{\boldsymbol{c}}+\boldsymbol{P}\vec{\boldsymbol{J}} \tag{3.17}$$

即我们认为 $\vec{\boldsymbol{J}}$ 是一个 N 维列向量，它的第 i 个元素为 $\boldsymbol{J}(i)$，$\vec{\boldsymbol{c}}$ 的定义也类似。笔者在这里鼓励读者尝试理解这一点，因为根据笔者的经验，年轻的研究生在理解式(3.15)到式(3.17)的内容时会感到不适应。

乍一看，很明显我们可以通过求逆来解这个方程：

$$\vec{\boldsymbol{J}}=[\boldsymbol{I}-\boldsymbol{P}]^{-1}\vec{\boldsymbol{c}}$$

然而，问题是 $\boldsymbol{I}-\boldsymbol{P}$ 永远不可逆。为了说明这一点，取 $\boldsymbol{v}\in\mathbb{R}^N$，其元素是非零常值的(对于所有 i，有 $\boldsymbol{v}(i)=\boldsymbol{v}(1)\neq 0$)，并通过构造 $\boldsymbol{P}$ 来观察下式：

$$\boldsymbol{P}\boldsymbol{v}=\boldsymbol{v}$$

也就是说，$\boldsymbol{v}$ 是具有特征值 1 的 $\boldsymbol{P}$ 的特征向量。由此可知，$\boldsymbol{v}$ 在 $\boldsymbol{I}-\boldsymbol{P}$ 的零空间中。

你可以尝试伪逆。在 MATLAB 中，使用命令 `J = (I-P)\c` 就可计算伪逆。但如果这样做，你可能就不明白 MATLAB 幕后发生的事情。另外，你又如何知道你得到的是不是边界约束 $\boldsymbol{J}(x^e)=0$?

这就是佩龙-弗罗贝尼乌斯定理背后的一个巧妙想法：选择两个具有非负元素的向量 $\boldsymbol{s},\boldsymbol{v}\in\mathbb{R}^N$，并满足

$$\boldsymbol{P}(i,j)\geqslant\boldsymbol{s}(i)\boldsymbol{v}(j),\quad 1\leqslant i,j\leqslant N \tag{3.18}$$

这称为最小化条件。令 $\boldsymbol{s}\otimes\boldsymbol{v}$ 表示这两个向量的“外积”，则上式可等价地表示为

$$\boldsymbol{P}(i,j)\geqslant[\boldsymbol{s}\otimes\boldsymbol{v}](i,j),\quad 1\leqslant i,j\leqslant N$$

然后我们使用不动点方程：

$$\vec{c}=[\boldsymbol{I}-\boldsymbol{P}]\vec{\boldsymbol{J}}=[\boldsymbol{I}-(\boldsymbol{P}-\boldsymbol{s}\otimes\boldsymbol{v})]\vec{\boldsymbol{J}}-[\boldsymbol{s}\otimes\boldsymbol{v}]\vec{\boldsymbol{J}}$$

请注意，最后一项是常数乘以 $\boldsymbol{s}$，并表示为一个列向量：

$$[\boldsymbol{s}\otimes\boldsymbol{v}]\vec{\boldsymbol{J}}=\delta\boldsymbol{s},\quad \delta=\sum_j \boldsymbol{v}(j)\boldsymbol{J}(j)$$

然后有

$$\vec{c}=[\boldsymbol{I}-(\boldsymbol{P}-\boldsymbol{s}\otimes\boldsymbol{v})]\vec{\boldsymbol{J}}-\delta\boldsymbol{s} \tag{3.19}$$

在非常宽松的条件下，我们可以对式(3.19)中乘以$\vec{\boldsymbol{J}}$的矩阵求逆。其逆矩阵称为基本矩阵：

$$\boldsymbol{G}=[\boldsymbol{I}-(\boldsymbol{P}-\boldsymbol{s}\otimes\boldsymbol{v})]^{-1}=\sum_{n=0}^{\infty}(\boldsymbol{P}-\boldsymbol{s}\otimes\boldsymbol{v})^n \tag{3.20}$$

其中$(\boldsymbol{P}-\boldsymbol{s}\otimes\boldsymbol{v})^k$是第 k 次矩阵幂($k\geqslant 1$)，且$(\boldsymbol{P}-\boldsymbol{s}\otimes\boldsymbol{v})^0=\boldsymbol{I}$(单位矩阵)。这就是最小化条件的来源：对每个 $k\geqslant 0$，矩阵$(\boldsymbol{P}-\boldsymbol{s}\otimes\boldsymbol{v})^k$都有非负元素，使得无限和总是有意义的。如果它是有限值的，那么从式(3.19)可得

$$\vec{\boldsymbol{J}}=\boldsymbol{G}\vec{c}+\delta\boldsymbol{G}\boldsymbol{s}$$

要找到 δ，就必须应用 J 的边界条件

$$0=\boldsymbol{J}(N)=\sum_k \boldsymbol{G}(N,k)c(k)+\delta\sum_k \boldsymbol{G}(N,k)\boldsymbol{s}(k)$$

然后相除，进而得到 δ。

或者，更仔细地考虑你对 $\boldsymbol{v}$ 的选择！以下是佩龙-弗罗贝尼乌斯构造的一个简单结果。

命题 3.5　考虑 $X=\{1,2,3,\cdots,N\}$ 的状态空间模型。假设 $c:X\to\mathbb{R}_+$在状态 N 处消失，并假设总成本 J 是有限值的。使用 $\boldsymbol{s}=\boldsymbol{v}=e^N$($\mathbb{R}^N$ 中的第 N 个基向量)定义矩阵 $\boldsymbol{G}$，则有$\vec{\boldsymbol{J}}=\boldsymbol{G}\vec{c}$。也就是说，对于每个 $i\in X$，

$$\boldsymbol{J}(i)=\sum_{j=1}^{N}\boldsymbol{G}(i,j)c(j)=\sum_{n=0}^{\infty}\sum_{j=1}^{N}(\boldsymbol{P}-\boldsymbol{s}\otimes\boldsymbol{v})^n(i,j)c(j)$$

证明　最小化条件之所以成立，是因为 $\boldsymbol{P}(N,N)=1=[\boldsymbol{s}\otimes\boldsymbol{v}(N,N)$，且对于所有其他的 i 和 j，有$[\boldsymbol{s}\otimes\boldsymbol{v}(i,j)=0$。应用边界约束 $\boldsymbol{J}(N)=0$，得到

$$\delta=\sum_j \boldsymbol{v}(j)\boldsymbol{J}(j)=\boldsymbol{J}(N)=0$$

为了证明 $\boldsymbol{G}$ 是有限值的，我们为求和中的每一项建立一个解释：对于 $j<N$，当 $\boldsymbol{x}(0)=i$ 时，

$$(\boldsymbol{P}-\boldsymbol{s}\otimes\boldsymbol{v})^n(i,j)=\mathbb{1}\{\boldsymbol{x}(n)=j\}$$

当 $j=N$ 时，对于任何 i 和 $n\geqslant 1$，左侧为零。让 $n_0\geqslant 1$ 表示一个整数，对于 $n\geqslant n_0$ 以及任意初始条件，有 $\boldsymbol{x}(n)=N$。那么，$\boldsymbol{G}$ 就可以表示为一个有限和：

$$G=\sum_{n=0}^{n_0}(P-s\otimes v)^n \qquad \square$$

3.3 各种变形

在控制文献中，式(3.2)的总成本问题已成为一个标准，并为许多其他可能性打开了大门。

3.3.1 折扣成本

运筹学文献中一个更受欢迎的目标是折扣成本问题：

$$J^\star(x)=\min_u\sum_{k=0}^{\infty}\gamma^k c(x(k),u(k)),\quad x(0)=x\in X \tag{3.21}$$

其中$\gamma\in(0,1)$是折扣因子。由此便可以求解折扣成本最优方程

$$J^\star(x)=\min_u\{c(x,u)+\gamma J^\star(F(x,u))\}$$

Q 函数变为$Q^\star(x,u)\stackrel{\text{def}}{=}c(x,u)+\gamma J^\star(F(x,u))$，进而$J^\star(x)=\min_u Q^\star(x,u)$。

3.3.2 最短路径问题

给定一个子集$A\subset X$，定义

$$\tau_A=\min\{k\geq 1:x(k)\in A\}$$

折扣最短路径问题(Shortest Path Problem，SPP)被定义为在此时间之前发生的最小折扣成本：

$$J^\star(x)=\min_u\sum_{k=0}^{\tau_A-1}\gamma^k c(x(k),u(k)),\quad x(0)=x \tag{3.22}$$

命题3.6 如果$J^\star$是有限值的，则它是DP方程的解：

$$J^\star(x)=\min_u\{c(x,u)+\gamma\mathbb{1}\{F(x,u)\in A^c\}J^\star(F(x,u))\},\quad x\in X \tag{3.23}$$

证明 就像在总成本问题中那样，我们从下式开始：

$$J^\star(x)=\min_u\Big\{c(x,u(0))+\sum_{k=1}^{\tau_A-1}\gamma^k c(x(k),u(k))\Big\}$$

同时记住$\sum_{k=1}^{0}=0$：当$\tau_A=1$时，总和的上限等于0(等价于$x(1)\in(A)$。因此

$$\begin{aligned}J^\star(x)&=\min_{u(0)}\Big\{c(x,u(0))+\gamma\mathbb{1}\{x(1)\in A^c\}\min_{u_{[1,\infty]}}\sum_{k=1}^{\tau_A-1}\gamma^{k-1}c(x(k),u(k))\Big\}\\&=\min_{u(0)}\{c(x,u(0))+\gamma\mathbb{1}\{x(1)\in A^c\}J^\star(x(1))\},\quad x(1)=F(x,u(0))\\&=\min_u\{c(x,u)+\gamma\mathbb{1}\{F(x,u)\in A^c\}J^\star(F(x,u))\}\end{aligned}$$

为了统一后面出现的控制技术，将式(3.22)改写为式(3.21)的一个例子是有用的。这需要定义一个新的具有动力学 F^a 的状态过程 $\boldsymbol{x}^a$，以及一个如下定义的新的成本函数 c^a：

(i)修改状态动力学：$F^a(\boldsymbol{x},\boldsymbol{u})=\begin{cases}F(\boldsymbol{x},\boldsymbol{u}) & \boldsymbol{x}\in A^c\\ \boldsymbol{x} & \boldsymbol{x}\in A^{\circ}\end{cases}$

使得 $\boldsymbol{x}^a(k+1)=\boldsymbol{x}^a(k)$，如果 $\boldsymbol{x}^a(k)\in A$(此时 A 称为控制系统的最终稳定集)。

(ii)修改成本函数：$c^a(\boldsymbol{x},\boldsymbol{u})=\begin{cases}c(\boldsymbol{x},\boldsymbol{u}) & \boldsymbol{x}\in A^c\\ 0 & \boldsymbol{x}\in A^{\circ}\end{cases}$

根据这些定义，式(3.22)可表示如下：

$$J^{\star}(\boldsymbol{x})=\min_{\boldsymbol{u}}\sum_{k=0}^{\infty}\gamma^k c^a(\boldsymbol{x}^a(k),\boldsymbol{u}(k)),\quad \boldsymbol{x}\in A^c$$

例 3.3.1(山地车)　回忆一下 2.7.2 节中介绍的山地车示例。控制目标是一个最短路径问题：在最短的时间内到达目标。令 $c(\boldsymbol{x},u)=1$ 对于所有 $\boldsymbol{x},u$ 成立，其中对于任意的 u，有 $x\neq z^{\text{goal}}$ 和 $c(z^{\text{goal}},u)=0$。基于模型和该成本函数，SPP 可以表示为一个总成本最优控制问题。式(3.2)对于每个初始条件都是有限的，式(3.5)变为

$$J^{\star}(\boldsymbol{x})=1+\min_{u}J^{\star}(F(\boldsymbol{x},u)),\quad x_1<z^{\text{goal}}$$

且对于 x_2 的任何值，有 $J^{\star}(z^{\text{goal}},x_2)=0$。

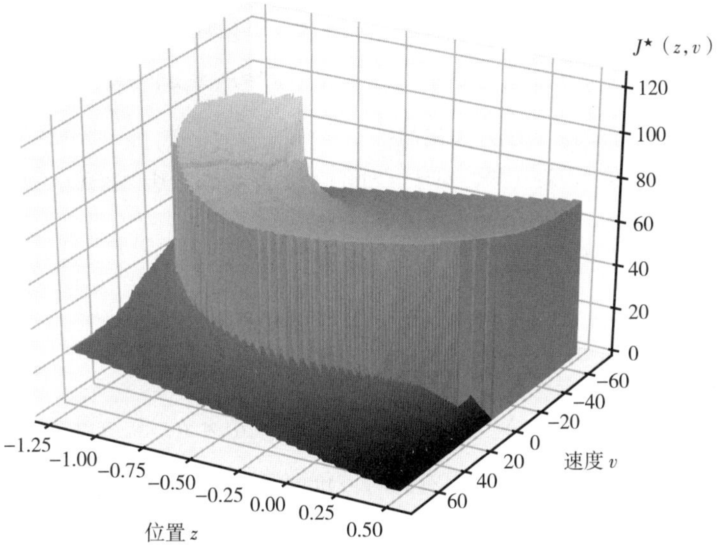

图 3.2　山地车的 $J^{\star}$

基于有限状态空间近似模型(详细信息可见 3.9.1 节)，图 3.2 显示了使用值迭代获得的价值函数。在初始条件 $x_0=(z,v)$ 且 $v\geqslant 0.2$ 满足的情况下，总成本相对较低，因为只要 $z(k)<z^{\text{goal}}$，使用 $u(k)=1$，汽车就可以在不熄火的情况下到达目标。■

3.3.3 有限时域

对折扣因子的选择取决于你对遥远未来的关注程度。有限时域表述的动机与此类似：固定一个时域范围 $\mathcal{N}\geqslant 1$，记为

$$J^\star(\boldsymbol{x})=\min_{\boldsymbol{u}_{[0,\mathcal{N}]}}\sum_{k=0}^{\mathcal{N}} c(\boldsymbol{x}(k),\boldsymbol{u}(k)),\quad \boldsymbol{x}(0)=\boldsymbol{x}\in X \tag{3.24}$$

这可以解释为式(3.2)，然后类似于 SPP，对状态描述和成本函数进行修改：

(i)将状态过程放大为 $\boldsymbol{x}^a(k)=(\boldsymbol{x}(k),\tau(k))$，其中第二个分量是“时间”加上一个偏移量：$\tau(k)=\tau(0)+k$，$k\geqslant 0$。

(ii)扩展成本函数的定义，如下所示：

$$c^a((\boldsymbol{x},\tau),\boldsymbol{u})=\begin{cases}c(\boldsymbol{x},\boldsymbol{u}) & \tau\leqslant\mathcal{N}\\ 0 & \tau>\mathcal{N}\end{cases}$$

即对所有的 $\boldsymbol{x},\tau,\boldsymbol{u}$，有 $c^a((\boldsymbol{x},\tau),\boldsymbol{u})=c(\boldsymbol{x},\boldsymbol{u})\mathbb{1}\{\tau\leqslant\mathcal{N}\}$。

如果你能理解这些定义，就能明白转换已经成功：

$$J^\star(\boldsymbol{x})=\min_{\boldsymbol{u}}\sum_{k=0}^{\infty} c^a(\boldsymbol{x}^a(k),\boldsymbol{u}(k)),\quad \boldsymbol{x}^a(0)=(\boldsymbol{x},\tau),\tau=0 \tag{3.25}$$

然而，要写下贝尔曼方程，有必要考虑 τ 的所有值(至少 $\tau\leqslant\mathcal{N}$ 的值)，而不仅仅是期望值 $\tau=0$。对于 $\tau\geqslant 0$ 的任意值，令 $J^\star(\boldsymbol{x},\tau)$ 表示式(3.25)的右侧，那么式(3.5)会变为

$$J^\star(\boldsymbol{x},\tau)=\min_{\boldsymbol{u}}\{c(\boldsymbol{x},\boldsymbol{u})\,\mathbb{1}\{\tau\leqslant\mathcal{N}\}+J^\star(F(\boldsymbol{x},\boldsymbol{u}),\tau+1)\} \tag{3.26}$$

习题 3.5 探讨了式(3.26)与式(3.8)的相似性。

基于式(3.25)和 c^a 的定义可知，对于 $\tau>\mathcal{N}$，有 $J^\star(\boldsymbol{x},\tau)\equiv 0$。这被认为是式(3.26)的一个边界条件，其作用如下：

首先，由于 $J^\star(\boldsymbol{x},\mathcal{N}+1)\equiv 0$，因此，

$$J^\star(\boldsymbol{x},\mathcal{N})=\underline{c}(\boldsymbol{x})\stackrel{\text{def}}{=}\min_{\boldsymbol{u}} c(\boldsymbol{x},\boldsymbol{u})$$

再次应用式(3.26)，可得

$$J^\star(\boldsymbol{x},\mathcal{N}-1)=\min_{\boldsymbol{u}}\{c(\boldsymbol{x},\boldsymbol{u})+\underline{c}(F(\boldsymbol{x},\boldsymbol{u}))\}$$

我们可以重复这些步骤，直到我们获得有限时域价值函数 $J^\star(\cdot)=J^\star(\cdot,0)$。

那么策略呢？策略也可以通过式(3.26)获得，但最优策略取决于扩张状态：

$$\phi^\star(\boldsymbol{x},\tau)\in\arg\min_{\boldsymbol{u}}\{c(\boldsymbol{x},\boldsymbol{u})+J^\star(F(\boldsymbol{x},\boldsymbol{u}),\tau+1)\},\quad \tau\leqslant\mathcal{N} \tag{3.27}$$

这意味着反馈不再是时间齐次的：[⊖]

⊖ 代入 $\tau^\star(k)=k$ 是合理的，因为我们无法控制时间！

$$u^{\star}(k)=\phi^{\star}(x^{\star}(k),k) \tag{3.28}$$

3.3.4　模型预测控制

在许多领域(例如制造和建筑运营)中非常成功的控制技术是模型预测控制(MPC)。这是对式(3.28)进行轻微改动后获得的一个平稳策略：

$$u(k)=\phi^{\mathrm{MPC}}(x^{\star}(k))=\phi^{\star}(x(k),0) \tag{3.29}$$

其中，使用 $\tau=0$ 在式(3.27)中已经定义了右侧。但是，MPC 永远不能表示为状态反馈，因为策略 ϕ^{MPC} 不能在内存中被计算和存储。相反，对于每个 k，当观测到状态 $x=x(k)$ 时，执行有限时域优化就可获得 $u(k)=\phi^{\star}(x,0)$ 的值。也就是说，策略只能针对那些被观察到的状态进行评估[242,243]。

然而，这里考虑的一般最优控制理论提供了确保与式(3.29)相关的总成本是有限的技术。对 $x\in X$，记为

$$J^{\mathrm{MPC}}(x)=\sum_{k=0}^{\infty}c(x(k),u(k))$$

约束条件为 $x(0)=x$，且对于所有的 k，$u(k)=\phi^{\mathrm{MPC}}(x(k))$。

命题 3.7　考虑策略式(3.29)，它是通过如下修改过的目标获得的：

$$J^{\star}(x;0)=\min_{u_{[0,\mathcal{N}]}}\sum_{k=0}^{\mathcal{N}-1}c(x(k),u(k))+V^{0}(x(\mathcal{N})),x(0)=x\in X \tag{3.30}$$

其中 $V^{0}:X\rightarrow\mathbb{R}_{+}$ 满足 $\overline{\eta}=0$ 时的式(3.11)，即

$$\min_{u}\{c(x,u)+V^{0}(F(x,u))\}\leqslant V^{0}(x),x\in X$$

则总成本 J^{MPC} 处处都是有限的。

证明　根据定义式(3.9)和式(3.30)，可得 $J^{\star}(x;0)=V^{\mathcal{N}}(x)$(VIA 进行 $\mathcal{N}$ 次迭代的结果)。命题 3.3 则给出了一种形式的泊松不等式：

$$\{c(x,u)+V(F(x,u))\}\Big|_{u=\phi^{\mathrm{MPC}}(x)}\leqslant V(x),x\in X$$

其中 $V=V^{\mathcal{N}}$。这样，根据命题 2.3(比较定理)就可得到 J^{MPC} 是有限值的结论。□

3.4　逆动态规划

动态规划的另一种选择是改变问题：在最优控制中，我们给定 c，然后面临计算 $J^{\star}$ 的(通常是令人生畏的)任务。这里我们颠倒计算任务：给定任何函数 J，找到一个成本函数 c^{J}，使其满足式(3.5)。

本着尊重我们的最初目标的原则，我们要先考虑贝尔曼误差：

$$\mathcal{B}(x)=-J(x)+\min_{u}[c(x,u)+J(F(x,u))] \tag{3.31}$$

这正是式(3.5)中的误差。基于此，通过一个修改的成本函数，我们获得了贝尔曼方程的一个解：

$$J(\boldsymbol{x})=\min_{u}[c^{J}(\boldsymbol{x},\boldsymbol{u})+J(F(\boldsymbol{x},\boldsymbol{u}))] \tag{3.32a}$$

$$c^{J}(\boldsymbol{x},\boldsymbol{u})=c(\boldsymbol{x},\boldsymbol{u})-\mathcal{B}(\boldsymbol{x}) \tag{3.32b}$$

式(3.32a)中的最小化表示定义了一个策略，表示为 ϕ^{J}：

$$\phi^{J}(\boldsymbol{x})\in\arg\min_{u}[c^{J}(\boldsymbol{x},\boldsymbol{u})+J(F(\boldsymbol{x},\boldsymbol{u}))]=\arg\min_{u}[c(\boldsymbol{x},\boldsymbol{u})+J(F(\boldsymbol{x},\boldsymbol{u}))] \tag{3.33}$$

此过程称为逆动态规划(IDP)，它是用于控制设计的控制-李雅普诺夫函数方法的一种表述。最小化贝尔曼误差是许多强化学习方法的目标。逆动态规划的动机阐述如下：

命题 3.8　假设下列条件成立：

(i) J 是非负的、连续的，并且仅在 $\boldsymbol{x}^{e}$ 处消失。

(ii) 函数 $c^{J}(\boldsymbol{x})=c(\boldsymbol{x},\phi^{J}(\boldsymbol{x}))$ 满足以下条件：它是非负的、连续的、下紧的，并且仅在 $\boldsymbol{x}^{e}$ 处消失。

(iii) 存在一个满足 $0\leqslant\varrho\leqslant1$ 的常数 ϱ，且对于所有的 $\boldsymbol{x},\boldsymbol{u}$，有

$$\mathcal{B}(\boldsymbol{x})=c(\boldsymbol{x},\boldsymbol{u})-c^{J}(\boldsymbol{x},\boldsymbol{u})\geqslant-\varrho c(\boldsymbol{x},\boldsymbol{u})$$

令 J^{IDP} 表示策略 ϕ^{J} 作用下的价值函数：

$$J^{\mathrm{IDP}}(\boldsymbol{x})=\sum_{k=0}^{\infty}c(\boldsymbol{x}(k),\boldsymbol{u}(k)).\ \text{对于所有的}\ k,\boldsymbol{x}(0)=\boldsymbol{x},\boldsymbol{u}(k)=\phi^{J}(\boldsymbol{x}(k)) \tag{3.34}$$

则允许存在一对边界：

$$J^{\star}(\boldsymbol{x})\leqslant J^{\mathrm{IDP}}(\boldsymbol{x})\leqslant(1+\varrho)J^{\star}(\boldsymbol{x})$$

命题3.8的证明需要更深入地研究式(3.5)。以下是命题2.4的扩展：

命题 3.9　假设价值函数 $J^{\star}$ 是有限值的，且对于任意初始条件，当 $k\to\infty$ 时，有 $\boldsymbol{x}^{\star}(k)\to\boldsymbol{x}^{e}$。在此意义下假设最优策略 $\phi^{\star}$ 是可镇定的。

假设 $J:X\to\mathbb{R}_{+}$ 是连续的，且在 $\boldsymbol{x}^{e}$ 处消失，并求解如下条件：

$$J(\boldsymbol{x})\leqslant\min_{u}\{c(\boldsymbol{x},\boldsymbol{u})+J(F(\boldsymbol{x},\boldsymbol{u}))\},\quad \boldsymbol{x}\in X \tag{3.35}$$

则 $J=J^{\star}$。

证明　我们采用与逆动态规划中相同的符号：对于每个 $\boldsymbol{x}$，$\phi^{J}(\boldsymbol{x})$ 被定义为式(3.35)中的最小值，且 J^{IDP} 是相关的价值函数[式(3.34)]。根据命题2.3的比较定理，我们得到界限 $J^{\mathrm{IDP}}\leqslant J$。还可以通过归纳法在 $\mathcal{N}$ 上建立如下界限(从式(3.35)开始)：

对于所有的 k，有

$$\begin{aligned}J(\boldsymbol{x})&\leqslant\min_{u_{[0,\mathcal{N}]}}\left\{\sum_{k=0}^{\mathcal{N}-1}c(\boldsymbol{x}(k),\boldsymbol{u}(k))+J(\boldsymbol{x}(\mathcal{N}))\right\}\\&\leqslant\sum_{k=0}^{\mathcal{N}-1}c(\boldsymbol{x}^{\star}(k),\boldsymbol{u}^{\star}(k))+J(\boldsymbol{x}^{\star}(\mathcal{N})),\quad \boldsymbol{x}(0)=\boldsymbol{x},\boldsymbol{u}^{\star}(k)=\phi^{\star}(\boldsymbol{x}^{\star}(k))\end{aligned}$$

因为我们用一个特定的策略替换了最小值，所以获得了第二个不等式。通过对 J 和 $\phi^{\star}$ 的假设，我们有当 $\mathcal{N}\to 0$ 时，$J(\boldsymbol{x}^{\star}(\mathcal{N}))\to 0$，因此 $J\leqslant J^{\star}$。

对于所有的 x，将这些边界汇集在一起，有

$$J^{\star}(\boldsymbol{x})\leqslant J^{\mathrm{IDP}}(\boldsymbol{x})\leqslant J(\boldsymbol{x})\leqslant J^{\star}(\boldsymbol{x})$$

这意味着这些函数是一致的，特别是 $J=J^{\star}$。 □

命题 3.8 的证明　对 J 和 c^{J} 的假设是强加的，使得我们可以将命题 2.3 应用于 $\boldsymbol{u}(k)=\phi^{J}(\boldsymbol{x}(k))$ 约束下的状态空间模型。第(i)部分意味着对于所有 $\boldsymbol{x}$，有 $J^{\mathrm{IDP}}(\boldsymbol{x})\leqslant J(\boldsymbol{x})$，且第(iii)部分告诉我们 $\boldsymbol{x}^{e}$ 在该策略作用下是全局渐近稳定的。然后我们可以应用命题 3.9 来建立等式：

$$J(\boldsymbol{x})=J^{\mathrm{IDP}}(\boldsymbol{x})=\min_{\boldsymbol{u}}\sum_{k=0}^{\infty}c^{J}(\boldsymbol{x}(k),\boldsymbol{u}(k))$$

与命题 3.9 的证明一样，右侧的增长只能用最优策略替换最小值才能实现：对于 $\boldsymbol{x}(0)=\boldsymbol{x}$，

$$J^{\mathrm{IDP}}(\boldsymbol{x})\leqslant\sum_{k=0}^{\infty}c^{J}(\boldsymbol{x}^{\star}(k),\boldsymbol{u}^{\star}(k))\leqslant(1+\varrho)J^{\star}(\boldsymbol{x})$$

其中，第二个不等式使用 了 $c^{J}\leqslant(1+\varrho)c$。 □

3.5 贝尔曼方程是一个线性规划

控制设计的一种方法是引入一系列候选价值函数近似$\{J^{\theta}:\ \theta\in\mathbb{R}^{d}\}$，并计算参数 θ^{*} 使其最小化贝尔曼误差，例如通过最小化均方准则——式(2.53)。一个重大挑战是损失函数 $\Gamma^{\varepsilon}(J^{\theta})$不是凸函数，甚至当 J^{θ} 线性依赖于 θ 时也不是凸函数。

我们得到了一个凸优化问题，通过应用一个优化技术中的常用技巧，该问题适合 RL 实现，这个技巧就是过度参数化搜索空间。第一步是将 $J^{\star}$ 和 $Q^{\star}$ 视为独立变量，并将式(3.7a)视为线性约束。按照这种方法，我们获得了一个适用于 RL 算法设计的线性规划。

自然地，只有当状态空间和动作空间是有限的时候，我们才能得到一个有限维的线性规划。在这种情况下，作为算法的一部分，我们选择一个*加权函数*ν，且对于任意候选近似 J，记作

$$\langle\nu,J\rangle\overset{\text{def}}{=}\sum_{x\in X}\nu(\boldsymbol{x})J(\boldsymbol{x})$$

假设对于每个 $\boldsymbol{x}$，有$\nu(\boldsymbol{x})>0$。在大多数情况下，这将是一个概率质量函数，这意味着我们还假设$\sum_{x}\nu(\boldsymbol{x})=1$。

即使当状态空间不是有限的时候，比如 $X=\mathbb{R}^{n}$，我们仍然假设ν具有有限支撑[⊖]

[⊖] 有限支撑或有限支持(finite support)意味着结果的数目是有限的。一般情况下，有限集合中的结论都可用于有限支撑。例如，小波分析中的时域上有限支撑意味着在时间轴上，波形从出现到消失或衰减为 0 的长度很短。——译者注

$\{\boldsymbol{x}^i:1\leqslant i\leqslant M\}$。在这种情况下，上式的定义变为

$$\langle \nu,J\rangle \stackrel{\text{def}}{=} \sum_i \nu(\boldsymbol{x}^i)J(\boldsymbol{x}^i)$$

命题 3.10 指出，可以将贝尔曼方程转化为一个线性规划问题。

命题 3.10 假设式(3.2)中定义的价值函数 $J^\star$ 是连续的、下紧的，并且仅在 $\boldsymbol{x}^e$ 处消失(或等于0)。则通过求解关于"变量"(J,Q)的如下线性规划(LP)，可得到最优对$(J^\star,Q^\star)$：

$$\max_{J,Q}\langle \nu,J\rangle \tag{3.36a}$$

$$\text{满足 } Q(\boldsymbol{x},\boldsymbol{u})\leqslant c(\boldsymbol{x},\boldsymbol{u})+J(F(\boldsymbol{x},\boldsymbol{u})) \tag{3.36b}$$

$$Q(\boldsymbol{x},\boldsymbol{u})\geqslant J(\boldsymbol{x}),\quad \boldsymbol{x}\in X,\boldsymbol{u}\in U(\boldsymbol{x}) \tag{3.36c}$$

$$J\text{ 是连续的,且 }J(\boldsymbol{x}^e)=0 \tag{3.36d}$$

□

线性规划[⊖]将被称为动态规划之线性规划(DPLP)。它将在 5.5 节中作为公式(5.62)再次出现，随后是几种近似求解 DP 方程的方法。

不失一般性，我们可以将式(3.36b)强化为等式：$Q(\boldsymbol{x},\boldsymbol{u})=c+J(F(\boldsymbol{x},\boldsymbol{u}))$。基于此替换，变量 Q 被消除了：

$$\max_{J}\langle \nu,J\rangle \tag{3.37a}$$

$$\text{满足 } c(\boldsymbol{x},\boldsymbol{u})+J(F(\boldsymbol{x},\boldsymbol{u}))\geqslant J(\boldsymbol{x}),\quad x\in X,u\in U(x) \tag{3.37b}$$

这更类似于在随机控制文献中看到的内容(有关详情请参阅文献[10])。更复杂的 LP 式(3.36)被引入，是因为它更适合 RL 应用。

3.6 线性二次调节器

众所周知，对于满足式(3.3)的线性系统模型式(2.13)，价值函数是二次型的，即对于每个 $\boldsymbol{x}$，$J^\star(\boldsymbol{x})=\boldsymbol{x}^{\mathsf{T}}\boldsymbol{M}^\star\boldsymbol{x}$。Q 函数也是二次型函数：结合式(3.7a)和式(2.13a)，有

$$Q^\star(\boldsymbol{x},\boldsymbol{u})=c(\boldsymbol{x},\boldsymbol{u})+J^\star(\boldsymbol{F}\boldsymbol{x}+\boldsymbol{G}\boldsymbol{u}) \tag{3.38}$$

在式(3.41)中可以找到更明确的二次型表示。

最优策略是在 $\boldsymbol{u}$ 上通过最小化 Q 函数获得的，这很容易通过最优性的一阶条件来完成：

$$0=\nabla_u Q^\star(\boldsymbol{x},\boldsymbol{u})=2\boldsymbol{R}\boldsymbol{u}^\star+2\boldsymbol{G}^{\mathsf{T}}\boldsymbol{M}^\star(\boldsymbol{F}\boldsymbol{x}+\boldsymbol{G}\boldsymbol{u}^\star)$$

⊖ 规划一般指的是"求解最优"。规划问题是一种多阶段的决策问题，每个阶段的最佳状态将作为下一个阶段的基础。每次决策依赖于其当前状态，决策后又随即引起状态的转移。一个决策序列就是在这种变化的状态中产生的。这种通过多阶段最优化决策来解决问题的过程就是动态规划。——译者注

在 $\boldsymbol{R}>0$ 的假设下，可以得出 $\boldsymbol{R}+\boldsymbol{G}^{\top}\boldsymbol{M}^{\star}\boldsymbol{G}>0$(因此是可逆的)。最小值 $\boldsymbol{u}^{\star}=\phi^{\star}(\boldsymbol{x})$将最优策略定义为线性状态反馈：

$\phi^{\star}(\boldsymbol{x})=-\boldsymbol{K}^{\star}\boldsymbol{x}$，其中

$$\boldsymbol{K}^{\star}=[\boldsymbol{R}+\boldsymbol{G}^{\top}\boldsymbol{M}^{\star}\boldsymbol{G}]^{-1}\boldsymbol{G}^{\top}\boldsymbol{M}^{\star}\boldsymbol{F} \tag{3.39}$$

为了获得 $\phi^{\star}$，我们必须计算价值函数，因为增益 $\boldsymbol{K}^{\star}$ 取决于 $\boldsymbol{M}^{\star}\geqslant 0$。该矩阵是有名的代数 Riccati 方程(ARE)的一个不动点方程的解：

$$\boldsymbol{M}^{\star}=\boldsymbol{F}^{\top}(\boldsymbol{M}^{\star}-\boldsymbol{M}^{\star}\boldsymbol{G}[\boldsymbol{R}+\boldsymbol{G}^{\top}\boldsymbol{M}^{\star}\boldsymbol{G}]^{-1}\boldsymbol{G}^{\top}\boldsymbol{M}^{\star})\boldsymbol{F}+\boldsymbol{S} \tag{3.40}$$

连续时间线性二次调节器(LQR)模型的 ARE 的推导可以在 3.9.4 节中找到。

要理解这种特殊情况下的 LP[式(3.36)]，最方便的方法是用变量 $\boldsymbol{z}^{\top}=(\boldsymbol{x}^{\top},\boldsymbol{u}^{\top})$来表示出现在式(3.36b)中的三个函数：

$$J^{\star}(\boldsymbol{x},\boldsymbol{u})=z^{\top}\boldsymbol{M}^{J^{\star}}z,\quad Q^{\star}(\boldsymbol{x},\boldsymbol{u})=z^{\top}\boldsymbol{M}^{Q^{\star}}z,\quad c(\boldsymbol{x},\boldsymbol{u})=z^{\top}\boldsymbol{M}^{c}z, \tag{3.41a}$$

$$\boldsymbol{M}^{J^{\star}}=\begin{bmatrix}\boldsymbol{M}^{\star} & \boldsymbol{0}\\ \boldsymbol{0} & \boldsymbol{0}\end{bmatrix},\quad \boldsymbol{M}^{c}=\begin{bmatrix}\boldsymbol{S} & \boldsymbol{0}\\ \boldsymbol{0} & \boldsymbol{R}\end{bmatrix}, \tag{3.41b}$$

$$\boldsymbol{M}^{Q^{\star}}=\boldsymbol{M}^{c}+\begin{bmatrix}\boldsymbol{F}^{\top}\boldsymbol{M}^{\star}\boldsymbol{F} & \boldsymbol{F}^{\top}\boldsymbol{M}^{\star}\boldsymbol{G}\\ \boldsymbol{G}^{\top}\boldsymbol{M}^{\star}\boldsymbol{F} & \boldsymbol{G}^{\top}\boldsymbol{M}^{\star}\boldsymbol{G}\end{bmatrix} \tag{3.41c}$$

对公式 $\boldsymbol{M}^{Q^{\star}}$ 的合理性的证明包含在命题 3.11 的证明中。

命题 3.11 *假设 $J^{\star}$ 是处处有限的。那么对于每个 $\boldsymbol{x}$，价值函数和 Q 函数都是二次型函数：$J^{\star}(\boldsymbol{x})=\boldsymbol{x}^{\top}\boldsymbol{M}^{\star}\boldsymbol{x}$，其中 $\boldsymbol{M}^{\star}\geqslant 0$ 是式(3.40)的解，二次型 Q 函数由式(3.41c)给出。矩阵 $\boldsymbol{M}^{\star}$ 也是以下凸规划的解：*

$$\boldsymbol{M}^{\star}\in\arg\max\ \mathrm{trace}(\boldsymbol{M}) \tag{3.42a}$$

$$\text{满足}\begin{bmatrix}\boldsymbol{S} & \boldsymbol{0}\\ \boldsymbol{0} & \boldsymbol{R}\end{bmatrix}+\begin{bmatrix}\boldsymbol{F}^{\top}\boldsymbol{M}\boldsymbol{F} & \boldsymbol{F}^{\top}\boldsymbol{M}\boldsymbol{G}\\ \boldsymbol{G}^{\top}\boldsymbol{M}\boldsymbol{F} & \boldsymbol{G}^{\top}\boldsymbol{M}\boldsymbol{G}\end{bmatrix}\geqslant\begin{bmatrix}\boldsymbol{M} & \boldsymbol{0}\\ \boldsymbol{0} & \boldsymbol{0}\end{bmatrix} \tag{3.42b}$$

其中最大值是在对称矩阵 $\boldsymbol{M}$ 上的，不等式约束式(3.42b)在某种意义上也是对称的。 □

尽管式(3.42)起源于线性规划，但它并不是线性规划：它是半正定规划(SemiDefinite Program，SDP)[364]的一个示例。

命题 3.11 的证明 读者可以参考标准教材来推导 ARE[7,76]。下面是一个有价值的习题：假设 $\boldsymbol{J}^{\star}$ 是 $\boldsymbol{x}$ 的二次函数，你会发现贝尔曼方程蕴含了 ARE。

现在，继续推导式(3.42)。命题 3.10 引入的线性规划的变量由函数 J 和 Q 组成。对于 LQR 问题，我们只考虑二次型函数

$$J(\boldsymbol{x})=\boldsymbol{x}^{\top}\boldsymbol{M}\boldsymbol{x},\quad Q(\boldsymbol{x},\boldsymbol{u})=z^{\top}\boldsymbol{M}^{Q}z$$

并将对称矩阵$(\boldsymbol{M},\boldsymbol{M}^{Q})$视为变量。

为了建立式(3.42)，我们需要证明：

(1)式(3.36a)和式(3.42a)对于某些 ν 是一致的；(2)函数约束[式(3.36b)和式

(3.36c)]等价于矩阵不等式[式(3.42b)]。第一个任务是最简单的:

$$\operatorname{trace}(\boldsymbol{M})=\sum_{i=1}^{n} J(e^{i})=\langle \nu, J\rangle$$

其中,$\{e^i\}$ 是 $\mathbb{R}^n$ 中的标准基元素,且对于每个 i,有 $\nu(e^i)=1$。

接下来我们将建立式(3.42b)和式(3.36b)、式(3.36c)的等价性,由此我们也可得到式(3.41c)。鉴于前面式(3.37)的讨论,可以将式(3.36b)强化为等式:

$$Q^{\star}(\boldsymbol{x},\boldsymbol{u})=c(\boldsymbol{x},\boldsymbol{u})+J^{\star}(\boldsymbol{F}\boldsymbol{x}+\boldsymbol{G}\boldsymbol{u})$$

此时,我们仍需要确定式(3.42b)和式(3.37)的等价性。

应用式(3.38),我们得到一个从 $\boldsymbol{M}$ 到$\boldsymbol{M}^Q$ 的映射。记作

$$\boldsymbol{M}^J=\begin{bmatrix}\boldsymbol{M} & \boldsymbol{0}\\ \boldsymbol{0} & \boldsymbol{0}\end{bmatrix},\quad \boldsymbol{\Xi}=\begin{bmatrix}\boldsymbol{F} & \boldsymbol{G}\\ \boldsymbol{F} & \boldsymbol{G}\end{bmatrix}$$

对于所有的 $\boldsymbol{x}$ 和 $z^{\top}=(\boldsymbol{x}^{\top},\boldsymbol{u}^{\top})$,有

$$J(\boldsymbol{x})=\boldsymbol{x}^{\top}\boldsymbol{M}\boldsymbol{x}=z^{\top}\boldsymbol{M}^J z,\quad J(\boldsymbol{F}\boldsymbol{x}+\boldsymbol{G}\boldsymbol{u})=z^{\top}\boldsymbol{\Xi}^{\top}\boldsymbol{M}^J\boldsymbol{\Xi}z$$

对于任意的 z,再结合式(3.38)可知,

$$\begin{aligned} z^{\top}\boldsymbol{M}^Q z=Q(\boldsymbol{x},\boldsymbol{u})&=c(\boldsymbol{x},\boldsymbol{u})+J(\boldsymbol{F}\boldsymbol{x}+\boldsymbol{G}\boldsymbol{u})\\ &=z^{\top}\boldsymbol{M}^c z+z^{\top}\boldsymbol{\Xi}^{\top}\boldsymbol{M}^J\boldsymbol{\Xi}z \end{aligned}$$

在 $\boldsymbol{M}^Q$ 是对称矩阵的一贯假设下,可得到从 $\boldsymbol{M}$ 到 $\boldsymbol{M}^Q$ 的期望映射:

$$\boldsymbol{M}^Q=\boldsymbol{M}^c+\boldsymbol{\Xi}^{\top}\boldsymbol{M}^J\boldsymbol{\Xi}=\begin{bmatrix}\boldsymbol{S} & \boldsymbol{0}\\ \boldsymbol{0} & \boldsymbol{R}\end{bmatrix}+\begin{bmatrix}\boldsymbol{F}^{\top}\boldsymbol{M}\boldsymbol{F} & \boldsymbol{F}^{\top}\boldsymbol{M}\boldsymbol{G}\\ \boldsymbol{G}^{\top}\boldsymbol{M}\boldsymbol{F} & \boldsymbol{G}^{\top}\boldsymbol{M}\boldsymbol{G}\end{bmatrix}$$

这样,式(3.37)等价于:

$$\text{对于所有的 } z,\text{有} z^{\top}\boldsymbol{M}^J z=J(\boldsymbol{x})\leqslant Q(\boldsymbol{x},\boldsymbol{u})=z^{\top}\boldsymbol{M}^Q z$$

这等价于约束 $\boldsymbol{M}^J\leqslant\boldsymbol{M}^Q$,即式(3.42b)。 □

3.7　再向前看一些

在 2.5 节中,我们只可能在参数化方法下的策略选择框架内讨论 RL。既然我们对最优控制有所了解,我们就可以扩大我们的讨论范围。

让我们转向 RL 的常用方法,在该方法中我们选择一族参数化的函数$\{Q^{\boldsymbol{\theta}}:\boldsymbol{\theta}\in\mathbb{R}^d\}$,并在其中寻找一个由式(3.7a)定义的 Q 函数 $Q^{\star}$ 的近似。我们经常使用一个线性参数化表示

$$Q^{\boldsymbol{\theta}}(\boldsymbol{x},\boldsymbol{u})=\boldsymbol{\theta}^{\top}\boldsymbol{\psi}(\boldsymbol{x},\boldsymbol{u}),\quad \boldsymbol{\theta}\in\mathbb{R}^d \tag{3.43}$$

其中 $\boldsymbol{\psi}_i$:$X\times U\to\mathbb{R}$ 称为第 i 个基函数,$1\leqslant i\leqslant d$。对于任何 $\boldsymbol{\theta}$,模仿式(3.7c),可获得一个策略:

$$\phi^{\boldsymbol{\theta}}(\boldsymbol{x}) \in \arg\min_{u} Q^{\boldsymbol{\theta}}(\boldsymbol{x},\boldsymbol{u}), \quad \boldsymbol{x} \in X \tag{3.44}$$

考虑我们如何近似 3.2.2 节中的 PIA——给定一个初始策略 ϕ^0，生成一系列策略 $\{\phi^n\}$ 和参数估计 $\{\boldsymbol{\theta}_n\}$，如下所示：

(i)获得一个参数 θ_n 来实现近似 $Q^{\theta_n} \approx Q_n$，其中 Q_n 是一个既定策略 Q 函数，满足

$$Q_n(\boldsymbol{x},\boldsymbol{u})=c(\boldsymbol{x},\boldsymbol{u})+Q_n(\boldsymbol{x}^+,\boldsymbol{u}^+), \quad \boldsymbol{x}^+=F(\boldsymbol{x},\boldsymbol{u}), \boldsymbol{u}^+=\phi^n(\boldsymbol{x}^+) \tag{3.45}$$

(ii)定义一个新策略 $\phi^{n+1}=\phi^{\theta_n}$。

在 5.3 节和第二部分中，我们将更加深入地探讨 PIA 的这种近似及其变形。

另一种方法是构建一个近似算法，该算法基于求解式(3.7d)中的 Q 函数的动态规划方程：

$$Q^\star(\boldsymbol{x},\boldsymbol{u})=c(\boldsymbol{x},\boldsymbol{u})+\underline{Q}^\star(F(\boldsymbol{x},\boldsymbol{u})), \quad \underline{Q}^\star(\boldsymbol{x})=\min_{u} Q^\star(\boldsymbol{x},\boldsymbol{u})$$

对于任何状态-输入轨迹，该算法能够接受无模型表示：

$$Q^\star(\boldsymbol{x}(k),\boldsymbol{u}(k))=c(\boldsymbol{x}(k),\boldsymbol{u}(k))+\underline{Q}^\star(\boldsymbol{x}(k+1)) \tag{3.46}$$

正如在式(2.52)中那样，对于任何近似 $\hat{Q}$，我们都可以观察贝尔曼误差：

$$\mathcal{D}_{k+1}(\hat{Q}) \stackrel{\text{def}}{=} -\hat{Q}(\boldsymbol{x}(k),\boldsymbol{u}(k))+c(\boldsymbol{x}(k),\boldsymbol{u}(k))+\underline{\hat{Q}}(\boldsymbol{x}(k+1)) \tag{3.47}$$

如果 $\hat{Q}=Q^\star$，则对于每个 k，贝尔曼误差都是 0。

基于从 $k=0$ 到 N 的系统的观测，Q 学习被广泛定义为选择 $\boldsymbol{\theta}^*$ 的算法，这使得对于所有的 $\boldsymbol{\theta}$，$|\mathcal{D}_{k+1}(Q^{\boldsymbol{\theta}})|$ 在某种意义下是最小的。我们可能想到的第一种方法是模仿式(2.53)：

$$\Gamma^{\varepsilon}(\boldsymbol{\theta})=\frac{1}{N}\sum_{k=0}^{N-1}[\mathcal{D}_{k+1}(Q^{\boldsymbol{\theta}})]^2 \tag{3.48}$$

3.5 节中的 LP 方法提出了替代方案，其他方法将在第 5 章中进行研究。

3.8 连续时间最优控制*

我们在 2.3.4 节中已经说明，微积分可以使状态空间模型的理论变得更加清晰。例如，图 2.2 对应的离散时间模型就远没有很大的启发性。前面的例子和 2.6 节给出了进一步的研究动机：在许多情况下，系统模型是基于物理定律的。当我们谈到最优控制时，微积分的价值甚至更大，因为在连续时间内提出和近似最优控制问题通常更简单。

非线性状态空间模型以前在式(2.19)中介绍过，为方便起见在此重复一下：$\frac{\mathrm{d}}{\mathrm{d}t}x=f(x,u)$。与一个特定的控制输入 $\boldsymbol{u} \stackrel{\text{def}}{=} \boldsymbol{u}_{[0,\infty)}$ 相关的总成本 J 由如下的积分定义：

$$J(\boldsymbol{u})=\int_0^\infty c(\boldsymbol{x}_t,\boldsymbol{u}_t)\,\mathrm{d}t$$

其中 c 和以前一样，是$(\boldsymbol{x},\boldsymbol{u})$的一个标量价值函数，我们的目标也和从前一样，是在所有输入上最小化 J。如果我们期望 J 是有限的，就需要一些假设。一个最基本的假设是，存在一个目标状态 $\boldsymbol{x}^e$，它是某个输入 $\boldsymbol{u}^e$ 的平衡点，并且成本在这个平衡点处消失：

$$\boldsymbol{f}(\boldsymbol{x}^e,\boldsymbol{u}^e)=\boldsymbol{0},\quad c(\boldsymbol{x}^e,\boldsymbol{u}^e)=0$$

价值函数的定义如式(3.2)所示：

$$J^\star(\boldsymbol{x})=\min_{\boldsymbol{u}_{[0,\infty)}}\left[\int_0^\infty c(\boldsymbol{x}_t,\boldsymbol{u}_t)\,\mathrm{d}t\right],\quad \boldsymbol{x}_0=\boldsymbol{x}\in X$$

在一般条件下，它满足一个微分方程，即 *Hamilton-Jacobi-Bellman*（哈密顿-雅克比-贝尔曼，HJB）方程。其推导过程与3.2节中贝尔曼方程的构造是一样的。

令 $\boldsymbol{x}$ 是一个任意的初始状态，t_m 是一个中间时间，$0<t_m<\infty$。与离散时间情况的发展一样，我们把 $J^\star(\boldsymbol{x}_{t_m})$看作是运行成本。基于这种解释，我们得到以下结果：

$$\begin{aligned}J^\star(\boldsymbol{x})&=\min_{\boldsymbol{u}_{[0,\infty)}}\left[\int_0^{t_m}c(\boldsymbol{x}_t,\boldsymbol{u}_t)\,\mathrm{d}t+\int_{t_m}^\infty c(\boldsymbol{x}_t,\boldsymbol{u}_t)\,\mathrm{d}t\right]\\&=\min_{\boldsymbol{u}_{[0,t_m]}}\left[\int_0^{t_m}c(\boldsymbol{x}_t,\boldsymbol{u}_t)\,\mathrm{d}t+\underbrace{\min_{\boldsymbol{u}_{[t_m,\infty)}}\left(\int_{t_m}^\infty c(\boldsymbol{x}_t,\boldsymbol{u}_t)\,\mathrm{d}t\right)}_{J^\star(\boldsymbol{x}_{t_m})}\right]\end{aligned}$$

即

$$J^\star(\boldsymbol{x})=\min_{\boldsymbol{u}_{[0,t_m]}}\left[\int_0^{t_m}c(\boldsymbol{x}_t,\boldsymbol{u}_t)\,\mathrm{d}t+J^\star(\boldsymbol{x}_{t_m})\right],\quad \boldsymbol{x}_0=0 \tag{3.49}$$

这个等式是贝尔曼方程的连续时间拓展，如图3.1所示。它被称为最优性原则：如果最优轨迹在时间 t_m 利用控制 $\boldsymbol{u}^\star$ 通过状态 $\boldsymbol{x}_m$，那么对于从时间 t_m 状态为 $\boldsymbol{x}_m$ 开始的系统来说，控制 $\boldsymbol{u}^\star_{[t_m,\infty)}$一定是最优的。这正如图3.1的标题所述：如果在$[t_m,\infty)$上存在更好的 $\boldsymbol{u}^\star$，我们就会选择它。

HJB方程是在令 $t_m\downarrow 0$ 的情况下得到的，定义 Δ_x 如下：

$$\Delta_x=\boldsymbol{x}_{t_m}-\boldsymbol{x}_0=\boldsymbol{x}_m-\boldsymbol{x}$$

假设价值函数是连续可微的，我们对其进行泰勒级数展开，利用式(3.49)，可得到

$$J^\star(\boldsymbol{x})=\min_{\boldsymbol{u}_{[0,t_m]}}\{c(\boldsymbol{x},\boldsymbol{u}_0)t_m+J^\star(\boldsymbol{x})+\nabla J^\star(\boldsymbol{x})\cdot\Delta_x\}+o(t_m)$$

无穷小（"little oh"）符号 $o(t_m)$将在附录A进行介绍。从两侧都减去 $J^\star(\boldsymbol{x})$，再除以 t_m，然后得到

$$0=\min_{\boldsymbol{u}_{[0,t_m]}}\left\{c(\boldsymbol{x},\boldsymbol{u}_0)+\nabla J^\star(\boldsymbol{x})\cdot\frac{\Delta_x}{t_m}\right\}+o(1)$$

令 $t_m\to 0$，根据定义我们得到 $o(1)\to 0$，可以用导数来代替比率Δ_x/t_m：

$$\lim_{t_m \downarrow 0} \frac{\Delta_x}{t_m} = \frac{\mathrm{d}}{\mathrm{d}t} \boldsymbol{x}_t \bigg|_{t=0} = f(\boldsymbol{x}_0, \boldsymbol{u}_0)$$

这就得到了如下的著名方程：

$$0 = \min_{\boldsymbol{u}} [c(\boldsymbol{x}, \boldsymbol{u}) + \nabla J^\star(\boldsymbol{x}) \cdot f(\boldsymbol{x}, \boldsymbol{u})] \tag{3.50}$$

定理 3.12　如果价值函数 $J^\star$ 是连续导数的，那么它就满足式(3.50)。假设式(3.50)的最小值存在，并且对每个 $\boldsymbol{x}$ 都是唯一的，形成一个连续函数 $\phi^\star$。那么最优控制就可表示为状态反馈形式：

$$\boldsymbol{u}_t^\star = \phi^\star(\boldsymbol{x}_t^\star) = \arg\min_{\boldsymbol{u}} [c(\boldsymbol{x}_t^\star, \boldsymbol{u}) + \nabla J^\star(\boldsymbol{x}_t^\star) \cdot f(\boldsymbol{x}_t^\star, \boldsymbol{u})]$$ □

式(3.50)括号中的项在哈密顿函数方面有重要的可解释性：

$$H(\boldsymbol{x}, \boldsymbol{p}, \boldsymbol{u}) \stackrel{\text{def}}{=} c(\boldsymbol{x}, \boldsymbol{u}) + \boldsymbol{p}^{\mathrm{T}} f(\boldsymbol{x}, \boldsymbol{u}) \tag{3.51}$$

两个变量的函数 $Q(\boldsymbol{x}, \boldsymbol{u}) \stackrel{\text{def}}{=} H(\boldsymbol{x}, \nabla_x J^\star(\boldsymbol{x}), \boldsymbol{u})$ 是连续时间模型强化学习的 Q 函数。

下面的结果是最优控制最小值原理的一个变体。

定理 3.13　假设存在一个最优输入-状态对，且价值函数 $J^\star$ 具有连续导数性。那么对于每个时间 t，最优控制 $\boldsymbol{u}_t^\star$ 必须使哈密顿函数最小，

$$\min_{\boldsymbol{u}} H(\boldsymbol{x}_t^\star, \boldsymbol{p}_t^\star, \boldsymbol{u}) = H(\boldsymbol{x}_t^\star, \boldsymbol{p}_t^\star, \boldsymbol{u}_t^\star) \tag{3.52}$$

其中 $\boldsymbol{p}_t^\star = \nabla_x J^\star(\boldsymbol{x}_t^\star)$ □

标准的最小值原理不是从 HJB 方程开始的。相反，向量值的“共态”过程 $\{p_t^\star\}$ 是由另一个微分方程定义的。这可以大大降低复杂性，因为我们不需要计算价值函数。

3.9　示例

3.9.1　山地车

这是一个具有无穷状态空间的最优控制问题。我们将总结一下用于获得图 3.2 所示价值函数的步骤。首先从一个近似模型开始：

量化状态空间

连续状态空间模型通常是通过将状态空间划分为有限的分箱的集合 $X = \cup_{i=1}^n B_i$ 来近似。此步骤称为量化或分箱[⊖]。下一步是为每个 i 选择一个代表状态 $\boldsymbol{x}_i \in B_i$，并在由 n 个状态 $X_\diamond \stackrel{\text{def}}{=} \{\boldsymbol{x}^i : 1 \leqslant i \leqslant n\}$ 组成的状态空间上定义近似动力学。

在这个二维示例中，基于矩形网格选择分箱很方便：对于整数 $N>1$，选择 $n = N^2$，然后

⊖ 这里将 binning 译为“分箱”。分箱就是把数据按特定的规则进行分组，将一组连续的数值数据分成一些离散的组，实现数据的离散化，这些组被称为“bin”。

选择 $X_\diamond=\{\boldsymbol{x}^{i,j}=(z^i,v^j)^\top:1\leqslant i\leqslant N,1\leqslant j\leqslant N\}$，其中位置和速度值等距且满足

$$-1.2=z^1<z^2<\cdots<z^N=0.5,\quad -\bar{v}=v^1<v^2<\cdots<v^N=\bar{v}$$

每个状态 $\boldsymbol{x}^{i,j}$ 都属于一个表示为 $B_{i,j}$ 的分箱：这些分箱是不相交的，分箱的并集等于 X。图 3.2 给出了 $N=160$ 时所获得的近似情况。

状态空间为 $X_\diamond$ 的状态空间模型可表示为

$$\boldsymbol{x}_\diamond(k+1)=F_\diamond(\boldsymbol{x}_\diamond(k),u(k)) \tag{3.53}$$

其中对于每个 k，有 $\boldsymbol{x}_\diamond(k)\in X_\diamond$ 且 $u(k)\in U=\{-1,1\}$。下一步是定义动力学(即 $F_\diamond$)，这是需要注意的。

对于任意的 u 和 j，我们定义 $F_\diamond(\boldsymbol{x}^{N,j},u)=(z^N,0)$，因为在这种情况下 $\boldsymbol{x}^{N,j}=(0.5,v^j)$(因此汽车已停好)。

现在考虑 $\boldsymbol{x}^{i,j}\in X_\diamond$，其中 $i<N$ 且 $u\in U$。记 $\boldsymbol{x}_+^{i,j}(u)=F(\boldsymbol{x}_+^{i,j},\ u)$，具有分量的二维向量记为

$$z_+^{i,j}(u)=F_1(\boldsymbol{x}^{i,j},u),\quad v_+^{i,j}(u)=F_2(\boldsymbol{x}^{i,j},u)$$

通过约束 $\boldsymbol{x}_+^{i,j}(u)\in B_{i+,j+}$唯一地定义指数 i_+和 j_+。速度动力学的指标很简单：

$$F_{\diamond 2}(\boldsymbol{x}^{i,j},u)=v^{j+}$$

位置动力学的指标略有修改，如下所示：

$$F_{\diamond 1}(\boldsymbol{x}^{i,j},u)=\begin{cases}z^{i_++1}, & z_+^{i,j}(u)\geqslant z^i \text{ 和} z^{i_+}=z^i\\ z^{i_--1}, & z_+^{i,j}(u)<z^i \text{ 和} z^{i_+}=z^i\\ z^{i_+}, & \text{其他}\end{cases} \tag{3.54}$$

定义这些动力学，使得对于任意的 $i<N$，$F_{\diamond 1}(\boldsymbol{x}^{N,j},u)\neq z^i$。其根本原因是：为了避免存在状态 $x_\diamond=\boldsymbol{x}^{i,j}(i<N$ 时)，以及 $\boldsymbol{x}_\diamond=F(\boldsymbol{x}_\diamond,u)$(对于任何 $u\in U$)。

VIA 和 PIA 实现

在有限状态空间模型中，对于任何的初始化 V^0，VIA 都将成功。在如下描述的数值实验中选择 $V^0\equiv 0$。

PIA 的成功实现需要一个可镇定的初始策略，即从每个初始条件都能达到目标。选择式(2.59)的一个变形：对于每个 $\boldsymbol{x}=(z,v)^\top\in X_\diamond$，

$$\phi^0(\boldsymbol{x})=\begin{cases}\operatorname{sign}(v) & z+v\geqslant \mathrm{Tol}\\ 1 & \text{其他}\end{cases}$$

既有经验表明，值 Tol $=-0.8$ 时会起到很好的效果。

使用 3.2.3 节中介绍的数值技术对既定策略价值函数 J^n 进行计算，进而求取策略 ϕ^n。计算成功获得 J^0 的事实意味着策略 ϕ^0 是可镇定的。命题 3.4 则意味着使用 PIA 获得的每个策略 $\{\phi^n\}$ 也是可镇定的。

回想一下式(3.31)中定义的贝尔曼误差。迭代 n 次的最大绝对误差可表示为

$$\overline{\mathcal{B}}_n = \max_{x} \left| -J^n(\boldsymbol{x}) + \min_{u}\left[c(\boldsymbol{x},\boldsymbol{u}) + J^n(F(\boldsymbol{x},\boldsymbol{u}))\right]\right|$$

相同的符号也用在了 VIA 中，只不过将 J^n 替换为 V^n。图 3.3 中显示了每个算法的最大贝尔曼误差与迭代次数 n 的函数关系。虽然 PIA 实现 $\overline{\mathcal{B}}_n=0$ 所需的迭代次数要少得多，但 PIA 每次迭代的复杂度远大于 VIA：回想一下，在前者中，每次迭代中必须求解式(3.12)以获得 J^n。

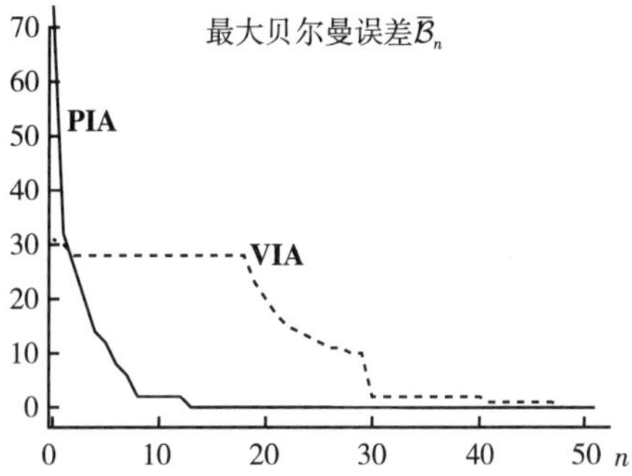

图 3.3 山地车的两种基本动态规划算法的收敛性

3.9.2 蜘蛛和苍蝇

在图 3.4 所示的示例中，有 15 只“蜘蛛”(智能体)合作捕获一只苍蝇。在这个例子的任何“现实”版本中，苍蝇都会以一种不可预测的方式在网格周围跳跃。要讨论这种情况，需要一个随机模型，而这超出了本书现阶段的范围。现在，让我们假设苍蝇是静止的，而蜘蛛会准确无误地移动到它们预定的位置。

在每个时间 k，每只蜘蛛都可以移动到下一个方格(水平或垂直)，或者停留在当前位置。每只蜘蛛有五种可能的移动：因此对于 15 只蜘蛛，输入空间 U 是巨大的：$|U|=5^{15}$(超过 10^{10} 个元素)。值迭代算法中的最小化步骤[式(3.8)]是不可行的。

状态空间也很大：如果我们将状态定义为蜘蛛栖息的方格的位置，那么 $|X|=\binom{100}{15}$(超过 10^{17} 个元素)。现在我们还不要担心这种复杂性。我们将开发近似技术来有效压缩复杂的状态空间。

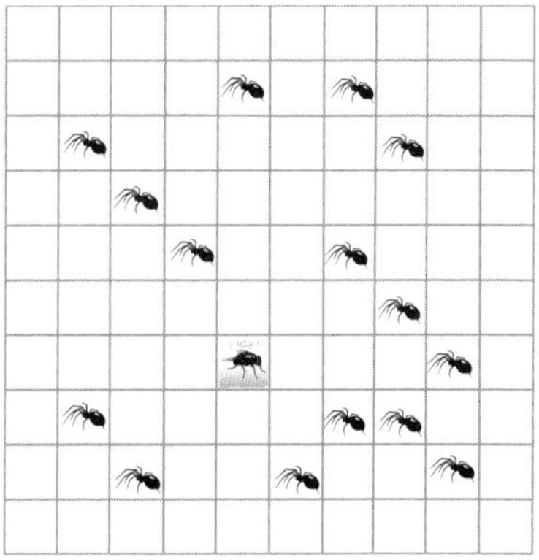

图 3.4 多智能体控制问题：15 只蜘蛛合作捕获一只苍蝇

通过修改状态定义以及微小地修改一下动力学，就可以显著减小输入空间的大小。这个系统在离散时间中演变，从 k 到 $k+1$ 的增量表示“实时”的 T_s 秒。在新的系统描述中，我们将这个采样时间除以 15，并强制要求在这个新的时间尺度上，在每个时间步长只有一只蜘蛛改变位置。为此，我们假设每只蜘蛛都有一串唯一的数字 $1,\cdots,15$，且蜘蛛按给定的顺序移动。

新的状态空间表示为乘积空间 $X=Z\times\{1,\cdots,15\}$。如果 $x(k)=(z,m)$，则 $z\in Z$ 指定了在时间 k 下网格上 15 只标记蜘蛛中每只蜘蛛的位置，m 表示的是此时将要做出决定的蜘蛛。在时间 $k+1$，我们指定一个新状态 $x(k+1)=(z', m')$：z'表示蜘蛛 m 根据在时间 k 下的决策进行移动后所到达的新位置，且 $m'=m+1$，并约定“16”代表“1”，即 $m'-1=m$(模 15)。

状态空间的大小增加了，因为我们现在正在考虑网格的有序子集，同时也因为我们正在

跟踪标签。大小为 15 的有序子集的数量是 $|Z| = 15! \times \binom{100}{15}$，进而

$$|X| = |Z| \times 15 \approx 5 \times 10^{30}$$

其数量是巨大的，但仍然是有限的。输入空间 U 仅包含五个元素。

因此，如果我们具有通过式(3.7c)定义最优策略的 Q 函数的近似 Q，那么在观察时间 k 处的状态 $x = x(k)$ 时，可以通过最小化五个元素来获得输入 $u(k)$：

$$\phi(x) \in \arg\min_{u \in U} Q(x, u)$$

3.9.3　资源争夺与不稳定性

图 3.5 为具有多个抵达物的排队网络的示例。该模型的灵感来自半导体制造厂的应用，在这些工厂中有许多不同类型的元件，其中的许多元件在原材料和加工步骤方面有着相似的需求。图 3.5 展现了该应用的工作流程，其中有两个最终产品从缓冲区 2 和 4 中出现。原材料到达缓冲区 1 和 3，因此这两种产品中的每一种都需要在两个站点中的每一个得到关注。

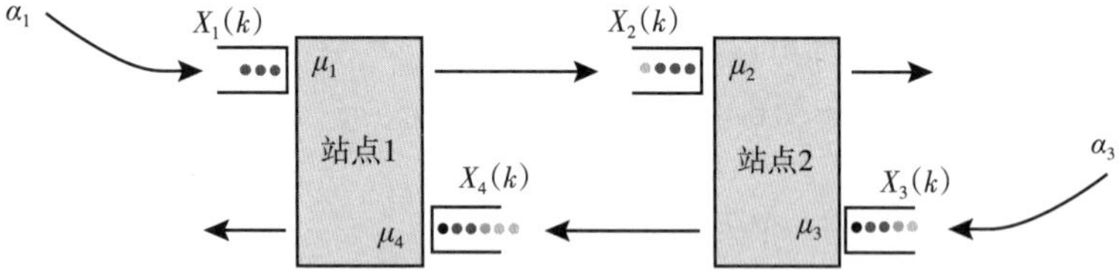

图 3.5　多类排队网络：在两个站点中的每一个站点，调度问题相当于确定排队中等待的两种材料中每一种的处理速率

排队网络会受到很大的波动和不确定性的影响，比如处理器出现故障，到达时间不可预测，还可能会出现需求高峰。因此我们可以发现，为一个随机应用设计确定性模型似乎很愚蠢，随机应用显然更适合后面章节所要讨论的内容与方法。

这个例子将表明，通过先考虑一个没有扰动的理想模型，可以获得重要的见解。将总成本最优控制视为随机控制系统平均成本最优控制的近似值也有一些理论依据——关于这一主题的更多信息，请参阅 7.2 节和文献[254]。

通常来说，从连续时间开始是最简单的。

流体模型

在这个极度简单的模型中，缓冲级别采用非负且连续的值。原材料分别以 α_1 和 α_3 的速率连续流入缓冲区 1 和 3。两个站点中的每一个都有一个服务器。例如，在站点 1，服务器可能在缓冲区 1 或缓冲区 4 上工作。在服务器 1 将其容量用于缓冲区 1 的时间间隔内，材料以速率 μ_1 连续地从缓冲区 1 流向缓冲区 2。排队长度的演化可以用线性状态空间模型来描述，其中状态 $\boldsymbol{q}$ 在 $X = \mathbb{R}_+^4$ 中演化：

$$\frac{\mathrm{d}^+}{\mathrm{d}t}\boldsymbol{q}_t=\boldsymbol{F}\boldsymbol{q}_t+\boldsymbol{G}\boldsymbol{u}_t+\boldsymbol{\alpha}$$

这里使用了右导数“$\frac{\mathrm{d}^+}{\mathrm{d}t}$”，因为状态轨迹通常是分段光滑的。系统参数为 $\boldsymbol{\alpha}=(\alpha_1,0,0,\alpha_4)^{\mathrm{T}}$，

$$\boldsymbol{F}=\boldsymbol{0}_{4\times4}\quad \boldsymbol{G}=\begin{bmatrix}-\mu_1 & 0 & 0 & 0\\ \mu_1 & -\mu_2 & 0 & 0\\ 0 & 0 & -\mu_3 & 0\\ 0 & 0 & \mu_3 & -\mu_4\end{bmatrix}$$

四维输入受到以下几个约束：

- ▶ 对于每个 i，有 $\boldsymbol{u}_t(i)\geqslant0$（不可能在缓冲区“取消”处理）。
- ▶ $\boldsymbol{u}_t(1)+\boldsymbol{u}_t(4)\leqslant1$ 和 $\boldsymbol{u}_t(2)+\boldsymbol{u}_t(3)\leqslant1$（站点约束）。
- ▶ 只要 $\boldsymbol{q}_t(i)=0$，有 $\frac{\mathrm{d}^+}{\mathrm{d}t}\boldsymbol{q}_t(i)\geqslant0$（强制四个缓冲区的非负性）。

对于每个 $x\in X=\mathbb{R}_+^4$，这些约束共同定义了区域 $U(x)$。

可镇定性和负载

原点是某个输入的平衡点吗？这是一个容易回答的问题，因为动力学是线性的。如果对于某个输入 $\boldsymbol{u}_t^c$ 和所有 t，有 $\boldsymbol{q}_t\equiv\boldsymbol{q}^e=\boldsymbol{0}$，那么

$$\boldsymbol{0}=\frac{\mathrm{d}}{\mathrm{d}t}q_t^e=\boldsymbol{F}q_t^e+\boldsymbol{G}u_t^e+\boldsymbol{\alpha}=\boldsymbol{G}u_t^e+\boldsymbol{\alpha}$$

这给出了 $\boldsymbol{u}_t^e=\boldsymbol{u}^e\stackrel{\text{def}}{=}-\boldsymbol{G}^{-1}\boldsymbol{\alpha}$。矩阵 $-\boldsymbol{G}^{-1}$ 存在且具有非负项。要确定 $\boldsymbol{u}^e\in U$ 是否正确，我们必须考虑站点约束，表示为 $\boldsymbol{C}\boldsymbol{u}^e\leqslant1$，其中 $\boldsymbol{C}$ 称为选区矩阵：

$$\boldsymbol{C}=\begin{bmatrix}1 & 0 & 0 & 1\\ 0 & 1 & 1 & 0\end{bmatrix}$$

作为乘积得到的 2×4 维矩阵称为工作负载矩阵：

$$\boldsymbol{\Xi}\stackrel{\text{def}}{=}-\boldsymbol{C}\boldsymbol{G}^{-1}=\begin{bmatrix}1/\mu_1 & 0 & 1/\mu_4 & 1/\mu_4\\ 1/\mu_2 & 1/\mu_2 & 1/\mu_3 & 0\end{bmatrix}$$

二维向量 $\boldsymbol{\rho}\stackrel{\text{def}}{=}\boldsymbol{C}\boldsymbol{u}^e=-\boldsymbol{C}\boldsymbol{G}^{-1}\boldsymbol{\alpha}$ 显然很重要，因为对于每个 i，$\boldsymbol{\rho}_i\leqslant1$ 等同于 $\boldsymbol{u}^e$ 的可行性。网络负载被定义为最大值，$\boldsymbol{\rho}_{\bullet}=\max_i\boldsymbol{\rho}_i$。

还有一个工作负载的动态概念，$\boldsymbol{w}_t=\boldsymbol{\Xi}\boldsymbol{q}_t$，它按下式演化：

$$\frac{\mathrm{d}^+}{\mathrm{d}t}\boldsymbol{w}_t=-\boldsymbol{C}\boldsymbol{G}^{-1}\{\boldsymbol{G}\boldsymbol{u}_t+\boldsymbol{\alpha}\}=-\boldsymbol{C}\boldsymbol{u}_t+\boldsymbol{\rho}$$

令 $\boldsymbol{\iota}_t=\boldsymbol{1}-\boldsymbol{C}\boldsymbol{u}_t$ 表示时间 t 的闲置率，即

$$\frac{\mathrm{d}}{\mathrm{d}t}\boldsymbol{w}_t=-(\mathbf{1}-\boldsymbol{\rho})+\boldsymbol{\iota}_t$$

闲置率是非负的：当 $\boldsymbol{u}_t\in U$ 时，都有 $\boldsymbol{\iota}_t\in\mathbb{R}_+^2$。这解释了为什么要施加严格的限制：

$$\boldsymbol{\rho}_{\bullet}\stackrel{\text{def}}{=}\max_i\boldsymbol{\rho}_i<1 \tag{3.55}$$

在这种负载条件下，有许多镇定策略：设计 $\boldsymbol{u}_t=\phi(\boldsymbol{q}_t)$ 使得从任何初始条件开始在有限时间内到达原点。

一种镇定策略是由控制-李雅普诺夫函数设计定义的：

$$\boldsymbol{u}_t\in\arg\min\left\{\frac{\mathrm{d}}{\mathrm{d}t}V(\boldsymbol{q}_t):\boldsymbol{u}_t\in U(\boldsymbol{q}_t)\right\}$$

其中 V：$X\to\mathbb{R}_+$ 只在原点消失。例如考虑 $V(\boldsymbol{q}_t)=\frac{1}{2}\|\boldsymbol{q}_t\|^2$。链式法则给出

$$\frac{\mathrm{d}}{\mathrm{d}t}\frac{1}{2}\|\boldsymbol{q}_t\|^2=\boldsymbol{q}_t^{\top}\frac{\mathrm{d}}{\mathrm{d}t}\boldsymbol{q}_t=\boldsymbol{q}_t^{\top}[\boldsymbol{G}\boldsymbol{u}_t+\boldsymbol{\alpha}]$$

因此，控制-李雅普诺夫函数设计为

$$\begin{aligned}\phi(\boldsymbol{x})&=\arg\min_{\boldsymbol{u}\in U(\boldsymbol{x})}\boldsymbol{x}^{\top}\boldsymbol{G}\boldsymbol{u}=\arg\max_{\boldsymbol{u}\in U(\boldsymbol{x})}\boldsymbol{x}^{\top}(-\boldsymbol{G}\boldsymbol{u})\\&=\arg\max_{\boldsymbol{u}\in U(\boldsymbol{x})}(\boldsymbol{u}_1\mu_1(\boldsymbol{x}_1-\boldsymbol{x}_2)+\boldsymbol{u}_2\mu_2\boldsymbol{x}_2+\boldsymbol{u}_3\mu_3(\boldsymbol{x}_3-\boldsymbol{x}_4)+\boldsymbol{u}_4\mu_4\boldsymbol{x}_4)\end{aligned}$$

从而得到了一个具有状态依赖的优先级的策略 $\boldsymbol{u}_t=\phi(\boldsymbol{q}_t)$。例如：

$$\text{如果 }\mu_1(\boldsymbol{q}_t(1)-\boldsymbol{q}_t(2))>\mu_4\boldsymbol{q}_t(4)\text{，则 }\boldsymbol{u}_t(1)=1$$
$$\text{如果 }\mu_3(\boldsymbol{q}_t(3)-\boldsymbol{q}_t(4))>\mu_2\boldsymbol{q}_t(2)\text{，则 }\boldsymbol{u}_t(3)=1$$

在排队网络文献中，这被称为 MaxWeight 策略。不难证明，该策略是可镇定的：V 可以充当李雅普诺夫函数，但前提是 $\boldsymbol{\rho}_{\bullet}<1$。

一个动机良好但不稳定的策略

一个常见的成本函数是总客户群 $c(\boldsymbol{x},\boldsymbol{u})=c(\boldsymbol{x})=\sum_i\boldsymbol{x}_i$。这激发了最后缓冲区优先服务(LBFS)策略，其中规定要严格优先考虑退出缓冲区：

$$\text{当 }\boldsymbol{q}_t(4)>0\text{ 时，有 }\boldsymbol{u}_t(4)=1;\quad\text{当 }\boldsymbol{q}_t(2)>0\text{ 时，有 }\boldsymbol{u}_t(2)=1$$

退出缓冲区的偏好是由使 $c(\boldsymbol{q}_t)$ 快速下降的期望所激发的。

根据系统参数，即使满足式(3.55)，此策略对于流体模型而言也可能是非镇定的。当服务率满足

$$\mu_1>\mu_2\text{ 和 }\mu_3>\mu_4 \tag{3.56}$$

时，可以找到一个例子。根据初始条件 $\boldsymbol{q}_0=\boldsymbol{x}=(1,0,0,0)^{\top}$，可以计算小 t 在 LBFS 策略下的状态轨迹：

$$q_t = x + t(\alpha_1 - \mu_1, \mu_1 - \mu_2, \alpha_3, 0)^{\mathrm{T}}$$

在时间 $T_1 = (\mu_1 - \alpha_1)^{-1}$ 时，清空缓冲区 1，然后，对于 $t > T_1$，$t \approx T_1$，我们有

$$q_t = q_{T_1} + t(0, \alpha_1 - \mu_2, \alpha_3, 0)^{\mathrm{T}}$$

在时间 $T_2 = T_1 + qT_1/(\mu_2 - \alpha_1)$ 时，缓冲区 2 将被排空，所有工作都将在缓冲区 3 进行。请注意，在时间间隔 $[T_1, T_2]$ 内，缓冲区 1 保持为空：以速率 α_1 到达缓冲区 1 的数据将被直接传递到缓冲区 2。

要点是在整个时间区间 $[0, T_2]$，站点 1 的出口缓冲区处于饥饿或急需状态。从时间 T_2 开始，出现类似的情况，此时站点 2 的出口缓冲区暂时不足。我们可以得出结论，对于所有 $t \geqslant 0$，$u_t(4) = 0$ 或 $u_t(2) = 0$。这意味着

$$u_t(2) + u_t(4) \leqslant 1 \tag{3.57}$$

使得缓冲区 2 和缓冲区 4 的行为就好像它们位于同一个站点。从这种策略得到的式(3.57)被称为虚拟工作站。虚拟负载和虚拟工作负载过程定义如下：

$$\rho_v = \frac{\alpha_1}{\mu_2} + \frac{\alpha_3}{\mu_4} \tag{3.58}$$

$$w_t^v = \frac{q_t(1) + q_t(2)}{\mu_2} + \frac{q_t(3) + q_t(4)}{\mu_4}, \quad t \geqslant 0 \tag{3.59}$$

我们可以计算

$$\frac{\mathrm{d}^+}{\mathrm{d}t} w_t^v = \frac{\alpha_1 - \mu_2 u_t(2)}{\mu_2} + \frac{\alpha_3 - \mu_4 u_t(4)}{\mu_4} = \rho_v - [u_t(2) + u_t(4)]$$

如果 $\rho_v > 1$，则对于所有 t，有 $\frac{\mathrm{d}^+}{\mathrm{d}t} w_t^v \geqslant -(1 - \rho_v) > 0$，因此当 $t \to \infty$ 时，$\| q_t \| \to \infty$。

下面给出一个具体的例子：

$$\mu_1 = \mu_3 = 10; \quad \mu_2 = \mu_4 = 3; \quad \alpha_1 = \alpha_3 = 2$$

网络负载由 $\rho_\bullet = 2(1/3 + 1/10) < 1$ 给出，这意味着存在着许多可镇定策略。然而，$\rho_v = 2(1/3 + 1/3) > 1$，因此，使用 LBFS 控制的流体模型是极不稳定的。

图 3.6 显示了基于具有共同初始条件的此类参数的网络模型的两个仿真。右侧显示了流体模型缓冲级别的演变，很明显当 $t \to \infty$ 时，$\| q_t \| \to \infty$。左侧显示了随机模型的行为，其中平均到达率和服务率与流体模型的相关指标相匹配，详见 7.6 节。在这个仿真中，这两个模型的一致性是显而易见的。

3.9.4 求解 HJB 方程

下面的示例说明了连续时间模型的最优控制结果。

例 3.9.1(LQR) 线性二次调节器问题的表述符合预期：

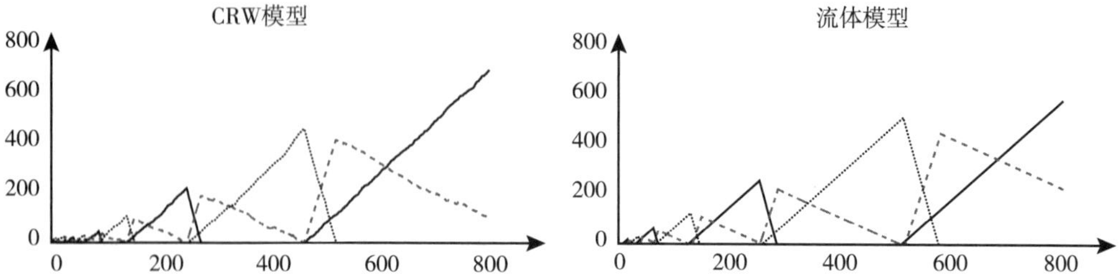

图 3.6 多类网络的样本路径。两幅图都显示了在相同的初始条件下使用 LBFS 策略对网络中四个缓冲级别的模拟。左侧显示的是 CRW 模型的结果，右侧显示的是流体模型的结果

$$\frac{\mathrm{d}}{\mathrm{d}t}\boldsymbol{x} = \boldsymbol{F}\boldsymbol{x}+\boldsymbol{G}\boldsymbol{u}, \quad \boldsymbol{x}(0)=\boldsymbol{x}_0$$
$$c(\boldsymbol{x},\boldsymbol{u})=\boldsymbol{x}^{\top}\boldsymbol{S}\boldsymbol{x}+\boldsymbol{u}^{\top}\boldsymbol{R}\boldsymbol{u} \tag{3.60}$$

其中 $\boldsymbol{S}$ 是半正定矩阵，且 $\boldsymbol{R}>0$。如果价值函数 $\boldsymbol{J}^{\star}$ 是有限值的，则它是 x 的二次函数，通过线性状态反馈可获得其最优策略。这些陈述的证明与 3.6 节完全相同。

特别地，一旦我们知道，对于每个 $\boldsymbol{x}$，$\boldsymbol{J}^{\star}(\boldsymbol{x})=\boldsymbol{x}^{\top}\boldsymbol{M}^{\star}\boldsymbol{x}$，从 HJB 方程就可得

$$\begin{aligned}\phi^{\star}(\boldsymbol{x})&=\arg\min_{u}\{\boldsymbol{x}^{\top}\boldsymbol{S}\boldsymbol{x}+\boldsymbol{u}^{\top}\boldsymbol{R}\boldsymbol{u}+[2\boldsymbol{M}^{\star}\boldsymbol{x}]^{\top}[\boldsymbol{F}\boldsymbol{x}+\boldsymbol{G}\boldsymbol{u}]\}\\&=\arg\min_{u}\{\boldsymbol{u}^{\top}\boldsymbol{R}\boldsymbol{u}+2\boldsymbol{x}^{\top}\boldsymbol{M}^{\star}\boldsymbol{G}\boldsymbol{u}\}\end{aligned}$$

在第二个方程中，我们要求 $\boldsymbol{M}^{\star}$ 是对称的，即 $[\boldsymbol{M}^{\star}\boldsymbol{x}]^{\top}=\boldsymbol{x}^{\top}\boldsymbol{M}^{\star}$。关于 $\boldsymbol{u}$ 的二次型函数的最小值是通过求解如下线性方程得到的：

$$\nabla_{u}\{\boldsymbol{u}^{\top}\boldsymbol{R}\boldsymbol{u}+2\boldsymbol{x}^{\top}\boldsymbol{M}^{\star}\boldsymbol{G}\boldsymbol{u}\}\big|_{u=\phi^{\star}(x)}=\boldsymbol{0}$$

由此给出 $\phi^{\star}(\boldsymbol{x})=-\boldsymbol{R}^{-1}\boldsymbol{G}^{\top}\boldsymbol{M}^{\star}\boldsymbol{x}$

闭环动力学由下式给出：

$$\frac{\mathrm{d}}{\mathrm{d}t}\boldsymbol{x}^{\star}=[\boldsymbol{F}-\boldsymbol{G}\boldsymbol{R}^{-1}\boldsymbol{G}^{\top}\boldsymbol{M}^{\star}]\boldsymbol{x}^{\star}$$

从式(3.50)得出

$$\frac{\mathrm{d}}{\mathrm{d}t}J^{\star}(\boldsymbol{x}_t^{\star})=-c_{\phi^{\star}}(\boldsymbol{x}_t^{\star})$$
$$c_{\phi^{\star}}(\boldsymbol{x})=c(\boldsymbol{x},\phi^{\star}(\boldsymbol{x}))=\boldsymbol{x}^{\top}\{\boldsymbol{S}+\boldsymbol{M}^{\star}\boldsymbol{G}\boldsymbol{R}^{-1}\boldsymbol{G}^{\top}\boldsymbol{M}^{\star}\}\boldsymbol{x}, \quad \boldsymbol{x}\in X$$

$\boldsymbol{M}^{\star}$ 的不动点方程也可从式(3.50)中获得：

$$\begin{aligned}0&=\{\boldsymbol{x}^{\top}\boldsymbol{S}\boldsymbol{x}+\boldsymbol{u}^{\top}\boldsymbol{R}\boldsymbol{u}+[2\boldsymbol{M}^{\star}\boldsymbol{x}]^{\top}[\boldsymbol{F}\boldsymbol{x}+\boldsymbol{G}\boldsymbol{u}]\}\big|_{u=\phi^{\star}(x)}\\&=\boldsymbol{x}^{\top}\{\boldsymbol{S}+\boldsymbol{M}^{\star}\boldsymbol{G}\boldsymbol{R}^{-1}\boldsymbol{G}^{\top}\boldsymbol{M}^{\star}\}\boldsymbol{x}+\boldsymbol{x}^{\top}\{2\boldsymbol{M}^{\star}\boldsymbol{F}-2\boldsymbol{M}^{\star}\boldsymbol{G}\boldsymbol{R}^{-1}\boldsymbol{G}^{\top}\boldsymbol{M}^{\star}\}\boldsymbol{x}\end{aligned}$$

代入 $2\boldsymbol{x}^{\top}\boldsymbol{M}^{\star}\boldsymbol{F}\boldsymbol{x}=\boldsymbol{x}^{\top}[\boldsymbol{M}^{\star}\boldsymbol{F}+\boldsymbol{F}^{\top}\boldsymbol{M}^{\star}]\boldsymbol{x}$，并在消项后得到

$$0=\boldsymbol{x}^{\top}\{\boldsymbol{S}+\boldsymbol{M}^{\star}\boldsymbol{F}+\boldsymbol{F}^{\top}\boldsymbol{M}^{\star}-\boldsymbol{M}^{\star}\boldsymbol{G}\boldsymbol{R}^{-1}\boldsymbol{G}^{\top}\boldsymbol{M}^{\star}\}\boldsymbol{x}$$

由于这对于任何 $\boldsymbol{x}$ 都适用，且括号内的矩阵是对称的，因此可知 $\boldsymbol{M}^{\star}$ 是 ARE 的半正定解：

$$\boldsymbol{0}=\boldsymbol{S}+\boldsymbol{F}^{\top}\boldsymbol{M}^{\star}+\boldsymbol{M}^{\star}\boldsymbol{F}-\boldsymbol{M}^{\star}\boldsymbol{G}\boldsymbol{R}^{-1}\boldsymbol{G}^{\top}\boldsymbol{M}^{\star} \tag{3.61}$$

■

例 3.9.2(具有多项式成本的线性系统) 考虑具有多项式成本的标量积分器模型：

$$\frac{\mathrm{d}}{\mathrm{d}t}x=f(x,u)=u,\quad c(x,u)=u^2+\boldsymbol{x}^4 \tag{3.62}$$

HJB 方程变为 $0=\min_u\left\{u\frac{\mathrm{d}}{\mathrm{d}x}J^{\star}(x)+u^2+x^4\right\}$。相对于 u 进行最小化，则可以定义状态反馈的解，

$$\phi^{\star}(x)\overset{\mathrm{def}}{=}-\frac{1}{2}\frac{\mathrm{d}}{\mathrm{d}x}J^{\star}(x)$$

闭环系统具有如下形式：

$$\frac{\mathrm{d}}{\mathrm{d}t}x_t^{\star}=-\frac{1}{2}\frac{\mathrm{d}}{\mathrm{d}x}J^{\star}(x_t^{\star})$$

将 $u^{\star}$ 的公式代入 HJB 方程，得到微分方程

$$0=\left\{u\frac{\mathrm{d}}{\mathrm{d}x}J^{\star}(x)+u^2+x^4\right\}\Big|_{u=\phi^{\star}(x)}=-\frac{1}{4}\left(\frac{\mathrm{d}}{\mathrm{d}x}J^{\star}(x)\right)^2+x^4$$

其中 $\frac{\mathrm{d}}{\mathrm{d}x}J^{\star}(x)=\pm 2x^2$。非负且连续可微的唯一解是 $J^{\star}(x)=\frac{2}{3}|x|^3$，因此最优策略是

$$\phi^{\star}(x)=-\frac{1}{2}\frac{\mathrm{d}}{\mathrm{d}x}J^{\star}(x)=-x^2\mathrm{sign}(x)$$

■

3.10 习题

3.1 求解 ARE 接着式(2.47)的讨论，考虑如下带有输入的二维线性状态空间模型：

$$\boldsymbol{x}(x)=\boldsymbol{F}\boldsymbol{x}(k)+\boldsymbol{G}\boldsymbol{u}(k),\quad \boldsymbol{F}=\boldsymbol{I}+0.02\begin{bmatrix}-0.2 & 1\\ -1 & -0.2\end{bmatrix},\boldsymbol{G}=0.02\begin{bmatrix}1\\0\end{bmatrix}$$

用 $c(\boldsymbol{x},\boldsymbol{u})=\boldsymbol{x}_1^2+\boldsymbol{u}^2$ 求解 ARE 来获得价值函数和最优策略。$J^{\star}$ 是强制性的吗?

3.2 以下是计算机网络课程中考虑的路由模型示例：
这是一个具有 7 个节点和有向权重边的网络，如图所示，任何路径都有成本。例如，路径 7→6→3→1 的成本为 2+9+5=16。目标是为除节点 1 外的所有节点制定以最小成本到达节点 1 的路径。

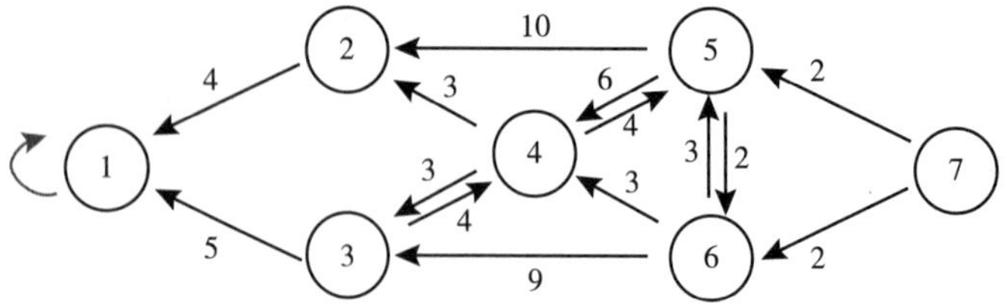

通过指定状态空间 X，输入空间 U，模型 $F(\boldsymbol{x},\boldsymbol{u})$ 和成本 $c(\boldsymbol{x},\boldsymbol{u})$，将此最短路径问题表述为无限时域最优控制问题。节点 1 处的“自环”或“自反馈”可以帮助你概念化最佳控制表述。对于本例，描述一下 VIA 和 PIA，并使用每种算法求解 SPP。

将估计误差绘制为各种初始条件下迭代次数 n 的函数。需要关注的是，在 VIA 中，对于每个 $i\neq 1$，当 $V^n(i)<0$ 时会发生什么[此外请记得使用 $V^n(1)=0$，这是由式(3.9)带来的]。

标准求解方法是 Bellman-Ford 算法㊀和 Dijkstras 算法。前者被视为 VIA 的一个特例。

3.3 *方箱约束 LQR* 考虑习题 3.1 中的最优控制问题，其中，输入受到方箱约束：$u(k)\in\mathsf{U}=\{u\in\mathbb{R}:-1\leqslant u\leqslant 1\}$。LQR 理论不会给你最优策略，除非初始条件 $x(0)$ 足够接近原点。数值方法是唯一的答案[369]。

使用 VIA 在有界域 $\{x\in\mathbb{R}^2:-10\leqslant x_i\leqslant 10, i=1,2\}$ 上近似最优策略。将你的解与预计的最优政策进行比较：

$$\phi(x)=\max(-1,\min(1,K^\star x)),\text{其中 } K^\star \text{ 是在习题 3.1 中获得的。}$$

3.4 考虑具有线性动力学的标量最优控制问题：

$$x(k+1)=x(k)-u(k) \tag{3.63}$$

其中 $x(k)$ 和 $u(k)$ 受限于 $X=\mathbb{R}_+$。

(a) 使用成本函数 $c(x,u)=x^2+Ru^2$，证明 LQR 的解是总成本优化问题[式(3.2)]的解。你必须检查你的策略是否可行，这意味着对于每个 k，$0\leqslant u^\star(k)\leqslant x^\star(k)$。手动求取该解(不能使用计算机，因为你必须得到作为 R 函数的解)

在本习题的其余部分，你将考虑更一般的成本 $c(x,u)=x^p+Ru^q$。假设 $p,q\geqslant 1$ 使得 c 是 $\mathbb{R}_+^2$ 上的凸函数。式(3.63)的线性意味着 $J^\star$ 也是凸的。

(b) 使用 VIA 和/或 PIA 在有限集 $X_\diamond=\{i\delta:0\leqslant i\leqslant n-1\}$ 上编写代码，以逼近 $J^\star$ 和 $\phi^\star$，其中 $n\delta=10$ 且 $\delta\leqslant 0.1$。选取一些 (p,q,R)，绘制价值函数和最优策略的图，包括 $p=1$ 和 $q=2$ 的特殊情况。

(c) 你可能会猜测 $J^\star$ 由 $J(x)=Sx^s$ 来近似，其中 $S>0$ 且 $s\geqslant 1$。时刻记着 u 是受约束的，对任意 R，估计贝尔曼误差[式(3.31)]：

㊀ 即贝尔曼-福特算法，该算法是由理查德·贝尔曼和莱斯特·福特创立的一种求解单源最短路径问题的算法。因为 Edward F. Moore 也为这种算法的发展做出了贡献，所以有时候这种算法也被称为 Moore-Bellman-Ford 算法。它的原理是对图进行 V-1 次松弛操作，从而得到所有可能的最短路径。

$$\mathcal{B}(x)=-J(x)+\min_{0\leqslant u\leqslant x}[c(x,u)+J(F(x,u))],\quad F(x,u)=x-u$$

如果发现自己陷入困境，你可以转而进行计算：针对 p,q,R,s,S 的各种值，绘制 x 的函数 $\mathcal{B}$。对于 p,q,R 的一些值，s,S 的最佳值是多少？

你也可以先求解一个连续时间模型的问题以获得一个初步的认知(见习题 3.8)。

3.5 本习题探讨了式(3.26)和式(3.8)之间的相似性。

首先，对于值迭代的初始化，假设 $J^0\equiv 0$，并使用式(3.8)计算 J^1。对于每个 x，验证 $J^1(x)=J^\star(x,\mathcal{N})$。接下来重复操作：使用式(3.8)写下 J^2 的公式，并验证 $J^2(x)=J^\star(x,\mathcal{N}-1)$[回顾式(3.26)]。此过程通过归纳法得到一个证明：对于每个 $k\leqslant\mathcal{N}$，有 $J^{k+1}(x)=J^\star(x,\mathcal{N}-k)$。

现在进行一个适当的拓展：对于一般的 J^0，证明从式(3.8)获得的函数 J^n 满足式(3.9)[并观察与式(3.4)的相似性]。式(3.9)的证明是图 3.1 中所示的最优性原则的一个例子。

连续时间

3.6 考虑双积分器 $\ddot{y}=u$。手动执行以下计算：

(a)求一个状态空间模型，其中 $\boldsymbol{x}_t=(y_t,\dot{y}_t)^{\mathrm{T}}$。

(b)计算价值函数

$$J^\star(\boldsymbol{x})=\min_u\int_0^\infty y_t^2+u_t^2\,\mathrm{d}t,\quad \boldsymbol{x}(0)=\boldsymbol{x}$$

3.7 比较连续时间和离散时间的 LQR。让我们重温习题 3.1，考虑其原始的连续时间模型：

$$\frac{\mathrm{d}}{\mathrm{d}t}\boldsymbol{x}=\boldsymbol{A}\boldsymbol{x}+\boldsymbol{B}\boldsymbol{u},\quad \boldsymbol{A}=\begin{bmatrix}-0.2 & 1\\ -1 & -0.2\end{bmatrix},\boldsymbol{B}=\begin{bmatrix}1\\0\end{bmatrix}$$

使用 $c(\boldsymbol{x},\boldsymbol{u})=\boldsymbol{x}_1^2+\boldsymbol{u}^2$ 计算价值函数和最优策略。该策略与习题 3.1 中获得的策略相比如何？这些价值函数之间是否有任何方式是(近似)相关？

3.8 考虑式(3.63)的变形：

$$\frac{\mathrm{d}}{\mathrm{d}t}x=f(x,u)=-u,\quad c(x,u)=x^p+Ru^q \tag{3.64}$$

估计如下贝尔曼误差[式(3.31)]：

$$\mathcal{B}(x)=\min_{u\geqslant 0}[c(x,u)+\nabla J(x)\cdot f(x,u)]$$

其中 $J(x)=Sx^s$，且 $S>0$ 和 $s\geqslant 1$。你建议 s，S 取什么样的值？(对任意的 p，q，R 给出一个答案。)

3.9 赛艇博弈优化。我们现在回顾习题 2.8，并使用 LQR 设计式(2.69)中的(K_p,K_I,K_v)。我们不考虑完整的 $3N$ 维系统，而是假装式(2.67)中定义的信号 $\bar{z}$ 完全是外生的(而不是状态的函数)。

(a)在此理想化状态下求一个状态空间模型，其中增强状态 $x^{ai}=(z^i,v^i,z^{Ii})$，并且 $\bar{z}$ 被视为外生输入：

$$\frac{\mathrm{d}}{\mathrm{d}t}x^{ai}=\boldsymbol{A}^i x^{ai}+\boldsymbol{B}^i u^i+\boldsymbol{E}\bar{z}\text{，其中}\boldsymbol{A}^i\in\mathbb{R}^{3\times3}\boldsymbol{B}^i,\boldsymbol{E}\in\mathbb{R}^3$$

$$\frac{\mathrm{d}}{\mathrm{d}t}\bar{z}=\bar{v}^z$$

为了近似实际的动力学，常量$\bar{v}^z$将依赖于反馈增益，该增益用来确定u^i。

(b)基于$(\boldsymbol{A}^i,\boldsymbol{B}^i)$和如下二次型成本，利用 LQR 求$(K_p^\star,K_I^\star,K_v^\star)$：

$$c^i(x^a,u)=c_0^i(x^a)+Ru^2$$

$$c_0^i(z^i,z^{Ii},v^i)=[z^i-\bar{z}]^2+S_v[v^i-v^{\mathrm{ref}}]^2$$

其中S_v，$R>0$。注意到你可以使用$v^{\mathrm{ref}}=0$来计算增益，但你的策略使用的是非零值：

$$u^i=-K_p^\star(z^i-\bar{z})-K_I^\star z^{Ii}-K_v^\star(v^i-v^{\mathrm{ref}}) \tag{3.65}$$

(c)我们现在停止假装。分析每个赛艇运动员使用的闭环系统[式(3.65)]，其中$\bar{z}=\bar{z}_t$是平均位置。N维向量输入[第i个分量是式(3.65)]具有以下形式：

$$\boldsymbol{u}=-\boldsymbol{K}\boldsymbol{x}+\boldsymbol{K}^0\boldsymbol{v}^{\mathrm{ref}}\quad\text{其中 }\boldsymbol{K},\boldsymbol{K}^0\in\mathbb{R}^{3N}$$

计算与该策略相关联的价值函数$J:\mathbb{R}^{3N}\to\mathbb{R}_+$，并使用全状态反馈将其与$J^\star$进行比较(两个价值函数都定义为$c(\boldsymbol{x},\boldsymbol{u})=\sum_i c^i(\boldsymbol{x}^{ai},\boldsymbol{u}^i)$)。请注意，每个价值函数都是完整的$3N$维状态的二次函数，因此你的比较是根据各自的矩阵进行的，其中的一个应该比另一个大。使用有限的信息的“损失”是什么？你可以考虑

$$\text{损失}=\frac{1}{\mathrm{trace}(\boldsymbol{M}^\star)}\mathrm{trace}(\boldsymbol{M}-\boldsymbol{M}^\star)$$

其中当$v^{\mathrm{ref}}=0$时，$J(\boldsymbol{x})=\boldsymbol{x}^{\mathsf{T}}\boldsymbol{M}\boldsymbol{x}$。

你也可以自行提出对损失的定义，并提供理由。

(d)对N的几组值重复(c)，并在每种情况下求取三维模型的闭环系统中的三个特征值。将这些与真实闭环系统的特征值进行比较，真实闭环系统有如下形式：

$$\frac{\mathrm{d}}{\mathrm{d}t}\boldsymbol{x}=(\boldsymbol{A}-\boldsymbol{B}\boldsymbol{K})\boldsymbol{x}+\boldsymbol{E}\boldsymbol{v}^{\mathrm{ref}}\text{，其中 }\boldsymbol{B},\boldsymbol{E}\in\mathbb{R}^{3N}$$

且$\boldsymbol{A},\boldsymbol{B},\boldsymbol{E}$是从(a)获得的。当$N$很大时，平均场博弈理论预测了式(3.65)的稳定性和近似最优性[81]。

注意：如果$(\boldsymbol{A}-\boldsymbol{B}\boldsymbol{K})$在右半平面有特征值，你就可能需要重新考虑你对$\boldsymbol{R}$或$\boldsymbol{S}_v$的选择。

3.10 倒立摆的能量控制设计[14]。我们回到习题 2.17 中描述的控制系统。一旦完成了(a)和(b)部分后，就求解下列问题。

非标准化的动能(KE, Kinetic Energy)和势能(PE, Potential Energy)是状态的函数：

$$\mathrm{KE}(\boldsymbol{x})=\frac{1}{2}(\dot{\theta})^2,\quad \mathrm{PE}(\boldsymbol{x})=\cos(\theta)-1$$

其中势能是相对于 $\theta=0$ 的，$\theta=0$ 时它是最大的。

在Åström 和 Furuta 的开创性论文中，作者通过利用总能量来应用控制-李雅普诺夫函数方法：

$$E(\boldsymbol{x})=\mathrm{KE}(\boldsymbol{x})+s_p\mathrm{PE}(\boldsymbol{x})$$

其中 $s_p>0$。你可以看看这篇论文，但笔者建议读者亲自去发现什么样的值会导致可镇定的反馈律。

目标是将能量引导至某个目标值 E_0。我们取 $E_0=0$，对应于直立位置(如论文中所述，模型中不包括摩擦力)。你可以在仿真中假装 $g=1$。

(c)为了获得一个与我们的目标相一致的控制-李雅普诺夫函数，选择

$$J(\boldsymbol{x})=\frac{1}{2}[E(\boldsymbol{x})-E_0]^2=\frac{1}{2}\left[\frac{1}{2}x_2^2+s_p(\cos(x_1)-1)\right]^2 \tag{3.66}$$

定义如下的反馈律 ϕ_J 和成本函数 c($R>0$ 是固定的)：

$$\phi_J(\boldsymbol{x})=\arg\min_u\left\{\frac{1}{2}Ru^2+f(\boldsymbol{x},u)\cdot\nabla J(\boldsymbol{x})\right\}$$

$$c(\boldsymbol{x},u)=\frac{1}{2}Ru^2-\min_\nu\left\{\frac{1}{2}R\nu^2+f(\boldsymbol{x},\nu)\cdot\nabla J(\boldsymbol{x})\right\}$$

验证 J 是 HJB 方程在这个 c 下的解，并对式(3.66)中的 J 选择参数，使得 c 是非负的，且当 $x_2^2+u^2>0$，$x_1\neq\pm\pi/2$ 和 $E(\boldsymbol{x})\neq0$ 时，有 $c(\boldsymbol{x},u)>0$。

(d)试试你从(c)中得到的控制设计。绘制作为时间函数的曲线图(包括状态输入轨迹和 $E(\boldsymbol{x}_t)$)。以下场景需要包含：

- 初始条件 $\boldsymbol{x}_0$ 满足 $J(\boldsymbol{x}_0)=0$，但 $\boldsymbol{x}_0\neq\boldsymbol{0}$。
- 初始条件 $\boldsymbol{x}_0=(\pi,0)^{\mathrm{T}}$，$R$ 有两个或更多个值。在大 R 的情况下，钟摆是否需要多次摆动才能到达目标?

3.11 在习题 3.10 中，你学到了如何控制倒立摆在 $t\to\infty$ 时使得 $E(\boldsymbol{x}_t)\to0$。你可能看到倒立摆在来回摆动，周期性地到达 $\boldsymbol{x}_t\sim\boldsymbol{0}$，然后飞离这个期望的位置。

在这个习题中，你将尝试抓住倒立摆，并更小心地将其转向直立位置。你将考虑归一化动力学：

$$0=\ddot{\theta}-\sin(\theta)+u\cos(\theta)\text{，即 }m=g=\ell\text{(为了方便)}$$

(a)对于 $\boldsymbol{x}=(\theta,\dot{\theta})^{\mathrm{T}}\approx\boldsymbol{0}$，给出泰勒级数展开：

$$0\approx\ddot{\theta}-\theta+u$$

基于这个线性近似求一个线性状态空间模型，并基于一个成本为 $c(\boldsymbol{x},u)=\|\boldsymbol{x}\|^2+ru^2$ 的 LQR 为此模型求取一个反馈律 $u=-K^\star\boldsymbol{x}$（你可能需要进行 r 次试验才能获得一个良好的设计）。

(b)给定一个阈值 $\tau_E>0$，考虑如下策略：

$$u_t=\begin{cases}-K^\star\boldsymbol{x}_t & \text{若 } \|\boldsymbol{x}_t\|\leqslant\tau_E\\ \phi^E(\boldsymbol{x}_t) & \text{其他}\end{cases}$$

其中 ϕ^E 是在之前的作业中获得的策略。全局渐近稳定性可能需要一个加权范数，例如

$$\|\boldsymbol{x}\|^2=J^\star(\boldsymbol{x})=\boldsymbol{x}^{\mathrm{T}}\boldsymbol{M}^\star\boldsymbol{x}\text{，其中 } M^\star \text{ 是 ARE 的解（连续时间形式）}$$

该策略下的猜想条件使得闭环系统在受限的状态空间 $X=\{\boldsymbol{x}\in\mathbb{R}^2:-2<E(\boldsymbol{x})<1\}$ 上是全局渐近稳定的（这包括了形式为 $\boldsymbol{x}=(\theta,0)$ 且 $|\theta|\leqslant\pi$）的所有状态）。

(c)模拟！获得成功的控制设计，并提供绘图和讨论。

请注意，除非你改用物理单位，否则 u_t 的定义没有多大意义。

在 MATLAB 中，使用 `theta = wrapToPi (theta )`（使得 $|\theta|\leqslant\pi$）。

3.12 对于山地车，求习题 3.10 的一个变形改编问题，这里需要做如下修改：

(i)状态空间模型为式(2.56)。

(ii) $E(\boldsymbol{x})=\mathrm{KE}(\boldsymbol{x})+\mathrm{PE}(\boldsymbol{x})$，其中动能和势能分别为

$$\mathrm{KE}(\boldsymbol{x})=\frac{1}{2}mv^2\quad \mathrm{PE}(\boldsymbol{x})=\mathcal{U}(z)-\mathcal{U}(z^{\mathrm{goal}}),\quad \boldsymbol{x}=(z,v)\in X \tag{3.67}$$

$\mathcal{U}$ 已在式(2.57)中定义。求 $\frac{\mathrm{d}}{\mathrm{d}t}E(x_t)$ 的表示形式，并在此基础上提出一个控制律（可能基于控制-李雅普诺夫 函数设计），能够将 $E(\boldsymbol{x}_t)$ 驱动至 0。

对于模拟，使用 2.7.2 节中给出的数值。

3.13 根据 2.7.3 节中的描述，对于磁球求一个基于能量的策略（同时对习题 3.10 做适当的修改）。

以下是一些帮助你解题的想法：作为一个状态函数的球的动能是 $\frac{1}{2}mv^2$，其中 $v=x_2$。

我们接下来会根据用于证明图 2.11 中两个曲线的合理性的论点对势能进行介绍。式(2.60b)的右边是从牛顿定律中得到的，作用力的表示为

$$F(y,u)=mg-\kappa(u/y)^2$$

固定 $u=u^\circ$，对作用力进行积分，得到与此静态输入相关的势能：

$$\mathcal{U}(y)=-\int_r^y F(y,u^\circ)\,\mathrm{d}z$$

这个函数是严格凹的，在 $y=r$ 处有最大值，显然 $\mathcal{U}(r)=0$。总能量则定义为

$$E(x)=\frac{1}{2}mx_2^2+\mathcal{U}(x_1)$$

故而很容易确定$\nabla E(\boldsymbol{x})=(-F(x_1,u^\circ),mx_2)^{\mathsf{T}}$。

3.11 注记

有许多关于非线性最优控制的理论和历史的优秀书籍，例如文献[45,386]。逆动态规划和控制-李雅普诺夫函数方法在控制理论文献[121,283,369]中有着悠久的历史。逆动态规划也隐藏在 RL 文献中：从第 5 章中可以看到，最小化贝尔曼误差是 RL 中的一个共同目标，它与 IDP 控制方法密切相关。

本章仅简要介绍了 LQR 问题。要了解更多相关理论和历史，请参阅书籍[7,80,205]，1971 年 12 月的 *IEEE Transactions on Automatic Control* 专刊，以及 Kalman 的早期工作[175,176]。如果你有 MATLAB 的控制系统工具箱，那么你就可以使用一些出色的计算工具：

`lqr,lqrd` 使用数据 A，B，Q 和 R 求解 LQR 问题。

`are,ared` 在连续或离散时间内求解代数 Riccati 方程。

`conv,rlocus` 用于绘制“对称根轨迹”[7,76]（这些值得了解，但本书却不是最好的参考资料！）

有关最近的加速值迭代的控制理论方法，请参见文献[126]。

动态规划的线性规划方法可以追溯到 20 世纪 60 年代的 Manne[10,63,106,237]。目前正在进行一项关于确定性系统最优控制的 LP 方法[67,68,132,139,140,160,161,177,215,349,367]和线性最优控制中的 SDP[71,369]的研究计划。

图 3.4 取自文献[42]，用于说明具有大输入空间的控制问题的潜在复杂性，以及如何通过巧妙选择模型来降低复杂性。这个例子是在随机环境中提出的，所以苍蝇当然不会待在原地不动！

图 3.5 所示的网络在文献[254]中被称为 Kumar-Seidman-Rybko-Stolyar 模型：该模型的潜在不稳定性在文献[203]中被揭示，这使得这一问题在文献[100,308]中得到了进一步研究，随后人们对随机网络的稳定性和控制理论产生了兴趣。要了解更多有关历史，请参阅文献[254]。

本书完全专注于标准的性能目标，着重讨论总成本、折扣成本和平均成本。这遗漏了诸如方差惩罚目标、风险敏感度控制[374]或 5.7 节中介绍的占用概率质量函数的更多怪异函数等目标。在这种情况下，式(5.82a)中的目标被替换为$\mathcal{C}(\varpi)$，其中$\mathcal{C}$是凸的。请参阅文献[152,383]以了解对这种更为普遍的设置的处理。

CHAPTER4

第4章

算法设计的 ODE 方法

就我们的目的而言，算法是计算机可执行指令的有限序列，设计的算法用来计算或近似一个策略、策略性能、价值函数或相关量值等。在算法设计中，抛开计算机的物理约束并假装它们可以以无限的时钟速度运行是很有用的。而常微分方程(ODE)将被视为在这种虚拟计算机上运行的一个算法示例。

这样做的动机来自两个方面。首先，我们想知道我们设计的算法是否最终会产生良好的近似值。这在 ODE 的稳定性理论中很容易表达，其中有的理论比离散时间递归的稳定性理论更加丰富。其次，一旦我们构建了具有期望属性的 ODE(包括稳定性)，我们就可以从专家那里获得建议，以提供从微积分到实用递归算法的转换。在本章中，转换步骤是使用欧拉近似来执行的，但希望读者能够基于不断发展的数值方法理论[79]来尝试使用更高效的 ODE 求解器。

在本书的其余部分，我们在算法设计中应用以下步骤：

ODE 方法

1. 将算法目标表述为寻根问题：

$$\bar{f}(\theta^*)=0, \quad 其中\ \bar{f}:\mathbb{R}^d \to \mathbb{R}^d$$

2. 如有必要，优化$\bar{f}$的设计，以确保相关联的 ODE 全局渐近稳定：

$$\frac{\mathrm{d}}{\mathrm{d}t}\vartheta=\bar{f}(\vartheta) \tag{4.1a}$$

3. 欧拉近似是否合适？

$$\theta_{n+1}=\theta_n+\alpha_{n+1}\bar{f}(\theta_n), \quad n\geqslant 0 \tag{4.1b}$$

请参阅 4.1 节了解式(4.1b)在什么条件下是一个很好的近似。

4. 根据可用的观测值设计一个算法来近似式(4.1b)。

4.1 常微分方程

让我们从一个应该早先提出的问题开始：什么是 ODE？在前面的内容中，这个问题多次被认为是理所当然的。到目前为止，2.4.5 节中考虑的连续时间状态空间模型是最重要的例子。

在本章中，“状态变量”通常表示一个算法的输出，而不是与一个控制系统直接相关的任何内容。出于这个原因，在本章中，我们使用 $\boldsymbol{\vartheta}=\{\boldsymbol{\vartheta}_t : t\geqslant 0\}$ 来表示 ODE 的状态过程，并将其限制在欧几里得情况：对于一个整数 d，有 $\boldsymbol{\vartheta}\in\mathbb{R}^d$。式(2.36)的状态空间模型在这种表示法中可写成

$$\frac{\mathrm{d}}{\mathrm{d}t}\boldsymbol{\vartheta}=f(\boldsymbol{\vartheta}),\quad 给定\ \boldsymbol{\vartheta}_0=\boldsymbol{\theta}_0 \tag{4.2}$$

其中 $\boldsymbol{f}:\mathbb{R}^d\to\mathbb{R}^d$ 是向量场，同式(2.36)中的一样。给出 $d=1$ 的时两个示例：

$$\boldsymbol{f}(\boldsymbol{\theta})=a\boldsymbol{\theta}\ 和\ \boldsymbol{\vartheta}_t=\boldsymbol{\theta}_0\mathrm{e}^{at}$$

$$\boldsymbol{f}(\boldsymbol{\theta})=\boldsymbol{\theta}^{-2}\ 和\ \boldsymbol{\vartheta}_t=[\boldsymbol{\theta}_0^{-1}-t]^{-1}$$

式(4.2)被称为是时间齐次的，因为 $\boldsymbol{f}$ 不依赖于 t。有关如何应用状态增广为一个依赖于时间的向量场 $\boldsymbol{f}$ 的模型创建齐性的提示，请参见 3.3 节。

在每次将 ODE 方法应用于算法设计时，第一步都是构造向量场，使 $\boldsymbol{\vartheta}_t$ 收敛到某个期望值 $\boldsymbol{\theta}^*\in\mathbb{R}^d$。特别是，如果 $\boldsymbol{\vartheta}_t=\boldsymbol{\theta}^*$，那么 ODE 的解应保持不变：对于所有 $t\geqslant 0$，$\boldsymbol{\vartheta}_t=\boldsymbol{\theta}^*$。这就要求对于所有 t，有 $\frac{\mathrm{d}}{\mathrm{d}t}\boldsymbol{\vartheta}_t=0$，根据式(4.2)这意味着 $\boldsymbol{\theta}^*$ 是一个平衡点：$\boldsymbol{f}(\boldsymbol{\theta}^*)=0$。有关 ODE 稳定性理论的高阶内容包含在 4.8 节中，其中一些内容可以从 2.4.5 节中包含的李雅普诺夫理论中得到预见。

理解围绕式(4.2)的解的存在性的理论是理解本章以及本书第二部分算法设计的 ODE 原理的第一步。就像式(3.5)被视为不动点方程一样，式(4.2)是关于变量 $\boldsymbol{\vartheta}=\{\boldsymbol{\vartheta}_t : t\geqslant 0\}$ 的不动点方程。或许我们可以借鉴式(3.8)的成功(逐次逼近的一个实例)？将式(4.2)写成 $\boldsymbol{\vartheta}=\boldsymbol{\vartheta}-\frac{\mathrm{d}}{\mathrm{d}t}\boldsymbol{\vartheta}+\boldsymbol{f}(\boldsymbol{\vartheta})$，对应的迭代公式为

$$\boldsymbol{\vartheta}_t^{n+1}=\boldsymbol{\vartheta}_t^n-\frac{\mathrm{d}}{\mathrm{d}t}\boldsymbol{\vartheta}_t^n+\boldsymbol{f}(\boldsymbol{\vartheta}_t^n),\quad t\geqslant 0, n\geqslant 0$$

其中给出了 $\boldsymbol{\vartheta}^0=\{\boldsymbol{\vartheta}_t^0 : t\geqslant 0\}$ 作为初始条件。很遗憾，这种做法注定要失败！困难的一个来源是这个递归中的重复微分，这意味着我们必须非常小心地选择 $\boldsymbol{\vartheta}^0$。此外，这个递归没有考虑指定初始条件 $\boldsymbol{\theta}_0$ 的要求。

微积分基本定理启发了一种更明智的方法，即

$$\boldsymbol{\vartheta}_t=\boldsymbol{\theta}_0+\int_0^t\boldsymbol{f}(\boldsymbol{\vartheta}_{\mathcal{T}})\mathrm{d}_{\mathcal{T}},\quad 0\leqslant t\leqslant\mathcal{T} \tag{4.3}$$

其中有限时域 $\mathcal{T}$ 是为了分析而选择的。逐次逼近依旧定义如下：初始猜测 $\boldsymbol{\vartheta}^0=\{\boldsymbol{\vartheta}_t^0 : 0\leqslant t\leqslant\mathcal{T}\}$，并对于 $n\geqslant 0$，定义

$$\boldsymbol{\vartheta}_t^{n+1} = \boldsymbol{\theta}_0 + \int_0^t \boldsymbol{f}(\boldsymbol{\vartheta}_{\mathcal{T}}^n)\,\mathrm{d}\mathcal{T}, \quad 0 \leqslant t \leqslant \mathcal{T} \tag{4.4}$$

这种递归称为 Picard 迭代。它在不强的假设下是成功的。

命题 4.1　假设函数 f 是全局利普希茨连续的：存在 $L>0$，使得对于每个 $\boldsymbol{x}, \boldsymbol{y} \in \mathbb{R}^d$，

$$\| \boldsymbol{f}(\boldsymbol{x}) - \boldsymbol{f}(\boldsymbol{y}) \| \leqslant L \| \boldsymbol{x} - \boldsymbol{y} \| \tag{4.5}$$

那么对于每个 θ_0，在无限时域内存在式(4.3)的唯一解。此外，逐次逼近是一致收敛的：

$$\lim_{n\to\infty} \max_{0<t<\mathcal{T}} \| \boldsymbol{\vartheta}_t^n - \boldsymbol{\vartheta}_t \| = 0$$

□

证明命题 4.1 的一个关键部分是伽罗瓦(Grönwall)不等式，它通常出现在随机逼近理论以及常微分方程中。请注意，贝尔曼在这里有早期影响[34]，这就是为什么命题 4.2 通常被称为贝尔曼-伽罗瓦引理。

命题 4.2(伽罗瓦不等式)　令 α，β 和 z 是定义在区间 $[0, \mathcal{T}]$ 上的非负函数，其中 $\mathcal{T}>0$。假设 β 和 z 是连续的，且积分不等式成立：

$$z_t \leqslant \alpha_t + \int_0^t \beta_s z_s \mathrm{d}s, \quad 0 \leqslant t \leqslant \mathcal{T} \tag{4.6a}$$

(i)伽罗瓦不等式成立：

$$z_t \leqslant \alpha_t + \int_0^t \alpha_s \beta_s \exp\left(\int_s^t \beta_r \mathrm{d}r \right) \mathrm{d}s, \quad 0 \leqslant t \leqslant \mathcal{T} \tag{4.6b}$$

(ii)此外，如果函数 α 是非递减的，则

$$z_t \leqslant \alpha_t \exp\left(\int_0^t \beta_s \mathrm{d}s \right), \quad 0 \leqslant t \leqslant \mathcal{T} \tag{4.6c}$$

□

证明可以在 4.8 节中找到，如果你有线性状态空间模型的背景，也可以尝试自行证明。提示：先解决等式问题

$$z_t = \alpha_t + \int_0^t \beta_s z_s \mathrm{d}s \tag{4.7}$$

你可以构建一个状态空间模型，其中状态 $x_t = z_t - \alpha_t$，并且由于它是标量线性系统，你可以获得一个显式解。这个解类似于式(4.6b)，但它是等式的。

ODE 分析中也经常需要以下简单引理。

引理 4.3　假设 $\{\gamma_t : t \in \mathbb{R}\}$ 是一个满足以下条件的非负函数：(i)对于一个常数 L 和所有 t，s 有 $|\gamma_t - \gamma_s| \leqslant L|t-s|$；(ii) $\int_0^\infty \gamma_t \mathrm{d}t < \infty$。那么 $\lim_{t\to\infty} \gamma_t = 0$。

证明　假设(i)意味着对于任何 t_0，当 $t_0 \leqslant t \leqslant t_0 + \gamma_{t_0}/L$ 时，我们有边界 $\gamma_t \geqslant \gamma_{t_0} - L(t-t_0)$。结合(ii)，可得

$$\frac{1}{2L} \lim_{t_0\to\infty} \gamma_{t_0}^2 = \lim_{t_0\to\infty} \int_{t_0}^{t_0+\gamma_{t_0}/L} (\gamma_{t_0} - L(t-t_0))\,\mathrm{d}t \leqslant \lim_{t_0\to\infty} \int_{t_0}^{\infty} \gamma_t \mathrm{d}t = 0$$

□

4.2　回顾欧拉方法

本章考虑的是算法设计的 ODE 方法：这意味着设计式(4.2)中出现的函数f，或设计更怪异的“准随机”(quasistochastic)ODE，其理论和应用将在 4.5 节~4.7 节中进行介绍。

有一个必须进行的转换步骤：任何连续时间表述的设计都必须进行转换，以创建一个实用的算法。如果你参加过第一年的微积分课程，那么就可能已经预测到了最常见的方法：选择一个时间序列$\{0=t_0<t_1<\cdots\}$，并使用有限差分代替式(4.2)中的导数：给定$\bar{\boldsymbol{\vartheta}}_0=\boldsymbol{\theta}_0$，对于每个$n\geqslant 0$，定义

$$\alpha_{n+1}^{-1}[\bar{\boldsymbol{\vartheta}}_{t_{n+1}}-\bar{\boldsymbol{\vartheta}}_{t_n}]=\boldsymbol{f}(\bar{\boldsymbol{\vartheta}}_{t_n})$$

其中$\alpha_{n+1}=t_{n+1}-t_n>0$。重新排列项后，递归性质显而易见：

$$\bar{\boldsymbol{\vartheta}}_{t_{n+1}}=\bar{\boldsymbol{\vartheta}}_{t_n}+\alpha_{n+1}\boldsymbol{f}(\bar{\boldsymbol{\vartheta}}_{t_n})\tag{4.8}$$

在最终算法中，我们简化了注记符号，写作$\boldsymbol{\theta}^n=\bar{\boldsymbol{\vartheta}}_{t_n}$，且$\{\alpha_n\}$被称为步长序列。这称为 ODE 的欧拉近似，或简称为*欧拉方法*。

这个近似在命题 4.1 的假设下是成功的：可以证明

$$\max_{0\leqslant t\leqslant\mathcal{T}}\|\bar{\boldsymbol{\vartheta}}_t-\boldsymbol{\vartheta}_t\|\leqslant K(L,T)\bar{\alpha}\tag{4.9}$$

式中$\bar{\alpha}=\max\{\alpha_k:t_k\leqslant\mathcal{T}\}$，$L$见式(4.5)中的定义。伽罗瓦不等式被用于式(4.9)的证明，得到了依赖于$K(L,\mathcal{T})$的上界，起初看起来$K(L,\mathcal{T})$很可怕(L和$\mathcal{T}$呈指数快速增长)。

幸运的是，ODE 的渐近稳定性通常意味着式(4.8)的稳定性，在这种情况下，我们获得了式(4.9)的边界，$K(L,\mathcal{T})$是独立于$\mathcal{T}>0$的。定理 4.9 是优化应用的重要特例。

线性系统的欧拉近似

在$\boldsymbol{f}(\boldsymbol{x})=\boldsymbol{A}\boldsymbol{x}$情况下，连续时间 LTI 模型[式(2.44)]的欧拉近似得到了一个离散时间模型[式(2.42)]，其中$\boldsymbol{F}=(1+\alpha\boldsymbol{A})$(具有恒定步长$\alpha_n\equiv\alpha>0$)。

考虑标量情况$\frac{\mathrm{d}}{\mathrm{d}t}\boldsymbol{\vartheta}=\alpha\boldsymbol{\vartheta}$，它容许的解为$\boldsymbol{\vartheta}_t=\boldsymbol{\theta}_0e^{at}$。作为初始条件的函数，欧拉近似得到一个类似的解：

$$\bar{\boldsymbol{\vartheta}}_{t_{n+1}}=\boldsymbol{F}^n\bar{\boldsymbol{\vartheta}}_0,\quad \boldsymbol{F}=(1+\alpha\boldsymbol{a})$$

针对指数$(1+\alpha\boldsymbol{a})^n\approx(\mathrm{e}^{\alpha\boldsymbol{a}})^n=\mathrm{e}^{\boldsymbol{a}t_n}$，从泰勒级数近似可得$\bar{\boldsymbol{\vartheta}}_{t_n}=\boldsymbol{\vartheta}_{t_n}+\boldsymbol{O}(\alpha)$。

如果$a<0$且$\alpha<|a|^{-1}$，那么近似值在无限时间间隔内成立，因为当$n\to\infty$时，$\bar{\boldsymbol{\vartheta}}_{t_n}$和$\boldsymbol{\vartheta}_{t_n}$在几何上都快速收敛到零。步长$\alpha$的这个界限可以被视为更一般理论的特例，见定理 4.9。

□

那些对 ODE 的高保真近似感兴趣的人通常会放弃欧拉近似，转而使用更复杂的技术，如中点法或更加通用的龙格-库塔(Runge-Kutta)方法[79,168,384]。更新方程更复杂，但这种复

杂性通常被更严格的近似所抵消。然而，请记住在本章中我们的目标是估计一个驻点，即解 $\boldsymbol{\theta}^* \in \mathbb{R}^d$ 满足

$$f(\boldsymbol{\theta}^*)=0 \tag{4.10}$$

并且不能准确跟踪到式(4.2)的解。为了这个相对适度的目标，执行一个 ODE 近似的最佳方式是开放研究领域。

4.3　牛顿-拉弗森流

本节涉及一种 ODE 设计方法，其目标是解决求根问题[式(4.10)]。参数 $\boldsymbol{\theta}^*$ 被视为式(4.2)的平衡条件。在这里我们面临的问题是，这个 ODE 在任何意义下都可能不稳定。在本节中，我们描述了一种修改动力学并确保稳定性的通用方法。

4.4 节涉及 $f=-\nabla_\theta \Gamma$ 的特殊情况的求根问题，其中 $\Gamma:\mathbb{R}^d\to\mathbb{R}_+$ 是与某些优化问题相关的损失函数。求根问题等价于最优性的一阶条件，即 $\nabla_{\boldsymbol{\theta}}\Gamma(\boldsymbol{\theta}^*)=0$。如果 Γ 具有良好的性质(例如凸性)，则不难使用李雅普诺夫函数技术建立式(4.2)的稳定性(此类结果在 4.4 节中进行了研究)。在式(4.2)的稳定性失效的应用中，本节讨论的技术可被证明是有用的。

我们的出发点是将 $\boldsymbol{f}(\boldsymbol{\vartheta}_t)$ 视为“状态变量”，接着是定义动力学，对于每个初始条件，使得 $\lim_{t\to\infty}\boldsymbol{f}(\boldsymbol{\vartheta}_t)=0$。在 $\boldsymbol{f}$ 是不强的这一附加假设下，将有 $\lim_{t\to\infty}\boldsymbol{\vartheta}_t=\boldsymbol{\theta}^*$，这就是我们的设计目的。

如果 $\boldsymbol{f}(\boldsymbol{\vartheta}_t)$ 是一个状态变量，这意味着存在一个与之关联的向量场 $\boldsymbol{\mathcal{V}}:\mathbb{R}^d\to\mathbb{R}^d$，

$$\frac{\mathrm{d}}{\mathrm{d}t}\boldsymbol{f}(\boldsymbol{\vartheta}_t)=\boldsymbol{\mathcal{V}}(\boldsymbol{f}(\boldsymbol{\vartheta}_t)) \tag{4.11}$$

确保 $\boldsymbol{f}(\boldsymbol{\vartheta}_t)$ 收敛到零的一种方法是选择 $\boldsymbol{\mathcal{V}}(\boldsymbol{f})=-\boldsymbol{f}$，即

$$\frac{\mathrm{d}}{\mathrm{d}t}\boldsymbol{f}(\boldsymbol{\vartheta}_t)=-\boldsymbol{f}(\boldsymbol{\vartheta}_t) \tag{4.12}$$

该解是 $\boldsymbol{f}(\boldsymbol{\vartheta}_t)=\mathrm{e}^{-t}\boldsymbol{f}(\boldsymbol{\vartheta}_0)$，它以指数方式快速收敛到零。实现这些动力学将是一项了不起的壮举！

好吧，这其实并不是特别困难。应用链式法则，得到：

$$\frac{\mathrm{d}}{\mathrm{d}t}\boldsymbol{f}(\boldsymbol{\vartheta}_t)=\boldsymbol{A}(\boldsymbol{\vartheta}_t)\frac{\mathrm{d}}{\mathrm{d}t}\boldsymbol{\vartheta}_t,\quad 其中\ \boldsymbol{A}(\boldsymbol{\theta})=\partial_{\boldsymbol{\theta}}\boldsymbol{f}(\boldsymbol{\theta}),\quad \boldsymbol{\theta}\in\mathbb{R}^d$$

$\partial_{\boldsymbol{\theta}}\boldsymbol{f}$ 表示一个 $d\times d$ 的雅可比矩阵，矩阵元素为

$$\boldsymbol{A}_{i,j}(\boldsymbol{\theta})=\frac{\partial}{\partial\boldsymbol{\theta}_j}f_i(\boldsymbol{\theta}) \tag{4.13}$$

这意味着实现式(4.11)等同于

$$\frac{\mathrm{d}}{\mathrm{d}t}\boldsymbol{\vartheta}_t = [\boldsymbol{A}(\boldsymbol{\vartheta}_t)]^{-1}\boldsymbol{\mathcal{V}}(\boldsymbol{f}(\boldsymbol{\vartheta}_t))$$

将这个恒等式应用于特殊情况的 $\boldsymbol{\mathcal{V}}(\boldsymbol{f}) = -\boldsymbol{f}$，就得到了著名的 ODE。

牛顿-拉弗森(Newton-Raphson)流

$$\frac{\mathrm{d}}{\mathrm{d}t}\boldsymbol{\vartheta}_t = -[\boldsymbol{A}(\boldsymbol{\vartheta}_t)]^{-1}\boldsymbol{f}(\boldsymbol{\vartheta}_t) \tag{4.14a}$$

右边的函数是牛顿-拉弗森向量场：

$$\boldsymbol{f}^{\mathrm{NRf}}(\boldsymbol{\theta}) = -[\boldsymbol{A}(\boldsymbol{\theta})]^{-1}\boldsymbol{f}(\boldsymbol{\theta}) \tag{4.14b}$$

在大多数应用中，不可能先验地确定矩阵 $\boldsymbol{A}(\boldsymbol{\theta}) = \partial_{\boldsymbol{\theta}}\boldsymbol{f}(\boldsymbol{\theta})$ 是否为满秩，这启发了正则化牛顿-拉弗森流：对于固定的 $\varepsilon>0$，

$$\frac{\mathrm{d}}{\mathrm{d}t}\boldsymbol{\vartheta}_t = \mathcal{G}(\boldsymbol{\vartheta}_t)\boldsymbol{f}(\boldsymbol{\vartheta}_t) \tag{4.15}$$

其中 $\mathcal{G}(\boldsymbol{\theta}) \stackrel{\mathrm{def}}{=} -[\varepsilon\boldsymbol{I}+\boldsymbol{A}(\boldsymbol{\theta})^{\mathsf{T}}\boldsymbol{A}(\boldsymbol{\theta})]^{-1}\boldsymbol{A}(\boldsymbol{\theta})^{\mathsf{T}}$ 是 $-\boldsymbol{A}(\boldsymbol{\theta})$ 的伪逆的近似值。下面的命题 4.4 表明，如果 $V=\|\boldsymbol{f}\|^2$ 是 $\mathbb{R}^d$ 上的强制函数，则式(4.15)的解在时间上是有界的。不强的附加条件意味着 V 是式(4.15)的一个李雅普诺夫函数，则有

$$\lim_{t\to\infty}\boldsymbol{f}(\boldsymbol{\vartheta}_t) = 0 \tag{4.16}$$

命题 4.4 考虑函数 $\boldsymbol{f}$ 的以下条件：

(a) $\boldsymbol{f}$ 是全局利普希茨连续且连续可微的。因此 $\boldsymbol{A}(\cdot)$ 是有界的连续矩阵价值函数。

(b) $\|\boldsymbol{f}\|$ 是强制性的。也就是说，集合 $\{\boldsymbol{\theta}: \|\boldsymbol{f}(\boldsymbol{\theta})\| \leqslant n\}$ 对于每个 n 都是有界的。

(c) 函数 $\boldsymbol{f}$ 有一个唯一的根 $\boldsymbol{\theta}^*$，并且对于 $\boldsymbol{\theta}\neq\boldsymbol{\theta}^*$，有 $A^{\mathsf{T}}(\boldsymbol{\theta})\boldsymbol{f}(\boldsymbol{\theta})\neq 0$。此外，矩阵 $\boldsymbol{A}^* = \boldsymbol{A}(\boldsymbol{\theta}^*)$ 是非奇异的。

在越来越强的假设下，式(4.15)的解满足如下结论：

(i) 如果(a)成立，则对于每个 t 和每个初始条件，

$$\frac{\mathrm{d}}{\mathrm{d}t}\boldsymbol{f}(\boldsymbol{\vartheta}_t) = -\boldsymbol{A}(\boldsymbol{\vartheta}_t)[\varepsilon\boldsymbol{I}+\boldsymbol{A}(\boldsymbol{\vartheta}_t)^{\mathsf{T}}\boldsymbol{A}(\boldsymbol{\vartheta}_t)]^{-1}\boldsymbol{A}(\boldsymbol{\vartheta}_t)^{\mathsf{T}}\boldsymbol{f}(\boldsymbol{\vartheta}_t) \tag{4.17}$$

(ii) 此外，如果(b)也成立，则 ODE 的解是有界的，且

$$\lim_{t\to\infty}\boldsymbol{A}(\boldsymbol{\vartheta}_t)^{\mathsf{T}}\boldsymbol{f}(\boldsymbol{\vartheta}_t) = 0 \tag{4.18}$$

(iii) 如果(a)~(c)成立，则式(4.15)是全局渐近稳定的。

证明 结论(i)从链式法则和定义即可得到。

(ii)的证明是基于李雅普诺夫函数 $V(\boldsymbol{\vartheta}) = \frac{1}{2}\|\boldsymbol{f}(\boldsymbol{\vartheta})\|^2$，并结合(a)：

$$\frac{\mathrm{d}}{\mathrm{d}t}V(\boldsymbol{\vartheta}_t) = -\boldsymbol{f}(\boldsymbol{\vartheta}_t)^{\mathsf{T}}\boldsymbol{A}(\boldsymbol{\vartheta}_t)[\varepsilon\boldsymbol{I}+\boldsymbol{A}(\boldsymbol{\vartheta}_t)^{\mathsf{T}}\boldsymbol{A}(\boldsymbol{\vartheta}_t)]^{-1}\boldsymbol{A}(\boldsymbol{\vartheta}_t)^{\mathsf{T}}\boldsymbol{f}(\boldsymbol{\vartheta}_t)$$

当 $\boldsymbol{\vartheta}_t \neq \boldsymbol{\theta}^*$ 时，右侧为非正数。对于任何 $T>0$，对两侧进行积分：

$$V(\boldsymbol{\vartheta}_T) = V(\boldsymbol{\vartheta}_0) - \int_0^T \boldsymbol{f}(\boldsymbol{\vartheta}_t)^{\mathsf{T}}\boldsymbol{A}(\boldsymbol{\vartheta}_t)[\varepsilon\boldsymbol{I}+\boldsymbol{A}(\boldsymbol{\vartheta}_t)^{\mathsf{T}}\boldsymbol{A}(\boldsymbol{\vartheta}_t)]^{-1}\boldsymbol{A}(\boldsymbol{\vartheta}_t)^{\mathsf{T}}\boldsymbol{f}(\boldsymbol{\vartheta}_t)\,\mathrm{d}t \tag{4.19}$$

使得对于所有 T，有 $V(\boldsymbol{\vartheta}_T) \leqslant V(\boldsymbol{\vartheta}_0)$。在强制性假设下，可以得出式(4.15)的解是有界的。此外，令 $T\to\infty$，我们从式(4.19)中得到边界

$$\int_0^\infty \boldsymbol{f}(\boldsymbol{\vartheta}_t)^{\mathsf{T}}\boldsymbol{A}(\boldsymbol{\vartheta}_t)[\varepsilon\boldsymbol{I}+\boldsymbol{A}(\boldsymbol{\vartheta}_t)^{\mathsf{T}}\boldsymbol{A}(\boldsymbol{\vartheta}_t)]^{-1}\boldsymbol{A}(\boldsymbol{\vartheta}_t)^{\mathsf{T}}\boldsymbol{f}(\boldsymbol{\vartheta}_t)\,\mathrm{d}t \leqslant V(\boldsymbol{\vartheta}_0)$$

$\boldsymbol{\vartheta}_t$ 的有界性和 $\boldsymbol{A}$ 的连续性意味着 $B(\boldsymbol{\vartheta}_0)<\infty$的存在，使得

$$\int_0^\infty \gamma_t\,\mathrm{d}t \leqslant B(\vartheta_0) < \infty, \quad \gamma_t \stackrel{\text{def}}{=} \| A(\boldsymbol{\vartheta}_t)^{\mathsf{T}}\boldsymbol{f}(\boldsymbol{\vartheta}_t)\|^2$$

函数$\boldsymbol{f}$和$\boldsymbol{A}$是利普希茨连续的，有界性意味着γ_t满足引理4.3中的利普希茨条件。因此，如之前所声明的，有$\lim_{t\to\infty}\boldsymbol{A}(\boldsymbol{\vartheta}_t)^{\mathsf{T}}\boldsymbol{f}(\boldsymbol{\vartheta}_t)=0$。

接下来我们证明(iii)。虽然这是从命题2.5得出的，但我们可以给出一个简短的替代证明，希望它也能提供更多的见解。

式(4.15)的全局渐近稳定性要求解从每一个初始条件收敛到θ^*，并且θ^*在李雅普诺夫意义下是稳定的。假设(c)与(ii)结合可得出前者，即$\lim_{t\to\infty}\boldsymbol{\vartheta}_t=\boldsymbol{\theta}^*$。对于后者，通过考虑$\boldsymbol{A}_\varepsilon = \partial_{\boldsymbol{\theta}}[\mathcal{G}(\boldsymbol{\theta})\boldsymbol{f}(\boldsymbol{\theta})]|_{\boldsymbol{\theta}=\boldsymbol{\theta}^*}$，则可获得一个简便的充分条件。如果这个矩阵是赫尔维茨矩阵(所有特征值都在$\mathbb{C}$的严格左半平面)(文献[181]的定理4.7)，则李雅普诺夫意义下的稳定性成立。

应用这些定义，我们得到$\boldsymbol{A}_\varepsilon=-[\varepsilon\boldsymbol{I}+\boldsymbol{M}]^{-1}\boldsymbol{M}$，其中$\boldsymbol{M}=\boldsymbol{A}(\boldsymbol{\theta}^*)^{\mathsf{T}}\boldsymbol{A}(\boldsymbol{\theta}^*)>0$(回想一下，$\boldsymbol{A}(\boldsymbol{\theta}^*)$被假定为非奇异的)。$\boldsymbol{A}_\varepsilon$的特征向量与$\boldsymbol{M}$的特征向量一致，且对于$\boldsymbol{M}$的每个特征向量-特征值对$(\boldsymbol{v},\lambda)$，我们有

$$\boldsymbol{A}_\varepsilon\boldsymbol{v}=\lambda_A\boldsymbol{v}, \quad \lambda_A=-\frac{\lambda}{\varepsilon+\lambda}<0$$

因此可以确定$\boldsymbol{A}_\varepsilon$是赫尔维茨矩阵。

4.4　最优化

在这里，我们转向最小化损失函数$\Gamma:\mathbb{R}^d\to\mathbb{R}_+$，我们想为其计算一个全局最小值：

$$\boldsymbol{\theta}^*\in\arg\min\Gamma(\boldsymbol{\theta})$$

本节包含一个对最优化理论和用于估计$\boldsymbol{\theta}^*$的ODE技术的非常简短的概述。特别地，我们建立了最速下降ODE的收敛条件：

$$\frac{\mathrm{d}}{\mathrm{d}t}\boldsymbol{\vartheta} = -\nabla_{\boldsymbol{\theta}}\Gamma(\boldsymbol{\vartheta}) \tag{4.20}$$

这也被称为梯度流。

回想一下，向量在 $\boldsymbol{\theta}_0 \in \mathbb{R}^d$ 处的梯度 $\nabla\Gamma(\boldsymbol{\theta}_0)$ 与水平集 $\{\boldsymbol{\theta} \in \mathbb{R}^d : \Gamma(\boldsymbol{\theta}) = \Gamma(\boldsymbol{\theta}_0)\}$ 正交，如图 4.1 所示。对于给定的时间 t_0，有 $\boldsymbol{\theta}_0 = \boldsymbol{\vartheta}_{t_0}$，$r_0 = \Gamma(\boldsymbol{\theta}_0)$，并回想式(2.28)中下水平集的定义：

$$S_\Gamma(r_0) = \{\boldsymbol{\theta} \in \mathbb{R}^d : \Gamma(\boldsymbol{\theta}) \leqslant r_0\}$$

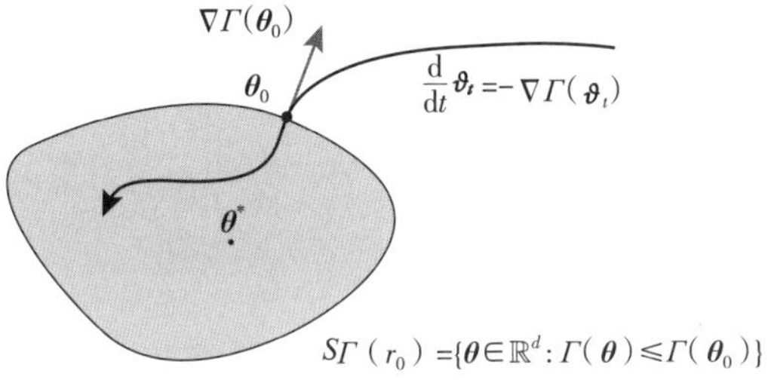

图 4.1 梯度流：$\Gamma(\boldsymbol{\vartheta}_t)$ 是非递增的，因为每个下水平集 $S_\Gamma(r_0)$ 都在吸收

如果 $\boldsymbol{\theta}_0$ 处的梯度不为零，如图 4.1 所示，则梯度流将解驱动到该集合的内部：对于所有的 $t>t_0$，$\Gamma(\boldsymbol{\vartheta}_t)<r_0$。特别地，每个下水平集都具有吸收性：梯度流的解一旦进入集合 $S_\Gamma(r_0)$，它就永远无法退出。

这种直觉是使用李雅普诺夫函数技术寻找梯度流收敛条件的起点。李雅普诺夫函数的两个典型选择是

$$V(\boldsymbol{\theta}) = \frac{1}{2}\|\boldsymbol{\theta} - \boldsymbol{\theta}^*\|^2 \quad 或者 \quad V(\boldsymbol{\theta}) = \frac{1}{2}[\Gamma(\boldsymbol{\theta}) - \Gamma^*] \tag{4.21}$$

其中 $\Gamma^* = \min_{\boldsymbol{\theta}}\Gamma(\boldsymbol{\theta})$。后者是最自然的，这是基于从图 4.1 以及该图与图 2.6 之间的相似性中得出的直观判断。

4.4.2 节中涉及的 Polyak-Łojasiewicz(PL)条件是收敛的一个最低标准。当我们准备好使用欧拉近似来逼近梯度流时，标准的做法是施加以下 L 平滑条件：对于某个 $L>0$ 和所有的 $\boldsymbol{\theta}$ 和 $\boldsymbol{\theta}'$，

$$\Gamma(\boldsymbol{\theta}') \leqslant \Gamma(\boldsymbol{\theta}) + [\boldsymbol{\theta}' - \boldsymbol{\theta}]^{\mathsf{T}}\nabla\Gamma(\boldsymbol{\theta}) + \frac{1}{2}L\|\boldsymbol{\theta}' - \boldsymbol{\theta}\|^2 \tag{4.22}$$

这个边界的用途将在 4.4.3 节中进行解释。

请不要觉得你必须在证明定理之后才能进行实验：即使在不满足假设的时候，我们获得的算法在实践中也通常是成功的。例如，训练神经网络中出现的最优化问题不满足这里提出的任何假设，但从业者通常应用的是 4.4.3 节中描述的梯度下降算法，而它仅是梯度流的欧拉近似。

4.4.1 凸性的作用

这个术语在前几章的讨论中出现过几次，但我们现在需要一个正式的定义。

凸性

▶如果集合 $S \subset \mathbb{R}^d$ 包含端点在 S 中的所有线段，则它是凸的。即对于 $\boldsymbol{\theta}^0$，$\boldsymbol{\theta}^1 \in S$ 和任意的 $\alpha \in (0,1)$，有 $(1-\alpha)\boldsymbol{\theta}^0+\alpha\boldsymbol{\theta}^1 \in S$。

▶如果满足以下边界条件，则一个具有凸域 S 的函数 $\Gamma: S \to \mathbb{R}$ 被称为凸的：对于任何一对 $\boldsymbol{\theta}^0$，$\boldsymbol{\theta}^1 \in S$ 和 $\rho \in (0,1)$：

$$\Gamma((1-\rho)\boldsymbol{\theta}^0+\rho\boldsymbol{\theta}^1) \leqslant (1-\rho)\Gamma(\boldsymbol{\theta}^0)+\rho\Gamma(\boldsymbol{\theta}^1) \tag{4.23}$$

如果对于任何 $r \in \mathbb{R}$，下水平集 $S_\Gamma(r)$ 是凸的（或空的），则它是拟凸的。

凸函数总是拟凸的。当 $S=\mathbb{R}$ 时，任何连续非递减函数都是拟凸函数，因为在这种情况下，对于每个 r，$S_\Gamma(r)=(-\infty,a(r)]$，其中 $a(r)=\max\{\boldsymbol{\theta}:\Gamma(\theta)\leqslant r\}$（不需要连续性来确保拟凸性，但需要连续性才能达到下水平集的这种表示）。

以下表征具有更强的几何味道。

引理 4.5　对于任何凸集 S，函数 $\Gamma: S \to \mathbb{R}$ 是凸的，当且仅当对于每个 $\boldsymbol{\theta}^0 \in \mathbb{R}^d$，存在一个向量 $\boldsymbol{v}^0 \in \mathbb{R}^d$ 满足

$$\Gamma(\theta) \geqslant \Gamma(\boldsymbol{\theta}^0)+\langle \boldsymbol{v}^0, \boldsymbol{\theta}-\boldsymbol{\theta}^0\rangle, \quad \boldsymbol{\theta} \in S \tag{4.24}$$

式(4.24)的右边可看作一个 $\boldsymbol{\theta}$ 的仿射函数，有界意味着 Γ 的图形总是在仿射函数的图形之上。矢量 $\boldsymbol{v}_0$ 称为次梯度。如果 Γ 在 $\boldsymbol{\theta}^0$ 处可微，则它是一个普通梯度 $\boldsymbol{v}^0=\nabla\Gamma(\boldsymbol{\theta}^0)$。

还有几个更强的条件：

▲如果当 $\boldsymbol{\theta}^1 \neq \boldsymbol{\theta}^0$ 时式(4.23)是严格的（即等号不成立，仅不等号成立），则函数 Γ 是严格凸的。

▲如果 Γ 是可微的，那么当常数 $\delta_0>0$ 时，它被称为强凸的，

$$\text{对于所有的 } \boldsymbol{\theta},\boldsymbol{\theta}^0 \in \mathbb{R}^d, \langle \nabla\Gamma(\boldsymbol{\theta})-\nabla\Gamma(\boldsymbol{\theta}^0), \boldsymbol{\theta}-\boldsymbol{\theta}^0\rangle \geqslant \delta_0 \|\boldsymbol{\theta}-\boldsymbol{\theta}^0\|^2 \tag{4.25}$$

强凸性用于建立梯度流的良好数值特性。凸性和严格凸性的价值将在下面进行阐述。

命题 4.6　假设 $\Gamma: \mathbb{R}^d \to \mathbb{R}_+$ 是凸的。那么对于给定的 $\boldsymbol{\theta}^0 \in \mathbb{R}^d$，

(i) 如果 $\boldsymbol{\theta}^0$ 是局部最小值，那么它也是全局最小值；

(ii) 如果 Γ 在 $\boldsymbol{\theta}^0$ 处可微，且 $\nabla\Gamma(\boldsymbol{\theta}^0)=0$，则 $\boldsymbol{\theta}^0$ 是全局最小值；

(iii) 如果 (i) 或 (ii) 中的任何一个成立，且 Γ 是严格凸的，那么 $\boldsymbol{\theta}^0$ 是唯一的全局最小值。

梯度流在不强的条件下是收敛的。请参阅习题 4.7 了解矩阵增益的拓展。

命题 4.7　假设 Γ 是连续可微的、凸的和强制的，具有唯一的最小值 θ^*。那么式(4.20)是全局渐近稳定的，且具有唯一的平衡点 $\boldsymbol{\theta}^*$。如果 Γ 是强凸的，则收敛速度是指数的：

$$\|\boldsymbol{\vartheta}_t-\boldsymbol{\theta}^*\| \leqslant e^{-\delta_0 t}\|\boldsymbol{\vartheta}_0-\boldsymbol{\theta}^*\| \tag{4.26}$$

δ_0 在式(4.25)中出现。

证明　我们采用李雅普诺夫函数方法，使用 $V(\boldsymbol{\theta})=\frac{1}{2}\|\boldsymbol{\theta}-\boldsymbol{\theta}^*\|^2$。根据链式法则，

$$\frac{\mathrm{d}}{\mathrm{d}t}V(\boldsymbol{\vartheta}_t)=-\nabla_{\boldsymbol{\theta}}\Gamma(\boldsymbol{\vartheta}_t)^{\top}[\boldsymbol{\vartheta}_t-\boldsymbol{\theta}^*]$$

凸性意味着 $\Gamma(\boldsymbol{\theta}^*)\geqslant\Gamma(\boldsymbol{\vartheta}_t)+\nabla_{\boldsymbol{\theta}}\Gamma(\boldsymbol{\vartheta}_t)^{\top}[\boldsymbol{\theta}^*-\boldsymbol{\vartheta}_t]$，则有

$$\frac{\mathrm{d}}{\mathrm{d}t}V(\boldsymbol{\vartheta}_t)\leqslant-[\Gamma(\boldsymbol{\vartheta}_t)-\Gamma(\boldsymbol{\theta}^*)]\leqslant 0$$

其中，当 $\boldsymbol{\vartheta}_t\neq\boldsymbol{\theta}^*$ 时不等式是严格的。命题 2.5 则意味着全局渐近稳定性。

在强凸性下，我们应用 $\nabla_{\boldsymbol{\theta}}\Gamma(\boldsymbol{\theta}^*)=0$ 以获得更强的边界：

$$\frac{\mathrm{d}}{\mathrm{d}t}V(\boldsymbol{\vartheta}_t)=-\{\nabla_{\boldsymbol{\theta}}\Gamma(\boldsymbol{\vartheta}_t)-\nabla_{\boldsymbol{\theta}}\Gamma(\boldsymbol{\theta}^*)\}^{\top}[\boldsymbol{\vartheta}_t-\boldsymbol{\theta}^*]\leqslant-\delta_0\|\boldsymbol{\vartheta}_t-\boldsymbol{\theta}^*\|^2$$

即 $\frac{\mathrm{d}}{\mathrm{d}t}V(\boldsymbol{\vartheta}_t)\leqslant-2\delta_0V(\boldsymbol{\vartheta}_t)$。这意味着对于任何 t，$V(\boldsymbol{\vartheta}_t)\leqslant V_0(\boldsymbol{\vartheta}_t)\exp(-2\delta_0 t)$，这证明了式(4.26)。 □

4.4.2 Polyak-Łojasiewicz 条件

在命题 4.7 中使用欧几里得范数定义一个李雅普诺夫函数，在很大程度上依赖于凸性。另一种定义方法即是 Polyak-Łojasiewicz(PL)不等式：对于某些 $\mu>0$ 和所有 $\boldsymbol{\theta}$，

$$\frac{1}{2}\|\nabla\Gamma(\boldsymbol{\theta})\|^2\geqslant\mu[\Gamma(\boldsymbol{\theta})-\Gamma^\star]\tag{4.27}$$

在这里我们不假设 Γ 是凸的，而且不用假设存在一个唯一的优化解(optimizer)。

定理 4.8　如果 PL 不等式成立，则对于每个初始的 $\boldsymbol{\vartheta}_0$，梯度流满足：

$$\Gamma(\boldsymbol{\vartheta}_t)-\Gamma^\star\leqslant\mathrm{e}^{-\mu t}[\Gamma(\boldsymbol{\vartheta}_0)-\Gamma^\star]$$

此外，如果 Γ 是强制性的，则解是有界的，且 $\{\boldsymbol{\vartheta}_t\}$ 的任何极限点 $\boldsymbol{\theta}_\infty$ 都是一个优化解：$\Gamma(\boldsymbol{\theta}_\infty)=\Gamma^\star$。

证明　对于李雅普诺夫函数，我们采用式(4.21)中的第二个选项：

$$V(\boldsymbol{\theta})=\frac{1}{2}[\Gamma(\theta)-\Gamma^\star]\Rightarrow\frac{\mathrm{d}}{\mathrm{d}t}V(\boldsymbol{\vartheta}_t)=-\frac{1}{2}\|\nabla_{\boldsymbol{\theta}}\Gamma(\boldsymbol{\vartheta}_t)\|^2\leqslant-\mu V(\boldsymbol{\vartheta}_t)$$

这意味着我们期望不等式 $\Gamma(\boldsymbol{\vartheta}_t)-\Gamma^\star=V(\boldsymbol{\vartheta}_t)\leqslant\mathrm{e}^{-\mu t}V(\boldsymbol{\vartheta}_0)$。

如果 Γ 是强制性的，则 $\boldsymbol{\vartheta}$ 的轨迹在紧集 $S=\{\boldsymbol{\theta}: V(\boldsymbol{\theta})\leqslant V(\boldsymbol{\vartheta}_0)\}$ 中演化。如果 $\boldsymbol{\theta}_\infty$ 是一个极限点，这意味着 $\boldsymbol{\theta}_\infty=\lim_{n\to\infty}\boldsymbol{\vartheta}_{t_n}$，其中 $t_n\uparrow\infty$。损失函数的连续性意味着最优性：$\Gamma(\boldsymbol{\theta}_\infty)=\lim_{n\to\infty}\Gamma(\boldsymbol{\vartheta}_{t_n})=\Gamma^\star$ □

4.4.3 欧拉近似

式(4.20)的标准欧拉近似称为最速下降法：

$$\boldsymbol{\theta}_{k+1}=\boldsymbol{\theta}_k-\alpha\nabla\Gamma(\boldsymbol{\theta}_k)\tag{4.28}$$

为了从每个初始条件获得收敛性，我们假设目标函数是 L 光滑的[回顾式(4.22)]。这是证明定理 4.9 的两个关键边界之一(定理 4.9 与定理 4.8 具有相似性)。

定理 4.9　假设 Γ 满足两个边界：L 光滑不等式(4.22)和 PL 不等式(4.27)。然后，假设 $\alpha \leqslant 1/L$，则对于式(4.28)，下面的边界成立：

$$\Gamma(\boldsymbol{\theta}_k)-\Gamma^* \leqslant (1-\alpha\mu)^k[\Gamma(\boldsymbol{\theta}_0)-\Gamma^*]$$

证明　将 L 光滑不等式应用于梯度下降递归式(4.28)中，得到

$$\Gamma(\boldsymbol{\theta}_{k+1})-\Gamma(\boldsymbol{\theta}_k) \leqslant [\boldsymbol{\theta}_{k+1}-\boldsymbol{\theta}_k]^{\mathsf{T}} \nabla\Gamma(\boldsymbol{\theta}_k)+\frac{1}{2}L\,\|\boldsymbol{\theta}_{k+1}-\boldsymbol{\theta}_k\|^2=\left(-\alpha+\frac{1}{2}L\alpha^2\right)\|\nabla\Gamma(\boldsymbol{\theta}_k)\|^2$$

当 $\alpha \leqslant 1/L$ 时，边界 $-\alpha+\frac{1}{2}L\alpha^2 \leqslant -\frac{1}{2}\alpha$ 成立。再结合 PL 不等式(4.27)，则有

$$\Gamma(\boldsymbol{\theta}_{k+1})-\Gamma(\boldsymbol{\theta}_k) \leqslant -\alpha\frac{1}{2}\|\nabla\Gamma(\boldsymbol{\theta}_k)\|^2 \leqslant -\alpha\mu[\Gamma(\boldsymbol{\theta}_k)-\Gamma^\star]$$

重新排列并从两边减去 $\Gamma^\star$，得到

$$\Gamma(\boldsymbol{\theta}_{k+1})-\Gamma^\star \leqslant (1-\alpha\mu)[\Gamma(\boldsymbol{\theta}_k)-\Gamma^\star]$$

迭代这个不等式则得到所要的结果。　□

在实践中，Γ 的 L 光滑不等式通常是通过其梯度上的全局利普希茨条件来验证的：

$$\|\nabla\Gamma(\boldsymbol{\theta}')-\nabla\Gamma(\boldsymbol{\theta})\| \leqslant L\,\|\boldsymbol{\theta}'-\boldsymbol{\theta}\| \tag{4.29}$$

引理 4.10　假设式(4.29)对所有的 $\boldsymbol{\theta}$，$\boldsymbol{\theta}' \in \Theta$ 成立，其中 $\Theta \subseteq \mathbb{R}^d$。然后我们有：

(i)对于所有的 $\boldsymbol{\theta},\boldsymbol{\theta}' \in \Theta$，有 $|\langle \nabla\Gamma(\boldsymbol{\theta}')-\nabla\Gamma(\boldsymbol{\theta}),\boldsymbol{\theta}'-\boldsymbol{\theta}\rangle| \leqslant L\,\|\boldsymbol{\theta}'-\boldsymbol{\theta}\|^2$。

(ii)如果 Θ 是凸的，则 Γ 是 L 光滑的。

证明　(i)直接来自式(4.29)

$$|\langle \nabla\Gamma(\boldsymbol{\theta}')-\nabla\Gamma(\boldsymbol{\theta}),\boldsymbol{\theta}'-\boldsymbol{\theta}\rangle| \leqslant \|\nabla\Gamma(\boldsymbol{\theta}')-\nabla\Gamma(\boldsymbol{\theta})\|\,\|\boldsymbol{\theta}'-\boldsymbol{\theta}\| \leqslant L\,\|\boldsymbol{\theta}'-\boldsymbol{\theta}\|^2$$

为了建立(ii)，对于 $\boldsymbol{\theta},\boldsymbol{\theta}' \in \Theta$，有 $\boldsymbol{\theta}_t=\boldsymbol{\theta}+t[\boldsymbol{\theta}'-\boldsymbol{\theta}]$ 和 $\xi_t=\Gamma(\boldsymbol{\theta}_t)$。在凸性假设下，对于 $0 \leqslant t \leqslant 1$，我们有 $\boldsymbol{\theta}_t \in \Theta$。该函数在这个域上是可微的，其中 $\frac{\mathrm{d}}{\mathrm{d}t}\xi_t=\langle \nabla\Gamma(\boldsymbol{\theta}_t),\boldsymbol{\theta}'-\boldsymbol{\theta}\rangle$。应用(i)，得到

$$\frac{\mathrm{d}}{\mathrm{d}t}\xi_t-\frac{\mathrm{d}}{\mathrm{d}t}\xi_0=\langle \nabla\Gamma(\boldsymbol{\theta}_t)-\nabla\Gamma(\boldsymbol{\theta}_0),\boldsymbol{\theta}'-\boldsymbol{\theta}\rangle \leqslant tL\,\|\boldsymbol{\theta}'-\boldsymbol{\theta}\|^2$$

从 $t=0$ 到 $t=1$ 进行积分，给出式(4.22)：

$$\begin{aligned}\Gamma(\boldsymbol{\theta}')=\xi(1)&=\xi_0+\int_0^1\frac{\mathrm{d}}{\mathrm{d}t}\xi_t\mathrm{d}t\\&\leqslant \xi_0+\frac{\mathrm{d}}{\mathrm{d}t}\xi_0+\frac{1}{2}L\,\|\boldsymbol{\theta}'-\boldsymbol{\theta}\|^2\\&=\Gamma(\boldsymbol{\theta})+\langle \nabla\Gamma(\boldsymbol{\theta}),\boldsymbol{\theta}'-\boldsymbol{\theta}\rangle+\frac{1}{2}L\,\|\boldsymbol{\theta}'-\boldsymbol{\theta}\|^2\end{aligned}$$

□

4.4.4 含约束的优化

考虑具有等式约束的优化问题：

$$\begin{aligned} \Gamma^{\star} \stackrel{\text{def}}{=} \min \quad & \Gamma(\boldsymbol{\theta}) \\ \text{满足} \quad & \boldsymbol{g}(\boldsymbol{\theta})=0 \end{aligned} \tag{4.30}$$

其中 $g:\mathbb{R}^d \to \mathbb{R}^m$(因此存在 $m \geqslant 1$ 个约束)。当且仅当 g 是 θ 的一个仿射函数时，约束是凸的：对于一个 $m \times d$ 矩阵 $\boldsymbol{D}$ 和一个向量 $\boldsymbol{d} \in \mathbb{R}^m$，

$$\boldsymbol{g}(\boldsymbol{\theta}) = \boldsymbol{D}\boldsymbol{\theta} + \boldsymbol{d} \tag{4.31}$$

求解这些问题的一种方法是拉格朗日松弛(算法)[⊖]，它是通过一系列步骤定义的。引入拉格朗日函数 $\mathcal{L}:\mathbb{R}^d \times \mathbb{R}^m \to \mathbb{R}$：

$$\mathcal{L}(\boldsymbol{\theta},\boldsymbol{\lambda}) = \Gamma(\boldsymbol{\theta}) + \boldsymbol{\lambda}^{\mathsf{T}}\boldsymbol{g}(\boldsymbol{\theta}), \quad \boldsymbol{\theta} \in \mathbb{R}^d, \quad \boldsymbol{\lambda} \in \mathbb{R}^m \tag{4.32}$$

所谓的对偶函数就是求取消了约束后的拉格朗日函数的最小值：

$$\varphi^*(\boldsymbol{\lambda}) = \min_{\theta} \mathcal{L}(\boldsymbol{\theta},\boldsymbol{\lambda}) \tag{4.33}$$

最小值为$-\infty$是可能的：可以考虑一下当 Γ 是 $\boldsymbol{\theta}$ 的线性函数时会发生什么。

对于任何 $\boldsymbol{\lambda} \in \mathbb{R}^m$，我们得到 $\Gamma^{\star}$ 的下界如下：

$$\varphi^*(\boldsymbol{\lambda}) \leqslant \min_{\theta} \{\mathcal{L}(\boldsymbol{\theta},\boldsymbol{\lambda}) : \boldsymbol{g}(\boldsymbol{\theta})=0\} = \min_{\theta} \{\Gamma(\boldsymbol{\theta}) : \boldsymbol{g}(\boldsymbol{\theta})=0\} = \Gamma^{\star}$$

不等式成立是因为我们重新引入了约束，这意味着在一个可能更小的集合上最小化 $\mathcal{L}$。对偶问题定义为在所有 $\boldsymbol{\lambda}$ 上求 φ^* 的最大值：

$$\max_{\lambda} \min_{\theta} \mathcal{L}(\boldsymbol{\theta},\boldsymbol{\lambda}) = \max_{\lambda} \varphi^*(\boldsymbol{\lambda}) \leqslant \Gamma^{\star} \tag{4.34}$$

如果不等式是严格的，我们就可以说存在对偶间隙。左侧称为 min-max(或鞍点)问题。图 4.2 显示了一个没有对偶间隙的典型凸优化示例。

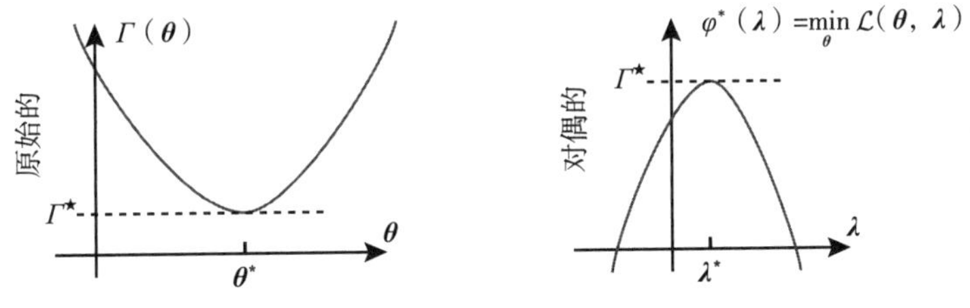

图 4.2 原始的和对偶的优化问题

⊖ 松弛意为放松约束。对于一个标准化为求最小值的优化问题，放松约束会使得我们有可能得到目标函数值更小的解，换言之，松弛可以求得原问题的一个下界，这为评价其他算法的有效性提供了一种途径，也为原问题的求解提供了更多信息。

存在一个简单的 ODE 来获得鞍点问题[式(4.34)]的解，这被称为原始对偶流：

$$\frac{\mathrm{d}}{\mathrm{d}t}\boldsymbol{\vartheta} = -\nabla_{\boldsymbol{\theta}}\mathcal{L}(\boldsymbol{\vartheta},\boldsymbol{\lambda}) = -\nabla_{\boldsymbol{\theta}}\Gamma(\boldsymbol{\vartheta}) - [\partial_{\boldsymbol{\theta}}\boldsymbol{g}(\boldsymbol{\vartheta})]^{\mathsf{T}}\boldsymbol{\lambda} \tag{4.35a}$$

$$\frac{\mathrm{d}}{\mathrm{d}t}\boldsymbol{\lambda} = \nabla_{\boldsymbol{\lambda}}\mathcal{L}(\boldsymbol{\vartheta},\boldsymbol{\lambda}) = \boldsymbol{g}(\boldsymbol{\vartheta}) \tag{4.35b}$$

其中，在仿射假设下，$[\partial_{\boldsymbol{\theta}}\boldsymbol{g}(\vartheta)]^{\mathsf{T}}\boldsymbol{\lambda}=\boldsymbol{D}^{\mathsf{T}}\boldsymbol{\lambda}$。

命题 4.11　假设以下条件成立：(i) Γ 是严格凸的和强制的；(ii) 函数 g 是形如式(4.31)的仿射函数，其中 $m\times d$ 的矩阵 $\boldsymbol{D}$ 的秩为 m。则原始对偶流收敛到对偶问题的唯一解$(\boldsymbol{\theta}^*,\boldsymbol{\lambda}^\star)$为 $\mathcal{L}(\boldsymbol{\theta}^*,\boldsymbol{\lambda}^\star)=\varphi^*(\boldsymbol{\lambda}^\star)=\Gamma^\star$。 □

其证明可以在 4.8.3 节中找到。第一步是利用凸性证明 $V(\boldsymbol{\theta},\boldsymbol{\lambda})=\frac{1}{2}\|\boldsymbol{\theta}-\boldsymbol{\theta}^*\|^2+\frac{1}{2}\|\boldsymbol{\lambda}-\boldsymbol{\lambda}^\star\|^2$ 是一个李雅普诺夫函数。这部分证明与命题 4.7 的证明非常相似。

接下来考虑不等式约束的情况，其中我们可以应用类似的分析。

不等式约束

我们再次考虑一个定义了约束的函数 $\boldsymbol{g}:\mathbb{R}^d\to\mathbb{R}^m$，但是在原始问题中，我们用不等式代替等式：

$$\begin{aligned}\Gamma^\star \stackrel{\text{def}}{=} \min\quad & \Gamma(\boldsymbol{\theta})\\ \text{满足}\quad & \boldsymbol{g}(\boldsymbol{\theta})\leqslant 0\end{aligned} \tag{4.36}$$

如果对于每个 i，$\boldsymbol{g}_i$ 是凸函数(或简单的拟凸函数)，则约束区域 $S=\{\boldsymbol{\theta}:\boldsymbol{g}(\boldsymbol{\theta})\leqslant 0\}$ 是一个凸集。

拉格朗日函数和对偶函数 φ^* 的定义与之前完全相同，但我们必须限制 $\boldsymbol{\lambda}\in\mathbb{R}^m_+$ 以获得先验上限：

$$\varphi^*(\boldsymbol{\lambda})\leqslant\min_{\boldsymbol{\theta}}\{\mathcal{L}(\boldsymbol{\theta},\boldsymbol{\lambda}):\boldsymbol{g}(\boldsymbol{\theta})\leqslant 0\}\leqslant\min_{\boldsymbol{\theta}}\{\Gamma(\boldsymbol{\theta}):\boldsymbol{g}(\boldsymbol{\theta})\leqslant 0\}=\Gamma^\star$$

式中第二个不等式是基于边界 $\boldsymbol{\lambda}^{\mathsf{T}}\boldsymbol{g}(\boldsymbol{\theta})\leqslant 0$ 的，无论何时都有 $\boldsymbol{g}(\boldsymbol{\theta})\leqslant 0$ 和 $\boldsymbol{\lambda}\geqslant 0$。鞍点问题定义与之前一样：

$$\max_{\boldsymbol{\lambda}\geqslant 0}\ \min_{\boldsymbol{\theta}}\mathcal{L}(\boldsymbol{\theta},\boldsymbol{\lambda})=\max_{\boldsymbol{\lambda}\geqslant 0}\ \varphi^*(\boldsymbol{\lambda})\leqslant\Gamma^\star \tag{4.37}$$

受凸性和少量附加假设的影响，不存在对偶间隙(不等式被等式取代)。

一个纯粹的计算 $\boldsymbol{\lambda}^*$ 的最速上升算法具有 $\frac{\mathrm{d}}{\mathrm{d}t}\boldsymbol{\lambda}_t=\nabla\varphi^*(\boldsymbol{\lambda}_t)$ 的形式。在这个考虑不等式约束的情况下，我们必须包含一个反射过程以确保对于每个 i，有 $\boldsymbol{\lambda}_t(i)\geqslant 0$(稍后会详细介绍)。

我们很容易找到梯度的一个表示。假设对于每个 $\boldsymbol{\lambda}\in\mathbb{R}^m_+$，存在 $\boldsymbol{\theta}^s(\boldsymbol{\lambda})$ 满足

$$\varphi^*(\boldsymbol{\lambda})=\min_{\boldsymbol{\theta}}\{\Gamma(\boldsymbol{\theta})+\boldsymbol{\lambda}^{\mathsf{T}}\boldsymbol{g}(\boldsymbol{\theta})\}=\Gamma(\boldsymbol{\theta}^s(\boldsymbol{\lambda}))+\boldsymbol{\lambda}^{\mathsf{T}}\boldsymbol{g}(\boldsymbol{\theta}^s(\boldsymbol{\lambda}))$$

命题 4.12　对于任何 $\boldsymbol{\lambda}^0\in\mathbb{R}^m_+$，对偶函数的次梯度由 $\nabla\varphi^*(\boldsymbol{\lambda}^0)=[\boldsymbol{g}(\boldsymbol{\theta}^s(\boldsymbol{\lambda}^0))]^{\mathsf{T}}$ 给出，即对于所有的 $\boldsymbol{\lambda}\in\mathbb{R}^m_+$，

$$\varphi^*(\boldsymbol{\lambda}) \leqslant \varphi^*(\boldsymbol{\lambda}^0) + [\boldsymbol{g}(\boldsymbol{\theta}^s(\boldsymbol{\lambda}^0))]^{\mathsf{T}}(\boldsymbol{\lambda}-\boldsymbol{\lambda}^0)$$

证明　根据定义，有

$$\begin{aligned}\varphi^*(\boldsymbol{\lambda}) = \min_{\boldsymbol{\theta}}\{\Gamma(\boldsymbol{\theta}) + \boldsymbol{\lambda}^{\mathsf{T}}\boldsymbol{g}(\boldsymbol{\theta})\} &\leqslant \Gamma(\boldsymbol{\theta}^s(\boldsymbol{\lambda}^0)) + \boldsymbol{\lambda}^{\mathsf{T}}\boldsymbol{g}(\boldsymbol{\theta}^s(\boldsymbol{\lambda}^0)) \\ &= [\Gamma(\boldsymbol{\theta}^s(\boldsymbol{\lambda}^0)) + \boldsymbol{\lambda}^{0\mathsf{T}}\boldsymbol{g}(\boldsymbol{\theta}^s(\boldsymbol{\lambda}^0))] + (\boldsymbol{\lambda}-\boldsymbol{\lambda}^0)^{\mathsf{T}}\boldsymbol{g}(\boldsymbol{\theta}^s(\boldsymbol{\lambda}^0)) \\ &= \varphi^*(\boldsymbol{\lambda}^0) + [\boldsymbol{g}(\boldsymbol{\theta}^s(\boldsymbol{\lambda}^0))]^{\mathsf{T}}(\boldsymbol{\lambda}-\boldsymbol{\lambda}^0)\end{aligned}$$

□

这产生了原始-对偶流，它几乎与式(4.35)中的形式一样。用于参数估计的 ODE 是相同的：

$$\frac{\mathrm{d}}{\mathrm{d}t}\boldsymbol{\vartheta}_t = -\nabla\Gamma(\boldsymbol{\vartheta}_t) - [\partial\boldsymbol{g}(\boldsymbol{\vartheta}_t)]^{\mathsf{T}}\boldsymbol{\lambda}_t$$

必须修改用于求解对偶变量 $\boldsymbol{\lambda}$ 的 ODE，强制使其具有非负性，这是以 m 维反射过程 $\boldsymbol{\gamma}$ 的形式出现。用积分形式表达新的对偶动力学是最容易的：

$$\boldsymbol{\lambda}_t = \boldsymbol{\lambda}_0 + \int_0^t \boldsymbol{g}(\boldsymbol{\vartheta}_r)\,\mathrm{d}r + \boldsymbol{\gamma}_t \tag{4.38}$$

式中 $\boldsymbol{\lambda}_0 \geqslant 0$ 是初始条件。反射过程由三个约束定义(对于每个 $1 \leqslant i \leqslant m$)：

(1) $\boldsymbol{\gamma}_0(i) = 0$。

(2) $\boldsymbol{\gamma}(i)$ 是非递减的，并且式(4.38)的解是非负的(对于每个 i 和 t，$(\boldsymbol{\lambda}_t(i))$ 都是非负的)。

(3)它是满足(1)和(2)的关于时间的最小函数。这等价地表示为对于所有的 $T>0$，

$$\int_0^T \boldsymbol{\lambda}_t(i)\,\mathrm{d}\boldsymbol{\gamma}_t(i) = 0 \tag{4.39}$$

式(4.39)是在黎曼(Riemann)积分和斯蒂尔切斯(Stieltjes)积分的意义下进行定义的，结合(1)~(3)，可得

$$\boldsymbol{\lambda}_t(i) > 0 \Rightarrow \frac{\mathrm{d}}{\mathrm{d}t}\boldsymbol{\gamma}_t(i) = 0$$

命题 4.11 很容易扩展至该原始-对偶流，并且证明几乎相同：式(4.39)的特性允许我们忽略反射过程，该反射过程是 4.8.3 节出现的李雅普诺夫函数分析中的一个关键部分。

命题 4.13　假设 Γ 是严格凸的和强制的，$\boldsymbol{g}$ 是凸的，并假设 $\boldsymbol{\partial}_{\boldsymbol{g}}(\theta^*)$ 具有秩 m。然后原始-对偶流收敛到对偶问题的唯一解$(\boldsymbol{\theta}^*, \boldsymbol{\lambda}^\star)$：

$$L(\boldsymbol{\theta}^*, \boldsymbol{\lambda}^\star) = \varphi^*(\boldsymbol{\lambda}^\star) = \Gamma^\star$$

□

欧拉近似

剩下的问题是如何将具有反射的原始-对偶流转换为离散时间算法，因为式(4.38)不再是一个 ODE。标准的原始-对偶算法是由一对递归关系定义的：

$$\boldsymbol{\theta}_{n+1} = \boldsymbol{\theta}_n - \alpha_{n+1}\{\nabla\Gamma(\boldsymbol{\theta}_n) + [\partial\boldsymbol{g}(\boldsymbol{\theta}_n)]^{\mathsf{T}}\boldsymbol{\lambda}_n\} \tag{4.40a}$$

$$\boldsymbol{\lambda}_{n+1}=[\boldsymbol{\lambda}_n+\alpha_{n+1}\boldsymbol{g}(\boldsymbol{\theta}_n)]_+ \tag{4.40b}$$

其中[·]表示最大值为0的分量。这样，式(4.40b)可以表示为

$$\boldsymbol{\lambda}_{n+1}=\boldsymbol{\lambda}_n+\alpha_{n+1}\boldsymbol{g}(\boldsymbol{\theta}_n)+\boldsymbol{\Delta}_n^+$$

$$\boldsymbol{\Delta}_n^+=[\boldsymbol{\lambda}_n+\alpha_{n+1}\boldsymbol{g}(\boldsymbol{\theta}_n)]_+-[\boldsymbol{\lambda}_n+\alpha_{n+1}\boldsymbol{g}(\boldsymbol{\theta}_n)]\geqslant 0$$

因此 $\boldsymbol{\Delta}_n^+$ 可以解释为反射过程的增量。

4.5　拟随机近似

我们对解决特殊形式的求根问题感兴趣，这需要对符号进行一下调整。给定一个函数 $\boldsymbol{f}:\mathbb{R}^d\times\Omega\to\mathbb{R}^d$ 和一个在集合 Ω(假设是欧几里得空间的子集)中取值的随机向量 $\boldsymbol{\Phi}$，我们将平均值(或期望值)表示为

$$\bar{\boldsymbol{f}}(\boldsymbol{\theta})\stackrel{\text{def}}{=}E[\boldsymbol{f}(\boldsymbol{\theta},\boldsymbol{\Phi})],\quad \boldsymbol{\theta}\in\mathbb{R}^d \tag{4.41}$$

目标是针对这个怪异函数 $\bar{\boldsymbol{f}}:\mathbb{R}^d\to\mathbb{R}^d$ 求解 $\bar{\boldsymbol{f}}(\boldsymbol{\theta}^*)=0$。在本节中，采用本章前几节中介绍的ODE 方法，我们介绍了一些实现此目标的算法，使得 $\bar{\boldsymbol{f}}$ 有时能起到向量场 $\boldsymbol{f}$ 的作用，而 $\boldsymbol{f}$ 被用来定义式(4.2)：

$$\frac{\mathrm{d}}{\mathrm{d}t}\boldsymbol{\vartheta}_t=\bar{\boldsymbol{f}}(\boldsymbol{\vartheta}_t) \tag{4.42}$$

最大的挑战在于，我们可能对 $\boldsymbol{f}$ 或 $\boldsymbol{\Phi}$ 知之甚少。

如果你不知道随机或期望是什么意思，不必担心。我们通过将用正弦曲线或其他“弹性”的时间函数来替换“随机变量”，进而避免在本节中提及概率。

对于那些具有概率论背景的人。Robbins 和 Monro[301]的随机近似(SA)方法相当于欧拉方案式(4.8)的变形，此时我们用 $\boldsymbol{f}$ 替换 $\bar{\boldsymbol{f}}$：

$$\boldsymbol{\theta}_{n+1}=\boldsymbol{\theta}_n+\alpha_{n+1}\boldsymbol{f}(\boldsymbol{\theta}_n,\boldsymbol{\Phi}_n),\quad n\geqslant 0 \tag{4.43}$$

其中 $\{\boldsymbol{\Phi}_n\}$ 是随机向量，对于大的 n，$\{\boldsymbol{\Phi}_n\}$ 的分布近似于 $\boldsymbol{\Phi}$ 的分布，$\{\alpha_n\}$ 是非负步长序列。

如果 $\boldsymbol{\theta}_n\approx\boldsymbol{\vartheta}_{t_n}$，我们认为ODE 近似成立，其中 $\boldsymbol{\vartheta}$ 是式(4.42)的解，并且采样次数 $\{t_n\}$ 如式(4.8)中的定义。一个良好的近似所需的假设与成功应用确定性欧拉近似式(4.8)所需的假设没有太大区别。

随机近似的结果在于它可以在不知道函数 $\boldsymbol{f}$ 或 $\boldsymbol{\Phi}$ 分布的情况下实现；相反，它可以依赖于对序列 $\{\boldsymbol{f}(\boldsymbol{\theta}_n,\boldsymbol{\Phi}_n)\}$ 的观测。这就是为什么这些算法在强化学习的背景下很有价值的原因之一。

在大部分 SA 和 RL 文献中，假设 $\boldsymbol{\Phi}$ 是一个马尔可夫链：这是第 6 章深入讨论的主题。本章的一个启发性观测是马尔可夫链不必是随机的：确定性状态空间模型式(2.21)(无控制作用)始终满足本书第二部分中使用的马尔可夫特性。例如，对于给定 $\omega>0$，序列 $\boldsymbol{\Phi}_n=[\cos(\omega n),\sin(\omega n)]$ 是 Ω($\mathbb{R}^2$ 中的单位圆)上的马尔可夫链。这带来了拟随机近似(QSA)ODE：

$$\frac{\mathrm{d}}{\mathrm{d}t}\boldsymbol{\Theta}_t=a_t\boldsymbol{f}(\boldsymbol{\Theta}_t,\boldsymbol{\xi}_t) \tag{4.44}$$

对于非负过程 a，我们可以互换使用术语增益和步长，$\boldsymbol{\xi}$ 被称为探测信号。

式(4.41)中的期望由样本路径平均值进行定义：对于所有的 $\boldsymbol{\theta}\in\mathbb{R}^d$

$$\overline{\boldsymbol{f}}(\boldsymbol{\theta})=\lim_{T\to\infty}\frac{1}{T}\int_0^T\boldsymbol{f}(\boldsymbol{\theta},\boldsymbol{\xi}_t)\,\mathrm{d}t \tag{4.45}$$

当然，要证明这个极限的存在，还需要对 $\boldsymbol{f}$ 和探测信号进行假设。

在本章建立的 QSA 理论中，探测信号是确定性的。当 $\Omega\subset\mathbb{R}^m$ 时，探测信号的两个典型选择是周期函数的 m 维混合：对于固定的 $K\geqslant1$，向量 $\{\boldsymbol{v}^i\}\subset\mathbb{R}^m$，相位 $\{\phi_i\}$ 和频率 $\{\omega_i\}$，有

$$\boldsymbol{\xi}_t=\sum_{i=1}^K\boldsymbol{v}^i[\phi_i+\omega_it]_{(\mathrm{mod}\ 1)} \tag{4.46a}$$

$$\boldsymbol{\xi}_t=\sum_{i=1}^K\boldsymbol{v}^i\sin(2\pi[\phi_i+\omega_it]) \tag{4.46b}$$

此类信号具有适定的稳态均值和协方差矩阵。例如考虑特殊情况下的(4.46b)

$$\boldsymbol{\xi}_t(i)=\sqrt{2}\sin(\omega_it),\quad 1\leqslant i\leqslant m \tag{4.47}$$

其中对于所有 $i\neq j$，有 $\omega_i\neq\omega_j$。稳态均值和协方差则满足

$$\lim_{T\to\infty}\frac{1}{T}\int_{t=0}^T\boldsymbol{\xi}_t\,\mathrm{d}t=0 \tag{4.48a}$$

$$\lim_{T\to\infty}\frac{1}{T}\int_{t=0}^T\boldsymbol{\xi}_t\boldsymbol{\xi}_t^{\mathrm{T}}\,\mathrm{d}t=\boldsymbol{I} \tag{4.48b}$$

其中 $\boldsymbol{I}$ 是单位矩阵。

对于一个函数 $g:\mathbb{R}^K\to\mathbb{R}$，我们可以预见以下公式的渐近独立性，如果频率 $\{\omega_i\}$ 是不同的：

$$\begin{aligned}&\lim_{T\to\infty}\frac{1}{T}\int_0^T g(\sin(2\pi[\phi_1+\omega_1t]),\cdots,\sin(2\pi[\phi_K+\omega_Kt]))\,\mathrm{d}t\\&\quad=\int_0^1\cdots\int_0^1 g(\sin(2\pi[\phi_1+t_1]),\cdots,\sin(2\pi[\phi_K+t_K]))\,\mathrm{d}t_1\cdots\mathrm{d}t_K\end{aligned} \tag{4.49}$$

关于基于另一类探测信号的精确陈述，请参见引理 4.37。

接下来我们将利用示例来说明 QSA 的理论，并简要介绍其应用。

4.5.1　拟蒙特卡罗方法

考虑在函数 $y:\mathbb{R}\to\mathbb{R}$ 的区间[0,1]上获得积分的问题。在标准的蒙特卡罗[⊖](Monte-Carlo)方法中，我们将绘制在区间[0,1]上均匀分布的独立随机变量$\{\boldsymbol{\Phi}(k)\}$，然后取平均值：

$$\boldsymbol{\theta}_n=\frac{1}{n}\sum_{k=0}^{n-1}y(\boldsymbol{\Phi}(k)) \tag{4.50}$$

在一种 QSA 方法中，探测信号是一维锯齿函数，$\boldsymbol{\xi}_t\stackrel{\text{def}}{=}t$(模 1)，估计值由如下平均值定义：

$$\Theta_t=\frac{1}{t}\int_0^t \boldsymbol{y}(\boldsymbol{\xi}_r)\,\mathrm{d}r \tag{4.51}$$

或者，我们将式(4.44)用于这个示例，其中

$$\boldsymbol{f}(\boldsymbol{\theta},\boldsymbol{\xi})\stackrel{\text{def}}{=}\boldsymbol{y}(\boldsymbol{\xi})-\boldsymbol{\theta} \tag{4.52}$$

平均向量场由下式给出：

$$\overline{\boldsymbol{f}}(\boldsymbol{\theta})=\lim_{T\to\infty}\frac{1}{T}\int_0^T\boldsymbol{f}(\boldsymbol{\theta},\boldsymbol{\xi}_t)\,\mathrm{d}t=\int_0^1\boldsymbol{y}(\boldsymbol{\xi}_t)\,\mathrm{d}t-\boldsymbol{\theta}$$

使得 $\boldsymbol{\theta}^*=\int_0^1 y(\boldsymbol{\xi}_t)\,\mathrm{d}t$ 是 $\overline{\boldsymbol{f}}$ 的唯一根。这样，从式(4.44)可得

$$\frac{\mathrm{d}}{\mathrm{d}t}\boldsymbol{\Theta}_t=a_t[\boldsymbol{y}(\boldsymbol{\xi}_t)-\boldsymbol{\Theta}_t] \tag{4.53}$$

式(4.51)的蒙特卡罗方法可以转化为类似于式(4.53)的方法。对式(4.51)的两边求导，利用微分乘积法则和微积分基本定理，可得

$$\frac{\mathrm{d}}{\mathrm{d}t}\boldsymbol{\Theta}_t=-\frac{1}{t^2}\int_0^t\boldsymbol{y}(\boldsymbol{\xi}_r)\,\mathrm{d}r+\frac{1}{t}\boldsymbol{y}(\boldsymbol{\xi}_t)=\frac{1}{t}[\boldsymbol{y}(\boldsymbol{\xi}_t)-\boldsymbol{\Theta}_t]$$

这恰好是 $a_t=1/t$ 时的式(4.53)(对于 ODE 设计来说不是一个很好的选择，因为随着 $t\downarrow 0$ 它不是有界的)。

下面的数值结果基于 $y(\theta)=\mathrm{e}^{4t}\sin(100\theta)$，其平均值为 $\theta^*\approx-0.5$。使用采样间隔为 10^{-3} 的标准欧拉方案对式(4.53)进行了近似。对几种变化进行了模拟，通过增益 $a_t=g/(1+t)$ 进行区分。针对一系列增益范围和公共初始参数 $\Theta_0=10$，图 4.3 显示了所得估计值的典型样本路径。在每种情况下，估计值都收敛到真实均值 $\theta^*\approx-0.5$，但对于明显小于 1 的 $g>0$，收敛

⊖　蒙特卡罗方法也称为统计模拟法、统计实验法，是把概率现象作为研究对象的数值模拟方法；并且通过抽样调查法求取统计值来推定未知特性量。

速度却非常慢。回想一下，$g=1$ 的情况与从式(4.51)获得的情况非常相似。

进行独立实验以获得方差估计。在 10^4 次独立运行中的每一次，公共初始条件都是随机抽取的⊖，并在时间 $T=100$ 时计算估计值。图 4.4 显示了标准蒙特卡罗[式(4.50)]和 QSA 使用增益 $g=1$ 和 2 时的估计值的三个直方图。细心的读者一定会疑惑：为什么当增益从 1 增加到 2 时，方差会减少四个数量级？4.5 节解释了高增益算法的相对成功。

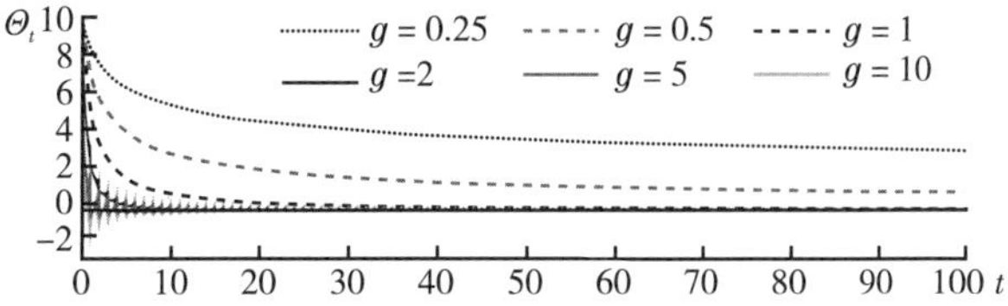

图 4.3　拟蒙特卡罗估计值的样本路径

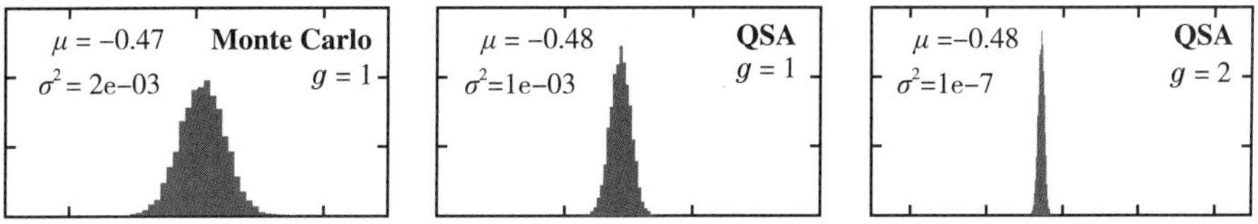

图 4.4　独立运行 10^4 次后的蒙特卡罗直方图和拟蒙特卡罗估计。最优参数为 $\theta^*\approx-0.4841$

Buyer Beware(买方责任自负)

本章的余下部分是基于扩展的拟蒙特卡罗方法，传统上它是以离散时间表示的。式(4.51)中使用的锯齿函数是这一研究领域中的常见选择，它在离散时间中更一般地定义如下：

$$\xi(k)=\xi(0)+\omega k \pmod 1 \tag{4.54}$$

在参数 ω 和函数 $y:\mathbb{R}\to\mathbb{R}$ 的约束条件下，有如下大数定律：

$$\lim_{N\to\infty}\frac{1}{N}\sum_{k=1}^{N}y(\xi(k))=\int_0^1 y(r)\,\mathrm{d}r$$

这被称为等分布定理(有关更多历史，请参见文献[33]和文献[149, p. 87])。有关拟蒙特卡罗方法的文献包含了更复杂的技术来定义适定的“探测序列”。

为简单起见，本章使用的是正弦波和锯齿波函数(也是因为笔者自己对大量关于伪随机性文献的不知晓)。拟蒙特卡罗方法方面的专家可能会建议分两步将 QSA ODE 转换为离散时间形式：

(1) QSA ODE 的离散时间近似。

(2) 谨慎选择离散时间的探测序列。

笔者认为只要我们小心处理第 1 步就可以避免第 2 步问题。在这里，我们不受欧拉近似的约束：请记住，MATLAB 中的 `ode45` 是基于更高效的数值方法基础之上的。

4.5.2　系统辨识

下一个说明 QSA 技术的示例是关于系统识别的。考虑连续时间的非线性状态空间模型：

⊖ $N(0,10)$(均值为 0、方差为 10 的高斯分布)。

$$\begin{aligned}&\frac{\mathrm{d}}{\mathrm{d}t}x_t=f(x_t,u_t)+d_t,\quad x_0\ \text{给定}\\&y_t=g(x_t,u_t)+w_t\end{aligned}\tag{4.55}$$

其中状态 $x_t\in\mathbb{R}^n$，输入 $u_t\in\mathbb{R}^m$，为简单起见，输出采用标量：$y_t\in\mathbb{R}$。符号$\{d_t\}$和$\{w_t\}$分别代表扰动和测量噪声。

定义动力学特性的函数f和g是未知的。假定输入和输出(可能还有状态)的观测结果已知，希望找到一个能够拟合这些测量结果的模型。一种方法是提出一个参数化的模型族：

$$\begin{aligned}&\frac{\mathrm{d}}{\mathrm{d}t}x_t^{\boldsymbol{\theta}}=f(x_t^{\boldsymbol{\theta}},u_t;\boldsymbol{\theta}),\quad x_0^{\boldsymbol{\theta}}=x_0\\&y_t^{\boldsymbol{\theta}}=g(x_t^{\boldsymbol{\theta}},u_t;\boldsymbol{\theta})\end{aligned}$$

目标是根据输入-输出测量值估计 $\boldsymbol{\theta}^*\in\mathbb{R}^d$，其中这个“最佳参数”对应于最能反映输入-输出观测结果的模型。

在预测误差的方法中，我们引入了一个损失函数 $\Gamma:\mathbb{R}^d\to\mathbb{R}_+$，其定义为

$$\Gamma(\boldsymbol{\theta})=\frac{1}{\mathcal{T}}\int_0^{\mathcal{T}}\ell(y_t-y_t^{\boldsymbol{\theta}})\,\mathrm{d}t$$

其中 y_t 是在时间 t 观测到的，$y_t^{\boldsymbol{\theta}}$ 是从具有相同输入 u 和初始状态 $x_0^{\boldsymbol{\theta}}=x_0$ 的模型中获得的。函数 $\ell:\mathbb{R}\to\mathbb{R}_+$满足 $\ell(0)=0$ 和 $z\neq0$ 时 $\ell(z)>0$。

考虑典型的二次损失函数 $\ell(z)=z^2$。我们希望应用梯度下降法来找到 Γ 的最小值 θ^*，其中梯度可以表示为

$$\begin{aligned}\nabla_{\boldsymbol{\theta}}\Gamma(\boldsymbol{\theta})&=\frac{1}{\mathcal{T}}\int_0^{\mathcal{T}}\nabla_{\boldsymbol{\theta}}\ell(y_t-y_t^{\boldsymbol{\theta}})\,\mathrm{d}t\\&=-2\frac{1}{\mathcal{T}}\int_0^{\mathcal{T}}(y_t-y_t^{\boldsymbol{\theta}})\nabla_{\boldsymbol{\theta}}y_t^{\boldsymbol{\theta}}\,\mathrm{d}t\end{aligned}$$

然后，我们面临着为观测的梯度寻找一个模型的问题。

我们可以这样设计模型，使其成为一项简单的任务：

$$y_t^{\boldsymbol{\theta}}=\boldsymbol{\theta}^{\top}\boldsymbol{\phi}_t$$

其中回归向量 $\boldsymbol{\phi}_t\in\mathbb{R}^d$ 是观测的函数，而不是模型的函数。因此，梯度用可观测量来表示，$\nabla_{\boldsymbol{\theta}}y_t^{\boldsymbol{\theta}}=\boldsymbol{\phi}_t$，损失函数的梯度是线性的：$\frac{1}{2}\nabla_{\theta}\Gamma(\boldsymbol{\theta})=\boldsymbol{M\theta}-\boldsymbol{b}$，其中

$$\boldsymbol{M}=\frac{1}{\mathcal{T}}\int_0^{\mathcal{T}}\boldsymbol{\phi}_t\boldsymbol{\phi}_t^{\top}\,\mathrm{d}t\quad\text{且}\quad\boldsymbol{b}=\frac{1}{\mathcal{T}}\int_0^{\mathcal{T}}y_t\boldsymbol{\phi}_t\,\mathrm{d}t$$

这些表示是研究 ARMA(自回归移动平均)模型的一个动机(有关离散时间 ARMA 模型的定义，请参看 2.2 节)。

在没有这种简单描述的情况下，我们则要仔细地研究状态空间模型。假设 $x_t^{\boldsymbol{\theta}}$ 和 $y_t^{\boldsymbol{\theta}}$ 在

$(t,\boldsymbol{\theta})$ 中都是连续可微的。令 $\boldsymbol{S}_t^{\boldsymbol{\theta}}=\partial_{\boldsymbol{\theta}} x_t^{\boldsymbol{\theta}}$ 表示状态的偏导数的 $n\times d$ 矩阵：

$$[\boldsymbol{S}_t^{\boldsymbol{\theta}}]_{i,k}=\frac{\partial}{\partial \boldsymbol{\theta}_k} x_t^{\boldsymbol{\theta}}(i), \quad 1\leqslant i\leqslant n, \quad 1\leqslant k\leqslant d$$

回顾一下微积分的常用表示 $\nabla_{\boldsymbol{\theta}} y_t^{\boldsymbol{\theta}}=[\partial_{\boldsymbol{\theta}} y_t^{\boldsymbol{\theta}}]^{\top}$，通过链式法得到

$$\frac{\mathrm{d}}{\mathrm{d}t}\boldsymbol{S}_t^{\boldsymbol{\theta}}=f_x(x_t^{\boldsymbol{\theta}},u_t;\boldsymbol{\theta})\boldsymbol{S}_t^{\boldsymbol{\theta}}+f_{\boldsymbol{\theta}}(x_t^{\boldsymbol{\theta}},u_t;\boldsymbol{\theta})$$

$$\partial_{\boldsymbol{\theta}} y_t^{\boldsymbol{\theta}}=g_x(x_t^{\boldsymbol{\theta}},u_t;\boldsymbol{\theta})\boldsymbol{S}_t^{\boldsymbol{\theta}}+g_{\boldsymbol{\theta}}(x_t^{\boldsymbol{\theta}},u_t;\boldsymbol{\theta})$$

其中右侧的每个下标代表一个偏导数。例如，$\boldsymbol{f}_x(x,u;\boldsymbol{\theta})$ 是一个 $n\times n$ 矩阵，其元素为

$$[f_x(x,u;\boldsymbol{\theta})]_{i,j}=\frac{\partial}{\partial x_j} f_i(x,u;\boldsymbol{\theta})$$

这种方法会带来两个挑战：一个是生成 $\{\boldsymbol{S}_t^{\boldsymbol{\theta}}\}$ 的微分方程存在潜在的数值不稳定性。另一个是这个 ODE 的复杂性，尤其是当维度 n 很大时：我们真的必须生成 $\{\boldsymbol{S}_t^{\boldsymbol{\theta}}: 0\leqslant t\leqslant \mathcal{T}\}$ 以获得单个 $\boldsymbol{\theta}$ 值的 $\nabla_{\boldsymbol{\theta}}\Gamma(\boldsymbol{\theta})$ 吗？如果我们需要多次最速下降迭代，这将是一个巨大的负担。这是 4.6 节中将介绍的无梯度优化方法的一个充分动机。

4.5.3 近似策略改进

再次考虑连续时间的非线性状态空间模型

$$\frac{\mathrm{d}}{\mathrm{d}t}x_t=f(x_t,u_t), \quad t\geqslant 0$$

其中 $x_t\in\mathbb{R}^n$，$u_t\in\mathbb{R}^m$。给定成本函数 $c:\mathbb{R}^{n+m}\to\mathbb{R}$，我们的目标是近似最优价值函数

$$J^{\star}(x)=\min_u\int_0^{\infty} c(x_t,u_t)\,\mathrm{d}t, \quad x=x_0$$

以及近似最优策略。为此，我们首先解释策略改进如何扩展到连续时间情形。

对于任何反馈律 $u_t=\phi(x_t)$，将与之关联的价值函数表示为

$$J^{\phi}(x)=\int_0^{\infty} c(x_t,\phi(x_t))\,\mathrm{d}t, \quad x=x_0$$

从命题 2.7 可以看出，这需要求解一个动态规划方程：

$$0=c(x,\phi(x))+\nabla J^{\phi}(x)\cdot f(x,\phi(x))$$

这个连续时间情形中的策略改进步骤将新策略定义为最小化问题：

$$\phi^{+}(x)\in\operatorname{argmin}\{c(x,u)+\nabla J^{\phi}(x)\cdot f(x,u)\}$$

因此，近似括号中的项是近似 PIA 的关键。

通过以下步骤构建 RL 算法(在 3.7 节中已提出)。首先，将 J^{ϕ} 添加到既定策略动态规划方程的两边：

$$J^{\phi}(x)=J^{\phi}(x)+c(x,\phi(x))+\nabla J^{\phi}(x)\cdot f(x,\phi(x))$$

右侧产生了如下定义的既定策略 Q 函数：

$$Q^{\phi}(x,u)=J^{\phi}(x)+c(x,u)+f(x,u)\cdot\nabla J^{\phi}(x)$$

策略更新可以等价地表示为 $\phi^{+}(x)\in\arg\min_{u}Q^{\phi}(x,u)$，该 Q 函数是如下不动点方程的解：

$$Q^{\phi}(x,u)=\underline{Q}^{\phi}(x)+c(x,u)+f(x,u)\cdot\nabla\underline{Q}^{\phi}(x) \tag{4.56}$$

其中对于任何函数 H，有 $H^{\phi}(x)=H(x,\phi(x))$[请注意，这是一个替换，而不是式(3.7d)中出现的最小化]。

现在考虑用一个函数族来近似$\{Q^{\boldsymbol{\theta}}:\boldsymbol{\theta}\in\mathbb{R}^{d}\}$，并考虑贝尔曼误差：

$$\mathcal{B}^{\theta}(x,u)=-Q^{\boldsymbol{\theta}}(x,u)+\underline{Q}^{\boldsymbol{\theta}}(x)+c(x,u)+f(x,u)\cdot\nabla\underline{Q}^{\boldsymbol{\theta}}(x) \tag{4.57}$$

对于任意状态-输入对(x_t,u_t)，可得如下无模型表示：

$$\mathcal{B}^{\boldsymbol{\theta}}(x_t,u_t)=-Q^{\boldsymbol{\theta}}(x_t,u_t)+\underline{Q}^{\boldsymbol{\theta}}(x_t)+c(x_t,u_t)+\frac{\mathrm{d}}{\mathrm{d}t}\underline{Q}^{\boldsymbol{\theta}}(x_t) \tag{4.58}$$

误差 $\mathcal{B}^{\boldsymbol{\theta}}(x_t,u_t)$可以在不知道动力学 f 甚至成本函数 c 的情况下被观测到。目标是找到最小化如下均方误差的 $\boldsymbol{\theta}^{*}$：

$$\|\mathcal{B}^{\boldsymbol{\theta}}\|^{2}\stackrel{\text{def}}{=}\lim_{T\to\infty}\frac{1}{T}\int_{0}^{T}[\mathcal{B}^{\boldsymbol{\theta}}(x_t,u_t)]^{2}\mathrm{d}t \tag{4.59}$$

我们选择 2.5.3 节中介绍的带有“探索”形式的反馈律：

$$u_t=\breve{\phi}(x_t,\xi_t) \tag{4.60}$$

这个选择使得状态轨迹对于每个初始条件都是有界的，并且联合过程$(\boldsymbol{x},\boldsymbol{u},\boldsymbol{\xi})$允许有一个“遍历稳态”[意味着存在如式(4.59)那样的样本路径平均值是有保证的]。

这种近似技术定义了 PIA 的一个近似形式——给定一个策略 ϕ 和近似值 Q，策略更新如下：

$$\phi^{+}(x)=\arg\min_{u}\widehat{Q}(x,u) \tag{4.61}$$

重复此过程可获得一个递归算法。

最小二乘解

考虑损失函数

$$\Gamma(\boldsymbol{\theta})=\lim_{T\to\infty}\Gamma_{T}(\boldsymbol{\theta})=\lim_{T\to\infty}\frac{1}{T}\int_{0}^{T}\frac{1}{2}[\mathcal{B}^{\boldsymbol{\theta}}(x_t,u_t)]^{2}\mathrm{d}t$$

假设函数近似架构是线性的[式(3.43)]，因此 Γ_T 是 θ 的二次函数：

$$\Gamma_{T}(\boldsymbol{\theta})=\boldsymbol{\theta}^{\intercal}\boldsymbol{M}_{T}\boldsymbol{\theta}-2\boldsymbol{b}_{T}^{\intercal}\boldsymbol{\theta}+\Gamma_{T}(0)=(\boldsymbol{\theta}-\boldsymbol{\theta}^{*})^{\intercal}M_{T}(\boldsymbol{\theta}-\boldsymbol{\theta}^{*})+\Gamma_{T}(\boldsymbol{\theta}^{*})$$

寻找 $\boldsymbol{M}_T$，$\boldsymbol{b}_T$ 和 $\Gamma_T(0)$的表达式就留给读者去完成。

在这种特殊情况下，我们不需要梯度下降技术：矩阵 $\boldsymbol{M}_T$ 和 $\boldsymbol{b}_T$ 作为样本路径平均值而被得到——如 4.5.1 节中介绍的蒙特卡罗方法——且$\boldsymbol{\theta}_T^*=\boldsymbol{M}_T^{-1}\boldsymbol{b}_T$ 是 Γ_T 的唯一最小值。

梯度下降法

不用线性参数化方法，我们使用梯度下降法来最小化 Γ，其梯度为

$$\nabla\Gamma(\theta)=\lim_{T\to\infty}\frac{1}{T}\int_0^T[\mathcal{B}^{\boldsymbol{\theta}}(x_t,u_t)]\nabla_{\boldsymbol{\theta}}\mathcal{B}^{\boldsymbol{\theta}}(x_t,u_t)\,\mathrm{d}t$$

最优性的一阶条件表示为求根问题$\nabla_{\boldsymbol{\theta}}\Gamma(\boldsymbol{\theta})=0$，ODE 形式的标准梯度下降算法为

$$\frac{\mathrm{d}}{\mathrm{d}t}\boldsymbol{\vartheta}_t=-\nabla_{\boldsymbol{\theta}}\Gamma(\boldsymbol{\vartheta}_t)$$

对应的式(4.44)为

$$\frac{\mathrm{d}}{\mathrm{d}t}\boldsymbol{\Theta}_t=-a_t\mathcal{B}^{\boldsymbol{\Theta}_t}(x_t,u_t)\zeta_t^{\boldsymbol{\Theta}_t} \tag{4.62a}$$

$$\boldsymbol{\zeta}_t^{\boldsymbol{\theta}}\stackrel{\text{def}}{=}\nabla_\theta\mathcal{B}^{\boldsymbol{\theta}}(x_t,u_t)=-\nabla_{\boldsymbol{\theta}}Q^{\boldsymbol{\theta}}(x_t,u_t)+\left\{\nabla_{\boldsymbol{\theta}}Q^{\boldsymbol{\theta}}(x_t,\phi(x_t))+\frac{\mathrm{d}}{\mathrm{d}t}\nabla_{\boldsymbol{\theta}}Q^{\boldsymbol{\theta}}(x_t,\phi(x_t))\right\} \tag{4.62b}$$

式(4.62b)是从式(4.58)中得来的，前提是我们可以证明关于时间和关于 $\boldsymbol{\theta}$ 的微分交换是合理的。

QSA 梯度下降算法[式(4.62)]受到了非线性函数逼近的启发，但它对于了解 ODE 如何简化线性参数化族[式(3.43)]具有指导意义。在这种情况下我们有

$$\boldsymbol{\zeta}_t=-\psi(x_t,u_t)+\psi(x_t,\phi(x_t))+\frac{\mathrm{d}}{\mathrm{d}t}\psi(x_t,\phi(x_t))$$

且取 $c_t=c(x_t,u_t)$时有$\mathcal{B}^\theta(x_t,u_t)=c_t+\boldsymbol{\zeta}_t^{\top}\boldsymbol{\theta}$，因此，式(4.62a)变为

$$\frac{\mathrm{d}}{\mathrm{d}t}\boldsymbol{\Theta}_t=-a_t[\boldsymbol{\zeta}_t\boldsymbol{\zeta}_t^{\top}\boldsymbol{\Theta}_t+c_t\boldsymbol{\zeta}_t] \tag{4.63}$$

式(4.63)的收敛速度可能非常缓慢，如果矩阵

$$\boldsymbol{R}^\zeta\stackrel{\text{def}}{=}\lim_{t\to\infty}\frac{1}{t}\int_0^t\boldsymbol{\zeta}_\tau\boldsymbol{\zeta}_\tau^{\top}\mathrm{d}\tau \tag{4.64}$$

的特征值接近于零。这可以通过引入更大的增益 a 或矩阵增益来解决。一种方法是从数据中估计$\boldsymbol{R}^\zeta$ 并求逆：$\boldsymbol{G}_t=[\hat{\boldsymbol{R}}_t^\zeta]^{-1}$，其中

$$\hat{\boldsymbol{R}}_t^\zeta=\frac{1}{t+1}\left\{\hat{\boldsymbol{R}}_0^\zeta+\int_0^t\boldsymbol{\zeta}_\tau\boldsymbol{\zeta}_\tau^{\top}\mathrm{d}\tau\right\},\quad \hat{R}_0^\zeta>0 \tag{4.65a}$$

$$\frac{\mathrm{d}}{\mathrm{d}t}\boldsymbol{\Theta}_t=-a_t\boldsymbol{G}_t[\boldsymbol{\zeta}_t\boldsymbol{\zeta}_t^{\top}\boldsymbol{\Theta}_t+c_t\boldsymbol{\zeta}_t]\quad t\geqslant 0 \tag{4.65b}$$

数值示例

考虑 LQR 问题，其中$\frac{\mathrm{d}}{\mathrm{d}t}\boldsymbol{x}=\boldsymbol{A}\boldsymbol{x}+\boldsymbol{B}\boldsymbol{u}$，$c(\boldsymbol{x},\boldsymbol{u})=\boldsymbol{x}^{\top}\boldsymbol{S}\boldsymbol{x}+\boldsymbol{u}^{\top}\boldsymbol{R}\boldsymbol{u}$，且 $\boldsymbol{S}\geqslant 0$，$\boldsymbol{R}>0$。与任何稳定

线性策略 $\phi(\boldsymbol{x})=-\boldsymbol{K}\boldsymbol{x}$ 相关的既定策略 Q 函数具有以下形式：

$$Q^{\phi}(\boldsymbol{x},\boldsymbol{u})=\begin{bmatrix}\boldsymbol{x}\\\boldsymbol{u}\end{bmatrix}^{\top}\left(\begin{bmatrix}\boldsymbol{S} & 0\\0 & \boldsymbol{R}\end{bmatrix}+\begin{bmatrix}\boldsymbol{A}^{\top}\boldsymbol{M}+\boldsymbol{M}\boldsymbol{A}+\boldsymbol{M} & \boldsymbol{M}\boldsymbol{B}\\\boldsymbol{B}^{\top}\boldsymbol{M} & 0\end{bmatrix}\right)\begin{bmatrix}\boldsymbol{x}\\\boldsymbol{u}\end{bmatrix}$$

其中 $\boldsymbol{M}$ 是李雅普诺夫方程[式(2.46)]的解，只不过用$\boldsymbol{K}^{\top}\boldsymbol{R}\boldsymbol{K}+\boldsymbol{S}$ 替换了 $\boldsymbol{S}$：

$$\boldsymbol{A}^{\top}\boldsymbol{M}+\boldsymbol{M}\boldsymbol{A}+\boldsymbol{K}^{\top}\boldsymbol{R}\boldsymbol{K}+\boldsymbol{S}=0$$

这产生了一个二次基，对于特殊情况 $n=2$ 和 $m=1$，其变为

$$\boldsymbol{\psi}(\boldsymbol{x},\boldsymbol{u})=(\boldsymbol{x}_1^2,\boldsymbol{x}_2^2,\boldsymbol{x}_1\boldsymbol{x}_2,\boldsymbol{x}_1\boldsymbol{u},\boldsymbol{x}_2\boldsymbol{u},\boldsymbol{u}^2)^{\top}$$

为了实现算法[式(4.65b)]，我们选择如下形式的输入：

$$\boldsymbol{u}_t=-\boldsymbol{K}_e\boldsymbol{x}_t+\boldsymbol{\xi}_t \tag{4.66}$$

式中，$\boldsymbol{K}_e$ 是一个可镇定的反馈增益(不需要与我们希望近似的价值函数的 $\boldsymbol{K}$ 相同)。

接下来的数值结果是基于具有摩擦的二重积分器的模型：

$$\ddot{\boldsymbol{y}}=-0.1\dot{\boldsymbol{y}}+\boldsymbol{u}$$

令 $\boldsymbol{x}=(\boldsymbol{y},\dot{\boldsymbol{y}})^{\top}$，则状态空间形式表示为：

$$\dot{\boldsymbol{x}}=\begin{bmatrix}0 & 1\\0 & -0.1\end{bmatrix}\boldsymbol{x}+\begin{bmatrix}0\\1\end{bmatrix}\boldsymbol{u} \tag{4.67}$$

对输入施加了相对较大的成本：$\boldsymbol{S}=\boldsymbol{I}$ 和 $\boldsymbol{R}=10$。

图 4.5 显示了用于评估增益 $\boldsymbol{K}=[1,0]$下的控制策略的 QSA ODE[式(4.65)]演变曲线，其中使用的输入[式(4.66)]中 $\boldsymbol{K}_c=[1,2]$，$\boldsymbol{\xi}$ 由 24 个具有随机相移的正弦曲线的总和构成，其频率在 0 到 50 rad/s 之间均匀采样，增益为 $a_t=1/(1+t)$。QSA ODE 与相关的 SA 算法进行了比较，其中 $\boldsymbol{\xi}$ 是“白噪声”而不是确定性信号。[⊖]

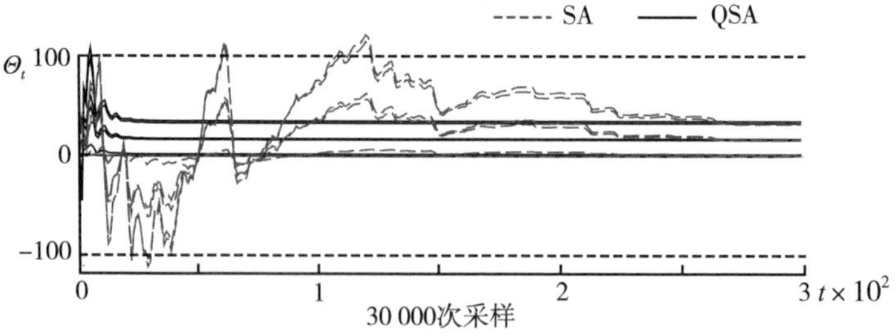

图 4.5　用于策略评估的 QSA 和随机逼近(SA)的比较

⊖　考虑到实现，式(4.65)和式(4.67)都使用了欧拉方法进行近似，时间步长为 0.01s。

选择增益 $\boldsymbol{K}$ 作为近似策略迭代中的一个初始值：取$\boldsymbol{K}_0=\boldsymbol{K}$，我们获得了一个近似值 Q^{θ^0}，它是与这个线性策略相关的既定策略的 Q 函数，然后通过式(4.61)获得了 $\phi^1(\boldsymbol{x})=\boldsymbol{K}_1\boldsymbol{x}$，此时 $Q=Q^{\theta^0}$。重复这些步骤以生成一系列参数估计值$\{\boldsymbol{\theta}^n\}$和反馈增益$\{\boldsymbol{K}_n\}$。图 4.6 显示了这些反馈增益的加权误差，其中最优增益 $\boldsymbol{K}^\star$ 是从 3.9.4 节导出的 ARE 中获得的。PIA 算法确实收敛到最优控制增益 $\boldsymbol{K}^\star$。

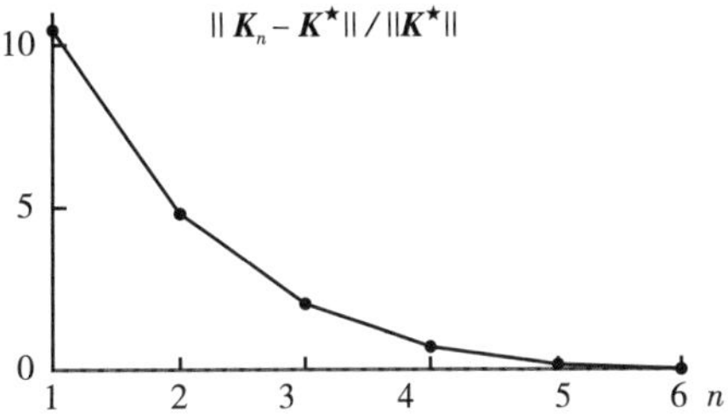

图 4.6　PIA 的迭代

4.5.4　QSA 理论简介

虽然 QSA 理论比其随机原型的稳定性要简单得多，但对技术细节的讨论最好留到本章末尾，详见 4.9 节。本小节将包含一个概述，以及一些算法设计指南。

我们的兴趣不仅在于 QSA 的收敛性，还在于收敛速度以及如何选择算法参数。如果

$$\limsup_{t\to\infty} t^{\varrho}\|\tilde{\boldsymbol{\Theta}}_t\|=\begin{cases}\infty & \varrho>\varrho_0\\ 0 & \varrho<\varrho_0\end{cases} \tag{4.68}$$

我们称收敛速度是 $1/t^{\varrho_0}$。

式中$\tilde{\boldsymbol{\Theta}}_t \stackrel{\text{def}}{=} \boldsymbol{\Theta}_t-\boldsymbol{\theta}^*$是估计误差。通过精心设计，可以实现$\varrho_0=1$，这在大多数情况下都是最优的。习题 4.18 表明，如果探测信号纯粹是乘性的，而不是像蒙特卡罗例子中的加性关系，收敛可能会快得多。

QSA-ODE 的整体性

显性噪声在分析中起着至关重要的作用：

$$\tilde{\Xi}_t=f(\boldsymbol{\Theta}_t,\boldsymbol{\xi}_t)-\bar{f}(\boldsymbol{\Theta}_t) \tag{4.69}$$

使得

$$\frac{\mathrm{d}}{\mathrm{d}t}\boldsymbol{\Theta}_t=a_t[\bar{f}(\boldsymbol{\Theta}_t)+\tilde{\Xi}_t] \tag{4.70}$$

虽然这类似于式(4.42)，但明显的差异是其中没有增益 a。在连续时间理论中，最简单的是引入一个增益来进行比较：

$$\frac{\mathrm{d}}{\mathrm{d}t}\overline{\boldsymbol{\Theta}}_t=a_t\bar{f}(\overline{\boldsymbol{\Theta}}_t),\quad t\geqslant t_0,\overline{\boldsymbol{\Theta}}_{t_0}=\boldsymbol{\Theta}_{t_0} \tag{4.71}$$

其中 t_0 的选择取决于具有恒定增益的相关 ODE 式(4.42)的稳定性。

我们只剩下两个步骤：

(1)了解原始 ODE[式(4.42)]的解与式(4.71)的解之间的关系。

(2)获得式(4.70)和式(4.71)的解之间的误差界限，其中去除了显性噪声。在这一步中，我们考虑比例误差：

$$Z_t=\frac{1}{a_t}(\boldsymbol{\Theta}_t-\overline{\boldsymbol{\Theta}}_t),\quad t\geqslant t_0 \tag{4.72}$$

结果表明，在不强的假设下，这是一个时间的有界函数。

4.9 节的大部分内容都用于第 2 步。第 1 步通过以下变量变换可以容易地得到解决：

$$\tau=s_t\stackrel{\text{def}}{=}\int_0^t a_r\mathrm{d}r,\quad t\geqslant 0 \tag{4.73}$$

引理 4.14　令$\{\boldsymbol{\vartheta}_\tau:\tau\geqslant\tau_0\}$表示在时间 $\tau_0=s_{t_0}$ 初始化的式(4.42)的解，其中 $\boldsymbol{\vartheta}_{\tau_0}=\boldsymbol{\Theta}_{t_0}$，则式(4.71)的解由下式给出：

$$\overline{\boldsymbol{\Theta}}_t=\boldsymbol{\vartheta}_\tau,\quad t\geqslant t_0$$ □

增益选择

考虑标准的增益选择

$$a_t=g/(1+t)^\rho \tag{4.74}$$

其中 $g>0$ 和 $0<\rho\leqslant 1$ 是固定的。时间尺度揭示了 $\rho<1$ 和 $\rho=1$ 之间的显著差异：

$$\tau=\begin{cases}g\log(1+t) & \rho=1\\ g\dfrac{1}{1-\rho}(1+t)^{1-\rho} & 0<\rho<1\end{cases} \tag{4.75}$$

正是在这里，我们在增益选择上遇到了明显的冲突。为了说明这一点，假设式(4.42)满足以下形式的指数渐近稳定性：存在$\varrho_0>0$，$B_0<\infty$使得对于式(4.42)的任意解，以及任何 $t\geqslant 0$，有

$$\|\boldsymbol{\vartheta}_t-\boldsymbol{\theta}^*\|\leqslant B_0\|\boldsymbol{\vartheta}_0-\boldsymbol{\theta}^*\|\exp(-\varrho_0 t) \tag{4.76}$$

根据恒等式$\|\overline{\boldsymbol{\Theta}}_t-\boldsymbol{\theta}^*\|=\|\boldsymbol{\vartheta}_\tau-\boldsymbol{\theta}^*\|$，我们得出非常不同的结论，具体取决于 ρ：

$\rho<1$：$\{\overline{\boldsymbol{\Theta}}_t\}$很快收敛到 $\boldsymbol{\theta}^*$。然而，在这种情况下，$\{Z_t\}$的有界性意味着次优速率：

$$\|\boldsymbol{\Theta}_t-\overline{\boldsymbol{\Theta}}_t\|\leqslant B_Z\frac{1}{(1+t)^\rho} \tag{4.77}$$

其中 B_Z 是初始条件 $\boldsymbol{\Theta}_0$ 的函数。

$\rho=1$：式(4.77)是理想的，但$\{\overline{\boldsymbol{\Theta}}_t\}$的收敛速度可能不是。应用式(4.75)，可得

$$\|\overline{\boldsymbol{\Theta}}_t-\boldsymbol{\theta}^*\|\leqslant B_0\|\overline{\boldsymbol{\Theta}}_0-\boldsymbol{\theta}^*\|\frac{1}{(1+t)^{g\varrho_0}}$$

要获得 QSA 的最优 $1/t$ 收敛速度，需要 $g\geqslant 1/\varrho_0$。这种高增益可能会导致其他问题，例如大的瞬变。

正是在这里，Polyak、Juditsky 和 Ruppert 的平均技术(PJR 平均)派上了用场。我们使用 $\rho<1$ 来使$\{\overline{\boldsymbol{\Theta}}_t\}$快速收敛到 θ^*，然后通过简单地对部分估计值取平均值来降低波动性：

$$\boldsymbol{\Theta}_T^{\mathrm{PR}} \stackrel{\mathrm{def}}{=} \frac{1}{T-T_0}\int_{T_0}^{T} \boldsymbol{\Theta}_t \mathrm{d}t \tag{4.78}$$

例如，$T_0=T-T/5$ 表示我们对最后的 20%进行平均。在非常弱的假设下，这种方法将实现最优收敛速度 $1/T$。针对一种特殊情况，4.5.5 节对这方面的理论进行了简要介绍[㊀]。

基本假设和结论

采用“马尔可夫”表示是最简单的，因为探测信号本身就是动态系统的状态过程：

$$\frac{\mathrm{d}}{\mathrm{d}t}\boldsymbol{\xi}=\boldsymbol{H}(\boldsymbol{\xi}) \tag{4.79}$$

式中 $\boldsymbol{H}:\Omega\to\Omega$ 是连续的，Ω 是欧氏空间的有界子集。一个典型的选择是 K 维环面，即 $\Omega=\{x\in\mathbb{C}^K:|x_i|=1,\ 1\leqslant i\leqslant K\}$，定义 ξ，使其允许将激励信号建模为具有不同频率的正弦曲线的混合或组合：

$$\boldsymbol{\xi}_t=[\exp(\mathrm{j}\omega_1 t),\cdots,\exp(\mathrm{j}\omega_K t)]^{\mathrm{T}} \tag{4.80}$$

为方便起见，我们对这些不同的频率进行排序：$0<\omega_1<\omega_2<\cdots<\omega_K$。在这种特殊情况下，式(4.79)是线性的。在引理 4.37 中给出的精确意义上来说，它是遍历的。

本章其余部分均采用以下假设。

(QSA1)　过程 a 是非负的，单调递减的，且

$$\lim_{t\to\infty} a_t=0,\quad \int_0^{\infty} a_r \mathrm{d}r=\infty \tag{4.81}$$

(QSA2)　函数 $\bar{f}$ 和 f 是利普希茨连续的：对于常数 $L_f<\infty$，

$$\|\bar{f}(\boldsymbol{\theta}')-\bar{f}(\boldsymbol{\theta})\|\leqslant L_f\|\boldsymbol{\theta}'-\boldsymbol{\theta}\|$$
$$\|f(\boldsymbol{\theta}',z)-f(\boldsymbol{\theta},z)\|\leqslant L_f\|\boldsymbol{\theta}'-\boldsymbol{\theta}\|,\quad \boldsymbol{\theta}',\boldsymbol{\theta}\in\mathbb{R}^d,z\in\Omega$$

存在一个利普希茨连续函数 $b_0:\mathbb{R}^d\to\mathbb{R}_+$，使得对于所有 $\boldsymbol{\theta}\in\mathbb{R}^d$，

$$\left\|\int_{t_0}^{t_1}\tilde{f}_t(\boldsymbol{\theta})\mathrm{d}t\right\|\leqslant b_0(\boldsymbol{\theta}),\quad 0\leqslant t_0\leqslant t_1,\quad \text{其中 } \tilde{f}_t(\boldsymbol{\theta})=f(\boldsymbol{\theta},\boldsymbol{\xi}_t)-\bar{f}(\boldsymbol{\theta}) \tag{4.82}$$

(QSA3)　式(4.42)具有全局渐近稳定平衡点 $\boldsymbol{\theta}^*$。

如果你已经接触过随机近似理论，那么(QSA2)中 $\bar{f}$ 和 f 满足利普希茨的条件就是你所期望的。针对式(4.82)，引理 4.37 给出了 f 和 $\boldsymbol{\xi}$ 的一般充分条件。

第四个假设是 QSA ODE 在以下意义上是最终有界的：存在 $b<\infty$，使得对于每个 $\theta\in\mathbb{R}^d$ 和 $z\in\Omega$，存在 $T_{\boldsymbol{\theta},z}$ 使得当 $\widehat{\boldsymbol{\Theta}}_0=\boldsymbol{\theta}$，$\boldsymbol{\xi}_0=z$ 时，对于所有 $\tau\geqslant T_{\boldsymbol{\theta},z}$

$$\|\widehat{\boldsymbol{\Theta}}_\tau\|\leqslant b \tag{4.83}$$

㊀ 式(4.78)中的上标省略了“J”：这既是为了保持符号简洁，也是为了体现 Polyak 在 Juditsky 之前的独立工作。请参阅 4.11 节来了解相关历史。

最终有界性的验证是4.9.3节的主题。例如，可以使用类似于式(2.39)的李雅普诺夫漂移条件来建立式(4.83)。

定理4.15的证明也可以在4.9节中找到。

定理4.15(有界意味着收敛) 假设(QSA1)~(QSA3)以及最终有界假设式(4.83)成立。那么对于每个初始条件，式(4.44)的解收敛到$\boldsymbol{\theta}^*$。

耦合

当我们考虑收敛速度时，以下分部积分起着核心作用：对于$\boldsymbol{\theta}\in\mathbb{R}^d$和$T\geqslant 0$，

$$\boldsymbol{\Xi}_T^1(\boldsymbol{\theta})=\int_0^T \widetilde{\boldsymbol{f}}_t(\boldsymbol{\theta})\,\mathrm{d}t \tag{4.84}$$

这是在(QSA2)下T的一个有界函数[回想一下式(4.82)]。要建立的耦合表示为极限，

$$\lim_{t\to\infty}\|\boldsymbol{Z}_t-\boldsymbol{\Xi}_t^1(\boldsymbol{\theta}^*)\|=0 \tag{4.85}$$

这意味着$\boldsymbol{\Theta}_t$到$\boldsymbol{\theta}^*$的收敛速度的精确界，因为根据式(4.72)，

$$\boldsymbol{\Theta}_t=\boldsymbol{\theta}^*+a_t\boldsymbol{Z}_t$$

该理论的细节将在4.9节讨论。这里我们仅用一个简单的例子简要说明结论。

考虑具有向量场的线性QSA ODE：

$$f(\boldsymbol{\theta},z)=\boldsymbol{A}(\boldsymbol{\theta}-\boldsymbol{\theta}^*)+\boldsymbol{B}z,\quad \boldsymbol{\theta}\in\mathbb{R}^d,z\in\Omega \tag{4.86}$$

在这种特殊情况下，式(4.84)与$\boldsymbol{\theta}$无关：

$$\boldsymbol{\Xi}_T^1(\theta)=\boldsymbol{\Xi}_T^1=\boldsymbol{B}\int_0^t\boldsymbol{\xi}_r\,\mathrm{d}r$$

使用简单的蒙特卡罗示例来说明耦合结果式(4.85)，其曲线如图4.3所示。式(4.53)的表示很容易修改为式(4.86)的形式。首先，用$\boldsymbol{\xi}^0$表示时间的周期函数，其样本路径定义为在[0,1]上的均匀分布：对于任何连续函数c，

$$\lim_{T\to\infty}\frac{1}{T}\int_0^T c(\boldsymbol{\xi}_t^0)\,\mathrm{d}t=\int_0^1 c(\boldsymbol{x})\,\mathrm{d}x$$

我们之前使用了锯齿函数$\boldsymbol{\xi}_t^0=t$(模1)。引入一个增益$g>0$，并考虑

$$\frac{\mathrm{d}}{\mathrm{d}t}\boldsymbol{\Theta}_t=\frac{g}{1+t}[\boldsymbol{y}(\boldsymbol{\xi}_t^0)-\boldsymbol{\Theta}_t] \tag{4.87}$$

这是式(4.86)的形式，其中$A=-1$，$B=1$，且$\boldsymbol{\xi}_t=[\boldsymbol{y}(\boldsymbol{\xi}_t^0)-\boldsymbol{\theta}^*]$。

定理4.24蕴含了仅当$g>1$时的耦合结果式(4.85)。图4.3和图4.4说明了定理4.24的定性结论。耦合如图4.7所示。

由于$\boldsymbol{\xi}$随g线性增长，因此比较了比例缩放误差$g^{-1}\boldsymbol{Z}_t$：对于大的t，我们期望有$g^{-1}\boldsymbol{Z}_t\approx\int_0^t\boldsymbol{y}(\boldsymbol{\xi}^0(r))-\boldsymbol{\theta}^*\,\mathrm{d}r$。

图4.7比较了使用10个增益情况下的结果，这些增益在对数尺度上大致等距。最小增

益为 $g=1.5$，所有的其他增益满足 $g\geqslant 2$。定理 4.24 表明 $|\boldsymbol{Z}_t-\boldsymbol{\Xi}_t^I|=O([1+t]^{-\delta_S})$，其中对于 $g=1.5$ 有 $\delta_S<0.5$，对于 $g\geqslant 2$ 有 $\delta_S=1$。每个实验的初始条件设置为$\boldsymbol{\Theta}_0=10$。当 $g\geqslant 2$ 时，缩放误差$\{g^{-1}\boldsymbol{Z}_t: 95\leqslant t\leqslant 100\}$几乎无法区分。

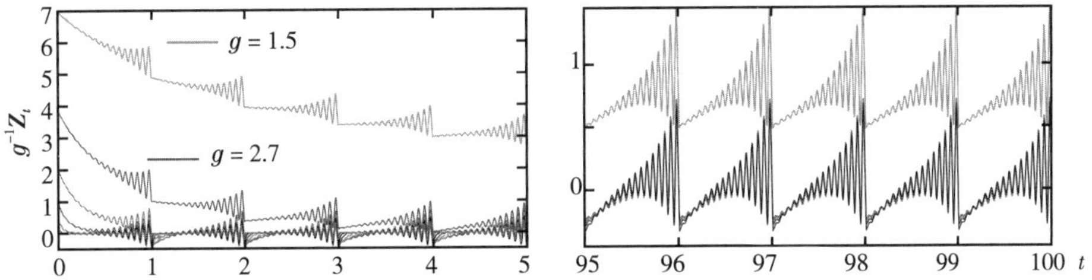

图 4.7 在一系列增益下使用拟蒙特卡罗估计的 $\mathbf{Z}_t=(1+t)\widetilde{\boldsymbol{\Theta}}_t$ 的演化曲线

4.5.5 恒定增益算法

在实践中我们通常倾向于选择 $a_t=\alpha$(与时间无关)。我们将在下文中看到，对于式(4.86)而言，这并非是不合理的。亮点是推论 4.17，它在使用 PJR 平均技术时建立了最优收敛速率。

但是，请注意：接下来的结论对精确建模假设[式(4.86)]高度敏感。使用下式，考虑一种适当的变形，

$$f(\boldsymbol{\theta},z)=[\boldsymbol{A}_0+\varepsilon z\boldsymbol{A}_1]\boldsymbol{\theta},\quad \boldsymbol{\theta}\in\mathbb{R}^d,z\in\mathbb{R} \tag{4.88}$$

对上述模型和具有乘性“准扰动”的更一般的线性系统，文献[36]研究了恒定增益算法的稳定性。这些研究与本书中的任何其他理论几乎没有相似之处——特别是，平均向量场 $\bar{f}(\boldsymbol{\theta})=\boldsymbol{A}_0\boldsymbol{\theta}$ 对于稳定性分析通常毫无用处。请参见习题 4.18 以简要了解这个理论。

增益消失算法的收敛理论要直观得多，即使受到如式(4.88)中的乘性扰动也是如此。

由于 QSA 是一个时不变的线性系统，这简化了式(4.86)的分析：

$$\frac{\mathrm{d}}{\mathrm{d}t}\boldsymbol{\Theta}_t=\alpha[\boldsymbol{A}\widetilde{\boldsymbol{\Theta}}_t+\boldsymbol{B}\boldsymbol{\xi}_t]$$

式中$\widetilde{\boldsymbol{\Theta}}_t\stackrel{\text{def}}{=}\boldsymbol{\Theta}_t-\boldsymbol{\theta}^*$是在时间 t 的误差。当探测信号是混合正弦曲线[式(4.46b)]时，我们可以求解此 ODE，应用叠加原理可简化其推导过程。为此，我们对式(4.46b)进行限制，并且对于每个 i，考虑 ODE

$$\frac{\mathrm{d}}{\mathrm{d}t}\widetilde{\boldsymbol{\Theta}}_t^i=\alpha[\boldsymbol{A}\widetilde{\boldsymbol{\Theta}}_t+\boldsymbol{v}^i\sin(2\pi[\phi_i+\omega_i t])],\quad \widetilde{\boldsymbol{\Theta}}_0^i=0$$

该原理指出，这个 ODE 的解可以表示为下式的求和：

$$\widetilde{\boldsymbol{\Theta}}_t=\mathrm{e}^{\alpha\boldsymbol{A}t}\widetilde{\boldsymbol{\Theta}}_0+\boldsymbol{B}\sum_{i=1}^{K}\widetilde{\boldsymbol{\Theta}}_t^i \tag{4.89}$$

对初始误差$\widetilde{\boldsymbol{\Theta}}_0=\boldsymbol{\Theta}_0-\boldsymbol{\theta}^*$的响应迅速呈指数衰减至0。因此，为了理解算法的稳态行为，固定一个i值就足够了。

对于更复杂的探测信号，如果我们能够证明傅立叶级数近似是合理的，我们就可以再次证明所考虑的正弦曲线是合理的。为简单起见，我们仍使用正弦曲线，且使用复杂的指数更易于处理：

$$\frac{\mathrm{d}}{\mathrm{d}t}\widetilde{\boldsymbol{\Theta}}_t=\alpha[\boldsymbol{A}\widetilde{\boldsymbol{\Theta}}_t+\boldsymbol{v}\exp(\mathrm{j}\omega t)],\quad \widetilde{\boldsymbol{\Theta}}_0=0$$

其中$\omega\in\mathbb{R}$，$\boldsymbol{v}\in\mathbb{R}^d$(为简单起见，去掉了缩放比例$2\pi$和相位$\phi$)。我们可以将解表示成一个卷积：

$$\begin{aligned}\widetilde{\boldsymbol{\Theta}}_t&=\alpha\int_0^t\exp(\alpha\boldsymbol{A}r)\boldsymbol{v}\exp(\mathrm{j}\omega(t-r))\,\mathrm{d}r\\&=\alpha\left(\int_0^t\exp([\alpha\boldsymbol{A}-\mathrm{j}\omega\boldsymbol{I}]r)\,\mathrm{d}r\right)\boldsymbol{v}\exp(\mathrm{j}\omega t)\end{aligned}$$

记$\boldsymbol{D}=[\alpha\boldsymbol{A}-\mathrm{j}\omega\boldsymbol{I}]$，矩阵指数的积分表示为：

$$\int_0^t\mathrm{e}^{\boldsymbol{D}r}\mathrm{d}r=\boldsymbol{D}^{-1}[\mathrm{e}^{\boldsymbol{D}t}-\boldsymbol{I}]$$

再次使用线性以及$\mathrm{e}^{\mathrm{j}\omega t}$的虚部是$\sin(\omega t)$的事实，我们得到式(4.89)的完整表示。

命题4.16　考虑线性模型，其中$\boldsymbol{A}$是赫尔维茨矩阵，探测信号满足式(4.46b)，探测信号中的恒定增益QSA ODE是式(4.89)的解。那么对于每个i和t，$\widetilde{\boldsymbol{\Theta}}_t^i==\alpha\boldsymbol{W}_t^i\boldsymbol{v}^i$，且

$$\boldsymbol{W}_t^i=\mathrm{Im}([\alpha\boldsymbol{A}-\mathrm{j}\omega_i\boldsymbol{I}]^{-1}[\exp(\alpha\boldsymbol{A}t)-\exp(2\pi\mathrm{j}[\phi_i+\omega_i t])\boldsymbol{I}])\tag{4.90}$$

□

命题4.16说明了固定增益算法的一个挑战：如果我们想要得到小的稳态误差，那么我们就需要小的α(或大的ω_i，但这给计算机实现带来了其他困难：永远不要忘记欧拉，以及大的利普希茨常数所施加的限制)。然而，如果$\alpha>0$非常小，则式(4.89)中初始条件的影响将会持续很长时间。

PJR平均技术可用于改善稳态行为。

推论4.17　假定命题4.16的假设成立，特别地，f是线性的。考虑平均估计值式(4.78)，且对于固定的$\kappa>1$，有$T_0=T-T/\kappa$。那么

$$\boldsymbol{\Theta}_T^{\mathrm{PR}}=\boldsymbol{\theta}^*+\frac{1}{T}\left(\kappa\boldsymbol{M}_T\boldsymbol{\theta}_0+\alpha\boldsymbol{B}\sum_{i=1}^K\boldsymbol{M}_T^i\boldsymbol{v}^i\right)$$

其中

$$\boldsymbol{M}_T=A^{-1}[\exp(\alpha\boldsymbol{A}T)-\exp(\alpha\boldsymbol{A}T_0)]$$

$\boldsymbol{M}_T^i$等于式(4.90)中$\boldsymbol{W}_t^i$的积分：

$$\boldsymbol{M}_T^i=\kappa\mathrm{Im}([\alpha\boldsymbol{A}]^{-1}[\alpha\boldsymbol{A}-\mathrm{j}2\pi\omega_i\boldsymbol{I}]^{-1}[\exp(\alpha\boldsymbol{A}T)-\exp(\alpha\boldsymbol{A}T_0)])+$$
$$\kappa\mathrm{Im}\left(\frac{\mathrm{j}}{2\pi\omega_i}[\alpha\boldsymbol{A}-\mathrm{j}2\pi\omega_i\boldsymbol{I}]^{-1}[\exp(2\pi[\phi_i+\omega_iT]\mathrm{j})-\exp(2\pi[\phi_i+\omega_iT_0]\mathrm{j})]\right)$$

因此，$\boldsymbol{\Theta}_T^{\mathrm{PR}}$ 以 $1/T$ 的速度收敛到 $\boldsymbol{\theta}^*$。

4.5.6 Zap QSA

4.9 节中介绍的收敛理论要求式(4.42)具有全局渐近稳定平衡点 $\boldsymbol{\theta}^*$。收敛速度的有效界限要求线性化矩阵 $\boldsymbol{A}^*$ 是赫尔维茨矩阵。

如果 $\boldsymbol{A}^*$ 不是赫尔维茨矩阵怎么办？或者更糟的是，如果关键的稳定性假设失败怎么办？考虑两个时间尺度算法：

$$\begin{aligned}\frac{\mathrm{d}}{\mathrm{d}t}\boldsymbol{\Theta}_t&=\frac{1}{1+t}[-\hat{\boldsymbol{A}}_t]^{-1}f(\boldsymbol{\Theta}_t,\boldsymbol{\xi}_t),\\ \frac{\mathrm{d}}{\mathrm{d}t}\hat{\boldsymbol{A}}_t&=\frac{g}{(1+t)^{\rho}}[\boldsymbol{A}_t-\hat{\boldsymbol{A}}_t],\quad \boldsymbol{A}_t=\partial_\theta \boldsymbol{f}(\boldsymbol{\Theta}_t,\boldsymbol{\xi}_t)\end{aligned}\tag{4.91}$$

这称为 Zap QSA，旨在模仿牛顿-拉弗森流。

引入第二个 ODE 使得 $\hat{\boldsymbol{A}}_t\approx\boldsymbol{A}(\boldsymbol{\Theta}_t)\stackrel{\mathrm{def}}{=}\partial_\theta\overline{\boldsymbol{f}}(\boldsymbol{\Theta}_t)$(会出现暂态)。这需要 $0<\rho<1$，意味着我们使用高增益对矩阵进行估计。如果我们可以确保一个有界的逆，我们就会得到更类似于牛顿-拉弗森流的东西：

$$\frac{\mathrm{d}}{\mathrm{d}t}\boldsymbol{\Theta}_t=\frac{1}{1+t}[-\boldsymbol{A}(\boldsymbol{\Theta}_t)]^{-1}[\overline{\boldsymbol{f}}(\boldsymbol{\Theta}_t)+\boldsymbol{\Xi}_t]$$

其中 $\boldsymbol{\Xi}_t=f(\boldsymbol{\Theta}_t,\boldsymbol{\xi}_t)-\overline{f}(\boldsymbol{\Theta}_t)+\varepsilon_t$，误差 ε_t 来自近似值 $\boldsymbol{A}_t\approx\boldsymbol{A}(\boldsymbol{\Theta}_t)$。

借助牛顿-拉弗森流的相关理论，式(4.91)中矩阵增益的最重要的作用是稳定性。只要满足牛顿-拉弗森流收敛所需的假设，Zap QSA 通常会表现出非常快的收敛。

4.6 无梯度优化

我们如何在不计算梯度的情况下找到函数的最小值？随机近似的无梯度变形可以提供一个答案。幸运的是，我们不必等到第 8 章才讨论这一话题，因为这些算法可以在 QSA 理论的框架内进行刻画。

本节讨论无约束最小化问题

$$\min_{\theta\in\mathbb{R}^d}\Gamma(\boldsymbol{\theta})\tag{4.92}$$

假定 $\Gamma:\mathbb{R}^d\to\mathbb{R}$ 具有唯一的最小值，表示为 $\boldsymbol{\theta}^*$。为了应用 QSA 技术，我们放宽了目标：找到 $\overline{f}(\boldsymbol{\theta}^*)=0$ 的一个解，这表示最优性的一阶必要条件：

$$\overline{f}(\boldsymbol{\theta})\stackrel{\mathrm{def}}{=}\nabla\Gamma(\boldsymbol{\theta}),\quad \boldsymbol{\theta}\in\mathbb{R}^d\tag{4.93}$$

如果 Γ 是凸的(回顾命题 4.6)，这就相当于我们的原始目标。

此处描述的算法基于以下架构：

▲创建规则，确定一个 d 维信号 $\boldsymbol{\Psi}$，且对于每个 t，$\Gamma(\boldsymbol{\Psi}_t)$ 是可测量的。

▲构建以下形式的一个 ODE：

$$\frac{\mathrm{d}}{\mathrm{d}t}\boldsymbol{\Theta}_t = -a_t\breve{\nabla}_\Gamma(t) \tag{4.94}$$

其中所设计 $\breve{\nabla}_\Gamma(t)$ 在平均意义上用来近似式(4.93)：

$$\int_{T_0}^{T_1} a_t\breve{\nabla}_\Gamma(t)\,\mathrm{d}t \approx \int_{T_0}^{T_1} a_t\nabla\Gamma(\boldsymbol{\Theta}_t)\,\mathrm{d}t,\quad T_1 \gg T_0 \geqslant 0$$

术语

有关无梯度优化技术的历史，请参阅 4.11 节。请注意其中提到了两种不同的方法。第一种紧密植根于随机近似理论，通常被称为同时扰动随机近似(SPSA)。第二种是一种更古老的方法，被称为极值搜索控制(ESC)，是在纯粹确定性的环境中制定的。当转换为 QSA 时，SPSA 和 ESC 之间的相似性会变得更加清晰。

在机器学习领域，形如式(4.94)的算法被称为随机梯度下降(SGD)算法。这启发了本书中使用的术语——拟随机梯度下降(qSGD)。本章后面要展示的算法 qSGD #1 是对文献[329]中引入的 SPSA 单测量形式的 QSA 的一种解释，而 qSGD #2 是 ESC 的一个非常特殊的情况——我们将根据图 4.8 中所示的一般架构对其进行解释。

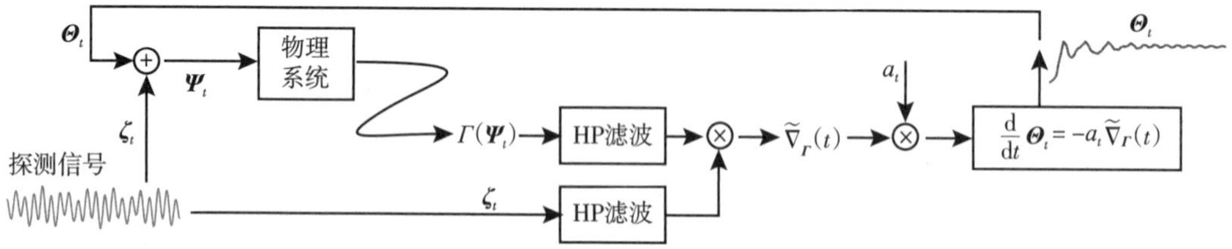

图 4.8　无梯度优化的极值搜索控制

4.6.1　模拟退火

使用 SPSA 和 ESC 算法的主要动机是它们可以完全基于对损失函数的观测来运行。另一个动机则是可以通过设计探测信号模拟一个“模拟退火”算法来优化非凸函数：探测信号可以帮助算法避免局部最小值。这里描述的示例旨在说明这一点。

图 4.9 显示了高度非凸函数的图，定义为凸二次函数的“软最小值”：

$$\Gamma(\boldsymbol{\theta}) = -\log\Big(\sum_{i=1}^{4}\exp(-\{z_i + \|\boldsymbol{\theta}-\boldsymbol{\theta}^i\|^2\}/\sigma^2)\Big)$$

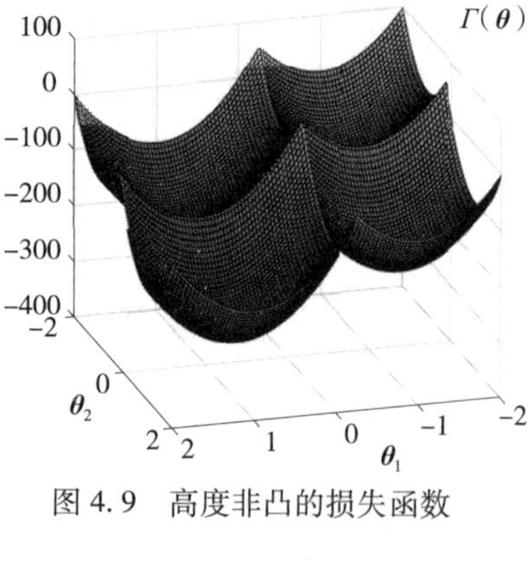

图 4.9　高度非凸的损失函数

其中 $\sigma=1/10$，且

$$\{[\boldsymbol{\theta}^i,z_i]\}=\left\{\left[\begin{pmatrix}-1\\-1\end{pmatrix},-1\right],\left[\begin{pmatrix}-1\\1\end{pmatrix},-2\right],\left[\begin{pmatrix}1\\-1\end{pmatrix},-2\right],\left[\begin{pmatrix}1\\1\end{pmatrix},-3\right]\right\}$$

最小值为 $\boldsymbol{\theta}^*\approx\begin{pmatrix}1\\1\end{pmatrix}$，且 $\Gamma(\boldsymbol{\theta}^*)\approx-300$。

算法 qSGD #1 在式(4.96)中定义。在这种特殊情况下对其进行了测试：

$$\frac{\mathrm{d}}{\mathrm{d}t}\boldsymbol{\Theta}_t=-a_t\frac{1}{\varepsilon}\boldsymbol{\xi}_t\Gamma(\boldsymbol{\Theta}_t+\varepsilon\boldsymbol{\xi}_t)$$

其中 $\varepsilon=0.15$，$a_t=\min\{\overline{a},(1+t)^{-\rho}\}$，$\rho=0.9$，$\overline{a}=10^{-3}$。选择的探测信号满足式(4.48)：

$$\boldsymbol{\xi}_t=\sqrt{2}[\sin(t\omega_1),\sin(t\omega_2)]^{\mathrm{T}}$$

并选取 $\omega_1=1/4$ 和 $\omega_2=1/\mathrm{e}^2$ 以获得有吸引力的曲线——更高的频率会导致更快的收敛。

这些元参数(metaparameter，又称算法参数)是通过反复实验获得的：如果 $\overline{\boldsymbol{a}}$ 或 ε 太小，那么我们有时会陷入局部最小值。

使用具有 1s 采样间隔的标准欧拉方案对 ODE 进行近似：粗略的 ODE 近似导致 ω_1/ω_2 必须是无理数。

图 4.10 右侧的两幅图显示了当 $0\leqslant t\leqslant5\times10^4$ 时，$\boldsymbol{\Theta}_t$ 在 $\mathbb{R}^2$ 中的演变过程，其中 $\boldsymbol{\Theta}_0=(-2,-2)^{\mathrm{T}}$。这些图表明，估计值在整个运行过程中呈现出显著的变化，但在图 4.10c 中，它们明显被困在了全局最小值的吸引区域内。

更重要的是，求平均值是非常成功的：估计值 $\boldsymbol{\Theta}_T^{\mathrm{PR}}$ 是在最后 20%的运行中作为 $\boldsymbol{\Theta}_t$ 的平均值而获得的。我们会发现 $\Gamma(\boldsymbol{\Theta}_T^{\mathrm{PR}})$ 只比 $\Gamma(\boldsymbol{\theta}^*)$ 大 1%的一小部分。

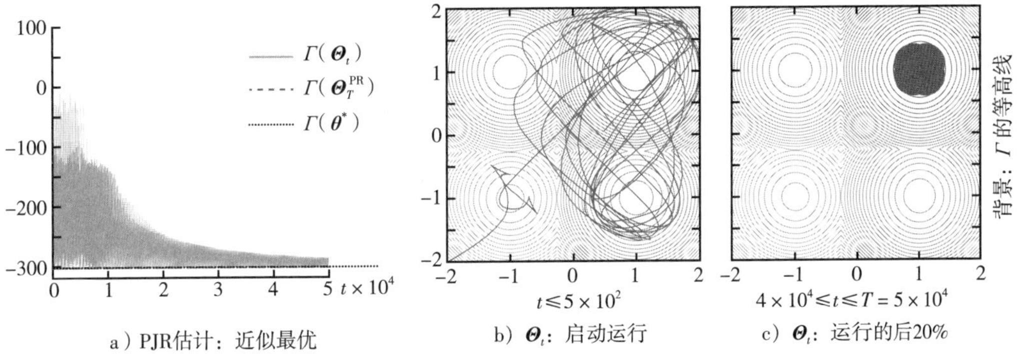

图 4.10　最小化具有多个局部极小值的损失函数：虽然 $\Gamma(\boldsymbol{\Theta}_t)$ 是高度振荡的，但估计 $\boldsymbol{\Theta}_T^{\mathrm{PR}}$ 是接近最优的(通过对后 20%的参数估计求平均值得出)

4.6.2 算法菜单

在这里定义的每个算法中，都假设过程 $\boldsymbol{\Psi}$ 是两项的总和：$\boldsymbol{\Psi}_t=\boldsymbol{\Theta}_t+\varepsilon\boldsymbol{\xi}_t$，$t\geqslant0$，$\varepsilon>0$，并

且 $\boldsymbol{\xi}$ 是 d 维探测信号。为简单起见，除非另有说明，否则我们都施加归一化条件［式(4.48)］：

$$\lim_{T\to\infty}\frac{1}{T}\int_{t=0}^{T}\boldsymbol{\xi}_t\mathrm{d}t=0,\quad \lim_{T\to\infty}\frac{1}{T}\int_{t=0}^{T}\boldsymbol{\xi}_t\boldsymbol{\xi}_t^{\top}\mathrm{d}t=\boldsymbol{I} \tag{4.95}$$

使用混合正弦函数可以容易地解决这一点。

第一种算法最简单：

qSGD #1

对于一个给定的 $d\times d$ 正定矩阵 $\boldsymbol{G}$ 和 $\boldsymbol{\Theta}_0\in\mathbb{R}^d$，有

$$\frac{\mathrm{d}}{\mathrm{d}t}\boldsymbol{\Theta}_t=-a_t\frac{1}{\varepsilon}\boldsymbol{G}\boldsymbol{\xi}_t\Gamma(\boldsymbol{\Psi}_t) \tag{4.96a}$$

$$\boldsymbol{\Psi}_t=\boldsymbol{\Theta}_t+\varepsilon\boldsymbol{\xi}_t \tag{4.96b}$$

该算法具有式(4.44)的形式，其中

$$f(\boldsymbol{\theta},\boldsymbol{\xi}_t)=-\frac{1}{\varepsilon}\boldsymbol{G}\boldsymbol{\xi}_t\Gamma(\boldsymbol{\theta}+\varepsilon\boldsymbol{\xi}_t) \tag{4.97}$$

如果 $\Gamma:\mathbb{R}^d\to\mathbb{R}$ 是二次连续可微的，则由目标函数的二阶泰勒展开式得出：

$$\Gamma(\boldsymbol{\theta}+\varepsilon\boldsymbol{\xi}_t)=\Gamma(\boldsymbol{\theta})+\varepsilon\boldsymbol{\xi}_t^{\top}\nabla\Gamma(\boldsymbol{\theta})+\frac{1}{2}\varepsilon^2\boldsymbol{\xi}_t^{\top}\nabla^2\Gamma(\boldsymbol{\theta})\boldsymbol{\xi}_t+o(\varepsilon^2)$$

因此

$$f(\boldsymbol{\theta},\boldsymbol{\xi}_t)=-\frac{1}{\varepsilon}\boldsymbol{G}\Gamma(\theta)\boldsymbol{\xi}_t-\boldsymbol{G}\boldsymbol{\xi}_t\boldsymbol{\xi}_t^{\top}\nabla\Gamma(\theta)+O(\varepsilon)$$

式中误差符号 $o(\cdot)$ 和 $O(\cdot)$ 将在附录 A 中进行回顾。在式(4.95)下，这意味着平均向量场有以下近似值：

$$\bar{f}_\varepsilon(\boldsymbol{\theta})\stackrel{\text{def}}{=}\lim_{T\to\infty}\frac{1}{T}\int_{t=0}^{T}f(\boldsymbol{\theta},\boldsymbol{\xi}_t)\mathrm{d}t=-\boldsymbol{G}\nabla\Gamma(\boldsymbol{\theta})+O(\varepsilon) \tag{4.98}$$

QSA 理论预测，如果选择 $\boldsymbol{G}=\boldsymbol{I}$，qSGD #1 将近似于最速下降算法。

下一个算法需要对测量值进行微分，它是受如下表示启发的：

$$\frac{\mathrm{d}}{\mathrm{d}t}\Gamma(\boldsymbol{\Psi}_t)=\varepsilon\nabla\Gamma(\boldsymbol{\Psi}_t)^{\top}\boldsymbol{\xi}_t'$$

其中素数 $\boldsymbol{\xi}_t'$ 表示对时间的导数：$\boldsymbol{\xi}_t'=\frac{\mathrm{d}}{\mathrm{d}t}\boldsymbol{\xi}_t$。

qSGD #2

对于一个给定的 $d\times d$ 正定矩阵 $\boldsymbol{G}$ 和初始条件 $\boldsymbol{\Theta}_0$，有

$$\frac{\mathrm{d}}{\mathrm{d}t}\boldsymbol{\Theta}_t=-a_t\frac{1}{\varepsilon}\boldsymbol{G}\boldsymbol{\xi}'_t\frac{\mathrm{d}}{\mathrm{d}t}\Gamma(\boldsymbol{\Psi}_t) \tag{4.99a}$$

$$\boldsymbol{\Psi}_t=\boldsymbol{\Theta}_t+\varepsilon\boldsymbol{\xi}_t \tag{4.99b}$$

该算法非常适合图 4.8 所示的 ESC 架构，其中高通(HP)滤波器被选择为纯微分：

$$\breve{\nabla}_\Gamma(t)=\frac{\mathrm{d}}{\mathrm{d}t}\boldsymbol{\xi}_t\times\frac{\mathrm{d}}{\mathrm{d}t}\Gamma(\boldsymbol{\Psi}_t)$$

算法[式(4.99)]也可以转换为一个 QSA ODE，其中我们将 $\boldsymbol{\xi}^{\cdot}_t\stackrel{\mathrm{def}}{=}\left(\boldsymbol{\xi}_t,\frac{\mathrm{d}}{\mathrm{d}t}\boldsymbol{\xi}_t\right)\in\mathbb{R}^{2m}$ 视为探索信号。由式(4.99a)可知，

$$f(\boldsymbol{\theta},\boldsymbol{\xi}^{\cdot}_t)=\frac{1}{\varepsilon}\boldsymbol{G}\boldsymbol{\xi}'_t\{\boldsymbol{\xi}'_t\}^{\top}\nabla\Gamma(\boldsymbol{\theta}+\varepsilon\boldsymbol{\xi}_t)$$

分析这两种算法中的每一种都会带来挑战。算法 qSGD #2 的一个挑战是观测值 $\{\Gamma(\boldsymbol{\Psi}_t)\}$ 的微分。这是用高通滤波器代替微分的动机。

对于算法 qSGD #1，我们面临的挑战是式(4.97)中呈现的 f 的形式。在许多问题中，我们知道 $\nabla\Gamma$ 是全局利普希茨连续的，但 Γ 不是。在这种情况下，f 在 $\boldsymbol{\theta}$ 中不是利普希茨连续的，理论上这将是一个永久的假设。这并不是一个巨大的挑战，因为我们可以修改算法以获得收敛性(例如，使用投影技术将参数估计投影到一个有界集合上)。

对于下一个算法，我们很容易建立利普希茨连续性。

qSGD #3

对于一个给定的 $d\times d$ 正定矩阵 $\boldsymbol{G}$ 和初始条件 $\boldsymbol{\Theta}_0$，有

$$\frac{\mathrm{d}}{\mathrm{d}t}\boldsymbol{\Theta}_t=-a_t\frac{1}{2\varepsilon}\boldsymbol{G}\boldsymbol{\xi}_t\{\Gamma(\boldsymbol{\Theta}_t+\varepsilon\boldsymbol{\xi}_t)-\Gamma(\boldsymbol{\Theta}_t-\varepsilon\boldsymbol{\xi}_t)\} \tag{4.100}$$

将式(4.100)的右侧表示为 $a_t f(\boldsymbol{\Theta}_t,\boldsymbol{\xi}_t)$，只要 $\nabla\Gamma$ 是利普希茨的，我们可以证明，f 相对于第一个变量是利普希茨的，且此时 $f(\boldsymbol{\theta},\boldsymbol{\xi})=-\boldsymbol{G}\boldsymbol{\xi}\boldsymbol{\xi}^{\top}\nabla\Gamma(\theta)+O(\varepsilon)$。

取消零均值假设式(4.48a)，在探测信号稍微宽松的条件下，式(4.100)的平均向量场 $\overline{\boldsymbol{f}}_\varepsilon$ 与式(4.98)具有相同的近似。此外，下面的全局一致性结果成立：

命题 4.18　假设以下条件对 qSGD #3 中的函数 Γ 和算法参数都成立：

(i) 假设(QSA1)成立。

(ii) 探测信号满足式(4.48b)。

(iii) $\nabla\Gamma$ 是全局利普希茨连续的，且 Γ 是强凸的(参见 4.4.1 节的定义)，具有唯一的最小值 $\boldsymbol{\theta}^*\in\mathbb{R}^d$。

那么存在 $\bar{\varepsilon}>0$，使得对于每个 $\varepsilon\in(0,\bar{\varepsilon})$，存在 $\bar{\boldsymbol{f}}_{\varepsilon}$ 的一个唯一的根 $\boldsymbol{\theta}_{\varepsilon}^{*}$，且满足 $\|\boldsymbol{\theta}_{\varepsilon}^{*}-\boldsymbol{\theta}^{*}\|\leqslant O(\varepsilon)$。此外，对于每个初始条件，参数收敛性成立：$\lim\limits_{t\to\infty}\boldsymbol{\Theta}_t=\boldsymbol{\theta}_{\varepsilon}^{*}$。

证明　对于 $f(\boldsymbol{\theta},\boldsymbol{\xi})=-\boldsymbol{G}\boldsymbol{\xi}\boldsymbol{\xi}^{\top}\nabla\Gamma(\boldsymbol{\theta})+O(\varepsilon)$ 以及式(4.98)中定义的 $\bar{\boldsymbol{f}}_{\varepsilon}$，该命题中的假设意味着 4.5.4 节的假设(QSA1)~(QSA2)成立。由于 Γ 是强凸的，则认为存在 $\varepsilon_0>0$，使得只要 $\|z\|\leqslant\varepsilon_0$ 时，$\boldsymbol{G}\nabla\Gamma(\boldsymbol{\theta})=z$ 就存在一个唯一解，由此对于充分小的 $\varepsilon>0$，可以建立假设(QSA3)。定理 4.15 意味着对于每个 $\varepsilon>0$，$\boldsymbol{\Theta}_t$ 收敛到 $\bar{\boldsymbol{f}}_{\varepsilon}$ 的唯一的根 $\boldsymbol{\theta}_{\varepsilon}^{*}$，且 $\|\nabla\Gamma(\boldsymbol{\theta}_{\varepsilon}^{*})\|=O(\varepsilon)$。由于强凸性，对于某个 $\eta>0$，我们有如下结果：

$$\Gamma(\boldsymbol{\theta}^{*})\geqslant\Gamma(\boldsymbol{\theta}_{\varepsilon}^{*})+(\nabla\Gamma(\boldsymbol{\theta}_{\varepsilon}^{*}))^{\top}(\boldsymbol{\theta}^{*}-\boldsymbol{\theta}_{\varepsilon}^{*})+\frac{\eta}{2}\|\boldsymbol{\theta}_{\varepsilon}^{*}-\boldsymbol{\theta}^{*}\|^{2}$$

因此，

$$\begin{aligned}\frac{\eta}{2}\|\boldsymbol{\theta}_{\varepsilon}^{*}-\boldsymbol{\theta}^{*}\|^{2}&\leqslant\Gamma(\boldsymbol{\theta}^{*})-\Gamma(\boldsymbol{\theta}_{\varepsilon}^{*})+(\nabla\Gamma(\boldsymbol{\theta}_{\varepsilon}^{*}))^{\top}(\boldsymbol{\theta}_{\varepsilon}^{*}-\boldsymbol{\theta}^{*})\\&\leqslant\|\nabla\Gamma(\boldsymbol{\theta}_{\varepsilon}^{*})\|\,\|\boldsymbol{\theta}_{\varepsilon}^{*}-\boldsymbol{\theta}^{*}\|\end{aligned}$$

这意味着 $\|\boldsymbol{\theta}_{\varepsilon}^{*}-\boldsymbol{\theta}^{*}\|\leqslant O(\varepsilon)$。　□

4.7　拟策略梯度算法

将这些技术应用于第 2 章中提及的“Tamer”示例并不困难。

4.7.1　山地车

让我们回到 2.7.2 节中介绍的示例和简单策略[式(2.59)]。这不是最优的，因为很明显，该状态在 $z^{\min}$ 附近的停留时间将远远超过某些初始条件所需的时间。更明智的策略将避开这个“西部边界”。这里是一个建议，它是基于区间 $[z^{\min},z^{\text{goal}}]$ 中的一个阈值 θ 之上的。

在 k 时刻，用 $z(k)=x_1(k)$ 和 $v(k)=x_2(k)$ 分别表示位置和速度，考虑

$$u(k)=\phi^{\theta}(\boldsymbol{x}(k))=\begin{cases}1 & \text{如果 } z(k)\leqslant\theta\\ \operatorname{sign}(v(k)) & \text{其他}\end{cases}\tag{4.101}$$

只要 $z(k)$ 等于或小于阈值 θ，策略就会“恐慌”，并让汽车加速驶向目标。

在静态输入 $u(k)\equiv1$ 的情况下，可以通过检查图 2.11 所示的势能图来估计可接受 θ 的范围，其最小值位于 $z^{\circ}\approx-0.48$。记 $v(1)=F_2(\boldsymbol{x},u)$，根据 z° 的定义，我们有

$$0=\frac{\mathrm{d}}{\mathrm{d}z}\mathcal{U}^{1}(z^{\circ})=mg\sin(\theta(z^{\circ}))-\kappa=v(0)-v(1),\quad u=1,\boldsymbol{x}=(z^{\circ},0)^{\top}$$

即 $v(1)=v(0)=0$，这意味着山地车已经熄火：$\boldsymbol{x}(1)=\boldsymbol{x}(0)$。因此，我们不能允许使 $\phi(\boldsymbol{x}^{\circ})=1$ 成立的策略，这意味着如果 $\theta>z^{\circ}$，策略 ϕ^{θ} 是不可接受的。我们在随后的实验中没有观测到无限的总成本，因为我们人为地限制了价值函数，如后文所述。

图 4.11 显示了三个初始条件下位置轨迹随时间变化的函数，每个初始条件都满足 $v(0)=0$，

以及此策略的两个实例：$\theta=-0.8$ 和 $\theta=-0.2$。从初始位置 $z(0)=-0.6$ 来看，前者是一个更好的选择：我们看到当使用 $\theta=-0.2$ 时达到目标的时间几乎是 $\theta=-0.8$ 情形时的两倍。

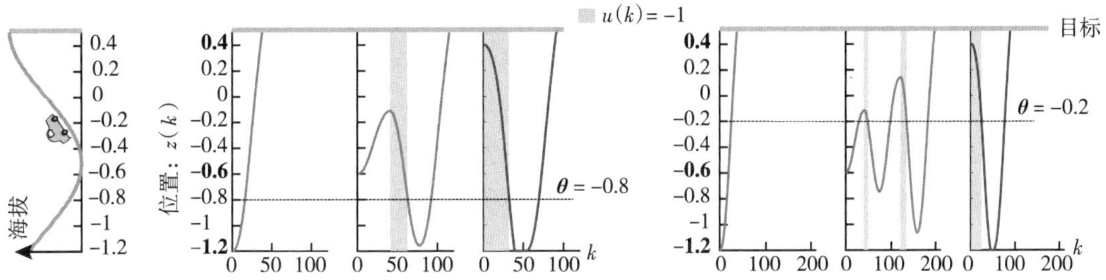

图 4.11　两种策略、三个初始条件下的山地车轨迹

让我们看看如何调整 qSGD #1 算法来找到 θ 的最优值。式(4.96)的一个离散时间近似为

$$\boldsymbol{\Theta}_{n+1}=\boldsymbol{\Theta}_n-\alpha_{n+1}\frac{1}{\varepsilon}\boldsymbol{G}\boldsymbol{\xi}_{n+1}\Gamma(\boldsymbol{\Psi}_{n+1}) \tag{4.102a}$$

$$\boldsymbol{\Psi}_{n+1}=\boldsymbol{\Theta}_n+\varepsilon\boldsymbol{\xi}_{n+1} \tag{4.102b}$$

问题是，我们如何定义 Γ?

此示例中的总成本与达到目标的时间一致。对于固定的初始条件 $x_0\in\mathbb{R}^d$，我们可以估计相应总成本 $J_\theta(x_0)$ 在 $\boldsymbol{\theta}$ 上的最小值。一种自然的方法是偶发的：在算法的第 n 阶段，我们在状态 x_0 处将汽车初始化，并使用 $\boldsymbol{\theta}=\boldsymbol{\Psi}_{n+1}=\boldsymbol{\Theta}_n+\varepsilon\boldsymbol{\xi}_{n+1}$ 运行策略 ϕ^θ。在达到目标状态时，对于这个 $\boldsymbol{\theta}$ 值我们有一个测量值 $J_\theta(x_0)$。

我们对这个目标函数做了两个修改。首先，因为我们不知道策略是否对所有 $\boldsymbol{\theta}$ 都是可镇定的，所以引入了一个我们选择的最大值 $J^{\max}$。其次，我们对不止一个初始条件感兴趣。令 ν 表示 X 上的一个 pmf，并定义为我们的目标函数

$$\Gamma(\theta)=\sum\nu(x^i)\min\{J^{\max},J_\theta(x^i)\}$$

式中总和超过了 ν 的支持。如果 ν 有 K 个支撑点，则需要进行 K 次实验才能获得算法第 $n+1$ 阶段的测量值 $\Gamma(\boldsymbol{\Psi}_{n+1})$。

在接下来的所有数值实验中，我们都使用 $J^{\max}=5000$ 这个值。

第二种选择是引入第二个探测信号，用以生成一个初始条件 $\{\boldsymbol{x}_0^n:n\geqslant 0\}$ 的拟随机序列：对于任何子集 $S\subset X$，

$$\nu(S)=\lim_{N\to\infty}\sum_{n=1}^{N}\mathbb{1}\{\boldsymbol{x}_0^n\in S\}$$

在这种情况下，我们不要求 ν 具有有限的支持，因此我们的目标需要通用的符号，

$$\Gamma(\boldsymbol{\theta})=\int\min\{J^{\max},J_\theta(\boldsymbol{x})\}\nu(\mathrm{d}\boldsymbol{x}) \tag{4.103}$$

此时，式(4.102a)被修改为下式：

$$\boldsymbol{\Theta}_{n+1}=\boldsymbol{\Theta}_n-\alpha_{n+1}\frac{1}{\varepsilon}\boldsymbol{G}\boldsymbol{\xi}_{n+1}\Gamma_{n+1}$$
$$\Gamma_{n+1}\overset{\text{def}}{=}\min\{J^{\max},J_\theta(\boldsymbol{x}_0^{n+1})\}\big|_{\theta=\boldsymbol{\Psi}_{n+1}} \tag{4.104}$$

尽管在加速收敛方面最有可能倾向于第一个选项(算法的每次迭代进行 K 次实验)，但接下来的实验都是基于式(4.104)的第二个选项。选择序列$\{\boldsymbol{x}_0^n=(z_0^n,v_0^n)^{\mathrm{T}}\}$以均匀覆盖状态空间，这是通过引入第二个探测信号 $\xi_n^x=(\xi_n^z,\xi_n^v)$ 来实现的：

$$\xi_n^z=\text{frac}(nr_z),\quad \xi_n^v=\text{frac}(nr_v)$$

式中“frac”表示实数的小数部分，r_v,r_z 是无理数，它们的比值也是无理数。在所有实验中都选择 $r_v=\pi$ 和 $r_z=\mathrm{e}$，然后定义

$$v_0^n=\bar{v}(2\xi_n^v-1)\qquad 和 \qquad z_0^n=z^{\min}+[z^{\text{goal}}-z^{\min}]\xi_n^z \tag{4.105}$$

图 4.12 显示了使用恒定步长 $\alpha_n\equiv 0.1$，$\varepsilon=0.05$ 和 $\xi_n=\sin(n)$ 条件下的一次运行。选择大的固定步长只是为了说明该算法中出现的怪异的非线性动力学。该算法似乎失败了，因为在稳定状态下，估计值在−1.2 和−0.3 之间振荡，而实际的优化解是 $\theta^*\approx-0.8$。虚线显示了后 20%估计的$\{\boldsymbol{\Theta}_n\}$的平均值。这个平均值非常接近最优值，因为目标函数对于优化解附近的 θ 几乎是平坦不变的。

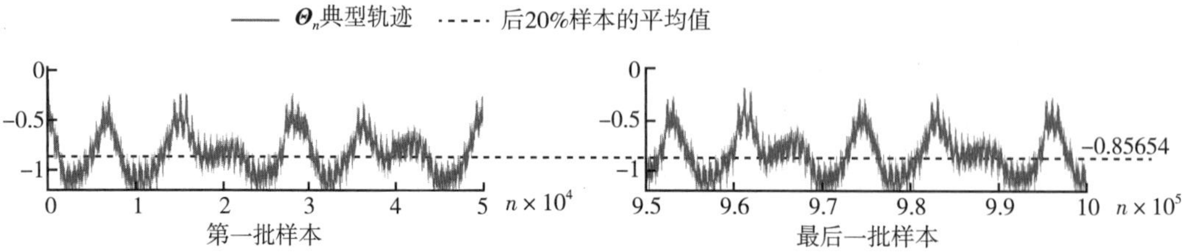

图 4.12　山地车的 qSGD #1：使用大的恒定步长的无梯度优化算法[式(4.102)]

图 4.13a 展示了一次实验的结果，其中衰减步长 $\alpha_n=1/n^{0.75}$，小的 $\varepsilon>0$ 和微小变化的探测信号：

$$\xi_n=\sin(2\pi\phi+n) \tag{4.106}$$

在进行重复实验时，在[0,1]中随机均匀选择相位变量 ϕ。图 4.13a 的上图中显示了平均成本[式(4.103)]，其中在 θ 的范围内取 $N=10^4$。θ^* 的值是通过计算这个函数的最小值得到的。这种估计最优阈值的方法比 QSA 技术更简单、更可靠！如果 θ 的维数是一维或二维，那么蛮力方法是有意义的；在复杂的情况下，我们则需要更一个聪明的搜索策略。

图 4.13 显示了 10^3 次独立运行的结果，每次的时域长度为 $\mathcal{T}=10^4$。在每种情况下，参数估计根据式(4.104)进行演化计算以获得估计$\{\boldsymbol{\Theta}_n^i:1\leqslant n\leqslant\mathcal{T},1\leqslant i\leqslant 10^3\}$。通过探测信号来区分这两列。对于 QSA，在 10^3 次运行中，探测信号 $\boldsymbol{\xi}$ 为正弦波，相位 ϕ 在区间[0,1)内

独立选取。第二列显示的结果是基于随机探测信号的一次实验，在各自的范围内每个探测信号均匀且独立。对于每个 n，ξ_n 在区间[-1,1]上的分布是均匀的。标签“1SPSA”是指基于随机(i. i. d.)探索的 Spall 单次观测算法(参见 4. 11 节了解其历史)。

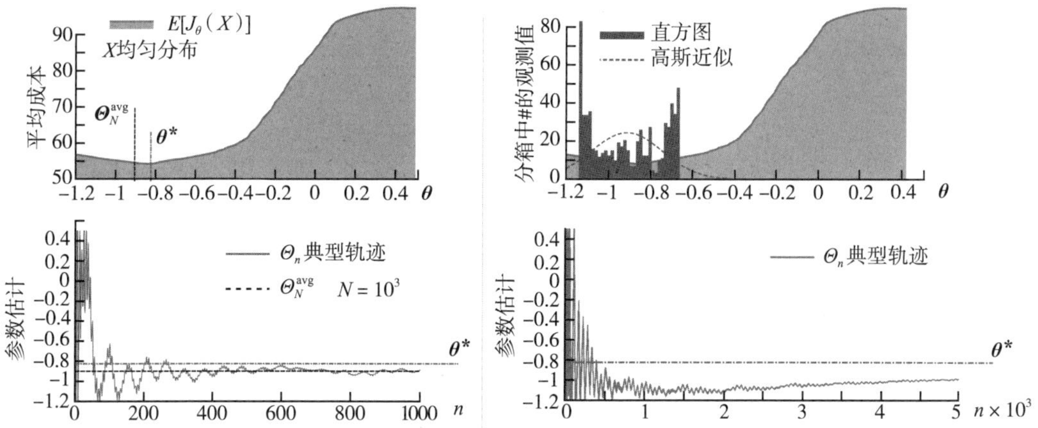

a）山地车的qSGD#1：目标函数和典型行为的估计

b）山地车的qSGD#2：从独立运行中获得的直方图和典型行为的估计

图 4. 13　山地车的 qSGD

qSGD #2 很容易适用于这个应用：

$$\boldsymbol{\Theta}_{n+1}=\boldsymbol{\Theta}_n-\alpha_{n+1}\boldsymbol{G}\boldsymbol{\xi}'_{n+1}\Gamma'_{n+1} \tag{4.107a}$$

$$\boldsymbol{\Psi}_{n+1}=\boldsymbol{\Theta}_n+\varepsilon\boldsymbol{\xi}_{n+1} \tag{4.107b}$$

其中素数表示式(4. 99a)中出现的导数的近似值：

$$\boldsymbol{\xi}'_{n+1}=\frac{1}{\delta}(\boldsymbol{\xi}_{n+1}-\boldsymbol{\xi}_n),\quad \Gamma'_{n+1}=\frac{1}{\delta}(\Gamma_{n+1}-\Gamma_n)$$

其中 $\delta>0$ 为采样间隔，如果使用第二选项，则 Γ_{n+1} 由式(4. 104)定义。

参数估计的直方图和样本路径如图 4. 13b 所示，该图是基于算法式(4. 107)的，其中 $\delta^2=0.5$，除了减小了步长以避免较大的初始瞬态之外，所有参数的选择都与图 4. 13a 中的相同：$\alpha_n=\min(1/n^{0.75},0.05)$。当 $n\geqslant55$ 时，得到 $\alpha_n=1/n^{0.75}$。

4. 7. 2 LQR

我们在 3. 6 节中介绍了离散时间模型的线性二次调节器(LQR)的最优控制问题，并在 3. 9. 4 节中再次讨论了连续时间模型，

$$\frac{\mathrm{d}}{\mathrm{d}t}\boldsymbol{x}=\boldsymbol{A}\boldsymbol{x}+\boldsymbol{B}\boldsymbol{u}$$

价值函数定义为最小总成本：

$$J^{\star}(\boldsymbol{x})=\min_{\boldsymbol{u}}\int_{0}^{\infty}c(\boldsymbol{x}_t,\boldsymbol{u}_t)\,\mathrm{d}t,\quad \boldsymbol{x}_0=\boldsymbol{x}\in X$$

其中二次型成本为式(3.3)：$c(\boldsymbol{x},\boldsymbol{u})=\boldsymbol{x}^{\top}\boldsymbol{S}\boldsymbol{x}+\boldsymbol{u}^{\top}\boldsymbol{R}\boldsymbol{u}$。如果它是有限值，则价值函数是二次型的，$J^{\star}(\boldsymbol{x})=\boldsymbol{x}^{\top}\boldsymbol{M}^{\star}\boldsymbol{x}$，且矩阵$\boldsymbol{M}^{\star}\geqslant 0$是代数 Riccati 方程[式(3.61)]的解，最优输入为线性状态反馈：

$$\boldsymbol{u}_t^{\star}=-\boldsymbol{K}^{\star}\boldsymbol{x}_t^{\star}=-\boldsymbol{R}^{-1}\boldsymbol{B}^{\top}\boldsymbol{M}^{\star}\boldsymbol{x}_t^{\star}$$

为简单起见，我们仅考虑单输入模型，因此$\boldsymbol{K}^{\star}$是一个行向量$(1\times n)$。

如果没有可用的模型，那么我们可以先通过系统辨识来估计$(\boldsymbol{A},\boldsymbol{B})$用以近似最优策略，然后继续求解 ARE 以获得最优增益的估计。或者，我们可以使用无梯度方法直接估计$\boldsymbol{K}^{\star}$，用$\boldsymbol{\theta}^{\top}$识别反馈增益$\boldsymbol{K}$。后一种方法的一大好处是我们可以自由地对增益矩阵施加结构。例如，对于一个有 n 个状态和 n 个输入的系统，我们可能会搜索在所有对角矩阵中最优的 $n\times n$ 增益矩阵。这意味着对于每个 i 和 t，我们考虑 $\boldsymbol{u}_t(i)=-\boldsymbol{\theta}_i\boldsymbol{x}_t(i)$，并在 $\boldsymbol{\theta}\in\mathbb{R}^n$ 上进行优化。习题 4.17 提供了一个在这种风格的特定示例上测试 qSGD 的例子。

考虑 $\boldsymbol{u}_t=-\boldsymbol{\theta}^{\top}\boldsymbol{x}_t$ 的非结构化问题，其目标是最小化目标函数：

$$\Gamma(\boldsymbol{\theta})=\sum\nu(\boldsymbol{x}_0^i)J_{\theta}(\boldsymbol{x}_0^i)$$

其中$\boldsymbol{\nu}$为状态空间上的 pmf，而 $J_{\boldsymbol{\theta}}$ 是无穷时域的成本，且反馈律由 $\boldsymbol{\theta}$ 决定：

$$J_{\boldsymbol{\theta}}(x_0)=\int_{0}^{\infty}c(\boldsymbol{x}_t,\boldsymbol{u}_t)\,\mathrm{d}t,\quad \boldsymbol{x}_0\in\mathbb{R}^n$$

为了应用 qSGD，必须用有限时域目标进行近似

$$J_{\boldsymbol{\theta}}(\boldsymbol{x}_0)=\int_{0}^{T}c(\boldsymbol{x}_t,\boldsymbol{u}_t)\,\mathrm{d}t+\boldsymbol{x}_{\mathcal{T}}^{\top}\boldsymbol{S}_0\boldsymbol{x}_{\mathcal{T}}$$

其中 $S_0>0$ 以保证稳定的控制解。

在考虑 qSGD 之前，我们应该首先看看梯度流是否会成功：

$$\frac{\mathrm{d}}{\mathrm{d}t}\boldsymbol{\vartheta}=-\nabla\Gamma(\boldsymbol{\vartheta})$$

最简单的是回到无穷时域情形，使得 $\boldsymbol{\mathcal{T}}=\infty$，$\boldsymbol{S}_0=0$。基于相关矩阵

$$\Sigma_0=\sum\nu(\boldsymbol{x}_0^i)\boldsymbol{x}_0^i\{\boldsymbol{x}_0^i\}^{\top}$$

以及李雅普诺夫方程

$$(\boldsymbol{A}-\boldsymbol{B}\boldsymbol{\theta}^{\top})\boldsymbol{X}_{\boldsymbol{\theta}}+\boldsymbol{X}_{\boldsymbol{\theta}}(\boldsymbol{A}-\boldsymbol{B}\boldsymbol{\theta}^{\top})^{\top}+\Sigma_0=0$$

的解 $\boldsymbol{X}_{\theta}$ 进行分析，从中可得 $\Gamma(\boldsymbol{\theta})=\mathrm{trace}(\boldsymbol{S}\boldsymbol{X}_{\theta})+\boldsymbol{R}\boldsymbol{\theta}^{\top}\boldsymbol{X}_{\boldsymbol{\theta}}\boldsymbol{\theta}$。

我们先说坏消息：已知 Γ 在 $\boldsymbol{\theta}$ 上可能是非凸的。文献[77]中的一个例子表明 $\Gamma(\boldsymbol{\theta})$ 的域是有限的且非凸的，但该理论也带来了好消息。自 20 世纪 80 年代以来，人们就知道$\nabla\Gamma(\boldsymbol{\theta})$

仅在 $\boldsymbol{\theta}=\boldsymbol{\theta}^*$ 处消失，并且 $V(\boldsymbol{\theta})=\Gamma(\boldsymbol{\theta})-\Gamma(\boldsymbol{\theta}^*)$ 是强制的（尽管它并非处处都是有限值）。因此，作为一个李雅普诺夫函数：

$$\text{只要 } \boldsymbol{\vartheta}_t\neq\boldsymbol{\theta}^*,\ \frac{\mathrm{d}}{\mathrm{d}t}V(\boldsymbol{\vartheta}_t)=-\|\nabla\Gamma(\boldsymbol{\vartheta}_t)\|^2<0$$

总之，基于这一理论，我们可以期望使用 qSGD 获得成功，前提是我们可以进行参数估计（这可能是必要的，因为 Γ 及其梯度都不是利普希茨连续的）。

4.7.3　高维的情况

qSGD 算法易于编码，并且对于本节所考虑的示例，它可以快速收敛到一个近似最优的参数。在高维的情况下，我们不能盲目地应用这些算法中的任何一种。例如，考虑探测信号式(4.47)的选择，其中 i 的范围从 1 到 $d=1000$。如果在一个狭窄的范围内选择频率 $\{\omega_i\}$，那么极限式(4.48b)将收敛得非常缓慢。如果频率相隔很远，则收敛速率会很快，但我们需要更高分辨率的 ODE 近似来实现算法。

这一挑战在优化文献中得到了很好的理解。创建可靠算法的一种方法是采用块坐标下降法。这需要具备两个要素：

(i) 一个时间点序列 $T_0=0<T_1<T_2<\cdots$。

(ii) 对于每个 $k\geqslant 0$，一个“参数块”序列 $B_k\subset\{1,\cdots,d\}$，其中 B_i 中的元素个数 d_B 远小于 d。

我们对式(4.94)进行修改，使得对于 $i\notin B_k$，$\boldsymbol{\Theta}_t(i)$ 在区间 $[T_k,T_{k+1})$ 上保持不变，且有

$$\frac{\mathrm{d}}{\mathrm{d}t}\boldsymbol{\Theta}_t(i)=-a_t[\check{\nabla}_\Gamma(t)]_i,\quad i\in B_k,t\in[T_k,T_{k+1})$$

有关此方法和更复杂的方法，请参阅文献[19,72,282]。

4.8　ODE 的稳定性*

本节标题最后的星号表示它包含高级材料。如果你想要完全理解为什么本章介绍的 ODE 方法是“表现良好的”或“适定的”，那么理解这里的稳定性理论就是必要的，并且这些概念还将在下一节扩展到 QSA。

让我们从一个重要结果和一个简单推论的证明开始。

4.8.1　伽罗瓦不等式

伽罗瓦不等式（命题 4.2）的证明　首先考虑更简单的式(4.7)：

$$z_t=\gamma_t+\int_0^t\beta_s z_s\,\mathrm{d}s$$

在假设 z 和 β 是连续的条件下，可以看到 γ 是连续的。我们可以通过构建状态为 $x_t=z_t-\gamma_t$，输出为 z_t 的状态空间模型来“解”这个方程。从积分方程

$$x_t = \int_0^t \beta_s [x_s + \gamma_s] \mathrm{d}s$$

可得时变的线性状态空间模型

$$\frac{\mathrm{d}}{\mathrm{d}t} x_t = \beta_t x_t + \beta_t \gamma_t, \quad z_t = x_t + \gamma_t$$

其中初始条件为 $x_0 = z_0 - \gamma_0 = 0$。这个具有输入 $u_t = \beta_t \gamma_t$ 的标量线性状态空间模型有显式解：

$$x_t = \int_0^t u_s \exp\left(\int_s^t \beta_r \mathrm{d}r\right) \mathrm{d}s$$

接下来我们转向不等式(4.6a)，可以将其写成

$$z_t = \alpha_t + \int_0^t \beta_s z_s \mathrm{d}s - \delta_t$$

其中对于每个 t，有 $\delta_t \geqslant 0$。定义 $\gamma_t = \alpha_t - \delta_t$，和之前一样使用 $u_t = \beta_t \gamma_t$，得到

$$x_t = \int_0^t u_s \exp\left(\int_s^t \beta_r \mathrm{d}r\right) \mathrm{d}s \leqslant \int_0^t \beta_s \alpha_s \exp\left(\int_s^t \beta_r \mathrm{d}r\right) \mathrm{d}s$$

使用 $z_t = x_t + \gamma_t \leqslant x_t + \alpha_t$，则可给出(i)。

现在证明(ii)：如果函数 α 是非递减的，那么根据第(i)部分和 β 是非负的假设，可得

$$z_t \leqslant \alpha_t + \alpha_t \int_0^t \beta_s \exp\left(\int_s^t \beta_r \mathrm{d}r\right) \mathrm{d}s, \quad 0 \leqslant t \leqslant \mathcal{T}$$

这个界意味着(ii)，如果采用如下替换：

$$\int_0^t \beta_s \exp\left(\int_s^t \beta_r \mathrm{d}r\right) \mathrm{d}s = \exp\left(\int_0^t \beta_r \mathrm{d}r\right) - 1$$ □

伽罗瓦不等式暗示了在近似中需要的一个粗略的界。

命题 4.19　*考虑式(4.2)，其约束为式(4.5)。那么*

(i)存在一个只依赖于 f 的常数 B_f，使得

$$\| \boldsymbol{\vartheta}_t \| \leqslant (B_f + \| \boldsymbol{\vartheta}_0 \|) \mathrm{e}^{Lt} - B_f \tag{4.108a}$$

$$\| \boldsymbol{\vartheta}_t - \boldsymbol{\vartheta}_0 \| \leqslant (B_f + L \| \boldsymbol{\vartheta}_0 \|) t \mathrm{e}^{Lt}, \quad t \geqslant 0 \tag{4.108b}$$

(ii)如果存在一个平衡点 $\boldsymbol{\theta}^*$，则对于每个初始条件，

$$\| \boldsymbol{\vartheta}_t - \boldsymbol{\theta}^* \| \leqslant \| \boldsymbol{\vartheta}_0 - \boldsymbol{\theta}^* \| \mathrm{e}^{Lt}, \quad t \geqslant 0$$

证明　我们将给出(ii)和式(4.108a)的完整证明[式(4.108b)的证明类似]。

如果有一个平衡点 $\boldsymbol{\theta}^*$，这意味着 $\boldsymbol{f}(\boldsymbol{\theta}^*) = \mathbf{0}$。(ii)的证明从式(4.3)开始，形式如下：

$$\boldsymbol{\vartheta}_t - \boldsymbol{\theta}^* = \boldsymbol{\vartheta}_0 - \boldsymbol{\theta}^* + \int_0^t \boldsymbol{f}(\boldsymbol{\vartheta}_\tau) \mathrm{d}\tau, \quad 0 \leqslant t \leqslant T$$

在平衡条件和利普希茨假设下，

$$\|f(\boldsymbol{\vartheta}_\tau)\| = \|f(\boldsymbol{\vartheta}_\tau)-f(\boldsymbol{\theta}^*)\| \leqslant L\|\boldsymbol{\vartheta}_\tau-\boldsymbol{\theta}^*\|$$

记 $z_t=\|\boldsymbol{\vartheta}_t-\boldsymbol{\theta}^*\|$，这个界与式(4.3)结合，可得

$$z_t \leqslant z_0+L\int_0^t z_\tau \mathrm{d}\tau,\quad 0\leqslant t\leqslant T$$

然后由伽罗瓦不等式可给出(ii)：使用命题 4.2 中的结论(ii)，其中 $\beta_t\equiv L$ 和 $\alpha_t\equiv z_0$。

为建立式(4.108a)，取任意$\boldsymbol{\theta}^\bullet\in\mathbb{R}^d$，并利用利普希茨条件，得到

$$\begin{aligned}\|f(\theta)\| &\leqslant \|f(\theta)-f(\theta^\bullet)\|+\|f(\boldsymbol{\theta}^\bullet)\|\\ &\leqslant L\|\boldsymbol{\theta}-\boldsymbol{\theta}^\bullet\|+\|f(\boldsymbol{\theta}^\bullet)\|\\ &\leqslant L\|\boldsymbol{\theta}\|+L\|\boldsymbol{\theta}^\bullet\|+\|f(\boldsymbol{\theta}^\bullet)\|\end{aligned}$$

将$\boldsymbol{\theta}^\bullet$固定，定义 $B_f=[\|\boldsymbol{\theta}^\bullet\|+\|f(\boldsymbol{\theta}^\bullet)\|/L$，使得

$$\|f(\boldsymbol{\theta})\|\leqslant L[\|\boldsymbol{\theta}\|+B_f],\quad \boldsymbol{\theta}\in\mathbb{R}^d$$

应用式(4.3)，然后得到

$$\|\boldsymbol{\vartheta}_t\|+B_f\leqslant\|\boldsymbol{\vartheta}_0\|+B_f+L\int_0^t[\|\boldsymbol{\vartheta}_\tau\|+B_f]\mathrm{d}\tau$$

对于每个 t 和 $\alpha_t\equiv z_0$ 使用 $z_t=\|\boldsymbol{\vartheta}_t\|+B_f$，由伽罗瓦不等式给出式(4.108a)。

4.8.2 李雅普诺夫函数

2.4.5 节中阐述的内容告诉了我们很多关于李雅普诺夫函数的基本信息。鉴于算法设计的目标，我们感兴趣的是全局渐近稳定性，因此感兴趣的漂移条件是式(2.38)，其中用 $\boldsymbol{\theta}^*$ 替换 x^e：

$$\langle\nabla V(\boldsymbol{\theta}), f(\boldsymbol{\theta})\rangle<0,\quad \boldsymbol{\theta}\neq\boldsymbol{\theta}^*$$

这(以及一些额外的假设)允许应用命题 2.5 来建立 $\boldsymbol{\vartheta}$ 的收敛性。

通常，建立一个 ODE 或算法一致性的第一步是证明所建立的估计算法不会“爆炸”。如果存在一个有界集合 $S\subset\mathbb{R}^d$，使得对于每个初始条件 θ_0，存在一个时间 $T(\boldsymbol{\theta}_0)$，对于 $t\geqslant T(\boldsymbol{\theta}_0)$时，有 $\boldsymbol{\vartheta}_t\subset S$，那么 ODE 被称为是最终有界的。这个概念在我们处理 QSA 时出现在式(4.83)中。

很自然地，存在一个李雅普诺夫稳定条件需要检验：

$$\langle\nabla V(\boldsymbol{\theta}), f(\boldsymbol{\theta})\rangle\leqslant-\delta_0,\quad \boldsymbol{\theta}\in S^c \tag{4.109}$$

命题 4.20　假设对于某个 $\delta_0>0$ 和 $S\subset\mathbb{R}^d$，存在一个连续可微函数 $V:\mathbb{R}^d\to\mathbb{R}_+$ 满足式(4.109)。则对于 $\boldsymbol{\theta}\in\mathbb{R}^d$，有 $T_S(\boldsymbol{\theta})\leqslant\delta_0^{-1}V(\boldsymbol{\theta})$，其中

$$T_S(\boldsymbol{\theta})=\min\{t\geqslant0:\boldsymbol{\vartheta}_t\in S\},\quad \boldsymbol{\vartheta}_0=\theta\in\mathbb{R}^d$$

此外，如果 S 是紧的，并且 V 是非紧的，则式(4.2)是最终有界的。

证明　为了不丧失一般性，我们取 $\delta_0=1$(必要时通过缩放函数 V 来获得)。

第一次进入时间 T_S 的界是习题 2.12 的一部分！从式(4.109)的样本路径解释很容易得到：

$$\frac{\mathrm{d}}{\mathrm{d}t}V(\boldsymbol{\vartheta}_t)\leqslant -1,\quad 0\leqslant t\leqslant T_S(\theta),\quad \boldsymbol{\vartheta}_0=\theta\in\mathbb{R}^d \tag{4.110}$$

从时间 $t=0$ 到 $t=T_N=\min(N,T_S(\boldsymbol{\theta}))$ 对两侧进行积分（最小值与 N 有关是需要被考虑到的，因为我们还不知道是否 $T_S(\theta)<\infty$））。接下来，应用微积分基本定理

$$-V(\boldsymbol{\vartheta}_0)\leqslant V(\boldsymbol{\vartheta}_{T_N})-V(\boldsymbol{\vartheta}_0)\leqslant -T_N$$

可以得出 $\min(N,T_S(\boldsymbol{\theta}))\leqslant V(\boldsymbol{\vartheta}_0)$ 以及选择 $N>V(\boldsymbol{\vartheta}_0)$ 时的期望界

该命题的关键部分要求我们修改集合 S。由于它是紧的，而 V 是下紧的，因此存在 $N<\infty$ 使得 $S\subset S_V(N)=\{\boldsymbol{\theta}:V(\boldsymbol{\theta})\leqslant N\}$，其中 $S_V(N)$ 也是紧的。因此

$$\langle\nabla V(\boldsymbol{\theta}),f(\boldsymbol{\theta})\rangle\leqslant -1,\quad \boldsymbol{\theta}\in\mathbb{R}^d,V(\boldsymbol{\theta})\geqslant N$$

事实上，我们应该写成 $V(\boldsymbol{\theta})>N$，因为这对应于 $\boldsymbol{\theta}\in S_V(N)^c$，但记住左侧是连续的。因为每当 $\boldsymbol{\vartheta}_t\in S_V(N)^c$ 时，$V(\boldsymbol{\vartheta}_t)$ 都在减少，所以集合 $S_V(N)$ 是吸收的，这意味着对于所有 $t\geqslant T_S(\boldsymbol{\theta})$，有 $\boldsymbol{\vartheta}_t\in S_V(N)$。

□

4.8.3　梯度流

命题 4.11 和命题 4.13 的证明依赖于李雅普诺夫技术和以下引理。

引理 4.21（Arzelà-Ascoli 定理）　*考虑一个在有界时间间隔 $[a,b]$ 上满足以下两个条件的向量价值函数序列 $\{\boldsymbol{\gamma}^n:n\geqslant 0\}$：*

(i)一致有界性：存在一个常数 B，使得对于所有的 n 和 $a\leqslant t\leqslant b$，有 $\|\boldsymbol{\gamma}_t^n\|\leqslant B$。

(ii)等度连续：对于每个 $\varepsilon>0$，存在 $\delta>0$，使得对于每个 n 以及满足 $|t-s|\leqslant\delta$ 的每个 $t,s\in[a,b]$，都有 $\|\boldsymbol{\gamma}_t^n-\boldsymbol{\gamma}_s^n\|\leqslant\varepsilon$，

那么存在一个子序列 $\{n_k\}$ 和一个连续函数 $\boldsymbol{\gamma}^\infty$，使得

$$\lim_{k\to\infty}\max_{a\leqslant t\leqslant b}\|\boldsymbol{\gamma}_t^{n_k}-\boldsymbol{\gamma}_t^\infty\|=0$$

等度连续在一致利普希茨界下成立：对于固定的 L，以及所有的 t，s，n，有 $\|\boldsymbol{\gamma}_t^n-\boldsymbol{\gamma}_s^n\|\leqslant L|t-s|$。

命题 4.11 的证明　我们首先注意到，存在一个优化解是源于给定的假设条件：对于原始问题来说，因为对 Γ 的假设，优化解 $\boldsymbol{\theta}^*$ 是存在的。当它的定义域被限制在集合 $\{\boldsymbol{\theta}:\boldsymbol{g}(\boldsymbol{\theta})=0\}$ 时，它仍然是强制的和凸的。然后通过最优性的一阶条件获得对偶优化解 $\boldsymbol{\lambda}^*$：

$$0=\nabla_{\boldsymbol{\theta}}\mathcal{L}(\boldsymbol{\theta}^*,\boldsymbol{\lambda}^*)=\nabla\Gamma(\boldsymbol{\theta}^*)+\boldsymbol{D}^{\top}\boldsymbol{\lambda}^*$$

将两边乘以 D 并求逆，得到 $\boldsymbol{\lambda}^*=-[\boldsymbol{D}\boldsymbol{D}^{\top}]^{-1}\boldsymbol{D}\nabla\Gamma(\boldsymbol{\theta}^*)$，然后通过构造，可得

$$\varphi^*(\boldsymbol{\lambda}^*)=\min_{\boldsymbol{\theta}}\mathcal{L}(\boldsymbol{\theta},\boldsymbol{\lambda}^*)=\mathcal{L}(\boldsymbol{\theta}^*,\boldsymbol{\lambda}^*)=\Gamma(\boldsymbol{\theta}^*)+\boldsymbol{\lambda}^{*\top}g(\boldsymbol{\theta}^*)=\Gamma^*$$

收敛性的证明类似于命题 4.7。考虑李雅普诺夫函数

$$V(\boldsymbol{\theta},\boldsymbol{\lambda})=\frac{1}{2}\|\boldsymbol{\theta}-\boldsymbol{\theta}^*\|^2+\frac{1}{2}\|\boldsymbol{\lambda}-\boldsymbol{\lambda}^\star\|^2 \tag{4.111}$$

应用链式法则，

$$\begin{aligned}\frac{\mathrm{d}}{\mathrm{d}t}V(\boldsymbol{\vartheta}_t,\boldsymbol{\lambda}_t)&=\langle\boldsymbol{\vartheta}_t-\boldsymbol{\theta}^*,\frac{\mathrm{d}}{\mathrm{d}t}\boldsymbol{\vartheta}_t\rangle+\langle\boldsymbol{\lambda}_t-\boldsymbol{\lambda}^\star,\frac{\mathrm{d}}{\mathrm{d}t}\boldsymbol{\lambda}_t\rangle\\&=-\langle\boldsymbol{\vartheta}_t-\boldsymbol{\theta}^*,\nabla_{\boldsymbol{\theta}}\mathcal{L}(\boldsymbol{\vartheta}_t,\boldsymbol{\lambda}_t)\rangle+\langle\boldsymbol{\lambda}_t-\boldsymbol{\lambda}^\star,\nabla_{\boldsymbol{\lambda}}\mathcal{L}(\boldsymbol{\vartheta}_t,\boldsymbol{\lambda}_t)\rangle\end{aligned}$$

$\mathcal{L}$ 在 $\boldsymbol{\theta}$ 中的凸性和在 $\boldsymbol{\lambda}$ 中的线性分别为

$$\mathcal{L}(\boldsymbol{\theta}^*,\boldsymbol{\lambda}_t)\geqslant\mathcal{L}(\boldsymbol{\vartheta}_t,\boldsymbol{\lambda}_t)+\langle\boldsymbol{\theta}^*-\boldsymbol{\vartheta}_t,\nabla_{\boldsymbol{\theta}}\mathcal{L}(\boldsymbol{\vartheta}_t,\boldsymbol{\lambda}_t)\rangle$$
$$\mathcal{L}(\boldsymbol{\vartheta}_t,\boldsymbol{\lambda}_t)=\mathcal{L}(\boldsymbol{\vartheta}_t,\boldsymbol{\lambda}^\star)+\langle\boldsymbol{\lambda}_t-\boldsymbol{\lambda}^\star,\nabla_{\boldsymbol{\lambda}}\mathcal{L}(\boldsymbol{\vartheta}_t,\boldsymbol{\lambda}_t)\rangle$$

这意味着导数的界：

$$\begin{aligned}\frac{\mathrm{d}}{\mathrm{d}t}V(\boldsymbol{\vartheta}_t,\boldsymbol{\lambda}_t)&\leqslant[\mathcal{L}(\boldsymbol{\theta}^*,\boldsymbol{\lambda}_t)-\mathcal{L}(\boldsymbol{\vartheta}_t,\boldsymbol{\lambda}_t)]+[\mathcal{L}(\boldsymbol{\vartheta}_t,\boldsymbol{\lambda}_t)-\mathcal{L}(\boldsymbol{\vartheta}_t,\boldsymbol{\lambda}^\star)]\\&=[\mathcal{L}(\boldsymbol{\theta}^*,\boldsymbol{\lambda}_t)-\mathcal{L}(\boldsymbol{\theta}^*,\boldsymbol{\lambda}^\star)]+[\mathcal{L}(\boldsymbol{\theta}^*,\boldsymbol{\lambda}^\star)-\mathcal{L}(\boldsymbol{\vartheta}_t,\boldsymbol{\lambda}^\star)]\end{aligned}$$

右边第一项可以简化为

$$\mathcal{L}(\boldsymbol{\theta}^*,\boldsymbol{\lambda}_t)-\mathcal{L}(\boldsymbol{\theta}^*,\boldsymbol{\lambda}^\star)=(\boldsymbol{\lambda}_t-\boldsymbol{\lambda}^\star)^{\mathsf{T}}g(\boldsymbol{\theta}^*)$$

上式等于 0，因为 $\boldsymbol{\theta}^*$ 是可行的。根据鞍点属性[式(4.34)]，第二项是非正的，有

$$\frac{\mathrm{d}}{\mathrm{d}t}V(\boldsymbol{\vartheta}_t,\boldsymbol{\lambda}_t)\leqslant\mathcal{L}(\boldsymbol{\theta}^*,\boldsymbol{\lambda}^\star)-\mathcal{L}(\boldsymbol{\vartheta}_t,\boldsymbol{\lambda}^\star)\leqslant 0$$

当 $\boldsymbol{\vartheta}_t\neq\boldsymbol{\theta}^*$ 时，不等式是严格的，因为 $\varGamma$ 以及 $\mathcal{L}(\cdot,\boldsymbol{\lambda}^\star)$ 是严格凸的。

由此，我们得出以下结论：

(i) $V(\boldsymbol{\vartheta}_t,\boldsymbol{\lambda}_t)$ 是非递增的，这意味着 $\{\boldsymbol{\vartheta}_t,\boldsymbol{\lambda}_t\}$ 在一个紧集中演化。

(ii) 对于所有的 $T>0$，通过积分获得边界 $0\leqslant\int_0^T\{\mathcal{L}(\boldsymbol{\vartheta}_t,\boldsymbol{\lambda}^\star)-\mathcal{L}(\boldsymbol{\theta}^*,\boldsymbol{\lambda}^\star)\}\mathrm{d}t\leqslant V(\boldsymbol{\vartheta}_0,\boldsymbol{\lambda}_0)$。这和(i)意味着 $\lim\limits_{t\to\infty}\mathcal{L}(\boldsymbol{\vartheta}_t,\boldsymbol{\lambda}^\star)=\mathcal{L}(\boldsymbol{\theta}^*,\boldsymbol{\lambda}^\star)=\varGamma(\boldsymbol{\theta}^*)$（见引理 4.3）。

(iii) 当 $t\to\infty$ 时，有 $\lim\limits_{t\to\infty}\boldsymbol{\vartheta}_t=\boldsymbol{\theta}^*$，因为 $\mathcal{L}(\cdot,\boldsymbol{\lambda}^\star)$ 是严格凸的。

为了建立对偶变量的收敛性，我们重新审视式(4.35a)。应用引理 4.21 和 $\boldsymbol{\gamma}_t^n=(\boldsymbol{\vartheta}_{n+t},\frac{\mathrm{d}}{\mathrm{d}t}\boldsymbol{\vartheta}_{n+t})$，对于任意 $a<b$，我们可以在 $[a,b]$ 上建立等度连续，并且任何子序列的极限 $\boldsymbol{\gamma}^\infty$ 是相同的常数：$\boldsymbol{\gamma}_t^\infty=(\boldsymbol{\theta}^*,0)$。因此从导数方程式(4.35a)可得

$$0=\lim_{t\to\infty}\frac{\mathrm{d}}{\mathrm{d}t}\boldsymbol{\vartheta}_t=\lim_{t\to\infty}\{-\nabla\varGamma(\boldsymbol{\vartheta}_t)-\boldsymbol{D}^{\mathsf{T}}\boldsymbol{\lambda}_t\}$$

由此得出 $\{\boldsymbol{\lambda}_t\}$ 的任意极限点 $\boldsymbol{\lambda}_\infty$ 满足 $0=\nabla\varGamma(\boldsymbol{\theta}^*)+\boldsymbol{D}^{\mathsf{T}}\boldsymbol{\lambda}_\infty$，并且在每边乘以 $\boldsymbol{D}$，

$$0=D\nabla\Gamma(\boldsymbol{\theta}^*)+\boldsymbol{D}\boldsymbol{D}^{\top}\boldsymbol{\lambda}_{\infty}$$

在满秩假设下，$\boldsymbol{\lambda}_{\infty}==-[\boldsymbol{D}\boldsymbol{D}^{\top}]^{-1}D\nabla\Gamma(\boldsymbol{\theta}^*)=\boldsymbol{\lambda}^{\star}$ □

命题 4.13 的证明　我们给出了一个较短的证明，强调了与命题 4.13 证明的不同之处。

我们首先获得拉格朗日乘子的表示形式：根据最优性的一阶准则，我们在$(\boldsymbol{\theta},\boldsymbol{\lambda})=(\boldsymbol{\theta}^*,\boldsymbol{\lambda}^*)$处有$\nabla_{\theta}\mathcal{L}(\boldsymbol{\theta},\boldsymbol{\lambda})=0$。即

$$\nabla\Gamma(\boldsymbol{\theta}^*)+\boldsymbol{D}^{\top}\boldsymbol{\lambda}^{\star}=0,\quad 其中\ \boldsymbol{D}=\partial g(\boldsymbol{\theta}^*)$$

因此，根据满秩假设，

$$\boldsymbol{\lambda}^*=-[\boldsymbol{D}\boldsymbol{D}^{\top}]^{-1}\boldsymbol{D}\nabla\Gamma(\boldsymbol{\theta}^*)$$

基于这种表示，一旦我们证明了$\{\boldsymbol{\vartheta}_t,\boldsymbol{\lambda}_t\}$是有界的并且有$\lim_{t\to\infty}\boldsymbol{\vartheta}_t=\boldsymbol{\theta}^*$，那么命题就成立。与前面的命题一样，这意味着，对于$\boldsymbol{D}_t\stackrel{\text{def}}{=}\partial g(\boldsymbol{\vartheta}_t)$，

$$0=\lim_{t\to\infty}\frac{\mathrm{d}}{\mathrm{d}t}\boldsymbol{\vartheta}_t=\lim_{t\to\infty}\{-\nabla\Gamma(\boldsymbol{\vartheta}_t)-\boldsymbol{D}_t^{\top}\boldsymbol{\lambda}_t\}$$

在$\{\boldsymbol{\vartheta}_t\}$收敛和满秩条件下，这意味着$\{\boldsymbol{\lambda}_t\}$也是收敛的：

$$\lim_{t\to\infty}\boldsymbol{\lambda}_t=-\lim_{t\to\infty}\{\boldsymbol{D}_t\boldsymbol{D}_t^{\top}\}^{-1}\boldsymbol{D}_t\nabla\Gamma(\boldsymbol{\vartheta}_t)=\boldsymbol{\lambda}^{\star}$$

为了完成证明，我们使用二次李雅普诺夫函数[式(4.111)]建立$\{\boldsymbol{\vartheta}_t\}$的收敛性。应用链式法则，得到

$$V(\boldsymbol{\vartheta}_T,\boldsymbol{\lambda}_T)=V(\boldsymbol{\vartheta}_0,\boldsymbol{\lambda}_0)+\int_0^T-\{\langle\boldsymbol{\vartheta}_t-\boldsymbol{\theta}^*,\nabla_{\boldsymbol{\theta}}\mathcal{L}(\boldsymbol{\vartheta}_t,\boldsymbol{\lambda}_t)\rangle+\langle\boldsymbol{\lambda}_t-\boldsymbol{\lambda}^{\star},\nabla_{\boldsymbol{\lambda}}\mathcal{L}(\boldsymbol{\vartheta}_t,\boldsymbol{\lambda}_t)\rangle\}\,\mathrm{d}t+\int_0^T(\boldsymbol{\lambda}_t-\boldsymbol{\lambda}^{\star})^{\top}d\boldsymbol{\gamma}_t$$

最终的积分有如下界：

$$\int_0^T(\boldsymbol{\lambda}_t-\boldsymbol{\lambda}^{\star})^{\top}\mathrm{d}\boldsymbol{\gamma}_t=-\boldsymbol{\lambda}^{\star\top}\int_0^T\mathrm{d}\boldsymbol{\gamma}_t\leqslant 0$$

等式由式(4.39)得出，不等式则由这样的假设得到：积分和$\boldsymbol{\lambda}^{\star}$都是具有非负元素的 n 维向量。

在等式约束的情况下，

$$\begin{aligned}V(\boldsymbol{\vartheta}_T,\boldsymbol{\lambda}_T)-V(\boldsymbol{\vartheta}_0,\boldsymbol{\lambda}_0)&\leqslant\int_0^T[\mathcal{L}(\boldsymbol{\theta}^*,\boldsymbol{\lambda}_t)-\mathcal{L}(\boldsymbol{\theta}^*,\boldsymbol{\lambda}^{\star})]+[\mathcal{L}(\boldsymbol{\theta}^*,\boldsymbol{\lambda}^{\star})-\mathcal{L}(\boldsymbol{\vartheta}_t,\boldsymbol{\lambda}^{\star})]\,\mathrm{d}t\\&=\int_0^T\{\boldsymbol{\lambda}_t^{\top}g(\boldsymbol{\theta}^*)+[\mathcal{L}(\boldsymbol{\theta}^*,\boldsymbol{\lambda}^{\star})-\mathcal{L}(\boldsymbol{\theta}_t,\boldsymbol{\lambda}^{\star})]\}\,\mathrm{d}t\end{aligned}$$

这意味着 $V(\boldsymbol{\vartheta}_T,\boldsymbol{\lambda}_T)$是非递增的，因为被积函数中的每一项都是非正的：

$$\boldsymbol{\lambda}_t^{\top}g(\boldsymbol{\theta}^*)\leqslant 0\quad 和\quad \mathcal{L}(\boldsymbol{\theta}^*,\boldsymbol{\lambda}^{\star})-\mathcal{L}(\boldsymbol{\vartheta}_t,\boldsymbol{\lambda}^{\star})\leqslant 0$$

而且，只要 $\boldsymbol{\vartheta}_t\neq\boldsymbol{\theta}^*$，第二个不等式就是严格的。从这里，我们可以按照命题 4.11 的步骤得出 $\boldsymbol{\vartheta}_t$ 收敛于 $\boldsymbol{\theta}^{\star}$ 的结论。 □

4.8.4　在∞处的 ODE

在这里，我们考虑一种完全不同的方式来验证式(4.2)是最终有界的。

这个想法非常简单：要查看 ODE 是否最终有界，我们只需要考虑“非常大”的 $\boldsymbol{\vartheta}$ 值。我们不是拿出望远镜来检查这些大的状态，而是对状态进行缩放，并检查由此产生的动力学。为了使这一点显式化，我们需要使对初始条件的依赖显式化，在初始条件 $\boldsymbol{\vartheta}_0=\boldsymbol{\theta}_0$ 下，将式(4.2)的解写为 $\boldsymbol{\vartheta}(t;\boldsymbol{\theta}_0)$。

令 $r\geqslant 1$ 为缩放参数(假设较大)，考虑 $\boldsymbol{\vartheta}_0=r\boldsymbol{\theta}_0$ 条件下 ODE 的解，并对这个解进行缩放，得到

$$\boldsymbol{\vartheta}_t^r \stackrel{\text{def}}{=} r^{-1}\boldsymbol{\vartheta}(t;r\boldsymbol{\theta}_0)$$

对于任何 $r\geqslant 1$，有 $\boldsymbol{\vartheta}_0^r=\boldsymbol{\theta}_0$，从式(4.2)可得

$$\frac{\mathrm{d}}{\mathrm{d}t}\boldsymbol{\vartheta}_t^r=r^{-1}\frac{\mathrm{d}}{\mathrm{d}t}\boldsymbol{\vartheta}(t;r\boldsymbol{\theta}_0)=r^{-1}\boldsymbol{f}(\boldsymbol{\vartheta}(t;r\boldsymbol{\theta}_0))$$

对于 $\boldsymbol{\theta}\in\mathbb{R}^d$，记 $f_r(\boldsymbol{\theta})=r^{-1}f(r\boldsymbol{\theta})$，则有

$$\frac{\mathrm{d}}{\mathrm{d}t}\boldsymbol{\vartheta}_t^r=\boldsymbol{f}_r(\boldsymbol{\vartheta}_t^r) \tag{4.112}$$

假设存在一个极限向量场：

$$\boldsymbol{f}_\infty(\boldsymbol{\theta})\stackrel{\text{def}}{=}\lim_{r\to\infty}\boldsymbol{f}_r(\boldsymbol{\theta})=\lim_{r\to\infty}r^{-1}\boldsymbol{f}(r\boldsymbol{\theta}),\quad \boldsymbol{\theta}\in\mathbb{R}^d \tag{4.113}$$

并将∞处的 ODE 定义为式(4.112)的极限情况：

$$\frac{\mathrm{d}}{\mathrm{d}t}\boldsymbol{\vartheta}_t^\infty=\boldsymbol{f}_\infty(\boldsymbol{\vartheta}_t^\infty),\quad \boldsymbol{\vartheta}_0^\infty\in\mathbb{R}^d \tag{4.114}$$

由式(4.113)我们有 $\boldsymbol{f}_\infty(\mathbf{0})=\mathbf{0}$，所以原点是式(4.114)的一个平衡点。

命题 4.22　*假设 $\boldsymbol{f}$ 是全局利普希茨连续的，利普希茨常数为 L。假设对于所有 θ，存在极限式(4.113)用以定义一个连续函数 $\boldsymbol{f}_\infty:\mathbb{R}^d\to\mathbb{R}^d$。则，如果式(4.114)的原点是渐近稳定的，那么式(4.2)是最终有界的。*

为了证明这个命题，我们首先需要更好地理解式(4.114)的解的特殊性质：

引理 4.23　*假定命题 4.22 的假设成立，特别地，式(4.114)的原点是渐近稳定的，则以下结论成立：*

(i) 对于每个 $\boldsymbol{\theta}\in\mathbb{R}^d$ 和 $s\geqslant 0$，

$$\boldsymbol{f}_\infty(s\boldsymbol{\theta})=s\boldsymbol{f}_\infty(\boldsymbol{\theta})$$

(ii) 如果 $\{\boldsymbol{\vartheta}_t^\infty:t\geqslant 0\}$ 是式(4.114)的任意解，且 $s>0$，则 $\{\boldsymbol{y}_t=s\boldsymbol{\vartheta}_t^\infty:t\geqslant 0\}$ 也是一个开始于 $\boldsymbol{y}_0=s\boldsymbol{\vartheta}_0^\infty\in\mathbb{R}^d$ 的解。

(iii) 式(4.114)的原点是全局渐近稳定的，并且以指数形式快速收敛到原点：对于某个

$R<\infty$和 $\rho>0$，

$$\|\boldsymbol{\vartheta}_t^\infty\| \leqslant R\mathrm{e}^{-\rho t}\|\boldsymbol{\vartheta}_0^\infty\|, \quad \boldsymbol{\vartheta}_0^\infty \in \mathbb{R}^d$$

证明 首先考虑第(i)部分中的缩放结果：根据定义式(4.113)，当 $s>0$ 时，

$$\boldsymbol{f}_\infty(s\boldsymbol{\theta}) = \lim_{r\to\infty} r^{-1}\boldsymbol{f}(rs\boldsymbol{\theta}) = s\lim_{r\to\infty}(sr)^{-1}\boldsymbol{f}(rs\boldsymbol{\theta}) = s\boldsymbol{f}_\infty(\boldsymbol{\theta})$$

$s=0$ 的情况是显而易见的，因为很明显 $\boldsymbol{f}_\infty(0)=0$。这就证明了(i)。

接下来，记

$$\boldsymbol{\vartheta}_t^\infty = \boldsymbol{\vartheta}_0^\infty + \int_0^t \boldsymbol{f}_\infty(\boldsymbol{\vartheta}_\tau^\infty)\,\mathrm{d}\tau$$

两边都乘以 s，并应用(i)得到(ii)。

原点的渐近稳定性意味着：(i)只要 $\|\boldsymbol{\vartheta}_0^\infty\|\leqslant\varepsilon$ 成立，就存在 $\varepsilon>0$，使得 $\lim_{t\to\infty}\boldsymbol{\vartheta}_t^\infty=0$；(ii)在初始条件下收敛是一致的。因此，存在 $T_0>0$，使得

$$\text{对于 } t\geqslant T_0\text{，当}\|\boldsymbol{\vartheta}_0^\infty\|\leqslant\varepsilon\text{ 时，有}\|\boldsymbol{\vartheta}_t^\infty\|\leqslant\frac{1}{2}\varepsilon$$

接下来，应用缩放：对于任何初始条件 $\boldsymbol{\vartheta}_0^\infty$，考虑 $\boldsymbol{y}_t=s\boldsymbol{\vartheta}_t^\infty$，其中 $s=\varepsilon/\|\boldsymbol{\vartheta}_0^\infty\|$，然后使得 $\|\boldsymbol{y}_0\|=\varepsilon$。则对于 $t\geqslant T_0$，有 $\|\boldsymbol{y}_t\|\leqslant\frac{1}{2}\varepsilon=\frac{1}{2}\|\boldsymbol{y}_0\|$，这意味着

$$\|\boldsymbol{\vartheta}_{T_0}^\infty\|\leqslant\frac{1}{2}\|\boldsymbol{\vartheta}_0^\infty\|, \quad t\geqslant T_0, \boldsymbol{\vartheta}_0^\infty\in\mathbb{R}^d$$

这很容易通过如下迭代得到(iii)：对于任何 t，记 $t=nT_0+t_0$，其中 $0\leqslant t_0<T_0$，因此

$$\|\boldsymbol{\vartheta}_t^\infty\|\leqslant\frac{1}{2}\|\boldsymbol{\vartheta}_{nT_0+t_0}^\infty\|\leqslant 2^{-n}\|\boldsymbol{\vartheta}_{t_0}^\infty\|$$

由命题 4.19 可知，$\|\boldsymbol{\vartheta}_{t_0}^\infty\|\leqslant\mathrm{e}^L\|\boldsymbol{\vartheta}_0^\infty\|$，因此

$$\|\boldsymbol{\vartheta}_t^\infty\|\leqslant 2\mathrm{e}^L 2^{-(n+1)}\|\boldsymbol{\vartheta}_0^\infty\|$$

其中，对右侧进行了整理，并使用界 $t\leqslant(n+1)T_0$，得出 $2^{-(n+1)}\leqslant\exp(-\log(2)t/T_0)$。在 $R=2\mathrm{e}^L$ 和 $\rho=\log(2)/T_0$ 条件下，我们得到了(iii)中的界。 □

命题 4.22 的证明 记

$$\varepsilon(\boldsymbol{\theta}) = \|\boldsymbol{f}(\boldsymbol{\theta}) - \boldsymbol{f}_\infty(\boldsymbol{\theta})\|$$

利用引理 4.23，当 $s=\|\boldsymbol{\theta}\|$ 时，有

$$\frac{1}{\|\boldsymbol{\theta}\|}\varepsilon(\boldsymbol{\theta}) = \|\boldsymbol{f}_s(\boldsymbol{\theta}/s) - \boldsymbol{f}_\infty(\boldsymbol{\theta}/s)\|$$

因为函数$\{\boldsymbol{f}_s: s\geqslant 1\}$是一致利普希茨连续的，并且根据定义有 $\|\boldsymbol{\theta}/s\|=1$，当 $\|\boldsymbol{\theta}\|\to\infty$时，右侧一致收敛到零，即 $\varepsilon(\boldsymbol{\theta})=o(\|\boldsymbol{\theta}\|)$。

让我们思考一下这意味着什么：对于任何 $\varepsilon>0$，存在 $N(\varepsilon)<\infty$，使得只要 $\|\boldsymbol{\theta}\|\geqslant N(\varepsilon)$，则 $\varepsilon(\boldsymbol{\theta})=\varepsilon(\|\boldsymbol{\theta}\|)$成立。由此，我们得到了看起来更简单的界：

$$\varepsilon(\boldsymbol{\theta})\leqslant B_\varepsilon+\varepsilon\|\boldsymbol{\theta}\|,\quad \text{其中} B_\varepsilon=\max\{\varepsilon(\boldsymbol{\theta}):\|\theta\|\leqslant N(\varepsilon)\} \tag{4.115}$$

对于任何初始条件 $\boldsymbol{\vartheta}_0$，基于这个界我们比较两个解：

$$\boldsymbol{\vartheta}_t=\boldsymbol{\vartheta}_0+\int_0^t \boldsymbol{f}(\boldsymbol{\vartheta}_\tau)\,\mathrm{d}\tau$$

$$\boldsymbol{\vartheta}_t^\infty=\boldsymbol{\vartheta}_0+\int_0^t \boldsymbol{f}_\infty(\boldsymbol{\vartheta}_\tau^\infty)\,\mathrm{d}\tau$$

记 $z_t=\|\boldsymbol{\vartheta}_t-\boldsymbol{\vartheta}_t^\infty\|$，并使用前面的定义，得到

$$z_t\leqslant\int_0^t\|\boldsymbol{f}_\infty(\boldsymbol{\vartheta}_\tau)-\boldsymbol{f}_\infty(\boldsymbol{\vartheta}_\tau^\infty)\|\,\mathrm{d}\tau+\int_0^t\varepsilon(\boldsymbol{\vartheta}_\tau)\,\mathrm{d}\tau\leqslant L\int_0^t z_\tau\,\mathrm{d}\tau+\int_0^t\varepsilon(\boldsymbol{\vartheta}_\tau)\,\mathrm{d}\tau$$

伽罗瓦不等式的第二种形式[式(4.6c)]成立，其中 $\beta_t\equiv L$，α_t 为第二个积分，给出

$$z_t\leqslant \mathrm{e}^{Lt}\int_0^t\varepsilon(\boldsymbol{\vartheta}_\tau)\,\mathrm{d}\tau\leqslant \mathrm{e}^{Lt}\int_0^t\{B_\varepsilon+\varepsilon\|\boldsymbol{\vartheta}_\tau\|\}\,\mathrm{d}\tau$$

式中第二个不等式使用了式(4.115)，$\varepsilon>0$ 为待选择参数。命题 4.19 给出 $\|\boldsymbol{\vartheta}_\tau\|\leqslant\{B_f+\|\boldsymbol{\vartheta}_0\|\}\mathrm{e}^{L\tau}$，使得

$$\|\boldsymbol{\vartheta}_t-\boldsymbol{\vartheta}_t^\infty\|=z_t\leqslant t\mathrm{e}^{Lt}B_\varepsilon+\varepsilon\mathrm{e}^{Lt}\{B_f+\|\boldsymbol{\vartheta}_0\|\}\{L^{-1}\mathrm{e}^{Lt}\}$$

再次应用三角不等式，得到

$$\|\boldsymbol{\vartheta}_t\|\leqslant\|\boldsymbol{\vartheta}_t^\infty\|+\varepsilon L^{-1}\mathrm{e}^{2Lt}\|\boldsymbol{\vartheta}_0\|+B_{\varepsilon,t}$$

式中 $B_{\varepsilon,t}$ 的值可以通过重新排列项来确定。最后我们可以引入引理 4.23，这意味着，当 $t\geqslant T_0$ 时，存在 T_0，使得 $\|\boldsymbol{\vartheta}_t^\infty\|\leqslant\frac{1}{2}\|\boldsymbol{\vartheta}_0^\infty\|=\frac{1}{2}\|\boldsymbol{\vartheta}_0\|$。因此

$$\|\boldsymbol{\vartheta}_{T_0}\|\leqslant\left(\frac{1}{2}+\varepsilon L^{-1}\mathrm{e}^{2LT_0}\right)\|\boldsymbol{\vartheta}_0\|+B_{\varepsilon,T_0}$$

选择足够小的 $\varepsilon>0$，使得括号中的项不大于 3/4，则有

$$\|\boldsymbol{\vartheta}_{T_0}\|\leqslant\rho\|\boldsymbol{\vartheta}_0\|+B_{\varepsilon,T_0},\quad \rho=3/4$$

与引理 4.23 的证明一样，对于每个整数 n 和 $t_0\leqslant T_0$，我们可以迭代得到

$$\|\boldsymbol{\vartheta}_{nT_0+t_0}\|\leqslant\rho^n\|\boldsymbol{\vartheta}_{t_0}\|+\frac{1}{1-\rho}B_{\varepsilon,T_0}\leqslant\rho^n\{B_f+\|\boldsymbol{\vartheta}_0\|\}\mathrm{e}^{LT_0}+\frac{1}{1-\rho}B_{\varepsilon,T_0}$$

这就建立了最终有界性，并可以选择 $S=\{\boldsymbol{\theta}:\|\boldsymbol{\theta}\|\leqslant\frac{1}{1-\rho}B_{\varepsilon,T_0}+1\}$。 □

4.9 QSA 的收敛性理论*

在本节中，我们考虑假设(QSA1)~(QSA3)(在 4.5.4 节中介绍过的)下的一般非线性 ODE[式(4.44)]。如命题 4.2 中所述，定理 4.15 的证明主要是伽罗瓦不等式的直接应用。QSA 的稳定性理论与 4.8 节中介绍的 ODE 稳定性理论紧密相关。

只有当我们涉及收敛速度时，我们才会遇到数学挑战。这些结果还需要进一步的假设。首先，需要一个稍微加强的假设(QSA2)：

(QSA4) 向量场 $\overline{\boldsymbol{f}}$ 是可微的，其导数表示为

$$\boldsymbol{A}(\boldsymbol{\theta})=\partial_{\theta}\overline{\boldsymbol{f}}(\boldsymbol{\theta}) \tag{4.116}$$

也就是说，对于每个 $\boldsymbol{\theta}\in\mathbb{R}^d$ 而言，$\boldsymbol{A}(\boldsymbol{\theta})$ 是 $d\times d$ 矩阵，其中 $\boldsymbol{A}_{i,j}(\boldsymbol{\theta})=\dfrac{\partial}{\partial\boldsymbol{\theta}_j}\overline{\boldsymbol{f}}_i(\boldsymbol{\theta})$。

此外，导数 $\boldsymbol{A}$ 是利普希茨连续的，且 $\boldsymbol{A}^*=\boldsymbol{A}(\boldsymbol{\theta}^*)$ 是赫尔维茨矩阵。

在(QSA2)中强加的关于 $\boldsymbol{f}$ 的全局利普希茨假设条件下，矩阵价值函数 $\boldsymbol{A}$ 在 $\mathbb{R}^d$ 上是一致有界的。赫尔维茨矩阵假设意味着式(4.42)是(局部)指数渐近稳定的。

最后的假设是遍历极限[式(4.82)]的实质性加强。

(QSA5) 探测信号是式(4.79)的解，其中 Ω 是欧氏空间的紧子集。探测信号在 Ω 上具有唯一的不变测度 μ，并且对于每个初始条件 $\boldsymbol{\xi}_0\in\Omega$，它满足以下条件：

(i)对于每个 $\boldsymbol{\theta}$，存在一个函数 $\hat{\boldsymbol{f}}(\boldsymbol{\theta},\cdot)$ 满足下式：

$$\text{对所有的 } 0\leqslant t_0\leqslant t_1\text{，有 }\hat{\boldsymbol{f}}(\boldsymbol{\theta},\boldsymbol{\xi}_{t_0})=\int_{t_0}^{t_1}[\boldsymbol{f}(\boldsymbol{\theta},\boldsymbol{\xi}_t)-\overline{\boldsymbol{f}}(\boldsymbol{\theta})]\mathrm{d}t+\hat{\boldsymbol{f}}(\boldsymbol{\theta},\boldsymbol{\xi}_{t_1}) \tag{4.117}$$

其中，$\overline{\boldsymbol{f}}(\boldsymbol{\theta})=\int_{\Omega}\boldsymbol{f}(\boldsymbol{\theta},\boldsymbol{x})\mu(\mathrm{d}\boldsymbol{x})$ 且 $\boldsymbol{0}=\int_{\Omega}\hat{\boldsymbol{f}}(\boldsymbol{\theta},\boldsymbol{x})\mu(\mathrm{d}\boldsymbol{x})$。

(ii)函数 $\hat{\boldsymbol{f}}$、导数 $\partial_{\boldsymbol{\theta}}\overline{\boldsymbol{f}}$ 和 $\partial_{\boldsymbol{\theta}}\boldsymbol{f}$ 关于 $\boldsymbol{\theta}$ 是 C^1 连续的和利普希茨连续的。特别地，$\hat{\boldsymbol{f}}$ 容许导数 $\boldsymbol{A}$ 满足

$$\hat{\boldsymbol{A}}(\boldsymbol{\theta},\boldsymbol{\xi}_{t_0})=\int_{t_0}^{t_1}[\boldsymbol{A}(\boldsymbol{\theta},\boldsymbol{\xi}_t)-\boldsymbol{A}(\boldsymbol{\theta})]\mathrm{d}t+\hat{\boldsymbol{A}}(\boldsymbol{\theta},\boldsymbol{\xi}_{t_1}),\quad 0\leqslant t_0\leqslant t_1$$

式中 $\boldsymbol{A}(\boldsymbol{\theta},\boldsymbol{\xi})=\partial_{\boldsymbol{\theta}}\boldsymbol{f}(\boldsymbol{\theta},\boldsymbol{\xi})$，且 $\boldsymbol{A}(\boldsymbol{\theta})=\partial_{\boldsymbol{\theta}}\overline{\boldsymbol{f}}(\boldsymbol{\theta})$ 在式(4.116)中定义。假定利普希茨连续性关于探索过程是一致的：对于 $L_f<\infty$，

$$\begin{aligned}&\|\hat{\boldsymbol{f}}(\boldsymbol{\theta}',\boldsymbol{\xi})-\hat{\boldsymbol{f}}(\boldsymbol{\theta},\boldsymbol{\xi})\|\leqslant L_f\|\boldsymbol{\theta}'-\boldsymbol{\theta}\|,\\&\|\boldsymbol{A}(\boldsymbol{\theta}',\boldsymbol{\xi})-\boldsymbol{A}(\boldsymbol{\theta},\boldsymbol{\xi})\|\leqslant L_f\|\boldsymbol{\theta}'-\boldsymbol{\theta}\|,\\&\|\hat{\boldsymbol{A}}(\boldsymbol{\theta}',\boldsymbol{\xi})-\hat{\boldsymbol{A}}(\boldsymbol{\theta},\boldsymbol{\xi})\|\leqslant L_f\|\boldsymbol{\theta}'-\boldsymbol{\theta}\|,\quad \boldsymbol{\theta}',\boldsymbol{\theta}\in\mathbb{R}^d,\boldsymbol{\xi}\in\Omega\end{aligned}$$

(iii)记 $\boldsymbol{\Upsilon}_t=[\hat{\boldsymbol{A}}(\boldsymbol{\theta}^*,\boldsymbol{\xi}_0)-\hat{\boldsymbol{A}}(\boldsymbol{\theta}^*,\boldsymbol{\xi}_t)]\boldsymbol{f}(\boldsymbol{\theta}^*,\boldsymbol{\xi}_t)$，则存在以下极限：

$$\overline{\boldsymbol{\Upsilon}}\stackrel{\text{def}}{=}\lim_{T\to\infty}\frac{1}{T}\int_0^T\boldsymbol{\Upsilon}_t\mathrm{d}t=-\int_{\Omega}\hat{\boldsymbol{A}}(\boldsymbol{\theta}^*,\boldsymbol{x})\boldsymbol{f}(\boldsymbol{\theta}^*,\boldsymbol{x})\mu(\mathrm{d}\boldsymbol{x})$$

且下面的偏积分关于 t 是有界的：

$$\widetilde{\boldsymbol{\Upsilon}}_t^I=\int_0^t[\widetilde{\boldsymbol{\Upsilon}}_r-\overline{\boldsymbol{\Upsilon}}]\mathrm{d}r,\quad \text{其中}\widetilde{\boldsymbol{\Upsilon}}_t=\boldsymbol{\Upsilon}_t-\overline{\boldsymbol{\Upsilon}} \tag{4.118}$$

假设(QSA5)中的(iii)是强加的，因为向量 $\overline{\boldsymbol{\Upsilon}}$ 出现在缩放误差 Z_t 的近似中。这个假设并不比其他假设强多少。特别地，式(4.118)中的偏积分将是有界的，如果下面的偏积分存在一个有界的解 $\{\boldsymbol{\Upsilon}_t\}$，那么对所有的 $0\leqslant t_0\leqslant t_1$，有

$$\widehat{\boldsymbol{\Upsilon}}_{t_0}=\int_{t_0}^{t_1}[\widetilde{\boldsymbol{\Upsilon}}_t-\overline{\boldsymbol{\Upsilon}}]\mathrm{d}t+\widehat{\boldsymbol{\Upsilon}}_{t_1}$$

本节的余下部分将被分为五小节：

- ▲ 4.9.1 节将总结我们在定理 4.24 和 4.25 中发现的 QSA 收敛速度的界限，并概述了它们的证明。
- ▲ 4.9.2 节涉及式(4.42)和式(4.44)之间的界限，这是本节其余大部分内容的基础。
- ▲ 4.9.3 节讲述 QSA 的最终有界准则或判据。
- ▲ 4.9.4 节包含证明假设(QSA5)合理性的理论。
- ▲ 4.9.5 节包含与收敛速度相关的主要结果的证明。

4.9.1　主要结果和一些见解

式(4.117)中的符号 $\hat{\boldsymbol{f}}$ 用于强调与马尔可夫过程和随机近似理论的相似之处：这正是泊松方程的解(具有强制函数 $\widetilde{\boldsymbol{f}}(\cdot)=\boldsymbol{f}(\boldsymbol{\theta},\cdot)-\overline{\boldsymbol{f}}(\cdot)$)，它出现在马尔可夫过程模拟、平均成本最优控制和随机近似的理论中[12,39,144,250]。对于由锯齿波函数 $\boldsymbol{\xi}_t\stackrel{\text{def}}{=}t(\bmod 1)$ 定义的一维探测信号，$t\geqslant 1$，泊松方程的解有一个简单的形式：

$$\hat{g}(z)=-\int_0^z[g(x)-\overline{g}]\mathrm{d}x+\hat{g}(0)\quad z\in[0,1)$$

其中 $\overline{g}=\int_0^1 g(x)\mathrm{d}x$。

引入新的符号是有用的：对于 $\boldsymbol{\theta}\in\mathbb{R}^d$ 和 $T\geqslant 0$，

$$\boldsymbol{\Xi}_T^1(\boldsymbol{\theta})=\int_0^T[\boldsymbol{f}(\boldsymbol{\theta},\boldsymbol{\xi}_t)-\overline{\boldsymbol{f}}(\boldsymbol{\theta})]\mathrm{d}t=\hat{\boldsymbol{f}}(\boldsymbol{\theta},\boldsymbol{\xi}_0)-\hat{\boldsymbol{f}}(\boldsymbol{\theta},\boldsymbol{\xi}_T) \tag{4.119}$$

其中第二个等式来自式(4.117)。$\boldsymbol{\theta}=\boldsymbol{\theta}^*$ 的特殊情况值得使用特殊的表示：

$$\boldsymbol{\Xi}_T^1=\boldsymbol{\Xi}_T^1(\boldsymbol{\theta}^*)=\int_0^T\boldsymbol{f}(\boldsymbol{\theta}^*,\boldsymbol{\xi}_t)\mathrm{d}t$$

其中，由平衡点条件 $\overline{\boldsymbol{f}}(\boldsymbol{\theta}^*)=\mathbf{0}$ 可知，右侧是合理的。

定理 4.24　假定(QSA1)~(QSA5)成立，且增益为 $a_t=1/(1+t)^\rho$。

(i)$\rho<1$。下式成立：

$$\begin{aligned}\boldsymbol{\Theta}_t &= \boldsymbol{\theta}^* + a_t \boldsymbol{Z}_t + \boldsymbol{o}(a_t) \\ \boldsymbol{Z}_t &= \overline{\boldsymbol{Y}} + \boldsymbol{\Xi}_t^1 + \boldsymbol{o}(1)\end{aligned} \tag{4.120a}$$

其中

$$\overline{\boldsymbol{Y}} = [\boldsymbol{A}^*]^{-1}\overline{\boldsymbol{\Upsilon}} \tag{4.120b}$$

(ii)$\rho=1$。如果 $\boldsymbol{I}-\boldsymbol{A}^*$ 是赫尔维茨矩阵，则收敛速度是 $1/t$：

$$\begin{aligned}&\boldsymbol{\Theta}_t = \boldsymbol{\theta}^* + a_t \boldsymbol{Z}_t + \boldsymbol{o}(a_t) \\ &\boldsymbol{Z}_t = \overline{\boldsymbol{Y}} + \boldsymbol{\Xi}_t^1 + \boldsymbol{o}(1), \quad \text{其中 } \overline{\boldsymbol{Y}} = [\boldsymbol{I}+\boldsymbol{A}^*]^{-1}\overline{\boldsymbol{\Upsilon}}\end{aligned} \tag{4.120c}$$

□

接下来我们转向 PJR 平均[式(4.78)]。这通常表示为两个时间尺度的算法：

$$\frac{\mathrm{d}}{\mathrm{d}t}\boldsymbol{\Theta}_t = a_t \boldsymbol{f}(\boldsymbol{\Theta}_t, \boldsymbol{\xi}_t), \tag{4.121a}$$

$$\frac{\mathrm{d}}{\mathrm{d}t}\boldsymbol{\Theta}_t^{\mathrm{PR}} = \frac{1}{1+t}[\boldsymbol{\Theta}_t - \boldsymbol{\Theta}_t^{\mathrm{PR}}] \tag{4.121b}$$

这种估计技术的关键在于第一个增益相对较大：$\lim_{t\to\infty}(1+t)a_t=\infty$。式(4.121b)的解可以表示为一个近似平均值：

$$\boldsymbol{\Theta}_T^{\mathrm{PR}} = \frac{1}{1+T}\boldsymbol{\Theta}_0^{\mathrm{PR}} + \frac{1}{1+T}\int_0^T \boldsymbol{\Theta}_t \mathrm{d}t, \quad T\geqslant 0$$

对整个历史时间进行平均可能没有意义，因为这可能包括随意狂暴的初始瞬变。这就是我们通常偏好式(4.78)的原因，这里再重申一下：对于 $\kappa>1$，

$$\boldsymbol{\Theta}_T^{\mathrm{PR}} = \frac{1}{T-T_0}\int_{T_0}^T \boldsymbol{\Theta}_t \mathrm{d}t, \quad T\geqslant 0, T_0 = T - T/\kappa \tag{4.121c}$$

T_0 的选择应使得 $1/(T-T_0)=\kappa/T$。式(4.121a)~式(4.121c)将被称为 Polyak-Ruppert 平均，但接下来的理论仅限于式(4.121c)。

定理 4.25　假定定理 4.24 中的假设成立，特别是 $a_t=1/(1+t)^\rho$ 且 $\rho\in\left(\frac{1}{2},1\right)$。则在利用式(4.121c)定义的$\boldsymbol{\Theta}_T^{\mathrm{PR}}$以及 $\kappa>1$ 的情况下，我们有

$$\boldsymbol{\Theta}_T^{\mathrm{PR}} = \boldsymbol{\theta}^* + a_T c(\rho,\kappa)\overline{\boldsymbol{Y}} + \boldsymbol{\Phi}_T/T \tag{4.122}$$

其中 $\overline{\boldsymbol{Y}}$ 在式(4.120b)中被定义，$c(\rho,\kappa)=\kappa[1-(1-1/\kappa)^{1-\rho}]/(1-\rho)$，并且$\{\boldsymbol{\Phi}_t\}$是一个时间的有界函数。因此，当且仅当 $\overline{\boldsymbol{Y}}=\boldsymbol{0}$ 时，收敛速度为 $1/T$。 □

对于 $\overline{\boldsymbol{Y}}\neq\boldsymbol{0}$ 的情况，习题 4.11 提供了一个简单的例子，Polyak-Ruppert 平均实际上可能会减慢收敛速度。习题 4.12 包含了一个更加积极的信息：当使用 qSGD #1 时，我们可能有 $\overline{\boldsymbol{Y}}\neq\boldsymbol{0}$，但它的范数是 ε(算法中使用的缩放尺度)阶的。

证明梗概

第一步是解释为什么我们可以在缩放误差 Z_t 的定义[式(4.72)]中利用$\boldsymbol{\theta}^*$替换 $\overline{\boldsymbol{\Theta}}_t$。命题 4.26 提供了论据，并阐明了在使用增益 $a_t=1/(1+t)^\rho$ 时选择$\rho=1$ 或$\rho<1$ 之间的巨大差异。

命题 4.26　假定(QSA3)成立，并且$\overline{\boldsymbol{f}}$是 C^1 连续的，$\boldsymbol{A}^*$是赫尔维茨矩阵。对于$\boldsymbol{A}^*$的每个特征值λ，固定$\varrho_0>0$且使其满足 $\mathrm{Real}(\lambda)<-\varrho_0$。则存在 $b>0,B<\infty$，使得当 $\|\boldsymbol{\vartheta}_{\tau_0}-\boldsymbol{\theta}^*\|\leqslant b$ 时，式(4.42)的解$\{\boldsymbol{\vartheta}_\tau:\tau\geqslant\tau_0\}$满足

$$\|\boldsymbol{\vartheta}_\tau-\boldsymbol{\theta}^*\|\leqslant B\|\boldsymbol{\vartheta}_{\tau_0}-\boldsymbol{\theta}^*\|\exp(-\varrho_0[\tau-\tau_0]),\quad \tau\geqslant\tau_0$$

因此，对于使用增益 $a_t=1/(1+t)^\rho$ 获得的式(4.71)的解，有以下结论成立：如果$\|\overline{\boldsymbol{\Theta}}_{t_0}-\boldsymbol{\theta}^*\|\leqslant b$，则有

(i)对于 $t\geqslant t_0$，如果$\rho=1$，那么$\|\overline{\boldsymbol{\Theta}}_t-\boldsymbol{\theta}^*\|\leqslant B\|\boldsymbol{\vartheta}_{\tau_0}-\boldsymbol{\theta}^*\|[(1+t_0)/(1+t)]^{\varrho_0}$

(ii)使用任意的$0<\rho<1$，

$$\|\overline{\boldsymbol{\Theta}}_t-\boldsymbol{\theta}^*\|\leqslant\overline{B}_{t_0}\|\boldsymbol{\vartheta}_{\tau_0}-\boldsymbol{\theta}^*\|\exp(-\varrho_0(1-\rho)^{-1}(1+t)^{1-\rho}),\quad t\geqslant t_0 \tag{4.123}$$

其中，$\overline{B}_{t_0}=B\exp(\varrho_0(1-\rho)^{-1}(1+t_0)^{1-\rho})$。　□

一个重要的结论是，当$\rho<1$ 时，使得式(4.123)成立，然后有

$$\boldsymbol{Z}_t=\frac{1}{a_t}(\boldsymbol{\Theta}_t-\boldsymbol{\theta}^*)+\boldsymbol{\varepsilon}_t^z \tag{4.124}$$

其中$\boldsymbol{\varepsilon}_t^z=[\boldsymbol{\theta}^*-\overline{\boldsymbol{\Theta}}_t]/a_t$ 随着 $t\to\infty$迅速消失。

命题 4.27 展示了非线性 ODE 在收敛的情况下是如何自然地被"线性化"的。

命题 4.27　假定(QSA1)~(QSA4)成立，并且对于每个初始条件，式(4.44)的解都收敛到$\boldsymbol{\theta}^*$。则缩放比例误差具有如下表示：

$$\frac{\mathrm{d}}{\mathrm{d}t}\boldsymbol{Z}_t=[r_t\boldsymbol{I}+a_t\boldsymbol{A}(\overline{\boldsymbol{\Theta}}_t)]\boldsymbol{Z}_t+a_t\boldsymbol{\Delta}_t+\widetilde{\boldsymbol{\Xi}}_t,\quad Z_{t_0}=0 \tag{4.125a}$$

其中 $r_t=-\frac{\mathrm{d}}{\mathrm{d}t}\log(a_t)$，$\widetilde{\boldsymbol{\Xi}}_t=f(\boldsymbol{\Theta}_t,\xi_t)-\overline{f}(\boldsymbol{\Theta}_t)$，并且设$\boldsymbol{A}^*=\boldsymbol{A}(\boldsymbol{\theta}^*)$，$\boldsymbol{\Delta}_t$ 的边界在下列情况中进行区分：

(i)当 $a_t=1/(1+t)$，

$$\frac{\mathrm{d}}{\mathrm{d}t}\boldsymbol{Z}_t=a_t[\boldsymbol{I}+\boldsymbol{A}^*]\boldsymbol{Z}_t+a_t\boldsymbol{\Delta}_t+\widetilde{\boldsymbol{\Xi}}_t \tag{4.125b}$$

式中

$$\|\boldsymbol{\Delta}_t\|=O\left(\frac{1}{a_t}\|\boldsymbol{\Theta}_t-\overline{\boldsymbol{\Theta}}_t\|^2\right)=o(\|\boldsymbol{Z}_t\|) \tag{4.125c}$$

(ii)对于任意的$\rho\in(0,1)$，使用增益 $a_t=1/(1+t)^\rho$，则有

$$\frac{\mathrm{d}}{\mathrm{d}t}\boldsymbol{Z}_t = a_t\boldsymbol{A}^*\boldsymbol{Z}_t + a_t\boldsymbol{\Delta}_t + \widetilde{\boldsymbol{\Xi}}_t, \tag{4.125d}$$

式中$\boldsymbol{\Delta}_t = \boldsymbol{\Delta}_t^{(\rho)} + (r_t/a_t)\boldsymbol{Z}_t$，且

$$\|\boldsymbol{\Delta}_t^{(\rho)}\| = O\left(\frac{1}{a_t}\|\boldsymbol{\Theta}_t - \overline{\boldsymbol{\Theta}}_t\|^2\right) \tag{4.125e}$$

再次有 $\|\boldsymbol{\Delta}_t\| = o(\|\boldsymbol{Z}_t\|)$，因为在这种情况下，$r_t = \rho/(1+t)$。

注意，在(QSA1)条件下，$r_t = -\frac{\mathrm{d}}{\mathrm{d}t}\log(a_t)$总是非负的。

应用命题 4.27 的挑战在于出现在式(4.125a)中的“噪声”过程 $\boldsymbol{\Xi}_t$ 是非消失的，并且不能用一个消失项来缩放。这个问题是通过变量的变化来解决的：对于 $t\geqslant 0$，记

$$\boldsymbol{Y}_t \stackrel{\text{def}}{=} \boldsymbol{Z}_t - \boldsymbol{\Xi}_t^1(\boldsymbol{\Theta}_t) \tag{4.126}$$

式中$\boldsymbol{\Xi}_t^1(\boldsymbol{\Theta}_t)$在 * 式(4.119)中被定义。由命题 4.38 可知，$\boldsymbol{Y}_t$ 是下面微分方程的解：

$$\frac{\mathrm{d}}{\mathrm{d}t}\boldsymbol{Y}_t = a_t[\boldsymbol{A}^*\boldsymbol{Y}_t + \boldsymbol{\Delta}_t^Y - \boldsymbol{\Upsilon}_t + \boldsymbol{A}^*\boldsymbol{\Xi}_t^1] + r_t[\boldsymbol{Y}_t + \boldsymbol{\Xi}_t^1]$$

其中$\boldsymbol{\Xi}_t^1 = \boldsymbol{\Xi}_t^1(\boldsymbol{\theta}^*)$，且随着 $t\to\infty$，$\|\boldsymbol{\Delta}_t^Y\| = o(1+\|\boldsymbol{Y}_t\|)$

我们将会证明，这意味着收敛：$\lim_{t\to\infty}\boldsymbol{Y}_t = \overline{\boldsymbol{Y}}$。这很容易得出定理 4.24 的证明，从中可以得出定理 4.25——具体细节将在本节的余下部分给出。

4.9.2　ODE 的整体性

定理 4.15 的证明需要精确的 ODE 近似，本小节对此进行了解释。为此，我们回忆一下式(4.45)中引入的“平均”向量场：

$$\text{对于所有的 } \boldsymbol{\theta}\in\mathbb{R}^d, \overline{\boldsymbol{f}}(\boldsymbol{\theta}) = \lim_{T\to\infty}\frac{1}{T}\int_0^T \boldsymbol{f}(\boldsymbol{\theta},\boldsymbol{\xi}_t)\,\mathrm{d}t \tag{4.127}$$

理论上，第一步是找到一些假设以确保极限存在。在此之后，比较式(4.42)和式(4.44)的解，并证明两者都收敛到相同的极限(如果二者都存在有界解的话)。

回想一下，ODE 近似的起点是时间变换[式(4.73)]，则时间尺度过程被定义为

$$\widehat{\boldsymbol{\Theta}}_\tau \stackrel{\text{def}}{=} \boldsymbol{\Theta}(s^{-1}(\tau)) = \boldsymbol{\Theta}_t\big|_{t=s^{-1}(\tau)} \tag{4.128}$$

由微分链式法则(并使用 $\mathrm{d}\tau = a_t\mathrm{d}t$)，可得

$$\frac{\mathrm{d}}{\mathrm{d}\tau}\boldsymbol{\Theta}(s^{-1}(\tau)) = \boldsymbol{f}(\boldsymbol{\Theta}(s^{-1}(\tau)), \boldsymbol{\xi}(s^{-1}(\tau)))$$

即时间尺度过程就是求解如下的 ODE：

$$\frac{\mathrm{d}}{\mathrm{d}\tau}\widehat{\boldsymbol{\Theta}}_\tau = \boldsymbol{f}(\boldsymbol{\Theta}(s^{-1}(\tau)), \boldsymbol{\xi}(s^{-1}(\tau))) \tag{4.129}$$

$\boldsymbol{\Theta}$ 和 $\widehat{\boldsymbol{\Theta}}$ 这两个过程仅在时间尺度上不同，因此，证明其中一个收敛就能证明另一个收敛。在本小节中，我们专门处理 $\widehat{\boldsymbol{\Theta}}$；它在“恰当”的时间尺度上，用于与式(4.42)的解 $\boldsymbol{\vartheta}$ 进行比较。

定义 $\boldsymbol{\vartheta}_w^\tau$ 为式(4.42)在 $\boldsymbol{\Theta}_\tau$ 处“开始”的唯一解，其中，$w \geqslant \tau$

$$\frac{\mathrm{d}}{\mathrm{d}w}\boldsymbol{\vartheta}_w^\tau = \overline{\boldsymbol{f}}(\boldsymbol{\vartheta}_w^\tau), w \geqslant \tau, \boldsymbol{\vartheta}_\tau^\tau = \widehat{\boldsymbol{\Theta}}_\tau \tag{4.130}$$

则我们有以下提示性表示：

$$\begin{aligned} \widehat{\boldsymbol{\Theta}}_{\tau+v} &= \widehat{\boldsymbol{\Theta}}_\tau + \int_\tau^{\tau+v} \boldsymbol{f}(\widehat{\boldsymbol{\Theta}}_w, \boldsymbol{\xi}(s^{-1}(w)))\,\mathrm{d}w \\ \boldsymbol{\vartheta}_{\tau+v}^\tau &= \widehat{\boldsymbol{\Theta}}_\tau + \int_\tau^{\tau+v} \overline{\boldsymbol{f}}(\boldsymbol{\vartheta}_w^\tau)\,\mathrm{d}w, \quad \tau, v \geqslant 0 \end{aligned} \tag{4.131}$$

命题 4.28　假设 $\widehat{\boldsymbol{\Theta}}$ 是有界的。则对于任何 $T>0$，有

$$\lim_{\tau\to\infty} \sup_{v\in[0,T]} \left\| \int_\tau^{\tau+v} [\boldsymbol{f}(\widehat{\boldsymbol{\Theta}}_w, \boldsymbol{\xi}(s^{-1}(w))) - \overline{\boldsymbol{f}}(\widehat{\boldsymbol{\Theta}}_w)]\,\mathrm{d}w \right\| = 0 \tag{4.132a}$$

$$\lim_{\tau\to\infty} \sup_{v\in[0,T]} \| \widehat{\boldsymbol{\Theta}}_{\tau+v} - \boldsymbol{\vartheta}_{\tau+v}^\tau \| = 0 \tag{4.132b}$$

该命题很容易建立定理 4.15。

定理 4.15 的证明　在定理的假设下，存在 $b<\infty$ 使得对于 $\tau \geqslant T_{\theta,z}$ 有 $\|\boldsymbol{\vartheta}_\tau^\tau\| = \|\boldsymbol{\Theta}_\tau\| \leqslant b$。根据全局渐近稳定性的定义，对于每个 $\varepsilon>0$，存在 $\boldsymbol{\mathcal{T}}_\varepsilon>0$，使得对于所有的 $v \geqslant \boldsymbol{\mathcal{T}}_\varepsilon$，当 $\|\boldsymbol{\vartheta}_\tau^\tau\| \leqslant b$ 时，

$$\|\boldsymbol{\vartheta}_{\tau+v}^\tau - \boldsymbol{\theta}^*\| < \varepsilon$$

由命题 4.28 可得

$$\limsup_{\tau\to\infty} \|\widehat{\boldsymbol{\Theta}}_{\tau+\mathcal{T}_\varepsilon} - \boldsymbol{\theta}^*\| \leqslant \limsup_{\tau\to\infty} \|\widehat{\boldsymbol{\Theta}}_{\tau+\mathcal{T}_\varepsilon} - \boldsymbol{\vartheta}_{\tau+\mathcal{T}_\varepsilon}^\tau\| + \limsup_{\tau\to\infty} \|\boldsymbol{\vartheta}_{\tau+\mathcal{T}_\varepsilon}^\tau - \boldsymbol{\theta}^*\| \leqslant \varepsilon$$

这样我们就得到了期望的极限，因为 $\varepsilon>0$ 是任意的。□

以下是命题 4.28 的证明。我们从一个粗略的界开始，将命题 4.19 推广到 QSA ODE。我们将对命题 4.19 的证明扩展到了引理 4.29，两者仅在符号上有不同。

引理 4.29　考虑式(4.129)，它满足(QSA2)中的利普希茨条件。则存在一个仅依赖于 f 的常数 B_f，使得

$$\|\widehat{\boldsymbol{\Theta}}_t - \widehat{\boldsymbol{\Theta}}_0\| \leqslant (B_f + L_f \|\widehat{\boldsymbol{\Theta}}_0\|) t e^{L_f t}, \quad t \geqslant 0 \tag{4.133}$$

□

下一步是获得 $\widehat{\boldsymbol{\Theta}}_w$ 冻结时的式(4.132a)的一种表示。针对时间尺度过程 $\{\boldsymbol{\xi}(s^{-1}(\tau))\}_{\tau\geqslant 0}$，式(4.134)是大数定律(LLN)的一种强化表示。注意，它与传统的 LLN 表示是不同的。这里的积分区间是某个任意固定的 T，并随着区间向无穷大移动，而且平均值会变得更加准确。

引理 4.30　对于任意的 $T>0$ 和 $\boldsymbol{\theta} \in \mathbb{R}^d$，

$$\left\| \int_\tau^{\tau+T} [\boldsymbol{f}(\boldsymbol{\theta}, \boldsymbol{\xi}(s^{-1}(w))) - \overline{\boldsymbol{f}}(\boldsymbol{\theta})]\,\mathrm{d}w \right\| \leqslant b_0(\boldsymbol{\theta}) \boldsymbol{\varepsilon}_\tau^f, \quad \boldsymbol{\varepsilon}_\tau^f \stackrel{\text{def}}{=} 3a_t \big|_{t=s^{-1}(\tau)} \tag{4.134}$$

其中 $b_0(\boldsymbol{\theta})$ 在式(4.82)中给出。

证明　对于每个 w 和 $\boldsymbol{\theta}$，记 $\tilde{\boldsymbol{f}}_w(\boldsymbol{\theta})=\boldsymbol{f}(\boldsymbol{\theta},\boldsymbol{\xi}_w)-\overline{\boldsymbol{f}}(\boldsymbol{\theta})$，$\boldsymbol{\varepsilon}_t\stackrel{\text{def}}{=}\int_0^t\tilde{\boldsymbol{f}}_w(\boldsymbol{\theta})\mathrm{d}w$。根据给定的式(4.82)，

$$\|\boldsymbol{\varepsilon}_t\|\leqslant b_0(\boldsymbol{\theta}),\quad t\geqslant 0 \tag{4.135}$$

我们使用分部积分简化了以下积分：

$$\int_{t_0}^{t_1}a_t\tilde{\boldsymbol{f}}_t(\boldsymbol{\theta})\,\mathrm{d}t=a_t\boldsymbol{\varepsilon}_t\Big|_{t_0}^{t_1}-\int_{t_0}^{t_1}a_t'\boldsymbol{\varepsilon}_t\mathrm{d}t$$

两侧取范数，并利用三角不等式，得到

$$\left\|\int_{t_0}^{t_1}a_t\tilde{\boldsymbol{f}}_t(\boldsymbol{\theta})\,\mathrm{d}t\right\|\leqslant a_{t_0}\|\boldsymbol{\varepsilon}_{t_0}\|+a_{t_1}\|\boldsymbol{\varepsilon}_{t_1}\|+\int_{t_0}^{t_1}|a_t'|\,\|\boldsymbol{\varepsilon}_t\|\mathrm{d}t$$

应用式(4.135)，得到

$$\left\|\int_{t_0}^{t_1}a_t\tilde{\boldsymbol{f}}_t(\boldsymbol{\theta})\,\mathrm{d}t\right\|\leqslant 2a_{t_0}b_0(\boldsymbol{\theta})-b_0(\boldsymbol{\theta})\int_{t_0}^{t_1}a_t'\mathrm{d}t\leqslant 3a_{t_0}b_0(\boldsymbol{\theta})$$

在第一个不等式中，我们利用了 a_t 非增的事实，因此有 $|a_t'|=-a_t'$。

令 $t_0=s^{-1}(\tau)$，$t_1=s^{-1}(\tau+T)$，$t=s^{-1}(w)$（由此有 $\mathrm{d}w=a_t\mathrm{d}t$），通过积分中变量的变化，得出：

$$\left\|\int_{\tau}^{\tau+T}[\boldsymbol{f}(\boldsymbol{\theta},\boldsymbol{\xi}(s^{-1}(w)))-\overline{\boldsymbol{f}}(\boldsymbol{\theta})]\,\mathrm{d}w\right\|=\left\|\int_{t_0}^{t_1}a_t\tilde{\boldsymbol{f}}_t(\boldsymbol{\theta})\,\mathrm{d}t\right\|\leqslant 3a_{t_0}b_0(\boldsymbol{\theta})=\boldsymbol{\varepsilon}_\tau^f b_0(\boldsymbol{\theta})$$ □

命题 4.28 的证明　证明的两部分建立了命题中的两个极限。回想一下，这两个极限受 $\boldsymbol{\Theta}$ 是有界的这个假设的约束。

式(4.132a)的证明　记

$$\boldsymbol{\varepsilon}_{\tau+v}^{\tau}=\int_{\tau}^{\tau+v}[\boldsymbol{f}(\widehat{\boldsymbol{\Theta}}_w,\boldsymbol{\xi}(s^{-1}(w)))-\overline{\boldsymbol{f}}(\widehat{\boldsymbol{\Theta}}_w)]\,\mathrm{d}w$$

为了建立式(4.132a)，我们必须证明，当 $\tau\to\infty$ 时，它收敛到 0，且对于有界区间内的 v 来说，它是一致的。

固定 $\delta>0$，对于 $k\geqslant 0$，记 $\tau_k=\tau+k\delta$。与黎曼积分理论一样，(QSA2)中的利普希茨条件意味着下面的界：

$$\boldsymbol{\varepsilon}_{\tau+v}^{\tau}=\sum_{k=0}^{n_v-1}\int_{\tau_k}^{\tau_k+\delta}[\boldsymbol{f}(\widehat{\boldsymbol{\Theta}}_{\tau_k},\boldsymbol{\xi}(s^{-1}(w)))-\overline{\boldsymbol{f}}(\widehat{\boldsymbol{\Theta}}_{\tau_k})]\,\mathrm{d}w+\boldsymbol{\varepsilon}_v^{\tau}$$

式中 n_v 表示 v/δ 的整数部分，且对于某个常数 $b_L<\infty$，$\|\boldsymbol{\varepsilon}_v^{\tau}\|\leqslant b_Lv\delta$。在 $\boldsymbol{\Theta}$ 是有界的假设下，该界关于 τ 是一致的。

引理 4.30 和三角不等式给出了下面的界：

$$\|\boldsymbol{\varepsilon}_{\tau+v}^{\tau}\|\leqslant\sum_{k=0}^{n_v-1}\varepsilon_{\tau_k}^f b_0(\widehat{\boldsymbol{\Theta}}_{\tau_k})+b_Lv\delta\leqslant\varepsilon_\tau^f\sum_{k=0}^{n_v-1}b_0(\widehat{\boldsymbol{\Theta}}_{\tau_k})+b_Lv\delta$$

对于所有 τ，令 $b_{\bullet}<\infty$ 表示一个满足 $b_0(\boldsymbol{\Theta}_\tau)\leqslant b_{\bullet}$ 的常数。则

$$\|\boldsymbol{\varepsilon}_{\tau+v}^\tau\|\leqslant b_{\bullet}\frac{v}{\delta}\varepsilon_\tau^f+b_L v\delta$$

引理 4.30 意味着，对于任何 $T>0$，

$$\limsup_{\tau\to\infty}\sup_{v\in[0,T]}\|\boldsymbol{\varepsilon}_{\tau+v}^\tau\|\leqslant b_L T\delta$$

这就完成了式(4.132a)的证明，因为 $\delta>0$ 是任意的。

式(4.132b)的证明　结果与文献[65]第 2 章中的引理 1 非常相似。它是引理 4.31 的改进，其证明开始于式(4.137)，其中 $\varepsilon_w^\tau=v_w^\tau-\Theta_w$，$w\geqslant\tau$。

(QSA2)中的利普希茨条件意味着如下的界：

$$\|\boldsymbol{\varepsilon}_{\tau+v}^\tau\|\leqslant\delta^\tau+L_f\int_\tau^{\tau+v}\|\boldsymbol{\varepsilon}_w^\tau\|\mathrm{d}w$$

式中

$$\delta^\tau\overset{\text{def}}{=}\sup_{\tau'\geqslant\tau}\max_{0\leqslant v\leqslant T}\left\|\int_{\tau'}^{\tau'+v}[\overline{\boldsymbol{f}}(\widehat{\boldsymbol{\Theta}}_w))-\boldsymbol{f}(\widehat{\boldsymbol{\Theta}}_w,\boldsymbol{\xi}(s^{-1}(w)))]\mathrm{d}w\right\|$$

然后对于所有的 τ 和 $0\leqslant v\leqslant 1$，命题 4.2 给出了 $\|\boldsymbol{\varepsilon}_{\tau+v}^\tau\|\leqslant \mathrm{e}^{L_f}\delta^\tau$。由于式(4.132a)，误差项 δ^τ 随着 $\tau\to\infty$ 而消失。 □

局部的整体性

对于 $\widehat{\boldsymbol{\Theta}}$ 和 $\boldsymbol{\vartheta}^\tau$ 之间的偏差，本节结论给出了一个弱的但更一般的界。该不等式不需要 ODE 的解的有界性，并且对于小的 $T>0$，对 $\boldsymbol{\Theta}$ 建立一个李雅普诺夫漂移条件是有用的。

引理 4.31　对于某个 $\overline{b}<\infty$ 和任意的 $0<T\leqslant 1$，

$$\|\widehat{\boldsymbol{\Theta}}_{\tau+T}-\boldsymbol{\vartheta}_{\tau+T}^\tau\|\leqslant \mathrm{e}^{L_f}b_0(\widehat{\boldsymbol{\Theta}}_\tau)\varepsilon_\tau^f+\overline{b}(1+\|\widehat{\boldsymbol{\Theta}}_\tau\|)T^2 \tag{4.136}$$

式中 $b_0(\boldsymbol{\theta})$ 在式(4.82)中给出，L_f 是假设(QSA2)中引入的利普希茨常数。

证明　对于 $w\geqslant\tau$，记 $\boldsymbol{\varepsilon}_w^\tau=\boldsymbol{v}_w^\tau-\boldsymbol{\Theta}_w$。由恒等式(4.131)可知，

$$\boldsymbol{\varepsilon}_{\tau+T}^\tau=\int_\tau^{\tau+T}[\overline{\boldsymbol{f}}(\widehat{\boldsymbol{\Theta}}_w)-\boldsymbol{f}(\widehat{\boldsymbol{\Theta}}_w,\boldsymbol{\xi}(s^{-1}(w)))]\mathrm{d}w+\int_\tau^{\tau+T}[\overline{\boldsymbol{f}}(\boldsymbol{\vartheta}_w^\tau)-\overline{\boldsymbol{f}}(\widehat{\boldsymbol{\Theta}}_w)]\mathrm{d}w,\tau,T\geqslant 0 \tag{4.137}$$

(QSA2)中的利普希茨条件被用来界定被积函数：

$$\|\overline{f}(\widehat{\boldsymbol{\Theta}}_w))-\overline{f}(\widehat{\boldsymbol{\Theta}}_\tau))\|\leqslant L_f\|\widehat{\boldsymbol{\Theta}}_w-\widehat{\boldsymbol{\Theta}}_\tau\|$$
$$\|f(\widehat{\boldsymbol{\Theta}}_w,\boldsymbol{\xi}(s^{-1}(w)))-f(\widehat{\boldsymbol{\Theta}}_\tau,\boldsymbol{\xi}(s^{-1}(w)))\|\leqslant L_f\|\widehat{\boldsymbol{\Theta}}_w-\widehat{\boldsymbol{\Theta}}_\tau\|$$
$$\|\overline{f}(\boldsymbol{\vartheta}_w^\tau)-\overline{f}(\widehat{\boldsymbol{\Theta}}_w)\|\leqslant\|\boldsymbol{\varepsilon}_w^\tau\|$$

因此，对于任何 $T\geqslant 0$，

$$
\begin{aligned}
\|\boldsymbol{\varepsilon}_{\tau+T}^{\tau}\| \leqslant & \left\|\int_{\tau}^{\tau+T}[\overline{\boldsymbol{f}}(\widehat{\boldsymbol{\Theta}}_{\tau}))-\boldsymbol{f}(\widehat{\boldsymbol{\Theta}}_{\tau},\boldsymbol{\xi}(s^{-1}(w)))]\mathrm{d}w\right\| \\
& +2L_f\int_{\tau}^{\tau+T}\|\widehat{\boldsymbol{\Theta}}_{w}-\widehat{\boldsymbol{\Theta}}_{\tau}\|\mathrm{d}w+L_f\int_{\tau}^{\tau+T}\|\boldsymbol{\varepsilon}_{w}^{\tau}\|\mathrm{d}w \\
\leqslant & \alpha_T^{\tau}+L_f\int_{\tau}^{\tau+T}\|\boldsymbol{\varepsilon}_{w}^{\tau}\|\mathrm{d}w,\quad \alpha_T^{\tau}\overset{\text{def}}{=}b_0(\widehat{\boldsymbol{\Theta}}_{\tau})\varepsilon_{\tau}^{f}+2L_f\int_0^{T}\|\widehat{\boldsymbol{\Theta}}_{\tau+w}-\widehat{\boldsymbol{\Theta}}_{\tau}\|\mathrm{d}w
\end{aligned}
$$

这样，根据伽罗瓦引理——如式(4.6c)的形式，有

$$
\|\boldsymbol{\varepsilon}_{\tau+T}^{\tau}\|\leqslant\alpha_T^{\tau}\mathrm{e}^{L_fT}
$$

利用伽罗瓦引理推导出式(4.108b)的相同证明，有

$$
\|\widehat{\boldsymbol{\Theta}}_{\tau+w}-\widehat{\boldsymbol{\Theta}}_{\tau}\|\leqslant(B_f+L_f\|\widehat{\boldsymbol{\Theta}}_{\tau}\|)w\mathrm{e}^{L_fw}
$$

将积分范围从e^{L_fw}增加到e^{L_fT}，得到

$$
2\int_0^{T}\|\widehat{\boldsymbol{\Theta}}_{\tau+w}-\widehat{\boldsymbol{\Theta}}_{\tau}\|\mathrm{d}w\leqslant2(B_f+L_f\|\widehat{\boldsymbol{\Theta}}_{\tau}\|)\mathrm{e}^{L_fT}\int_0^{T}w\mathrm{d}w=(B_f+L_f\|\widehat{\boldsymbol{\Theta}}_{\tau}\|)T^2\mathrm{e}^{L_fT}
$$

因此

$$
\alpha_T^{\tau}\leqslant b_0(\widehat{\boldsymbol{\Theta}}_{\tau})\varepsilon_{\tau}^{f}+L_f(B_f+L_f\|\widehat{\boldsymbol{\Theta}}_{\tau}\|)T^2\mathrm{e}^{L_fT}
$$

因为根据假设$0\leqslant T\leqslant1$，证明完成。 □

4.9.3　稳定性判据

建立QSA收敛性的第一步是证明解在时间上是有界的。我们可以从动力学系统的文献中借鉴两种方法：李雅普诺夫函数技术，以及4.8.4节中介绍的在∞处的ODE。

李雅普诺夫判据和(QSV1)

存在一个连续函数$V:\mathbb{R}^d\to\mathbb{R}_+$和常数$c_0>0$，$\delta>0$，对于式(4.42)的任何初始条件$\boldsymbol{\vartheta}_0$和任何$0\leqslant T\leqslant1$，当$\|\boldsymbol{\vartheta}_s\|>c_0$时，使得下面的界成立：

$$
V(\boldsymbol{\vartheta}_{s+T})-V(\boldsymbol{\vartheta}_s)\leqslant-\delta_0\int_0^{T}\|\boldsymbol{\vartheta}_t\|\mathrm{d}t
$$

李雅普诺夫函数是利普希茨连续函数：存在一个常数$L_V<\infty$，使得对于所有的θ和θ'，有$\|V(\boldsymbol{\theta}')-V(\boldsymbol{\theta})\|\leqslant L_V\|\boldsymbol{\theta}'-\boldsymbol{\theta}\|$。

假设(QSV1)保证了每当$\boldsymbol{\vartheta}_t$逃离半径为c_0的球时，$V(\boldsymbol{\vartheta}_t)$是严格递减的。如果$V$是可微的，则这个假设意味着

$$
\frac{\mathrm{d}}{\mathrm{d}t}V(\boldsymbol{\vartheta}_t)\leqslant-\delta_0\|\boldsymbol{\vartheta}_t\|\quad\text{当}\|\boldsymbol{\vartheta}_t\|>c_0\text{时，}
$$

之所以选择积分形式是因为有时以这种形式建立边界更容易。特别地，命题4.34的证明是基于(QSV1)的一个解的构造。

针对线性系统验证(QSV1)

考虑式(4.42)，其中 $\bar{\boldsymbol{f}}(\boldsymbol{x})=\boldsymbol{A}\boldsymbol{x}$，且 $\boldsymbol{A}$ 是 $d\times d$ 的赫尔维茨矩阵。存在一个二次型函数 $V_2(\boldsymbol{x})=\boldsymbol{x}^{\mathrm{T}}\boldsymbol{M}\boldsymbol{x}$，其中 $\boldsymbol{M}\in\mathbb{R}^{d\times d}$ 满足李雅普诺夫方程 $\boldsymbol{M}\boldsymbol{A}+\boldsymbol{A}^{\mathrm{T}}\boldsymbol{M}=-\boldsymbol{I}$，且 $\boldsymbol{M}>0$。因此，式(4.42)的解满足

$$\frac{\mathrm{d}}{\mathrm{d}t}V_2(\boldsymbol{\vartheta}_t)=-\|\boldsymbol{\vartheta}_t\|^2$$

选择 $V=\sqrt{V_2}$，通过链式法则有

$$\frac{\mathrm{d}}{\mathrm{d}t}V(\boldsymbol{\vartheta}_t)=-\frac{1}{2}\frac{1}{\sqrt{V_2(\boldsymbol{\vartheta}_t)}}\|\boldsymbol{\vartheta}_t\|^2\leqslant-\frac{1}{2\sqrt{\lambda_{\max}}}\|\boldsymbol{\vartheta}_t\|$$

式中 $\lambda_{\max}$ 是 $\boldsymbol{M}$ 的最大特征值。对于任何 $c_0>0$，这个 V 是(QSV1)的一个利普希茨解。 □

我们首先在(QSV1)的一个变形下建立最终有界性：

引理 4.32　对于某个 $T>0$，$0<\delta_1<1$ 和 τ_0，$b<\infty$，如果对于所有的 $\tau\geqslant\tau_0$，$\|\widehat{\boldsymbol{\Theta}}_\tau\|>b$，有

$$V(\widehat{\boldsymbol{\Theta}}_{\tau+T})-V(\widehat{\boldsymbol{\Theta}}_\tau)\leqslant-\delta_1\|\widehat{\boldsymbol{\Theta}}_\tau\|$$

那么式(4.129)的解是最终有界的。

证明　对于每个初始条件 $\widehat{\boldsymbol{\Theta}}_0=\boldsymbol{\theta}$ 和 $\tau\geqslant\tau_0$，记

$$\tau=\tau(\boldsymbol{\theta},\tau)\stackrel{\text{def}}{=}\min(v\geqslant0:\|\widehat{\boldsymbol{\Theta}}_{\tau+v}\|\leqslant b)$$

式中 τ_0 和 b 在引理中定义。如果 $\|\widehat{\boldsymbol{\Theta}}_\tau\|\leqslant b$，则 $\tau=0$；如果对于所有的 $v\geqslant0$，有 $\|\widehat{\boldsymbol{\Theta}}_{\tau+v}\|>b$，则设 $\tau=\infty$。对于 $m\in\mathbb{Z}_+$，定义 $\tau_m=\min\{\tau,m\}$。则

$$\begin{aligned}
-\tau_m b\delta_1&\geqslant-\delta_1\int_\tau^{\tau+\tau_m}\|\widehat{\boldsymbol{\Theta}}_w\|\mathrm{d}w\\
&\geqslant\int_\tau^{\tau+\tau_m}(V(\widehat{\boldsymbol{\Theta}}_{w+T})-V(\widehat{\boldsymbol{\Theta}}_w))\mathrm{d}w\\
&=\int_{\tau+\tau_m}^{\tau+\tau_m+T}V(\widehat{\boldsymbol{\Theta}}_w)\mathrm{d}w-\int_\tau^{\tau+T}V(\widehat{\boldsymbol{\Theta}}_w)\mathrm{d}w\\
&\geqslant-\int_\tau^{\tau+T}V(\widehat{\boldsymbol{\Theta}}_w)\mathrm{d}w
\end{aligned}$$

右侧与 m 无关，这给出了一个上界：

$$\tau\leqslant\frac{1}{b\delta_1}\int_\tau^{\tau+T}V(\widehat{\boldsymbol{\Theta}}_w)\mathrm{d}w$$

在 V 满足利普希茨假设的条件下，可以应用命题 4.19 来建立下式，对于某个有限常数 b_V，有

$$\tau\leqslant b_V(1+\|\widehat{\boldsymbol{\Theta}}_\tau\|)$$

因此 $\tau(\boldsymbol{\theta},\tau)$ 是处处有限的。

记 $b_1=\sup\{\|\widehat{\boldsymbol{\Theta}}_{\tau+v}\|:\tau\geqslant\tau_0,v\leqslant\tau(\boldsymbol{\theta},\tau),\|\boldsymbol{\Theta}_\tau\|\leqslant b+1\}$。即 b_1 界定了 $\boldsymbol{\Theta}$ 的任何偏移的最大

范数，如果$\widehat{\boldsymbol{\Theta}}_\tau \in S=\{\boldsymbol{\theta}:\|\boldsymbol{\theta}\|\leqslant b+1\}$，$\boldsymbol{\Theta}$从时间$\tau$处开始，并在到达集合$S_0=\{\boldsymbol{\theta}:\|\boldsymbol{\theta}\|\leqslant b\}$的时间结束，记为$\tau+\tau(\boldsymbol{\theta},\tau)$。由于每条轨迹在$\tau\geqslant\tau_0$的某个时间进入$S_0\subset S$，因此对于所有足够大的所有的$\tau$，有$\|\widehat{\boldsymbol{\Theta}}_\tau\|\leqslant b_1$。 □

命题 4.33　在(QSV1)下，式(4.129)的解是最终有界的：存在$b<\infty$，使得对于任意$\widehat{\boldsymbol{\Theta}}_0=\boldsymbol{\Theta}$，$\limsup_{\tau\to\infty}\|\widehat{\boldsymbol{\Theta}}_\tau\|\leqslant b$。

证明　回想一下，V是李雅普诺夫函数，$c_0>0$是(QSV1)中引入的常数。对于$0\leqslant T\leqslant 1$，$\|\widehat{\boldsymbol{\Theta}}_\tau\|\geqslant c_0+1$，则下式成立：

$$\begin{aligned}V(\widehat{\boldsymbol{\Theta}}_{\tau+T})-V(\widehat{\boldsymbol{\Theta}}_\tau)&=V(\widehat{\boldsymbol{\Theta}}_{\tau+T})-V(\boldsymbol{\vartheta}^\tau_{\tau+T})+V(\boldsymbol{\vartheta}^\tau_{\tau+T})-V(\boldsymbol{\vartheta}^\tau_\tau)\\&\leqslant\left|V(\widehat{\boldsymbol{\Theta}}_{\tau+T})-V(\boldsymbol{\vartheta}^\tau_{\tau+T})\right|+V(\boldsymbol{\vartheta}^\tau_{\tau+T})-V(\boldsymbol{\vartheta}^\tau_\tau)\\&\leqslant L_f\|\widehat{\boldsymbol{\Theta}}_{\tau+T}-\boldsymbol{\vartheta}^\tau_{\tau+T}\|-\delta_0T\|\widehat{\boldsymbol{\Theta}}_\tau\|\\&\leqslant\{\mathrm{e}^{L_f}b_0(\widehat{\boldsymbol{\Theta}}_\tau)\varepsilon^f_\tau+\bar{b}(1+\|\widehat{\boldsymbol{\Theta}}_\tau\|)T^2\}-\delta_0T\|\widehat{\boldsymbol{\Theta}}_\tau\|\end{aligned}$$

式中第二个不等式来自V的利普希茨假设，最后一个不等式使用了引理4.31。回想一下，b_0是利普希茨连续的，并且$\varepsilon^f_\tau=o(1)$。因此，我们可以选择足够小的$T>0$和足够大的τ_0，使得

$$V(\widehat{\boldsymbol{\Theta}}_{\tau+T})-V(\widehat{\boldsymbol{\Theta}}_\tau)\leqslant-\frac{1}{2}\delta_0T\|\widehat{\boldsymbol{\Theta}}_\tau\|,\quad\tau\geqslant\tau_0\|\widehat{\boldsymbol{\Theta}}_\tau\|\geqslant c_0+1$$

命题4.33的证明完毕。 □

ODE@∞

在扩展4.8.4节的技术时，我们要求将在∞处的向量场与平均向量场进行关联，即

$$\bar{\boldsymbol{f}}_\infty(\boldsymbol{\theta})\overset{\text{def}}{=}\lim_{r\to\infty}r^{-1}\bar{\boldsymbol{f}}(r\boldsymbol{\theta}),\quad\boldsymbol{\theta}\in\mathbb{R}^d\tag{4.138}$$

命题 4.34　假设下列条件成立：

(i)对于所有的$\boldsymbol{\theta}$，式(4.138)存在，进而存在一个连续函数$\bar{\boldsymbol{f}}_\infty:\mathbb{R}^d\to\mathbb{R}^d$。

(ii)对于∞处的ODE，原点是全局渐近稳定的：

$$\frac{\mathrm{d}}{\mathrm{d}t}\boldsymbol{\vartheta}^\infty_t=\bar{\boldsymbol{f}}_\infty(\boldsymbol{\vartheta}^\infty_t),\quad\boldsymbol{\theta}\in\mathbb{R}^d\tag{4.139}$$

则存在满足(QSV1)的一个利普希茨连续函数V。

命题4.34证明的主要步骤，就是证明该定理的假设意味着式(4.42)是最终有界的。为方便起见，此处以新符号重复引理4.23。

引理 4.35　假设(QSA2)成立，并且对于所有θ，存在极限[式(4.138)]来定义一个连续函数$\bar{\boldsymbol{f}}_\infty:\mathbb{R}^d\to\mathbb{R}^d$。此外对于式(4.139)假设原点是渐近稳定的。那么以下结论成立：

(i)对于每个$\boldsymbol{\theta}\in\mathbb{R}^d$和$s\geqslant0$，有$\bar{\boldsymbol{f}}_\infty(s\boldsymbol{\theta})=s\bar{\boldsymbol{f}}_\infty(\boldsymbol{\theta})$。

(ii)如果$\{\boldsymbol{\vartheta}^\infty_t:t\geqslant0\}$是式(4.139)的任意解，$s>0$，则$\{\boldsymbol{y}_t=s\boldsymbol{\vartheta}^\infty_t:t\geqslant0\}$也是一个的解。其初始值为$\boldsymbol{y}_0=s\boldsymbol{\vartheta}^\infty_0\in\mathbb{R}^d$。

(iii) 式(4.139)的原点是全局渐近稳定的，并且以指数快速收敛到原点：对于某个 $R<\infty$ 和 $\rho>0$，有

$$\|\boldsymbol{\vartheta}_t^\infty\| \leqslant R\mathrm{e}^{-\rho t}\|\boldsymbol{\vartheta}_0^\infty\|, \quad \boldsymbol{\vartheta}_0^\infty \in \mathbb{R}^d$$ □

以下内容本质上是证明命题 4.22 的一个步骤。

引理 4.36 在引理 4.35 的假设下，对于每个 $T<\infty$ 和 $\varepsilon\in(0,1]$，存在独立于 ε 的 $K_T<\infty$ 和 $B_T(\varepsilon)<\infty$，使得对于式(4.42)和式(4.139)的从公共初始条件 $\boldsymbol{\vartheta}_0$ 开始所有的解，有

$$\|\boldsymbol{\vartheta}_t - \boldsymbol{\vartheta}_t^\infty\| \leqslant B_T(\varepsilon) + K_T[1+\|\boldsymbol{\vartheta}_0\|]\varepsilon$$ □

命题 4.34 的证明 选择 $T>0$，使得当 $t\geqslant T$ 时，对于式(4.139)的任意解，以及在任意初始条件 $\boldsymbol{\vartheta}_0^\infty=\boldsymbol{\theta}$ 下，有 $\|\boldsymbol{\vartheta}_t^\infty\|\leqslant\frac{1}{2}\|\boldsymbol{\theta}\|$。然后我们定义

$$V^\infty(\boldsymbol{\theta}) = \int_0^T \|\boldsymbol{\vartheta}_t^\infty\| \mathrm{d}t, \quad \boldsymbol{\vartheta}_0^\infty = \boldsymbol{\theta}$$

$$V(\boldsymbol{\theta}) = \int_0^T V^\infty(\boldsymbol{\vartheta}_t) \mathrm{d}t, \quad \boldsymbol{\vartheta}_0 = \boldsymbol{\theta}$$

伽罗瓦不等式意味着上面的每一个都是关于 $\boldsymbol{\theta}$ 的利普希茨连续函数。此外，应用引理 4.35 得出第一个是径向同质(或径向无界)的，对于每个 $\boldsymbol{\theta}$ 和 $s>0$，有 $V^\infty(s\boldsymbol{\theta})=sV^\infty(\boldsymbol{\theta})$，且对某个 $\delta>0$，满足如下下界：

$$V^\infty(\boldsymbol{\theta}) \geqslant \delta\|\boldsymbol{\theta}\|$$

因此，这是 ODE@ ∞ 的李雅普诺夫函数：对于每个初始条件 $\boldsymbol{\vartheta}_0^\infty=\boldsymbol{\theta}$，

$$V^\infty(\boldsymbol{\vartheta}_T^\infty) = \int_0^T \|\boldsymbol{\vartheta}_{t+T}^\infty\| \mathrm{d}t \leqslant \frac{1}{2}V^\infty(\boldsymbol{\theta}) \leqslant V^\infty(\boldsymbol{\theta}) - \frac{1}{2}\delta\|\boldsymbol{\theta}\|$$

下一步是证明，用 $\boldsymbol{\vartheta}_T$ 代替 $\boldsymbol{\vartheta}_T^\infty$ 时也存在类似的界。令 L_V 表示 V^∞ 的利普希茨常数。结合前面的界和引理 4.36，可得

$$V^\infty(\boldsymbol{\vartheta}_T) \leqslant V^\infty(\boldsymbol{\theta}) - \frac{1}{2}\delta\|\boldsymbol{\theta}\| + L_V(B_T(\varepsilon) + K_T[1+\|\boldsymbol{\theta}\|]\varepsilon)$$

固定 $\varepsilon\in(0,1)$，使得

$$L_V K_T \varepsilon \leqslant \delta/4$$

进而

$$V^\infty(\boldsymbol{\vartheta}_T) \leqslant V^\infty(\boldsymbol{\theta}) - \frac{1}{4}\delta\|\boldsymbol{\theta}\| + K_V'$$

其中 $K_V'=L_V(B_T(\varepsilon)+K_T)$。

为完成证明，令

$$V(\boldsymbol{\vartheta}_s)=\int_s^T V^{\infty}(\boldsymbol{\vartheta}_t)\,\mathrm{d}t+\int_0^s V^{\infty}(\boldsymbol{\vartheta}_{T+t})\,\mathrm{d}t$$

由前面的界可以给出

$$V^{\infty}(\boldsymbol{\vartheta}_{T+t})\leqslant V^{\infty}(\boldsymbol{\vartheta}_t)-\frac{1}{4}\delta\|\boldsymbol{\vartheta}_t\|+K_V'$$

使得

$$V(\boldsymbol{\vartheta}_s)\leqslant V(\boldsymbol{\vartheta}_0)-\frac{1}{4}\delta\int_0^s\|\boldsymbol{\vartheta}_t\|\mathrm{d}t+sK_V'$$

这个界意味着(QSV1)。 □

4.9.4　确定性马尔可夫模型

本小节的目标是在简单的情形中理解假设(QSA5)。为此，我们省略了式(4.117)中出现在函数$\hat{f}(\boldsymbol{\theta},\boldsymbol{\xi})$里的变量$\boldsymbol{\theta}$，并采用新的注记符号：

$$\hat{g}(\xi_{t_0})=\int_{t_0}^{t_1}[g(\boldsymbol{\xi}_t)-\overline{g}]\,\mathrm{d}t+\hat{g}(\boldsymbol{\xi}_{t_1}),\quad 0\leqslant t_0\leqslant t_1 \tag{4.140}$$

我们本质上固定了一个索引i和参数$\boldsymbol{\theta}$，并设置$g(\boldsymbol{\xi}_t)\stackrel{\mathrm{def}}{=}f_i(\boldsymbol{\theta},\boldsymbol{\xi}_t)$

这是泊松方程的一个版本，详见4.9.1节的讨论。函数$\hat{g}$是问题的解(在某些应用中称为相对价值函数)，g是强制函数，$\overline{g}$是稳态均值。引理4.37考虑了式(4.80)的特殊情况，其中$\boldsymbol{H}$是$z\in\mathbb{C}^K$的一个线性函数。

引理4.37　假设$g:\mathbb{C}^K\to\mathbb{R}$采用泰勒级数表示：

$$g(z)=\sum_{n_1,\cdots,n_K}a_{n_1,\cdots,n_K}z_1^{n_1}\cdots z_K^{n_K},\quad z\in\Omega \tag{4.141}$$

式中的求和是在$\mathbb{Z}_+^K$中所有K长度序列上进行的，并且系数$\{a_{n_1,\cdots,n_K}\}\subset\mathbb{C}^K$是绝对可和[⊖]的：

$$\sum_{n_1,\cdots,n_K}|a_{n_1,\cdots,n_K}|<\infty \tag{4.142}$$

则借助式(4.80)中定义的$\boldsymbol{\xi}$，有

(i)遍历极限成立：

$$\overline{g}=\lim_{T\to\infty}\frac{1}{T}\int_0^T g(\boldsymbol{\xi}_t)\,\mathrm{d}t=\int_0^1\cdots\int_0^1 g(\mathrm{e}^{2\pi\mathrm{j}t_1},\cdots,\mathrm{e}^{2\pi\mathrm{j}t_K})\,\mathrm{d}t_1\cdots\mathrm{d}t_K,$$

其中$\overline{g}=a_0$(当$n_i=0$时每个i的系数)

(ii)存在式(4.140)的一个解$\hat{g}:\mathbb{C}^K\to\mathbb{R}$。它的形式为式(4.141)：

⊖　绝对可和，即absolutely summable，一般指绝对值加起来小于无穷。——译者注

$$\hat{g}(x) = \sum_{n_1,\cdots,n_K} \hat{a}_{n_1,\cdots,n_K} x_1^{n_1} \cdots x_K^{n_K} \tag{4.143}$$

其中，对于每个系数有 $|\hat{a}_{n_1,\cdots,n_K}| \leqslant |a_{n_1,\cdots,n_K}|/\omega_1$。

证明 利用复数指数得到如下的简单公式：

$$g(\boldsymbol{\xi}_t) = \sum_{n_1,\cdots,n_K} a_{n_1,\cdots,n_K} \exp(\{n_1\omega_1 + \cdots + n_K\omega_K\} \mathrm{j}t)$$

绝对可和性假设式(4.142)保证了富比尼定理[⊖]的合理性：

$$\int_{t_0}^{t_1} [g(\boldsymbol{\xi}_t) - \overline{g}] \mathrm{d}t = \sum_{n_1,\cdots,n_K} a_{n_1,\cdots,n_K} \int_{t_0}^{t_1} \exp(\{n_1\omega_1 + \cdots + n_K\omega_K\} \mathrm{j}t) \mathrm{d}t$$
$$= \hat{g}(\boldsymbol{\xi}_{t_0}) - \hat{g}(\boldsymbol{\xi}_{t_1})$$

其中 $\hat{g}$ 由式(4.143)给出，$\hat{a}_0 = 0$(即对于每个 $k, n_k = 0$)，并且对于所有的其他系数，$\hat{a}_{n_1,\cdots,n_K} = a_{n_1,\cdots,n_K}\{n_1\omega_1 + \cdots + n_K\omega_K\}^{-1}\mathrm{j}$。 □

然后，引理证明了(QSA5)的正确性，前提是对于每个 i 和 $\boldsymbol{\theta}$，$\boldsymbol{f}_i(\boldsymbol{\theta}, \cdot)$ 满足泰勒级数边界，以及对于每个 i，j，导数 $\frac{\partial}{\partial \boldsymbol{\theta}_j} \boldsymbol{f}_i(\boldsymbol{\theta}, \cdot)$ 也满足泰勒级数边界。虽然在任何算法中都不需要 $\hat{\boldsymbol{f}}$ 的显式公式，但在 QSA ODE 的更精细的收敛速度分析中，边界还是很有价值的。特别地，在定理 4.24 中获得缩放比例误差 $\boldsymbol{Z}_t \stackrel{\text{def}}{=} \frac{1}{a_t}(\boldsymbol{\Theta}_t - \overline{\boldsymbol{\Theta}}_t)$ 的近似值取决于 $\hat{\boldsymbol{f}}(\boldsymbol{\theta}^*, \boldsymbol{\xi}_t)$。

4.9.5 收敛速度

我们从命题 4.27 的证明开始。回顾一下引理 4.14 中的恒等式 $\overline{\boldsymbol{\Theta}}_t = \boldsymbol{\vartheta}_\tau$，其中 $t \geqslant t_0$，$\tau \stackrel{\text{def}}{=} s_t \geqslant \tau_0$。

命题 4.27 的证明 对式(4.72)的两侧求导，根据乘积法则，有

$$\frac{\mathrm{d}}{\mathrm{d}t}\boldsymbol{Z}_t = \frac{\mathrm{d}}{\mathrm{d}t}\left(\frac{1}{a_t}(\boldsymbol{\Theta}_t - \overline{\boldsymbol{\Theta}}_t)\right)$$
$$= \left(-\frac{1}{a_t^2}\frac{\mathrm{d}}{\mathrm{d}t}a_t\right)(\boldsymbol{\Theta}_t - \overline{\boldsymbol{\Theta}}_t) + \boldsymbol{f}(\boldsymbol{\Theta}_t, \boldsymbol{\xi}_t) - \overline{\boldsymbol{f}}(\overline{\boldsymbol{\Theta}}_t)$$
$$= r_t \boldsymbol{Z}_t + \boldsymbol{f}(\boldsymbol{\Theta}_t, \boldsymbol{\xi}_t) - \overline{\boldsymbol{f}}(\overline{\boldsymbol{\Theta}}_t)$$

在最后一个方程中，我们使用了对数导数的链式法则(回想一下 $r_t = -\frac{\mathrm{d}}{\mathrm{d}t}\log(a_t)$)和 $\boldsymbol{Z}_t$ 的

⊖ 富比尼定理(Fubini's theorem)是数学分析中有关重积分的一个定理，以数学家圭多·富比尼命名。富比尼定理给出了使用逐次积分的方法计算双重积分的条件。在这些条件下，不仅能够用逐次积分计算双重积分，而且交换逐次积分的顺序时，积分结果不变。——译者注

定义。

通过加减 $\bar{\boldsymbol{f}}(\boldsymbol{\Theta}_t)$，我们得出一个想象性的分解：

$$\frac{\mathrm{d}}{\mathrm{d}t}\boldsymbol{Z}_t = r_t\boldsymbol{Z}_t + \underbrace{[\bar{\boldsymbol{f}}(\boldsymbol{\Theta}_t) - \bar{\boldsymbol{f}}(\overline{\boldsymbol{\Theta}}_t)]}_{R_t:\text{几乎线性的}} + \underbrace{[\boldsymbol{f}(\boldsymbol{\Theta}_t,\boldsymbol{\xi}_t) - \bar{\boldsymbol{f}}(\boldsymbol{\Theta}_t)]}_{\widetilde{\Xi}_t:\text{有界扰动}}$$

即在命题 4.27 的假设下，

$$\boldsymbol{R}_t = \boldsymbol{A}(\overline{\boldsymbol{\Theta}}_t)[\boldsymbol{\Theta}_t - \overline{\boldsymbol{\Theta}}_t] + \boldsymbol{\varepsilon}_t^1$$

其中，在 $\boldsymbol{A} = \partial_\theta \bar{\boldsymbol{f}}$ 满足利普希茨条件的情况下，

$$\|\boldsymbol{\varepsilon}_t^1\| = O(\|\boldsymbol{\Theta}_t - \overline{\boldsymbol{\Theta}}_t\|^2) = o(a_t\|\boldsymbol{Z}_t\|)$$

这就完成了式(4.125a)的证明，其中 $\boldsymbol{\Delta}_t = \boldsymbol{\varepsilon}_t^1/a_t$。

如果 $a_t = 1/(1+t)$，我们得到 $r_t = 1/(1+t) = a_t$。因此，式(4.125a)意味着近似式(4.125b)，其中 $\|\boldsymbol{\Delta}_t\|$ 的定义被修改，使其包括了将 $\boldsymbol{A}(\overline{\boldsymbol{\Theta}}_t)$ 替换为其极限 $\boldsymbol{A}^* = \boldsymbol{A}(\boldsymbol{\theta}^*)$ 带来的误差。

接下来考虑在 $\rho \in (0,1)$ 时的"更大的增益" $a_t = 1/(1+t)^\rho$，使得 $r_t = \rho/(1+t)$，以及更简单的近似——式(4.125d)，其中 $\|\boldsymbol{\Delta}_t\|$ 有一个附加项：我们再次利用它的极限 $\boldsymbol{A}^*$ 来替换 $\boldsymbol{A}(\overline{\boldsymbol{\Theta}}_t)$，并且还使用近似值 $r_t = O(1/t)$。 □

回想一下变量的变化：引入 $\boldsymbol{Y}_t \stackrel{\text{def}}{=} \boldsymbol{Z}_t - \boldsymbol{\Xi}_t^1(\boldsymbol{\Theta}_t)$ 作为一种变换方式，用以消除式(4.125a)中非消失噪声 $\widetilde{\boldsymbol{\Xi}}_t$。命题 4.38 建立了一个关于 $\boldsymbol{Y}$ 的微分方程，类似于式(4.44)。

对于标准选择 $a_t = g/(1+t)^\rho$，比率 r_t/a_t 在 t 处是有界的(回忆命题 4.27 中的定义)。

命题 4.38 *在定理 4.24 的假设下，假定对于一个常数 b 和所有 $t \geq 0$，有 $r_t/a_t \leq b$。那么，向量值过程 $\boldsymbol{Y}$ 满足微分方程*

$$\frac{\mathrm{d}}{\mathrm{d}t}\boldsymbol{Y}_t = a_t[\boldsymbol{A}^*\boldsymbol{Y}_t + \boldsymbol{\Delta}_t^Y - \boldsymbol{\Upsilon}_t + \boldsymbol{A}^*\boldsymbol{\Xi}_t^1] + r_t[\boldsymbol{Y}_t + \boldsymbol{\Xi}_t^1] \tag{4.144}$$

式中 $\boldsymbol{\Xi}_t^1 = \boldsymbol{\Xi}_t^1(\boldsymbol{\theta}^*)$，且当 $t \to \infty$ 时，有 $\|\boldsymbol{\Delta}_t^Y\| = o(1 + \|\boldsymbol{Y}_t\|)$。也就是说，对于标量 $\{\varepsilon_t^Y\}$，

$$\|\boldsymbol{\Delta}_t\| \leq \varepsilon_t^Y\{1 + \|\boldsymbol{Y}_t\|\}, \quad t \geq t_0$$

其中当 $t \to \infty$ 时，有 $\varepsilon_t^Y \to 0$。

证明 使用链式法则，有

$$\begin{aligned}\frac{\mathrm{d}}{\mathrm{d}t}\{\boldsymbol{\Xi}_t^1(\boldsymbol{\Theta}_t)\} &= \{\boldsymbol{f}(\boldsymbol{\Theta}_t,\boldsymbol{\xi}_t) - \bar{\boldsymbol{f}}(\boldsymbol{\Theta}_t)\} + \partial_{\boldsymbol{\theta}}\boldsymbol{\Xi}_t^1(\boldsymbol{\Theta}_t)\cdot\left\{\frac{\mathrm{d}}{\mathrm{d}t}\boldsymbol{\Theta}_t\right\} \\ &= \widetilde{\boldsymbol{\Xi}}_t + \partial_{\boldsymbol{\theta}}\boldsymbol{\Xi}_t^1(\boldsymbol{\Theta}_t)\cdot\{a_t\boldsymbol{f}(\boldsymbol{\Theta}_t,\boldsymbol{\xi}_t)\}\end{aligned}$$

式中第二个方程来自定义 $\widetilde{\boldsymbol{\Xi}}_t \stackrel{\text{def}}{=} \boldsymbol{f}(\boldsymbol{\Theta}_t,\boldsymbol{\xi}_t) - \bar{\boldsymbol{f}}(\boldsymbol{\Theta}_t)$ 和式(4.44)。重新整理各项，我们得到

$$\widetilde{\boldsymbol{\Xi}}_t = \frac{\mathrm{d}}{\mathrm{d}t}\{\boldsymbol{\Xi}_t^1(\boldsymbol{\Theta}_t)\} - a_t\boldsymbol{\Upsilon}_t(\boldsymbol{\Theta}_t) \tag{4.145}$$

式中$\boldsymbol{\Upsilon}_t(\boldsymbol{\Theta}_t)=\partial_{\boldsymbol{\theta}}\boldsymbol{\Xi}_t^1(\boldsymbol{\Theta}_t)\cdot f(\boldsymbol{\Theta}_t,\boldsymbol{\xi}_t)$。

然后代入式(4.125a)可得：

$$\frac{\mathrm{d}}{\mathrm{d}t}\boldsymbol{Y}_t=a_t[\boldsymbol{A}(\overline{\boldsymbol{\Theta}}_t)\boldsymbol{Y}_t+\boldsymbol{\Delta}_t-\boldsymbol{\Upsilon}_t(\boldsymbol{\Theta}_t)+\boldsymbol{A}(\overline{\boldsymbol{\Theta}}_t)\boldsymbol{\Xi}_t^1(\boldsymbol{\Theta}_t)]+r_t[\boldsymbol{Y}_t+\boldsymbol{\Xi}_t^1(\boldsymbol{\Theta}_t)]$$

要从这个 ODE 得到式(4.144)，我们要对误差进行约束：

$$\boldsymbol{\Delta}_t^Y\stackrel{\text{def}}{=}\boldsymbol{\Delta}_t^a+\boldsymbol{\Delta}_t^b,$$

式中

$$\boldsymbol{\Delta}_t^a=\boldsymbol{\Delta}_t+[\boldsymbol{A}(\overline{\boldsymbol{\Theta}}_t)-\boldsymbol{A}^*](\boldsymbol{Y}_t+\boldsymbol{\Xi}_t^1),$$

$$\boldsymbol{\Delta}_t^b=\boldsymbol{A}(\overline{\boldsymbol{\Theta}}_t)(\boldsymbol{\Xi}_t^1(\boldsymbol{\Theta}_t)-\boldsymbol{\Xi}_t^1)-(\boldsymbol{\Upsilon}_t(\boldsymbol{\Theta}_t)-\boldsymbol{\Upsilon}_t)+\frac{r_t}{a_t}(\boldsymbol{\Xi}_t^1(\boldsymbol{\Theta}_t)-\boldsymbol{\Xi}_t^1)$$

由于我们事先断言当$t\to\infty$时，$\|\boldsymbol{\Delta}_t\|=o(\|\boldsymbol{Z}_t\|)$，所有我们有$\|\boldsymbol{\Delta}_t\|=o(1+\|\boldsymbol{Y}_t\|)$，并且假设$\boldsymbol{\Xi}_t^1(\boldsymbol{\Theta}_t)$在$t$上是有界的(回顾式(4.117)和式(4.119))。结合命题 4.26 和$\boldsymbol{A}$的利普希茨连续性，则意味着$\|\boldsymbol{\Delta}_t^a\|=o(1+\|\boldsymbol{Y}_t\|)$。

为了完成证明，我们必须约束在$\boldsymbol{\Delta}_t^b$中每次出现的将$\boldsymbol{\Theta}_t$替换为$\boldsymbol{\theta}^*$而带来的误差。表达式结合了式(4.119)和(QSA5)，这意味着，对于常数L，

$$\|\boldsymbol{A}(\overline{\boldsymbol{\Theta}}_t)-\boldsymbol{A}^*\|\leqslant L\|\overline{\boldsymbol{\Theta}}_t-\boldsymbol{\theta}^*\|\quad 且\quad \|\boldsymbol{\Xi}_t^1(\boldsymbol{\Theta}_t)-\boldsymbol{\Xi}_t^1\|\leqslant L\|\boldsymbol{\Theta}_t-\boldsymbol{\theta}^*\|,\quad t\geqslant 0$$

因此，两个误差项都消失了，同样，利用$\partial_\theta\boldsymbol{\Xi}_t^1(\boldsymbol{\theta})$的利普希茨连续性，可得$\|\boldsymbol{\Upsilon}_t(\boldsymbol{\Theta}_t)-\boldsymbol{\Upsilon}_t\|=o(1)$：从式(4.119)和(QSA5)可知，

$$\partial_\theta\boldsymbol{\Xi}_t^1(\theta)=\hat{\boldsymbol{A}}(\boldsymbol{\theta},\boldsymbol{\xi}_0)-\hat{\boldsymbol{A}}(\boldsymbol{\theta},\boldsymbol{\xi}_t)$$

这些界表明$\|\boldsymbol{\Delta}_t^b\|=o(1)$。 □

定理 4.24 的证明　首先将式(4.144)重写为

$$\frac{\mathrm{d}}{\mathrm{d}t}\boldsymbol{Y}_t=a_t\left[\left(\boldsymbol{A}^*+\frac{r_t}{a_t}\boldsymbol{I}\right)\boldsymbol{Y}_t+\boldsymbol{\Delta}_t^Y-\boldsymbol{\Upsilon}_t+\left(\boldsymbol{A}^*+\frac{r_t}{a_t}\boldsymbol{I}\right)\boldsymbol{\Xi}_t^1\right]$$

其中对于$\rho<1$，有$r_t/a_t=o(1)$，并且当$\rho=1$时，$r_t/a_t\equiv 1$。这可以看作是具有消失扰动的线性 QSA ODE。令$\kappa(\rho)=\mathbb{1}\{\rho=1\}$($\rho<1$时等于 0 且$\kappa(1)=1$)。在$\boldsymbol{A}^*+\kappa(\rho)\boldsymbol{I}$是赫尔维茨矩阵的条件下，可以使用定理 4.15 的证明，不需要做出显著改变，即可得到收敛条件：

$$\overline{\boldsymbol{Y}}=\lim_{t\to\infty}\boldsymbol{Y}_t=\lim_{T\to\infty}\frac{1}{T}\int_0^T[\boldsymbol{\Xi}_t^1+[\boldsymbol{A}^*+\kappa(\rho)\boldsymbol{I}]^{-1}\partial_\theta\boldsymbol{\Xi}_t^1\cdot\boldsymbol{f}(\boldsymbol{\theta}^*,\boldsymbol{\xi}_t)]\mathrm{d}t=[\boldsymbol{A}^*+\kappa(\rho)\boldsymbol{I}]^{-1}\overline{\boldsymbol{\Upsilon}},$$

其中第二个等式成立，因为在式(4.119)下，并且根据(QSA5)中$\overline{\boldsymbol{\Upsilon}}$的定义，有$\lim_{T\to\infty}\frac{1}{T}\int_0^T\boldsymbol{\Xi}_t^1\mathrm{d}t=0$。这给出了耦合结果$\boldsymbol{Z}_t=\overline{\boldsymbol{Y}}+\boldsymbol{\Xi}_t^1+\boldsymbol{o}(1)$。

式(4.120a)中的第二个近似来自第一个近似：应用式(4.72)，有

$$\boldsymbol{\Theta}_t = \overline{\boldsymbol{\Theta}}_t + a_t[\overline{\boldsymbol{Y}} + \boldsymbol{\Xi}_t^1] + \boldsymbol{o}(a_t)$$

对于$\rho<1$，我们有$\overline{\boldsymbol{\Theta}}_t = \boldsymbol{\theta}^* + \boldsymbol{o}(a_t)$，因为对于任意$N$，$\overline{\boldsymbol{\Theta}}_t$比$t^{-N}$更快地收敛到$\boldsymbol{\theta}^*$。

对于$\rho=1$，命题4.26(i)意味着$\overline{\boldsymbol{\Theta}}_t = \boldsymbol{\theta}^* + \boldsymbol{O}(t^{-\varrho_0})$，其中对于$\boldsymbol{A}^*$的每个特征值$\lambda$，有Real$(\lambda)<-\varrho_0$。因此，如果$\boldsymbol{I}+\boldsymbol{A}^*$是赫尔维茨矩阵，则$\overline{\boldsymbol{\Theta}}_t = \boldsymbol{\theta}^* + \boldsymbol{o}(t^{-1})$。 □

定理4.25的证明分为如下三个引理。定理的假设贯穿始终。特别地，在$\boldsymbol{\Theta}_T^{\mathrm{PR}}$的定义式(4.121c)中，假设$a_t = 1/(1+t)^\rho$，$\rho\in\left(\frac{1}{2},1\right)$，且$T_0=(1-1/\kappa)T$。

第一步是将估计误差近似为

$$\boldsymbol{\Theta}_T^{\mathrm{PR}} - \boldsymbol{\theta}^* \stackrel{\text{def}}{=} \frac{1}{T-T_0}\int_{T_0}^T [\boldsymbol{\Theta}_t - \boldsymbol{\theta}^*]\mathrm{d}t = \frac{1}{T-T_0}\int_{T_0}^T [\boldsymbol{\Theta}_t - \overline{\boldsymbol{\Theta}}_t]\mathrm{d}t + \boldsymbol{o}(1/T^p) \tag{4.146}$$

其中$\rho>1$是固定的，但也是任意的。这个界从命题4.26的(ii)即可得出(回顾式(4.124))。

式(4.122)中出现的向量值过程$\boldsymbol{\Phi}_T$是作为证明的一部分构造的。它是下式的总和：

$$\boldsymbol{\Phi}_T = [\boldsymbol{A}^*]^{-1}\{\boldsymbol{Y}_T - \boldsymbol{Y}_{T_0} + \boldsymbol{\Psi}_T^a + \boldsymbol{\Psi}_T^b\} + \boldsymbol{o}(1) \tag{4.147a}$$

$$\boldsymbol{\Psi}_T^a \stackrel{\text{def}}{=} -\int_{T_0}^T r_t \boldsymbol{Z}_t \mathrm{d}t,\ \boldsymbol{\Psi}_T^b \stackrel{\text{def}}{=} \int_{T_0}^T a_t \widetilde{\boldsymbol{\Upsilon}}_t \mathrm{d}t = \int_{T_0}^T a_t \mathrm{d}\widetilde{\boldsymbol{\Upsilon}}_t^I \tag{4.147b}$$

根据式(4.118)，有

$$\widetilde{\boldsymbol{\Upsilon}}_t = \boldsymbol{\Upsilon}_t - \overline{\boldsymbol{\Upsilon}} \quad 和 \quad \widetilde{\boldsymbol{\Upsilon}}_t^I = \int_0^t [\boldsymbol{\Upsilon}_r - \overline{\boldsymbol{\Upsilon}}]\mathrm{d}r$$

其中$\overline{\boldsymbol{\Upsilon}}$是(QSA5)中引入的遍历均值。第一项$\{\boldsymbol{\Psi}_T^a\}$是有界的，因为$\{\boldsymbol{Z}_t\}$是有界的，且$r_t=1/(1+t)$，则有

$$\|\boldsymbol{\Psi}_T^a\| \leqslant \log(T/T_0)\sup_t\|\boldsymbol{Z}_t\| = \log(\kappa/(\kappa-1))\sup_t\|\boldsymbol{Z}_t\| < \infty$$

$\{\boldsymbol{\Psi}_T^b\}$是有界的证明将在引理4.41中给出。

引理4.39　*在定理4.25的假设下，*

$$\int_{T_0}^T [\boldsymbol{\Theta}_t - \overline{\boldsymbol{\Theta}}_t]\mathrm{d}t = [\boldsymbol{A}^*]^{-1}\left\{\boldsymbol{Z}_T - \boldsymbol{Z}_{T_0} - \int_{T_0}^T \widetilde{\boldsymbol{\Xi}}_t \mathrm{d}t + \boldsymbol{\Psi}_T^a + \boldsymbol{o}(1)\right\} \tag{4.148}$$

证明　结合定义$a_t\boldsymbol{Z}_t = \boldsymbol{\Theta}_t - \overline{\boldsymbol{\Theta}}_t$和

$$\frac{\mathrm{d}}{\mathrm{d}t}\boldsymbol{Z}_t = a_t\boldsymbol{A}^*\boldsymbol{Z}_t + a_t\boldsymbol{\Delta}_t + \widetilde{\boldsymbol{\Xi}}_t$$

(见式(4.125d))根据微积分基本定理，则有

$$\boldsymbol{Z}_T - \boldsymbol{Z}_{T_0} = \boldsymbol{A}^*\int_{T_0}^T [\boldsymbol{\Theta}_t - \overline{\boldsymbol{\Theta}}_t]\mathrm{d}t + \int_{T_0}^T [a_t\boldsymbol{\Delta}_t + \widetilde{\boldsymbol{\Xi}}_t]\mathrm{d}t \tag{4.149}$$

应用命题4.27，缩放比例误差项可以表示为

$$a_t\boldsymbol{\Delta}_t = a_t\boldsymbol{\Delta}_t^{(\rho)} + r_t\boldsymbol{Z}_t$$

定理 4.24 的(i)意味着 $r_t\|\boldsymbol{Z}_t\|=O(1/t)$ 和 $a_t\|\boldsymbol{\Delta}_t^{(\rho)}\|=O(\|\boldsymbol{\Theta}_t-\overline{\boldsymbol{\Theta}}_t\|^2)=O(a_t^2)$，通过整理式(4.149)的各个项并利用式(4.147b)，则可得到式(4.148)。 □

引理 4.40 在定理 4.25 的假设下，

$$\boldsymbol{\Theta}_T^{\mathrm{PR}}-\boldsymbol{\theta}^*=\frac{1}{T-T_0}[\boldsymbol{A}^*]^{-1}\left\{\boldsymbol{Y}_T-\boldsymbol{Y}_{T_0}+\int_{T_0}^T a_t\boldsymbol{\Upsilon}_t\mathrm{d}t+\boldsymbol{\Psi}_T^a+\boldsymbol{o}(1)\right\} \tag{4.150}$$

证明 回顾式(4.145)和式(4.119)，则有

$$\begin{aligned}\int_{T_0}^T\widetilde{\boldsymbol{\Xi}}_t\mathrm{d}t&=[\boldsymbol{\Xi}_T^1(\boldsymbol{\Theta}_T)-\boldsymbol{\Xi}_{T_0}^1(\boldsymbol{\Theta}_{T_0})]-\int_{T_0}^T a_t\boldsymbol{\Upsilon}_t(\boldsymbol{\Theta}_t)\mathrm{d}t\\&=[\boldsymbol{\Xi}_T^1(\boldsymbol{\Theta}_T)-\boldsymbol{\Xi}_{T_0}^1(\boldsymbol{\Theta}_{T_0})]-\int_{T_0}^T a_t\boldsymbol{\Upsilon}_t\mathrm{d}t+\int_{T_0}^T a_tO(\|\boldsymbol{\Theta}_t-\overline{\boldsymbol{\Theta}}_t\|)\mathrm{d}t\end{aligned}$$

其中对于 $\rho\in\left(\frac{1}{2},1\right)$，有 $\int_{T_0}^T a_tO(\|\boldsymbol{\Theta}_t-\overline{\boldsymbol{\Theta}}_t\|)\mathrm{d}t=o(1)$。回顾式(4.126)中的定义 $\boldsymbol{Y}_t\overset{\text{def}}{=}\boldsymbol{Z}_t-\boldsymbol{\Xi}_t^1(\boldsymbol{\Theta}_t)$，可得

$$\boldsymbol{Z}_T-\boldsymbol{Z}_{T_0}-\int_{T_0}^T\widetilde{\boldsymbol{\Xi}}_t\mathrm{d}t=\boldsymbol{Y}_T-\boldsymbol{Y}_{T_0}+\int_{T_0}^T a_t\boldsymbol{\Upsilon}_t\mathrm{d}t+\boldsymbol{o}(1) \tag{4.151}$$

结合式(4.148)和式(4.151)，就可以完成证明：

$$\begin{aligned}\boldsymbol{\Theta}_T^{\mathrm{PR}}-\boldsymbol{\theta}^*&=\frac{1}{T-T_0}\int_{T_0}^T[\boldsymbol{\Theta}_t-\overline{\boldsymbol{\Theta}}_t]\mathrm{d}t+\boldsymbol{o}(1/T)\\&=\frac{1}{T-T_0}[\boldsymbol{A}^*]^{-1}\left\{\boldsymbol{Y}_T-\boldsymbol{Y}_{T_0}+\int_{T_0}^T a_t\boldsymbol{\Upsilon}_t\mathrm{d}t+\boldsymbol{\Psi}_T^a+\boldsymbol{o}(1)\right\}\end{aligned}$$ □

式(4.150)右边的积分是关键项，它可以表示为

$$\int_{T_0}^T a_t\boldsymbol{\Upsilon}_t\mathrm{d}t=\overline{\boldsymbol{\Upsilon}}\int_{T_0}^T a_t\mathrm{d}t+\boldsymbol{\Psi}_T^b \tag{4.152}$$

其中 $\boldsymbol{\Psi}_T^b$ 是在式(4.147b)定义的。

引理 4.41 在定理 4.25 的假设下，过程 $\{\boldsymbol{\Psi}_T^b\}$ 是有界的，且式(4.152)中第一项的积分具有如下的近似：

$$\kappa\int_{T_0}^T a_t\mathrm{d}t=a_T[T+O(1)]c(\rho,\kappa),\quad 其中\ c(\rho,\kappa)=\frac{\kappa}{1-\rho}(1-(1-1/\kappa)^{1-\rho})$$

证明 计算 $a_t=1/(1+t)^\rho$ 的积分的界是一个微积分习题，它仍然需要界定 $\{\boldsymbol{\Psi}_T^b\}$。使用分部积分法，有

$$\begin{aligned}\boldsymbol{\Psi}_T^b&\overset{\text{def}}{=}\int_{T_0}^T a_t\mathrm{d}\widetilde{\boldsymbol{\Upsilon}}_t^I=a_t\widetilde{\boldsymbol{\Upsilon}}_t^I\Big|_{t=T_0}^T-\int_{T_0}^T\left[\frac{\mathrm{d}}{\mathrm{d}t}a_t\right]\widetilde{\boldsymbol{\Upsilon}}_t^I\mathrm{d}t\\&=[a_T\widetilde{\boldsymbol{\Upsilon}}_T^I-a_{T_0}\widetilde{\boldsymbol{\Upsilon}}_{T_0}^I]+\rho\int_{T_0}^T\frac{1}{(1+t)^{1+\rho}}\widetilde{\boldsymbol{\Upsilon}}_t^I\mathrm{d}t\end{aligned}$$

这在 T 中是有界的，因为 $\{\tilde{\boldsymbol{\gamma}}_T^I\}$ 在定理的假设下是有界的。 □

定理 4.25 的证明　结合引理 4.40、式(4.152)和引理 4.41，则可得到式(4.122)。 □

4.10　习题

4.1　考虑标量 ODE $\frac{\mathrm{d}}{\mathrm{d}t}\vartheta=f(\vartheta)=-\vartheta^3$(之前在习题 2.15 中探讨过)。

(a)验证它是全局渐近稳定的。

(b)使用标准欧拉近似进行模拟：

$$\theta_{n+1}=\theta_n+a_{n+1}f(\theta_n)$$

通过解析或模拟来验证离散时间递归对于任何固定步长的选择都是不稳定的(即对于每个 n，$\alpha_n=\alpha_0$，且 α_0 独立于 θ_0)。

(c)提出一个成功的步长规则。t_n 取什么值时，$\theta_n\approx\vartheta_{t_n}$?

4.2　针对下面的三个标量示例，计算式(4.14b)中定义的牛顿-拉弗森向量场 f^{NRf}：$f(x)=$

(a)$-\nabla\Gamma(x)$，其中 $\Gamma(x)=x^2(1+(x+10)^2)$

(b)$-\nabla\Gamma(x)$，其中 $\Gamma(x)=\log(\mathrm{e}^x+\mathrm{e}^{-x})$

(c)$\sin(x)$

在每种情况下：

- 求作为 θ 函数的 $f(\theta)$ 和 $f^{\mathrm{NRf}}(\theta)$ 的重叠图。

六个函数中的哪一个是全局利普希茨连续的?

- 求 f 和 f^{NRf} 的根。
- 确定吸引区域：对于牛顿-拉弗森流来说，我们称 θ 在平衡点 θ° 的吸引域，如果下式成立：

$$\lim_{t\to\infty}\vartheta_t=\theta^{\circ}$$

其中 ϑ_t 是式(4.14a)在时间 t 处的解，且初始条件 $\Theta_0=\theta$。

描述 f^{NRf} 的每个根的吸引域。

4.3　考虑求根问题 $\boldsymbol{f}(\boldsymbol{\theta}^*)=\mathbf{0}$，其中 $\boldsymbol{f}_1(\boldsymbol{\theta})=\boldsymbol{\theta}_1-2\,\boldsymbol{\theta}_2$ 和 $\boldsymbol{f}_2(\boldsymbol{\theta})=\|\boldsymbol{\theta}\|^2-5$。你可以通过将 $\boldsymbol{\theta}_1=2\,\boldsymbol{\theta}_2$ 代入二次等式 $\boldsymbol{\theta}_1^2=\boldsymbol{\theta}_2^2=5$，进而计算这两个解 $\{\boldsymbol{\theta}^{*+},\ \boldsymbol{\theta}^{*-}\}$。

(a)归一化 ODE 是有希望的：

$$\frac{\mathrm{d}}{\mathrm{d}t}\boldsymbol{\vartheta}(1)=-\boldsymbol{f}_1(\boldsymbol{\vartheta}),\quad \frac{\mathrm{d}}{\mathrm{d}t}\boldsymbol{\vartheta}(2)=-\boldsymbol{f}_2(\boldsymbol{\vartheta})/\sqrt{1+\|\boldsymbol{\theta}\|^2}$$

其中对 $\boldsymbol{f}_2$ 进行缩放，使得右侧是利普希茨连续的。使用减号是为了实现稳定。

通过分析或模拟来验证这种方法是失败的。

(b)应用牛顿-拉弗森流，并绘制得到的轨迹。你可以使用 ODE 求解器获得轨迹，或使用 $\boldsymbol{f}(\boldsymbol{\vartheta}_t)=\mathrm{e}^{-t}\boldsymbol{f}(\boldsymbol{\vartheta}_0)$ 显式计算它们，然后求解 $\boldsymbol{\vartheta}_t$。计算或估计这两个平衡点的吸引域。

(c)验证正则化牛顿-拉弗森流[式(4.15)]满足命题4.4的条件(a)和(b)。条件(c)不成立：找到$\boldsymbol{A}^{\mathrm{T}}(\boldsymbol{\theta})\boldsymbol{f}(\boldsymbol{\theta})=0$的所有解，并讨论其含义。

4.4 猴鞍面是由下式定义的二维曲面：

$$h(x,y)=x^3-3xy^2$$

鞍点是在梯度∇h处消失的一对(x^s,y^s)。

(a)验证原点是唯一的鞍点。

(b)推导牛顿-拉弗森流，用以找到鞍点。

(c)在各种初始条件下绘制作为t的函数$\nabla h(x_t,y_t)$，以观察它确实是从$h(x_0,y_0)$到原点的直线。

4.5 极坐标下的猴鞍面表示为$h(r,\phi)=r^3\cos(3\phi)$。对这个包含两个变量的函数重复习题4.4。

4.6 对于函数$\boldsymbol{f}:\mathbb{R}^d\to\mathbb{R}$，假设以下条件成立(略强于命题4.4的假设(b)和(c))：$\boldsymbol{f}$是连续可微的，$\|\boldsymbol{f}\|$是强制的，对于每个$\boldsymbol{\theta}$，$\boldsymbol{A}(\boldsymbol{\theta})$是满秩的。证明函数$\boldsymbol{f}$是满射的结论：对于每个$z\in\mathbb{R}^d$，存在$\boldsymbol{\theta}^z\in\mathbb{R}^d$使得$\boldsymbol{f}(\boldsymbol{\theta}^z)=z$。建议的方法：考虑使用$\boldsymbol{f}_z(\boldsymbol{\theta})=\boldsymbol{f}(\boldsymbol{\theta})-z$的牛顿-拉弗森流，得到$\frac{\mathrm{d}}{\mathrm{d}t}\boldsymbol{f}_z(\boldsymbol{\vartheta})=-\boldsymbol{f}_z(\boldsymbol{\vartheta})$。请务必解释如何使用强制条件。

4.7 如果需要的话，我们可以在梯度流中包含矩阵增益：

$$\frac{\mathrm{d}}{\mathrm{d}t}\boldsymbol{\vartheta}=-\nabla_\theta \boldsymbol{G}\Gamma(\boldsymbol{\vartheta}) \tag{4.153}$$

假设G是正定的并且命题4.7的假设成立。设计一个新的李雅普诺夫函数，使命题4.7的结论在使用式(4.153)的条件下继续成立。可以考虑加权范数$V(\boldsymbol{\theta})=\frac{1}{2}\|\tilde{\boldsymbol{\theta}}\|_{\boldsymbol{M}}^2=\frac{1}{2}\tilde{\boldsymbol{\theta}}^{\mathrm{T}}\boldsymbol{M}\tilde{\boldsymbol{\theta}}$，其中$\boldsymbol{M}>0$。

4.8 探讨一下使用梯度下降法最小化函数$\Gamma(x)=x^2(1+(x+10)^2)$遇到的一些困难。一个问题是它不是凸的，并且还有多个局部极小值。另一个问题是它的梯度呈三次增长，这会引入潜在的数值问题，如习题4.1所示。

(a)编写梯度下降$\frac{\mathrm{d}}{\mathrm{d}t}\boldsymbol{\Theta}=-\nabla(\boldsymbol{\Theta})$的一个欧拉近似代码。在不同的初始条件下多次运行(当选择的初始条件太大时，它最终会失败)。

(b)引入一个权重函数$w:\mathbb{R}\to[1,\infty)$，并考虑标准化算法：

$$\frac{\mathrm{d}}{\mathrm{d}t}\boldsymbol{\vartheta}=-w(\boldsymbol{\vartheta})\nabla\Gamma(\boldsymbol{\vartheta})$$

选择一个连续的加权函数，使得右侧是全局利普希茨连续的，同时确保原点仍旧是(局部)渐近稳定平衡点(使用李雅普诺夫函数来证明稳定性)。

(c)用一系列初始条件测试修改后的ODE的欧拉近似。

这个例子在习题 8.2 和习题 4.13 中将再次出现。

4.9　Oja 算法。这是一种著名的 ODE 技术，旨在估计一个 $N\times N$ 矩阵 $\boldsymbol{W}$ 的特征向量。假设矩阵是正定的，因此 $\boldsymbol{W}$ 的特征值是非负的。固定一个整数 $N_m\leqslant N$，并假设存在以下意义上的"谱间隙"：如果 $\boldsymbol{W}$ 的特征值是有序的，使得 $\lambda_1\geqslant\lambda_2\geqslant\cdots\geqslant\lambda_n$，那么 $\lambda_{N_m}\geqslant\lambda_{N_m+1}$。我们的目标是识别这些第一特征值，以及由前 N_m 个特征向量所张成的子空间 S。

令 $\boldsymbol{m}_t$ 表示一个 $N\times N_m$ 矩阵，矩阵的列旨在近似 S 的元素。Oja 的子空间算法表示为多项式微分方程：

$$\frac{\mathrm{d}}{\mathrm{d}t}\boldsymbol{m}_t=[\boldsymbol{I}-\boldsymbol{m}_t\boldsymbol{m}_t^{\mathrm{T}}]\boldsymbol{W}\boldsymbol{m}_t \tag{4.154}$$

其中 $\boldsymbol{m}_0$ 作为初始条件给出。众所周知，对于"大多数"初始条件，ODE 的解是收敛的，并且极限 $\boldsymbol{m}_\infty$ 位于 S 中(参见文献[91]和文献[59,278,321])。

(a)回顾习题 4.8，可观察到，Oja 算法也提出了一个类似的挑战，因为式(4.154)的右侧不是利普希茨的。通过引入一个标量加权函数，请提出一个修改的 ODE。

(b)用这种方法进行实验，计算一下你所选择的矩阵 $\boldsymbol{A}$ 的前几个奇异值($\boldsymbol{\sigma}_i(\boldsymbol{A})=\sqrt{\boldsymbol{\lambda}_i(\boldsymbol{A}^{\mathrm{T}}\boldsymbol{A})}$)。

4.10　Oja 算法分析。考虑 $N_m=1$ 的情况，因此 $\boldsymbol{m}_t$ 是一个列向量。和之前一样，假设 $\boldsymbol{W}$ 是正定的。

(a)使用李雅普诺夫函数 $V(\boldsymbol{x})=\frac{1}{2}\|\boldsymbol{x}\|^2$，证明存在 $c_0>0$，使得当 $V(\boldsymbol{m}_t)>c_0$ 时，

$$\frac{\mathrm{d}}{\mathrm{d}t}V(\boldsymbol{m}_t)\leqslant -V(\boldsymbol{m}_t)$$

在如下意义上，验证一下轨迹是最终有界的结论：对于每个初始条件，并且所有 t 都足够大，有 $V(\boldsymbol{m}_t)\leqslant c_0$。

(b)再看一下 $\frac{\mathrm{d}}{\mathrm{d}t}V(\boldsymbol{m}_t)$ 的表达式，证明：对于每个初始条件，当 $t\to\infty$ 时，有 $\|\boldsymbol{m}_t\|\to 1$。

(c)令 $\{\boldsymbol{v}^i\}$ 表示 $\boldsymbol{W}$ 的特征向量的一个正交基，并写成

$$\boldsymbol{m}_t=\sum_{i=1}^{N}\alpha_t(i)\boldsymbol{v}^i$$

根据上文可知，$1=\lim\limits_{t\to\infty}\|\boldsymbol{m}_t\|=\lim\limits_{t\to\infty}\sum_{i=1}^{N}[\alpha_t(i)]^2$。

对于该系数，证明如下 ODE 的合理性：

$$\frac{\mathrm{d}}{\mathrm{d}t}\alpha(i)=[\lambda_i-\bar{\lambda}]\alpha(i),\quad \bar{\lambda}_t=\sum_{i=1}^{N}[\alpha_t(i)]^2\lambda_i$$

(d)验证(c)中 ODE 的解具有如下表示形式：

$$\alpha_t(i)=\exp\left(\int_0^t[\lambda_i-\bar{\lambda}_r]\mathrm{d}r\right)\alpha_0(i)$$

(e)假设 λ_1 是 $\boldsymbol{W}$ 的不重复的最大特征值，使得当 $i\geqslant 2$ 时，$\lambda_i\leqslant\lambda_1$。在这种情况下，证明 $\alpha_1(t)\to 1$ 是指数快速收敛的。为此，写成如下形式是有用的：

$$\alpha_t(i)=\exp([\lambda_i-\lambda_1]t)\exp\left(\int_0^t[\lambda_1-\bar{\lambda}_r]\mathrm{d}r\right)\alpha_0(i)$$

4.11　PJR 平均失败。定理 4.25 告诉我们 PJR 平均将得到最优的 $1/T$ 收敛速率，前提是式(4.118)中定义的向量$\overline{\boldsymbol{\Upsilon}}$为空。在本习题中，你会发现你不能将此假设视为是理所当然的。考虑标量 QSA ODE $\frac{\mathrm{d}}{\mathrm{d}t}\boldsymbol{\vartheta}_t=a_t\boldsymbol{f}(\boldsymbol{\vartheta}_t,\boldsymbol{\xi}_t)$，式中

$$\boldsymbol{f}(\boldsymbol{\vartheta}_t,\boldsymbol{\xi}_t)=-(1+\sin(t))\boldsymbol{\vartheta}_t+\xi_t^0,\quad \boldsymbol{\vartheta}_0\in\mathbb{R}$$

式中 $\boldsymbol{\xi}_t=(\xi_t^0,\sin(t))^{\top}$，且标量信号 $\{\xi_t^0\}$ 的均值为 0。

(a)求 $\bar{\boldsymbol{f}},\boldsymbol{\theta}^*$ 和(QSA5)中感兴趣的时变量的表达式：

$$\boldsymbol{f}(\boldsymbol{\theta},\boldsymbol{\xi}_t),\boldsymbol{A}(\boldsymbol{\theta},\boldsymbol{\xi}_t),\hat{\boldsymbol{A}}(\boldsymbol{\theta},\boldsymbol{\xi}_t)$$

(b)选择一个 ξ_t^0 使其均值为 0，但$\overline{\boldsymbol{\Upsilon}}=1$ 仍成立。

(c)对于这个例子，数值上验证一下 PJR 平均是失败的，但式(4.122)却是成立的。通过仿真验证这一点就足够了，即对于非常大的 T，有

$$a_T^{-1}\{\boldsymbol{\Theta}_T^{\mathrm{PR}}-\boldsymbol{\theta}^*\}\approx c(\rho,\kappa)\ \overline{\boldsymbol{\Upsilon}}/\boldsymbol{A}^*$$

这里，你可以在遵循定理 4.25 中的假设的前提下自行选择 ρ 和 κ。

4.12　qSGD 的探索。这个问题涉及 qSGD #1：$\frac{\mathrm{d}}{\mathrm{d}t}\boldsymbol{\Theta}_t=-a_t\frac{1}{\varepsilon}\xi_t\Gamma(\boldsymbol{\Theta}_t+\varepsilon\boldsymbol{\xi}_t)$。

不妨假设 $a_t=(1+t)^{\rho}$(根据 QSA 理论)。

目标函数的定义域为 $\mathbb{R}^2$，在这个问题中，可假设它是二次型函数：

$$\Gamma(\boldsymbol{\theta})=\frac{1}{2}\boldsymbol{\theta}^{\top}\boldsymbol{M}\boldsymbol{\theta},\quad \boldsymbol{\theta}\in\mathbb{R}^2,\qquad \text{其中 } \boldsymbol{M}>0$$

原点是唯一最小值(根据正定条件 $M>0$ 的定义)。

在这个习题中，最好应用引理 4.37 的一个变形(另见式(4.49))：对于任何多项式函数 $g:\mathbb{R}^2\to\mathbb{R}$，

$$\lim_{T\to\infty}\frac{1}{T}\int_0^T g(\cos(t),\sin(\pi t))\mathrm{d}t=\int_0^1\int_0^1 g(\cos(2\pi t_1),\sin(2\pi t_2))\mathrm{d}t_1\mathrm{d}t_2$$

(a)考虑一个简单的探测信号 $\boldsymbol{\xi}_t=p_t\boldsymbol{v}$，其中 $p_t=\cos(t)+\sin(\pi t)$，并且 $\boldsymbol{v}\in\mathbb{R}^2$ 是固定的。求 ODE 近似$\frac{\mathrm{d}}{\mathrm{d}t}\boldsymbol{\vartheta}_t=\bar{\boldsymbol{f}}(\boldsymbol{\vartheta}_t)$中的 $\bar{\boldsymbol{f}}$，并验证一下这种方法是失败的结论。

(b)现在考虑 $\boldsymbol{\xi}_t=\cos(t)\boldsymbol{v}^1+\sin(\pi t)\boldsymbol{v}^2$，其中$\boldsymbol{v}^1=(1,0)^{\top}$，$\boldsymbol{v}^2=(0,1)^{\top}$。求 ODE 近似$\frac{\mathrm{d}}{\mathrm{d}t}\boldsymbol{\vartheta}_t=\bar{\boldsymbol{f}}(\boldsymbol{\vartheta}_t)$中的 $\bar{\boldsymbol{f}}$，并确定其稳定点。

在这种情况下 $\boldsymbol{\Theta}_t$ 收敛吗？如果收敛，极限是否近似于最小值 $\boldsymbol{\theta}^*=\mathbf{0}$？

(c)继续考虑特殊情况(b)，求(QSA5)中感兴趣的时变量的表达式：

$$\boldsymbol{f}(\boldsymbol{\theta},\boldsymbol{\xi}_t),\boldsymbol{A}(\boldsymbol{\theta},\boldsymbol{\xi}_t),\hat{\boldsymbol{A}}(\boldsymbol{\theta},\boldsymbol{\xi}_t)$$

基于此，求 $\overline{\boldsymbol{\Upsilon}}$ 的表达式。

(d)如何将所得结论扩展到非二次型的目标函数？读者应该能够找到 $\|\overline{\boldsymbol{\Upsilon}}\|=O(\varepsilon)$ 的条件。

4.13 联合使用 qSGD 和 PJR 平均来求 $\Gamma(x)=x^2(1+(x+10)^2)$ 的最小值。针对一系列的 ε、初始条件 $\boldsymbol{\Theta}_0<-10$ 以及 $\boldsymbol{\Theta}_0>2$ 来测试该算法。

在继续之前回顾一下习题 4.8：想要求解成功，需要某种投影或其他一些机制来确保估计算法的有界性(Γ 及其导数都不是利普希茨连续的)。

(a)使用三种 qSGD 算法中的每一种进行实验，绘制作为时间函数的估计曲线图，并对初步发现进行讨论，为余下的习题确定你最喜欢的算法。

(b)当 $\boldsymbol{\Theta}_0>2$ 时，讨论一下 ε 是如何影响收敛速度的，以及 $\boldsymbol{\Theta}_0<-10$ 时陷入困境的可能性(此处 $\varepsilon>0$，对每个 qSGD 算法中的探测信号都进行了缩放)。

当 $\boldsymbol{\Theta}_0>2$ 时，绘制作为 $\varepsilon>0$ 的函数 θ_ε^* 的估计图，并分析观测到的偏差。

(c)看看你是否可以设计一个随时间变化的过程 $\{\varepsilon_t\}$，从而得到一个对任何初始条件 $\boldsymbol{\Theta}_0$ 都收敛的可靠算法。

针对一系列 m 值(例如，$m\in\{-4,4,8\}$)，使用修改后的函数 $\Gamma_m(x)=x^2(1+(x+m)^2)$ 测试所得到的最终设计算法。

4.14 再次考虑 2.7.3 节中介绍的磁球示例。本习题是习题 2.19 的后续。我们的目标是让球在距磁铁的某个预先指定的距离 r_0 保持静止。

我们的方法是使用无梯度优化：令 $c(x,u)=\tilde{y}^2+u^2$，其中 $\tilde{y}=x_1-r_0$。根据习题 2.19 中所获得的见解，提出一系列策略 $u=\phi^\theta(x)$，并使用 qSGD 最小化 $E[J_\theta(X)]$(参见式(4.103)及相关讨论)。

4.15 回顾习题 3.10，现在引入成本函数 $c(x,u)=\|x\|^2+u^2$。

根据从习题 3.10 中得到的见解，提出一系列策略 $u=\phi^\theta(x)$，$\boldsymbol{\theta}\in\mathbb{R}^d$(选择 $d\leqslant 4$)。使用 qSGD 求 $E[J_\theta(X)]$ 的最小值的一个近似。

4.16 赛艇博弈的优化。不像习题 3.9 那样应用 LQR，而是使用 qSGD 优化($K_pK_IK_v$)。当 N 很大时，这里得到的结果是否与习题 3.9 中获得的结果相似？

4.17 本习题(以及习题 4.16)可能会阐明 4.7.2 节结尾处的注释：当我们在特定类别中搜索最优策略时，我们常常被迫放弃动态规划，并使用优化技术，例如 qSGD。

在连续时间域内，状态在 $X=\mathbb{R}^n$ 上演化，其中每个状态的导数仅受本地输入和单个邻居的直接影响：

$$\frac{\mathrm{d}}{\mathrm{d}t}x_t(i)=x_t(i-1)+u_t(i),\qquad 1\leqslant i\leqslant n$$

为了方便符号表示，我们设 $x_t(0)\equiv 0$。成本函数是特殊形式的二次函数 $c(x,u)=\|x\|^2+r\|u\|^2$，其中 $r>0$。

(a)在 n 的范围内，求一个 $n\times n$ 反馈增益 $K^\star$，看看能否发现任何特殊结构。同时，你还可以看看对于非常小或非常大的 r 会发生什么。

(b)接下来，我们针对一类受限的策略求一个最优增益：对于每个 i 和 t，$u_t(i)=-\theta x_t(i)$。设计一个 QSA ODE 来找到 θ^*，并针对一系列 r，与(a)中获得的解的性能进行比较。为此，必须计算与所提策略相关联的价值函数 J，并将其与 $J^\star$ 进行比较。

4.18 考虑具有乘性噪声的线性 QSA ODE，即式(4.88)：

$$\frac{\mathrm{d}}{\mathrm{d}t}\boldsymbol{\Theta}_t=a_t f(\boldsymbol{\Theta}_t,\xi_t)=a_t[\boldsymbol{A}_0+\varepsilon\xi_t\boldsymbol{A}_1]\boldsymbol{\Theta}_t$$

其中 $\xi_t=\sin(\omega t+\phi)$。

(a)θ^* 是什么？在这种情况下，显性噪声[式(4.69)]是多少？猜想一下式(4.44)在 $\boldsymbol{A}_0$ 是赫尔维茨矩阵和 $a_t=1/(1+t)$ 的条件下的收敛速率，看看是否可以在 $d=1$ 的标量情况验证这个猜想。

常值增益算法 $a_t=\alpha$ 的理论有点棘手：

(b)考虑如下标量的示例：

$$\frac{\mathrm{d}}{\mathrm{d}t}\Theta_t=-[\alpha+\varepsilon\xi_t]\Theta_t$$

估计一下保证 ODE 稳定的(α,ε)的范围。看看能否获得解析结果：标量线性 ODE $\frac{\mathrm{d}}{\mathrm{d}t}\Theta_t=\beta_t\Theta_t$ 具有一个封闭形式的解(略读习题 4.10 以查看不同应用情况下的解)。

(c)假设对于 $\boldsymbol{A}_0^{\top}$ 有 n 个线性无关的特征向量$\{\boldsymbol{v}^i\}$，并且这些也是$\boldsymbol{A}_1^{\top}$ 的特征向量：对于可能的复数$\{\lambda_i,\mu_i\}$，

$$\boldsymbol{A}_0^{\top}\boldsymbol{v}^i=\lambda_i\boldsymbol{v}^i,\quad \boldsymbol{A}_1^{\top}\boldsymbol{v}^i=\mu_i\boldsymbol{v}^i$$

在这种特殊情况下，解释一下如何使用(b)的结果来获得恒定增益算法的稳定性条件。

下一部分表明，当这个特征向量假设失败时，获得稳定性并不是那么简单。

(d)利用噪声镇定。针对具有恒定增益的一般线性算法，文献[36]包含的稳定性的一个特征。这一理论用如下的数值例子来说明：

$$\frac{\mathrm{d}}{\mathrm{d}t}\boldsymbol{\Theta}_t=[\alpha\boldsymbol{A}_0+\varepsilon\xi_t\boldsymbol{A}_1]\boldsymbol{\Theta}_t$$

$$\text{使用}\quad \boldsymbol{A}_0=\begin{bmatrix}0&1\\0&0\end{bmatrix}\quad \boldsymbol{A}_1=\frac{1}{10}\begin{bmatrix}6&13\\8&-16\end{bmatrix}$$

$\boldsymbol{A}_0$ 的特征值均为 0，$\boldsymbol{A}_1$ 的特征值为$\{-1,2\}$，因此两个矩阵都不是赫尔维茨矩阵。对于一个非零的初始条件 $\boldsymbol{\Theta}_0$，李雅普诺夫指数定义为如下极限：

$$\Lambda(\alpha,\varepsilon)=\lim_{t\to\infty} t^{-1}\log(\|\Theta_t\|)$$

固定 $\varepsilon=1/5$，求 $\alpha>0$ 时的 $\Lambda(\alpha,\varepsilon)$ 的估计图。所得的结果是否与图 4.14 中所示的稳定区域一致?

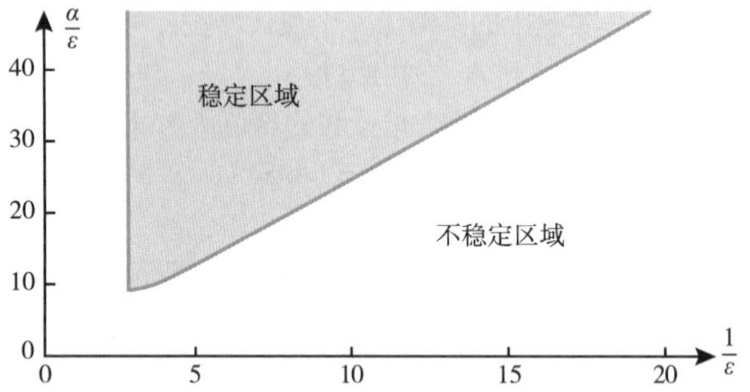

图 4.14　利用噪声镇定(来自文献[36])

4.11　注记

这些注记由许多部分组成，反映出了本章涵盖内容的广度。

4.11.1　算法设计的 ODE 方法

式(4.14a)是从经济学文献中引入的，这导致了 Smale[325] 的综合分析的提出。在确定性控制文献[320,370]中引入了式(4.14a)的牛顿-拉弗森流这一术语。基于相同的 ODE[90,110,112]，同时引入了 Zap SA 算法。在优化文献中，术语“牛顿-拉弗森动力系统”常被使用：请参阅文献[5]以了解相关历史㊀。关于此技术的更多信息将出现在本书的后半部分。不需要矩阵求逆的算法变形请参阅 8.5.2 节。

文献[335]在优化学术界激发了对 ODE 方法的新认识(对 ML 的应用特别感兴趣)。目标是了解两种常见的“加速”优化算法的动力学：

(i) Polyak 重球法：

$$\boldsymbol{x}_{k+1}-\boldsymbol{x}_k=\boldsymbol{\delta}_{k+1}[\boldsymbol{x}_k-\boldsymbol{x}_{k-1}]-\alpha_{k+1}\nabla\Gamma(\boldsymbol{x}_k) \tag{4.155}$$

(ii) Nesterov 加速梯度算法：

$$\boldsymbol{x}_{k+1}=\boldsymbol{y}_k-\alpha_{k+1}\nabla\Gamma(y_k),\quad \boldsymbol{y}_k=\boldsymbol{x}_k+\boldsymbol{\delta}_k[\boldsymbol{x}_k-\boldsymbol{x}_{k-1}] \tag{4.156}$$

当 $\boldsymbol{\delta}_k\equiv 0$ 时，任一递归都归结为梯度下降法——式(4.28)。Polyak 算法取 $\boldsymbol{\delta}_k=\boldsymbol{\delta}>0$；涅斯捷罗夫算法使用 $\boldsymbol{\delta}_k=(k-1)/(k+2)$。这些算法背后的理论通常要求 $\alpha_k\equiv\alpha$ 独立于 k。

㊀　非常感谢 Vivek Borkar 提醒我注意 Smale 的早期贡献，并感谢 Francis Bach 传递了相关信息[5]。

在记 $\boldsymbol{\theta}_k=\boldsymbol{x}_k$ 和 $\boldsymbol{D}_{k+1}=\boldsymbol{\theta}_{k+1}-\boldsymbol{\theta}_k$[16]时，很容易预见式(4.155)的 ODE 近似，其中 $\boldsymbol{\delta}_k\equiv\boldsymbol{\delta}$。为简单起见，取 $\alpha=1$ 并将式(4.155)写为

$$\boldsymbol{D}_{k+1}-\boldsymbol{D}_k=-(1-\delta)\boldsymbol{D}_k-\nabla\Gamma(\boldsymbol{\theta}_k)$$

这是一个二阶 ODE 的欧拉近似：

$$\frac{\mathrm{d}^2}{\mathrm{d}t^2}\boldsymbol{\vartheta}=-(1-\delta)\frac{\mathrm{d}}{\mathrm{d}t}\boldsymbol{\vartheta}-\nabla\Gamma(\boldsymbol{\vartheta})$$

文献[335]中讨论了式(4.156)，并使用了时变的 $\boldsymbol{\delta}_k$。类似的 ODE 近似建立如下：

$$\frac{\mathrm{d}^2}{\mathrm{d}t^2}\boldsymbol{\vartheta}=-\beta_t\frac{\mathrm{d}}{\mathrm{d}t}\boldsymbol{\vartheta}-\nabla\Gamma(\boldsymbol{\vartheta}),\quad \beta_t=3/t$$

“3”的出现可以用表示法 $\delta_k=1-3/(k+2)$ 来解释。

深入理解这些 ODE 动力学就可以更全面地理解 Polyak 和 Nesterov 算法为何如此成功[16,198,335]。这项工作部分激发了人们对 ODE 和随机微分方程(SDE)近似的日益增长的兴趣，而这些近似常常用于更有效的递归算法[200,294,318,375,384]、神经网络近似[84,358]和基于鲁棒控制理论概念的 ODE 设计[127,163,164]。

4.11.2　最优化

Luenberger 的著作一直是笔者教授优化课程时最喜欢的文献[230,231]，但最好的百科全书式文献可能是文献[73]和最近出版的书[19]。

在 Polyak[286]中可以找到定理 4.9 的一个版本。式(4.27)是由数学家 Łojasiewicz 引入的对边界的一种限制形式，这就是为什么这在优化文献中被称为 Polyak-Łojasiewicz(PL)条件。定理 4.9 的简单证明取自文献[179](其中包含了更多见解和许多应用)。

命题 4.11 的结论可以通过一个修改过的算法和更仔细构造的李雅普诺夫函数得到改进[116,292]。

在线优化及其在控制中的应用是一个值得关注的领域[96,263]，其目标与 qSGD 和策略梯度算法中的类似。

4.11.3　QSA

4.5 节最初的撰写目标是对算法设计的随机近似做一个初步介绍——这也是第 8 章探讨的主题。在撰写本书的过程中，这个目标变为提供一个有关优化和控制的“独立工具包”。

4.5 节至 4.7 节的大部分内容改编自文献[40,41,87]，其灵感来自文献[245,319]中的先前结果。文献[93]包含了带约束的无梯度优化的应用。QSA 概念首次在文献[212,213]中被引入，并应用于金融。

双时间尺度随机近似理论与微分方程的奇异摄动理论有着平行的发展历史，这在控制理论和应用中发挥了重要作用[186]。一个简单的例子是由以下一组微分方程描述的动力学系统：

$$\frac{\mathrm{d}}{\mathrm{d}t}x_1=f_1(x_1,x_2)$$

$$\varepsilon\frac{\mathrm{d}}{\mathrm{d}t}x_2=f_2(x_1,x_2)$$

假设 $0<\varepsilon\ll1$，使得 x_2 的动力学比 x_1 快得多。假设这是关于时间的函数，当 $t\uparrow\infty$时，$\varepsilon_t\downarrow0$。此外，假设存在一个连续函数 ϕ，对于每个 x_1，它满足$f_2(x_1,\phi(x_1))=0$。在进一步的条件下，在前面的 ODE 和下式之间存在一个更紧的近似：

$$\frac{\mathrm{d}}{\mathrm{d}t}x_1=f_1(x_1,\phi(x_1))$$

这就是是式(4.91)背后的思想。

PJR 平均是由其冠名者独立提出的[287,288,306](注意，Polyak 在与 Juditsky 合作之前有独立的贡献)。这项工作与 QSA 无关，而是关于优化式(6.40)中出现的随机近似的协方差 Σ_θ——更多背景信息，请参见 8.9 节。平均技术在 QSA 中用于速率优化的应用似乎是新的。

引理 4.37(ii)中的函数 $\hat{g}$ 正是泊松方程的解，外力函数(forcing function) $\tilde{g}=g-a_0$ 出现在马尔可夫过程模拟、平均成本最优控制和随机近似的理论中[12,39,144,250]。

术语 ODE *方法*经常被归功于 Ljung[229]，尽管大多数作者使用它来表示一种分析方法，而不是一种算法设计技术。Polyak 在文献[136]中称赞 Tsypkin[357]认识到了随机近似是创建学习算法的宝贵组成部分。

在文献[69]中引入了 ODE@ ∞——式(4.113)，用于随机近似中的稳定性验证：命题 4.22 是 Borkar-Meyn 定理[66,69]的一个非常特殊的情况，该定理近年来得到了很大的改进[296,297]。使用抽象 ODE 模型来验证随机递归的稳定性也出现在排队网络[98,99,254]和马尔可夫链蒙特卡罗(MCMC)[134]中。我们将在第 8 章中重新探讨这种稳定性验证方法。

当 $\boldsymbol{\xi}$ 是马尔可夫过程[38,144]时，假设(QSA5)类似于模拟或随机近似算法研究中的常见假设。根据马尔可夫过程和函数的条件，泊松方程的适定解的条件是可以得到的。特别地，对于 SDE，被称为亚椭圆性的非一般性条件是第一步，然后才能在李雅普诺夫函数漂移条件下[144]存在泊松方程的解。虽然式(4.79)定义的过程 $\boldsymbol{\xi}$ 是马尔可夫式的，但它是纯退化的，因为微分形式的泊松方程[式(4.140)]是一个一阶 PDE：

$$g(z)+\partial\hat{g}(z)\cdot H(z)=\overline{g},\quad z\in\Omega$$

除了 4.9.4 节中考虑的简单特例之外，几乎没有什么理论可以用于适定解。

4.11.4 SGD 与极值搜索控制

在无梯度优化中，目标是最小化 $\theta\in\mathbb{R}^d$ 上的损失函数 $\Gamma(\theta)$。虽然在任何期望值处观测损失函数是可能的，但是难以获得梯度信息。

这一主题在两个看似脱节的研究群体中进行研究：一个旨在研究通过扰动技术直接近似梯度下降的技术，称为同步扰动随机近似(SPSA)；另一个研究在纯确定性环境中描述的极值搜索控制(ESC)。式(4.99)是 ESC 方法的程式化版本。4.5 节和 4.6 节的大部分内容取自文献[40,41,85,86]；文献[52]还使用一类专门设计的确定性探测序列开发了 SPSA。

自适应控制中无梯度优化的历史参见文献[202]，ESC 近百年的历史参见文献[11,228,348]（文献[298,299]提供了俄罗斯研究者的视角）。来自文献[348]的以下文字引人注目：

在 1922 年的论文或发明公开中，Leblanc 描述了一种使用巧妙的非接触式解决方案将电力从架空输电线路传输到电车的机制。由于气隙的变化，为了保持高效的功率传输，本质上要求传输过程是一个线性空心变压器或具有可变电感的电容器布置——由于气隙的变化，他要确定调整（基于电车的）电感（作为输入）的需求，以维持谐振电路或最大功率（作为输出）。

Leblanc 解释了一种控制机制，即如何使用一种本质上是极值搜索的方法（这一点被特别强调）来维持理想的最大功率传输。

这个讨论可参考 1922 年的公开文献[217]，它相当于无梯度优化的模拟实现。该文献的示意图如 4.15 所示。

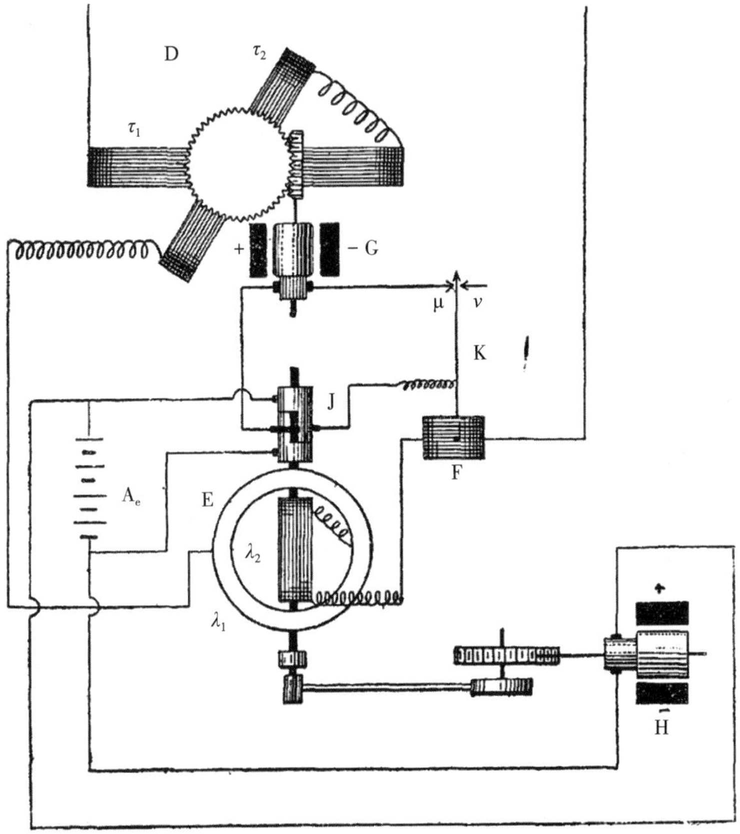

图 4.15　示意图取自 Leblanc 在 1922 年的公开文献[217]，这被认为是极值搜索控制的起源

SPSA 的理论始于 Keifer-Wolfowitz 的算法[182]，该算法要求在每次迭代时获取每个维度的两个扰动以求得一个随机梯度估计，如 qSGD#3 中所示。这一计算障碍在 Spall 的工作中得到解决，并引发了进一步的研究[50-52,54,148,327-329]。在 RL 中最有价值的应用是文献[329]中引入的 SPSA 的一种测量形式：这可以用类似式(4.43)的形式来表示，其中

$$f(\theta_n,\Phi_{n+1})=\Gamma(\theta_n+\varepsilon\Phi_{n+1})\Phi_{n+1} \tag{4.157}$$

其中 Φ 是零均值且 i. i. d.（独立同分布）向量值序列。qSGD #1 算法(4.96)是一种连续时间模拟算法。

文献[274]的介绍表明，在俄罗斯的文献中对 SPSA 的改进由来已久：请参见该论文的(2)以及相关讨论。除了介绍相关的改进历史，文献[274]的贡献还包括标准 SPSA 算法和新型 SPSA 算法的收敛速度的结果。文献[170]中推导了可以获得真实函数噪声观测值的优化方法的信息论下界，这类算法在老虎机文献中也有一定的历史[1,78]。

在本节引用的所有 SPSA 文献中，梯度近似是通过引入 i. i. d. 探测信号获得的。出于这个原因，最佳的速度是 $1/\sqrt{n}$ 阶，这比使用 QSA 技术获得的速度要慢得多。

传统的策略梯度技术是在随机环境中提出的，其中 $\boldsymbol{\xi}$ 是独立同分布的。最流行的方法是演员-评论家方法，其中价值函数近似算法（如 TD 学习算法等）将作为一个子程序发挥作用。这方面有大量的文献，如果要了解相关历史，最好查阅文献[44,338]，以及最近的工作[236]。

CHAPTER5

第5章

价值函数近似

我们现在已经具备了描述强化学习算法所需的所有预备知识，这个学习算法是为价值函数近似而设计的。

近似技术是围绕一系列表示为 $\mathcal{H}$ 的函数构建的。5.1 节中讨论的标准示例包括神经网络和核，以及使用基的线性近似(可以在 4.5.3 节中找到这样的示例)。在大多数情况下，函数类是有限维的，维数表示为 d。

例如，为了近似式(3.7a)中定义的 Q 函数 $Q^\star$，将该族表示为$\{Q^{\boldsymbol{\theta}}:\boldsymbol{\theta}\in\mathbb{R}^d\}$。

大多数算法都基于优化的：设计用于计算*最优参数* θ^* 的算法将基于一些损失函数 $\boldsymbol{\Gamma}(\boldsymbol{\theta})$，其中$\boldsymbol{\theta}^*=\underset{\theta}{\arg\min}\,\Gamma(\boldsymbol{\theta})$。这个算法可能是递归的，在这种情况下，它会生成一系列参数估计值$\{\boldsymbol{\theta}_n\}$，设计时使得当 $n\to\infty$时，有$\boldsymbol{\theta}_n\to\boldsymbol{\theta}^*$。毫不奇怪，第 4 章中的概念将用来指导算法设计。

强化学习算法通常设计为*无模型*，其中算法的输入由三项组成：控制系统的输入序列$\{\boldsymbol{u}(k)\}$、观测到的成本序列 $c(\boldsymbol{x}(k),\boldsymbol{u}(k))$，以及取决于算法类别的观测特征。对于线性参数化 $\boldsymbol{Q}^{\boldsymbol{\theta}}(\boldsymbol{x},\boldsymbol{u})=\sum_i\boldsymbol{\theta}_i\boldsymbol{\psi}_i(\boldsymbol{x},\boldsymbol{u})$，特征序列是 d 维序列$\{\psi(\boldsymbol{x}(k),\boldsymbol{u}(k))\}$。

图 5.1 强调算法的输入只有这些。我们不需要模型，状态序列$\{\boldsymbol{x}(k)\}$可能无法完全观测。对于任何近似 $Q^{\boldsymbol{\theta}}$，受最优控制理论启发，我们定义了一个策略(特别是式(3.7c))：

$$\phi^{\boldsymbol{\theta}}(\boldsymbol{x})=\underset{\boldsymbol{u}}{\arg\min}\,Q^{\boldsymbol{\theta}}(\boldsymbol{x},\boldsymbol{u}),\quad \boldsymbol{x}\in X \tag{5.1}$$

在标准的控制教科书中，有一个两步过程：(1)辨识一个模型，例如式(2.4)的 ARMA 模型；(2)基于该模型设计控制解决方案(可能通过最优控制技术)。步骤(2)通常是一项重大的计算挑战。RL 的一大成就是通过直接估计 Q 函数来回避这一挑战。

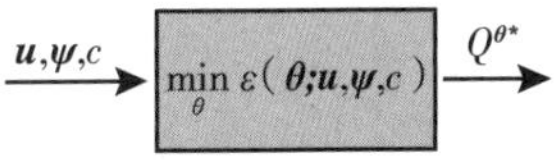

图 5.1　在线 Q 学习：输入是观测到的特征以及成本或奖励

系统辨识和价值函数近似具有共同的挑战和补救措施。*探索*概念在本章中是如此的重要，以至于它完全类似于系统辨识中的*可持续激励要求*[80,207,293]。

什么是好的近似？如果你已经阅读了关于最优控制的第 3 章，你肯定想学习如何近似 Q 函数的 $Q^\star$。但是，你更渴望获得一个最优策略的估计：

$$\phi^{\star}(x)=\arg\min_{u\in U(x)} Q^{\star}(x,u),\quad x\in X$$

在评估一个算法的时候，我们需要记住以下几点：

(i)近似保真度。如果我们的目标是获得一个近似最优的策略，则不需要对 Q 函数进行高度准确的近似。相反，目标是策略 ϕ^{θ^*} 的性能是近似最优的。理想情况下，$\Gamma(\boldsymbol{\theta})$将是策略性能的某种测度。式(5.5)的均方贝尔曼误差是一个常见的替代指标。

(ii)策略评估。假定计算或近似 $\Gamma(\boldsymbol{\theta}_n)$在计算上是可行的(可能基于一个模型)。在这种情况下，我们可以记录所选迭代的性能$\{\Gamma(\boldsymbol{\theta}_{n_k}):k\geqslant1\}$。然后我们在$\{\phi^{\boldsymbol{\theta}_{n_k}}:k\geqslant1\}$中选择性能最好的那些策略。按照 2.2 节中的指南和 5.1.5 节中的建议，我们很可能会做进一步的测试。

5.1　函数近似架构

本节可能被视为最简短的机器学习速成课程。对于此处涵盖的函数近似概念的更轻松的介绍，请参阅文献[57]。

目标是近似一个函数 $H^*:Z\to\mathbb{R}$，其中 H^* 的解释以及点集 Z 的定义取决于上下文。当估计基于实验中收集的数据时，这被认为是一个学习问题。例如，H^* 可能是式(3.7a)中定义的 Q 函数，且 $Z=X\times U$。在这种情况下，数据将从控制系统的实验中获得：应用于系统的输入，以及由此产生的输入状态过程的函数。

这里描述的函数近似技术需要一些要素：

(i)函数类 $\mathcal{H}$。本章描述了三个示例：一个 d 维线性函数类、一个由神经网络定义的 d 维非线性函数类，以及一个无限维类——再生核希尔伯特空间(Reproducing Kernel Hilbert Space，RKHS)。

(ii)对于每个 $\boldsymbol{h}\in\mathcal{H}$，我们用 $\Gamma(\boldsymbol{h})$表示一个相关联的非负“损失”。设计损失函数使得当 $\boldsymbol{h}=H^*$ 时 $\Gamma(\boldsymbol{h})$较小；如果 $\Gamma(\boldsymbol{h})$非常大，则我们的近似很糟糕。我们只对这个损失函数施加一个要求：假设给定样本$\{z_i:1\leqslant i\leqslant N\}\subset Z$，并且 Γ 仅依赖于在样本上评估的 $\boldsymbol{h}$。因此，与其将 Γ 的域视为抽象集合 $\mathcal{H}$，不如将其视为映射 $\Gamma(\boldsymbol{h}):\mathbb{R}^N\to\mathbb{R}$,其中

$$\Gamma(\boldsymbol{h})=\Gamma(\boldsymbol{h}(z_1),\cdots,\boldsymbol{h}(z_N))\tag{5.2}$$

(iii)一种求解 $\Gamma(\boldsymbol{h})$在 $\boldsymbol{h}\in\mathcal{H}$ 上的最小值的算法。这本书充满了构建算法的技术，以及深入了解算法收敛速度的技术。

式(5.2)中的目标 Γ 被称为经验风险，它在函数类 $\mathcal{H}$ 上的最小化被称为经验风险最小化(Empirical Risk Minimization，ERM)。

我们从损失函数的两个示例以及函数类 $\mathcal{H}$ 的三个示例开始讲解。

5.1.1 基于训练数据的函数近似

曲线拟合

假设我们对函数$\boldsymbol{H}^*:\mathbb{R}\to\mathbb{R}$有噪声观测，

$$\boldsymbol{y}_i=\boldsymbol{H}^*(\boldsymbol{z}_i)+\boldsymbol{d}_i$$

其中噪声$\{\boldsymbol{d}_i\}$不是太大且具有良好的统计特性(例如，它的平均值接近于 0)。序列$\{(\boldsymbol{z}_i,\boldsymbol{y}_i):1\leqslant i\leqslant N\}$称为训练数据。二次损失函数定义为

$$\Gamma(\boldsymbol{h})=\frac{1}{N}\sum_{i=1}^{N}[\boldsymbol{y}_i-\boldsymbol{h}(\boldsymbol{z}_i)]^2,\quad \boldsymbol{h}\in\mathcal{H} \tag{5.3}$$

如果$\Gamma(\boldsymbol{h}^*)=0$，则函数与观测值完全匹配：对于每个$i$，有$\boldsymbol{h}^*(z_i)=\boldsymbol{y}_i$。这在无干扰情况($\boldsymbol{d}_i\equiv0$)中看起来是个好消息，因此对于每个$i$，有$\boldsymbol{h}^*(z_i)=\boldsymbol{H}^*(z_i)$。

图 5.2 显示了三种不同算法的函数近似结果：每种算法都根据训练样本$\{(\boldsymbol{z}_i,\boldsymbol{y}_i)\}$构造函数$\boldsymbol{h}$。图 5.2a 说明了当我们过于相信数据时的典型结果：我们实现了$\Gamma(\boldsymbol{h})=0$，这应该是个好消息。然而，真正的函数不太可能表现出如此多的波峰和波谷——这种行为很可能是一种坏的算法的产物。术语过拟合用于描述当$\Gamma(\boldsymbol{h})\approx0$时的这种不良行为。一个好的算法会产生如图 5.2b 所示的光滑近似，这是使用正则化实现的。当过多正则化时，如图 5.2c 所示，会导致所得的近似很差。

对图 5.2b 的偏好基于底层数据的光滑先验，也就是说，替代贝叶斯统计中使用的概率先验。

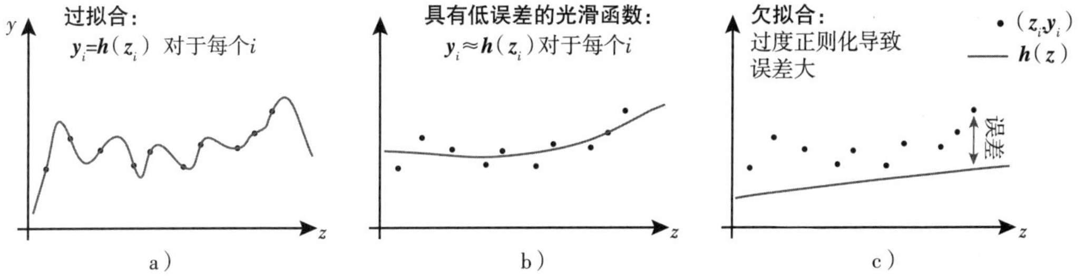

图 5.2　使用一个光滑函数近似数据$\{z_i,\boldsymbol{y}_i\}$的三次尝试

均方贝尔曼误差

在 5.3 节中，我们开始对式(3.7a)中定义的最佳 Q 函数的$Q^\star$的估计技术进行概述。这是一个函数近似问题，其中$H=Q^\star$，$Z=X\times U$。在 3.7 节中我们提供了一个路线图，这个灵感来自式(3.7d)。对于任意函数$Q:X\times U\to\mathbb{R}$和任意输入-状态序列$(\boldsymbol{u},\boldsymbol{x})$，时间差分在式(3.47)中定义，并在此回顾一下：

$$\mathcal{D}_{k+1}(Q)\stackrel{\text{def}}{=}-Q(\boldsymbol{x}(k),\boldsymbol{u}(k))+c(\boldsymbol{x}(k),\boldsymbol{u}(k))+\underline{Q}(\boldsymbol{x}(k+1)) \tag{5.4}$$

其中$\underline{Q}(\boldsymbol{x})\stackrel{\text{def}}{=}\min_{\boldsymbol{u}}Q(\boldsymbol{x},\boldsymbol{u})$。

给定一个时间范围 $\mathcal{N}\geqslant 1$ 和输入-状态序列 $\{\boldsymbol{u}(k),\boldsymbol{x}(k):0\leqslant k\leqslant \mathcal{N}\}$，我们必须取 $\mathcal{N}=\mathcal{N}+1$ 和观测值 $z_i=(\boldsymbol{x}(i-1),\boldsymbol{u}(i-1))$ 来与式(5.2)中的表示相匹配，并由此定义损失函数

$$\Gamma(\boldsymbol{h})=\frac{1}{N}\sum_{i=1}^{N}[D_i(\boldsymbol{h}(z_i),\boldsymbol{h}(z_{i+1}))]^2 \tag{5.5a}$$

$$\mathcal{D}_i(\boldsymbol{h}(z_i),\boldsymbol{h}(z_{i+1}))=-\boldsymbol{h}(\boldsymbol{x}(i-1),\boldsymbol{u}(i-1))+c(\boldsymbol{x}(i-1),\boldsymbol{u}(i-1))+\underline{\boldsymbol{h}}(\boldsymbol{x}(i)) \tag{5.5b}$$

其中，对于任何函数 $\boldsymbol{h}$，$\underline{\boldsymbol{h}}(x)=\min_u \boldsymbol{h}(\boldsymbol{x},\boldsymbol{u})$。看起来复杂的项(5.5b)是时间差分，$D_i(\boldsymbol{h}(z_i),\boldsymbol{h}(z_{i+1}))=\mathcal{D}_i(\boldsymbol{h})$，如式(5.4)中所定义。

经验分布

在 RL 文献中，你会发现术语经验回放缓冲器(也被简称为经验回放)指的是训练数据，从这些数据生成的经验分布(或经验 pmf)。为

$$\varpi^N(\boldsymbol{x},\boldsymbol{u},\boldsymbol{x}^+)=\frac{1}{N}\sum_{k=0}^{N-1}\mathbb{1}\{\boldsymbol{x}(k)=\boldsymbol{x},\boldsymbol{u}(k)=\boldsymbol{u},\boldsymbol{x}(k+1)=\boldsymbol{x}^+\},\quad \boldsymbol{x},\boldsymbol{x}^+\in X,u\in U \tag{5.6}$$

对于任何序列 $\{\boldsymbol{x}(k),\boldsymbol{u}(k)\}$ 以及任意 $N\geqslant 1$，这是 $X\times U\times X$ 上的 pmf。简单计算可得出式(5.5a)的另一种表达式：

$$\Gamma(\boldsymbol{h})=\sum_{\boldsymbol{x},\boldsymbol{u},\boldsymbol{x}^+}\varpi^N(\boldsymbol{x},\boldsymbol{u},\boldsymbol{x}^+)\{-\boldsymbol{h}(\boldsymbol{x},\boldsymbol{u})+c(\boldsymbol{x},\boldsymbol{u})+\underline{\boldsymbol{h}}(\boldsymbol{x}^+)\}^2 \tag{5.7}$$

其中求和是在所有 $(\boldsymbol{x},\boldsymbol{u},\boldsymbol{x}^+)\in X\times U\times X$ 上进行的，其中 $\varpi^N(\boldsymbol{x},\boldsymbol{x}^+)>0$。将 $\Gamma(\boldsymbol{h})$ 解释为经验均值对于直觉和理论都很有用(例如，本章最后几节概述的 RL 的 LP 方法)。

5.1.2　线性函数近似

这里指的是一个由 $\boldsymbol{\theta}\in\mathbb{R}^d$ 线性参数化的函数族：

$$\boldsymbol{h}^{\theta}(z)=\sum_{i=1}^{d}\boldsymbol{\theta}_i\boldsymbol{\psi}_i(z),\quad z\in Z \tag{5.8}$$

其中 $\{\boldsymbol{\psi}_i\}$ 是基函数。把这些叠加在一起很方便，形成一个函数 $\boldsymbol{\psi}:Z\to\mathbb{R}^d$，然后写成 $\boldsymbol{h}^{\theta}=\boldsymbol{\theta}^{\mathrm{T}}\boldsymbol{\psi}$。对于任何光滑损失函数，最优性的一阶条件是 $\mathbf{0}=\nabla_{\boldsymbol{\theta}}\Gamma(\boldsymbol{h}^{\boldsymbol{\theta}})$。对于式(5.5a)，这变成

$$\mathbf{0}=\frac{1}{N}\sum_{k=1}^{N}D_k(\boldsymbol{h}^{\boldsymbol{\theta}}(z_k),\boldsymbol{h}^{\boldsymbol{\theta}}(z_{k+1}))\boldsymbol{\zeta}^{\boldsymbol{\theta}}(k) \tag{5.9}$$

其中 $\boldsymbol{\zeta}^{\boldsymbol{\theta}}(k)=\nabla_{\boldsymbol{\theta}}D_k(\boldsymbol{h}^{\boldsymbol{\theta}}(z_k),\boldsymbol{h}^{\boldsymbol{\theta}}(z_{k+1}))$

基的选择可以通过对控制问题的一些理解来了解。例如，如果 $Z=\mathbb{R}^2$ 且已知 H^* 是凸的，那么选择 $\boldsymbol{h}^{\boldsymbol{\theta}}$ 二次方可能就足够了，其中 $d=6$：

$$\boldsymbol{\psi}_1(z)=z_1,\boldsymbol{\psi}_2(z)=z_2$$

$$\boldsymbol{\psi}_3(z)=z_1^2,\boldsymbol{\psi}_4(z)=z_1z_2,\boldsymbol{\psi}_5(z)=z_2^2,\boldsymbol{\psi}_6(z)=1,\text{对于所有的 } \boldsymbol{z}=\mathbb{R}^2$$

表格和分箱

RL 理论中的一个常见选择是表格设置，其中 z 表示一个典型的对 $(\boldsymbol{x},\boldsymbol{u})$。假设 X 和 U

是有限的，并选择一个排序：$X\times U=\{z^i=(x^i,u^i):1\leqslant i\leqslant d\}$，其中 d 是状态-输入对的总数。表格基是一族指示函数[⊖]：

$$\boldsymbol{\psi}_i(\boldsymbol{x},\boldsymbol{u})=\mathbb{1}\{(\boldsymbol{x},\boldsymbol{u})=(\boldsymbol{x}^i,\boldsymbol{u}^i)\},\quad (\boldsymbol{x},\boldsymbol{u})\in X\times U,1\leqslant i\leqslant d \tag{5.10}$$

如果 $Z=X\times U$ 不是有限的，那么我们可以应用分箱。回想 3.9.1 节如何应用分箱来获得山地车示例的近似模型，即首先通过“量化”状态空间，然后使用 VIA 对近似模型计算最优策略。在 RL 中，我们不用近似这个模型，但我们可以通过表格基的扩展来进行分箱。给定一个不相交的分解 $Z=\bigcup_{i=1}^d B_i$，第 i 个基是指示函数：

$$\boldsymbol{\psi}_i(\boldsymbol{x},\boldsymbol{u})=\mathbb{1}\{(\boldsymbol{x},\boldsymbol{u})\in B_i\},\quad (\boldsymbol{x},\boldsymbol{u})\in X\times U,1\leqslant i\leqslant d \tag{5.11}$$

这也可写成$\boldsymbol{\psi}_i=\mathbb{1}_{B_i}$。所设计的习题 9.3 旨在说明，在 RL 中这种表示是如何成为一个好的选择的，因为它在价值函数近似意义上可以得到一个一致性算法。

伽辽金松弛

伽辽金(Galerkin)*松弛*一词作为一种近似等式约束的方法贯穿全书，有时也用于近似不等式约束。作为这种技术的一个例子，再次考虑与均方贝尔曼误差相关的损失函数式(5.5)。可以获得 DP 方程的另一种近似，即通过构造一个 d_ζ 维序列$\{\boldsymbol{\zeta}(k)\}$，并搜索满足如下约束的函数 h：

$$\boldsymbol{0}=\frac{1}{N}\sum_{k=1}^{N}D_k(\boldsymbol{h}(z_k),\boldsymbol{h}(z_{k+1}))\boldsymbol{\zeta}_i(k),\quad 1\leqslant i\leqslant d_\zeta \tag{5.12}$$

这被称为伽辽金松弛，当然也是我们最终目标(如果不切实际的)的松弛：找到一个函数 $\boldsymbol{h}$，对于每个 k，时间差分 $D_k(\boldsymbol{h}(z_k),\boldsymbol{h}(z_{k+1}))$为零。在 RL 的上下文中，向量$\{\boldsymbol{\zeta}(k)\}$在标准算法中是作为*资格向量*(eligibility vector)出现的(请参阅 5.4 节)。

对于一个有限维函数类，我们取 $d_\zeta=d$，以便式(5.12)可以表示 d 个约束条件，这与 d 个未知数一致，$\{\boldsymbol{\theta}_i^*:1\leqslant i\leqslant d\}$。

式(5.12)看起来与式(5.9)类似。然而，$\boldsymbol{\zeta}(k)=\boldsymbol{\zeta}^{\boldsymbol{\theta}}(k)$不是一个有效的选择，因为伽辽金松弛不允许$\boldsymbol{\zeta}(k)$依赖于 $\boldsymbol{\theta}$。在实践中，我们可能会设计$\{\boldsymbol{\zeta}(k)\}$，使得对于在一个感兴趣区域中的 $\boldsymbol{\theta}$，有 $\boldsymbol{\zeta}(k)\approx\boldsymbol{\zeta}^{\boldsymbol{\theta}}(k)$。

我们并不总是那么幸运地对 H^* 的形状有直觉，而且分箱可能过于复杂，这就是为什么人们如此关注接下来讨论的“黑箱”函数近似架构。

5.1.3 神经网络

神经网络可用于定义一个关于 $\boldsymbol{\theta}$ 是高度非线性的参数化族的近似$\{\boldsymbol{h}^{\boldsymbol{\theta}}\}$。这个非常简短的介绍的目的是解释神经网络如何用于函数近似，特别是用于价值函数的近似。

图 5.3 显示了具有单个输入层、单个输出层和三个*隐含层*(不包括可选偏置项)的前馈神经网络示例。出于函数近似的目的，此图表示了一个函数近似 $\boldsymbol{h}:\mathbb{R}^3\to\mathbb{R}$，因此输入层为

[⊖] 指示函数是指当输入为真时，输出为 1；当输入为假时，输出为 0。

$z=(z_1,z_2,z_3)^{\mathrm{T}}$。

这称为前馈网络，因为 y 作为 z 的函数的计算是按顺序执行的，从左到右移动。对于给定的权重向量 $\{w_k^j\}$（其维数从定义中可以清楚地看出），计算过程如下：

第一步是计算隐含层 1 中的值 $s^1\in\mathbb{R}^4$，即

$$s_k^1=\sigma(\langle w_k^1,z\rangle),\quad 1\leqslant k\leqslant 4$$

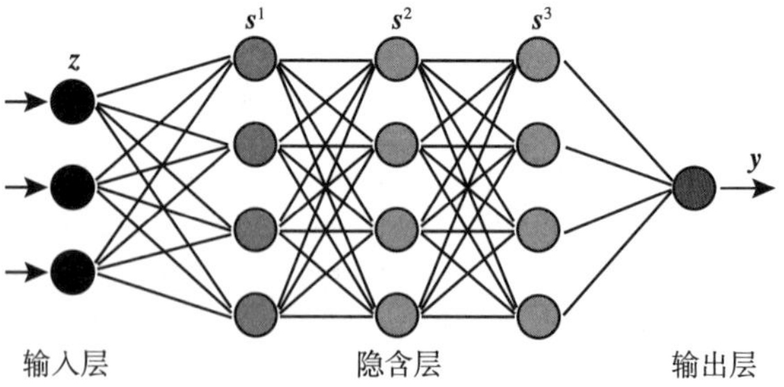

图 5.3　具有三个隐含层的神经网络

其中符号 $\langle w_k^1,z\rangle$ 表示两个向量的常用点积，$\sigma:\mathbb{R}\to\mathbb{R}$ 称为激活函数。激活函数有两种标准的选择：

$$\text{Sigmoid}:\sigma(r)=1/(1+\mathrm{e}^{-r}),\quad \text{ReLu}:\sigma(r)=\max(0,r)$$

$s^2,s^3\in\mathbb{R}^4$ 的计算类似：

$$s_k^2=\sigma(\langle w_k^2,s^1\rangle),s_k^3=\sigma(\langle w_k^3,s^2\rangle),\quad 1\leqslant k\leqslant 4$$

然后输出由 $y=\langle w_k^4,s^3\rangle$ 定义，它是第 3 个隐含层的线性函数，但却是输入 z 的复杂非线性函数。权重由参数 θ 确定：我们可以写成 $y=h^{\theta}(z)$，其中

$$\{\theta_i:1\leqslant i\leqslant d\}=\{w_k^j\},\quad d=3\times4+4\times4+4\times4+4=48$$

5.1.4　核

让我们从结论开始讲起：当应用核方法时，我们对 H^* 的近似采用以下形式：

$$h^{\theta}(z)=\sum_{i=1}^{N}\theta_i\Bbbk(z,z_i),\quad z\in Z \tag{5.13}$$

其中 $\Bbbk$ 是我们从大型库中选择的核函数。

你可能会争辩说，这只是前面描述的线性函数近似方法，其中对于每个 i 和 z，有 $d=N$ 和 $\psi_i(z)=\Bbbk(z,z_i)$。你的论点是完全正确的！要理解核方法，你需要了解我们如何得出 h^{θ} 的这种特定形式。

我们回到“开始”，也就是核的选择。

核的选择和要求

三个标准示例是

$$\text{高斯}:\Bbbk(z,z')=\exp\left(\frac{-\|z-z'\|^2}{2\sigma^2}\right)$$

$$\text{拉普拉斯算子}:\Bbbk(z,z')=\exp\left(\frac{-\|z-z'\|}{\sigma}\right)$$

$$\text{多项式}:\Bbbk(z,z')=(r\langle z,z'\rangle+1)^m,\quad z,z'\in Z$$

其中 $\sigma>0$，$r>0$，和 $m\geqslant 1$ 是设计参数。

回想一下，在某些控制应用中，我们可能知道 H^* 是凸的且非负的。在这种情况下，多项式核是有吸引力的，因为如果 m 是偶数，则式(5.13)中的$\boldsymbol{h}^{\boldsymbol{\theta}}$ 是凸的，且$\{\boldsymbol{\theta}_i\}$是非负的。

这三个示例中的每一个都具有对称性，$\mathbb{k}(\boldsymbol{x},\boldsymbol{y})=\mathbb{k}(\boldsymbol{y},\boldsymbol{x})$。这是核的几个必要性质之一。一个关键的要求为它是正定的：对于每个 $n\geqslant 1$，每个集合$\{z_i:1\leqslant i\leqslant n\}\subset Z$，以及每个 $\boldsymbol{\alpha}\in\mathbb{R}^n$，

$$\sum_{i,j=1}^{n}\boldsymbol{\alpha}_i\boldsymbol{\alpha}_j\mathbb{k}(z_i,z_j)\geqslant 0 \tag{5.14}$$

当且仅当 $\boldsymbol{\alpha}=\boldsymbol{0}$ 时才相等。

用于近似的函数类

一旦我们选择了一个核，我们就得到了一个函数类 $\mathcal{H}$：在式(5.8)中定义的函数集$\{\boldsymbol{h}^{\boldsymbol{\theta}}:\boldsymbol{\theta}\in\mathbb{R}^d\}$的无限维模拟。本书没有给出 $\mathcal{H}$ 的完整定义以及作为理论关键部分的范数 $\|\cdot\|_{\mathcal{H}}$。

对于我们的目的，知道 $\mathcal{H}$ 包含形如式(5.13)的每个函数就足够了。也就是说，对于任何整数 n、标量$\{\alpha_i\}$和$\{z_i\}\subset Z$，以下函数处于 $\mathcal{H}$ 中：

$$\boldsymbol{h}^{\alpha}(z)=\sum_{i=1}^{n}\alpha_i\mathbb{k}(z,z_i),\quad z\in Z$$

原函数$\boldsymbol{h}^{\alpha}$ 在 $\mathcal{H}$ 中也是稠密的。也就是说，如果 $\boldsymbol{h}\in\mathcal{H}$，则对于每个 $\varepsilon>0$，都有这种形式的$\boldsymbol{h}^{\alpha}$（对于某个整数 n，标量$\{\alpha_i\}$和$\{z_i\}\subset Z$，都依赖于 ε），满足 $\|\boldsymbol{h}-\boldsymbol{h}^{\alpha}\|_{\mathcal{H}}\leqslant\varepsilon$。

对于这种形式的任意两个函数 $\boldsymbol{h}^{\alpha},\boldsymbol{h}^{\beta}$，引入一个与范数一致的内积：

$$\langle\boldsymbol{h}^{\alpha},\boldsymbol{h}^{\beta}\rangle_{\mathcal{H}}=\sum_{i,j=1}^{n}\alpha_i\beta_j\mathbb{k}(z_i,z_j) \tag{5.15a}$$

$$\|\boldsymbol{h}^{\alpha}\|_{\mathcal{H}}=\sqrt{\langle\boldsymbol{h}^{\alpha},\boldsymbol{h}^{\alpha}\rangle_{\mathcal{H}}} \tag{5.15b}$$

式(5.14)的正性假设确保$\langle\boldsymbol{h}^{\alpha},\boldsymbol{h}^{\alpha}\rangle_{\mathcal{H}}$ 是非负的。内积和范数的定义可以扩展到更大的函数集合 $\mathcal{H}$，在赋予这个内积时，它被称为再生核希尔伯特空间。

在应用中不需要有关 $\mathcal{H}$ 的详细信息，因为表示定理告诉我们，可以在感兴趣的函数近似问题中，将其限制为原函数。为了提出这个定理，还需要更多的要素。

正则化损失函数

除了损失函数 $\varGamma$ 之外，我们还需要一个形式为 $G(\|\boldsymbol{h}\|_{\mathcal{H}})$的正则化器，其中 G：$\mathbb{R}_+\to\mathbb{R}_+$ 是非递减的。典型的选择是 $G(r)=\delta r^2$ 或 $G(r)=\delta r,\delta>0$。我们的兴趣是解决正则化优化问题：

$$\boldsymbol{h}^*=\arg\min\{\varGamma(h)+G(\|\boldsymbol{h}\|_{\mathcal{H}}):\boldsymbol{h}\in\mathcal{H}\} \tag{5.16}$$

引入正则化器是为了解决图 5.2 中所示的过拟合问题。

定理 5.1(表示定理)　假设给定$\{z_i:1\leqslant i\leqslant N\}$，以及形如式(5.2)的损失函数。那么对于某个$\boldsymbol{\alpha}^*\in\mathbb{R}^N$，式(5.16)的任意最小值可以表示为

$$\boldsymbol{h}^*(\cdot)=\sum_{i=1}^{N}\boldsymbol{\alpha}_i^*\mathbb{k}(\cdot,z_i) \tag{5.17}$$

我们回到两个例子。

曲线拟合

考虑式(5.3)的二次损失函数。如果正则化的项也是二次的，$G(r)=\delta r^2$，则表示定理可以给出式(5.16)的一个显式解。我们接下来求解最优参数：

$$\boldsymbol{\alpha}^*=\arg\min_{\boldsymbol{\alpha}}\left\{\sum_{i=1}^{N}[\boldsymbol{y}_i-\boldsymbol{h}^{\alpha}(\boldsymbol{z}_i)]^2+\delta\|\boldsymbol{h}^{\alpha}\|_{\mathcal{H}}^2\right\}$$

令 $\boldsymbol{K}$ 表示 $n\times n$ 矩阵，其元素为$\boldsymbol{K}_{i,j}=\Bbbk(\boldsymbol{z}_i,\boldsymbol{z}_j)$。然后我们有 $\|\boldsymbol{h}^{\boldsymbol{\alpha}}\|_{\mathcal{H}}^2=\boldsymbol{\alpha}^{\top}\boldsymbol{K}\boldsymbol{\alpha}$ 以及 $\boldsymbol{h}^{\alpha}(z_i)=\sum_j\boldsymbol{\alpha}_j\Bbbk(\boldsymbol{z}_i,\boldsymbol{x}_j)=[\boldsymbol{K}\boldsymbol{\alpha}]_i$。为了计算 $\boldsymbol{\alpha}^*$，我们将损失函数的偏导数设置为零：

$$0=\frac{\partial}{\partial\boldsymbol{\alpha}_j}\left\{\sum_{i=1}^{N}[\boldsymbol{y}_i-[\boldsymbol{K}\boldsymbol{\alpha}]_i]^2+\delta\boldsymbol{\alpha}^{\top}\boldsymbol{K}\boldsymbol{\alpha}\right\}=-2\sum_{i=1}^{N}[\boldsymbol{y}_i-[\boldsymbol{K}\boldsymbol{\alpha}]_i]\boldsymbol{K}_{i,j}+2\delta[\boldsymbol{K}\boldsymbol{\alpha}]_j$$

由于 $\boldsymbol{y},\boldsymbol{\alpha}^*\in\mathbb{R}^N$ 是列向量，则有

$$\boldsymbol{\alpha}^*=(\boldsymbol{K}^{\top}\boldsymbol{K}+\delta\boldsymbol{K})^{-1}\boldsymbol{K}^{\top}\boldsymbol{y}\tag{5.18}$$

式(5.18)中的转置是不必要的，因为根据假设，有 $\boldsymbol{K}=\boldsymbol{K}^{\top}$。

均方贝尔曼误差

即使 G 是二次的，我们也不再有式(5.16)的显式解，但我们知道对于某个向量$\boldsymbol{\alpha}^*$，$\boldsymbol{h}^*$ 具有式(5.17)的形式。因此，寻找 $\boldsymbol{h}^*$ 是一个有限维优化问题。习题 5.10 和习题 5.11 提供了通过一系列二次优化问题近似这种复杂非线性优化的路线图。

更成功的方法可能是使用凸损失函数 $\Gamma:\mathbb{R}^N\to\mathbb{R}_+$，利用 3.5 节中的表示法来构建。有关此方法的更多信息，请参见 5.5 节。

5.1.5 我们完成了吗

使用线性函数近似，在最小化均方贝尔曼误差的背景下，让我们考虑如何回答这个问题，这导致了式(5.9)的求根问题。也就是说，$\overline{\boldsymbol{f}}_N(\boldsymbol{\theta}_N^*)=\boldsymbol{0}$，其中

$$\overline{\boldsymbol{f}}_N(\boldsymbol{\theta})=\frac{1}{N}\sum_{k=1}^{N}D_k(\boldsymbol{h}^{\boldsymbol{\theta}}(z_k),\boldsymbol{h}^{\boldsymbol{\theta}}(z_{k+1}))\boldsymbol{\zeta}^{\boldsymbol{\theta}}(k)$$

虽然计算$\boldsymbol{\theta}_N^*$ 可能需要很长时间，但这还远未完成。

可以通过做一些实验来更加确信你已经拥有一个有用的解。

参数化是冗余的吗

考虑$Q^{\boldsymbol{\theta}}=\boldsymbol{\theta}^{\top}\boldsymbol{\psi}$，Q 函数的一个近似。结合 $\boldsymbol{\theta}$ 最佳值的估计，得到样本相关矩阵：

$$\hat{R}^{\psi}=\frac{1}{N}\sum_{i=1}^{N}\boldsymbol{\psi}(z_i)\boldsymbol{\psi}(z_i)^{\top}\tag{5.19}$$

看看这个半正定矩阵的特征值——如果有一个非平凡的零空间，那么你的基或你的数据选择可能有问题。

对于某个非零向量 $\boldsymbol{v}$，如果$\hat{R}^{\psi}\boldsymbol{v}=\boldsymbol{0}$，则显然有$\boldsymbol{v}^{\top}\hat{R}^{\psi}\boldsymbol{v}=0$，这意味着

$$\mathbf{0}=\boldsymbol{v}^{\top}\hat{R}^{\psi}\boldsymbol{v}=\frac{1}{N}\sum_{i=1}^{N}(\boldsymbol{v}^{\top}\boldsymbol{\psi}(z_i))^2$$

由此得出，当 $\boldsymbol{\theta}=\boldsymbol{v}$ 时，Q^{θ} 在观测到的样本上同样为零。这意味着你所选的基是多余的，因为一个$\boldsymbol{\psi}_k$ 是其他基的线性组合：如果$\boldsymbol{v}_k\neq\mathbf{0}$，那么

$$\boldsymbol{\psi}_k(z_i)=-\frac{1}{\boldsymbol{v}_k}\sum_{j\neq k}\boldsymbol{v}_j\boldsymbol{\psi}_j(z_i),\quad 1\leqslant i\leqslant N$$

有两种可能的解释：(1)你的基在代数意义上真的是线性相关的，即对于每个 $z\in Z$，有 $\boldsymbol{v}^{\top}\psi(z)=\mathbf{0}$；(2)探索不足，即样本 z 在 Z 的一个小子集中演化。

使用新数据预测参数吗

获得更多的 $M>>1$ 批数据$\{z^m:1\leqslant m\leqslant M\}$，并对每个 m 计算 $\bar{f}_N^m(\boldsymbol{\theta}_N^*)$，其中

$$\bar{f}_N^m(\boldsymbol{\theta})=\frac{1}{N}\sum_{k=1}^{N}D_k(\boldsymbol{h}^{\theta}(z_k^m),\boldsymbol{h}^{\theta}(z_{k+1}^m))\boldsymbol{\zeta}^{\theta}(k),\quad 1\leqslant m\leqslant M$$

如果$\{\bar{f}_N^m(\boldsymbol{\theta}_N^*):1\leqslant m\leqslant M\}$有很大的可变性，则需要增加 N。

算法的输出能预测真正重要的东西吗

这将需要一些工作，但这些工作确实是必不可少的。使用 $M>>1$ 批数据，估计你通过算法输出获得的性能。这意味着，对于每个 $m=1,\cdots,M$，你必须：

(i)利用你的算法获得估计$\boldsymbol{\theta}^{*m}$。

(ii)获得 $\phi^{*m}(\boldsymbol{x})=\arg\min_u Q^{\theta^{*m}}(\boldsymbol{x},\boldsymbol{u})$。

(iii)进行更多实验以评估性能。对于此处考虑的总成本问题，选择一个具有有限支持的概率质量函数 υ。对于每个满足 $\upsilon(\boldsymbol{x}^i)>0$ 的初始条件$\boldsymbol{x}^i$，在策略 ϕ^{*m} 作用下进行一次模拟仿真来估计 $J(\boldsymbol{x}^i)$，然后得到 $\Gamma_m=\sum_i\upsilon(\boldsymbol{x}^i)\hat{J}_m(\boldsymbol{x}^i)$ 。查看$\{\Gamma_m:1\leqslant m\leqslant M\}$的样本均值和方差。高方差意味着需要更长的运行时间。

或者，你可能会决定更仔细地研究 Γ_m 最小的那些策略——也许你很幸运！要确定这一点，你需要使用与训练无关的数据，对性能进行更深入的调查研究。

*对于许多读者来说，前面的讨论主要是为了指导他们在即将到来的模拟作业中获得及格分数！*如果我们谈论的是现实生活，而不是作业问题，那么你需要专家的建议。例如，如果你的$\boldsymbol{\theta}^*$应该定义为自动驾驶汽车的一个最优策略，那么你需要社会学和公路工程方面的专家进行现场实验，以验证你的控制设计。

5.2　探索和 ODE 近似

本章所述的 RL 算法的成功，部分取决于用于训练的输入 $\boldsymbol{u}$ 的选择。本节的目的是使这一点更加精确，并对设计的输入提出我们的主要假设，设计的输入用来生成数据进而对算法进行训练(即探索，如 2.5.3 节中首次概述的那样)。在本章中，假设用于训练的输入是带有扰动的状态反馈，其形式为

$$\boldsymbol{u}(k)=\check{\phi}(\boldsymbol{x}(k),\boldsymbol{\xi}(k)) \tag{5.20}$$

其中，对于某个 $p\geqslant 1$，$\boldsymbol{\xi}$ 是一个在集合 $\Omega\subset\mathbb{R}^p$ 上演化的有界序列。它与在 4.6 节中为无梯度优化引入的探测信号起着相同的作用，并在 4.7 节中应用于策略梯度算法。

在 QSA 的理论发展中，假设探索本身根据式(4.79)的自治状态空间模型演化是很方便的。在离散时间，我们更改记法

$$\boldsymbol{\xi}(k+1)=H(\boldsymbol{\xi}(k)) \tag{5.21}$$

其中 H：$\Omega\to\Omega$ 是连续的。根据式(5.20)，可以得出三元组 $\boldsymbol{\Phi}(k)=(\boldsymbol{x}(k),\boldsymbol{u}(k),\boldsymbol{\xi}(k))^{\mathsf{T}}$ 具有类似的递归形式，在较大的状态空间 Z 上演化。在一些情况下，如在 TD(λ)学习中，需要在 $\boldsymbol{\Phi}(k)$ 中加入额外的分量，并扩展状态空间 Z。这就是在假设(Aξ)中对 $\boldsymbol{\Phi}$ 进行抽象描述的原因。

关于遍历平均的几句话

下面的假设(Aξ)与 4.9 节中出现的假设(QSA5)类似，因为两者都涉及观测值的平均值。在本章的离散时间情形中，我们记

$$\bar{g}_N=\frac{1}{N}\sum_{k=1}^{N}g(\boldsymbol{\Phi}(k))$$

其中 g:$Z\to\mathbb{R}$是连续的，$N\geqslant 1$。主要假设是存在一个被称为遍历均值(也称为遍历平均或期望)的极限：

$$E_{\varpi}[g(\boldsymbol{\Phi})]\stackrel{\text{def}}{=}\lim_{N\to\infty}\bar{g}_N \tag{5.22}$$

表达式 $E_{\varpi}[g(\boldsymbol{\Phi})]$可以认为是方便的记法，但在许多情况下，它表示为一个积分：概率测度ϖ具有一个密度 ρ，满足

$$E_{\varpi}[g(\boldsymbol{\Phi})]=\int_Z g(z)\rho(z)\,\mathrm{d}z$$

这里有一个简单的结果来说明密度的起源。

引理 5.2 考虑标量探测信号 $\xi(k)=\sin(2\pi k/T),k\geqslant 0$。假设 T 是一个无理数，对于任意连续函数 g:$\mathbb{R}\to\mathbb{R}$，有

$$\lim_{N\to\infty}\frac{1}{N}\sum_{k=1}^{N}g(\xi(k))=\int_0^1 g(\sin(2\pi r))\,\mathrm{d}r=\int_{-1}^{1}g(t)\rho(t)\,\mathrm{d}t \tag{5.23}$$

其中 $\rho(t)=[\pi\sqrt{1-t^2}]^{-1}$ 称为反正弦密度。

证明　首先考虑信号 $\xi^0(k)=[k/T]_1$，其中$[r]_1$ 表示标量 $r\in\mathbb{R}_+$的小数部分。该信号在区间[0，1]中均匀采样点，给出连续函数 h:$\mathbb{R}\to\mathbb{R}$，

$$\lim_{N\to\infty}\frac{1}{N}\sum_{k=1}^{N}h(\xi^0(k))=\int_0^1 h(r)\,\mathrm{d}r$$

取 $h(\xi^0(k))=g(\sin(2\pi\xi^0(k)))=g(\xi(k))$可得式(5.23)中的第一个等式。第二个等式是一

个微积分习题。 □

在利普希茨连续函数上对式(5.22)施加一致性条件，这将简化一些分析。对于任意 $L>0$，取

$$\mathcal{G}_L=\{g:\|g(z')-g(z)\|\leqslant L\|z-z'\|,\text{对于所有的 }z,z'\in Z\}$$

假设(Aξ) 状态空间和动作空间 X 和 U 都是欧几里得空间的封闭子集；式(3.1)中定义的F 、式(5.20)中定义的$\check{\boldsymbol{\phi}}$以及式(5.21)中的 H 在各自的定义域上都是连续的。存在一个更大的状态过程 $\boldsymbol{\Phi}$，其具有以下性质：

(i)$\boldsymbol{\Phi}$ 在欧几里得空间的一个封闭子集上演化，记为 Z，并且对于每个 k，有$(\boldsymbol{x}(k),\boldsymbol{u}(k),\boldsymbol{\xi}(k))=w(\boldsymbol{\Phi}(k))$，其中 $w:Z\to X\times U\times\Omega$ 是利普希茨连续的。

(ii)存在一个概率测度ϖ，使得对于任意连续函数 $g:Z\to\mathbb{R}$，在每个初始条件 $\boldsymbol{\Phi}(0)$下，式(5.22)存在。

(iii)式(5.22)中的极限在$\mathcal{G}_L$ 上是一致的，对于每个 $L<\infty$，有

$$\limsup_{N\to\infty}\sup_{g\in\mathcal{G}_L}|\overline{g}_N-E_{\varpi}[g(\boldsymbol{\Phi})]|=\mathbf{0}$$

施加由式(5.20)和式(5.21)定义的“拟随机”策略结构，使得式(5.22)可以如预期那样存在。请记住，这些假设对于算法的成功实施并不是必不可少的，引入它们只是为了简化分析。

ODE 近似

与第 4 章一样，遍历性允许通过更简单的 ODE 近似来实现算法的近似。特别地，考虑如下形式的递归：

$$\boldsymbol{\theta}_{n+1}=\boldsymbol{\theta}_n+\boldsymbol{\alpha}_{n+1}f_{n+1}(\boldsymbol{\theta}_n),\quad n\geqslant 0 \tag{5.24}$$

其中$\{f_n\}$是一个函数序列，具有一个遍历极限：

$$\overline{f}(\boldsymbol{\theta})\overset{\text{def}}{=}\lim_{N\to\infty}\frac{1}{N}\sum_{k=1}^{N}f_k(\boldsymbol{\theta}),\quad \boldsymbol{\theta}\in\mathbb{R}^d$$

相关联的 ODE 是由如下向量场定义的：

$$\frac{\mathrm{d}}{\mathrm{d}t}\boldsymbol{\vartheta}_t=\overline{f}(\boldsymbol{\vartheta}_t) \tag{5.25}$$

ODE 近似是通过模仿通常的欧拉构造来定义的：对于 $n\geqslant 1$，ODE 的时间尺度是由非递减的时间点 $\tau_0=0$ 和 $\tau_n=\sum_0^n\boldsymbol{\alpha}_k$ 定义的。对于每个 n，通过$\boldsymbol{\Theta}_{\tau_n}=\boldsymbol{\theta}_n$ 定义一个连续时间过程，并通过分段线性插值扩展到所有的 t。令$\{\boldsymbol{\vartheta}_t^n:t\geqslant\tau_n\}$表示初始条件为$\boldsymbol{\vartheta}_{\tau_n}^n=\boldsymbol{\theta}_n$ 时式(5.25)的解。然后我们说式(5.24)具有一个 ODE 近似，如果对于每个初始的$\boldsymbol{\theta}_0$ 和 $\mathcal{N}>0$，有

$$\lim_{n\to\infty}\sup_{\tau_n\leqslant\tau\leqslant\tau_n+\mathcal{N}}\|\boldsymbol{\Theta}_\tau-\boldsymbol{\vartheta}_\tau^n\|=0 \tag{5.26}$$

如果参数序列$\{\boldsymbol{\theta}_n\}$是有界的，那么按照命题 4.28 的步骤通常很容易得到式(5.26)。然后，

只要式(5.25)是全局渐近稳定的，我们就可以遵循定理 4.15 的证明来建立参数序列的收敛性。

图 5.4 改编自图 8.5，展示了式(5.24)的一个版本，其中 $f_{n+1}(\boldsymbol{\theta})$ 对于每个 n 都是随机的，均值等于 $\bar{f}(\boldsymbol{\theta})$。在这个随机近似情况下，式(5.26)的定义没有改变。

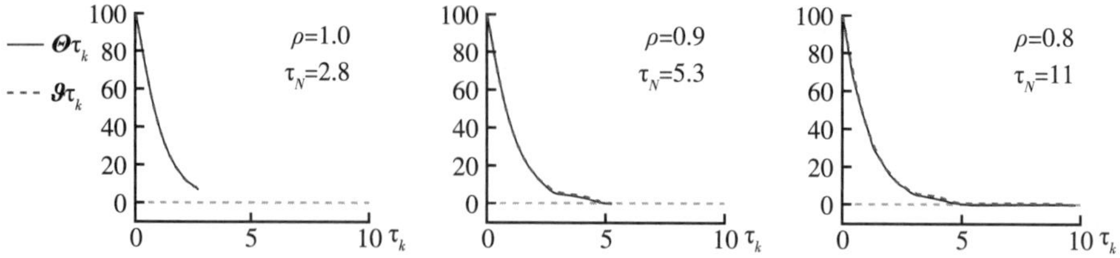

图 5.4　用于求根的 ODE 近似

图 5.4 分别比较了$\boldsymbol{\Theta}_{\tau_k}=\boldsymbol{\theta}_{ks}$ 和$\boldsymbol{\vartheta}_{\tau_k}$($n=0$ 时的($\boldsymbol{\vartheta}^n_{\tau_k}$)，并通过选择步长来区分：$\boldsymbol{\alpha}_n=1/n^{\rho}$，其中 $\rho=1.0,0.9,0.8$。针对每种情况，式(5.24)都是在共同选择的$\{f_n\}$以及共同的时间范围 $1\leqslant n\leqslant N=10^5$ 运行的。在这些图中观察到的显著差异是，ρ 如何影响 τ_n 的范围：取 $N=10^5$，当 $\rho=1$ 时 $\tau_N<3$，而当 $\rho=0.8$ 时 $\tau_N>10$。

在这个例子中，近似值$\boldsymbol{\theta}_k\approx\boldsymbol{\vartheta}_{\tau_k}$ 是极度重合的，所给的解释则是较大的初始条件：纵轴的压缩掩盖了参数估计的波动性。

ρ 值越大，获得的高增益就越激进，进而导致$\{\boldsymbol{\vartheta}_\tau:\tau\geqslant 0\}$的收敛速度更快，但在某些情况下，这会在参数估计$\{\boldsymbol{\theta}_n:n\geqslant 0\}$中引入了不可接受的波动。这些评论与 4.5.4 节中概述的 QSA 理论以及定理 4.24 所表述的内容相呼应。

5.3　TD 学习和线性回归

TD 学习指的是为一个既定策略 ϕ 近似一个价值函数的方法。这可能只是 3.2.2 节中引入的策略改进算法的近似中的一步，该算法需要在式(3.14)中使用 J^n 的估计。

5.3.1　既定策略的时间差分

在 3.7 节的讨论中，包括一个对近似策略改进的非形式化介绍。这种方法需要估计既定策略 Q 函数以获得策略更新：

$$\phi^{n+1}(\boldsymbol{x})=\arg\min_{\boldsymbol{u}} Q_n(\boldsymbol{x},\boldsymbol{u}),\quad \boldsymbol{x}\in X$$

其中 Q_n 是式(3.45)的解或近似解。4.5.3 节包含一个示例，旨在说明此方法。

对于与价值函数 J^{ϕ} 相关联的任何策略 ϕ，既定策略 Q 函数表示为

$$Q^{\phi}(\boldsymbol{x},\boldsymbol{u})=c(\boldsymbol{x},\boldsymbol{u})+J^{\phi}(F(\boldsymbol{x},\phi(\boldsymbol{x})))$$

在这种表示法中，式(3.45)变为

$$Q^{\phi}(\boldsymbol{x},\boldsymbol{u})=c(\boldsymbol{x},\boldsymbol{u})+Q^{\phi}(\boldsymbol{x}^{+},\boldsymbol{u}^{+}),\quad \boldsymbol{x}^{+}=F(\boldsymbol{x},\boldsymbol{u}),\boldsymbol{u}^{+}=\phi(\boldsymbol{x}^{+}) \tag{5.27}$$

对于任何近似值 Q，我们可以将这个不动点方程中的误差看作另一个时间差分：对于任意的输入-状态序列$(\boldsymbol{u},\boldsymbol{x})$，记

$$\mathcal{D}_{k+1}(Q)\stackrel{\text{def}}{=}-Q(\boldsymbol{x}(k),\boldsymbol{u}(k))+c(\boldsymbol{x}(k),\boldsymbol{u}(k))+\underline{Q}_{\phi}(\boldsymbol{x}(k+1)) \tag{5.28a}$$

$$\underline{Q}_{\phi}(\boldsymbol{x})\stackrel{\text{def}}{=}Q(\boldsymbol{x},\phi(\boldsymbol{x}))\qquad \boldsymbol{x}\in X \tag{5.28b}$$

如果我们用 Q^{ϕ} 代替 Q，则对于所有的 k，式(5.28a)都为 0。

式(5.28a)基于时间差分序列近似 Q^{ϕ} 的算法称为 SARSA。这些算法只是 TD 学习算法的一个微小变形或变化，而这些被设计的 TD 学习算法是用来估计 J^{ϕ} 的，因此我们在整本书中选择更简单的术语“TD 学习”。

TD 学习有两种截然不同的方式：同策略或同轨策略(on-policy)和异策略或异轨策略(off-policy)[⊖]。在式(5.28a)中选择$\boldsymbol{u}(k)=\phi(\boldsymbol{x}(k))$就是同策略的一个版本。结合 2.5.3 节中关于探索的讨论，同策略算法的困难应该是很清楚的：如果 ϕ 是一个好的策略，随着 $k\to\infty$，有 $\boldsymbol{x}(k)\to\boldsymbol{x}^{e}$，$\boldsymbol{u}(k)=\phi(\boldsymbol{x}(k))\to\boldsymbol{u}^{e}$，在此意义上，那么对于任意函数 Q，若对于每个 k，$\boldsymbol{u}(k)=\phi(\boldsymbol{x}(k))$，则

$$\begin{aligned}\lim_{k\to\infty}\mathcal{D}_{k+1}(Q)&=\lim_{k\to\infty}\{-Q(\boldsymbol{x}(k),\boldsymbol{u}(k))+c(\boldsymbol{x}(k),\boldsymbol{u}(k))+Q(\boldsymbol{x}(k+1),\phi(\boldsymbol{x}(k+1)))\}\\&=c(\boldsymbol{x}^{e},\boldsymbol{u}^{e})\end{aligned} \tag{5.29}$$

因此，根据约定 $c(\boldsymbol{x}^{e},\boldsymbol{u}^{e})=0$，对于 Q 的任何选择，时间差分的误差都接近于 0。

在本书的这一部分，我们主要关注旨在允许探索的异策略算法。关于随机控制中同策略算法的优雅理论将在第二部分进行探讨。

5.3.2　最小二乘和线性回归

考虑之前在式(3.43)中引入的线性参数化：

$$Q^{\boldsymbol{\theta}}(\boldsymbol{x},\boldsymbol{u})=\boldsymbol{\theta}^{\mathsf{T}}\boldsymbol{\psi}(\boldsymbol{x},\boldsymbol{u}),\quad \boldsymbol{\theta}\in\mathbb{R}^{d} \tag{5.30}$$

鉴于 $Q(\boldsymbol{x}^{e},\boldsymbol{u}^{e})=0$ 的假设，在构建函数类时牢记这一点很重要：

$$\boldsymbol{\psi}_{i}(\boldsymbol{x}^{\mathrm{e}},\boldsymbol{u}^{\mathrm{e}})=0,1\leqslant i\leqslant d \tag{5.31}$$

由式(5.28a)，我们得到

$$\mathcal{D}_{k+1}(Q^{\boldsymbol{\theta}})=-Q^{\boldsymbol{\theta}}(\boldsymbol{x}(k),\boldsymbol{u}(k))+c(\boldsymbol{x}(k),\boldsymbol{u}(k))+\underline{Q}^{\boldsymbol{\theta}}_{\phi}(\boldsymbol{x}(k+1))$$

上式还可以表示成这样一种形式，使其在统计数学方面能够激发一些新奇的构想。令

⊖ 如果要学习的智能体跟和环境互动的智能体是同一个，则叫作同策略；如果要学习的智能体跟和环境互动的智能体不是同一个，则叫作异策略。——译者注

$$\gamma_k = c(\boldsymbol{x}(k), \boldsymbol{u}(k)) \tag{5.32a}$$

$$\boldsymbol{\Upsilon}_{k+1} = \boldsymbol{\psi}(\boldsymbol{x}(k), \boldsymbol{u}(k)) - \boldsymbol{\psi}(\boldsymbol{x}(k+1), \phi(\boldsymbol{x}(k+1))) \tag{5.32b}$$

我们得到如下表示：

$$\gamma_k = \boldsymbol{\Upsilon}_{k+1}^{\top}\boldsymbol{\theta} + \mathcal{D}_{k+1}(Q^{\boldsymbol{\theta}}) \tag{5.32c}$$

这是标准回归问题的形式：

$$\gamma_k = \boldsymbol{\Upsilon}_{k+1}^{\top}\boldsymbol{\theta}^* + \boldsymbol{\varepsilon}_k$$

其中$\{\varepsilon_k = \mathcal{D}_{k+1}(Q^{\boldsymbol{\theta}^*}): k \geqslant 0\}$被视为“噪声”，且$\boldsymbol{\theta}^*$通常被定义为最小方差参数：$\boldsymbol{\theta}^* = \arg\min_\theta \Gamma(\boldsymbol{\theta})$，其中

$$\Gamma(\theta) = E_{\varpi}[[\gamma_0 - \boldsymbol{\Upsilon}_1^{\top}\boldsymbol{\theta}]^2] \stackrel{\text{def}}{=} \lim_{N\to\infty} \frac{1}{N}\sum_{k=0}^{N-1}[\gamma_k - \boldsymbol{\Upsilon}_{k+1}^{\top}\boldsymbol{\theta}]^2 \tag{5.33}$$

这是时间差分序列的均方误差：应用式(5.32c)，有

$$\Gamma(\theta) = \lim_{N\to\infty} \frac{1}{N}\sum_{k=1}^{N}[\mathcal{D}_k(Q^{\boldsymbol{\theta}})]^2$$

这个极限的收敛需要一些与输入相关的条件，并且还需要进一步的条件，以便使这个损失函数有意义。特别地，对于式(5.29)成立的同策略方法，对于每个θ有$\Gamma(\theta)=0$！这就是需要探索的原因。习题5.2说明了在LQR特殊情况下探测信号的设计问题。

最小二乘时间差分学习(Least Squares Temporal Difference Learning，LSTD)

对于给定的$d\times d$矩阵$\boldsymbol{W}>0$，整数N和观测样本$\{\boldsymbol{u}(k), \boldsymbol{x}(k): 0 \leqslant k \leqslant N\}$，得到的最小值为

$$\boldsymbol{\theta}_N^{\text{LSTD}} = \arg\min_\theta \Gamma_N(\boldsymbol{\theta}), \quad \Gamma_N(\boldsymbol{\theta}) = \boldsymbol{\theta}^{\top}\boldsymbol{W}\boldsymbol{\theta} + \sum_{k=0}^{N-1}[\gamma_k - \boldsymbol{\Upsilon}_{k+1}^{\top}\boldsymbol{\theta}]^2 \tag{5.34}$$

这定义了Q函数的近似值：$Q^{\boldsymbol{\theta}_N^{\text{LSTD}}} = \sum_i \boldsymbol{\theta}_N^{\text{LSTD}}(i)\boldsymbol{\psi}_i$。

目标是一个正定二次方程，因此式(5.34)的解是通过令目标的梯度为0来获得的：对于$\boldsymbol{\theta} = \boldsymbol{\theta}_N^{\text{LSTD}}$，$\nabla\Gamma_N(\boldsymbol{\theta}) = \mathbf{0}$。

命题5.3　$\boldsymbol{\theta}_N^{\text{LSTD}} = [\boldsymbol{N}^{-1}\boldsymbol{W} + \boldsymbol{R}_N]^{-1}\bar{\boldsymbol{\psi}}_N^{\gamma}$，其中

$$\boldsymbol{R}_N = \frac{1}{N}\sum_{k=1}^{N}\boldsymbol{\Upsilon}_k\boldsymbol{\Upsilon}_k^{\top}, \quad \bar{\boldsymbol{\psi}}_N^{\gamma} = \frac{1}{N}\sum_{k=0}^{N-1}\boldsymbol{\Upsilon}_{k+1}\gamma_k \qquad \square$$

引入正则化器$\boldsymbol{\theta}^{\top}\boldsymbol{W}\boldsymbol{\theta}$以确保有唯一的解。如果$\boldsymbol{R}_N$不可逆，则值得研究其影响了。

命题5.4　假设$\boldsymbol{R}_N$的秩小于d，则存在一个非零向量$\boldsymbol{v}\in\mathbb{R}^d$，对于每个$0\leqslant k\leqslant N-1$，下式成立：

(i) 对于任意的$\boldsymbol{\theta}\in\mathbb{R}^d$和$r\in\mathbb{R}$

$$\mathcal{D}_{k+1}(Q^{\boldsymbol{\theta}})=\mathcal{D}_{k+1}(Q^{\boldsymbol{\theta}'})\text{，其中}\boldsymbol{\theta}'=\boldsymbol{\theta}+\gamma\boldsymbol{v}\text{。}$$

(ii)对于同策略实现，

$$\boldsymbol{v}^{\top}\boldsymbol{\psi}(\boldsymbol{x}(0),\boldsymbol{u}(0))=\boldsymbol{v}^{\top}\boldsymbol{\psi}(\boldsymbol{x}(k),\boldsymbol{u}(k))$$

因此，这个基属于 5.1.5 节中讨论的“冗余”类别。

证明　如果$\boldsymbol{R}_N$没有满秩，则有一个非零向量$\boldsymbol{v}$满足$\boldsymbol{v}^{\top}\boldsymbol{R}_N\boldsymbol{v}=0$。根据定义，

$$0=\boldsymbol{v}^{\top}\boldsymbol{R}_N\boldsymbol{v}=\frac{1}{N}\sum_{k=0}^{N-1}(\boldsymbol{v}^{\top}\boldsymbol{\Upsilon}_{k+1})^2$$

也就是说，对于每个观测到的样本，$\boldsymbol{v}^{\top}\boldsymbol{\Upsilon}_k=0$，这意味着

$$\mathbf{0}=\boldsymbol{v}^{\top}\boldsymbol{\psi}(\boldsymbol{x}(k),\boldsymbol{u}(k))-\boldsymbol{v}^{\top}\boldsymbol{\psi}(\boldsymbol{x}(k+1),\phi(\boldsymbol{x}(k+1))),\quad 0\leqslant k\leqslant N-1 \tag{5.35}$$

然后从式(5.35)和式(5.28a)可得到(i)：对于任何标量 r 和$\boldsymbol{\theta}'=\boldsymbol{\theta}+r\boldsymbol{v}$，

$$\begin{aligned}\mathcal{D}_{k+1}(Q^{\boldsymbol{\theta}'})&=-Q^{\boldsymbol{\theta}'}(\boldsymbol{x}(k),\boldsymbol{u}(k))+c(\boldsymbol{x}(k),\boldsymbol{u}(k))+Q^{\boldsymbol{\theta}'}(\boldsymbol{x}(k+1)),\phi(\boldsymbol{x}(k+1)))\\&=c(\boldsymbol{x}(k),\boldsymbol{u}(k))+[\boldsymbol{\theta}+r\boldsymbol{v}]^{\top}[-\boldsymbol{\psi}(\boldsymbol{x}(k),\boldsymbol{u}(k))+\boldsymbol{\psi}(\boldsymbol{x}(k+1),\phi(\boldsymbol{x}(k+1)))]\\&=c(\boldsymbol{x}(k),\boldsymbol{u}(k))+\boldsymbol{\theta}^{\top}[-\boldsymbol{\psi}(\boldsymbol{x}(k),\boldsymbol{u}(k))+\boldsymbol{\psi}(\boldsymbol{x}(k+1),\phi(\boldsymbol{x}(k+1)))]=\mathcal{D}_{k+1}(Q^{\boldsymbol{\theta}})\end{aligned}$$

如果对于所有的 k，$\boldsymbol{u}(k)=\phi(\boldsymbol{x}(k))$，那么式(5.35)变为

$$\boldsymbol{v}^{\top}\boldsymbol{\psi}(\boldsymbol{x}(k),\boldsymbol{u}(k))=\boldsymbol{v}^{\top}\boldsymbol{\psi}(\boldsymbol{x}(k+1),\boldsymbol{u}(k+1)),\quad 0\leqslant k\leqslant N-1$$

这意味着(ii)。 □

由于易于分析(主要是在随机控制的背景下)，因此我们有时首选基于同策略的算法。为确保充分探索，最好使用式(2.55)中引入的重启选项。

(具有重启的)最小二乘时间差分学习

假设给定 $d\times d$ 矩阵 $\boldsymbol{W}>0$，整数 N 和 M，以及观测样本

$$\{\boldsymbol{u}^i(k),\boldsymbol{x}^i(k):0\leqslant i\leqslant N,1\leqslant i\leqslant M\} \tag{5.36a}$$

其中用户定义的初始条件为$\{\boldsymbol{x}^i(0):1\leqslant i\leqslant M\}$，输入为$\boldsymbol{u}^i(k)=\check{\phi}(\boldsymbol{x}^i(k),\boldsymbol{\xi}^i(k))$。

Q 函数的近似 $Q^{\boldsymbol{\theta}_N^{\mathrm{LSTD}}}=\boldsymbol{\psi}^{\top}\boldsymbol{\theta}_N^{\mathrm{LSTD}}$ 被得到，其中最优参数由以下步骤定义：

(i)引入每批损失函数 $\Gamma_N^i(\boldsymbol{\theta})$：由式(5.34)定义，使用其第 i 批次，$B^i=\{\boldsymbol{u}^i(k),\boldsymbol{x}^i(k):0\leqslant k\leqslant N\}$。

(ii)定义$\boldsymbol{\theta}_N^{\mathrm{LSTD}}=\arg\min_{\theta}\Gamma_N(\boldsymbol{\theta})$，其中

$$\Gamma_N(\boldsymbol{\theta})=\frac{1}{M}\sum_{i=1}^{M}\Gamma_N^i(\boldsymbol{\theta}) \tag{5.36b}$$

对于每个 i 和 k(同策略)，这种方法不排除$\boldsymbol{u}^i(k)=\phi(\boldsymbol{x}^i(k))$。

请注意，分析具有重启的 RL 算法需要修改假设(A$\boldsymbol{\xi}$)。

5.3.3 递归 LSTD 和 Zap

LSTD 学习通常表示为一个递归算法：

命题 5.5 形如式(5.34)的 LSTD 学习具有递归表示：

$$\boldsymbol{\theta}_{N+1}^{*}=\boldsymbol{\theta}_{N}^{*}+\boldsymbol{G}_{N+1}\boldsymbol{\Upsilon}_{N+1}[\gamma_N-\boldsymbol{\Upsilon}_{N+1}^{\top}\boldsymbol{\theta}_{N}^{*}] \tag{5.37a}$$

$$\boldsymbol{G}_{N+1}=\boldsymbol{G}_{N}-\frac{1}{k_{N+1}}\boldsymbol{G}_{N}\boldsymbol{\Upsilon}_{N+1}\boldsymbol{\Upsilon}_{N+1}^{\top}\boldsymbol{G}_{N},\quad N\geqslant 0 \tag{5.37b}$$

其中 $k_{N+1}=1+\boldsymbol{\Upsilon}_{N+1}^{\top}\boldsymbol{G}_{N}\boldsymbol{\Upsilon}_{N+1}$。

证明 递归是命题 5.3 的一个应用：令 $\boldsymbol{G}_N=[\boldsymbol{W}+N\boldsymbol{R}_N]^{-1}$，该命题意味着，对于 $N\geqslant 0$，

$$\boldsymbol{G}_{N+1}^{-1}\boldsymbol{\theta}_{N+1}^{*}=(N+1)\bar{\boldsymbol{\psi}}_{N+1}^{\gamma},$$
$$\boldsymbol{G}_{N+1}^{-1}=\boldsymbol{G}_{N}^{-1}+\boldsymbol{\Upsilon}_{N+1}\boldsymbol{\Upsilon}_{N+1}^{\top}$$

从式(A.1)可得式(5.37b)。

为了获得式(5.37a)，我们对 $\bar{\boldsymbol{\psi}}_{N}^{\gamma}$ 应用此递归，由命题 5.3 可知，

$$(N+1)\bar{\boldsymbol{\psi}}_{N+1}^{\gamma}=N\bar{\boldsymbol{\psi}}_{N}^{\gamma}+\boldsymbol{\Upsilon}_{N+1}\gamma_N$$

因此

$$\begin{aligned}\boldsymbol{G}_{N+1}^{-1}\boldsymbol{\theta}_{N+1}^{*}&=(N+1)\bar{\boldsymbol{\psi}}_{N+1}^{\gamma}\\&=N\bar{\boldsymbol{\psi}}_{N}^{\gamma}+\boldsymbol{\Upsilon}_{N+1}\gamma_N\\&=\boldsymbol{G}_{N}^{-1}\boldsymbol{\theta}_{N}^{*}+\boldsymbol{\Upsilon}_{N+1}\gamma_N\\&=\{\boldsymbol{G}_{N+1}^{-1}-\boldsymbol{\Upsilon}_{N+1}\boldsymbol{\Upsilon}_{N+1}^{\top}\}\boldsymbol{\theta}_{N}^{*}+\boldsymbol{\Upsilon}_{N+1}\gamma_N\end{aligned}$$

将两边乘以 $\boldsymbol{G}_{N+1}$，并重新整理各项即得式(5.37a)。 □

式(5.37)可以表示为一个具有矩阵增益的 QSA 递归：

$$\boldsymbol{\theta}_{N+1}^{*}=\boldsymbol{\theta}_{N}^{*}+\boldsymbol{\alpha}_{N+1}\boldsymbol{R}_{N+1}\boldsymbol{\Upsilon}_{N+1}[\gamma_N-\boldsymbol{\Upsilon}_{N+1}^{\top}\boldsymbol{\theta}_{N}^{*}]$$

其中 $\alpha_N=1/N$，且

$$\boldsymbol{R}_{N}^{-1}=\frac{1}{N}[\boldsymbol{W}+\sum_{k=1}^{N}\boldsymbol{\Upsilon}_k\boldsymbol{\Upsilon}_k^{\top}]$$

回到 Zap

我们可能已经通过 ODE 方法得出了该算法，其中递归算法旨在近似一个矩阵增益 ODE：

$$\frac{\mathrm{d}}{\mathrm{d}t}\boldsymbol{\vartheta}_t=\boldsymbol{M}\bar{f}(\boldsymbol{\vartheta}_t)$$

鉴于我们的目标是最小化式(5.33)，很自然地取 $\bar{f}(\theta)=-\frac{1}{2}\nabla\Gamma(\theta)$ 和 $\boldsymbol{M}$ 正定。使用 $\boldsymbol{M}=E_{\varpi}[\boldsymbol{\Upsilon}_k\boldsymbol{\Upsilon}_k^{\top}]^{-1}$，式(5.37a)是这个 ODE 的一个近似值。

我们也可以写出

$$M^{-1}=E_{\varpi}[\Upsilon_k\Upsilon_k^{\top}]=\frac{1}{2}\partial_{\theta}^2E_{\varpi}[(\gamma_{k-1}-\Upsilon_k^{\top}\theta)^2]=\frac{1}{2}\partial_{\theta}^2\Gamma(\theta)=-\partial_{\theta}\bar{f}(\theta)$$

因此 LSTD 是 Zap QSA 的单时间尺度近似。

5.4 投影贝尔曼方程和 TD 算法

LSTD 学习面临两个计算挑战：

(i)如果 $d=10^6$，你会怎么做？机器学习的从业者经常面临高维优化问题，并声称百万维不再是问题。这个成功的故事归功于优化理论、计算机工程和计算能力的进步。

(ii)如何将 LSTD 扩展到非线性函数近似，例如，什么时候每个 θ_i 是神经网络中的权重？

在 RL 研究领域，通常会修改目标以降低计算复杂性。一种受欢迎的方法是创建算法来获得投影动态规划方程的解。虽然几乎没有支持的理论，但受此观点启发的算法在神经网络函数近似方面非常成功。

这些算法背后的动机需要更多关于函数近似的背景知识，此处使用 5.1 节的符号进行描述。我们从一个抽象开始，找到一个函数 h^*，它是如下不动点方程的解：

$$h^*=T(h^*) \tag{5.38}$$

h^* 的定义域和值域，以及映射 T 的含义，取决于我们要解决的问题。式(3.5)是一个例子，其中 $h^*=J^{\star}$。如果求解式(5.38)很棘手，那么我们可能会寻求一个近似值。

我们选择一个函数类 $\mathcal{H}$ 和一个映射 $P_{\mathcal{H}}:\mathcal{H}\to\mathcal{H}$。也就是说，对于任意 $h\in\mathcal{H}$，$P_{\mathcal{H}}(h)\in\mathcal{H}$。稍后将对这个映射施加更多条件。然后我们引入式(5.38)的近似：

$$\hat{h}=\hat{T}(\hat{h})\stackrel{\text{def}}{=}P_{\mathcal{H}}\{T(\hat{h})\} \tag{5.39}$$

在某些情况下，这种方法会失败或过于复杂，因此我们考虑另一种方法，给定第二个函数类 $\mathcal{G}$，求解下式，找到一个函数 $\hat{h}\in\mathcal{H}$：

$$\mathbf{0}=P_{\mathcal{G}}\{\hat{h}-T(\hat{h})\} \tag{5.40}$$

这是式(5.39)的推广。

命题 5.6　假设以下成立：

(i)$\mathcal{H}=\mathcal{G}$。

(ii)$\mathcal{H}$ 是一个线性函数类：若 $h_1,h_2\in\mathcal{H}$ 且 $a_1,a_2\in\mathbb{R}$，则有 $a_1h_1+a_2h_2\in\mathcal{H}$。

(iii)映射 $P_{\mathcal{H}}$ 是线性的：对于 h_1，$h_2\in\mathcal{H}$ 且 a_1，$a_2\in\mathbb{R}$，

$$P_{\mathcal{H}}(a_1h_1+a_2h_2)=a_1P_{\mathcal{H}}(h_1)+a_2P_{\mathcal{H}}(h_2)$$

则式(5.39)和式(5.40)的解是一致的。□

当我们把这些想法在控制中付诸实践时，映射 $P_{\mathcal{H}}$ 和 $P_{\mathcal{G}}$ 被定义为投影(后面正式定义)。

T 将定义为投影贝尔曼算子，式(5.40)称为投影贝尔曼方程。

5.4.1　伽辽金松弛和投影

我们从 $\mathcal{G}$ 和映射 $P_{\mathcal{G}}$ 的假设开始。

假设每个 $g\in G$ 是一个函数 $g:Z\to\mathbb{R}$，并且 Z 是假设(A$\boldsymbol{\xi}$)中使用的更大的状态空间。函数类 $\mathcal{G}$ 也被假定为线性的：若 g_1，$g_2\in\mathcal{G}$ 和 $a_1,a_2\in\mathbb{R}$，则有 $a_1g_1+a_2g_2\in\mathcal{G}$。要定义投影的含义，需要用到几何学，在(A$\boldsymbol{\xi}$) 中引入的期望用于定义函数 $h_1,h_2:Z\to\mathbb{R}$ 的内积和范数：

$$\langle h_1,h_2\rangle_{\varpi}=E_{\varpi}[h_1(\boldsymbol{\phi})h_2(\boldsymbol{\phi})],\quad \|h_1\|_{\varpi}=\sqrt{E_{\varpi}[(h_1(\boldsymbol{\phi}))^2]}=\sqrt{\langle h_1,h_1\rangle_{\varpi}}$$

函数类 $L_2(\varpi)$ 定义为 $\|h\|_{\varpi}$ 有限的所有函数 h。对于任意 $h\in L_2(\varpi)$，在 G 上的投影定义为

$$\hat{h}=P_{\mathcal{G}}(h)\stackrel{\text{def}}{=}\arg\min_{g}\{\|g-h\|_{\varpi}:g\in\mathcal{G}\}$$

优化解 $\hat{h}\in\mathcal{G}$ 满足正交性原则：

$$\langle h-\hat{h},g\rangle_{\varpi}=0,\ g\in\mathcal{G}\tag{5.41}$$

我们自此假设 $\mathcal{G}$ 具有有限维数：我们选择 d 个函数 $\{\boldsymbol{\zeta}_i:1\leqslant i\leqslant d\}$，将它们叠加在一起定义函数 $\boldsymbol{\zeta}:Z\to\mathbb{R}^d$，然后定义 $\mathcal{G}=\{g=\boldsymbol{\theta}^{\mathsf{T}}\boldsymbol{\zeta}:\ \boldsymbol{\theta}\in\mathbb{R}^d\}$。我们记 $\boldsymbol{\zeta}(k)=\boldsymbol{\zeta}(\boldsymbol{\phi}(k))$，并将其称为资格向量序列，因为它们将在伽辽金松弛中发挥作用(首次在式(5.12)中引入)。

命题 5.7　假设对于每个 i，$\boldsymbol{\zeta}_i\in L_2(\varpi)$，并且这些函数在 $L_2(\varpi)$ 中是线性独立(或无关)的。也就是说，$\|\boldsymbol{\theta}^{\mathsf{T}}\boldsymbol{\zeta}\|_{\varpi}=0$ 意味着 $\boldsymbol{\theta}=\mathbf{0}$。

对于每个 $h\in L_2(\varpi)$，投影存在且是唯一的，并且由 $\hat{h}=\boldsymbol{\theta}^{*\mathsf{T}}\boldsymbol{\zeta}$ 给出，其中

$$\boldsymbol{\theta}^*=[\boldsymbol{R}^{\zeta}]^{-1}\bar{\boldsymbol{\psi}}^h\tag{5.42}$$

其中 $\bar{\boldsymbol{\psi}}^h\in\mathbb{R}^d$，且 $d\times d$ 矩阵 $\boldsymbol{R}^{\zeta}$ 定义如下：

$$\begin{aligned}\bar{\boldsymbol{\psi}}^h_i&=\langle\boldsymbol{\zeta}_i,h\rangle_{\varpi}\\ \boldsymbol{R}^{\zeta}(i,j)&=\langle\boldsymbol{\zeta}_i,\boldsymbol{\zeta}_j\rangle_{\varpi},\ 1\leqslant i,\ j\leqslant d\end{aligned}\tag{5.43}$$

证明　式(5.41)告诉我们，对于每个 i，

$$\langle h-\hat{h},\boldsymbol{\zeta}_i\rangle_{\varpi}=\mathbf{0}$$

将这个恒等式与表示法 $\hat{h}=\boldsymbol{\theta}^{*\mathsf{T}}\boldsymbol{\zeta}$ 结合就完成了证明。 □

命题 5.7 是伽辽金方法求根的动机，拓展了式(5.12)的样本路径的定义。

命题 5.8　式(5.40)成立，当且仅当

$$0=\langle\boldsymbol{\zeta}_i,\hat{h}-T(\hat{h})\rangle_{\varpi},\quad 1\leqslant i\leqslant d\tag{5.44}$$

根据定义，这是 L_2 设计中式(5.38)的伽辽金松弛。 □

5.4.2　TD(λ)学习

式(5.27)具有式(5.38)的形式：对任意函数 $h:X\times U\to\mathbb{R}$，定义

$$T(h)\big|_{(\boldsymbol{x},\boldsymbol{u})}=c(\boldsymbol{x},\boldsymbol{u})+h(\boldsymbol{x}^+,\boldsymbol{u}^+),\quad \boldsymbol{x}^+=F(\boldsymbol{x},\boldsymbol{u}),\boldsymbol{u}^+=\phi(\boldsymbol{x}^+)$$

使得 $Q^\phi=T(Q^\phi)$。

伽辽金松弛引出了最古老和最著名的 RL 算法。考虑将 $\mathcal{H}$ 指定为一个有限维函数类 $\{\boldsymbol{h}=\boldsymbol{\theta}^\top\boldsymbol{\psi}:\ \boldsymbol{\theta}\in\mathbb{R}^d\}$，其中对于每个 i，$\boldsymbol{\psi}_i: X\times U\to\mathbb{R}$。将式(5.39)应用于此问题，我们得到具有式(5.44)等价形式的投影贝尔曼方程：对于每个 i，

$$0=E_{\varpi}[\boldsymbol{\zeta}_i(k)\{\hat{h}(\boldsymbol{x}(k),\boldsymbol{u}(k))-[c(\boldsymbol{x}(k),\boldsymbol{u}(k))+\hat{h}(\boldsymbol{x}(k+1),\phi(\boldsymbol{x}(k+1)))]\}]$$

其中，我们使用了内积的定义以及符号 $\boldsymbol{\zeta}(k)=\boldsymbol{\zeta}(\boldsymbol{\phi}(k))$。这个求根问题的解定义了 $Q^{\boldsymbol{\theta}^*}\in\mathcal{H}$。

回顾式(5.29)，投影贝尔曼方程可等价地表示为

$$\mathbf{0}=E_{\varpi}[\boldsymbol{\zeta}(k)\mathcal{D}_{k+1}(Q^{\boldsymbol{\theta}})]\big|_{\boldsymbol{\theta}=\boldsymbol{\theta}^*} \tag{5.45}$$

给定 N 个观测值，通过以下方式可获得一个近似：

$$\mathbf{0}=\frac{1}{N}\sum_{k=0}^{N-1}\boldsymbol{\zeta}(k)\mathcal{D}_{k+1}(Q^{\boldsymbol{\theta}})\big|_{\boldsymbol{\theta}=\boldsymbol{\theta}^*} \tag{5.46}$$

这正是式(5.12)的形式。

我们现在可以定义 TD(λ)学习中"λ"的含义，这完全取决于 $\mathcal{G}$ 的选择。为了使符号表示更紧凑，记

$$\boldsymbol{\psi}_{(k)}\stackrel{\text{def}}{=}\boldsymbol{\psi}(\boldsymbol{x}(k),\boldsymbol{u}(k)),\quad c_k\stackrel{\text{def}}{=}c(\boldsymbol{x}(k),\boldsymbol{u}(k)),\quad k\geqslant 0 \tag{5.47}$$

并且在可能的情况下使用 $\boldsymbol{\zeta}_k$ 而不是 $\boldsymbol{\zeta}(k)$ 作为资格向量，并记 $Q^{\boldsymbol{\theta}}_{\underline{\phi}}(\boldsymbol{x})=Q^{\boldsymbol{\theta}}(\boldsymbol{x},\phi(\boldsymbol{x}))$。

TD(λ)学习

对于一个给定的 $\lambda\in[0,1]$、非负步长序列 $\{\alpha_n\}$、初始条件 $\boldsymbol{\theta}_0$，$\boldsymbol{\zeta}_0$ 和观测样本 $\{\boldsymbol{u}(k),\boldsymbol{x}(k):0\leqslant k\leqslant N\}$，估计序列由如下耦合方程定义：

$$\boldsymbol{\theta}_{n+1}=\boldsymbol{\theta}_n+\alpha_{n+1}\mathcal{D}_{n+1}\boldsymbol{\zeta}_n \tag{5.48a}$$

$$\mathcal{D}_{n+1}(Q)=-Q^{\boldsymbol{\theta}_n}(\boldsymbol{x}(n),\boldsymbol{u}(n))+c_n+Q^{\boldsymbol{\theta}_n}_{\underline{\phi}}(\boldsymbol{x}(n+1)) \tag{5.48b}$$

$$\boldsymbol{\zeta}_{n+1}=\lambda\boldsymbol{\zeta}_n+\boldsymbol{\psi}_{(n+1)} \tag{5.48c}$$

这定义了 Q 函数的近似 $Q^{\boldsymbol{\theta}_N}=\sum_i\boldsymbol{\theta}_N(i)\boldsymbol{\psi}_i$。

为了便于分析，我们需要对状态过程进行扩展：

$$\boldsymbol{\Phi}(k)=(\boldsymbol{x}(k),\boldsymbol{u}(k),\boldsymbol{\xi}(k),\boldsymbol{\zeta}(k))^\top$$

使得 $\boldsymbol{\zeta}(k)$ 是 $\boldsymbol{\Phi}(k)$ 的线性函数。

令 $\bar{f}_\lambda(\boldsymbol{\theta})=E_{\varpi}[\boldsymbol{\zeta}(k)\mathcal{D}_{k+1}(Q^{\boldsymbol{\theta}})]$。TD($\lambda$)是如下 ODE 的一个近似：

$$\frac{\mathrm{d}}{\mathrm{d}t}\boldsymbol{\vartheta}=\bar{f}_\lambda(\boldsymbol{\vartheta})$$

右侧是线性的：$\overline{f}_{\lambda}(\boldsymbol{\theta})=\boldsymbol{A}(\boldsymbol{\theta}-\boldsymbol{\theta}^{*})$，其中

$$\boldsymbol{A}=E_{\varpi}[\boldsymbol{\zeta}(k)[-\boldsymbol{\psi}_{(k)}+\boldsymbol{\psi}(\boldsymbol{x}(k+1),\phi(\boldsymbol{x}(k+1)))]^{\top}] \tag{5.49}$$

在异策略情况下，即使 $\lambda=0$ 也不能保证 TD(λ)学习的收敛性。在图 5.5 之后，我们描述了一个著名的例子。

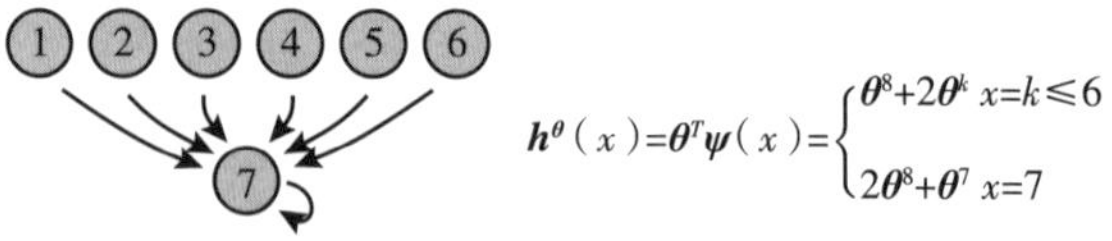

图 5.5　贝尔德(Baird)星问题

神经网络怎么样呢？如果 $\mathcal{H}$ 不是线性函数类，那么我们将失去收敛理论，但算法是可以挽救的。

TD(λ)学习(具有非线性函数近似)

对于一个给定的 $\lambda\in[0,1]$、非负步长序列 $\{\alpha_n\}$、初始条件 $\boldsymbol{\theta}_0$ 和 $\boldsymbol{\zeta}_0$，以及观测样本 $\{\boldsymbol{u}(k),\boldsymbol{x}(k):0\leqslant k\leqslant N\}$，估计序列由如下耦合方程定义：

$$\boldsymbol{\theta}_{n+1}=\boldsymbol{\theta}_n+\alpha_{n+1}\mathcal{D}_{n+1}\boldsymbol{\zeta}_n \tag{5.50a}$$

$$\boldsymbol{\zeta}_{n+1}=\lambda\boldsymbol{\zeta}_n+\boldsymbol{\zeta}^{0}_{n+1} \tag{5.50b}$$

$$\boldsymbol{\zeta}^{0}_{n}=\nabla_{\boldsymbol{\theta}}Q^{\boldsymbol{\theta}}(\boldsymbol{x}(n),\boldsymbol{u}(n))\big|_{\boldsymbol{\theta}=\boldsymbol{\theta}_n} \tag{5.50c}$$

并且 $\mathcal{D}_{k+1}$ 在式(5.48b)中定义。

这是式(5.48)的推广，因为如果 $\mathcal{H}$ 是 d 维线性函数类，则 $\boldsymbol{\zeta}^{0}_{n}=\boldsymbol{\psi}_{(n)}$。

具有完美探索的不稳定动力学

图 5.5 显示了 Baird 的反例，它提供了一个使用 TD(λ)时不稳定的示例。有六个状态，没有控制，成本同样为零。从任意初始条件开始，对于所有 $k\geqslant 1$，状态保持在 $x(k)=7$。因此对于每个 x，有 $Q^{\star}(x,u)=h^{\star}(x)=0$。请注意，这里 θ^{i} 表示向量 $\boldsymbol{\theta}$ 的第 i 个元素。

这个示例不符合本章中的两个约定：

(i)在 $x^{e}=7$ 时，$\boldsymbol{\psi}(x^{e})=(0,\cdots,0,1,2)^{\top}\neq\boldsymbol{0}$，因此不满足式(5.31)。

(ii)只有七个状态，但基是八维的。这意味着对于任何N 值，式(5.19)都不是满秩的。

退化的相关矩阵不应该是这样一个问题，因为 $h^{\boldsymbol{\theta}^{*}}=h^{\star}$，并且对于所有 n 在 $\boldsymbol{\theta}^{*}=0$ 下，$\mathcal{D}^{\boldsymbol{\theta}^{*}}_{n+1}=0$。秩退化(Rank degeneracy)意味着$\boldsymbol{\theta}^{*}$ 不是唯一的。

在折扣成本情况中引入了这个示例，其中折扣因子 $\gamma\leqslant 1$。这里仍考虑这种情况，由于没有控制，我们使用价值函数符号来定义时间差分：

$$\mathcal{D}^{\boldsymbol{\theta}}_{n+1}=-h^{\boldsymbol{\theta}}(x(n))+\gamma h^{\boldsymbol{\theta}}(x(n+1))=-h^{\boldsymbol{\theta}}(x(n))+\gamma h^{\boldsymbol{\theta}}(7) \tag{5.51}$$

由于平凡的系统动态，第二个等式成立。资格向量的定义在折扣情形中略有修改：

$$\boldsymbol{\zeta}_{n+1}=\lambda\gamma\boldsymbol{\zeta}_n+\boldsymbol{\psi}(x(n+1))$$

所谓的完美探索是基于一个具有重启的算法形式，其中情节只允许一次转换，并且七个初始条件中的每一个都被均匀采样。一个周期性的实现描述如下：对于 $n=0,1,\cdots,6$，选择

$x(n)=n+1$，可得

$$\mathcal{D}_{n+1}=-h^{\boldsymbol{\theta}_n}(n+1)+\gamma h^{\boldsymbol{\theta}_n}(7)$$

其中使用 TD(λ)对$\{\boldsymbol{\theta}_n\}$进行更新：$\boldsymbol{\theta}_{n+1}=\boldsymbol{\theta}_n+\alpha_{n+1}\mathcal{D}_{n+1}\boldsymbol{\zeta}_n$。重复此过程，使得对于所有 $n\geqslant 1$，模 7 有 $x(n)-1=n$。

对于足够大的 $\gamma\leqslant 1$ 和一些初始条件(根据我们的一贯假设$\sum\alpha_n=\infty$)，这个算法会发散。要看到这一点，需要仔细观察时间差分：

$$\mathcal{D}_{n+1}=\begin{cases}-[\boldsymbol{\theta}_n^8+2\boldsymbol{\theta}_n^k]+\gamma[2\boldsymbol{\theta}_n^8+\boldsymbol{\theta}_n^7] & x(n)=k\leqslant 6\\ -[2\boldsymbol{\theta}_n^8+\boldsymbol{\theta}_n^7]+\gamma[2\boldsymbol{\theta}_n^8+\boldsymbol{\theta}_n^7] & x(n)=7\end{cases}$$

通过观察参数估计的最后一项的变化，可以揭示不稳定的来源：

$$\boldsymbol{\theta}_{n+1}^8=\boldsymbol{\theta}_n^8+\begin{cases}\alpha_{n+1}\{(2\gamma-1)\boldsymbol{\theta}_n^8+\gamma\boldsymbol{\theta}_n^7-2\boldsymbol{\theta}_n^k\}\boldsymbol{\zeta}_n^8 & x(n)=k\leqslant 6\\ \alpha_{n+1}\{-(1-\gamma)[2\boldsymbol{\theta}_n^8+\boldsymbol{\theta}_n^7]\}\boldsymbol{\zeta}_n^8 & x(n)=7\end{cases}$$

假设 $\gamma>\dfrac{1}{2}$ 和 $\boldsymbol{\theta}_0^8>0$ 相对于其他参数较大。只要 $x(n)=k\leqslant 6$，估计值 $\boldsymbol{\theta}_{n+1}^8$ 就趋于增加，因为正系数$(2\gamma-1)$。如果 $x(n)=7$，则 $\boldsymbol{\theta}_n^8$ 的系数变为负数，但请记住 $x(n)=7$ 仅出现 1/7 的时间。

在这个示例中，TD(λ)可以表示为线性递归

$$\boldsymbol{\theta}_{n+1}=\boldsymbol{\theta}_n+\alpha_{n+1}\boldsymbol{A}_{n+1}\boldsymbol{\theta}_n,\quad \boldsymbol{A}_{n+1}=\boldsymbol{\zeta}_n\{-\boldsymbol{\psi}(x(n))+\gamma\boldsymbol{\psi}(7)\}^{\mathrm{T}}$$

式(5.49)变为

$$\boldsymbol{A}=E_{\varpi}[\boldsymbol{A}_{n+1}]=\frac{1}{7}\sum_{n=1}^{7}\boldsymbol{A}_n$$

基于对 $\boldsymbol{\theta}_n^8$ 的递归，对于所有 γ 值，$\boldsymbol{A}$ 不是赫尔维茨矩阵也就不足为奇了。图 5.6 显示了 $\gamma=0.9$ 时，两个 λ 值和固定步长 $\alpha_n\equiv\alpha_0$ 的两个实验的结果。

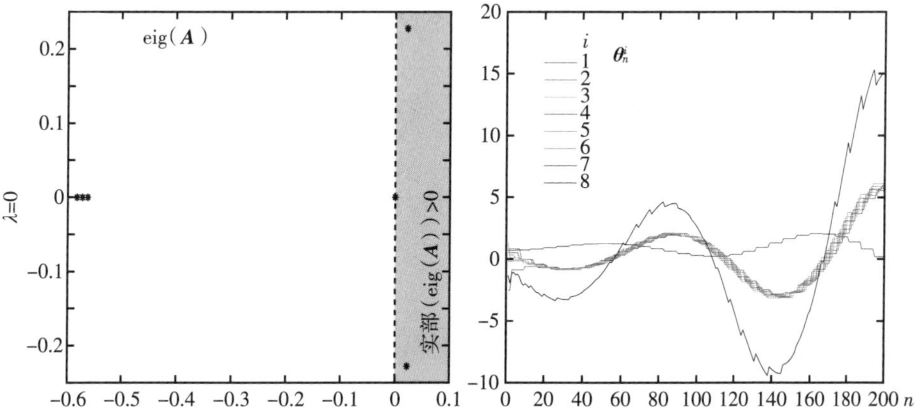

a) λ=0

图 5.6　Baird 星问题：参数估计和 $\boldsymbol{A}$ 的特征值，$\gamma=0.9$

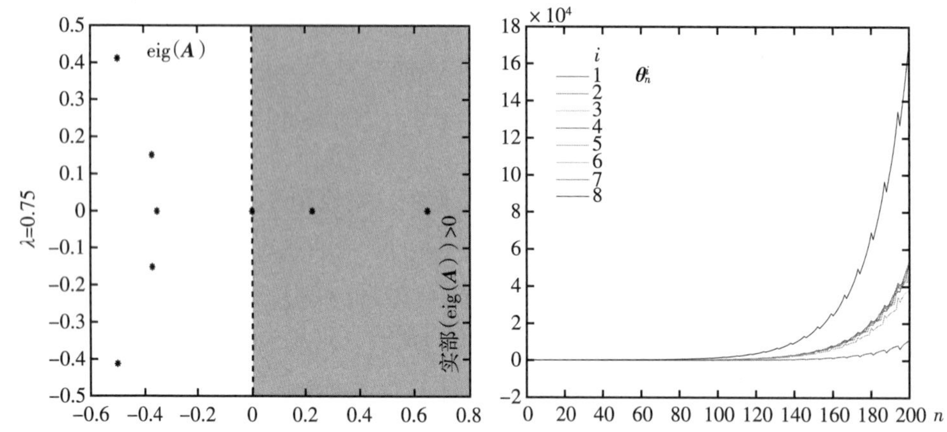

b) λ=0.75

图 5.6 Baird 星问题：参数估计和 A 的特征值，$\gamma=0.9$(续)

这两个实验中的参数估计存在差异，但特征值演化行为与 A 的特征值预测的一样。当 $\lambda=0$ 时，右半平面中的特征值是复数，在这种情况下，估计值呈现振荡，以致到无穷大。

在本节的其余部分，我们转向 $Q^\star$ 的近似：与最优控制问题相关的 Q 函数。

5.4.3 投影贝尔曼算子和 Q 学习

总成本最优控制问题的 Q 函数就是求解式(3.7d)，为方便起见在此处重复如下：

$$Q^\star(\boldsymbol{x},\boldsymbol{u})=c(\boldsymbol{x},\boldsymbol{u})+\underline{Q}^\star(F(\boldsymbol{x},\boldsymbol{u}))$$

其中对于任意的 Q，有 $\underline{Q}(\boldsymbol{x})=\min_u Q(\boldsymbol{x},\boldsymbol{u})$。对于一个参数化族的近似 $\{Q^{\boldsymbol{\theta}}:\boldsymbol{\theta}\in\mathbb{R}^d\}$，回想一下，对于每个 $\boldsymbol{\theta}$，利用式(3.44)我们定义一个策略：

$$\phi^{\boldsymbol{\theta}}(\boldsymbol{x})=\arg\min_{\boldsymbol{u}} Q^{\boldsymbol{\theta}}(\boldsymbol{x},\boldsymbol{u}),\quad \boldsymbol{x}\in X$$

通过式(5.48)的“模式匹配”我们获得了一个近似算法。下面介绍一下具有线性函数近似的算法。

Q(λ)学习

对于一个给定的 $\lambda\in[0,1]$、非负步长序列 $\{\alpha_n\}$、初始条件 $\boldsymbol{\theta}_0$ 和 $\boldsymbol{\zeta}_0$，以及观测样本 $\{\boldsymbol{u}(k),\boldsymbol{x}(k):0\leqslant k\leqslant N\}$，估计序列由如下耦合方程定义：

$$\boldsymbol{\theta}_{n+1}=\boldsymbol{\theta}_n+\alpha_{n+1}\mathcal{D}_{n+1}\boldsymbol{\zeta}_n \tag{5.52a}$$

$$\boldsymbol{\zeta}_{n+1}=\lambda\boldsymbol{\zeta}_n+\boldsymbol{\psi}_{(n+1)} \tag{5.52b}$$

$$\mathcal{D}_{n+1}=-Q^{\boldsymbol{\theta}_n}(\boldsymbol{x}(n),\boldsymbol{u}(n))+c_n+Q^{\boldsymbol{\theta}_n}(\boldsymbol{x}(n+1),\phi^{\boldsymbol{\theta}_n}(\boldsymbol{x}(n+1))) \tag{5.52c}$$

其中 $\boldsymbol{\psi}_{(n+1)}=\boldsymbol{\psi}(\boldsymbol{x}(n+1),\ \boldsymbol{u}(n+1))$，$c_n=c(\boldsymbol{x}(n),\boldsymbol{u}(n))$。

该算法与 TD 学习有着显著的相似性和区别：

▲ 主要变化是式(5.52c)：使用当前策略估计 ϕ^{θ_n}，而不是 TD(λ)中的既定策略 ϕ。请注意，在式(5.52c)中我们可以进行如下替代：

$$Q^{\theta_n}(\boldsymbol{x}(n+1),\phi^{\theta_n}(\boldsymbol{x}(n+1)))=\underline{Q}^{\theta_n}(\boldsymbol{x}(n+1))\stackrel{\text{def}}{=}\min_{\boldsymbol{u}}Q^{\theta_n}(\boldsymbol{x}(n+1),\boldsymbol{u})$$

▲ QSA 理论预测，Q(λ)学习中的极限 $\boldsymbol{\theta}^*$ 将是 $\overline{\boldsymbol{f}}(\boldsymbol{\theta}^*)=\boldsymbol{0}$ 的解，其中

$$\overline{\boldsymbol{f}}(\boldsymbol{\theta})=E_{\varpi}[\boldsymbol{f}_{n+1}(\boldsymbol{\theta})],\quad \boldsymbol{f}_{n+1}(\boldsymbol{\theta})=\mathcal{D}_{n+1}(Q^{\boldsymbol{\theta}})\boldsymbol{\zeta}_n \tag{5.53}$$

这看起来与 TD(λ)相同，直至注意到从式(5.52c)获得的 $\mathcal{D}_{n+1}(Q^{\boldsymbol{\theta}})$的不同定义：

$$\mathcal{D}_{n+1}(Q^{\boldsymbol{\theta}})=-Q^{\boldsymbol{\theta}}(\boldsymbol{x}(n),\boldsymbol{u}(n))+c_n+\min_{\boldsymbol{u}}Q^{\boldsymbol{\theta}}(\boldsymbol{x}(n+1),\boldsymbol{u})$$

▲ 对于特殊情况 $\lambda=0$，我们可以应用命题 5.6 得出结论，$Q^{\boldsymbol{\theta}^*}$ 是投影贝尔曼方程的解：

$$Q^{\boldsymbol{\theta}^*}=P_{\mathcal{H}}\{T(Q^{\boldsymbol{\theta}^*})\}$$

其中贝尔曼算子被重新定义为$T(Q)\big|_{(\boldsymbol{x},\boldsymbol{u})}=c(\boldsymbol{x},\boldsymbol{u})+\underline{Q}(F(\boldsymbol{x},\boldsymbol{u}))$。

可悲的是，这些观测将我们带入了死胡同。Q(λ)学习的 ODE 分析要求我们研究具有向量场$\overline{\boldsymbol{f}}$的 ODE 的全局渐近稳定性，该向量场$\overline{\boldsymbol{f}}$是由式(5.53)定义的。作为第一步，我们必须找到寻根问题有解的条件！不幸的是，对于存在性人们知之甚少，即使在 $\lambda=0$ 的情况下也是如此。而且，如果确实存在一个平衡点，但相应的稳定性理论也几乎不存在。

5.4.4 GQ 学习

如果我们担心 $\overline{\boldsymbol{f}}(\boldsymbol{\theta}^*)=\boldsymbol{0}$ 没有解，那么我们可能会转向下一个最佳选择：对于一个给定的 $d\times d$ 矩阵 $\boldsymbol{M}>0$，求解

$$\min_{\boldsymbol{\theta}}\boldsymbol{\Gamma}(\boldsymbol{\theta})=\min_{\boldsymbol{\theta}}\frac{1}{2}\overline{\boldsymbol{f}}(\boldsymbol{\theta})^{\top}\boldsymbol{M}\overline{\boldsymbol{f}}(\boldsymbol{\theta}) \tag{5.54}$$

然后我们可以应用 ODE 方法来设计一个算法。一种方法是梯度下降法：

$$\frac{\mathrm{d}}{\mathrm{d}t}\boldsymbol{\vartheta}_t=-[\partial_{\boldsymbol{\theta}}\overline{\boldsymbol{f}}(\boldsymbol{\vartheta}_t)]^{\top}\boldsymbol{M}\overline{\boldsymbol{f}}(\boldsymbol{\vartheta}_t) \tag{5.55}$$

文献[234]中的 GQ 学习算法可以被视为这个 ODE 的离散时间形式，其中 $\boldsymbol{M}=E[\boldsymbol{\zeta}_n\boldsymbol{\zeta}_n^{\top}]^{-1}$。通过一种双时间尺度算法可避免矩阵求逆：可以获得$\boldsymbol{M}\overline{\boldsymbol{f}}(\boldsymbol{\vartheta}_t)$的一个 ODE 近似，通过使用如下“高增益”ODE 的解：

$$\frac{\mathrm{d}}{\mathrm{d}t}\boldsymbol{\omega}_t=\boldsymbol{b}_t[\overline{\boldsymbol{f}}(\boldsymbol{\vartheta}_t)-\boldsymbol{R}\boldsymbol{\omega}_t]$$

其中 $\boldsymbol{R}=\boldsymbol{M}^{-1}=\boldsymbol{M}=E[\boldsymbol{\zeta}_n\boldsymbol{\zeta}_n^{\top}]$。如果将$\{\boldsymbol{b}_t\}$选择得非常大并且$\{\boldsymbol{\vartheta}_t\}$是有界的，那么不难确定，经过一个暂态周期后，近似值$\boldsymbol{\omega}_t\approx\boldsymbol{M}\overline{\boldsymbol{f}}(\boldsymbol{\vartheta}_t)$将成立。

这些 ODE 是双时间尺度 GQ 算法的研究动机，在此是针对线性函数近似提出的。

GD(λ)学习

使用与 Q(λ)学习相同的起点，以及一个额外的初始值 $\boldsymbol{\omega}_0 \in \mathbb{R}^d$，有

$$\boldsymbol{\theta}_{n+1} = \boldsymbol{\theta}_n - \alpha_{n+1} \boldsymbol{A}_{n+1}^{\top} \boldsymbol{\omega}_n \tag{5.56a}$$

$$\boldsymbol{\omega}_{n+1} = \boldsymbol{\omega}_n + \beta_{n+1} \{ \boldsymbol{f}_{n+1}(\boldsymbol{\theta}_n) - \boldsymbol{\zeta}_{n+1} \boldsymbol{\zeta}_{n+1}^{\top} \boldsymbol{\omega}_n \} \tag{5.56b}$$

$$\begin{aligned} \boldsymbol{\zeta}_{n+1} &= \lambda \boldsymbol{\zeta}_n + \boldsymbol{\psi}_{(n+1)} \\ \mathcal{D}_{n+1} &= -Q^{\boldsymbol{\theta}_n}(\boldsymbol{x}(n), \boldsymbol{u}(n)) + c_n + \underline{Q}^{\boldsymbol{\theta}_n}(\boldsymbol{x}(n+1)) \\ \boldsymbol{f}_{n+1}(\boldsymbol{\theta}_n) &= \mathcal{D}_{n+1} \boldsymbol{\zeta}_n, \quad \boldsymbol{A}_{n+1} = \partial_{\boldsymbol{\theta}} \boldsymbol{f}_{n+1}(\boldsymbol{\theta}_n) = \boldsymbol{\zeta}_n \{ -\boldsymbol{\psi}_{(n)} + \underline{\boldsymbol{\psi}}_{(n+1)} \}^{\top} \end{aligned} \tag{5.56c}$$

其中$\boldsymbol{\psi}_{(n+1)} = \boldsymbol{\psi}(\boldsymbol{x}(n+1), \boldsymbol{u}(n+1))$，$\underline{\boldsymbol{\psi}}_{(n+1)} = \boldsymbol{\psi}(\boldsymbol{x}(n+1), \phi^{\boldsymbol{\theta}_n}(\boldsymbol{x}(n+1)))$。

与往常一样，算法的输出定义了最终的近似 $Q^{\boldsymbol{\theta}_N}$。ODE 近似是成功的，如果第二个步长序列是相对较大的：

$$\lim_{n \to \infty} \frac{\beta_n}{\alpha_n} = \infty \tag{5.57}$$

存在几个挑战和问题：

- ▶ 我们可能难以获得式(5.54)的全局最小值，因为目标 $\boldsymbol{\Gamma}$ 不是凸的。
- ▶ 假设事实上 $\overline{\boldsymbol{f}}(\boldsymbol{\theta}^*) = \boldsymbol{0}$ 确实有解。除了目标函数的凸性不足之外，式(5.55)的任何近似都存在挑战。Nesterov 在他的专著[273]的 4.4.1 节中讨论了这种寻根方法。他警告说，这会导致数值不稳定：“……如果我们的方程组是线性的，那么这样的转换就是问题条件数的平方。”[⊖]他继续警告说，这可能会导致“迭代次数的平方”以获得期望的误差界。要看到这一点，请考虑损失函数在 $\boldsymbol{\theta}^*$ 处的二阶近似：

  $$\Gamma(\boldsymbol{\theta}) \approx \Gamma(\boldsymbol{\theta}^*) + (\boldsymbol{\theta} - \boldsymbol{\theta}^*)^{\top} [\boldsymbol{A}^* \boldsymbol{M} \boldsymbol{A}^{*\top}] (\boldsymbol{\theta} - \boldsymbol{\theta}^*)$$

  它使用 $\overline{\boldsymbol{f}}(\boldsymbol{\theta}^*) = \boldsymbol{0}$。$\boldsymbol{A}^* \boldsymbol{M} \boldsymbol{A}^{*\top}$ 的出现是 Nesterov 警告的“平方”。如果 $\boldsymbol{A}^*$ 有一个很大的条件数，那么我们可能会通过引入平方使事情变得更糟。可以通过 $\boldsymbol{M}$ 的一个替代选择来解决这个数值挑战问题，前提是这种替代没有引入额外的复杂性。
- ▶ 最后但同样重要的是，式(5.54)是一个有价值的目标，这一点并不明显。需要进一步的研究来解释为什么 Q(λ)学习和 GQ 算法在实践中经常成功，并预测这些算法在什么时候可能会失败。

5.4.5　批处理方法和 DQN

深度 Q 网络(DQN)算法专为神经网络函数近似而设计，术语“深度”指的是大量的隐藏层。这里总结了基本算法，没有对 $Q^{\boldsymbol{\theta}}$ 强加任何特定形式。

这种方法的一个组成部分是放弃了前面 RL 算法的纯递归形式。在批 RL 算法中，时间

⊖ 有关条件数灾难的更多信息以及定义可以在 8.6.1 节中找到。

范围或时域 N 被分成更合理大小的 B 个批次，由中间时刻序列 $T_0=0<T_1<T_2<\cdots<T_{B-1}<T_B=N$ 进行定义。针对函数近似或随机控制系统问题，当我们采用核进行 RL 设计时，这种潜在的好处会更加明显。

DQN

给定 $\boldsymbol{\theta}_0\in\mathbb{R}^d$，以及正标量序列 $\{\alpha_n\}$，定义如下递归：

$$\boldsymbol{\theta}_{n+1}=\arg\min_{\boldsymbol{\theta}}\left\{\boldsymbol{\Gamma}_n^{\varepsilon}(\boldsymbol{\theta})+\frac{1}{\alpha_{n+1}}\|\boldsymbol{\theta}-\boldsymbol{\theta}_n\|^2\right\},\quad 0\leqslant n\leqslant B-1 \tag{5.58a}$$

其中对于每个 n，且 $r_n=T_{n+1}-T_n$，

$$\boldsymbol{\Gamma}_n^{\varepsilon}(\boldsymbol{\theta})=\frac{1}{2}\frac{1}{r_n}\sum_{k=T_n}^{T_{n+1}-1}\left[-Q^{\boldsymbol{\theta}}(\boldsymbol{x}(k),\boldsymbol{u}(k))+c_k+\underline{Q}^{\boldsymbol{\theta}_n}(\boldsymbol{x}(k+1))\right]^2 \tag{5.58b}$$

当通过线性函数近似定义 $Q^{\boldsymbol{\theta}}$ 时，DQN 的优雅和简单性显而易见，因此式(5.58a)是二次方程无约束的最小值。针对线性和非线性函数逼近问题，下面总结了式(5.58a)的解的性质，这些性质是显而易见的，但具有一定的启发性。

命题 5.9 假设对于每个 $\boldsymbol{x},\boldsymbol{u}$，$\{Q^{\boldsymbol{\theta}}(\boldsymbol{x},\boldsymbol{u}):\theta\in\mathbb{R}^d\}$ 关于 $\boldsymbol{\theta}$ 是连续可微的。则

(i) 式(5.58a)的解是如下不动点方程的解：

$$\boldsymbol{\theta}_{n+1}=\boldsymbol{\theta}_n+\alpha_{n+1}\frac{1}{r_n}\sum_{k=T_n}^{T_{n+1}-1}\left[-Q^{\boldsymbol{\theta}}(\boldsymbol{x}(k),\boldsymbol{u}(k))+\gamma_n(k)\right]\nabla_{\boldsymbol{\theta}}Q^{\boldsymbol{\theta}}(\boldsymbol{x}(k),\boldsymbol{u}(k))\Big|_{\theta=\theta_{n+1}} \tag{5.59}$$

其中 $\gamma_n(k)=c_k+\underline{Q}^{\boldsymbol{\theta}_n}(\boldsymbol{x}(k+1))$。

(ii) 如果参数化是线性的，使得 $\nabla_{\boldsymbol{\theta}}Q^{\boldsymbol{\theta}}(\boldsymbol{x}(k),\ \boldsymbol{u}(k))=\boldsymbol{\psi}_{(k)}$，则

$$\boldsymbol{\theta}_{n+1}=\boldsymbol{\theta}_n+\alpha_{n+1}\{\boldsymbol{A}_n\boldsymbol{\theta}_{n+1}-\boldsymbol{b}_n\} \tag{5.60a}$$

其中

$$\boldsymbol{A}_n=-\frac{1}{r_n}\sum_{k=T_n}^{T_{n+1}-1}\boldsymbol{\psi}_{(k)}\boldsymbol{\psi}_{(k)}^{\top} \tag{5.60b}$$

$$\boldsymbol{b}_n=-\frac{1}{r_n}\sum_{k=T_n}^{T_{n+1}-1}\gamma_n(k)\boldsymbol{\psi}_{(k)} \tag{5.60c}$$

线性情况特别简单，因为我们可以通过重新排列各项和求逆来求解式(5.60a)：

$$\boldsymbol{\theta}_{n+1}=[\boldsymbol{I}-\alpha_{n+1}\boldsymbol{A}_n]^{-1}\{\boldsymbol{\theta}_n-\alpha_{n+1}\boldsymbol{b}_n\}$$

如果 α_{n+1} 足够小，则 $[\boldsymbol{I}-\alpha_{n+1}\boldsymbol{A}_n]^{-1}\approx\boldsymbol{I}+\alpha_{n+1}\boldsymbol{A}_n$，由此我们得到

$$\boldsymbol{\theta}_{n+1}\approx[\boldsymbol{I}+\alpha_{n+1}\boldsymbol{A}_n]\{\boldsymbol{\theta}_n-\alpha_{n+1}\boldsymbol{b}_n\}\approx\boldsymbol{\theta}_n+\alpha_{n+1}\{\boldsymbol{A}_n\boldsymbol{\theta}_n-\boldsymbol{b}_n\}$$

对于非线性函数近似，目前还不清楚为什么优化问题应该在每次迭代中解决。在命题 5.9 的假设下，只要参数序列 $\{\boldsymbol{\theta}_n\}$ 有界，对于某个固定的 $K<\infty$，我们有 $\|\boldsymbol{\theta}_{n+1}-\boldsymbol{\theta}_n\|\leqslant K\alpha_{n+1}$。

因此，

$$\boldsymbol{\theta}_{n+1}=\boldsymbol{\theta}_n+\alpha_{n+1}\frac{1}{r_n}\sum_{k=T_n}^{T_{n+1}-1}\left[-Q^{\boldsymbol{\theta}_n}(\boldsymbol{x}(k),\boldsymbol{u}(k))+\gamma_n(k)+\boldsymbol{\mathcal{E}}_{n+1}\right]\nabla_\theta Q^{\boldsymbol{\theta}_n}(\boldsymbol{x}(k),\boldsymbol{u}(k))$$

其中 $\|\boldsymbol{\mathcal{E}}_{n+1}\|\leqslant O(\alpha_{n+1})$。这激发了 DQN 的批 QSA 近似。

批 Q(0)学习

给定 $\boldsymbol{\theta}_0\in\mathbb{R}^d$，以及正标量序列$\{\alpha_n\}$，定义如下递归：

$$\boldsymbol{\theta}_{n+1}=\boldsymbol{\theta}_n+\alpha_{n+1}\frac{1}{r_n}\sum_{k=T_n}^{T_{n+1}-1}\mathcal{D}_{k+1}(\boldsymbol{\theta}_n)\nabla_{\boldsymbol{\theta}}Q^{\boldsymbol{\theta}_n}(\boldsymbol{x}(k),\boldsymbol{u}(k))$$

$$\mathcal{D}_{k+1}(\boldsymbol{\theta}_n)=-Q^{\boldsymbol{\theta}_n}(\boldsymbol{x}(k),\boldsymbol{u}(k))+c_k+\underline{Q}^{\boldsymbol{\theta}_n}(\boldsymbol{x}(k+1))\tag{5.61}$$

虽然 DQN 很容易实现，但它并没有解决围绕 Q(λ)学习的问题。

命题 5.10　考虑可能具有非线性函数近似的 DQN 算法。假设 $Q^{\boldsymbol{\theta}}$ 是连续可微的，其梯度$\nabla Q^{\boldsymbol{\theta}}(x,u)$是全局利普希茨连续的，利普希茨常数独立于$(\boldsymbol{x},\ \boldsymbol{u})$。假设 $B=\infty$，非负步长序列满足

$$\sum\alpha_n=\infty,\quad\sum\alpha_n^2<\infty$$

并假设由 DQN 算法定义的序列$\{\boldsymbol{\theta}_n\}$收敛于某个 $\boldsymbol{\theta}_\infty\in\mathbb{R}^d$。则

(i)$\overline{\boldsymbol{f}}(\boldsymbol{\theta}_\infty)=\mathbf{0}$，其中 $\overline{\boldsymbol{f}}$ 是通过式(5.53)使用 $\boldsymbol{\zeta}_n=\nabla_{\boldsymbol{\theta}}Q^{\boldsymbol{\theta}}(\boldsymbol{x}(n),\ \boldsymbol{u}(n))\big|_{\boldsymbol{\theta}=\boldsymbol{\theta}_n}$ 进行定义的。

(ii)该算法可导出 ODE 近似$\frac{\mathrm{d}}{\mathrm{d}t}\boldsymbol{\vartheta}_t=\overline{\boldsymbol{f}}(\boldsymbol{\vartheta}_t)$。　□

这些结论应该引起警示，因为我们不知道式(5.53)中定义的 $\overline{\boldsymbol{f}}$ 是否有根。如果我们设法确定 $\overline{\boldsymbol{f}}(\boldsymbol{\theta}_\infty)=\mathbf{0}$ 的解的存在性，我们不知道 ODE 是否稳定，或者 $\boldsymbol{\theta}_\infty$ 是否具有理想的属性。

另外，DQN 每天都在使用并取得成功，因此不应忽视它。

5.5　凸 Q 学习

我们已经介绍了“TD 分类法”中的三类算法：

(i)使用 LSTD 或 TD(λ)的近似 PIA。我们可以在两个条件下确保成功：(a)函数类是线性的；(b)函数类在某种意义下是完备的，因为我们可以确保对于每个 n，有 $Q^{\boldsymbol{\theta}_n}=Q^{\phi^n}$。

(ii)GQ 学习获得最小均方贝尔曼误差。如果 $Q^\star$ 位于我们的函数类中，并且目标函数满足与梯度下降一致的条件(例如，4.4.2 节中介绍的 PL 条件)，我们就可以确保成功。

(iii)DP 方程的伽辽金松弛是使用 Q(λ)学习、DQN 或批 Q(0)学习获得的。这里的理论几乎不存在。

本节中概述的 RL 算法均受 DPLP 式(3.36)的启发。我们从基于联合参数化的一个直接方法开始：在 5.1 节的符号中，$\mathcal{H}=\{\boldsymbol{h}^{\boldsymbol{\theta}}=(J^{\boldsymbol{\theta}},\ Q^{\boldsymbol{\theta}}):\ \theta\in\mathbb{R}^d\}$。值 θ_i 可能代表神经网络函数近似架构中的第 i 个权重，但为了合理说明凸性，我们需要一个线性参数化族：

$$J^{\boldsymbol{\theta}}(\boldsymbol{x})=\boldsymbol{\theta}^{\top}\boldsymbol{\psi}^{J}(\boldsymbol{x}),\quad Q^{\boldsymbol{\theta}}(\boldsymbol{x},\boldsymbol{u})=\boldsymbol{\theta}^{\top}\boldsymbol{\psi}(\boldsymbol{x},\boldsymbol{u})$$

对于每个 $\boldsymbol{\theta}$，函数类使用 $J^{\boldsymbol{\theta}}(\boldsymbol{x}^{e})=0$ 进行归一化。对于线性近似架构，在每个 $1\leqslant i\leqslant d$，这就需要$\boldsymbol{\psi}_{i}^{J}(\boldsymbol{x}^{e})=\boldsymbol{0}$；对于神经网络架构，这种归一化是通过网络输出的定义来实现的。基于 RKHS 的凸 Q 学习算法在 5.5.2 节中描述。

考虑基于参数化族的式(3.36)的转换：

$$\begin{aligned}&\max_{\boldsymbol{\theta}}\langle\mu,Q^{\boldsymbol{\theta}}\rangle\\&\text{满足}Q^{\boldsymbol{\theta}}(\boldsymbol{x},\boldsymbol{u})\leqslant c(\boldsymbol{x},\boldsymbol{u})+J^{\boldsymbol{\theta}}(F(\boldsymbol{x},\boldsymbol{u})),\\&Q^{\boldsymbol{\theta}}(\boldsymbol{x},\boldsymbol{u})\geqslant J^{\boldsymbol{\theta}}(\boldsymbol{x}),\quad \boldsymbol{x}\in X,\boldsymbol{u}\in U(\boldsymbol{x})\end{aligned}\tag{5.62}$$

其中 μ 现在是 $X\times U$ 上的加权函数。

如果想要的话，则我们可对第一个约束条件强化为等式，$Q^{\boldsymbol{\theta}}(\boldsymbol{x},\boldsymbol{u})=c(\boldsymbol{x},\boldsymbol{u})+J^{\boldsymbol{\theta}}(F(\boldsymbol{x},\boldsymbol{u}))$。如果我们有一个好的模型，那么这是合理的：首先创建一个参数化族$\{J^{\boldsymbol{\theta}}\}$，然后为每个 $\boldsymbol{\theta}$，$\boldsymbol{x}$，$\boldsymbol{u}$ 定义 $Q^{\boldsymbol{\theta}}(\boldsymbol{x},\boldsymbol{u})=c(\boldsymbol{x},\boldsymbol{u})+J^{\boldsymbol{\theta}}(F(\boldsymbol{x},\boldsymbol{u}))$。

但是，如果我们没有一个高精度的模型，那么最好放宽等式约束，这就是为什么式(5.62)是我们首选的起点。

另一个可以从式(5.62)中移除的不等式是 $Q^{\boldsymbol{\theta}}\geqslant J^{\boldsymbol{\theta}}$，因为 DPLP 的最优解是 $J^{\star}=\underline{Q}^{\star}$。我们可以通过施加如下约束从式(5.62)中删除 $J^{\boldsymbol{\theta}}$：

$$\begin{aligned}&\max_{\boldsymbol{\theta}}\langle\boldsymbol{\mu},Q^{\boldsymbol{\theta}}\rangle\\&\text{满足 }Q^{\theta}(\boldsymbol{x},\boldsymbol{u})\leqslant c(\boldsymbol{x},\boldsymbol{u})+\underline{Q}^{\theta}(F(\boldsymbol{x},\boldsymbol{u})),\quad \boldsymbol{x}\in X,\boldsymbol{u}\in U(x)\end{aligned}\tag{5.63}$$

或甚至

$$\max_{\boldsymbol{\theta}}\langle\boldsymbol{v},\underline{Q}^{\boldsymbol{\theta}}\rangle\ \text{服从式(5.63)中的不等式约束}$$

其中 $\boldsymbol{v}$ 是 X 上的加权函数。对于任何一个目标函数，如果函数类关于 $\boldsymbol{\theta}$ 是线性的，那么这仍然是一个凸规划。并且通过设计，我们必须确保对于每个 $\boldsymbol{\theta}$，有 $\underline{Q}^{\theta}(\boldsymbol{x}^{e})=0$。这可以通过对所有 i 和 $\boldsymbol{u}$ 施加$\boldsymbol{\psi}_{i}(\boldsymbol{x}^{e},\boldsymbol{u})=0$ 的约束来实现，以及认识到假设 $U(\boldsymbol{x}^{e})=\{\boldsymbol{u}^{e}\}$ 的合理性(一旦我们处于零成本的平衡点，就没有理由离开)。

本节中的算法基于式(5.63)的近似。下面将介绍几个选项。

5.5.1　有限维函数类的凸 Q 学习

我们从线性函数类开始：

$$Q^{\boldsymbol{\theta}}(\boldsymbol{x},\boldsymbol{u})=\boldsymbol{\theta}^{\top}\boldsymbol{\psi}(\boldsymbol{x},\boldsymbol{u})\tag{5.64}$$

虽然这对于收敛理论而言是必需的，但任何即将出现的算法都可以使用非线性函数近似架构来应用。

式(5.63)中不等式约束的近似由 $\Gamma^{\varepsilon}(\theta)\leqslant 0$ 给出，其中

$$\Gamma^{\varepsilon}(\boldsymbol{\theta})\stackrel{\text{def}}{=}\lim_{N\to\infty}\frac{1}{N}\sum_{k=0}^{N-1}[\mathcal{D}_{k+1}^{\circ}(\boldsymbol{\theta})]_{-}\tag{5.65a}$$

$$\mathcal{D}^{\circ}_{k+1}(\boldsymbol{\theta}) \stackrel{\text{def}}{=} -Q^{\boldsymbol{\theta}}(\boldsymbol{x}(k),\boldsymbol{u}(k))+c_k+\underline{Q}^{\boldsymbol{\theta}}(\boldsymbol{x}(k+1)) \tag{5.65b}$$

对于任意 $z\in\mathbb{R}$ 有$[z]_-=\max(0,\ -z)$，并且 $c_k=c(\boldsymbol{x}(k),\boldsymbol{u}(k))$。根据式(5.64)，函数 Γ^{ε} 是凸的，因此$\{\boldsymbol{\theta}:\ \Gamma^{\varepsilon}(\boldsymbol{\theta})\leqslant 0\}$是 $\mathbb{R}^d$ 的凸子集。

这激发了第一个算法。

凸 Q 学习

在 $X\times U$ 上选择一个概率质量函数$\boldsymbol{\mu}$，一个凸的正则化器$\mathcal{R}_N(\boldsymbol{\theta})$，公差 Tol≥0，然后求解

$$\boldsymbol{\theta}^* = \arg\min_{\boldsymbol{\theta}} -\langle\boldsymbol{\mu},Q^{\boldsymbol{\theta}}\rangle+\mathcal{R}_N(\boldsymbol{\theta}) \tag{5.66a}$$

$$\text{满足}\ \Gamma^{\varepsilon}_N(\boldsymbol{\theta}) \stackrel{\text{def}}{=} \frac{1}{N}\sum_{k=0}^{N-1}[\mathcal{D}^{\circ}_{k+1}(\boldsymbol{\theta})]_- \leqslant \text{Tol} \tag{5.66b}$$

正则化器的选择可能基于计算效率。公差“Tol”的引入也是为了应对即将讨论的计算挑战。

下一个算法受到 DQN 批处理架构的启发：选择中间时刻 $T_0=0<T_1<T_2<\cdots<T_{B-1}<T_B=N$，以及一系列正则化器——$\mathcal{R}_N(Q,\boldsymbol{\theta})$是一个关于 Q，$\boldsymbol{\theta}$ 的凸函数，可能取决于 $\boldsymbol{\theta}_n$。示例如下。

批凸 Q 学习 #1

给定$\boldsymbol{\theta}_0\in\mathbb{R}^d$，定义如下递归：

$$\boldsymbol{\theta}_{n+1} = \arg\min_{\boldsymbol{\theta}}\{-\langle\boldsymbol{\mu},Q^{\boldsymbol{\theta}}\rangle+\mathcal{R}_n(Q^{\boldsymbol{\theta}},\boldsymbol{\theta})\} \tag{5.67a}$$

$$\text{满足}\ \Gamma^{\varepsilon}_n(\boldsymbol{\theta})\leqslant\text{Tol} \tag{5.67b}$$

其中对于 $0\leqslant n\leqslant B-1$，当 $r_n=T_{n+1}-T_n$ 时

$$\Gamma^{\varepsilon}_n(\boldsymbol{\theta}) = \frac{1}{r_n}\sum_{k=T_n}^{T_{n+1}-1}[\mathcal{D}^{\circ}_{k+1}(\boldsymbol{\theta})]_- \tag{5.67c}$$

希望 $\mathcal{R}_N$ 会在设计上避免丢弃之前的数据，比如

$$\mathcal{R}_n(Q^{\boldsymbol{\theta}},\boldsymbol{\theta}) = \mathcal{R}^0_n(\boldsymbol{\theta})+\frac{1}{2}\frac{1}{\beta_{n+1}}\|\boldsymbol{\theta}-\boldsymbol{\theta}_n\|^2 \tag{5.68}$$

其中 $\mathcal{R}^0_n$ 是凸的，$\{\beta_n\}$是正标量。

下一个变形的灵感来自原始对偶算法。回想一下，对于 $z\in\mathbb{R}$，$[z]_+=\max(0,z)$。

批凸 Q 学习 #2

给定 $\boldsymbol{\theta}_0\in\mathbb{R}^d$ 和 $\lambda_0\geqslant 0$，以及步长序列$\{\alpha_n\}$，定义如下递归：

$$\boldsymbol{\theta}_{n+1} = \arg\min_{\boldsymbol{\theta}}\{-\langle\boldsymbol{\mu},Q^{\boldsymbol{\theta}}\rangle+\lambda_n[\Gamma^{\varepsilon}_n(\boldsymbol{\theta})-\text{Tol}]+\mathcal{R}_n(Q^{\boldsymbol{\theta}},\boldsymbol{\theta})\} \tag{5.69a}$$

$$\lambda_{n+1} = [\lambda_n+\alpha_{n+1}(\Gamma^{\varepsilon}_n(\boldsymbol{\theta}_{n+1})-\text{Tol})]_+ \tag{5.69b}$$

在式(5.69b)中引入 Tol>0(严格为正)是至关重要的：根据定义，对于任何 n，$\Gamma_n^{\varepsilon}(\boldsymbol{\theta}_{n+1})\geqslant 0$，因此如果 Tol=0，则$\{\lambda_n\}$是一个非递减序列。

该公式最适合作为 QSA 递归的一个近似，如式(5.61)批 Q(0)学习算法中那样。考虑式(5.68)正则化器的选择，其中对于每个 n，$\boldsymbol{R}_n^0$ 都是凸的。式(5.69a)中最优性的一阶条件得到如下不动点方程：

$$\mathbf{0}=\nabla_{\boldsymbol{\theta}}\{-\langle\boldsymbol{\mu},Q^{\boldsymbol{\theta}}\rangle+\lambda_n[\Gamma_n^{\varepsilon}(\boldsymbol{\theta})-\mathrm{Tol}]+\mathcal{R}_n^0(\boldsymbol{\theta})\}\big|_{\boldsymbol{\theta}=\boldsymbol{\theta}_{n+1}}+\frac{1}{\beta_{n+1}}[\boldsymbol{\theta}_{n+1}-\boldsymbol{\theta}_n]$$

这启发了原始对偶算法。

批凸 Q 学习 #3

给定 $\boldsymbol{\theta}_0\in\mathbb{R}^d$ 和 $\lambda_0\geqslant 0$，定义如下递归：

$$\boldsymbol{\theta}_{n+1}=\boldsymbol{\theta}_n-\beta_{n+1}\nabla_{\theta}\{-\langle\boldsymbol{\mu},Q^{\boldsymbol{\theta}}\rangle+\lambda_n[\Gamma_n^{\varepsilon}(\boldsymbol{\theta})-\mathrm{Tol}]+\mathcal{R}_n^0(\boldsymbol{\theta})\}\big|_{\boldsymbol{\theta}=\boldsymbol{\theta}_n}\tag{5.70a}$$

$$\lambda_{n+1}=[\lambda_n+\alpha_{n+1}(\Gamma_n^{\varepsilon}(\boldsymbol{\theta}_{n+1})-\mathrm{Tol})]_+\tag{5.70b}$$

其中$\{\alpha_n,\beta_n\}$满足式(5.57)。

通过注意 4.5 节中的概念，可以改进这些算法中的任何一个。特别地，使用 PJR 平均可以加速收敛性。

快速采样的数值不稳定性。现实生活中的控制问题通常涉及在连续时间内运行的系统。必须小心采样，因为时间差分可能不会提供很多信息。

这种挑战出现在每种基于时间差分的算法中，但在凸 Q 学习中最为明显。最好通过一个示例来解释。

例 5.5.1(山地车的凸 Q 学习) 山地车的系统方程式(2.58)代表式(2.56)的欧拉近似，采样间隔 $\Delta=t_{k+1}-t_k=10^{-3}$，因此 $\boldsymbol{x}(k)\approx x_{t_k}$，其中 $t_k=k\times 10^{-3}$，$\{\boldsymbol{x}_t\}$是 ODE 的解。应用具有式(5.11)基的凸 Q 学习时，观察到对于许多 n 值，$\mathcal{D}_{n+1}^{\circ}=c_n$，其中

$$\mathcal{D}_{n+1}^{\circ}\stackrel{\text{def}}{=}-Q^{\boldsymbol{\theta}_n}(\boldsymbol{x}(n),\boldsymbol{u}(n))+c_n+\underline{Q}^{\boldsymbol{\theta}_n}(\boldsymbol{x}(n+1))$$

在这种情况下，期望的约束 $\mathcal{D}_{n+1}^{\circ}\geqslant 0$ 是空的。这纯粹是快速采样的假象，导致 $\|\boldsymbol{x}(n+1)-\boldsymbol{x}(n)\|$ 值非常小。

我们可以选择增加采样间隔，也可以采用状态相关采样。假设给定数据$\{\boldsymbol{x}(k)\}$，它是以非常快的速率采样获得的。一种子采样方法是通过分箱 $X=\cup_{i=1}^{d}B_i$(一个不相交的并集)，并选择采样时刻$\{\tau_k\}$以便相邻的采样状态位于不同的分箱中：对于所有的 k，$\mathrm{Bin}(\boldsymbol{x}(\tau_{k+1}))\neq\mathrm{Bin}(\boldsymbol{x}(\tau_k))$。

这是一个成功的方法：选择一个上限 $\bar{n}$，取 $\tau_0=0$，并且对于 $k\geqslant 0$，

$$\tau_{k+1}=\min\{\tau_k+\bar{n},\tau_{k+1}^0\},\quad \tau_{k+1}^0=\min\{j\geqslant\tau_k+1:\mathrm{Bin}(\boldsymbol{x}(j))\neq\mathrm{Bin}(\boldsymbol{x}(\tau_k))\}$$

为了应用本章中的任何一种算法，我们假设对于每个 k，输入在区间$[\tau_k,\tau_{k+1})$上取一个常值，并引入累积成本，

$$\mathcal{C}_{\tau_k}=\sum_{j=\tau_k}^{\tau_{k+1}-1}c(\boldsymbol{x}(j),\boldsymbol{u}(\tau_k))$$

对于山地车，如果在时间 τ_{k+1} 之前未达到目标，则变为 $\mathcal{C}_{\tau_k}=\tau_{k+1}-\tau_k$。然后重新定义时间差分序列：

$$\mathcal{D}^{\circ}_{n+1}\stackrel{\text{def}}{=}-Q^{\boldsymbol{\theta}_n}(\boldsymbol{x}(\tau_n),\boldsymbol{u}(\tau_n))+\mathcal{C}_{\tau_n}+\underline{Q}^{\boldsymbol{\theta}_n}(\boldsymbol{x}(n+1))$$

另一种方法是对 5.6 节中描述的连续时间数据应用一种专门的算法。 ■

5.5.2 BCQL 和核方法

批处理方法之所以在本书中有所体现，是因为它们目前在从业者中很流行，也因为核方法是值得期待的。在这种情况下，我们不再有固定的 d 维基。相反，由于定理 5.1(表示定理)，观测样本中出现了一个有效的基，其中 $\boldsymbol{\theta}$ 的维度等于观测的数量 N。即使在简单的例子中，一个可靠估计的 N 值也可能是大于 100 万。

假设 $\mathcal{H}$ 是基于 RKHS 定义的。通过更改符号，BCQL #2 很容易适应这种情况。特别地，我们重新定义式(5.67c)的损失函数：

$$\Gamma^{\varepsilon}_n(Q)=\frac{1}{r_n}\sum_{k=T_n}^{T_{n+1}-1}[\mathcal{D}^{\circ}_{k+1}(Q)]_-$$

$$\mathcal{D}^{\circ}_{k+1}(Q)=-Q(\boldsymbol{x}(k),\boldsymbol{u}(k))+c(\boldsymbol{x}(k),\boldsymbol{u}(k))+\underline{Q}(\boldsymbol{x}(k+1)),\quad \boldsymbol{Q}\in\mathcal{H}$$

核批处理凸 Q 学习

给定 $\boldsymbol{\theta}_0\in\mathbb{R}^d$ 和 $\lambda_0\geqslant0$，定义如下递归：

$$Q^{n+1}=\arg\min_{Q\in\mathcal{H}}\{-\langle\boldsymbol{\mu},Q\rangle+\lambda_n[\Gamma^{\varepsilon}_n(Q)-\mathrm{Tol}]+\boldsymbol{\mathcal{R}}_n(Q)\}\tag{5.71a}$$

$$\lambda_{n+1}=[\lambda_n+\beta_{n+1}(\Gamma^{\varepsilon}_n(Q_{n+1})-\mathrm{Tol})]_+\tag{5.71b}$$

一个类似于式(5.68)的候选正则化项是二次的

$$\boldsymbol{\mathcal{R}}_n(Q)=\frac{1}{2}\frac{1}{\alpha_{n+1}}\|Q-Q^n\|^2_{\mathcal{H}}$$

然而，这种选择带来了一个挑战：要应用表示定理，我们必须改变变量 $h=Q-Q^n$，且 BCQL 算法将生成优化解 $h^{n+1}\in\mathcal{H}$。表示定理告诉我们函数 $h^{n+1}(\cdot,\cdot)$是函数$\{\Bbbk((\boldsymbol{x}(k),\boldsymbol{u}(k)),(\cdot,\cdot))\}$的线性组合，其中 k 的范围在第 n 批(大小为 r_n)内。Q 函数的近似是 $Q^{n+1}=Q^n+h^{n+1}$ 的总和，因此通过归纳，有

$$Q^{n+1}=Q^0+h^1+\cdots+h^{n+1}$$

这个估计太复杂了：每个 h^i 都取决于 r_i 个观测值。

避免这种复杂性的正则化器由如下两个二次型的和来定义：

$$\mathcal{R}_n(Q)=\frac{1}{\alpha_{n+1}}\frac{1}{2}\|Q-Q^n\|_n^2+\delta\|Q\|_{\mathcal{H}}^2 \tag{5.72}$$

其中 $Q^n\in\mathcal{H}$ 是第 n 个阶段的估计，且

$$\|Q-Q^n\|_n^2=\frac{1}{r_n}\sum_{k=T_n}^{T_{n+1}-1}(Q(\boldsymbol{x}(k),\boldsymbol{u}(k))-Q^n(\boldsymbol{x}(k),\boldsymbol{u}(k)))^2$$

通过选择正则化器，表示定理告诉我们，对于每个 n，优化解具有如下形式：对于某些 $\boldsymbol{\theta}^{n*}\in\mathbb{R}^{r_n}$，

$$Q^n(\boldsymbol{x},\boldsymbol{u})=\sum_{i=1}^{r_n}\boldsymbol{\theta}_i^{n*}\mathbb{k}(z_i,z),\quad z=(\boldsymbol{x},\boldsymbol{u})$$

其中 $\{z_i=(\boldsymbol{x}_i,\boldsymbol{u}_i)\}$ 是在时间间隔 $\{T_{n-1}\leqslant k<T_n\}$ 上观测到的状态输入对。

5.6 连续时间下的 Q 学习*

回忆一下 3.8 节中的 HJB 方程 $0=\min_u\{c(\boldsymbol{x},\boldsymbol{u})+\nabla J^\star(\boldsymbol{x})\cdot f(\boldsymbol{x},\boldsymbol{u})\}$。括号中的项没有给出 Q 函数的有用定义。相反，我们固定一个标量 $\sigma>0$，并记

$$H^\star(\boldsymbol{x},\boldsymbol{u})\stackrel{\text{def}}{=}\{\mathrm{c}(\boldsymbol{x},\boldsymbol{u})+\nabla J^\star(\boldsymbol{x})\cdot f(\boldsymbol{x},\boldsymbol{u})\}+\sigma J^\star(\boldsymbol{x})$$

一个类似的构造在 4.5.3 节中进行了介绍，其中 $\sigma=1$。添加一个 $\boldsymbol{x}$ 的函数不会改变最小值，因此只要定理 3.12 的条件成立，则有

$$\phi^\star(\boldsymbol{x})=\arg\min_{\boldsymbol{u}}H^\star(\boldsymbol{x},\boldsymbol{u})$$

从 HJB 方程可得恒等式 $\underline{H}^\star(\boldsymbol{x})=\min_{\boldsymbol{u}}H^\star(\boldsymbol{x},\boldsymbol{u})=\sigma J^\star(\boldsymbol{x})$，将其代入 $H^\star$ 的定义后，有

$$H^\star(\boldsymbol{x},\boldsymbol{u})=c(\boldsymbol{x},\boldsymbol{u})+\sigma^{-1}\nabla\underline{H}^\star(\boldsymbol{x})\cdot f(\boldsymbol{x},\boldsymbol{u})+\underline{H}^\star(\boldsymbol{x}) \tag{5.73}$$

涉及模型的分量可以使用链式法则 $\frac{\mathrm{d}}{\mathrm{d}t}\underline{H}^\star(\boldsymbol{x}_t)=\partial\underline{H}^\star(\boldsymbol{x}_t)\frac{\mathrm{d}}{\mathrm{d}t}\boldsymbol{x}_t$ 来消除，然后代入动力学 $\frac{\mathrm{d}}{\mathrm{d}t}\boldsymbol{x}_t=f(\boldsymbol{x}_t,\boldsymbol{u}_t)$，则对于任意输入-状态轨迹，有

$$\frac{\mathrm{d}}{\mathrm{d}t}\underline{H}^\star(\boldsymbol{x}_t)=\nabla\underline{H}^\star(x_t)\cdot f(\boldsymbol{x}_t,\boldsymbol{u}_t)$$

我们可以遵循与离散时间相同的步骤：将导数公式代入式(5.73)得到样本路径表示：

$$H^*(\boldsymbol{x}_t,\boldsymbol{u}_t)=c(\boldsymbol{x}_t,\boldsymbol{u}_t)+\sigma^{-1}\frac{\mathrm{d}}{\mathrm{d}t}\underline{H}^\star(\boldsymbol{x}_t)+\underline{H}^\star(\boldsymbol{x}_t)$$

这对任何输入都是有效的，且得到的状态，对于所有 t，都满足$\frac{\mathrm{d}}{\mathrm{d}t}\boldsymbol{x}_t=f(\boldsymbol{x}_t, \boldsymbol{u}_t)$。

重新排列各项，$\underline{H}^*(\boldsymbol{x}_t)$被表示为一阶稳定线性系统的输出：

$$\frac{\mathrm{d}}{\mathrm{d}t}\underline{H}^*(\boldsymbol{x}_t)=-\sigma\underline{H}^*(\boldsymbol{x}_t)+\sigma\mathcal{U}_t \tag{5.74}$$

其中“输入”$\mathcal{U}_t \stackrel{\mathrm{def}}{=} H^*(\boldsymbol{x}_t, \boldsymbol{u}_t)-c(\boldsymbol{x}_t, \boldsymbol{u}_t)$，其解为

$$\underline{H}^*(\boldsymbol{x}_t)=\mathrm{e}^{-\sigma t}\underline{H}^*(\boldsymbol{x}_0)+\sigma\int_0^t \mathrm{e}^{-\sigma(t-\tau)}[H^*(\boldsymbol{x}_\tau,\boldsymbol{u}_\tau)-c(\boldsymbol{x}_\tau,\boldsymbol{u}_\tau)]\mathrm{d}\tau \tag{5.75}$$

对右侧的“平滑”过程使用紧凑的符号很方便：

$$\mathcal{H}_t^* \stackrel{\mathrm{def}}{=} \sigma\int_0^t \mathrm{e}^{-\sigma(t-\tau)}H^*(\boldsymbol{x}_\tau,\boldsymbol{u}_\tau)\mathrm{d}\tau,\quad \mathcal{C}_t \stackrel{\mathrm{def}}{=} \sigma\int_0^t \mathrm{e}^{-\sigma(t-\tau)}c(\boldsymbol{x}_\tau,\boldsymbol{u}_\tau)\mathrm{d}\tau \tag{5.76}$$

每个都满足一个一阶微分方程：

$$\frac{\mathrm{d}}{\mathrm{d}t}\mathcal{H}_t^*=-\sigma[\mathcal{H}_t^*-H^*(\boldsymbol{x}_t,\boldsymbol{u}_t)],\quad \frac{\mathrm{d}}{\mathrm{d}t}\mathcal{C}_t=-\sigma[\mathcal{C}_t-c(\boldsymbol{x}_t,\boldsymbol{u}_t)]$$

给定一个参数化族的近似$\{H^{\boldsymbol{\theta}}:\boldsymbol{\theta}\in\mathbb{R}^d\}$，和之前一样定义 $\underline{H}^{\boldsymbol{\theta}}$ 和 $\mathcal{H}_t^{\boldsymbol{\theta}}$，然后重复针对离散时间所提出的任何一个算法。

下面介绍两种批处理算法。两者都可以用类似于式(5.61)的 QSA ODE 代替。这两种算法的区别在于目标。在第一种更简单的情况下，考虑标准的总成本问题，并假设我们已经观察$(\boldsymbol{x}_t, \boldsymbol{u}_t)$很长一段时间。在第二种算法中，我们使用了重启动功能，这在路径查找问题中很有用，比如在山地车的例子中。

如果 t 很大，那么忽略式(5.75)中的项 $\mathrm{e}^{-\sigma t}\underline{H}^{\boldsymbol{\theta}}(\boldsymbol{x}_0)$是合理的，并定义如下的时间差分：

$$\mathcal{D}_t(\boldsymbol{\theta})=\underline{H}^{\boldsymbol{\theta}}(\boldsymbol{x}_t)-[\mathcal{H}_t^{\boldsymbol{\theta}}-\mathcal{C}_t] \tag{5.77}$$

如果参数化是线性的，则这是 $\boldsymbol{\theta}$ 的凹函数。

我们得到式(5.66)的一个推广来选择 $\boldsymbol{\theta}^*$。

凸 Q 学习

选择 $X\times U$ 上的概率质量函数$\boldsymbol{\mu}$，时间范围$[T_0, T]$，凸正则化器 $\boldsymbol{\mathcal{R}}(\boldsymbol{\theta})$，公差 $\mathrm{Tol}\geqslant 0$，并求解

$$\boldsymbol{\theta}^*=\arg\min_{\boldsymbol{\theta}}-\langle\boldsymbol{\mu},H^{\boldsymbol{\theta}}\rangle+\boldsymbol{\mathcal{R}}(\boldsymbol{\theta}) \tag{5.78a}$$

$$\text{满足}\int_{T_0}^T\{\mathcal{D}_t(\boldsymbol{\theta})\}_-\,\mathrm{d}t\leqslant\mathrm{Tol} \tag{5.78b}$$

接下来考虑基于独立实验的批处理情形(如在山地车中，我们在时间 T_n 达到目标，然后重新初始化为一个状态 $\boldsymbol{x}_{T_n}$)。为简单起见，我们简单地陈述一下 DQN 的一个转换，其中参数的一次出现固定为先前的值 $\boldsymbol{\theta}_n$。对于 $t\geqslant T_n$，定义下式：

$$\mathcal{D}_t^n(\boldsymbol{\theta}) = \underline{H}^{\boldsymbol{\theta}_n}(\boldsymbol{x}_t) - \mathrm{e}^{-\sigma(t-T_n)}\underline{H}^{\boldsymbol{\theta}_n}(\boldsymbol{x}_{T_n}) - \sigma\int_{T_n}^{t}\mathrm{e}^{-\sigma(t-\tau)}[H^{\boldsymbol{\theta}}(\boldsymbol{x}_\tau,\boldsymbol{u}_\tau) - c(\boldsymbol{x}_\tau,\boldsymbol{u}_\tau)]\mathrm{d}\tau \tag{5.79}$$

这用于获得一个类似于式(5.58b)的损失函数 Γ_n^ε。

DQN

给定 $\boldsymbol{\theta}_0 \in \mathbb{R}^d$ 以及正标量序列 $\{\alpha_n\}$，定义如下递归：

$$\boldsymbol{\theta}_{n+1} = \arg\min_{\boldsymbol{\theta}}\left\{\Gamma_n^\varepsilon(\boldsymbol{\theta}) + \frac{1}{\alpha_{n+1}}\|\boldsymbol{\theta} - \boldsymbol{\theta}_n\|^2\right\} \tag{5.80a}$$

其中对于每个 n，

$$\Gamma_n^\varepsilon(\boldsymbol{\theta}) = \frac{1}{2}\frac{1}{r_n}\int_{T_n}^{T_{n+1}}[\mathcal{D}_t^n(\boldsymbol{\theta})]^2\mathrm{d}t, \quad r_n = T_{n+1} - T_n \tag{5.80b}$$

对于线性参数化 $H^{\boldsymbol{\theta}} = \boldsymbol{\theta}^{\top}\boldsymbol{\psi}$，这些算法特别实用。例如 $\mathcal{H}_t^{\theta} = \boldsymbol{\theta}^{\top}\boldsymbol{\Psi}_t$，其中 $\boldsymbol{\Psi}_t$ 是通过如下滤波得到的：

$$\boldsymbol{\Psi}_t \stackrel{\text{def}}{=} \sigma\int_0^t \mathrm{e}^{-\sigma(t-\tau)}\boldsymbol{\psi}(\boldsymbol{x}_\tau,\boldsymbol{u}_\tau)\mathrm{d}\tau$$

5.7　对偶性*

这里介绍的思想基于一个与 3.1 节的基本动态规划完全不同的观点。主要结论是式(3.36)的一个有趣的对偶。

本节可以视为马尔可夫模型的随机控制和 RL 中使用的技术的预览。

为了简化符号，我们假设 X 和 U 是有限的。没有特殊的输入约束：对于每个 $\boldsymbol{x} \neq \boldsymbol{x}^e$，$U(\boldsymbol{x}) = U$，但我们要求当 $\boldsymbol{x}(k) = \boldsymbol{x}^e$ 时，$\boldsymbol{u}(k) = \boldsymbol{u}^e$，使得 $U(\boldsymbol{x}^e) = \{\boldsymbol{u}^e\}$。平衡点满足定义 $\boldsymbol{x}^e = F(\boldsymbol{x}^e, \boldsymbol{u}^e)$。成本是非负的，且 $c(\boldsymbol{x}^e, \boldsymbol{u}^e) = 0$。

LP 中的变量由 $X \times U$ 上的非负函数组成。论证需要从不同的角度看待最优控制。对于任何输入序列 $\boldsymbol{u}$，我们定义所谓的(条件)占用率或占用概率质量函数：

$$\varpi(\boldsymbol{x},\boldsymbol{u} \mid \boldsymbol{x}_0) = \sum_{k=0}^{\infty}\mathbb{1}\{\boldsymbol{x}(k) = \boldsymbol{x}, \boldsymbol{u}(k) = \boldsymbol{u}\}, \quad (\boldsymbol{x},\boldsymbol{u}) \in X \times U, \boldsymbol{x} \neq \boldsymbol{x}^e$$

其中 $\boldsymbol{x}$ 是由初始条件 $\boldsymbol{x}_0$ 和输入 $\boldsymbol{u}$ 得到的状态过程。为了表示方便，对于任意的 $\boldsymbol{u}$，我们置 $\varpi(\boldsymbol{x}^e,\boldsymbol{u} \mid \boldsymbol{x}_0) = 0$。经过一点计算可得

$$\sum_{\boldsymbol{x},\boldsymbol{u}} c(\boldsymbol{x},\boldsymbol{u})\,\varpi(\boldsymbol{x},\boldsymbol{u} \mid \boldsymbol{x}_0) = J(\boldsymbol{x}_0) = \sum_{k=0}^{\infty}c(\boldsymbol{x}(k),\boldsymbol{u}(k)), \quad \boldsymbol{x}(0) = \boldsymbol{x}_0$$

这个计算的一部分包括了这些假设：$c(\boldsymbol{x}^e,\boldsymbol{u}^e) = 0$ 和 $U(\boldsymbol{x}^e) = \{\boldsymbol{u}^e\}$。

然后我们为 X 上的给定概率质量函数 ν 定义下式：

$$\varpi(\boldsymbol{x},\boldsymbol{u})=\sum_{\boldsymbol{x}_0}\nu(\boldsymbol{x}_0)\,\varpi(\boldsymbol{x},\boldsymbol{u}\mid\boldsymbol{x}_0)$$

这与式(5.22)中引入的稳定状态概率度量有着非常不同的解释。对于要构造的 LP 问题，函数ϖ：$X\times U\to\mathbb{R}_+$是可行变量的一个示例，且具有如下目标函数：

$$\langle\varpi,c\rangle\stackrel{\text{def}}{=}\sum_{\boldsymbol{x},\boldsymbol{u}}c(\boldsymbol{x},\boldsymbol{u})\,\varpi(\boldsymbol{x},\boldsymbol{u})=\langle\nu,J\rangle$$

LP 中的约束需要进一步的阐述。对于任何占用 pmf 和每个 $\boldsymbol{x}$，记

$$\varpi_x(\boldsymbol{x})\stackrel{\text{def}}{=}\sum_{\boldsymbol{u}}\varpi(\boldsymbol{x},\boldsymbol{u})$$

且当$\varpi_x(\boldsymbol{x})>0$时，我们记

$$\check{\phi}(\boldsymbol{u}\mid\boldsymbol{x})\stackrel{\text{def}}{=}\frac{1}{\varpi_x(\boldsymbol{x})}\varpi(\boldsymbol{x},\boldsymbol{u})\tag{5.81}$$

在随机控制中，这被视为随机化策略：$\check{\phi}(\boldsymbol{u}|\boldsymbol{x})$是当$\boldsymbol{x}(k)=\boldsymbol{x}$时$\boldsymbol{u}(k)=\boldsymbol{u}$的概率。来自随机控制的重要符号是映射 P：对于任何占用测度ϖ，令$\varpi_x^+=\varpi P$由下式定义：

$$\varpi_x^+(\boldsymbol{x})\stackrel{\text{def}}{=}\sum_{\boldsymbol{x}^-,\boldsymbol{u}^-}\varpi(\boldsymbol{x}^-,\boldsymbol{u}^-)\,\mathbb{1}\{F(\boldsymbol{x}^-,\boldsymbol{u}^-)=\boldsymbol{x}\}$$

$\varpi_x=\nu+\varpi P$的这种表示为如下的 LP 提供了式(5.82b)：

$$\min_{\varpi}\langle\varpi,c\rangle\tag{5.82a}$$

$$\text{满足}\quad\sum_{\boldsymbol{u}}\varpi(\boldsymbol{x},\boldsymbol{u})=\nu(\boldsymbol{x})+\sum_{\boldsymbol{x}^-,\boldsymbol{u}^-}\varpi(\boldsymbol{x}^-,\boldsymbol{u}^-)\,\mathbb{1}\{F(\boldsymbol{x}^-,\boldsymbol{u}^-)=\boldsymbol{x}\},\quad\boldsymbol{x}\neq\boldsymbol{x}^e\tag{5.82b}$$

$$\sum_{\boldsymbol{u}}\varpi(\boldsymbol{x}^e,\boldsymbol{u})=0\tag{5.82c}$$

$$\varpi(\boldsymbol{x},\boldsymbol{u})\geqslant 0,\quad(\boldsymbol{x},\boldsymbol{u})\in X\times U\tag{5.82d}$$

命题 5.11　如果$J^\star$是有限值的，则下述结论成立：

(i)如果ϖ满足式(5.82b)～式(5.82d)，则$\langle\varpi,c\rangle\geqslant\langle\nu,J^\star\rangle$。

(ii)式(5.82)有一个满足$\langle\varpi^\star,c\rangle=\langle\nu,J^\star\rangle$的解$\varpi^\star$。

(iii)如果$\phi^\star$是一个最优策略，则一个最优解可以有如下分解：

$$\varpi^\star(\boldsymbol{x},\boldsymbol{u})=\mathbb{1}\{\phi^\star(\boldsymbol{x})=\boldsymbol{u}\}\varpi_x^\star(\boldsymbol{x})\tag{5.83}$$

证明　命题的证明需要第二部分的材料。特别地，它需要熟悉概率的概念，这超出了本书到目前为止的要求。如果你有概率论背景，请继续阅读。

(ii)和(iii)是通过构造方式进行证明的：选择$\varpi^\star$作为与$\phi^\star$相关联的占用 pmf。我们继续(i)：对于任何可行的ϖ，我们设计一个输入序列，使用式(5.81)，它被定义为一个状态的随机化函数：

$$P\{\boldsymbol{u}(k)=\boldsymbol{u}\mid\boldsymbol{x}(0),\cdots,\boldsymbol{x}(k)\}=\check{\phi}(\boldsymbol{u}\mid\boldsymbol{x}(k))$$

根据假设，我们有$\varpi_x(\boldsymbol{x}^e)=0$，这不是一个问题，因为我们已经强制了$\boldsymbol{u}(k)=\boldsymbol{u}^e$，只要$\boldsymbol{x}(k)=\boldsymbol{x}^e$。没有为满足$\varpi_x(\boldsymbol{x})=0$的其他状态$\boldsymbol{x}$定义策略，出于不同的原因，这也不是一个问题：当使用该策略且初始条件满足$\nu(\boldsymbol{x}_0)>0$时，此类状态永远不会被涉及。

然后对于任意满足$\nu(\boldsymbol{x}_0)>0$的初始条件，我们定义，

$$J^{\check{\phi}}(\boldsymbol{x}_0)=E\Big[\sum_{k=0}^{\infty}c(\boldsymbol{x}(k),\boldsymbol{u}(k))\Big],\quad \boldsymbol{x}(0)=\boldsymbol{x}_0$$

在得到$\langle\varpi,c\rangle=\langle\nu,J^{\check{\phi}}\rangle$，且对于任意$\boldsymbol{x}_0$，有$J^{\check{\phi}}(\boldsymbol{x}_0)\geqslant J^*(\boldsymbol{x}_0)$时，(i)部分的证明完毕。 □

每个线性规划都有一个对偶。按照 4.4.4 节中的步骤，这里构造的对偶是最简单的。对偶变量是一个与式(5.82b)相关联的函数$\lambda: X\to\mathbb{R}$，对偶函数定义如下：$\varphi^*(\lambda)=$

$$\min_{\varpi}\langle\varpi,c\rangle+\sum_{\boldsymbol{x}}\lambda(\boldsymbol{x})\Big\{-\sum_{\boldsymbol{u}}\varpi(\boldsymbol{x},\boldsymbol{u})+\nu(\boldsymbol{x})+\sum_{\boldsymbol{x}^-,\boldsymbol{u}^-}\varpi(\boldsymbol{x}^-,\boldsymbol{u}^-)\mathbb{1}\{F(\boldsymbol{x}^-,\boldsymbol{u}^-)=\boldsymbol{x}\}\Big\} \tag{5.84a}$$

$$\text{满足 }\varpi(\boldsymbol{x},\boldsymbol{u})\geqslant 0,\quad(\boldsymbol{x},\boldsymbol{u})\in X\times U,\quad \varpi_x(\boldsymbol{x}^e)=0 \tag{5.84b}$$

我们强制约束$\lambda(\boldsymbol{x}^e)=0$，因为式(5.82b)仅对$\boldsymbol{x}\neq\boldsymbol{x}^e$进行了强制。

根据定义，对偶 LP 是对所有的λ取φ^*的最大值。主要结论是，这个对偶恰好就是 DPLP。

命题 5.12　对偶函数具有如下表示：

$$\varphi^*(\lambda)=\begin{cases}\langle\nu,\lambda\rangle & \text{若 } c(\boldsymbol{x},\boldsymbol{u})-\lambda(\boldsymbol{x})+\lambda(F(\boldsymbol{x},\boldsymbol{u}))\geqslant 0,\boldsymbol{x},\boldsymbol{u},\boldsymbol{x}\neq\boldsymbol{x}^e\\ -\infty & \text{其他}\end{cases} \tag{5.85}$$

如果J^*是有限值的，则对于任意的λ，$\varphi^*(\lambda)\leqslant\langle\nu,J^*\rangle$，并且使用$\lambda^*=J^*$可得到这个界。

证明　使用如下恒等式：

$$\sum_{\boldsymbol{x}}\lambda(\boldsymbol{x})\mathbb{1}\{F(\boldsymbol{x}^-,\boldsymbol{u}^-)=\boldsymbol{x}\}=\lambda(F(\boldsymbol{x}^-,\boldsymbol{u}^-))$$

这样，目标函数可表示为

$$\varphi^*(\lambda)=\min_{\varpi}\langle\varpi,c-\lambda+P\lambda\rangle+\langle\nu,\lambda\rangle$$

服从式(5.84b)，其中函数$\lambda^-=P\lambda$定义为

$$\lambda^-(\boldsymbol{x},\boldsymbol{u})=\lambda(F(\boldsymbol{x},\boldsymbol{u}))$$

这意味着式(5.85)。界$\varphi^*(\lambda)\leqslant\langle\nu,J^*\rangle$成立，因为式(5.82b)已在式(5.84)中被放宽了(该界被称为弱对偶性)。这个上界是使用$\lambda^*=J^*$实现的，这一事实直接来自满足J^*的动态规划方程。 □

5.8　习题

5.1　过拟合。考虑无噪声的曲线拟合问题：$y_i=H^*(z_i)$，其中对于$z\in\mathbb{R}$有$H^*(z_i)=z^2$，以

及均匀间隔的输入$\{z_i=i/n: 1\leqslant i\leqslant 2n\}$。基于式(5.18)，使用 RKHS 函数近似计算估计值h^*。绘制不同的λ值下的h^*(确保包括$\lambda=0$)。还需要对n以及核的选择进行实验。

5.2　对于具有标量输入的线性系统式(2.13a)，考虑

$$u(k)=-\boldsymbol{K}\boldsymbol{x}(k)+\boldsymbol{\xi}(k) \tag{5.86}$$

选择增益，使得$\boldsymbol{F}-\boldsymbol{G}\boldsymbol{K}$的特征值位于$\mathbb{C}$中的开圆盘内，探测信号是正弦波的混合信号：

$$\boldsymbol{\xi}(k)=\sum_{i=1}^{p} a_i \sin(2\pi[\phi_i+\omega_i k])$$

要考虑的问题是：我们必须取多大的p才能保证充分的探索？要估计d个参数，你可能会回答$p=d$，但由于我们“观测”中非线性的存在，这种直觉可能会失败。

考虑一种特殊情况，其中输入和状态是标量值，并记$\boldsymbol{\psi}_{(k)}=(x(k)^2, u(k)^2, x(k)u(k))^{\mathsf{T}}$。这个回归向量可用于标量线性系统的 TD 学习。定义

$$\boldsymbol{R}^{\psi}=\lim_{N\to\infty}\frac{1}{N}\sum_{k=0}^{N-1}\boldsymbol{\psi}_{(k)}\boldsymbol{\psi}_{(k)}^{\mathsf{T}}$$

研究秩退化的后果，并看看是否可以使用$p=1$或 2 构建一个矩阵满秩的示例。

有必要对以下进行近似：

$$x(k)=\sum_{i=1}^{p} a_i^x \sin(2\pi[\phi_i^x+\omega_i^x k])+\varepsilon(k)$$

其中$\varepsilon(k)$以几何方式快速收敛到零，而$\{a_i^x, \phi_i^x, \omega_i^x\}$是通过复习关于信号和系统的讲义获得的！你可以在计算$\boldsymbol{R}^{\psi}$时忽略消失项$\varepsilon(k)$。

5.3　对于式(5.36b)，获得$\boldsymbol{A}(\boldsymbol{\theta})=-\nabla_{\boldsymbol{\theta}}^2\Gamma_N(\boldsymbol{\theta})$的表达式。获得关于$\{\boldsymbol{x}^i(0), \boldsymbol{u}^i(0)\}$的条件，使得$\boldsymbol{A}$是赫尔维茨矩阵。为此，将$-\boldsymbol{A}$表示为$M$个半正定矩阵的和是很有帮助的。

5.4　TD(λ)的 ODE 近似是线性$\frac{\mathrm{d}}{\mathrm{d}t}\boldsymbol{\vartheta}=\boldsymbol{A}(\boldsymbol{\vartheta}-\boldsymbol{\theta}^*)$，前提是函数近似架构是线性的(回顾式(5.48))。对于$Q^{\boldsymbol{\theta}}=\boldsymbol{\theta}^{\mathsf{T}}\boldsymbol{\psi}$，我们有

$$\boldsymbol{A}=E_{\varpi}[\zeta_k[-\boldsymbol{\psi}(\boldsymbol{x}(k),\boldsymbol{u}(k))+\boldsymbol{\psi}(\boldsymbol{x}(k+1),\phi(\boldsymbol{x}(k+1)))]^{\mathsf{T}}]$$

可以通过考虑一个具有重启的实现来证明稳态ϖ的存在。

在这个习题中，将考虑$\lambda=0$使得$\boldsymbol{\zeta}_k=\boldsymbol{\psi}_{(k)}=\boldsymbol{\psi}(\boldsymbol{x}(k),\boldsymbol{u}(k))$，并考虑同策略请情形，为此我们可以写出

$$\boldsymbol{A}=E_{\varpi}[-\boldsymbol{\psi}_{(k)}\boldsymbol{\psi}_{(k)}^{\mathsf{T}}+\boldsymbol{\psi}_{(k)}\boldsymbol{\psi}_{(k+1)}^{\mathsf{T}}]$$

为了简化后面的计算，假设$E_{\varpi}[\boldsymbol{\psi}_{(k)}\boldsymbol{\psi}_{(k)}^{\mathsf{T}}]=\boldsymbol{I}$，并且还假设非退化条件：只要$\boldsymbol{\theta}\neq\boldsymbol{0}$，$E_{\varpi}[\{\boldsymbol{\theta}^{\mathsf{T}}(\boldsymbol{\psi}_{(k+1)}-\boldsymbol{\psi}_{(k)})\}^2]>0$。

证明在这些假设下$\boldsymbol{A}$是赫尔维茨矩阵。

建议的方法：让(λ，$\boldsymbol{v}$)表示特征值-特征向量对，其中 $\|\boldsymbol{v}\|=1$(记住 λ 和 $\boldsymbol{v}$ 可能是复数)。然后，根据特征向量的性质，有

$$\boldsymbol{v}^{\dagger}\boldsymbol{A}\boldsymbol{v}=\lambda\boldsymbol{v}^{\dagger}\boldsymbol{v}=\lambda$$

其中“†”表示复数共轭转置。接下来考虑我们简化的结果：

$$\boldsymbol{A}=-\boldsymbol{I}+E_{\varpi}[\boldsymbol{\psi}_{(k)}\boldsymbol{\psi}_{(k+1)}^{\top}]$$

$$\lambda=\boldsymbol{v}^{\dagger}\boldsymbol{A}\boldsymbol{v}=-1+E_{\varpi}[(\boldsymbol{v}^{\dagger}\boldsymbol{\psi}_{(k)})(\boldsymbol{v}^{\top}\boldsymbol{\psi}_{(k+1)})]$$

采用 5.4.1 节介绍的符号，右侧是 $-1+\langle\boldsymbol{v}^{\top}\boldsymbol{\psi}_{(k)},\ \boldsymbol{v}^{\top}\boldsymbol{\psi}_{(k+1)}\rangle_{\varpi}$。查看 Cauchy - Schwarz 不等式以了解如何界定内积，并得出 λ 的实部严格为负的结论。

5.5 为折扣成本标准制定 TD(λ)学习，既定策略 Q 函数定义为

$$Q^{\phi}(\boldsymbol{x},\boldsymbol{u})=\sum_{k=0}^{\infty}\gamma^{k}c(\boldsymbol{x}(k),\boldsymbol{u}(k)),\quad \boldsymbol{x}(0)=\boldsymbol{x},\boldsymbol{u}(0)=\boldsymbol{u}\ \text{且对于}\ k\geqslant 1,$$

$$\text{有}\ \boldsymbol{u}(k)=\phi(\boldsymbol{x}(k))$$

关键步骤是获得时间差分的新定义。

对算法的同策略版本重复习题 5.4。

5.6 倒立摆的 TD 学习。回顾习题 3.11，看看你是否能找到灵感来获得具有成本函数 $c(\boldsymbol{x},\ u)=\theta^2+u^2$ 的 TD 或 Q 学习一个基。

应用具有线性函数类的 TD 学习来估计习题 3.11 中你最喜欢的策略 ϕ 的总成本价值函数。基于你对 Q^{ϕ} 估计的策略改进步骤是否提供了一个合理的策略？

5.7 磁球的 TD 学习。对于磁球，采用你最喜欢的策略，如式(2.74)的非线性策略(对于合适的 K 和 K_3 值)。应用具有线性函数类的 TD 学习来估计 Q^{ϕ}，其中 $c(\boldsymbol{x},\ u)=\widetilde{y}^{\,2}+u^2$ (参见习题 4.14)。

用你的直觉来设计一个基。例如，当这个位置靠近磁铁或距离很远时，你期望价值函数增长得非常快。

基于你对 Q^{ϕ} 估计的策略改进步骤是否提供了一个合理的策略？

5.8 返回赛艇。本章中的这个习题和许多其他习题可能会在几周内布置，并分为两部分：

(1)准备一份关于如何使用近似策略迭代或 Q 学习版本解决划船问题的建议。给出你选择算法的理由。给出有关探索、步长等的完整详细信息(并解释你的选择)。预测可能出现的问题，以及将如何修改你的设计。

不要忘记这是一个(合作)博弈。为简单起见，你可以将其转换为一个“双人博弈”，如下所示：将一名赛艇运动员单独考虑为“玩家 1”，然后将 100 名赛艇运动员作为“玩家 2”。在最佳响应策略中，玩家 1 学习最佳策略 ϕ^n 以响应其余 100 名赛艇运动员的策略 ϕ^{n-1}。

(2)使用有限数量的赛艇运动员实验你的算法。确保在每一轮中为种群选择不同的初始条件。

5.9 带分箱的凸 Q。如果输入空间不是太大，状态空间的分箱是可行的，那么 DPLP 更容易实现：

$$\boldsymbol{\theta}^* = \arg\max_{\boldsymbol{\theta}} \{\langle \boldsymbol{\mu}, Q^{\boldsymbol{\theta}} \rangle \text{ 满足 } \overline{\mathcal{D}}^{i,\boldsymbol{u}}(\theta) \geqslant 0 \quad \text{对于每个 } 1 \leqslant i \leqslant d \text{ 和 } \boldsymbol{u} \in U\}$$

其中 $\overline{\mathcal{D}}^{i,\boldsymbol{u}}(\boldsymbol{\theta}) = \frac{1}{\mathcal{N}}\sum_{k=0}^{\mathcal{N}-1}[-Q^{\boldsymbol{\theta}}(\boldsymbol{x}(k),\boldsymbol{u}(k))+c(\boldsymbol{x}(k),\boldsymbol{u}(k))+Q^{\boldsymbol{\theta}}(\boldsymbol{x}(k+1),\boldsymbol{u})]\mathbb{1}\{\boldsymbol{x}(k)\in B_i\}$。

观测到当 $\{Q^{\boldsymbol{\theta}}\}$ 使用线性函数近似(不一定使用分箱)进行定义时，$\overline{\mathcal{D}}^{i,\boldsymbol{u}}(\boldsymbol{\theta})$ 是 $\boldsymbol{\theta}$ 的仿射函数。

以山地车为例进行尝试，注意例 5.5.1 中的警告。

5.10 ERM 和核方法。这个习题旨在提高对核方法和批处理算法的理解。整数 $r_n \geqslant 1$ 表示批量大小，使用与 DQN(见式(5.58))中相同的解释，阶段 n 的批量数据表示为 $\{z_i^n: 1 \leqslant i \leqslant r_n\}$。

考虑递归算法

$$h_{n+1} = \arg\min\{\Gamma_n(h) + \frac{1}{\alpha_{n+1}}\frac{1}{2}\| h - h_n \|_n^2 + \delta \| h \|_{\mathcal{H}}^2\},$$

$$\| h - h_n \|_n^2 = \frac{1}{r_n}\sum_{k=1}^{r_n}(h(z_i^n) - h^n(z_i^n))^2$$

且 $\{\alpha_n\}$ 是一个正标量序列，目标函数具有如下形式：

$$\Gamma_n(h) = \Gamma(h(z_1^n), \cdots, h(z_{r_n}^n))$$

表示定理告诉我们，对于一个 r_n 维向量 $\boldsymbol{\theta}_{n+1}^*$，有 $h_{n+1}(z) = \sum \boldsymbol{\theta}_{n+1}^*(i)\mathbb{k}(z, z_i^n)$。

对于曲线拟合问题，求 $\{\boldsymbol{\theta}_n^*: n \geqslant 1\}$ 的一个递推公式，其中 Γ_n 为如下二次函数

$$\Gamma_n(h) = \sum_{i=1}^{r_n}[y_i^n - h(z_i^n)]^2$$

且 $\{y_i^n\}$ 是标量。所得到的解将类似于式(5.18)。

5.11 DQN 中的损失函数(式(5.58a))简化了计算，但不幸的是没有解决 Q(λ)学习的许多挑战。考虑如下替代方案：

$$\Gamma_n^{\varepsilon}(\boldsymbol{\theta}) = \frac{1}{r_n}\sum_{k=T_n}^{T_{n+1}-1}[-Q^{\boldsymbol{\theta}}(\boldsymbol{x}(k),\boldsymbol{u}(k)) + c(\boldsymbol{x}(k),\boldsymbol{u}(k)) + \hat{\underline{Q}}_n^{\boldsymbol{\theta}}(\boldsymbol{x}(k+1))]^2 \tag{5.87}$$

其中 $\hat{\underline{Q}}_n^{\boldsymbol{\theta}}(\boldsymbol{x}) = \underline{Q}^{\boldsymbol{\theta}_n}(\boldsymbol{x}) + \nabla_{\boldsymbol{\theta}}\underline{Q}^{\boldsymbol{\theta}_n}(\boldsymbol{x})\cdot[\boldsymbol{\theta}-\boldsymbol{\theta}_n]$。对于一个线性函数近似，次梯度由下式给出：

$$\nabla_{\boldsymbol{\theta}}\underline{Q}^{\boldsymbol{\theta}_n}(\boldsymbol{x}) = \nabla_{\boldsymbol{\theta}}Q^{\boldsymbol{\theta}_n}(\boldsymbol{x},\boldsymbol{u})\big|_{\boldsymbol{u}=\phi^{\theta_n}(\boldsymbol{x})}$$

只要 $Q^{\boldsymbol{\theta}_n}(\boldsymbol{x}, \boldsymbol{u})$ 在 $\boldsymbol{u}$ 上的最小值是唯一的，这就是一个真正的梯度。

(a)针对此算法，求命题 5.9 的一个版本或变形($\boldsymbol{\theta}_{n+1}$)的不动点方程)。在此基础上，提出一种类似于批处理 Q(0)学习的递归算法。

(b)求一个关于如何使用式(5.87)修改命题 5.10 的猜想，并给出对算法极限点的一

个解释。为方便起见，可假设为一个线性参数化。

(c)回顾习题 5.10，并考虑在 RKHS 上定义的损失函数：对于 $h \in \mathcal{H}$，

$$\Gamma_n^{\varepsilon}(h)=\frac{1}{r_n}\sum_{k=T_n}^{T_{n+1}-1}[-h(\boldsymbol{x}(k),\boldsymbol{u}(k))+c(\boldsymbol{x}(k),\boldsymbol{u}(k))+\underline{\hat{h}}_n^{\theta}(\boldsymbol{x}(k+1))]^2$$

以及相关的批处理 Q 学习算法

$$h_{n+1}=\arg\min\{\Gamma_n^{\varepsilon}(h)+\frac{1}{\alpha_{n+1}}\frac{1}{2}\|h-h_n\|_n^2+\delta\|h\|_{\mathcal{H}}^2\}$$

求优化解 $\{h_n:n\geqslant 1\}$ 的一个递归表示(类似于习题 5.10)。

5.9　注记

本章还涉及大量内容。这些注释提供了一些缺失的内容，并提供了进一步阅读的资源。

5.9.1　机器学习

关于函数近似、模型选择和过拟合的大量文献表明了机器学习的重要性。

关于机器学习有很多很好的参考文献。*Elements of Statistical Learning*[156] 和 Murphy 的 *Machine Learning: A Probabilistic Perspective*[267] 是很好的介绍，MacKay 的综述[233] 节奏很快，但也很好。参考文献[226,290]包含了对具有统计解释的核的可访问处理(以及更多)。另请参阅经典文献[80,97,365]，了解从不同角度量化模型复杂性和过拟合的方法。

5.9.2　TD 学习

时间差分方法的完整历史可以在 Sutton 和 Barto 的专著[338]的第 2 版中找到。虽然这些作者被认为是 RL 领域特别是 TD 方法中的主要先驱，但是他们第一个指出，更古老的历史可以追溯到 20 世纪 50 年代的香农。TD(0)算法由 Witten 在 20 世纪 70 年代引入[377]。关于该领域起源的学术性和娱乐性概述，见文献[338]第 1 章。

TD 学习的前景在 Sutton 的论文[339,340]之后实现了飞跃(部分工作基于与 Charles Anderson 及其导师 Andrew Barto[26,342]的合作)。这项早期工作包含关于 TD(λ)算法及其应用的大量先见直觉，重点是神经网络近似架构的应用，以及线性函数近似的大部分理论。Watkins 的论文[346,371,372]引入了 Q 学习算法，为 20 世纪 70 年代的研究画上了句号。

令人惊讶的是，在 20 世纪 80 年代和 90 年代，RL 和自适应控制之间几乎没有协同作用[83,145,202,241]。但在一个方向上有很大的扩展：著名的例子包括 Sutton 等人的综述文章：*Learning and Sequential Decision Making*[27]，以及“Reinforcement Learning Is Direct Adaptive Optimal Control”[343]。RL 控制系统研究界的先驱包括 Frank Lewis[183,222]——他目前仍然是 RL 和控制系统交叉领域的领导者，以及 John Tsitsiklis，他的贡献将在 9.11 节和 10.10 节中进行概述。异策略 TD 学习的一个早期文献是文献[74]，它处理 LQR 问题，并且它是为控制理论的读者编写的。

TD 学习算法式(5.34)比文献[75]中的原始 LSTD 算法更类似于文献[206]的(异策略)LSQ 算法。在本书中，常用的缩写词 LSTD 用于表示同策略和异策略的实现。

式(5.33)中的目标函数 Γ 在 Baird 1995 年的论文[21]中称为均方贝尔曼残差。论文中指出，梯度流的 SA 近似收敛速度很慢。该论文继续研究 TD(0)和梯度下降之间的折中方案以加速收敛，同时，该文还介绍了基于图 5.5 的著名反例。大约在同一时间，Gordon[146]提出了 Q 学习的不稳定函数近似的示例。

在 Sutton 的论文发表十年后，时间差分方法的理论基础有了重大飞跃，因为人们认识到 TD 学习可以被视为一种随机近似算法[169,352]。这激发了 Tsitsiklis 关于强化学习的研究计划，该计划对这个领域以及我自己对该学科的欣赏产生了巨大影响。由 Tsitsiklis 指导的两篇学位论文在这个领域真正具有开创性意义：Ben Van Roy[363]和 Vijaymohan Konda[188]提供了完美的理论，对随机控制系统的 TD 学习和演员-评论家算法的成功(以及潜在的失败)进行了解释。这个理论的大部分内容是本书第二部分中材料的基础。

RL 中的核方法具有重要的历史，大多数算法旨在为既定策略近似价值函数，因此函数近似问题可以归结为最小二乘情况[131,279](而后者扩展到了 Q 学习)。

本书没有任何关于“安全 RL”的讨论，在安全 RL 中试图强制执行稳定性保证。本书中所建立的理论应该可以帮助你理解这些文献(如文献[94,284])，并帮助你发现新技术。

5.9.3 Q 学习

首先，为什么是 Q？Aaron Snoswell(当时是昆士兰理工大学的研究生)在 2020 年秋季西蒙强化学习项目的早期提出了它的起源问题。Csaba Szepesvari 联系了 Chris Watkins，后者很快回复说：“……选择哪个字母？我意识到我没有使用那个神秘的字母 Q，并且可以改进为‘质量’……”。一个神秘的字母适合这类神秘的算法！

式(5.52)的 Q(λ)算法在教科书中并不常见，除了 $\lambda=0$ 的特殊情况。Q(0)学习和相应的变形之所以被普遍应用，因为它们是受控马尔可夫链的 Watkins 的 Q 学习算法的自然扩展。在 Watkins 考虑的特殊情况下，Q(0)学习的收敛性有一个可靠的理论，部分原因是假设函数类是“完备的”(包含 $X\times U$ 上所有可能的函数)。Watkins 算法的收敛性是使用 9.6 节中的 ODE 方法建立的。

文献[259-261]中描述了 DQN 实践中的主要成功案例，文献[9]中包含一个很有见地的分析。命题 5.10 中总结的算法[式(5.58)]的极限理论取自文献[247]。习题 5.11 中引入的 DQN 的改进受到 Hartman[155,226]的凸-凹优化过程的启发。批强化学习的另一种方法是基于经验价值迭代[153,174,317]的。

凸 Q 学习的起源是文献[245]，其中一系列 LP 方法是在连续时间内形成的。当时的挑战是找到方法来创建可靠的在线算法。算法挑战问题在文献[246,247]中得到解决，这是 5.5 节大部分内容的基础。

有关连续时间 RL 的更多信息，请考虑参阅 Lewis 的研究文献[184,359]、书籍[360]和最近的文献[220]。

回顾 3.11 节，Manne 在 1960 年的文章[237]中将线性规划方法引入到了动态规划中。

一项重要的规划——关于用线性规划方法来近似马尔可夫决策过程的动态规划——开始于文献[102-104,314]，并一直持续到今天。

5.5 节中的算法和理论基于文献[247]，它是建立在凸 Q 学习的第一个版本[245]的基础之上(为连续时间的确定性系统而设计的)。在接下来的十年中出现了改进，主要是在随机控制情形中。例如，文献[218]中的理论是基于凸规划式(3.36)的一个变形，其中式(3.36b)中的不等式被等式所代替；它包含了表格情形的实质性理论(回顾一下式(5.10))。基于与式(3.36)密切相关的一个 LP 表示，文献[28]中的最新结果获得了一些有效的算法。

第二部分

强化学习与随机控制

CHAPTER6

第6章

马尔可夫链

我们从第二部分开始回到状态空间模型的基础，但现在处于随机环境中。符号与前几章基本相同，只是我们用大写字母来表示随机变量：$\boldsymbol{X}=\{\boldsymbol{X}(0),\boldsymbol{X}(1),\boldsymbol{X}(2),\cdots\}$ 表示状态过程的样本路径。对于每个时刻 $k\geqslant 0$ 时，假设 $\boldsymbol{X}(k)$ 在表示为 X 的状态空间中取值。与前几章相同，状态空间是 $\mathbb{R}^n$ 的一个闭子集(回顾一下式(2.22))。我们不排除有限状态空间，但没有理由受这种特殊情况的约束。

6.1 马尔可夫模型是状态空间模型

回想 2.3 节，非线性状态空间模型中的状态过程被解释为一个充分统计量。对于 $k\geqslant 0$，在平稳马尔可夫策略 $u(k)=\phi(\boldsymbol{x}(k))$ 下，考虑式(2.6a)的受控模型。要计算 $j\geqslant k$ 的未来状态 $\boldsymbol{x}(j)$，我们只需要知道 $\boldsymbol{x}(k)$。先前的历史 $\{x(i),u(i):i<k\}$ 在决定未来行为方面是无关紧要的。

马尔可夫链的定义是为了在随机环境中捕获同样的*无记忆属性*而被提出来的。例如，独立同分布(i. i. d.)序列 $\boldsymbol{N}$，其中对于概率测度 π，$\boldsymbol{N}(0)\sim\pi$，并且无记忆：

$$P\{\boldsymbol{N}(k)\in S\,|\,\boldsymbol{N}(0),\cdots,\boldsymbol{N}(k-1)]=\pi(S),\text{对每个 } k \text{ 和 } S\subset X \tag{6.1}$$

这些构成了更复杂的随机过程的基石。

下面是马尔可夫链的两种定义。第一个以一种比式(6.1)更温和的形式精确地给出了“无记忆”的定义。

(i)*无记忆属性*：如果下式成立，则随机过程 $\boldsymbol{X}$ 是一个马尔可夫链：对于 $S\subset X$，以及任意时间 k 和初始 $\boldsymbol{X}(0)$，

$$P\{\boldsymbol{X}(k+1)\in S\,|\,\boldsymbol{X}(0),\cdots,\boldsymbol{X}(k)\}=P\{\boldsymbol{X}(k+1)\in S\,|\boldsymbol{X}(k)\} \tag{6.2}$$

(ii)*非线性状态空间模型*：马尔可夫链是根据非线性状态空间模型演化而来的随机过程，

$$\boldsymbol{X}(k+1)=\mathsf{F}(\boldsymbol{X}(k),\boldsymbol{N}(k+1)) \tag{6.3}$$

其中 $\boldsymbol{N}$ 为 i. i. d. ，并且指定了初始条件 $\boldsymbol{X}(0)$(如果它是随机的，那么假设它与“干扰”$\boldsymbol{N}$ 无关)。

第一个定义比第二个定义稍微通用一些，因为由 $\boldsymbol{F}$ 定义的动力学不依赖于时间。在整本书中，我们将限制在这样的时间同质马尔可夫链。如果应用需要一个时变模型，那么我们可以诉诸于 3.3 节中描述的状态增强技巧。

对于 $k \geqslant 0$ 时，$\boldsymbol{X}(k)$ 的分布由初始分布（潜在随机 $\boldsymbol{X}(0)$ 的分布）和转移核来定义。这定义了一步转移概率，

$$\boldsymbol{P}(\boldsymbol{x},S)=P\{\boldsymbol{X}(k+1)\in S \mid \boldsymbol{X}(k)=\boldsymbol{x}\},\boldsymbol{x}\in X,S\subset X \tag{6.4}$$

如果状态空间 X 是有限的，则将其称为转移矩阵。对于式(6.3)的非线性状态空间模型，

$$\boldsymbol{P}(\boldsymbol{x},S)=P\{\boldsymbol{X}(1)\in S \mid \boldsymbol{X}(0)=\boldsymbol{x}\}=P\{\boldsymbol{F}(\boldsymbol{x},\boldsymbol{N}(1))\in S\}$$

对于 $j>1$，从 $\boldsymbol{x}$ 到 S 的 j 步转移概率表示为

$$\boldsymbol{P}^j(\boldsymbol{x},S)=P\{\boldsymbol{X}(k+j)\in S \mid \boldsymbol{X}(k)=\boldsymbol{x}\} \tag{6.5}$$

大多数情况下，我们在研究马尔可夫链时不再考虑平衡点 $\boldsymbol{x}^e\in X$，而是寻求一个满足遍历定理的平衡测度 π（通常称为不变测度）：

$$\lim_{k\to\infty}\boldsymbol{P}^k(\boldsymbol{x},S)=\pi(S),\text{对于任意 }\boldsymbol{x}\in X\text{ 和 }S\subset X \tag{6.6}$$

我们将看到，这意味着存在一个稳态：如果 $\boldsymbol{X}(0)\sim\pi$，则 $\boldsymbol{X}$ 是一个平稳过程（因此，特别地，对于所有 k，$\boldsymbol{X}(k)\sim\pi$）。这被解释为马尔可夫链的稳定性，就像确定性非线性状态空间模型的全局渐近稳定性一样。

注记符号和约定

如果你上过测度理论方面的课程，那么你就会知道，为式(6.4) 和随后得到的方程定义集合 S 的类别时必须小心，因为这些方程都是有意义的。对于那些有这方面知识背景的人，请记住 X 将被认为是欧氏空间的一个 Borel（博雷尔）子集（例如一个闭子集），并且任何 $S\subset X$ 也将被假定具有此性质，这被表示为 $S\in\mathcal{B}(X)$。$\mathbb{R}$ 中的 Borel 集合包括任意区间 $[a,b]$，$[a,b)$，$(a,b]$ 或 (a,b)，其中 $b>a$，以及任意有限或可数的区间并集。类似地，任意函数 h：$X\to\mathbb{R}$ 都假定是 Borel 可测的，即对于每个常数 r，集合 $S_h(r)=\{\boldsymbol{x}:h(\boldsymbol{x})\leqslant r\}$ 是一个 Borel 集合。

从没听过“Borel”吗？别担心，测度理论对于理解接下来的概念并不重要。该符号是必需的，因为转移核一般不能被定义在状态空间的每个子集上，除非状态空间是有限的或可数无限的。

积分和期望

符号 μ，ν 和 π 是为 $\mathcal{B}(X)$ 上的概率测度保留的。当 X 是有限的或可数的时，我们选择术语概率质量函数(pmf)。

在 k 时刻，状态 $\boldsymbol{X}(k)$ 是一个随机变量。它的分布是一个表示为 μ_k 的概率测度，且对任意一个 Borel 可测函数 h，可通过下式来定义：

$$E[h(\boldsymbol{X}(k))]=\int h(\boldsymbol{x})\mu_k(\mathrm{d}\boldsymbol{x}) \tag{6.7}$$

这个表示可能对你来说很奇怪，但是当我们不知道 μ_k 的形式时，我知道没有更好的选择。如果有密度，那么对于某非负函数 p_k，根据定义，$\mu_k(\mathrm{d}\boldsymbol{x})=p_k(\boldsymbol{x})\mathrm{d}\boldsymbol{x}$；如果 μ_k 是离散的，那么积分就变成了求和。例 6.2.1 中讨论的高斯线性状态空间模型说明了我们为什么需要这种抽象表示。

请记住：我们不知道 μ_k 的形式。我们不想为密度马尔可夫链写一本书，不想为可数状态空间上的马尔可夫链写另一本书，更不想为两种假设都不适用的情况（如例 6.2.1 所示）写第三本书。式(6.7)与 μ_k 的形式无关。

条件期望的相关注记符号

形如

$$E[h(\boldsymbol{X}(k+1))\mid \boldsymbol{X}(0),\cdots,\boldsymbol{X}(k)]$$

的条件期望将出现在本章和本书的其余部分（如果 $E[\,|h(\boldsymbol{X}(k+1))|\,]<\infty$，这是有意义的）。从未听说过条件期望吗？例 6.3 是一个简短介绍，详细介绍可见 9.2 节。你应该查看文献[154]或其他一些基础来源以获得更全面的了解。

幸运的是，在考虑马尔可夫链的函数时，定义被简化了，因为条件期望可以用转移核来表示：对于任何 $\boldsymbol{x}\in\mathsf{X}$，以及 $\boldsymbol{X}(0)$ 的任何初始分布，

$$\begin{aligned}E[h(\boldsymbol{X}(k+1))\mid \boldsymbol{X}(0),\cdots,\boldsymbol{X}(k-1);\boldsymbol{X}(k)=\boldsymbol{x}]&\\=E[h(\boldsymbol{X}(k+1))\mid \boldsymbol{X}(k)=\boldsymbol{x}]&\\=\int \boldsymbol{P}(\boldsymbol{x},\mathrm{d}\boldsymbol{y})h(\boldsymbol{y})&\end{aligned}\tag{6.8}$$

如果 X 是有限的，大小为 m，则 $\boldsymbol{P}$ 被解释为 $m\times m$ 矩阵。在这种情况下，$P(x_0,x_1)$ 是在一个时间步长内从 x_0 移动到 x_1 的概率。条件期望表示为一个求和形式：

$$E[h(\boldsymbol{X}(k+1))\,\big|\,\boldsymbol{X}(k)=\boldsymbol{x}]=\sum_{x_1\in\mathsf{X}}\boldsymbol{P}(\boldsymbol{x},x_1)h(x_1)$$

条件期望出现得如此频繁，以至于我们需要简写注记符号：对于函数 $h:\mathsf{X}\to\mathbb{R}$ 和整数 r，$k\geqslant 0$，

$$E_x[h(\boldsymbol{X}(k))]\overset{\text{def}}{=}E[h(\boldsymbol{X}(r+k))\mid \boldsymbol{X}(r)=\boldsymbol{x}]\tag{6.9a}$$

$$P^k h(x)\overset{\text{def}}{=}E[h(\boldsymbol{X}(r+k))\mid \boldsymbol{X}(r)=\boldsymbol{x}],\quad x\in\mathsf{X}\tag{6.9b}$$

在 $k=1$ 的特殊情况下，我们写为 Ph 而不是 P^1h。

在式(6.9b)中，我们将 P^k 视为函数到函数的映射。这种表示法在本书前面介绍的有限状态空间模型中引入的，就在式(3.17)上面，这里为了强调，我们引入了向量表示

$$\overrightarrow{h}=[h(x_1),\cdots,h(x_m)]^{\intercal},\quad \mathsf{X}=\{x_1,\cdots,x_m\}$$

并写成 $P^k\overrightarrow{h}$ 而不是 P^kh。这种烦琐的向量表示在本书不会再出现。

如果 μ 是 X 上的概率测度，并且 $\boldsymbol{X}(r)\sim\mu$（状态是根据在时间 r 处的 μ 来分布的），则对于任意 $k\geqslant 1$，有 $\boldsymbol{X}(k+r)\sim\mu_k$，其中

$$\mu_k(S)=\int\mu(\mathrm{d}x)P^k(x,S),\quad S\in\mathcal{B}(X) \tag{6.10}$$

这可表示为 $\mu_k=\mu P^k$，这也与有限状态空间情况下的向量-矩阵乘法一致。当 $r=0$ 时，这个概率测度与式(6.7)中使用的完全相同。

我们可以更进一步，记

$$\boldsymbol{\mu h}=\int\boldsymbol{h}(x)\boldsymbol{\mu}(\mathrm{d}x)$$

这与将列向量 $\boldsymbol{h}$ 乘以行向量 $\boldsymbol{\mu}$ 得到一个标量(一种内积)是一致的。然而，"$\boldsymbol{\mu h}$"可能会产生歧义，因此我们引入括号用以强调：

$$\boldsymbol{\mu}(\boldsymbol{h})=\int\boldsymbol{h}(\boldsymbol{x})\boldsymbol{\mu}(\mathrm{d}\boldsymbol{x}) \tag{6.11}$$

请习惯这些注记符号表示及约定！它们将在本书的余下部分使用。

6.2 简单示例

我们首先介绍几个简单示例。在物理学、系统论、经济学和许多其他领域中，线性模型是普遍的。

例 6.2.1（线性状态空间模型）　假设 $\boldsymbol{X}=\{\boldsymbol{X}(k)\}$ 是一个随机过程，存在一个 $n\times n$ 矩阵 $\boldsymbol{F}$ 和一个在 $\mathbb{R}^n$ 中取值的 i. i. d. 序列 $\boldsymbol{N}$，使得

$$\boldsymbol{X}(k+1)=\boldsymbol{F}\boldsymbol{X}(k)+\boldsymbol{N}(k+1),\quad k\geqslant 0$$

其中 $\boldsymbol{X}(0)\in\mathbb{R}^n$ 与 $\boldsymbol{N}$ 无关，则 $\boldsymbol{X}$ 称为(非受控)线性状态空间模型。它正是式(6.3)的形式，其中 $\boldsymbol{F}(\boldsymbol{x},n)=\boldsymbol{F}\boldsymbol{x}+n$。

当 $\boldsymbol{N}\equiv 0$ 时，我们用小写变量表示状态过程，如式(2.42)那样：

$$\boldsymbol{x}(k+1)=\boldsymbol{F}\boldsymbol{x}(k),\quad k\geqslant 0 \tag{6.12}$$

状态过程 $\boldsymbol{x}$ 也是马尔可夫的：给定观测的完整历史 $\{\boldsymbol{x}(i):i\leqslant k\}$，仅基于 $\boldsymbol{x}(k)$ 的信息我们仍然可以以准确的精度预测 $x(k+1)$。

转移核很容易描述：对于任何 $\boldsymbol{x}\in X=\mathbb{R}^n$ 且集合 $S\subset X$，我们有

$$\boldsymbol{P}(x,S)=P\{\boldsymbol{X}(1)\in S\mid\boldsymbol{X}(0)=\boldsymbol{x}\}=P\{\boldsymbol{F}\boldsymbol{x}+\boldsymbol{N}(1)\in S\}$$

特别地，如果 $\boldsymbol{N}(1)$ 是高斯分布 $\boldsymbol{N}(0,\ \boldsymbol{\Sigma}_N)$，则 $\boldsymbol{P}(x,\ \cdot)$ 也是高斯分布，但均值为 $\boldsymbol{F}\boldsymbol{x}$ 而不是 0。如果在某一时刻 $r\geqslant 0$，我们观察到 $\boldsymbol{X}(r)=\boldsymbol{x}$，那么对于每个 $j\geqslant 0$，

$$\boldsymbol{X}(r+j)=\boldsymbol{F}^j\boldsymbol{x}+\sum_{i=1}^{j}\boldsymbol{F}^{j-i}\boldsymbol{N}(r+i)$$

即在 $\boldsymbol{X}(r)=\boldsymbol{x}$ 的条件下，随机向量 $\boldsymbol{X}(r+j)$ 是一个高斯分布，其均值为 $\boldsymbol{F}^j\boldsymbol{x}$，协方差为

$$\boldsymbol{\Sigma}_{X_j}=\sum_{i=1}^{j}(\boldsymbol{F}^{j-i})^{\top}\boldsymbol{\Sigma}_N\boldsymbol{F}^{j-i}$$

如果$\boldsymbol{\Sigma}_{X_j}$是满秩的(因此它的逆存在)，那么$\boldsymbol{P}^j$存在一个转移密度：

$$p_j(x,y)=\frac{1}{\sqrt{(2\pi)^n\det(\boldsymbol{\Sigma}_{X_j})}}\exp\left(-\frac{1}{2}(y-F^jx)^{\top}\boldsymbol{\Sigma}_{X_j}^{-1}(y-F^jx)\right),$$

$$P^j(x,S)=\int_S p_j(x,y)\,\mathrm{d}y,$$

其中j步转移核在式(6.5)中定义。

由此，我们得到了我们的第一个遍历定理：

命题 6.1　假设$\boldsymbol{F}$的特征值位于$\mathbb{C}$中的开单位圆盘中，且$\boldsymbol{N}$是 i. i. d.，其高斯边际为$\boldsymbol{N}(0,\boldsymbol{\Sigma}_N)$。考虑任何因子分解，$\boldsymbol{\Sigma}_N=\boldsymbol{G}\boldsymbol{G}^{\top}$，其中对于某个$m\geqslant 1$，$\boldsymbol{G}$是一个$n\times m$矩阵，并假设秩条件成立：

$$\operatorname{rank}(\boldsymbol{C})=n \tag{6.13}$$

其中，$\boldsymbol{C}=[\boldsymbol{G}\,|\,\boldsymbol{F}\boldsymbol{G}\,|\cdots|\,\boldsymbol{F}^{n-1}\boldsymbol{G}]$。那么以下结论成立：

(i)稳态协方差$\boldsymbol{\Sigma}_{X_\infty}$的秩为$n$，其中

$$\boldsymbol{\Sigma}_{X_\infty}=\lim_{j\to\infty}\boldsymbol{\Sigma}_{X_j}=\sum_{k=0}^{\infty}(\boldsymbol{F}^k)^{\top}\boldsymbol{\Sigma}_N\boldsymbol{F}^k$$

(ii)对于$k\geqslant n$，存在密度p_k，且在$k\to\infty$时收敛：对于任意$\boldsymbol{x}$，$\boldsymbol{y}$，

$$\lim_{k\to\infty}p_k(\boldsymbol{x},\boldsymbol{y})=p_\infty(\boldsymbol{y})=\frac{1}{\sqrt{(2\pi)^n\det(\boldsymbol{\Sigma}_{X_\infty})}}\exp\left(-\frac{1}{2}\boldsymbol{y}^{\top}\boldsymbol{\Sigma}_{X_\infty}^{-1}\boldsymbol{y}\right).$$

该极限定义了不变测度：对于$S\in\mathcal{B}(X)$，

$$\pi(S)\stackrel{\text{def}}{=}\int_S p_\infty(\boldsymbol{y})\,\mathrm{d}\boldsymbol{y}=\int_X p_\infty(y)\boldsymbol{P}^k(\boldsymbol{y},S)\,\mathrm{d}\boldsymbol{y}=\int_X\boldsymbol{P}^k(\boldsymbol{y},S)\pi(\mathrm{d}\boldsymbol{y})$$

(iii)对于满足$\int|h(\boldsymbol{y})|p_\infty(\boldsymbol{y})\,\mathrm{d}\boldsymbol{y}<\infty$的函数$h$，以及每个初始条件，我们有

$$\lim_{k\to\infty}E_x[h(\boldsymbol{X}(k))]=\lim_{k\to\infty}\boldsymbol{P}^kh(x)=\pi(h)=\int p_\infty(\boldsymbol{y})h(\boldsymbol{y})\,\mathrm{d}\boldsymbol{y}$$ □

在状态空间控制理论中，式(6.13)中的矩阵$\boldsymbol{C}$称为可控性矩阵，$\boldsymbol{\Sigma}_{X_\infty}$被称为可控性格拉姆矩阵。(i)是 Cayley-Hamilton(凯莱-哈密顿)定理的一个结果[7,76,205]。

一个有趣的特例是$\boldsymbol{\Sigma}_N=\boldsymbol{G}\boldsymbol{G}^{\top}$，其中$\boldsymbol{G}$为一个列向量($\boldsymbol{\Sigma}_N$的秩为 1)。对于任意初始条件$\boldsymbol{x}$，$k<n$时，概率测度$\boldsymbol{P}^k(x,\cdot)$没有密度。这个命题告诉我们，当$k\geqslant n$时有密度，前提是$\boldsymbol{C}$的秩为$n$。

当$\boldsymbol{C}$是秩亏(或不满秩)的时，对于任意k都不存在密度。此外，由于$\boldsymbol{\Sigma}_{X_\infty}$不再可逆，因此极限(ii)和(iii)不再有效。例 6.10 旨在解释当$\boldsymbol{\Sigma}_{X_\infty}$不满秩时，命题如何必须被修改。

回顾一下图 2.7 中确定性模型和随机性模型的比较。选择线性高斯模型，使得命题 6.1

的假设成立：$\boldsymbol{F}$ 的特征值位于 $\mathbb{C}$ 中的开单位圆盘内，且式(6.13)成立。选择干扰的协方差阵为秩亏的，这是通过选择 $\boldsymbol{N}(k)=\boldsymbol{G}\boldsymbol{W}(k)$ 得到 $\boldsymbol{\Sigma}_N=\boldsymbol{G}\boldsymbol{G}^{\mathrm{T}}$ 的，其中 $\boldsymbol{G}\in\mathbb{R}^2$ 和 $W(k)$ 满足 $\boldsymbol{N}(0,1)$。秩条件(式(6.13))为

$$\operatorname{rank}([\boldsymbol{G}|\boldsymbol{F}\boldsymbol{G}])=2$$

等价地，$\boldsymbol{G}$ 不是 $\boldsymbol{F}$ 的特征向量。

施加高斯假设只是为了识别不变密度。对于 $\boldsymbol{F}$ 的每个特征值，只要 $|\lambda(\boldsymbol{F})|<1$，总存在一个遍历稳态和某种形式的遍历性，而不考虑干扰的边际分布。换句话说，与噪声的分布几乎无关，因此，考虑状态过程 $\boldsymbol{x}$ 的无干扰模型就足以确定该马尔可夫链的稳定性(在稳态存在的意义下)。我们将在第 7 章中看到，这一结论的推广适用于更一般的非线性模型，并且通过李雅普诺夫理论找到了对确定性模型和随机模型的完整性的一种解释。

随机游走是通过取独立同分布随机变量的连续和来定义的。

例 6.2.2(随机游走)　假设 $X=\{X(k);k\geqslant0\}$ 是由下式定义的随机变量序列

$$X(k+1)=X(k)+N(k+1),\quad k\geqslant0$$

其中 $\boldsymbol{X}(0)\in\mathbb{R}$ 与 $\boldsymbol{N}$ 无关，序列 $\boldsymbol{N}$ 为独立同分布的，在 $\mathbb{R}$ 中取值，则 $\boldsymbol{X}$ 称为 $\mathbb{R}$ 上的随机游走。随机游走是 $\boldsymbol{F}=\boldsymbol{I}$ 时的一维线性状态空间模型上的一种特殊情况。

假设随机过程 $\boldsymbol{X}$ 由以下递归定义：

$$\boldsymbol{X}(k+1)=[\boldsymbol{X}(k)+\boldsymbol{N}(k+1)]_+\stackrel{\text{def}}{=}\max(0,\boldsymbol{X}(k)+\boldsymbol{N}(k+1)),\quad k\geqslant0$$

这里同样是 $\boldsymbol{X}(0)\in\mathbb{R}$，$\boldsymbol{N}$ 是一个在 $\mathbb{R}$ 中取值的独立同分布随机变量序列，那么 $\boldsymbol{X}$ 被称为反射随机游走。反射随机游走是一维非线性状态空间模型的一个特殊情况，其中对于每一个 $\boldsymbol{x},\boldsymbol{d}\in\mathbb{R},\boldsymbol{F}(\boldsymbol{x},\boldsymbol{d})=[\boldsymbol{x}+\boldsymbol{d}]_+$。

反射随机游走是存储系统和队列系统的模型。对于所有这类应用，都有类似的问题："我们需要知道大坝是否会溢出，队列是否会清空，计算机网络是否会发生阻塞"(参考文献[257]第 13 页)。我们还对有关性能的更精细的问题感兴趣，例如，时滞的均值和方差等。

一个最简单的反射随机游走也是最著名的队列模型。

例 6.2.3(M/M/1 队列)　定义 M/M/1 队列的转移函数为

$$P(X(k+1)=y\,|\,X(k)=x)=P(x,y)=\begin{cases}\alpha & \text{若 } y=x+1\\ \mu & \text{若 } y=(x-1)_+\end{cases}\tag{6.14}$$

其中 α 表示队列到达率，μ 是服务率，这些参数被归一化，使得 $\alpha+\mu=1$。

参数 $\rho\stackrel{\text{def}}{=}\alpha/\mu$ 称为队列的负载。如果 $\rho<1$，则到达率严格小于服务率。在这种情况下，过程是遍历的：在非负整数上存在一个 pmf π，对于任何初始队列长度 $X(0)=x$ 和任何整数 $m\geqslant0$，

$$\lim_{k\to\infty}P_x\{X(k)=m\}=\pi(m)$$

不变 pmf 是几何的，参数为 ρ，使得 $\pi(m)=(1-\rho)\rho^m$。π 的存在被解释为队列模型的一种稳定性形式，因此样本路径行为看起来像图 6.1 左图和图 6.2 所示的那样。■

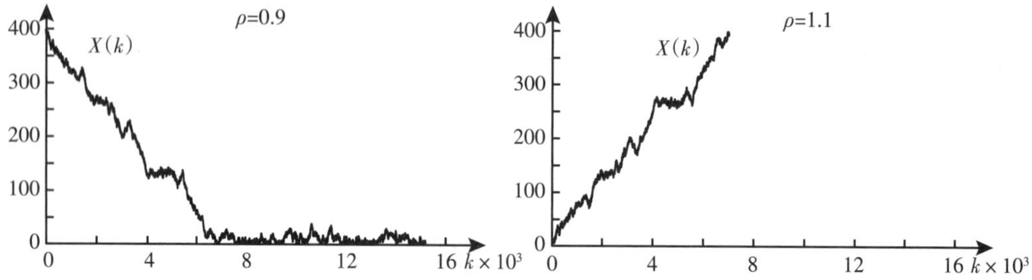

图 6.1 M/M/1 队列：在左边的稳定情况下，我们看到过程 $X(k)$ 呈现分段线性，高频“干扰”相对较小。该过程在右图所示的不稳定情况下呈线性爆炸

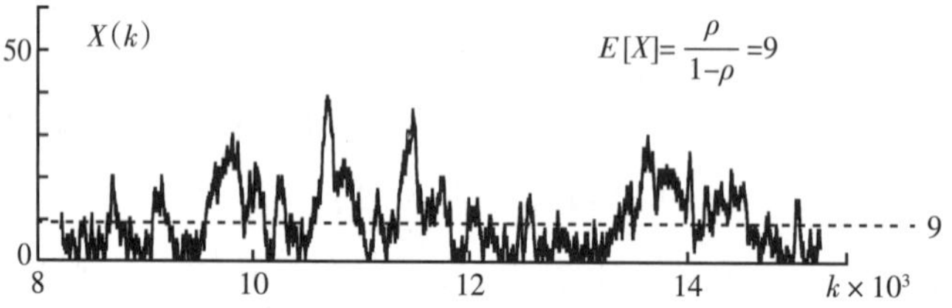

图 6.2 图 6.1 左图所示轨迹的特写图，负载 $\rho=0.9<1$。经过短暂的时间段后，队列长度会在其稳态均值 9 附近振荡

6.3 谱和遍历性

本节专门介绍有限状态空间模型：X 是有限的，有 $m\geqslant 2$ 个元素。在这种情况下，$\boldsymbol{P}$ 被视为一个 $m\times m$ 矩阵，其特征值是以下特征方程的解：

$$\det[\lambda \boldsymbol{I}-\boldsymbol{P}]=0 \tag{6.15}$$

它有 m 个解，记为 $\{\lambda_1,\cdots,\lambda_m\}$（有些可能会重复）。按照惯例，我们设 $\lambda_1=1$。

特征值的一些直接性质如下：

(i) 为什么 $\lambda_1=1$ 是一个特征值？因为总存在一个特征向量：定义 $\boldsymbol{v}^1\in\mathbb{R}^d$ 为一个向量，其元素都等于 1。按照前面的约定，该向量也被视为 X 上的函数。使用通常的定义可获得如下矩阵向量积 $\boldsymbol{P}\boldsymbol{v}^1$：

$$\boldsymbol{P}\boldsymbol{v}^1(x)=\sum_y \boldsymbol{P}(x,y)\boldsymbol{v}^1(y)=\sum_y \boldsymbol{P}(x,y)=1$$

也就是说，$\boldsymbol{P}\boldsymbol{v}^1=\boldsymbol{v}^1$。

(ii) 不那么明显的是，存在一个特征值为 $\lambda_1=1$ 的左特征向量 $\boldsymbol{\pi}$，它具有非负元素。这也被规范化，使得 $\sum_x \boldsymbol{\pi}(x)=1$。特征向量的性质为

$$\boldsymbol{\pi}(y)=\sum_x \boldsymbol{\pi}(x)\boldsymbol{P}(x,y).$$

pmf $\boldsymbol{\pi}$ 称为不变量。

(iii)每个特征值必须满足 $|\lambda|\leqslant 1$（即 λ 位于复平面的闭单位圆盘内）。为了说明这一点，考虑迭代方程 $\boldsymbol{P}\boldsymbol{v}=\lambda\boldsymbol{v}$，可得

$$\boldsymbol{P}^n\boldsymbol{v}=\lambda^n\boldsymbol{v},\quad n\geqslant 1$$

记住，左边是条件期望，因此

$$E[\boldsymbol{v}(X(n))\mid X(0)=x]=\boldsymbol{\lambda}^n\boldsymbol{v}(x)$$

这个方程的左侧关于 n 是有界的，也就是说，$|\lambda|\leqslant 1$。

马尔可夫链被称为*遍历的*，如果对于每个 x，$y\in X$，

$$\lim_{n\to\infty}P\{X(n)=y\mid X(0)=x\}\stackrel{\text{def}}{=}\lim_{n\to\infty}\boldsymbol{P}^n(x,y)=\boldsymbol{\pi}(y)\tag{6.16}$$

因此，对于任意函数 $c:X\to\mathbb{C}$

$$\lim_{n\to\infty}E[c(X(n))\mid X(0)=x]=\boldsymbol{\pi}(c)=\sum_y c(y)\boldsymbol{\pi}(y)\tag{6.17}$$

这就引出了一个更简单的观察结果：

(iv)假设存在一个特征值 $\lambda\neq 1$，但满足 $|\lambda|=1$（特征值位于单位圆盘的边界上），则马尔可夫链就不是遍历的。为了说明这一点，设 $\boldsymbol{v}\in\mathbb{C}^d$ 为一个特征向量（非零），记 $\boldsymbol{\lambda}=\mathrm{e}^{\mathrm{j}\theta}$，且 $0<\theta<2\pi$。因此，对于每一个 n，有 $\boldsymbol{P}^n\boldsymbol{V}=\lambda^n\boldsymbol{v}=\mathrm{e}^{\mathrm{j}n\theta}\boldsymbol{v}$。当 $c=\boldsymbol{v}$ 时，我们得到

$$E[c(X(n))\mid X(0)=x]=\sum_{y\in X}\boldsymbol{P}^n(x,y)\boldsymbol{v}(y)=\mathrm{e}^{\mathrm{j}n\theta}\boldsymbol{v}(x)$$

当 $n\to\infty$ 时，右侧不收敛。

从上述内容中可以预期以下内容。

定理 6.2（遍历性的谱条件） *假设 $\boldsymbol{\lambda}_1=1$ 是唯一满足 $|\boldsymbol{\lambda}|=1$ 的特征值，并且此特征值不重复，那么该链是遍历的，且式(6.16)中的收敛速率是几何级数的：*

$$\lim_{n\to\infty}\frac{1}{n}\log(\max_{x,y}|P^n(x,y)-\boldsymbol{\pi}(y)|)=\log(\rho)<0,\tag{6.18}$$

其中 $\rho=\max\{|\boldsymbol{\lambda}_k|:k\geqslant 2\}$。

证明　第一步是考虑一个修正矩阵 $\widetilde{\boldsymbol{P}}$，其定义为

$$\widetilde{\boldsymbol{P}}(x,y)=\boldsymbol{P}(x,y)-\boldsymbol{\pi}(y),\quad x,y\in X\tag{6.19}$$

这可以表示为 $\widetilde{\boldsymbol{P}}=\boldsymbol{P}-\mathbf{1}\otimes\boldsymbol{\pi}$，其中 $1=\boldsymbol{v}^1$ 是全 1 的列向量，$\boldsymbol{\pi}$ 是不变的 pmf，“$\otimes$”是外积。可以用归纳法证明

$$\widetilde{\boldsymbol{P}}^n=\boldsymbol{P}^n-\mathbf{1}\otimes\boldsymbol{\pi}\tag{6.20}$$

即对于每一个 x,y，

$$\widetilde{\boldsymbol{P}}^n(x,y)=\boldsymbol{P}^n(x,y)-\boldsymbol{\pi}(y)$$

再进一步，就可以证明 $\lambda(\tilde{\boldsymbol{P}})=\{0,\lambda_2,\cdots,\lambda_m\}$。也就是说，$\tilde{\boldsymbol{P}}$ 的所有特征值都与 $\boldsymbol{P}$ 的特征值一致，除了第一个特征值被移到了原点。再利用一些线性代数知识就完成了式(6.18)的证明。 □

示例

MATLAB 的 mcmix 命令是一种便捷方法，可用来随机生成具有给定结构的转移矩阵。下面是一个例子，具有 $m=4$ 个状态，其中转移矩阵中的 5 个 0 是被强加的：

$$\boldsymbol{P}=\begin{bmatrix}0.0500 & 0 & 0.5536 & 0.3964\\ 0.9094 & 0.0500 & 0 & 0.0406\\ 0.1519 & 0 & 0.8481 & 0\\ 0 & 0.1891 & 0.4302 & 0.3807\end{bmatrix} \tag{6.21}$$

图 6.3 左图显示了这个马尔可夫链的通信图。这是一个有向图，其中节点对应四种状态，如果 $\boldsymbol{P}(x,y)>0$，则状态 x 和 y 之间存在一条有向边。它是例 3.2 中介绍的确定性控制系统的图模型的推广。

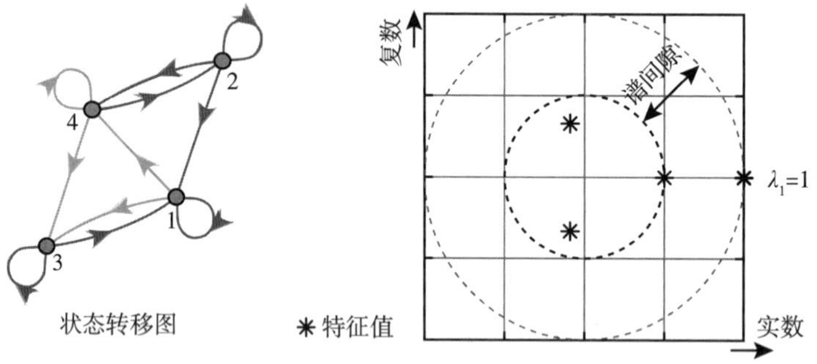

图 6.3　四状态马尔可夫链的通信图和特征值

$\boldsymbol{P}$ 的特征值为 $\{\lambda_1,\cdots,\lambda_4\}=\{1,0.5044,-0.0878\pm0.3295\mathrm{j}\}$，如图 6.3 右图所示。谱间隙由 $1-\max\{|\lambda_i|:i\geqslant2\}=1-|\lambda_2|$ 来定义。这些图是用 MATLAB 命令 graphplot 和 eigplot 绘制的。

可以用 MATLAB 求 $\boldsymbol{P}$ 转置的特征向量：

```
[V,L]=eig(P'),
```

由此得到 $L=\{\lambda_1,\cdots,\lambda_4\}$，而 $\boldsymbol{V}$ 的四个列是 $\boldsymbol{P}^{\mathrm{T}}$ 对应的特征向量。由此我们得到不变 pmf，即 $\boldsymbol{\pi}=[0.1378,0.0178,0.7551,0.0893]$。

定理 6.2 指出，对于所有的 x,y，在速率约为 $\lambda_2^n=\rho^n$ 时，$\boldsymbol{P}^n(x,y)\to\boldsymbol{\pi}(y)$。图 6.4 展示了 $y=4$ 和 $x\neq4$ 时 $\log(|\boldsymbol{P}^n(x,y)-\boldsymbol{P}^n(y,y)|)$ 的图，以及 $\log(\lambda_2^n)=n\log(\rho)$ 的图。观察到 $\log|\boldsymbol{P}^n(x,y)-\boldsymbol{P}^n(y,y)|-n\log(\rho)$ 的差关于 n 是有界的（这超出了式(6.18)的预期）。这个界在本例中成立，因为有一个满足 $|\lambda_2|=\rho$ 的单特征值。

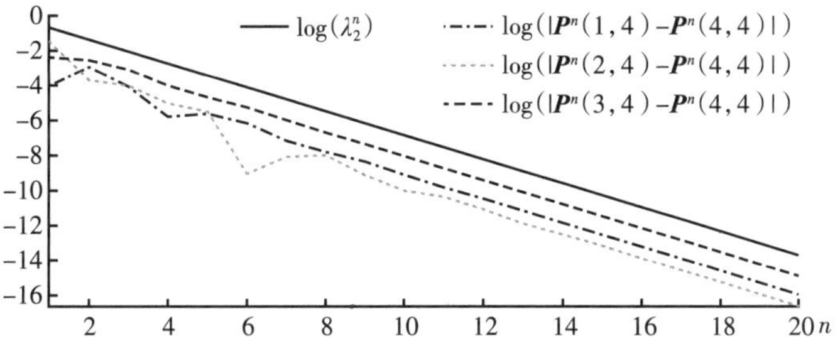

图 6.4 四状态马尔可夫链 $\boldsymbol{P}^n$ 的收敛率到 $\mathbf{1}\otimes\boldsymbol{\pi}$ 的过程

6.4 随机向前看一些

对于线性状态空间模型、M/M/1 队列和有限状态空间马尔可夫链，我们确定了满足式(6.6)的极限概率测度为 π 的条件：对于每个初始条件 $x\in X$ 和 $S\in\mathcal{B}(X)$，

$$\lim_{k\to\infty}\boldsymbol{P}^k(x,S)=\pi(S)$$

在如下意义下，该极限 π 是不变的：

$$\int_X\pi(\mathrm{d}x)\boldsymbol{P}^k(x,S)=\pi(S),\quad S\in\mathcal{B}(X),k\geqslant 1$$

即 $\pi\boldsymbol{P}^k=\pi$。本章后面将讨论无限状态空间上不变测度存在的条件，以及更强的遍历定理。

存在不变测度等价于存在状态过程 X 的一个稳态实现，即该状态过程满足平稳性：

$$P\{X(k)\in A_0,X(k+1)\in A_1,\cdots,X(k+m)\in A_n\}\quad 独立于 k\geqslant 0$$

其中 $m\geqslant 0$ 和集合 $\{A_0,\cdots,A_m\}$ 中的序列是任意的，且分别在 $\mathcal{B}(X)$ 中。自然，对于每个 k，稳态实现满足 $X(k)\sim\pi$。虽然我们不期望在现实世界中遇到真正的平稳性，但这种理想化有助于概念化和分析算法。

6.4.1 评论家方法

强化学习中的术语“评论家”(critic)指的是一个价值函数 h，它是相对于一步成本函数 c 定义的。考虑一个由总折扣成本定义的一个例子：对于给定的 $0\leqslant\gamma<1$，

$$h(x)=E_x\left[\sum_{k=0}^{\infty}\gamma^k c(X(k))\right]$$

TD(λ)学习是在 20 世纪 70 年代被提出的，目的是基于拓展的时间差分(这是第一部分中提出的 TD 学习算法的核心)得到折扣成本动态规划方程的近似解。随机情形提供了新的工具和见解。例如，可以看到 TD(1)算法的最终输出解决了最小范数问题：

$$\min\{\|\hat{h}-h\|_\pi^2:\hat{h}\in\mathcal{H}\}$$

其中 $\mathcal{H}$ 是函数类，在此函数类中可寻求到一个近似，而相应的范数是相对于稳态定义的：

$$\| \hat{h}-h \|_{\pi}^{2}=E[[\hat{h}(X(k))-h(X(k))]^{2}], \quad X(k) \sim \pi \tag{6.22}$$

6.4.2 演员方法

强化学习的一个表示是开始于一个参数族$\{P_{\theta}:\theta \in \mathbb{R}^{d}\}$，以及成本函数$\{c_{\theta}:\theta \in \mathbb{R}^{d}\}$。“演员”(actor)方法旨在寻找参数$\theta^{*} \in \mathbb{R}^{d}$，最小化平均成本$\eta_{\theta}=\int c_{\theta}(x)\pi_{\theta}(\mathrm{d}x)$，且对于$P_{\theta}$来说，$\pi_{\theta}$是不变的。参见定理6.8可获得关于估计$\eta_{\theta}$的梯度的一种方法，使得$\theta^{*} \in \mathbb{R}^{d}$可用随机梯度下降法来估计。演员-评论家(actor-critic)方法利用定理6.8和式(6.22)来获得梯度的无模型和无偏估计。

6.5 泊松方程

下面这个小方程在本书后面会以多种形式出现：

$$c+Ph=h+\eta \tag{6.23}$$

它被称为泊松方程。函数c称为强迫函数，η是一个常数，h是方程的解，它被称为相对价值函数。为建立式(6.23)的解而施加的条件也意味着存在一个不变测度π，且$\eta=\pi(c) \stackrel{\text{def}}{=} \int c(x)\pi(\mathrm{d}x)$。在许多情况下，我们通过迭代或求逆来获得一个解：

$$h=\sum_{k=0}^{\infty} P^{k} \tilde{c} \tag{6.24}$$

且有$\tilde{c}(x)=c(x)-\eta$(称作相对价值函数的一个基本原因)。式(6.23)的解不是唯一的：如果h是一个解，那么我们通过添加一个常量来获得一个新解。

式(6.23)和(6.24)中的抽象表示基于式(6.9b)。对于有限状态空间模型，泊松方程变为

$$c(x)+\sum_{x'} P(x,x')h(x')=h(x')+\eta, \quad x \in X \tag{6.25}$$

它的一个等价表示让人想起基于马尔可夫模型(式(6.3))的既定策略动态规划方程[式(2.25)]：

$$h(x)=\tilde{c}(x)+E[h(F(x,N(k+1))]$$

这意味着类似于2.5.2节和整个第5章中讨论的样本路径公式：

$$h(X(k))=\tilde{c}(X(k))+E[h(X(k+1))\mid X(0),\cdots,X(k)]$$

泊松方程在后面的章节中起着重要作用：

(i)平均-成本最优控制的相对价值函数是某一特定泊松方程的解。

(ii)回顾一下，在2.4.3节中，泊松不等式是性能界限背后的引擎(即关于价值函数J的界)。6.6节中使用了类似的不等式来获得稳态平均值η以及相对价值函数h的界。

(iii)几乎每一章都使用中心极限定理(Central Limit Theorem，CLT)来计算算法的收敛

率。在 CLT 中出现的协方差矩阵在求解式(6.23)方面具有代表性，其中 c 的选择取决于应用。CLT 的首次介绍在 6.7 节。

(iv)如 6.4 节所述，在某些控制应用中我们有一系列的转移核 $\{P_\theta:\theta\in\mathbb{R}^d\}$。将 $c:\mathsf{X}\to\mathbb{R}$ 解释为成本函数，我们希望在所有 θ 上最小化稳态平均成本 η_θ。梯度下降的许多近似都基于泊松方程，并植根于 6.8 节介绍的灵敏度理论。

(v)6.8 节的主要结果的一个应用是 RL 的演员-评论家方法，这是第 10 章的主题。

当 X 有限时，6.3 节中的概念提供了式(6.23)的解的存在条件。3.2.3 节中的讨论提供了定理 6.3 背后的佩龙-弗罗贝尼乌斯(Perron-Frobenius)定理的早期介绍。

定理 6.3 (泊松方程的谱条件)　假设 X 是有限的，并且满足定理 6.2 的假设。那么下面的等式成立：

(i)函数 $h_1=\sum_{k=0}^{\infty}P^k\,\tilde{c}$ 是式(6.23)的解[回顾式(6.24)]。

(ii)令 $s:\mathsf{X}\to\mathbb{R}_+$ 是一个满足 $\pi(s)>0$ 的函数，而 ν 是 pmf，并满足

$$P(x,x')\geqslant s(x)\,\nu(x'),\quad x,x'\in\mathsf{X}$$

也可表示为 $\boldsymbol{P}\geqslant\boldsymbol{s}\otimes\boldsymbol{\nu}$。则泊松方程的解为

$$h_2=\boldsymbol{G}_{s,\nu}\,\tilde{\boldsymbol{c}}\text{，其中}\boldsymbol{G}_{s,\nu}=\sum_{n=0}^{\infty}(\boldsymbol{P}-\boldsymbol{s}\otimes\boldsymbol{\nu})^n=[\boldsymbol{I}-(\boldsymbol{P}-\boldsymbol{s}\otimes\boldsymbol{\nu})]^{-1}$$

(iii)令 $x^{\bullet}\in\mathsf{X}$ 表示 $\pi(x^{\bullet})>0$ 的任意状态。泊松方程的另一个解由以下期望定义：

$$h_3(x)=E_x\Big[\sum_{k=0}^{\tau_\bullet-1}\tilde{c}\,(X(k))\Big]\tag{6.26}$$

其中 $\tau_\bullet$ 是第一次返回时间：

$$\tau_\bullet=\min\{k\geqslant1:X(k)=x^{\bullet}\}$$

这个解满足 $h_3(x^{\bullet})=0$。

(iv)若函数 g 和常数 β 是 $c+Pg=g+\beta$ 的解，则 $\beta=\eta=\pi(c)$，且

$$g(x)-g(x^{\bullet})=h_1(x)-h_1(x^{\bullet})=h_2(x)-h_2(x^{\bullet})=h_3(x),\ x\in\mathsf{X}$$ □

证明　三者中最简单的是(i)，因为

$$Ph_1=\sum_{k=0}^{\infty}P^{k+1}\,\tilde{c}$$

其中，我们用了 $P\cdot P^k=P^{k+1}$。右边等于 $h_1-\tilde{c}$。

证明的其余部分只是一个“路线图”。有关完整的细节，请参阅文献[254]的附录。

对于(ii)和(iii)，由于定理 6.2，回顾一下存在不变 pmf π 并且是唯一的，泊松方程与 π 的不变性相结合意味着如下结论：

$$\pi(h)\stackrel{\text{def}}{=}\sum_x\pi(x)h(x)=\sum_x\sum_y\pi(x)P(x,y)h(y)$$

$$=\sum_x \pi(x)\{h(x)-c(x)+\eta\}=\pi(h)-\pi(c)+\eta$$

因此 $\eta=\pi(c)$。

关于 h_2 是泊松方程的解的证明可遵循类似命题 3.5 的论证。完整的证明可以在文献[257]或文献[254]的附录中找到。这个解与 h_1 有关：对于任意 k，我们有 $P^k\tilde{c}=\tilde{P}^k\tilde{c}$，其中 $\tilde{\boldsymbol{P}}=\boldsymbol{P}-1\otimes\boldsymbol{\pi}$ 在式(6.19)中被引入。因此 $h_1=G_{1,\pi}\tilde{c}$。

第三种表示可以简化为第二种表示，开始如下：

$$h_3(x)=\sum_{k=0}^{\infty}E_x[\mathbb{1}\{\tau_\cdot>k\}\ \tilde{c}(X(k))]$$

可以证明，在 $s(x)=\mathbb{1}_{x^\cdot}(x)$ 和 $\nu(y)=P(x^\cdot,y)$ 的特殊情况下，这就是 h_2。

我们最后得出(iv)：如果 $c+Pg=g+\beta$ 和 $c+Ph=h+\eta$，那么令 $\Delta=h-g$，有

$$P\Delta=\Delta+\eta-\beta$$

利用 π 的不变性则有

$$\pi(\Delta)\overset{\text{def}}{=}\sum_x\pi(x)\Delta(x)=\sum_{x,y}\pi(x)P(x,y)\Delta(y)=\sum_x\pi(x)\Delta(x)+\eta-\beta=\pi(\Delta)+\eta-\beta$$

这就得出 $\eta=\beta$，以及下面的特征向量方程：

$$P\Delta=\Delta$$

在定理的假设下，可以得出 $\Delta(x)$ 不依赖于 x。

6.6 李雅普诺夫函数

确定性动力系统的大部分李雅普诺夫稳定性理论可以适用于马尔可夫环境。即使对于有限状态空间上的不可约马尔可夫链，“稳定性”一词可能没有意义，李雅普诺夫函数也是有用的，可作为获得性能界限的一种手段(推广命题 2.3 中的比较原理)。

马尔可夫模型的泊松不等式是式(2.31)的如下扩展：对于函数 $V: \mathsf{X}\to\mathbb{R}_+$，函数 $c: \mathsf{X}\to\mathbb{R}_+$，以及常数 $\bar{\eta}<\infty$，

$$E[V(X(k+1))\mid X(k)=x]\leqslant V(x)-c(x)+\bar{\eta},\ x\in\mathsf{X}$$

在更紧凑的算子理论表示中，这变成

$$PV\leqslant V-c+\bar{\eta} \tag{6.27}$$

与确定性情况一样，函数 c 通常被解释为状态空间上的成本函数。人们经常假设 $c(x)$ 对于“大”的 x 是大的(回顾一下 2.4.3 节对强制的定义)。在这种情况下，泊松不等式意味着当 $X(k)$ 较大时，$V(X(k))$ 大体上会减小。这在图 2.5 的确定性系统中得到了说明，其中标题中提到的集合是 $S=\{x:c(x)\leqslant\bar{\eta}\}$。

6.6.1 平均成本

令 $\eta(x)$ 表示平均成本：

$$\eta(x)=\limsup_{n\to\infty}\frac{1}{n}\sum_{k=0}^{n-1}E[c(X(k))\mid X(0)=x]$$

使用算子理论表示式(6.9b)，有

$$\eta(x)=\limsup_{n\to\infty}\frac{1}{n}\sum_{k=0}^{n-1}P^k c(x)$$

之所以依赖 x 和使用“极限上确界”而不是使用在 $\eta(x)$ 中定义的极限，是因为我们没有对 $\boldsymbol{X}$ 施加任何特定的结构要求。

在式(6.27)下，平均成本有一个简单的界限。这是命题2.3对马尔可夫环境的扩展。

命题6.4 假设式(6.27)在 $V\geqslant 0$ 下处处成立。那么对于每个 $n\geqslant 1$ 和每个 X，下列瞬态界都成立：

$$\frac{1}{n}\sum_{k=0}^{n-1}P^k c(x)\leqslant\bar{\eta}+\frac{1}{n}V(x)$$

因此，平均成本允许边界 $\eta(x)\leqslant\bar{\eta}$。

证明 对两边同时应用 P，得到 $P^2V\leqslant PV-Pc+P\bar{\eta}$，由于 $\bar{\eta}$ 是常数，

$$P^2V\leqslant PV-Pc+\bar{\eta}\leqslant V-c-Pc+2\bar{\eta}$$

通过重复乘以 P，我们得出结论，对于任意 n，

$$P^nV\leqslant V+n\bar{\eta}-\sum_{k=0}^{n-1}P^k c$$

通过重新排列各项并使用 $V\geqslant 0$ 的假设，这就得出了期望的结果。 □

我们已经看到，在定理6.3的假设下，命题6.4中给出的平均成本边界对于一个有限状态空间马尔可夫链来说是紧的，我们可以取 $V=h+$常数，其中常数被选得足够大，使得 $V\geqslant 0$。

李雅普诺夫理论的美妙之处在于，我们可以在不太了解模型的情况下获得性能边界。这将在下一个例子中加以说明。

示例：标量线性状态空间模型

考虑标量模型

$$X(k+1)=\alpha X(k)+N(k+1),k\geqslant 0 \tag{6.28}$$

其中 N 是i.i.d.的，具有零均值和有限二阶矩 σ_N^2（不一定是高斯的）。成本函数为二次型，$c(x)=\frac{1}{2}x^2$。

令 $V(x)=\frac{1}{2}\kappa x^2$，$\kappa>0$，则有

$$
\begin{aligned}
PV(x) &= E[V(X(k+1))\mid X(k)=x] \\
&= \frac{1}{2}\kappa E[(\alpha x+N(1))^2] \\
&= V(x)+\frac{1}{2}\kappa(\alpha^2-1)x^2+\frac{1}{2}\kappa\sigma_N^2
\end{aligned} \tag{6.29}
$$

假设 $|\alpha|<1$，我们可以在 V 的定义中置 $\kappa=(1-\alpha^2)^{-1}$，这样可以得到带有强制函数 c 的泊松方程的一个解：

$$
PV(x)=V(x)-c(x)+\bar{\eta},\quad \text{其中 } \bar{\eta}=\frac{1}{2}(1-\alpha^2)^{-1}\sigma_N^2 \tag{6.30}
$$

根据命题 6.4，对于每个 x，有 $\eta(x)\leqslant\eta$。事实上，前面的步骤表明，对于每个初始条件，$E[c(X(k))]\to\bar{\eta}$，因此我们有等式：$\eta(x)\equiv\bar{\eta}$。

如果 N 是高斯的，那么当 $k\to\infty$时，$P^k(x,\cdot)$收敛于高斯分布 $N(0,\sigma_\infty^2)$，其中 $\sigma_\infty^2=(1-\alpha^2)^{-1}\sigma_N^2$。

6.6.2 折扣成本

从长远来看，我们都已经死了。这句话出自约翰·梅纳德·凯恩斯(John Maynard Keynes)，通常用于表明在最优控制中使用折扣的合理性。我相信这在大多数控制应用中都是一个错误。急于打折往往是基于一种错误的印象——平均成本 $\eta(x)$ 只反映“在无穷处”的成本。李雅普诺夫边界及其结果，如式(6.4)中的基本边界，表明：具有良好稳态行为的策略也将具有良好的瞬态行为。特别地，如果平均成本是有限的，那么式(6.27)有一个解，由此我们得到了命题 6.4 中提出的瞬态边界。

然而，折扣成本准则有时很方便，因为它更容易分析，而且我也不得不介绍这个性能准则，因为它在许多学科(特别是运筹学和经济学)中都是首选的。

折扣成本价值函数在 6.4 节中简要介绍过：给定一个折扣参数 $\gamma\in(0,1)$，从初始条件 x 定义的折扣成本是如下的加权和：

$$
h_\gamma(x)=\sum_{k=0}^{\infty}\gamma^k E[c(X(k))\mid X(0)=x] \tag{6.31}
$$

同样，它具有如下算子理论的表示形式：

$$
h_\gamma=\sum_{k=0}^{\infty}\gamma^k P^k c \tag{6.32}
$$

由此我们得到一个动态规划方程：

$$
h_\gamma=c+\gamma P h_\gamma \tag{6.33}
$$

如果 c 是非负值的，那么下界 $h_\gamma(x)\geqslant c(x)$成立，因此，只要 c 为真，则折扣成本是无界的。

我们再次得到了在泊松不等式下的 h_γ 的一个边界。

命题 6.5 如果式(6.27)在 $V \geqslant 0$ 处成立，则对于每个 x 和 $\gamma \in (0,1)$，$h_\gamma(x) \leqslant V(x)+\bar{\eta}(1-\gamma)^{-1}$。

证明 由式(6.27)可得

$$\gamma PV \leqslant V-g+\gamma\bar{\eta} \tag{6.34}$$

其中 $g=(1-\gamma)V+\gamma c$：它是一个李雅普诺夫函数和成本函数的凸组合。将 γP 分别应用于两边，得到

$$(\gamma P)^2 V \leqslant \gamma PV-\gamma Pg+\gamma^2\bar{\eta}$$

然后，应用式(6.34)，则

$$(\gamma P)^2 V \leqslant V-g-\gamma Pg+\gamma\bar{\eta}+\gamma^2\bar{\eta}$$

与平均成本问题一样，我们通过归纳法获得如下内容：

$$(\gamma P)^n V \leqslant V-\sum_{k=0}^{n-1}\gamma^k P^k g+\bar{\eta}\sum_{k=0}^{n-1}\gamma^{k+1}$$

根据定义 $g=(1-\gamma)V+\gamma c$，我们得到

$$\sum_{k=0}^{\infty}\gamma^k(\gamma P^k c(x)+(1-\gamma)P^k V(x)) \leqslant V(x)+\frac{\gamma}{1-\gamma}\bar{\eta} \tag{6.35}$$

利用 $V\geqslant 0$ 的事实，在式(6.35)的左边，除了保留一个涉及 V 的项，我们可以去掉所有的项，得到下式：

$$(1-\gamma)V(x)+\gamma\sum_{k=0}^{\infty}\gamma^k P^k c(x) \leqslant V(x)+\frac{\gamma}{1-\gamma}\bar{\eta}$$

从两边减去 $(1-\gamma)V(x)$，然后将得到的不等式两边同时除以 γ，则得到边界 $h_\gamma \leqslant V+\bar{\eta}(1-\gamma)^{-1}$。 □

例 6.6.1(标量线性状态空间模型的折扣成本) 考虑成本函数 $c(x)=\frac{1}{2}x^2$，在式(6.30)中已经得到泊松方程的解。命题 6.5 给出了边界 $h_\gamma \leqslant V+\eta(1-\gamma)^{-1}$，在这种情况下则变成

$$h_\gamma(x) \leqslant \frac{1}{2}\frac{1}{1-\alpha^2}\left[x^2+\frac{1}{1-\gamma}\sigma_N^2\right] \tag{6.36}$$

接下来，我们计算 h_γ 以查看此边界是否准确。为此，我们从式(6.33)开始。设 $V(x)=A_\gamma+\frac{1}{2}\kappa_\gamma x^2$，其中 A_γ，κ_γ 为待选常数。从式(6.29)，我们得到

$$PV \leqslant \alpha^2 V+(1-\alpha^2)A_\gamma+\frac{1}{2}\kappa_\gamma\sigma_N^2$$

通过乘以 γ 进行缩放，再两边各加 c，得到

$$c+\gamma PV=c+\gamma\left(\alpha^2 V+(1-\alpha^2)A_\gamma+\frac{1}{2}\kappa_\gamma\right)$$

或者，重新引入二次表达式，

$$c(x)+\gamma PV(x)=\frac{1}{2}(1+\gamma\alpha^2\kappa_\gamma)x^2+\gamma\left(\frac{1}{2}\kappa_\gamma\sigma_N^2+A_\gamma\right)$$

为了求解动态规划方程，我们要求右侧与 V 一致。这就要求我们匹配系数：$1+\gamma\alpha^2\kappa_\gamma=\kappa_\gamma$ 和 $\gamma\left(\frac{1}{2}\kappa_\gamma\sigma_N^2+A_\gamma\right)=A_\gamma$，得出

$$h_\gamma(x)=A_\gamma+\frac{1}{2}\kappa_\gamma x^2=\frac{1}{2}\frac{1}{1-\gamma\alpha^2}\left[x^2+\frac{\gamma}{1-\gamma}\sigma_N^2\right]$$

特别地，式(6.36)确实成立。 ■

6.7 模拟：置信边界和控制变量

在平均成本最优控制中，我们面对的不是单个马尔可夫链，而是整个族：一族策略中每个策略对应着一个马尔可夫链。我们想要估计许多不同策略的平均成本 $\eta=\pi(c)$，这样我们就可以在这个族中选择最好的。李雅普诺夫函数可以提供上界，但很少得到充分紧的上界，从而我们难以确定哪种策略是最优的。如果没有其他选择，则在大多数情况下，我们求助于模拟。

6.7.1 有限的渐近统计量

幸运的是，当存在不变概率测度 π 时，大数定律(LLN)就成立。基于 n 个样本的蒙特卡罗估计可表示为

$$\eta_n=\frac{1}{n}\sum_{k=0}^{n-1}c(X(k)) \tag{6.37}$$

LLN 告诉我们这是渐近一致的：

$$\lim_{n\to\infty}\eta_n=\eta \tag{6.38}$$

其中，对于几乎每个(关于 π 的)初始条件 $X(0)$，极限以概率 1 成立。在大多数情况下，极限对每个初始条件都成立。

下一个问题是收敛率。为此，最常见的方法是求助于中心极限定理，它告诉我们

$$\lim_{n\to\infty}P\{|\eta_n-\eta|\geqslant r/\sqrt{n}\}=P\{\sigma_{\text{CLT}}|W|\geqslant r\},r>0 \tag{6.39}$$

其中 W 为标准高斯随机变量($W \sim N(0,1)$)。值 σ^2_{CLT} 称作渐近方差，且具有几种等价形式(取决于假设)：

$$\sigma^2_{\mathrm{CLT}} = \lim_{n\to\infty} nE[(\eta_n - \eta)^2] \tag{6.40a}$$

$$= \sum_{k=-\infty}^{\infty} R(k) \tag{6.40b}$$

$$= 2\pi(\tilde{c}h) - \pi(\tilde{c}^2) \tag{6.40c}$$

其中，对于任意 x，有 $\tilde{c}(x) = c(x) - \eta$，且对于 $k \geqslant 0$，

$$R(k) = \pi(\tilde{c}P^k\tilde{c}) = E_\pi[\tilde{c}(X(0))\tilde{c}(X(k))], R(-k) = R(k)$$

这是 X 为平稳情况下的 $\tilde{c}(X(k))$ 自相关序列。式(6.40c)中的函数 h 是式(6.23)[257]的解。

在许多控制应用中，随机变量 $\{X(i), X(i+k)\}$ 是正相关的(至少对于小 k 的情况)，这意味着 $R(k)>0$。例如，对于 M/M/1 队列的式(6.14)来说，这是真的，且可以从这个马尔可夫链的无跳跃性中预测出来。因此，我们通常期望 σ^2_{CLT} 比普通方差(即 $R(0)$)大得多。

为了将 LLN 和 CLT 用于性能近似，需要估计渐近方差。不幸的是，上述三个表达式除了分析或启发算法外，没有一个是有用的。式(6.40a)对批均值方法具有启发性。

批均值方法 执行 M 次独立运行，每次运行基于 $\mathcal{N}$ 个观测值，以获得 M 个估计：

$$\eta_{\mathcal{N}}^{\ i} = \frac{1}{\mathcal{N}} \sum_{k=0}^{\mathcal{N}-1} c(X^i(k)), 1 \leqslant i \leqslant M \tag{6.41a}$$

均值和渐近方差的估计则分别被定义为

$$\eta_{\mathcal{N}} = \frac{1}{M}\sum_{i=1}^{M} \eta_{\mathcal{N}}^{\ i}, \quad \hat{\sigma}^2_{\mathrm{CLT}} = \frac{\mathcal{N}}{M}\sum_{i=1}^{M} (\eta_{\mathcal{N}}^{\ i} - \eta_{\mathcal{N}})^2 \tag{6.41b}$$

请参阅文献[133]以了解更加有效的估计方法。

式(6.41b)中的估计值用于获得近似置信边界：对于给定的 $\delta>0$，选择 $r>0$，使得 $P\{\hat{\sigma}_{\mathrm{CLT}}|W| \geqslant r\} = \delta$。那么，对于大 $\mathcal{N}$，我们确信 η 位于 $[\eta\mathcal{N} - r/\sqrt{\mathcal{N}}, \eta\mathcal{N} + r/\sqrt{\mathcal{N}}]$ 的区间内，其概率近似为 δ。如果 $r/\sqrt{\mathcal{N}}$ 不是很小，那么应该增大其运行长度 $\mathcal{N}$。

关注直方图

式(6.41b)估计渐近方差的过程仅在方差是有限的情况下有效，并且 M 个独立实验中的初始条件相距很远。

图 6.5 说明了可能出错的问题。它基于 9.7.2 节中介绍的 RL 算法而不是蒙特卡罗的一个例子，但估计方差的过程却是一样的。

在 $\mathcal{N} = 10^6$ 个样本的时域内，人们可能会认为算法已经收敛了。根据直方图，很多人会认为估计会收敛到一个不大于 100 的值，而实际的极限接近 500。综上所述，这个实验对于

理解需要多少次迭代才能实现精确估计没有任何价值。

在这个特定的例子中，我们知道极限是正的，所以在形如$[0, \bar{\eta}]$的宽间隔上均匀采样初始参数将是有意义的。

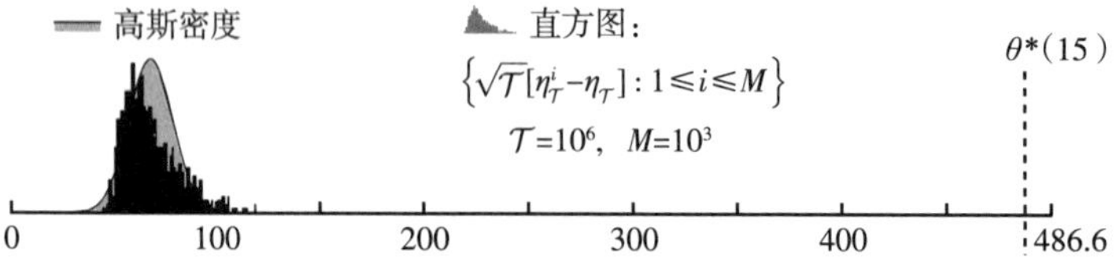

图 6.5　对于应用于六状态示例的沃特金斯算法，折扣因子 $\gamma=0.8$，$\theta(15)$的 $M=10^3$ 个独立估计值的直方图，时间范围 $\mathcal{N}=10^6$。在 M 个实验中，算法初始化为 $\theta_0=\mathbf{0}$

6.7.4 节包含了一个 CLT 具有高度预测性的例子，当我们介绍 RL 时，还有其他的例子（回顾一下围绕图 1.3 的讨论，或者往后参见 8.4 节和 9.8.2 节）。

6.7.2　渐近方差和混合时间

"混合时间"被非形式化地定义为马尔可夫链达到近似稳态分布所需的迭代次数。这可以通过引入 $\varepsilon>0$ 来"近似"地定量表述，并令 $T(\varepsilon)>0$ 表示最小时间，即

$$|P^n(x,A)-\pi(A)|\leqslant\varepsilon, \text{对于所有 } n\geqslant T(\varepsilon), A\subset X$$

这意味着，对于所有的 x 和满足 $|f(x)|\leqslant 1$ 的函数 f: $X\to\mathbb{R}$，下面的界成立：

$$|\mathsf{E}_x[f(X(n))-\pi(f)]|\leqslant 2\varepsilon, \text{对于所有 } n\geqslant T(\varepsilon)$$

由此可见，对于某些 $A\in\mathcal{B}(X)$，使左侧最大化的函数 f，可以取为 $f^*(x)=2\mathbb{1}_A-1$ 的形式。在有限状态空间环境中，我们可以取 $A=\{y:P^n(x,y)\geqslant\pi(y)\}$。

在有限状态空间环境中，直接从定理 6.2 和相关的讨论可以看出，如果存在一个 $\boldsymbol{P}$ 的特征值 λ 满足 $\lambda\neq 1$ 但是 $|\lambda|\sim 1$，那么混合时间将非常大。特别地，如果 λ 在单位圆上，使 $|\lambda|=1$，那么混合时间是无穷大的。这方面的一个例子是一个双状态马尔可夫链，其中 $X=\{1,2\}$，转移矩阵 $\boldsymbol{P}(i,j)=1$，如果 $i\neq j$：

$$\boldsymbol{P}=\begin{bmatrix}0 & 1\\ 1 & 0\end{bmatrix}$$

$\boldsymbol{P}$ 的特征值为 $\lambda_1=1$ 和 $\lambda_2=-1$。马尔可夫链确定性地在两种状态之间循环。第二个特征值 $\lambda_2=\mathrm{e}^{2\pi j/T}$ 且 $T=2$，它反映了周期 2 动态或倍周期动态。因此，混合时间是无穷的。这对模拟有什么影响？

通常认为，较大的混合时间意味着蒙特卡罗方法需要很长时间才能收敛。这在双态的例子中显然是错误的，因为对于任何函数 $c:X\to\mathbb{R}$，

$$\eta_n=\frac{1}{n}\sum_{k=0}^{n-1}c(X(k))=\begin{cases}\eta & \text{如果 } n \text{ 是偶数}\\ \dfrac{n}{n+1}\eta+\dfrac{1}{n+1}c(X(n)) & \text{其他}\end{cases}$$

渐近方差为零，因为 η_n 以速率 $1/n$ 收敛到零。该算法的快速收敛性可用拟蒙特卡罗算法的一个实例来说明。

即使在高度不稳定的环境中，混合时间也很少告知我们有关渐近方差的信息。命题 6.6 告诉我们，对于某个 i，当 $|1-\lambda_i|$ 接近于零时，我们可以预期某个函数 c 的一个很大的渐近方差，并且也使我们确信 $|\lambda_i|\approx 1$ 通常没有问题。

命题 6.6 假设 $c:X\to\mathbb{R}$ 可以表示为特征向量的线性组合：

$$c(x)=\eta+\sum_{k=2}^{m}\boldsymbol{\beta}_k\boldsymbol{v}^k(x)$$

则

$$\sigma_{\mathrm{CLT}}^2=\sum_{x,y\in X}u(x)\boldsymbol{\Sigma}_\Delta(x,y)u^*(y)$$

其中，u^* 表示复共轭转置，且对于每个 $x,y\in X$，

$$u(x)=\sum_{i=2}^{m}\frac{1}{1-\boldsymbol{\lambda}_i}\boldsymbol{\beta}_i\boldsymbol{v}^i(x)$$

$$\boldsymbol{\Sigma}_\Delta(x,y)=\boldsymbol{\pi}(x)\mathbb{1}\{x=y\}-\sum_{z\in X}\boldsymbol{\pi}(z)P(z,x)P(z,y)$$

证明 首先注意到，如果任何一个特征向量 $\{\boldsymbol{v}^k\}$ 为复值，则某些系数 $\{\boldsymbol{\beta}_k\}$ 可能是复数的。

对于每个 $x\in X$，考虑鞅差序列：

$$\begin{aligned}\Delta_k(x)&=\mathbb{1}\{X(k)=x\}-\sum_{y}\mathbb{1}\{X(k-1)=y\}P(y,x)\\&=\mathbb{1}\{X(k)=x\}-P\{X(k)=x\mid X(0),\cdots,X(k-1)\}\end{aligned}$$

并令 Δ_k 表示对应的 m 维向量序列。不难确定 $\boldsymbol{\Sigma}_\Delta$ 是这个序列的稳态协方差。在矩阵形式中，我们有 $\boldsymbol{\Sigma}_\Delta=\boldsymbol{\Pi}-\boldsymbol{P}^{\top}\boldsymbol{\Pi}\boldsymbol{P}$，其中 $\boldsymbol{\Pi}=\mathrm{diag}(\boldsymbol{\pi})$（是一个 $m\times m$ 对角矩阵，其元素为 $\boldsymbol{\pi}(x)$）。
在没有任何平稳性假设的情况下，对于任意 $i\geqslant 2$，我们有

$$\Delta_k^i\stackrel{\text{def}}{=}\sum_x\boldsymbol{v}^i(x)\Delta_k(x)=\boldsymbol{v}^i(X(k))-\boldsymbol{\lambda}_i\boldsymbol{v}^i(X(k-1))$$

两侧取平均值，得

$$\begin{aligned}\frac{1}{n}\sum_{k=1}^{n}\Delta_k^i&=\frac{1}{n}\sum_{k=1}^{n}\{\boldsymbol{v}^i(X(k))-\boldsymbol{\lambda}_i\boldsymbol{v}^i(X(k-1))\}\\&=(1-\boldsymbol{\lambda}_i)\frac{1}{n}\sum_{k=0}^{n-1}\boldsymbol{v}^i(X(k))+\frac{1}{n}[\boldsymbol{v}^i(X(n))-\boldsymbol{v}^i(X(0))]\end{aligned}$$

两侧乘以$\beta_i/(1-\lambda_i)$并求和

$$\frac{1}{n}\sum_{k=1}^{n}\Delta_k^c \stackrel{\text{def}}{=} \eta+\frac{1}{n}\sum_{k=1}^{n}\sum_{i=2}^{m}\frac{1}{1-\lambda_i}\beta_i\Delta_k^i$$
$$=\eta_n+\frac{1}{n}\sum_{i=2}^{m}\frac{1}{1-\lambda_i}\beta_i[\boldsymbol{v}^i(X(n))-\boldsymbol{v}^i(X(0))]$$

由此可见，渐近方差σ^2_{CLT}与在稳态下鞅差序列$\{\Delta_k^c\}$的普通方差相一致。如果对一个i，$|\beta_i/(1-\lambda_i)|$是大的，则可以预计渐近方差也是非常大的。向量$\boldsymbol{\beta}$完全依赖于函数c，如果特征值λ_i接近于1，则$|1/(1-\lambda_i)|$的值很大。 □

6.7.3 样本复杂度

如果随机置信区间没有给出置信值怎么办？确定性置信区间需要所谓的有限n边界，例如，

$$P\{|\eta_n-\eta|\geqslant r/\sqrt{n}\}\leqslant \bar{B}(n,r) \tag{6.42}$$

其右侧是可计算的。更常见的是考虑误差超过固定值$\varepsilon>0$的概率，以及一个如下形式的边界：

$$P\{|\eta_n-\eta|\geqslant\varepsilon\}\leqslant \bar{b}\ \exp(-n\bar{I}(\varepsilon)) \tag{6.43}$$

其中$\bar{b}$是一个有限常数，$\bar{I}(\varepsilon)>0$且$\varepsilon>0$。这引出了用于估计均值的样本复杂度边界——该术语在8.2节中将以更一般的情况进行解释。

在大多数应用中，你可能无法如愿以偿。如果你希望式(6.42)或式(6.43)右侧具有显式值，那么你需要对马尔可夫模型和成本函数进行实质性假设。例如，对有限状态空间的马尔可夫链，边界是可获得的，但是这样的边界是非常松散的，除非有大量的先验知识可用。有关背景知识，请参阅6.11节。

下面的例子说明了可能出现的错误。

6.7.4 一个简单示例

例6.2.3中引入的M/M/1队列应该是高效模拟的最佳场景。当$\rho<1$时，该马尔可夫链具有以下性质：

(i) 唯一不变的pmf是几何级的：$\pi(x)=(1-\rho)\rho^x, x=0,1,2,\cdots$。

(ii) 无跳跃：对于所有k，$|X(k+1)-X(k)|\leqslant 1$。

(iii) 它是几何遍历的：式(6.6)中的极限在几何上对于所有x，S都成立。

(iv) 它是可逆的：这意味着逆转时间的方向不会改变稳定状态下$\boldsymbol{X}$的统计量。等价地，详细的平衡方程成立：

$$\pi(x)P(x,y)=\pi(y)P(y,x),\quad x,y\in\mathsf{X}=\{0,1,2,\cdots\}$$

这些理想的特性应该对模拟有积极的影响。

事实上，M/M/1队列和其他无跳跃的马尔可夫链具有一定的挑战性，例如，一个简单任务是估计稳态均值$\eta=\pi(c)$，其中$c(x)=x$。我们不需要模拟，因为我们知道π，则

$$\eta=(1-\rho)\sum_{n=0}^{\infty}n\rho^{n}=\frac{\rho}{1-\rho}$$

接下来的实验说明了在状态空间不是有限的情况，即使是最简单的例子也会出错。

挑战

#1 渐近方差是巨大的。

#2 CLT 成立，但对于有限 n，经验分布似乎是偏斜的。

#3 没有已知的样本复杂度边界。

普通方差为 $\sigma^2=\pi(\tilde{c}^2)=\pi(c^2)-\eta^2=\rho/(1-\rho)^2$。如#1 所述，渐近方差很大：

$$\sigma_{\mathrm{CLT}}^2=8\frac{1+o(1)}{(1-\rho)^4}=(8+o(1))\sigma^4$$

其中 $o(1)=O(1-\rho)$。这个近似源自文献[254，命题 11.3.1]。

图 6.6 说明了这个例子的 CLT，其中 $\rho=9/10$。直方图显示了 2×10^4 次独立运行的结果，初始条件独立于 π。渐近方差估计 $\sigma_{\mathrm{CLT}}^2\approx8(1-\rho)^{-4}$ 得到标准差近似 $\sigma_{\mathrm{CLT}}\approx283$，如图中所示。

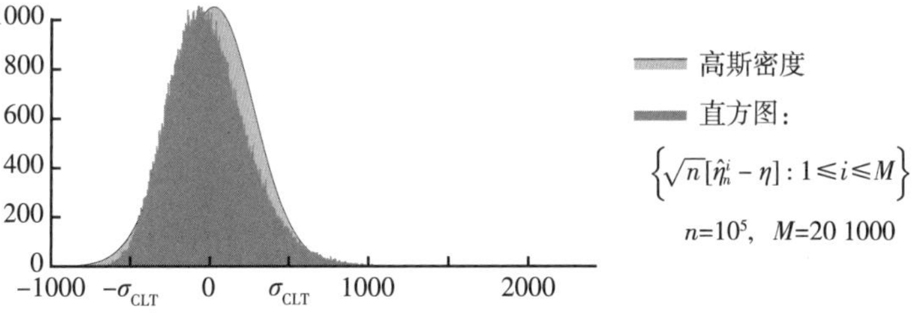

图 6.6　M/M/1 队列中均值估计的直方图

尽管在直方图中观察到偏斜，但在这个例子中，CLT 仍然是算法性能的可靠预测器。特别地，我们发现时间范围太短。考虑如下近似

$$P\{|\eta_n-\eta|>2\sigma_{\mathrm{CLT}}/\sqrt{n}\}\approx P\{|W|>2\}\approx0.05,\quad W\sim N(0,1)$$

当 $n=10^5$ 时，我们得到 $2\sigma_{\mathrm{CLT}}/\sqrt{n}\approx1.8=0.2\eta$。也就是说，在我们 5%的实验中，误差超过 20%。如果我们将时间范围增加到 $n=10^7$，那么在相同频率下误差降低到 2%。

无法获得形如式(6.43)的有限 n 边界，但我们可以建立以下(很不对称的)单侧渐近边界：对于函数 I_-，$I_+:\mathbb{R}_+\to\mathbb{R}_+$，且对所有的 $\varepsilon>0$，

$$\lim_{n\to\infty}\frac{1}{n}\log P\{\eta_n-\eta\leqslant-\varepsilon\}=-I_-(\varepsilon)<0 \tag{6.44a}$$

$$\lim_{n\to\infty}\frac{1}{n}\log P\{\eta_n-\eta\geqslant n\varepsilon\}=-I_+(\varepsilon)<0 \tag{6.44b}$$

第一个极限就是有限状态空间马尔可夫链的期望值。

第二个极限中的概率不是打印错误：它是误差超过 n 倍 ε 的概率。有关历史和资源，请

参阅 6.11 节。

解释不对称的来源并不难：首先观察到，η_n 对于所有的 n 都是非负的，因此，对于所有的大 n，$P\{\eta_n-\eta\leqslant -n\varepsilon\}=0$，这与式(6.44a)一致。要理解式(6.44b)，记 $\eta_n=n^{-1}S_n$ 且 $S_n=\sum_{k=0}^{n-1}X(k)$，这样

$$P\{\eta_n-\eta\geqslant n\varepsilon\}=P\{S_n\geqslant \eta n+n^2\varepsilon\}$$

大偏移的队列长度过程的例子如图 6.7 所示。在图中所示的每一条样本路径中，X 的最大高度大致与时域的长度成正比。部分和 S_n 可以看作$\{X(k):0\leqslant k\leqslant n-1\}$形成的轨迹下的面积，在这两个图的大部分运行中它的数量级为n^2。这与式(6.44b)一致。

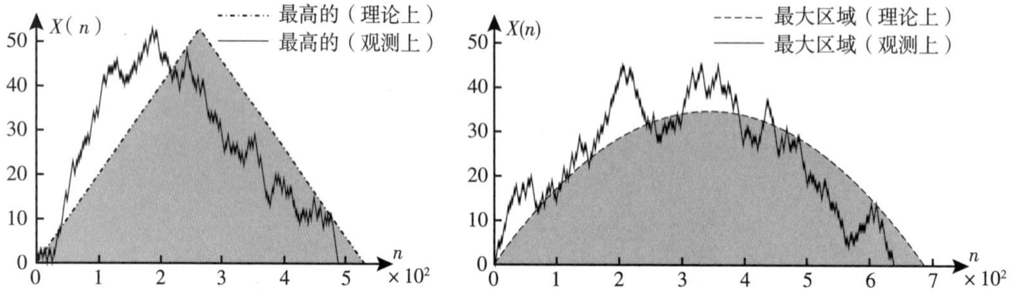

图 6.7　M/M/1 队列的样本路径：两次大的偏移

式(6.43)专注于罕见事件。也就是说，我们知道 $P\{|\eta_n-\eta|\geqslant\varepsilon\}$ 会很快趋于零。渐近协方差基于典型的性能，这有助于解释为什么 CLT 在非常一般的条件下成立。

6.7.5　通过设计消除方差

这里有一些应对高方差的技巧。

常见随机数

假设我们有一个由参数 $\theta\in\mathbb{R}^d$ 索引的马尔可夫链族：

$$X^\theta(k+1)=F(X^\theta(k),N(k+1);\theta) \tag{6.45}$$

对于函数 $c:\mathsf{X}\to\mathbb{R}$，我们的目标是通过最小化 $\eta_\theta=\pi_\theta(c)$ 来估计参数 $\theta^\star$，对于几个不同的 θ 值，如果使用式(6.37)来估计 η_θ，则对每个 θ 请确保多次利用样本路径$\{N(k):1\leqslant k\leqslant n\}$。

例如，考虑一个标量线性系统：

$$X^\theta(k+1)=(1-\theta)X^\theta+N(k+1)$$

其中 $\boldsymbol{N}$ 是 i. i. d. 的零均值干扰，$c(x)=x^2$，而我们的兴趣是在 $\theta\in\mathbb{R}$ 上最小化目标 $\Gamma(\theta)=(\theta^2+1)\eta^\theta$。对于这个简单的例子，这很容易计算出来：

$$\Gamma(\theta)=\frac{(\theta^2+1)}{1-(1-\theta)^2}\sigma_N^2$$

图6.8比较了分别用共同随机数得到的估计和用独立随机性得到的估计(意味着对于 θ 的每个值，干扰 $N(k)$ 的样本是独立选择的)。使用共同随机数得到的图作为 θ 的函数是光滑的。

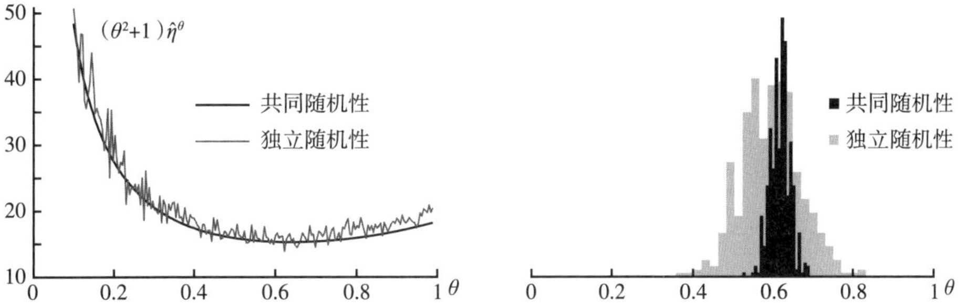

图6.8　用于减少相对方差的常见随机数

我们独立进行了500次实验，在每次实验中，对每种方法都进行最小化计算。图6.8所示的直方图说明：当使用共同随机数时，估计值 $\theta^\star\approx0.6$ 要可靠得多。

分割采样

考虑期望 $E[L(X(k),X(k+1))]$ 的估计，其中 X 是一个具有唯一不变 pmf π 的有限状态空间马尔可夫链。标准的估计器是

$$\hat{L}_N=\frac{1}{N}\sum_{k=0}^{N-1}L(X(k),X(k+1)) \tag{6.46}$$

如果转移矩阵 $\boldsymbol{P}$ 的第二特征值接近于1，则马尔可夫链 X 的混合时间会变慢，这将对收敛速率产生不利影响。在这种情况下，可以使用下面的变体，即分割采样。令 X^1 表示一个边界为 π 的 i.i.d. 序列。构造第二个随机过程如下：对于每个 $k=1,2,\cdots$，随机变量 $X^2(k)$ 分两个阶段选择。首先，观测 $x=X^1(k-1)$ 的值。接下来，根据分布 $P(x,\cdot)$ 选择 $X^2(k)$ 的值，该值独立于 $\{X^1(j),X^2(j):j\leqslant k-1\}$。基于这两个随机过程，迭代 N 次时的估计由下式定义：

$$\hat{L}_N=\frac{1}{N}\sum_{k=0}^{N-1}L(X^1(k),X^2(k+1)) \tag{6.47}$$

有关如何获得该估计值的渐近方差表达式，以及如何将其与标准估计器进行比较的说明，请参见习题6.15。当 $\sigma^2_{\mathrm{CLT}}>>\sigma$ 时，可以预期方差显著减少。

控制变量

假设有一个 d 维随机过程 $\{\Delta(k)\}$，它与序列 $\{c(X(k))\}$ 相关，并且我们知道其稳态均值为零。也就是说，对于每一个 $1\leqslant i\leqslant d$，下列极限以概率1成立：

$$\lim_{n\to\infty}\frac{1}{n}\sum_{k=0}^{n-1}\Delta_i(k)=0$$

对于每一个 $v\in\mathbb{R}^d$，记 $\Delta_v(k)=\sum v_i\Delta_i(k)$，并定义新的估计序列：

$$\eta_n^v = \frac{1}{n}\sum_{k=0}^{n-1}[c(X(k)) + \Delta_v(k)] \tag{6.48}$$

在某些情况下，显著减少方差是可能的——有关例子和资源，请参阅6.11节。

状态加权与似然比

考虑相对于不变概率测度 π 定义的均方误差(见式(6.22))。最小化这个损失函数的算法可能会受到非常大的方差的影响。减少方差的一种方法是引入加权函数 w: $X \to \mathbb{R}_+$(也可以解释为非归一化似然比)。加权均方误差表示为

$$\| \hat{h} - h \|^2_{\varpi, w} = E[[\hat{h}(X(k)) - h(X(k))]^2 w(X(k))] \quad 其中\ X(k) \sim \pi \tag{6.49}$$

例如，在M/M/1队列模型的例子中，π 是几何的，h 是 x 的二次函数，我们可以选择 $w(x) = 1/(1+x^4)$，这样在期望内的乘积是有界的。

6.8 灵敏度和纯演员方法

现在让我们转向一个控制问题。与第一部分中提出的反馈表示不同，我们提出的是一个参数化族 $\{P_\theta, \pi_\theta, c_\theta, \eta_\theta : \theta \in \mathbb{R}^d\}$，并遵循以下假设：

一个关于马尔可夫族的假设 有一个共同的状态空间 X，对于每一个 θ：

▲ 对于 P_θ 来说，π_θ 是不变的。

▲ $c_\theta : X \to \mathbb{R}$，且 $\eta_\theta = \pi_\theta(c_\theta)$。

▲ 存在泊松方程的一个解 h_θ：

$$c_\theta + P_\theta h_\theta = h_\theta + \eta_\theta \tag{6.50}$$

▲平均成本 η_θ 和 θ 的其他函数关于 θ 是连续可微的。

η_θ 和 h_θ 是 θ 的连续可微函数的假设不是很强的。有关如何获得 h_θ 的梯度表示的提示，请参见例6.21，它取决于对参数化模型的温和假设。6.11节包含了具有完整细节的参考文献。

控制目标是对所有的 $\theta \in \mathbb{R}^d$ 最小化损失函数 $\Gamma(\theta) = \eta_\theta$，并且如第4章所述，我们的方法是近似梯度下降：$\frac{\mathrm{d}}{\mathrm{d}t}\vartheta_t = -\nabla \Gamma(\vartheta_t)$。

20世纪60年代的一个公式提供了一种近似梯度的方法，该方法基于所谓的评分函数(score function)，针对有限状态空间模型，其定义如下：

$$S^\theta(x, x') = \nabla_\theta \log(P_\theta(x, x')), \quad x, x' \in X \tag{6.51}$$

引理6.7只是对该定义的重述，让人想起对数梯度的链式法则。

引理6.7 对于有限状态空间马尔可夫链，以及任意函数 $g: X \to \mathbb{R}$，有

$$\nabla_\theta\Big\{\sum_{x'} P_\theta(x,x')g(x')\Big\} = \sum_{x'} P_\theta(x,x')S^\theta(x,x')g(x') \qquad \square$$

以下表述的证明可在本节末尾找到。

定理 6.8(灵敏度定理)　假定本节的假设成立，且 X 是有限的，$c_\theta(x)$ 在 θ 上对于每个 x 都是连续可微的，且对于 $P_\theta(x,x')>0$，评分函数在每一个 θ 值上都是连续的。那么

$$\nabla\Gamma(\theta) = E_{\pi_\theta}[\nabla_\theta c_\theta(X(k)) + S^\theta(X(k),X(k+1))h_\theta(X(k+1))] \tag{6.52}$$

其中期望处于稳定状态。

第 8 章的随机近似理论将引入随机梯度下降(SGD)算法：

$$\begin{aligned}\theta_{n+1} &= \theta_n - \alpha_{n+1}\breve{\nabla}_\Gamma(n+1)\\ \breve{\nabla}_\Gamma(n+1) &\stackrel{\text{def}}{=} [\nabla_\theta c_\theta(X(n)) + S^\theta(X(n),X(n+1))h_\theta(X(n+1))]\big|_{\theta=\theta_n}\end{aligned} \tag{6.53}$$

其中$\{\alpha_n\}$是一个步长序列，如前面许多章节所示。在实践中，很可能我们已经设计了 P_θ 和 c_θ，所以可以使用评分函数。这种算法的一个挑战是在每次迭代 n 时与计算 h_{θ_n} 相关的计算复杂性。

θ 的更新方程是强化学习文献中演员的一个例子，相对价值函数 h_{θ_n} 是在迭代 n 时的评论家。第 10 章中将介绍的演员-评论家方法提供了式(6.53)的一种计算上可行的表示，其中相对价值函数的估计与参数 θ^* 的估计同时进行，并最小化 Γ。

如何为一般状态空间定义评分函数？假设 $X=\mathbb{R}^n$ 并且有一个转移密度：

$$P_\theta(x,A) = \int_{y\in A} p_\theta(x,y)\,\mathrm{d}y, \quad x\in X, A\in\mathcal{B}(X)$$

在这种情况下，定义类似于有限状态空间的情况：

$$S^\theta(x,x') = \nabla_\theta \log(p_\theta(x,x')), \quad x,x'\in X \tag{6.54}$$

引理 6.7 仍然适用于评分函数的这一定义，但要服从密度的光滑假设和 g 的生长条件。

例如，考虑具有加性噪声的非线性模型，$X(k+1)=F(X(k);\theta)+N(k+1)$，其中 N 的边际密度为 p_N。对于 $g:X\to\mathbb{R}$，我们有

$$P_\theta g(x) = \int g(F(x;\theta)+z)p_N(z)\,\mathrm{d}z$$

因此，$\nabla P_\theta g$ 似乎需要 g 的微分。通过变量变换 $y=\boldsymbol{F}(x;\theta)+z$ 可以避免这一问题：

$$P_\theta g(x) = \int g(y)p_\theta(x,y)\,\mathrm{d}y, \quad p_\theta(x,y) = p_N(y-F(x;\theta))$$

由此，我们得到了引理 6.7 的一个版本：

$$\begin{aligned}\nabla_\theta P_\theta g(x) &= \mathsf{E}[g(X(k+1))S^\theta(X(k),X(k+1)) \mid X(k)=x]\\ S^\theta(x,x') &= \nabla_\theta \log\{p_N(x'-F(x;\theta))\}, \quad x,x'\in X\end{aligned} \tag{6.55}$$

定理 6.8 的证明　对于每一个 x 和 θ，展开泊松方程，可得

$$c_\theta(x)+\sum_{x'}P_\theta(x,x')h_\theta(x')=h_\theta(x)+\Gamma(\theta)$$

然后对两侧求梯度，并应用乘积法则：

$$\nabla c_\theta(x)+\sum_{x'}\{[\nabla P_\theta(x,x')]h_\theta(x')+P_\theta(x,x')\nabla h_\theta(x')\}=\nabla h_\theta(x)+\nabla\Gamma(\theta)$$

评分函数的引入只是为了让我们可以将 P_θ 从左侧的括号中移出来(本质上是引理 6.7 的应用)，由此得到

$$\nabla c_\theta(x)+\sum_{x'}P_\theta(x,x')\{S^\theta(x,x')h_\theta(x')+\nabla h_\theta(x')\}=\nabla h_\theta(x)+\nabla\Gamma(\theta)$$

两侧分别乘以 $\pi_\theta(x)$ 并求和得到

$$\begin{aligned}&E_{\pi_\theta}[\nabla c_\theta(X(k))+S^\theta(X(k),X(k+1))h_\theta(X(k+1))+\nabla h_\theta(X(k+1))]\\&=E_{\pi_\theta}[\nabla h_\theta(X(k))]+\nabla\Gamma(\theta)\end{aligned}$$

从两侧消去 $E_{\pi_\theta}[\nabla h_\theta(X(k+1))]=E_{\pi_\theta}[\nabla h_\theta(X(k))]$，则证明完成。 □

6.9 一般马尔可夫链的遍历理论*

马尔可夫链的谱理论可以扩展到远远超出有限状态空间的范围。特别地，可以对定理 6.2 进行完全的推广，称为 *V 一致遍历定理*[257]。虽然遍历理论和关于泊松方程的解的边界在本书的其余部分中很重要，但你需要查阅其他资料来获得详细信息：在文献[254]的附录中可以找到带有参考文献的综述，并且这里提供了一个概述。

6.9.1 分类

对于一般状态空间上的一个马尔可夫链，$\lambda_1=1$ 是一个右特征值依旧成立。回顾式(6.9b)中的表示，我们有 $P\mathbf{1}=\mathbf{1}$，其中 $\mathbf{1}$ 表示一个函数：对于所有的 $x\in X$，$\mathbf{1}(x)=1$，更一般地，对于每个 $k\geqslant 1$ 和 $x\in X$，

$$P^k\mathbf{1}(x)=E[\mathbf{1}(X(r+k))\mid X(r)=x]=1$$

传统上，定理 6.2 中出现的关于特征值的假设被下面的不可约性和非周期性的概念所取代。确定了 ψ 在 X 上的概率测度，然后我们就有以下分类：

马尔可夫链的分类

(i) 对于满足 $\psi(A)>0$ 的任意集合 $A\in\mathcal{B}(X)$ 和任意 $x\in X$，如果有 $n\geqslant 1$ 使得 $P^n(x,A)>0$，则该链是 ψ 不可约的。

(ii) 对于满足 $\psi(A)>0$ 的任意集合 $A\in\mathcal{B}(X)$ 和任意 $x\in X$，如果有 $n_0\geqslant 1$ 使得

$$P^n(x,A)>0,\quad n\geqslant n_0$$

则该链是非周期的。

这些定义似乎无法验证：如何测试每个 $A\in\mathcal{B}(X)$？一种方法是通过验证一个极小化条件：称集合 $S\in\mathcal{B}(X)$ 是小的，如果有一个概率测度 $\nu,\delta>0$，以及一个时刻 n 使得，

$$P^n(x,A)\geqslant\delta\upsilon(A),\quad x\in S,A\in\mathcal{B}(X) \tag{6.56}$$

这并不像看起来那么难验证。例如，如果 $X=\mathbb{R}^n$，并且 P^n 的密度是连续的，则很容易构造小集合。

引理 6.9　假设一对 (S,υ) 满足式(6.56)。那么：

(i) 对于每一个 $x_0\in X$，假设 $\sum_{k=0}^{\infty}P^k(x_0,S)>0$，则这个链是 ψ 不可约的，其中 $\psi=\upsilon$。

(ii) 假设对任意 $x\in X$，存在 $n_0\geqslant1$ 满足

$$P^n(x,S)>0,\quad n\geqslant n_0$$

则该链也是非周期性的。

当 X 是可数的时，情况就更简单了，因为每个单例都很小(一个集合 S 只由一个元素组成)。假设对于任意的 $x_0\in X$，有 $x^{\cdot}\in X$ 满足

$$\sum_{k=0}^{\infty}P^k(x_0,x^{\cdot})>0$$

应用引理 6.9，使用 $S=\{x^{\cdot}\}$，我们看到链是 υ 不可约的，且 $\upsilon(\cdot)=P(x^{\cdot},\cdot)$。在这种情况下，单链这个词被替代为 ψ 不可约(或者，如果我们想强调特定的可达状态 $x^{\cdot}$，我们说链是 $x^{\cdot}$ 不可约的)。非周期性的定义也更容易验证：存在 $n_0\geqslant1$ 使其满足

$$P^n(x^{\cdot},x^{\cdot})>0,\quad n\geqslant n_0 \tag{6.57}$$

不变 pmf π 的一个著名表示形式是卡茨(Kac)定理。

命题 6.10(卡茨定理)　假设 X 是可数状态空间上的一个马尔可夫链。假设 $x^{\cdot}\in X$ 满足 $E_{x^{\cdot}}[\tau_{x^{\cdot}}]<\infty$。那么存在一个不变 pmf 满足 $\pi(x^{\cdot})>0$，且对于所有函数 g，$\pi(|g|)$ 是有限的，

$$\pi(g)\overset{\text{def}}{=}\sum\pi(x)g(x)=\pi(x^{\cdot})E_{x^{\cdot}}\left[\sum_{k=0}^{\tau_{x^{\cdot}}-1}g(X(k))\right] \tag{6.58}$$

如果 Φ 是单链的，则不变 pmf 是唯一的。 □

与有限状态空间情形的联系将在下面命题中进行阐述。

命题 6.11　对于有限状态空间马尔可夫链，下列陈述等价：

(i) 特征值 $\lambda_1=1$ 不重复⇔单链假设成立。

(ii) 特征值 $\lambda_1=1$ 是唯一满足 $|\lambda|=1$ 的特征值，并且这个特征值不重复⇔链是非周期的。 □

6.9.2　李雅普诺夫理论

回顾一下，强制性假设对于确定性环境中的李雅普诺夫函数是一个有用的性质：V 是强

制性的意味着，对于任意 r，下水平集 $S_V(r)$ 是 X 的一个有界子集。在 ψ 不可约的马尔可夫链理论中，下水平集是小的，这是由直接假设或其他假设的结果决定的。下面的两个李雅普诺夫条件(V3)和(V4)就是例子。每当状态在一个小集合之外时，这些边界中的每一个都意味着一个“负漂移”：

$$E[V(X(k+1))\mid X(0),\cdots,X(k)]<V(X(k)),X(k)\notin S$$

假设式(V3)是式(6.27)的一个改进版本。

定理 6.12(泊松方程的李雅普诺夫条件)　假设马尔可夫链是 ψ 不可约的，并且存在以下李雅普诺夫界的一个解：对于 X 上的一个非负价值函数 V，有一个小集合 $S\in\mathcal{B}(X)$，$b<\infty$，函数 $f:X\to[1,\infty)$，

$$PV(x)\leqslant V(x)-f(x)+b\mathbb{1}_S(x),\quad x\in X \tag{V3}$$

那么存在一个唯一的不变概率测度 π。它满足 $\pi(f)<\infty$，并且对满足

$$\sup_x\frac{|c(x)|}{f(x)}<\infty$$

的任何函数 $c:X\to\mathbb{R}$，以下附加结论都成立：

(i) 式(6.23)存在一个解，其中 $\eta=\pi(c)$ 和

$$\sup_x\frac{|h(x)|}{V(x)+1}<\infty$$

(ii)假设下水平集 $S_c(r)$ 对于每个 r 都很小或为空，其中

$$S_c(r)=\{x\in X:c(x)\leqslant r\}$$

那么可以选择(i)中的函数 h，使得对于每个 x 有 $h(x)\geqslant 0$。□

式(V3)下也有遍历定理，详情见文献[257]。

在大多数情况下，可以获得更强的漂移条件，由此我们也能获得一个更强的几何遍历性形式。将李雅普诺夫函数作为一个加权函数来解释，在以下定义中将极其有用。为此，对于每个 x，我们假设 $V(x)\geqslant 1$，并对于 $c:X\to\mathbb{R}$，记

$$\|c\|_V=\sup_x\frac{|c(x)|}{V(x)}$$

令 L_∞^V 表示所有博雷尔可测函数的集合，该集合是有限的。我们称马尔可夫链是 V 一致遍历的，如果存在一个不变测度 π，以及常数 $\rho<1$，$B<\infty$，使得对于任意 $c\in L_\infty^V$，有

$$|E_x[c(X(k))]-\pi(c)|\leqslant B\rho^k\|c\|_V V(x),\quad k\geqslant 0,x\in X \tag{6.59}$$

或者，用算子理论表示，记 $\tilde{c}=c-\pi(c)$，则

$$\|P^k\tilde{c}\|_V\leqslant B\rho^k\|c\|_V,\quad k\geqslant 0$$

定理 6.13 (V一致遍历的李雅普诺夫条件)　假设马尔可夫链是 ψ 不可约和非周期的，并且

对于函数 $V: X \to [1, \infty)$，常数 $\varepsilon > 0$，$b < \infty$，以及一个小集合 $S \in \mathcal{B}(X)$，以下漂移条件成立：

$$PV(x) \leqslant (1-\varepsilon)V(x) + b\mathbb{1}_S(x), \quad x \in X \tag{V4}$$

那么马尔可夫链是 V 一致遍历的。 □

事实上，我们可以在式(6.59)中识别状态依赖关系，这是一个极好的消息。但不幸的是，获得 B 或 ρ 的边界并不容易[232,256,302,303]。

6.10 习题

本章有很多习题：为了本书最后几章的学习，理解这些材料和表示是非常重要的。

6.1 考虑在 $X = \{0,1\}$ 上的双状态马尔可夫链，其转移矩阵为

$$\boldsymbol{P} = \begin{bmatrix} \frac{9}{10} & \frac{1}{10} \\ \frac{1}{4} & \frac{3}{4} \end{bmatrix}$$

(a) 首先，从概率上思考：解释一下为什么从起始点 $X(0) = 0$ 到 $x = 1$ 的第一次到达时间或首达时间在 $\{1, 2, \cdots\}$ 上服从几何分布。使用命题 6.10(卡茨定理)计算不变 pmf $\boldsymbol{\pi}$。

剩下的就是代数问题了：

(b) 求如下 P 的谱表示：

$$P = \lambda_1 \boldsymbol{v}^1 \boldsymbol{\mu}^1 + \lambda_2 \boldsymbol{v}^2 \boldsymbol{\mu}^2$$

其中 $\{\lambda_i\}$ 为特征值，$\boldsymbol{\mu}^i$ 是左特征向量(取为行向量)，$\{\boldsymbol{v}^i\}$ 是右特征向量(取为列向量)。

(c) 根据(b)找到 P^n 的一个表达式。$P^n(i,j)$ 以什么速率趋于 $\boldsymbol{\pi}(j)$？

(d) 选择一对二维向量 $\boldsymbol{w}$ 和 $\boldsymbol{v}$，则乘积 $\boldsymbol{w}\boldsymbol{v}^{\top}$ 是 2×2 矩阵(为了强调，在本书中通常写成 $\boldsymbol{w} \otimes \boldsymbol{v}$)。计算逆

$$\boldsymbol{G} = [\boldsymbol{I} - (\boldsymbol{P} - \boldsymbol{w}\boldsymbol{v}^{\top})]^{-1}$$

并验证行向量 $\boldsymbol{v}\boldsymbol{G}$ 与 $\boldsymbol{\pi}$ 成正比。如果你运气不好，则逆不存在；如果是这样，那就再换一对向量！

这是 3.2.3 节中的佩龙-弗罗贝尼乌斯构造的一个例子，对于这个构造，有理论可以保证可逆性。另一个例子见习题 6.20。

6.2 设 $\boldsymbol{X} = (X(0), X(1), X(2), \cdots)$ 表示一个在三元素状态空间 $X = \{1,2,3\}$ 上的马尔可夫链。其转移矩阵的形式如下：

$$\boldsymbol{P} = \begin{bmatrix} 1-\varepsilon_2 & \varepsilon_2 & 0 \\ \varepsilon_1 & 1-2\varepsilon_1 & \varepsilon_1 \\ 0 & \varepsilon_2 & 1-\varepsilon_2 \end{bmatrix} \quad (\text{所有元素都是非负的})$$

(a) 验证 $\boldsymbol{v}=(\varepsilon_1,\varepsilon_2,\varepsilon_1)^{\top}$ 是一个左特征向量：

$$\boldsymbol{v}^{\top}\boldsymbol{P}=\boldsymbol{v}^{\top}$$

并从中求得 $\boldsymbol{\pi}$。

(b)求出 $\boldsymbol{P}$ 的所有特征值(手动执行计算)。

(c) 验证当 $k\to\infty$时，对于任意 $i,j,P^k(i,j)$收敛到极限 $\pi(j)$。

(d) 固定 $\boldsymbol{P}$ 的数值，为 $\varepsilon_1,\varepsilon_2$ 选择较小的不同值。在 $0\leqslant k\leqslant 100$ 时绘制 $\log(\boldsymbol{P}\{X(k)=1\mid X(0)=1\})$ 的函数图。在同一张图上，绘制 $\log(|\boldsymbol{\lambda}_2|^k)$ 的函数图，其中 $\boldsymbol{\lambda}_2$ 为 $\boldsymbol{P}$ 的“第二特征值”(即第二大的特征值)。讨论你的发现。

6.3 条件期望和对第 9 章的准备。假设 X 和 Y 是具有有限二阶矩的标量值随机变量。条件期望 $\hat{X}=E[X\mid Y]$被定义为最小范数问题的解：$\hat{X}=g^{\star}(Y)$，其中

$$g^{\star}=\arg\min_{g}\Gamma(g)\stackrel{\text{def}}{=}\arg\min_{g}E[(X-g(Y))^2]$$

考虑 $X=1/(1+Y)$，其中 Y 均匀分布在区间$[0,1]$上。

(a) 通过构造 g^{*} 计算 $E[X\mid Y]$，并得到 $\Gamma(g^{*})=0$。

(b)在许多应用中，这并不容易计算，所以我们选择一个近似值。通常将其限制到有限维的函数集。也就是说，对于 d 维，假设我们有 d 个函数$\{\psi_1,\cdots,\psi_d\}$，对于 $\theta\in\mathbb{R}^d$，记 $g_\theta=\sum_k\theta_k\psi_k$，并定义 $X=g_{\theta^*}(Y)$，且

$$\theta^*=\arg\min_{\theta}\Gamma(g_\theta)$$

基于如下期望求 θ^* 的一个表达式：

$$R^{\psi}_{i,j}=E[\psi_i(Y)\psi_j(Y)],\quad \bar{\psi}^{X}_{i}=E[\psi_i(Y)X]$$

(c)讨论一下你将如何使用模拟来计算(b)的解。例如，给定 i. i. d. 样本$\{Y_k\}$，每个样本在$[0,1]$上服从均匀分布，你将如何计算?

(d) 根据你选择的基底(可以是傅里叶或多项式)，计算或近似 θ^*，其中 $d=1,2,3,4,5$。在同一张图上，显示 $g_{\theta^*}(y)$作为 $0\leqslant y\leqslant 1$ 的函数的五幅图，还包括一个 g^* 的图。如果你的基底是合理的，那么你应该得到一个很好的近似值，而且 d 不是太小。

6.4 令 X 为有限状态空间 $\mathsf{X}=\{1,\cdots,N\}$ 上的时间同质马尔可夫链，并令 $\boldsymbol{P}$ 表示 $N\times N$ 的转移矩阵。对于任意函数 $h:\mathsf{X}\to\mathbb{R}$，回想一下光滑的性质：

$$E[h(X(k+2))\mid X(k)]=E[E[h(X(k+2))\mid X(k),X(k+1)]\mid X(k)]$$

解释一下这是如何蕴含着两步转移矩阵表示的：对于每个 $i\in\mathsf{X}$，

$$E[h(X(k+2))\mid X(k)=i]=\sum_j\boldsymbol{P}^2(i,j)h(j)$$

其中$\boldsymbol{P}^2\stackrel{\text{def}}{=}\boldsymbol{P}\cdot\boldsymbol{P}$ 是通常的矩阵乘积，而$\boldsymbol{P}^2(i,j)$是$\boldsymbol{P}^2$ 的第(i,j)个元素。

6.5 用于李雅普诺夫函数构造的 ODE 方法。考虑非线性状态空间模型

$$X(k+1)=X(k)+F(X(k))+sN(k+1)$$

其中 F 是例 2.13 中向量场的缩放尺度：

$$F(x)=\delta\frac{1-\mathrm{e}^x}{1+\mathrm{e}^x}=-\delta\tanh(x/2),\quad \delta>0$$

干扰 $\{N(k)\}$ 是 i.i.d.，且在 $[-1,1]$ 上是均匀的。也就是说，其密度在 $-1\leqslant x\leqslant 1$ 区间上得到了支持，且 $f_N(x)=1/2$。

取在例 2.13 中获得的连续时间模型的函数 V，看看是否可以建立一个类似的界：$PV\leqslant V-c+\bar{\eta}_s$，其中对于任何固定的 δ，$\bar{\eta}_s$ 可能会随着 s 呈立方增长。你可能需要稍微修改一下 V，这取决于你的选择。

你将在例 6.14 中检验所得到的边界 $\pi(c)\leqslant\bar{\eta}_s$。

6.6 设 P 为一个转移核，c：$X\to\mathbb{R}_+$ 为一个成本函数，$\gamma\in(0,1)$ 为折扣因子，并回想一下式(6.33)中定义的折扣成本价值函数。首先，证明根据式(6.32)，式(6.33)成立。

(a) 在例 6.6.1 中，对于线性状态空间模型我们得到了 h_γ。为了获得一个解，需要稳定性吗？也就是说，我们是否需要 $|\alpha|<1$？

(b) 考虑一个有限状态空间的单链马尔可夫链。证明：

$$h_\gamma(x)=\tilde{h}_\gamma(x)+k(\gamma),\quad x\in X$$

其中 $\sup_{0<\gamma<1}|\bar{h}_\gamma(x)|$ 对于每个 x 都是有限的，$k(\gamma)$ 不依赖于 x。为此，你会发现以下内容很有用：$P^n(x,y)=\pi(y)+\tilde{P}^n(x,y)$[见式(6.19)]。

(c) 对具有式(6.21)的四状态马尔可夫链计算 $\tilde{h}_\gamma$ 和 $k(\gamma)$，其中 $c(x)=x$。

6.7 我们可以将泊松不等式扩展到与折扣情形更接近的情况。假设 (P,c,γ) 如例 6.6 中所示。对于如下“折扣”泊松不等式，我们再假设有一个解 $V:X\to\mathbb{R}_+$ 并且 $\bar{\eta}<\infty$：

$$\gamma PV\leqslant V-c+\bar{\eta}$$

(a) 证明 $h_\gamma\leqslant V+$常数，并确定该常数(一旦你回顾了使用泊松不等式获得的平均成本界，这就很容易了)。

(b) 在 $c(x)=x$ 的情况下，求 M/M/1 队列不等式的一个解。为了求一个解，负载条件 $\rho<1$ 有必要吗？

6.8 关于泊松方程。这个问题表明，必须谨慎解释动态规划方程的解。

对于 M/M/1 队列，在负载 $\rho=\alpha/\mu\in(0,1)$ 时，执行以下计算：

(a) 令 $V(x)=\rho^{-x}$，计算漂移：

$$\Delta(x)=PV(x)-V(x),\quad x=0,1,2,\cdots$$

(b) 计算 Δ 的稳态均值 m。为此，回顾一下该不变 pmf 是 $\pi(x)=(1-\rho)\rho^x$，因此 $m=\sum_x\pi(x)\Delta(x)$。验证该均值不等于零，同时还要验证 V 的均值不是有限的。

(c)计算带有强迫函数 Δ 的泊松方程的解 h:

$$Ph=h-\Delta+m$$

6.9 在非负整数 $\mathbb{Z}_+=\{0,1,2,\cdots\}$ 上考虑以下 M/M/1 队列的泛化或拓展问题。如果 $|n-m|>1$，则转移矩阵满足 $\boldsymbol{P}(n,m)=\boldsymbol{0}$。同样，对于马尔可夫链 $\boldsymbol{X}$,

$$|X(k+1)-X(k)|\leqslant 1, \text{对于每一个 } X(0) \text{ 和 } k\geqslant 1$$

这被称为生灭过程。

当存在不变 pmf π 时，验证该详细平衡方程成立。也就是说，

$$\pi(i)\boldsymbol{P}(i,j)=\pi(j)\boldsymbol{P}(j,i)$$

是否可以得到一个类似于 M/M/1 队列的 π 表达式?

6.10 考虑二维线性状态空间模型，

$$\boldsymbol{X}(k+1)=\boldsymbol{F}\boldsymbol{X}(k)+\boldsymbol{G}\boldsymbol{N}(k+1)$$

其中 $\boldsymbol{F}$ 是一个 2×2 矩阵，其特征值满足 $|\lambda|<1$，$\boldsymbol{G}\in\mathbb{R}^2$。干扰 $\boldsymbol{N}$ 在 $\mathbb{R}$ 上是 i. i. d. 的，具有零均值和有限方差。我们已经看到 $X(k)$ 依分布收敛于随机变量

$$\hat{X}_\infty=\sum_{i=0}^{\infty}\boldsymbol{F}^i\boldsymbol{G}\boldsymbol{N}(i)$$

依分布收敛意味着对于任何有界且连续的函数 $g:\mathbb{R}^2\to\mathbb{R}$,

$$\lim_{k\to\infty}E[g(X(k))]=E[g(\hat{X}_\infty)]$$

这种收敛对于任何给定的 $X(0)\in\mathbb{R}^2$ 都成立。此外，如果 $\boldsymbol{N}$ 是高斯的，那么 $\hat{X}_\infty$ 也是高斯的，具有协方差

$$\boldsymbol{\Sigma}_{X_\infty}=\sigma_N^2\sum_{i=0}^{\infty}\boldsymbol{F}^i\boldsymbol{G}\boldsymbol{G}^{\mathrm{T}}\boldsymbol{F}^{i\mathrm{T}}$$

找一个 $\boldsymbol{\Sigma}_{X_\infty}$ 的秩为 1 的例子，选择 $\boldsymbol{N}$ 的分布，使得 $\sigma_N^2=1$，然后如下进行:

(a) 找到一个(不连续的)函数 $g:\mathbb{R}^2\to\mathbb{R}$ 和一个初始条件 $X(0)$，对于所有的 k，$E[g(X(k))]=0$，而 $E[g(\hat{X}_\infty)]=1$(遍历性失败)。

(b) 求解泊松方程 $PV=V-c+\bar{\eta}$，其中 $c(x)=x_1^2$。
剩下的两部分是基于本例的模拟。

(c)平均值 $\{c(X(k)):1\leqslant k\leqslant T\}$，并观察值 $\bar{\eta}_T$ 是否近似 $\bar{\eta}$。你可以将其作为 T 的函数进行绘图(T 的范围应该比 $\operatorname{trace}(\boldsymbol{\Sigma}_{X_\infty})$ 大得多)。

(d) 观察 $\boldsymbol{X}$ 在 $\mathbb{R}^2$ 上的演化。选择两个初始条件：一个与 $\boldsymbol{G}$ 成正比，一个满足 $\boldsymbol{X}(0)^{\mathrm{T}}\boldsymbol{G}=0$。并且，选择 $\|\boldsymbol{X}(0)\|\gg\operatorname{trace}(\boldsymbol{\Sigma}_{X_\infty})$(比如说，放大 10 倍)。在讨论的同时提供 $\boldsymbol{X}$ 的绘图。

6.11 不稳定性判据。令 $\boldsymbol{X}$ 为非负整数 $X=\{0,1,2,\cdots\}$ 上的不可约马尔可夫链。也就是说，对于每个 $x^{\cdot}\in X$，马尔可夫链是 $x^{\cdot}$ 不可约的。

假设存在一个非负函数 $V:\mathsf{X}\to\mathbb{R}_+$ 满足 $PV\leqslant V$（这样的函数称为上调和函数）。

(a) 验证 $M(k)=V(X(k))$ 满足超鞅性质：

$$E[M(k+1)\mid M(0),\cdots,M(k)]\leqslant 0$$

建议：首先考虑有关 $X(0),\cdots,X(k)$ 的条件，然后应用条件期望的光滑性。如果对此种表达不熟悉，则跳转到(b)。

(b) 关于非负超鞅的一个有用的事实是，它们是收敛的：

$$M(\infty)\stackrel{\text{def}}{=}\lim_{k\to\infty}M(k)$$

其中极限以概率 1 存在，但可能取无穷大的值。

(c) 如果 V 不是恒等常数，则表明马尔可夫链是瞬态的。为此，你必须表明有两个状态 x 和 y，使得 $P\{\tau_y=\infty\mid X(0)=x\}>0$。

6.12 考虑 M/M/1 队列，当负载 $\rho=\alpha/\mu>1$ 时，系统是不稳定的。证明例 6.11 中由 $V(x)=\rho^{-x}$ 定义的函数 V 是上调和的。

6.13 仿真理论与实践。考虑具有式(6.21)的马尔可夫链。

(a)求不变 pmf π，以及 $c(x)\equiv x$ 时泊松方程 h 的解。为此，你可以复习一下在 3.2.3 节的佩龙-弗罗贝尼乌斯定理(也可见例 6.20)。

(b) 基于 π,h,c，计算 σ^2_{CLT}(回顾一下 6.7.1 节)。

(c) 利用 6.7 节中描述的批处理方法检验 σ^2_{CLT} 的预测值：运行 $M=500$(或更多)次的独立模拟以获得式(6.41a)中定义的 M 估计 $\{\eta_{\mathcal{N}}^i:1\leqslant i\leqslant M\}$。根据这些数据，基于 $\{\sqrt{\mathcal{N}}(\eta_{\mathcal{N}}^i-\eta_{\mathcal{N}}):1\leqslant i\leqslant M\}$ 的直方图得到近似 $\sigma^2_{\text{CLT}}(\mathcal{N})$。

重复 $\mathcal{N}=10^m$ 次，其中 $m=2,3,4,\cdots$(当你的计算机能力跟不上的时候就停下来)。讨论一下你的发现，特别地，对较小的 $\mathcal{N}$ 值，你的估计是否有助于你深入了解必须模拟多长时间才能获得 $\eta=\pi(c)$ 的良好估计?

6.14 仿真理论与实践。我们回到例 6.5 这个例子。

(a)如果你还没有这样做，那么求例 6.5 的解，并复习一下 6.6 节以理解为什么 $\pi(c)\leqslant\overline{\eta}_s$。

(b) 针对几组 δ 和 s 的值，数值求解泊松方程，并绘制出所得结果。

(c) 通过模拟至少 5 组 δ 值(小至 0.01，大至 0.5)和几组 s 值来估计 $\eta=\pi(c)$。执行多个独立运行以获得估计值的误差估计。

建议和警告

在开始之前，请回顾一下 6.7.5 节，特别是常见随机数的值。请记住，其动力学类似于队列模型，因为当 $|x|$ 很大时，其均值漂移

$$E[X(k+1)-X(k)\mid X(k)=x]=F(x)$$

几乎是恒定的(与 x 无关)。对于趋于零的 δ，稳态平均值 $\pi(c)$ 随着 δ^{-1} 增长，渐近方差 σ^2_{CLT} 随着 δ^{-4} 增长。

6.15 M/M/1 队列具有参数为 ρ 的几何 pmf。假设我们希望通过以下方式来估计自相关性：

$$R_N(1)=\frac{1}{N}\sum_{k=0}^{N-1}X(k)X(k+1)$$

因此，在式(6.47)的表示中，我们有 $L(X(k),X(k+1))=X(k)X(k+1)$。

(a) 计算或限制这个估计器的渐近协方差——对于 $\rho\sim1$ 时，它将是巨大的！

(b) 使用分割采样求如式(6.46)中所定义的渐近协方差的一个公式。这很简单，因为样本是 i. i. d. 的，并且 $\boldsymbol{X}$ 的边缘是几何的。

如何比较渐近方差？

灵敏度

6.16　该习题探索如下 CRW 队列的 Schweitzer 公式——式(6.52)：

$$X(k+1)=X(k)-U(k)+A(k+1)$$

其中存在控制成本和队列时滞成本。一个随机策略表示为

$$\breve{\phi}^{\theta}(1\mid x)\stackrel{\text{def}}{=}P\{U(k)=1\mid X_0^k,U_0^{k-1},A_0^{\infty}\},\quad X(k)=x$$

这里我们关注 $\breve{\phi}^{\theta}(1\mid x)=\theta\mathbb{1}\{x\geqslant1\}$ 的简单特殊情况，且 $\theta\in[0,1]$，并考虑成本函数 $c_\theta(x)=x+c_2\theta^p$，其中 $c_2>0$ 且 $p\geqslant1$。

(a) 对于任意函数 $g:\mathsf{X}\to\mathbb{R}$，求$\frac{\mathrm{d}}{\mathrm{d}t}P_\theta g$ 的一个表达式。

(b) 计算 η_θ 和具有强迫函数 c_θ 的泊松方程 h_θ 的解。通过直接对所得公式求 η_θ 的微分即可计算 η'_θ。验证你的答案与 Schweitzer 公式是否一致。

(c) 对 $\theta\in(0,1)$，绘制 η'_θ，并确定最优策略。使用首选值 $c_2>1$，$p>1$，并取 $\alpha=\mathsf{E}[A(t)]=\frac{1}{2}$。

6.17　考虑一维线性状态空间模型

$$X(k+1)=X(k)+U(k)+N(k+1),\quad U(k)=-\theta X(k)$$

其中 N 为 i. i. d. 的标量值，并且边际为 $N(0,1)$。考虑二次成本函数 $c(x)=x^2$，并令 η_θ 表示稳态平均成本。我们的目标是使损失函数最小化：

$$\Gamma(\theta)=\lim_{k\to\infty}\mathsf{E}[X(k)^2+U(k)^2]=\eta_\theta[1+\theta^2]$$

(a) 求 $\Gamma(\theta)$的一个表达式，包括 $\theta\in\mathbb{R}$ 的有限范围，以及最小值 θ^* 的一个公式。Γ 是凸的吗？

(b) 利用定理 6.8 求$\nabla\Gamma(\theta)$的一个表达式，并验证其与(a)一致。特别是验证一下当 $\theta=\theta^*$ 时，$\nabla\Gamma(\theta)=0$。

6.18　考虑将例 6.17 推广到具有 n 维状态过程和标量输入的线性模型：

$$X(k+1)=FX(k)+GU(k)+N(k+1),\quad U(k)=-K_\theta X(k)$$

其中 N 是 i. i. d. 的，边际为 $N(0,\Sigma_N)$。假设增益为线性参数化的：当 $\boldsymbol{\theta}\in\mathbb{R}^d$ 时，

$K_\theta=\sum_{i=1}^{d}\boldsymbol{\theta}_i\boldsymbol{K}^i$，其中每个$\boldsymbol{K}^i$为 $n\times1$ 的。

(a) 对式(6.55)，求评分函数 $S^\theta(x,y)$的一个表达式。

(b) 针对具有强迫函数 $c(\boldsymbol{x})=\|\boldsymbol{x}\|^2$ 的 h_θ，找到一个形式为 $h_\theta(\boldsymbol{x})=\boldsymbol{x}^{\mathrm{T}}M_\theta\boldsymbol{x}$ 的表达式。$M_\theta\geqslant0$ 的要求将涉及一个李雅普诺夫方程。

(c) 求$\nabla\Gamma(\theta)$的一个表达式，其中

$$\Gamma(\theta)\stackrel{\text{def}}{=}E_{\pi_\theta}[c(X(k))+rU(k)^2],\quad U(k)=K_\theta X(k)$$

$r>0$ 是固定的，且期望是处于稳定状态的。

佩龙-弗罗贝尼乌斯定理

3.2.3 节包含了佩龙-弗罗贝尼乌斯定理的简要介绍。接下来的习题将讨论马尔可夫链在有限状态空间中的应用。这些概念提供了有用的计算工具和见解。

在接下来的每一个问题中，我们考虑一个可数状态空间 X 上的马尔可夫链 $\boldsymbol{X}$，其转移矩阵为 $\boldsymbol{P}$。

6.19　引言。假设 $\boldsymbol{P}$ 是“秩为一”的。这意味着存在一个函数 $\boldsymbol{s}$ 和一个在 X 上的 pmf $\boldsymbol{\nu}$满足 $\boldsymbol{P}=\boldsymbol{s}\otimes\boldsymbol{\nu}$(即对于每一个 x，$y\in X$，$\boldsymbol{P}(x,y)=\boldsymbol{s}(x)\boldsymbol{\nu}(y)$)。证明 $\boldsymbol{s}\equiv1$，$\boldsymbol{\nu}$ 是一个不变 pmf，因此 $\boldsymbol{X}$ 是 i. i. d. 的，其边缘分布为 $\boldsymbol{\nu}$。

6.20　正矩阵的佩龙-弗罗贝尼乌斯定理。假设 $\boldsymbol{P}$ 不是秩为 1 的，而是支配一个秩 1 矩阵：存在一个非负函数 $\boldsymbol{s}$(不恒等于零)和一个在 X 上的 pmf $\boldsymbol{\nu}$，它们满足

$$\boldsymbol{P}(x,y)\geqslant\boldsymbol{s}(x)\boldsymbol{\nu}(y),\quad x,y\in X\qquad\text{(PF)}$$

以下幂级数展开式总是存在：

$$\boldsymbol{G}=\sum_{k=0}^{\infty}(\boldsymbol{P}-\boldsymbol{s}\otimes\boldsymbol{\nu})^k$$

且满足 $\boldsymbol{\nu}\boldsymbol{G}\boldsymbol{s}\leqslant1$。这是佩龙-弗罗贝尼乌斯定理的起点。因此只要逆存在，就有 $\boldsymbol{G}=[\boldsymbol{I}-(\boldsymbol{P}-\boldsymbol{s}\otimes\boldsymbol{\nu})]^{-1}$。

(a) 如果 $\boldsymbol{\pi}$ 是一个不变 pmf，那么 $\boldsymbol{\pi}\boldsymbol{P}=\boldsymbol{\pi}$，则有：

$$\boldsymbol{\pi}[\boldsymbol{I}-\boldsymbol{P}+\boldsymbol{s}\otimes\boldsymbol{\nu}]=\delta\boldsymbol{\nu}$$

其中 $\delta\geqslant0$。根据 $\boldsymbol{\pi}$、$\boldsymbol{s}$ 和 $\boldsymbol{\nu}$，给出 δ 的一个公式。

讨论：若逆 $\boldsymbol{G}=[\boldsymbol{I}-(\boldsymbol{P}-\boldsymbol{s}\otimes\boldsymbol{\nu})]^{-1}$ 存在，且 $\delta>0$，则 $\boldsymbol{\mu}=\boldsymbol{\nu}\boldsymbol{G}$ 是 $\boldsymbol{P}$ 的一个左特征向量。

(b) 基于矩阵 $\boldsymbol{G}$，给出泊松方程 $\boldsymbol{P}\boldsymbol{h}=\boldsymbol{h}-\tilde{\boldsymbol{c}}$ 的解的一个表示。

6.21　PF 理论和灵敏度。我们现在重新审视定理 6.8 中的灵敏度公式。在某个特定的值 $\theta^0\in\mathbb{R}^d$ 处，你将得到 h_θ 的梯度表达式，其服从这些局部假设：对于某个 $\varepsilon>0$，

▶ $\boldsymbol{P}_\theta(x,x')$和$\boldsymbol{c}_\theta(x)$在区域 $B_\varepsilon=\{\theta:\|\theta-\theta^0\|\leqslant\varepsilon\}$ 内关于 θ 连续可微。

▶ 对于每个 $\theta\in B_\varepsilon$，具有转移矩阵$\boldsymbol{P}_\theta$ 的马尔可夫链都是单链的，并对该域中的 θ 满足一致小化或微量化条件：

$$\boldsymbol{P}_\theta(x,x') \geqslant \boldsymbol{s}(x)\boldsymbol{\nu}(x'),\quad x,x'\in X$$

其中$\boldsymbol{\nu}$是一个 pmf，且 $\pi_\theta(s)>0$。

求$\nabla \boldsymbol{h}_\theta$ 的一个公式，使用$\boldsymbol{h}_\theta=\boldsymbol{G}_\theta\tilde{\boldsymbol{c}}_\theta$，其中

$$\boldsymbol{G}_\theta=[\boldsymbol{I}-\boldsymbol{P}_\theta+\boldsymbol{s}\otimes\boldsymbol{\nu}]^{-1}$$

下面的公式会很有用：

$$\frac{\partial}{\partial\theta_i}\boldsymbol{G}_\theta=\boldsymbol{G}_\theta\left[\frac{\partial}{\partial\theta_i}\boldsymbol{P}_\theta\right]\boldsymbol{G}_\theta$$

6.22　风险敏感性控制[374]。PF 理论的另一个应用是基于风险敏感性准则的无限时域最优控制。

(a) 与实值随机变量 Ξ 相关联的对数矩生成函数(或母函数)为 $\Lambda(r)=\log E[\exp(r\Xi)]$，$r\in\mathbb{R}$ 为一个变量。假设 Λ 在原点邻域中是有限值的。求 Λ 在原点处的一阶导数和二阶导数，以证明“小 r 近似”的合理性：

$$\Lambda(r)=m_\Xi r+\frac{1}{2}\sigma_\Xi^2 r^2+O(r^3)$$

其中系数为 Ξ 的均值和方差。

(b) 风险敏感性控制的一种表述是由这个泰勒级数近似驱动的，其中 $r>0$ 且

$$\Xi=\sum_{k=0}^{\mathcal{N}-1}c(X(k))+V_0(X(\mathcal{N}))$$

其中 $\mathcal{N}\geqslant 1$，c 是一个成本函数，而 V_0 为终端成本。考虑 $X=\{1,\cdots,n\}$ 的有限状态空间马尔可夫链，引入一个 $n\times n$ 矩阵，其元素满足

$$\boldsymbol{R}(i,j)=\exp(rc(i))\boldsymbol{P}(i,j)$$

并令$(\boldsymbol{v},\lambda)$表示特征向量方程 $R\boldsymbol{v}=\lambda\boldsymbol{v}$ 的一个解。证明：对于每一个 $i\in X$，

$$\lambda^n\boldsymbol{v}_i=\sum_j R^n(i,j)\boldsymbol{v}_j=E\left[r\sum_{k=0}^{\mathcal{N}-1}c(X(k))+\mathcal{V}(X(\mathcal{N}))\mid X(0)=i\right]$$

其中，对于每个 i，$\mathcal{V}(i)=\log(v_i)$。证明：$\Lambda=\log(\lambda)$是无限时域的风险敏感成本，其由下式定义[使用了式(6.9)的表示方式]：

$$H_\infty(x)=\lim_{\mathcal{N}\to\infty}\frac{1}{\mathcal{N}}\log\{E_x[\exp(r\sum_{k=0}^{\mathcal{N}-1}c(X(k)))]\},\quad X(0)=x\in X$$

(c) 求解具有式(6.21)的四状态马尔可夫链的特征值方程 $R\boldsymbol{v}=\lambda\boldsymbol{v}$，使用 $c(i)=i$，验证如下等式：

$$\frac{\mathrm{d}}{\mathrm{d}r}\Lambda(r)\bigg|_{r=0}=\eta=\pi(c),\quad \frac{\mathrm{d}}{\mathrm{d}r}\log(v_j(r)/v_1(r))\bigg|_{r=0}=h_j,\quad 1\leqslant j\leqslant 4$$

其中 h 是泊松方程满足 $h_1=0$ 的唯一解。

6.11　注记

如文献[257]中表示的那样，在本书中，“链”一词表示时间是离散的，而“马尔可夫过程”一词是为连续时间模型保留的。这个术语是为了纪念俄国数学家安德雷·马尔可夫。好的介绍性教材包括文献[138,275]，更高级的材料参见文献[117,257]。本章和附录 B 中的一些材料改编自文献[254]的第 8 章、第 9 章及附录。关于佩龙-弗罗贝尼乌斯定理的标准教材是文献[277,315]，文献[254]的附录提供了一个面向对控制应用感兴趣的读者的介绍。

文献[257]仍然是一般状态空间上马尔可夫链的李雅普诺夫理论和泊松方程的最新来源。书中还包含了一般状态空间情形下的谱理论，但这仍然是一个快速发展的领域[117,196,197,378]。

文献[12]是仿真理论与实践的百科全书。关于 CLT 的专业理论和马尔可夫链的其他渐近统计知识可参见文献[88,194,195,253]，本书写作时也关注了这些应用。

文献[253]的命题 1.1 首次阐明，在可数的状态空间上，M/M/1 队列和其他“无跳跃”的马尔可夫链无法得到有限 n 边界——式(6.43)。关于这个话题的更多信息可以在文献[254]的第 11 章中找到(以及关于图 6.6 的详细信息)，本书 8.3.1 节中出现的有关 $I_{\pm}(\varepsilon)$ 的完整解释可以在文献[119,120]中找到。

通过引入控制变量来获得有限 n 边界的技术可以在文献[194,253]中找到。控制变量技术在网络模拟中的应用可参见文献[157-159]，在 RL 中的应用可参见本书 10.7 节。

Schweitzer 在他的博士论文中介绍了他的灵敏度公式，该论文随后在 1968 年发表[251,313]。通过 Konda 的论文，可以了解无梯度优化在 RL 中应用的早期历史[188,191]，并且在本书 10.10 节中可以了解更多的历史。

CHAPTER7

第 7 章

随机控制

所谓随机控制，我们指的是在控制系统模型中明确地考虑了随机扰动和测量噪声。马尔可夫决策过程是一个非常特殊的情况。虽然本书这一部分的理论几乎完全集中在 MDP 上，但本章的标题旨在强调我们的目标，而不是实现这些目标的一套特定技术。

在我们直接切入理论之前，先介绍一些例子来解释确定性控制和随机控制之间的相似性和差异性将会很有帮助（也许也更有趣）。关于 MDP 理论的简短入门见附录 B。

MDP 理论研究的对象是在状态空间 X 中取值的状态过程 $\boldsymbol{X}=\{\boldsymbol{X}(k):k\geqslant 0\}$。与非线性状态空间模型——式(6.3)一样，$\boldsymbol{X}$ 的演化受到干扰的影响，同时也受到在输入（或动作）空间 U 中取值的控制序列 $\boldsymbol{U}=\{\boldsymbol{U}(k):k\geqslant 0\}$ 的影响。就像在确定性控制中一样，我们的目标是为每一个 $k\geqslant 0$ 选择 $\boldsymbol{U}(k)$，并基于观察值，使得系统按照预期那样运行——其意义取决于具体的应用，这些我们将在接下来的例子中看到。

7.1 MDP：简要介绍

在这个简短的介绍中，我们假设状态和输入空间都是有限的，或者是可数无限的。这大大简化了定义的陈述，就像在不受控制的情形中那样。

MDP 中的第一个要素是受控的转移矩阵：根据后面定义的“容许性”假设，$(\boldsymbol{X}(k),\boldsymbol{U}(k))$对在以下意义上是一个充分的统计量：

$$P\{\boldsymbol{X}(k+1)=\boldsymbol{x}' \mid \boldsymbol{X}(0),\cdots,\boldsymbol{X}(k),\boldsymbol{U}(0),\cdots,\boldsymbol{U}(k);\boldsymbol{X}(k)=\boldsymbol{x},\boldsymbol{U}(k)=\boldsymbol{u}\}=\boldsymbol{P}_{\boldsymbol{u}}(\boldsymbol{x},\boldsymbol{x}')$$

其中右边是受控转移矩阵，在三元组$(\boldsymbol{u},\boldsymbol{x},\boldsymbol{x}')$处进行评估。更一般地说，对于任意 m，$k\geqslant 0$，函数 $g:\mathsf{X}^{m+1}\to\mathbb{R}$，

$$\begin{aligned}&E[g(\boldsymbol{X}(k),\boldsymbol{X}(k+1),\cdots,\boldsymbol{X}(k+m))\mid \boldsymbol{X}(0),\cdots,\boldsymbol{X}(k),\boldsymbol{U}(0),\cdots,\boldsymbol{U}(k)]\\&\qquad=E[g(\boldsymbol{X}(k),\boldsymbol{X}(k+1),\cdots,\boldsymbol{X}(k+m))\mid \boldsymbol{X}(k),\boldsymbol{U}(k)]\end{aligned}$$

当我们有一个受控马尔可夫模型实现时，这个定义就不那么抽象了：

$$\boldsymbol{X}(k+1)=\boldsymbol{F}(\boldsymbol{X}(k),\boldsymbol{U}(k),N(k+1)) \tag{7.1}$$

其中 N 是 i. i. d. 序列。受控转移矩阵具有显式形式

$$\boldsymbol{P}_{\boldsymbol{u}}(\boldsymbol{x},\boldsymbol{x}')=\boldsymbol{P}\{\boldsymbol{F}(\boldsymbol{x},\boldsymbol{u},N(1))=\boldsymbol{x}'\},\qquad \boldsymbol{u}\in\mathsf{U},\boldsymbol{x},\boldsymbol{x}'\in\mathsf{X}$$

马尔可夫决策过程。该定义需要三个要素：

(i)受控转移矩阵，记为 $\boldsymbol{P}_u(\boldsymbol{x},\boldsymbol{x}')$，其中 $\boldsymbol{x},\boldsymbol{x}'\in X,\boldsymbol{u}\in U$。

(ii)一个成本函数 $c:X\times U\to\mathbb{R}$,以及对每个 $\boldsymbol{x}\in X$，由集合 $U(\boldsymbol{x})\in U$ 表示的输入约束。

(iii)一个目标，例如总成本：$h(\boldsymbol{x})=\sum_{k=0}^{\infty}\underset{x}{E}[c(\boldsymbol{X}(k),\boldsymbol{U}(k))]$，

或平均成本：

$$\eta=\lim_{n\to\infty}\frac{1}{n}\sum_{k=0}^{n-1}\underset{x}{E}[c(\boldsymbol{X}(k),\boldsymbol{U}(k))] \tag{7.2}$$

一旦定义了目标函数，余下的就是对所有的“容许”输入序列求最小化目标。

与在确定性控制情形中一样，平稳策略发挥着重要作用。对于任意这样的策略 $\phi:X\to U$，对于每个 k，如果 $\boldsymbol{U}(k)=\phi(\boldsymbol{X}(k))$，则被控过程 $\boldsymbol{X}$ 是一个马尔可夫链，且转移矩阵记为 $\boldsymbol{P}_\phi$：

$$\boldsymbol{P}_\phi(\boldsymbol{x},\boldsymbol{x}')=\boldsymbol{P}_u(\boldsymbol{x},\boldsymbol{x}')\big|_{u=\phi(x)},\quad \boldsymbol{x},\boldsymbol{x}'\in X \tag{7.3}$$

与确定性控制相似的还有 DP 方程的作用。对于总成本准则，对每个 $\boldsymbol{x}$，我们有：

$$\boldsymbol{h}^\star(\boldsymbol{x})=\min_{u\in \mathrm{U}}\Big\{\boldsymbol{c}(\boldsymbol{x},\boldsymbol{u})+\sum_{x'}\boldsymbol{P}_u(\boldsymbol{x},\boldsymbol{x}')\boldsymbol{h}^\star(\boldsymbol{x}')\Big\} \tag{7.4}$$

且最优策略为状态反馈 ϕ^*，其中，对于每个 $\boldsymbol{x}$，$\phi^\star(\boldsymbol{x})$是式(7.4)的任意最小值。

最小化平均成本准则——式(7.2)是围绕着一个非常类似的 DP 方程展开，其起源在附录 B 中进行了解释。在温和的假设下，最小平均成本 $\boldsymbol{\eta}^\star$ 不依赖于初始条件，并且存在平均成本最优性方程(Average-Cost Optimality Equation，ACOE)的一个解：

$$\boldsymbol{h}^\star(\boldsymbol{x})+\boldsymbol{\eta}^\star=\min_{u}\Big\{\boldsymbol{c}(\boldsymbol{x},\boldsymbol{u})+\sum_{x'}\boldsymbol{P}_u(\boldsymbol{x},\boldsymbol{x}')\boldsymbol{h}^\star(\boldsymbol{x}')\Big\} \tag{7.5}$$

函数 $\boldsymbol{h}^\star$ 被称为相对价值函数，最优策略还是任意的最小值：

$$\phi^\star(\boldsymbol{x})\in\arg\min\Big\{\boldsymbol{c}(\boldsymbol{x},\boldsymbol{u})+\sum_{x'}\boldsymbol{P}_u(\boldsymbol{x},\boldsymbol{x}')\boldsymbol{h}^\star(\boldsymbol{x}')\Big\},\quad \boldsymbol{x}\in X \tag{7.6}$$

Q 学习中的“Q 函数”是括号中的函数：

$$\boldsymbol{Q}^\star(\boldsymbol{x},\boldsymbol{u})\stackrel{\text{def}}{=}\boldsymbol{c}(\boldsymbol{x},\boldsymbol{u})+\sum_{x'}\boldsymbol{P}_u(\boldsymbol{x},\boldsymbol{x}')\boldsymbol{h}^\star(\boldsymbol{x}'),\quad \boldsymbol{x}\in X,\boldsymbol{u}\in U \tag{7.7}$$

平均成本和瞬时性能边界。6.6.2 节的信息值得在这里重复：最小化平均成本(7.2)并不意味着我们不关心现在。

定理 6.12 告诉我们，我们可以期望找到 ACOE 的解，其中 $\boldsymbol{h}^\star$ 具有非负值，即使对于一般的状态空间也是如此。命题 6.4 则应用 $\boldsymbol{V}=\boldsymbol{h}^\star$ 在最优策略意义下获得如下内容：

$$\frac{1}{n}\sum_{k=0}^{n-1}E[\boldsymbol{c}(\boldsymbol{X}^\star(k),\boldsymbol{U}^\star(k))\,|\,X(0)=x]\leqslant\boldsymbol{\eta}^\star+\frac{1}{n}\boldsymbol{h}^\star(\boldsymbol{x}),\quad n\geqslant1,\ \boldsymbol{x}\in X$$

对于一个有限状态空间，几何遍历性源于非周期性，当 ε_k 几何地收敛于零时，即 $\varepsilon_k \to 0$，由此得到 $E[\boldsymbol{c}(\boldsymbol{X}^\star(k),\boldsymbol{U}^\star(k))]=\boldsymbol{\eta}^*+\varepsilon_k$。

容许输入

在优化之前，有必要首先指定允许输入的类别。我们已经施加了一个硬约束，即对每个 k，$\boldsymbol{U}(k)\in U$，并且偶尔会有依赖状态的约束：即当 $X(k)=x$ 时 $U(k)\in U(x)$。我们还施加了因果关系，为了使其更精确，我们需要更多的助记符号。

我们可以选择如下定义：我们只允许如下形式的输入序列

$$\boldsymbol{U}(k)=\phi_k(\boldsymbol{X}(0),\cdots,\boldsymbol{X}(k)),\quad k\geqslant 0 \tag{7.8}$$

其中，对于每个 k，$\phi_k:X^{k+1}\to U$(也许还受更精细的状态依赖约束)。然而，理论上要求我们有时允许随机化策略，该策略中 $\boldsymbol{U}(k)$依赖于当前和过去状态值，以及包括用于探索的独立“噪声”，如 5.2 节所述那样。

容许输入　假设给定一个独立同分布的随机变量序列 ξ，其在一个可数集 Ω 上演化。该序列在以下意义上对控制系统来说是外生的：对于形如式(7.8)的任何输入序列，

$$\begin{aligned}P\{\boldsymbol{X}(k+1)=\boldsymbol{x}',\boldsymbol{\xi}(k+1)=\boldsymbol{w}'\mid \boldsymbol{\mathcal{X}}(0),\cdots,\boldsymbol{\mathcal{X}}(k),U(0),\cdots,U(k);\boldsymbol{X}(k)=\boldsymbol{x},\boldsymbol{U}(k)=\boldsymbol{u}\}\\=\boldsymbol{P}_u(\boldsymbol{x},\boldsymbol{x}')\boldsymbol{\nu}(\boldsymbol{w}')\quad \text{对所有 } \boldsymbol{u}\in U,\boldsymbol{x},\ \boldsymbol{x}'\in X,\ \boldsymbol{w}'\in\Omega\end{aligned} \tag{7.9}$$

其中 $\boldsymbol{\mathcal{X}}(k)=(\boldsymbol{X}(k),\ \boldsymbol{\xi}(k))$，$\boldsymbol{\nu}$是$\boldsymbol{\xi}(k)$的 pmf(根据假设它独立于 k)。

然后我们说一个输入序列 $\boldsymbol{U}$ 是容许的，如果它是联合过程的因果函数：

$$\boldsymbol{U}(k)=\phi_k(\boldsymbol{\mathcal{X}}(0),\cdots,\boldsymbol{\mathcal{X}}(k)),\quad k\geqslant 0 \tag{7.10}$$

借助于新的状态过程 $\boldsymbol{\mathcal{X}}$，我们实际上已经将状态空间扩大到了 $X\times\Omega$。对于任意容许输入，

$$\begin{aligned}P\{\boldsymbol{\mathcal{X}}(k+1)=(\boldsymbol{x}',\boldsymbol{w}')\mid \boldsymbol{\mathcal{X}}(0),\cdots,\boldsymbol{\mathcal{X}}(k),\boldsymbol{U}(0),\cdots,\boldsymbol{U}(k);\\\boldsymbol{\mathcal{X}}(k)=(\boldsymbol{x},\boldsymbol{w}),\boldsymbol{U}(k)=\boldsymbol{u}\}=\boldsymbol{P}_u(\boldsymbol{x},\boldsymbol{x}')\boldsymbol{\nu}(\boldsymbol{w}')\end{aligned}$$

右边是 $\boldsymbol{\mathcal{X}}$ 的受控转移矩阵

符号和约定

标准 MDP 术语在平稳策略的定义中插入了“马尔可夫”：

- ▶马尔可夫策略：对于一系列映射序列 ϕ_k，$X\to U$，$k\geqslant 0$，$\boldsymbol{U}(k)=\phi_k(\boldsymbol{X}(k))$。
- ▶平稳马尔可夫策略：$\boldsymbol{U}(k)=\phi(\boldsymbol{X}(k))$。

对于 ϕ，我们通常会选择简单的“平稳策略”甚至“策略”，它也是第 2 章中引入的术语反馈定律的同义词。

通过用 $\boldsymbol{\mathcal{X}}$ 代替 $\boldsymbol{X}$，这些定义被扩展到了随机策略。然而，当我们需要随机化时，引入 $\boldsymbol{\xi}$ 是很麻烦的。相反，我们令 $\breve{\phi}$ 表示一个随机化平稳策略，它被定义为一个条件概率：对于每个 $\boldsymbol{u}$ 和 $\boldsymbol{x}$，

$$P\{\boldsymbol{U}(k)=\boldsymbol{u}\mid \boldsymbol{\mathcal{X}}(0),\cdots,\boldsymbol{\mathcal{X}}(k-1),\boldsymbol{U}(0),\cdots,\boldsymbol{U}(k-1);\boldsymbol{X}(k)=\boldsymbol{x}\}=\breve{\phi}(\boldsymbol{u}\mid\boldsymbol{x}) \tag{7.11}$$

命题 7.1 则由以下定义推导：

命题 7.1　当输入序列 $\boldsymbol{U}$ 由一个平稳的（可能是随机的）策略 $\breve{\phi}$ 定义时，可以得出状态过程 $\boldsymbol{X}$ 是一个马尔可夫链，且转移矩阵为

$$\boldsymbol{P}_{\breve{\phi}}(\boldsymbol{x},\boldsymbol{x}')=\sum_{u}\breve{\phi}(\boldsymbol{u}\mid\boldsymbol{x})\boldsymbol{P}_{u}(\boldsymbol{x},\boldsymbol{x}'),\quad \boldsymbol{x},\boldsymbol{x}'\in X \tag{7.12}$$

对于一个函数 $\boldsymbol{h}: X\to\mathbb{R}$，我们使用以下紧凑的符号来表示条件期望：

$$\boldsymbol{P}_{u}h(\boldsymbol{x})\stackrel{\text{def}}{=}\sum_{x'}\breve{\phi}(\boldsymbol{u}\mid\boldsymbol{x})\boldsymbol{P}_{u}(\boldsymbol{x},\boldsymbol{x}')h(\boldsymbol{x}')=E[h(\boldsymbol{X}(k+1))\mid\boldsymbol{X}(k)=\boldsymbol{x},\boldsymbol{U}(k)=\boldsymbol{u}],$$

$$\boldsymbol{P}_{\breve{\phi}}h(\boldsymbol{x})\stackrel{\text{def}}{=}\sum_{x'}\sum_{u}\breve{\phi}(\boldsymbol{u}\mid\boldsymbol{x})\boldsymbol{P}_{u}(\boldsymbol{x},\boldsymbol{x}')h(\boldsymbol{x}')=E[h(\boldsymbol{X}(k+1))\mid\boldsymbol{X}(k)=\boldsymbol{x}] \tag{7.13}$$

其中 $\boldsymbol{X}$ 受第二个定义中的策略 $\breve{\phi}$ 控制的。

对于那些对随机过程有所了解的人

式(7.9)是一个要求简化符号的方程的例子。通常会引入 σ 代数的非递减序列（过滤或滤波）作为一种方式来建模出现在这个方程的历史信息：

$$\mathcal{F}_{k}=\sigma\{\boldsymbol{\mathcal{X}}(0),\cdots,\boldsymbol{\mathcal{X}}(k),\boldsymbol{U}(0),\cdots,\boldsymbol{U}(k)\} \tag{7.14}$$

如果“σ”看起来很陌生，那么简单地取 $\mathcal{F}_{k}$ 作为一种符号约定。

在任何容许输入下，我们有

$$P\{\boldsymbol{X}(k+1)=\boldsymbol{x}'\mid\mathcal{F}_{k};\boldsymbol{X}(k)=\boldsymbol{x},\boldsymbol{U}(k)=\boldsymbol{u}\}=\boldsymbol{P}_{u}(\boldsymbol{x},\boldsymbol{x}') \tag{7.15a}$$

且对于任意函数 $\boldsymbol{h}: X\to\mathbb{R}$，

$$E[h(\boldsymbol{X}(k+1))\mid\mathcal{F}_{k};\boldsymbol{X}(k)=\boldsymbol{x},\boldsymbol{U}(k)=\boldsymbol{u}]=\sum_{x'}\boldsymbol{P}_{u}(\boldsymbol{x},\boldsymbol{x}')h(\boldsymbol{x}') \tag{7.15b}$$

也可以用类似于式(6.9b)的矩阵注记符号表示为

$$\boldsymbol{P}_{u}h(\boldsymbol{x})\stackrel{\text{def}}{=}\sum_{x'}\boldsymbol{P}_{u}(\boldsymbol{x},\boldsymbol{x}')h(\boldsymbol{x}') \tag{7.15c}$$

7.2　流体模型近似

通常最好一开始就忽略干扰，这可以作为获得关于好策略的直觉的一种手段。本章中的许多例子都是为了说明这一点而设计的。

一种方法是考虑与式(7.1)相关的平均动态：

$$\overline{\boldsymbol{F}}(\boldsymbol{x},\boldsymbol{u})\stackrel{\text{def}}{=}E[F(\boldsymbol{x},\boldsymbol{u},N(k+1))],\quad \boldsymbol{x}\in X,\boldsymbol{u}\in U(\boldsymbol{x}) \tag{7.16}$$

它与 k 无关，因为 $\boldsymbol{N}$ 是 i. i. d. 。相关的流体模型是确定性状态空间模型

$$\boldsymbol{x}(k+1)=\overline{\boldsymbol{F}}(\boldsymbol{x}(k),\boldsymbol{u}(k)) \tag{7.17}$$

有时，引入一个连续时间模型更简单，具有向量场

$$\bar{\boldsymbol{f}}(\boldsymbol{x},\boldsymbol{u}) \stackrel{\text{def}}{=} \overline{\boldsymbol{F}}(\boldsymbol{x},\boldsymbol{u})-\boldsymbol{x}, \quad \boldsymbol{x}\in X, \boldsymbol{u}\in U(\boldsymbol{x}) \tag{7.18}$$

这样式(7.17)可表示为

$$\boldsymbol{x}(k+1)-\boldsymbol{x}(k)=\bar{\boldsymbol{f}}(\boldsymbol{x}(k),\boldsymbol{u}(k))$$

然后这可以用连续时间的非线性状态空间模型来近似：

$$\frac{\mathrm{d}}{\mathrm{d}t}\boldsymbol{x}_t=\bar{\boldsymbol{f}}(\boldsymbol{x}_t,\boldsymbol{u}_t) \tag{7.19}$$

这些确定性系统经常出现在近似大量相互作用的随机系统中，此时它们被称为平均场模型。我们有时也会在这里使用这种表示，即使我们只对孤立的单个系统感兴趣。

为了使式(7.17)或式(7.19)的任何一个近似都有意义，我们要求状态空间 X 是欧氏空间的一个凸子集，并且通常也用一个凸集来近似 U。这可以会带来符号方面的挑战：在涉及排队网络的控制的文献[254]中，这两个模型被并排考虑。状态空间 $X_\diamond$ 用于可数状态空间模型，X 表示确定性流体模型的凸状态空间。这里最简单的做法是允许 X 和 U 的定义随着上下文而改变。

确定性控制和随机控制并没有太大区别

命题 9.6 中提供了这一主张的理由，但这一结果需要比本书现阶段所能获得的更多的背景知识。本文通过对随机模型和确定性模型中 DP 方程的比较，给出了合理性论证。

假设状态空间和动作空间是欧氏空间的凸子集，考虑任意函数 $J:X\to\mathbb{R}$，它的梯度 ∇J 是连续的。中值定理(Mean Value Theorem，MVT)告诉我们，对于任意状态 $\boldsymbol{x},\boldsymbol{x}'\in X$，存在一个标量 $\varrho\in[0,1]$ 使得

$$J(\boldsymbol{x}')=J(\boldsymbol{x})+\nabla J(\bar{\boldsymbol{x}})\cdot\{\boldsymbol{x}'-\boldsymbol{x}\}, \quad \bar{\boldsymbol{x}}=\varrho\boldsymbol{x}'+(1-\varrho)\boldsymbol{x} \tag{7.20}$$

在本节的其余部分中，我们将解释 $J=J^*$ 时的 MVT 是如何等于任一个确定性流体模型的总成本价值函数的。对梯度施加一个利普希茨边界约束是有用的：对于一个利普希茨常数 $L>0$，

$$\|\nabla J(\boldsymbol{x}')-\nabla J(\boldsymbol{x})\|\leqslant L\|\boldsymbol{x}'-\boldsymbol{x}\|, \quad \boldsymbol{x},\boldsymbol{x}'\in X \tag{7.21}$$

离散时间的流体模型

我们首先考虑与(确定性)流体模型(7.17)相关的总成本价值函数 $J^\star$。它满足 DP 方程

$$J^\star(\boldsymbol{x})=\min_{\boldsymbol{u}}\{c(\boldsymbol{x},\boldsymbol{u})+J^\star(\overline{\boldsymbol{F}}(\boldsymbol{x},\boldsymbol{u}))\} \tag{7.22}$$

应用式(7.20)并使用

$$\boldsymbol{x}'=\boldsymbol{X}(k+1)\text{和 }\boldsymbol{x}=\overline{\boldsymbol{F}}(\boldsymbol{x},\boldsymbol{u})\stackrel{\text{def}}{=}\mathsf{E}[\boldsymbol{X}(k+1)\mid\boldsymbol{X}(k)=\boldsymbol{x},\boldsymbol{U}(k)=\boldsymbol{u}]$$

则对于任意连续可微函数 J，可得，

$$\begin{aligned}J(\boldsymbol{X}(k+1)) &= J(\overline{\boldsymbol{F}}(\boldsymbol{x},\boldsymbol{u}))+\nabla J(\overline{\boldsymbol{X}})\cdot\widetilde{\boldsymbol{X}}(k+1)\\ &\text{和 }\widetilde{\boldsymbol{X}}(k+1)\stackrel{\text{def}}{=}\boldsymbol{X}(k+1)-\overline{\boldsymbol{F}}(\boldsymbol{x},\boldsymbol{u})\end{aligned} \tag{7.23}$$

其中 $\overline{X}=\varrho X(k+1)+(1-\varrho)\overline{F}(x,u)$，$\varrho$是一个在区间[0，1]取值的随机变量。

引理 7.2 提供了确定性和随机动态规划方程之间的联系。记

$$\eta(k+1)=\{\nabla J(\overline{X})-\nabla J(\overline{F}(x,u))\}\cdot\widetilde{X}(k+1)$$

我们有 $\overline{X}-\overline{F}(x,u)=\varrho\widetilde{X}(k+1)$，因此式(7.21)意味着式(7.24a)中给出的 η 的边界。

引理 7.2 假设 $J:X\to\mathbb{R}$ 是可微的，其梯度满足利普希茨边界[式(7.21)]。那么对每个 k，下面的近似都成立：令 $x=X(k)$ 和 $u=U(k)$，

$$\begin{aligned}&J(X(k+1))=J(\overline{F}(x,u))+\nabla J(\overline{F}(x,u))\cdot\widetilde{X}(k+1)+\eta(k+1)\\&|\eta(k+1)|\leqslant L\|\widetilde{X}(k+1)\|^2\end{aligned}\tag{7.24a}$$

因此，对于任意 x、u、k，借助式(7.15)中的符号表示

$$\begin{aligned}P_uJ(x)&=J(\overline{F}(x,u))+\overline{\eta}(x,u),\\\overline{\eta}(x,u)&=\mathsf{E}[\eta(k+1)\mid X(k)=x,U(k)=u]\\&=\mathsf{E}[J(X(k+1))\mid X(k)=x,U(k)=u]-J(\overline{F}(x,u))\end{aligned}\tag{7.24b}$$

函数 $\overline{\eta}$ 可以用更紧凑的符号来表示

$$\overline{\eta}(x,u)=P_uJ(x)-J(\overline{F}(x,u))$$

假设函数 J 是凸的。Jensen 不等式蕴含了边界

$$\begin{aligned}\mathsf{E}[J(X(k+1))\mid X(k)=x,U(k)=u]&\geqslant J(\mathsf{E}[X(k+1)\mid X(k)=x,U(k)=u])\\&=J(\overline{F}(x,u))\end{aligned}$$

由式(7.24b)可知，在这种特殊情况下，$\overline{\eta}$是关于(x,u)的非负函数。

考虑 $J=J^\star$ 时引理 7.2 的应用。在价值函数满足引理 7.2 的假设的情况下，流体模型的 DP 方程[式(7.22)]意味着 MDP 模型的一个 DP 方程：

$$J^\star(x)=\min_u\{c(x,u)-\overline{\eta}(x,u)+P_uJ^\star(x)\},\quad x\in X\tag{7.25}$$

在接下来的许多例子中，我们发现 $\overline{\eta}$ 相对于 c 来说很小，因此 J^* 是 ACOE 的近似解。事实上，我们不希望这一项很小，而是在跨度半范数意义上是相当小的：

$$\|\overline{\eta}\|_{\mathrm{sp}}\stackrel{\mathrm{def}}{=}\min_{\varrho}\max_{x,u}|\overline{\eta}(x,u)-\varrho|$$

让ϱ°表示最小值和 $c^J(x,u)=c(x,u)-[\overline{\eta}(x,u)-\varrho^\circ]$，式(7.25)成为

$$\varrho^\circ+J^\star(x)=\min_u\{c^J(x,u)+P_uJ^\star(x)\}\tag{7.26}$$

因此，J^* 是具有此成本函数的 ACOE 的解，且平均成本为ϱ°。

连续时间的流体模型

连续时间总成本的价值函数 J^* 是如下 HJB 方程的解：

$$0=\min_u\{c(x,u)+\overline{f}(x,u)\cdot\nabla J^\star(x)\}\tag{7.27}$$

连续时间模型的合理性需要 MVT 式(7.20)的不同应用。像以前那样取 $\boldsymbol{x}'=\boldsymbol{X}(k+1)$，但现在取 $\boldsymbol{x}=\boldsymbol{X}(k)$，可得

$$J(\boldsymbol{X}(k+1))=J(\boldsymbol{X}(k))+\nabla J(\overline{\boldsymbol{X}})\cdot\{\boldsymbol{X}(k+1)-\boldsymbol{X}(k)\}$$

其中 $\overline{\boldsymbol{X}}$ 位于以 $\boldsymbol{X}(k)$ 和 $\boldsymbol{X}(k+1)$ 为端点的线段上。记

$$\eta(k+1)=\{\nabla J(\overline{\boldsymbol{X}})-\nabla J(\boldsymbol{X}(k))\}\cdot\{\boldsymbol{X}(k+1)-\boldsymbol{X}(k)\}$$

引理 7.3 假设 $J:\mathsf{X}\to\mathbb{R}$ 是可微的，其梯度满足式(7.21)。那么对每个 k，下面的近似成立：

$$\begin{aligned}&J(\boldsymbol{X}(k+1))=J(\boldsymbol{X}(k))+\nabla J(\boldsymbol{X}(k))\cdot\{\boldsymbol{X}(k+1)-\boldsymbol{X}(k)\}+\eta(k+1),\\&|\eta(k+1)|\leqslant L\|\boldsymbol{X}(k+1)-\boldsymbol{X}(k)\|^2\end{aligned}\tag{7.28a}$$

因此，对于任意 $\boldsymbol{x}$、$\boldsymbol{u}$、k，

$$\begin{aligned}&\boldsymbol{P}_u J(\boldsymbol{x})-J(\boldsymbol{x})=\nabla J(\boldsymbol{x})\cdot\overline{\boldsymbol{f}}(\boldsymbol{x},\boldsymbol{u})+\overline{\eta}(\boldsymbol{x},\boldsymbol{u}),\\&\overline{\eta}(\boldsymbol{x},\boldsymbol{u})=\mathsf{E}[\eta(k+1)\mid\boldsymbol{X}(k)=\boldsymbol{x},\boldsymbol{U}(k)=\boldsymbol{u}]\end{aligned}\tag{7.28b}$$

□

应用 $J=J^*$ 时的引理 7.3 求解式(7.27)，只要 J^* 满足引理 7.3 的假设，我们就再次得到式(7.25)。实际上，这两个引理是有用的，这也是在控制设计中最初忽略干扰的动机。在本章剩余部分可以找到一些简单的应用：

(i)连续时间流体模型为排队网络中的 ACOE 提供了近似值。接下来将考虑单个队列，并在 7.4 节中进行了一个推广。文献[254]的一个重要部分则是专门讨论了这些近似。

最强的理论涉及马尔可夫模型的稳定性及其流体模型的稳定性。

(ii)离散时间流体模型精确预测了 7.5 节中考虑的线性二次高斯(Linear Quadratic Gaussian，LQG)模型的 ACOE 的解。这是因为在引理 7.2 中出现的函数 $\overline{\eta}(\boldsymbol{x},\boldsymbol{u})$ 不依赖于 $(\boldsymbol{x},\boldsymbol{u})$。

7.3 队列

例 6.2.2 中引入的反射随机游走是一个用于单路服务器队列中工作负载演化的常见模型。受控随机游走(Controlled Random Walk，CRW)队列具有相同的形式，但引入了一个输入：

$$X(k+1)=X(k)-S(k+1)U(k)+A(k+1)\tag{7.29}$$

其中 $N(k)\stackrel{\text{def}}{=}(S(k),A(k))$ 是一个 i.i.d. 序列，且 $S(k)$ 具有伯努利分布。假设 $\mathsf{X}=\mathbb{Z}_+\stackrel{\text{def}}{=}\{0,1,2,\cdots\}$ 和 $\mathsf{U}=\{0,1\}$。输入过程被解释为服务器繁忙的时刻序列。对于每个 k，它受到的约束为 $U(k)\in\mathsf{U}(X(k))$，其中对于 $x\geqslant 1$, $\mathsf{U}(x)=\{0,1\}$, $\mathsf{U}(0)=\{0\}$(如果队列中没有人，则服务器就无法工作)。

例 6.2.3 提供了一个简单的例子，其中 A 是一个带参数 α 的 i.i.d. 伯努利过程。对于每一个 k，设 $S(k)=1-A(k)$，则 S 也是一个 i.i.d. 的伯努利过程，其参数为 $\mu=1-\alpha$。在这种特殊情况下，MDP 是受控的 M/M/1 队列：

(i)下式是受控转移矩阵：

$$\boldsymbol{P}_u(x,x')=\begin{cases}\alpha & x'=x+1\\ \mu & x'=x-u\\ 0 & \text{其他}\end{cases} \tag{7.30}$$

(ii)对于每个 x，一个标准的成本函数是 $c(x,u)=x$，因此 $\mathsf{E}[c(X(k))]=\mathsf{E}[X(k)]$ 是在时刻 k 的平均队列长度。

(iii)队列网络应用中的一个典型目标是式(7.2)，这要求 $\rho=\alpha/\mu<1$。

M/M/1 队列是采用非空闲策略获得的，其中 $U(k)=\phi^*(X(k))$，当 $x\geqslant 1$ 时 $\phi^*(x)=1$。这是平均成本最优，即 $\eta^*=\rho/(1-\rho)$。

流体模型和价值函数

为了定义 CRW 队列的流体模型，我们从一个凸松弛开始，取 $X=\mathbb{R}_+$，$U=[0,1]$。与式(7.29)相关的平均场动力学和平均场向量场分别为

$$\begin{aligned}\overline{\boldsymbol{F}}(x,u)&=\mathsf{E}[X(k)-S(k+1)U(k)+A(k+1)\mid X(k)=x,U(k)=u]\\&=x-\mu u+\alpha,\\ \overline{\boldsymbol{f}}(x,u)&=-\mu u+\alpha\end{aligned}$$

图 7.1 的左侧所展示的是图 6.1 左侧的副本；右侧是流体模型 $\frac{\mathrm{d}}{\mathrm{d}t}q=\overline{\boldsymbol{f}}(q,u)$ 的演化轨迹，其中 $q>0$ 时非空闲策略 $u=1$，其他情况的非空闲策略为 $u=\rho=\alpha/\mu$。

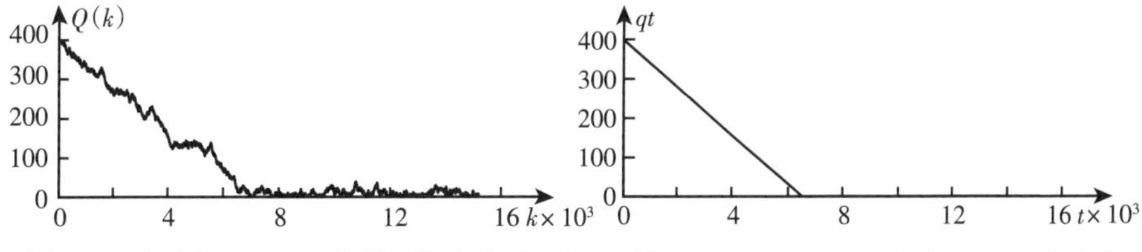

图 7.1 左边是 M/M/1 队列的样本路径 $X(k)$，其中 $\rho=\alpha/\mu=0.9$，$X(0)=400$。右边是从相同的初始条件出发的流体模型方程 $\frac{\mathrm{d}}{\mathrm{d}t}q=(-\mu+\alpha)$ 的解，其中 q>0

现在让我们比较一下在成本函数为 $c(x,u)=x$ 时，各自非空闲策略下的三个价值函数：

(i)很容易验证 ACOE[式(7.5)]的解为

$$h^*(x)=\frac{1}{2}\frac{x^2+x}{\mu-\alpha} \tag{7.31}$$

(ii)很容易得到连续时间的流体价值函数

$$J^{\star}(x)=\int_0^{\infty}q_t\mathrm{d}t=\int_0^{W}q_t\mathrm{d}t=\frac{1}{2}W\times H\quad(\text{三角形面积})$$

其中 H 表示由 q_t 的线性路径定义的三角形的高度，W 为宽度，即达到零的时间。看一下图 7.1 右侧的曲线图，你就会相信 $H=q_0=x$ 和 $W=x/(\mu-\alpha)$，因此

$$J^{\star}(x)=\frac{1}{2}\frac{x^2}{\mu-\alpha}$$

我们可以计算出式(7.28b)中的函数 $\overline{\eta}(x,u)$：

$$\begin{aligned}\overline{\eta}(x,u)&=\mathsf{E}[J^{\star}(X(k+1))-J^{\star}(X(k))\mid X(k)=x,U(k)=u]-\nabla J^{\star}(x)\cdot\overline{f}(x,u)\\&=\frac{1}{2}\frac{u\mu+\alpha}{\mu-\alpha}\end{aligned}$$

这是有界的，并且与 x 无关。由引理 7.3 可知，$J^{\star}$ 基本上是 MDP 模型的 ACOE 的解。

(iii)对离散时间流体模型的处理稍微复杂一些：

(a) 流体模型变为 $x(k+1)=\overline{F}(x(k),u(k))=x(k)-\mu u(k)+\alpha$。

(b) 对每个 k，在满足 $x(k)\geqslant 0$ 的约束下，最优策略是最大的，

$$\phi^{\star}(x)=\min\{1,(x+\alpha)/\mu\}$$

当 $x(k)\leqslant\mu-\alpha$ 时，可得到 $x(k+1)=0$。

(c) 总成本由下式给出

$$J^{\star}(x)=\begin{cases}x & x\leqslant\mu-\alpha\\ \dfrac{1}{2}\dfrac{x^2}{\mu-\alpha}+\dfrac{1}{2}x & \text{其他}\end{cases}$$

接下来是直接计算，或者验证这个函数是 DP 方程 $J^{\star}(x)=\min\limits_{u}\{c(x,u)+J^{\star}(\overline{F}(x,u))\}$ 的解，边界条件为 $J^{\star}(0)=0$。

在这个例子中，价值函数的强完整性是两个因素的乘积：成本函数 c 是利普希茨连续的，MDP 在均方意义上是“无跳跃”的：

$$\max_{x,u}\mathsf{E}[\|X(k+1)-X(k)\|^2\mid X(k)=x,U(k)=u]<\infty$$

接下来考虑的例子违反了无跳跃属性。然而，连续时间流体模型近似是准确的，因为随着状态趋于无穷大，∇J^{*} 消失或趋于零。

7.4　速度缩放

计算机处理器中的动态速度缩放使用的算法是可以根据环境变化来调整处理速度。虽然最初是为处理器设计而提出的[25]，但这些想法已经影响了其他应用领域，如无线通信。

通过 CRW 队列模型的一个变体，将动态速度缩放建模为一个离散时间的 MDP 问题。对于每个 $k=0,1,2,\cdots$，令 $A(k)$ 表示该时隙的作业到达，$X(k)$ 表示队列中等待服务的作业数量，$U(k)$ 表示服务速率，则状态的演化可写成

$$X(k+1)=X(k)-U(k)+A(k+1), \quad k \geqslant 0 \tag{7.32}$$

假设到达过程 A 是 i. i. d.，由此形成 MDP 模型的一个动力系统。

复杂性的一个来源是对状态和输入的整数约束：每个都在非负整数 $\mathsf{X}=\mathsf{U}=\mathbb{Z}_+ \stackrel{\text{def}}{=} \{0,1,2,3,\cdots\}$ 上进化，还施加了 $U(k) \leqslant X(k)$ 的约束，使得 $\mathsf{U}(x)=\{u \in \mathbb{Z}_+ : u \leqslant x\}$。

到达过程也在$\mathbb{Z}_+$中演化。假设 $A(k)$ 的普通均值和方差是有限的，均值表示为 α。此外，假设 $P\{A(1)=0\}>0$。在这个假设下，存在一个平稳策略，在这个策略下，$\boldsymbol{X}$ 成为一个马尔可夫链，它是 $x^{\bullet}$ 不可约的，其中 $x^{\bullet}=0$（见式(6.57)及相关讨论）。一个简单的例子是

$$U(k)=\phi^0(X(k))=X(k)$$

使得当 $k \geqslant 1$ 时 $X(k)=A(k)$。

我们考虑的成本函数平衡了时滞和功耗：

$$c(x,u)=x+r\mathcal{P}(u)$$

其中 $\mathcal{P}$ 表示功耗，它是服务率 u 的函数，$r>0$。然后，我们被引导到 ACOE，以得到一个最优策略，

$$\begin{aligned} h^{\star}(x)+\eta^{\star} &= \min_{u \in \mathsf{U}(x)} \{c(x,u)+P_u h^{\star}(x)\} \\ &= \min_{u \in \mathsf{U}(x)} \{x+r\mathcal{P}(u)+\mathsf{E}[h^{\star}(x-u+A(k))]\} \end{aligned} \tag{7.33}$$

这里我们将坚持 u 的二次成本，这被认为是计算机处理器的一个很好的近似。

7.4.1　流体模型

在这个离散的随机世界中，我们不可能解出式(7.33)，甚至无法获得任何直觉。在这个例子中，我们发现，优化连续时间流体模型提供了 ACOE 解的一个近乎完美的近似。

因此，我们放弃整数约束，专注于标量状态空间模型

$$\frac{\mathrm{d}}{\mathrm{d}t}x_t=-u_t+\alpha \tag{7.34}$$

其中 α 是 $A(k)$ 的期望，处理速度 u_t 和队列长度 x_t 均为非负的。对于任何成本函数 $c:\mathbb{R}_+ \times \mathbb{R}_+ \to \mathbb{R}_+$，与之关联的价值函数可表示为

$$J^{\star}(x)=\inf_u \int_0^{\infty} c(x_t,u_t)\,\mathrm{d}t, \quad x_0=x \in \mathbb{R}_+$$

HJB 方程则为

$$0=\min_{u\in \mathsf{U}(x)}\left\{c(x,u)+(-u+\alpha)\ \frac{\mathrm{d}}{\mathrm{d}x}J^{\star}(x)\right\} \tag{7.35}$$

这与 3.9.4 节中考虑的具有多项式成本的积分器模型类似(见式(3.62))。

7.4.2 计算和完整性

在 J^* 的定义中考虑 $\mathcal{P}(u)$ 的如下选择：

$$\text{情形 }1:\mathcal{P}(u)=u^2$$

在这种情况下，$c(x,u)$ 永远不会消失，因此总成本 $J^{\star}(x)$ 从来不是有限值!

通过考虑(加权)最短路径问题来解决这一挑战：

$$K^{\star}(x)=\min_{u}\int_0^{T_0}c(x_t,u_t)\,\mathrm{d}t \tag{7.36}$$

其中 $x_0=x\in\mathbb{R}_+$，$T_0\stackrel{\text{def}}{=}\min\{t:x_t=0\}$ 是 x_t 碰到原点的首次时间，和之前一样，最小值在 u 上。函数 $K^{\star}$ 是有限值的，并且是式(7.35)的解。

接下来，通过考虑简单的策略我们得到 $K^{\star}$ 的边界。例如，如果我们取 $u_t=\mu$ 每当 $x_t>0$ 时，则式(7.34)变为 CRW 队列的流体模型。假设 $\mu>\alpha$，此策略是镇定的，这一点可通过求解如下状态方程看出：

$$x_t=x_0-(\mu-\alpha)t,\quad 0\leqslant t\leqslant T_0$$

其中 $T_0=(\mu-\alpha)^{-1}x_0$。积分后可得如下结果：

$$K(x;\mu)\stackrel{\text{def}}{=}\int_0^{T_0}(x_t+ru_t^2)\,\mathrm{d}t=\frac{1}{2}\frac{x^2}{\mu-\alpha}+r\mu^2\frac{x}{\mu-\alpha},\quad x_0=x$$

这意味着 $K^{\star}(x)$ 的增长速度不会快于二次方。

通过允许输入依赖更多的信息，我们可以获得一个更紧的边界：对于 $x_t>0$ 且 $x_0=x$，考虑控制律 $u_t=\mu^{\star}(x)$，其中，对于 $\mu>\alpha$，$\mu^{\star}(x)$ 是 $K(x;\mu)$ 的最小值。由最优性的一阶条件可得

$$\begin{aligned}0&=\frac{\mathrm{d}}{\mathrm{d}\mu}\left\{\frac{1}{2}\frac{x^2}{\mu-\alpha}+r\mu^2\frac{x}{\mu-\alpha}\right\}\bigg|_{\mu=\mu^{\star}}\\&=-\left(\frac{1}{2}x^2+rx[\mu^{\star}]^2\right)\frac{1}{(\mu^{*}-\alpha)^2}+2r\mu^{\star}\frac{x}{\mu^{\star}-\alpha}\end{aligned}$$

其中，在每次出现中 $\mu^{\star}=\mu^{\star}(x)$。在两侧乘以 $(\mu^{\star}-\alpha)^2$ 后，这就变成了一个关于 μ 的二次方程，求解后可得出

$$\mu^{\star}(x)=\alpha+\sqrt{\alpha^2+x/r},\quad K(x;\mu^{\star}(x))=\frac{1}{\sqrt{\alpha^2+x/r}}\left(\frac{1}{2}x^2+rx[\mu^{\star}(x)]^2\right)$$

我们有 $K^{\star}(x) \leqslant K(x;\ \mu^{\star}(x))$，这意味着 $K^{\star}$ 的增长率不快于 $x^{3/2}$。

正如我们现在解式(7.35)所看到的，这个边界是相对紧的：对于 $x>0$，

$$0=\min_{u\geqslant 0}\left(x+\frac{1}{2}u^2+(-u+\alpha)\ \frac{\mathrm{d}}{\mathrm{d}x}K^{\star}(x)\right) \tag{7.37}$$

这是一个边界条件为 $K^{\star}(0)=0$ 的一阶 ODE。在 $r=\frac{1}{2}$时，其解为

$$K^{\star}(x)=\alpha x+\frac{1}{3}[(2x+\alpha^2)^{3/2}-\alpha^3] \tag{7.38}$$

假设在式(7.37)中 $u^{\star}\neq 0$，一阶最优性条件给出如下最优策略：

$$0=\frac{\mathrm{d}}{\mathrm{d}u}\left(x+\frac{1}{2}u^2+(-u+\alpha)\ \frac{\mathrm{d}}{\mathrm{d}x}K^{\star}(x)\right)$$

$u^{*}=\phi^{F\star}(x)=\frac{\mathrm{d}}{\mathrm{d}x}K^{\star}(x)$ 确实是 $x>0$ 时的最优策略，因为对于所有的 $x>0$，其导数是非负的。

情形 2：$\mathcal{P}(u)=(u-\alpha)^2$

成本函数的修改导致 SPP 的表达式要简单得多，这与总成本一致：我们现在有 $c(x^e,u^e)=0$，其中 $x^e=0$ 和 $u^e=\alpha$。为简单起见，我们仍旧取 $r=\frac{1}{2}$。式(7.35)与式(7.37)相似：

$$0=\min_{u\geqslant 0}\left(x+\frac{1}{2}(u-\alpha)^2+(-u+\alpha)\ \frac{\mathrm{d}}{\mathrm{d}x}J^{\star}(x)\right) \tag{7.39}$$

假设 $u^{\star}\neq 0$，如前所述，我们应用一阶最优条件得到

$$0=\frac{\mathrm{d}}{\mathrm{d}u}\left(x+\frac{1}{2}(u-\alpha)^2+(-u+\alpha)\ \frac{\mathrm{d}}{\mathrm{d}x}J^{\star}(x)\right)\Rightarrow u^{\star}=\alpha+\frac{\mathrm{d}}{\mathrm{d}x}J^{\star}(x)$$

闭环动力学可以表示为梯度下降：

$$\frac{\mathrm{d}}{\mathrm{d}t}x_t^{\star}=-u_t^{\star}+\alpha=-\frac{\mathrm{d}}{\mathrm{d}x}J^{\star}(x_t^{\star})$$

$J^{\star}$ 的计算同前：求解式(7.39)，满足边界条件 $J^{\star}(0)=0$。对于某些 $p\geqslant 1$ 和 $b>0$，我们猜测该解为 $J^{\star}(x)=bp^{-1}x^p$。这样，我们可得到以下结论：

(i)式(7.39)中的最小值给出了流体模型的策略：

$$\phi^{F\star}(x)=\alpha+\frac{\mathrm{d}}{\mathrm{d}x}J^{\star}(x)=\alpha+bx^{p-1}$$

(ii)将 $u^{\star}=\phi^{F\star}(x)$ 替代到(7.39)中，可得：

$$0=\left(x+\frac{1}{2}\left[\frac{\mathrm{d}}{\mathrm{d}x}J^{\star}(x)\right]^{2}-\left[\frac{\mathrm{d}}{\mathrm{d}x}J^{\star}(x)\right]^{2}\right)=x-\frac{1}{2}b^{2}x^{2(p-1)}$$

这只有在 $b=\sqrt{2}$ 和 $p=3/2$ 时，才是可能的(与式(7.38)一致)。

(iii)对于一般 $r>0$，流体模型的价值函数和最优策略分别由下式给出

$$J^{\star}(x)=\frac{4}{3}r^{1/2}x^{3/2} \quad 和 \quad \phi^{F\star}(x)=\alpha+\sqrt{x/r} \tag{7.40}$$

注意，x 和 $[\phi^{F\star}(x)-\alpha]^2$ 关于 x 都是线性的。这反映了状态和控制成本之间的平衡。

7.4.3 完整性详解

一个数值例子说明了 MDP 模型及其流体模型近似之间的强完整性。

取 $r=\dfrac{1}{2}$，选择到达过程的边缘分布为缩放几何分布：

$$A(k)=\Delta_A G(k),\quad k\geqslant 1 \tag{7.41}$$

其中，$\Delta_A>0$，G 在参数为 p_A 的 $\{0,1,\cdots\}$ 上是几何分布的。$A(k)$ 的均值和方差分别由下式给出

$$m_A=\Delta_A\frac{p_A}{1-p_A},\quad \sigma_A^2=\frac{p_A}{(1-p_A)^2}\Delta_A^2 \tag{7.42}$$

选择 $p_A=0.96$ 和 $\Delta_A=1/24$，使均值 m_A 等于单位 1：

$$1=m_A=\Delta_A\frac{p_A}{1-p_A} \tag{7.43}$$

在附录 B.2 中你可以阅读到关于价值迭代算法的内容，它与式(3.8)中看到的确定性控制系统的定义几乎相同。特别地，该算法生成了一个函数序列 $\{V_n\}$，每个函数都可以被解释为有限时域最优控制问题的价值函数：

$$V_n(x)=\min_U \mathsf{E}\left[\sum_{k=0}^{n-1}c(X(k),U(k))+V_0(X(n))\mid X(0)=x\right] \tag{7.44}$$

对于确定性情况，可参见式(3.9)。

图 7.2 显示的是最优策略的比较，它们是使用价值迭代和流体模型的最优策略进行数值计算得到的。回顾一下，我们在随机模型中施加了 $U(k)\leqslant X(k)$ 的约束。这个约束施加在了图中所示的策略中，因此

$$\phi^{J^{\star}}(x)=\min(x,\phi^{F\star}(x))$$

对于 MDP 模型，偏差序列 $\{h_n(x)=V_n(x)-V_n(x^{\cdot})\}$ 由相对价值函数的近似值组成。我们使用 $x^{\cdot}=0$ 在图 7.3 中展示了 $\{h_n\}$ 收敛到 $h^{\star}$ 的过程。当使用流体价值函数来初始化算法时，误差 $\|h_{n+1}-h_n\|$ 对于初始 n 来说要小得多。

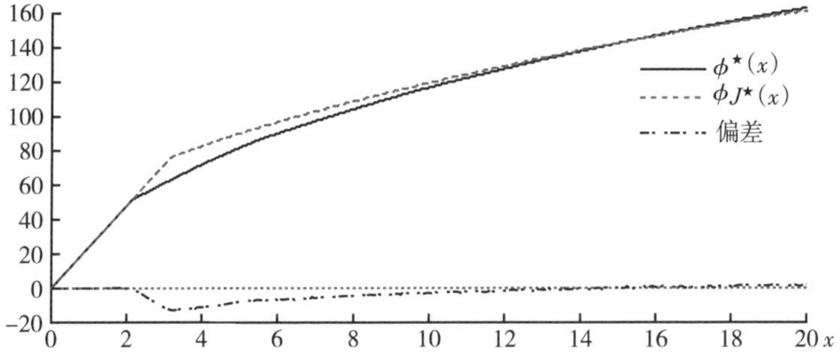

图 7.2 流体模型和 MDP 模型的最优策略比较

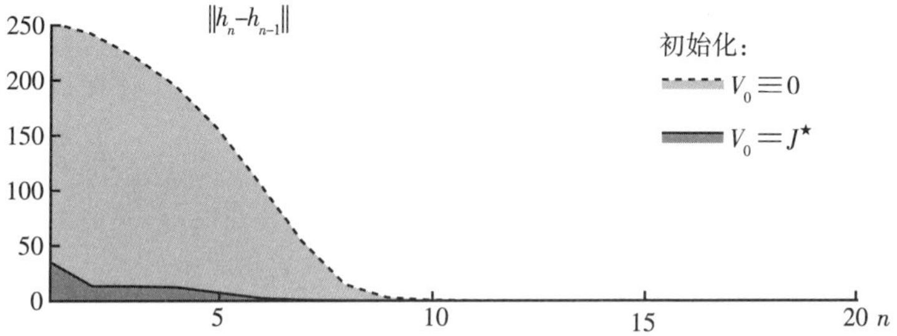

图 7.3 二次成本函数的值迭代收敛

7.5 LQG

离散时间线性系统方程由 2.3.3 节的线性状态空间模型定义，并引入了干扰过程 $\boldsymbol{N}$ 和观测噪声 $\boldsymbol{W}$：

$$\begin{aligned}\boldsymbol{X}(k+1)&=\boldsymbol{F}\boldsymbol{X}(k)+\boldsymbol{G}\boldsymbol{U}(k)+\boldsymbol{N}(k+1),\\ \boldsymbol{Y}(k)&=\boldsymbol{H}\boldsymbol{X}(k)+\boldsymbol{W}(k)\end{aligned} \tag{7.45}$$

假设联合过程 $\{\boldsymbol{N}(k),\boldsymbol{W}(k): k\geqslant 0\}$ 是独立同分布的。过程 $\boldsymbol{N}$ 代表一种系统干扰，从某种意义上说，它是不受控制的，并影响系统状态(其元素代表物理量)。变量 $\boldsymbol{W}(k)$ 破坏了我们在时刻 k 时对 $\boldsymbol{H}\boldsymbol{X}(k)$ 的测量。假设每个都是零均值过程，且有限协方差分别表示 $\sum_N$，$\sum_W$。

7.5.1 流体模型动力学

在干扰是零均值的假设下，离散时间流体模型是式(2.13a)中介绍的线性状态空间模型：

$$\boldsymbol{x}(k+1)=\boldsymbol{F}\boldsymbol{x}(k)+\boldsymbol{G}\boldsymbol{u}(k),\quad k\geqslant 0$$

在转向控制比较之前，我们先比较一下没有控制的两个模型的动力学：

$$\boldsymbol{x}(k+1)=\boldsymbol{F}\boldsymbol{x}(k)\quad 和 \quad \boldsymbol{X}(k+1)=\boldsymbol{F}\boldsymbol{X}(k)+\boldsymbol{N}(k+1),\quad k\geqslant 0 \tag{7.46}$$

考虑 2.4.6 节中一个示例的特殊情况，其中

$$F=I+0.02A,\quad A=\begin{pmatrix}-0.2, & 1\\ -1, & -0.2\end{pmatrix}$$

连续时间的流体模型定义如下

$$\frac{\mathrm{d}}{\mathrm{d}t}x=\bar{f}(x)=0.02Ax \quad (本例中, u\equiv 0)$$

这与 F（基于欧拉近似的方法）的构造完全一致。

现在我们可以解释图 2.7 中用于获得相应图形的干扰过程的性质：N 被选择为 i.i.d. 和高斯的，具有秩亏协方差：$N(k)=gV(k)$，且 $V(k)$ 标量于 $N(0,1)$ 和 $g=2.5\begin{pmatrix}1\\1\end{pmatrix}$。两种状态过程的轨迹如图 2.7 所示。仔细观察右图，可以发现噪声的退化，它在 $\pm g$ 方向上直接影响状态。

7.5.2 DP 方程

式(7.45)中的线性动力学是对 LQG 中“L”的解释，而“Q”的出现是因为我们采用了确定性 LQR 框架中的二次成本：

$$c(x,u)=x^{\top}Sx+u^{\top}Ru \tag{7.47}$$

且 $S\geqslant 0$，$R>0$。我们推迟对“G”的解释，因为在我们解释为什么我们关心测量 Y 之前，它是无关紧要的。

无限时域目标通常是无限的，所以让我们首先考虑有限时域问题

$$J(x)=E\Big[X(\mathcal{N})^{\top}R_0X(\mathcal{N})+\sum_{k=0}^{\mathcal{N}-1}\big(X(k)^{\top}SX(k)+U(k)^{\top}RU(k)\big)\,\big|\,X(0)=x\Big] \tag{7.48}$$

其中 $R_0\geqslant 0$。作为线性状态反馈，很容易得到 J 的最小化：

命题 7.4 (i)使用线性状态反馈 $U(k)=-K_kX(k)$，可以在所有可能的非线性策略上得到式(7.48)的最小值，其中反馈增益矩阵为

$$K_k=[R+G^{\top}M_{k+1}G]^{-1}G^{\top}M_{k+1}F$$

$\{M_k\}$ 由矩阵 Riccati 差分方程确定，该方程在时间上反向运行：

$$M_k=F^{\top}(M_{k+1}-M_{k+1}G(G^{\top}M_{k+1}G+R)^{-1}G^{\top}M_{k+1})F+S$$

且具有终端条件 $M_{\mathcal{N}}=R_0$。

(ii) 价值函数是二次型的：$J_{\mathcal{N}}^{\star}(x)=J_{\mathcal{N}}^{\star}(0)+x^{\top}M_0x$。

(iii)如下极限存在：

$$\eta^{\star}=\lim_{\mathcal{N}\to\infty}\frac{1}{\mathcal{N}}J_{\mathcal{N}}^{\star}(x)\quad(独立于 x)$$

$$h^{\star}(\boldsymbol{x})=\lim_{N\to\infty}[J_N^{\star}(\boldsymbol{x})-J_N^{\star}(0)],\quad x\in X$$

这对极限就是 ACOE 式(7.5)的解，其中 $\eta^{\star}$ 为最优平均成本。平均成本最优策略——式(7.6)是线性状态反馈的：

$$\phi^{\star}(\boldsymbol{x})=-\boldsymbol{K}^{\star}\boldsymbol{x},\quad \boldsymbol{K}^{\star}=[\boldsymbol{R}+\boldsymbol{G}^{\mathrm{T}}\boldsymbol{M}^{\star}\boldsymbol{G}]^{-1}\boldsymbol{G}^{\mathrm{T}}\boldsymbol{M}^{\star}\boldsymbol{F}$$

其中 $M^{\star}$ 为代数 Riccati 方程(ARE)式(3. 40)的解：

$$\boldsymbol{M}^{\star}=\boldsymbol{F}^{\mathrm{T}}(\boldsymbol{M}^{\star}-\boldsymbol{M}^{\star}\boldsymbol{G}(\boldsymbol{R}+\boldsymbol{G}^{\mathrm{T}}\boldsymbol{M}^{\star}\boldsymbol{G})^{-1}\boldsymbol{G}^{\mathrm{T}}\boldsymbol{M}^{\star})\boldsymbol{F}+\boldsymbol{S}$$ □

从这个结果中得出的一个值得注意的结论是，有限时域和平均成本控制问题的解在任何方面都不依赖于干扰的分布，除了它们是零均值的、有限方差的，以及一贯的 i. i. d. 假设(甚至独立性假设也可以放宽，这取决于最优性的受限定义[7,80])。此外，平均成本最优控制问题的最优策略与具有总成本准则的相关流体模型(离散时间情况)的最优策略一致：可回顾一下式(3. 39)。

对干扰分布施加假设的唯一原因是下一个话题：部分可观测。

7. 5. 3　部分可观测

如果只有 $\boldsymbol{Y}$ 被观测到，那么我们可以尝试在这些可观测的所有函数上最小化 J。也就是说，将输入限制为当前和过去观测值的函数：

$$\boldsymbol{U}(k)=\boldsymbol{\phi}_k(\boldsymbol{Y}(0),\cdots,\boldsymbol{Y}(k))\tag{7.49}$$

在$(\boldsymbol{N},\boldsymbol{W})$是联合高斯的假设下，可以得到一个显式的解：

命题 7. 5　假设$(\boldsymbol{N},\boldsymbol{W})$是联合高斯的，并且与 $\boldsymbol{X}(0)$ 无关。则：

(i)有限时域最优控制问题的解可通过下式获得，其中 J 是在形如式(7. 49)的所有输入序列上被最小化的，

$$\boldsymbol{U}(k)=-\boldsymbol{K}_k\hat{\boldsymbol{X}}(k)$$

增益 $\boldsymbol{K}_k$ 是命题 7. 4 中引入的相同矩阵序列。

估计$\hat{\boldsymbol{X}}(k)$被递归定义如下，它基于以下重要事实：给定 $\boldsymbol{Y}_0^k$，$\boldsymbol{X}(k)$的条件分布是高斯 $\boldsymbol{N}(\boldsymbol{m}_k,\sum_k)$ 的，其中

(a) 条件均值$m_k=X(k)$作为时变线性系统而演化，

$$\hat{\boldsymbol{X}}(k+1)=\boldsymbol{F}\hat{\boldsymbol{X}}(k)+\boldsymbol{G}\boldsymbol{U}(k)+\boldsymbol{L}_{k+1}[\boldsymbol{Y}(k+1)-\hat{\boldsymbol{Y}}(k+1|k)],$$
$$\hat{\boldsymbol{Y}}(k+1|k)=\boldsymbol{H}\hat{\boldsymbol{X}}(k+1|k)=\boldsymbol{H}[\boldsymbol{F}\hat{\boldsymbol{X}}(k)+\boldsymbol{G}\boldsymbol{U}(k)],\quad k\geqslant 0$$

初始条件为

$$\hat{\boldsymbol{X}}(0)=E[\boldsymbol{X}(0)]+\boldsymbol{L}_0[\boldsymbol{Y}(0)-\boldsymbol{H}E[\boldsymbol{X}(0)]]$$

(b) 滤波器增益定义为

$$L_k=\sum_{k+1|k}H^{\top}\left[\sum_W+H\sum_{k+1|k}H^{\top}\right]^{-1},\quad k\geqslant -1$$

(c) 条件协方差不依赖于观测值，但是根据确定性的 Riccati 递归进行演化：

$$\sum_{k+1|k}=F\sum_k F^{\top}+\sum_N,$$
$$\sum_{k+1}=\sum_{k+1|k}-\sum_{k+1|k}H^{\top}\left[H\sum_{k+1|k}H^{\top}+\sum_W\right]^{-1}H\sum_{k+1|k}\tag{7.50}$$

初始条件为

$$\sum_{0|-1}=\mathsf{E}[\tilde{X}(0)\tilde{X}(0)^{\top}],\quad \tilde{X}(0)=X(0)-\hat{X}(0)$$

(ii)在输入序列的约束[式(7.49)]下，平均成本最优控制问题的解可利用如下的静态线性反馈来获得：

$$U(k)=-K^{\star}\hat{X}(k)$$

其中 $X(k)$ 是条件均值，如(i)所示。

证明命题的一个步骤是，成本可以用新的状态 $\hat{X}$ 表示：

$$\begin{aligned}\mathsf{E}[c(X(k),U(k))]&=\mathsf{E}[X(k)^{\top}SX(k)+U(k)^{\top}RU(k)]\\&=\mathsf{E}[\hat{X}(k)^{\top}S\hat{X}(k)+U(k)^{\top}RU(k)]+\mathsf{E}[\tilde{X}(k)^{\top}S\tilde{X}(k)]\end{aligned}$$

其中，波浪号表示误差：$\tilde{X}(k)=X(k)-\hat{X}(k)$，最后一项与控制作用无关

$$\mathsf{E}[\tilde{X}(k)^{\top}S\tilde{X}(k)]=\mathrm{trace}(\sum_k S)$$

这就引出了分离原则：最优输入是朴素的“插入式”控制律：

$$U(k)=\phi^{\star}(\hat{X}(k))=K^{\star}\hat{X}(k)\tag{7.51}$$

其中 $K^{\star}$ 是反馈增益，它是针对完全可观测情况下的控制问题而求得的。

这种最优控制解被称为*确定性等价形式*。请不要忘记，确定性等价结论对于所施加的假设是非常特殊的。在状态只被部分观察到时，在更一般的情况下可能更倾向于使用策略 $U(k)=\phi^{\star}(\hat{X}(k))$。一般来说，最优反馈律需要关于状态过程的条件分布的更多信息。附录 C 包含了更一般的部分观测控制系统的最优策略的推导。

接下来的例子旨在探索部分信息的作用和“置信状态”的创建。

7.6　一个排队游戏

我们现在回到 3.9.3 节中介绍的具有四维队列长度过程的两站网络模型。

类似于那里描述的流体模型，可以得到一个 MDP 模型。我们可以为单路队列[式(7.29)]选择一个扩展的 CRW 模型，其中四个缓冲区在离散时间内的演化过程如下：

$$X_1(k+1)=X_1(k)-S_1(k+1)U_1(k)+A_1(k+1),$$

$$\boldsymbol{X}_2(k+1)=\boldsymbol{X}_2(k)-\boldsymbol{S}_2(k+1)\boldsymbol{U}_2(k)+\boldsymbol{S}_1(k+1)\boldsymbol{U}_1(k),$$
$$\boldsymbol{X}_3(k+1)=\boldsymbol{X}_3(k)-\boldsymbol{S}_3(k+1)\boldsymbol{U}_3(k)+\boldsymbol{A}_3(k+1),$$
$$\boldsymbol{X}_4(k+1)=\boldsymbol{X}_4(k)-\boldsymbol{S}_4(k+1)\boldsymbol{U}_4(k)+\boldsymbol{S}_3(k+1)\boldsymbol{U}_3(k)$$

其中每个 $\boldsymbol{S}_i(k)$ 是具有参数 μ_i 的伯努利分布，每个 $\boldsymbol{A}_i(k)$ 都是均值为 α_i 和有限方差的。为了使其成为受控马尔可夫链，有必要假设六维随机过程 $(\boldsymbol{S},\boldsymbol{A})$ 为 i. i. d. 。输入过程与流体模型一样服从相同的约束条件，但还需假设，对于每个 i 和 k，$U_i(k)$ 取值为 0 或 1。文献[159]研究了流体模型和 MDP 模型之间的完整性，在那里你可以找到与单路队列获得的结果类似的数值结果。

我们现在可以解释图 3.6 左侧所示的仿真结果：随机变量 $\boldsymbol{S}_i(k)$，$\boldsymbol{A}_j(k)$ 都是伯努利分布的，并且在每个时间 k 只有一个是非零的意义上是高度依赖的。

让我们考虑一个使用本书中的理论无法解决的问题：将每个输入限制在仅为局部信息的一个函数。这是一个博弈，因为一个站点的决策仅基于该站点的缓冲水平的历史信息。我们考虑一个合作的情形，在这个情形中，两个玩家(站点)有一个共同的目标，就是最小化长期平均成本。

采用对称性处理方法，我们可以通过施加如下约束来简化问题：记 $\boldsymbol{X}^{\mathrm{I}}(k)=(\boldsymbol{X}_1(k),\boldsymbol{X}_4(k))$，$\boldsymbol{X}^{\mathrm{II}}(k)=(\boldsymbol{X}_3(k),\boldsymbol{X}_2(k))$，并假设输入具有以下形式

$$\boldsymbol{U}_1(k)=\phi_a(\boldsymbol{X}^{\mathrm{I}}(k)),\quad \boldsymbol{U}_2(k)=\phi_b(\boldsymbol{X}^{\mathrm{II}}(k)),$$
$$\boldsymbol{U}_4(k)=\phi_b(\boldsymbol{X}^{\mathrm{I}}(k)),\quad \boldsymbol{U}_3(k)=\phi_a(\boldsymbol{X}^{\mathrm{II}}(k))$$

我们的目标是求得 $\phi^\star=(\phi_a^\star,\phi_b^\star)$，使平均成本最小化，其中 $c(\boldsymbol{x},\boldsymbol{u})=\sum \boldsymbol{x}_i$ 。信息结构的动机可能是希望降低通信成本，这在全球供应链的应用中肯定是如此。在这种情况下，网络为单个企业建模，制造业在地理上是分开的。非合作博弈也可以使用这里介绍的概念来解决。

这是一种粗糙的方法。特别是，为什么不允许 $\boldsymbol{U}_1(k)$ 和 $\boldsymbol{U}_4(k)$ 依赖于局部观测的历史 $\{\boldsymbol{X}^{\mathrm{I}}(i):i\leqslant k\}$？附录 C 中暗示了如何构建一个足够的统计量来进行控制。

这个例子中的信息约束破坏了应用 MDP 理论的动态规划方程的任何合理性，但我们仍然可以应用 MDP 算法，看看我们是否足够幸运。在这个简单的例子中，我们的确很幸运。

下面就是在本例中通向成功控制方案的一种方法：目标是求得一个近似 MDP 模型的序列，其中，状态过程为 $\boldsymbol{X}^{\mathrm{I}}$ 和输入过程为 $\boldsymbol{U}^{\mathrm{I}}$，$\boldsymbol{U}^{\mathrm{I}}(k)=(\boldsymbol{U}_1(k),\boldsymbol{U}_4(k))$。同时，我们也求得一个完全相同序列的 MDP 模型，其中状态过程为 $\boldsymbol{X}^{\mathrm{II}}$ 和输入为 $\boldsymbol{U}^{\mathrm{II}}(k)=(\boldsymbol{U}_3(k),\boldsymbol{U}_2(k))$。

该过程需要初始化：选择一个随机策略 $\breve{\phi}^0=(\phi_a^0,\phi_b^0)$，使得所得到的马尔可夫链 $\boldsymbol{X}$ 是正常返的[⊖]。然后从 $m=0$ 到 M 遵循以下步骤，其中 $M>1$ 固定，或由某个停止准则来确定：

(i)系统辨识：使用策略 $\breve{\phi}^m$ 模拟马尔可夫链，得到一个稳态分布的估计：

⊖ 一个正常返的马尔可夫链，是指其中任意一个状态，从其他任意一个状态出发，当时间趋于无穷时，首次转移到这个状态的概率不为 0。或者说，设 z 是一常返(recurrent)状态，如果它的平均返回时间小于无穷，则称状态 i 为正常返状态)。——译者注

$$\varpi_n^m(z,\boldsymbol{v},z')=\frac{1}{n}\sum_{k=0}^{n-1}(\mathbb{1}\{\boldsymbol{X}^{\mathrm{I}}(k)=z,\boldsymbol{U}^{\mathrm{I}}(k)=\boldsymbol{v},\boldsymbol{X}^{\mathrm{I}}(k+1)=z')+$$
$$\frac{1}{n}\sum_{k=0}^{n-1}(\mathbb{1}\{\boldsymbol{X}^{\mathrm{II}}(k)=z,\boldsymbol{U}^{\mathrm{II}}(k)=\boldsymbol{v},\boldsymbol{X}^{\mathrm{II}}(k+1)=z')$$

其中 $z=(z_1,z_2)$，$z'=(z_1',z_2')\in\mathbb{Z}_+^2$，且 $\boldsymbol{v}\in\{\boldsymbol{v}^0,\boldsymbol{v}^1,\boldsymbol{v}^2\}\stackrel{\text{def}}{=}\left\{\begin{pmatrix}0\\0\end{pmatrix},\begin{pmatrix}1\\0\end{pmatrix},\begin{pmatrix}0\\1\end{pmatrix}\right\}$。以此为基础，定义一个受控转移矩阵

$$\boldsymbol{P}_{\boldsymbol{v}}^{(m)}(z,z')=\frac{1}{\gamma_m(z,\boldsymbol{v})}\varpi_n^m(z,\boldsymbol{v},z'),\quad \gamma_m(z,\boldsymbol{v})\stackrel{\text{def}}{=}\sum_{z'}\varpi_n^m(z,\boldsymbol{v},z')\tag{7.52}$$

(ii)成本辨识：在你的模拟中包括如下估计：

$$\mathcal{C}^m(z,v)=\frac{1}{n}\sum_{k=0}^{n-1}c(\boldsymbol{X}(k))(\mathbb{1}\{\boldsymbol{X}^{\mathrm{I}}(k)=z,\boldsymbol{U}^{\mathrm{I}}(k)=\boldsymbol{v})$$
$$+\frac{1}{n}\sum_{k=0}^{n-1}c(\boldsymbol{X}(k))(\mathbb{1}\{\boldsymbol{X}^{\mathrm{II}}(k)=z,\boldsymbol{U}^{\mathrm{II}}(k)=\boldsymbol{v})$$

其中 $z\in\mathbb{Z}_+^2$，和 $\boldsymbol{v}\in\{0,1\}^2$。在此基础上，定义一个成本函数：

$$c^{(m)}(z,\boldsymbol{v})=\frac{1}{\gamma_m(z,\boldsymbol{v})}\mathcal{C}^m(z,\boldsymbol{v})$$

(iii) 策略更新：求解具有受控转移矩阵$\boldsymbol{P}^{(m)}$和成本函数 $c^{(m)}$ 的 ACOE，用以得到一个策略 ϕ^{m+1}。

定义$\breve{\phi}^{m+1}$ 作为近似 ϕ^{m+1} 的一个随机策略，并转到步骤(i)，其中 m 增价到 $m+1$。

系统辨识步骤的动机贝叶斯(Bayes)规则。假设 $\boldsymbol{Z}(k)=\boldsymbol{X}^{\mathrm{I}}(k)$确实是一个具有输入 $\boldsymbol{V}(k)=(\boldsymbol{U}_1(k),\boldsymbol{U}_4(k))$的 MDP 模型。其受控转移矩阵则由如下的概率比[⊖]定义：

$$\begin{aligned}\boldsymbol{P}_{\boldsymbol{v}}(z,z')&=\mathsf{P}\{\boldsymbol{Z}(k+1)=z'\mid\boldsymbol{Z}(k)=z,\boldsymbol{V}(k)=\boldsymbol{v}\}\\&=\frac{1}{\mathsf{P}\{\boldsymbol{Z}(k)=z,\boldsymbol{V}(k)=\boldsymbol{v}\}}\mathsf{P}\{\boldsymbol{Z}(k+1)=z',\boldsymbol{Z}(k)=z,\boldsymbol{V}(k)=\boldsymbol{v}\}\end{aligned}$$

成本辨识步骤也具有类似的动机。对于大的 n，我们有如下近似

$$c^{(m)}(z,\boldsymbol{v})\approx\mathsf{E}[c(\boldsymbol{X}(k))\mid\boldsymbol{Z}(k)=z,\boldsymbol{V}(k)=\boldsymbol{v}]\tag{7.53}$$

使得$c^{(m)}(\boldsymbol{Z}(k),\boldsymbol{V}(k))$的稳态均值近似于稳态平均成本。

图 7.4 右边所示是使用这种方法得到的一个策略。最初的策略被选择为“服务于最长队

⊖ 揭示隐藏的模式与趋势。概率比是统计学中一个关键的概念，它帮助我们理解两个事件之间的相关性，并提供了一种量化的方式来解释这种关系。概率比是两个事件 A 和 B 发生的概率的比值，表示为 $P(\mathrm{A})/P(\mathrm{B})$。这个比值可以用来衡量两个事件之间的相关性，如果概率比大于 1，表示 A 事件比 B 事件更常见，反之亦然。——译者注

列”策略的扰动：

$$\breve{\phi}^{0}(\boldsymbol{v}^{1}|z)=\begin{cases}0.85 & \text{如果} z_1 \geqslant z_2 \\ 0.15 & \text{其他}\end{cases}$$

其中 $\breve{\phi}^{0}(\boldsymbol{v}^{2}|z)=1-\breve{\phi}^{0}(\boldsymbol{v}^{1}|z)$（假设 $z_2 \geqslant 1$）。

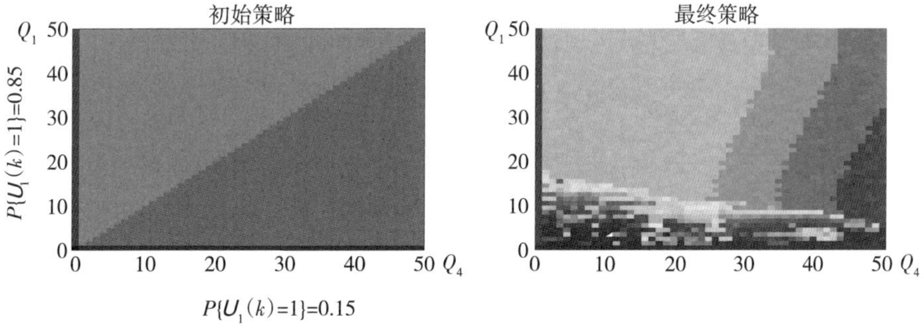

图 7.4　两站队列网络中的分布式控制

图 7.4 中右侧显示的最终策略更类似于形如“当 $X_1 \leqslant \bar{x}_1$ 和 $X_4 \geqslant 1$ 时，服务于缓冲器 4”的一个阈值策略，其中 $\bar{x}_1 \approx 10$。由此得到的性能更接近于集中式最优解的性能[255]。

参阅本书原书的封面可以更清楚地了解该策略，该封面显示了图 7.4 中右侧转换为灰度之前的图。颜色表示 $U_1(k)$ 等于 1 的概率（也就是 1 减去 $U_4(k)$ 等于 1 的概率，前提是 $X_1(k)+X_4(k) \geqslant 1$）。深蓝色表示约 0.1 的值，暗红色表示约 0.9 的值。

7.7　用部分信息控制漫游车

我们现在转向一个信息有限的情形，但本书中的理论和算法却是可以直接应用的。通过一个极其简单的例子来说明这些思想。

在佛罗里达大学过去的随机控制课程中，有这样一个问题：*我们如何控制冥王星上的漫游车？* 行星探索经常出现在我们的脑海中——肯尼迪航天中心距离佛罗里达州的盖恩斯维尔只有大约 150 英里㊀。

情形： 冥王星上的自主漫游车依靠太阳能电池板提供能源，但能量并不多㊁。它的目标是收集尽可能多的能量，但它可能会很笨拙。它靠近一座小山丘，在山顶时收集的能量最多，但它有从山上滚下来的倾向，然后它需要能量才能爬起来。

模型： 漫游车可能处于三种状态之一：山顶、向山下滚动或在山脚，$X=\{\mathrm{T},\mathrm{B},\mathrm{R}\}$。输入空间为 $U=\{\mathrm{D},\not{\mathrm{D}}\}$，对应的动作是“行驶”或“不行驶”。

状态的动态可以归纳为以下三种情况，按位置来区分：

㊀ 1 英里等于 1609.344 米。——编辑注

㊁ https://science.nasa.gov/science-news/science-at-nasa/2002/08jan_sunshine。

（1）漫游车在山顶。如果正在行驶，那么它在下一时段仍处于山顶的概率为 0.8，下一时段处于滚动的概率为 0.2。如果不行驶，则这些概率分别为 0.75 和 0.25。

（2）滚动。如果正在行驶，那么在下一个时段它在山顶的概率为 0.9，下一时段它将以 0.1 的概率被移动到山脚。如果不行驶，那么在下一个时期它在山脚的概率为 1。

（3）山脚。如果正在行驶，那么它以 0.9 的概率保持在山脚，并在下一时段以 0.1 的概率滚动。如果不行驶，则保持在山脚的概率为 1。

成本：漫游车希望最大化能量。收集到的能量（奖励）取决于位置和动作：

动作\位置	山顶	滚动	山脚
行驶	1	0	0
不行驶	3	0	0

一个现实的模型应该包括储能。除了缺乏存储之外，这个例子还有很多明显的原因使该示例过于简单，但它是一个用来说明一些基本思想的好例子。

用部分观测信息进行控制

输入 U 被限制为状态过程 X 的噪声观测值。这是由一个观测序列 Y 来建模的，其取值为 0 或 1。一个观测值只能告诉我们是否在山顶：如果 $X(k)=\mathrm{R}$ 或 $X(k)=\mathrm{B}$，则 $Y(k)=0$；如果 $X(k)=\mathrm{T}$，那么当 $U(k-1)=\mathrm{D}$ 时，$Y(k)=1$；如果 $U(k-1)=\not{\mathrm{D}}$，则以概率 $\varrho\in(0,1)$ 有 $Y(k)=1$。也就是说，

$$Y(k)=\mathbb{1}\{X(k)=\mathrm{T},U(k-1)=\mathrm{D}\}+\Gamma(k)\,\mathbb{1}\{X(k)=\mathrm{T},U(k-1)=\not{\mathrm{D}}\} \tag{7.54}$$

其中 $\{\Gamma(k)\}$ 是一个带有参数 ϱ 的 i. i. d. 伯努利序列。

这被称为部分可观测的 MDP（POMDP）模型。一个值得注意的事实是，只要我们修改“状态”的定义，就可以通过状态反馈获得一个最优控制解。

在 POMDP 文献中，我们引入了置信状态 $\mathcal{X}(k)$，它只不过是状态 $X(k)$ 的条件 pmf，如果给定到时刻 k 的观测值。在这里考虑的例子中，置信状态在单纯形 $\mathcal{S}$（$\mathbb{R}_+^3$ 中的一个二维区域）上演化，其解释为

$$\mathcal{X}_x(k)=\mathsf{P}\{X(k)=x\mid Y(0),\cdots,Y(k)\},\quad x\in X=\{\mathrm{T},\mathrm{B},\mathrm{R}\}$$

对于平均成本或折扣成本准则，最优策略可以表示为状态反馈：

$$U^*(k)=\phi^*(\boldsymbol{\mathcal{X}}(k))$$

其中 $\phi^*:\mathcal{S}\to U$。命题 7.5 中描述的 LQG 的解就是满足这种构造的一个例子，其中置信状态可以概括为条件均值和条件协方差。

在附录 C 中可以找到 POMDP 理论的简要概述，在那里你可以找到置信状态的一个递归更新公式：

$$\mathcal{X}(k+1)=\mathcal{M}(\mathcal{X}(k),Y(k+1),U(k)),\quad k\geqslant 0$$

更新图 $\mathcal{M}$ 的详细信息可见命题 C.3。

ϕ^* 的计算是 POMDP 实践中的一个主要挑战，因为状态空间 $\mathcal{S}$ 从来不是有限的。我们只

能寻找近似技术，而强化学习为此提供了许多工具。

假设只有当 $X(k)=\mathrm{T}$ 时，完全可观测问题的解被定义为 $U(k)=\not{D}$。那么图 7.5 所示的策略在部分可观测情形中就被很好地激发了。这是根据以下的阈值公式得到的，对于给定的非负常数 a_T, a_R, a_B, r：

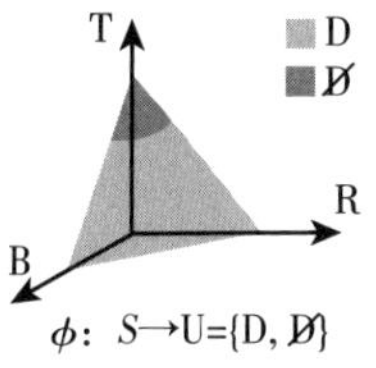

图 7.5　具有部分可观测值的漫游车候选策略

$$\phi(b)=\begin{cases}\not{D} & \text{如果} a_T[b_T-1]^2+a_R b_R^2+a_B b_B^2 \leqslant r \\ \mathrm{D} & \text{其他}\end{cases},\quad b\in\mathcal{S}$$

不排除使用 $r=0$ 的退化情况，仅当 $b_T=1$，得到 $\phi(b)=\not{D}$。

这个例子和第 7.6 节中的例子揭示了几个挑战和机遇：

(i)对于输入的信息约束可能会使 MDP 理论不适用，但 MDP 算法仍然可以得到有用的策略。

(ii)如果 POMDP 假设有效，那么该理论是非常丰富的，但直接应用 VIA 等计算工具是一个重大的挑战。强化学习是一个很好的选择。

(iii)RL+POMDP 不是无模型的，因为产生置信状态的非线性滤波器极度依赖于模型。在实践中，我们要么使用模型，要么用一些其他“特征”替换置信状态，以用来创建一个“伪状态”，该状态被认为包含足够的信息以进行可靠控制。

7.8　老虎机

我们下一个部分可观测的控制问题被称为多臂老虎机/赌博机(Bandit，关于其解释可参见 1. 1 节中的内容)，它是解释强化学习中的“利用”和“探索”的一个很好的工具。关于 Bandit 这个名字，可以考虑一个满屋子的投币自动售货机或老虎机，拉不同的手臂具有不同的预期利润(或损失)。如果总共有 K 个不同的手臂，这就叫作 K 臂老虎机/赌博机。

其他不同有用程度的一些应用包括：

▲玩游戏

利用：走你认为最好的棋。

探索：走一个实验性的棋。

▲餐厅的选择

利用：去你最喜欢的餐厅。

探索：尝试一家新餐厅。

▲石油钻探

利用：在最著名的地点钻探。

探索：在一个新的地点钻探。

▲在线头条广告

利用：展示最成功的广告。

探索：展示一个不同的广告。

你会怎么玩这些老虎机？

7.8.1　老虎机模型

刻画老虎机主题的模型有很多。这里有一个可以被认为是一个退化的 MDP 模型。

对于 K 臂老虎机，我们假设存在某种类似于状态过程的东西，表示为 Z，它在 $\mathbb{R}^K$ 上演化。在这里描述的简单模型中，假设这个序列是有限均值的 i. i. d. 。输入在动作空间 $\mathsf{U}=\{1,\cdots,K\}$ 上演化，并且对 $\boldsymbol{Z}$ 没有影响。在时刻 k 收到的奖励为

$$R(k)=\sum_{u=1}^{K} \mathbb{1}\{U(k)=u\} Z_u(k)$$

即，如果 $U(k)=u$，则 $R(k)=Z_u(k)$。对于每个时刻 k，如果 $U(k)$ 是观测到的奖励 $\{R(j): j<k\}$ 的(可能是随机的)函数，则输入序列 U 是容许的。我们的目标是构造 U 以便最大化平均奖励。

让我们考虑两个极端的情况：

(i)如果在每个时刻 k 都观察到"状态" $Z(k)$，那么显然

$$U^*(k)=\underset{1\leqslant u\leqslant K}{\arg\max} Z_u(k)$$

这对于任何标准都是最优的：有限时域，折扣，或平均奖励。然而，我们只能观测到可收到的奖励 $\{R(j): j<k\}$，所以这个策略是不可行的。

(ii)无限时域最优奖励定义为

$$\eta^* = \max \lim_{N\to\infty} \frac{1}{N}\sum_{k=1}^{N} R(k)$$

记 $\bar{r}_u = \mathsf{E}[Z_u(k)]$(假设不依赖于 k)，且 $\bar{r}^* = \max_u \bar{r}_u$。通过开环策略，我们给出了一种优化策略，

$$U^*(k)=\underset{1\leqslant u\leqslant K}{\arg\max}\ \bar{r}_u$$

除非给出这些均值，否则这是不可行的。

我们当然可以使用蒙特卡罗来估计 $\{\bar{r}_u: 1\leqslant u\leqslant K\}$，这是一个探索的例子。然而，对于任何动作 $u\in\{1,\cdots,K\}$，对 $\bar{r}_u$ 的精确估计可能需要频繁地选择该动作。在老虎机理论的大资金应用中(例如在广告领域)，我们在尝试最大化利润的同时也在学习。这意味着我们必须用不可避免的次优动作来最小化在探索上所花费的时间，这激发了一个更精细的最优奖励概念：

遗憾：对于给定的时域 $\mathcal{N}$，遗憾奖励/回报被定义为下式的和

$$L_{\mathcal{N}} = \sum_{k=1}^{\mathcal{N}} \{\bar{r}^* - R(k)\} \tag{7.55}$$

在温和的附加假设下，对于最佳策略来说，它的均值关于 $\mathcal{N}$ 呈对数增长。

7.8.2　贝叶斯老虎机

如果我们可以在一个 MDP 情形中来表述老虎机问题，应用附录 C 中的理论可知，我们

可以将一个最优策略表示为一个状态反馈的形式：

$$U^*(k)=\phi^*_{\mathcal{N}-k}(\mathcal{X}(k)),\quad 0\leqslant k\leqslant\mathcal{N} \tag{7.56}$$

如果给定直到时刻 k 的观测值，则置信状态 $\mathcal{X}(k)$ 与时刻 k 状态的条件分布相一致。这需要一个贝叶斯情形，其中奖励是状态的某个随机函数。抱有希望地，作为一个简单的起点，让我们转向一个线性高斯模型，其中置信状态是有限维的。

在高斯老虎机中，我们创建了一个在 $\mathbb{R}^K$ 上演化的状态过程，它是静态的：对于每个 k，$\boldsymbol{X}(k)=\boldsymbol{X}(0)$。静态时，状态可由线性动力学来建模

$$\boldsymbol{X}(k+1)=\boldsymbol{X}(k),\quad k\geqslant 0 \tag{7.57a}$$

假设向量 $\boldsymbol{X}\overset{\text{def}}{=}\boldsymbol{X}(0)$是随机的，具有高斯分布。过程 $\boldsymbol{Z}$ 也被假定为高斯的：

$$\boldsymbol{Z}(k)=\boldsymbol{X}(k)+\boldsymbol{W}(k)$$

其中 $\boldsymbol{W}$ 是一个 i. i. d. 的、具有零均值的高斯随机过程，与 $\boldsymbol{X}$ 无关。在 k 时刻获得的奖励可以解释为一个观测方程：

$$\boldsymbol{Y}(k)=\boldsymbol{R}(k)=\boldsymbol{H}_k\boldsymbol{X}(k)+\boldsymbol{H}_k\boldsymbol{W}(k) \tag{7.57b}$$

其中 $\boldsymbol{H}_k$ 是 k 维行向量，其元素为$\boldsymbol{H}_k(i)=\mathbb{1}\{\boldsymbol{U}(k)=i\}$。

式(7.57)看起来像是式(7.45)的特例，其中输入 $\boldsymbol{U}(k)$ 隐藏在行向量$\boldsymbol{H}_k$ 中，由于在式(7.57b)中与$\boldsymbol{H}_k$ 相乘，因此观测噪声的形式略有不同。命题 7.5 的结论是：给定直到时间 k 的所有观测值，$\boldsymbol{X}(k)$的条件分布是高斯的，并且滤波方程大大得到简化。

对于这个模型，我们可以用条件均值和定义条件分布的协方差来代替置信状态。也就是说，在状态反馈架构式(7.56)中，我们可以取 $\boldsymbol{\mathcal{X}}(k)=\left\{\hat{X}(k),\sum_k\right\}$。对条件均值和协方差的依赖会引发一些问题：

▶策略结构：在时刻 k，ϕ^* 是如何取决于充分统计 $\left\{\boldsymbol{X}(k),\sum_k\right\}$ 的？拓展式(7.51)，确定性等价策略是

$$\boldsymbol{U}(k)=\operatorname*{argmax}_u\ \hat{\boldsymbol{X}}_u(k) \tag{7.58}$$

在 $\sum_k\equiv 0$ 的特殊情况下，这与$\phi^*_{\mathcal{N}-k}(\boldsymbol{\mathcal{X}}(k))$一致，因此对每个 u，$\boldsymbol{X}_u(k)=\boldsymbol{X}_u$。

相反，当条件协方差远离零时，这无疑是一种糟糕的方法，因此想要从一个或多个臂获得预期的奖励存在显著的不确定性。当存在高度不确定性时，我们需要探索。

▶探索：需要多少不确定性？希望下面介绍的是一个好的策略，其中时域是没有限制的：

(i) 当 $k\to\infty$，$\sum_k\to 0$(不确定性可能导致过度的次优拉动)。

(ii) 如果 $\boldsymbol{X}_i$ 小于$\boldsymbol{X}^*\overset{\text{def}}{=}\max_j\boldsymbol{X}_j$，$\sum_k(i,i)$收敛到零的速率会很慢。

遗憾奖励关于 $\mathcal{N}$ 呈对数增长，当且仅当对每个 i，$n_i(k)\mathbb{1}\{\boldsymbol{X}_i<\boldsymbol{X}^*\}$关于 k 呈对数增长，其中

$$n_i(k)=\sum_{j=1}^{k}\mathbb{1}\{\boldsymbol{U}(j)=i\} \tag{7.59}$$

接下来我们可能会问，探索和利用之间是否存在冲突？对于“坏的”i，如果$n_i(k)$关于k呈对数增长(利用)，我们如何确定随着$k\to\infty$而$\Sigma_k(i,i)$消失(探索)？仔细观察条件协方差的演化，可以发现没有冲突。因为$\boldsymbol{F}=\boldsymbol{I}$和$\Sigma_N=0$，则$\Sigma_k$的更新方程既简单又有见地：

命题 7.6　高斯老虎机的协方差演化总结如下：

(i) 对于每一个$k\geqslant 0$，$\Sigma_{k+1|k}=\Sigma_k$。

(ii) 协方差的逆有如下表示形式

$$\Sigma_k^{-1}=\Sigma_0^{-1}+\boldsymbol{D}_k, \tag{7.60}$$

其中$\boldsymbol{D}_k$是一个对角矩阵，其元素为

$$\boldsymbol{D}_k(i,i)=\frac{1}{\sigma_{W_i}^2}n_i(k),$$

$\sigma_{W_i}^2$是高斯随机变量$\boldsymbol{W}_i(k)$的方差(独立于k)。

因此，当$k\to\infty$时，$\Sigma_k\to 0$，当且仅当每个臂被拉动无穷多次。

证明　(i)部分由式(7.50)中的第一个方程推导而来，从第二个方程我们得到更新方程

$$\Sigma_k=\Sigma_{k-1}-\gamma^{-1}\boldsymbol{V}\boldsymbol{V}^{\mathsf{T}},\quad \boldsymbol{V}=\Sigma_{k-1}\boldsymbol{H}_k^{\mathsf{T}},\quad \gamma=\boldsymbol{H}_k\Sigma_{k-1}\boldsymbol{H}_k^{\mathsf{T}}+\boldsymbol{H}_k\Sigma_W\boldsymbol{H}_k$$

由矩阵求逆引理可知

$$\Sigma_k^{-1}=\Sigma_{k-1}^{-1}+\Sigma_{k-1}^{-1}\boldsymbol{V}[\gamma-\boldsymbol{V}^{\mathsf{T}}\Sigma_{k-1}^{-1}\boldsymbol{V}]^{-1}\boldsymbol{V}^{\mathsf{T}}\Sigma_{k-1}^{-1}$$

当我们插入$\boldsymbol{V}$和γ的定义时，这被大大简化了：

$$\Sigma_k^{-1}=\Sigma_{k-1}^{-1}+\frac{1}{\boldsymbol{H}_k\Sigma_W\boldsymbol{H}_k^{\mathsf{T}}}\boldsymbol{H}_k^{\mathsf{T}}\boldsymbol{H}_k$$

第二项是除了一个对角线上的信号项外其他元素都为0的矩阵。具体来说，对于所有的i,j，

$$\Sigma_k^{-1}(i,j)=\begin{cases}\Sigma_0^{-1}(i,j) & i\neq j\\ \Sigma_{k-1}^{-1}(i,i)+\dfrac{1}{\sigma_{W_i}^2}\mathbb{1}\{\boldsymbol{U}(k)=i\} & i=j\end{cases}$$

从而证明了(ii)。

该命题意味着，要计算条件协方差，只需跟踪我们拉动每只臂的次数就足够了。此外，

$$\lim_{k\to\infty}\Sigma_k^{-1}(i,i)=\Sigma_0^{-1}(i,i)+\frac{1}{\sigma_{W_i}^2}\sum_{k=1}^{\infty}\mathbb{1}\{U(k)=i\}$$

因此$n_i(k)$的对数上界并不妨碍$\Sigma_k(i,i)$收敛到零。

7.8.3 天真的乐观可以成功

老虎机理论通常是在比高斯老虎机更一般的环境下提出的，算法设计通常是基于频率论情形。也就是说，算法是基于经验的 pmf，对奖励的先验分布是没有用处的。

需要一个模型来进行分析。典型的选择是一个参数化模型，其中，向量值过程 $\mathbf{Z}$ 是 i. i. d.，且

$$\mathbf{Z}_u(k) \sim f(\cdot\,;\theta_u) \tag{7.61}$$

对于每个 $u \in U$，$f(\cdot\,;\theta_u)$ 是 $\mathbb{R}$ 上的密度，参数 $\theta \in \mathbb{R}^K$。因此，对于每个 u，

$$\bar{r}_u = \mathsf{E}[\mathbf{Z}_u(k)] = \int f(r;\theta_u)\,\mathrm{d}r$$

再说一次，如果 $\bar{r}_u < \bar{r}^*$，我们对估计 θ_u 不感兴趣，但我们事先不知道哪些臂在这个意义上是次优的。

频率论者会考虑遗憾——式(7.55)的其他表示形式。在获得清晰边界方面，如下是最有价值的：

$$\mathsf{E}[L_{\mathcal{N}}] = \mathcal{N}\sum_u \mathsf{E}[\{\bar{r}^* - \bar{r}_u\}\hat{\mu}\,\mathcal{N}(u)]$$

其中 $\hat{\mu}_{\mathcal{N}}(u)$ 为经验 pmf：

$$\hat{\mu}_{\mathcal{N}}(u) = \frac{1}{\mathcal{N}}\,n_u(\mathcal{N}) = \frac{1}{\mathcal{N}}\sum_{k=1}^{\mathcal{N}} \mathbb{1}\{U(k)=u\},\quad u \in U \tag{7.62}$$

最优控制的目标就是引导经验 pmf，对于每个 u，使得 $\{\bar{r}^* - \bar{r}_u\}\,\hat{\mu}_{\mathcal{N}}(u) \approx 0$。

为了避免取期望值，可以使用如下表示

$$L_{\mathcal{N}} = \sum_u \{\bar{r}^* - \hat{r}_u(\mathcal{N})\}\,n_u(\mathcal{N}) \tag{7.63}$$

其中，“奖励估计”由下式定义

$$\hat{r}_u(k) = \frac{1}{n_u(k)}\sum_{j=1}^{k} \mathbb{1}\{U(j)=u\}\,\mathbf{Z}_u(j)$$

确定性等价策略 $U(k+1) = \mathrm{argmax}_u\,\hat{r}_u(k)$ 再次注定失败。然而，一个小的调整就会产生一个非常好的策略。

这个想法是递归地定义一个正标量序列 $\{\varrho_u(k): k \geq 1,\ 1 \leq u \leq K\}$，记

$$\mathrm{UCB}_u(k) = \hat{r}_u(k) + \varrho_u(k)$$

并确保该策略的设计使这些值作为上置信界[又称置信区间上界算法(Upper Confidence Bound，UCB)]，在如下意义上

$$\lim_{k\to\infty} \mathsf{P}\{\mathrm{UCB}_u(k) > \bar{r}_u\} = 1 \tag{7.64}$$

UCB 算法的一个版本是简单的乐观规则：

$$
\begin{aligned}
&U(k+1)\in\underset{i}{\arg\max}\,\mathrm{UCB}_i(k), \qquad 0\leqslant k\leqslant\mathcal{N}-1\\
&\text{使用}\varrho_u(k)=b_u\sqrt{\log(k)/[1+n_u(k)]}, \quad 1\leqslant u\leqslant K
\end{aligned}
\tag{7.65}
$$

其中$\{b_u\}$是用户选择的正常数。不管它们的值如何，当 $k\to\infty$时，对于每个 u，决策规则——式(7.65)强制 $n_u(k)\to\infty$，并在温和假设下导致对数遗憾[216]。

图 7.6 展示了 $K=4$ 时该策略的一个例子。在这个四臂老虎机中，我们有 $\bar{r}^*=\bar{r}_2$。$U(k+1)=3$ 的值是通过式(7.65)选择的，即使 $\bar{r}_3<\bar{r}_2$。在这个例子中，对于几个连续的值 $j>1$，可能 $U(k+j)=3$，但每次选择该次优臂时 $\mathrm{UCB}_3(k+j)$的值也有可能减少。

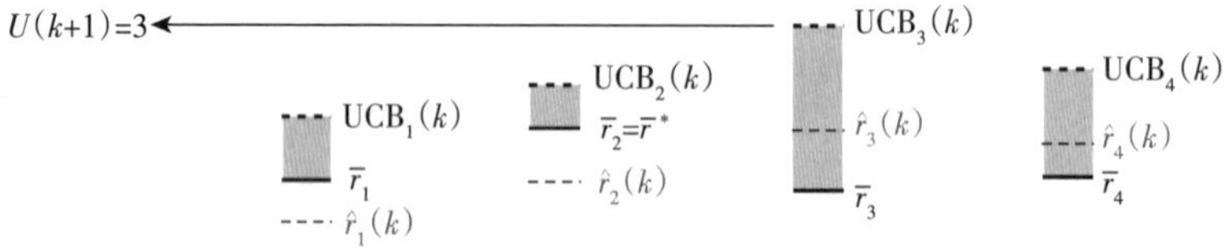

图 7.6　UCB 策略式(7.65)下的四臂老虎机

更精确的边界

Lai 和 Robbins 在 1985 年考虑了这个特殊的情形——式(7.61)，并引入了一个程序来获得一个精确的遗憾对数下界。它基于密度之间的相对熵(或 Kullback-Leibler 散度)。对于每个 θ，$\xi\in\mathbb{R}^K$，这被定义为

$$
D(\theta\,\|\,\xi)=\int\log\left(\frac{f(r;\theta)}{f(r;\xi)}\right)f(r;\theta)\,\mathrm{d}r \tag{7.66}
$$

当$\xi=\theta$时，它显然是零，并且已知它处处是非负的。在文献[208]中对一个最优算法所得到的边界——最小化平均遗憾——可以近似表示为：

$$
\mathsf{E}[L_{\mathcal{N}}]\sim\left(\sum_j\frac{1}{D(\theta_j\,\|\,\theta^*)}[\bar{r}^*-\bar{r}_j]\right)\log(\mathcal{N}) \tag{7.67}
$$

其中符号~表示当 $N\to\infty$时比率趋于 1。

7.9　习题

7.1　具有完整观测值的漫游车。

(a)绘制该 MDP 的图形模型，作为不受控制的马尔可夫链(以理解漫游车的复杂描述)。

(b)使用 VIA，或使用常识，求 ACOE(h^*,η^*,ϕ^*)的解！

也就是说，不难猜出 ϕ^*，然后简单求解出三态马尔可夫链的泊松方程。

7.2　这个问题为习题 7.3 做准备。考虑状态空间模型

$$
x(k+1)=(1+a)x(k)-u(k) \tag{7.68}
$$

其中 $a>0$。状态和输入在 $\mathbb{R}_+$上演化。在成本函数 $c(x,u)=x+u$ 时，求解总成本贝尔曼方程。建议：猜想 J^* 和实验一个的多项式表示。

7.3 考虑一个 MDP 模型，其状态演化如下：

$$X(k+1)=X(k)+\sum_{i=1}^{X(k)}A^i(k+1)-U(k)+N(k+1)$$

状态和输入在 $\mathbb{Z}_+=\{0,\ 1,\ 2,\ \cdots\}$ 上演化。假设下述条件成立：

(i) $\{A^i(k),\ N(k)\geqslant 1,\ i\geqslant 1\}$ 是 i. i. d.，且分布在 $\mathbb{Z}_+$上得到支持。

(ii) 均值 $\overline{n}=\mathsf{E}[N(1)]$是有限的。

(iii) $0<\overline{a}<1$，其中 $\overline{a}=\mathsf{E}[A^1(1)]$。

(iv) 成本函数为 $c(x,u)=x+u$。

(v) 输入服从于硬约束，$0\leqslant U(k)\leqslant X(k)$。

找到 h^* 和 η^* 来求解 ACOE。

7.4 基本 MDP 建模。每个季度，零售商店的营销经理根据上一季度的购买行为将顾客分为两类。用 L 表示低，用 H 表示高。经理希望确定她应该把季度目录寄送到哪个类别的客户。

寄送目录的成本是每位顾客 15 美元，预期的购买取决于顾客的类别和经理的行为。如果一个顾客属于 L 类并收到了目录，那么在当前季度的预期购买额是 20 美元；如果一个 L 类顾客没有收到目录，那么她的预期购买额是 10 美元。如果一个顾客属于 H 类并收到了目录，那么她的预期购买额是 50 美元；如果一个 H 类顾客没有收到目录，那么她的预期购买额是 25 美元。

是否向客户发送目录的决定也会影响到该客户在接下来的季度中的分类。例如一个客户在本季度开始时属于类别 L，如果他收到了目录，那么他在下一个季度属于类别 L 的概率是 0.3；如果他没有收到目录，那么他属于类别 L 的概率是 0.5。例如一个客户在当前季度属于类别 H，如果他收到了目录，那么他在接下来的一个季度仍属于类别 H 的概率是 0.8；如果他没有收到目录，那么他在接下来的一个季度仍属于类别 H 的概率是 0.4。

当然，经理希望最大化她的平均奖励。

(a) 将这一过程表述为无限时域折扣马尔可夫决策问题。描述控制转移矩阵和一步“成本数”$c(x,u)$（奖励函数的负数）。

(b) 给出一个相关的流体模型。离散时间模型是最好的。这可以描述为一个状态为 x 的一维模型，其中 $x(k)$ 表示时间为 k 时 H 类客户的数量（放松整数约束，就像我们对流体模型所做的那样）。

(c) 在查看 B.2 节后，对此 MDP 模型给出 VIA 的描述。针对这个特定的模型，详细解释如何从 V_n 求得 V_{n+1}。

7.5 考虑带有放弃的速度缩放模型，其中，到达过程在 $\{0,1\}$ 中取值，并且是条件独立的：

$$\mathsf{P}\{A(k+1)=1\mid X_0^k,U_0^k;X(k)=x\}=\begin{cases}\beta^x & x\leqslant 100\\ 0 & x>100\end{cases}$$

且放弃率为 $0<\beta<1$。

动力学保持不变，$X(k+1)=X(k)-U(k)+A(k+1)$。

(**aa**)当 U 由 $n\geqslant 100$ 时 $\phi(n)\geqslant 1$ 的一个平稳马尔可夫策略定义时，请证明 X 是有限状态空间上的一个马尔可夫链。

其余的赋值是数值的，并需要 B.2 节中的算法。取 $\beta=0.99$ 和 $c(x,u)=x+u$ 来近似求解 ACOE。给定一个近似值 h，你有一个策略记为 $\phi^h(x)=\arg\min_u\{c(x,u)+P_u h(x)\}$，和 η^* 的一个估计值。当最大归一化贝尔曼误差 $\overline{\mathcal{E}}(h)$ 小于 $\varepsilon=10^{-2}$ 时，终止算法，其中

$$\overline{\mathcal{E}}(h)\stackrel{\text{def}}{=}\min_r\left(\max_{0\leqslant x\leqslant 100}\frac{1}{\max[1,c(x,\phi^h(x))]}\left|h(x)+r-\{c(x,\phi^h(x))\ +P_{\phi^h}h(x)\}\right|\right)$$

在所有三种情况下，绘制 $\phi^*(x)$ 作为 x 的函数(答案可能会有很大的不同)。

评论一下你认为最有效的算法。你可能需要探索容差，看看总体运行时间是如何取决于容差的：$\varepsilon=10^{-5}$，10^{-7}，…

(a)求 VIA 与选择的初始价值函数 V_0。对于该模型你可能会求解一个流体模型的最优控制问题来获得一个有用的初始化。

(b)求 PIA 与选择的初始政策(对此回顾一下佩龙-弗罗贝尼乌斯定理)。

(c)LP 方法：在所有$(h,\ \eta)$上最大化 η，其服从如下不等式约束：

$$c(x)-\eta+\sum_{y\in X}P_u(x,y)h(y)-h(x)\geqslant 0,\ [\text{关于 } h \text{ 有超过 } 10^3 \text{ 个约束}]$$

对于每一个 $x\in X=\{0,1,\cdots,100\}$ 和 $u\in U(x)=\{0,1,\cdots,x\}$。

7.6 继续练习 7.4，现在让我们计算不同客户群体的最优策略。设 N 表示客户总数，当 $N=10^2$，10^4 和 10^6 时，求解问题三次(必要时可减少总数)。

(a)让我们从离散时间流体模型的控制开始，

$$x(k+1)=x(k)+\overline{F}(x(k),\boldsymbol{u}(k))$$

其中 $\boldsymbol{u}(k)$ 是二维向量，表示发送给高/低客户的目录的数量，$x(k)$ 是高排名客户的数量。

平衡点是三元组 $(x,\boldsymbol{u})=(x,\boldsymbol{u}^H,\boldsymbol{u}^L)$，使得 $\overline{F}(x,\boldsymbol{u})=0$。记最低成本的平衡点为

$$(x^*,\boldsymbol{u}^*)=\arg\min_{(x,\boldsymbol{u})}\{c(x,\boldsymbol{u}):(\text{使得})\ \overline{F}(x,\boldsymbol{u})=0\}$$

你可以很容易地计算它！该流体价值函数可以定义为

$$K^*(x)=\min\sum_{k=0}^{T^*-1}[c(x(k),\boldsymbol{u}(k))-c(x^*,\boldsymbol{u}^*)]$$

其中 T^* 是$(x^*,\boldsymbol{u}^*)$对到达的首次时间。你可能会发现这很难计算，所以可使用下式：

$$J^*(x)=\lim_{n\to\infty}[J_n^*(x)-J_n^*(x^*)]$$

其中 J_n^* 是有限域价值函数，x^* 的定义同上。

使用值迭代计算 J^* 和最优策略。

(b)使用值迭代计算 ACOE 的解。尝试用零和 J^* 进行初始化，并比较结果。

(c)使用策略迭代计算 ACOE 的解(必须跳转到 9.1 节或附录 B)。尝试一个完全愚蠢的初始策略(自行选择)，以及一个基于流体模型的最优策略的策略。

在(a)~(c)中绘制策略和价值函数的曲线图。讨论你的发现！

作为收敛的标准，选择 $\varepsilon=10^{-2}$，当贝尔曼误差的跨度半范数不大于 ε 时停止算法：

$$\varepsilon \geqslant \|\mathcal{E}\|_{\mathrm{sp}} \stackrel{\mathrm{def}}{=} \frac{1}{2}\left[\max_x \mathcal{E}(x)-\min_x \mathcal{E}(x)\right]$$

作为算法性能的判别准则，计算一下在每个实验(流体和随机模型)中所需要的触发器(flops)的数量。

7.7　已知$(\boldsymbol{X},\boldsymbol{U})$是具有有限状态空间和输入空间的受控马尔可夫链的状态-输入序列：$\boldsymbol{X}=\{1,2,3,4,5\}$，$\boldsymbol{U}=\{0,1\}$。受控转移矩阵 $\boldsymbol{P}_u$ 未知。给定一系列马尔可夫链$\{\boldsymbol{X}(k):0\leqslant k\leqslant 10^6\}$的观测值，解释一下你将如何估计未知的 $\boldsymbol{P}_u$。作为答案的一部分，必须解释清楚你是将如何选择输入序列$\{\boldsymbol{U}(k):0\leqslant k\leqslant 10^6\}$的。

7.8　考虑具有成本函数 c 和相对价值函数 h^* 的平均成本最优控制问题，求解 ACOE，

$$\min_{u\in\mathsf{U}}\{c(x,u)+P_u h^*(x)\}=\min_{u\in\mathsf{U}}\Big\{c(x,u)+\sum_{y\in\mathsf{X}}P_u(x,y)h^*(y)\Big\}=h^*(x)+\eta^*$$

假设状态空间和动作空间是有限的。考虑值迭代算法的设计来近似式(7.7)：

$$Q_{n+1}(x,u)=c(x,u)+P_u\underline{Q}_n(x),\quad 其中\underline{Q}_n(y)=\min_{u\in\mathsf{U}}Q_n(y,u)$$

对于每个 n，函数 Q_n 是有限时域最优控制问题的价值函数，这类似于我们在普通值迭代中所看到的那样(见式(7.44))。对这个优化问题的形式进行一下猜想，看看能不能给出合适的说法。

7.9　考虑一维库存模型，其由如下递归定义

$$X(k+1)=X(k)+S(k+1)U(k)-A(k+1),\quad k\geqslant 0, X(0)\in\mathsf{X}=\mathbb{R}$$

其中$(\boldsymbol{S},\boldsymbol{A})$是 i.i.d.，如 CRW 队列中的定义。但是，在这个模型中，$A(k)$代表在时刻 k 对某种产品的新需求，$S(k)$表示在时刻 k 时潜在的产品完成情况。$X(k)$的正值对应于库存过剩，负值表示赤字。这是图 7.7 所示模型的简化版本，因为我们只对库存缓冲区进行建模，而不对表示原材料存储的缓冲区建模。

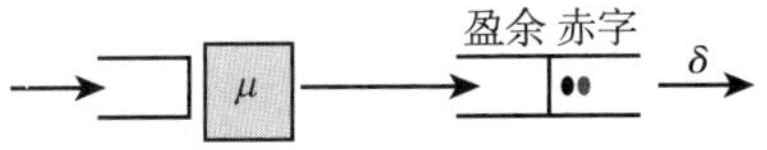

图 7.7　单站需求驱动模型。赤字缓冲非空，这意味着 $X(k)<0$

给定一个分段线性成本函数 $c:\mathbb{R}\to\mathbb{R}_+$，其形式为 $c(x)=c_-x_-+c_+x_+$，$0<c_-<c_+$，$x_+=\max(x,0)$ 和 $x_-=\max(-x,0)$。

在这个练习中，你将限制在如下形式的阈值策略：给定常数 $\bar{x}>0$，定义 U 使 $X'(k)\stackrel{\text{def}}{=}\bar{x}-X(k)$ 恰好是非空闲策略下的 CRW 队列。因此 $X(k)$ 被限制在状态空间中 $\mathsf{X}_{\bar{x}}\stackrel{\text{def}}{=}\{\bar{x},\bar{x}-1,\bar{x}-2,\cdots\}$，且 $U(k)=1$ 当且仅当 $X(k)\leqslant\bar{x}-1$。

对于相同的阈值，对于任意初始条件 $x_0=x\leqslant\bar{x}$，流体模型定义为

$$\frac{\mathrm{d}}{\mathrm{d}t}x_t=\begin{cases}\mu-\alpha & \text{如果 } x<\bar{x}\\ 0 & x=\bar{x}\end{cases}$$

其中 μ 和 α 分别为 $S(k)$ 和 $A(k)$ 的均值。即，对于 $x_0<\bar{x}$，x_t 线性增加，直到达到水平 $\bar{x}$，然后保持在这个水平。

(a)计算流体价值函数：

$$J_{\bar{x}}(x)=\int_0^{\infty}[c(x_t)-c(\bar{x})]\mathrm{d}t,\quad x\leqslant\bar{x}$$

验证 $J_{\bar{x}}$ 是连续可微的，且满足动态规划方程，

$$(\mu-\alpha)J'_{\bar{x}}(x)=-[c(x)-c(\bar{x})],\quad x_0=x\leqslant\bar{x}$$

(b)利用引理 7.3，证明函数 $b\stackrel{\text{def}}{=}[P-I]J_{\bar{x}}+c$ 在 $\mathsf{X}_{\bar{x}}$ 上有界。这种近似意味着 $J_{\bar{x}}$“几乎”是关于 X 的泊松方程的解。

(c)利用模拟来估计使平均成本最小化的 $\bar{x}$ 的最优值。取 $c_+=10c_-$，$\rho=\alpha/\mu=0.9$，并选择 (A,S) 的分布，使 $A(k)-S(k)$ 的方差在 1~5 之间。

进行两组模拟实验。在每种情况下，你将用 10 个不同的 $\bar{x}$ 值进行 10 次实验，令 (S^i,A^i) 表示第 i 次实验中使用的样本路径，$1\leqslant i\leqslant 10$。

实验 1：调用 10 次独立运行，使得 $i\neq j$ 时 $(\boldsymbol{S}^i,\boldsymbol{A}^i)$ 与 $(\boldsymbol{S}^j,\boldsymbol{A}^j)$ 无关。

实验 2：本实验中，必须对每个 i 使用一种耦合形式：对每个 i，$(\boldsymbol{S}^i,\boldsymbol{A}^i)=(\boldsymbol{S}^1,\boldsymbol{A}^1)$。有一种方法可以在随机数生成器中设置“种子”，以简化这个实验，使得用于实验 2 的代码与实验 1 中的相似。

讨论你的发现。平均成本与 $\bar{x}$ 的关系图在实验 1 和实验 2 中哪个看起来更好？解释一下为什么这是可以预期的。

7.10　考虑一维库存模型练习 7.9：

$$X(k+1)=X(k)+S(k+1)U(k)-A(k+1),\quad k\geqslant 0, X(0)\in\mathsf{X}=\mathbb{R}$$

其中 $(\boldsymbol{S},\boldsymbol{A})$ 是 i. i. d.，如 CRW 队列中的定义。

(a)假设 h^* 是凸的。解释一下为什么函数

$$h^1(x)=\mathsf{E}[h^*(x+A(k+1))]$$

关于 x 是凸的。解释一下，为什么这意味着存在一个如练习 7.9 所定义的阈值策略。凸函数的以下性质将很有帮助：如果 $g:\mathbb{R}\to\mathbb{R}$ 是凸的，那么对于任意 $y>0$，

$$g(x+y)-g(x) \quad 是非递减的$$

为什么？因为，g 是凸的当且仅当它的导数$\frac{\mathrm{d}}{\mathrm{d}x}g(x)$是非递减的。

(b) Clark 和 Scarf 的策略构建。让 π^0 表示用 $\bar{x}=0$ 得到的 X 的稳态分布。解释一下为什么对于任意 $\bar{x}$，得到的稳态分布 π 可用下式所描述：对于任意函数$g:\mathbb{R}\to\mathbb{R}$，

$$\mathsf{E}_{\pi}[g(X)]=\mathsf{E}_{\pi^0}[g(X+\bar{x})]$$

令 $g=c$，通过微分求 $\bar{x}^*$ 的一个表征。

(c) 利用值迭代来近似最优策略。请注意，你将不得不截断状态空间并返回到一个整数格[⊖]。例如，对某些固定的 M，取 $X=\{\bar{x}\pm m:0\leqslant m\leqslant M\}$，用 $\bar{x}$作为一个好的阈值的初始猜测。

尝试两种初始化：$V_0\equiv 0$，以及受流体价值函数启发的 V_0。比较这两种情况下的 $V_{n+1}(0)-V_n(0)$ 到 η^* 的收敛速度。

7.11 考虑 3.9.3 节中讨论的队列网络使用的“动机良好但不稳定”策略的一个修改版本。这一策略的问题在于，焦点完全集中在从两个“出口缓冲区”中抽取资源，而没有考虑某站点的潜在饥饿问题。在本练习中，你将考虑对 CRW 模型进行以下修改：给定一对阈值(τ_1,τ_2)，

▶ 假定策略是非空闲的：当 $Q_1(k)+Q_4(k)\geqslant 1$ 时，$U_1(k)+U_4(k)=1$，并且当 $Q_2(k)+Q_3(k)\geqslant 1$ 时，$U_2(k)+U_3(k)=1$。

受此约束的是每个站点的优先级：

▶ 如果 $Q_2(k)+Q_3(k)\leqslant\tau_1$，则优先给 1 站点的缓冲器 4。

▶ 如果 $Q_1(k)+Q_4(k)\leqslant\tau_2$，则优先给 2 站点的缓冲器 2。

通过模拟求作为(τ_1,τ_2)函数的平均成本图。至少使用一对进行多次实验，这样你就可以估计出成本估计的方差。

在你学习了演员-评论家方法后，你可以尝试使用这些算法中的一种来优化(τ_1,τ_2)。

7.12 考虑一个离散时间标量过程，初始化为 $X(0)=1$，并根据下式演化

$$X(k+1)=\begin{cases}2X(k) & 以概率\ 2/3\\ X(k)/2 & 以概率\ 1/3\end{cases}$$

在每个时间 t，我们可以选择停止这个过程并获得 $G(X(k))$ 的收益，或继续。如果在 100 个时间步长内没有停止，则它会自动终止，并收到 $G(X(100))$ 的收益。我们的目标是最大化预期的折扣收益。使用 VIA 解决该问题，其中折扣因子

[⊖] 整数格的含义，在线性代数中要描述一个线性空间 V 的话，可以以一组基（Basis）来代表该空间。反过来说，如果一个线性空间拥有两个基向量（Basis Vector），那么在该空间里的任意一个向量都可以被分解为两个基向量的任意线性组合。如果对线性空间加上约束，即所有线性组合系数都必须是整数，那么原来连续的状态空间 V 将转换为一个网格状的离散集合。这样一个离散的基向量生成的空间集合，被称为整数格。——译者注

$\gamma=0.95$，$G(x)=\max(0,1-x)$ 和 $G(x)=\min(0,1-x)$。在每种情况下，请提供最大的期望收益。

7.13 风险敏感的最优控制。本习题是习题 6.22 的后续。

(a) 考虑有限时域最优控制问题，其价值函数为

$$h_{\mathcal{N}}^{*}(x)=\min_{U} \mathsf{E}_x[Z],\quad Z=\sum_{k=0}^{\mathcal{N}-1} c(X(k),U(k))+V_0(X_{\mathcal{N}}),\quad X(0)=x\in X \quad (7.69)$$

对应的风险敏感控制问题的动机是，需要惩罚方差的同时，最小化 Z 的均值：对于固定的 $r>0$，风险敏感的价值函数定义为

$$H_{\mathcal{N}}^{*}(x)=\min_{U} \log(\mathsf{E}_x[\exp(rZ)]),\quad X(0)=x\in X \quad (7.70)$$

求式(7.70)的动态规划方程：给定 $H_{\mathcal{N}-1}^{*}$，求 $H_{\mathcal{N}^*}$ 的更新公式。

假设 $X=\{1,\cdots,n\}$ 是有限的，所得到的解将取决于具有非负元素的矩阵：

$$\boldsymbol{R}_u(i,j)=\exp(rc(i,u))\boldsymbol{P}_u(i,j)$$

(b) 提出一个求解具有如下目标的无限时域问题的动态规划方程

$$H_{\infty}^{*}(x)=\min_{U} \lim_{\mathcal{N}\to\infty} \frac{1}{\mathcal{N}}\log\Big\{\mathsf{E}_x\Big[\exp\Big(r\sum_{k=0}^{\mathcal{N}} c(X(k),U(k))\Big)\Big]\Big\},\quad X(0)=x\in X$$

有关提示可参见习题 6.22。

(c) 用数值方法解决习题 7.1 中 MDP 的风险敏感控制问题。

7.14 带有部分信息的漫游车。查看命题 C.3，并写下 7.7 节中描述的 POMDP 的非线性滤波器公式：

$$\mathcal{X}(k+1)=\mathcal{M}(\mathcal{X}(k),Y(k+1),U(k)),\quad k\geqslant 0$$

取式(7.54)中的 $\{\Gamma(k)\}$ 是 i.i.d 的、具有参数 $\varrho=0.1$ 的伯努利分布。

观测值依赖于输入这一事实并不会造成任何困难：你将需要定义 $q(y|x,u)$]。

(a) 给定直到时间 k 的观测值，$X(k)$ 的 MAP 估计器由 $\hat{X}^{\mathrm{MAP}}(k)=\operatorname{argmax}_x \mathcal{X}_x(k)$ 给出。使用两种不同的策略来绘制真实状态及其 MAP 估计序列的演化图：(i) 退化车策略；(ii) 自行选择的策略，其中 b 在 T 的邻域内时 $\phi(b)=\text{Ð}$。在每一种情况下，在同一张图上绘制 $\hat{X}^{\mathrm{MAP}}(k)$ 和 $X(k)$ 的曲线，并估计运行期间的均方误差(Mean-Square Error，MSE)。请在情况(i)和(ii)中使用相同的随机种子。为了估计 MSE，你可能需要使用不同的种子进行多个独立的实验。

(b) 固定所选的 $\{a_T,a_R,a_B\}$，绘制出作为 r 的函数的平均成本图以及 $\pm\sigma$ 的置信区间。在这种情况下使用多次运行更为重要，因为你需要估计方差 σ^2 的估计值。

这是测试后面章节中开发的 Q 学习和演员-评论家算法的另一个很好的例子。

7.15 参数估计。在 7.8.2 节中，我们看到参数估计可以转换为状态估计问题。这个练习的目的是看一个更简单的估计问题，把“探索”问题放在一边。

给定一个标量测量

$$Y(k)=\theta+W(k)$$

并希望基于 n 次观测得到 θ 的估计值 $\hat{\theta}(n)$。如果你被告知 W 是一个零均值序列，一个自然的选择是蒙特卡罗：

$$\hat{\theta}_{\mathrm{MC}}(n)=\frac{1}{n}\sum_{k=0}^{n-1}Y(k)$$

相反，假设 W 是一个稳定滤波器的输出：对于某个 $1\times n$ 矩阵 $\boldsymbol{G}$ 和 $n\times n$ 矩阵 $\boldsymbol{F}$，当 $k\geqslant0$ 时，我们有以下结果：

$$\boldsymbol{Z}(k+1)=\boldsymbol{F}\boldsymbol{Z}(k)+\boldsymbol{N}(k+1),\quad W(k)=\boldsymbol{G}\boldsymbol{Z}(k)$$

假设 $\boldsymbol{N}$ 是高斯白噪声，其边缘为 $\boldsymbol{N}(0,\sum_N)$，θ 有一个已知的、独立于 $\boldsymbol{N}$ 的高斯分布。

(a)写下状态为 $\boldsymbol{X}(k)=(\boldsymbol{Z}(k),\theta)^{\top}$ 的这个系统的状态方程，并写下卡尔曼滤波方程来估计 $\boldsymbol{X}$ 和 θ。

(b)考虑 $n=1$ 的标量情况。方程被简化了吗?

(c)当 $\boldsymbol{F}=0$ 时，解被极度简化了(遵循高斯老虎机对 $\sum_k$ 的推导)。在这种特殊情况下，将最优估计器与 $\hat{\theta}_{\mathrm{MC}}$ 进行比较。

7.16 本习题涉及7.8.2节中介绍的只有两臂的高斯老虎机($K=2$)。如果不同臂的奖励方差相等，那么我们得到一个稍微简单的模型：

$$R(k)=U(k)X_1+(1-U(k))X_2+W(k),\quad k\geqslant0$$

其中 $\{X_i\}$ 是独立的高斯随机变量，“臂”定义为 $U(k)\in U=\{0,1\}$，并且 W 是i.i.d.、$N(0,\sigma_W^2)$ 且独立于 X 的。回顾一下，这可以看作是一个带有观测过程 $\boldsymbol{Y}=\boldsymbol{r}$ 的POMDP。

对于任何输入的选择，以及每个 i，给定直到时间 k 的观测值，X_i 的条件分布是高斯的：对于所有 $S\subset\mathbb{R}$，

$$\mathsf{P}\{X_i\in S\mid Y_0^k,U_0^k\}=\int_S p_i(x;k)\,\mathrm{d}x$$

其中

$$p_i(x;k)=\frac{1}{\sqrt{2\pi\sigma_i^2(k)}}\exp\left\{-\frac{1}{2\sigma_i^2(k)}(x-m_i(k))^2\right\}$$

(a)求 $\{\sigma_i^2(k),m_i(k):i=1,2,k\geqslant0\}$ 的表达式。

在剩余的数值实验中，取 $\sigma_W^2=1$ 和 $(X_1,X_2)^{\top}=\bar{r}=\begin{pmatrix}0\\1\end{pmatrix}$。

(b)在固定的时域内尝试式(7.58)。进行多次独立运行，并呈现遗憾的直方图。

(c)重复(b)，但将式(7.58)替换为你选择的策略(如 UCB 规则式(7.65))。

7.10 注记

更多关于 MDP 理论基础的内容，请参见文献[45,46,162,291]和论文集[129]。特别地，文献[45,46]还强调了确定性和随机控制理论之间的密切相似之处(早期经典的文献[43]也是如此)。其他必读书目还包括文献[106,123,128]。

了解随机线性系统的百科全书式的处理方法可参见文献[80]，包括许多控制、状态估计和参数估计等方法。涵盖基本相关材料的教科书有文献[7,76,205]。7.2 节和有关速度缩放模型的分析等内容改编自书的章节[165]，以及基于更长的历史[8,92,141]。文章[92]是伊利诺伊大学 2008 年秋季学期随机控制课堂项目的一个成果。

7.6 节介绍的"队列游戏"基于文献[255]，其灵感来自关于模型约简的"Mori-Zwanzig 形式主义"的对话。在该示例中，四维控制问题被替换为二维的控制问题。函数逼近的软状态聚合方法[324]也是基于构造一个简单的马尔可夫模型，该模型是通过如式(7.52)中的贝叶斯规则定义的。这一想法的起源可以在 1948 年克劳德·香农(Claude Shannon)的论文[316]的评论中找到，该论文被视为现代信息论的诞生。

具有部分可观测的马尔可夫链的最优控制的置信状态的概念出自 1960 年 Stratonovich 的论文[334]，紧随其后的是Åström 的论文[13]。网上有两个有价值的资源：van Handel 在文献[362]中讨论了非线性滤波理论(即产生置信状态的递归)，Krishnamurthy 在文献[201]中给出了 POMDP 的一个很好的综述和历史回顾，突出了价值函数的结构结果，启发了 RL 的函数近似架构(与本书相关的一些结论将在附录 C.3 节的末尾讨论)。

在 RL 应用中构造一个近似置信状态的原则性方法可参见文献[178,336,337]，以及关于该主题的大量相关历史。

没有时间和空间来包含更多与游戏相关的例子和习题。习题 3.9 已经为后续的 RL 算法提供一个很好的例子，对于大量相互作用的智能体，可以通过平均场博弈理论来预测最优解[166,167,214]。举例说明平均场理论在 RL 中的应用可参见文献[245,380-382]。

老虎机相关文献在过去二十年里开始兴起，所以这里只提供了一些历史注释。关于老虎机理论的综合和近期处理可参见文献[78,216]。

首先，请记住，UCB 指的是置信上限，这是 Lai 和 Robbins 在推导式(7.67)时引入的概念。式(7.65)的形式是在文献[17]中引入的，它包含了一个强意义上的优雅的对数遗憾证明，并遵循了文献[3]中类似风格的渐近分析。

参考经验分布——式(7.62)的目的是回顾它们在信息论中的使用，其中，它们与相对熵一起在解释信道容量和误差指数[105]，以及 Lai 和 Robbins 的精确边界方面发挥了重要作用。关于使用类似的信息论技术来获得系统辨识和优化中的性能下界可参见文献[293,295]。

CHAPTER8

第8章

随机近似

拟随机近似是4.6节中阐述的无梯度优化算法和第5章中介绍的Q学习算法背后的引擎。随机近似(Stochastic Approximation, SA)的历史要早得多，因此算法设计者对SA技术要熟悉得多。

我们的目标与4.5节的起点相同：我们希望求解求根问题$\overline{f}(\theta^*)=0$，其中$\overline{f}:\mathbb{R}^d\to\mathbb{R}^d$被定义为如下的期望：

$$\overline{\boldsymbol{f}}(\boldsymbol{\theta})\stackrel{\text{def}}{=}E[\boldsymbol{f}(\boldsymbol{\theta},\boldsymbol{\Phi})],\quad \boldsymbol{\theta}\in\mathbb{R}^d \tag{8.1}$$

在确定性的情形中，$\boldsymbol{f}:\mathbb{R}^d\times\Omega\to\mathbb{R}^d$，而$\boldsymbol{\Phi}\in\Omega$是一个随机向量。

SA递归完全类似于QSA ODE式(4.44)：

随机近似

初始化$\boldsymbol{\theta}_0\in\mathbb{R}^d$，递归得到估计序列：

$$\boldsymbol{\theta}_{n+1}=\boldsymbol{\theta}_n+\alpha_{n+1}\boldsymbol{f}_{n+1}(\boldsymbol{\theta}_n) \tag{8.2}$$

其中$\boldsymbol{f}_{n+1}(\boldsymbol{\theta}_n)=\boldsymbol{f}(\boldsymbol{\theta}_n,\boldsymbol{\Phi}(n+1))$，对于每个$n$，$\boldsymbol{\Phi}(n)$具有与$\boldsymbol{\Phi}$相同的分布(或其分布在$n\to\infty$时收敛于$\boldsymbol{\Phi}$的分布)，以及$\{\alpha_n\}$是一个非负的标量步长序列。

分析从式(8.2)作为一个“噪声”欧拉近似的表示开始，

$$\boldsymbol{\theta}_{n+1}=\boldsymbol{\theta}_n+\alpha_{n+1}[\overline{\boldsymbol{f}}(\boldsymbol{\theta}_n)+\boldsymbol{\Delta}_{n+1}],\quad n\geqslant 0 \tag{8.3a}$$

其中

$$\boldsymbol{\Delta}_{n+1}=\boldsymbol{f}_{n+1}(\boldsymbol{\theta}_n)-\overline{\boldsymbol{f}}(\boldsymbol{\theta}_n)\quad 且\quad \boldsymbol{\Delta}_{n+1}^{\infty}=\boldsymbol{f}_{n+1}(\boldsymbol{\theta}^*) \tag{8.3b}$$

ODE的稳定性和其他次要假设意味着一致性：

$$\lim_{n\to\infty}\boldsymbol{\theta}_n=\boldsymbol{\theta}^*\quad 概率为1$$

其证明可参见定理8.1，该证明应用了4.5节中的理论。

SA是本书余下部分中应用的ODE方法的一个组成部分：

ODE 方法

(1) 将算法目标表述为一个寻根问题$\overline{f}(\boldsymbol{\theta}^*)=0$。

(2) 如有必要，优化$\overline{f}$的设计，以确保相关的 ODE 是全局渐近稳定的：

$$\frac{\mathrm{d}}{\mathrm{d}t}\boldsymbol{\vartheta}=\overline{f}(\boldsymbol{\vartheta}) \tag{8.4a}$$

4.3 节介绍的牛顿-拉弗森流就是该步骤的一个例子。

(3) 欧拉近似是否合适？

$$\boldsymbol{\theta}_{n+1}=\boldsymbol{\theta}_n+\alpha_{n+1}\overline{f}(\boldsymbol{\theta}_n),\quad n\geqslant 0 \tag{8.4b}$$

特别是，$\overline{f}$是利普希茨连续的吗？

(4) 设计一个 SA 算法来近似式(8.4b)。

8.1 渐近协方差

误差序列$\widetilde{\boldsymbol{\theta}}_n=\boldsymbol{\theta}_n-\boldsymbol{\theta}^*$的收敛速率可以通过误差协方差来衡量

$$\boldsymbol{\Sigma}_n=E[\widetilde{\boldsymbol{\theta}}_n\widetilde{\boldsymbol{\theta}}_n^{\top}] \tag{8.5}$$

从中可以得到均方误差$\sigma_n^2\stackrel{\text{def}}{=}E[\|\widetilde{\boldsymbol{\theta}}_n\|^2]=\mathrm{trace}(\boldsymbol{\Sigma}_n)$。当使用步长$\alpha_n=g/(n+n_0)^\rho$，且当$n_0>0$，$g>0$，$\rho\in(0,1]$时，则渐近协方差被定义为如下极限：

$$\boldsymbol{\Sigma}_{\boldsymbol{\theta}}=\lim_{n\to\infty}n^\rho\boldsymbol{\Sigma}_n \tag{8.6}$$

在温和的假设下，极限是存在的，并且是有限的。此外，它还允许用一个简单的算法原语表示：$\{\boldsymbol{\Delta}_n^\infty\}$的渐近协方差出现在式(8.3b)中，在$\boldsymbol{\theta}^*$处对$\overline{f}$线性化。详情参见 8.2.5 节。

与式(4.68)定义相似，我们称σ_n^2以速率$1/n^\mu$趋于零($\mu>0$)，如果对于每一个$\varepsilon>0$，

$$\lim_{n\to\infty}n^{\mu-\varepsilon}\sigma_n^2=0\quad 且\quad \lim_{n\to\infty}n^{\mu+\varepsilon}\sigma_n^2=\infty \tag{8.7}$$

因此，当式(8.6)成立且具有非零极限$\boldsymbol{\Sigma}_{\boldsymbol{\theta}}$，我们得到$\mu=\rho$时的式(8.7)。对于本书余下部分所考虑的应用，取$\rho=1$，得到最优收敛速率为：

$$\sigma_n^2=E[\|\boldsymbol{\theta}_n-\boldsymbol{\theta}^*\|^2]=O(1/n) \tag{8.8}$$

然而，在 8.2.5 节中我们将看到，在使用$\alpha_n=g/(n+n_0)$时，这种快速收敛只有在$g>0$足够大时才有可能。

在 4.5 节中讨论的 QSA 的收敛速率理论是基于连续时间上的缩放过程$\boldsymbol{Z}_t=\alpha_t^{-1}\widetilde{\boldsymbol{\Theta}}_t$来考虑的。连续时间情形有助于用一个线性 ODE 来近似其动力学。类似的方法已用于随机近似，但有一些显著的差异。首先，收敛速率通常要慢得多：准确地说，我们在缩放中被迫引入了一个平方根：

$$Z_n = \alpha_n^{-1/2} \tilde{\boldsymbol{\theta}}_n \tag{8.9}$$

我们也失去了 ODE 分析的一些简单性。

伴随这些均方误差近似的是一个中心极限定理，其中 $\boldsymbol{\Sigma}_{\boldsymbol{\theta}}$ 为渐近协方差(在一般假设下)：

$$\lim_{n\to\infty} \boldsymbol{Z}_n \overset{\text{dist}}{=} \boldsymbol{W}, \quad \boldsymbol{W} \sim N(0, \boldsymbol{\Sigma}_{\boldsymbol{\theta}})$$

它是依分布收敛的。在 8.4 节所包含的数值结果和本书后面的许多例子表明，在优化和 RL 应用中，CLT 通常是算法性能的良好预测器。

在规定的类中可以对所有算法优化渐近协方差，见 8.2.5 节，其中最优协方差 $\boldsymbol{\Sigma}_{\boldsymbol{\theta}}^{\star}$ 的公式可以在式(8.30)中找到。三种“古老”的方法，按时间顺序排列如下：

▶ Chung[95] 的随机牛顿-拉弗森方法。

▶ Ruppert[305] 的随机拟牛顿-拉弗森方法。

▶ Ruppert[306]、Polyak 和 Juditsky㊀[287,288] 的平均技术：见定理 8.13。

平均技术的定义与式(4.78)中的 QSA 完全相同。

Polyak-Juditsky-Ruppert 平均法

初始化 $\boldsymbol{\theta}_0 \in \mathbb{R}^d$，获得估计序列 $\{\boldsymbol{\theta}_n^{\bullet}\}$，以及一个最终估计 $\boldsymbol{\theta}_N^{\mathrm{PR}}$ 如下：

$$\boldsymbol{\theta}_{n+1}^{\bullet} = \boldsymbol{\theta}_n^{\bullet} + \beta_{n+1} \boldsymbol{f}_{n+1}(\boldsymbol{\theta}_n), \quad 0 \leqslant n \leqslant N-1 \tag{8.10a}$$

$$\boldsymbol{\theta}_N^{\mathrm{PR}} = \frac{1}{N-N_0} \sum_{k=N_0+1}^{N} \boldsymbol{\theta}_k^{\mathrm{PR}} \tag{8.10b}$$

其中 $1 \ll N_0 \ll N$。步长序列 $\{\beta_n\}$ 是平方可积的，并且满足

$$\lim_{n\to\infty} n\beta_n = \infty \tag{8.10c}$$

最近的两种优化渐近协方差的技术是

▶ Zap-SA：用于近似牛顿-拉弗森流——式(4.14a)。

▶ 矩阵动量算法[108]。

Zap SA 算法的定义见 8.2 节，它们之所以引人注目，是因为它们在模型的最小假设下是稳定的。遗憾的是，动量方法超出了本书的范畴，但 8.5.2 节描述的 Zap SA 的一阶版本与文献[108]的动量算法 NeSA 相似。

8.2 主题与路线图

本节旨在概述 SA 理论，以及如何使用理论见解创建算法。这是一个复杂的部分，值得有自己的路线图：

㊀ 正如在本书的第一部分，“J”从式(8.10b)的上标中被省略。这是为了保持符号的紧凑，也是因为 Polyak 在 Juditsky 之前的独立工作。

(i) 8.2.1 节将简要回顾一个基本信息：通常最好将 ODE 作为算法设计的起点。算法的稳定性和收敛速率都取决于 ODE 的性质。

(ii) 理解一个递归算法的 ODE 近似是至关重要的。8.2.2 节提供的解释与 4.9 节的 QSA 理论相似。

(iii) 步长的选择一点也不明显。8.2.3 节将解释一些最低要求，8.2.4 节将讨论双时间尺度的 SA 算法(通过两个单独的步长序列来区分)。

(iv) 接下来，我们需要一种方法来区分两个 SA 设计并确定哪一种更好。基于样本复杂性边界，我们首先将在 8.2.5 节回顾机器学习和 RL 中的标准性能指标。由于本节和本章后面所述的许多原因，均方误差在本书中是首选。例如，出现在式(8.6)中的渐近协方差 $\boldsymbol{\Sigma}_{\boldsymbol{\theta}}$ 是一个“李雅普诺夫方程”的解，从而引出了算法设计的工具。

(v) 根据“渐近”的定义，瞬态行为在渐近分析中被忽略。渐近性能和瞬态性能之间的潜在张力是 8.2.6 节的主题，这也说明了 PJR 平均是打破这种张力的手段。

8.2.1 ODE 设计

首先考虑一个理想的情形，其中 $\boldsymbol{\Phi}$ 的分布是已知的，并且对于 $\boldsymbol{\theta}\in\mathbb{R}^d$，评估 $\overline{\boldsymbol{f}}(\boldsymbol{\theta})$ 的成本不高。在这种情况下，可以使用 ODE 来获得 $\boldsymbol{\theta}^*$ 的估计

$$\frac{\mathrm{d}}{\mathrm{d}t}\boldsymbol{\vartheta}=\overline{\boldsymbol{f}}(\boldsymbol{\vartheta})$$

或用一个欧拉近似(逐次逼近法的一个例子)来估计：

$$\boldsymbol{\theta}_{n+1}=\boldsymbol{\theta}_n+\alpha_{n+1}\overline{\boldsymbol{f}}(\boldsymbol{\theta}_n) \tag{8.11}$$

通过仔细设计决定 $\overline{\boldsymbol{f}}$ 的函数 $\boldsymbol{f}$，ODE 或式(8.11)的收敛是可能的。

4.3 节介绍的牛顿-拉弗森流是一个 ODE，在对 $\overline{\boldsymbol{f}}$ 的最小假设条件下，该 ODE 是收敛的(见命题 4.4)。它的欧拉近似是

$$\boldsymbol{\theta}_{n+1}=\boldsymbol{\theta}_n-\alpha_{n+1}[\boldsymbol{A}(\boldsymbol{\theta}_n)]^{-1}\overline{\boldsymbol{f}}(\boldsymbol{\theta}_n),\quad \boldsymbol{A}(\boldsymbol{\theta}_n)=[\partial_{\boldsymbol{\theta}}\overline{\boldsymbol{f}}(\boldsymbol{\theta})]_{\boldsymbol{\theta}=\boldsymbol{\theta}_n} \tag{8.12}$$

其中 $\partial_{\boldsymbol{\theta}}\overline{\boldsymbol{f}}$ 表示的是式(4.13)中的 Jacobian 矩阵。牛顿-拉弗森流在非常温和的条件下保持全局收敛。如果小心地选择步长，则对于式(8.12)也是如此——这可从大量有关 ODE 的文献中获得。可以证明，使用更复杂的 Runge - Kutta 方法是一个更有效和可靠的近似。

当式(8.12)中的步长设置为 1 时，这就变成了牛顿-拉弗森算法：

$$\boldsymbol{\theta}_{n+1}=\boldsymbol{\theta}_n-[\boldsymbol{A}(\boldsymbol{\theta}_n)]^{-1}\overline{\boldsymbol{f}}(\boldsymbol{\theta}_n) \tag{8.13}$$

在温和的条件下，估计值极其快速地收敛到 $\boldsymbol{\theta}^*$：

$$\lim_{n\to\infty}\frac{1}{n^2}\log(\|\theta_n-\theta^*\|)<0.$$

即对于某些 $B<\infty$ 和 $\varepsilon>0$，$\|\boldsymbol{\theta}_n-\boldsymbol{\theta}^*\|\leqslant B\exp(-\varepsilon n^2)$。然而，这种收敛仅是局部的：仅针对在 $\boldsymbol{\theta}^*$ 的邻域内的 $\boldsymbol{\theta}_0$ 有效。

8.2.2 ODE 近似

将式(8.3a)与一个 ODE 进行比较，需要一个时间变换，类似于在式(4.73)中引入 τ 来分析 QSA。我们第一次介绍标准欧拉近似是在式(4.8)中，其中假定时间点$\{\tau_k\}$是给定的。在这里，步长序列$\{\alpha_k\}$是给定的，并通过 $\tau_0=0$ 和 $\tau_{k+1}=\tau_k+\alpha_{k+1}$ 定义了时间点，其中 $k\geqslant 0$。

ODE 近似基于连续时间下两个过程的比较：

(i)当 $t=\tau_k$，$\boldsymbol{\Theta}_t=\boldsymbol{\theta}_k$，对于每个 $k\geqslant 0$，以及通过分段线性插值定义的所有 t。该符号用于强调与 4.5 节中考虑的 QSA 参数估计的相似性。

(ii) 对于每个 $n\geqslant 0$，令$\{\boldsymbol{\vartheta}_t^{(n)}: t\geqslant\tau_n\}$表示式(8.4a)的解，并根据当前的参数估计进行初始化：

$$\frac{\mathrm{d}}{\mathrm{d}t}\boldsymbol{\vartheta}_t^{(n)}=\overline{\boldsymbol{f}}(\boldsymbol{\vartheta}_t^{(n)}),\quad t\geqslant\tau_n,\quad \boldsymbol{\vartheta}_{\tau_n}^{(n)}=\boldsymbol{\theta}_n \tag{8.14}$$

用微分方程表示，对于 $k\geqslant n$，似乎很难比较 $\boldsymbol{\vartheta}_{\tau_k}^{(n)}$ 和$\boldsymbol{\theta}_k$，这就是为什么 ODE 近似是以积分形式得到的。

对于任意 $K>n$，累积干扰被定义为

$$\boldsymbol{M}_K^{(n)}=\sum_{i=n+1}^{K}\alpha_i\boldsymbol{\Delta}_i \tag{8.15}$$

其中 $\boldsymbol{\Delta}_i$ 在式(8.3b)中被定义。式(8.3a)的迭代则给出

$$\begin{aligned}\boldsymbol{\Theta}_{\tau_K}&=\boldsymbol{\theta}_n+\sum_{i=n+1}^{K}\alpha_{i+1}\overline{\boldsymbol{f}}(\boldsymbol{\Theta}_{t_i})+\boldsymbol{M}_K^{(n)}\\&=\boldsymbol{\theta}_n+\int_{\tau_n}^{\tau_K}\overline{\boldsymbol{f}}(\boldsymbol{\Theta}_\tau)\mathrm{d}\tau+\boldsymbol{\mathcal{E}}_{\tau_K}^{(n)}\end{aligned} \tag{8.16}$$

其中$\boldsymbol{\mathcal{E}}_{\tau_K}^{(n)}$ 是$\boldsymbol{M}_K^{(n)}$ 与 Riemann-Stieltjes 积分近似的误差之和。这个干扰项将随着 n 而消失，关于 K 是一致的，并受$\{\boldsymbol{\Delta}_i\}$的条件和步长的约束。

去掉干扰后，ODE 解的积分表示是相同的：

$$\boldsymbol{\vartheta}_{\tau_K}^{(n)}=\boldsymbol{\theta}_n+\int_{\tau_n}^{\tau_K}\overline{\boldsymbol{f}}(\boldsymbol{\vartheta}_\tau^{(n)})\mathrm{d}\tau \tag{8.17}$$

然后可以应用 4.9 节中的理论来建立如下结果：

定理 8.1　假设以下成立：

▶$\overline{\boldsymbol{f}}$是利普希茨连续的。

▶参数序列$\{\boldsymbol{\theta}_n: n\geqslant 0\}$几乎必然有界。

▶干扰在如下一致意义上消失：对于每个 $T>0$，

$$\lim_{n\to\infty}\sup_K\|\boldsymbol{M}_K^{(n)}\|=0\quad a.s. \tag{8.18}$$

其中上确界是在 K 上，且满足 $K>n$ 和 $\tau_K-\tau_n\leqslant T$。则

(i) 对于每个 T，

$$\lim_{n\to\infty}\sup_{\tau_n\leqslant t\leqslant\tau_n+T}\|\boldsymbol{\vartheta}_t^{(n)}-\boldsymbol{\Theta}_t\|=0\quad a.s.\tag{8.19}$$

（ii）如果 ODE——式(8.4a)是全局渐近稳定的，且具有唯一的平衡$\boldsymbol{\theta}^*$，那么

$$\lim_{t\to\infty}\boldsymbol{\Theta}_t=\lim_{n\to\infty}\boldsymbol{\theta}_n=\boldsymbol{\theta}^*\quad a.s.$$ □

证明　定理的第(ii)部分见图 8.1(也见图 8.5 和相关的讨论)。

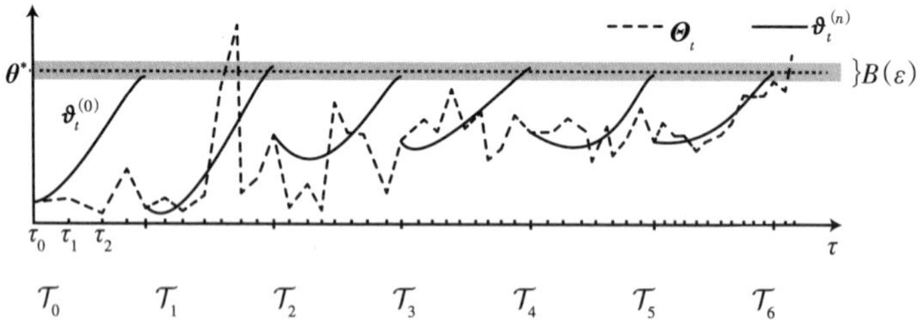

图 8.1　宽度约为 T 的时间区间$[\mathcal{N}_k,\ \mathcal{N}_{k+1})$上的 ODE 近似

全局渐近稳定性和参数序列的有界性表明：对于任意给定的$\delta>0$，存在$T<\infty$和$\varepsilon<\delta$使得

（i）如果$\|\boldsymbol{\vartheta}_{\tau_n}^{(n)}-\boldsymbol{\theta}^*\|\leqslant\varepsilon$，则对于$\tau\geqslant\tau_n$，有$\|\boldsymbol{\vartheta}_\tau^{(n)}-\theta^*\|\leqslant\delta$。

（ii）对于每个 n 和所有$\tau\geqslant\tau_n+T$，$\|\boldsymbol{\vartheta}_\tau^{(n)}-\boldsymbol{\theta}^*\|\leqslant\varepsilon/2$：

图中所示的采样次数由$\mathcal{N}_0=0$定义，且对于$n\geqslant1$，

$$\mathcal{N}_n=\min\{\tau_k:\tau_k\geqslant\mathcal{N}_{n-1}+T\}$$

对于某些整数$n_n\geqslant n$，这些次数都可以表示为$\mathcal{N}_n=\tau_{n_n}$。它们是构造的，使得在$[\mathcal{N}_n,\infty)$上的 ODE 解$\{\boldsymbol{\vartheta}_\tau^{(n_n)}\}$，对于$\tau\geqslant\mathcal{N}_{n+1}$满足$\|\boldsymbol{\vartheta}_\tau^{(n_n)}-\boldsymbol{\theta}^*\|\leqslant\varepsilon/2$。

应用(i)，我们可知，对于某个整数$n(\delta)$和所有$n\geqslant n(\delta)$，

$$\|\boldsymbol{\Theta}_{\mathcal{N}_{n+1}}-\boldsymbol{\theta}^*\|\leqslant\|\boldsymbol{\Theta}_{\mathcal{N}_{n+1}}-\boldsymbol{\vartheta}_{\mathcal{N}_{n+1}}^{(n_n)}\|+\|\boldsymbol{\vartheta}_{\mathcal{N}_{n+1}}^{(n_n)}-\boldsymbol{\theta}^*\|\leqslant\varepsilon$$

根据定义，$\boldsymbol{\vartheta}_{(\mathcal{N}_{n+1})}^{(n_{n+1})}=\boldsymbol{\Theta}_{\mathcal{N}_{n+1}}$是下一个区间的初始值，这意味着

$$\|\boldsymbol{\vartheta}_\tau^{(n_k)}-\boldsymbol{\theta}^*\|\leqslant\delta\quad 对于所有\ k\geqslant n(\delta)+1,\tau\geqslant\mathcal{N}_k$$

从式(8.19)，可得

$$\lim_{n\to\infty}\sup\|\boldsymbol{\theta}_n-\boldsymbol{\theta}^*\|=\lim_{t\to\infty}\sup\|\boldsymbol{\Theta}_t-\boldsymbol{\theta}^*\|\leqslant\delta$$

因为$\delta>0$是任意的，这就证明了收敛性。 □

投影和重启

在步长序列$\alpha_n=g/(n+n_0)^\rho$中引入$n_0\geqslant0$是为了避免在 n 很小时增益过大。任何尝试过 SA 的人都见过参数估计在最初几次迭代中爆炸式增长。如果不理解渐近协方差，用户很可能会减少 g 的值，而没有意识到这可能会导致无限的渐近协方差。增加 n_0 可以驯服算法，

对渐近协方差没有影响。

有两种备选方案可供选择，每种方案都基于满足$\boldsymbol{\theta}^*\in R$ 的闭合区域 $R\subset\mathbb{R}^d$(在实践上，这个集合的选择很像 n_0 的选择：通过试错法来选择)。

投影

这个定义需要一些距离的概念：对于任何 $\boldsymbol{w},\boldsymbol{v}\in\mathbb{R}^d$，$\text{dist}(\boldsymbol{w},\boldsymbol{v})\geqslant 0$，且对于任何 $\boldsymbol{v}$ 有 $\text{dist}(\boldsymbol{v},\boldsymbol{v})=0$。通常使用标准的欧几里得范数或最大范数：$\text{dist}(\boldsymbol{w},\boldsymbol{v})=\|\boldsymbol{w}-\boldsymbol{v}\|_\infty \stackrel{\text{def}}{=} \max_i |\boldsymbol{w}_i-\boldsymbol{v}_i|$。对于任意向量 $\boldsymbol{v}\in\mathbb{R}^m$，向量 $\boldsymbol{v}'=\Pi_{\text{R}}\{\boldsymbol{v}\}$满足

$$\boldsymbol{v}'\in\arg\min\{\text{dist}(\boldsymbol{w},\boldsymbol{v}):\boldsymbol{w}\in R\}$$

应用于式(8.2)的投影由以下递归来定义：

$$\boldsymbol{\theta}_{n+1}=\Pi_{\text{R}}\{\boldsymbol{\theta}_n+\alpha_{n+1}\boldsymbol{f}_{n+1}(\boldsymbol{\theta}_n)\} \tag{8.20}$$

该方法存在两个困难：一是更新参数估计时潜在的计算复杂性，二是 ODE 分析的复杂性。我们如何知道参数序列不会被困在 R 的边界上?

重启

只要$\boldsymbol{\theta}_{n+1}\notin R$，我们就可简单地将其值重置为 R 内部的一个向量，例如，对于 $R=\{\boldsymbol{\theta}:\|\boldsymbol{\theta}\|\leqslant r\}$，通过如下缩放，你可以选择重置参数为 $\boldsymbol{\theta}'_{n+1}\in R$：

$$\boldsymbol{\theta}'_{n+1}=\frac{r}{2}\frac{\boldsymbol{\theta}_{n+1}}{\|\boldsymbol{\theta}_{n+1}\|}$$

这个过程远比投影简单，分析也更简单。

8.2.3 步长选择

下一个问题是如何选择式(8.2)中出现的步长。恒定的步长通常在应用中更受欢迎，尽管恒定值的选择仍然是一种艺术形式。此外，使用恒定的步长，我们不能期望收敛，除非式(8.27)中定义的协方差矩阵恒为零。这种退化的特殊情况在本书余下部分的应用中找不到，因此我们假设一个消失步长：$\lim_{n\to\infty}\alpha_n=0$。并施加了两个进一步假设。首先，4.5.4 节中假设(QSA1)的离散时间版本满足：

$$\sum_{n=1}^{\infty}\alpha_n=\infty$$

这个条件是强加的，为了有可能从每个初始$\boldsymbol{\theta}_0$ 到达$\boldsymbol{\theta}^*$。

第二个假设紧密地根植于概率论：

$$\sum_{n=1}^{\infty}\alpha_n^2<\infty \tag{8.21}$$

特别地，它用来建立式(8.18)，以确保定理 8.1 中参数估计的收敛。下面的命题明确了我们为什么需要式(8.21)。命题 8.7 放宽了$\{\boldsymbol{\Delta}_k\}$的二阶矩的一致边界(见式(8.60b))。

命题 8.2 假设$\{\boldsymbol{\Delta}_k\}$是一个具有有界协方差的不相关序列：$\overline{\sigma}_{\Delta}^2=\sup_k E[\|\boldsymbol{\Delta}_k\|^2]$。则

式(8.16)中出现的$\{\boldsymbol{M}_K^{(n)}:K\geqslant 1\}$的二阶矩是一致有界的

$$E[\|\boldsymbol{M}_K^{(n)}\|^2]\leqslant\overline{\sigma}_\Delta^2\sum_{j=n+1}^{\infty}\alpha_j^2$$

如果式(8.21)成立，则当$n\to\infty$时，右侧消失或等于零。

证明 如果$\{\boldsymbol{\Delta}_k\}$为不相关序列，则$\boldsymbol{M}_K^{(n)}$的协方差满足

$$E[\boldsymbol{M}_K^{(n)}\boldsymbol{M}_K^{(n)\top}]=\sum_{i=1}^{K}\alpha_{n+i}^2E[\boldsymbol{\Delta}_{n+i}\boldsymbol{\Delta}_{n+i}^{\top}]$$

因此

$$E[\|\boldsymbol{M}_K^{(n)}\|^2]=\text{trace }E[\boldsymbol{M}_K^{(n)}\boldsymbol{M}_K^{(n)\top}]\leqslant\overline{\sigma}_\Delta^2\sum_{j=n+1}^{K}\alpha_j^2$$ □

8.2.4 多时间尺度

在许多例子中，对于不同的参数估计使用不同的步长是有价值的。

考虑式(8.10)，这通常被表示为双时间尺度的递归，其中($N_0=0$)，

$$\boldsymbol{\theta}_{n+1}^{\text{PR}}=\boldsymbol{\theta}_n^{\text{PR}}+\alpha_{n+1}[\boldsymbol{\theta}_{n+1}^{\bullet}-\boldsymbol{\theta}_n^{\text{PR}}],\quad n\geqslant 0$$

且$\alpha_n=1/n$。类似的递归适用于任意$N_0<N$，但递归从$n=N_0$开始且$\boldsymbol{\theta}_{N_0}^{\text{PR}}=0$。因此，假设式(8.10c)可以等价地表示

$$\lim_{n\to\infty}\frac{\beta_n}{\alpha_n}=\infty \tag{8.22}$$

这意味着定义在式(8.10a)中的估计值$\{\boldsymbol{\theta}_n^{\bullet}\}$比$\{\boldsymbol{\theta}_n^{\text{PR}}\}$演化的快得多。

一般的双时间尺度算法描述如下：

$$\boldsymbol{\theta}_{n+1}=\boldsymbol{\theta}_n+\beta_{n+1}\boldsymbol{f}_{n+1}(\boldsymbol{\theta}_n,\boldsymbol{\omega}_n) \tag{8.23a}$$

$$\boldsymbol{\omega}_{n+1}=\boldsymbol{\omega}_n+\alpha_{n+1}\boldsymbol{g}_{n+1}(\boldsymbol{\theta}_n,\boldsymbol{\omega}_n) \tag{8.23b}$$

其中$\{\boldsymbol{\theta}_n\}$在$\mathbb{R}^d$中进化，$\{\boldsymbol{\omega}_n\}$在$\mathbb{R}^m$中演化。假设式(8.22)仍然成立，这就是为什么它是一个双时间尺度的递归。

这些递归的ODE近似在这里不会有任何通用性，但是SA的每个用户都应该理解主要信息。

一如既往，我们要求平均向量场$\overline{\boldsymbol{f}}(\boldsymbol{\theta},\boldsymbol{\omega})=E_{\varpi}[\boldsymbol{f}_{n+1}(\boldsymbol{\theta},\boldsymbol{\omega})]$和$\overline{\boldsymbol{g}}(\boldsymbol{\theta},\boldsymbol{\omega})=E_{\varpi}[\boldsymbol{g}_{n+1}(\boldsymbol{\theta},\boldsymbol{\omega})]$(稳态期望)。对于每个$\omega\in\mathbb{R}^m$，假设$\overline{\boldsymbol{f}}(\boldsymbol{\theta}^s(\boldsymbol{\omega}),\boldsymbol{\omega})=0$存在一个唯一的向量$\boldsymbol{\theta}^s(\boldsymbol{\omega})$。因为第二个参数序列的演化比第一个的慢，所以在一般条件下有可能证明，对于所有大的n，$\boldsymbol{\theta}_n\approx\boldsymbol{\theta}^s(\boldsymbol{\omega}_n)$。这导致第二次递归的ODE近似如下：

$$\frac{\mathrm{d}}{\mathrm{d}t}\boldsymbol{\omega}_t=\overline{\boldsymbol{g}}(\boldsymbol{\theta}^s(\boldsymbol{\omega}_t),\boldsymbol{\omega}_t) \tag{8.24}$$

基于这些概念的收敛理论的例子，请参见定理 8.3。

这种见解在算法设计中是极其宝贵的：

(i) 在约束优化中至关重要，其中$\boldsymbol{\omega}_n$ 是对偶变量的近似值(例如，在命题4.12 的情形中)。

(ii) 式(8.24)对于创建近似牛顿-拉弗森流的递归算法是必不可少的，正如我们在 4.5.6 节的 QSA 情形中已经看到的那样。

(iii) 通过式(8.24)的版本，演员-评论家方法的优雅理论成为可能。

双时间尺度 SA 的稳定性理论可以在其他资料中找到，如文献[66]，在那里可以找到如下定理与定理 8.1 相似的证明：

定理 8.3 考虑式(8.23)，且受限于下面的假设：

▶$\overline{f}$ 和 $\overline{g}$ 是利普希茨连续的，函数 $\overline{g}(\boldsymbol{\theta}^s(\boldsymbol{w}),\boldsymbol{w})$ 关于 $\boldsymbol{w}$ 也是利普希茨连续的。

▶参数序列$\{\boldsymbol{\theta}_n,\boldsymbol{\omega}_n:n\geqslant 0\}$几乎处处有界。

▶累积干扰是有界的，在以下总和存在并且处处有限的意义上，概率为 1：

$$\sum_{n=0}^{\infty}\beta_{n+1}\{\boldsymbol{f}_{n+1}(\boldsymbol{\theta}_n,\boldsymbol{\omega}_n)-\overline{\boldsymbol{f}}(\boldsymbol{\theta}_n,\boldsymbol{\omega}_n)\},\quad \sum_{n=0}^{\infty}\alpha_{n+1}\{\boldsymbol{g}_{n+1}(\boldsymbol{\theta}_n,\boldsymbol{\omega}_n)-\overline{\boldsymbol{g}}(\boldsymbol{\theta}_n,\boldsymbol{\omega}_n)\} \tag{8.25}$$

▶ODE 式(8.24)是全局渐近稳定的，具有唯一的平衡点$\boldsymbol{w}^*$，并且对于每个$\boldsymbol{w}$，下面的 ODE 是渐近稳定的，具有唯一的平衡点$\boldsymbol{\theta}^s(\boldsymbol{w})$：

$$\frac{\mathrm{d}}{\mathrm{d}t}\boldsymbol{\vartheta}_t=\overline{\boldsymbol{f}}(\boldsymbol{\vartheta}_t,\boldsymbol{w})$$

则，$\lim\limits_{n\to\infty}\boldsymbol{\theta}_n=\boldsymbol{\theta}^*\overset{\text{def}}{=}\boldsymbol{\theta}^s(\boldsymbol{w}^*)$和$\lim\limits_{n\to\infty}\boldsymbol{\omega}_n=\boldsymbol{w}^*$ a. s. □

本节的其余部分包含更多关于标准 SA 算法的步长重要主题。

8.2.5 算法性能

本书后面几章的重点是考虑参数估计的协方差，如式(8.5)所定义。式(8.6)在一般条件下是存在的，并且可以基于两个矩阵来表示：线性化矩阵[⊖]

$$\boldsymbol{A}=\boldsymbol{A}(\boldsymbol{\theta}^*)\overset{\text{def}}{=}\partial_{\boldsymbol{\theta}}\overline{\boldsymbol{f}}(\boldsymbol{\theta}^*) \tag{8.26}$$

和稳态干扰协方差：

$$\Sigma_{\boldsymbol{\Delta}}\overset{\text{def}}{=}\lim_{n\to\infty}\frac{1}{n}\mathsf{E}[\boldsymbol{M}_n\boldsymbol{M}_n^{\intercal}],\quad \boldsymbol{M}_n=\sum_{k=1}^{n}\boldsymbol{\Delta}_k^{\infty} \tag{8.27}$$

其中$\boldsymbol{\Delta}_k^{\infty}\overset{\text{def}}{=}\boldsymbol{f}_k(\boldsymbol{\theta}^*)$。这也被称为$\{\boldsymbol{\Delta}_k^{\infty}\}$的渐近协方差，因为它是出现在该序列的中心极限定理中的协方差。如果$\{\boldsymbol{\Delta}_k^{\infty}\}$不相关，则 $\Sigma_{\boldsymbol{\Delta}}=\boldsymbol{E}_{\varpi}[\boldsymbol{\Delta}_k^{\infty}(\boldsymbol{\Delta}_k^{\infty})^{\intercal}]$。

在一些附加条件(如 ODE 式(8.4a)的稳定性)的作用下，可以得到以下结论：

(i) 对于步长 $\alpha_n=\boldsymbol{g}/(n+n_0)$，渐近协方差式(8.6)是有限的，如果 $\boldsymbol{A}$ 的每个特征值都满

⊖ 从 4.3 节开始，线性化矩阵 $\boldsymbol{A}(\boldsymbol{\theta}^*)$记作 $\boldsymbol{A}^*$。这里不使用上标是方便的。

足 $\mathrm{Real}(\lambda(\boldsymbol{gA}))<-\frac{1}{2}$，在这种情况下，$\sum_{\theta}$ 是如下李雅普诺夫方程的解

$$\left(\boldsymbol{gA}+\frac{1}{2}\boldsymbol{I}\right)\sum_{\theta}+\sum_{\theta}\left(\boldsymbol{gA}+\frac{1}{2}\boldsymbol{I}\right)^{\top}+\boldsymbol{g}^{2}\sum_{\Delta}=0 \tag{8.28a}$$

（ii）对于 $\alpha_n=\boldsymbol{g}/(n+n_0)^{\rho}$，$0.5<\rho<1$，渐近协方差的定义可修改如下：

$$\sum_{\theta}=\lim_{n\to\infty} n^{\rho}\sum_{n}$$

这是有限的，如果 $\mathrm{Real}(\lambda(\boldsymbol{A}))<0$（$\boldsymbol{A}$ 是赫尔维茨矩阵——$\boldsymbol{A}$ 的特征值的实部小于 0），且在这种情况下，$\sum_{\theta}$ 是如下方程的解

$$\boldsymbol{A}\sum_{\theta}+\sum_{\theta}\boldsymbol{A}^{\top}+\boldsymbol{g}\sum_{\Delta}=0 \tag{8.28b}$$

当然，没有理由限制为一个标量步长。当 $\alpha_n=\boldsymbol{G}/(n+n_0)$ 时，有必要验证 ODE $\frac{\mathrm{d}}{\mathrm{d}t}\boldsymbol{\vartheta}=\boldsymbol{G}\bar{\boldsymbol{f}}(\boldsymbol{\vartheta})$ 是全局渐近稳定的，且在这种情况下，如果 $\boldsymbol{GA}$ 每一个特征值满足 $\mathrm{Real}(\lambda(\boldsymbol{GA}))<-\frac{1}{2}$，我们通常会得出结论，式(8.6)是有限的。协方差矩阵是如下李雅普诺夫方程的解：

$$\left(\boldsymbol{GA}+\frac{1}{2}\boldsymbol{I}\right)\sum_{\theta}^{G}+\sum_{\theta}^{G}\left(\boldsymbol{GA}+\frac{1}{2}\boldsymbol{I}\right)^{\top}+\boldsymbol{G}\sum_{\Delta}\boldsymbol{G}^{\top}=0 \tag{8.29}$$

这里引入上标 $\boldsymbol{G}$，以便我们可以确定最优选择：

优化渐近协方差　李雅普诺夫方程——式(8.29)存在一个解 $\sum_{\theta}^{G}\geqslant 0$，如果满足特征值检验：对于 $\boldsymbol{GA}$ 的每个特征值 λ，$\mathrm{Real}(\lambda)<-\frac{1}{2}$。

选择 $\boldsymbol{G}^{\star}=-\boldsymbol{A}^{-1}$ 可通过这个测试，由此得

$$\sum_{\theta}^{\star}\stackrel{\text{def}}{=}\boldsymbol{A}^{-1}\sum_{\Delta}\{\boldsymbol{A}^{-1}\}^{\top} \tag{8.30}$$

在 $\sum_{\theta}^{G}-\sum_{\theta}^{\star}$ 的差是半正定的意义上来说，这是最优的。

特殊情况见命题 8.10，相关资料可见 8.9 节。

今天的 RL 文献有一个完全不同的侧重点：计算如下形式的有限时间误差边界

$$P\{\|\boldsymbol{\theta}_n-\boldsymbol{\theta}^{*}\|>\varepsilon\}\leqslant\bar{b}\exp(-n\bar{I}(\varepsilon)),\quad n\geqslant 1 \tag{8.31}$$

其中 $\bar{b}$ 为常数，对于 $\varepsilon>0$，$\bar{I}(\varepsilon)>0$。边界通常是反向的：对于给定的 $\delta>0$，记

$$\bar{n}(\varepsilon,\delta)=\frac{1}{\bar{I}(\varepsilon)}[\log(\bar{b})+\log(\delta^{-1})] \tag{8.32}$$

那么式(8.31)蕴含了样本复杂度边界：对于所有 $n \geqslant \bar{n}(\varepsilon,\delta)$，$\mathsf{P}\{\|\boldsymbol{\theta}_n-\boldsymbol{\theta}^*\|>\varepsilon\}\leqslant\delta$。

有限 n 边界的值是无可争议的：只要我们等待算法的 $n \geqslant \bar{n}(\varepsilon,\delta)$ 次迭代，就能保证误差的概率低于期望值。

还有一些重大的挑战：

(1) 样本复杂度边界通常是非常保守的。如果边界非常宽松，那么我们将不愿意等待超过高估 $\bar{n}$ 的 n 次迭代。

(2) 边界 $\bar{n}$ 可能对如何改进算法不提供指导。

对应地，参数估计协方差并不是一个挑战：

(1) $\sigma_n^2=\text{trace}\,(\sum_n)$ 可以使用基于短期运行的批均值方法进行估计，这为长期运行提供了近似的置信边界。在仿真中这是一个标准的技术(见式(6.41b))。

(2) 我们将看到渐近协方差可以为算法设计提供指导。9.6 节中将介绍的沃特金斯 Q 学习算法的增益设计就是一个简单的例子，其中，我们可知，$\alpha_n(1-\gamma)^{-1}n^{-1}$ 直接得到最优 $O(n^{-1})$ 的 MSE 收敛速率，而无须进行任何复杂的计算。

关于误差度量 $\|\tilde{\boldsymbol{\theta}}_n\|$ 的任何边界（基于式(8.31)或关于误差协方差的边界），还有一个第三方评论：它可能不是我们关心的！在强化学习的背景下，最有价值的度量应该是与参数估计相关的策略性能的测度，就像在 7.8 节中介绍的老虎机理论一样。幸运的是，用于参数估计的 CLT 可能意味着对更多相关统计的近似值，如平均成本。在这种情况下，我们可以借用模拟理论中的技术来获得近似的置信边界。

8.2.6　渐近与瞬态性能

与 4.9 节的 QSA 理论一样，在选择步长时存在权衡：虽然 $\alpha=g/n$ 通常会产生式(8.8)（最关键的是，$g>0$ 被选择得足够大），但这也可能导致较差的瞬态行为。

请回顾 8.2.2 节和 4.5.4 节的总结，并回想一下 SA 和 QSA 的收敛理论是基于将 $\boldsymbol{\Theta}_t$ 与式(8.4a)(回顾式(8.16)和式(8.17))的时间标度进行比较。这个时间标度的边界很容易得到：

引理 8.4　*考虑步长 $\alpha_n=1/n^{\rho}$。对于每个 $n\geqslant1$，下列边界成立：*

$$\tau_n^- \leqslant \tau_n \leqslant \tau_n^+$$

其中

$$\tau_n^-=\begin{cases}\log(n+1) & \rho=1\\ \dfrac{1}{1-\rho}[(n+1)^{1-\rho}-1] & \rho<1\end{cases},\quad \tau_n^+=\begin{cases}1+\log(n) & \rho=1\\ 1+\dfrac{1}{1-\rho}[n^{1-\rho}-1] & \rho<1\end{cases}$$

证明　对任何 $t\geqslant0$，下列边界成立：

$$\frac{1}{t+1}\leqslant\frac{1}{\lfloor t+1\rfloor}\leqslant\frac{1}{\max(1,t)}$$

其中 $\lfloor t+1\rfloor$ 是 $t+1$ 的整数部分，特别对于 $0\leqslant t<1$，$\lfloor t+1\rfloor=1$。从这些边界，并结合下面的积分表示，可得到引理

$$\tau_n = \int_0^n \left(\frac{1}{\lfloor t+1 \rfloor}\right)^{\rho} \mathrm{d}t \qquad \square$$

让我们重新讨论式(8.19)中得到的一致性收敛，这激发了上述引理。假设 ODE 以指数快速收敛到最优参数：存在$\varrho_0>0$ 和 $B_0<\infty$，使得对于式(8.4a)的任意解，且对于任意 t_0，$t\geqslant 0$，

$$\|\boldsymbol{\vartheta}_{t_0+t}-\boldsymbol{\theta}^*\| \leqslant B_0 \|\boldsymbol{\vartheta}_{t_0}-\boldsymbol{\theta}^*\| \exp(-\varrho_0 t) \tag{8.33}$$

为了应用式(8.19)，设 $t_0=\tau_n$，通过构造使$\boldsymbol{\vartheta}_{\tau_n}^{(n)}=\boldsymbol{\theta}_n$，并对于 $k\geqslant 1$，选择 $t_0+t=t_{n+k}$。如果 $\alpha_n=g/n$，则对于大范围的 $k\geqslant 1$，从式(8.19)可得

$$\begin{aligned}\|\boldsymbol{\theta}_{n+k}-\boldsymbol{\theta}^*\| \approx \|\boldsymbol{\vartheta}_{\tau_{n+k}}^{(n)}-\boldsymbol{\theta}^*\| &\leqslant B_0 \|\boldsymbol{\theta}_n-\boldsymbol{\theta}^*\| \exp(-\varrho_0 g[\log(n+k)-1-\log(n)]) \\ &= B_0 \|\boldsymbol{\theta}_n-\boldsymbol{\theta}^*\| \exp(\varrho_0 g)\left(\frac{n}{n+k}\right)^{-\varrho_0 g}\end{aligned} \tag{8.34}$$

如果$\varrho_0 g$ 不够大，则$\boldsymbol{\vartheta}_{\tau_{n+k}}^{(n)}$ 收敛到 $\boldsymbol{\theta}$ 的速度可能会非常缓慢。在这种情况下，担心参数估计误差的方差没有太大意义：我们应该担心的是缓慢的瞬态行为。

引理 8.4 告诉我们，选择 $\rho<1$ 可以得到更快的收敛速率：

$$\|\boldsymbol{\vartheta}_{\tau_{n+k}}^{(n)}-\boldsymbol{\theta}^*\| \leqslant B_0 \|\boldsymbol{\theta}_n-\boldsymbol{\theta}^*\| \exp(\varrho_0 g(1+\tau_n))\exp\left(-\varrho_0 g \frac{1}{1-\rho}(n+k+1)^{1-\rho}\right) \tag{8.35}$$

这不是几何级数快的，但对于任何 $R\geqslant 1$，右侧的消失速度比 k^{-R} 快。这是否意味着我们被迫以一个次优收敛速率来应对瞬态问题？

不要害怕

到目前为止，我们已经了解了 $\alpha_n=g/n^{\rho}$ 的每个设计选择所面临的挑战：

(i) 我们选择 $\rho=1$ 来获得均方误差的最优收敛速率。然而，较差的瞬态行为可能导致非常缓慢的收敛，除非 $g>0$ 足够大(这又会产生自身的问题)。

(ii) “高增益”选择 $\alpha_n=g/n^{\rho}$，$\rho<1$，这会得到式(8.35)。然而，参数估计的均方误差以比 $1/n$ 慢得多的速率收敛到零。

PJR 平均是一种获取这两种情况下最佳特征的方法。动机可以在图 8.2 找到，选择三组 ρ 值，该图显示了标量 SA 算法的典型参数估计。这三组估计值都收敛于共同的极限值 $\theta^*=0$。我们看到，正如理论预测的那样，ρ 值越小，估计值的波动性越大。然而，请注意，这些估计值都在 $\theta^*=0$ 上下波动。这激发了式(8.10b)中额外的光滑，其中起点 N_0 打算在“瞬态稳定之后”被选择。

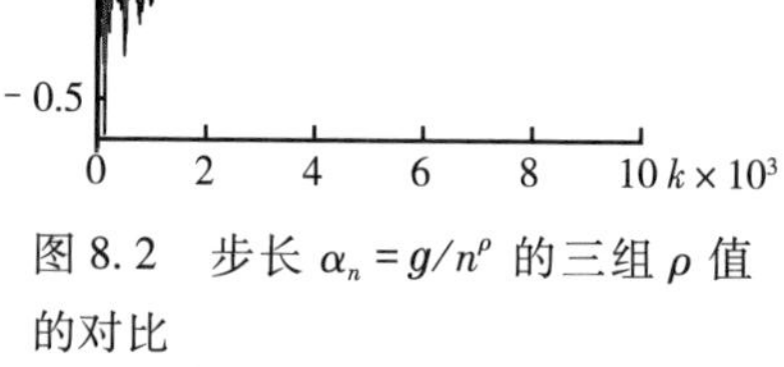

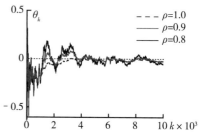

图 8.2　步长 $\alpha_n=g/n^{\rho}$ 的三组 ρ 值的对比

这种简单的估计平滑导致了在温和假设下的最优收敛速率。8.4 节中的一个例子说明了该技术，分析将被推迟到 8.7.3 节。

8.3 示例

下面的例子是为了使 8.2 节中概述的主题更加具体。

8.3.1 蒙特卡罗

假设我们希望估计均值$\boldsymbol{\theta}^*=E[\boldsymbol{c}(\boldsymbol{\Phi})]$，其中 $\boldsymbol{c}:\Omega\to\mathbb{R}^d$，且随机变量 $\boldsymbol{\Phi}$ 的密度为 p，即：

$$\boldsymbol{\theta}^*=\int \boldsymbol{c}(x)p(x)\,\mathrm{d}x$$

马尔可夫链蒙特卡罗技术包括构造马尔可夫链 $\boldsymbol{\Phi}$ 的方法，该马尔可夫链 $\boldsymbol{\Phi}$ 的稳态分布密度等于目标密度 p[12,115]。这样，均值$\boldsymbol{\theta}^*$的计算是一个 SA 问题：

$$0=\bar{\boldsymbol{f}}(\boldsymbol{\theta}^*)=E[\boldsymbol{f}(\boldsymbol{\theta}^*,\boldsymbol{\Phi})]=E[\boldsymbol{c}(\boldsymbol{\Phi})-\boldsymbol{\theta}^*]$$

考虑 SA 递归式(8.2)，其中 $\alpha_n=g/n$，$g>0$：

$$\boldsymbol{\theta}_{n+1}=\boldsymbol{\theta}_n+\frac{g}{n+1}[\boldsymbol{c}(\boldsymbol{\Phi}(n+1))-\boldsymbol{\theta}_n],\quad n\geqslant 0 \tag{8.36}$$

这个递归和相关的 ODE 是线性的：

$$\frac{\mathrm{d}}{\mathrm{d}t}\boldsymbol{\vartheta}=-g[\boldsymbol{\vartheta}-\boldsymbol{\theta}^*]$$

对于任意 $g>0$，该 ODE 是全局渐近稳定的。$g=1$ 的情况是非常特殊的：

命题 8.5 对于特殊情形 $g=1$，从式(8.36)得到的估计可以表示为样本路径平均值：

$$\boldsymbol{\theta}_n=\frac{1}{n}\sum_{k=1}^{n}\boldsymbol{c}(\boldsymbol{\Phi}(k)) \tag{8.37}$$

无论初始条件$\boldsymbol{\theta}_0$ 是什么，这种表示都成立。

证明 将式(8.36)的两侧乘以$(n+1)$，得到比例缩放的参数序列$\{S_k=k\boldsymbol{\theta}_k:k\geqslant 0\}$的一个递归表示：

$$\boldsymbol{S}_{n+1}=(n+1)\boldsymbol{\theta}_n+[\boldsymbol{c}(\boldsymbol{\Phi}(n+1))-\boldsymbol{\theta}_n]=\boldsymbol{S}_n+\boldsymbol{c}(\boldsymbol{\Phi}(n+1)),\quad n\geqslant 0$$

由于 $S_0=0$，因此可得$\boldsymbol{\theta}_n=\boldsymbol{S}_n/n$ 的这种表示是一个蒙特卡罗平均[式(8.37)]。 □

优化增益

在马尔可夫链的温和条件下，递归式(8.36)会收敛到 θ^*，渐近统计量表明了一些关于收敛速率的信息。

式(8.5)中的协方差 Σ_n 此时是一个标量：

$$\sigma_n^2=\mathrm{trace}(\Sigma_n)=\Sigma_n=E[\tilde{\boldsymbol{\theta}}_n^2]$$

它通常具有如下近似

$$\sigma_n^2 = n^{-1}\sigma_\theta^2 + o(n^{-1})$$

其中，渐近方差 σ_θ^2 是 $A=-1$ 和式(8.27)中所定义的 $\sigma_\Delta^2=\sum_\Delta^2$ 时，式(8.28a)的解。在这个标量情形下，李雅普诺夫方程具有图8.3所示的显式解。

然而，该解仅在 $g>1/2$ 时有效。假设 σ_Δ^2 非零，则当 $g\leqslant\frac{1}{2}$ 时渐近方差是无穷大的，并利用 $g^*=1$ 使其最小化。

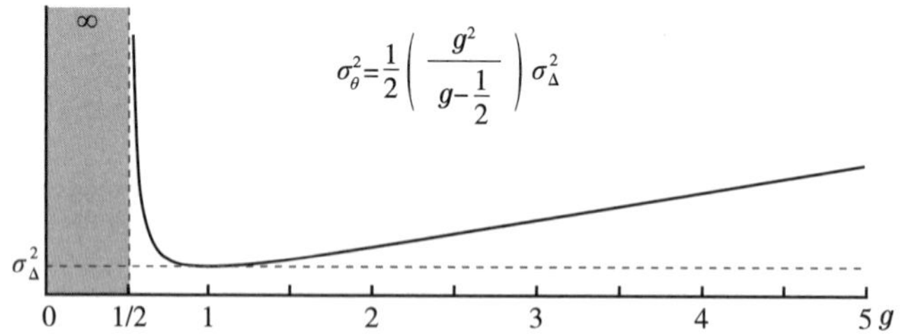

图8.3　标量递归时蒙特卡罗估计式(8.36)的渐近协方差

8.3.2　随机梯度下降

考虑最小化问题 $\boldsymbol{\theta}^*=\arg\min_\theta \Gamma(\boldsymbol{\theta})$，其中 $\Gamma(\boldsymbol{\theta})=E[\tilde{\Gamma}(\boldsymbol{\theta},\boldsymbol{\Phi})]$，$\boldsymbol{\theta}\in\mathbb{R}^d$。梯度下降 ODE 被定义为

$$\frac{\mathrm{d}}{\mathrm{d}t}\boldsymbol{\vartheta} = -\nabla\Gamma(\boldsymbol{\vartheta}) \tag{8.38}$$

梯度下降的近似可以用 SA 来实现，且

$$\bar{f}(\boldsymbol{\theta}) = -\nabla_{\boldsymbol{\theta}} E[\tilde{\Gamma}(\boldsymbol{\theta},\boldsymbol{\Phi})] = -E[\nabla_{\boldsymbol{\theta}}\tilde{\Gamma}(\boldsymbol{\theta},\boldsymbol{\Phi})]$$

在适当的条件下，导数和期望的交换顺序可以被证明是合理的。

假设我们已知样本 $\boldsymbol{\Phi}=\{\boldsymbol{\Phi}_n : n\geqslant 1\}$，当 $n\to\infty$ 时，$\boldsymbol{\Phi}_n$ 的分布为收敛到 $\boldsymbol{\Phi}$ 的分布，并对于任意的 n 和 $\boldsymbol{\theta}$，记 $\Gamma_n(\boldsymbol{\theta})=\tilde{\Gamma}(\boldsymbol{\theta},\boldsymbol{\Phi}_n)$。式(8.2)可导出随机梯度下降算法：

$$\boldsymbol{\theta}_{n+1} = \boldsymbol{\theta}_n - \alpha_{n+1}\nabla_{\boldsymbol{\theta}}\Gamma_{n+1}(\boldsymbol{\theta}) \tag{8.39}$$

算法的稳定性

假设 Γ 是强凸的(回顾式(4.25))，命题4.7告诉我们式(8.38)是指数渐近稳定的。在证明中，$V(\boldsymbol{\theta})=\frac{1}{2}\|\boldsymbol{\theta}-\boldsymbol{\theta}^*\|^2$ 作为一个李雅普诺夫函数：

$$\frac{\mathrm{d}}{\mathrm{d}t}V(\boldsymbol{\vartheta}_t) \leqslant -2\delta_0 V(\boldsymbol{\vartheta}_t) \Rightarrow \|\boldsymbol{\vartheta}_t-\boldsymbol{\theta}^*\| \leqslant \|\boldsymbol{\vartheta}_0-\boldsymbol{\theta}^*\|\exp(-\delta_0 t) \tag{8.40}$$

因此，式(8.33)在 $B_0=1$ 和 $\varrho_0=\delta_0$ 时成立。从定理 4.9 可以得到无凸性指数渐近稳定性的条件。

SA 算法的稳定性如何？一个充分条件是基于 ODE@∞，就像 4.8.4 节中的确定性情形那样：对于 $\boldsymbol{\theta}\in\mathbb{R}^d$，定义

$$\Gamma^{\infty}(\boldsymbol{\theta})=\lim_{r\to\infty}\frac{1}{r^2}\Gamma(r\boldsymbol{\theta}),\quad \nabla\Gamma^{\infty}(\boldsymbol{\theta})=\lim_{r\to\infty}\frac{1}{r}\nabla\Gamma(r\boldsymbol{\theta})$$

假设这些函数是有限值的，可以得出第一个是径向二次的，第二个是径向线性的：

$$\Gamma^{\infty}(s\boldsymbol{\theta})=s^2\Gamma^{\infty}(\boldsymbol{\theta}),\quad \nabla\Gamma^{\infty}(s\boldsymbol{\theta})=s\nabla\Gamma^{\infty}(\boldsymbol{\theta}),\quad s>0$$

如果 Γ 是强凸的，那么式(4.25)蕴含了下界：

$$\boldsymbol{\theta}^{\top}\nabla\Gamma^{\infty}(\boldsymbol{\theta})\geqslant\delta_0\|\boldsymbol{\theta}\|^2,\quad \Gamma^{\infty}(\boldsymbol{\theta})\geqslant\frac{1}{2}\delta_0\|\boldsymbol{\theta}\|^2$$

第一个边界可由式(4.25)和 $\nabla\Gamma^{\infty}$ 的定义直接得出。第二个边界则是由第一个边界和下面的引理给出：

引理 8.6　如果 Γ^{∞} 是连续可微的，则 $\Gamma^{\infty}(\boldsymbol{\theta})=\frac{1}{2}\boldsymbol{\theta}^{\top}\nabla\Gamma^{\infty}(\boldsymbol{\theta})$，$\boldsymbol{\theta}\in\mathbb{R}^d$

证明　可微性适用于如下的链式法则：

$$\Gamma^{\infty}(\boldsymbol{\theta})=\int_0^1\frac{\mathrm{d}}{\mathrm{d}t}\Gamma^{\infty}(t\boldsymbol{\theta})\,\mathrm{d}t=\int_0^1\boldsymbol{\theta}^{\top}\nabla\Gamma^{\infty}(t\boldsymbol{\theta})\,\mathrm{d}t=\boldsymbol{\theta}^{\top}\nabla\Gamma^{\infty}(\boldsymbol{\theta})\int_0^1 t\,\mathrm{d}t$$

第一个等式是微积分的基本定理，恒等式 $\Gamma^{\infty}(0)=0$。最后一个等式由梯度的径向线性推导而来。□

ODE@∞被定义为 $\frac{\mathrm{d}}{\mathrm{d}t}\boldsymbol{\vartheta}^{\infty}=-g\nabla\Gamma^{\infty}(\boldsymbol{\vartheta}^{\infty})$。随机递归的收敛性可由两个 ODE 的稳定性得出：

(i) 如果 $\nabla\Gamma^{\infty}$ 是连续的，且 $\boldsymbol{\theta}\neq 0$ 时 $\Gamma^{\infty}(\boldsymbol{\theta})>0$，则 ODE@∞ 是全局渐近稳定的。8.7.1 节的理论表明，来自式(8.39)的参数估计序列是有界的：

$$\sup_n\|\boldsymbol{\theta}_n\|<\infty\quad a.s.$$

(ii) 如果(i)的假设成立，并且式(8.38)是全局渐近稳定的，则估计收敛于唯一的根 $\nabla\Gamma(\boldsymbol{\theta}^*)=0$。

渐近协方差

在式(8.6)中定义的渐近协方差，或它的任何变体，都可以用线性化矩阵 $\boldsymbol{A}=\partial_{\theta}\overline{\boldsymbol{f}}$ 表示。对于这类算法，它是一个对称矩阵，且元素为：

$$\boldsymbol{A}_{i,j}(\boldsymbol{\theta})=\frac{\partial}{\partial\boldsymbol{\theta}_j}\overline{\boldsymbol{f}}_i(\boldsymbol{\theta})=-\frac{\partial^2}{\partial\boldsymbol{\theta}_i\partial\boldsymbol{\theta}_j}\Gamma_i(\boldsymbol{\theta})\tag{8.41}$$

方差理论要求 $\boldsymbol{A}(\boldsymbol{\theta}^*)$ 是赫尔维茨矩阵(回顾式(8.28a)和式(8.28b))，在这种情况下，Γ 的

黑塞矩阵[⊖]在优化解处是正定的：$-\boldsymbol{A}(\boldsymbol{\theta}^*)=\nabla^2\Gamma(\boldsymbol{\theta}^*)>0$。

渐近性能和瞬态性能之间的张力

让我们首先考虑一个张力不那么严重的情形：Γ 是一个二次多项式，$\Gamma(\boldsymbol{\theta})=\frac{1}{2}(\boldsymbol{\theta}-\boldsymbol{\theta}^*)^{\top}\boldsymbol{G}(\boldsymbol{\theta}-\boldsymbol{\theta}^*)$，和 $\boldsymbol{G}>0$(正定)。这是强凸的，且 $\delta_0=\lambda_1$ 是 $\boldsymbol{G}$ 的最小特征值。

考虑步长 $\alpha_n=g/(n+n_0)$ 的情况：

- ▶ *瞬态界*：当使用步长 $\alpha=g/n$ 且 $g=1/\lambda_1$ 时，式(8.34)的右侧将以速度 $1/n$ 衰减。
- ▶ *渐近协方差*：用于计算渐近协方差的线性化矩阵是 $\boldsymbol{A}(\boldsymbol{\theta}^*)=-\boldsymbol{G}$。增益 $g=1/\lambda_1$ 将得到一个有限渐近协方差，因为 $g\boldsymbol{A}$ 的所有特征值满足 $\lambda(g\boldsymbol{A})\leqslant-1<-\frac{1}{2}$。
- ▶ *小 n 时的 ODE 准确度*：我们可能需要 $n_0\gg g$ 来避免小 n 时的大量瞬变(或采用重启来保持参数在预定义区域 R 内，如 8.2.2 节的结束部分所述)。

围绕 PJR 平均的理论激发了使用 $\alpha_n=g/n^{\rho}$ 时，用小一点的 g 值(比如 $g=\overline{\alpha}$，如果有一个好的选择的话)和 $\rho<1$。这种方法对参数的“修补”要少得多。的确，我们只剩下三个参数：使用 ρ、g 和整数 N_0 并通过式(8.10b)来获得最终的估计 $\boldsymbol{\theta}_N^{\mathrm{PR}}$。理论和实践表明，对 $\rho\leqslant 0.9$ 和 $g>0$ 的灵敏度没有那么高，但从各种大的初始条件观测样本路径之后，对 N_0 的选择应该很清楚。

或者，我们可能完全放弃 SA。接下来将考虑 SGD 的替代方案。

8.3.3　经验风险最小化

回顾 5.1 节我们对经验风险最小化的简要介绍。这种方法可以应用在这里，且经验风险等于经验均值：

$$\overline{\Gamma}_N(\boldsymbol{\theta})=\frac{1}{N}\sum_{i=1}^{N}\Gamma_i(\boldsymbol{\theta}) \tag{8.42}$$

ERM 的应用意味着我们放弃了递归 SA 算法，而是最小化 $\overline{\Gamma}_N(\boldsymbol{\theta})$ 来获得估计 $\boldsymbol{\theta}_N^{\mathrm{ERM}}$。近年来，这种方法在非常高维的优化中变得很流行。

为了便于说明，考虑二次损失的特殊情况 $\Gamma_i(\boldsymbol{\theta})=\frac{1}{2}\|\boldsymbol{M}_i\boldsymbol{\theta}-\boldsymbol{\xi}_i\|^2$，其中矩阵 $\boldsymbol{M}_i$ 和向量 $\boldsymbol{\xi}_i$ 是随机的。那么我们有 $\nabla\Gamma_i(\boldsymbol{\theta})=\boldsymbol{M}_i^{\top}(\boldsymbol{M}_i\boldsymbol{\theta}-\boldsymbol{\xi}_i)$，因此 SA 算法被定义为

$$\boldsymbol{\theta}_{n+1}=\boldsymbol{\theta}_n-\alpha_{n+1}\boldsymbol{M}_{n+1}^{\top}\{\boldsymbol{M}_{n+1}\boldsymbol{\theta}_n-\boldsymbol{\xi}_{n+1}\} \tag{8.43}$$

⊖ 黑塞矩阵(Hessian Matrix)是一个多元函数的二阶偏导数构成的方阵，描述了函数的局部曲率。黑塞矩阵最早于 19 世纪由德国数学家 Ludwig Otto Hesse 提出，并以其名字命名。黑塞矩阵常用于牛顿法解决优化问题，利用黑塞矩阵可判定多元函数的极值问题。在工程实际问题的优化设计中，所列的目标函数往往很复杂，为了使问题简化，常常将目标函数在某点邻域展开成泰勒多项式来逼近原函数，此时函数在某点泰勒展开式的矩阵形式中会涉及黑塞矩阵。——译者注

可以得到 ERM 的闭式形式的解，通过对最优性$\nabla \overline{\Gamma}_N(\boldsymbol{\theta})=0$应用一阶必要条件，其中

$$\nabla \overline{\Gamma}_N(\boldsymbol{\theta})=\frac{1}{N}\sum_{i=1}^{N}\boldsymbol{M}_i^{\top}\{\boldsymbol{M}_i\boldsymbol{\theta}-\boldsymbol{\xi}_i\}$$

因此，如果逆存在，则有

$$\boldsymbol{\theta}_N^{\mathrm{ERM}}=\Big(\sum_{i=1}^{N}\boldsymbol{M}_i^{\top}\boldsymbol{M}_i\Big)^{-1}\sum_{i=1}^{N}\boldsymbol{M}_i^{\top}\boldsymbol{\xi}_i \tag{8.44}$$

命题 8.8 表明，$\boldsymbol{\theta}_N^{\mathrm{ERM}}$ 与使用精心构造的矩阵增益的特定 SA 算法完全一致：

$$\boldsymbol{\theta}_{n+1}=\boldsymbol{\theta}_n-\alpha_{n+1}\boldsymbol{G}_{n+1}\boldsymbol{M}_{n+1}^{\top}\{\boldsymbol{M}_{n+1}\boldsymbol{\theta}_n-\boldsymbol{\xi}_{n+1}\} \tag{8.45}$$

其中

$$\boldsymbol{G}_{n+1}^{-1}=\frac{1}{n+1}\Big(\sum_{i=1}^{n+1}\boldsymbol{M}_i^{\top}\boldsymbol{M}_i\Big),\quad n\geqslant 0$$

由命题 8.8 得出，在最小协方差意义下，$\boldsymbol{\theta}_N^{\mathrm{ERM}}$ 是$\boldsymbol{\theta}^*$的一个估计。

除了一些特殊情况(如非常高的维数)外，ERM 应该被视为最后的手段。ERM 和 Zap 的协方差与式(8.10b)中定义的 PJR 估计$\boldsymbol{\theta}_N^{\mathrm{PR}}$ 大致相同。考虑到定义$\boldsymbol{\theta}_N^{\mathrm{PR}}$ 的递归的简单性，这可能是在大多数应用中尝试的第一个算法。

8.4　算法设计示例

本节的目的是用一个简单的非线性例子来说明算法设计。基于 PJR 平均技术，我们将最终为这个测试情况得出一个非常有效的算法。

式(8.2)中出现的函数是由$f_{n+1}(\theta)=f(\theta,\Phi(n+1))$定义的，且

$$f(\theta,\Phi)=-(\theta+3sin(\theta))+10\cos(\theta)\Phi$$

其中θ和Φ是标量，因此f：$\mathbb{R}^2\to\mathbb{R}$。在$\Phi$的均值为零的情况下，我们有

$$\bar{f}(\theta)=E[f(\theta,\Phi)]=-(\theta+3\sin(\theta))$$

图 8.4 中$\bar{f}$的曲线显示，$\theta^*=0$是唯一的根。

我们可以对这个函数进行积分，得到表示$\bar{f}=-\nabla\Gamma$。函数$\Gamma(\theta)=\frac{1}{2}\theta^2-3\cos(\theta)$也显示在图 8.4 中，在该图中我们看到，它是拟凸的和强制的。SA 算法是随机梯度下降的一个例子，用于获得Γ的最小值。

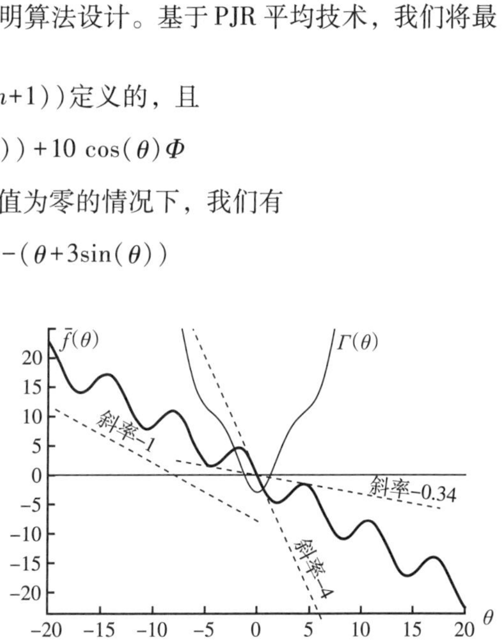

图 8.4　$\bar{f}=-\nabla\Gamma$

8.4.1　增益选择

对于步长$\alpha_n=g/n$的选择，在这个标量示例中，

最小化渐近方差的增益是 $g=-1/A(\theta^*)$。给定 $A(\theta^*)=-4$ 和 $g^*=1/4$，我们有 $A(\theta)=\partial_\theta \overline{f}(\theta)=-(1+3\cos(\theta))$。当考虑 SA 算法的瞬态性能时，我们会发现这是一个糟糕的选择。

式(8.34)基于形如式(8.33)的全局指数渐近稳定性，它是通过李雅普诺夫理论得到的：取 $V(\theta)=\frac{1}{2}\theta^2$，则

$$\frac{\mathrm{d}}{\mathrm{d}t}V(\vartheta_\tau)=-\vartheta_\tau(\vartheta_\tau+3\sin(\vartheta_\tau))$$

当 $\vartheta_\tau\neq 0$ 时，右侧为负。为了通过 V 求得边界，考虑最坏的情况：

$$\begin{aligned}\min_{\theta\neq 0}\frac{1}{V(\theta)}[\theta(\theta+3\sin(\theta))]&=2\min_{\theta\neq 0}\frac{1}{\theta}(\theta+3\sin(\theta))\\&=2+6[\min_{\theta}\operatorname{sinc}(\theta)]\geqslant 0.68,\end{aligned}$$

其中，对于所有 θ，最终的边界来自 $\operatorname{sinc}(\theta)\geqslant -0.22$。记 $\varrho_0=0.68/2=0.34$，得到李雅普诺夫漂移条件 $\frac{\mathrm{d}}{\mathrm{d}t}V(\vartheta_\tau)\leqslant -2\varrho_0 V(\vartheta_\tau)$，由此得出 $V(\vartheta_\tau)\leqslant V(\vartheta_0)\exp(-2\varrho_0 t)$，再根据 V 的定义，有

$$|\vartheta_t-\theta^*|\leqslant|\vartheta_0-\theta^*|\exp(-\varrho_0 t) \tag{8.46}$$

因此，式(8.33)成立，此时 $B_0=1$。图 8.4 表明 $\varrho_0=0.34$ 近似等于最大值，使得当 $\theta\leqslant 0$ 时，$\overline{f}(\theta)\geqslant -0.34\theta$，而当 $\theta\geqslant 0$ 时，$\overline{f}(\theta)\leqslant -0.34\theta$。

式(8.34)变成

$$|\vartheta^{(n)}_{\tau_{n+k}}-\theta^*|\leqslant|\theta_n-\theta^*|\ \exp(0.34g)\left(\frac{n}{n+k}\right)^{-0.34g}$$

右侧以 $1/k$ 的速率收敛到零，其中 $g=1/0.34\approx 3$。

$g=1/4$ 的值可能会导致非常缓慢的瞬态性能，即使均方误差以最优速率收敛到零。8.4.3 节的图 8.5 说明了这一点。在讨论该图之前，我们再来回顾一下渐近方差的话题。

8.4.2　方差公式

如果我们增加步长规则 $\alpha_n=g/n$ 中的增益，我们会得到什么结果？从式(8.28a)可以得到 $g>g^*/2$ 时的方差公式，它与蒙特卡罗的方差公式相似：

$$\sigma^2_\theta=\frac{1}{2}\left(\frac{g^2}{g/g^*-\frac{1}{2}}\right)\sigma^2_\Delta \tag{8.47}$$

$g=1/0.34$ 的值比用渐近理论推导出的 $g^*=1/4$ 的值大了近 12 倍。式(8.47)可用于确定，增益越大则 σ^2_θ 增加至少 6 倍以上。

如果我们转而选择 $\alpha_n=g/n^\rho$，且 $\rho<1$，则从式(8.6)可得

$$\sigma_\theta^2=\lim_{n\to\infty} n^\rho \mathsf{E}[|\theta_n-\theta^*|^2] \tag{8.48}$$

这种情况下公式更简单，且对任意 $g>0$ 和任意 $\rho\in(0.5,1)$ 都是有效的：

$$\sigma_\theta^2=\frac{1}{2}gg^*\sigma_\Delta^2 \tag{8.49}$$

详见 8.7.2 节。

8.4.3 模拟

到目前为止，我们对干扰 Φ 什么也没说，只说了它的均值为零。下面的图是基于干扰为一个 i.i.d. 的高斯过程、且 $\Phi_n\sim N(0,\ 10)$ 的基础上得到的。对于 i.i.d. 干扰，出现在式(8.47)右侧的方差项被定义为

$$\sigma_\Delta^2=\mathsf{E}[\{f(\theta^*,\Phi_n)\}^2]=\mathsf{E}[\{10\cos(\theta^*)\Phi_n\}^2]=100$$

利用步长 $\alpha_n=g/n$，由式(8.47)可得

$$\sigma_\theta^2=\begin{cases} g^2\sigma_\Delta^2=(5/2)^2, & g=g^*=1/4 \\ \dfrac{1}{2}\left(\dfrac{g^2}{4g-\dfrac{1}{2}}\right)\sigma_\Delta^2\approx 6\times(5/2)^2, & g=1/0.34 \end{cases}$$

瞬态和渐近行为

图 8.5 显示了对三个 ρ 值使用 $\alpha_n=g^*/n^\rho$ 的 SA 的结果。各列通过 ρ 的值来进行区分。第一行所展示图形比较了在确定性欧拉近似下的算法 $\Theta_{\tau_k}\stackrel{\text{def}}{=}\theta_k$ 的输出：

$$\vartheta_{\tau_{n+1}}=\vartheta_{\tau_n}+\alpha_{n+1}\bar{f}(\vartheta_{\tau_n}),\quad n\geqslant 0,\quad \vartheta_0=\theta_0 \tag{8.50}$$

近似值 $\Theta_{\tau_k}\approx\vartheta_{\tau_k}$ 似乎非常精确。高精度的部分原因是初始条件较大，因为 θ_k 的波动与它的幅度相比都很小(图 8.2 所示的图形是针对同一个例子的，但是 $\theta_0=1$)。这些图形是以“ODE 时间尺度”来展示的：x 轴为 τ_k 而不是 k，这样最后的时间 τ_N 取决于步长：

$$\tau_N=\sum_{k=1}^{N}\alpha_k$$

在这个实验中选择 $N=10^5$，那么 $\alpha_k=g^*/k^\rho$ 可得到 τ_N 的值，如图 8.5 的第一行所示。我们看到当使用 $\rho=1$ 时，ϑ_{τ_N} 仍然远离平衡值 $\theta^*=0$。

图 8.5 所示的直方图是基于 500 次独立运行得到的，时域 $N=10^6$，且初始条件独立采样 $\theta_0\sim N(0,\ 1)$(这样瞬态行为收到的影响较小)。运行结束时的归一化误差在所有情况下都近似呈高斯分布。

对于较大的增益 $g=1/0.34$，情况则非常不同：对于 $\tau_n\geqslant 3$，且对于 $\rho\leqslant 1$ 的任意值，$|\vartheta_{\tau_n}|$ 非常接近于 0。图 8.6 展示了使用这种更大的增益得到的直方图。前面我们观察到，由式(8.47)可得 $\sigma_\theta\approx 6.2(\rho=1)$，由式(8.49)可得 $\sigma_\theta\approx 6(\rho<1)$。

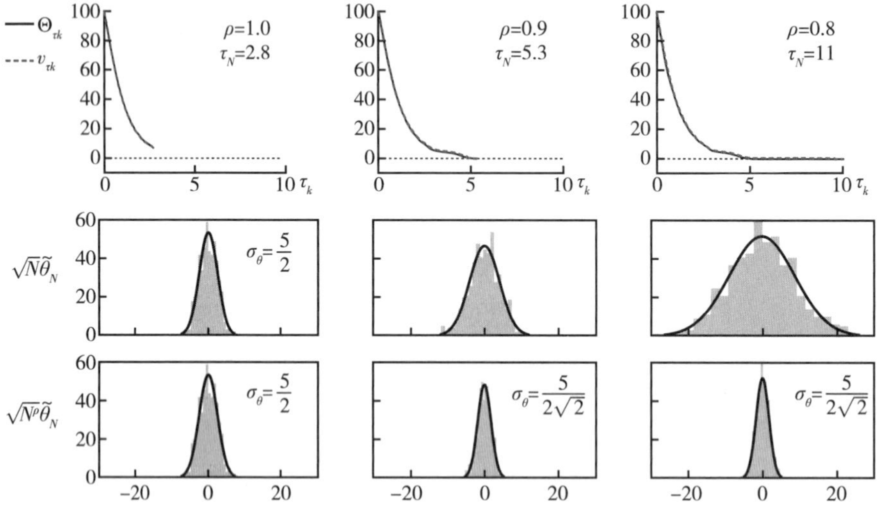

图 8.5　第一行是 SA 的参数估计和欧拉近似式(8.50)得到的序列的比较，初始条件均为 $\theta_0=100$。第二行表明 CLT 在 $\rho=1$ 时成立，理论方差预测了在模拟中观察到的情况。第三行说明了三个不同 ρ 值下的 CLT，并使用了所需要的参数误差的缩放比例 $\sqrt{N^\rho}$

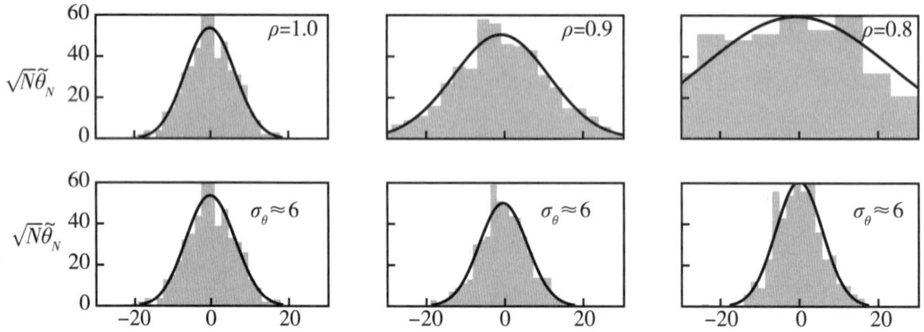

图 8.6　使用 $g=1/0.34$ 时的比例缩放参数估计的直方图

PJR 平均

最后，我们说明平均的价值。根据式(8.10b)，用于创建之前的直方图的参数估计都被平均化了，其中 $(N-N_0)/N=0.4$。图 8.7 显示了这些光滑估计的归一化参数估计误差的直方图。与之前的实验一样，列由 ρ 来区分，而两行是通过步长规则 $\alpha_n=g/n^\rho$ 中的增益 g 的选择来区分。

结果对增益的选择不那么敏感。8.7.3 节的理论告诉我们，如果使用步长 $\alpha_n=g/n^\rho$，且 $\rho\in(0.5,1)$ 和 $g>0$，则 Polyak-Ruppert 平均将得到 MSE 的最优收敛速率。

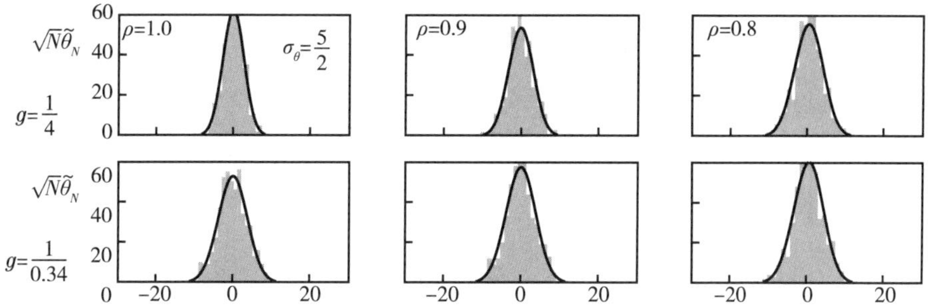

图 8.7　两个不同 g 时使用 Polyak-Ruppert 平均得到的直方图

8.5　Zap 随机近似

鉴于 Polyak-Ruppert 平均技术的惊人特性，我们为什么还要考虑矩阵增益算法呢？到目前为止，从本书的回顾中可以找到三个原因：

(i) 最令人信服的动机是命题 4.4，它表明我们在对 $\bar{f}$ 非常温和的假设下获得了一个一致性的算法。

(ii) 瞬态行为是理想的：回顾一下式(4.12)，我们得到了 $\bar{f}(\vartheta_t)=\bar{f}(\vartheta_0)e^{-t}$，这表明 SA 算法具有良好的数值性质。

(iii) 在本书的第一部分不能预测的是，该算法的渐近协方差也是最优的（在 $\bar{f}$ 和 $\{f_n\}$ 的温和假设下）。

8.5.1　近似牛顿-拉弗森流

算法的设计是使其近似式(4.15)中引入的正则化牛顿-拉弗森流：

$$\frac{\mathrm{d}}{\mathrm{d}t}\boldsymbol{\vartheta}_t=-[\varepsilon \boldsymbol{I}+\boldsymbol{A}(\boldsymbol{\vartheta}_t)^{\mathsf{T}}\boldsymbol{A}(\boldsymbol{\vartheta}_t)]^{-1}\boldsymbol{A}(\boldsymbol{\vartheta}_t)^{\mathsf{T}}\boldsymbol{f}(\boldsymbol{\vartheta}_t)$$

Zap 随机近似

初始化 $\boldsymbol{\theta}_0\in\mathbb{R}^d$，$\widehat{\boldsymbol{A}}_0\in\mathbb{R}^{d\times d}$，$\varepsilon>0$。当 $n\geqslant 0$ 时，进行如下更新：

$$\widehat{\boldsymbol{A}}_{n+1}=\widehat{\boldsymbol{A}}_n+\beta_{n+1}[\boldsymbol{A}_{n+1}-\widehat{\boldsymbol{A}}_n],\quad \boldsymbol{A}_{n+1}\stackrel{\text{def}}{=}\partial_{\boldsymbol{\theta}}\boldsymbol{f}_{n+1}(\boldsymbol{\theta}_n),\tag{8.51a}$$

$$\boldsymbol{\theta}_{n+1}=\boldsymbol{\theta}_n+\alpha_{n+1}\boldsymbol{G}_{n+1}\boldsymbol{f}_{n+1}(\boldsymbol{\theta}_n),\quad \boldsymbol{G}_{n+1}\stackrel{\text{def}}{=}-[\varepsilon\boldsymbol{I}+\widehat{\boldsymbol{A}}_{n+1}^{\mathsf{T}}\widehat{\boldsymbol{A}}_{n+1}]^{-1}\widehat{\boldsymbol{A}}_{n+1}^{\mathsf{T}}\tag{8.51b}$$

两个步长序列 $\{\alpha_n\}$ 和 $\{\beta_n\}$ 满足式(8.22)：

$$\lim_{n\to\infty}\frac{\beta_n}{\alpha_n}=\infty$$

在“高增益”假设[式(8.22)]下，对于较大的n，我们期望$\boldsymbol{A}_{n+1}$是对$\boldsymbol{A}(\boldsymbol{\theta}_n)$的合理估计，且$\boldsymbol{A}(\boldsymbol{\theta}_n)$在式(8.13)中被定义。这一直觉得到了双时间尺度SA的一般理论的支持，这一点已在8.2.4节中进行了简要介绍。特别是式(8.51a)的高增益假设告诉我们，经过一段转移时期，我们可以期待近似值$\boldsymbol{A}_n \approx \boldsymbol{A}(\boldsymbol{\theta}_n)$。$\{\boldsymbol{\theta}_n\}$的ODE近似正是正则化的牛顿-拉弗森流。

8.5.2 Zap零

在后续章节中讨论的大多数算法中，出现在式(8.51a)中的矩阵$\boldsymbol{A}_{n+1}$是低秩的。对于$\varepsilon=0$的特殊情况，$\boldsymbol{G}_{n+1}$的矩阵更新是利用式(A.1)来进行有效计算的。当$\boldsymbol{A}_{n+1}$的秩等于1且以$\boldsymbol{A}_{n+1}=\boldsymbol{W}_{n+1}\boldsymbol{V}_{n+1}^{\top}$的分解形式来定义时，则特别简单，其中，$\boldsymbol{W}_{n+1}$和$\boldsymbol{V}_{n+1}$是列向量。在这种情况下，式(A.1)给出了以下更新方程：

$$\boldsymbol{G}_{n+1}=[\boldsymbol{G}_n^{-1}-\boldsymbol{A}_{n+1}]^{-1}=\boldsymbol{G}_n-\frac{1}{1-\boldsymbol{V}_{n+1}^{\top}\boldsymbol{G}_n\boldsymbol{W}_{n+1}}\boldsymbol{G}_n\boldsymbol{W}_{n+1}\boldsymbol{V}_{n+1}^{\top}\boldsymbol{G}_n$$

右边包含了两个矩阵向量的乘积，$\boldsymbol{G}_n\boldsymbol{W}_{n+1}$和$\boldsymbol{V}_{n+1}^{\top}\boldsymbol{G}_n$，这引入了阶次为$O(d^2)$的复杂度。在更强的条件下，复杂度为$O(d)$的更新(甚至是$O(1)$)也是可能的。

Zap零随机近似

初始化$\boldsymbol{\theta}_0$，$\boldsymbol{w}_0\in\mathbb{R}^d$。当$n\geqslant 0$时，进行如下更新：

$$\boldsymbol{\theta}_{n+1}=\boldsymbol{\theta}_n+\alpha_{n+1}\boldsymbol{\omega}_n \tag{8.52a}$$

$$\boldsymbol{\omega}_{n+1}=\boldsymbol{\omega}_n+\beta_{n+1}\{\boldsymbol{A}_{n+1}\boldsymbol{\omega}_n+\boldsymbol{f}_{n+1}(\boldsymbol{\theta}_n)\},\quad \boldsymbol{A}_{n+1}\stackrel{\text{def}}{=}\partial_{\boldsymbol{\theta}}\boldsymbol{f}_{n+1}(\boldsymbol{\theta}_{n+1}) \tag{8.52b}$$

两个步长序列满足式(8.22)。

乘性关系$\boldsymbol{A}_{n+1}\boldsymbol{\omega}_n$引入了最多$d$阶的额外复杂度。在应用中，我们经常发现$\boldsymbol{A}_n$是稀疏的。例如，在沃特金斯算法[式(9.75)]中，矩阵$\boldsymbol{A}_n$秩为1，并且对于每个n，最多有两个非零元素。这就是我们所说的额外复杂度为0或$O(1)$的情况。

式(8.52b)具有一个ODE近似，此时$\boldsymbol{\theta}_n$是冻结的：

$$\frac{\mathrm{d}}{\mathrm{d}t}\boldsymbol{\omega}_t=\boldsymbol{A}(\boldsymbol{\theta})\boldsymbol{\omega}_t+\overline{\boldsymbol{f}}(\boldsymbol{\theta})$$

假设$\boldsymbol{A}(\boldsymbol{\theta})$是赫尔维茨矩阵，则ODE是全局渐近稳定的，且平衡点为$\boldsymbol{\omega}(\boldsymbol{\theta})=-\boldsymbol{A}(\boldsymbol{\theta})^{-1}\overline{\boldsymbol{f}}(\boldsymbol{\theta})$。由两时间尺度的SA理论预测可知$\boldsymbol{\omega}_n\approx\boldsymbol{\omega}(\boldsymbol{\theta}_n)$，因此式(8.52a)可以用牛顿-拉弗森流的欧拉近似来表示：对于一个消失的向量值序列$\{\boldsymbol{\varepsilon}_n\}$，

$$\boldsymbol{\theta}_{n+1}=\boldsymbol{\theta}_n-\alpha_{n+1}[\boldsymbol{A}(\boldsymbol{\theta}_n)^{-1}\overline{\boldsymbol{f}}(\boldsymbol{\theta}_n)+\boldsymbol{\varepsilon}_{n+1}]$$

命题8.7　*在以下假设下考虑式(8.52)：*

- ▶$\overline{\boldsymbol{f}}$*是利普希茨连续的，*$\boldsymbol{A}=\partial\overline{\boldsymbol{f}}$*是关于*$\boldsymbol{\theta}$*的有界利普希茨连续函数。*
- ▶*参数序列*$\{\boldsymbol{\theta}_n,\boldsymbol{w}_n: n\geqslant 0\}$*是a.s.有界的。*

▶在定理 8.1 假设的一致意义下，式(8.15)将消失。

▶对于每个 $\boldsymbol{\theta}$，$\boldsymbol{A}(\boldsymbol{\theta})$是赫尔维茨矩阵。

然后，$\lim\limits_{n\to\infty}\overline{\boldsymbol{f}}(\boldsymbol{\theta}_n)=0$。

8.5.3 随机牛顿-拉弗森算法

对于每一个 n 和 $\varepsilon=0$，当 $\beta_n=\alpha_n$ 时的式(8.51)被称为随机牛顿-拉弗森算法。对于特殊情况 $\alpha_n=\beta_n=1/n$ 和 $\varepsilon=0$ 时，式(8.51a)中定义的矩阵序列简化为$\{\boldsymbol{A}_n\}$的平均值。这种一致平均是不期望的，尤其是会阻碍稳定性分析。这种 SNR ODE 不太可能享有与牛顿-拉弗森流相同的普遍稳定特性。

线性 SA 的 SNR

考虑线性情形：

$$\boldsymbol{f}_{n+1}(\boldsymbol{\theta})=\boldsymbol{A}_{n+1}\boldsymbol{\theta}-\boldsymbol{b}_{n+1},\quad \overline{\boldsymbol{f}}(\boldsymbol{\theta})=\boldsymbol{A}\boldsymbol{\theta}-\boldsymbol{b} \tag{8.53a}$$

基本的 SA 算法被定义为

$$\boldsymbol{\theta}_{n+1}=\boldsymbol{\theta}_n+\alpha_{n+1}[\boldsymbol{A}_{n+1}\boldsymbol{\theta}_n-\boldsymbol{b}_{n+1}] \tag{8.53b}$$

这是一个非常特殊的情况，因为 $\boldsymbol{A}(\boldsymbol{\theta})=E[\boldsymbol{A}_n]$不依赖于 $\boldsymbol{\theta}$。只有在这种情况下，放宽式(8.22)才容易说得通。

下面的命题考虑 $\alpha_n=\beta_n=1/n$ 时的 SNR，因此式(8.51a)变成

$$\hat{\boldsymbol{A}}_{n+1}=\hat{\boldsymbol{A}}_n+\frac{1}{n+1}[\boldsymbol{A}_{n+1}-\hat{\boldsymbol{A}}_n]$$

回想 8.3.1 节，这个递归的解可以表示为一个平均值：

$$\hat{\boldsymbol{A}}_{n+1}=\frac{1}{n+1}\sum_{k=1}^{n+1}\boldsymbol{A}_{n+1}$$

命题 8.8 考虑如下式(8.53a)的 SNR 算法：

$$\begin{aligned}\boldsymbol{\theta}_{n+1}&=\boldsymbol{\theta}_n-\frac{1}{n+1}\hat{\boldsymbol{A}}_{n+1}^{-1}[\boldsymbol{A}_{n+1}\boldsymbol{\theta}_n-\boldsymbol{b}_{n+1}],\\ \hat{\boldsymbol{A}}_{n+1}&=\frac{1}{n+1}\{\hat{\boldsymbol{A}}_0+\sum_{k=1}^{n+1}\boldsymbol{A}_k\}\end{aligned} \tag{8.54}$$

假设所选择的 $d\times d$ 矩阵 $\boldsymbol{A}_0$ 使得 A_n 对于每个 n 都是可逆的。那么对于每个 $n\geq1$，无论初始条件 $\boldsymbol{\theta}_0$ 如何，

$$\boldsymbol{\theta}_n=\hat{\boldsymbol{A}}_n^{-1}\hat{\boldsymbol{b}}_n,\text{其中 }\hat{\boldsymbol{b}}_n=\frac{1}{n}\sum_{k=1}^{n}\boldsymbol{b}_k$$

一个例子就是如 8.3.3 节的情形中，最小化带有噪声观测的二次损失函数。这就是式(8.53b)，其中 $\boldsymbol{A}_n=-\boldsymbol{M}_n^{\mathrm{T}}\boldsymbol{M}_n$，$\boldsymbol{b}_n=\boldsymbol{M}_n^{\mathrm{T}}\boldsymbol{\xi}_n$，并根据假设有 $\boldsymbol{A}(\boldsymbol{\theta})=-E[\boldsymbol{M}_n^{\mathrm{T}}\boldsymbol{M}_n]<0$。对所有 $n\geq0$，

我们还有 $\boldsymbol{M}_n^{\top}\boldsymbol{M}_n \geqslant 0$，因此任意初始化 $\hat{\boldsymbol{A}}_0<0$ 将满足命题的假设。命题 8.8 意味着 SNR 本质上等价于 ERM。

对于更一般的(非二次)优化问题[式(8.42)]，我们不能要求 $\boldsymbol{\theta}_n^{\mathrm{ERM}}$ 与使用 SNR 所得到的解完全相同(我们甚至不知道与使用 SNR 的随机梯度下降算法是否一致)。可以使用 Zap SA 或 PJR 平均算法来获得与 ERM 相同的渐近协方差。

命题 8.8 的证明　对式(8.54)中递归 $\{\boldsymbol{\theta}_n\}$ 的方程的两侧将乘以 $(n+1)\boldsymbol{A}_{n+1}$，可得

$$(n+1)\hat{\boldsymbol{A}}_{n+1}\boldsymbol{\theta}_{n+1}=(n+1)\hat{\boldsymbol{A}}_{n+1}\boldsymbol{\theta}_n-[\boldsymbol{A}_{n+1}\boldsymbol{\theta}_n-\boldsymbol{b}_{n+1}]$$

根据定义，$(n+1)\boldsymbol{A}_{n+1}=n\boldsymbol{A}_n+\boldsymbol{A}_{n+1}$，则有

$$\begin{aligned}(n+1)\hat{\boldsymbol{A}}_{n+1}\boldsymbol{\theta}_{n+1}&=[n\hat{\boldsymbol{A}}_n+\boldsymbol{A}_{n+1}]\boldsymbol{\theta}_n-[\boldsymbol{A}_{n+1}\boldsymbol{\theta}_n-\boldsymbol{b}_{n+1}]\\&=n\hat{\boldsymbol{A}}_n\boldsymbol{\theta}_n+\boldsymbol{b}_{n+1}\end{aligned}$$

对于每个 $n\geqslant 0$，迭代这个递归可得 $(n+1)\boldsymbol{A}_{n+1}\boldsymbol{\theta}_{n+1}=\sum_{k=1}^{n+1}\boldsymbol{b}_k$。 □

8.6 买方责任自负

由于怪异的非线性动力学特性，使得随机近似很难进行应用。这通常使用 Zap SA 来进行解决，而 PJR 平均可能会失败。这里描述另外两个潜在的诅咒或灾难：条件数和具有长记忆的干扰。

8.6.1 条件数灾难

线性化矩阵 $\boldsymbol{A}=\partial \boldsymbol{f}(\boldsymbol{\theta}^*)$ 的条件数是最大和最小奇异值的比率：

$$\kappa(\boldsymbol{A})=\frac{\sigma_{\max}(\boldsymbol{A})}{\sigma_{\min}(\boldsymbol{A})} \tag{8.55}$$

其中奇异值 $\sigma_i(\boldsymbol{A})$ 通过对 $\boldsymbol{A}\boldsymbol{A}^{\top}$ 的每个特征值取平方根得到。如果条件数很大，那么基于 Polyak-Ruppert 平均得到的值可能要到很长运行时间之后才能被观察到。

这里的例子和讨论是对强化学习中可能出现的问题的早期预警。沃特金斯的标准 Q 学习算法通常有一个线性化矩阵 $\boldsymbol{A}$，该矩阵具有极大的条件数。9.6 节中的示例表明，PJR 平均可能对小于 1000 万的时域不能提供任何好处。

使用线性 SA 递归可以说明这一点

$$\boldsymbol{\theta}_{n+1}=\boldsymbol{\theta}_n+\alpha_{n+1}\{\boldsymbol{A}\boldsymbol{\theta}_n+\boldsymbol{\Delta}_{n+1}\} \tag{8.56}$$

其中 $\boldsymbol{\Delta}$ 为高斯的和 i.i.d，边际为 $N(0,I)$。矩阵采用一个简单的形式：

$$\boldsymbol{A}=-[\boldsymbol{I}+(\kappa-1)\boldsymbol{v}\boldsymbol{v}^{\top}]$$

其中 $\|\boldsymbol{v}\|=1$ 和 $\kappa>1$。矩阵 $-\boldsymbol{A}$ 在 κ 处有一个特征值(具有特征向量 $\boldsymbol{v}$)，其余特征值为单位 1。$\boldsymbol{A}$ 的条件数是 κ。

现在让我们比较两种具有最优渐近协方差的算法：

（i）随机牛顿-拉弗森：

$$\boldsymbol{\theta}_{n+1}^{\mathrm{Zap}}=\boldsymbol{\theta}_{n}^{\mathrm{Zap}}+\frac{1}{n+1}\{\boldsymbol{\theta}_{n}^{\mathrm{Zap}}-\boldsymbol{A}^{-1}\boldsymbol{\Delta}_{n+1}\} \tag{8.57}$$

（ii）带有精心选择步长的 PJR 估计。大的条件数的一个挑战是，必须减少步长，以避免参数估计的初始激增。即使没有噪声，这也是必需的，因此 $\bar{f}\equiv f_n$。这促使了如下修改

$$\alpha_n=\min(\alpha_0,n^{-\rho}) \tag{8.58}$$

在所有实验中，$\alpha_0=1/\kappa$ 的值都是可靠的，$\rho\in(1/2,\ 1)$。

任一个算法都能获得最优的渐近协方差，

$$\sum\nolimits_{\boldsymbol{\theta}}^{*}=\boldsymbol{G}\sum\nolimits_{\boldsymbol{\Delta}}\boldsymbol{G}^{\top}=(\boldsymbol{A}^{2})^{-1}=(\boldsymbol{I}+r\boldsymbol{v}\boldsymbol{v}^{\top})^{-1}=\boldsymbol{I}-\frac{r}{1+r}\boldsymbol{v}\boldsymbol{v}^{\top}$$

其中 $r=\kappa^2-1$。特别地，任何一种方法都会得到参数的每个分量的最优渐近方差：

$$\lim_{n\to\infty}nE[\boldsymbol{\theta}_{n}^{\mathrm{Zap}}(i)^2]=\lim_{n\to\infty}nE[\boldsymbol{\theta}_{n}^{\mathrm{PR}}(i)^2]=\sum\nolimits_{\boldsymbol{\theta}}^{\star}(i)$$

事实上，Zap SA 递归不需要任何限制。通过对命题 8.8 的改进中可以看出这一点：首先注意到，在式(8.57)中当 $n=0$ 时，初始条件被取消了：

$$\boldsymbol{\theta}_{1}^{\mathrm{Zap}}=\boldsymbol{\theta}_{0}^{\mathrm{Zap}}+\{\boldsymbol{\theta}_{0}^{\mathrm{Zap}}-\boldsymbol{A}^{-1}\boldsymbol{\Delta}_{1}\}=-A^{-1}\boldsymbol{\Delta}_{1}$$

通过归纳法可以证明，对于每个 $n\geqslant1$，

$$\boldsymbol{\theta}_{n}^{\mathrm{Zap}}=-\boldsymbol{A}^{-1}\frac{1}{n}\sum_{k=1}^{n}\boldsymbol{\Delta}_{k}$$

因此，对于每个 n，有 $\sqrt{n}\boldsymbol{\theta}_{n}^{\mathrm{Zap}}\sim N(0,\boldsymbol{\Sigma}^{*})$。

在这里描述的实验结果中，向量 $\boldsymbol{v}$ 被选择为 $\boldsymbol{v}=\boldsymbol{z}/\|\boldsymbol{z}\|$，$\boldsymbol{z}$ 被选择为满足 $N(0,d)$，其中 $d=50$。对于每一个 i 和所考虑的 κ，可以发现 $\sum\nolimits_{\theta}^{\star}(i)$ 的值都接近于单位 1。

Polyak-Ruppert 平均的指数取为 $\rho=0.75$，并对最近 70%的样本进行平均：

$$\boldsymbol{\theta}_{n}^{\mathrm{PR}}=\frac{1}{0.7n}\sum_{0.3n\leqslant k\leqslant n}\boldsymbol{\theta}_{n}$$

我们获得了$\{\boldsymbol{Z}_n^i=\sqrt{n}\boldsymbol{\theta}_n^i:1\leqslant i\leqslant500\}$的直方图(500 次独立运行)，初始条件满足 $\boldsymbol{\theta}_0^i\sim N(0,\ \sigma^2\boldsymbol{I})$ 且 $\sigma^2=25$。

对于 $\kappa=100$ 时，Zap 和 Polyak-Ruppert 的估计值在 10^3 迭代之后非常相似。将 $\kappa=100$ 增加到 $\kappa=500$ 时显露出了困难。从图 8.8 可以清楚地看出问题的根源：$\alpha_n\leqslant1/\kappa$ 的限制避免了参数估计的激增。图中只显示了三个参数估计序列中每个序列的前三个参数估计。在这些特写镜头中，$\boldsymbol{\theta}_n(1)$ 和 $\boldsymbol{\theta}_n^{\mathrm{PR}}(1)$ 的估计甚至是不可见的，因为 $\boldsymbol{\theta}_0(1)$ 超出了范围且步长非常小。

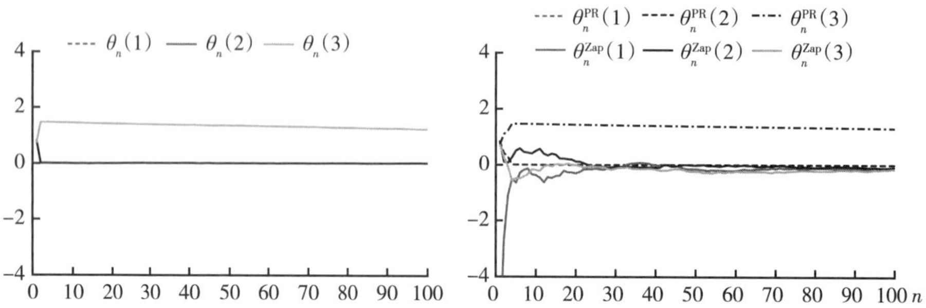

图 8.8　前三个参数估计的比较。左边显示了步长为 $\alpha_n=\min(1/\kappa,1/n)$ 时使用式(8.56)的参数估计。右侧则是 Zap SA 和 PJR 平均的结果的比较

当使用 Polyak-Ruppert 平均时，图 8.9 显示了 $n=10^3$ 时的直方图，明显地展现了高方差。在 $n=10^4$ 时，情况得到改善，PJR 平均的结果与 SNR 的结果更接近。

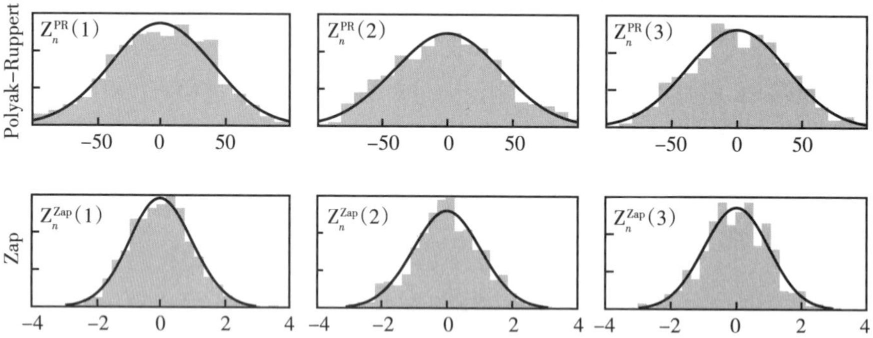

图 8.9　前三个参数估计的直方图。对于 Zap SA 递归来说，其估计是高斯的，且分布为 $N(0,\boldsymbol{\Sigma}^*(i,i)),i=1,2,3$

然而，如果条件数 κ 从 500 增加到 1000，那么 $n=10^4$ 个样本就不够用了。当采用 PJR 平均时，对于 $n=10^4$，每个参数的经验方差约为 14，然而最优方差却略小于 1。

8.6.2　马尔可夫记忆的灾难

前面的例子很特殊，因为“噪声”是 i. i. d.，而不是 RL 中典型的马尔可夫噪声。为了说明记忆如何带来挑战，我们再次考虑一个线性算法，但这包括“乘性噪声”：

$$\boldsymbol{\theta}_{n+1}=\boldsymbol{\theta}_n+\alpha_{n+1}[\boldsymbol{A}_{n+1}\boldsymbol{\theta}_n+\boldsymbol{\Delta}_{n+1}],\quad \boldsymbol{\theta}_0\in\mathbb{R} \tag{8.59}$$

其中 $\boldsymbol{A}_{n+1}=\boldsymbol{X}(n+1)-\eta-1$，其中 $\boldsymbol{X}$ 是 M/M/1 队列的一个样本(转移矩阵在式(6.14)中给出)，$\boldsymbol{\Delta}$ 是 i. i. d. 和 $N(0,\ 1)$的，且与 $\boldsymbol{X}$ 无关。从 6.7.4 节可以看出，如果 $\mu>\alpha$(单服务器队列的负载条件)，马尔可夫链 $\boldsymbol{X}$ 有许多理想的性质。特别地，它是可逆的和几何遍历的，具有几何不变的 pmf 和 $\eta\stackrel{\text{def}}{=}\mathsf{E}_\pi[\boldsymbol{X}(n)]=\alpha/(\mu-\alpha)$。

式(8.59)的 ODE 近似具有线性向量场 $\bar{f}(\boldsymbol{\theta})=-\boldsymbol{\theta}$，因此我们期望从每个初始条件收敛到 $\boldsymbol{\theta}^*=0$ 。此外，假定估计值收敛到零，我们可以尝试通过以下表示来获得一个 CLT 和矩的边界：

$$\boldsymbol{\theta}_{n+1}=\boldsymbol{\theta}_n+\alpha_{n+1}[-\boldsymbol{\theta}_n+\widetilde{\boldsymbol{\Delta}}_{n+1}],\quad \boldsymbol{\theta}_0\in\mathbb{R}$$

其中 $\widetilde{\boldsymbol{\Delta}}_{n+1}=\boldsymbol{\Delta}_{n+1}+(\boldsymbol{X}(n+1)-\eta)\boldsymbol{\theta}_n$。由于 $\boldsymbol{\theta}_n$ 收敛到零，这启示我们可以尝试将其视为 $\boldsymbol{A}=-1$ 时的式(8.56)的一个标量形式，此时 CLT 成立且渐近方差等于 1。

然而，6.7.4 节中讨论的关于稳态平均值估计的困难在这里有相似之处。如果负载满足 $\rho=\alpha/n\geqslant 1/2$，那么当 $n\to\infty$ 时，使用 $\alpha_n=1/n$，$E[\boldsymbol{\theta}_n^2]\to\infty$，对于这个简单示例，这对应于 Zap SA(参见 8.9 节中的说明)。对于使用 PJR 平均获得的估计，二阶矩很可能也是无界的。

图 8.10 显示了一些积极的消息：即使在高负载下，归一化误差 $\boldsymbol{Z}_n\sqrt{n}\boldsymbol{\theta}_n$ 直方图也近似高斯 $N(0,1)$。这些图中缺失的是在绘制直方图之前被移除的异常值或离群值。对于负载 $\alpha/\mu=3/7$ 时，离群值很少，且不大。当负载 $\alpha/\mu=6/7$ 时，近 1/3 的样本被标记为 PJR 平均和 Zap 的离群值，在这种情况下，离群值很多：在大约 1/5 的运行中观察到的值超过 10^{20} 个。

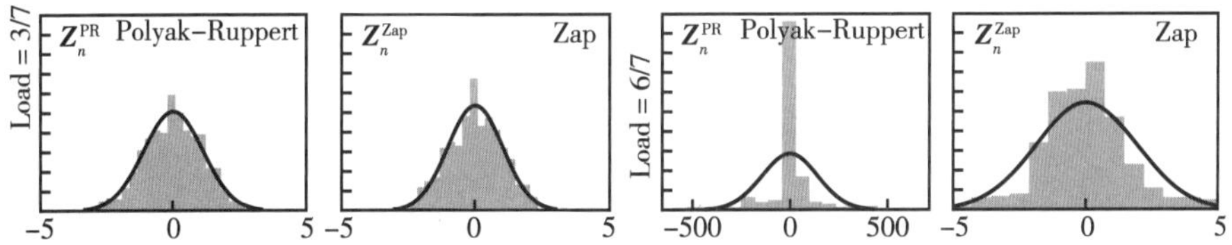

图 8.10　具有马尔可夫乘性干扰的标量 SA 递归的归一化误差的直方图。对于较小的负载，时域为 10^4，负载为 6/7 时，时域为 10^5

8.7　一些理论*

本章是技术性的，但故意展示得不完整。主要的挑战是空间——随机近似理论需要一本相当规模的书，正如之前的书所证明的那样。稳定性和收敛理论的细节被跳过，因为这些结果遵循与 4.5 节中的拟随机近似理论相同的步骤。

本节的目的是强调 QSA 理论和 SA 理论的相似之处，并指出一些差异(特别是 PJR 平均的分析，这占了本节的大部分篇幅)。

为了简化讨论，我们将引入强有力的假设：

(SA1) $\bar{f}$ 为利普希茨连续的。

(SA2) 序列 $\{\boldsymbol{\Delta}_n : n\geqslant 1\}$ 是鞅差序列：

$$E[\boldsymbol{\Delta}_{n+1}\mid\mathcal{F}_n]=0,\quad n\geqslant 0 \tag{8.60a}$$

其中 $\mathcal{F}_n=\sigma\{\boldsymbol{\Phi}(k):k\leqslant n\}$。此外，对于某个 $\bar{\sigma}_{\Delta}^2<\infty$，

$$E[\|\boldsymbol{\Delta}_{n+1}\|^2 \mid \mathcal{F}_n] \leqslant \overline{\sigma}_{\Delta}^2(1+\|\boldsymbol{\theta}_n\|^2) \quad n \geqslant 0 \tag{8.60b}$$

(SA3) 序列$\{\alpha_n : n \geqslant 1\}$是确定性的，满足$0<\alpha_n \leqslant 1$，且

$$\sum_{n=1}^{\infty} \alpha_n = \infty, \quad \sum_{n=1}^{\infty} \alpha_n^2 < \infty \tag{8.61}$$

□

请参阅 8.9 节来找到在较弱的假设下有更强的结论的资料。大部分理论都是最近的成果。

特别地，为简单起见，这里施加了假设(SA2)：它对于 SA 的收敛理论不是必需的[39,65,66,204]。当$\boldsymbol{\Phi}$是 i. i. d 时，这个条件成立，在特殊情况下也适用于 TD 学习和 Q 学习(参见命题 9.16 等)。

8.7.1　稳定性和收敛性

如果你已经阅读了 4.9 节，那么一旦确定了估计$\{\boldsymbol{\theta}_n : n \geqslant 0\}$是有界的，则 SA 的收敛性并不难建立。

有界性条件可从 QSA 的稳定性理论得出，这是基于一个李雅普诺夫函数或借助于如下的 ODE@ ∞得到的：

$$\frac{\mathrm{d}}{\mathrm{d}t}\boldsymbol{\vartheta}_t = \overline{\boldsymbol{f}}_{\infty}(\boldsymbol{\vartheta}_t) \tag{8.62}$$

且式(4.138)中定义了$\overline{\boldsymbol{f}}_{\infty}$：对于任何$\boldsymbol{\theta} \in \mathbb{R}^d$，$\overline{\boldsymbol{f}}_{\infty}(\boldsymbol{\theta}) \stackrel{\text{def}}{=} \lim_{r\to\infty} \overline{\boldsymbol{f}}_r(\boldsymbol{\theta}) = \lim_{r\to\infty} r^{-1}\overline{\boldsymbol{f}}(r\boldsymbol{\theta})$。

图 8.5 的第一行可以看作通过 ODE(常微分方程)$\frac{\mathrm{d}}{\mathrm{d}t}\boldsymbol{\vartheta} = \overline{\boldsymbol{f}}_r(\boldsymbol{\vartheta})$的解来近似 SA 的说明，其中$r\boldsymbol{\theta} = \boldsymbol{\theta}_0 = 100$。

李雅普诺夫判据是(QSV1)：对于一个可微的李雅普诺夫函数，这是等价的表示

$$\frac{\mathrm{d}}{\mathrm{d}t}V(\boldsymbol{\vartheta}_t) \leqslant -\delta_0\|\boldsymbol{\vartheta}_t\|, \text{只要} \ \|\boldsymbol{\vartheta}_t\| > c_0$$

定理 8.9　*假设(SA1)~(SA3)成立，并同时满足以下两个条件之一：*

(i) (QSV1)成立，且V是利普希茨连续的。

(ii) 原点对于 ODE@ ∞来说是渐近稳定的。

则 SA 递归在如下意义上是最终有界：存在$\overline{\sigma}_{\theta}<\infty$使得对于任何初始条件，

$$\limsup_{n\to\infty} \|\boldsymbol{\theta}_n\| \leqslant \overline{\sigma}_{\theta} \quad a.s. \text{ 和 } \quad \limsup_{n\to\infty} E[\|\boldsymbol{\theta}_n\|^2] \leqslant \overline{\sigma}_{\boldsymbol{\theta}}^2 \tag{8.63}$$

式(8.63)中几乎处处有界的证明与 QSA 的证明相同。均方误差边界的证明则需要更多的工作。

8.7.2　线性化和收敛速率

8.7.3 节将介绍当使用 PJR 平均时对渐近协方差的完整分析，该分析从如下近似开始

$$f_{n+1}(\boldsymbol{\theta}_n)=\boldsymbol{A}(\boldsymbol{\theta}_n-\boldsymbol{\theta}^*)+\boldsymbol{\Delta}_{n+1}+\boldsymbol{\varepsilon}_f(\boldsymbol{\theta}_n) \tag{8.64}$$

其中

$$\mathcal{E}_f(\boldsymbol{\theta})=\bar{f}(\boldsymbol{\theta})-\boldsymbol{A}[\boldsymbol{\theta}-\boldsymbol{\theta}^*]\text{，误差是对 }\bar{f}\text{ 的一阶泰勒级数的近似} \tag{8.65}$$

困难的工作涉及两个项$[\boldsymbol{\Delta}_{n+1}-\boldsymbol{\Delta}_{n+1}^{\infty}]$和$\mathcal{E}_f(\boldsymbol{\theta}_n)$的均方边界。

为了揭示最有趣的概念，我们考虑线性 SA 递归的一个特殊实例——式(8.53a)，其中 $\mathcal{E}_f$ 被消除。考虑最简单的情形：

$$f_{n+1}(\boldsymbol{\theta}_n)=\boldsymbol{A}\tilde{\boldsymbol{\theta}}_n+\boldsymbol{\Delta}_{n+1} \tag{8.66}$$

其中 $\boldsymbol{A}$ 是赫尔维茨矩阵，和$\tilde{\boldsymbol{\theta}}_n=\boldsymbol{\theta}_n-\boldsymbol{\theta}^*$。为了便于分析，可以用误差来表示线性递归：

$$\tilde{\boldsymbol{\theta}}_{n+1}=\tilde{\boldsymbol{\theta}}_n+\alpha_{n+1}\{\boldsymbol{A}\tilde{\boldsymbol{\theta}}_n+\boldsymbol{\Delta}_{n+1}\} \tag{8.67}$$

缩放的误差可记为

$$\boldsymbol{Z}_n\stackrel{\text{def}}{=}\frac{1}{\sqrt{\alpha_n}}\tilde{\boldsymbol{\theta}}_n,\ \sum\nolimits_n^{\boldsymbol{Z}}\stackrel{\text{def}}{=}E[\boldsymbol{Z}_n\boldsymbol{Z}_n^{\mathsf{T}}]=\frac{1}{\alpha_n}E[\tilde{\boldsymbol{\theta}}_n\tilde{\boldsymbol{\theta}}_n^{\mathsf{T}}] \tag{8.68}$$

命题 8.10　假设$\{\boldsymbol{\Delta}_n\}$满足(SA2)，且协方差与 n 无关，则下列近似成立：

(i)当 $\alpha_n=1/(n+n_0)$时，有

$$\sum\nolimits_{n+1}^{\boldsymbol{Z}}=\sum\nolimits_n^{\boldsymbol{Z}}+\frac{1}{n+n_0}\left\{\left(\boldsymbol{A}+\frac{1}{2}\boldsymbol{I}+\mathcal{E}_n\right)\sum\nolimits_n^{\boldsymbol{Z}}+\sum\nolimits_n^{\boldsymbol{Z}}\left(\boldsymbol{A}+\frac{1}{2}\boldsymbol{I}+\mathcal{E}_n\right)^{\mathsf{T}}+\sum\nolimits_{\boldsymbol{\Delta}}\right\} \tag{8.69a}$$

其中$\|\mathcal{E}_n\|=O(1/n)$。此外，如果$\boldsymbol{A}+\frac{1}{2}\boldsymbol{I}$是赫尔维茨矩阵，那么$\sum_n^{\boldsymbol{Z}}$收敛到$\sum_{\boldsymbol{\theta}}$，且这个极限是式(8.28a)的解。

(ii) 当 $\alpha_n=1/(n+n_0)^{\rho}$ 时，使用$\frac{1}{2}<\rho<1$，有

$$\sum\nolimits_{n+1}^{\boldsymbol{Z}}=\sum\nolimits_n^{\boldsymbol{Z}}+\frac{1}{n+n_0}\{(\boldsymbol{A}+\mathcal{E}_n)\sum\nolimits_n^{\boldsymbol{Z}}+\sum\nolimits_n^{\boldsymbol{Z}}(\boldsymbol{A}+\mathcal{E}_n)^{\mathsf{T}}+\sum\nolimits_{\boldsymbol{\Delta}}\} \tag{8.69b}$$

其中$\|\mathcal{E}_n\|=O(1/n)$。此外，如果 $\boldsymbol{A}$ 是赫尔维茨矩阵，那么$\sum_n^{\boldsymbol{Z}}$收敛到$\sum_{\boldsymbol{\theta}}$，且这个极限就是李雅普诺夫方程——式(8.28b)的解。

证明　在这两部分中，我们通过设置 $n_0=0$ 来简化计算。这是合理的，因为当$\rho\in\left(\frac{1}{2},1\right]$和 $n_0>0$ 固定时，对于任意 $n\geqslant 1$，我们有以下公式：

$$\frac{1}{(n+n_0)^{\rho}}=\frac{1}{n^{\rho}}+O\left(\frac{1}{n^{1+\rho}}\right)$$

(i)式(8.69a)从泰勒级数近似开始

$$\sqrt{n+1}=\sqrt{n}+\frac{1}{2\sqrt{n}}+O(n^{-1})\frac{1}{\sqrt{n}}$$

将式(8.67)的两边同时乘以 $\sqrt{n+1}$，得到 $\boldsymbol{Z}$ 的递归：

$$\boldsymbol{Z}_{n+1}=\boldsymbol{Z}_n+\frac{1}{n+1}\left\{(\boldsymbol{A}+\frac{1}{2}\boldsymbol{I}+\varepsilon_n\boldsymbol{I})\boldsymbol{Z}_n+\sqrt{n+1}\boldsymbol{\Delta}_{n+1}\right\} \tag{8.70}$$

其中 $\varepsilon_n=O(n^{-1})$。递归两边取外积，然后取期望，我们得到简化后的式(8.69a)。正是在这一步中，我们利用了 $\boldsymbol{\Delta}$ 是鞅差序列这一事实，所以，

$$\mathsf{E}[\boldsymbol{Z}_n\boldsymbol{\Delta}_{n+1}^{\mathsf{T}}]=\mathsf{E}[\boldsymbol{\Delta}_{n+1}\boldsymbol{Z}_n^{\mathsf{T}}]=0$$

式(8.69a)可以看作式(8.53b)的一个线性随机近似算法，受乘性噪声 $O(1/n)$ 的影响。在满足 $\boldsymbol{A}+\frac{1}{2}\boldsymbol{I}$ 是赫尔维茨矩阵的假设条件下可证其收敛性。

(ii) 的证明是相同的，根据泰勒级数近似，有

$$(n+1)^{\rho/2}=n^{\rho/2}+O(n^{-1})n^{\rho/2}$$

将式(8.67)的两边乘以$(n+1)^{\rho/2}$ 得到 $\boldsymbol{Z}$ 的一个递归：

$$\boldsymbol{Z}_{n+1}=(1+\varepsilon_n)\boldsymbol{Z}_n+\frac{1}{(n+1)^{\rho}}\{\boldsymbol{A}(1+\varepsilon_n)\boldsymbol{Z}_n+(n+1)^{\rho/2}\boldsymbol{\Delta}_{n+1}\} \tag{8.71}$$

其中 $\varepsilon_n=O(n^{-1})$。(ii)的结论即得。

8.7.3　Polyak-Ruppert 平均

我们用 PJR 平均获得的误差协方差的一个近似作为结论，记

$$\sum\nolimits_n^{\mathrm{PR}}\stackrel{\mathrm{def}}{=}\mathsf{E}[\{\boldsymbol{\theta}_n^{\bullet}-\boldsymbol{\theta}^*\}\{\boldsymbol{\theta}_n^{\bullet}-\boldsymbol{\theta}^*\}^{\mathsf{T}}]$$

目的是证明 $n\sum\nolimits_n^{\mathrm{PR}}\approx\sum\nolimits_{\boldsymbol{\theta}}^{\star}$，其中 $\sum\nolimits_{\theta}^{\star}\stackrel{\mathrm{def}}{=}\boldsymbol{A}^{-1}\sum\nolimits_{\Delta}(\boldsymbol{A}^{-1})^{\mathsf{T}}$ 表示最优渐近协方差矩阵。

下面两个简单的引理是我们的出发点。

引理 8.11　Polyak-Ruppert 估计可以表示

$$\boldsymbol{\theta}_N^{\mathrm{PR}}=\boldsymbol{\theta}^*-\frac{1}{N-N_0}\boldsymbol{A}^{-1}[\boldsymbol{M}_N^{\infty}-\boldsymbol{S}_N^{f}+\boldsymbol{S}_N^{T}+\boldsymbol{S}_N^{\tilde{\Delta}}] \tag{8.72}$$

其中 $\boldsymbol{A}=\boldsymbol{A}(\boldsymbol{\theta}^*)$，

$$\boldsymbol{M}_N^{\infty}=\sum_{n=N_0+1}^{N}\boldsymbol{f}_{n+1}(\boldsymbol{\theta}^*)=\sum_{n=N_0+1}^{N}\boldsymbol{\Delta}_{n+1}^{\infty} \tag{8.73a}$$

$$\boldsymbol{S}_N^{f}=\sum_{n=N_0+1}^{N}\boldsymbol{f}_{n+1}(\boldsymbol{\theta}_n^{\bullet}) \tag{8.73b}$$

$$S_N^T=\sum_{n=N_0+1}^{N}\mathcal{E}_f(\boldsymbol{\theta}_n^\bullet) \tag{8.73c}$$

$$S_N^{\widetilde{\Delta}}=\sum_{n=N_0+1}^{N}\{\boldsymbol{\Delta}_{n+1}-\boldsymbol{\Delta}_{n+1}^\infty\} \tag{8.73d}$$

$\mathcal{E}_f(\boldsymbol{\theta})$ 如式(8.65)中所定义，$\boldsymbol{\Delta}_{n+1}$ 如式(8.3b)中所定义，即

$$\boldsymbol{\Delta}_{n+1}=\boldsymbol{f}_{n+1}(\boldsymbol{\theta}_n^\bullet)-\overline{\boldsymbol{f}}(\boldsymbol{\theta}_n^\bullet) \tag{8.74}$$

证明　根据定义，有

$$\boldsymbol{f}_{n+1}(\boldsymbol{\theta}_n^\bullet)=\overline{\boldsymbol{f}}(\boldsymbol{\theta}_n^\bullet)+\boldsymbol{\Delta}_{n+1}=\boldsymbol{A}[\boldsymbol{\theta}_n^\bullet-\boldsymbol{\theta}^*]+\boldsymbol{\Delta}_{n+1}^\infty+\mathcal{E}_f(\boldsymbol{\theta}_n^\bullet)+\{\boldsymbol{\Delta}_{n+1}-\boldsymbol{\Delta}_{n+1}^\infty\}$$

在等式两边同时乘以 $\boldsymbol{A}^{-1}$，对 n 求和并重新整理各项，即得上述表达式。

在一般条件下，式(8.73a)占主导，由此我们得到

$$(N-N_0)\sum_N^{\mathrm{PR}}=\frac{1}{N-N_0}\boldsymbol{A}\mathrm{Cov}(\boldsymbol{M}_N^\infty)\boldsymbol{A}^{\mathrm{T}}+o(1)=\sum_\theta^\star+o(1) \tag{8.75}$$

不难看出，其他两项应该相对较小：

(i) 当 $\overline{\boldsymbol{f}}$ 是光滑的时，$\mathcal{E}_f(\boldsymbol{\theta}_n^\bullet)=(\|\boldsymbol{\theta}_n^\bullet-\boldsymbol{\theta}^*\|^2)$。

(ii) 我们只期望 $\boldsymbol{\Delta}_{n+1}-\boldsymbol{\Delta}_{n+1}^\infty=O(\|\boldsymbol{\theta}_n^\bullet-\boldsymbol{\theta}^*\|)$(没有平方)。在(SA2)下，$\boldsymbol{S}_N^T$ 的和很小(相比于 $\boldsymbol{M}_N$)。

这是一个简单的奇迹：$\{\boldsymbol{S}_N^f\}$ 相对于 $\{\boldsymbol{M}_N^\infty\}$ 来说很小，假定它们具有非常相似的定义。利用另一种表达式有可能得到 $\{\boldsymbol{S}_N^f\}$ 的边界，这可通过重新排列式(8.10a)中的各项得到下式：

$$\boldsymbol{f}_{n+1}(\boldsymbol{\theta}_n^\bullet)=\frac{1}{\beta_{n+1}}[\widetilde{\boldsymbol{\theta}}_{n+1}^\bullet-\widetilde{\boldsymbol{\theta}}_n^\bullet] \tag{8.76}$$

且 $\widetilde{\boldsymbol{\theta}}_n^\bullet=\boldsymbol{\theta}_n^\bullet-\boldsymbol{\theta}^*$。使用这个简单的变换就可以得到求和的一个有用表达式：

引理 8.12(分部求和)　对于任意两个实值序列 $\{x_n,y_n:n\geqslant0\}$ 和整数 $0\leqslant N_0<N$，

$$\sum_{n=N_0+1}^{N}x_n(y_n-y_{n-1})=x_{N+1}y_N-x_{N_0+1}y_{N_0}-\sum_{n=N_0+1}^{N}(x_{n+1}-x_n)y_n$$

□

因此，

$$\begin{aligned}\boldsymbol{S}_N^f&=\sum_{n=N_0+1}^{N}\frac{1}{\beta_{n+1}}[\widetilde{\boldsymbol{\theta}}_{n+1}^\bullet-\widetilde{\boldsymbol{\theta}}_n^\bullet]\\&=\frac{1}{\beta_{N+1}}\widetilde{\boldsymbol{\theta}}_N^\bullet-\frac{1}{\beta_{N_0+1}}\widetilde{\boldsymbol{\theta}}_{N_0}^\bullet-\sum_{n=N_0+1}^{N}\left(\frac{1}{\beta_{n+1}}-\frac{1}{\beta_n}\right)\widetilde{\boldsymbol{\theta}}_n^\bullet\end{aligned} \tag{8.77}$$

以下讨论中强加的假设意味着每项都有很强的边界。

PJR 平均的假设

对于固定的常数 b_Δ，b_f，b_Z，和每一个 $n\geqslant1$，

(PR1) 步长序列为 $\beta_n = n^{-\rho}$ 且 $\frac{1}{2}<\rho<1$。

(PR2) 对于某些 $\varrho\in(0,1)$，$E[\boldsymbol{\Delta}_n^\infty \boldsymbol{\Delta}_n^{\infty\intercal}] = \sum_\Delta + O(\varrho^n)$ 。

$$E[\boldsymbol{\Delta}_{n+1} \mid \mathcal{F}_n] = E[\boldsymbol{\Delta}_{n+1}^\infty \mid \mathcal{F}_n] = 0, \text{与}$$

$$E[\| \boldsymbol{\Delta}_{n+1} - \boldsymbol{\Delta}_{n+1}^\infty \|^2 \mid \mathcal{F}_n] \leqslant b_{\boldsymbol{\Delta}} \| \tilde{\boldsymbol{\theta}}_n^\bullet \|^2$$

(PR3) $\| \boldsymbol{\mathcal{E}}_f(\boldsymbol{\theta}_n^\bullet) \| \leqslant b_f \| \tilde{\boldsymbol{\theta}}_n^\bullet \|^2$。

(PR4) $E[\| \boldsymbol{Z}_n \|^4] \leqslant b_Z$，$\boldsymbol{Z}_n = n^{\rho/2} \tilde{\boldsymbol{\theta}}_n^\bullet$ 。

同样，(PR2) 中的鞅差假设比要求的更强，但允许相对简单的计算。$\boldsymbol{Z}$ 的四阶矩在 (PR2) 轻微的加强下不难建立：对于一个常数 b'_Δ，以及命题 8.9 中的 (i) 或 (ii)，下式成立

$$E[\| \boldsymbol{\Delta}_{n+1} - \boldsymbol{\Delta}_{n+1}^\infty \|^4 \mid \mathcal{F}_n] \leqslant b'_\Delta \| \tilde{\boldsymbol{\theta}}_n^\bullet \|^4$$

现在，PJR 算法的最优收敛速率很容易确定。为简单起见，我们在定理 8.13 中取 $N_0=0$。

定理 8.13　在 (PR1) ~ (PR4) 下，对于任意的 $N\geqslant 1$ 和 $N_0=0$，考虑所得到的 PJR 方案。则式 (8.75) 成立，且具有如下形式

$$\sum\nolimits_N^{\mathrm{PR}} = \frac{1}{N} \sum\nolimits_\theta^\star + \sum\nolimits_N^\varepsilon$$

其中 $\sum_\theta^\star = \boldsymbol{A} \sum_\Delta \boldsymbol{A}^\intercal$，$\| \sum_N^\varepsilon \| \leqslant O(N^{-1-\delta})$，且 $\delta = \min\left(\frac{1}{2}(1-\rho),\ \rho - \frac{1}{2},\ \rho/2\right) > 0$。因此，$\boldsymbol{\theta}_N^{\mathrm{PR}}$ 的渐近协方差是最优的。

我们对分部求和需要一个简单说明：

引理 8.14　在 (PR1) 下，下列边界成立：

$$\sum_{n=1}^N \left| \frac{1}{\beta_{n+1}} - \frac{1}{\beta_n} \right| \sqrt{\beta_n} = 2N^{\rho/2} + O(1) \text{ 和 } \sum_{n=1}^N \beta_n = \frac{1}{1-\rho} N^{1-\rho} + O(1)$$

证明　每一个界都是通过将和与积分进行比较而得到的。第一个边界的细节如下：

$$\begin{aligned}
\sum_{n=1}^N \left| \frac{1}{\beta_{n+1}} - \frac{1}{\beta_n} \right| \sqrt{\beta_n} &= \sum_{n=1}^N [(n+1)^\rho - n^\rho] n^{-\rho/2} \\
&= \rho \sum_{n=1}^N [n^{-1} n^\rho] n^{-\rho/2} + O(1) \\
&= \rho \int_{x=1}^N x^{-1+\rho/2} \mathrm{d}x + O(1) \\
&= \rho \left(\frac{1}{\rho/2} x^{\rho/2} \right) \Bigg|_1^N + O(1) = 2N^{\rho/2} + O(1)
\end{aligned}$$

第二边界的证明也是类似的。

对证明的剩余部分使用向量空间表示法是很方便的：对于任何向量值随机变量 $\boldsymbol{Z}$，

$$\|\boldsymbol{Z}\|_2 \stackrel{\text{def}}{=} \left(\sum_i E[\boldsymbol{Z}(i)^2]\right)^{1/2}$$

为了改进边界式(8.75)($N_0=0$)，我们从式(8.72)开始，可写出

$$\tilde{\boldsymbol{\theta}}_N^{\mathrm{PR}}=\boldsymbol{\mathcal{V}}_N-\boldsymbol{\mathcal{E}}_N \text{ 其中 } \boldsymbol{\mathcal{V}}_N=-\frac{1}{N}\boldsymbol{A}^{-1}\boldsymbol{M}_N^{\infty} \text{ 和 } \boldsymbol{\mathcal{E}}_N=\frac{1}{N}\boldsymbol{A}^{-1}[\boldsymbol{S}_N^f-\boldsymbol{S}_N^T-\boldsymbol{S}_N^{\tilde{\Delta}}]$$

引理 8.15　协方差具有如下近似

$$\Sigma_N^{\mathrm{PR}}=\mathrm{Cov}(\boldsymbol{\mathcal{V}}_N)+\Sigma_N^{\varepsilon}$$

其中

$$\mathrm{Cov}(\boldsymbol{\mathcal{V}}_N)=\frac{1}{N}\Sigma_\theta^{\star}+O(N^{-2}),\quad \Sigma_N^{\varepsilon}\leqslant\varepsilon_N\boldsymbol{I}$$

且有 $\varepsilon_N=2\|\boldsymbol{\mathcal{V}}_N\|_2\|\boldsymbol{\mathcal{E}}_N\|_2+\|\boldsymbol{\mathcal{E}}_N\|_2^2$。

证明　首先要注意，$\boldsymbol{\mathcal{V}}_N$ 的协方差的近似可从(PR2)处直接得到。接下来根据定义可得

$$\Sigma_N^{\mathrm{PR}}=E[(\boldsymbol{\mathcal{V}}_N-\boldsymbol{\mathcal{E}}_N)(\boldsymbol{\mathcal{V}}_N-\boldsymbol{\mathcal{E}}_N)^{\mathsf{T}}]=\mathrm{Cov}(\boldsymbol{\mathcal{V}}_N)+\Sigma_N^{\varepsilon}$$

且

$$\Sigma_N^{\varepsilon}=E[\boldsymbol{\mathcal{E}}_N\boldsymbol{\mathcal{V}}_N^{\mathsf{T}}+\boldsymbol{\mathcal{V}}_N\boldsymbol{\mathcal{E}}_N^{\mathsf{T}}+\boldsymbol{\mathcal{E}}_N\boldsymbol{\mathcal{E}}_N^{\mathsf{T}}]$$

证明的其余部分涉及这个误差项的最大特征值边界：

$$\max_{\|\boldsymbol{v}\|=1}\boldsymbol{v}^{\mathsf{T}}\Sigma_N^{\varepsilon}\boldsymbol{v}$$

对于任意 $\boldsymbol{v}\in\mathbb{R}^d$，我们有

$$\boldsymbol{v}^{\mathsf{T}}\Sigma_N^{\varepsilon}\boldsymbol{v}=E[2(\boldsymbol{v}^{\mathsf{T}}\boldsymbol{\mathcal{E}}_N)(\boldsymbol{v}^{\mathsf{T}}\boldsymbol{\mathcal{V}}_N)+(\boldsymbol{v}^{\mathsf{T}}\boldsymbol{\mathcal{E}}_N)^2]$$

对向量应用 Cauchy-Schwarz 不等式，当 $\|\boldsymbol{v}\|=1$ 时,我们有 $|\boldsymbol{v}^{\mathsf{T}}\boldsymbol{\mathcal{E}}_N|\leqslant\|\boldsymbol{\mathcal{E}}_N\|$ 和 $|\boldsymbol{v}^{\mathsf{T}}\boldsymbol{\mathcal{V}}_N|\leqslant\|\boldsymbol{\mathcal{V}}_N\|$，然后对随机变量乘积的期望应用 Cauchy-Schwarz 不等式，有

$$\boldsymbol{v}^{\mathsf{T}}\Sigma_N^{\varepsilon}\boldsymbol{v}\leqslant 2\|\boldsymbol{\mathcal{V}}_N\|_2\|\boldsymbol{\mathcal{E}}_N\|_2+\|\boldsymbol{\mathcal{E}}_N\|_2^2=\varepsilon_N$$

□

定理 8.13 的证明　根据定义和三角不等式，我们得到下式：

$$\varepsilon_N\leqslant 2\|\boldsymbol{\mathcal{V}}_N\|_2\frac{1}{N}\|(\|\boldsymbol{S}_N^f\|_2+\|\boldsymbol{S}_N^T\|_2+\|\boldsymbol{S}_N^{\tilde{\Delta}}\|_2)+N^{-2}(\|\boldsymbol{S}_N^f\|_2+\|\boldsymbol{S}_N^T\|_2+\|\boldsymbol{S}_N^{\tilde{\Delta}}\|_2)^2$$

由于 $\|\boldsymbol{\mathcal{V}}_N\|_2\leqslant O(N^{-1/2})$，则有

$$\varepsilon_N\leqslant O(N^{-3/2})(\|\boldsymbol{S}_N^f\|_2+\|\boldsymbol{S}_N^T\|_2+\|\boldsymbol{S}_N^{\tilde{\Delta}}\|_2)+N^{-2}(\|\boldsymbol{S}_N^f\|_2+\|\boldsymbol{S}_N^T\|_2+\|\boldsymbol{S}_N^{\tilde{\Delta}}\|_2)^2$$

为完成证明，我们现在需证明

$$N^{-3/2}(\|\boldsymbol{S}_N^f\|_2+\|\boldsymbol{S}_N^T\|_2+\|\boldsymbol{S}_N^{\tilde{\Delta}}\|_2)\leqslant O(N^{-1-\delta})$$

其中 δ 已在命题中定义。然后由此可得 $\varepsilon_N \leqslant O(N^{-1-\delta})$。

▶$N^{-3/2}\|S_N^f\|_2 \leqslant O(N^{-1-\frac{1}{2}(1-\rho)}) \leqslant O(N^{-1-\delta})$：在(PR4)条件下，根据 $\boldsymbol{Z}_n$ 的定义和 Jensen 不等式，我们有

$$\mathsf{E}[\|\tilde{\boldsymbol{\theta}}_n^{\bullet}\|^4] \leqslant b_Z\beta_n^2, \quad \mathsf{E}[\|\tilde{\boldsymbol{\theta}}_n^{\bullet}\|^2] \leqslant \sqrt{b_Z}\beta_n \tag{8.78}$$

将三角不等式应用于式(8.77)，可得

$$\begin{aligned}\|S_N^f\|_2 &\leqslant \frac{1}{\beta_{N+1}}\|\tilde{\boldsymbol{\theta}}_N^{\bullet}\|_2 + \frac{1}{\beta_1}\|\tilde{\boldsymbol{\theta}}_0^{\bullet}\|_2 + \sum_{n=1}^{\infty}\left|\frac{1}{\beta_{n+1}} - \frac{1}{\beta_n}\right|\|\tilde{\boldsymbol{\theta}}_n^{\bullet}\|_2 \\ &\leqslant b_Z^{1/4}\left[\frac{\sqrt{\beta_N}}{\beta_{N+1}} + \frac{\sqrt{\|\tilde{\boldsymbol{\theta}}_0^{\bullet}\|_2}}{\beta_1} + \sum_{n=1}^{\infty}\left|\frac{1}{\beta_{n+1}} - \frac{1}{\beta_n}\right|\sqrt{\beta_n}\right]\end{aligned}$$

根据引理 8.14，等式右边是有界的，该界是一个常数乘以 $N^{\rho/2}$。

▶$N^{-3/2}\|S_N^T\|_2 \leqslant O(N^{-1-(\rho-\frac{1}{2})}) \leqslant O(N^{-1-\delta})$：应用式(8.78)和引理 8.14，有

$$\|S_N^T\|_2 \leqslant \sum_{n=1}^{N}\|\mathcal{E}_f(\boldsymbol{\theta}_0^{\bullet})\|_2 \leqslant b_f\sum_{n=1}^{N}\|\tilde{\boldsymbol{\theta}}_n^{\bullet}\|_2^2 \leqslant b_f\sqrt{b_Z}\sum_{n=1}^{N}\beta_n \leqslant O(N^{1-\rho})$$

▶$N^{-3/2}\|S_N^{\tilde{\Delta}}\|_2 \leqslant O(N^{-1-\rho/2}) \leqslant O(N^{-1-\delta})$：序列 $\{\tilde{\boldsymbol{\Delta}}_{n+1} = \boldsymbol{\Delta}_{n+1} - \boldsymbol{\Delta}_{n+1}^{\infty}$ 是不相关的，所以

$$\|S_N^{\tilde{\Delta}}\|_2^2 = \left\|\sum_{n=1}^{N}\tilde{\boldsymbol{\Delta}}_{n+1}\right\|_2^2 = \sum_{n=1}^{N}\|\tilde{\boldsymbol{\Delta}}_{n+1}\|_2^2$$

应用(PR2)得 $\|\tilde{\boldsymbol{\Delta}}_{n+1}\|_2^2 \leqslant b_\Delta \mathsf{E}[\|\tilde{\boldsymbol{\theta}}_n^{\bullet}\|^2]$，并且从式(8.78)我们得到 $\|\tilde{\boldsymbol{\Delta}}_{n+1}\|_2^2 \leqslant b_\Delta\sqrt{b_Z}\beta_n$。把这些和引理 8.14 放在一起，有

$$\|S_N^{\tilde{\Delta}}\|_2^2 \leqslant \sqrt{b_Z}\,b_\Delta\sum_{n=1}^{N}\beta_n \leqslant O(N^{1-\rho})$$

□

8.8　习题

8.1　考虑线性 SA 递归式(8.59)，这次使用高斯乘性干扰：

$$\begin{aligned}\boldsymbol{\theta}_{n+1} &= \boldsymbol{\theta}_n + \alpha_{n+1}[(-1+\boldsymbol{\Xi}_{n+1})\boldsymbol{\theta}_n + \boldsymbol{\Delta}_{n+1}], \\ \boldsymbol{\Xi}_{n+1} &= \sqrt{1-\delta}\,\boldsymbol{\Xi}_n + \sqrt{\delta}\,\boldsymbol{\Delta}_{n+1}\end{aligned}$$

其中 $\delta\in(0,1)$ 和 $\boldsymbol{\Delta}$ i. i. d 且满足 $N(0,1)$。从某种意义上说，这种乘性噪声的记忆远不如 8.6.2 节的例子。在文献[88]中，首次引入了式(8.59)，并明确了这一说法的正确性。

(a) 验证 $\boldsymbol{\Xi}$ 是一个马尔可夫链，其边际对于每个确定的 $\boldsymbol{\Xi}_0$ 是高斯的，并且在任何 $r\in\mathbb{R}$ 的意义上是遍历的，

$$\lim_{n\to\infty} P\{\boldsymbol{\Xi}_n \geqslant r\} = P\{\boldsymbol{\Delta}_1 \geqslant r\}$$

因此，这个 SA 递归的 ODE 近似仍然是线性的，其中 $\bar{\boldsymbol{f}}(\boldsymbol{\theta})=-\boldsymbol{\theta}$。

(b)重复 8.6.2 节中的实验，以研究 CLT 是否适用于这个例子，并在 $M=10^3$ 和 $n=10^m$，$m=3$，4，5 时(回顾 $\boldsymbol{Z}_n$ 的定义——式(8.9))，求$\{\boldsymbol{Z}_n^i:1\leqslant i\leqslant M\}$的直方图，测试 δ 的几个值，并在每种情况下求去除离群值后的直方图(例如，满足 $|\boldsymbol{Z}_n|>5$ 的估计)。

8.2 避免陷阱。我们希望在 $x\in\mathbb{R}$ 上最小化函数 $\Gamma(x)$。我们只能获得该函数梯度的噪声测量值：

$$Y(k)=\nabla\Gamma(\cdot)+N(k)$$

其中 N 为 i. i. d.，零均值，单位方差。在这个习题中，你将使用 $\Gamma(x)=x^2(1+(x+10)^2)$ 来尝试 SA 算法。

(a)从各种初始条件中，反复应用随机近似算法来求得 $x^*=0$ 的估计$\{X(k)\}$。当$X(0)=20$ 时，求 $X(\infty)=0$ 的概率估计值。当 $X(0)=-20$ 时，再重复此操作。

(b)比较标准 SA 算法与使用 Polyak 的平均技术获得的算法的样本路径行为(同样对于 $X(0)=20$ 和 $X(0)=-20$ 两种情况)。回顾 6.7.1 节中的建议和警告，你应该呈现多次运行的直方图。

(c)对 SA 算法进行修改，以确保你的估计以概率 1 从每一个初始条件都收敛到 $x^*=0$。

8.9 注记

本章是从与 Vivek Borkar、Ken Duffy、Ioannis Kontoyiannis 和 Eric Moulines 的多年合作和讨论，以及最近与学生和同事的合作中提炼出来的。本章的部分材料改编自书目[110]的前半部分，这部分由最近的研究生 Adithya Devraj 和同事 AnaBušić共同撰写。

要了解随机近似的完整历史，最好查阅经典文本[39,65,66,204]。简而言之，Robbins 和 Monro 在文献[301]中介绍了随机近似算法的标量版本。文献[58]中的 Blum 将该理论扩展到向量值递归。到 20 世纪 90 年代末，SA 的收敛理论似已经成熟，其标志是 Benaïm 在随机逼近算法动力学[37]方面开创性的工作，这导致了我最喜欢的关于这个主题的书[65]。正如在第二版[66]中明确指出的那样，该理论每年都在发展并变得更加强大。

下面是与 RL 最相关的主题的更多历史。

8.9.1 SA 和 RL

RL 最近发展背后的一个驱动力是需要新的理论来支持复杂的 RL 算法，而正是 Bhatnagar 这个人在 SA 和 RL 之间构建了最强大的桥梁[180,296,297,379]。许多 RL 算法可以被转换为 SA 实例是在文献[169,352]中首次被发现的。在接下来的十年里，SA 理论是 MIT RL 学院的主要工具[192,193,353,354,356]，这对我自己的研究产生了巨大的影响。随着人们对 RL 算法研究的不断深入，近年来随机递归算法的研究取得了巨大的进展，尤其是收敛速率的清晰边界辨识问题。

8.9.2 稳定性

8.7.1 节中包含的稳定性理论选自文献[69]，并在 Borkar 的专著[65,66]中进行了扩展。最近的工作[88]为证明非线性 SA 递归的假设(PR4)提供了条件。结果表明，$\sup E\|\boldsymbol{Z}_n\|^4<\infty$ 成立的前提是两个重要的假设：在李雅普诺夫意义下 ODE@∞是稳定的，以及底层的马尔可夫链满足一个略强于几何遍历的条件。

双时间尺度 SA 的稳定性条件可参见文献[209]，该文献证明了定理 8.3 的假设的合理性。

Zap SA 的稳定性理论是双时间尺度 SA 的一般稳定性理论的简单推论，前提是该理论的假设成立。幸运的是，即使 $\bar{f}$ 函数不是处处光滑的，牛顿-拉弗森流的稳定性几乎是普遍的，且这使得 Zap SA 在比一般理论预测的更一般的条件下也能收敛[90]。

定义一阶 Zap SA 的双时间尺度算法——式(8.52)的灵感来自 GQ 学习中使用的类似架构[234]。文献[108]中提出了一种不需要矩阵求逆的近似牛顿-拉弗森流的替代方法，其思想与 Polyak 和 Nesterov 的二阶技术相似(本质上来说，在式(4.155)中，$\{\boldsymbol{\delta}_k\}$ 是一个精心设计的矩阵序列)。

8.9.3 渐近统计

SA 的渐近统计理论非常丰富。对于 SA 和相关的蒙特卡罗技术[39,65,66,188,204,257]，在非常一般的假设下，大偏差或 CLT 极限都是成立的。8.7.2 节中的方差分析改编自研究成果[109,110,112]，而这些研究本身则基于标准材料[39,65,66,193,204]。

在 SA 出现后不久，Chung 在文献[95]中引入了最优渐近方差——求标量递归最优解的技术(另见文献[125,309])。Chung 的算法可以作为随机牛顿-拉弗森的一种形式(见 8.5.3 节所述)。

在后来的工作中出现了被称为随机拟牛顿-拉弗森(Stochastic quasi-Newton-Raphson, SqNR)的无梯度方法：Venter 在文献[366]中提出了第一个这样的算法，它被证明可以获得一维 SA 递归的最优方差。通过类似于 Kiefer-Wolfowitz 算法[182]的过程，该算法可获得 SNR 增益 $-\boldsymbol{A}^{-1}$ 的估计。Ruppert 在文献[305]中对 Venter 向量价值函数算法进行了扩展。

几十年后，在 Ruppert[306]、Polyak 和 Juditsky[287,288]的独立工作出现了平均技术(文献[193]在简化的情形中提供了一种可使用的处理方式)。文献[266]指出，平均方法往往会导致非常大的瞬态，因此需要对算法进行修改(例如通过参数更新的投影)。8.7.3 节中的简要介绍受到文献[266]中文献[288]的完美总结的启发。

最近提出的 Zap SA 算法是对 Chung 原始思想的重要扩展。它通常要实用得多，因为稳定性本质上是普遍的[109,112,113](也可另见论文[107])。

8.9.4 更少的渐近统计

文章[20,266,272]具有重大影响，因为它们为随机梯度下降建立了相似的有限 n 边界，也通过 PJR 平均得到了最优协方差。这些文章还比较了 SA 和 ERM，得出了与 8.3.3 节相似的结论：在许多情况下，ERM 带来了显著的复杂性，但没有明显的好处。然而，这只有在 SA 算法被精心地设计时才成立(这意味着要注意 8.2 节介绍的所有潜在的陷阱)。

文章[20]建议在式(8.10a)中使用恒定步长进行 PJR 平均的变体。在实验中，这种方法通常效果很好。遗憾的是，除了具有鞅差干扰的特殊线性 SA 模型——式(8.66)以外，目前还缺乏相关理论[265]。8.6.2 节中的例子和习题 4.18 中的例子都表明，当$\{\boldsymbol{A}_n\}$是一个随机的矩阵序列而不是如式(8.66)所示的固定矩阵序列时，线性 SA 的分析将更具有挑战性。

基于 Alekseev[4] 的 ODE 扰动理论和鞅的逼近理论的结合，最近的论文[351]提出了有限 n 边界的新方法。

关于马尔可夫噪声下 SA 递归的有限 n 误差边界的文献都是最近的。针对消失步长(或步长逐渐为零)和(精心选择的)带投影的恒定步长的两种情况下的 TD 学习算法，文献[49]给出了相应的边界。通过考虑一个适当选择的李雅普诺夫函数的漂移，针对具有恒定步长的 SA，文献[333]得到了有限时间边界。最近的工作[89](在 8.7.2 节中简要介绍过)对极限——式(8.6)进行了精化以获得接近有限时间误差界的值，这为优化渐近协方差 $\boldsymbol{\Sigma}_\theta$ 提供了进一步的动力。所有这些理论都是令人鼓舞的：这些近似证明了在算法设计中使用渐近边界的合理性。

渐近协方差也位于有限时间误差边界理论的表面之下，如式(8.31)。以下是从大偏差理论[105,196]中可以预期到的：记速率函数为

$$I_i(\varepsilon) \stackrel{\text{def}}{=} -\lim_{n\to\infty}\frac{1}{n}\log P\{|\boldsymbol{\theta}_n(i)-\boldsymbol{\theta}^*(i)|>\varepsilon\} \tag{8.79}$$

则二阶泰勒级数近似有：

$$I_i(\varepsilon)=\frac{1}{2}\frac{1}{\sum_\theta(i,i)}\varepsilon^2+O(\varepsilon^3) \tag{8.80}$$

因此，一个小的渐近协方差是一个大的速率函数的先决条件，因此在式(8.31)中也是一个较大的指数$\bar{I}(\varepsilon)$。

CHAPTER9

第9章

时间差分法

本章是对随机环境中时间差分方法的一个初步介绍。这里的主要挑战是我们不能直接应用第 5 章中的思想，因为 MDP 的贝尔曼方程涉及一个条件期望。

折扣成本最优方程(Discounted-Cost Optimality Equation，DCOE)是本章后半部分的重点。状态输入价值函数 $Q^\star$ 允许具有一个完全类似于式(3.46)的无模型表示：对于任何可容许的输入，且对于每个 $k\geqslant 0$，有

$$0 = \mathsf{E}[-Q^\star(\boldsymbol{X}(k),\boldsymbol{U}(k))+c(\boldsymbol{X}(k),\boldsymbol{U}(k))+\gamma \underline{Q}^\star(\boldsymbol{X}(k+1))\ \mathcal{F}_k] \tag{9.1}$$

其中 $\underline{Q}^\star(\boldsymbol{x}) \stackrel{\text{def}}{=} \min_u Q^\star(\boldsymbol{x},\boldsymbol{u})$，$\mathcal{F}_k$ 表示“直到时间 k 为止的历史”。9.2 节包含一个关于条件期望的介绍，旨在同时揭开这些抽象的神秘面纱，并提出式(9.1)的近似。

渐近统计 算法设计和性能分析以渐近协方差为中心，不能忘记关于瞬态的警告(请回顾 8.4.3 节中的示例)。

图 1.3 说明了 RL 中估计置信区间的渐近统计的作用。图中的曲线表明，可以根据短期运行内收集的数据来估计协方差：在本例中运行时间可小到 $N=10^4$。数据来自 9.7 节介绍的 Q 学习算法，理论密度是基于李雅普诺夫方程——式(8.28a)来计算的。

本章可以看作关于时间差分方法的初步介绍。本章的前半部分将重点讨论一个更简单的问题，即近似一个固定(可能是随机)策略的价值函数或 Q 函数。近似 $Q^\star$ 的算法在 9.6~9.8 节中进行介绍。

除了折扣因子外，理论还被限制在有限的状态空间和输入空间，但注记符号应该表明这些假设不是本质的。通过关注线性函数逼近，将进一步简化算法的构建和分析：

$$H^{\boldsymbol{\theta}} = \boldsymbol{\theta}^\top \boldsymbol{\psi}, \quad \boldsymbol{\psi}: X\times U \to \mathbb{R}^d \tag{9.2}$$

第 10 章将介绍延伸和丰富的理论，这些理论构成了演员-评论家方法的基础。

使用 $H^{\boldsymbol{\theta}}$ 作为 $Q^\star$ 或者一个既定策略的 Q 函数的一个近似值，偏离了第 5 章的符号约定，而是应该使用更具有启发性的注记符号 $Q^{\boldsymbol{\theta}}$。当我们考虑一个参数化的策略族时，第 10 章将清楚地说明这种变化的动机。

本章和第 10 章将遵循以下符号约定：

平稳策略 $\breve{\phi}$ 的遍历性　马尔可夫链 $\boldsymbol{X}$ 具有式(7.12)中所定义的转移矩阵 $\boldsymbol{P}_{\breve{\phi}}$。一对过程 $\boldsymbol{\Phi}=\{\boldsymbol{\Phi}(k)\stackrel{\text{def}}{=}(\boldsymbol{X}(k),\boldsymbol{U}(k)):k\geqslant 0\}$ 也是马尔可夫的，且状态空间为 $Z=X\times U$，转移矩阵为

$$T_{\breve{\phi}}(z,z')=P_u(x,x')\breve{\phi}(u'\mid x')\quad \text{对于任意的 } z=(x,u) \text{ 和 } z'=(x',u') \tag{9.3a}$$

假设 $\boldsymbol{P}_{\breve{\phi}}$ 的不变 pmf $\boldsymbol{\pi}$ 是唯一的，则 $\boldsymbol{T}_{\breve{\phi}}$ 的不变 pmf 是

$$\boldsymbol{\varpi}(\boldsymbol{x},\boldsymbol{u})\stackrel{\text{def}}{=}\boldsymbol{\pi}(\boldsymbol{x})\breve{\phi}(\boldsymbol{u}\mid\boldsymbol{x}),\quad \boldsymbol{x}\in X,\boldsymbol{u}\in U \tag{9.3b}$$

正如第 5 章中那样，为了简化符号，记

$$\boldsymbol{\psi}(n)\stackrel{\text{def}}{=}\boldsymbol{\psi}(\boldsymbol{\Phi}(n)) \text{ 和 } c_n\stackrel{\text{def}}{=}c(\boldsymbol{\Phi}(n)),\quad n\geqslant 0 \tag{9.4}$$

且 $\boldsymbol{\Phi}(n)=(\boldsymbol{X}(n),\boldsymbol{U}(n))$ 与之前的定义相同。

关于函数 $\boldsymbol{H}$：$X\times U\to\mathbb{R}$ 的另一种符号约定需要解释一下。在式(3.7d)和式(9.1)中，函数 $Q^{\star}$ 定义为极小值。这个注记法将被修改，这取决于上下文的语境：

下划线符号说明。对于 H：$X\times U\to\mathbb{R}$，

$$\underline{H}(\boldsymbol{x})=H(\boldsymbol{x},\phi(\boldsymbol{x}))\quad \text{既定策略情形},\phi \text{ 是确定的}, \tag{9.5a}$$

$$\underline{H}(\boldsymbol{x})=\sum_{u}H(\boldsymbol{x},\boldsymbol{u})\ \breve{\phi}(\boldsymbol{u}\mid\boldsymbol{x})\quad \text{既定策略情形},\breve{\phi} \text{ 是随机化的}, \tag{9.5b}$$

$$\underline{H}(\boldsymbol{x})=\min_{u}H(\boldsymbol{x},\boldsymbol{u})\quad \text{逼近一个 DP 最优性方程。} \tag{9.5c}$$

式(9.5a)是式(5.28b)的一种简化，强调了感兴趣的特定策略。在本章和下一章中通用符号很有用，以强调各种算法的相似性，从上下文可以清楚其含义。

我们从估计既定策略价值函数的动机和控制背景开始。

9.1　策略改进

我们首先快速回顾一下既定策略的价值函数。为了简化符号表示，在本节中，我们仅限于确定性策略，因此采用约定的式(9.5a)来定义$\underline{H}$。

9.1.1　既定策略价值函数和 DP 方程

本章有两个值得关注的价值函数：

$$h(\boldsymbol{x})=\sum_{k=0}^{\infty}\gamma^k E[c(\boldsymbol{\Phi}(k))\mid \boldsymbol{X}(0)=\boldsymbol{x}],\quad \boldsymbol{U}(k)=\phi(\boldsymbol{X}(k)),k\geqslant 0 \tag{9.6a}$$

$$Q(\boldsymbol{x},\boldsymbol{u})=\sum_{k=0}^{\infty}\gamma^k E[c(\boldsymbol{\Phi}(k))\mid \boldsymbol{X}(0)=\boldsymbol{x},\boldsymbol{U}(0)=\boldsymbol{u}],\quad \boldsymbol{U}(k)=\phi(\boldsymbol{X}(k)),k\geqslant 1 \tag{9.6b}$$

后者被称为既定策略 Q 函数。每个都满足一个动态规划方程：

$$h(\boldsymbol{x})=c_{\phi}(\boldsymbol{x})+\gamma\sum_{x'}\boldsymbol{P}_{\phi}(\boldsymbol{x},\boldsymbol{x}')h(\boldsymbol{x}'),\quad Q(\boldsymbol{x},\boldsymbol{u})=c(\boldsymbol{x},\boldsymbol{u})+\gamma\sum_{x'}\boldsymbol{P}_{\boldsymbol{u}}(\boldsymbol{x},\boldsymbol{x}')\underline{Q}(\boldsymbol{x}') \tag{9.7}$$

其中，对于 $\boldsymbol{x}\in X$，$c_{\phi}(\boldsymbol{x})=\underline{c}(\boldsymbol{x})=\underline{c}(\boldsymbol{x},\phi(\boldsymbol{x}))$ 且 $\underline{Q}(\boldsymbol{x})=Q(\boldsymbol{x},\phi(\boldsymbol{x}))$（回顾一下式(9.5a)）。$h$ 的 DP 方程出现在式(6.33)中。

本章从近似 h 的方法开始讲起，在这种情况下，可以方便地省略转移矩阵和成本函数对 ϕ 的依赖性。也就是说，我们用 $\boldsymbol{P}$ 代替了 $\boldsymbol{P}_{\phi}$，用 c 代替了 c_{ϕ}。根据这些约定，在式(9.7)中 h 的 DP 方程变为 $h=c+\gamma\boldsymbol{P}h$，具有概率含义为

$$0=E[-h(\boldsymbol{X}(k))+c(\boldsymbol{X}(k))+\gamma h(\boldsymbol{X}(k+1))\mid\boldsymbol{X}(0),\cdots,\boldsymbol{X}(k)],\quad k\geqslant 0 \tag{9.8}$$

h 是线性不动点方程的解的事实，使得函数逼近问题（相比于式(9.1)）简单得多。最大的挑战是，我们如何设计一个学习算法，使其能将式(9.8)中出现的条件期望考虑在内？回答这个问题的方法将在 9.2 节中介绍。

我们首先回答这样一个问题：*我们用价值函数做什么？*最常见的答案是策略改进算法(PIA)（也称为策略迭代算法）中的*策略改进步骤*。该定义与 3.2.2 节中介绍的确定性对应定义并没有太大区别。

9.1.2　PIA 与 Q 函数

对于折扣成本准则，算法定义如下：

折扣成本的 PIA

给定一个初始策略 ϕ_0，一个序列 (ϕ_n,h_n) 定义如下。在阶段 n，给定 ϕ_n，执行以下步骤：

(i)求解

$$c_{\phi_n}+\gamma\boldsymbol{P}_n h_n=h_n \tag{9.9a}$$

其中 $\boldsymbol{P}_n=\boldsymbol{P}_{\phi_n}$ 是使用 ϕ_n 来控制该链时得到的转移矩阵。

(ii)构建一个新策略：

$$\phi_{n+1}(\boldsymbol{x})=\underset{\boldsymbol{u}}{\arg\min}(c(\boldsymbol{x},\boldsymbol{u})+\gamma\boldsymbol{P}_{\boldsymbol{u}}h_n(\boldsymbol{x})),\quad \boldsymbol{x}\in X \tag{9.9b}$$

其中 $\boldsymbol{P}_{\boldsymbol{u}}h_n(\boldsymbol{x})$ 在式(7.15)中定义。

对于每个 $\boldsymbol{x}$，当 $n\to\infty$，且 $h_n(\boldsymbol{x})\downarrow h(\boldsymbol{x})$ 时，此算法是一致的，（$h_n(\boldsymbol{x})$ 是非增的事实是命题 9.2 的一个推论）。

设计 TD 学习算法来近似式(9.9a)的解。然而，除非我们有模型 $\boldsymbol{P}_{\boldsymbol{u}}$，并且也准备对每个 $\boldsymbol{x}$ 求解在 $\boldsymbol{u}$ 上的最小化，否则我们无法获得更新的策略——式(9.9b)。这两个挑战的一个潜在解是逼近式(9.9b)中括号内的两个变量的函数，即与策略 ϕ_n 相关的既定策略 Q 函数：

$$Q_n(\boldsymbol{x},\boldsymbol{u})=c(\boldsymbol{x},\boldsymbol{u})+\gamma\boldsymbol{P}_{\boldsymbol{u}}h_n(\boldsymbol{x})$$

对于每个 $\boldsymbol{x}$，任何满足 $\phi_n(\boldsymbol{x})\in \operatorname{argmin}_u Q_n(\boldsymbol{x},\boldsymbol{u})$ 的策略都被称为"Q_n 贪婪。"

式(9.6b)成立：

$$Q_n(\boldsymbol{x},\boldsymbol{u})=\sum_{k=0}^{\infty}\gamma^k E[c(\boldsymbol{\Phi}(k))\mid \boldsymbol{\Phi}(0)=(\boldsymbol{x},\boldsymbol{u})] \quad 对于\ k\geqslant 1,\boldsymbol{U}(k)=\phi_n(\boldsymbol{X}(k))$$

以及一个与式(9.9a)非常相似的不动点方程成立：

$$0=E[-Q_n(\boldsymbol{\Phi}(n))+c(\boldsymbol{\Phi}(n))+\gamma Q_n(\boldsymbol{\Phi}(n+1)\mid \mathcal{F}_n)],对于每个\ k,\boldsymbol{U}(k)=\phi_n(\boldsymbol{X}(k))$$

其中 $\mathcal{F}_n$ 是$\{\boldsymbol{\Phi}(0),\cdots,\boldsymbol{\Phi}(n)\}$的简写。任何 TD 学习算法都可以用来近似这个 Q 函数，这是通过识别成对过程 $\boldsymbol{\Phi}$ 是一个时间同质的马尔可夫链来实现的，只要 $\boldsymbol{U}$ 是使用平稳马尔可夫策略定义的。

一种用于估计既定策略 Q 函数的 TD 学习算法通常被称为 SARSA。然而，正如 5.3 节所解释的那样，无论我们是估计 h 还是 Q，我们都将选择术语 TD 学习。

9.1.3　优势函数

如果我们已经精确计算了策略 ϕ 的 Q 函数，则相应的策略改进步骤为 $\phi^+(\boldsymbol{x})\stackrel{\text{def}}{=}\underset{\boldsymbol{u}}{\operatorname{argmin}}Q(\boldsymbol{x},\boldsymbol{u})$。对于任何不依赖于 u 的函数 G，我们可以估计 $Q-G$ 而不是直接估计 Q。Q 贪婪策略不变：

$$\phi^+(\boldsymbol{x})\in\underset{\boldsymbol{u}}{\operatorname{argmin}}\{Q(\boldsymbol{x},\boldsymbol{u})-G(\boldsymbol{x})\}=\underset{\boldsymbol{u}}{\operatorname{argmin}}Q(\boldsymbol{x},\boldsymbol{u}) \tag{9.10}$$

一个合理的选择 G 的方法是最小化均方误差：

$$G^*=\underset{G}{\operatorname{argmin}}\|Q-G\|_{\boldsymbol{\varpi}}^2=\underset{G}{\operatorname{argmin}}E_{\pi}[\{Q(\boldsymbol{\Phi}(n))-G(\boldsymbol{X}(n))\}^2]$$

其中，下标表示期望处于稳定状态。

命题 9.1 和 9.2 的证明被推迟到 9.9.1 节。

命题 9.1　优化解就是价值函数：$G^*=E[Q(\boldsymbol{\Phi}(n))\mid \boldsymbol{X}(n)=\boldsymbol{x}]=h(\boldsymbol{x})$。

差值 $V=Q-h$ 被称为优势函数。概率蕴含成立：

$$0=E[-V(\boldsymbol{\Phi}(k))-h(\boldsymbol{X}(k))+c(\boldsymbol{\Phi}(k))+\gamma h(\boldsymbol{X}(k+1))\mid \boldsymbol{\Phi}(0),\cdots,\boldsymbol{\Phi}(k)] \tag{9.11}$$

基于联合参数化$\{V^{\boldsymbol{\theta}},h^{\boldsymbol{\theta}}:\boldsymbol{\theta}\in\mathbb{R}^d\}$，任何 TD 算法都适合用于逼近一个解。细节可以在见 9.5.4 节和 10.2 节，以及无须联合参数化即可近似优势函数的算法。

优势函数[⊖]作为一种方差减少技术出现在演员-评论家方法中，也因为下面的命题，它为各种策略的比较提供了一种方法。

⊖ 优势函数(Advantage Function)在强化学习中是一个非常关键的概念，通常用于评估在特定状态下采取某个动作比遵循当前策略更好或更差的程度。其基础在于状态价值函数(Value Function)和动作价值函数(Action-Value Function，Q-function)。优势函数的主要用途是优化策略，帮助智能体更明确地了解哪些动作在当前状态下是有利的。——译者注

命题 9.2　对于任意两个策略 ϕ 和 $\bar{\phi}$，令 h_ϕ 和 $h_{\bar{\phi}}$ 表示在 X 上相关的价值函数，V_ϕ 表示策略 ϕ 的优势函数。则，

$$h_{\bar{\phi}}(x)=h_\phi(x)+E^{\bar{\phi}}\Big[\sum_{k=0}^{\infty}\gamma^k V_\phi(\boldsymbol{\Phi}(k))\mid \boldsymbol{X}(0)=\boldsymbol{x}\Big],\quad \boldsymbol{x}\in X$$

其中，期望的上标表示 $\boldsymbol{\Phi}(k)$ 是策略 $\bar{\phi}$ 得到的马尔可夫链。

例如，考虑选取 $\bar{\phi}(\boldsymbol{x})\stackrel{\text{def}}{=}\underset{u}{\arg\min}V_\phi(\boldsymbol{x},\boldsymbol{u})$，它代表策略改进步骤。则有

$$V_\phi(\boldsymbol{x},\bar{\phi}(\boldsymbol{x}))=\min_u V_\phi(\boldsymbol{x},\boldsymbol{u})=-h_\phi(\boldsymbol{x})+\min_u Q_\phi(\boldsymbol{x},\boldsymbol{u})\leqslant -h_\phi(\boldsymbol{x})+Q_\phi(\boldsymbol{x},\phi(\boldsymbol{x}))=0,\boldsymbol{x}\in X$$

对于任意 $k\geqslant 0$，在 $\bar{\phi}$ 策略下，可得 $V_\phi(\boldsymbol{\Phi}(k))=V_\phi(\boldsymbol{X}(k),\bar{\phi}(\boldsymbol{X}(k)))\leqslant 0$。再结合命题 9.2，这证明了“策略改进”一词的合理性：对于每个 $\boldsymbol{x}$，$h_{\bar{\phi}}(\boldsymbol{x})\leqslant h_\phi(\boldsymbol{x})$。

例 9.1.1（M/M/1 队列的优势）　本例中优势函数的值是最明显的。为了获得 MDP 模型，我们选用 7.3 节中介绍的 CRW 模型的一个特殊情况：

$$P(X(k+1)=y\mid X(k)=x,U(k)=u)=\boldsymbol{P}_u(x,y)=\begin{cases}\alpha & \text{如果 } y=x+1\\ \mu & \text{如果 } y=(x-u)_+\end{cases}\tag{9.12}$$

其中 $U=\{0,1\}$。对于 $X=\mathbb{Z}_+$ 上非递减的任何成本函数，最优策略为非空闲 $\phi^*(x)=\mathbb{1}\{x\geqslant 1\}$。考虑具有平均成本准的成本函数 $c(x)=x$。$V^\star=Q^\star-h^\star$ 的表达式可由这对恒等式给出：

$$h^\star(x)=x-\eta+E[h^\star(\boldsymbol{X}(k+1))\mid \boldsymbol{X}(k)=x]\quad\text{（泊松方程）}$$
$$Q^\star(x,u)=x+E[h^\star(\boldsymbol{X}(k+1))\mid \boldsymbol{\Phi}(k)=(x,u)]\quad\text{（定义）}$$

相对价值函数 $h^\star$ 如式（7.31）中所示，由此我们得到

$$\begin{aligned}h^\star(x)&=\frac{1}{2}\frac{x^2+x}{\mu-\alpha},\\ V^\star(x,u)&=\eta+E[h^\star(X(k+1))\mid \boldsymbol{\Phi}(k)=(x,u)]-E[h^\star(\boldsymbol{X}(k+1))\mid \boldsymbol{X}(k)=x]\\ &=\eta+\alpha h^\star(x+1)+\mu\{uh^\star(x-1)+(1-u)h^\star(x)\}-[h^\star(x)-x+\eta]\end{aligned}\tag{9.13}$$

其中，$\eta=\pi(c)=\alpha/(\mu-\alpha)$ 是在策略 $\phi^\star$ 作用下的稳态均值。

经过少量的代数计算可得

$$V^\star(x,u)=Q^\star(x,u)-h^\star(x)=\frac{\mu}{\mu-\alpha}(1-u)x$$

关键结论：$Q^\star$ 的增长率关于 x 是二次的，而 $V^\star$ 关于 x 是线性增长的。在应用 TD 学习或演员-评论家算法时，这是对减少方差的一个巨大益处（关于估计 $V^\star$ 的算法，请参见 10.2 节）。

显然，没有人关心优化 M/M/1 队列！幸运的是，当 c 是状态的线性函数[252,254]时，价值函数的类似结构同样适用于马尔可夫队列网络。

9.2　函数逼近和光滑

我们首先试图揭开 9.1 节中出现的条件期望的神秘面纱。最好是从一个抽象开始：

$$\hat{Z} \stackrel{\text{def}}{=} E[Z \mid \boldsymbol{Y}] \tag{9.14}$$

其中$\hat{Z}$和 Z 都是标量值随机变量，$\boldsymbol{Y}$ 是向量值随机变量。例如，式(9.8)中的$(\boldsymbol{X}(0), \cdots, \boldsymbol{X}(k))=\boldsymbol{Y}$。方便强调对 k 的依赖时，我们采用式(7.14)：

$$\mathsf{E}[Z \mid \mathcal{F}_k] \stackrel{\text{def}}{=} E[Z \mid \boldsymbol{X}(0), \cdots, \boldsymbol{X}(k)]$$

9.2.1　条件期望和投影

在假设 $\mathsf{E}[Z^2]<\infty$的前提下，随机变量 Z 是形如 5.1 节所述的一个函数逼近问题的解：$Z=\phi^{\star}(\boldsymbol{Y})$，其中

$$\phi^{\star} = \underset{\phi \in \mathcal{H}}{\arg\min} E[(Z-\phi(\boldsymbol{Y}))^2] \tag{9.15}$$

和 $\mathcal{H}=\{\phi: E[\phi(\boldsymbol{Y})^2]<\infty\}$。所以，在本书的剩余部分，请记住如下内容：

条件期望　给定“数据”$\boldsymbol{Y}$，条件期望$\hat{Z}$是基于这些数据的随机变量 Z 的最小均方误差估计。

式(9.15)的解可以被几何地表征。参见文献[154]可得关于命题 9.3 的证明，以及关于这个主题的更多理论和直觉。

命题 9.3　*对于每个 $g \in \mathcal{H}$，当且仅当正交性成立：*

$$0 = \mathsf{E}[\{Z-\phi^{\circ}(\boldsymbol{Y})\} g(\boldsymbol{Y})]$$

则函数 $\phi^{\circ} \in \mathcal{H}$ 是式(9.15)的解。 □

命题 9.3 的一个有价值的推论是条件期望的光滑性。如果我们有两个随机向量 $\boldsymbol{X}$，$\boldsymbol{Y}$，那么我们可以取基于总数据$(\boldsymbol{X}, \boldsymbol{Y})$的条件期望来获得 Z 的更好估计(对所有$(\boldsymbol{x}, \boldsymbol{y})$的函数，我们已经增加了式(9.15)的大小。因此最优均方误差不能更差)。光滑性则是一致性恒等式，

$$E[Z \mid \boldsymbol{Y}] = E[E[Z \mid \boldsymbol{X}, \boldsymbol{Y}] \mid \boldsymbol{Y}] \tag{9.16}$$

给定函数类 $\mathcal{H}$ 的大小，计算一个条件期望显然是一个崇高的目标。我们如何验证命题 9.3 中的特性，这需要对每个 $g \in \mathcal{H}$ 都计算一个期望？答案是，在大多数情况下我们做不到，所以我们求助于 5.4.1 节介绍的逼近技术。

L_2 投影的近似　给定 d 个基函数$\{\boldsymbol{\psi}_i\}$，用线性组合定义一个有限维函数类$\hat{\mathcal{H}}=\{\sum_i \boldsymbol{\theta}_i \boldsymbol{\psi}_i : \boldsymbol{\theta} \in \mathbb{R}^d\}$。$Z$ 的估计$\hat{\phi}^{\star}(\boldsymbol{Y})$，且满足$\hat{\phi}^{\star} \in \mathcal{H}$，由伽辽金松弛或一个受限的投影来定义：

▶伽辽金松弛：定义第二个函数集合 $\mathcal{G}=\{\sum_i \boldsymbol{\theta}_i \boldsymbol{\psi}_i^{\mathcal{G}} : \boldsymbol{\theta} \in \mathbb{R}^d\}$，并选择$\hat{\phi}^{\star} \in \mathcal{H}$ 使其满足

$$0 = \mathsf{E}[(Z-\hat{\phi}^{\star}(\boldsymbol{Y}))g(\boldsymbol{Y})], \quad g \in \hat{\mathcal{G}} \tag{9.17}$$

▶在 $\mathcal{H}$ 上的投影，解决以下投影问题：

$$\hat{\phi}^{\star} \in \operatorname{argmin}\{E[(Z-\phi(Y))^2]:\phi\in\hat{\mathcal{H}}\} \tag{9.18}$$

接下来有

$$\hat{E}[Z\mid Y] \stackrel{\text{def}}{=} \hat{\phi}^{\star}(Y) \tag{9.19}$$

命题 9.4 意味着式(9.18)的解与使用 $\mathcal{G}=\mathcal{H}$ 的伽辽金松弛方法所得到的解完全相同。其证明类似于式(5.18)的推导(而且更简单):

命题 9.4　函数 $\hat{\phi}^{\star}=\boldsymbol{\Sigma}_i\boldsymbol{\theta}_i^*\boldsymbol{\psi}_i$ 是式(9.18)的解，当且仅当

$$0=E[(Z-\hat{\phi}^{\star}(Y))g(Y)],\quad g\in\hat{\mathcal{H}} \tag{9.20}$$

任意解都满足 $\hat{\phi}^{\star}=\boldsymbol{\psi}^{\top}\boldsymbol{\theta}^*$ 且

$$\boldsymbol{R}^{\psi}\boldsymbol{\theta}^*=\overline{\boldsymbol{\psi}}^{Z}, \tag{9.21}$$

其中 $\boldsymbol{R}^{\psi}$ 是一个 $d\times d$ 矩阵，而 $\overline{\boldsymbol{\psi}}^{Z}$ 是一个 d 维向量，其元素为

$$\boldsymbol{R}^{\psi}_{i,j}=E[\boldsymbol{\psi}_i(Y)\boldsymbol{\psi}_j(Y)],\quad \overline{\boldsymbol{\psi}}^{Z}_i=E[Z\boldsymbol{\psi}_i(Y)] \tag{9.22}$$

因此，如果 $\boldsymbol{R}^{\psi}$ 是满秩的，那么 $\boldsymbol{\theta}^*=[\boldsymbol{R}^{\psi}]^{-1}\overline{\boldsymbol{\psi}}^{Z}$ 是唯一解。

9.2.2　线性独立性

在本章，基于 $Y=\boldsymbol{\psi}_{(n)}\stackrel{\text{def}}{=}\boldsymbol{\psi}(\boldsymbol{\Phi}(n))$ 我们应用伽辽金松弛技术，其中 n 是于任意的，$\boldsymbol{\Phi}$ 是带转移矩阵的马尔可夫链式(9.3a)(在 9.4 节中，我们将简单地考虑对 $\boldsymbol{X}$ 的限制，而不是对过程 $\boldsymbol{\Phi}$ 的限制)。为了分析的目的，假设 $\boldsymbol{\Phi}$ 是平稳的，这意味着 d 维随机过程 $\{\boldsymbol{\psi}_{(n)}:n\in\mathbb{Z}_+\}$ 也是平稳的。它的自相关序列记为

$$\boldsymbol{R}(j)=\boldsymbol{R}(-j)^{\top}=E_{\boldsymbol{\pi}}[\boldsymbol{\psi}_{(n+j)}\boldsymbol{\psi}_{(n)}{}^{\top}],\quad j\in\mathbb{Z}_+ \tag{9.23}$$

矩阵$\boldsymbol{R}^{\psi}\stackrel{\text{def}}{=}\boldsymbol{R}(0)$是式(5.19)中定义的样本相关矩阵 $\boldsymbol{R}^{\psi}$ 的稳态版本，也是式(9.22)中定义的一个矩阵的版本。

下面的定义在命题 5.7 中出现过:

称基向量是线性无关的，如果相关矩阵是满秩的:

$$\boldsymbol{R}^{\psi}=E_{\varpi}[\boldsymbol{\psi}_{(n)}\boldsymbol{\psi}_{(n)}^{\top}]>0 \tag{9.24}$$

对于任意非零 $\boldsymbol{\theta}\in\mathbb{R}^d$，一个等价定义是 $E_{\varpi}[\{\boldsymbol{\theta}^{\top}\boldsymbol{\psi}_{(n)}\}^2]>0$。

例如，考虑表格情形式(5.10)：X 和 U 是有限的，对于每个 i，$X\times U=\{(x_i,u_i):1\leqslant i\leqslant d\}$，和 $\psi_i(x,u)=\mathbb{1}\{(x,u)=(x^i,u^i)\}$。当使用确定性策略 $U(k)=\phi(X(k))$时，如果 $u^i\neq\phi(x^i)$，对于每一个 k，有 $\psi_i(X(k),U(k))=0$。在这种情况下，秩条件式(9.24)不再成立。对于任意随机化的策略 $\check{\phi}$，在式(9.24)中的矩阵是对角的，且

$$\boldsymbol{R}^{\psi}(i,i)=\boldsymbol{\varpi}(x^i,u^i)=\boldsymbol{\pi}(x^i)\breve{\phi}(u^i \mid x^i),\quad 1\leqslant i\leqslant d \tag{9.25}$$

当且仅当有充分的探索，也就是说，右侧对于每个 i 都是正的意义上，这个矩阵是满秩的。

9.3　损失函数

在本节和 9.4 节中，我们寻求式(9.6a)中定义的折扣成本价值函数 h 的近似值。在一类函数$\{h^{\boldsymbol{\theta}}:\boldsymbol{\theta}\in\mathbb{R}^d\}$中，对每一个 k，这可以表示为式(9.8)的一个近似解。时间差分被定义为没有条件期望下的误差：

$$\mathcal{D}_{n+1}^{\theta}=-h^{\boldsymbol{\theta}}(\boldsymbol{X}(n))+c(\boldsymbol{X}(n))+\gamma h^{\boldsymbol{\theta}}(\boldsymbol{X}(n+1)) \tag{9.26}$$

对于所有的 n，如果存在 $\boldsymbol{\theta}^*\in\mathbb{R}^d$ 使得 $E[\mathcal{D}_{n+1}^{\boldsymbol{\theta}^*}\mid\mathcal{F}_n]=0$ 成立，并且如果 X 中的每个状态都被访问了，那么 $h(\boldsymbol{\theta}^*)$是式(9.8)的解。和前几章一样，在大多数情况下我们只能希望近似这个解。

对于线性函数近似，记

$$h^{\boldsymbol{\theta}}=\boldsymbol{\theta}^{\top}\boldsymbol{\psi} \tag{9.27}$$

其中 $\boldsymbol{\psi}$ 是 X 上而不是 $Z=X\times U$ 的 d 维函数。为了避免混淆，在这里我们放弃了简化的注记符号——式(9.4)。

9.3.1　均方贝尔曼误差

对于每一个 $\boldsymbol{\theta}$，都有一个相关的贝尔曼误差，

$$\mathcal{B}^{\boldsymbol{\theta}}(\boldsymbol{x})=E[\boldsymbol{\mathcal{D}}_{n+1}^{\boldsymbol{\theta}}\mid\boldsymbol{X}(n)=\boldsymbol{x}]=-h^{\boldsymbol{\theta}}(\boldsymbol{x})+c(\boldsymbol{x})+\gamma\boldsymbol{P}h^{\boldsymbol{\theta}}(\boldsymbol{x}),\quad \boldsymbol{x}\in X \tag{9.28}$$

其中第二个等式是转移矩阵的定义。均方贝尔曼误差(Mean-Square Bellman Error, MSBE)则被定义为

$$\boldsymbol{E}_{\boldsymbol{\pi}}[\{\mathcal{B}^{\boldsymbol{\theta}}(\boldsymbol{X})\}^2] \tag{9.29}$$

为了最小化这个目标函数，我们可以应用一阶方法来找到一个稳定点：一个向量 $\boldsymbol{\theta}^{\circ}$ 满足

$$0=\frac{1}{2}\nabla_{\boldsymbol{\theta}}\boldsymbol{E}_{\boldsymbol{\pi}}[\{\mathcal{B}^{\boldsymbol{\theta}}(\boldsymbol{X})\}^2]=\boldsymbol{E}_{\boldsymbol{\pi}}[\{\mathcal{B}^{\boldsymbol{\theta}}(\boldsymbol{X})\}\nabla_{\boldsymbol{\theta}}\mathcal{B}^{\boldsymbol{\theta}}(\boldsymbol{X})]$$

在替换定义时，我们获得了推荐算法的表示。

引理 9.5　对于每个 $\boldsymbol{\theta}\in\mathbb{R}^d$，下式成立：

$$-\frac{1}{2}\nabla_{\boldsymbol{\theta}}\boldsymbol{E}_{\boldsymbol{\pi}}[\{\mathcal{B}^{\boldsymbol{\theta}}(\boldsymbol{X})\}^2]=\boldsymbol{E}_{\boldsymbol{\pi}}[\mathcal{D}_{n+1}^{\boldsymbol{\theta}}\boldsymbol{\zeta}_n^{\boldsymbol{\theta}}]$$

其中

$$\boldsymbol{\zeta}_n^{\boldsymbol{\theta}}=\nabla_{\boldsymbol{\theta}}\boldsymbol{E}[h^{\boldsymbol{\theta}}(\boldsymbol{X}(n))-\gamma h^{\boldsymbol{\theta}}(\boldsymbol{X}(n+1))\mid\mathcal{F}_n] \tag{9.30}$$

证明　根据马尔可夫性质，我们有

$$\mathcal{B}^{\theta}(\boldsymbol{X}(n)) \stackrel{\text{def}}{=} \mathsf{E}[\mathcal{D}^{\theta}_{n+1} \mid \boldsymbol{X}(n)] = \mathsf{E}[\mathcal{D}^{\theta}_{n+1} \mid \mathcal{F}_n]$$

因此，感兴趣的梯度就是

$$-\frac{1}{2}\nabla_{\theta}\mathsf{E}_{\pi}[\{\mathcal{B}^{\theta}(\boldsymbol{X}(n))\}^2] = \mathsf{E}[\mathsf{E}[\mathcal{D}^{\theta}_{n+1} \mid \mathcal{F}_n]\boldsymbol{\zeta}^{\theta}_n]$$

其中，$\boldsymbol{\zeta}^{\theta}_n$ 在引理 9.5 的陈述中已给出：

$$\boldsymbol{\zeta}^{\theta}_n = -\nabla_{\theta}\mathsf{E}[\mathcal{D}^{\theta}_{n+1} \mid \mathcal{F}_n] = \nabla_{\theta}\mathsf{E}[h^{\theta}(\boldsymbol{X}(n)) - \gamma h^{\theta}(\boldsymbol{X}(n+1)) \mid \mathcal{F}_n]$$

再由条件期望的光滑性则完成了证明：

$$\mathsf{E}[\mathsf{E}[\mathcal{D}^{\theta}_{n+1} \mid \mathcal{F}_n]\boldsymbol{\zeta}^{\theta}_n] = \mathsf{E}[\mathcal{D}^{\theta}_{n+1}\boldsymbol{\zeta}^{\theta}_n]$$ □

引理 9.5 表明，对于目标 $\Gamma(\boldsymbol{\theta}) = \mathsf{E}_{\pi}[\{\mathcal{B}^{\theta}(\boldsymbol{X})\}^2]$，可以使用随机近似来近似梯度流，例如

$$\boldsymbol{\theta}_{n+1} = \boldsymbol{\theta}_n + \alpha_{n+1}[\mathcal{D}^{\theta}_{n+1}\boldsymbol{\zeta}^{\theta}_n]\big|_{\theta=\theta_n}$$

然而，式(9.30)中的条件期望提出了一个挑战。命题 9.4 提出了基于近似条件期望[式(9.19)]的许多近似。下面是建议的一种选择：

命题 9.6

$$\mathsf{E}_{\pi}[\{\mathcal{B}^{\theta}(\boldsymbol{X}(n))\}^2] = \mathsf{E}_{\pi}[\{\mathcal{D}^{\theta}_{n+1}\}^2] - \sigma^2_{\mathcal{B}}(\boldsymbol{\theta}) \tag{9.31}$$

其中，$\sigma^2_{\mathcal{B}}(\boldsymbol{\theta})$ 表示条件方差：

$$\sigma^2_{\mathcal{B}}(\boldsymbol{\theta}) \stackrel{\text{def}}{=} \mathsf{E}_{\pi}[\{\mathcal{D}^{\theta}_{n+1} - \mathsf{E}[\mathcal{D}^{\theta}_{n+1} \mid \mathcal{F}_n]\}^2]$$ □

因此，目标函数 $\Gamma(\boldsymbol{\theta}) = \frac{1}{2}\mathsf{E}_{\pi}[\{\mathcal{D}^{\theta}_{n+1}\}^2]$ 等于 MSBE 加上 $\frac{1}{2}\sigma^2_{\mathcal{B}}(\boldsymbol{\theta})$，这在许多应用中相对较小。设计一个用来近似梯度流的 SA 算法很简单：

$$\boldsymbol{\theta}_{n+1} = \boldsymbol{\theta}_n + \alpha_{n+1}\mathcal{D}_{n+1}\boldsymbol{\zeta}_{n+1} \tag{9.32}$$

其中 $\mathcal{D}_{n+1} \stackrel{\text{def}}{=} \mathcal{D}^{\theta_n}_{n+1}$ 和

$$\boldsymbol{\zeta}_{n+1} = -\nabla\mathcal{D}^{\theta}_{n+1}\big|_{\theta=\theta_n} = \nabla_{\theta}[h^{\theta}(\boldsymbol{X}(n)) - \gamma h^{\theta}(\boldsymbol{X}(n+1))]\big|_{\theta=\theta_n}$$

你可以使用第 8 章中的任何技术来加速这个算法。

9.3.2　均方价值函数误差

另一种均方误差是根据价值函数定义的：

$$\boldsymbol{\theta}^* = \underset{\theta}{\arg\min} \| h^{\theta} - h \| \tag{9.33}$$

其中范数的选择是算法设计的一部分，最常见的是

$$\| h^{\boldsymbol{\theta}}-h \|_{\boldsymbol{\pi}}^{2} \stackrel{\text{def}}{=} \sum_{x \in x} (h^{\boldsymbol{\theta}}(\boldsymbol{x})-h(\boldsymbol{x}))^{2} \boldsymbol{\pi}(\boldsymbol{x}) \tag{9.34}$$

其中 $\boldsymbol{\pi}$ 为 $\boldsymbol{X}$ 的稳态 pmf。

值得注意的是，这个损失函数可以在没有 $\{h(\boldsymbol{X}(k))\}$ 观测的情况下最小化。TD(1)学习是实现这一目的的一类算法。这类算法将在9.4.1节中定义，且求解式(9.33)的条件将在定理9.7中给出。

9.3.3　投影贝尔曼误差

假设给定的是一个被称为资格向量序列的 d 维随机过程 $\boldsymbol{\zeta}$。目标是获得向量 $\boldsymbol{\theta}^{*} \in \mathbb{R}^{d}$，它是式(9.18)的伽辽金松弛的解。由条件期望的光滑性可得

$$0=\mathsf{E}[\{-h^{\boldsymbol{\theta}^{*}}(\boldsymbol{X}(k))+c(\boldsymbol{X}(k))+\gamma h^{\boldsymbol{\theta}^{*}}(\boldsymbol{X}(k+1))\} \boldsymbol{\zeta}_{k}(i)], \quad 1 \leqslant i \leqslant d \tag{9.35}$$

通常假设期望处于稳定状态(因此 $\boldsymbol{X}(k)$ 是根据 $\boldsymbol{\pi}$ 来分布的)。如果对于某个 $\boldsymbol{\theta}^{\bullet} \in \mathbb{R}^{d}$，$h=h^{\boldsymbol{\theta}^{\bullet}}$，并且如果式(9.35)的解是唯一的，那么伽辽金方法将得到精确解 h。

9.4　TD(λ)学习

该算法的目标是为特定选择的资格向量求解式(9.35)。我们从一个特殊的案例开始，这个案例有丰富的理论支持。

9.4.1　线性函数类

在具有线性函数逼近的TD(λ)学习中，资格向量是将 $\{\boldsymbol{\psi}(\boldsymbol{X}(n))\}$ 通过一个一阶低通滤波器来定义的：

$$\boldsymbol{\zeta}_{n+1}=\lambda \gamma \boldsymbol{\zeta}_{n}+\boldsymbol{\psi}(\boldsymbol{X}(n+1)), \quad n \geqslant 0 \tag{9.36}$$

总是假定 $\lambda \in[0,1]$。

TD(λ)算法

对于初始化 $\boldsymbol{\theta}_{0}$，$\boldsymbol{\zeta}_{0} \in \mathbb{R}^{d}$，估计序列是递归地定义的：

$$\begin{aligned}
&\boldsymbol{\theta}_{n+1}=\boldsymbol{\theta}_{n}+\alpha_{n+1} \boldsymbol{\zeta}_{n} \mathcal{D}_{n+1}, \\
&\mathcal{D}_{n+1}=\left.(-h^{\boldsymbol{\theta}}(\boldsymbol{X}(n))+c(\boldsymbol{X}(n))+\gamma h^{\boldsymbol{\theta}}(\boldsymbol{X}(n+1)))\right|_{\boldsymbol{\theta}=\boldsymbol{\theta}_{n}}, \\
&\boldsymbol{\zeta}_{n+1}=\lambda \gamma \boldsymbol{\zeta}_{n}+\boldsymbol{\psi}(\boldsymbol{X}(n+1))
\end{aligned} \tag{9.37}$$

随机变量 $\mathcal{D}_{n+1}$ 是9.3节中介绍的时间差分：使用定义式(9.26)，我们可以通过下式来简化符号

$$\mathcal{D}_{n+1}=\mathcal{D}_{n+1}^{\boldsymbol{\theta}_{n}}$$

定理 9.7 和命题 9.8 的证明则推迟到 9.9.2 节。

定理 9.7 假设 $\boldsymbol{\theta}^*$ 是式(9.35)的解，其中期望处于稳态，资格向量是使用具有线性函数逼近[式(9.27)]的 TD(λ)来定义的。对于 λ 的两种选择，该解具有如下解释：

(i) $\lambda=0$：在式(9.19)的记法中，

$$\hat{E}\left[\mathcal{D}_{n+1}^{\boldsymbol{\theta}^*} \mid \boldsymbol{Y}_n\right]=0$$

其中 $\boldsymbol{Y}_n=\boldsymbol{\psi}(\boldsymbol{X}(n))$ 和 $\mathcal{D}_{n+1}^{\boldsymbol{\theta}^*}=-h^{\boldsymbol{\theta}^*}(\boldsymbol{X}(n))+c(\boldsymbol{X}(n))+\gamma h^{\boldsymbol{\theta}^*}(\boldsymbol{X}(n+1))$

(ii) $\lambda=1$：$\boldsymbol{\theta}^*$ 是式(9.33)的解，且范数是式(9.34)。 □

根据式(9.27)，我们有

$$\mathcal{D}_{n+1}=c(\boldsymbol{X}(n))+\left[\gamma\boldsymbol{\psi}(\boldsymbol{X}(n+1))-\boldsymbol{\psi}(\boldsymbol{X}(n))\right]^{\top}\boldsymbol{\theta}_n$$

因而式(9.37)可以被替换为线性 SA 递归——式(8.53b)的形式，其中

$$\begin{aligned}
\boldsymbol{A}_{n+1}&=\boldsymbol{\zeta}_n\left[\gamma\boldsymbol{\psi}(\boldsymbol{X}(n+1))-\boldsymbol{\psi}(\boldsymbol{X}(n))\right]^{\top},\\
\boldsymbol{b}_{n+1}&=-\boldsymbol{\zeta}_n\boldsymbol{c}(\boldsymbol{X}(n))
\end{aligned}\tag{9.38}$$

设 $\boldsymbol{A}=\mathsf{E}[\boldsymbol{A}_n]$ 和 $\boldsymbol{b}=\mathsf{E}[\boldsymbol{b}_n]$，期望处于稳态。如果 $\boldsymbol{A}$ 是可逆的，那么 $\boldsymbol{\theta}^*=\boldsymbol{A}^{-1}\boldsymbol{b}$ 是式(9.35)的唯一解。

命题 9.8(i)告诉我们，矩阵 $\boldsymbol{A}$ 是可逆的，TD(λ)算法在线性无关下是一致的。当我们谈到平均成本情形时，第(ii)部分是令人感兴趣的。

当 $\boldsymbol{\psi}$ 仅是 $\boldsymbol{x}$ 的函数时，线性无关的定义保持不变，我们继续用式(9.24)中的那样来表示：

$$\boldsymbol{R}^{\psi}=\mathsf{E}_{\pi}\left[\boldsymbol{\psi}(\boldsymbol{X}(n))\boldsymbol{\psi}(\boldsymbol{X}(n))^{\top}\right]\tag{9.39}$$

令 $\boldsymbol{\Sigma}^{\psi}$ 表示基的稳态协方差：

$$\boldsymbol{\Sigma}^{\psi}=\boldsymbol{R}^{\psi}-\overline{\boldsymbol{\psi}}\,\overline{\boldsymbol{\psi}}^{\top}\tag{9.40}$$

其中 $\overline{\boldsymbol{\psi}}=E_{\pi}[\boldsymbol{\psi}(\boldsymbol{X}(n))]$。

命题 9.8 式(9.38)中定义的矩阵 $\boldsymbol{A}_n$ 的稳态均值满足下列条件：

(i) 对于任意 $\gamma\in[0,1]$ 和 $\lambda\in[0,1]$，如果线性无关条件——式(9.24)成立，则 $\boldsymbol{A}$ 是赫尔维茨矩阵，且 $\boldsymbol{\theta}^*=\boldsymbol{A}^{-1}\boldsymbol{b}$。

(ii) 当 $\gamma=1$ 和 $\lambda<1$ 时，如果 $\boldsymbol{\Sigma}^{\psi}>0$ 且 $\boldsymbol{\Phi}$ 是非周期的，那么 $\boldsymbol{A}$ 为赫尔维茨矩阵。 □

在定理 9.7 和命题 9.8 的证明中，需要 $\boldsymbol{A}$ 的以下表示。参见式(9.23)来回顾自相关序列 $\{\boldsymbol{R}(i)\}$ 的定义。

引理 9.9 对于任意 $\gamma\in[0,1)$，如果 $\lambda=0$ 或 $\lambda=1$，$\boldsymbol{A}=-\boldsymbol{R}^{\psi}$。否则，

$$\boldsymbol{A}=-\boldsymbol{R}(0)+(\lambda^{-1}-1)\sum_{i=1}^{\infty}(\gamma\lambda)^{i}\boldsymbol{R}(i)^{\top}\tag{9.41}$$

其中，自相关序列 $\{\boldsymbol{R}(i)\}$ 定义在式(9.23)中。

证明 我们从资格向量的稳态表示开始：

$$\boldsymbol{\zeta}_n = \sum_{i=0}^{\infty} (\lambda\gamma)^i \boldsymbol{\psi}(\boldsymbol{X}(n-i))$$

应用式(9.38)然后给出

$$\begin{aligned} \boldsymbol{A} &= E_\pi[\boldsymbol{\zeta}_n[\gamma\boldsymbol{\psi}(\boldsymbol{X}(n+1)) - \boldsymbol{\psi}(\boldsymbol{X}(n))]^{\top}] \\ &= \sum_{i=0}^{\infty} (\lambda\gamma)^i E_\pi[\boldsymbol{\psi}(\boldsymbol{X}(n-i))(-\boldsymbol{\psi}(\boldsymbol{X}(n)) + \gamma\boldsymbol{\psi}(\boldsymbol{X}(n+1)))^{\top}] \\ &= \sum_{i=0}^{\infty} (\lambda\gamma)^i \{-\boldsymbol{R}(-i) + \gamma\boldsymbol{R}(-i-1)\} \end{aligned}$$

使用 $\boldsymbol{R}(-i)=\boldsymbol{R}(i)^{\top}$，则得到式(9.41)。

虽然 TD(λ)是收敛的，但均方误差的收敛率可能远低于最优值。最优的 $O(1/n)$速率可以通过使用第 8 章中的一种技术来实现：$\alpha_n = g/n$ 且 $g>0$ 足够大，使用式(8.10)，或一个适当的矩阵增益。最后一种方法的一个例子是式(8.54)，在这里被称为 LSTD(λ)。

LSTD(λ)

初始化 $\boldsymbol{\theta}_0$，$\boldsymbol{\zeta}_0 \in \mathbb{R}^d$ 和 $\widehat{\boldsymbol{A}}_0 \in \mathbb{R}^{d\times d}$：

$$\boldsymbol{\theta}_{n+1} = \boldsymbol{\theta}_n - \alpha_{n+1} \widehat{A}_n^{-1} \boldsymbol{\zeta}_n \mathcal{D}_{n+1} \tag{9.42a}$$

$$\mathcal{D}_{n+1} = c(\boldsymbol{X}(n)) + [\gamma\boldsymbol{\psi}(\boldsymbol{X}(n+1)) - \boldsymbol{\psi}(\boldsymbol{X}(n))]^{\top}\boldsymbol{\theta}_n \tag{9.42b}$$

$$\boldsymbol{\zeta}_{n+1} = \lambda\gamma\boldsymbol{\zeta}_n + \boldsymbol{\psi}(\boldsymbol{X}(n+1)) \tag{9.42c}$$

$$\widehat{\boldsymbol{A}}_{n+1} = \widehat{\boldsymbol{A}}_n + \alpha_{n+1}[\boldsymbol{A}_{n+1} - \widehat{\boldsymbol{A}}_n] \tag{9.42d}$$

$$\boldsymbol{A}_{n+1} = \boldsymbol{\zeta}_n[\gamma\boldsymbol{\psi}(\boldsymbol{X}(n+1)) - \boldsymbol{\psi}(\boldsymbol{X}(n))]^{\top} \tag{9.42e}$$

命题 8.8 可以应用，并建议更简单的蒙特卡罗实现：在收集到时间 N 之前的所有数据后，定义$\boldsymbol{\theta}_N^{\mathrm{LSTD}} = \widehat{\boldsymbol{A}}_N^{-1} \hat{b}_N$，其中

$$\widehat{\boldsymbol{A}}_N = \frac{1}{N}\sum_{k=0}^{N-1} \boldsymbol{A}(k+1), \qquad \hat{\boldsymbol{b}}_N = -\frac{1}{N}\sum_{k=0}^{N-1} \boldsymbol{\zeta}_k c(\boldsymbol{X}(k))$$

9.4.2　非线性参数化

假设$\{h^{\boldsymbol{\theta}}:\boldsymbol{\theta}\in\mathbb{R}^d\}$不是 $\boldsymbol{\theta}$ 的线性函数，而是可微的。上述内容的概括基于定义

$$\boldsymbol{\psi}_i(\boldsymbol{x};\boldsymbol{\theta}) = \frac{\partial}{\partial\boldsymbol{\theta}_i} h^{\boldsymbol{\theta}}(\boldsymbol{x})$$

时间差分和资格序列重新定义如下：

$$\mathcal{D}_{n+1} = c(\boldsymbol{X}(n)) + \gamma h^{\boldsymbol{\theta}_n}(\boldsymbol{X}(n+1)) - h^{\boldsymbol{\theta}_n}(\boldsymbol{X}(n)) \tag{9.43a}$$

$$\boldsymbol{\zeta}_{n+1} = \lambda\gamma\boldsymbol{\zeta}_n + \boldsymbol{\psi}(\boldsymbol{X}(n+1);\ \boldsymbol{\theta}_n), \qquad n\geqslant 0 \tag{9.43b}$$

利用这些定义可以定义 TD(λ) 或 LSTD(λ) 算法，但缺乏收敛性理论。

Zap TD(λ) 算法是一种潜在的替代算法，它在适当的条件下也会收敛。然而，回到基本问题是有用的，并询问选择资格向量——式(9.43b)是否有良好的动机。

如果算法是收敛的，那么预期的极限 $\boldsymbol{\theta}^*$ 的求解如下：

$$0 = \mathsf{E}[(c(\boldsymbol{X}(n)) + \gamma h^{\boldsymbol{\theta}_n}(\boldsymbol{X}(n+1)) - h^{\boldsymbol{\theta}_n}(\boldsymbol{X}(n)))\boldsymbol{\zeta}_{n+1}^{\boldsymbol{\theta}^*}] \tag{9.44}$$

其中，$\boldsymbol{\zeta}_{n+1}^{\boldsymbol{\theta}^*} = \lambda\gamma\boldsymbol{\zeta}_n^{\boldsymbol{\theta}^*} + \boldsymbol{\psi}(\boldsymbol{X}(n);\boldsymbol{\theta}^*), n \geqslant 0$，相对于联合静态过程$(\boldsymbol{X},\boldsymbol{\zeta}^{\boldsymbol{\theta}^*})$选取式(9.44)中的期望。当资格向量依赖于参数 $\boldsymbol{\theta}$ 时，不动点方程式(9.44)不再具有伽辽金松弛的解释。最好的办法可能是修改损失函数的定义，使解更容易被理解，例如凸 Q 学习和演员-评论家方法等。

9.5　回归 Q 函数

在本节和 9.6 节中，假设输入由一个(可能随机的)平稳策略 $\breve{\phi}$ 来定义。为了分析，自始至终假定 $\boldsymbol{\Phi} = \{\boldsymbol{\Phi}(k) \stackrel{\text{def}}{=} (\boldsymbol{X}(k), \boldsymbol{U}(k)) : k \geqslant 0\}$ 为单链，且具有唯一不变的 pmf，其由式(9.3b)给出。

9.5.1　探索

当我们的真正目标是估计一个确定性策略 ϕ 的价值函数时，是时候讨论该如何定义 $\breve{\phi}$ 了。构造随机策略可能是有用的，这样它就可以被视为 ϕ 的“ε 干扰”，其中 ε 是一个正的但很小的常数。

一种方法是从任意随机策略 $\breve{\phi}^{\bullet}$ 开始。因为 $\breve{\phi}^{\bullet}(u \mid x)$ 不依赖于 x，在这个意义上，这可能是完全随机的。这样，ε 近似可定义如下：

$$\breve{\phi}(u \mid x) = (1-\varepsilon)\mathbb{1}\{u = \phi(x)\} + \varepsilon\breve{\phi}^{\bullet}(u \mid x) \tag{9.45}$$

这是使用具有参数 ε 的一个 i. i. d. 伯努利序列 $\{I_k\}$ 来实现的，使得 $P\{I_k = 1\} = \varepsilon$。当且仅当 $I_k = 0$ 时，在时刻 k 应用策略 ϕ；否则输入由 $\breve{\phi}^{\bullet}$ 决定。

如 9.1 节所述，在策略迭代的上下文中，还有一种替代方法可用。假设 ϕ 本身被定义为一个最小值：对于一个函数 $\boldsymbol{G}: \mathsf{X} \times \mathsf{U} \to \mathbb{R}$，

$$\phi(\boldsymbol{x}) \in \underset{u}{\arg\min}\,\boldsymbol{G}(\boldsymbol{x},\boldsymbol{u}) = \underset{u}{\arg\max}\{-\boldsymbol{G}(\boldsymbol{x},\boldsymbol{u})\}$$

对于给定的 $\varepsilon > 0$，软 max(soft-max)定义为

$$\varepsilon\log\{\sum_u \exp(-\boldsymbol{G}(\boldsymbol{x},\boldsymbol{u})/\varepsilon)\}$$

当 $\varepsilon \downarrow 0$，其收敛到 $\max_u\{-\boldsymbol{G}(\boldsymbol{x},\boldsymbol{u})\}$。

这激发了一类随机策略：

Gibbs 策略[⊖] 给定 $G:X\times U\to\mathbb{R}$ 且 $\varepsilon>0$,

$$\check{\boldsymbol{\phi}}^{\varepsilon}(\boldsymbol{u}\mid\boldsymbol{x})\stackrel{\mathrm{def}}{=}\frac{1}{\kappa^{\varepsilon}(\boldsymbol{x})}\exp(-G(\boldsymbol{x},\boldsymbol{u})/\varepsilon) \tag{9.46a}$$

且 κ^{ε} 为归一化常数，对于每个 $\boldsymbol{x}$，这种定义使得 $\check{\boldsymbol{\phi}}^{\varepsilon}(\cdot\mid\boldsymbol{x})$ 是 U 上的一个 pmf：

$$\kappa^{\varepsilon}(\boldsymbol{x})\stackrel{\mathrm{def}}{=}\sum_{\boldsymbol{u}}\exp(-G(\boldsymbol{x},\boldsymbol{u})/\varepsilon) \tag{9.46b}$$

参数 ε 被称为温度，这种称谓是合理的，因为如果 $\varepsilon>0$ 是很大的(高熵使人联想到沸水的图像)，策略是高度随机的，而当 ε 接近零时，策略通常是确定性(冻结)的。特别地，对每个 $\boldsymbol{x}$，如果 G 都有一个唯一的最小值，那么

$$\lim_{\varepsilon\downarrow 0}\check{\phi}^{\varepsilon}(\boldsymbol{u}\mid\boldsymbol{x})=\mathbb{1}\{\phi(\boldsymbol{x})=\boldsymbol{u}\}$$

9.5.2 异同策略算法

我们进行价值函数近似的主要动机是在应用中用于策略迭代的近似，因此，我们考虑既定式(9.6b)

$$Q(\boldsymbol{x},\boldsymbol{u})=\sum_{k=0}^{\infty}\gamma^{k}E[c(\boldsymbol{\Phi}(k))\mid\boldsymbol{X}(0)=\boldsymbol{x},\boldsymbol{U}(0)=\boldsymbol{u}]$$

当策略 $\check{\phi}$ 是随机化的时候，我们要求定义式(9.5b)：$\underline{Q}(\boldsymbol{x})=\sum_{\boldsymbol{u}}Q(\boldsymbol{x},\boldsymbol{u})\check{\phi}(\boldsymbol{u}\mid\boldsymbol{x})$。式(9.7)继续保持，以及其他预期的关系也成立：

命题 9.10 从一个随机策略 $\check{\phi}$ 得到的价值函数 h 和 Q 满足

$$h(\boldsymbol{x})=c_{\check{\phi}}(\boldsymbol{x})+\gamma\sum_{\boldsymbol{x}'}\boldsymbol{P}_{\check{\phi}}(\boldsymbol{x},\boldsymbol{x}')h(\boldsymbol{x}'),\quad Q(\boldsymbol{x},\boldsymbol{u})=c(\boldsymbol{x},\boldsymbol{u})+\gamma\sum_{\boldsymbol{x}'}\boldsymbol{P}_{\boldsymbol{u}}(\boldsymbol{x},\boldsymbol{x}')\underline{Q}(\boldsymbol{x}') \tag{9.47}$$

其中 $c_{\check{\phi}}(\boldsymbol{x})=\boldsymbol{\Sigma}_{\boldsymbol{u}}(\boldsymbol{x},\boldsymbol{u})\check{\phi}(\boldsymbol{u}\mid\boldsymbol{x})$，$\boldsymbol{P}_{\check{\phi}}$ 在式(7.12)中定义。对于每一个 $\boldsymbol{x}$ 和 $\boldsymbol{u}$，二者通过下式关联，

$$h(\boldsymbol{x})=\underline{Q}(\boldsymbol{x})\ \text{和}\ Q(\boldsymbol{x},\boldsymbol{u})=c(\boldsymbol{x},\boldsymbol{u})+\gamma\sum_{\boldsymbol{x}'}\boldsymbol{P}_{\boldsymbol{u}}(\boldsymbol{x},\boldsymbol{x}')h(\boldsymbol{x}'),\ \text{对每个}\ \boldsymbol{x},\boldsymbol{u} \tag{9.48}$$

□

⊖ Gibbs(吉本斯)策略是博弈论中的一种重要策略，由数学家约翰·冯·诺依曼和奥斯卡·摩根斯特恩在 20 世纪 40 年代提出。吉本斯策略是一种纳什均衡策略，它通过计算参与者在博弈中的期望收益来确定最优的决策。其核心思想是，参与者在博弈中根据自己的利益和对其他参与者行为的预期来选择行动。他们会根据之前的行动结果来调整自己的策略，以使得自己的收益最大化。吉本斯策略的计算方法是通过构建一个博弈矩阵来实现的。博弈矩阵是一个表格，其中列出了参与者的各种行动组合以及每种组合对应的收益。参与者根据博弈矩阵中的信息来选择自己的行动，并根据吉本斯策略的原理来调整策略。——译者注

对于式(9.47)中的 Q，我们得到了不动点方程的两种无模型表示，区别是用于学习的输入的选择不同。对于确定性控制系统，5.3.1节描述了如下两种截然不同的策略：

▶同策略方法：如果 U 是根据策略 $\check{\phi}$ 选择的，那么

$$Q(\boldsymbol{\Phi}(k))=c(\boldsymbol{\Phi}(k))+\gamma \mathsf{E}[Q(\boldsymbol{\Phi}(k+1)) \mid \mathcal{F}_k] \tag{9.49}$$

▶异策略方法：如果 $\boldsymbol{U}$ 是任何容许输入，那么表示必须修改为：

$$Q(\boldsymbol{\Phi}(k))=c(\boldsymbol{\Phi}(k))+\gamma \mathsf{E}[\underline{Q}(\boldsymbol{X}(k+1)) \mid \mathcal{F}_k], \tag{9.50}$$

其中 $\mathcal{F}_k$ 表示过去的历史$\{\boldsymbol{\Phi}(0),\cdots,\boldsymbol{\Phi}(k)\}$。

现在考虑这些表示在参数化族$\{H^{\boldsymbol{\theta}}: \boldsymbol{\theta}\in\mathbb{R}^d\}$中用于函数近似的应用。前面讨论的同策略TD学习算法是可直接应用的，如果能够确定 $\boldsymbol{\Phi}$ 是一个马尔可夫链，以及 Q 是它的折扣成本价值函数。例如，下面是一个线性函数近似架构的TD(λ)算法：$H^{\boldsymbol{\theta}}(\boldsymbol{x},\boldsymbol{u})=\boldsymbol{\theta}^{\mathrm{T}}\boldsymbol{\psi}(\boldsymbol{x},\boldsymbol{u})$ 且 $\boldsymbol{\psi}$：$X\times U\to\mathbb{R}^d$：

TD(λ)算法(Q 的同策略)

初始化 $\boldsymbol{\theta}_0$，$\boldsymbol{\zeta}_0\in\mathbb{R}^d$，递归地定义估计序列：

$$\boldsymbol{\theta}_{n+1}=\boldsymbol{\theta}_n+\alpha_{n+1}\boldsymbol{\zeta}_n\mathcal{D}_{n+1},$$

$$\mathcal{D}_{n+1}=(-H^{\boldsymbol{\theta}}(\boldsymbol{\Phi}(n))+c_n\gamma H^{\boldsymbol{\theta}}(\boldsymbol{\Phi}(n+1)))\Big|_{\boldsymbol{\theta}=\boldsymbol{\theta}_n},$$

$$\boldsymbol{\zeta}_{n+1}=\lambda\gamma\boldsymbol{\zeta}_n+\boldsymbol{\psi}_{(n+1)},\quad \boldsymbol{\psi}_{(n+1)}\stackrel{\text{def}}{=}\boldsymbol{\psi}(\boldsymbol{\Phi}(n+1)),c_n\stackrel{\text{def}}{=}c(\boldsymbol{\Phi}(n)) \tag{9.51}$$

定理9.7的结论是成立的，因为在式(9.51)中我们只是用 $\boldsymbol{\Phi}$ 替换了 $\boldsymbol{X}$。为了便于参考，定理9.7用这个新注记符号来表述。用这个新的注记符号表示，式(9.35)则变成

$$0=\mathsf{E}[\{-H^{\boldsymbol{\theta}^*}(\boldsymbol{X}(k))+c(\boldsymbol{X}(k))+\gamma H^{\boldsymbol{\theta}^*}(\boldsymbol{X}(k+1))\}\boldsymbol{\zeta}_k(i)],\quad 1\leqslant i\leqslant d \tag{9.52}$$

定理9.11　假设$\boldsymbol{\theta}^*$是式(9.52)的解，其中期望值处于稳态，资格向量是使用具有线性函数近似的TD(λ)来定义的。对于λ的两种选择，式(9.52)的解具有如下解释：

(i)λ=0：在式(9.19)的记法中，

$$\hat{\boldsymbol{E}}[\mathcal{D}_{n+1}^{\boldsymbol{\theta}^*} \mid \boldsymbol{Y}_n]=0$$

且 $\boldsymbol{Y}_n=\boldsymbol{\psi}(\boldsymbol{\Phi}(n))=\boldsymbol{\psi}_{(n)}$，$\mathcal{D}_{n+1}^{\boldsymbol{\theta}^*}=-H^{\boldsymbol{\theta}^*}(\boldsymbol{\Phi}(n))+c_n+\gamma H^{\boldsymbol{\theta}^*}(\boldsymbol{\Phi}(n+1))$

(ii)λ=1：$\boldsymbol{\theta}^*$ 是下式的解

$$\boldsymbol{\theta}^*=\arg\min_{\boldsymbol{\theta}}\|H^{\boldsymbol{\theta}}-Q\|_{\boldsymbol{\varpi}}^2\stackrel{\text{def}}{=}\sum_{\boldsymbol{x}\in X,\boldsymbol{u}\in U}(\mathrm{H}^{\boldsymbol{\theta}}(\boldsymbol{x},\boldsymbol{u})-Q(\boldsymbol{x},\boldsymbol{u}))^2\boldsymbol{\varpi}(\boldsymbol{x},\boldsymbol{u})$$

在很多情况下，异策略的情形要更为实际。特别是，对于策略迭代的应用，通过式(9.9b)获得的策略$\{\boldsymbol{\phi}_n\}$是确定性的。然而，在大多数情况下，我们需要一个随机策略来确保充分的探索。

TD(λ)算法(Q 的异策略)

初始化 $\boldsymbol{\theta}_0$，$\boldsymbol{\zeta}_0\in\mathbb{R}^d$，递归地定义估计序列：

$$\boldsymbol{\theta}_{n+1}=\boldsymbol{\theta}_n+\alpha_{n+1}\boldsymbol{\zeta}_n\mathcal{D}_{n+1},$$

$$\mathcal{D}_{n+1}=\left(-H^{\boldsymbol{\theta}}(\boldsymbol{\Phi}(n))+c_n+\gamma \underline{H}^{\boldsymbol{\theta}}(\boldsymbol{X}(n+1))\right)\Big|_{\boldsymbol{\theta}=\boldsymbol{\theta}_n},$$

$$\boldsymbol{\zeta}_{n+1}=\lambda\gamma\boldsymbol{\zeta}_n+\boldsymbol{\psi}_{(n+1)},\quad \boldsymbol{\psi}_{(n+1)}\stackrel{\text{def}}{=}\boldsymbol{\psi}(\boldsymbol{\Phi}(n+1)),c_n\stackrel{\text{def}}{=}c(\boldsymbol{\Phi}(n)) \tag{9.53}$$

一个关键的差异在于时间差分项的形式：为了获得 $\mathcal{D}_{n+1}$，就需要计算

$$\underline{H}^{\boldsymbol{\theta}}(\boldsymbol{X}(n+1))=\left(\sum_{\boldsymbol{u}}Q(\boldsymbol{x},\boldsymbol{u})\ \breve{\phi}(\boldsymbol{u}\mid\boldsymbol{x})\right)\Big|_{\boldsymbol{x}=\boldsymbol{X}(n+1)} \tag{9.54}$$

如果这太复杂，另一种选择是分割采样(回顾一下式(6.47))：

$$\mathcal{D}_{n+1}=\left(-H^{\boldsymbol{\theta}}(\boldsymbol{\Phi}(n))+c_n+\gamma H^{\boldsymbol{\theta}}(\boldsymbol{X}(n+1),\boldsymbol{U}'_{n+1})\right)\Big|_{\boldsymbol{\theta}=\boldsymbol{\theta}_n} \tag{9.55}$$

其中$\boldsymbol{U}'_{n+1}$是一个随机变量，在给定 $\boldsymbol{X}(n+1)$的情况下，它是条件独立于$\boldsymbol{\mathcal{F}}_{n+1}$的，且其条件 pmf 定义如下：

$$P\{\boldsymbol{U}'_{n+1}=\boldsymbol{u}\mid\boldsymbol{\mathcal{F}}_{n+1}\}=\phi(\boldsymbol{u}\mid\boldsymbol{x}'),\boldsymbol{x}'=\boldsymbol{X}(n+1)$$

更新方程不变：$\boldsymbol{\theta}_{n+1}=\boldsymbol{\theta}_n+\alpha_{n+1}\boldsymbol{\zeta}_n\mathcal{D}_{n+1}$。基于式(9.55)的收敛理论不变，但算法会有更高的方差(8.2.5 节出现的协方差 $\boldsymbol{\Sigma}_\Delta$ 会更大)。

定理 9.7 证明背后的几何在异策略情形中失效。异策略算法旨在求解下式

$$0=E_{\boldsymbol{\pi}}\left[\left(-H^{\boldsymbol{\theta}}(\boldsymbol{\Phi}(n))+c_n+\gamma H^{\boldsymbol{\theta}}(\boldsymbol{X}(n+1),\boldsymbol{U}'_{n+1})\right)\boldsymbol{\zeta}_n\right]$$

它可以表示为线性方程 $\boldsymbol{A\theta}=\boldsymbol{b}$ 且

$$\boldsymbol{A}=E_{\boldsymbol{\pi}}\left[\boldsymbol{\zeta}_n\left(-\boldsymbol{\psi}(\boldsymbol{\Phi}(n))+\gamma\underline{\boldsymbol{\psi}}(\boldsymbol{X}(n+1))\right)^{\mathsf{T}}\right],\quad \boldsymbol{b}=-E_{\boldsymbol{\pi}}[c_n\boldsymbol{\zeta}_n],\underline{\boldsymbol{\psi}}(\boldsymbol{x})=\sum_{\boldsymbol{u}}\boldsymbol{\psi}(\boldsymbol{x},\boldsymbol{u})\ \breve{\phi}(\boldsymbol{u}\mid\boldsymbol{x})$$

我们甚至不知道 $\boldsymbol{A}$ 是否可逆，所以线性方程可能没有解。

下面的结果给了我们一些希望。命题着眼于 $\gamma\in[0,1]$ 的整个范围，所以我们写成 $\boldsymbol{A}_\gamma$ 以强调依赖关系。

命题 9.12　假设式(9.24)成立。然后我们得到如下结果：

(i)对于 $\lambda=0$，除了至多 d 个值以外，矩阵 $\boldsymbol{A}_\gamma$ 对于所有的 $\gamma\in[0,1]$都是可逆的。

(ii)对于每个 $\lambda\in(0,1)$，除了有限个值之外，矩阵 $\boldsymbol{A}_\gamma$ 对于所有的 $\gamma\in[0,1]$都是可逆的。

(iii)对于 $\lambda=1$ 时，除了有限个值之外，对于每个 $\delta>0$，矩阵 $\boldsymbol{A}_\gamma$ 对于所有的 $\gamma\in[0,1-\delta]$都是可逆的。

命题 9.12 没有声明 $\boldsymbol{A}_\gamma$ 是赫尔维茨矩阵，因此异策略 TD(λ)的稳定性问题没有被解决。这个命题说明了在异策略情形中应用 LSTD(λ)的合理性，因为 $\boldsymbol{A}_\gamma$ 很可能是满秩的。

9.5.3　相对 TD(λ)

当 γ 接近于 1 时，我们可以预期 TD(λ)算法会遇到数值挑战，原因是当如 $\gamma\uparrow 1$ 时，

式(9.6)中定义的任何一个价值函数通常是无界的。在这里，我们利用了这样一个事实，即价值函数之所以大，只是因为有一个加性常数。

这个结构已经通过习题6.6(b)中的一个例子进行了展示。对于一般情况，考虑既定策略的Q函数：

$$Q_\gamma(z) \stackrel{\text{def}}{=} \sum_{k=0}^{\infty} \gamma^k \mathsf{E}[c(\boldsymbol{\Phi}(k)) \mid \boldsymbol{\Phi}(0)=z]$$

令 $\eta=E_{\varpi}[c_n]$, $c(z)=c(z)-\eta$, $\tilde{c}_k=\tilde{c}(\boldsymbol{\Phi}(k))$，并记

$$Q_\gamma(z)=\sum_{k=0}^{\infty} \gamma^k \mathsf{E}[\eta+\tilde{c}_k \mid \boldsymbol{\Phi}(0)=z]=\frac{1}{1-\gamma}\eta+\sum_{k=0}^{\infty} \gamma^k \mathsf{E}[\tilde{c}_k \mid \boldsymbol{\Phi}(0)=z]$$

对于 $\gamma\sim1$，右边是一个非常大的常数，加上一个近似定理6.3(i)中给出的泊松方程解的项(针对的是马尔可夫链 $\boldsymbol{\Phi}$ 而不是 $\boldsymbol{X}$)。因此，

$$\lim_{\gamma\uparrow1}\left\{Q_\gamma(z)-\frac{1}{1-\gamma}\eta\right\}=\tilde{Q}(z),\quad z\in X\times U$$

其中 $\tilde{Q}$ 是泊松方程的解：

$$\mathsf{E}[\tilde{c}_k+\tilde{Q}(\boldsymbol{\Phi}(k+1)) \mid \boldsymbol{\Phi}(k)=z]=\tilde{Q}(z) \tag{9.56}$$

函数 $\tilde{Q}_\gamma=Q_\gamma-\eta/(1-\gamma)$ 是DP方程的解

$$c+\gamma\boldsymbol{P}\tilde{Q}_\gamma=\tilde{Q}_\gamma+\eta \tag{9.57}$$

我们可以用它来定义一个时间差分序列。在应用于策略改进时，新策略可以用 $\tilde{Q}_\gamma$ 而不是用 Q_γ 表示：

$$\boldsymbol{\phi}^+(x)\in\arg\min\ \tilde{Q}_\gamma(x,u)=\arg\min Q_\gamma(x,u)$$

为了避免估计 η，我们选择了一种替代方法，称为(既定策略)相对动态规划方程：

$$c+\gamma\boldsymbol{P}H=H+\delta\langle\boldsymbol{\mu},H\rangle \tag{9.58}$$

其中 $\delta>0$ 是正标量，$\boldsymbol{\mu}: X\times U\to[0,1]$ 是一个pmf(二者都是设计选择)，和 $\langle\boldsymbol{\mu},H\rangle=\sum_{x,u}\boldsymbol{\mu}(x,u)H(x,u)$

按照6.3节的记法，式(9.58)可以表示为

$$[\boldsymbol{I}-(\gamma\boldsymbol{P}-\delta1\otimes\boldsymbol{\mu})]H=c$$

引理9.13告诉我们，在 $\boldsymbol{P}$ 和 δ 的适当假设下，H 可以表示为一个幂级数。更重要的是，$H=Q$+常数，因此它和 Q 一样有价值，可应用于策略改进中。

引理9.13　假设 $\boldsymbol{\Phi}$ 为单链的。那么，对于每一个 $\gamma\in[0,1)$，

(i)除 $\lambda_1=\gamma$ 外，矩阵 $\gamma\boldsymbol{P}-\delta1\otimes\boldsymbol{\mu}$ 的特征值与 $\gamma\boldsymbol{P}$ 的特征值一致；在 $\lambda_1=\gamma$ 时，它被移动到 $\gamma-\delta$。

(ii)假设 $|\gamma-\delta|<1$，则有

$$H=[\boldsymbol{I}-(\gamma\boldsymbol{P}-\delta 1\otimes\boldsymbol{\mu})]^{-1}c=\sum_{n=0}^{\infty}(\gamma\boldsymbol{P}-\delta 1\otimes\boldsymbol{\mu})^{n}c \tag{9.59}$$

求和是收敛的，因为当 $n\to\infty$ 时，$(\gamma\boldsymbol{P}-\delta 1\otimes\boldsymbol{\mu})^{n}\to 0$ 是以几何级数快速收敛的。

(iii) $H=Q-k$，且

$$k=\frac{\delta}{1+\delta-\gamma}\langle\boldsymbol{\mu},Q\rangle=\frac{\delta}{1-\gamma}\langle\boldsymbol{\mu},H\rangle \tag{9.60}$$

建立(iii)部分的主要步骤是应用矩阵求逆引理(A. 1)来得到如下表示

$$[\boldsymbol{I}-(\gamma\boldsymbol{P}-\delta 1\otimes\boldsymbol{\mu})]^{-1}=(\boldsymbol{I}-\gamma\boldsymbol{P})^{-1}-\frac{\delta}{1+\delta-\gamma}[1\otimes\boldsymbol{\mu}](\boldsymbol{I}-\gamma\boldsymbol{P})^{-1} \tag{9.61}$$

相对式(9. 58)具有概率解释

$$E_{\varpi}[-H(\boldsymbol{\Phi}(n))-\delta\langle\boldsymbol{\mu},H\rangle+c_n+\gamma\underline{H}(\boldsymbol{X}(n+1))\mid\mathcal{F}_n]=0,\quad n\geqslant 0 \tag{9.62}$$

其中 $\underline{H}(x)=\sum_u H(x,u)\check{\phi}(u\mid x)$，如式(9. 54)所示。假设 $\{H^{\boldsymbol{\theta}}:\boldsymbol{\theta}\in\mathbb{R}^d\}$ 是 $X\times U$ 上的参数化函数族。相对 TD(λ)学习的目标是找出满足 $\bar{f}(\boldsymbol{\theta}^*)=0$ 的 $\boldsymbol{\theta}^*$，且

$$\bar{f}(\boldsymbol{\theta})\stackrel{\text{def}}{=}E_{\varpi}[\{-H(\boldsymbol{\Phi}(n))-\delta\langle\boldsymbol{\mu},H\rangle+c_n+\gamma\underline{H}(\boldsymbol{X}(n+1))\}\boldsymbol{\zeta}_n] \tag{9.63}$$

其中 $\{\boldsymbol{\zeta}_n\}$ 是资格向量——如果参数化是线性的，则由式(9. 53)定义。在这种特殊情况下，下面描述一种估计 $\boldsymbol{\theta}^*$ 的 SA 算法：

相对 TD(λ)算法(异策略)

初始化 $\boldsymbol{\theta}_0$，$\boldsymbol{\zeta}_0\in\mathbb{R}^d$，递归地定义估计序列：

$$\begin{aligned}
&\boldsymbol{\theta}_{n+1}=\boldsymbol{\theta}_n+\alpha_{n+1}\boldsymbol{\zeta}_n\mathcal{D}_{n+1},\\
&\mathcal{D}_{n+1}=(-H^{\boldsymbol{\theta}}(\boldsymbol{\Phi}(n))-\delta\langle\boldsymbol{\mu},H^{\boldsymbol{\theta}}\rangle+c_n+\gamma\underline{H}^{\theta}(\boldsymbol{X}(n+1)))\Big|_{\boldsymbol{\theta}=\boldsymbol{\theta}_n},\\
&\boldsymbol{\zeta}_{n+1}=\lambda\gamma\boldsymbol{\zeta}_n+\boldsymbol{\psi}_{(n+1)},\quad \boldsymbol{\psi}_{(n+1)}\stackrel{\text{def}}{=}\boldsymbol{\psi}(\boldsymbol{\Phi}(n+1))
\end{aligned} \tag{9.64}$$

这是一个基于 ODE $\frac{\mathrm{d}}{\mathrm{d}t}\boldsymbol{\vartheta}=\bar{\boldsymbol{f}}(\boldsymbol{\vartheta})=\boldsymbol{A}\boldsymbol{\vartheta}-\boldsymbol{b}$ 的线性 SA 递归，其中

$$\boldsymbol{A}=E_{\varpi}[\boldsymbol{\zeta}_n(-\boldsymbol{\psi}(\boldsymbol{\Phi}(n))-\delta\overline{\boldsymbol{\psi}}^{\boldsymbol{\mu}}+\gamma\underline{\boldsymbol{\psi}}(\boldsymbol{X}(n+1)))^{\intercal}],\quad \boldsymbol{b}=-E_{\varpi}[c_n\boldsymbol{\zeta}_n]$$

其中 $\overline{\boldsymbol{\psi}}^{\boldsymbol{\mu}}$ 是一个 d 维列向量，其第 i 个分量是均值 $\langle\boldsymbol{\mu},\ \boldsymbol{\psi}_i\rangle$。确保 $\boldsymbol{A}$ 是赫尔维茨矩阵的条件可以在同策略情形中获得。

对于 $\lambda=1$ 的挑战仍然存在，在这种情况下当 $\gamma\sim 1$ 时，$\boldsymbol{b}=-E_{\varpi}[c_n\boldsymbol{\zeta}_n]$ 可能非常大，这表明算法的方差很高。当 γ 和 λ 都接近于单位 1 时，10. 3 节中介绍的再生技术是获得可靠算法的一种方法。

另一种选择是放弃 Q 的近似，转而使用优势函数。

9.5.4　优势函数的 TD(λ)

9.1.3 节中介绍的优势函数允许具有下列等价形式：

命题 9.14　优势函数的如下表示形式成立：对于每个 $\boldsymbol{x}\in X$，$\boldsymbol{u}\in U$，

$$V(\boldsymbol{x},\boldsymbol{u})=Q(\boldsymbol{x},\boldsymbol{u})-h(\boldsymbol{x}) \tag{9.65a}$$

$$=-h(\boldsymbol{x})+c(\boldsymbol{x},\boldsymbol{u})+\gamma E[h(\boldsymbol{X}(k+1))\mid\boldsymbol{\Phi}(k)=(\boldsymbol{x},\boldsymbol{u})] \tag{9.65b}$$

$$=c(\boldsymbol{x},\boldsymbol{u})-c_{\check{\phi}}(\boldsymbol{x})+\gamma\{E[h(\boldsymbol{X}(k+1))\mid\boldsymbol{\Phi}(k)=(\boldsymbol{x},\boldsymbol{u})]-E[h(\boldsymbol{X}(k+1))\mid\boldsymbol{X}(k)=\boldsymbol{x}]\} \tag{9.65c}$$

其中 $c_{\check{\phi}}(\boldsymbol{x})=\boldsymbol{\Sigma}_{u}c(\boldsymbol{x},\boldsymbol{u})\check{\phi}(\boldsymbol{u}\mid\boldsymbol{x})$。 □

证明延至 9.9.1 节中进行。

使用优势函数的动机部分是希望减少用于策略改进中的函数估计的方差。这就带来了一个问题，我们是否可以用减小的方差直接估计 V(相较于分别估计 Q 和 h，然后相减的方法)？答案是肯定的，这也许并不奇怪，但完整的论证要到 10.2 节才会出现。在这里我们提供了一个启发和一个算法。

关于这个启发，对于每个 k，我们有 $E[V(\boldsymbol{\Phi}(k)|\boldsymbol{X}(k))]=0$，所以选择一个函数类是合理的，对于该类中的任何近似都是如此。这并不难安排。

下面的表示法贯穿了整个第 10 章：

$$\underline{\boldsymbol{\psi}}(\boldsymbol{x})=\sum_{\boldsymbol{u}}\boldsymbol{\psi}(\boldsymbol{x},\boldsymbol{u})\check{\phi}(\boldsymbol{u}\mid\boldsymbol{x})\text{ 和 }\tilde{\boldsymbol{\psi}}(\boldsymbol{x},\boldsymbol{u})=\boldsymbol{\psi}(\boldsymbol{x},\boldsymbol{u})-\underline{\boldsymbol{\psi}}(\boldsymbol{x}),\quad \boldsymbol{x}\in X,\boldsymbol{u}\in U \tag{9.66}$$

在函数类中寻找一个近似：

$$\widetilde{\mathcal{H}}=\{H^{\boldsymbol{\theta}}\stackrel{\text{def}}{=}\boldsymbol{\theta}^{\top}\tilde{\boldsymbol{\psi}}:\boldsymbol{\theta}\in\mathbb{R}^{d}\} \tag{9.67}$$

根据定义，对于任何 $H\in\widetilde{\mathcal{H}}$，我们有 $E[V(\boldsymbol{\Phi}(k)|\boldsymbol{X}(k))]=0$。通过更多的工作，我们将在 10.2 节中了解到，$\widetilde{\mathcal{H}}$ 内 V 的最佳估计与同一函数类内 Q 的最佳估计相一致。

基于这一发现的任何算法的稳定性都要求基 $\tilde{\boldsymbol{\psi}}$ 是线性无关的。对于一个确定性策略，对于每个 k，有 $\tilde{\boldsymbol{\psi}}(\boldsymbol{\Phi}(k))=0$，所以我们运气不好！即使是一个随机策略，即使 $\boldsymbol{\Sigma}^{\psi}$ 是满秩的，协方差矩阵 $\boldsymbol{\Sigma}^{\tilde{\psi}}$ 也可能是秩亏的。在这种情况下，基 $\tilde{\boldsymbol{\psi}}$ 可以被修剪，并写成 $\boldsymbol{\Sigma}^{\tilde{\psi}}=\boldsymbol{C}^{\top}\boldsymbol{C}$，其中 $\boldsymbol{C}$ 是一个 $m\times d$ 的矩阵，秩满足 $m<d$，然后我们可以用 m 维的基来替换 $\tilde{\boldsymbol{\psi}}$：

$$\tilde{\boldsymbol{\psi}}^{\circ}=[\boldsymbol{C}\boldsymbol{C}^{\top}]^{-1}\boldsymbol{C}\,\tilde{\boldsymbol{\psi}}$$

$\tilde{\boldsymbol{\psi}}^{\circ}$ 的协方差为 $m\times m$ 单位矩阵，函数类不变：

$$\widetilde{\mathcal{H}}^{\circ}=\{\boldsymbol{\omega}^{\top}\tilde{\boldsymbol{\psi}}^{\circ}:\boldsymbol{\omega}\in\mathbb{R}^{m}\}=\widetilde{\mathcal{H}}$$

TD(λ) 算法(优势函数的同策略)

初始化 $\boldsymbol{\omega}_0$，$\boldsymbol{\zeta}_0\in\mathbb{R}^{m}$，递归地定义估计序列：

$$\boldsymbol{\omega}_{n+1}=\boldsymbol{\omega}_{n}+\alpha_{n+1}\boldsymbol{\zeta}_{n}\mathcal{D}_{n+1},$$

$$\mathcal{D}_{n+1}=(-H^{\boldsymbol{\omega}}(\boldsymbol{\Phi}(n))+c_{n}+\gamma H^{\boldsymbol{\omega}}(\boldsymbol{\Phi}(n+1)))\Big|_{\boldsymbol{\omega}=\boldsymbol{\omega}_{n}},$$

$$\boldsymbol{\zeta}_{n+1}=\lambda\gamma\boldsymbol{\zeta}_n+\widetilde{\boldsymbol{\psi}}^{\circ}(\boldsymbol{\Phi}(n+1)),\quad H^{\omega}(\boldsymbol{\Phi}(n))=\boldsymbol{\omega}^{\top}\widetilde{\boldsymbol{\psi}}^{\circ}(\boldsymbol{\Phi}(n)) \tag{9.68}$$

如果 $d=10^4$ 且 $m=1$，有问题吗？正好相反：复杂度降低了，且对于 $\lambda=1$，最优估计 $\boldsymbol{\omega}^*\in\mathbb{R}^m$ 定义了 V 的最优 L_2 近似。详见 10.2 节。唯一剩下的挑战就是 $\boldsymbol{\psi}$ 的计算。有关使用分割采样的解决方案，请参见围绕式(9.54)的讨论。

接下来我们将退出既定策略情形，返回到式(9.1)。

9.6 沃特金斯的 Q 学习

9.6.1 最优控制要素

这里我们感兴趣的有两个价值函数：

$$h^{\star}(\boldsymbol{x})=\min_{\boldsymbol{U}(0),\boldsymbol{U}(1),\cdots}\sum_{k=0}^{\infty}\gamma^k E[c(\boldsymbol{\Phi}(k))\mid \boldsymbol{X}(0)=\boldsymbol{x}],$$

$$Q^{\star}(\boldsymbol{x},\boldsymbol{u})=\min_{\boldsymbol{U}(1),\boldsymbol{U}(2),\cdots}\sum_{k=0}^{\infty}\gamma^k E[c(\boldsymbol{\Phi}(k))\mid \boldsymbol{X}(0)=\boldsymbol{x},\boldsymbol{U}(0)=\boldsymbol{u}] \tag{9.69}$$

其中 $\boldsymbol{\Phi}(k)=(\boldsymbol{X}(k),\boldsymbol{U}(k))$，在最优控制情形中，遵循式(9.5c)，我们记 $\underline{Q}^{\star}(x)\stackrel{\text{def}}{=}\min_u Q^{\star}(\boldsymbol{x},\boldsymbol{u})$。给定一个价值函数，我们就有了另一个：对于每一个 $\boldsymbol{x}$ 和 $\boldsymbol{u}$，

$$h^{\star}(\boldsymbol{x})=\underline{Q}^{\star}(\boldsymbol{x})\ \text{和}\ Q^{\star}(\boldsymbol{x},\boldsymbol{u})=c(\boldsymbol{x},\boldsymbol{u})+\gamma\sum_{x'}\boldsymbol{P}_u(\boldsymbol{x},\boldsymbol{x}')h^{\star}(\boldsymbol{x}') \tag{9.70}$$

优势函数定义为差值 $V^{\star}=Q^{\star}-h^{\star}$，这是一个在 $X\times U$ 上取非负值的函数：对于每个 $\boldsymbol{x}$，$\min_u V^{\star}(\boldsymbol{x},\boldsymbol{u})=0$。

Q 学习算法通常基于一个能够镜像 TD(λ)的伽辽金松弛：给定一个参数化族 $\{H^{\boldsymbol{\theta}}:\boldsymbol{\theta}\in\mathbb{R}^d\}$，以及一个 d 维资格向量 $\{\boldsymbol{\zeta}_n\}$ 的序列，目标是找到一个满足下式的解 $\boldsymbol{\theta}^*$

$$0=\bar{f}(\boldsymbol{\theta}^*)=E[\{-H^{\boldsymbol{\theta}}(\boldsymbol{\Phi}(n))+c_n+\gamma\underline{H}^{\boldsymbol{\theta}}(\boldsymbol{X}(n+1))\}\boldsymbol{\zeta}_n]\Big|_{\boldsymbol{\theta}=\boldsymbol{\theta}^*} \tag{9.71}$$

ODE 方法——式(8.4)可以快速给出一个算法：

(1)将目标表述为一个寻根问题 $\bar{f}(\boldsymbol{\theta}^*)=0$，其中 $\bar{f}$ 在式(9.71)中定义。

(2)精炼 $\bar{f}$ 的设计，以确保相关的 ODE 是全局渐近稳定的。

(3)欧拉近似合适吗？$\bar{f}$ 是利普希茨连续的吗？

(4)如果跳过步骤(2)(不需要修改)，并且步骤(3)的回答是肯定的，则得到 SA 算法：

$$\boldsymbol{\theta}_{n+1}=\boldsymbol{\theta}_n+\alpha_{n+1}\{-H^{\boldsymbol{\theta}_n}(\boldsymbol{\Phi}(n))+c(\boldsymbol{\Phi}(n))+\gamma\underline{H}^{\boldsymbol{\theta}_n}(\boldsymbol{X}(n+1))\}\boldsymbol{\zeta}_n \tag{9.72}$$

Q(0)学习 使用 $\boldsymbol{\zeta}_n=\nabla H^{\boldsymbol{\theta}}(\boldsymbol{\Phi}(n))\Big|_{\boldsymbol{\theta}=\boldsymbol{\theta}_n}$ 的式(9.72)，对于一个线性参数化 $H^{\boldsymbol{\theta}}=\boldsymbol{\theta}^{\top}\boldsymbol{\psi}$，由此可得 $\boldsymbol{\zeta}_n=\boldsymbol{\psi}_{(n)}$。

一般情况下，当状态空间不是有限的时，ODE 方法在步骤(3)失效。一个例子是 LQG 问题，其中$\{H^{\boldsymbol{\theta}}:\boldsymbol{\theta}\in\mathbb{R}^d\}$是 $X\times U$ 上的一个二次函数的线性参数化族。在这种情况，$\underline{H}^{\boldsymbol{\theta}}$ 作为 $\boldsymbol{\theta}$ 的函数，利普希茨很少是连续的——请参见习题 9.4 的一个例子。

在有限状态空间情况，我们可以期望利普希茨连续性，但确保 ODE 稳定性的条件不容易验证。

9.6.2　沃特金斯算法

一个非常成功的例子是在被称为表格式 Q 学习的一种特殊情况中发现的，它的基在前面的式(5.10)中定义：对于每个 i，$\boldsymbol{\psi}_i(x,u)=\mathbb{1}\{(x,u)=(x^i,u^i)\}$，且 $X\times U=\{(x^i,u^i):1\leqslant i\leqslant d\}$。我们继续记 $\boldsymbol{\theta}\in\mathbb{R}^d$，但在表格情形中 $d=|X|\times|U|$，函数类生成 $X\times U$ 上的所有可能函数。对于这种架构，TD 学习的稳定性理论可以推广到非线性 SA 算法式(9.72)。

一个简单的随机最短路径问题将被用来说明理论，其中，状态空间 $X=\{1,\cdots,6\}$ 与图 9.1 左侧所示的无向图上的 6 个节点相一致，输入空间与图中所示的边相一致：$U=\{e_{x,x'}\},x,x'\in X$。控制转移矩阵定义如下：如果 $\boldsymbol{X}(n)=x\in X$，且 $\boldsymbol{U}(n)=\{e_x,x'\}\in U$，则 $\boldsymbol{X}(n+1)=x'$的概率为 0.8，在其他相邻节点之间随机选择下一个状态的概率为 0.2。目标是达到状态 $x^*=6$，并最大化在那里花费的时间。成本函数设计时考虑到了这一目标，同时也是从任何节点移动的成本：

$$c(x,u)=\begin{cases}0 & u=e_{x,x}, \quad x\neq 6\\ 5 & u=e_{x,x'}, \quad x'\neq 6, x\neq x'\\ -100 & u=e_{x,6}\end{cases}$$

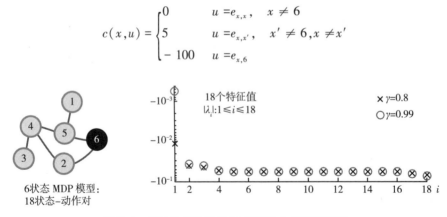

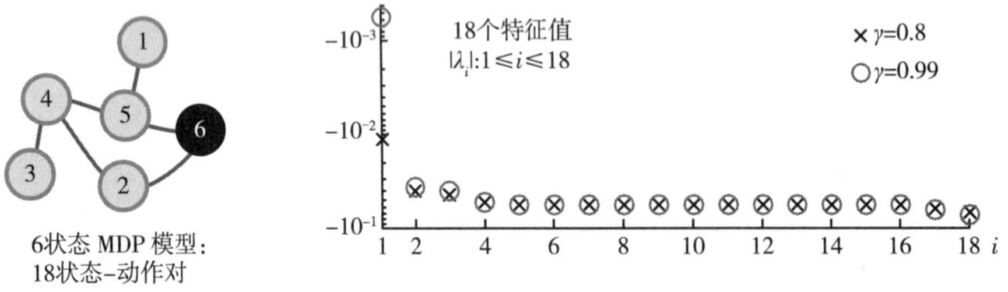

图 9.1　有限状态动作 MDP 示例的六状态有向图

在表格式情形中，通常写 H^n 而不是 $H^{\boldsymbol{\theta}_n}$(用参数来辨识函数近似)，这可以用下面的表达式来说明其合理性：对于每一个 i 和 $\boldsymbol{\theta}$，

$$H^{\boldsymbol{\theta}}(x^i,u^i)=\sum_{j=1}^{d}\boldsymbol{\theta}(j)\boldsymbol{\psi}_j(x^i,u^i)=\boldsymbol{\theta}(i) \tag{9.73}$$

其中，因为表格基，最终的等式是成立的。

通过获取 $\boldsymbol{\Phi}=(\boldsymbol{X},\ \boldsymbol{U})$ 样本的方式来区分两种形式的表格 Q 学习。

以下任一算法通常被称为沃特金斯 Q 学习。

(i)异步：访问 $\boldsymbol{\Phi}$ 的单个样本路径。

$$H^{n+1}(x,u)=H^n(x,u),\text{如果 }\boldsymbol{\Phi}(n)\neq(x,u),$$
$$\text{否则 }H^{n+1}(x,u)=H^n(x,u)+a_{n+1}[-H^n(x,u)+c(x,u)+\gamma\underline{H}^n(\boldsymbol{X}(n+1))]$$

异步 Q 学习可以在没有模型的情况下实现：Q^* 是根据对系统的观察来近似的。

(ii)同步：访问一个模拟器，用来在 X^d 上从条件 pmf $\boldsymbol{P}_u(x,\cdot)$生成一个 i. i. d. 序列 $\boldsymbol{\Xi}$，且 $\boldsymbol{\Xi}^i_{n+1}\sim\boldsymbol{P}_{u^i}(x^i,\ \cdot)$。

在迭代 $n+1$ 时，更新 H^{n+1} 的每一项：对于 $i=1,\cdots,d$，

$$H^{n+1}(x^i,u^i)=H^n(x^i,u^i)+a_{n+1}[-H^n(x^i,u^i)+c(x^i,u^i)+\gamma\underline{H}^n(\boldsymbol{\Xi}^i_{n+1})]$$

在任何一种情况下，给定在迭代 n 时的 Q 函数的估计，我们得到 H^n 贪心策略作为下式的任意解

$$\phi_n(x)\in\underset{u}{\arg\min}H^n(x,u),\quad x\in X \tag{9.74}$$

本节限于异步情况(只是为了在理论发展中避免方程和概念的重复)。给定基的定义，异步 Q 学习可表示为 Q(0)学习：

$$\begin{aligned}
&\boldsymbol{\theta}_{n+1}=\boldsymbol{\theta}_n+\alpha_{n+1}\mathcal{D}_{n+1}\boldsymbol{\zeta}_n,\\
&\mathcal{D}_{n+1}=-H^n(\boldsymbol{\Phi}(n))+c_n+\gamma\underline{H}^n(\boldsymbol{X}(n+1)),\\
&\boldsymbol{\zeta}_n=\nabla_{\boldsymbol{\theta}}\{H^{\boldsymbol{\theta}}(\boldsymbol{\Phi}(n))\}\big|_{\boldsymbol{\theta}=\boldsymbol{\theta}_n}=\boldsymbol{\psi}_{(n)}
\end{aligned}\tag{9.75}$$

式(9.75)可以写成类似于式(8.53b)的形式。记 $\boldsymbol{\psi}_{(n+1)}=\boldsymbol{\psi}(\boldsymbol{X}(n+1),\boldsymbol{\phi}_n(\boldsymbol{X}(n+1)))$，且 $\boldsymbol{\phi}_n$ 为任意 H^n 贪婪策略，则

$$\boldsymbol{\theta}_{n+1}=\boldsymbol{\theta}_n+\alpha_{n+1}[\boldsymbol{A}_{n+1}\boldsymbol{\theta}_n-\boldsymbol{b}_{n+1}]$$

且有

$$\begin{aligned}
&\boldsymbol{A}_{n+1}=\boldsymbol{\psi}_{(n)}\{\gamma\underline{\boldsymbol{\psi}}_{(n+1)}-\boldsymbol{\psi}_{(n)}\}^{\mathsf{T}},\\
&\boldsymbol{b}_{n+1}=-c_n\boldsymbol{\psi}_{(n)}
\end{aligned}\tag{9.76}$$

由于策略 $\boldsymbol{\phi}_n$ 依赖于 $\boldsymbol{\theta}_n$，这不是一个线性 SA 算法。

应该清楚的是，式(9.76)可以用任意的基来实现。本节对表格情形进行了限制，只是因为沃特金斯算法及其改进有一个完整且可使用的稳定性理论。

9.6.3 探索

使用 $G=H^n$ 时，通常采用 Gibbs 策略——式(9.46a)：

$$P\{\boldsymbol{U}(n)=u\mid\boldsymbol{X}(n)=x\}\stackrel{\text{def}}{=}\frac{1}{\boldsymbol{\kappa}^{\varepsilon,n}(x)}\exp(-H^n(x,u)/\varepsilon) \tag{9.77}$$

其中$\kappa^{\varepsilon,n}(x)$是一个归一化常数，$\varepsilon>0$通常是固定的(但它也可能依赖于$n$，可能随着$n\to\infty$而消失或趋于零)。这通常是非常成功的，但在本章的理论发展中被避免了。虽然SA理论现在已经成熟到可以应用于建立具有这种时变策略的Q学习的稳定性，但在本书中没有适当的篇幅介绍。

相反，我们假设$\boldsymbol{U}$是使用随机马尔可夫策略$\check{\phi}$定义的，因此$\boldsymbol{\Phi}=\{\boldsymbol{\Phi}(k)\stackrel{\text{def}}{=}(\boldsymbol{X}(k),\boldsymbol{U}(k)):k\geqslant0\}$是一个马尔可夫链。回顾式(9.3b)，其不变pmf可以表示为$\varpi(x,u)=\boldsymbol{\pi}(x)\check{\phi}(u\mid x)$，其中对于马尔可夫链$\boldsymbol{X}$来说$\boldsymbol{\pi}$是不变的。通篇假设$\boldsymbol{X}$是单链的，因此$\boldsymbol{\pi}$是唯一的。

基的线性无关性由秩条件$\boldsymbol{R}^{\psi}>0$来定义，其中矩阵$\boldsymbol{R}^{\psi}>0$在式(9.24)中定义。对于表格情形，这约简到式(9.25)：

$$\boldsymbol{R}^{\psi}(i,i)=\varpi(x^i,u^i),\quad 1\leqslant i\leqslant d \tag{9.78}$$

由此得出，当且仅当马尔可夫链$\boldsymbol{\Phi}$在通常意义上是不可约简的，表格基是满秩的，因此$\varpi(x^i,u^i)$对于每个i都是非零的。

9.6.4 ODE分析

式(9.75)允许具有一个简单的ODE近似。

命题9.15 Q学习算法式(9.75)的ODE近似采用$\frac{\mathrm{d}}{\mathrm{d}t}\boldsymbol{\theta}_t=\bar{\boldsymbol{f}}^{\,0}(\boldsymbol{\theta}_t)$的形式，其向量场为

$$\bar{\boldsymbol{f}}^{\,0}_i(\boldsymbol{\theta})=\varpi(x^i,u^i)\Big[-H^{\boldsymbol{\theta}}(x^i,u^i)+c(x^i,u^i)+\sum_{x'}\gamma\boldsymbol{P}_{u^i}(x^i,x')\underline{H}^{\boldsymbol{\theta}}(x')\Big]$$

对于每个i，作为$\boldsymbol{\theta}$的函数，$\bar{\boldsymbol{f}}^{\,0}_i$是凹的、分段线性的函数。 □

对于每一个i，可知$\bar{\boldsymbol{f}}^{\,0}_i$的凹性，因为对于每个$x'$，$\underline{H}^{\boldsymbol{\theta}}(x')$关于$\boldsymbol{\theta}$是凹的，它是线性函数的最小值。这个事实在我们谈到Zap Q学习时很有用。

命题9.15引起了关注：在向量场$\bar{\boldsymbol{f}}^{\,0}$中左乘一个$\varpi(x^i,u^i)$，为很少访问的状态-输入对引入了“低增益”，如果$\varpi(x^i,u^i)$远离了一致的pmf，则表示“条件数灾难”将是严重的(参见8.6.1节)。

寻找路径问题提供了这种灾难的一个例子。在这个例子中，$\boldsymbol{A}=\partial_{\boldsymbol{\theta}}\bar{\boldsymbol{f}}^{\,0}(\boldsymbol{\theta})$的特征值是实的和负的。针对两个$\gamma$值的情况，图9.1的右侧显示了在半对数尺度上的$\{-\lambda_i\}$。因为$\boldsymbol{A}$是赫尔维茨矩阵，当使用步长$\alpha_n=g/n$时，可得到所生成算法的渐近协方差，它是式(8.28a)的一个解，如果$g\boldsymbol{A}$的每个特征值都严格小于$-1/2$。当$\gamma=0.8$时，这转化到边界则为$g>45$，当$\gamma=0.99$时，相应边界为$g>900$。

这些观察激发了依赖状态的步长规则：对于任意i，$\alpha_n^{\mathrm{v}}(x^i,u^i)\stackrel{\text{def}}{=}0$，且当$k\leqslant n$时满足$\boldsymbol{\Phi}(k)\neq(x^i,u^i)$；否则

$$\alpha_n^{\mathrm{v}}(x,u)=[\text{到时间 }n\text{ 为止已访问的次数}(x,u)]^{-1} \tag{9.79}$$

命题9.16 在ϖ处处为正的假设下，对于具有步长规则[式(9.79)]的沃特金斯Q学习，下述结论成立：

(i) 它等价地表示为当 $\alpha_n=1/n$ 时的 Q(0) 学习算法[式(9.75)]，并使用一个对角矩阵增益进行修改：

$$\boldsymbol{\theta}_{n+1}=\boldsymbol{\theta}_n+\frac{1}{n+1}\boldsymbol{G}_n\mathcal{D}_{n+1}\boldsymbol{\zeta}_n,\quad \boldsymbol{G}_n^{-1}=\frac{1}{n+1}\sum_{k=0}^{n}\boldsymbol{\zeta}_k\boldsymbol{\zeta}_k^{\top} \tag{9.80}$$

除了 $\boldsymbol{G}_n(i,i)\stackrel{\text{def}}{=}0$，如果 $\boldsymbol{\Phi}(k)\neq(x^i,u^i)$，$k\leqslant n$。

(ii) 其 ODE 近似是一个向量场，它的分量是

$$\bar{f}_i(\boldsymbol{\theta})=-H^{\boldsymbol{\theta}}(x^i,u^i)+c(x^i,u^i)+\gamma\sum_{x'}\boldsymbol{P}_{u^i}(x^i,x')\underline{H}^{\boldsymbol{\theta}}(x') \tag{9.81}$$

(iii) 式(9.80)中的参数递归允许具有如下表示

$$\boldsymbol{\theta}_{n+1}=\boldsymbol{\theta}_n+\alpha_{n+1}\{\boldsymbol{G}_n\boldsymbol{\zeta}_n\boldsymbol{\zeta}_n^{\top}\bar{f}(\theta_n)+\boldsymbol{\Delta}_{n+1}\}$$

其中 $\{\Delta_n:n\geqslant 1\}$ 为一个鞅差序列。

证明　$\bar{f}$ 的表示形式可直接从定义(特别是 $\boldsymbol{\psi}$ 的特殊结构)得出。这里需要 $\boldsymbol{\Phi}$ 的不可约简性假设：如果违反了这个假设，那么有一个指数 i 使得 $\varpi(x^i,u^i)=0$，因此，对于所有足够大的 k，$\boldsymbol{\Phi}\neq(x^i,u^i)$。对于任何 $\boldsymbol{\theta}$，由此可得 $\bar{f}_i(\boldsymbol{\theta})=0$。

可取序列 $\{\boldsymbol{\Delta}_n\}$ 的形式为 $\boldsymbol{\Delta}_{n+1}=\mathring{\Delta}_{n+1}\boldsymbol{G}_n\boldsymbol{\zeta}_n$，$\{\mathring{\Delta}_{n+1}\}$ 是一个标量鞅差序列，且满足

$$E[\mathring{\Delta}_{n+1}\mid\mathcal{F}_n]=0$$

其中 $\mathcal{F}_n$ 表示历史 $\{\boldsymbol{\Phi}(0),\cdots,\boldsymbol{\Phi}(n)\}$。$\{\boldsymbol{\Delta}_n\}$ 的鞅差性质可以给出，因为

$$E[\boldsymbol{\Delta}_{n+1}\mid\mathcal{F}_n]=E[\mathring{\Delta}_{n+1}\mid\mathcal{F}_n]\boldsymbol{G}_n\boldsymbol{\zeta}_n$$

令 i_n 表示 $\boldsymbol{\zeta}_n(i_n)=1$ 对应的唯一指数(即 $i=i_n$ 时，$\boldsymbol{\Phi}(n)=(\boldsymbol{X}(n),\boldsymbol{U}(n))=(x^i,u^i)$)，并记

$$\begin{aligned}\mathring{\Delta}_{n+1}&\stackrel{\text{def}}{=}-H^{\boldsymbol{\theta}_n}(x^{i_n},u^{i_n})+c(x^{i_n},u^{i_n})+\gamma\underline{H}^{\boldsymbol{\theta}_n}(X(n+1))-\bar{f}_{i_n}(\boldsymbol{\theta}_n)\\&=\gamma\{\underline{H}^{\boldsymbol{\theta}_n}(\boldsymbol{X}(n+1))-\sum_{x'}\boldsymbol{P}_{u^i}(x^i,x')\underline{H}^{\boldsymbol{\theta}}(x')\}\mid_{i=i_n},\end{aligned}$$

其中最后的方程可由式(9.81)给出。结论 $E[\mathring{\Delta}_{n+1}\mid\mathcal{F}_n]=0$ 来自将控制转移矩阵解释为一个条件期望

$$\mathring{\Delta}_{n+1}=\gamma\underline{H}^{\boldsymbol{\theta}_n}(\boldsymbol{X}(n+1))-E[\gamma\underline{H}^{\boldsymbol{\theta}_n}(\boldsymbol{X}(n+1))\mid\mathcal{F}_n]$$ □

记 $H^n\stackrel{\text{def}}{=}H^{\boldsymbol{\theta}_n}$，因此 $H^n(x^i,u^i)=\boldsymbol{\theta}_n(i)$ 被推广到 ODE 近似，并使用助记符号 q_t 而不是 $\boldsymbol{\vartheta}_t$。具有式(9.81)的 ODE 定义了如下动力学：

$$\frac{\mathrm{d}}{\mathrm{d}t}q_t(x,u)=-q_t(x,u)+c(x,u)+\gamma\boldsymbol{P}_u\underline{q}_t(x) \tag{9.82}$$

其中 $\underline{q}_t(x)=\min_u q_t(x,u)$，并使用了矩阵记法：

$$\boldsymbol{P}_u\underline{q}_t(x)\stackrel{\text{def}}{=}\sum_{x'}\boldsymbol{P}_u(x,x')\underline{q}_t(x')$$

对于较大的 n 以及每一对 (x,u)，我们期望 $H^n(x,u)\approx q_{\tau_n}(x,u)$（这取决于稳定性和一致的初始化——如果不熟悉 ODE 近似，请参阅 8.2.2 节）。

式(9.81)的 ODE@ ∞式(8.62)形式简单。对于任意 $r>0$ 和 $1\leqslant i\leqslant d$，我们有

$$r^{-1}\bar{f}_i(r\boldsymbol{\theta})=-H^{\boldsymbol{\theta}}(x^i,u^i)+r^{-1}c(x^i,u^i)+\gamma\sum_{x'}\boldsymbol{P}_{u^i}(x^i,x')\underline{H}^{\boldsymbol{\theta}}(x')$$

令 $r\uparrow\infty$，可得

$$[\bar{f}_\infty(\boldsymbol{\theta})]_i=-H^{\boldsymbol{\theta}}(x^i,u^i)+\gamma\sum_{x'}\boldsymbol{P}_{u^i}(x^i,x')\underline{H}^{\boldsymbol{\theta}}(x')$$

即，将成本函数从向量场中移除。稳定性很容易验证。

命题 9.17 可以推广到具有分箱定义的基的 Q(0)学习——见习题 9.3。

命题 9.17 对于沃特金斯算法[式(9.80)]，

(i)对于具有式(9.81)的 ODE 来说，函数 $V_\infty(\boldsymbol{\theta})=\|\tilde{\boldsymbol{\theta}}\|_\infty$是一个李雅普诺夫函数：

$$\frac{\mathrm{d}^+}{\mathrm{d}t}V_\infty(\boldsymbol{\vartheta}_t)\leqslant-(1-\gamma)V(\boldsymbol{\vartheta}_t)$$

(ii)对于 ODE@ ∞，函数 $V_\infty(\boldsymbol{\theta})=\|\boldsymbol{\theta}\|_\infty$是一个李雅普诺夫函数：

$$\frac{\mathrm{d}^+}{\mathrm{d}t}V_\infty(\boldsymbol{\vartheta}_t^\infty)\leqslant-(1-\gamma)V(\boldsymbol{\vartheta}_t^\infty)$$

其中上标“+”表示右导数。

由此得出定理 8.9 的任一个稳定性判据都成立：V 是(QSV1)的一个利普希茨连续解，且 V_∞ 的漂移条件意味着 ODE@ ∞的原点是渐近稳定的。

命题 9.17 的证明 文中只给出了简单的 ODE@ ∞情形的一个证明，其 ODE 表示为

$$\frac{\mathrm{d}}{\mathrm{d}t}q_t^\infty(z)=-q_t^\infty(z)+\gamma\boldsymbol{P}_u\underline{q}_t^\infty(x),\quad z=(x,u)\in X\times U$$

李雅普诺夫函数可以表示为

$$V_\infty(q_t^\infty)=\max\{\max_i q_t^\infty(z^i),\ -\min_i q_t^\infty(z^i)\}$$

其中对于每个 i，$z^i=(x^i,u^i)$。基于此，我们得到了右导数的一个边界

$$\frac{\mathrm{d}^+}{\mathrm{d}t}V_\infty(q_t^\infty)\leqslant\max\left\{\max_{i\in I_t^+}\frac{\mathrm{d}^+}{\mathrm{d}t}q_t^\infty(z^i),\ -\min_{i\in I_t^-}\frac{\mathrm{d}^+}{\mathrm{d}t}q_t^\infty(z^i)\right\}$$

其中 I_t^+ 是满足 $q_t^\infty(z^i)=\max_j|q_t^\infty(z^j)|$的指标集合，当且仅当 $i\in I_t^+$；I_t^- 是最小值的指标集合：当且仅当 $i\in I_t^-$，$q_t^\infty(z^i)=-\max_j|q_t^\infty(z^j)|$。在给定的时间 t，这些集合中的任何一个都可以为空，但不能同时为空。

如果 I_t^+ 非空且 $i^+\in I_t^+$，那么

$$\frac{\mathrm{d}^+}{\mathrm{d}t}q_t^\infty(z^{i^+})=-q_t^\infty(z^{i^+})+\gamma\sum_{x'}\boldsymbol{P}_u(x,x')\min_{u'}q_t^\infty(x',u')\Big|_{(x,u)=z^{i^+}}$$

应用这些定义，则有

$$\frac{\mathrm{d}^+}{\mathrm{d}t}q_t^\infty(z^{i^+}) \leqslant -q_t^\infty(z^{i^+}) + \gamma \max_i q_t^\infty(z^i) = -(1-\gamma)V_\infty(q_t^\infty)$$

同样的论证意味着 $i^- \in I_t^-$ 的类似界限(当它非空时)：

$$\frac{\mathrm{d}^+}{\mathrm{d}t}q_t^\infty(z^{i^-}) \geqslant -q_t^\infty(z^{i^-}) + \gamma \min_i q_t^\infty(z^i) = -(1-\gamma)\min_i q_t^\infty(z^i) = (1-\gamma)V_\infty(q_t^\infty)$$

把这些边界整理后放在一起，就建立了边界$\frac{\mathrm{d}^+}{\mathrm{d}t}V_\infty(q_t^\infty) \leqslant -(1-\gamma)V_\infty(q_t^\infty)$ □

9.6.5 方差问题

虽然沃特金斯算法的稳定性很容易建立，但也应该清楚的是，这种算法的渐近协方差通常是无限的。

为了应用一般的 SA 理论，我们需要 $\bar{\boldsymbol{f}}$ 在$\boldsymbol{\theta}^*$ 处的雅可比矩阵。导数的存在还需要一个假设：

引理 9.18 假设最优策略 ϕ^* 是唯一的。那么雅可比矩阵 $\boldsymbol{A} = \partial \bar{\boldsymbol{f}}(\boldsymbol{\theta}^*)$ 由下式给出，$\bar{\boldsymbol{f}}$ 在式(9.81)中给出，

$$\boldsymbol{A} = -\boldsymbol{I} + \gamma \boldsymbol{T}^\star \tag{9.83}$$

其中$\boldsymbol{T}^\star$定义了最优策略下 $\boldsymbol{\Phi}$ 的转移矩阵：

$$\boldsymbol{T}^\star(i,j) \stackrel{\text{def}}{=} \boldsymbol{P}_{u^i}(x^i, x^j)\, \mathbb{1}\{u^j = \phi^\star(x^j)\}, \quad 1 \leqslant i,j \leqslant d$$

证明 唯一性假设意味着存在 $\varepsilon>0$，使得只要 $\boldsymbol{\theta} \in \mathbb{R}^d$ 满足 $\|\boldsymbol{\theta}-\boldsymbol{\theta}^*\| < \varepsilon$，则有

$$\phi^\star(x) = \underset{u \in U}{\arg\min} H^{\boldsymbol{\theta}}(x,u) \quad x \in X$$

$$\bar{f}_i(\boldsymbol{\theta}) = -H^{\theta}(x^i,u^i) + c(x^i,u^i) + \gamma \sum_{x'} \boldsymbol{P}_{u^i}(x^i,x')H^{\boldsymbol{\theta}}(x',\phi^\star(x')), \quad i \geqslant 1$$

由此可见，$\bar{\boldsymbol{f}}$ 在最优参数的邻域内是线性的，并且

$$\begin{aligned}\boldsymbol{A}_{i,j}(\boldsymbol{\theta}) &\stackrel{\text{def}}{=} \frac{\partial}{\partial \boldsymbol{\theta}_j}\bar{f}_i(\boldsymbol{\theta}) = -\frac{\partial}{\partial \boldsymbol{\theta}_j}H^{\boldsymbol{\theta}}(x^i,u^i) + \gamma \sum_{x'} \boldsymbol{P}_{u^i}(x^i,x')\frac{\partial}{\partial \boldsymbol{\theta}_j}H^{\boldsymbol{\theta}}(x',\phi^\star(x')) \\ &= -\mathbb{1}\{i=j\} + \gamma \boldsymbol{P}_{u^i}(x^i,x^j)\,\mathbb{1}\{u^j = \phi^\star(x^j)\}, \quad \text{只要 } \|\boldsymbol{\theta}-\boldsymbol{\theta}^*\| < \varepsilon\end{aligned}$$

引理 9.18 蕴含着麻烦，因为 $\boldsymbol{A}$ 在$-(1-\gamma)$有一个特征值，并且特征向量为 $\boldsymbol{v}=1$。幸运的是，这个“最差”特征值是已知的，因此我们可以设计步长规则以确保有限的渐近协方差$\boldsymbol{\Sigma}_{\boldsymbol{\theta}}$(如式(8.6)中定义，且$\rho=1$)：

引理 9.19 假定式(9.18)的唯一性假设成立，并将步长规则修改为 $\alpha_n = \min\{\alpha_0, g\alpha_n^{\nu}\}$，其中 $\alpha_0>0$，$g \geqslant 1/(1-\gamma)$，且 α_n^{ν} 在式(9.79)中定义。则$\{\boldsymbol{\theta}_n\}$是一致的，由此得到的算法的渐近协方差是式(8.28a)的一个解，且噪声协方差是对角的，其相应元素为

$$\sum_{\Delta}(i,i)=\gamma^2 E[(h^\star(\boldsymbol{X}(n+1))-\boldsymbol{P}_{u^i}h^\star(x^i))^2 \mid \boldsymbol{\Phi}(n)=(x^i,u^i)] \tag{9.84}$$

其中 $h^\star$ 为式(9.69)。

基于前面几节的理论，很多改进都是可能的。相对 TD 学习很容易扩展到 Q 学习，并且在 $\gamma\sim 1$ 时更加可靠。这将在下文中进行解释。

9.7 相对 Q 学习

相对 Q 学习的动机与 9.5.3 节的既定策略情形相同，式(9.62)除解释上有些变化之外其他没有变化：

$$0=E_{\varpi}[-H^\star(\boldsymbol{\Phi}(n))-\delta\langle\boldsymbol{\mu},H^\star\rangle+c_n+\gamma\underline{H}^\star(X(n+1))\mid\boldsymbol{\mathcal{F}}_n],\quad n\geqslant 0 \tag{9.85}$$

其中 $\underline{H}^*(x)=\min_u H^*(x,u)$。在这个更复杂的情况下，引理 9.13 的最终结论是成立的：$H^*=Q^*-k$，其中 k 在式(9.60)中定义：

$$k=\frac{\delta}{1+\delta-\gamma}\langle\boldsymbol{\mu},Q^\star\rangle=\frac{\delta}{1-\gamma}\langle\boldsymbol{\mu},H^\star\rangle$$

在本节和 9.8 节我们保持表格基不变，并限制为异步环境，其中 $\boldsymbol{\Phi}$ 是($\boldsymbol{X}$, $\boldsymbol{U}$)的单个样本路径。按照与沃特金斯算法——式(9.75)相同的步骤，我们得到了以下结果。

相对 Q 学习

初始化 $\boldsymbol{\theta}_0$，$\boldsymbol{\zeta}_0\in\mathbb{R}^d$，递归地定义估计序列：

$$\begin{aligned}&\boldsymbol{\theta}_{n+1}=\boldsymbol{\theta}_n+\alpha_{n+1}\mathcal{D}_{n+1}\boldsymbol{\psi}_{(n)},\\&\mathcal{D}_{n+1}=-H^{\boldsymbol{\theta}_n}(\boldsymbol{\Phi}(n))-\delta\langle\boldsymbol{\mu},H^{\boldsymbol{\theta}_n}\rangle+c_n+\gamma\underline{H}^{\boldsymbol{\theta}_n}(\boldsymbol{X}(n+1))\end{aligned} \tag{9.86}$$

我们选择具有比例缩放的式(9.79)，如式(9.82)那样，使用符号 h_t 而不是 ϑ_t。我们从前文可得$\frac{\mathrm{d}}{\mathrm{d}t}h_t(x^i,u^i)=\bar{f}_i(h_t)$，且

$$\bar{f}_i(h)=-h(x^i,u^i)+c(x^i,u^i)+\gamma\boldsymbol{P}_{u^i}\underline{h}(x^i)-\delta\langle\boldsymbol{\mu},h\rangle \tag{9.87}$$

其中 $\underline{h}(x^i)=\min_u h(x^i,u)$和$\boldsymbol{P}_{u^i}\underline{h}(x^i)=\sum_{x'}\boldsymbol{P}_{u^i}(x^i,x')\underline{h}(x')$

命题 9.17 可扩展到相对 Q 学习算法，但 ODE 分析略有不同：

命题 9.20 相对 Q 学习的 ODE@∞是使用成本设置为 0 的向量场[式(9.87)]得到的：

$$\frac{\mathrm{d}}{\mathrm{d}t}h_t^\infty(z)=-h_t^\infty(z)+\gamma\boldsymbol{P}_u\underline{h}_t^\infty(x)-\delta\langle\boldsymbol{\mu},h_t^\infty\rangle,\quad z=(x,u)\in X\times U$$

对于任意选择的 $\gamma\in[0,1)$ 和 $\delta>0$，原点是全局渐近稳定的。

证明 我们不能直接应用以前使用的李雅普诺夫函数，而是选择跨度半范数：

$$V(\boldsymbol{\theta})=\|\boldsymbol{\theta}\|_{\mathrm{sp}}=\frac{1}{2}\{\max_i\boldsymbol{\theta}_i-\min_i\boldsymbol{\theta}_i\}=\min_r\max_i|\boldsymbol{\theta}_i-r|$$

遵循命题 9.17 证明中相同的步骤，我们得到

$$\frac{\mathrm{d}^+}{\mathrm{d}t}V(h_t^\infty)\leqslant-(1-\gamma)V(h_t^\infty)$$

单独论证表明，当设置 $r_t=\langle\boldsymbol{\mu},\ h_t^\infty\rangle$ 时，存在 $\kappa>0$ 使得

$$\frac{\mathrm{d}^+}{\mathrm{d}t}r_t\leqslant-(1+\delta-\gamma)r_t+\kappa V(h_t^\infty)$$

给定边界 $V(h_t^\infty)\leqslant \mathrm{e}^{-(1-\gamma)t}V(h_0^\infty)$，由此可得 $r_t\to0$ 是指数级快速的。

9.7.1 增益选择

引理 9.18 更容易被扩展，这是方差分析中的第一步：

引理 9.21 假设最优策略 $\phi^\star$ 是唯一的。那么雅可比矩阵 $\boldsymbol{A}_h=\partial\bar{\boldsymbol{f}}(\boldsymbol{\theta}^*)$ 通过下式给出，且 $\bar{\boldsymbol{f}}$ 在式(9.87)中给出，

$$\boldsymbol{A}_h=-\boldsymbol{I}+\gamma\boldsymbol{T}^\star-\delta 1\otimes\boldsymbol{\mu} \tag{9.88}$$

在下面的假设下，特征值的分析被简化了，这实际上是重申了 $\boldsymbol{\pi}$ 是唯一的假设。

具有转移矩阵 $\boldsymbol{T}^\star$ 的马尔可夫链是单链：对应于特征值 $\lambda=1$ 的特征空间是一维的。 (9.89)

在此假设下，我们用 $\{\lambda_i\}$ 表示 $\boldsymbol{T}^\star$ 的特征值，重新排序使得 $\lambda_1=1$，并且记

$$\rho^*=\max\{\mathrm{Re}(\lambda_i):i\geqslant2\},\quad \rho_+^*=\max\{\rho^*,0\} \tag{9.90a}$$

$$\rho=\max\{|\lambda_i|:i\geqslant2\} \tag{9.90b}$$

$1-\rho$ 的值已出现在 6.3 节中，它被指定为转移矩阵的谱间隙。

引理 9.22 式(9.90)中定义的量满足 $\rho_+^*\leqslant\rho$。

命题 9.23 是定理 9.19 的衍生版，但有很大的改进：

一致有界的渐近方差 在相对 Q 学习中，增益 g 的选择可以是固定的，与 $\gamma<1$ 无关，但要受限于 δ 的一个下界，从而导致渐近协方差在 $0\leqslant\gamma<1$ 时均匀有界。一种选择是 $\delta=\gamma$，$g=1/(1-\rho_+^*)$。

对于相对 Q 学习的稳定性或渐近协方差的一致有界性来说，正的谱间隙不是必需的。这一观察结果在图 9.2 中进行了展示，图中比较了 $\boldsymbol{T}^\star$，$\boldsymbol{A}_h$ 和 $\boldsymbol{A}_q$ 的谱($\delta=0$ 时得到的雅可比矩阵)。$\boldsymbol{T}^\star$ 特征值的图表示了单位圆上的复特征值，因此 $\rho=1$：谱间隙为零。左边的图显示，$\rho^*=\rho_+^*<1$。

命题 9.23 对于具有步长规则[式(9.79)]的相对 Q 学习算法——[式(9.86)，式(9.88)]

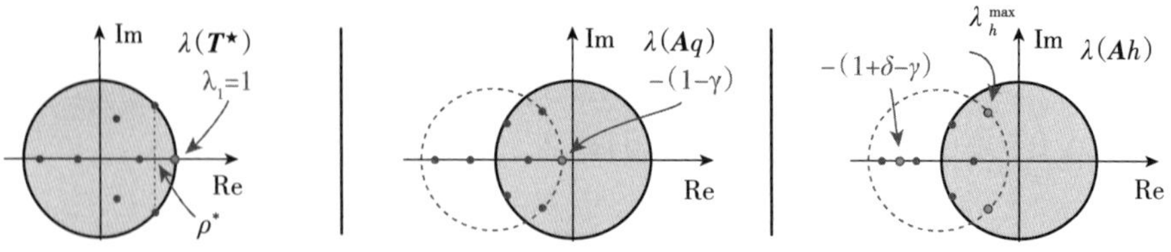

图 9.2　矩阵 $\boldsymbol{T}^{\star}$、$\boldsymbol{A}_q$、$\boldsymbol{A}_h$ 的特征值之间的关系

中的矩阵 $\boldsymbol{A}_h$ 等于雅可比矩阵 $\boldsymbol{A}_h=\partial_{\boldsymbol{\theta}}\bar{f}(\boldsymbol{\theta})\big|_{\boldsymbol{\theta}=\boldsymbol{\theta}^*}$。如果 $\delta\geqslant\gamma(1-\rho_+^*)$，那么 $\boldsymbol{A}_h$ 的每个特征值满足 $\mathrm{Re}(\lambda(A_h))\leqslant-(1-\gamma\rho_+^*)$。因此，如果步长通过 $\alpha_n(x,u)=g\alpha_n^{\nu}(x,u)$ 进行比例缩放，其中 $g\geqslant1/(1-\gamma\rho_+^*)$，则 $\boldsymbol{A}_h$ 的每个特征值满足

$$\mathrm{Re}(\lambda(g\boldsymbol{A}_h))=-g\mathrm{Re}(\lambda(\boldsymbol{I}-[\gamma\boldsymbol{T}^{\star}-\delta\cdot\mathbf{1}\otimes\boldsymbol{\mu}]))\leqslant-1$$

由此得到的算法的渐近协方差是李雅普诺夫方程——式(8.28a)的一个解。

9.7.2　诚实的结论

命题 9.23 建议我们应该放弃沃特金斯的算法，而采用它的相对的算法。事实上，更详细的分析表明，我们可以将这一命题视为获得 Q 学习标准形式的选择指南，即 $\delta=0$ 时的式(9.86)。

通过更多的工作我们可以证明，如果 $g<\frac{1}{2}(1-\gamma)^{-1}$，则沃特金斯算法的渐近协方差通常是无穷大的，但它仅在由 $\mathbf{1}$ 张成的一维子空间上是无穷大的，假如 $g>0$ 满足命题 9.23 的假设。

让 $\hat{Q}^n$ 表示在迭代 n 次时的 $Q^{\star}$，它是使用 Q 学习或相对 Q 学习得到的。误差的跨度半范数记为

$$\|\hat{Q}^n-Q^{\star}\|_{\mathrm{sp}}=\min_r\max_{x,u}|\hat{Q}^n(x,u)-Q^{\star}(x,u)-r|$$

以下说法的证明可以在文献[114]中找到：

命题 9.24　固定 $g\geqslant1/(1-\gamma\rho_+^*)$，并使用这个 g 令 $\boldsymbol{\Sigma}_{\boldsymbol{\theta}}\geqslant0$ 是式(8.28a)的解，$\boldsymbol{A}=-\boldsymbol{I}+\gamma[\boldsymbol{T}^{\star}-\mathbf{1}\otimes\boldsymbol{\mu}]$，和 $\boldsymbol{\Sigma}_{\Delta}$ 是式(9.84)中的对角矩阵。则对于任意 $\delta\geqslant0$(不排除 $\delta=0$)，以及步长序列 $g\alpha_n^{\nu}$，下面结论成立：

(i)对于满足 $\Sigma_i\,\boldsymbol{v}_i=0$ 的任意向量 $\boldsymbol{v}\in\mathbb{R}^d$

$$\lim_{n\to\infty}nE[(\boldsymbol{v}^{\top}\widetilde{\boldsymbol{\theta}}_n)^2]=\lim_{n\to\infty}n\boldsymbol{v}^{\top}E[\widetilde{\boldsymbol{\theta}}_n\widetilde{\boldsymbol{\theta}}_n^{\top}]\boldsymbol{v}=\boldsymbol{v}^{\top}\boldsymbol{\Sigma}_{\boldsymbol{\theta}}\boldsymbol{v}<\infty \tag{9.91}$$

(ii)比例缩放的均方跨度半范数以速率 $1/n$ 消失：

$$\sup_n nE[\|\hat{Q}^n-Q^*\|_{\mathrm{sp}}^2]<\infty$$
□

这些结论可用图 9.1 的例子加以说明。图 9.3 比较了三种算法，且具有两种不同的折扣因子，$\gamma=1-10^{-3}$ 和 $\gamma=1-10^{-4}$。三种算法通过步长($\alpha_n=g\alpha_n^{\nu}$ 中 g 的值)和 δ 的值来加以区分：

(1)相对 Q 学习，增益为$g_h \stackrel{\text{def}}{=} 1/(1-\rho_+^*\gamma)$和$\delta=1$。
(2)沃特金斯 Q 学习($\delta=0$)，增益为 g_h。
(3)沃特金斯 Q 学习，增益为 $g_q \stackrel{\text{def}}{=} 1/(1-\gamma)$。

首先考虑相对 Q 学习。图 1.3 展示了这个算法对于 $i=10$ 和 $\gamma=1-10^{-3}$(基于 10^3 次独立运行)的$\widetilde{\boldsymbol{\theta}}_n(i)$的直方图；$i$ 值的选择并不重要——对于每个分量都可以观察到类似的结果。对于 $n\geqslant 10^4$，CLT 近似几乎是完美的。条件数灾难在这个例子中得到了解决：对于所有 $\gamma<1$，条件数 $\kappa(\boldsymbol{A}_h)$都小于 30，而 $\kappa(\boldsymbol{A}_q)$的阶数为 $1/(1-\gamma)$，随着 $\gamma\uparrow 1$ 则 $\kappa(A_q)$趋于无穷(κ 的定义可回顾一下式(8.55))。

同时还发现，当用跨度半范数来测量性能时，沃特金斯算法在增益 g_h 下效果很好：图 9.3a 说明了三种算法在单个样本路径上的行为。图 9.3b 显示了平均误差，这是通过对每种算法独立运行 10^3 次并进行平均得到的。在相同的步长增益 $g_h=1/(1-\rho_+^*\gamma)$下，$\|Q^n-Q^\star\|_{\text{sp}}$的演化几乎都是相同的，不论采用沃特金斯算法还是相对 Q 学习算法。

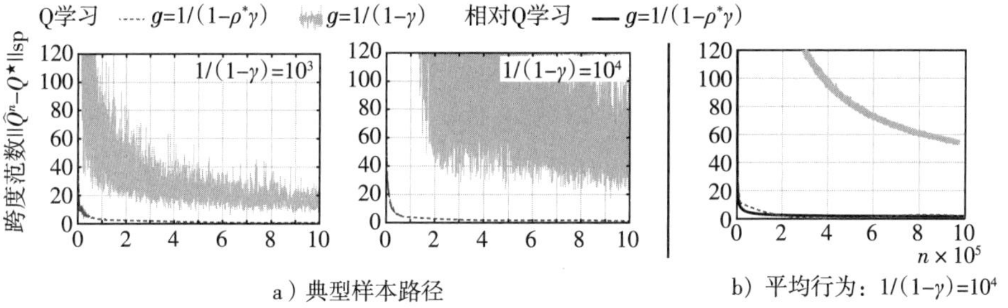

图 9.3　a)对于 $\gamma\sim 1$，Q 学习和相对 Q 学习的跨度范数误差相似；b)三种算法的平均误差，且 $1/(1-\gamma)=10^4$

图 6.5 显示了采用标准步长 $\alpha_n=\alpha_n^v(g=1)$和 $\gamma=0.8$ 时沃特金斯算法的结果，此时渐近方差为无限的。无限方差不是很明显，因为实验设计的不佳，对于每个 i 使用了 $\boldsymbol{\theta}_0^i=0$。请记住形曲线背后总结出的建议：众所周知，极限是正的，因此在形式为$[0,\overline{\eta}]$的宽间隔上均匀地对初始参数进行采样是有意义的。

9.8　GQ 和 Zap

本节包含了更多来加速沃特金斯 Q 学习的想法，也激发了新的技术，用于表格情形之外的使用。然而，本节中的理论仅限于表格基。

要理解这里描述的矩阵增益算法，需要仔细研究命题 9.15 中给出的向量场$\overline{f}^0$。

当状态空间和输入空间同假设一样为有限时，仅存在有限数量的确定性平稳策略。将这些表示为$\{\phi^m:1\leqslant m\leqslant M\}$，其中 M 是从 X 到 U 的可能函数的个数。对于每个 m，记

$$\boldsymbol{\Theta}^m=\{\boldsymbol{\theta}\in\mathbb{R}^d:\phi^m(x)\in\underset{u}{\arg\min}H^{\boldsymbol{\theta}}(x,u)\}\qquad 对于每个\ x$$

每个集合$\boldsymbol{\Theta}^m$是一个凸锥：对于$i=1,2$，只要$\boldsymbol{\theta}^i\in\boldsymbol{\Theta}^m$和$r_i\in\mathbb{R}_+$，则$r_1\boldsymbol{\theta}^1+r_2\boldsymbol{\theta}^2\in\boldsymbol{\Theta}^m$。图9.4对这些集合进行了说明。

令Q^m表示由策略ϕ^m得到的既定策略Q函数。令$\boldsymbol{T}_m$表示在控制ϕ^m作用下的相应马尔可夫链$\boldsymbol{\Phi}$的转移矩阵，则有

$$Q^m=[\boldsymbol{I}-\gamma\boldsymbol{T}_m]^{-1}c$$

这些Q函数也在图9.4中表示出来，式(9.73)可说明其合理性。图9.4中显示的指数m^*是很特殊的，因为$Q^{m^*}\in\boldsymbol{\Theta}^{m^*}$，这隐含着不动点方程：

$$\phi^{m^*}(x)\in\underset{u}{\operatorname{argmin}}Q^{m^*}(x,u)\text{ 对于任一 }x\in X$$

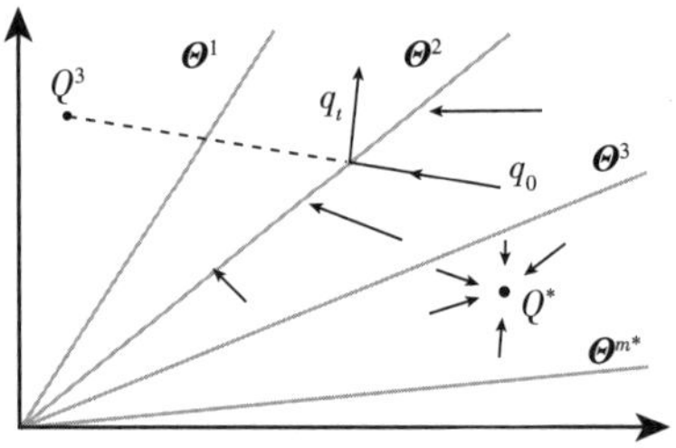

图9.4　沃特金斯Q学习的参数空间分解；路径$\{q_t\}$是与$\overline{f}^0$相关的牛顿-拉弗森流的一条轨迹

也就是说，策略迭代的这一步返回相同的策略，这意味着$Q^{m^*}=Q^*$。

令$\boldsymbol{\Pi}$表示对角矩阵$\boldsymbol{\Pi}=\operatorname{diag}(\varpi)$(也等于式(9.78)定义的$\boldsymbol{R}^{\psi}$)。

引理9.25　雅可比矩阵$\boldsymbol{A}=\partial\overline{\boldsymbol{f}}^0$是分段常数，且对于每个$\boldsymbol{m}$，$\boldsymbol{A}(\boldsymbol{\theta})$在$\boldsymbol{\Theta}^m$内部独立于$\boldsymbol{\theta}$。如果对于任意$m$，$\boldsymbol{\theta}\in\mathbb{R}^d$满足$\boldsymbol{\theta}\in$内部$(\boldsymbol{\Theta}^m)$，则在此值处的雅可比矩阵可由下式给出

$$\boldsymbol{A}(\boldsymbol{\theta})=-\boldsymbol{\Pi}[\boldsymbol{I}-\gamma\boldsymbol{T}_m]$$
$$\boldsymbol{T}_m(i,j)\overset{\text{def}}{=}\boldsymbol{P}_{u^i}(x^i,x^j)\mathbb{1}\{u^j=\phi^m(x^j)\},\quad 1\leqslant i,j\leqslant d \tag{9.92a}$$

因此，函数$\overline{\boldsymbol{f}}^0$是连续的、分段线性的，且对于每个$\boldsymbol{\theta}$，

$$\overline{\boldsymbol{f}}^0(\boldsymbol{\theta})=\boldsymbol{A}(\boldsymbol{\theta})\boldsymbol{\theta}-\boldsymbol{\Pi}\boldsymbol{b} \tag{9.92b}$$

其中，对于每个$i,b_i=-c(x^i,u^i)$。

9.8.1　GQ学习

该算法的定义与5.4.4节的确定性情形完全相同，且具有相同的目标：求解

$$\min_{\boldsymbol{\theta}}\Gamma(\boldsymbol{\theta})=\min_{\boldsymbol{\theta}}\frac{1}{2}\{\overline{\boldsymbol{f}}^0(\boldsymbol{\theta})\}^{\top}\boldsymbol{M}\overline{\boldsymbol{f}}^0(\boldsymbol{\theta}),$$

其中，再次应用$\boldsymbol{M}^{-1}=\mathsf{E}_{\boldsymbol{\varpi}}[\boldsymbol{\zeta}_n\boldsymbol{\zeta}_n^{\top}]$且$\boldsymbol{\zeta}_n=\boldsymbol{\psi}_{(n)}$(符号记法可参见式(9.4))。对于表格，这简化为$\boldsymbol{M}^{-1}=\boldsymbol{\Pi},\Gamma(\boldsymbol{\theta}^*)=0$。

基于梯度下降的ODE方法将提供一个递归算法，就像在之前考虑的确定性情形(回顾式(5.55))一样。首先我们必须解读ODE。以下表示可由式(9.92b)得出。

引理9.26　对于任意m，如果$\boldsymbol{\theta}\in\mathbb{R}^d$满足$\boldsymbol{\theta}\in$内部$(\boldsymbol{\Theta}^m)$，那么$\Gamma$在$\boldsymbol{\theta}$的邻域内是一个二次多项式的形式，具有的偏导数为

$$\nabla\Gamma(\boldsymbol{\theta})=\boldsymbol{A}(\boldsymbol{\theta})^{\top}\boldsymbol{M}\overline{\boldsymbol{f}}^0(\boldsymbol{\theta})=-[\boldsymbol{I}-\gamma\boldsymbol{T}_m]^{\top}\overline{\boldsymbol{f}}^0(\boldsymbol{\theta}),$$
$$\nabla^2\Gamma(\boldsymbol{\theta})=[\boldsymbol{I}-\gamma\boldsymbol{T}_m]^{\top}\boldsymbol{\Pi}[\boldsymbol{I}-\gamma\boldsymbol{T}_m]$$

GQ 学习是一种双时间尺度的 SA 算法，设计的算法用来近似$\frac{\mathrm{d}}{\mathrm{d}t}\vartheta=-\nabla\Gamma(\vartheta)$，且$-\nabla\Gamma(\boldsymbol{\theta})=\overline{\boldsymbol{f}}^0(\boldsymbol{\theta})-\gamma\,\boldsymbol{T}_m^{\top}\overline{\boldsymbol{f}}^0(\boldsymbol{\theta})$。一个挑战就是如何解读乘积：

$$\boldsymbol{T}_m^{\top}\overline{\boldsymbol{f}}^0(\boldsymbol{\theta})\big|_i=\sum_j\overline{\boldsymbol{f}}_j^0(\boldsymbol{\theta})\boldsymbol{T}_m(j,i),\quad \theta\in\text{内部}(\boldsymbol{\Theta}^m)$$

对于表格基，这可以表示为

$$\boldsymbol{T}_m^{\top}\overline{\boldsymbol{f}}^0(\boldsymbol{\theta})\big|_i=\sum_{j,k}\overline{\boldsymbol{f}}_j^0(\boldsymbol{\theta})\boldsymbol{T}_m(j,k)\boldsymbol{\psi}_i(x^k,u^k)=\sum_j\overline{\boldsymbol{f}}_j^0(\boldsymbol{\theta})\mathsf{E}[\,\underline{\boldsymbol{\psi}}_{(n+1)}|\boldsymbol{\Phi}(n)=(x^j,u^j)\,]\big|_i\quad(9.93)$$

其中对于$\boldsymbol{\theta}\in$内部$(\boldsymbol{\Theta}^m)$，$\underline{\boldsymbol{\psi}}_{(n+1)}=\boldsymbol{\psi}(X(n+1),\phi^m(\boldsymbol{X}(n+1)))$。

这种表示很适合算法设计。回顾一下式(9.74)可知，ϕ_n 表示与H^n相关的贪婪策略。

GQ 学习

初始化 $\boldsymbol{\theta}_0$，$\boldsymbol{\omega}_0\in\mathbb{R}^d$，则

$$\boldsymbol{\theta}_{n+1}=\boldsymbol{\theta}_n+\alpha_{n+1}\{\mathcal{D}_{n+1}\boldsymbol{\psi}_{(n)}-\gamma\boldsymbol{\omega}_{n+1}^{\top}\boldsymbol{\psi}_{(n)}\underline{\boldsymbol{\psi}}_{(n+1)}\}\quad(9.94\text{a})$$

$$\boldsymbol{\omega}_{n+1}=\boldsymbol{\omega}_n+\beta_{n+1}\boldsymbol{\psi}_{(n)}\{\mathcal{D}_{n+1}-\psi_{(n)}^{\top}\boldsymbol{\omega}_n\}\quad(9.94\text{b})$$

其中

$$\underline{\boldsymbol{\psi}}_{(n+1)}=\boldsymbol{\psi}(X(n+1),\phi_n(\boldsymbol{X}(n+1)))$$
$$\mathcal{D}_{n+1}=-H^n(\boldsymbol{\Phi}(n))+c_n+\gamma\underline{H}^n(\boldsymbol{X}(n+1))$$

且两个步长序列满足式(8.22)。

接下来的分析得出命题 9.27，这意味着线性化 ODE 动力学的条件数可以预期为 $O(1/(1-\gamma)^2)$阶。因此，在表格情形中，GQ 学习可能不是最好的选择。在这里提出它是因为它可能在函数近似情形中有用，因为$\overline{\boldsymbol{f}}^0(\boldsymbol{\theta})=0$ 是否有解是未知的。

GQ 分析

对于较大的 n，设计式(9.94b)，使得 $\boldsymbol{\omega}_n\approx\boldsymbol{M}\overline{\boldsymbol{f}}^0(\boldsymbol{\theta}_n)$。双时间尺度 SA 理论提供了式(9.94a)的一个近似值：

$$\boldsymbol{\theta}_{n+1}\approx\boldsymbol{\theta}_n+\alpha_{n+1}\{\mathcal{D}_{n+1}\boldsymbol{\zeta}_n-\gamma\overline{\boldsymbol{f}}^0(\boldsymbol{\theta}_n)^{\top}\boldsymbol{M}\boldsymbol{\zeta}_n\underline{\boldsymbol{\psi}}_{(n+1)}\}$$

我们得出结论，在应用引理 9.26 和式(9.93)时，该递归的 ODE 近似是梯度下降。

使用这种算法时，条件数灾难可能更糟。

命题 9.27 假设最优策略 ϕ^* 是唯一的，则 GQ 学习的线性化矩阵由下式给出

$$\boldsymbol{A}_{\mathrm{GQ}}=-\nabla^2\Gamma(\boldsymbol{\theta}^*)=-[\boldsymbol{I}-\gamma\boldsymbol{T}^{\star}]^{\top}\boldsymbol{\Pi}[\boldsymbol{I}-\gamma\boldsymbol{T}^{\star}]$$

因此，矩阵 $\boldsymbol{A}_{\mathrm{GQ}}$ 的特征值是实数的且非正的，且其条件数具有允许下界

$$\kappa(\boldsymbol{A}_{\mathrm{GQ}})\geqslant\frac{d}{(1-\gamma)^2}\{\max((1-\lambda\gamma)^2\boldsymbol{v}^{\top}\boldsymbol{\Pi}\boldsymbol{v})\}$$

其中对于满足 $\|\boldsymbol{v}\|=1$ 的 $\boldsymbol{T}^{\star}$，max(最大值)是在所有特征值-特征向量对$(\lambda,\boldsymbol{v})$上求取的。

证明　因为 $\boldsymbol{A}_{\mathrm{GQ}}=-\nabla^2\Gamma(\boldsymbol{\theta}^*)$ 是对称的，其条件数为特征值之比：

$$\kappa(\boldsymbol{A}_{\mathrm{GQ}})=\frac{\lambda_{\max}(\nabla^2\Gamma(\boldsymbol{\theta}^*))}{\lambda_{\min}(\nabla^2\Gamma(\boldsymbol{\theta}^*))}$$

它还需要建立以下边界：

$$\lambda_{\min}(\nabla^2\Gamma(\theta^*))\leqslant(1-\gamma)^2/d, \tag{9.95a}$$

$$\lambda_{\max}(\nabla^2\Gamma(\theta^*))\geqslant(1-\lambda\gamma)^2\boldsymbol{v}^{\top}\boldsymbol{\Pi}\boldsymbol{v},\text{对于 }\boldsymbol{T}^{\star}\text{的任意特征值 - 特征向量对}(\lambda,\boldsymbol{v}) \tag{9.95b}$$

其中式(9.95b)中的特征向量被归一化了，且 $\|\boldsymbol{v}\|=1$。

该证明基于下式

$$\lambda_{\min}(\nabla^2\Gamma(\theta^*))=\min\boldsymbol{v}^{\top}\nabla^2\Gamma(\boldsymbol{\theta}^*)\boldsymbol{v}$$
$$\lambda_{\max}(\nabla^2\Gamma(\theta^*))=\max\boldsymbol{v}^{\top}\nabla^2\Gamma(\boldsymbol{\theta}^*)\boldsymbol{v}$$

其中 max 和 min 是对所有 $\boldsymbol{v}\in\mathbb{R}^d$ 且满足 $\|\boldsymbol{v}\|=1$ 的基础上选取的。为了获得边界，我们限制 $\boldsymbol{T}^{\star}$ 的特征向量，通过 $\|\boldsymbol{v}\|=1$ 归一化，由此我们得到

$$\boldsymbol{v}^{\top}\nabla^2\Gamma(\boldsymbol{\theta}^*)\boldsymbol{v}=\boldsymbol{v}^{\top}[\boldsymbol{I}-\gamma\boldsymbol{T}^{\star}]^{\top}\boldsymbol{\Pi}[\boldsymbol{I}-\gamma\boldsymbol{T}^{\star}]\boldsymbol{v}=(1-\lambda\gamma)^2\boldsymbol{v}^{\top}\boldsymbol{\Pi}\boldsymbol{v}$$

因此就有了这对边界

$$\lambda_{\min}(\nabla^2\Gamma(\boldsymbol{\theta}^*))\leqslant(1-\lambda\gamma)^2\boldsymbol{v}^{\top}\boldsymbol{\Pi}\boldsymbol{v}\leqslant\lambda_{\max}(\nabla^2\Gamma(\boldsymbol{\theta}^*))$$

式(9.95b)由此得到。

为了求式(9.95a)，取 $\boldsymbol{v}=1/\sqrt{d}$，这是当特征值 $\lambda=1$ 时的 $\boldsymbol{T}^*$ 的一个特征向量：

$$\lambda_{\min}(\nabla^2\Gamma(\boldsymbol{\theta}^*))\leqslant(1-\lambda\gamma)^2\boldsymbol{v}^{\top}\boldsymbol{\Pi}\boldsymbol{v}=(1-\gamma)^2/d$$ □

9.8.2　Zap Q 学习

要粉碎条件数灾难，没有比 Zap SA 更好的方法了。这个方法很容易适应 Q 学习，甚至在非线性函数近似的情况。对于相关分析，我们继续限定在表格情形。

在式(9.76)中沃特金斯算法的拟线性 SA 表示是最容易用于创建算法的。

Zap Q 学习

初始化 $\boldsymbol{\theta}_0\in\mathbb{R}^d$ 和$\boldsymbol{A}_0\in\mathbb{R}^{d\times d}$，$\{\boldsymbol{A}_n,\boldsymbol{b}_n\}$在式(9.76)中定义，

$$\widehat{\boldsymbol{A}}_{n+1}=\widehat{\boldsymbol{A}}_n+\beta_{n+1}\{-\widehat{\boldsymbol{A}}_n+\boldsymbol{A}_{n+1}\},$$
$$\boldsymbol{\theta}_{n+1}=\boldsymbol{\theta}_n+\alpha_{n+1}\boldsymbol{G}_{n+1}[\boldsymbol{A}_{n+1}\boldsymbol{\theta}_n-\boldsymbol{b}_{n+1}],\quad \boldsymbol{G}_{n+1}=-\widehat{\boldsymbol{A}}_{n+1}^{-1} \tag{9.96}$$

其中两个步长序列满足式(8.22)

该算法的目的是近似牛顿-拉弗森流：

$$\frac{\mathrm{d}}{\mathrm{d}t}\boldsymbol{\vartheta}=\boldsymbol{G}(\vartheta)\bar{\boldsymbol{f}}^{0}(\boldsymbol{\vartheta}),$$

其中 $\boldsymbol{G}(\boldsymbol{\vartheta})=-[\partial_{\boldsymbol{\theta}}\bar{\boldsymbol{f}}(\boldsymbol{\vartheta})]^{-1}$。基于式(9.92)中的 $\bar{\boldsymbol{f}}^{0}$ 的表示以及引理 9.25——它给出了 $\boldsymbol{A}(\boldsymbol{\theta})$，并使用启发性符号 q_t 代替 ϑ_t，这就变成了

$$\frac{\mathrm{d}}{\mathrm{d}t}q_t=-q_t-\boldsymbol{A}(q_t)^{-1}\boldsymbol{\Pi b}=-\vartheta+Q^m,\quad q_t\in\text{内部}(\boldsymbol{\Theta}^m)$$

记 $\widetilde{q}_t^m=q_t-Q^m$，我们获得了区域 $\boldsymbol{\Theta}^m$ 内的线性误差动力学：

$$\frac{\mathrm{d}}{\mathrm{d}t}\widetilde{q}_t^m=-\widetilde{q}_t^m \tag{9.97}$$

图 9.4 展示了这些动态，其中 $m=3$。

测试 CLT

Zap Q 学习具有最小的渐近协方差，由式(8.30)给出：

$$\sum\nolimits_{\boldsymbol{\theta}}^{\star}\stackrel{\text{def}}{=}\boldsymbol{A}^{-1}\sum\nolimits_{\Delta}(\boldsymbol{A}^{-1})^{\mathsf{T}}$$

为了便于说明，考虑图 9.1 所示的六态例子，对于这个例子，可以同时计算 $\boldsymbol{A}$ 和 $\sum_{\Delta}$[110]。经过 $M=10^3$ 次独立运行，得到归一化误差的直方图：

$$W_n^i=\sqrt{n}[\theta_n^i-\bar{\theta}_n],\quad \bar{\theta}_n\stackrel{\text{def}}{=}\frac{1}{M}\sum_{i=1}^{M}\theta_n^i \tag{9.98}$$

图 1.1 显示了 Zap Q 学习的单样本路径，并使用步长 $\alpha_n=1/n$ 与其他几种算法进行了比较(这是一个糟糕的选择，因为在这张图中，折扣因子被取为 $\gamma=0.99$)。

图 9.5 分别显示了使用 Zap Q 学习以及使用步长 $\alpha_n=g/n$ 和 $g=70$ 的沃特金斯算法得到的直方图(在选择的折扣因子 $\gamma=0.8$ 时得到的是一个有限的渐近协方差)。

第一行显示了沃特金斯算法的直方图，第二行和第三行是 Zap Q 学习的直方图，其中 $\beta_n=(\alpha_n)^{0.85}=1/n^{0.85}$。第三行数据是在折扣因子 $\gamma=0.99$ 时得到的。当 $n\geqslant10^4$ 时，协方差估计和高斯近似与理论预测匹配得很好。

对这个算法的分析超出了本书的范围，因为 $\boldsymbol{A}(\boldsymbol{\theta})$ 是不连续的，所以没有现成的理论来证明 ODE 近似。利用 $\bar{\boldsymbol{f}}^{0}$ 的元素的凹性，有可能证明 ODE 近似是合理的，这可以扩展到一般的非线性函数近似(付出大量努力)[90]。

Zap 零

Zap Q 学习在实际应用中是盲目快速的，但式(9.96)中的 $\boldsymbol{\theta}_{n+1}$ 的更新方程比较复杂。我们采用式(8.52)解决了这一复杂性。

该算法是适用的，因为命题 8.7 的一个关键的假设成立：对于每个 $\boldsymbol{\theta}$，$\boldsymbol{A}(\boldsymbol{\theta})$ 是赫尔维茨矩阵。借助于式(9.76)中定义的 $\{\boldsymbol{A}_n,\boldsymbol{b}_n\}$，式(8.52)可表示如下：

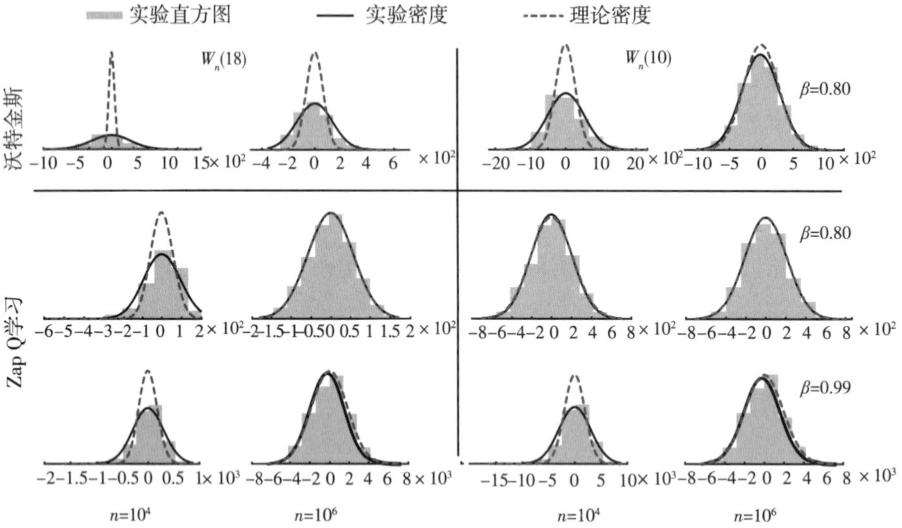

图 9.5　应用于六态例子的 Q 学习的理论渐近方差与经验渐近方差比较。第 1 行：增益 $g=70$ 和 $\gamma=0.8$ 时的沃特金斯算法；第二行：$\gamma=0.8$ 时的 Zap Q 学习；第三行：$\gamma=0.99$ 时的 Zap Q 学习

Zap 零 Q 学习

初始化 $\boldsymbol{\theta}_0$，$\boldsymbol{\omega}_0 \in \mathbb{R}^d$。对于 $n \geqslant 0$ 进行更新：

$$\boldsymbol{\theta}_{n+1}=\boldsymbol{\theta}_n+\alpha_{n+1}\boldsymbol{\omega}_n \tag{9.99a}$$

$$\boldsymbol{\omega}_{n+1}=\boldsymbol{\omega}_n+\beta_{n+1}\{\boldsymbol{A}_{n+1}\boldsymbol{\omega}_n+(\boldsymbol{A}_{n+1}\boldsymbol{\theta}_n-\boldsymbol{b}_{n+1})\} \tag{9.99b}$$

其中两个步长序列满足式(8.22)。

设计式(9.99b)来获得近似

$$\boldsymbol{\omega}_n \approx -\boldsymbol{A}(\boldsymbol{\theta}_n)^{-1}\{\boldsymbol{A}(\boldsymbol{\theta}_n)\boldsymbol{\theta}_n-\boldsymbol{b}\} \tag{9.100}$$

Zap 零算法并不比沃特金斯的原始算法复杂多少。因为我们在每个阶段必须更新 $\boldsymbol{\theta}_n$ 和 $\boldsymbol{\omega}_n$，所以我们将参数元素的数量增加了一倍，但更新一点都不复杂。

在图 9.3 考虑的例子中，当 Zap 零算法和 Zap Q 学习进行比较时，我们观察到各自的参数估计$\{\boldsymbol{\theta}_n\}$的跨度半范数误差非常相似。结果如图 9.6 所示，以及使用 PJR 平均和增益 $\alpha_n=g\alpha_n^v$ 且 $g=1/(1-\gamma)$ 的沃特金斯算法的结果。Zap 零 Q 学习的瞬态性能优于平均法，略差于 Zap Q 学习。

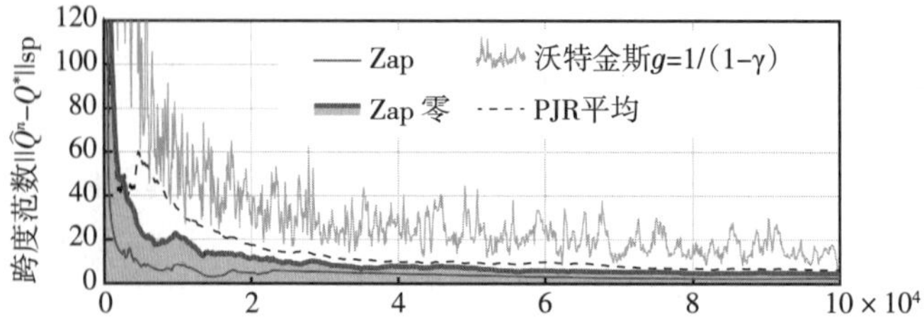

图 9.6　Zap 零 Q 学习的跨度范数误差

对于 Zap Q 学习，在式(9.96)

中 $\beta_n=n^{-\rho}$ 时，任意的 $0.6\leqslant\rho\leqslant0.9$ 给出了类似的性能。

然而，对于 Zap 零和 PJR 平均，在这个例子中发现，快速时间尺度需要非常大的步长。这些结果是利用 $\beta_n=n^{-\rho}$ 得到的，其中 $\rho=0.1$。当 $\rho\geqslant0.5$ 时，Zap 零和 PJR 平均算法得到的性能很差。需要新理论来解释这些发现。

9.9 技术证明*

9.9.1 优势函数

命题 9.1 的证明　结论 $G^*(x)=E[Q(\boldsymbol{\Phi}(n))|X(n)=\boldsymbol{x}]=\sum_u\check{\phi}(\boldsymbol{u}|\boldsymbol{x})Q(\boldsymbol{x},\boldsymbol{u})=\underline{Q}(\boldsymbol{x})$ 是可以得到的，只要通过回顾一下式(9.15)中条件期望的定义。同时注意一下，$\underline{Q}=h$ 是式(9.6a)。

□

命题 9.2 的证明　式(9.11)可以被推广用来证明下式成立，对于每个 $\boldsymbol{x}\in X$ 且 $k\geqslant0$

$$E^{\bar{\phi}}[V_{\phi}(\boldsymbol{\Phi}(k))|\boldsymbol{X}(0)=\boldsymbol{x}]=E^{\bar{\phi}}[c(\boldsymbol{\Phi}(k))+\gamma h_{\phi}(\boldsymbol{X}(k+1))-h_{\phi}(\boldsymbol{X}(k))|\boldsymbol{X}(0)=\boldsymbol{x}]$$

因此，

$$\begin{aligned}
&E^{\bar{\phi}}[\sum_{k=0}^{\infty}\gamma^k V_{\phi}(\boldsymbol{\Phi}(k))|\boldsymbol{X}(0)=\boldsymbol{x}]\\
&=E^{\bar{\phi}}[\sum_{k=0}^{\infty}\gamma^k\{c(\boldsymbol{\Phi}(k))+\gamma h_{\phi}(\boldsymbol{X}(k+1))-h_{\phi}(\boldsymbol{X}(k))\}|\boldsymbol{X}(0)=\boldsymbol{x}]\\
&=E^{\bar{\phi}}[-h_{\phi}(\boldsymbol{X}(0))+\sum_{k=0}^{\infty}\gamma^k c(\boldsymbol{\Phi}(k))|\boldsymbol{X}(0)=\boldsymbol{x}]\\
&=-h_{\phi}(\boldsymbol{x})+h_{\bar{\phi}}(\boldsymbol{x})
\end{aligned}$$

□

命题 9.14 的证明　式(9.65a)就是 V 的定义，这样式(9.65b)可由式(9.65a)推导而来，因为(紧凑的表示)$Q(\boldsymbol{x},\boldsymbol{u})=c(\boldsymbol{x},\boldsymbol{u})+\gamma\boldsymbol{P}_{\boldsymbol{u}}h(\boldsymbol{x})$。最终的式(9.65c)可由式(9.65b)和动态规划方程 $h=c_{\check{\phi}}+\gamma\boldsymbol{P}_{\check{\phi}}h$ 得出。

9.9.2 TD 稳定性理论

通过对式(9.23)的仔细考虑，我们建立了同策略 TD(λ)的 $\boldsymbol{A}$ 的特征值的上界。这可以表示为

$$\boldsymbol{R}(j)=\sum(j)+\overline{\boldsymbol{\psi}}\,\overline{\boldsymbol{\psi}}^{\top},\quad j\in\mathbb{Z}_+\tag{9.101}$$

其中 $\overline{\boldsymbol{\psi}}=E_{\pi}[\boldsymbol{\psi}(\boldsymbol{X}(n))]$，令 $\tilde{\boldsymbol{\psi}}=\boldsymbol{\psi}-\overline{\boldsymbol{\psi}}$，则

$$\sum(j)=E_{\pi}[\tilde{\boldsymbol{\psi}}(\boldsymbol{X}(n+j))\tilde{\boldsymbol{\psi}}(\boldsymbol{X}(n))^{\top}]$$

根据如下的标量可得到特征值的边界

$$\varrho_{\gamma}=\gamma\frac{1-\lambda}{1-\gamma\lambda}\varrho,\quad \varrho=\max_{i\geqslant 1}\max_{\boldsymbol{y}\in\mathbb{C}}\frac{|\boldsymbol{y}^{\dagger}\boldsymbol{R}(i)\boldsymbol{y}|}{\boldsymbol{y}^{\dagger}\boldsymbol{R}^{\psi}\boldsymbol{y}}\tag{9.102}$$

其中 $\boldsymbol{y}^{\dagger}$ 表示复数共轭转置，$\boldsymbol{R}^{\psi}=\boldsymbol{R}(0)$，最大值不包括 $\boldsymbol{y}=0$。

引理 9.28　我们有$\varrho\leqslant 1$ 和$\varrho\gamma\leqslant\gamma\varrho\leqslant\gamma$。如果 $\sum^{\psi}>0$ 和 $\boldsymbol{\Phi}$ 是非周期性的，则$\varrho<1$。

证明　显然，只要 $0\leqslant\lambda\leqslant 1$，则$\varrho\gamma\leqslant\gamma\varrho$。我们继续确定$\varrho$的界。

根据 Cauchy-Schwarz 不等式，对于任意非零的 $\boldsymbol{y}\in\mathbb{C}$，有

$$\begin{aligned}|\boldsymbol{y}^{\dagger}\boldsymbol{R}(i)\boldsymbol{y}|&=|E_{\pi}[\boldsymbol{y}^{\dagger}\boldsymbol{\psi}(\boldsymbol{X}(n+i))\boldsymbol{\psi}(\boldsymbol{X}(n))^{\top}\boldsymbol{y}]|\\&\leqslant\sqrt{E_{\pi}[|\boldsymbol{y}^{\dagger}\boldsymbol{\psi}(\boldsymbol{X}(n+i))|^{2}]}\sqrt{E_{\pi}[|\boldsymbol{\psi}(\boldsymbol{X}(n))^{\top}\boldsymbol{y}|^{2}]}\end{aligned}$$

右边正好是 $E_{\pi}[|\boldsymbol{\psi}(\boldsymbol{X}(n))^{\top}\boldsymbol{y}|^{2}]=\boldsymbol{y}^{\dagger}\boldsymbol{R}^{\psi}\boldsymbol{y}$，由此我们得出$\varrho\leqslant 1$。

为了完成证明，我们得到了一个非周期性下的严格不等式和满秩条件 $\sum^{\psi}>0$。限制在 $i=1$ 就足够了，并证明当 $\sum^{\psi}>0$ 和 $\boldsymbol{\Phi}$ 是非周期时，对于任何非零的 $\boldsymbol{y}\in\mathbb{C}$，$|\boldsymbol{y}^{\dagger}\boldsymbol{R}(1)\boldsymbol{y}|<\boldsymbol{y}^{\dagger}\boldsymbol{R}^{\psi}\boldsymbol{y}$。

Cauchy-Schwarz 不等式告诉我们：如果等式成立，则存在一个满足 $|\omega|=1$ 的复数 ω，在概率为 1 下有 $\boldsymbol{y}^{\dagger}\boldsymbol{\psi}(\boldsymbol{X}(n+1))=w\,\boldsymbol{y}^{\dagger}\boldsymbol{\psi}(\boldsymbol{X}(n))$。由于 n 是任意的，我们可以迭代得到概率为 1 的如下结果：

$$\boldsymbol{y}^{\dagger}\boldsymbol{\psi}(\boldsymbol{X}(n+i))=w^{i}\boldsymbol{y}^{\dagger}\boldsymbol{\psi}(\boldsymbol{X}(n)),\quad i\in\mathbb{Z}_{+}$$

两侧右乘 $\boldsymbol{\psi}(\boldsymbol{X}(n))^{\top}$，然后取期望，有

$$\boldsymbol{y}^{\dagger}\boldsymbol{R}(i)\boldsymbol{y}=w^{i}\boldsymbol{y}^{\dagger}\boldsymbol{R}^{\psi}\boldsymbol{y}$$

非周期性告诉我们 $\lim\limits_{i\to\infty}\boldsymbol{R}(i)=\lim\limits_{i\to\infty}E[\boldsymbol{\psi}(\boldsymbol{X}(i))\boldsymbol{\psi}(\boldsymbol{X}(0))^{\top}]=\overline{\boldsymbol{\psi}}\,\overline{\boldsymbol{\psi}}^{\top}$。如果 $\overline{\boldsymbol{\psi}}=0$，由此可得出 $\boldsymbol{y}^{\dagger}\boldsymbol{R}^{\psi}\boldsymbol{y}=0$，这与 $\boldsymbol{R}^{\psi}>0$ 的假设相矛盾。

否则，我们取期望可得到 $\boldsymbol{y}^{\dagger}\overline{\boldsymbol{\psi}}=w^{i}\,\boldsymbol{y}^{\dagger}\overline{\boldsymbol{\psi}}$，给定 $w=1$，则

$$|\boldsymbol{y}^{\dagger}\overline{\boldsymbol{\psi}}|^{2}=\lim_{i\to\infty}\boldsymbol{y}^{\dagger}\boldsymbol{R}(i)\boldsymbol{y}=\boldsymbol{y}^{\dagger}\boldsymbol{R}^{\psi}\boldsymbol{y}$$

然而，在应用式(9.101)时，

$$|\boldsymbol{y}^{\dagger}\overline{\boldsymbol{\psi}}|^{2}=\boldsymbol{y}^{\dagger}\boldsymbol{R}^{\psi}\boldsymbol{y}=\boldsymbol{y}^{\dagger}\left[\sum{}^{\psi}+\overline{\boldsymbol{\psi}}\,\overline{\boldsymbol{\psi}}^{\top}\right]\boldsymbol{y}=\boldsymbol{y}^{\dagger}\sum{}^{\psi}\boldsymbol{y}+|\boldsymbol{y}^{\dagger}\overline{\boldsymbol{\psi}}|^{2}$$

这意味着 $\boldsymbol{y}^{\dagger}\sum^{\psi}\boldsymbol{y}$，这与 $\boldsymbol{\Sigma}^{\psi}>0$ 的假设相矛盾。

定理 9.7 的证明　第(i)部分可从相应定义得出，因为我们有

$$E_{\pi}[\mathcal{D}_{n+1}^{\theta^{*}}\boldsymbol{\psi}_{i}(\boldsymbol{X}(n))]=0,\quad 1\leqslant i\leqslant d$$

第(ii)部分要求对 TD(1)的 $\boldsymbol{\theta}^{*}$ 进行解释。引理 9.9 告诉我们 $\boldsymbol{A}=-\boldsymbol{R}^{\psi}$，则由式(9.38)可知

$$-\boldsymbol{R}^{\psi}\boldsymbol{\theta}^{*}+E_{\pi}[\boldsymbol{\zeta}_{n}c(\boldsymbol{X}(n))]=0,\quad \boldsymbol{\zeta}_{n}=\sum_{i=0}^{\infty}\gamma^{i}\boldsymbol{\psi}(\boldsymbol{X}(n-i))\tag{9.103}$$

为了完成证明，我们证明式(9.103)与具有范数式(9.34)的式(9.33)的最优性充要条件相一致。

令 $\boldsymbol{\theta}^{\circ}\in\mathbb{R}^d$ 表示式(9.33)的一个解。回顾一下：$\nabla_{\boldsymbol{\theta}}h^{\boldsymbol{\theta}}=\boldsymbol{\psi}$，最优性的一阶条件可表示为

$$0=\frac{1}{2}\nabla_{\boldsymbol{\theta}}\|h^{\theta}-h\|^2\bigg|_{\boldsymbol{\theta}=\boldsymbol{\theta}^{\circ}}=\sum_{x\in X}(h^{\theta}(\boldsymbol{x})-h(\boldsymbol{x}))\nabla_{\boldsymbol{\theta}}h^{\boldsymbol{\theta}}(\boldsymbol{x})\boldsymbol{\pi}(\boldsymbol{x})\bigg|_{\boldsymbol{\theta}=\boldsymbol{\theta}^{\circ}}$$
$$=\boldsymbol{R}^{\psi}\boldsymbol{\theta}^{\circ}-\mathsf{E}_{\boldsymbol{\pi}}[h(\boldsymbol{X}(n))\boldsymbol{\psi}(\boldsymbol{X}(n))]$$

鉴于式(9.103)，还需要证明

$$\mathsf{E}_{\boldsymbol{\pi}}[h(\boldsymbol{X}(n))\boldsymbol{\psi}(\boldsymbol{X}(n))]=\mathsf{E}_{\boldsymbol{\pi}}[\boldsymbol{\zeta}_n c(\boldsymbol{X}(n))] \tag{9.104}$$

从价值函数的定义可以得到：

$$\mathsf{E}_{\boldsymbol{\pi}}[h(\boldsymbol{X}(n))\boldsymbol{\psi}(\boldsymbol{X}(n))]=\mathsf{E}_{\boldsymbol{\pi}}\Big[\mathsf{E}\Big[\sum_{i=0}^{\infty}\gamma^i c(\boldsymbol{X}(n+i))\mid\boldsymbol{X}(n)\Big]\boldsymbol{\psi}(\boldsymbol{X}(n))\Big]$$

式(9.104)则由条件期望的光滑性得出：

$$\mathsf{E}_{\boldsymbol{\pi}}[h(\boldsymbol{X}(n))\boldsymbol{\psi}(\boldsymbol{X}(n))]=\mathsf{E}_{\boldsymbol{\pi}}\Big[\sum_{i=0}^{\infty}\gamma^i c(\boldsymbol{X}(n+i))\boldsymbol{\psi}(\boldsymbol{X}(n))\Big]$$
$$=\sum_{i=0}^{\infty}\gamma^i\mathsf{E}_{\boldsymbol{\pi}}[c(\boldsymbol{X}(n+i))\boldsymbol{\psi}(\boldsymbol{X}(n))]$$
$$=\sum_{i=0}^{\infty}\gamma^i\mathsf{E}_{\boldsymbol{\pi}}[c(\boldsymbol{X}(n))\boldsymbol{\psi}(\boldsymbol{X}(n-i))]=\mathsf{E}_{\boldsymbol{\pi}}[\boldsymbol{\zeta}_n c(\boldsymbol{X}(n))] \qquad \square$$

命题 9.8 的证明　在 TD(λ)的分析中，我们遇到了一个符号上的冲突，因为一个焦点是矩阵 $\boldsymbol{A}$ 的特征值的边界。在本节的余下部分中，一个特征值-特征向量对被表示为$(\eta,\boldsymbol{v})$，其中 $\boldsymbol{v}$ 不为零，且 $\boldsymbol{A}\boldsymbol{v}=\eta\boldsymbol{v}$。

让$(\eta,\boldsymbol{v})$表示 $\boldsymbol{A}$ 的任意特征值-特征向量对，且满足 $\|\boldsymbol{v}\|=1$。特征向量方程 $\boldsymbol{A}\boldsymbol{v}=\eta\boldsymbol{v}$ 连同引理 9.9 给出了 η 的公式，该公式示于图 9.7 的右侧。

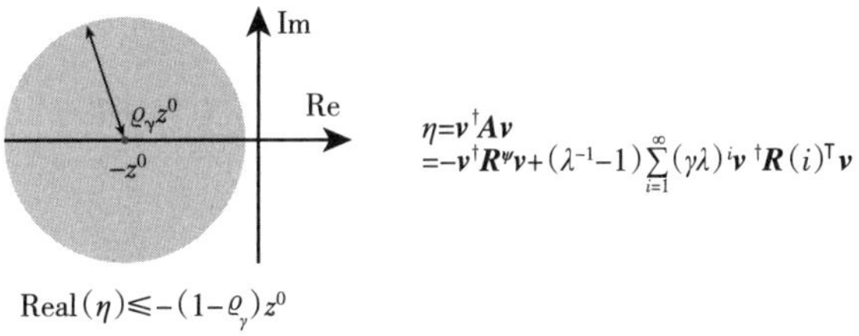

图 9.7　左侧：$\boldsymbol{A}$ 的特征值满足 $\mathrm{Real}(\eta)\leqslant-(1-\varrho_\gamma)z^0$。右侧：用特征向量和自相关序列表示的特征值

设 $z^0=\boldsymbol{v}^\dagger\boldsymbol{R}^{\psi}\boldsymbol{v}>0$，$\omega=\eta+z^0\in\mathbb{C}$，这样 $\eta=-z^0+\omega$，仍需要证明 $|w|\leqslant\varrho_\gamma z^0$，使得 η 位于图 9.7 所示的封闭圆盘内。这从引理 9.28 得出：

$$|w|\leqslant(\lambda^{-1}-1)\sum_{i=1}^{\infty}(\gamma\lambda)^i\,|\boldsymbol{v}^\dagger\boldsymbol{R}(i)^{\top}\boldsymbol{v}|\leqslant\varrho[\boldsymbol{v}^\dagger(\boldsymbol{R}^{\psi})^{\top}\boldsymbol{v}](\lambda^{-1}-1)\sum_{i=1}^{\infty}(\gamma\lambda)^i\leqslant\varrho_\gamma z^0 \qquad \square$$

命题 9.12 的证明　证明的每个部分都基于函数 $p(\gamma)=\det(\boldsymbol{A}_\gamma)$ 的性质，这需要 $\boldsymbol{A}_\gamma$ 的一个替代表示。

根据引理 9.9 的证明，我们记 $\boldsymbol{\zeta}_n=\sum_{i=0}^{\infty}(\lambda\gamma)^i\boldsymbol{\psi}_{(n-i)}$，因此

$$A_\gamma=\sum_{i=0}^{\infty}(\lambda\gamma)^i E_\pi[\boldsymbol{\psi}_{(n-i)}(-\boldsymbol{\psi}_{(n)}+\gamma\boldsymbol{\psi}_{(n+1)})^\top]$$

我们总是有 $A_0=-R^\psi$，使得对于任意值的 λ，有 $p(0)=\det(R^\psi)\neq 0$。

对于 $\lambda=0$，它简化为

$$A_\gamma=-R^\psi+\gamma B,\quad \text{其中 } B\overset{\text{def}}{=}E_\pi[\boldsymbol{\psi}(X(n))\boldsymbol{\psi}(X(n+1))^\top]$$

(i)的结果建立在 $p(\gamma)$ 是一个 d 次多项式函数的基础上，阶次 d 是不完全为零的，因此该函数对于 γ 的至多 d 个值为零。

(ii)的证明是类似的：在这种情况下，A_γ 的表达形式意味着我们可以将 p 的定义域扩展到区间 $(\varepsilon,1+\varepsilon)$，在此区间上 p 是 γ 的解析函数。因此它在区间 $[0,1]\subset(-\varepsilon,1+\varepsilon)$ 上最多可以有有限个零[304]。

(iii)的证明与(ii)相同，只有一个例外：p 的定义域可以被扩展到在更小的区间 $(-\varepsilon,1)$ 上定义一个解析函数。因此它在每个闭区间 $[0,1-\delta]\subset(-\varepsilon,1)$ 上有有限个根。

引理 9.13 的证明　记 $W_\gamma=\gamma P-\delta 1\otimes\boldsymbol{\mu}$。

对于(i)，首先注意到 1 仍然是矩阵 W_γ 的右特征向量，相应特征值为 $\gamma-\delta$。为了刻画 W_γ 的余下特征值，观察到这样的事实，如果 $\eta\neq\gamma-\delta$ 是一个特征值，那么与之相关联的左特征向量 $\boldsymbol{v}\in\mathbb{R}^d$ 必须正交于 1。因此，

$$\eta\boldsymbol{v}^\top=\boldsymbol{v}^\top(\gamma P-\delta 1\otimes\boldsymbol{\mu})=\gamma\boldsymbol{v}^\top P$$

因此 $\boldsymbol{v}$ 也是 P 的左特征向量。

(ii)可从(i)得出，因为 W_γ 的特征值位于 $\mathbb{C}$ 中的开单位圆盘内。

对于(iii)，我们得到的一种表示为

$$[I-W_\gamma]^{-1}=(A+UV)^{-1},\text{其中 } A=(I-\gamma P),U=\delta 1,V=\boldsymbol{\mu}$$

应用矩阵求逆引理(A.1)可得

$$[I-W_\gamma]^{-1}=A^{-1}-A^{-1}U(1+VA^{-1}U)^{-1}VA^{-1}=A^{-1}-\frac{1}{\varrho}A^{-1}UVA^{-1}$$

其中

$$\varrho=1+VA^{-1}U=1+\langle\boldsymbol{\mu},\delta(I-\gamma P)^{-1}1\rangle=1+\delta/(1-\gamma),$$
$$A^{-1}U=\delta(I-\gamma P)^{-1}1=\delta/(1-\gamma),\quad VA^{-1}=\boldsymbol{\mu}(I-\gamma P)^{-1}$$

代入这些恒等式得到式(9.61)：

$$[I-W_\gamma]^{-1}=(I-\gamma P)^{-1}-\frac{\delta}{1+\delta-\gamma}[1\otimes\boldsymbol{\mu}](I-\gamma P)^{-1}$$

因此

$$H=[I-W_\gamma]^{-1}c=(I-\gamma P)^{-1}c-\frac{\delta}{1+\delta-\gamma}\langle\boldsymbol{\mu},(I-\gamma P)^{-1}c\rangle=Q-\frac{\delta}{1+\delta-\gamma}\langle\boldsymbol{\mu},Q\rangle$$

这给出了 k 的一种表示，另一种表示是相对于 $\boldsymbol{\mu}$ 在该表达式两侧取平均值得到的。

9.10 习题

本章没有很多习题，第 10 章也是。下面的内容，意在填补一些理论空白。

9.1 对于所有 x,u，考虑具有受控转移矩阵式(7.30)和成本函数 $c(x,u)=x$ 的 M/M/1 队列。基于最优策略是 $\phi^\star(x)=\mathbb{1}\{x\geqslant 1\}$（即“非空闲的”）的事实。相对价值函数在 7.3 节被推导出来。对于折扣成本准则最优策略仍旧是非空闲的，但价值函数 $h^\star$ 不再是二次型的。

(a) 对于 $x\in X$，证明 $h^\star(x)=ax+b+r\beta^x$，其中 a,b,r 和 β 都是常数。为此，你应该求解 DP 方程式(9.6a)，并记住 $\phi^\star$ 是非空闲的。

(b) 用式(9.70)和在(a)中得到的 $h^\star$ 公式来计算 $Q^\star$，并验证所得到的 $\phi^\star$ 是最小值。

9.2 式(9.100)引出了一个问题：为什么近似 $-\boldsymbol{A}(\boldsymbol{\theta}_n)^{-1}\boldsymbol{A}(\boldsymbol{\theta}_n)\boldsymbol{\theta}_n=-\boldsymbol{\theta}_n$？设计下面的算法使得 $\boldsymbol{\omega}_n\approx\boldsymbol{A}(\boldsymbol{\theta}_n)^{-1}\boldsymbol{b}$，其中 $-\boldsymbol{\theta}_n$ 被移动到慢递归过程中：

$$\boldsymbol{\theta}_{n+1}=\boldsymbol{\theta}_n+\alpha_{n+1}\{-\boldsymbol{\theta}_n+\boldsymbol{\omega}_n\} \tag{9.105a}$$

$$\boldsymbol{\omega}_{n+1}=\boldsymbol{\omega}_n+\beta_{n+1}\{\boldsymbol{A}_{n+1}\boldsymbol{\omega}_n-\boldsymbol{b}_{n+1}\} \tag{9.105b}$$

(a) 证明，对于 TD 学习，式(9.2)恰好是 $\alpha_n=1/n$ 时的 PJR 平均。

(b) 在一个表格 Q 学习例子上比较式(9.2)和式(9.99)，例如图 9.1 所示的六状态例子。绘制曲线和直方图来比较瞬态行为和渐近协方差。回顾一下在 9.8.2 节结尾处关于 $\{\beta_n\}$ 的选择的警告。

9.3 使用 $\boldsymbol{\zeta}_n=\nabla_{\boldsymbol{\theta}}H^{\boldsymbol{\theta}_n}(\boldsymbol{\Phi}(n))$，式(9.72)定义了 Q(0) 学习。使用式(5.11)，考虑这个具有线性函数近似的算法。假设所选择的用于探索的马尔可夫策略，使得对于每个分箱 B_i 都有 $\varpi(B_i)>0$。

通过命题 9.15 的扩展，该算法在这个非常特殊的情况下是稳定的：

(a) 求 ODE 近似的向量场，这将类似于命题 9.15 中得到的 $\frac{\mathrm{d}}{\mathrm{d}t}\boldsymbol{\theta}_t=\overline{\boldsymbol{f}}^0(\boldsymbol{\theta}_t)$ 的形式。

(b) 求具有矩阵增益的 ODE 近似来逼近 $[\boldsymbol{R}^\psi]^{-1}$，该近似与这个基是对角的。

(c) 证明在命题 9.17 中使用的函数 $V(\boldsymbol{\theta})=\|\tilde{\boldsymbol{\theta}}\|_\infty$ 仍然是具有该基的 Q(0) 学习的一个李雅普诺夫函数。

9.4 找到一个 ODE 方法的步骤(3)在 LQG 的 Q(0) 学习的情况下失败的例子。在 $X\times U$ 上取 $\{H^{\boldsymbol{\theta}}:\boldsymbol{\theta}\in\mathbb{R}^d\}$ 作为二次函数的线性参数化族，并在你的例子中验证 $\underline{\boldsymbol{H}}^{\boldsymbol{\theta}}$ 不是关于 $\boldsymbol{\theta}$ 的利普希茨连续函数。

提出一种方法对算法进行修改，使得利普希茨条件成立。

9.5 以下例子来自文献[355]。其中 TD 学习可能是不稳定的：

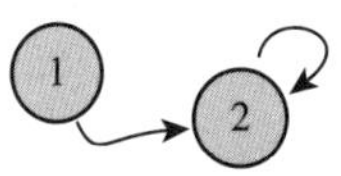

此种情况类似于 Baird 的反例，如图 5.5 所示，除了只有两种状态 $X=\{1,2\}$。没有控制，动力学是确定性的，状态 2 是吸收的。成本为零，

因此对于所有的 x,u，$h^*(x)=Q^*(x,u)=0$。

我们想在 $d=1$ 和 $\psi(x)=1+\mathbb{1}\{x=2\}$ 时使用 TD 学习来估计 h^*。就像 Baird 的例子那样，这违反了 $\psi(x^e)=0$ 的约定，但是我们的确有 $h^*=h^{\theta^*}$ 与 $\theta^*=0$。

求一个时间差分的公式，类似于式(5.51)，并执行以下操作任务：

(a)当采用“完美探索”时，验证 TD(0)对于 $\gamma\in[0,1]$ 的某些值是不稳定的(为此，必须回顾一下围绕式(5.51)的讨论)。*方法*：在这种情况下，线性化矩阵 $\boldsymbol{A}$ 是一个标量。证明，对于 γ 的某些值，$\boldsymbol{A}>0$。

(b)证明，一个较不均匀的采样会得到一个稳定的算法：选择 i.i.d. 的 $\boldsymbol{X}$，且 $\varepsilon=P\{X(n)=1\}$ 为正但较小。这类似于一个“ε 贪婪策略”，尽管没有控制。

9.11　注记

9.11.1　时间差分方法

如前面 5.9 节所述，Sutton 和 Barto 在 20 世纪 80 年代开发的 TD 学习算法旨在获得有限维参数类内的价值函数的逼近，重点放在了线性函数类和神经网络。Sutton 的论文包含了对时间差分方法和一些最早 TD 算法的早期见解[26, 339, 340](参见 Williams 的文献[376]以获得更多早期文献)。关于 RL 起源的更完整的历史可以在文献[338, 347]中找到。

早期 RL 探索者播下的种子在 20 世纪 90 年代引发了一系列分析(其中大部分是由 Tsitsiklis 和他在 MIT 的学生领导的)，以及许多新的算法和分析技术。更多关于 MIT 学院的贡献可以在 10.10 节找到。

分割采样的术语源于 Borkar[64]，但在 RL 中多次采样的使用，如式(9.55)，在 RL 中有较长的历史[21]。

定理 9.7(i)的解释可以在文献[338, 347]中找到，(ii)可在文献[356]中找到(关于最小范数解的更多历史可以在 10.10 节中找到)。

命题 9.12 改编自文献[187]中的定理 4.1。

Baird 在文献[22]中引入了优势函数，不久之后，他在文献[23]中提出了将其应用于策略梯度方法。在 Baird 的工作和最近的研究中，估计优势函数需要一个并行算法来估计价值函数。式(9.68)和 10.2 节中的改进算法避免了对价值函数的并行估计，却不牺牲估计精度——参见命题 10.7。这些算法和支撑理论似乎都是新的。

文献[210, 351]研究了应用于 TD 学习的单时间尺度 SA 算法的有限 n 性能，文献[101]给出了两种时间尺度 SA 算法的边界。然而，这些工作基于一个关键的假设：噪声是鞅差分序列。扩展到马尔可夫噪声则提出了一个重大挑战[88, 89]。

9.11.2　Q 学习

沃特金斯的算法在他的论文[371]中进行了介绍，并在文献[372]中进一步分析。人们很快就了解到，通过李雅普诺夫技术，在这种表格情形中很容易分析 ODE 近似，如命题 9.17 所示。类似的技术可用于建立对具有线性函数近似的最优停止的 Q 学习的稳定性[353]。

命题 9.20 和方差分析取自文献[114]。文献[111]通过估计价值函数的梯度研究了大折扣的高方差问题(因此该理论仅适用于 X 为欧几里得空间的情况)。

稳定性确立后不久，Szepesvári 研究了收敛速率。利用文献[227]中引入的一个巧妙的耦合论证，文献[346]给出了具有状态相关步长 α_n^ν 的沃特金斯算法的上界：

$$|H^n(x,u)-Q^*(x,u)| \leqslant B\frac{1}{n^{(1-\gamma)r}}, \quad n \geqslant 1, x \in X, u \in U$$

其中 B 为常数，$r=\underline{\varpi}/\overline{\varpi}$($\varpi$的最小值和最大值的比值)。这个边界只对足够大的 γ 有效(让$(1-\gamma)r>1/2$ 是不现实的)。虽然只是一个上限，但这表明当折扣因子接近于 1 时，性能非常差。参见文献[18, 124]可进行扩展和改进。

文献[112, 113] 最早建立了这样结论：如果折扣因子满足 $\gamma>1/2$，则沃特金斯 Q 学习的 MSE 的收敛速率 $E[\|\boldsymbol{\theta}_n-\boldsymbol{\theta}^*\|^2]$ 可能慢于 $O(1/n^{2(1-\gamma)})$。同时还表明，当 $g>0$ 足够大时，使用 $\alpha_n=g/n$ 或 $\alpha_n=g\alpha_n^\nu$ 形式的步长可以得到式(8.8)。

稳定性理论只有在一些非常特殊的情况下才会得到很好的发展，如习题 9.3 中分箱的使用。这个习题的灵感来自 Gordon[146]，他描述了这个和其他成功的用于 Q 学习的函数近似架构。分箱的拓展被称作软状态聚合(soft state aggregation)，这种方法在文献[324]中被引入。异策略 TD 学习的稳定性理论也面临着与 Q 学习类似的挑战[219, 249, 345]。反例表明，函数类的条件通常是必需的，即使是在线性函数近似情形中[21, 147, 341, 355]。

9.11.3 GQ 和 Zap

9.8.1 节的 GQ 学习算法是由文献[345]引入的，用于线性函数的逼近(另见文献[234])。收敛性理论在文献[55]中被推广到非线性函数逼近。

式(9.42)是在文献[75]中被引入的 (另见文献[70, 271])。这是随机牛顿-拉弗森的一个例子，但最初的动机与最小化渐近协方差无关。

回顾一下 4.11 节，牛顿-拉弗森流是由 Smale 在文献[325]中引入的。Zap Q 学习算法是在不了解 Smale 理论的情况下在文献[112, 113]中提出的——设计矩阵增益是为了最小化渐近协方差，而不是为了创建一致性算法。

基于图 9.4 的收敛性证明首次出现在文献[112]中，不久之后，人们意识到式(9.97)在表格情形之外也是有效的[90, 107, 110]。

向量场 $\overline{\boldsymbol{f}}^0$ 的不连续性最初在 Zap Q 学习的分析中提出了一个挑战：ODE 近似的合理性是不明显的。在文献[90]中，这个悬而未决的问题通过求助于 Q 学习中的特殊结构得到了解决。文献[90]中的理论是完全通用的(甚至适用于非线性函数逼近架构，如神经网络)，中心思想可以在表格情形的范围内进行解释。出现在式(9.96)中的矩阵 $\boldsymbol{A}_{n+1}$ 是 $\boldsymbol{f}_{n+1}$ 在值 $\boldsymbol{\theta}_n$ 处的次梯度，其意义如下：

$$\{\boldsymbol{f}_{n+1}(\boldsymbol{\theta})-\boldsymbol{f}_{n+1}(\boldsymbol{\theta}_n)\}_i \leqslant \sum_j \boldsymbol{A}_{n+1}(i,j)[\boldsymbol{\theta}(j)-\boldsymbol{\theta}_n(j)], \quad 1\leqslant i\leqslant d, \boldsymbol{\theta}\in\mathbb{R}^d$$

这对于线性函数逼近的算法式(9.76)是成立的，假如基向量有非负元素，$\boldsymbol{\psi}: X\times U\to\mathbb{R}_+^d$。不难证明，在任何 ODE 极限下都能保持类似的不等式，这就是证明 $V(\boldsymbol{\theta})\stackrel{\text{def}}{=}\|\overline{\boldsymbol{f}}^0(\boldsymbol{\theta})\|^2$ 作为 SA 算法的一个李雅普诺夫函数所需要的全部。

放松正性假设比面对非线性函数近似架构是一个更大的挑战。

文章[90]还包含了许多数值例子来说明具有神经网络函数逼近的 Zap Q 学习的应用。

9.11.4 凸 Q 学习

5.5 节中的凸 Q 算法的扩展在文献[246, 247]中进行了描述，算法设计中的主要挑战是约束中涉及一个条件期望。例如，式(5.63)将被修改为如下形式：

$$\max_{\boldsymbol{\theta}}\langle\boldsymbol{\mu}, H^{\boldsymbol{\theta}}\rangle$$

$$\text{满足 } H^{\boldsymbol{\theta}}(\boldsymbol{x},\boldsymbol{u})\leqslant c(\boldsymbol{x},\boldsymbol{u})+\mathsf{E}[\underline{H}^{\theta}(\boldsymbol{\Phi}(k+1))\mid\boldsymbol{\Phi}(k)=(\boldsymbol{x},\boldsymbol{u})],\quad \boldsymbol{x}\in X,\boldsymbol{u}\in U(\boldsymbol{x})\quad(9.106)$$

可以对条件期望进行近似以得到一个算法，如 9.2 节所述。经验回放[⊖]是另一种基于经验分布的方法(参见文献[338]的第 16 章和文献[211])。凸 Q 学习的理论仍然不成熟，所以最好留给本书的续集或第二版。

最近的论文[218]是基于表格情形下凸规划[式(9.106)]的一种变体，文献[224]包含了一个与凸 Q 学习非常相似的算法(见文献[224]中的公式(6))。最近的 RL 综述文章[269]给出了凸 Q 学习的一个版本，并解释了正则化的重要性。同样与式(9.106)相关的是文献[28]的 logistic Q 学习算法，这可能代表着更多实用算法以及更优雅的理论的开放。

⊖ 经验回放(Experience Replay)是强化学习中的一个技术，旨在改善学习的效率和稳定性。在实时与环境交互中获得的经验(状态、动作、奖励等)通常会被立即用于更新模型。这种做法可能非常低效和不稳定。经验回放通过将这些经验存储到一个称为“经验回放缓冲区”的数据结构中，然后在训练过程中随机抽样以用于模型更新，从而解决了这一问题。

CHAPTER 10

第 10 章

搭建舞台，演员回归

本章将介绍改进 TD 学习的技术，以及平均成本最优准则的算法。重点是围绕最小范数问题的几何，正如围绕式(6.22)的段落中首先讨论的那样。定理 9.7 和定理 9.11 的替代证明暴露了底层几何，将为算法设计带来新的工具。

你应该问问自己，为什么我们要关心解决定理 9.7 和定理 9.11 中提出的最小范数问题？特别是，求解下面这个优化问题的动机是什么？

$$\theta^*=\arg\min_{\theta}\| H^{\theta}-Q \|_{\varpi}^2 \stackrel{\text{def}}{=} \sum_{z\in Z}(H^{\theta}(z)-Q(z))^2\varpi(z) \tag{10.1}$$

其中 $Z=X\times U$。数学上的优雅简洁可能提供了充足的动机，但到目前为止，没有证据表明这是控制设计成功的有用度量准则。

戴上你的“控制帽”，回顾一下 3.4 节中关于逆动态规划的讨论。在那里我们的目的不是近似一个价值函数，而是确保我们选择的任何近似函数 J 自身都是具有理想性质的成本函数 c^J：即，它是强制性的，且 $c^J\approx c$。在随机环境中，平均成本准则与 3.4 节的总成本情形最密切相关，这一点在 7.2 节中通过例子和一些分析得到了明确。特别地，回顾一下式(7.26)：

$$\varrho^\circ+J^\star(x)=\min_u\{c^J(x,u)+P_uJ^\star(x)\}$$

其中 $J^\star$ 表示流体模型的价值函数，当且仅当贝尔曼误差在跨度半范数内是很小的时，$c^J\approx c$。

为了理解式(10.1)的实用价值，需要一个完全不同的控制理论“衣柜”或“戏装保管室”，这是 10.5 节及以后的主题。在那里解释了为什么本章的前半部分要为演员-评论家方法搭建舞台。演员被定义为一族随机化的策略$\{\check{\phi}^{\theta}:\ \theta\in\mathbb{R}^d\}$。我们的目标是创建一个有效的算法来从这族策略中估计出“最佳”策略，其中“最佳”的概念可以根据折扣成本、总成本或平均成本来定义。

我们在 10.4.1 节中将发现，通过对模拟或实验框架的设计，大多数的最优性准则可以被转换为平均成本。因此，演员-评论家方法的理论发展完全集中在平均成本标准上。相对价值函数扮演了评论家的角色，围绕平均成本 TD(1) 的理论被用于构造随机梯度下降算法。这些算法旨在消除 4.6 节中介绍的纯演员的方法中固有的偏差。

10.6 节的一个结论是，演员-评论家方法可以被视为 Q 学习的一种受过训练的方法。比较一下二者：

▶ Q 学习旨在求解式(9.71)，这在表格情形之外是不容易被证明的。

▶ 演员-评论家方法使用(作为一个子程序)Q 学习的一种变体，这是获得无偏梯度估计的一个重要因素。

10.1　舞台、投影和伴随矩阵

本章建立的几何需要一个线性参数化的函数类。如果空间允许，我们可能会允许一个 RKHS 用于此目的。由于这不是一个选项，因此选择一个 d 维基：$\boldsymbol{\psi}:Z\to\mathbb{R}^d$，这样任意一个近似可表示为 $H^\theta=\boldsymbol{\theta}^{\mathrm{T}}\boldsymbol{\psi}$，其中 $\boldsymbol{\theta}\in\mathbb{R}^d$。

不管式(10.1)中 Q 的解释如何，近似 $H^{\boldsymbol{\theta}^*}$ 被称为 Q 在线性子空间 $\mathcal{H}=\{H^{\boldsymbol{\theta}}:\boldsymbol{\theta}\in\mathbb{R}^d\}$ 上的投影，可以表示为

$$H^{\boldsymbol{\theta}^*}(\boldsymbol{\Phi}(k))=\widehat{E}[Q(\boldsymbol{\Phi}(k))\mid \boldsymbol{Y}]$$

其中 $\boldsymbol{Y}=\boldsymbol{\psi}(\boldsymbol{\Phi}(k))$(定义可回顾一下式(9.19))。这些解释在 5.4.1 节讨论过，所以我们采用第 5 章的表示法：对于任意两个函数 $g,h:Z\to\mathbb{R}$，内积定义为

$$\langle g,h\rangle_{\varpi}\stackrel{\text{def}}{=}E_{\varpi}[g(\boldsymbol{\Phi}(k))h(\boldsymbol{\Phi}(k))]=\sum_{z\in Z}g(z)h(z)\varpi(z)$$

因此

$$\|H^\theta-Q\|_{\varpi}^2=\langle H^\theta-Q,H^\theta-Q\rangle_{\varpi}$$

回想一下，每当 $\|g\|_{\varpi}<\infty$ 时，我们记 $g\in L_2(\varpi)$。这是表示是自由的，因为我们在本章中假设 X 和 U 是有限的。

为了便于参考，在此重述一下命题 5.7 和命题 9.4 的结论：

命题 10.1　假设$\{\boldsymbol{\psi}_i\}$在 $L_2(\varpi)$ 中是线性无关的：$\|\boldsymbol{\theta}^{\mathrm{T}}\boldsymbol{\psi}\|_{\varpi}=0$ 意味着 $\boldsymbol{\theta}=\mathbf{0}$。那么，对于任意函数 $G\in L_2(\varpi)$，投影存在且是唯一的，并且由 $G=\boldsymbol{\theta}^{*\mathrm{T}}\boldsymbol{\psi}$ 给出，其中 $\boldsymbol{\theta}^*=\boldsymbol{R}(0)^{-1}\overline{\boldsymbol{\psi}}^G$，$\overline{\boldsymbol{\psi}}^G\in\mathbb{R}^d$ 和 $d\times d$ 方矩阵 $\boldsymbol{R}(0)=\boldsymbol{R}^{\psi}$ 由下式定义：

$$\overline{\boldsymbol{\psi}}_i^G=\langle\boldsymbol{\psi}_i,G\rangle_{\varpi},\quad \boldsymbol{R}_{i,j}^{\psi}=\langle\boldsymbol{\psi}_i,\boldsymbol{\psi}_j\rangle_{\varpi},\quad 1\leqslant i,j\leqslant d \tag{10.2}$$

□

当 G 是 Q 函数时，一些不可思议的事就来了。对于折扣成本准则，向量 $\overline{\boldsymbol{\psi}}^G\in\mathbb{R}^d$ 可以表示为

$$\overline{\boldsymbol{\psi}}^Q=E_{\varpi}[\boldsymbol{\psi}(\boldsymbol{\Phi}(0))Q(\boldsymbol{\Phi}(0))]=\sum_{k=0}^{\infty}\gamma^k E_{\varpi}[\boldsymbol{\psi}(\boldsymbol{\Phi}(0))c(\boldsymbol{\Phi}(k))] \tag{10.3}$$

其中第二个方程由式(9.6b)和条件期望的光滑性推导而来。使用式(10.3)的右侧是具有挑战性的，因为它涉及无限未来时的状态-输入轨迹。

借助一点线性代数的知识就揭开了这个不可思议的事。

10.1.1　线性算子和伴随矩阵

设 $\boldsymbol{T}$：$L_2(\varpi)\to L_2(\varpi)$为一个线性算子。即，对于任意 $g,h\in L_2(\varpi)$和标量 $\alpha,\beta\in\mathbb{R}$，

$$\boldsymbol{T}(\alpha g+\beta h)=\alpha\boldsymbol{T}(g)+\beta\boldsymbol{T}(h)$$

如果没有混淆的风险，习惯上写成 $\boldsymbol{T}g$ 而不是 $\boldsymbol{T}(g)$。

对于具有折扣成本准则的 TD 学习，感兴趣的线性算子由下式定义：对于任意的 $g\in L_2(\varpi)$，和 $z\in Z$，

$$\boldsymbol{T}_\gamma g(z)\stackrel{\text{def}}{=}\sum_{k=0}^{\infty}\gamma^k E[g(\boldsymbol{\Phi}(k))\mid\boldsymbol{\Phi}(0)=z] \tag{10.4}$$

这样，$Q=\boldsymbol{T}_\gamma c$。线性算子的基本理论提供了工具，进而可有效地估计出现在式(10.2)中的向量 $\overline{\boldsymbol{\psi}}^G$，其中 $G=Q$。

主要概念是线性算子 $\boldsymbol{T}$ 的伴随矩阵，记为 $\boldsymbol{T}^\dagger$。这可通过简单的恒等式来定义：对于所有的 $g,h\in L_2(\varpi)$，

$$\langle\boldsymbol{T}g,h\rangle_\varpi=\langle g,\boldsymbol{T}^\dagger h\rangle_\varpi \tag{10.5}$$

在这个有限的情形中，存在一个简单的公式，这是通过将 $\boldsymbol{T}$ 表示为一个矩阵获得的：

$$\boldsymbol{T}g(z)=\sum_{z'\in Z}\boldsymbol{T}(z,z')g(z')$$

引理 10.2　$\boldsymbol{T}$ 的伴随矩阵等于其转置，这是通过一个相似变换得到的：

$$\boldsymbol{T}^\dagger(z,z')=\frac{1}{\varpi(z)}\boldsymbol{T}(z',z)\varpi(z'),\quad z,z'\in Z$$

因此，对于任意 $h\in L_2(\varpi)$

$$\boldsymbol{T}^\dagger h(z')=\sum_z\boldsymbol{T}^\dagger(z',z)h(z)=\sum_{z\in Z}\boldsymbol{T}(z,z')\frac{\varpi(z)}{\varpi(z')}h(z),\quad z'\in Z \tag{10.6}$$

证明　根据定义，我们有：

$$\langle\boldsymbol{T}g,h\rangle_\varpi=\sum_{z\in Z}\{\boldsymbol{T}g(z)\}h(z)\,\varpi(z)=\sum_{z\in Z}\Big\{\sum_{z'\in Z}\boldsymbol{T}(z,z')g(z')\Big\}h(z)\varpi(z)$$

颠倒求和的顺序，并引入 $1=\varpi(z')/\varpi(z')$，则可给出式(10.6)：

$$\langle\boldsymbol{T}g,h\rangle_\varpi=\sum_{z'\in Z}g(z')\left(\sum_{z\in Z}\boldsymbol{T}(z,z')h(z)\frac{\varpi(z)}{\varpi(z')}\right)\varpi(z')$$

虽然式(10.6)符合本科线性代数的直觉，但它对我们的目的显然没有用处。

10.1.2　伴随矩阵和资格向量

$\boldsymbol{T}_\gamma$ 的概率表示提供了其伴随矩阵的更有用的表示

命题 10.3　对任意的 $h\in L_2(\varpi)$，和 $z\in Z$，$\boldsymbol{T}_\gamma$ 的伴随矩阵允许具有如下表示，

$$\boldsymbol{T}_\gamma^\dagger h(z)=\sum_{k=0}^{\infty}\gamma^k E[h(\boldsymbol{\Phi}(-k))\mid\boldsymbol{\Phi}(0)=z]$$

其中 $\boldsymbol{\Phi}$ 为双边时间区间上的平稳过程。

证明　根据式(10.4)，我们有

$$\langle \boldsymbol{T}_\gamma g,h\rangle_\varpi=\sum_{z\in Z}\varpi(z)\Big(\sum_{k=0}^{\infty}\gamma^k E[g(\boldsymbol{\Phi}(k))\mid\boldsymbol{\Phi}(0)=z]\Big)h(z)=\sum_{k=0}^{\infty}\gamma^k E_\varpi[h(\boldsymbol{\Phi}(0))g(\boldsymbol{\Phi}(k))]$$

根据平稳性，我们有 $E_\varpi[h\boldsymbol{\Phi}(0)g(\boldsymbol{\Phi}(k))]=E_\varpi[h\boldsymbol{\Phi}(-k)g(\boldsymbol{\Phi}(0))]$，所以

$$\langle \boldsymbol{T}_\gamma g,h\rangle_\varpi=\sum_{k=0}^{\infty}\gamma^k E_\varpi[h(\boldsymbol{\Phi}(-k))g(\boldsymbol{\Phi}(0))]$$

在应用光滑性质之后，证明即可完成：

$$\begin{aligned}E_\varpi[h(\boldsymbol{\Phi}(-k))g(\boldsymbol{\Phi}(0))]&=E_\varpi[E[h(\boldsymbol{\Phi}(-k))g(\boldsymbol{\Phi}(0))\mid\boldsymbol{\Phi}(0)]]\\&=\sum_{z\in Z}E_\varpi[h(\boldsymbol{\Phi}(-k))\mid\boldsymbol{\Phi}(0)=z]g(z)\varpi(z)\end{aligned}$$

□

定理 9.11(ii)重新审视　这个结果源于命题 10.1，只是做了符号上的改变。

在式(10.3)中，向量 $\overline{\boldsymbol{\psi}}^G$ 有如下分量

$$\overline{\boldsymbol{\psi}}_i^Q=E_\varpi[\boldsymbol{\psi}_i(\boldsymbol{\Phi}(0))Q(\boldsymbol{\Phi}(0))]=\langle \boldsymbol{T}_\gamma c,\boldsymbol{\psi}_i\rangle_\varpi=\langle c,\boldsymbol{T}_\gamma^\dagger\boldsymbol{\psi}_i\rangle_\varpi,1\leqslant i\leqslant d \tag{10.7}$$

命题 10.3 提供了一个更熟悉的公式：对于任意 n，

$$\overline{\boldsymbol{\psi}}^Q=E_\varpi[c_n\boldsymbol{\zeta}_n],c_n=c(\boldsymbol{\Phi}(n)),\boldsymbol{\zeta}_n=\sum_{k=0}^{\infty}\gamma^k\boldsymbol{\psi}(\boldsymbol{\Phi}(n-k)) \tag{10.8}$$

其中 $\boldsymbol{\Phi}$ 是稳态的并被定义在双边时间轴上。序列 $\{\boldsymbol{\zeta}_n:n\in\mathbb{Z}\}$ 是 TD(1)算法的资格向量的平稳版本。因此，命题 10.1 中给出的公式 $\boldsymbol{\theta}^*=\boldsymbol{R}(0)^{-1}\overline{\boldsymbol{\psi}}^Q$ 对应于 TD(1)的平衡点条件：

$$\boldsymbol{0}=\overline{f}(\boldsymbol{\theta}^*)=-\boldsymbol{R}^{\psi}\boldsymbol{\theta}^*+E_\varpi[c_n\boldsymbol{\zeta}_n]$$

10.1.3　加权范数和加权资格向量

我们在 6.7.5 节中介绍了状态加权的使用，它作为一种手段用来减少基于蒙特卡罗方法的学习算法中的方差。令 $w:Z\to\mathbb{R}_+$ 表示用于定义范数的加权函数

$$\|H\|_{\varpi,w}^2\stackrel{\text{def}}{=}E_\varpi[H(\boldsymbol{\Phi}(n))^2 w(\boldsymbol{\Phi}(n))] \tag{10.9}$$

如果这是有限的，我们记 $\mathcal{H}\in L_2(\varpi,w)$（当 Z 是有限的时候，这是一个空洞的假设，正如在这里的理论发展中所假设的那样）。一贯地，内积被重新定义为：

$$\langle G,H\rangle_{\varpi,w}\stackrel{\text{def}}{=}E_\varpi[G(\boldsymbol{\Phi}(n))H(\boldsymbol{\Phi}(n))w(\boldsymbol{\Phi}(n))],\quad G,H\in L_2(\varpi,w)$$

式(6.49)对当前情形的适应是最小化加权均方误差：

$$\|H^\theta-Q\|_{\varpi,w}^2=E_\varpi[(H^\theta(\boldsymbol{\Phi}(n))-Q(\boldsymbol{\Phi}(n)))^2 w(\boldsymbol{\Phi}(n))] \tag{10.10}$$

同策略 TD(λ)学习的伽辽金方法进行了类似的修改：

$$\boldsymbol{0}=E_\varpi[\{-H^{\boldsymbol{\theta}^*}(\boldsymbol{\Phi}(n))+c_n+\gamma H^{\boldsymbol{\theta}^*}(\boldsymbol{\Phi}(n+1))\}w(\boldsymbol{\Phi}(n))\boldsymbol{\zeta}_n] \tag{10.11}$$

其中 $\boldsymbol{\zeta}_n=\sum_{k=0}^{\infty}(\lambda\gamma)^k\boldsymbol{\psi}(\boldsymbol{\Phi}(n-k))$，$\boldsymbol{\Phi}$ 在 $\mathbb{Z}$ 上是稳态的。

10.1 节所建立的结果被延续到新的向量空间 $L_2(\varpi,w)$，从以下内容开始：

命题 10.4　对于任何函数 $G\in L_2(\varpi,w)$，采用如下符号表示，下列命题成立：

$$\overline{\boldsymbol{\psi}}_i^G=\langle\boldsymbol{\psi}_i,G\rangle_{\varpi,w},\quad 1\leqslant i\leqslant d$$
$$R_{i,j}^{\psi}=\langle\boldsymbol{\psi}_i,\boldsymbol{\psi}_j\rangle_{\varpi,w},\quad 1\leqslant i,j\leqslant d \tag{10.12}$$

(i) 投影 $\hat{G}$ 存在，由 $\hat{G}=\boldsymbol{\theta}^{*\top}\boldsymbol{\psi}$ 给出，其中 $\boldsymbol{\theta}^*\in\mathbb{R}^d$ 是线性方程 $\boldsymbol{R}^{\psi}\boldsymbol{\theta}^*=\overline{\boldsymbol{\psi}}^G$ 的任意解。

(ii) 假设 $\{\boldsymbol{\psi}_i\}$ 在 $L_2(\varpi,w)$ 中是线性无关的，仅当 $\boldsymbol{\theta}=\mathbf{0}$ 时，$\|\boldsymbol{\theta}^{\top}\boldsymbol{\psi}\|_{\varpi,w}=0$。那么 $\boldsymbol{\theta}^*=[\boldsymbol{R}^{\psi}]^{-1}\overline{\boldsymbol{\psi}}^G$ 是唯一的。

当应用在式(10.10)时，我们仍然有 $Q=\boldsymbol{T}_\gamma c$，因此

$$\overline{\boldsymbol{\psi}}_i^Q=\langle\boldsymbol{\psi}_i,\boldsymbol{T}_\gamma c\rangle_{\varpi,w}=\langle\boldsymbol{T}_\gamma^{\dagger}\boldsymbol{\psi}_i,c\rangle_{\varpi,w},\quad 1\leqslant i,j\leqslant d$$

然而，伴随矩阵的定义取决于范数的选择：

引理 10.5　对于所有的 $g,h\in L_2(\varpi,w)$，我们有

$$\begin{aligned}\langle\boldsymbol{T}_\gamma g,h\rangle_{\varpi,w}&=\sum_{k=0}^{\infty}\gamma^k E_{\varpi}[w(\boldsymbol{\Phi}(0))h(\boldsymbol{\Phi}(0))g(\boldsymbol{\Phi}(k))]\\&=\sum_{k=0}^{\infty}\gamma^k E_{\varpi}[w(\boldsymbol{\Phi}(-k))h(\boldsymbol{\Phi}(-k))g(\boldsymbol{\Phi}(0))]\end{aligned}$$

因此，在 $L_2(\varpi,w)$ 中的 $\boldsymbol{T}_\gamma$ 的伴随矩阵允许具有如下表示：

$$\boldsymbol{T}_\gamma^{\dagger}h(z)=\frac{1}{w(z)}\sum_{k=0}^{\infty}\gamma^k E[w(\boldsymbol{\Phi}(-k))h(\boldsymbol{\Phi}(-k))\mid\boldsymbol{\Phi}(0)=z],\quad z\in Z$$

这激发了一个新的算法和一致性结果。

加权 LSTD(1)（同策略）

初始化 $\boldsymbol{\zeta}_0\in\mathbb{R}^d$，$\hat{\boldsymbol{\Sigma}}_0\in\mathbb{R}^{d\times d}$（正定的），以及时域 N，

$$\boldsymbol{\theta}_N=\hat{\boldsymbol{\Sigma}}_N^{-1}\overline{\boldsymbol{\psi}}_N^Q \tag{10.13a}$$

其中

$$\hat{\boldsymbol{\Sigma}}_N=\frac{1}{N}\Big(\hat{\boldsymbol{\Sigma}}_0+\sum_{n=1}^{N}w_n\boldsymbol{\psi}_{(n)}\boldsymbol{\psi}_{(n)}^{\top}\Big) \tag{10.13b}$$

$$\overline{\boldsymbol{\psi}}_N^Q=\frac{1}{N}\sum_{n=1}^{N}c_n\boldsymbol{\zeta}_n \tag{10.13c}$$

$$\boldsymbol{\zeta}_n=\gamma\boldsymbol{\zeta}_{n-1}+w_n\boldsymbol{\psi}_{(n)},\quad w_n=w(\boldsymbol{\Phi}(n)),\quad 1\leqslant n\leqslant N \tag{10.13d}$$

大数定律给出了如下命题：

命题 10.6　在命题 10.4 的线性独立性假设条件下，LSTD(1) 算法[式(10.13)]是一致

的：在概率 1 意义下，$\lim_{N\to\infty}\boldsymbol{\theta}_N=\boldsymbol{\theta}^*=\boldsymbol{R}(0)^{-1}\overline{\boldsymbol{\psi}}^Q$，其中 $\boldsymbol{R}(0)=\boldsymbol{R}^{\psi}$ 和 $\overline{\boldsymbol{\psi}}^Q$ 在式(10.12)中被定义，且 $G=Q$ 等于既定策略 Q 函数[式(9.47)]。因此，$\boldsymbol{\theta}^*$ 使 L_2 目标[式(10.10)]最小化。

□

10.2 优势函数与新息

回顾 9.1.3 节提出优势函数的一个动机：在策略迭代中，我们不需要 Q 的精确估计，因为我们只是在 u 上对每个 x 计算 Q 的最小值感兴趣。不估计 Q，我们试图估计差值 $Q-G$，其中 $G:X\to\mathbb{R}$(函数 G 不依赖于 u)。命题 9.14 告诉我们最佳选择是 $G^*=\underline{Q}=h$。

通过"最佳"，我们的意思是，对于 X 上的所有函数，h 是 Q 的最小 MSE 估计。因此，误差 $V=Q-h$ 正交于 X 上的任何函数。在统计学中，通常将 V 称为用 h 近似 Q 相关的新息(innovation)。这种优势函数的解释对于 Q 和 V 的近似都是非常有用的，因为它激发了更好的近似结构。

在本节中，我们保持在折扣成本情形中，因此 h 和 Q 都是通过式(9.47)定义的。在本章的其余部分，将理论和算法扩展到平均成本被认为是理所当然的。

10.2.1 优势函数的投影及其值

让我们回过头来重新考虑由给定基 $\boldsymbol{\psi}:X\times U\to\mathbb{R}^d$ 定义的函数类中对 Q 的估计，以两种形式之一扩展函数类：

$$\mathcal{H}=\{\boldsymbol{\theta}^{\top}\boldsymbol{\psi}+\boldsymbol{\xi}^{\top}\underline{\boldsymbol{\psi}}:\boldsymbol{\theta},\boldsymbol{\xi}\in\mathbb{R}^d\}\text{ 或}\mathcal{H}^X=\{\boldsymbol{\theta}^{\top}\boldsymbol{\psi}+g:\boldsymbol{\theta}\in\mathbb{R}^d,g:X\to\mathbb{R}\}\tag{10.14}$$

其中 $\underline{\boldsymbol{\psi}}$ 和 $\widetilde{\boldsymbol{\psi}}$ 在式(9.66)中被引入，随后是函数类 $\widetilde{\mathcal{H}}$。我们有 $\mathcal{H}\subset\mathcal{H}^X$，其中后者包含了只依赖于 $x\in X$ 的每一个函数，特别是，$h\in\mathcal{H}^X$。

这里我们还需要两个 d 维函数类

$$\underline{\mathcal{H}}=\{\boldsymbol{\theta}^{\top}\underline{\boldsymbol{\psi}}:\theta\in\mathbb{R}^d\}\text{ 和 }\widetilde{\mathcal{H}}=\{\boldsymbol{\theta}^{\top}\widetilde{\boldsymbol{\psi}}:\boldsymbol{\theta}\in\mathbb{R}^d\}$$

$\underline{\boldsymbol{\psi}}(\boldsymbol{X}(k))=\mathsf{E}[\boldsymbol{\psi}(\boldsymbol{\Phi}(k)\mid\boldsymbol{X}(k))]$ 的解释意味着这两个函数类是正交的，以及更多。

记 Q 在函数空间 $\{\mathcal{H},\underline{\mathcal{H}},\widetilde{\mathcal{H}}\}$ 上的投影分别是 $\hat{Q}$，$\hat{Q}^-$ 和 $\hat{Q}^\sim$。h 和 $V=Q-h$ 的投影记法类似。

命题 10.7　(i) 任意 $G\in\widetilde{\mathcal{H}}$ 正交于任意函数 $g:X\to\mathbb{R}$：

$$\langle G,g\rangle_{\varpi}\stackrel{\text{def}}{=}\mathsf{E}[G(\boldsymbol{\Phi}(k))g(X(k))]=0$$

因此，$\widetilde{\mathcal{H}}$ 和 $\underline{\mathcal{H}}$ 在 $L_2(\varpi)$ 中正交。

(ii) 对于每个 $g\in\underline{\mathcal{H}}$ 和 $G\in\widetilde{H}$，

$$\|G+g-Q\|_{\varpi}^2=\|G-V\|_{\varpi}^2+\|g-h\|_{\pi}^2\tag{10.15}$$

(iii) $\hat{V}=\hat{V}^\sim=\hat{Q}^\sim$ 和 $\hat{h}=\hat{h}^-=\hat{Q}^-$。

(iv) $\hat{Q}=\hat{V}+\hat{h}$。

(v) $\hat{Q}^X \stackrel{\text{def}}{=} \hat{V}+h$ 是 Q 在 $\mathcal{H}^X$ 上的投影。 □

(iii)证明了式(9.68)的正确性。定理 10.8 的证明仅仅是用新的基向量对定理 9.11 的重述。

定理 10.8 式(9.68)是一致的：估计值收敛到参数 $\boldsymbol{\omega}^*$，该参数定义了投影 $V=\{\boldsymbol{\omega}^*\}^{\mathsf{T}}\widetilde{\boldsymbol{\psi}}^{\circ}$。

10.2.2 加权范数

如果我们在加权范数中寻求一个近似，那么 G 的一个方便的选择是 L_2 优化问题的解，

$$G^w=\arg\min_G \|Q-G\|^2_{\varpi,w}=\arg\min_G \mathsf{E}_{\varpi}[\{Q(\boldsymbol{\Phi}(n))-G(X(n))\}^2 w(\boldsymbol{\Phi}(n))]$$

其中最小值是对所有 $G:X\to\mathbb{R}$ 而言的。优化解的特点是正交性：

$$\langle Q-G^w, G\rangle_{\varpi,w}=0 \text{ 对所有 } G:X\to\mathbb{R}$$

当设定 $G=G^i$ 时，命题 10.9 的证明就可得到，其中对于每个 i，$G^i(x)=\mathbb{1}\{x=x^i\}$，$\{x^i\}$是状态空间 X 的枚举。

命题 10.9 优化解由下式给出

$$G^w(x)=\frac{1}{\kappa(x)}\sum_u \check{\phi}(u|x)Q(x,u)w(x,u),\quad \kappa(x)=\sum_u\check{\phi}(u|x)w(x,u),\quad x\in X$$

如果 w 不依赖于 u，此时给出

$$G^w(x)=\underline{Q}(x)\stackrel{\text{def}}{=}\sum_u\check{\phi}(u|x)Q(x,u),\quad x\in X$$

因此，在这种情况下，$G^w=\underline{Q}=h$，因此 $V=Q-h$ 与式(9.65a)完全相同。

这个命题告诉我们，如果 w 不依赖于 u，基 $\widetilde{\boldsymbol{\psi}}$ 的选择对于逼近优势函数仍然有效。大数定律激发了一个如命题 10.6 所示的算法。回顾 9.5.4 节中关于基 $\widetilde{\boldsymbol{\psi}}^{\circ}$ 的解释。

加权优势函数的 LSTD(1)(同策略)

给定加权函数 $w:X\to(0,\infty)$，初始化 $\boldsymbol{\zeta}_0\in\mathbb{R}^m$，$\boldsymbol{\Sigma}_0\in\mathbb{R}^{m\times m}$，以及时域 N，则

$$\boldsymbol{\omega}_N=\hat{\boldsymbol{\Sigma}}_N^{-1}\overline{\boldsymbol{\psi}}_N^Q \tag{10.16a}$$

其中

$$\hat{\boldsymbol{\Sigma}}_N=\frac{1}{N}\Big(\hat{\boldsymbol{\Sigma}}_0+\sum_{n=1}^N w_n\widetilde{\boldsymbol{\psi}}_{(n)}\widetilde{\boldsymbol{\psi}}_{(n)}^{\mathsf{T}}\Big) \tag{10.16b}$$

$$\overline{\boldsymbol{\psi}}_N^Q=\frac{1}{N}\sum_{n=1}^N c_n\boldsymbol{\zeta}_n \tag{10.16c}$$

$$\boldsymbol{\zeta}_n=\gamma\boldsymbol{\zeta}_{n-1}+w_n\widetilde{\boldsymbol{\psi}}_{(n)},\quad w_n=w(\boldsymbol{X}(n)),\quad \widetilde{\boldsymbol{\psi}}_{(n)}=\widetilde{\boldsymbol{\psi}}^{\circ}(\boldsymbol{\Phi}(n)),\quad 1\leqslant n\leqslant N \tag{10.16d}$$

10.3　再生

泊松方程的表示[式(6.26)]可以部分推广到折扣成本准则。让 $z^{\bullet}=(x^{\bullet},u^{\bullet})\in X\times U$ 表示稳态概率为正的任意状态：$\varpi(z^{\bullet})>0$。考虑之前介绍的式(9.57)：

$$\widetilde{Q}_{\gamma}(z)=E\Big[\sum_{k=0}^{\tau_{\bullet}-1}\gamma^{k}\widetilde{c}(\boldsymbol{\Phi}(k))\mid\boldsymbol{\Phi}(0)=z\Big]+E\Big[\gamma^{\tau_{\bullet}}\sum_{k=0}^{\infty}\gamma^{k}\widetilde{c}(\boldsymbol{\Phi}(k+\tau_{\bullet}))\mid\boldsymbol{\Phi}(0)=z\Big]$$

应用强马尔可夫性质(见 A.2.3 节)，得到

$$\begin{aligned}E\Big[\gamma^{\tau_{\bullet}}\sum_{k=0}^{\infty}\gamma^{k}\widetilde{c}(\boldsymbol{\Phi}(k+\tau_{\bullet}))\mid\boldsymbol{\Phi}(0)=z\Big]&=E[\gamma^{\tau_{\bullet}}\widetilde{Q}_{\gamma}(\boldsymbol{\Phi}(\tau_{\bullet}))\mid\boldsymbol{\Phi}(0)=z]\\&=\widetilde{Q}_{\gamma}(z^{\bullet})E[\gamma^{\tau_{\bullet}}\mid\boldsymbol{\Phi}(0)=z]\end{aligned}$$

对于 Q_{γ}，类似的分解成立：

引理 10.10　对于 $\gamma\in[0,1)$，下式成立：

$$\widetilde{Q}_{\gamma}(z)=E\Big[\sum_{k=0}^{\tau_{\bullet}-1}\gamma^{k}\widetilde{c}(\boldsymbol{\Phi}(k))\mid\boldsymbol{\Phi}(0)=z\Big]+\widetilde{Q}_{\gamma}(z^{\bullet})E[\gamma^{\tau_{\bullet}}\mid\boldsymbol{\Phi}(0)=z]$$

$$Q_{\gamma}(z)=E\Big[\sum_{k=0}^{\tau_{\bullet}-1}\gamma^{k}c(\boldsymbol{\Phi}(k))\mid\boldsymbol{\Phi}(0)=z\Big]+Q_{\gamma}(z^{\bullet})E[\gamma^{\tau_{\bullet}}\mid\boldsymbol{\Phi}(0)=z]$$

因此，$\lim_{\gamma\uparrow1}\widetilde{Q}_{\gamma}(z)=H_{3}(z)+\widetilde{Q}_{1}(z^{\bullet})$，其中 H_3 是泊松方程的解：

$$H_{3}(z)=E\Big[\sum_{k=0}^{\tau_{\bullet}-1}\widetilde{c}(\boldsymbol{\Phi}(k))\mid\boldsymbol{\Phi}(0)=z\Big]\tag{10.17}$$

对于 $\gamma\sim1$，我们可能选择去估计有限时域目标，以此获得具有方差减小的算法。考虑既定策略 $\breve{\phi}$：

$$J_{\gamma}(z)=E\Big[\sum_{k=0}^{\tau_{\bullet}-1}\gamma^{k}c(\boldsymbol{\Phi}(k))\mid\boldsymbol{\Phi}(0)=z\Big]$$

记 $J_{\gamma}(z)=c(z)+E\Big[\mathbb{1}\{\tau_{\bullet}\geqslant2\}\sum_{k=1}^{\tau_{\bullet}-1}\gamma^{k}c(\boldsymbol{\Phi}(k))\mid\boldsymbol{\Phi}(0)=z\Big]$，可得如下 DP 方程：

$$\begin{aligned}J_{\gamma}(z)&=c(z)+\gamma\sum_{z'\neq z^{\bullet}}P(z,z')J_{\gamma}(z')\\&=E[c_{n}+\gamma\mathbb{1}\{\boldsymbol{\Phi}(n+1)\neq z^{\bullet}\}J_{\gamma}(\boldsymbol{\Phi}(n+1))\mid\boldsymbol{\Phi}(n)=z]\end{aligned}\tag{10.18}$$

有限时域目标引入了一个新的资格向量：对于 $n\geqslant0$，

$$\boldsymbol{\zeta}_{n}=\sum_{\widetilde{\sigma}_{\bullet}^{[n]}\leqslant k\leqslant n}(\lambda\gamma)^{n-k}\boldsymbol{\psi}_{(k)}\tag{10.19a}$$

$$\text{其中 }\widetilde{\sigma}_{\bullet}^{[n]}=\max\{k\leqslant n:\boldsymbol{\Phi}(k)=z^{\bullet}\}\tag{10.19b}$$

对于 $k=0,\cdots,n$，在特殊情况下 $\boldsymbol{\Phi}(k)\neq z^{\bullet}$（即式(10.19b)中的最大值是在一个空集上），我们定义 $\tilde{\sigma}_{\bullet}^{[n]}=0$。资格向量的序列具有递归形式，与式(10.18)一起激发了再生 TD(λ)算法：

再生 TD(λ)算法(同策略)

初始化 $\boldsymbol{\theta}_0,\boldsymbol{\zeta}_0\in\mathbb{R}^d$，估计序列被递归地定义为：

$$\begin{aligned}
&\boldsymbol{\theta}_{n+1}=\boldsymbol{\theta}_n+\alpha_{n+1}\boldsymbol{\zeta}_n\mathcal{D}_{n+1},\\
&\mathcal{D}_{n+1}=(-H^{\boldsymbol{\theta}}(\boldsymbol{\Phi}(n))+c_n+\gamma\mathbb{1}\{\boldsymbol{\Phi}(n+1)\neq z^{\bullet}\}H^{\boldsymbol{\theta}}(\boldsymbol{\Phi}(n+1)))\Big|_{\boldsymbol{\theta}=\boldsymbol{\theta}_n},\\
&\boldsymbol{\zeta}_{n+1}=\lambda\gamma\mathbb{1}\{\boldsymbol{\Phi}(n+1)\neq z^{\bullet}\}\boldsymbol{\zeta}_n+\boldsymbol{\psi}_{(n+1)},n\geqslant 0
\end{aligned}\tag{10.20}$$

随着再生机制的引入，即使在 $\gamma=\lambda=1$ 时，该算法仍具有实用性。对于线性函数逼近，这是一个线性的 SA 递归 $\boldsymbol{\theta}_{n+1}=\boldsymbol{\theta}_n+\alpha_{n+1}[\boldsymbol{A}_{n+1}\boldsymbol{\theta}_n-\boldsymbol{b}_{n+1}]$，其中

$$\begin{aligned}
&\boldsymbol{A}_{n+1}=\boldsymbol{\zeta}_n[-\boldsymbol{\psi}_{(n)}+\gamma\mathbb{1}\{\boldsymbol{\Phi}(n+1)\neq z^{\bullet}\}\boldsymbol{\psi}_{(n+1)}]^{\intercal},\\
&\boldsymbol{b}_{n+1}=-\boldsymbol{\zeta}_n c_n
\end{aligned}\tag{10.21}$$

$\lambda=1$ 时的值在定理 10.11 中得到了解释，其证明可以在 10.9 节中找到。

定理 10.11(TD(1)的 L_2 最优性) 考虑具有线性函数近似 $H^{\boldsymbol{\theta}}=\boldsymbol{\theta}^{\intercal}\boldsymbol{\psi}$ 的式(10.20)。假设 $\boldsymbol{\Phi}$ 是单链的，且$\varpi(z^{\bullet})>0$。那么，在 $\lambda=1$ 的特殊情况下，

(i)$\boldsymbol{A}\stackrel{\text{def}}{=}E_{\varpi}[\boldsymbol{A}_n]=-\boldsymbol{R}(0)$和 $\boldsymbol{b}\stackrel{\text{def}}{=}E_{\varpi}[\boldsymbol{b}_n]=-E_{\varpi}[J_{\gamma}(\boldsymbol{\Phi}(n))\boldsymbol{\psi}(\boldsymbol{\Phi}(n))]$

(ii)$\boldsymbol{0}=\bar{f}(\boldsymbol{\theta}^*)=E_{\varpi}[\boldsymbol{\zeta}_n\mathcal{D}_{n+1}]$的任意解是如下最小范数问题的解：

$$\boldsymbol{\theta}^*\in\arg\min_{\boldsymbol{\theta}}\|H^{\theta}-J_{\gamma}\|_{\varpi}^2\stackrel{\text{def}}{=}\arg\min_{\boldsymbol{\theta}}E_{\varpi}[(H^{\boldsymbol{\theta}}(\boldsymbol{\Phi}(n))-J_{\gamma}(\boldsymbol{\Phi}(n)))^2]\tag{10.22}$$

□

如在具有线性函数逼近的所有 TD(1)算法中，$\boldsymbol{A}$ 的特征强烈地激发了 LSTD(1)的使用。一个表示如下所示

$$\boldsymbol{\theta}_N^{\text{LSTD}}=\hat{\boldsymbol{A}}^{-1}\hat{\boldsymbol{b}}\tag{10.23}$$

其中 N 表示时域，且对于给定的 $\hat{\boldsymbol{R}}_0>0$，

$$\hat{\boldsymbol{A}}=-\frac{1}{N}\Big\{\hat{\boldsymbol{R}}_0+\sum_{k=1}^{N}\boldsymbol{\psi}_{(k)}\boldsymbol{\psi}_{(\mathrm{k})}^{\intercal}\Big\},\quad \hat{\boldsymbol{b}}=-\frac{1}{N}\sum_{k=1}^{N}\boldsymbol{\zeta}_n c_n$$

10.4 平均成本及其他指标

10.4.1 其他指标

如本章开头所述，当我们对一族策略优化时，我们不能期望在这族策略中找到一个策略，使每个初始条件下的折扣成本或总成本准则最小化。相反，习惯上在 $Z=X\times U$ 上选择一

个 pmf $\boldsymbol{\mu}$，并定义优化目标如下：

$$\boldsymbol{\Gamma}(\breve{\phi})=\sum_{z} h_{\breve{\phi}}(z)\boldsymbol{\mu}(z)$$

其中 $h_{\breve{\phi}}$ 是与所选最优准则的策略 $\breve{\phi}$ 相关联的价值函数。在 10.5 节中，通过有限维参数化 $\{\breve{\phi}^{\boldsymbol{\theta}}:\boldsymbol{\theta}\in\mathbb{R}^d\}$ 来定义这个族，我们写成 $\boldsymbol{\Gamma}(\boldsymbol{\theta})$ 而不是 $\boldsymbol{\Gamma}(\breve{\phi}^{\boldsymbol{\theta}})$。

下面，我们将展示如何将一种最优准则转换为另一种最优准则。转换是通过建立一个马尔可夫链 $\boldsymbol{\Psi}$，一个严格递增的时间序列 $\{\mathcal{N}_n:n\geqslant 1\}$，以及一个修正的成本函数 $\hat{c}$ 来完成的，所设计的这些是为了下面的部分和

$$S_n=\sum_{k=\mathcal{N}_n}^{\mathcal{N}_{n+1}-1}\hat{c}(\boldsymbol{\Psi}(k)),\quad n\geqslant 1 \tag{10.24}$$

是独立同分布的(i. i. d.)，且具有普通均值 $\Gamma(\breve{\phi})$。通过构造可以看出，$\Gamma(\breve{\phi})$ 与新构建的随机过程的平均成本成正比。

在接下来的构造中，没有必要确定正在考虑的是哪个策略，因此我们写成 Γ 而不是 $\Gamma(\breve{\phi})$，并让 $\boldsymbol{T}$ 表示马尔可夫链 $\boldsymbol{\Phi}$ 的转移矩阵。

折扣成本

取 h 等于由一个策略 $\breve{\phi}$ 获得的折扣成本价值函数，并记为

$$\Gamma=\sum_{z} h(z)\boldsymbol{\mu}(z)=\mathsf{E}\Big[\sum_{k=0}^{\infty}\gamma^k c(\boldsymbol{\Phi}(k))\Big],\quad \boldsymbol{\Phi}(0)\sim\boldsymbol{\mu} \tag{10.25}$$

通过再生来定义一个构造：$\boldsymbol{\Psi}(k)=(\boldsymbol{\Phi}(k),B(k))$，其中对每个 $k,B(k)\in\{0,1\}$，$B(k)=1$ 表示在时刻 k 发生了一次再生，$\boldsymbol{\Phi}(k)$ 根据再生次数之间的转移矩阵 $\boldsymbol{T}$ 进行演化。

我们从构建第一个再生时间以及式(10.25)的一个替代表示开始。设 B 是一个具有分布参数为 $1-\gamma$ 的伯努利过程，与 $\boldsymbol{\Phi}$ 无关：

$$\mathrm{P}\{B(k)=0\mid\boldsymbol{\Phi}_0^\infty\}=\gamma$$

其中上述条件是在马尔可夫链 $\boldsymbol{\Phi}$ 的整个轨迹上的。记 $T_\bullet=\min\{k\geqslant 1:B(k)=1\}$，对于 $k\geqslant 0$，我们有 $P\{T_\bullet>k\mid\boldsymbol{\Phi}_0^\infty\}=\gamma^k$，且由独立性可知，

$$\mathsf{E}[\mathbb{1}\{T_\bullet>k\}c(\boldsymbol{\Phi}(k))]=\mathsf{E}[\mathbb{1}\{T_\bullet>k\}]\mathsf{E}[c(\boldsymbol{\Phi}(k))]=\gamma^k\mathsf{E}[c(\boldsymbol{\Phi}(k))]$$

对每边求和可以去除式(10.25)中的折扣，将其转换为随机最短路径问题：

$$h(z)=\mathsf{E}\Big[\sum_{k=0}^{T_\bullet-1}c(\boldsymbol{\Phi}(k))\mid\boldsymbol{\Phi}(0)=z\Big] \tag{10.26}$$

为了定义 $\boldsymbol{\Psi}$，我们令 $\mathcal{N}_1=T_\bullet$ 定义为第一次再生时间，而对于 $0\leqslant k\leqslant T_\bullet-1$，令 $\hat{\boldsymbol{\Phi}}(k)=\boldsymbol{\Phi}(k)$。随机变量 $\hat{\boldsymbol{\Phi}}(T_\bullet)$ 的采样独立于过去，且分布为 $\boldsymbol{\mu}$。重复这个构造，考虑到 $\{\mathcal{N}_n\}$ 是一个更新过程，则可归纳定义为

$$\mathcal{N}_{n+1}=\min\{k\geqslant\mathcal{N}_n+1:B(k)=1\},\quad n\geqslant 1$$

其中，对于每个 n，$\hat{\boldsymbol{\Phi}}(k)$ 如前所述定义在区间 $\{\mathcal{N}_n \leqslant k \leqslant \mathcal{N}_{n+1}\}$ 上。

下面是这个马尔可夫链的卡茨定理的一个变种（见命题 6.10）。

命题 10.12　对于具有成本函数 $\hat{c}(\boldsymbol{\Psi}(k))=c(\hat{X}(k))$ 的马尔可夫链 $\boldsymbol{\Psi}$，$k\geqslant 0$，式（10.24）中的部分和 $\{S_n\}$ 是 i.i.d. 的，普通均值 Γ 在式（10.25）中定义。因此，平均成本由下式给出

$$\lim_{N\to\infty}\frac{1}{N}\sum_{k=0}^{N-1}c(\hat{\boldsymbol{\Phi}}(\boldsymbol{k}))=\lim_{M\to\infty}\frac{M}{\mathcal{N}_M}\frac{1}{M}\sum_{m=1}^{M-1}S_m=(1-\gamma)\Gamma$$

有限时域

令 $\mathcal{N}\geqslant 1$ 和 $z^{\bullet}\in Z$ 事先给定，并考虑有限时域准则

$$\Gamma=E\Big[\sum_{k=0}^{\mathcal{N}\wedge\mathcal{N}_{\bullet}}\gamma^k c(\boldsymbol{\Phi}(k))\Big],\quad \boldsymbol{\Phi}(0)\sim\boldsymbol{\mu} \tag{10.27}$$

其中 $\mathcal{N}_{\bullet}=\min\{k\geqslant 1:\boldsymbol{\Phi}(k)=z^{\bullet}\}$，$\mathcal{N}\wedge\mathcal{N}_{\bullet}=\min(\mathcal{N},\mathcal{N}_{\bullet})$，且 $\gamma>0$ 是任意的。当 $\mathcal{N}=\infty$，$\gamma=1$ 时，这就是加权最短路径问题。

为了构造一个马尔可夫链 $\boldsymbol{\Psi}$，使式（10.27）与平均成本成正比，需要一个不同的再生构造。我们再次将 $\boldsymbol{\Psi}$ 定义为一对过程 $\boldsymbol{\Psi}(k)=(\hat{\boldsymbol{\Phi}}(k),\iota(k))$，在这种情况下，$\iota$ 被定义为确定的和周期性的：$\iota(k)=k$（模 $\mathcal{N}$）。再生时间也是确定的：对于 $n\geqslant 1$，$\mathcal{N}_n=n\mathcal{N}$，所定义的构造使得序列 $\{\hat{\boldsymbol{\Phi}}(\mathcal{N}_n):n\geqslant 1\}$ 是 i.i.d. 的，具有边际 $\boldsymbol{\mu}$。

我们借用折扣成本情形中的思想来构造 $\boldsymbol{\Psi}$：状态空间 Z 被放大用以包括一个记为▲的最终稳定状态（graveyard state）。因此 $\boldsymbol{\Psi}$ 的状态空间为 $\{Z\cup\blacktriangle\}\times\{0,\cdots,\mathcal{N}-1\}$。每个区间 $\mathcal{N}_n<k<\mathcal{N}_{n+1}$ 上的动力学定义如下：

(i) $P\{\hat{\boldsymbol{\Phi}}(k)=\blacktriangle\mid\hat{\boldsymbol{\Phi}}(k-1)=z^{\bullet}\}=P\{\hat{\boldsymbol{\Phi}}(k)=\blacktriangle\mid\hat{\boldsymbol{\Phi}}(k-1)=\blacktriangle\}=1$

(ii) $P\{\hat{\boldsymbol{\Phi}}(k)=z'\mid\hat{\boldsymbol{\Phi}}(k-1)=z\}=T(z,z')$ 对于任意 $z,z'\in Z$，$z\neq z^{\bullet}$。

与折扣情形中一样，有一个简单的解释，适合于模拟或实验设计：对于每个 n，初始化 $\hat{\boldsymbol{\Phi}}(\mathcal{N}_n)\sim\boldsymbol{\mu}$，独立于 $\{\hat{\boldsymbol{\Phi}}(k):k<\mathcal{N}_n\}$。对于 $\mathcal{N}_n<k<\mathcal{N}_{n+1}$，根据自然动力学获得状态过程的样本，如果在此间隔内达到 $z^{\bullet}$，则停止实验或模拟。

成本函数由 $\hat{c}(\blacktriangle,\iota)\stackrel{\text{def}}{=}0$ 定义，且对于 $z\in Z$ 和 $\iota\in\{0,\cdots,\mathcal{N}-1\}$，$\hat{c}(z,\iota)\stackrel{\text{def}}{=}\gamma^{\iota}c(z)$。

通过这一构造可得到与命题 10.12 类似的一个结果。

命题 10.13　在式（10.24）中的部分和 $\{S_n\}$ 是 i.i.d. 的，且具有普通均值 Γ，该均值现在定义在式（10.27）中。因此，平均成本由下式给出

$$\lim_{N\to\infty}\frac{1}{N}\sum_{k=1}^{N}E[c(\hat{\boldsymbol{\Phi}}(k))]=\frac{1}{\mathcal{N}}\Gamma$$

命题 10.13 也适用于截断的折扣成本准则：

$$\Gamma=E\Big[\sum_{k=0}^{\mathcal{N}}\gamma^k c(\boldsymbol{\Phi}(k))\Big],\quad \boldsymbol{\Phi}(0)\sim\boldsymbol{\mu}$$

这可能比无限时域目标——式（10.25）更可取，因为使用确定性的再生时间可能会导致更低的方差。

10.4.2 平均成本算法

接下来，利用再生方程和相对 DP 方程来构造算法用以估计式(9.56)的解。再生激发了在式(10.17)中给出的特定的表征 H_3，它是满足 $H_3(z^{\bullet})=0$ 的唯一解。

我们从一个受式(10.20)和定理 10.11 启发的算法开始：

平均成本的再生 TD(λ)算法(同策略)

初始化 $\boldsymbol{\theta}_0,\boldsymbol{\zeta}_0\in\mathbb{R}^d$，估计序列被递归地定义为：

$$
\begin{aligned}
&\boldsymbol{\theta}_{n+1}=\boldsymbol{\theta}_n+\alpha_{n+1}\boldsymbol{\zeta}_n\mathcal{D}_{n+1},\\
&\mathcal{D}_{n+1}=(-H^{\boldsymbol{\theta}}(\boldsymbol{\Phi}(n))+\tilde{c}_n+\mathbb{1}\{\boldsymbol{\Phi}(n+1)\neq z^{\bullet}\}H^{\boldsymbol{\theta}}(\boldsymbol{\Phi}(n+1)))\Big|_{\boldsymbol{\theta}=\boldsymbol{\theta}_n},\\
&\boldsymbol{\zeta}_{n+1}=\lambda\,\mathbb{1}\{\boldsymbol{\Phi}(n+1)\neq z^{\bullet}\}\boldsymbol{\zeta}_n+\boldsymbol{\psi}_{(n+1)},\\
&\eta_{n+1}=\eta_n+\tilde{c}_n/(n+1),\qquad \tilde{c}_n=c(\boldsymbol{\Phi}(n))-\eta_n,\quad n\geqslant 0
\end{aligned}
\tag{10.28}
$$

这是一个线性 SA 算法，它基于对式(10.21)的微小修改：在 $\boldsymbol{A}_{n+1}$ 的定义和 $\boldsymbol{b}_{n+1}=-\boldsymbol{\zeta}_n[c_n-\eta_n]$ 中，$\gamma=1$。因此，相关的 ODE 是线性的，具有向量场

$$
\overline{\boldsymbol{f}}(\vartheta)=\boldsymbol{A}\vartheta+\boldsymbol{b},\quad \boldsymbol{A}=\mathsf{E}_{\varpi}[\boldsymbol{A}_n],\boldsymbol{b}=-\mathsf{E}_{\varpi}[\boldsymbol{\zeta}_n\tilde{c}(\boldsymbol{\Phi}(n))]
$$

定理 10.14(平均成本 TD(1)的 L_2 最优性)　考虑具有线性函数近似 $H^{\theta}=\boldsymbol{\theta}^{\mathsf{T}}\boldsymbol{\psi}$ 的式(10.28)。假设 $\boldsymbol{\Phi}$ 是单链的，且$\varpi(z^{\bullet})>0$。那么，在 $\lambda=1$ 的特殊情况下，

(i) $\boldsymbol{A}=-\boldsymbol{R}(0)$。

(ii) $\boldsymbol{0}=\overline{\boldsymbol{f}}(\boldsymbol{\theta}^*)=\mathsf{E}_{\varpi}[\boldsymbol{\zeta}_n\mathcal{D}_{n+1}]$ 的任意解是如下最小范数问题的解：

$$
\boldsymbol{\theta}^*\in\arg\min_{\boldsymbol{\theta}}\|H^{\boldsymbol{\theta}}-H_3\|_{\varpi}^2=\arg\min_{\boldsymbol{\theta}}\mathsf{E}_{\varpi}[(H^{\boldsymbol{\theta}}(\boldsymbol{\Phi}(n))-H_3(\boldsymbol{\Phi}(n)))^2]
\tag{10.29}
$$

其中 H_3 是泊松方程的解，具有如下形式

$$
H_3(z)=\mathsf{E}\Big[\sum_{k=0}^{\tau_{\bullet}-1}\tilde{c}(\boldsymbol{\Phi}(k))\mid\boldsymbol{\Phi}(0)=z\Big]
$$

□

同样，在大多数情况下，如果函数类是线性的，最好使用 LSTD(1)式(10.23)。

可以预见，从相对 DP 方程推导出的算法将具有较小的方差。考虑

$$
0=\mathsf{E}[-H(\boldsymbol{\Phi}(k))-\delta\langle\boldsymbol{\mu},H\rangle+c(\boldsymbol{\Phi}(k))+H(\boldsymbol{\Phi}(k+1))\mid\boldsymbol{\Phi}(k)=z],\quad z\in\mathsf{X}\times\mathsf{U}
\tag{10.30}
$$

函数 H 是泊松方程的唯一解，此时 $\delta\langle\boldsymbol{\mu},H\rangle=\eta$。因此，

$$
H(z)-H(z^{\bullet})=H_3(z),\quad z\in\mathsf{X}\times\mathsf{U}
\tag{10.31}
$$

综上所述，我们有了一个自然的近似候选项，其中 η 的估计被放弃了：

平均成本的再生相对 TD(λ)算法(同策略)

初始化 $\boldsymbol{\theta}_0,\boldsymbol{\zeta}_0\in\mathbb{R}^d$，估计序列被递归地定义为：

$$\begin{aligned}&\boldsymbol{\theta}_{n+1}=\boldsymbol{\theta}_n+\alpha_{n+1}\boldsymbol{\zeta}_n\mathcal{D}_{n+1},\\&\mathcal{D}_{n+1}=(-H^{\boldsymbol{\theta}}(\boldsymbol{\Phi}(n))-\delta\langle\boldsymbol{\mu},H^{\boldsymbol{\theta}}\rangle+c_n+H^{\boldsymbol{\theta}}(\boldsymbol{\Phi}(n+1)))\big|_{\boldsymbol{\theta}=\boldsymbol{\theta}_n},\\&\boldsymbol{\zeta}_{n+1}=\lambda\mathbb{1}\{\boldsymbol{\Phi}(n+1)\neq z^{\bullet}\}\boldsymbol{\zeta}_n+\boldsymbol{\psi}_{(n+1)}\end{aligned}\tag{10.32}$$

我们现在有 $\boldsymbol{\theta}_{n+1}=\boldsymbol{\theta}_n+\alpha_{n+1}[\boldsymbol{A}_{n+1}\boldsymbol{\theta}_n-\boldsymbol{b}_{n+1}]$，其中

$$\boldsymbol{A}_{n+1}=\boldsymbol{\zeta}_n[-\boldsymbol{\psi}_{(n)}-\delta\overline{\boldsymbol{\psi}}^{\boldsymbol{\mu}}+\boldsymbol{\psi}_{(n+1)}]^{\top},\quad \boldsymbol{b}_{n+1}=-\boldsymbol{\zeta}_n c_n,\tag{10.33}$$

对于每个 i，$\overline{\boldsymbol{\psi}}_i^{\boldsymbol{\mu}}=\langle\boldsymbol{\mu},\boldsymbol{\psi}_i\rangle$。我们有如下类似定理 10.14 的结果：

定理 10.15（平均成本 TD(1) 的 L_2 最优性） 考虑具有线性函数近似 $H^{\boldsymbol{\theta}}=\boldsymbol{\theta}^{\top}\boldsymbol{\psi}$ 的式(10.32)。假设 $\boldsymbol{\Phi}$ 是单链的，$\varpi(z^{\bullet})>0$，且对于某个参数向量 $\boldsymbol{\theta}^{\bullet}\in\mathbb{R}^d$，有

$$\sum\boldsymbol{\theta}_i^{\bullet}\boldsymbol{\psi}_i(z)=\mathbb{1}\{z=z^{\bullet}\},\quad z\in X\times U$$

那么，在 $\lambda=1$ 的特殊情况下，对于 $\overline{\boldsymbol{f}}(\boldsymbol{\theta}^*)=\boldsymbol{0}$ 的任意解，

(i) $\eta=\delta\langle\boldsymbol{\mu},H^{\boldsymbol{\theta}^*}\rangle$。

(ii)“投影泊松方程”成立：其中 $\boldsymbol{Y}=\boldsymbol{\psi}(\boldsymbol{\Phi}(n))$，

$$H^{\theta^*}(\boldsymbol{\Phi}(n))=\hat{E}[\tilde{c}(\boldsymbol{\Phi}(n))+H^{\theta^*}(\boldsymbol{\Phi}(n+1))\mid\boldsymbol{Y}]$$

(iii) 另外，假设 **1** 在基张成的空间中：对于某个 $\boldsymbol{\theta}^1\in\mathbb{R}^d$，

$$\sum\boldsymbol{\theta}_i^1\boldsymbol{\psi}_i(z)=1,\quad z\in X\times U$$

那么，$H^{\boldsymbol{\theta}^*}(\boldsymbol{\Phi}(n))=\hat{E}[H_3(\boldsymbol{\Phi}(n))+H^{\boldsymbol{\theta}^*}(z^{\bullet})\mid\boldsymbol{Y}]$，且最小范数问题是在下面的跨度半范数意义下可解的：由于 $r^*=H^{\boldsymbol{\theta}^*}(z^{\bullet})$，则

$$(\boldsymbol{\theta}^*,r^*)\in\mathop{\arg\min}_{(\boldsymbol{\theta},r)}E_{\varpi}[(H^{\boldsymbol{\theta}}(\boldsymbol{\Phi}(n))-r-H_3(\boldsymbol{\Phi}(n)))^2]\tag{10.34}$$

□

不幸的是，我们失去了这个算法的优雅表达式 $\boldsymbol{A}=-\boldsymbol{R}(0)$。但是，看一眼证明就会发现

$$\begin{aligned}\boldsymbol{A}&=E_{\varpi}[\boldsymbol{\zeta}_n[-\boldsymbol{\psi}_{(n)}-\delta\overline{\boldsymbol{\psi}}^{\boldsymbol{\mu}}+\boldsymbol{\psi}_{(n+1)}]^{\top}]\\&=-\delta E_{\varpi}[\boldsymbol{\zeta}_n]\{\overline{\boldsymbol{\psi}}^{\boldsymbol{\mu}}\}^{\top}+E_{\varpi}[\boldsymbol{\psi}_{(n)}\{-\boldsymbol{\psi}_{(n)}+\boldsymbol{\psi}(z^{\bullet})\}^{\top}]\end{aligned}$$

可以证明，如果 $\overline{\boldsymbol{\psi}}^{\top}\boldsymbol{R}(0)^{-1}\boldsymbol{\psi}(z^{\bullet})<1$，当 $\delta>0$ 足够小时，A 就是可逆的。此外，

$$\overline{\boldsymbol{\psi}}^{\top}\boldsymbol{R}(0)^{-1}\boldsymbol{\psi}(z^{\bullet})<\sqrt{\boldsymbol{\psi}(z^{\bullet})^{\top}\boldsymbol{R}(0)^{-1}\boldsymbol{\psi}(z^{\bullet})},$$

这可能会导致对基的不同选择，以确保右侧不大于 1。确保 $\boldsymbol{A}$ 是赫尔维茨矩阵的条件尚不具备，所以这个方法最好使用随机牛顿-拉弗森来实现，如 LSTD(1)的实现那样。最终时刻 N 的估计将由式(10.23)定义，其中带“尖帽”的元素代表式(10.33)中定义的$\{\boldsymbol{A}_n,\boldsymbol{b}_n\}$的样本路径平均。

10.5　集结演员

在本章开始时，我们与演员或参与者进行了简短的会面，它们被定义为一系列随机策略 $\{\check{\phi}:\boldsymbol{\theta}\in\mathbb{R}^d\}$。因此，我们假设它们关于 $\boldsymbol{\theta}$ 是连续可微的。这样的例子包括式(9.46a)和线性族：

$$\phi^{\boldsymbol{\theta}}(u\,|\,x)=\sum_{i=1}^{d}\boldsymbol{\theta}_i\phi^i(x) \tag{10.35}$$

其中 $\{\phi^i:\ 1\leqslant i\leqslant d\}$ 是一族预选的确定性策略，参数被约束为非负值且求和为 1：$\boldsymbol{\theta}\in\mathbb{R}_+^d$ 和 $\sum_i\boldsymbol{\theta}_i=1$。式(10.35)可以看作对输入空间的压缩，用 d 指数 $I=\{1,\cdots,d\}$ 的集合替代了 U，$\boldsymbol{\theta}_i$ 被解释为选择指数 i 的概率。

10.4.1 节中的理论允许我们在本章的余下小节中只限制平均成本准则，因为其他最优准则可以通过再生的引入转换为平均成本。这不仅便于简化讨论，还因为我们可以建立在 6.8 节的思想上。

10.5.1　平均成本的演员-评论家

为了应用定理 6.8 中的灵敏度公式，需要如下表示

$$c_{\boldsymbol{\theta}}(x)=\sum_u\check{\phi}^{\boldsymbol{\theta}}(u\,|\,x)c(x,u),$$
$$\boldsymbol{P}_{\boldsymbol{\theta}}(x,x')=\sum_u\check{\phi}^{\boldsymbol{\theta}}(u\,|\,x)\boldsymbol{P}_u(x,x'),\quad x,x'\in\mathsf{X},\boldsymbol{\theta}\in\mathbb{R}^d \tag{10.36}$$

我们还需要对配对过程使用符号 $\boldsymbol{\Phi}=(\boldsymbol{X},\boldsymbol{U})$。它的转移矩阵和不变 pmf 再次由式(9.3)给出。在目前的表示法中，这些变成

$$\boldsymbol{T}_{\boldsymbol{\theta}}(z,z')=\boldsymbol{P}_u(x,x')\check{\phi}^{\boldsymbol{\theta}}(u'\,|\,x'),\quad \varpi_{\boldsymbol{\theta}}(z)\stackrel{\text{def}}{=}\pi_{\boldsymbol{\theta}}(x)\,\check{\phi}^{\boldsymbol{\theta}}(u\,|\,x) \tag{10.37}$$

对于任意 $z=(x,u)$ 和 $z'=(x',u')$。我们的目标是最小化平均成本：

演员-评论家目标

$$\Gamma(\boldsymbol{\theta})=\sum_{x\in\mathsf{X}}c_{\boldsymbol{\theta}}(x)\pi_{\boldsymbol{\theta}}(x)=\sum_{z\in\mathsf{Z}}c(z)\varpi_{\boldsymbol{\theta}}(z)$$

始终假定不变的 pmf $\pi_{\boldsymbol{\theta}}$ 对于每个 $\boldsymbol{\theta}$ 都是唯一的。

鉴于 $c_{\boldsymbol{\theta}}$ 和 $\boldsymbol{P}_{\boldsymbol{\theta}}$ 的定义，定理 6.8 中的式(6.52)需要 $\check{\phi}^{\boldsymbol{\theta}}$ 对 $\boldsymbol{\theta}$ 的偏导数。$\check{\phi}^{\boldsymbol{\theta}}$ 的对数的梯度起着至关重要的作用：

$$\Lambda^{\boldsymbol{\theta}}(x,u)=\nabla_{\boldsymbol{\theta}}\log[\check{\phi}^{\boldsymbol{\theta}}(u\,|\,x)] \tag{10.38}$$

特别地，我们有

$$\nabla_{\boldsymbol{\theta}} c_{\boldsymbol{\theta}}(x)=\sum_u \breve{\phi}^{\boldsymbol{\theta}}(u \mid x) \boldsymbol{\Lambda}^{\boldsymbol{\theta}}(x,u) c(x,u),$$

$$\nabla_{\boldsymbol{\theta}} \boldsymbol{P}_{\boldsymbol{\theta}}(x,x')=\sum_u \breve{\phi}^{\boldsymbol{\theta}}(u \mid x) \boldsymbol{\Lambda}^{\boldsymbol{\theta}}(x,u) \boldsymbol{P}_u(x,x'), \quad x,x' \in X, \boldsymbol{\theta} \in \mathbb{R}^d \tag{10.39}$$

也许更根本的是，$\boldsymbol{\Lambda}^{\theta}$ 是转移矩阵在 Z 上的评分函数：

$$\boldsymbol{\Lambda}^{\boldsymbol{\theta}}(z')=\nabla_{\boldsymbol{\theta}} \log(\boldsymbol{T}_{\boldsymbol{\theta}}(z,z')), \quad z,z' \in Z \tag{10.40}$$

演员-评论家方法在这里出现的原因，在 TD(1) 平均成本学习之后，定理 6.8 中的灵敏度公式可以用既定策略 Q 函数来表示。对于任意 $\boldsymbol{\theta}$，记

$$Q_{\boldsymbol{\theta}}(x,u) \stackrel{\text{def}}{=} c(x,u)+\boldsymbol{P}_u h_{\boldsymbol{\theta}}(x) = c(x,u)+\sum_{x' \in X} \boldsymbol{P}_u(x,x') h_{\boldsymbol{\theta}}(x'), \quad x \in X, u \in U \tag{10.41}$$

其中 $h_{\boldsymbol{\theta}}$ 是泊松方程 $c_{\boldsymbol{\theta}}+\boldsymbol{P}_{\boldsymbol{\theta}} h_{\boldsymbol{\theta}}=h_{\boldsymbol{\theta}}+\Gamma(\boldsymbol{\theta})$ 的解。

定理 10.16 在本节的假设下，对于每个 $\boldsymbol{\theta} \in \mathbb{R}^d$，

$$\nabla \Gamma(\boldsymbol{\theta})=E_{\varpi_{\boldsymbol{\theta}}}[\boldsymbol{\Lambda}^{\boldsymbol{\theta}}(\boldsymbol{\Phi}(k)) Q_{\boldsymbol{\theta}}(\boldsymbol{\Phi}(k))] \tag{10.42}$$

证明 在成本函数 $c: Z \to \mathbb{R}$ 下，函数 $Q_{\boldsymbol{\theta}}$ 是关于 $\boldsymbol{\Phi}$ 的泊松方程的解：

$$\begin{aligned}
E[Q_{\boldsymbol{\theta}}(\boldsymbol{\Phi}(k+1)) \mid \boldsymbol{\Phi}(k)=(x,u)] &= \sum_{x'} \sum_{u'} \boldsymbol{P}_u(x,x') \breve{\phi}^{\boldsymbol{\theta}}(u' \mid x') \{c(x',u')+\boldsymbol{P}_{u'} h_{\boldsymbol{\theta}}(x')\} \\
&= \sum_{x'} \boldsymbol{P}_u(x,x') \{c_{\boldsymbol{\theta}}(x')+\boldsymbol{P}_{\boldsymbol{\theta}} h_{\boldsymbol{\theta}}(x')\} \\
&= \sum_{x'} \boldsymbol{P}_u(x,x') \{h_{\boldsymbol{\theta}}(x')+\Gamma(\boldsymbol{\theta})\} = Q_{\boldsymbol{\theta}}(x,u)-c(x,u)+\Gamma(\boldsymbol{\theta})
\end{aligned}$$

写成矩阵形式，这就是 $\boldsymbol{T}_{\boldsymbol{\theta}} Q_{\boldsymbol{\theta}}=Q_{\boldsymbol{\theta}}-c+\Gamma(\boldsymbol{\theta})$。

结合式 (10.40) 和定理 6.8，这就完成了证明。

上述定理引出了许多问题：

(i) 如何将其用于优化？随机近似是一种选择：

$$\boldsymbol{\theta}_{n+1}=\boldsymbol{\theta}_n-\alpha_{n+1} \breve{\nabla}_{\Gamma}(n), \quad \breve{\nabla}_{\Gamma}(n) \stackrel{\text{def}}{=} \boldsymbol{\Lambda}^{\boldsymbol{\theta}_n}(\boldsymbol{\Phi}(n)) Q_{\boldsymbol{\theta}_n}(\boldsymbol{\Phi}(n))$$

这是随机梯度下降法的一个版本。函数 $\Lambda^{\boldsymbol{\theta}}$ 是已知的，因为我们已经构建了策略。Q 函数是未知的，一个不好的估计将意味着差的 $\boldsymbol{\theta}^*$ 的近似。

(ii) 即使 $Q_{\boldsymbol{\theta}}$ 是已知的，也可以预见随机近似算法会有较大的方差。如何才能驯服方差？

这些问题是被一一解决的，并证明了新的结论和算法。每个算法都需要两个函数类：一个用来定义随机策略族 $\{\breve{\phi}^{\boldsymbol{\theta}}: \boldsymbol{\theta} \in \mathbb{R}^d\}$，另一个函数类 $\{\mathcal{H}^{\boldsymbol{\theta}}: \boldsymbol{\theta} \in \mathbb{R}^d\}$ 用来定义 Q 函数的近似。下面的假设是强加的，这样 10.4 节的 L_2 理论将是可用的：

演员-评论家基 假定 $\{\mathcal{H}^{\boldsymbol{\theta}}: \boldsymbol{\theta} \in \mathbb{R}^d\}$ 是线性参数化的，具有固定维度 d'。基函数可以依赖于 $\boldsymbol{\theta}$，因此 $\mathcal{H}^{\theta}$ 中的一般函数可以表示为

$$H_{\boldsymbol{\theta}}^{\omega}=\boldsymbol{\omega}^{\top} \boldsymbol{\psi}_{\boldsymbol{\theta}}, \quad \boldsymbol{\omega} \in \mathbb{R}^{d'}, \boldsymbol{\theta} \in \mathbb{R}^d \tag{10.43}$$

假设 $\boldsymbol{\psi}_{\boldsymbol{\theta}}$ 关于 $\boldsymbol{\theta}$ 是连续可微的和利普希茨连续的。

我们很快就会看到，$d'\geqslant d$ 通常是可取的。

演员-评论家算法

初始化 $\boldsymbol{\theta}_0\in\mathbb{R}^d$ 和 $\boldsymbol{\omega}_0,\boldsymbol{\zeta}_0\in\mathbb{R}^{d'}$，

$$\boldsymbol{\theta}_{n+1}=\boldsymbol{\theta}_n-\alpha_{n+1}\breve{\nabla}_\Gamma(n),\quad \breve{\nabla}_\Gamma(n)\stackrel{\text{def}}{=}\boldsymbol{\Lambda}^{\boldsymbol{\theta}_n}(\boldsymbol{\Phi}(n))H^{\boldsymbol{\omega}_n}_{\boldsymbol{\theta}_n}(\boldsymbol{\Phi}(n)) \tag{10.44a}$$

$$\boldsymbol{\Phi}(n+1)\sim \boldsymbol{T}_{\boldsymbol{\theta}_n}(z,\cdot),z=\boldsymbol{\Phi}(n) \tag{10.44b}$$

$$\left.\begin{aligned}
&\mathcal{D}_{n+1}=\{-H^{\boldsymbol{\omega}}_{\boldsymbol{\theta}}(\boldsymbol{\Phi}(n))+\tilde{c}_n+\mathbb{1}\{\boldsymbol{\Phi}(n+1)\neq z^{\bullet}\}H^{\boldsymbol{\omega}}_{\boldsymbol{\theta}}(\boldsymbol{\Phi}(n+1))\}\Big|_{\substack{\boldsymbol{\theta}=\boldsymbol{\theta}_n\\ \boldsymbol{\omega}=\boldsymbol{\omega}_n}}\\
&\boldsymbol{\omega}_{n+1}=\boldsymbol{\omega}_n+\beta_{n+1}\boldsymbol{\zeta}_n\mathcal{D}_{n+1}\\
&\boldsymbol{\zeta}_{n+1}=\lambda\,\mathbb{1}\{\boldsymbol{\Phi}(n+1)\neq z^{\bullet}\}\boldsymbol{\zeta}_n+\boldsymbol{\psi}_{\boldsymbol{\theta}_{n+1}}(\boldsymbol{\Phi}(n+1))\\
&\eta_{n+1}=\eta_n+\beta_{n+1}\tilde{c}_n,\quad \tilde{c}_n=c(\boldsymbol{\Phi}(n))-\eta_n
\end{aligned}\right\} \tag{10.44c}$$

式(10.44c)中的方程组是基于 TD(1)算法式(10.28)(设 $\lambda=1$)的。这个形式的 TD(1)是有利的，因为它比式(10.32)有更可靠的稳定性理论。

该算法有两种不同的步长，满足标准假设：

$$\sum_{n=1}^{\infty}\alpha_n=\sum_{n=1}^{\infty}\beta_n=\infty,\quad \sum_{n=1}^{\infty}\{\alpha_n^2+\beta_n^2\}<\infty$$

假设后者比前者大很多，因此对于 $H^{\boldsymbol{\omega}_n}$ 来说，跟踪既定策略 Q 函数 $Q_{\boldsymbol{\theta}_n}$ 的估计是可能的(与策略 $\breve{\phi}^{\boldsymbol{\theta}_n}$ 相关)。

从双时间尺度 SA 理论可以预期如下结果：

命题 10.17　*假设 $\lambda=1$ 和步长序列满足式(8.22)：*

$$\lim_{n\to\infty}\frac{\beta_n}{\alpha_n}=\infty$$

此外，假设参数估计是有界的，并且下列一致性条件成立：

$$\text{对于每一个 }\boldsymbol{\theta}\in\mathbb{R}^n,\text{存在一个 }\boldsymbol{\omega}^*_{\boldsymbol{\theta}}\in\mathbb{R}^{d'}\text{ 满足 }H^{\boldsymbol{\omega}^*_{\boldsymbol{\theta}}}_{\boldsymbol{\theta}}=Q_{\boldsymbol{\theta}} \tag{10.45}$$

那么，式(10.44)的 ODE 近似是梯度下降 $\frac{\mathrm{d}}{\mathrm{d}t}\boldsymbol{\vartheta}=-\nabla\Gamma(\boldsymbol{\vartheta})$。 □

式(10.45)在表格情形之外是不现实的。通过定理 10.14 的一个应用，移除这个假设是可能的——细节将在 10.6 节提供。

10.5.2　一些警告和补救措施

是时候说几句关于随机化的重点了，这在 4.6 节和 4.7 节中是不需要的。如果我们想对马尔可夫链应用灵敏度理论，就需要随机化，这就引入了评分函数 $S^{\boldsymbol{\theta}}$ 和 $\Lambda^{\boldsymbol{\theta}}$。特别是，对于确定性的阈值策略 $\Lambda^{\boldsymbol{\theta}}$ 的定义是没有意义的，比如 4.7.1 节中为山地车提出的

策略[⊖]。在大多数应用中，在策略设计的最后一步放弃随机化是合理的：一旦我们有了参数估计 $\hat{\boldsymbol{\theta}} \approx \boldsymbol{\theta}^*$，我们就可构造一个确定性策略：

$$\phi^{\text{final}}(x) \stackrel{\text{def}}{=} \arg\max_u \check{\phi}^{\boldsymbol{\theta}}(u \mid x), \quad x \in X$$

我们可能期望，$\check{\phi}^{\boldsymbol{\theta}}$ 将是几乎近似确定的，如果它是几乎最优的，则在这种情况下，ϕ^{final} 是 $\check{\phi}^{\boldsymbol{\theta}}$ 的一个小摄动。下面的例子说明了这一点。

示例 10.5.1(最佳的参数可能是∞) 考虑一个完全理想的情形，其中 $d=1$，$\boldsymbol{\theta}$ 在式(9.46a)中扮演"逆温度"的角色：

$$\check{\phi}^{\boldsymbol{\theta}}(u \mid x) \stackrel{\text{def}}{=} \frac{1}{\kappa(x, \boldsymbol{\theta})} \exp(-\boldsymbol{\theta} H(x, u))$$

其中 H：$X \times U \to \mathbb{R}$，$\kappa(x, \boldsymbol{\theta})$ 是一个归一化常数。假设我们很幸运，最优策略由 H 得到：

$$\phi^{\star}(x) = \arg\min_u H(x, u), \quad x \in X$$

且 $\phi^{\star}$ 是唯一的(没有其他策略是最优的)。不幸的结论如下：

(i) 对于任意 $\boldsymbol{\theta}$，$\check{\phi}^{\boldsymbol{\theta}}$ 不是一个最优策略；(ii) $\lim_{\theta \to \infty} \check{\phi}^{\boldsymbol{\theta}} = \phi^{\star}$。

这个例子似乎是人为设计的，但我们将在 10.6 节中看到，有充分的理由在 Gibbs 策略中包含一个 Q 函数的近似。

这个例子表明，一个好的算法必须容许 $\boldsymbol{\theta}_n$ 收敛到∞。这可能不太实际，所以我们引入正则化：选择一个凸正则化算子 $\mathcal{R}: \mathbb{R}^d \to \mathbb{R}_+$，并修改演员-评论家算法以近似正则化梯度下降：

$$\frac{\mathrm{d}}{\mathrm{d}t} \boldsymbol{\vartheta} = -\nabla \Gamma(\boldsymbol{\vartheta}) - \nabla \mathcal{R}(\boldsymbol{\vartheta}) \tag{10.46}$$

使得式(10.44a)被替换为

$$\boldsymbol{\theta}_{n+1} = \boldsymbol{\theta}_n - \alpha_{n+1} \{ \check{\nabla}_{\Gamma}(n) + \nabla \mathcal{R}_n(\boldsymbol{\theta}_n) \}$$

其中 $\mathcal{R}_n: \mathbb{R}^d \to \mathbb{R}_+$ 可能是随机的，且对于每个 $\boldsymbol{\theta}$ 和所有大的 n，$\mathsf{E}[\nabla \mathcal{R}_n(\boldsymbol{\theta})] \approx \nabla \mathcal{R}(\boldsymbol{\theta})$。

10.6 无偏 SGD

命题 10.17 中的 ODE 近似可以在远弱于式(10.45)的假设下得到。

称 Q 函数的候选逼近的一个函数类 $\{\mathcal{H}^{\theta} : \theta \in \mathbb{R}^d\}$ 满足相容特征性质(Compatible Features Property，CFP)，前提是

$$\Lambda_i^{\boldsymbol{\theta}} \in \mathcal{H}^{\boldsymbol{\theta}} \text{ 对每个 } \boldsymbol{\theta} \in \mathbb{R}^d \text{ 和 } 1 \leqslant i \leqslant d \tag{10.47}$$

⊖ 参见文献[323]以了解确定性策略的演员-评论家方法的替代表述。

命题 10.18　假设$\{\mathcal{H}^{\boldsymbol{\theta}}:\boldsymbol{\theta}\in\mathbb{R}^d\}$满足式(10.47)。对于给定的$\boldsymbol{\theta}\in\mathbb{R}^d$，令$Q$表示最小范数问题的一个解：

$$\hat{Q}\in\arg\min\{\|H-Q_{\boldsymbol{\theta}}\|_{\varpi_{\boldsymbol{\theta}}}^2:H\in\mathcal{H}^{\boldsymbol{\theta}}\}$$

则，

$$\nabla\Gamma(\boldsymbol{\theta})=\mathsf{E}_{\varpi_{\boldsymbol{\theta}}}[\boldsymbol{\Lambda}^{\boldsymbol{\theta}}(\boldsymbol{\Phi}(k))Q_{\boldsymbol{\theta}}(\boldsymbol{\Phi}(k))]=\mathsf{E}_{\varpi_{\boldsymbol{\theta}}}[\boldsymbol{\Lambda}^{\boldsymbol{\theta}}(\boldsymbol{\Phi}(k))\hat{Q}(\boldsymbol{\Phi}(k))] \tag{10.48}$$

证明　L_2最优性等价于正交性：

$$0=\mathsf{E}_{\varpi_{\boldsymbol{\theta}}}[\{Q_{\boldsymbol{\theta}}(\boldsymbol{\Phi}(k))-\hat{Q}(\boldsymbol{\Phi}(k))\}H(\boldsymbol{\Phi}(k))],\text{对所有 }H\in\mathcal{H}^{\boldsymbol{\theta}}$$

对每个i，设$H=\Lambda_i^{\boldsymbol{\theta}}$，则得到式(10.48)。

命题 10.18 的实际重要性体现在重新审视定理 10.14 上：对于固定$\boldsymbol{\theta}$，以及对于所有k，$\boldsymbol{U}(k)=\check{\phi}^{\boldsymbol{\theta}}(\boldsymbol{X}(k))$，对于使用 TD(1)得到的近似，恒等式(10.48)将成立，只要线性函数类满足 CFP。

这个假设并不具有限制性。实际上，我们可以从一个函数类$\mathcal{H}^0$开始，然后对每个$\boldsymbol{\theta}$定义

$$\mathcal{H}^{\boldsymbol{\theta}}=\left\{h=h^0+\sum_{i=1}^d\boldsymbol{\omega}_i\boldsymbol{\Lambda}_i^{\boldsymbol{\theta}}:h^0\in\mathcal{H}^0,\boldsymbol{\omega}\in\mathbb{R}^d\right\} \tag{10.49}$$

虽然如陈述的那样，定理 10.14 只在$\boldsymbol{\theta}$与n独立时有效，但双时间尺度 SA 理论给了我们命题 10.17 的扩展。

命题 10.19　假设命题 10.17 的假设成立，但是用相容特征特性假设(10.47)替换了式(10.45)。

则式(10.44)的 ODE 近似没有变化：$\frac{\mathrm{d}}{\mathrm{d}t}\boldsymbol{\vartheta}=-\nabla\Gamma(\boldsymbol{\vartheta})$。　□

我们可以忽略$\Lambda_i^{\boldsymbol{\theta}}$中任何不依赖于$u$的部分。令$\boldsymbol{\mathcal{F}}_k^-$表示到时间$k$为止的部分历史：

$$\boldsymbol{\mathcal{F}}_k^-=\{\boldsymbol{X}(k),\boldsymbol{\Phi}(i):0\leqslant i\leqslant k-1\} \tag{10.50}$$

这是到k为止的整个历史，除了$\boldsymbol{U}(k)$被忽略了。

引理 10.20　对于$\boldsymbol{X}(0)$的任何初始分布，我们有$\mathsf{E}[\Lambda^{\boldsymbol{\theta}}(\boldsymbol{\Phi}(k))|\boldsymbol{\mathcal{F}}_k^-]=\mathbf{0}$。因此，

(i) $\{\boldsymbol{\Lambda}^{\boldsymbol{\theta}}(\boldsymbol{\Phi}(k)):k\geqslant0\}$是一个鞅差序列。

(ii) 对于任意函数$g:\mathsf{X}\to\mathbb{R}$，

$$\mathbf{0}=\mathsf{E}[g(\boldsymbol{X}(k))\boldsymbol{\Lambda}^{\boldsymbol{\theta}}(\boldsymbol{\Phi}(k))]$$

证明　根据定义，对于任意的k和$x\in\mathsf{X}$，我们有下式：

$$\mathsf{E}[\boldsymbol{\Lambda}^{\boldsymbol{\theta}}(\boldsymbol{\Phi}(k))|\boldsymbol{\mathcal{F}}_k^-;\boldsymbol{X}(k)=x]=\sum_u\boldsymbol{\Lambda}^{\boldsymbol{\theta}}(x,u)\phi^{\boldsymbol{\theta}}(u|x)$$

考虑到定义$\boldsymbol{\Lambda}^{\boldsymbol{\theta}}(x,u)=\nabla_{\boldsymbol{\theta}}\check{\phi}^{\boldsymbol{\theta}}(u|x)/\check{\phi}^{\boldsymbol{\theta}}(u|x)$，由此可得

$$E[\boldsymbol{\Lambda}^{\boldsymbol{\theta}}(\boldsymbol{\Phi}(k)) \mid \mathcal{F}_k^- ;\boldsymbol{X}(k)=x] = \sum_u \nabla_{\boldsymbol{\theta}} \check{\phi}^{\boldsymbol{\theta}}(u \mid x)=\nabla_{\boldsymbol{\theta}} \sum_u \check{\phi}^{\boldsymbol{\theta}}(u \mid x)=0,$$

其中，最后的等式成立，是因为对于每个 x，$\check{\phi}^{\boldsymbol{\theta}}(\cdot \mid x)$是 U 上的 pmf。

由条件期望的光滑性可知

$$E[g(\boldsymbol{X}(k))\boldsymbol{\Lambda}^{\boldsymbol{\theta}}(\boldsymbol{\Phi}(k))]=E[g(\boldsymbol{X}(k))E[\boldsymbol{\Lambda}^{\boldsymbol{\theta}}(\boldsymbol{X}(k),\boldsymbol{U}(k)) \mid \mathcal{F}_k^-]]=\mathbf{0} \qquad \square$$

引理 10.20 意味着，我们可以将相容特征的定义放宽为如下：对于每个 $\boldsymbol{\theta}\in\mathbb{R}^d$ 和 $1\leqslant i\leqslant d$，存在一个函数 $G_i^{\boldsymbol{\theta}}:X\to\mathbb{R}$ 使得

$$\boldsymbol{\Lambda}_i^{\boldsymbol{\theta}}-G_i^{\boldsymbol{\theta}}\in\mathcal{H}^{\boldsymbol{\theta}} \tag{10.51}$$

Gibbs 策略

给定一个 d 维基向量 $\boldsymbol{\psi}^0$，对每一个 $\boldsymbol{\theta}$，考虑如下策略

$$\check{\phi}^{\boldsymbol{\theta}}(u \mid x)=\frac{1}{\kappa(\boldsymbol{\theta},x)}\exp(\boldsymbol{\theta}^{\mathsf{T}}\boldsymbol{\psi}^0(x,u)) \tag{10.52}$$

其中 κ 是一个归一化常数(回顾一下式(9.46))。然后根据定义我们得到如下结果：

引理 10.21 对于 Gibbs 策略，有

$$\boldsymbol{\Lambda}^{\boldsymbol{\theta}}(x,u)=\widetilde{\boldsymbol{\psi}}_{\boldsymbol{\theta}}(x,u)\overset{\text{def}}{=}\boldsymbol{\psi}^0(x,u)-\underline{\boldsymbol{\psi}}_{\boldsymbol{\theta}}^0(x), \quad \underline{\boldsymbol{\psi}}_{\boldsymbol{\theta}}^0(x)\overset{\text{def}}{=}\sum_v \check{\phi}^{\boldsymbol{\theta}}(\boldsymbol{v} \mid x)\boldsymbol{\psi}^0(x,\boldsymbol{v}) \qquad \square$$

因此，对于这个策略，我们可以取 $d'=d$ 和 $\mathcal{H}^{\boldsymbol{\theta}}=\{\boldsymbol{\omega}^{\mathsf{T}}\boldsymbol{\psi}^0:\boldsymbol{\omega}\in\mathbb{R}^d\}$，以确保式(10.51)下 CFP 成立。然而，在 10.7 节中我们将看到，使用 $\mathcal{H}^{\boldsymbol{\theta}}=\{\boldsymbol{\omega}^{\mathsf{T}}\widetilde{\boldsymbol{\psi}}_{\theta}:\boldsymbol{\omega}\in\mathbb{R}^d\}$可能是最好的。

10.7 优势函数和控制变量

首先，也是最重要的一点：不要被无偏梯度观测的美所迷惑。使用 TD(1)的理想算法可能会产生巨大的方差。在实践中，你可能会在 TD(λ)中引入 $\lambda<1$ 以及应用状态加权，这样式(10.44c)中的资格向量就会被替换为

$$\boldsymbol{\zeta}_{n+1}=\lambda\,\mathbb{1}\{\boldsymbol{\Phi}(n)\neq z^{\bullet}\}\boldsymbol{\zeta}_n+\boldsymbol{\omega}_{n+1}\boldsymbol{\psi}_{\boldsymbol{\theta}_{n+1}}(\boldsymbol{\Phi}(n+1))$$

其中 $\boldsymbol{\omega}_{n+1}=\boldsymbol{\omega}(\boldsymbol{X}(n+1))$，加权函数 $\boldsymbol{\omega}:X\to\mathbb{R}_+$。

你可以进一步尝试使用折扣成本价值函数作为 $Q_{\boldsymbol{\theta}}$ 的近似。这是不幸的，但偏差/方差权衡或折中是机器学习中似乎不可避免的主题。

下面将描述在无偏差的情况下减少方差的技术。

10.7.1 通过优势函数减少方差

引理 10.20 告诉我们，我们可以构造第二个函数族 $\mathcal{G}$，其中，对于每个 $G\in\mathcal{G}$，$G:X\to\mathbb{R}$，将式(10.44a)替换为下式：

$$\boldsymbol{\theta}_{n+1}=\boldsymbol{\theta}_n-\alpha_{n+1}\boldsymbol{\Lambda}^{\boldsymbol{\theta}_n}(\boldsymbol{\Phi}(n))\{H_{\boldsymbol{\theta}_n}^{\boldsymbol{\omega}_n}(\boldsymbol{\Phi}(n))-G_n(\boldsymbol{X}(n))\} \tag{10.44a$'$}$$

假设 CFP 成立，我们仍将采用 ODE 近似作为梯度下降，无论$\{G_n\}$如何被定义(取决于对参数估计的连续依赖性)。G 的偏好选择与 9.1.3 节中确定的相同：

$$G_{\boldsymbol{\theta}}^{\boldsymbol{\omega}}(x)=\mathsf{E}[H_{\boldsymbol{\theta}}^{\boldsymbol{\omega}}(\boldsymbol{\Phi}(n))\mid \boldsymbol{X}(n)=x]=\sum_u H_{\boldsymbol{\theta}}^{\boldsymbol{\omega}}(x,u)\check{\phi}^{\boldsymbol{\theta}}(u\mid x)$$

差值 $Q_{\boldsymbol{\theta}}-h_{\boldsymbol{\theta}}$ 被指定为与策略 $\check{\phi}^{\boldsymbol{\theta}}$ 相关的优势函数。

定义了一个修正的函数类 $\mathcal{H}_V^{\boldsymbol{\theta}}$，使得任意的 $V_{\boldsymbol{\theta}}\in\mathcal{H}_V^{\boldsymbol{\theta}}$ 都可以表示为：

$$V_{\boldsymbol{\theta}}(x,u)=H_{\boldsymbol{\theta}}(x,u)-\underline{H}_{\boldsymbol{\theta}}(x)\text{，对于某些 }H_{\boldsymbol{\theta}}\in\mathcal{H}^{\boldsymbol{\theta}}\text{，}\underline{H}_{\boldsymbol{\theta}}(x)\stackrel{\text{def}}{=}\sum_u H_{\boldsymbol{\theta}}(x,u)\check{\phi}^{\boldsymbol{\theta}}(u\mid x)$$

并且对于任何 $\boldsymbol{\omega}$，我们记 $V_{\boldsymbol{\theta}}^{\boldsymbol{\omega}}(x,u)\stackrel{\text{def}}{=}H_{\boldsymbol{\theta}}^{\boldsymbol{\omega}}(x,u)-\underline{H}_{\boldsymbol{\theta}}^{\boldsymbol{\omega}}(x)=\boldsymbol{\omega}^{\top}\widetilde{\boldsymbol{\psi}}_{\boldsymbol{\theta}}(x,u)$，其中

$$\widetilde{\boldsymbol{\psi}}_{\boldsymbol{\theta}}(x,u)=\boldsymbol{\psi}_{\boldsymbol{\theta}}(x,u)-\underline{\boldsymbol{\psi}}_{\boldsymbol{\theta}}(x),\quad \underline{\boldsymbol{\psi}}_{\boldsymbol{\theta}}(x)=\sum_u \boldsymbol{\psi}_{\boldsymbol{\theta}}(x,u)\check{\phi}^{\boldsymbol{\theta}}(u\mid x)$$

我们得出了一个在最近的研究中更受欢迎的更新方程：

$$\boldsymbol{\theta}_{n+1}=\boldsymbol{\theta}_n-\alpha_{n+1}\check{\nabla}_{\Gamma}^{v}(n),\quad \check{\nabla}_{\Gamma}^{v}(n)\stackrel{\text{def}}{=}\boldsymbol{\Lambda}^{\boldsymbol{\theta}_n}(\boldsymbol{\Phi}(n))V_{\boldsymbol{\theta}_n}^{\boldsymbol{\omega}_n}(\boldsymbol{\Phi}(n))\tag{10.44a*}$$

当使用 $\boldsymbol{\psi}_{\boldsymbol{\theta}}=\boldsymbol{\Lambda}^{\boldsymbol{\theta}}$ 时，这种形式是自由的，因为在这种情况下，可得到 $\underline{\boldsymbol{\psi}}_{\theta}\equiv\mathbf{0}$，这是引理 10.20 的一个应用。

引入$\{\boldsymbol{\Lambda}^{\boldsymbol{\theta}_n}(\boldsymbol{\Phi}(n))\underline{H}_{\boldsymbol{\theta}_n}^{\boldsymbol{\omega}_n}(\boldsymbol{X}(n)):n\geqslant 0\}$从式(10.44a)得到式(10.44a*)是 6.7.5 节中介绍的控制变量技术的一个例子。

10.7.2　更好的优势函数

考虑一个满足 CFP 的函数类。假设输入空间不大，因此对于每个观测到的 $x\in\mathsf{X}$，基于 $H_{\boldsymbol{\theta}}^{\boldsymbol{\omega}}(x,u)$计算 $\underline{H}_{\boldsymbol{\theta}}^{\boldsymbol{\omega}}(x)$是可行的。在这种情况下，有一个可用的替代控制变量，由不同类型的光滑定义。它没有更复杂，且具有较低方差。

对于任意 $\boldsymbol{\theta}$，$\boldsymbol{\omega}$ 和 x，记

$$\underline{\boldsymbol{\Lambda}H}_{\boldsymbol{\theta}}^{\boldsymbol{\omega}}(x)=\mathsf{E}[\boldsymbol{\Lambda}^{\boldsymbol{\theta}}(\boldsymbol{\Phi}(n))H_{\boldsymbol{\theta}}^{\boldsymbol{\omega}}(\boldsymbol{\Phi}(n))\mid \mathcal{F}_n^-;\boldsymbol{X}(n)=x],$$

其中$\{\mathcal{F}_k^-\}$在式(10.50)中被定义。基于 $\check{\phi}^{\boldsymbol{\theta}}$ 应用条件均值的定义，可得

$$\underline{\boldsymbol{\Lambda}H}_{\boldsymbol{\theta}}^{\boldsymbol{\omega}}(x)=\sum_u \nabla\check{\phi}^{\boldsymbol{\theta}}(u\mid x)H_{\boldsymbol{\theta}}^{\boldsymbol{\omega}}(x,u),\quad x\in\mathsf{X}$$

从条件期望的光滑性可知，通过“光滑”式(10.44a) 我们得到了一个新的无偏 SGD 算法：

$$\boldsymbol{\theta}_{n+1}=\boldsymbol{\theta}_n-\alpha_{n+1}\check{\nabla}_{\Gamma}^{s}(n),\quad \check{\nabla}_{\Gamma}^{s}(n)\stackrel{\text{def}}{=}\underline{\boldsymbol{\Lambda}H}_{\boldsymbol{\theta}_n}^{\boldsymbol{\omega}_n}(\boldsymbol{X}(n))\tag{10.44a**}$$

我们将看到，与式(10.44a*)中的 $\check{\nabla}_{\Gamma}^{v}\Gamma(n)$ 相比，$\check{\nabla}_{\Gamma}^{s}\Gamma(n)$ 的方差更低。

更重要的是比较各自的渐近协方差矩阵 $\boldsymbol{\Sigma}_{\Delta}$，其定义见式(8.27)。这个比较的第一步是考虑在最优参数下评估的梯度估计。对于任一种算法的任何极限 $\boldsymbol{\theta}^*$，由于$\nabla\Gamma(\boldsymbol{\theta}^*)=\mathbf{0}$，对于稳态下的过程 $\boldsymbol{\Phi}$，以下两个过程的均值为零：

$$\Delta_n^{v,\infty}(n)=\breve{\nabla}_\Gamma^{v,\infty}(n)\stackrel{\text{def}}{=}\boldsymbol{\Lambda}^{\boldsymbol{\theta}^*}(\boldsymbol{\Phi}(n))V_{\boldsymbol{\theta}^*}^{\boldsymbol{\omega}^*}(\boldsymbol{\Phi}(n)),$$

$$\Delta_n^{s,\infty}(n)=\breve{\nabla}_\Gamma^{s,\infty}(n)\stackrel{\text{def}}{=}\underline{\boldsymbol{\Lambda}H_{\boldsymbol{\theta}^*}^{\boldsymbol{\omega}^*}}(\boldsymbol{X}(n))$$

各自的渐近协方差矩阵记为

$$\boldsymbol{\Sigma}_\Delta^{v,\infty}=\sum_{n=-\infty}^{\infty}E_\varpi[\breve{\nabla}_\Gamma^{v,\infty}(n)\{\breve{\nabla}_\Gamma^{v,\infty}(0)\}^{\intercal}]\text{ 且 }\boldsymbol{\Sigma}_\Delta^{s,\infty}=\sum_{n=-\infty}^{\infty}E_\varpi[\breve{\nabla}_\Gamma^{s,\infty}(n)\{\breve{\nabla}_\Gamma^{s,\infty}(0)\}^{\intercal}]$$

命题 10.22 对于任意 n，我们有，

$$\breve{\nabla}_\Gamma^{v,\infty}(n)=\breve{\nabla}_\Gamma^{s,\infty}(n)+\Delta_n^A$$

其中 $\{\Delta_n^A\}$ 为鞅差序列，并满足 $E[\Delta_n^A|\mathcal{F}_n^-]=0$。因此，

(i) 协方差是有序的：

$$\mathsf{Cov}(\breve{\nabla}_\Gamma^{v,\infty}(n))=\mathsf{Cov}(\breve{\nabla}_\Gamma^{s,\infty}(n))+\mathsf{Cov}(\Delta_n^A)\geqslant\mathsf{Cov}(\breve{\nabla}_\Gamma^{s,\infty}(n))$$

(ii) 渐近协方差也是有序的：$\boldsymbol{\Sigma}_\Delta^{v,\infty}=\boldsymbol{\Sigma}_\Delta^{s,\infty}+\mathsf{Cov}(\Delta_n^A)$。

(i)对理解相应的演员-评论家算法的方差没有帮助：在随机近似的收敛理论中，普通的协方差不是主要的兴趣。(ii)告诉我们，当 $\mathsf{Cov}(\Delta_k^A)$ 很大时，替代控制变量方法更可取。

命题 10.22 的证明　根据定义，我们有

$$\Delta_n^A\stackrel{\text{def}}{=}\boldsymbol{\Lambda}^{\boldsymbol{\theta}^*}(\boldsymbol{\Phi}(n))V_{\boldsymbol{\theta}^*}^{\boldsymbol{\omega}^*}(\boldsymbol{\Phi}(n))-\underline{\boldsymbol{\Lambda}H_{\boldsymbol{\theta}^*}^{\boldsymbol{\omega}^*}}(\boldsymbol{X}(n))$$

条件期望为零：

$$\begin{aligned}E[\Delta_n^A|\mathcal{F}_n^-]&=E[\boldsymbol{\Lambda}^{\boldsymbol{\theta}^*}(\boldsymbol{\Phi}(n))V_{\boldsymbol{\theta}^*}^{\boldsymbol{\omega}^*}(\boldsymbol{\Phi}(n))|\mathcal{F}_n^-]-\underline{\boldsymbol{\Lambda}H_{\boldsymbol{\theta}^*}^{\boldsymbol{\omega}^*}}(\boldsymbol{X}(n))\\&=E[\boldsymbol{\Lambda}^{\boldsymbol{\theta}^*}(\boldsymbol{\Phi}(n))H_{\boldsymbol{\theta}^*}^{\boldsymbol{\omega}^*}(\boldsymbol{\Phi}(n))|\mathcal{F}_n^-]-\underline{\boldsymbol{\Lambda}H_{\boldsymbol{\theta}^*}^{\boldsymbol{\omega}^*}}(\boldsymbol{X}(n))\\&=\boldsymbol{0}\end{aligned}$$

其中第二个等式由引理 10.20 得出。结论 $E[\Delta_n^A|\mathcal{F}_n^-]=0$ 意味着 $\{\Delta_n^A\}$ 是一个鞅差序列。(i)成立是因为 $\breve{\nabla}_\Gamma^{s,\infty}(n)=\underline{\boldsymbol{\Lambda}H_{\boldsymbol{\theta}^*}^{\boldsymbol{\omega}^*}}(\boldsymbol{X}(n))$ 相对于 $\mathcal{F}_n^-$ 是可测量的，所以 Δ_n^A 和 $\breve{\nabla}_\Gamma^{s,\infty}(n)$ 不相关。

对于(ii)，观察到鞅差属性意味着 Δ_n^A 和 $\breve{\nabla}_\Gamma^{s,\infty}(0)$ 在 $n\geqslant1$ 时是不相关的，由此得

$$E_\varpi[\breve{\nabla}_\Gamma^{v,\infty}(n)\{\breve{\nabla}_\Gamma^{v,\infty}(0)\}^{\intercal}]=E_\varpi[\breve{\nabla}_\Gamma^{s,\infty}(n)\{\breve{\nabla}_\Gamma^{s,\infty}(0)\}^{\intercal}]$$

对两边进行转置，对于 $n\leqslant-1$ 时我们得到了相同的等式。因此，当 $n\neq0$ 时，两个自动协方差序列是相同的。

10.8 自然梯度和 Zap

牛顿-拉弗森流怎么样？如果我们直接观察梯度，这将变成

$$\frac{\mathrm{d}}{\mathrm{d}t}\boldsymbol{\vartheta}=-\boldsymbol{G}(\boldsymbol{\vartheta})\nabla\Gamma(\boldsymbol{\vartheta})\tag{10.53}$$

其中 $\boldsymbol{G}=[\nabla^2\Gamma]^{-1}$。定理 10.16 可能提供了一种获得无偏估计的方法，但还没有一种易于处理的 Zap-SA 算法。此外，这种方法可以计算 Γ 的局部最大值而不是局部最小值。

还有一种矩阵增益的替代选择很流行，它定义了自然梯度算法。

为了建立符号，我们首先回顾一下关于近似评论家 $Q_{\boldsymbol{\theta}}$ 的理论。对于具有线性函数近似的既定策略情形，定理 10.14 告诉我们，最优矩阵增益由 $-\boldsymbol{A}^{-1}=\boldsymbol{R}(0)^{-1}$ 给出，其中 $\boldsymbol{R}(0)$ 是基的自相关矩阵。

基于 $\boldsymbol{\psi}_{\boldsymbol{\theta}}=\boldsymbol{\Lambda}^{\boldsymbol{\theta}}(x,\ u)$ 考虑具有相容特征的最小函数类。我们已经看到，对于每个 $\boldsymbol{\theta}$，它具有零均值，因此自相关与自协方差相一致，并且符号 $\boldsymbol{R}(0)$ 被放弃，取而代之的是

$$\boldsymbol{F}(\boldsymbol{\theta})\stackrel{\text{def}}{=}\sum_{x,u}\boldsymbol{\Lambda}^{\boldsymbol{\theta}}(x,u)\boldsymbol{\Lambda}^{\boldsymbol{\theta}}(x,u)^{\top}\boldsymbol{\varpi}_{\boldsymbol{\theta}}(x,u) \tag{10.54}$$

这就是众所周知的费歇耳信息矩阵[⊖](Fisher Information Matrix)，因为它与统计学中出现的这个名字的矩阵相关联(详见 10.10 节的结尾)。

对于具有线性函数逼近的既定策略 TD 学习，渐近协方差可以使用随机牛顿-拉弗森进行优化，针对双时间尺度算法也是如此。矩阵增益 $\boldsymbol{G}(\boldsymbol{\theta})\stackrel{\text{def}}{=}\boldsymbol{F}^{-1}(\boldsymbol{\theta})$ 在自然梯度算法的定义中也被使用了，在 $\boldsymbol{G}$ 的这种选择下，其 ODE 近似就是式(10.53)。

仔细看下一个算法：近似 $\boldsymbol{F}^{-1}(\boldsymbol{\theta}_n)$ 的矩阵增益 $\boldsymbol{G}_n$ 出现了两次。它的第一次出现是用来近似自然梯度，再次出现是用来更新 $\boldsymbol{\omega}_n$(随机牛顿-拉弗森)。

使用 10.7.2 节中描述的控制变量技术可以减小方差，即将式(10.55a)中的 $\check{\nabla}_{\Gamma}^{v}(n)$ 替换为 $\check{\nabla}_{\Gamma}^{s}(n)$。

具有 Zap 的自然演员-评论家算法

基于 $\boldsymbol{\psi}_{\boldsymbol{\theta}}=\boldsymbol{\Lambda}^{\boldsymbol{\theta}}$ 来定义函数类。

初始化 $\boldsymbol{R}_0>0(d\times d)$，$\eta_0\in\mathbb{R}$，和 $\boldsymbol{\theta}_0,\boldsymbol{\omega}_0,\boldsymbol{\zeta}_0\in\mathbb{R}^d$，则

$$\boldsymbol{\theta}_{n+1}=\boldsymbol{\theta}_n-\alpha_{n+1}\boldsymbol{G}_n\check{\nabla}_{\Gamma}^{v}(n),\quad \check{\nabla}_{\Gamma}^{v}(n)\stackrel{\text{def}}{=}\boldsymbol{\Lambda}_n H_{\boldsymbol{\theta}_n}^{\boldsymbol{\omega}_n}(\boldsymbol{\Phi}(n)),\quad \boldsymbol{G}_n=\boldsymbol{R}_n^{-1} \tag{10.55a}$$

$$\boldsymbol{\Lambda}_n=\boldsymbol{\Lambda}^{\boldsymbol{\theta}_n}(\boldsymbol{\Phi}(n)) \tag{10.55b}$$

$$\boldsymbol{\Phi}(n+1)\sim \boldsymbol{T}_{\boldsymbol{\theta}_n}(z,\ \cdot),z=\boldsymbol{\Phi}(n) \tag{10.55c}$$

$$\left.\begin{aligned}
&\mathcal{D}_{n+1}=-H_{\boldsymbol{\theta}_n}^{\boldsymbol{\omega}_n}(\boldsymbol{\Phi}(n))+\tilde{c}_n+\mathbb{1}\{\boldsymbol{\Phi}(n+1)\neq z^{\bullet}\}H_{\boldsymbol{\theta}_n}^{\boldsymbol{\omega}_n}(\boldsymbol{\Phi}(n+1))\\
&\boldsymbol{\omega}_{n+1}=\boldsymbol{\omega}_n+\beta_{n+1}\boldsymbol{G}_n\boldsymbol{\zeta}_n\mathcal{D}_{n+1}\\
&\boldsymbol{\zeta}_{n+1}=\lambda\,\mathbb{1}\{\boldsymbol{\Phi}(n+1)\neq z^{\bullet}\}\boldsymbol{\zeta}_n+\boldsymbol{\psi}_{\boldsymbol{\theta}_{n+1}}(\boldsymbol{\Phi}(n+1))\\
&\eta_{n+1}=\eta_n+\beta_{n+1}\tilde{c}_{n+1},\ \tilde{c}_{n+1}=c(\boldsymbol{\Phi}(n+1))-\eta_n\\
&\boldsymbol{R}_{n+1}=\boldsymbol{R}_n+\beta_{n+1}[\boldsymbol{\Lambda}_{n+1}\boldsymbol{\Lambda}_{n+1}^{\top}-\boldsymbol{R}_n]
\end{aligned}\right\} \tag{10.55d}$$

⊖ 费歇耳信息矩阵是费歇耳信息量由单个参数到多个参数情形的推广。费歇耳信息量表示随机变量的一个样本所能提供的关于状态参数在某种意义下的平均信息量。——译者注

定义增益矩阵 $\boldsymbol{G}_n=\boldsymbol{R}_n^{-1}$ 的逆可以使用矩阵求逆引理(A.1)来有效地计算，或者可以使用一阶 Zap 算法——式(8.52)来获得一个不用矩阵求逆的算法。

不要忘记 9.5.4 节中的警告：如果 $\boldsymbol{R}_n$ 永远不可逆，则你要么修剪基，要么使用伪逆来定义 $\boldsymbol{G}_n$。

10.9 技术证明*

定理 10.11 和定理 10.15 的证明与定理 9.7 的证明类似，只是我们需要理解再生的影响。回想一下，$\boldsymbol{\Phi}$ 被假设定义在双边时间轴上。对于 $\lambda=1$，资格向量的稳态实现由下式定义

$$\boldsymbol{\zeta}_n=\sum_{\tilde{\sigma}_{\bullet}^{[n]}\leqslant k\leqslant n}\gamma^{n-k}\boldsymbol{\psi}(\boldsymbol{\Phi}(k)),\quad n\in\mathbb{Z} \tag{10.56}$$

也就是说，我们允许 n 和 k 为负值(回顾一下式(10.19))。

下面内容解开了“再生之谜”的一半。对于任意函数 $g:X\times U\to\mathbb{R}$ 和 $\gamma\in[0,1]$，记 $\hat{g}=T_\gamma^{\bullet}g$ 其中

$$\hat{g}(z)=E\Big[\sum_{k=0}^{\tau_{\bullet}-1}\gamma^k g(\boldsymbol{\Phi}(k))\mid\boldsymbol{\Phi}(0)=z\Big]$$

如果 $g=c$，则有 $\hat{g}=J_\gamma(z)$；如果 $g=\tilde{c}$ 和 $\gamma=1$，则有 $\hat{g}=H_3$。

引理 10.23 对于每个 $g,h\in L_2(\varpi)$，$\boldsymbol{T}_\gamma^{\bullet}$ 的伴随矩阵满足 $\langle\boldsymbol{T}_\gamma^{\bullet}g,h\rangle_\varpi=\langle g,[\boldsymbol{T}_\gamma^{\bullet}]^{\dagger}h\rangle_\varpi$，并由下式给出

$$[\boldsymbol{T}_\gamma^{\bullet}]^{\dagger}h(z)=E\Big[\sum_{\tilde{\sigma}_{\bullet}^{[n]}\leqslant k\leqslant n}\gamma^{n-k}h(\boldsymbol{\Phi}(n))\mid\boldsymbol{\Phi}(n)=z\Big],\quad z\in X\times U,n\in\mathbb{Z}$$

其中 $\{\boldsymbol{\Phi}(k):k\in\mathbb{Z}\}$ 是马尔可夫链的平稳形式。特别是，对于式(10.56)中定义的 $\boldsymbol{\zeta}_n$，有

$$E_\varpi[\hat{g}(\boldsymbol{\Phi}(n))\boldsymbol{\psi}(\boldsymbol{\Phi}(n))]=E_\varpi[g(\boldsymbol{\Phi}(n))\boldsymbol{\zeta}_n]$$

证明 建立 $n=0$ 时的等式就足够了。由定义可知，

$$\langle\boldsymbol{T}_\gamma^{\bullet}g,h\rangle_\varpi=E_\varpi[h(\boldsymbol{\Phi}(0))\hat{g}(\boldsymbol{\Phi}(0))]=E_\varpi\Big[h(\boldsymbol{\Phi}(0))E\Big[\sum_{k=0}^{\tau_{\bullet}-1}\gamma^k g(\boldsymbol{\Phi}(k))\mid\boldsymbol{\Phi}(0)\Big]\Big]$$

由条件期望的光滑性可知

$$E_\varpi[h(\boldsymbol{\Phi}(0))\hat{g}(\boldsymbol{\Phi}(0))]=E_\varpi\Big[h(\boldsymbol{\Phi}(0))\sum_{k=0}^{\tau_{\bullet}-1}\gamma^k g(\boldsymbol{\Phi}(k))\Big]$$

然后通过平稳性和 $\tau_{\bullet}$ 的定义，有

$$\begin{aligned}&E_\varpi[h(\boldsymbol{\Phi}(0))\hat{g}(\boldsymbol{\Phi}(0))]\\&=E_\varpi[h(\boldsymbol{\Phi}(0))g(\boldsymbol{\Phi}(0))]+\sum_{k=1}^{\infty}\gamma^k E_\varpi[\mathbb{1}\{\boldsymbol{\Phi}(j)\neq z^{\bullet}:1\leqslant j\leqslant k\}h(\boldsymbol{\Phi}(0))g(\boldsymbol{\Phi}(k))]\end{aligned}$$

$$= E_{\varpi}[h(\boldsymbol{\Phi}(0))g(\boldsymbol{\Phi}(0))] + \sum_{k=1}^{\infty}\gamma^k E_{\varpi}[\mathbb{1}\{\boldsymbol{\Phi}(j-k)\neq z^{\bullet}: 1\leqslant j\leqslant k\}h(\boldsymbol{\Phi}(-k))g(\boldsymbol{\Phi}(0))]$$

做变量变换 $\ell=j-k$，使得$\mathbb{1}\{\boldsymbol{\Phi}(j-k)\neq z^{\bullet}: 1\leqslant j\leqslant k\}=\mathbb{1}\{\boldsymbol{\Phi}(\ell)\neq z^{\bullet}: -k+1\leqslant \ell\leqslant 0\}$。采用这种变换，然后返回求和式和期望内的系数 γ^k，有

$$E_{\varpi}[h(\boldsymbol{\Phi}(0))\hat{g}(\boldsymbol{\Phi}(0))]$$
$$= E_{\varpi}[h(\boldsymbol{\Phi}(0))g(\boldsymbol{\Phi}(0))] + E_{\varpi}\left[g(\boldsymbol{\Phi}(0))\sum_{k=1}^{\infty}\gamma^k\mathbb{1}\{\boldsymbol{\Phi}(\ell)\neq z^{\bullet}: -k+1\leqslant \ell\leqslant 0\}h(\boldsymbol{\Phi}(-k))\right]$$
$$= E_{\varpi}[h(\boldsymbol{\Phi}(0))g(\boldsymbol{\Phi}(0))] + E_{\varpi}\left[g(\boldsymbol{\Phi}(0))\sum_{\tilde{\sigma}_{\bullet}^{[0]}\leqslant k\leqslant 1}\gamma^{-k}h(\boldsymbol{\Phi}(-k))\right]$$

其中，当$\tilde{\sigma}_{\bullet}^{[0]}=0$时，和式被定义为零。这样就建立了 $n=0$ 时的期望结果。

再生之谜的后半部分接下来揭晓。

引理 10.24　对于任意的 $\gamma\in[0, 1]$和函数 $H: X\times U\to\mathbb{R}$，

(i) $E_{\varpi}[(-H(\boldsymbol{\Phi}(n))+\gamma\mathbb{1}\{\boldsymbol{\Phi}(n+1)\neq z^{\bullet}\}H(\boldsymbol{\Phi}(n+1)))\boldsymbol{\zeta}_n]=-E_{\varpi}[H(\boldsymbol{\Phi}(0))\boldsymbol{\psi}(\boldsymbol{\Phi}(0))]$

(ii) $E_{\varpi}[(-H(\boldsymbol{\Phi}(n))+\gamma H(\boldsymbol{\Phi}(n+1)))\boldsymbol{\zeta}_n]=E_{\varpi}[\{-H(\boldsymbol{\Phi}(0))+\gamma^{\tau_{\bullet}}H(z^{\bullet})\}\boldsymbol{\psi}(\boldsymbol{\Phi}(0))]$

证明　(i)的证明是作为上一个引理的推论得到的，如果使用

$$g(z)=-H(z)+\gamma E[\mathbb{1}\{\boldsymbol{\Phi}(n+1)\neq z^{\bullet}\}H(\boldsymbol{\Phi}(n+1))\mid\boldsymbol{\Phi}(n)=z],$$

因此由光滑性可知，

$$E_{\varpi}[(-H(\boldsymbol{\Phi}(n))+\mathbb{1}\{\boldsymbol{\Phi}(n+1)\neq z^{\bullet}\}H(\boldsymbol{\Phi}(n+1)))\boldsymbol{\zeta}_n]=E_{\varpi}[g(\boldsymbol{\Phi}(n))\boldsymbol{\zeta}_n]$$

余下就是要证明 $E_{\varpi}[g(\boldsymbol{\Phi}(n))\boldsymbol{\zeta}_n]=-E_{\varpi}[H(\boldsymbol{\Phi}(n))\boldsymbol{\psi}(\boldsymbol{\Phi}(n))]$。

由引理 10.23 可知

$$E_{\varpi}[g(\boldsymbol{\Phi}(n))\boldsymbol{\zeta}_n]=E_{\varpi}[g(\boldsymbol{\Phi}(0))\boldsymbol{\zeta}_0]=E_{\varpi}[\boldsymbol{\psi}(\boldsymbol{\Phi}(0))\hat{g}(\boldsymbol{\Phi}(0))]$$
$$= E_{\varpi}\left[\boldsymbol{\psi}(\boldsymbol{\Phi}(0))\sum_{k=0}^{\tau_{\bullet}-1}\gamma^k g(\boldsymbol{\Phi}(k))\right]$$
$$= \sum_{k=0}^{\infty}\gamma^k E_{\varpi}[\boldsymbol{\psi}(\boldsymbol{\Phi}(0))g(\boldsymbol{\Phi}(k))\mathbb{1}\{k<\tau_{\bullet}\}]$$

条件期望的光滑性为每个期望提供了一个有用的表示：

$$E_{\varpi}[\boldsymbol{\psi}(\boldsymbol{\Phi}(0))\mathbb{1}\{k<\tau_{\bullet}\}g(\boldsymbol{\Phi}(k))]$$
$$=E_{\varpi}[\boldsymbol{\psi}(\boldsymbol{\Phi}(0))\mathbb{1}\{k<\tau_{\bullet}\}\{-H(\boldsymbol{\Phi}(k))+\gamma E[\mathbb{1}\{\boldsymbol{\Phi}(k+1)\neq z^{\bullet}\}H(\boldsymbol{\Phi}(k+1))\mid\mathcal{F}_k]\}]$$
$$=E_{\varpi}[\boldsymbol{\psi}(\boldsymbol{\Phi}(0))\mathbb{1}\{k<\tau_{\bullet}\}\{-H(\boldsymbol{\Phi}(k))+\gamma\mathbb{1}\{\boldsymbol{\Phi}(k+1)\neq z^{\bullet}\}H(\boldsymbol{\Phi}(k+1))\}]$$

因此通过替换，有

$$E_{\varpi}[g(\boldsymbol{\Phi}(n))\boldsymbol{\zeta}_n]=-\sum_{k=0}^{\infty}\gamma^k E_{\varpi}[\boldsymbol{\psi}(\boldsymbol{\Phi}(0))\mathbb{1}\{k<\tau_{\bullet}\}H(\boldsymbol{\Phi}(k))]+$$

$$\sum_{k=0}^{\infty}\gamma^k E_{\varpi}[\boldsymbol{\psi}(\boldsymbol{\Phi}(0))\mathbb{1}\{k<\tau_{\bullet}\}\{\gamma\mathbb{1}\{\boldsymbol{\Phi}(k+1)\neq z^{\bullet}\}H(\boldsymbol{\Phi}(k+1))\}]$$

$$=-E_{\varpi}[\boldsymbol{\psi}(\boldsymbol{\Phi}(0))\sum_{k=0}^{\tau_{\bullet}-1}\gamma^k H(\boldsymbol{\Phi}(k))-$$

$$\boldsymbol{\psi}(\boldsymbol{\Phi}(0))\sum_{k=0}^{\tau_{\bullet}-1}\gamma^{k+1}\mathbb{1}\{\boldsymbol{\Phi}(k+1)\neq z^{\bullet}\}H(\boldsymbol{\Phi}(k+1))]$$

和式之间作差就约简到 $\boldsymbol{\psi}(\boldsymbol{\Phi}(0))H(\boldsymbol{\Phi}(0))$（其他项都抵消了），由此证明了(i)。

(ii)的证明与上述相同，只是除了两项以外都被抵消了。 □

定理 10.11 的证明　应用式(10.21)，我们有

$$\boldsymbol{A}\stackrel{\text{def}}{=}E_{\varpi}[\boldsymbol{A}_{n+1}]=E_{\varpi}[\boldsymbol{\zeta}_n\{-\boldsymbol{\psi}_{(n)}+\gamma\mathbb{1}\{\boldsymbol{\Phi}(n+1)\neq z^{\bullet}\}\boldsymbol{\psi}_{(n+1)}\}^{\mathsf{T}}]$$

接下来应用引理 10.24 (i)，此时对于任意的 i，使用 $H=\psi_i$。令 $\boldsymbol{A}^i$ 表示 $\boldsymbol{A}$ 的第 i 列，该引理表明

$$\begin{aligned}\boldsymbol{A}^i &= E_{\varpi}[\{-\psi_i(\boldsymbol{\Phi}(n))+\gamma\mathbb{1}\{\boldsymbol{\Phi}(n+1)\neq z^{\bullet}\}\psi_i(\boldsymbol{\Phi}(n+1))\}\boldsymbol{\zeta}_n]\\ &=-E_{\varpi}[\psi_i(\boldsymbol{\Phi}(0))\boldsymbol{\psi}(\boldsymbol{\Phi}(0))]\end{aligned}$$

这就建立了(i)：$\boldsymbol{A}=-\boldsymbol{R}^{\psi}$。

对于(ii)，考虑参数 $\boldsymbol{\theta}^{\circ}\in\mathbb{R}^d$ 最优性的一阶条件：

$$\mathbf{0}=\nabla_{\boldsymbol{\theta}}\frac{1}{2}E_{\varpi}[(H^{\boldsymbol{\theta}}(\boldsymbol{\Phi}(n))-J_{\gamma}(\boldsymbol{\Phi}(n)))^2]\big|_{\boldsymbol{\theta}=\boldsymbol{\theta}^{\circ}}=E_{\varpi}[(H^{\boldsymbol{\theta}^{\circ}}(\boldsymbol{\Phi}(n))-J_{\gamma}(\boldsymbol{\Phi}(n)))\boldsymbol{\psi}_{(n)}]$$

根据定义，$E_{\varpi}[H^{\boldsymbol{\theta}^{\circ}}(\boldsymbol{\Phi}(n))\boldsymbol{\psi}_{(n)}]=\boldsymbol{R}(0)\boldsymbol{\theta}^{\circ}=-\boldsymbol{A}\boldsymbol{\theta}^{\circ}$。应用引理 10.23，有

$$-E_{\varpi}[J_{\gamma}(\boldsymbol{\Phi}(n))\boldsymbol{\psi}_{(n)}]=-E_{\varpi}[c_n\boldsymbol{\zeta}_n]=\boldsymbol{b}$$

其中 $\boldsymbol{b}=E[\boldsymbol{b}_{n+1}]$（见式(10.21)）。因此，如前所述，最优性的一阶条件变为 $-\boldsymbol{A}\boldsymbol{\theta}^{\circ}+\boldsymbol{b}=\mathbf{0}$。

定理 10.15 的证明　我们首先证明(i)：对于 $\bar{\boldsymbol{f}}(\boldsymbol{\theta}^*)=\mathbf{0}$ 的任意解，$\eta=\delta\langle\boldsymbol{\mu},H^{\boldsymbol{\theta}^*}\rangle$。为此，我们取 $g(z)=c(z)-\delta\langle\boldsymbol{\mu},H^{\boldsymbol{\theta}^*}\rangle$ 并应用引理 10.24 (ii)：

$$\begin{aligned}\mathbf{0}&=\bar{\boldsymbol{f}}(\boldsymbol{\theta}^*)=E_{\varpi}[\{g(\boldsymbol{\Phi}(n))-H^{\boldsymbol{\theta}}(\boldsymbol{\Phi}(n))+H^{\boldsymbol{\theta}}(\boldsymbol{\Phi}(n+1))\}\boldsymbol{\zeta}_n]\big|_{\boldsymbol{\theta}=\boldsymbol{\theta}^*}\\ &=E_{\varpi}[\{\hat{g}(\boldsymbol{\Phi}(0))-H^{\boldsymbol{\theta}^*}(\boldsymbol{\Phi}(0))+H^{\boldsymbol{\theta}^*}(z^{\bullet})\}\boldsymbol{\psi}(\boldsymbol{\Phi}(0))]\end{aligned} \tag{10.57}$$

其中

$$\hat{g}(z)=E\Big[\sum_{k=0}^{\tau_{\bullet}-1}[c(\boldsymbol{\Phi}(k))-\delta\langle\boldsymbol{\mu},H^{\boldsymbol{\theta}^*}\rangle]\ \Big|\ \boldsymbol{\Phi}(0)=z\Big]$$

接下来我们利用 $\boldsymbol{\theta}^*$ 的特殊性质

$$\begin{aligned}0&=\sum_i\theta_i^{\bullet}\bar{f}_i(\boldsymbol{\theta}^*)=\sum_i\theta_i^{\bullet}E_{\varpi}[\psi_i(\boldsymbol{\Phi}(0))\{\hat{g}(\boldsymbol{\Phi}(0))-H^{\boldsymbol{\theta}^*}(\boldsymbol{\Phi}(0))+H^{\boldsymbol{\theta}^*}(z^{\bullet})\}]\\ &=E_{\varpi}[\mathbb{1}\{\boldsymbol{\Phi}(0)=z^{\bullet}\}\{\hat{g}(\boldsymbol{\Phi}(0))-H^{\boldsymbol{\theta}^*}(\boldsymbol{\Phi}(0))+H^{\boldsymbol{\theta}^*}(z^{\bullet})\}]\end{aligned}$$

代入定义，

$$
\begin{aligned}
\mathbf{0} &= E_{\varpi}[\mathbb{1}\{\boldsymbol{\Phi}(0)=z^{\bullet}\}\{\hat{g}(\boldsymbol{\Phi}(0))-H^{\boldsymbol{\theta}^*}(\boldsymbol{\Phi}(0))+H^{\boldsymbol{\theta}^*}(z^{\bullet})\}] \\
&= \varpi\{z^{\bullet}\}\hat{g}(z^{\bullet})
\end{aligned}
$$

在定理的假设下，可以得到 $\hat{g}(z^{\bullet})=0$，因此通过命题 6.10(卡茨定理)，$\eta=\delta\langle\boldsymbol{\mu},H^{\boldsymbol{\theta}^*}\rangle$，即(i)。

我们还得出结论：$\hat{g}=H_3$，因此式(10.57)意味着(ii)。

其余的证明遵循定理 10.11 的证明即可。首先，重温式(10.57)且已知 $g=\tilde{c}$，

$$
\mathbf{0}=E[\{H^{\boldsymbol{\theta}^*}(\boldsymbol{\Phi}(0))-r^*-H_3(\boldsymbol{\Phi}(0))\}\boldsymbol{\psi}(\boldsymbol{\Phi}(0))] \tag{10.58}
$$

其中 $r^*=H^{\boldsymbol{\theta}^*}(z^{\bullet})$。我们接下来表明，式(10.58)刻画了式(10.34)的最优性。

对于最小化式(10.34)，$(\boldsymbol{\theta}^{\circ},r^{\circ})\in\mathbb{R}^{d+1}$ 的最优性的一阶条件是

$$
\begin{aligned}
&\mathbf{0}=E_{\varpi}[(H^{\boldsymbol{\theta}^{\circ}}(\boldsymbol{\Phi}(0))-r^{\circ}-H_3(\boldsymbol{\Phi}(0)))\boldsymbol{\psi}(\boldsymbol{\Phi}(0))], \\
&0=E_{\varpi}[H^{\boldsymbol{\theta}^{\circ}}(\boldsymbol{\Phi}(0))-r^{\circ}-H_3(\boldsymbol{\Phi}(0))]
\end{aligned}
$$

第一个方程是对 $\boldsymbol{\theta}$ 求梯度得到的，第二个方程是对 r 求导数得到的。在 $\mathbf{1}$ 是在 $\{\psi_i\}$ 张成的空间内的假设情况下，第二个方程来自第一个方程。因此式(10.58)意味着 $(\boldsymbol{\theta}^*,r^*)$ 满足一阶最优条件。 □

10.10 注记

10.10.1 伴随矩阵和 TD 学习

本章中的大部分理论是由麻省理工学院 John Tsitsiklis 领导的小组在 20 世纪 90 年代发展出来的。

围绕 TD 学习的奇妙几何是 Ben Van Roy 学位论文[363]的一部分，该学位论文总结了几篇出色的论文，包括文献[353-356]。命题 10.1 出现在文献[356]定理 1 中，以及对任意 λ 值的界：利用 $\theta^*(\lambda)$ 是 TD(λ)的解，有

$$
\|H^{\boldsymbol{\theta}^*(\lambda)}-Q\|_{\varpi}^2\leqslant\frac{1-\lambda\gamma}{1-\gamma}\|\hat{Q}-Q\|_{\varpi}^2, \qquad \hat{Q}=H^{\boldsymbol{\theta}^*(1)}
$$

受式(10.17)中泊松方程 H_3 的旧式表示启发，使用再生来定义资格序列——式(10.19a)是在文献[192]中被引入的，当时意识到 TD(1)学习可能用于获得无偏梯度估计。Nummelin 的专著[277]在统计学和马尔可夫链理论中都有很大的影响。书中强调的他的研究的一个重要贡献，是如何构造连续状态空间上马尔可夫链的再生次数。这在未来的研究中可能很有价值。

10.10.2 演员-评论家方法

Glynn 在 20 世纪 80 年代的研究[142,143]介绍了无偏随机梯度下降的似然比方法，部分基于文献[313]（即 6.8 节中介绍的灵敏度理论）。仅仅十多年后，这一理论被扩展并应用于获得第一个无偏随机梯度下降法用于强化学习[238,239]（另见文献[31,32]），随后很快在文献[344]中提出了新的见解。这项工作是随后的演员-评论家革命的开始。

20 世纪 90 年代末，双时间尺度的随机近似和关联方差理论仍在发展。Konda 与 Borkar[189,190]以及之后 Tsitsiklis[188,193]的研究有助于阐明这一主题，文献[188,192]介绍了演员-评论家理论和应用方面的一个重大进展：基于上述文献[353-356]介绍的先验 L_2 理论，这项工作中引入了相容特征属性——式(10.47)。

继文献[23]之后，文献[172]中提出了引入优势函数作为加速演员-评论家算法的手段。文献[172]中的命题 9.2 后来被应用于获得文献[311]中的信赖域策略优化㊀(Trust Region Policy Optimization，TRPO)算法，进而衍生出许多其他方法。

再生结构导致出现在式(10.24)中的 i. i. d. 样本 $\{S_n\}$，表明该策略应该在算法实现中的再生时间之间被冻结，类似于 4.7.1 节中的山地车例子中应用的 qSGD 方式。这是文献[238,239]中的一种方法，文献[31,312]中也使用了类似"情节"的方法。

更好的优势控制变量技术是新的，以及协方差比较命题 10.22 也是新的。

文献[173]引入了自然演员-评论家算法(也可见文献[53,56,151,285])。自然梯度在加速度方面的值在文献[2]中进行了解释；此外，在这项工作和同类研究文献[48,248]中表明，一大类策略梯度算法在适当的正则化下是全局收敛的(回顾一下式(10.46)之后讨论的 $\mathcal{R}_n$)。最近的文章[368]为老虎机问题提供了优雅的李雅普诺夫分析，文献[236]包含了对演员-评论家方法的调查研究。

本章没有任何关于如何选择式(10.46)中的正则化子以用于梯度下降的讨论。有关旨在同时改进策略和价值函数近似的一种方法，请参阅文献[270]。

本章没有提到 4.6 节和 4.7 节中强调的基于 SPSA 的无梯度技术的应用：那里介绍的算法实际上是在随机环境中首次提出的——相关历史可以在 4.11 节中找到。Williams 的强化学习(REINFORCE)算法[376]可能是第一个将这些技术应用于 MDP，以创建形式如 4.6 节中描述的纯演员的算法。

最近，在文献[236]中，作者认为 SPSA 有时比迄今为止介绍的任何演员-评论家算法都更有效。文献[236]的算法 1 是 SPSA 的一个版本，本质上与原始的 Kiefer-Wolfowitz 算法[182]相同。然而，文献[236]的效率结果值得贴上一个警告标签：任何涉及单个梯度估计的多个函数评估的技术都必须考虑观测噪声。这种担忧是本书 4.6 节中强调 qSGD 方法#1 和方法#2 的原因。

㊀ 信赖域策略优化(TRPO)算法是一个用来优化策略的算法，是通过对理论证明过程的近似得来的算法。该算法类似于自然策略梯度方法，对神经网络等大型非线性策略是有效的。TRPO 倾向于给出单调的改进，很少调整超参数。——译者注

10.10.3 一些历史

RL 领域的许多人已经忘记了由 Mandl[235] 和 Borkar[60-62] 开创的马尔可夫链的优雅控制理论。这项工作很容易被遗漏，因为语言和符号与今天在 RL 文献中使用的是如此的不同。作者是从一个状态空间 Z 上的一族转移矩阵 $\{\boldsymbol{T}_{\boldsymbol{\theta}}:\boldsymbol{\theta}\in\mathbb{R}^d\}$ 开始讨论的（在后来的论文中，该理论被扩展到一般状态空间和连续时间）。一个目标就是找到使平均成本最小化的参数 $\boldsymbol{\theta}^*$。

读者可能会认为这与 RL 相距甚远而不予理会，因为模型族是假定已知的。仔细观察会发现，观测值是对数似然的，$L_{\boldsymbol{\theta}}=\log(T_{\boldsymbol{\theta}}/T_{\boldsymbol{\theta}^0})$，其中 $\boldsymbol{\theta}^0$ 是固定但任意的（它在理论中没有必要的作用）。这种情况远比本章的情况更为普遍。对于非常特殊情况的式(10.37)，有

$$L_{\boldsymbol{\theta}}(z,z')=\log\frac{T_{\boldsymbol{\theta}}(z,z')}{T_{\boldsymbol{\theta}^0}(z,z')}=\log\frac{\check{\phi}^{\boldsymbol{\theta}}(u'\mid x')}{\check{\phi}^{\boldsymbol{\theta}^0}(u'\mid x')},\quad z,z'=(x',u')\in\mathsf{Z}$$

这段“过去历史”值得更仔细地考察，同样值得考察的还有苏联同时开展的大量工作[136]。

10.10.4 费歇耳信息

将式(10.54)解释为费歇耳信息并不容易证明。

这个术语出现在参数估计理论中[6,361]。在本章的研究背景中，估计问题与 Borkar 的论文[61,62]中的估计问题相同：对于某个 $\boldsymbol{\theta}^\circ\in\mathbb{R}^d$，输入是根据 $\phi^{\boldsymbol{\theta}^\circ}$ 来选择的。给定样本 $\{\boldsymbol{\Phi}(k):0\le k\le n\}$，最大似然估计 $\boldsymbol{\theta}_n^{\mathrm{ML}}$ 的真实参数 $\boldsymbol{\theta}^\circ$ 是下式的一个解

$$\mathbf{0}=\nabla_{\boldsymbol{\theta}}\log\Big(\prod_{k=0}^{n-1}\boldsymbol{T}_{\boldsymbol{\theta}}(\boldsymbol{\Phi}(k),\boldsymbol{\Phi}(k+1))\Big)\Big|_{\boldsymbol{\theta}=\boldsymbol{\theta}_n^{\mathrm{ML}}}=\sum_{k=1}^{n}\boldsymbol{\Lambda}^{\boldsymbol{\theta}}(\boldsymbol{\Phi}(k))\Big|_{\boldsymbol{\theta}=\boldsymbol{\theta}_n^{\mathrm{ML}}}$$

在这种情况下，费歇耳信息是该统计量的归一化协方差，在 $\boldsymbol{\theta}=\boldsymbol{\theta}^\circ$ 时的计算结果为：

$$\boldsymbol{F}_n(\boldsymbol{\theta}^\circ)=\frac{1}{n}\mathrm{Cov}\Big(\sum_{k=1}^{n}\boldsymbol{\Lambda}_{(k)}^{\boldsymbol{\theta}^\circ}\Big)$$

由于引理 10.20 建立了鞅差性质，则

$$\lim_{n\to\infty}\boldsymbol{F}_n(\boldsymbol{\theta}^\circ)=\frac{1}{n}\sum_{k=1}^{n}\mathrm{Cov}(\boldsymbol{\Lambda}_{(k)}^{\boldsymbol{\theta}^\circ})=\boldsymbol{F}(\boldsymbol{\theta}^\circ)$$

其中右侧是在式(10.54)中定义的。

矩阵 $\boldsymbol{F}_n(\boldsymbol{\theta}^\circ)$ 是对参数 $\boldsymbol{\theta}^\circ$ 的前 n 个观察值的灵敏度的测量，根据这个极限，我们可以证明 $\boldsymbol{F}(\boldsymbol{\theta}^\circ)$ 作为整个观察历史的灵敏度的解释。这对于参数估计的应用是一个完美的结论，但并没有解释为什么 $\boldsymbol{F}(\boldsymbol{\theta}_n)$ 的逆是应用于演员-评论家算法的一个很好的增益。

附 录

APPENDIX A

附录 A

数学背景

A.1 符号和数学背景

本节回顾微积分和实分析中的基本符号和概念。

A.1.1 概论

关于函数和序列：

- $\mathbb{1}_A$：集合 A 的指标函数，即当 $x\in A$ 时，$\mathbb{1}_A(x)=1$，否则为 0。
- $J(\cdot)$："$\cdot$"用来强调 J 是某个变量的函数。
- $\boldsymbol{u}$：黑斜体用来表示序列的紧凑符号。另一种替代表示法：$\boldsymbol{u}=\{u_0,u_1,\cdots\}=u_{[0,\infty)}$。
- 对于函数 $J:\mathbb{R}^n\to\mathbb{R}$，不要忘记梯度$\nabla J$ 和导数∂J 是不一样的。梯度是一个列向量，导数是一个行向量(标量价值函数 J 的线性近似)。

A.1.2 拓扑

关于$\mathbb{R}^n$ 中的集合和序列。

- $x\in\mathbb{R}^n$ 的邻域：包含 x 的集合是开的。
- 如果集合 $S\subset\mathbb{R}^n$ 是闭的且有界的，则被称为是紧的。
- 对于每个 $\nu\in\mathcal{N}$ 和 $S\subset\cup O_\nu$，如果有 $O_\nu\subset\mathbb{R}^n$，那么一组集合$\{O_\nu:\ \nu\in\mathcal{N}\}$(其中索引指数 $\mathcal{N}$ 可能无限大)称为集合 $S\subset\mathbb{R}^n$ 的*覆盖*。书中的许多证明都隐含地使用了以下特征：集合 S 是紧的，当且仅当每个开集的覆盖都允许具有一个有限的子*覆盖*(存在一组有限的索引指数集合$\{\nu_i:1\leqslant i\leqslant N\}$ 满足 $S\subset\cup_{i=1}^{N}O_\nu$)。
- 对于函数 g：$Z\to R$，跨度半范数定义为

$$\| g \|_{sp}=\min_r \max_z |g(z)-r|=\frac{1}{2}[\max_z g(z)-\min_z g(z)]$$

式(10.34)显示了该范数的一个变体示例。

以下符号是指由一个变量 $t\in\mathbb{T}$ 索引的向量或标量的集合，该变量被解释为时间或算法中的迭代次数。示例：$\mathbb{Z}_+=\{0,1,2,\cdots\}$ 和$\mathbb{R}_+$。

▶ $\sup_t a_t$：标量$\{a_t:t\in\mathbb{T}\}$的上确界，也称为最小上界(Least Upper Bound，LUB)。令所有上界的集合为$S=\{r\in\mathbb{R}:a_t\leqslant r$，对于每个$t\in\mathbb{T}\}$。如果上述的$\{a_t\}$有界，那么这个集合是非空的，且对于某个$s_0\in\mathbb{R}$，可以表示为$[s_0,\infty)$。根据定义，这就是上确界：$\sup_t a_t=\min\{s:s\in S\}=s_0$。

▶ 下确界是最大下界，或$\inf\{\alpha_t\}=-\sup\{-\alpha_t\}$。

▶ $\limsup_{t\to\infty}\delta_t$：极限上确界，对于$t$的标量价值函数定义如下。首先记

$$\bar{\delta}_r=\sup\{\delta_t:t\geqslant r\},r\in\mathbb{T}$$

当r增加时，$\bar{\delta}_r$不增加(上确界在一个更小的集合上取值)。当$r\to\infty$时的极限是极限上确界：

$$\limsup_{t\to\infty}\delta_t=\lim_{r\to\infty}\bar{\delta}_r$$

▶ $\liminf_{t\to\infty}\delta_t=-\limsup_{t\to\infty}(-\delta_t)$：极限下确界。

▶ 如果$\liminf_{t\to\infty}\delta_t=\limsup_{t\to\infty}\delta_t$，我们说极限存在。

▶ 对于时间$\{a_t,b_t:t\in\mathbb{T}\}$的两个标量价值函数：

▲ $a_t=O(b_t)$：比率是有界的，使得对于某个常数B和所有$t\in\mathbb{T}$，有$|a_t|\leqslant B|b_t|$。

▲ $a_t=o(b_t)$：$\lim_{t\to\infty}a_t/b_t=0$。

▶ 我们还考虑了趋于零而不是无穷大的参数。例如，在4.6节中可能会预期到这个界：

$$\Gamma(\boldsymbol{\theta}+\varepsilon\boldsymbol{\xi})=\Gamma(\boldsymbol{\theta})+\varepsilon\boldsymbol{\xi}^{\top}\nabla\Gamma(\boldsymbol{\theta})+o(\varepsilon),\varepsilon>0$$

这是如下极限的简写：

$$\lim_{\varepsilon\downarrow 0}\frac{1}{\varepsilon}\left|\Gamma(\boldsymbol{\theta}+\varepsilon\boldsymbol{\xi})-\{\Gamma(\boldsymbol{\theta})+\varepsilon\boldsymbol{\xi}^{\top}\nabla\Gamma(\boldsymbol{\theta})\}\right|=0$$

A.1.3 线性代数

关于n维向量和$n\times n$矩阵：

▶ $\boldsymbol{v}\cdot\boldsymbol{w}$：对于相同维数的两个向量，这是内积。写成列向量形式：$\boldsymbol{v}\cdot\boldsymbol{w}=\boldsymbol{v}^{\top}\boldsymbol{w}$。

▶ 矩阵$\boldsymbol{R}$：$\{\sigma_1,\cdots,\sigma_n\}$的奇异值：$\{\sigma_1,\cdots,\sigma_n\}$。首先得到$\boldsymbol{R}\boldsymbol{R}^{\top}$的$n$个特征值$\{\lambda_i\}$，然后定义$\sigma_i=\sqrt{\lambda_i}$。

▶ $\boldsymbol{R}$的条件数：最大奇异值和最小奇异值的比值。

▶ 正定：$\boldsymbol{R}>0$意味着，只要$x\in\mathbb{R}^n$且$x\neq\boldsymbol{0}$，那么$\boldsymbol{x}^{\top}\boldsymbol{R}\boldsymbol{x}>0$。

▶ 半正定：$\boldsymbol{R}\geqslant 0$意味着，只要$x\in\mathbb{R}^n$，那么$\boldsymbol{x}^{\top}\boldsymbol{R}\boldsymbol{x}\geqslant 0$。

注意：在本书中，$\boldsymbol{R}$是正定的或半正定的陈述都带有矩阵是对称的隐藏假设：$\boldsymbol{R}=\boldsymbol{R}^{\top}$。

▶ 矩阵求逆引理：对于适当维数的矩阵$\boldsymbol{A}$，$\boldsymbol{U}$和$\boldsymbol{V}$，

$$(\boldsymbol{A}+\boldsymbol{U}\boldsymbol{C}\boldsymbol{V})^{-1}=\boldsymbol{A}^{-1}-\boldsymbol{A}^{-1}\boldsymbol{U}(\boldsymbol{C}^{-1}+\boldsymbol{V}\boldsymbol{A}^{-1}\boldsymbol{U})^{-1}\boldsymbol{V}\boldsymbol{A}^{-1}\tag{A.1}$$

A.2 概率和马尔可夫背景

本书第二部分的先决条件是对随机过程有一定的了解，这意味着实现需要了解(Ω, $\mathcal{F}$, P)和相关机制的含义。

A.2.1 事件和样本空间

这里我们明确概率空间的含义，并引入了正式定义马尔可夫特性的移位算子。

事件

$(\Omega,\mathcal{F},\mathsf{P})$是什么？首先，回想一下 σ 场 $\mathcal{F}$ 表示的是事件集合。每个事件 $A\in\mathcal{F}$ 必须是 Ω 的一个子集，$\mathcal{F}$ 定义了概率测度 P 的域。所谓“域”，我们的意思是仅在 $A\in\mathcal{F}$ 的情况下定义 $\mathsf{P}(A)$，且不适用于任何其他子集 $A\subset\Omega$。

若要成为 σ 场，$\mathcal{F}$ 必须在可数并集和有限交集下是闭的。请回顾一下这方面材料，以及子 σ 场和条件期望的定义。Hajek 的教科书[154]的第 1 章是一个很好的参考。

一个(实值)随机变量 H 是一个映射 $H:\Omega\to\mathbb{R}$，它相对于 $\mathcal{F}$ 是可测量的。也就是说，对于每个 $c\in\mathbb{R}$，集合 $E_c=\{\boldsymbol{\omega}:H(\boldsymbol{\omega})\leqslant c\}$ 是一个事件(即 $E_c\in\mathcal{F}$)。当我们写 $\mathsf{P}\{H\leqslant c\}$ 时，这是事件概率的简写：$\mathsf{P}\{E_c\}$。

随机过程是一系列按时间指数索引的随机变量。如果我们采用离散时间，并将时刻限制为 $k\geqslant 0$，则随机过程是一个随机变量序列，并记为 $X=\{X_k:k\in\mathbb{Z}_+\}$。本附录采用下标以节省空间，并且因为我们需要强调对于每个 k，X_k 是 Ω 上的函数。

假设每个随机变量都在一个离散集合 X 中取值。对于一个整数 $N\geqslant 1$，记 $\mathcal{F}_N\subset\mathcal{F}$ 表示最小 σ 场，且任何集合 $\{x_i\}\subset\mathsf{X}$，其包含了以下形式的事件

$$E_{(x_0,\cdots,x_N)}\stackrel{\mathrm{def}}{=}\{\boldsymbol{\omega}\in\Omega:X_k(\boldsymbol{\omega})=x_k,\quad 0\leqslant i\leqslant N\}\tag{A.2}$$

如果 H 是$(\Omega,\mathcal{F}_N,\mathsf{P})$上的一个随机变量，则存在一个函数 h：$\mathsf{X}^{N+1}\to\mathbb{R}$ 使得

$$H(\boldsymbol{\omega})=h(X_0(\boldsymbol{\omega}),X_1(\boldsymbol{\omega}),\cdots,X_N(\boldsymbol{\omega})),\quad \omega\in\Omega$$

样本空间

集合 Ω 称为样本空间，其定义是一种建模选择。在研究单一随机过程时，可以方便地选择所有可能状态序列的集合。也就是说，每个 $\boldsymbol{\omega}\in\Omega$ 是一个状态序列：

$$\boldsymbol{\omega}=(\omega_0,\omega_1,\omega_2,\cdots)\text{,其中,对于每个 }i\text{,有}\omega_i\in\mathsf{X}\text{。}$$

它被解释为随机过程的可能实现，使得 $X_k(\boldsymbol{\omega})=\omega_k$。当以这种方式定义 Ω 时，(A.2)中定义的事件变为

$$E_{(x_0,\cdots,x_N)}\stackrel{\mathrm{def}}{=}\{\boldsymbol{\omega}\in\Omega:\omega_i=x_i,\quad 0\leqslant i\leqslant N\}\tag{A.3}$$

在这种情况下，我们通常将 $\mathcal{F}$ 取为包含形式(A.3)的所有事件的最小 σ 场，其中 N 的取值范围在所有整数 $N\geqslant 0$ 上，并且$\{x_i\}$可以在 X 上任意取值。这个 σ 场包含任何感兴趣的事件，包括

$$\left\{\omega \in \Omega : \lim_{T\to\infty} \frac{1}{T}\sum_{i=0}^{T-1} c(\omega_i) = \eta\right\},$$

其中 $c: X\to\mathbb{R}$ 是任意函数，且 $\eta\in\mathbb{R}$ 是任意常数。

A.2.2　马尔可夫链基础

我们将保持事情简单，并假设马尔可夫链的状态空间 X 是有限的或可数无限的。转移矩阵记为 $\boldsymbol{P}$。

对于 X 上的每个 pmf μ，存在一个定义在 $\mathcal{F}$ 上的概率测度 P_μ，使得 μ 是链的初始分布。与第 6 章中的定义一致，有

$$P_\mu\{X_0=x\} = \mu(x),$$

$$P_\mu\{X_k=x\} = \sum_{x'\in X} \mu(x')\boldsymbol{P}^k(x',x), \quad x\in X$$

$$E_\mu[g(X_k)] = \sum_x P_\mu\{X_k=x\} g(x) \quad \text{对于任意 } g: X\to\mathbb{R}$$

当 μ 退化时，在某种意义下，对于某个 x，有 $\mu(x)=1$，那么我们记为 P_x 和 E_x。

移位算子是 Ω 上的映射，为复杂概念提供了紧凑的语言。对于每个 k，移位运算子 θ^k 通过

$$\theta^k\boldsymbol{\omega} = \{x_k, x_{1+k}, \cdots, x_{n+k}, \cdots\}$$

将一个元素 $\boldsymbol{\omega} = \{x_0, x_1, \cdots, x_n, \cdots\}\in\Omega$ 映射到一个新值。它通过

$$(\theta^k H)(\boldsymbol{\omega}) = H(\theta^k\boldsymbol{\omega})$$

在随机变量 H 上定义的一个转换。因此，对于一个函数 h，如果随机变量 H 的形式为 $H=h(X_0, X_1, \cdots)$，那么

$$\theta^k H = h(X_k, X_{k+1}, \cdots)$$

对于某个 n 和某个 $h: X\to\mathbb{R}$，专门研究 $H=h(X_n)$，得

$$\theta^k H = h(X_{n+k})$$

因此

$$\begin{aligned} E_\mu[\theta^k H \mid \mathcal{F}_k] &= E_\mu[h(X_{n+k}) \mid \mathcal{F}_k] \\ &= E_\mu[h(X_{n+k}) \mid X_k] && \text{利用马尔可夫性质} \\ &= \sum_{x'} \boldsymbol{P}^n(x,x')h(x')\Big|_{x=X_k} && \text{利用转移矩阵的定义} \end{aligned}$$

这可以进行推广：对于任意初始分布 $X_0\sim\mu$，任意有界随机变量 H 和固定的 k，$n\in\mathbb{Z}_+$：

$$E_\mu[\theta^k H \mid \mathcal{F}_k] = E_x[H]\big|_{x=X_k} \quad \text{a. s. } [P_\mu] \tag{A.4}$$

这以一种简洁的方式描述了（时间齐次）马尔可夫性。

注意，我们将 $E_x[H]$ 视为状态空间上的实价值函数。因此，我们将替换如下内容：

$$\mathsf{E}_{X_k}[H] \equiv \mathsf{E}_x[H]\big|_{x=X_k}$$

A.2.3 强马尔可夫性

强马尔可夫性是由式(A.4)的一个重要推广来描述的。这个性质的定义需要以下三个要素：

(i)对于每个 $n\in\mathbb{Z}_+$，如果事件$\{\tau=n\}$位于$\mathcal{F}_n$中，则函数τ：$\Omega\to\mathbb{Z}_+\cup\{\infty\}$是$\boldsymbol{X}$的停时。也就是说，对于每个$n$，都有一个函数$f_n$使得

$$\mathbb{1}\{\tau=n\}=f_n(X_0,\cdots,X_n)$$

(ii)相关联的移位算子θ^τ的定义与前面的完全相同：

$$\theta^\tau H=h(X_\tau,X_{\tau+1},\cdots)$$

(iii)还定义了一个相关联的σ场：

$$\mathcal{F}_\tau \stackrel{\text{def}}{=} \{A\in\mathcal{F}:\{\tau=n\}\cap A\in\mathcal{F}_n, \text{对每个 } n\in\mathbb{Z}_+\} \tag{A.5}$$

这被解释为“直到时刻τ”发生的事件。

关于停时的两个重要例子是，对于任意集合$A\subset X$，

$$\tau_A \stackrel{\text{def}}{=} \min\{n\geqslant 1: X_n\in A\}$$
$$\sigma_A \stackrel{\text{def}}{=} \min\{n\geqslant 0: X_n\in A\}$$

分别称为A的第一次返回和第一次命中次数。

命题 A.1 对于任意集合$A\subset X$，变量τ_A和σ_A是$\boldsymbol{X}$的停时。

证明 随机变量τ_A和σ_A有这样的表示，对于任意$n\geqslant 1$，

$$\mathbb{1}\{\tau_A=n\}=f_n(X_0,\cdots,X_n)\stackrel{\text{def}}{=}\mathbb{1}\{X_n\in A\}\prod_{i=1}^{n-1}\mathbb{1}\{X_i\notin A\}$$
$$\mathbb{1}\{\sigma_A=n\}=g_n(X_0,\cdots,X_n)\stackrel{\text{def}}{=}f_n(X_0,\cdots,X_n)\,\mathbb{1}\{X_0\notin A\}$$

其中$\prod_{i=1}^{0}\stackrel{\text{def}}{=}1$(处理$n=1$的情况)

对于$n=0$，我们有$\mathbb{1}\{\tau_A=0\}=f_0(X_0)\equiv 0$，以及$\mathbb{1}\{\sigma_A=0\}=g_0(X_0)\stackrel{\text{def}}{=}\mathbb{1}\{X_0\in A\}$。 □

$\mathcal{F}_\tau$可测的有限值随机变量H可以表示为一个无穷和式：对于序列函数$\{h_n\}$，有

$$H=\sum_{n=0}^{\infty}h_n(X_0,\cdots,X_n)\,\mathbb{1}\{\tau=n\}$$

这是真的，所以我们拥有所需的性质：对于每个k，$H\mathbb{1}\{\tau=k\}=h_k(X_0,\cdots,X_k)\mathbb{1}\{\tau=k\}$是$\mathcal{F}_k$可测的。

一个例子是随机变量X_τ，它是通过在事件$\{\tau=n\}$上置$X_\tau=X_n$进行定义的：

$$X_\tau=\sum_{n=0}^{\infty}X_n\,\mathbb{1}\{\tau=n\}$$

最后，我们得出一个关键的定义：

强马尔可夫特性　对于任意初始分布 μ，任意实值有界随机变量 H，任意停时 τ，$\boldsymbol{X}$ 具有强马尔可夫性，

$$\mathsf{E}_{\mu}[\theta^{\tau}H \mid \mathcal{F}_{\tau}] = \mathsf{E}_{X_{\tau}}[H] \quad \text{a.s.}[\mathsf{P}_{\mu}]\text{，在事件}\{\tau<\infty\}\text{上。} \tag{A.6}$$

命题 A.2　对于具有离散时间参数的马尔可夫链 $\boldsymbol{X}$，强马尔可夫性总是成立。

证明　这是在 $\{\tau=n\}$ 的集合上分解式(A.6)两边的期望，并在这些固定的时刻 n，使用式(A.4)形式的普通马尔可夫性，就可得到这个结果。　□

APPENDIX B

附录 B

马尔可夫决策过程

本节反映了第 3 章所研究的最优控制理论。有关 MDP 的定义和相关符号，请参见 7.1 节。在本附录的其余部分，假设状态空间 X 和动作空间 U 是有限的。

B.1 总成本和其他准则

在式(3.2)中定义的总成本价值函数 $J^{\star}$ 的定义保持不变，只是我们引入了一个期望并更改了记号：

$$h^{\star}(x)=\min_{U}\sum_{k=0}^{\infty}\mathsf{E}_{x}[c(\boldsymbol{\Phi}_{k})] \tag{B.1}$$

其中$\boldsymbol{\Phi}_{k}=(X_{k},U_{k})$，最小值是在所有允许的策略下得到的，下标表示 $X_{0}=x$。

当有限时，价值函数是贝尔曼方程的解

$$h^{\star}(x)=\min_{u}\Big\{c(x,u)+\sum_{x'}P_{u}(x,x')h^{\star}(x')\Big\},\quad x\in X$$

这与 $J^{\star}$ 的动态规划方程式(3.5)非常相似，特别是以等效样本路径形式表示时：

$$h^{\star}(X_{k})=c(\boldsymbol{\Phi}_{k})+\mathsf{E}[h^{\star}(X_{k+1})\mid\mathcal{F}_{k}]\quad 当 U_{k}=\phi^{\star}(X_{k})$$

同样类似于确定性情形，最优策略是任意的最小值：

$$\phi^{\star}(x)\in\arg\min_{u}\Big\{c(x,u)+\sum_{x'}P_{u}(x,x')h^{\star}(x')\Big\},\quad x\in X$$

然而，在随机控制表述中有一个显著的区别：在大多数情况下，我们发现当 $k\to\infty$时，$\mathsf{E}_{x}[c(\boldsymbol{\Phi}_{k})]$收敛到一个严格正常数，这意味着 $h^{\star}$ 不是有限的。那么我们为什么要关心式(B.1)?

B.1.1 多种风格的总成本

以下是 MDP 优化准则的几个例子，以及如何将它们转换为总成本准则。

最短路径问题(SPP) 给定一个目标集 $S\subset X$ 和一个终端成本 V_0: $S\to\mathbb{R}$，对于每个 $x\in S^c$，定义：

$$h^{\star}(x)=\min_{U}E_x\Big[\sum_{k=0}^{\tau_S-1}c(\boldsymbol{\Phi}_k)+V_0(X_{\tau_S})\Big]$$

通过扩张 X 以包含最终稳定状态▲，这就被转化为总成本问题。“最终稳定性质”表明，对于每个 u，有 $P_u(▲,▲)=1$，并且对于 $x\in S$ 和任意 u，我们也要求 $P_u(x,▲)=1$。成本函数也被修改了：对于 $x\in S$，有 $c(x,u)=V_0$；对于每个 u，有 $c(▲,u)=0$。在这些约定下，SPP 的价值函数可以表示为式(B. 1)那样。

折扣成本价值函数 对于一个折扣因子 $\gamma\in[0, 1)$，

$$h^{\star}(x)=\min_{U}\sum_{k=0}^{\infty}\gamma^k E_x[c(\boldsymbol{\Phi}_k)] \tag{B. 2}$$

利用一个带有参数 γ 的几何随机变量 T 扩张 MDP 的状态空间，且与一切无关：

$$P\{T\geqslant k\mid\boldsymbol{\Phi}_0^{\infty}\}=\gamma^k$$

则 $\boldsymbol{\Psi}_k=(X_k, B_k)$ 为一个马尔可夫状态，$B_k=\mathbb{1}\{T\geqslant k\}$。$\boldsymbol{X}$ 和 $\boldsymbol{B}$ 的独立性意味着

$$\gamma^k E_x[c(\boldsymbol{\Phi}_k)]=E_x[c(\boldsymbol{\Phi}_k)B_k]$$

因此

$$h^{\star}(x)=\min_{U}E_x\Big[\sum_{k=0}^{\infty}\hat{c}(\boldsymbol{\Psi}_k,U_k)\Big]$$

其中，当 $z=(x,b)$ 时，$\hat{c}(z,u)=c(x,u)b$。

最令人惊讶的是平均成本准则的转变：

平均成本最优控制 对于任意输入序列，记

$$\eta U(x)=\limsup_{n\to\infty}\frac{1}{n}\sum_{k=0}^{n-1}E_x[c(\boldsymbol{\Phi}_k)] \tag{B. 3}$$

针对所有允许输入所得到的最小值记为 $\eta^{\star}(x)$。

最小值通常与 x 无关，并且通过具有修改成本的 SPP 获得该解。考虑

$$h^{\star}(x)=\min_{U}E_x\Big[\sum_{k=0}^{\tau_S-1}\{c(\boldsymbol{\Phi}_k)-\eta^*\}\Big] \tag{B. 4}$$

其中 $S=\{x^{\bullet}\}$ 是一个单元素，所以这是定理 6. 3 中使用的第一次返回时间：

$$\tau_{\bullet}=\min\{k\geqslant 1:X_k=x^{\bullet}\} \tag{B. 5}$$

如果 $\pi^{\star}(x^{\bullet})>0$，且 $\pi^{\star}$ 为最优策略下的不变 pmf，则 $h^{\star}$ 是通过求解如下平均成本最优性方

程(ACOE)得到的:

$$\min_u\{c(x,u)+P_u h^\star(x)\}=h^\star(x)+\eta^\star \tag{B.6}$$

函数 $h^\star$ 被称为相对价值函数，最小值是实现最优平均成本的一个平稳策略:

$$\phi^\star(x)=\arg\min_u\{c(x,u)+P_u h^\star(x)\}$$

B.2 MDP 的计算方面

值迭代和策略迭代(或改进)算法都对 MDP 情形进行了扩展。这里回顾这些技术，以及与 3.5 节介绍的与 LP 相关的线性规划方法。

本节专门介绍式(B.6)。相对价值函数 $h^\star$ 不是唯一的——我们总是可以添加一个常数来获得一个新解。在这里施加额外约束 $h^\star(x^\bullet)=\eta^\star$ 很方便，式中 $x^\bullet$ 是某个特殊的状态。在适宜的条件下，解是唯一的，且我们从 ACOE 中消除了 $\eta^\star$:

$$\min_u\{c(x,u)+P_u h^\star(x)\}=h^\star(x)+h^\star(x^\bullet) \tag{B.7}$$

算法设计从将式(B.7)表示为不动点方程开始：令 T 表示采用任意函数 $h:X\to\mathbb{R}$ 的泛函，并通过以下方式创建一个新的函数:

$$T(h)\Big|_x=\min_u\{c(x,u)+P_u h(x)\}-h(x^\bullet),\quad x\in X$$

ACOE 可以表示为不动点方程:

$$h^\star=T(h^\star) \tag{B.8}$$

求解一个不动点方程的常用方法有两种：第一种是逐次逼近法，由此得出值迭代算法(VIA)的方法。第二种是牛顿-拉弗森方法，它得出了策略改进算法(PIA)的方法。

B.2.1 值迭代与逐次逼近

在逐次逼近中，我们用一个函数 $h_0:X\to\mathbb{R}$ 进行初始化，然后对于 $n\geqslant 0$,

$$h_{n+1}(x)=T(h_n)\Big|_x=\min_u\{c(x,u)+P_u h_n(x)\}-h_n(x^\bullet),\quad x\in X \tag{B.9}$$

值迭代算法是通过忽略常量 $h_n(x^\bullet)$ 得到的。

值迭代算法(VIA)

VIA 使用函数 V_0: $X\to\mathbb{R}$ 进行初始化。然后，对于每个 $n\geqslant 0$,

$$V_{n+1}(x)=\min_u\{c(x,u)+P_u V_n(x)\} \tag{B.10}$$

第 n 阶段的策略被定义为最小值:

$$\phi_n(x)=\arg\min_u\{c(x,u)+P_u V_n(x)\}$$

VIA 解决了一个有限时域最优控制问题：

命题 B. 1　在第 n 阶段，我们有一系列策略(ϕ_0, …, ϕ_{n-1})。函数 V_n 可以表示为

$$V_n(x)=\min \mathsf{E}_x\Big[\sum_{k=0}^{n-1} c(X_k,U_k)+V_0(X_n)\Big] \tag{B.11}$$

其中最小值是在所有容许输入下得到的。存在一个最小值，它是马尔可夫的，但不一定是平稳的：

$$U_k^\star=\phi_{n-k}(X_k^\star),\quad 0\leqslant k\leqslant n-1 \tag{B.12}$$

假设使用 VIA 获得了$\{V_n\}$，使用逐次逼近获得了$\{h_n\}$，其中公共初始化为 $h_0\equiv V_0$。通过对 n 的归纳可以证明：对于每个 x 和每个 $n\geqslant 0$，$h_n(x)-h_n(x^\bullet)=V_n(x)-V_n(x^\bullet)$。因此，我们在适宜的假设下具有以下收敛性[45]：

$$\lim_{n\to\infty}[V_n(x)-V_n(x^\bullet)]=h^\star(x) \tag{B.13}$$

文献[126]认为，可以通过在式(B. 10)中引入额外的“控制环”来提高收敛速度。

B. 2. 2　策略改进和牛顿-拉弗森算法

第二种著名算法每次迭代要复杂得多，但通常收敛得非常快。

策略改进算法(PIA)

给定一个初始策略 ϕ_0，序列(ϕ_n, h_n)构造如下：在第 n 阶段，给定 ϕ_n，

(i)求解泊松方程

$$\boldsymbol{P}_n h_n=h_n-c_n+\eta_n$$

其中，对于每个 x，有 $c_n(x)=c(x,\phi_n(x))$，η_n 是使用策略 ϕ_n 的稳态成本，$\boldsymbol{P}_n$ 是使用 ϕ_n 控制链时得到的转移矩阵；

(ii)构建新策略：

$$\phi_{n+1}(x)\in\arg\min_u\{c(x,u)+P_u h_n(x)\},\quad x\in X \tag{B.14}$$

PIA 实际上是牛顿-拉弗森方法的一个特例，其中式(B. 8)中出现的函数 T 被其线性化 $\hat{T}_n$ 所代替，以获得 $h^\star$ 的一系列近似。

给定某个函数 h_n，映射 $\hat{T}_n$是通过一阶泰勒展开定义的，

$$\hat{\boldsymbol{T}}_n(h)\stackrel{\text{def}}{=}T(h_n)+\boldsymbol{D}_n(h-h_n) \tag{B.15}$$

其中，当 X 由 d 个元素组成时，$\boldsymbol{D}_n=\nabla T(h_n)$是一个 $d\times d$ 矩阵。然后，牛顿-拉弗森方法将 h_{n+1} 定义为如下线性方程的解：

$$h=\hat{\boldsymbol{T}}_n(h)=T(h_n)+\boldsymbol{D}_n(h-h_n) \tag{B.16}$$

如图 B. 1 所示。

泛函 T 可能不可微，但我们总能找到一个次梯度 $\boldsymbol{D}_n$。这意味着对于任意 h_n 和任何其他函数 g，有

$$T(h_n+g)\leqslant T(h_n)+\boldsymbol{D}_n(g)$$

其中不等式是逐点解释的(请记住，$T(h)$ 和 $D(g)$ 是 X 上的函数)。次梯度的存在是有保证的，因为 T 是其自变量的凹函数：对于任意两个函数 g,h，

$$T(\alpha h+(1-\alpha)g)\geqslant \alpha T(h)+(1-\alpha)T(g),0\leqslant\alpha\leqslant 1$$

如图 B.1 所示，函数 $h-T(h)$ 是凸的。

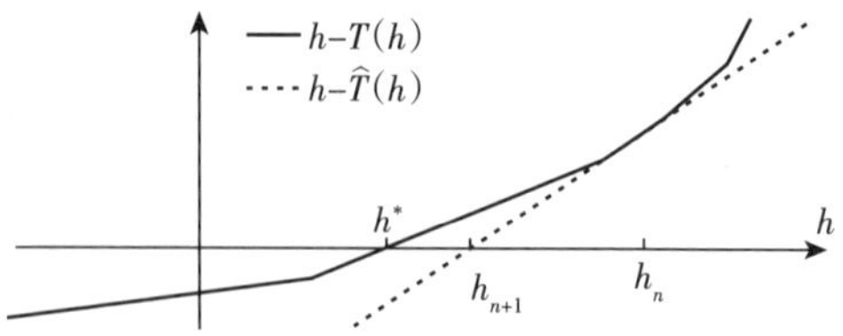

图 B.1　PIA 被解释为牛顿-拉弗森的应用。对于有限状态/有限动作 MDP，泛函 T 是分段线性的

下面的引理展示了如何获得 $T(h)$ 的梯度。

引理 B.2　对于任意函数 h：$X\to\mathbb{R}$，令 ϕ_+ 表示一个策略，其满足

$$\phi_+(x)\in\arg\min_u\{c(x,u)+P_u h(x)\},\quad x\in X$$

令 $P_+=P_{\phi_+}$，且 $S_\bullet$ 表示替换算子，对于任意函数 g：$X\to\mathbb{R}$，其被定义为

$$S_\bullet g|_x=g(x^\bullet),\quad x\in X$$

然后，T 在 h 处的次梯度由 $\boldsymbol{D}_h=P_+-S_\bullet$ 给出。

证明　为了证明引理，我们必须为任意函数 g 建立以下逐点边界：

$$T(h+g)\leqslant T(h)+P_+g-g(x^\bullet)$$

然后将得出 $\boldsymbol{D}_h(g)=P_+g-g(x^\bullet)$。

用 $T(h+g)|_x$ 表示 x 处的评价 $T(h+g)$。记号 $Ph(x)$ 和 $Ph(x)|_x$ 都表示 Ph 在 x 处的评价。然后，在设置 $c_+(x)=c(x,\phi_+(x))$ 时，有

$$\begin{aligned}T(h+g)|_x&=\min_u\{c(x,u)+P_u(h+g)|_x\}-h(x^\bullet)-g(x^\bullet)\\&\leqslant c_+(x)+P_+(h+g)(x)-h(x^\bullet)-g(x^\bullet)\\&=\{c_+(x)+P_+h(x)-h(x^\bullet)\}-g(x^\bullet)+P_+g(x)\\&=T(h)|_x-g(x^\bullet)+P_+g(x),\end{aligned}\tag{B.17}$$

这是期望的边界(不等式是通过使用特定值 $u=\phi_+(x)$ 替换 u 上的最小值获得的)。□

给定函数 h_n，记 $\phi_{n+1}(x)\in\arg\min_u\{c(x,u)+P_u h_n(x)\}$，并记由此产生的转移律和成本函数表示如下：

$$P_{n+1}=P_{\phi_{n+1}},\quad c_{n+1}(x,u)=c(x,\phi_{n+1}(x))$$

即，ϕ_{n+1} 是引理在 $h=h_n$ 时给出的反馈律 ϕ_+，P_{n+1} 恰好是 P_+。令 $g=h_{n+1}-h_n$，引理提供了式(B.16)的如下表示：

$$h_{n+1}(x)=T(h_n)|_x+P_{n+1}(h_{n+1}-h_n)(x)-h_{n+1}(x^\bullet)+h_n(x^\bullet)$$

$$= \{c_{n+1}(x) + P_{n+1}h_n(x) - h_n(x^\bullet)\} + P_{n+1}(h_{n+1} - h_n)(x) - h_{n+1}(x^\bullet) + h_n(x^\bullet) \tag{B.18}$$

消项，我们得出结论，即 h_{n+1} 满足以下不动点方程，

$$P_{n+1}h_{n+1}(x) = h_{n+1}(x) - c_{n+1}(x) + h_{n+1}(x^\bullet) \tag{B.19}$$

记 $\eta_{n+1} = h_{n+1}(x^\bullet)$，式(B.19)变为泊松方程：

$$P_{n+1}h_{n+1} = h_{n+1} - c_{n+1} + \eta_{n+1}$$

这正是 PIA。

B.2.3 LP 规划

LP 方法的基本思想如下。令$\boldsymbol{\varpi}$表示状态-动作对$(x,u)\in X\times U$上的一个 pmf。我们用 $\mathcal{G}$ 表示经验 pmf 的所有可能极限的集合：

$$\widetilde{\boldsymbol{\varpi}}_N(x,u) = \frac{1}{N}\sum_{k=0}^{N-1} \mathbb{1}\{X_k = x, U_k = u\}, \quad x\in X, u\in U$$

即，$\boldsymbol{\varpi}\in\mathcal{G}$，如果存在一个容许输入 $\boldsymbol{U}$ 和一个子序列$\{N_i\}$，使得

$$\lim_{i\to\infty} \widetilde{\boldsymbol{\varpi}}_{N_i}(x,u) = \boldsymbol{\varpi}(x,u)\text{，对于所有的 } x,u \tag{B.20}$$

众所周知，$\mathcal{G}$ 是一个多面体，可以很容易获得一个简单的描述：

(1)任意$\boldsymbol{\varpi}\in\mathcal{G}$都是 $X\times U$ 上的一个 pmf。

通过贝叶斯规则获得一个因式分解：

$$\boldsymbol{\varpi}(x,u) = \boldsymbol{\pi}(x)\check{\phi}(u\mid x) \tag{B.21}$$

其中，对于所有的 x,u，$\boldsymbol{\pi}(x) = \sum_u \boldsymbol{\varpi}(x,u)$，$\check{\phi}(u\mid x) = \dfrac{\boldsymbol{\varpi}(x,u)}{\boldsymbol{\pi}(x)}$。

令$\boldsymbol{P}_{\check{\phi}}$表示转移矩阵

$$\boldsymbol{P}_{\check{\phi}}(x,x') = \sum_u \check{\phi}(u\mid x)P_u(x,x')$$

(2)$\boldsymbol{\pi}$ 是$\boldsymbol{P}_{\check{\phi}}$的一个不变 pmf。证明的主要步骤是式(B.20)的以下结果：对于所有的 x,u 有

$$\lim_{i\to\infty}\boldsymbol{\varpi}_{N_i+1}(x,u) = \boldsymbol{\varpi}(x,u)$$

我们得出 ACOE 的一个 DPLP。

ACOE 线性规划

$$\eta^\star = \min \sum_{u,x} \boldsymbol{\varpi}(x,u)c(x,u) \tag{B.22a}$$

$$\text{满足}\quad \sum_{u,x}\boldsymbol{\varpi}(x,u)P_u(x,x') = \sum_u \boldsymbol{\varpi}(x',u),\quad x'\in X, \tag{B.22b}$$

$$\sum_{u,x} \varpi(x,u)=1,\varpi\geqslant\mathbf{0} \tag{B.22c}$$

理由如下。有关详细信息，请参见文献[63]或文献[254]的9.2节。

命题 B.3 集合 $\mathcal{G}$ 是由式(B.22b)和式(B.22c)所刻画的凸集。优化解 $\varpi^\star$ 通过式(B.21)定义了一个最优策略 $\phi^\star$。 □

LP方法更加灵活地扩展，例如多目标最优控制：给定一组函数 $\{c^i\}$ 和边界 $\{\eta^i\}$，我们可以考虑如下问题：

$$\min\langle\varpi,c\rangle \quad 满足\varpi\in\mathcal{G}$$
$$\langle\varpi,c^i\rangle\leqslant\eta^i \quad 对于每个\ i。$$

针对那些对线性规划有所了解的人

首先，这个LP的极值点允许具有 $\check{\phi}$ 确定性(对于每个 $\boldsymbol{x}$，$\boldsymbol{u}$，$\phi(\boldsymbol{u}\mid\boldsymbol{x})$ 为0或1)和 $\boldsymbol{\pi}$“遍历”(受限于 $\boldsymbol{\pi}$ 支撑的链是不可约的)的式(B.21)。

有一种被称作LP对偶的情况：

$$\min \boldsymbol{c}^{\top}\boldsymbol{x} \quad 满足\ \boldsymbol{A}\boldsymbol{x}\leqslant\boldsymbol{b},\boldsymbol{x}\geqslant\mathbf{0} \quad \leftrightarrow \quad \max \boldsymbol{b}^{\top}\boldsymbol{\xi} \quad 满足\boldsymbol{A}^{\top}\boldsymbol{\xi}\geqslant\boldsymbol{c},\boldsymbol{\xi}\geqslant\mathbf{0}$$

式(B.22)的对偶可以简化为ACOE的一个版本：

$$\begin{aligned}&\max\ z\\&满足\quad c(x)-z+\sum_{y\in\mathsf{X}}P_u(x,y)h(y)-h(x)\geqslant 0,\quad x\in X,u\in U\end{aligned} \tag{B.23}$$

这看起来非常像式(3.36)，式(5.82)类似于式(B.22)。

APPENDIX C

附录 C

部分观测和置信状态

我们现在有一个观测过程 $\boldsymbol{Y}$，并且对状态过程 $\boldsymbol{X}$ 不能直接测量。这个简短的概述涉及一个模型，其中 $\boldsymbol{X},\boldsymbol{Y}$ 和输入过程 $\boldsymbol{U}$ 在有限集合中取值，分别记为 X、Y 和 U。

在方便的时候我们继续记$\boldsymbol{\Phi}_n=(X_n,U_n)$。

C.1 POMDP 模型

和以前一样，状态过程是一个受控的马尔可夫链。在如下意义下，假设观测 Y_n 是状态 X_n 的一个有噪声的、无记忆的测量：给定 Y 上的一族 pmf，记为$\{q(\cdot|x):x\in X\}$。对于每个 $y\in Y$ 和 $x\in X$，

$$\text{在事件}X_n=x\text{ 上，有 }P\{Y_n=y\mid\boldsymbol{\Phi}_k,k\leqslant n\}=q(y\mid x) \tag{C.1}$$

我们的目标保持不变：我们希望优化某个性能准则。这可能是折扣成本、有限时域或平均成本，到目前为止这一直是附录的重点：

$$\eta=\limsup_{T\to\infty}\frac{1}{T}\sum_{k=0}^{T-1}c(\boldsymbol{\Phi}_n)$$

当只有 Y 可用于选择 U 时，优化问题变得更加复杂。

最优输入的形式很少是 $U_n=\phi(Y_n)$。我们通常需要完整的历史：对于一个函数序列$\{\phi_n\}$，

$$U_n=\phi_n(Y_0,\cdots,Y_n) \tag{C.2}$$

这听起来很可怕，但我们很快就会发现美丽的结构。

组合动力学可以通过耦合系统方程实现：

$$\begin{aligned}X_{n+1}&=f(X_n,U_n,N_{n+1})\\ Y_{n+1}&=g(X_{n+1},W_{n+1}),\quad n\geqslant 0\end{aligned} \tag{C.3}$$

其中$(\boldsymbol{N},\ \boldsymbol{W})$是 i. i. d.，且相互独立。由此可得

$$p(x'|x,\ u)\stackrel{\text{def}}{=}P_u(x,x')=P\{f(x,u,N(1))=x'\}\text{ 和 }q(y'\mid x')=P\{g(x',W(1))=y'\}$$

有时将$(\boldsymbol{X},\ \boldsymbol{Y})$对看作一个 MDP 模型的状态过程很有用：

$$\begin{aligned}
&P\{X_{n+1}=x',Y_{n+1}=y'\mid X_n=x,Y_n=y,U_n=u\}\\
&\quad=P\{f(x,u,N_{n+1})=x' \text{ 和 } g(x',W_{n+1})=y'\}\\
&\quad=p(x'\mid x,u)q(y'\mid x')
\end{aligned}\tag{C.4}$$

这给出了联合状态观测过程的受控转移矩阵：

$$\boldsymbol{T}_u(z,z')=p(x'\mid x,u)q(y'\mid x'),\text{其中 } z=(x,y) \text{ 和 } z'=(x',y')\tag{C.5}$$

给定$(\boldsymbol{X},\boldsymbol{Y})$的观测，我们可以应用我们的机器来计算或近似一个最优策略 $U_n=\phi^\star(X_n,Y_n)$。

然而，POMDP 中的 *PO* 代表了部分观测。这意味着输入仅限于式(C.2)的形式。我们需要开发新工具以谨慎对待式(C.2)中捕获的用于控制的有限信息。

C.2 完全观测的 MDP

置信状态 如果我们改变“状态”的定义，则部分观测到的 MDP 可以重新排列为完全观测的。

所谓的新的状态过程$\{b_n: n\geqslant 0\}$也称为置信状态，并且与给定观测状态的条件分布一致：对于每个 $x\in X$，

$$b_n(x)=P\{X_n=x\mid \mathcal{Y}_n\}\tag{C.6}$$

其中 $\mathcal{Y}_n=\sigma(Y_k:k\leqslant n)$。

置信状态在 X 上的被称为 pmf 的单纯形上进行演化，记为 $\mathcal{S}$。如果 X 由 d 个状态组成，则

$$\mathcal{S}=\Big\{b\in\mathbb{R}_+^d:\sum_i b(i)=1\Big\}$$

这个定义意味着，对于任何函数 h，

$$\mathsf{E}[h(X_n)\mid\mathcal{Y}_n]=\sum_{x\in X}b_n(x)h(x)$$

在这个简短的介绍中，我们仅限于有限时域最优控制问题来解释 MDP 的构造。扩展到平均成本和折扣成本将是显而易见的。

对于固定的 $N\geqslant 1$ 和 $0\leqslant n<N$，假设 $k<n$ 时已经应用了某个输入，并记运行成本函数为，

$$V_{n,N}^\star=\min_{U_n^{N-1}}\mathsf{E}\Big[\sum_{k=n}^{N-1}c(\boldsymbol{\Phi}_k)+V_0(X_N)\mid\mathcal{Y}_n\Big]\tag{C.7}$$

这是随机的，并且复杂性随着 n 的增加而增加，因为 $V_{n,N}^\star$ 是 $Y_0,\cdots,Y_n$ 的函数。为了从完全观测的情形中模拟最优策略的特征，我们需要一个在一些固定空间上演化的足够的统计量 $\boldsymbol{I}=\{I_0,\cdots,I_n,\cdots\}$，使得对于某个函数 $\mathcal{V}_{n,N}^\star$，有

$$V_{n,N}^{\star}=\mathcal{V}_{n,N}^{\star}(I_n)$$

由于这是一个时间同质模型，对于一个函数序列$\{\mathcal{V}_m^{\star}:m\geqslant 0\}$，我们可能希望有$\mathcal{V}_{n,N}^{\star}=\mathcal{V}_{N-n}^{\star}(I_n)$。

惊人的结论是：一个充分的统计量确实存在，其中$I_n=b_n$。因此，置信状态b_n有时也称为信息状态。此外，随机过程$\boldsymbol{b}=\{b_0,b_1,\cdots\}$本身就是一个完全可观测的受控马尔可夫模型。命题 C.1 中解释了马尔可夫性。确定性平稳马尔可夫策略是通过反馈律$U_n=\boldsymbol{\Phi}(b_n)$来定义的，其中$\boldsymbol{\Phi}:\mathcal{S}\to U$。

命题 C.1 指出，存在一个映射$\mathcal{M}:\mathcal{S}\times Y\times U\to\mathcal{S}$，使得对于每个$n\geqslant 0$，

$$b_{n+1}=\mathcal{M}(b_n,Y_{n+1},U_n),\quad n\geqslant 0 \tag{C.8}$$

由此可见，在式(C.8)中获得了$\{b_n\}$的受控转换核的一个具体公式。证明推迟到 C.3 节。

命题 C.1(置信状态的转移律) 下列马尔可夫性成立：对于任意容许输入$\boldsymbol{U}$，任意集合$S\subset\mathcal{S}$和任意$y'\in Y$，

$$P\{b_{n+1}\in S,Y_{n+1}=y'\mid\mathcal{Y}_n\}=P\{b_{n+1}\in S,Y_{n+1}=y'\mid b_n,U_n\}$$
$$P\{b_{n+1}\in S\mid\mathcal{Y}_n\}=P\{b_{n+1}\in S\mid b_n,U_n\}$$

所得的置信状态的转换核如下：对于任意$b\in\mathcal{S}$，$u\in U$和任意$S\subset\mathcal{S}$：

$$\begin{aligned}&P\{b_{n+1}\in S,\mid b_n=b,U_n=u\}\\&\quad=\sum_{y'}\mathbb{1}\{\mathcal{M}(b,y',u)\in S\}P\{Y_{n+1}=y'\mid b_n=b,U_n=u\}\\&\quad=\sum_{y'}\mathbb{1}\{\mathcal{M}(b,y',u)\in S\}\Big(\sum_{x,x'\in X}b(x)P_u(x,x')q(y'\mid x')\Big)\end{aligned} \tag{C.9}$$

此外，对于任意函数F：$\mathcal{S}\times Y\to\mathbb{R}$，

$$\begin{aligned}&\mathsf{E}[F(b_{n+1},Y_{n+1})\mid\mathcal{Y}_n;b_n=b,U_n=u\}]\\&\quad=\sum_{y'}\sum_{x,x'}b(x)P_u(x,x')q(y'\mid x')F(\mathcal{M}(b,y',u),y')\end{aligned}$$

□

运行成本的具体表示如下。

命题 C.2 对于任意$b\in\mathcal{S}$和$u\in U$，记如下表示：

$$C(b,u)\stackrel{\text{def}}{=}\sum_x b(x)c(x,u),\quad \mathcal{V}_0(b)\stackrel{\text{def}}{=}\sum_x b(x)V_0(x) \tag{C.10}$$

那么运行成本有如下表示

$$V_{n,N}^{\star}=\mathcal{V}_{N-n}^{\star}(b_n)\stackrel{\text{def}}{=}\min_{U_n^{N-1}}\mathsf{E}\Big[\sum_{k=n}^{N-1}\mathcal{C}(b_k,U_k)+\mathcal{V}_0(b_N)\mid b_n\Big] \tag{C.11}$$

证明 通过应用条件期望的平滑特性，将成本函数$c:X\times U\to\mathbb{R}$和终端成本V_0替换为置信状态的函数：对于任意容许输入$\boldsymbol{U}$和k，$N\geqslant n$，

$$\mathsf{E}[c(X_k,U_k)\mid\mathcal{Y}_n]=\mathsf{E}[\mathcal{C}(b_k,U_k)\mid\mathcal{Y}_n]$$

$$\mathcal{C}(b_k,U_k)\stackrel{\text{def}}{=}\sum_x b_k(x)c(x,U_k)=E[c(X_k,U_k)\mid\mathcal{Y}_k]$$

$$E[V_0(X_N)\mid\mathcal{Y}_n]=E[\mathcal{V}_0(b_N)\mid\mathcal{Y}_n]$$

$$\mathcal{V}_0(b_N)\stackrel{\text{def}}{=}\sum_x b_N(x)V_0(x)=E[V_0(X_N)\mid\mathcal{Y}_N]$$

因此，(可能不是最优的)运行成本允许具有如下表示

$$\begin{aligned}V_{n,N}&=E\Big[\sum_{k=n}^{N-1}c(X_k,U_k)+V_0(X_N)\mid\mathcal{Y}_n\Big]\\&=E\Big[\sum_{k=n}^{N-1}\mathcal{C}(b_k,U_k)+\mathcal{V}_0(b_N)\mid\mathcal{Y}_n\Big]\\&=E\Big[\sum_{k=n}^{N-1}\mathcal{C}(b_k,U_k)+\mathcal{V}_0(b_N)\mid b_n,U_n\Big]\end{aligned}$$

其中，最后的等式来自命题 C.1。当对所有容许输入求最小化时，我们得到式(C.11)。 □

除了建立命题 C.1 所涉及的剩余工作之外，最大的未决问题是，我们到底能不能解决 POMDP？对于线性高斯模型的特殊情况，可以找到一个解，因为在这种情况下 b_n 是高斯模型，因此可以用条件均值和协方差来刻画。

我们可能潜在地应用值迭代来获得最优策略。给定一个初始价值函数 $\mathcal{V}_0$：$\mathcal{S}\to\mathbb{R}$，通过归纳法我们定义如下：

$$\mathcal{V}_n(b)=\min_u\Big\{\mathcal{C}(b,u)+\sum_{y'}\sum_{x,x'}b(x)P_u(x,x')q(y'\mid x')\mathcal{V}_{n-1}(\mathcal{M}(b,y',u))\Big\},\quad b\in\mathcal{S}$$

或者，如果对平均成本优化问题感兴趣，则可以求解动态规划方程：

$$\eta^\star+H^\star(b)=\min_u\Big\{\mathcal{C}(b,u)+\sum_{y'}\sum_{x,x'}b(x)P_u(x,x')q(y'\mid x')H^\star(\mathcal{M}(b,y',u))\Big\}$$

其中 $H^\star:\mathcal{S}\to\mathbb{R}$，$\eta^\star$是部分观测的最优控制问题的最优平均成本。

虽然不幸的是我们必须从有限状态空间 X 转移到 pmf$\mathcal{S}$ 的单纯形上，但幸运的是价值函数具有简单的结构：通过归纳法可以证明，$\mathcal{V}_n$ 是凹的，并且它作为 $b\in\mathcal{S}$ 的函数是分段线性的[201,326]。由此可正确地得出结论，作为 b 的函数，$H^\star$ 也是凹的。这为近似动态规划或强化学习的简单近似架构打开了大门。

C.3 节包含命题 C.1 的证明。

C.3 置信状态动力学

在 Hajek 的书[154]或 Van Handel 的隐马尔可夫模型讲义[362]中可以找到对这些注记中大部分内容的更完整、更详细的阐述。然而，给出置信状态转移律的命题 C.1 更难找到(这通常被认为是理所当然的)。

回想一下，$(\boldsymbol{X},\boldsymbol{Y})$被视为一个 MDP 模型的状态过程，其转移律由式(C.5)给出。这个表述对于我们的目的来说太复杂了。我们的兴趣是构建一个递归算法来生成置信状态——x

的一个函数——这样我们就抑制了观测的作用。对于每个 n，给定观测的量值$y_n = Y_n$ 和 $u_{n-1} = U_{n-1}$，记(按照式(C.5)的表示)

$$\rho_n(x_n \mid x_{n-1}) = p(x_n \mid x_{n-1}, u_{n-1}) q(y_n \mid x_n) \tag{C.12}$$

其中 x_{n-1} 和 x_n 是变量。相反，在式(C.12)中出现的 y_n 和 u_{n-1} 不是变量，它们是观测的量值。

我们首先考虑一个(看似)更复杂的问题：给定一个序列 $x_0^n \in \mathsf{X}^{n+1}$，我们想找到 $X_0^n \stackrel{\text{def}}{=} (X_0, \cdots, X_n) = x_0^n$ 的条件概率，记

$$\beta_n(x_0^n) \stackrel{\text{def}}{=} P\{X_0^n = x_0^n \mid \mathcal{Y}_n\}$$

这被称为一个平滑问题，因为我们希望根据过去和现在的观测来估计过去的状态。pmf β_n 可以根据观测到的输入和输出序列 u_0^{n-1}，y_0^n 来表示，由贝叶斯规则可得：

$$\begin{aligned}\beta_n(x_0^n) &= P\{X_0^n = x_0^n \mid Y_0^n = y_0^n, U_0^{n-1} = u_0^{n-1}\} \\ &= \frac{P\{X_0^n = x_0^n \text{ 和} Y_0^n = y_0^n, U_0^{n-1} = u_0^{n-1}\}}{P\{Y_0^n = y_0^n, U_0^{n-1} = u_0^{n-1}\}}\end{aligned}$$

分母可以看作一个归一化常数(它不依赖于 x_0^n)。令 $\beta_n^\bullet$ 表示分子，则有

$$\begin{aligned}\beta_n^\bullet(x_0^n) &= P\{X_0^n = x_0^n \text{ 和} Y_0^n = y_0^n, U_0^{n-1} = u_0^{n-1}\} \\ &= \rho_n(x_n \mid x_{n-1}) \times \cdots \times \rho_1(x_1 \mid x_0) \times \mu(x_0)\end{aligned}$$

其中 pmf μ 定义了 X_0 的分布。

对于任何 n 这都成立，所以我们得到一个递归关系，

$$\beta_n^\bullet(x_0^n) = \rho_n(x_n, \mid x_{n-1}) \beta_{n-1}^\bullet(x_0^{n-1}) \tag{C.13}$$

然后我们通过归一化得到β_n，因为我们知道它是一个 pmf：

$$\beta_n(x_0^n) = \kappa_n \beta_n^\bullet(x_0^n), \quad \kappa_n^{-1} = \sum_{x'_0, \cdots, x'_n} \beta_n^\bullet(x'_0, \cdots, x'_n)$$

那原来的问题呢？我们再一次使用贝叶斯规则：

$$\begin{aligned}b_n(x_n) &= P\{X_n = x_n \mid Y_0^n = y_0^n, U_0^{n-1} = u_0^{n-1}\} \\ &= \frac{P\{X_n = x_n \text{ 和} Y_0^n = y_0^n, U_0^{n-1} = u_0^{n-1}\}}{P\{Y_0^n = y_0^n, U_0^{n-1} = u_0^{n-1}\}}\end{aligned}$$

由 $\beta_n^\bullet$ 可得到如下的分子，记为 $b_n^\bullet(x_n)$：

$$\begin{aligned}b_n^\bullet(x_n) &= P\{X_n = x_n \text{ 和} Y_0^n = y_0^n, U_0^{n-1} = u_0^{n-1}\} \\ &= \sum_{x'_0, \cdots, x'_{n-1}} \beta_n^\bullet(x'_0, \cdots, x'_{n-1}, x_n)\end{aligned}$$

式(C.13)给出了非归一化的置信状态的递归公式：

$$b_n^{\bullet}(x_n)=\sum_{x'_0,\cdots,x'_{n-1}}\rho_n(x_n|x'_{n-1})\beta_{n-1}^{\bullet}(x'_0,\cdots,x'_{n-1})$$
$$=\sum_{x'_{n-1}}\rho_n(x_n|x'_{n-1})\Big[\sum_{x'_0,\cdots,x'_{n-2}}\beta_{n-1}^{\bullet}(x'_0,\cdots,x'_{n-1})\Big]$$

由此，我们得到线性动力学：

$$b_n^{\bullet}(x')=\sum_x\rho_n(x'|x)b_{n-1}^{\bullet}(x),\quad n\geqslant 1,x'\in X$$

从命题 C. 3 可知，我们得到了命题 C. 1 中给出的置信状态过程的转移矩阵。

命题 C. 3(非线性滤波) 置信状态动力学是非线性的：

$$b_0(x')=\kappa_0\mu(x')q(Y_0|x')$$
$$b_n(x')=\mathcal{M}(b_{n-1},Y_n,U_{n-1})\stackrel{\text{def}}{=}\kappa_n\sum_x\rho_n(x'|x)b_{n-1}(x),\quad x'\in X,n\geqslant 1$$

其中 ρ_n 在式(C. 12)中定义，κ_n 由约束 $\sum_{x'}b_n(x')=1$ 来决定。 □

REFERENCES

参考文献

[1] A. Agarwal and O. Dekel. Optimal algorithms for online convex optimization with multi-point bandit feedback. In *Proc. COLT*, pages 28–40, 2010.

[2] A. Agarwal, S. M. Kakade, J. D. Lee, and G. Mahajan. Optimality and approximation with policy gradient methods in Markov decision processes. In *Proc. COLT*, pages 64–66, 2020.

[3] R. Agrawal. Sample mean based index policies with O(log n) regret for the multi-armed bandit problem. *Advances in Applied Probability*, pages 1054–1078, 1995.

[4] V. M. Alekseev. An estimate for the perturbations of the solutions of ordinary differential equations (Russian). *Westnik Moskov Unn. Ser*, 1:28–36, 1961.

[5] F. Alvarez, H. Attouch, J. Bolte, and P. Redont. A second-order gradient-like dissipative dynamical system with Hessian-driven damping: application to optimization and mechanics. *Journal de mathématiques pures et appliquées*, 81(8):747–779, 2002.

[6] S.-I. Amari and S. C. Douglas. Why natural gradient? In *ICASSP'98*, volume 2, pages 1213–1216. IEEE, 1998.

[7] B. D. O. Anderson and J. B. Moore. *Optimal Control: Linear Quadratic Methods*. Prentice Hall, Englewood Cliffs, NJ, 1990.

[8] L. L. Andrew, M. Lin, and A. Wierman. Optimality, fairness, and robustness in speed scaling designs. *SIGMETRICS Perform. Eval. Rev.*, 38(1):37–48, June 2010.

[9] O. Anschel, N. Baram, and N. Shimkin. Averaged-DQN: Variance reduction and stabilization for deep reinforcement learning. In *Proc. ICML*, pages 176–185. JMLR.org, 2017.

[10] A. Arapostathis, V. S. Borkar, E. Fernandez-Gaucherand, M. K. Ghosh, and S. I. Marcus. Discrete-time controlled Markov processes with average cost criterion: a survey. *SIAM J. Control Optim.*, 31:282–344, 1993.

[11] K. B. Ariyur and M. Krstić. *Real Time Optimization by Extremum Seeking Control*. John Wiley & Sons, Inc., New York, NY, 2003.

[12] S. Asmussen and P. W. Glynn. *Stochastic Simulation: Algorithms and Analysis*, volume 57 of *Stochastic Modelling and Applied Probability*. Springer-Verlag, New York, NY, 2007.

[13] K. J. Åström. Optimal control of Markov processes with incomplete state information I. *J. of Mathematical Analysis and Applications*, 10:174–205, 1965.

[14] K. J. Åström and K. Furuta. Swinging up a pendulum by energy control. *Automatica*, 36(2):287–295, 2000.

[15] K. J. Åström and R. M. Murray. *Feedback Systems: An Introduction for Scientists and Engineers*. Princeton University Press, Princeton, NJ, 2nd ed., 2020.

[16] H. Attouch, X. Goudou, and P. Redont. The heavy ball with friction method, I. the continuous dynamical system: global exploration of the local minima of a real-valued function by asymptotic analysis of a dissipative dynamical system. *Communications in Contemporary Mathematics*, 2(01):1–34, 2000.

[17] P. Auer, N. Cesa-Bianchi, and P. Fischer. Finite-time analysis of the multiarmed bandit problem. *Machine Learning*, 47(2-3):235–256, 2002.

[18] M. G. Azar, R. Munos, M. Ghavamzadeh, and H. Kappen. Speedy Q-learning. In *Proc. Advances in Neural Information Processing Systems*, pages 2411–2419, 2011.

[19] F. Bach. *Learning Theory from First Principles*. `www.di.ens.fr/~fbach/ltfp_book.pdf`, 2021.

[20] F. Bach and E. Moulines. Non-strongly-convex smooth stochastic approximation with convergence rate $o(1/n)$. In *Proc. Advances in Neural Information Processing Systems*, volume 26, pages 773–781, 2013.
[21] L. Baird. Residual algorithms: reinforcement learning with function approximation. In A. Prieditis and S. Russell, editors, *Proc. Machine Learning*, pages 30–37. Morgan Kaufmann, San Francisco, CA, 1995.
[22] L. C. Baird. Reinforcement learning in continuous time: advantage updating. In *Proc. of Intl. Conference on Neural Networks*, volume 4, pages 2448–2453. IEEE, 1994.
[23] L. C. Baird III. *Reinforcement Learning through Gradient Descent*. PhD thesis, US Air Force Academy, 1999.
[24] F. Ball, C. Larédo, D. Sirl, and V. C. Tran. *Stochastic Epidemic Models with Inference*, volume 2255. Springer Nature, Cham, 2019.
[25] N. Bansal, T. Kimbrel, and K. Pruhs. Speed scaling to manage energy and temperature. *J. ACM*, 54(1):1–39, March 2007.
[26] A. Barto, R. Sutton, and C. Anderson. Neuron-like adaptive elements that can solve difficult learning control problems. *IEEE Trans. on Systems, Man and Cybernetics*, 13(5):835–846, 1983.
[27] A. G. Barto, R. S. Sutton, and C. J. C. H. Watkins. Learning and sequential decision making. In M. Gabriel and J. W. Moore, editors *Learning and Computational Neuroscience: Foundations of Adaptive Networks*, pages 539–602, MIT Press, Cambridge, MA, 1989.
[28] J. Bas Serrano, S. Curi, A. Krause, and G. Neu. Logistic Q-learning. In A. Banerjee and K. Fukumizu, editors, *Proc. of the Intl. Conference on Artificial Intelligence and Statistics*, volume 130, pages 3610–3618, April 13–15 2021.
[29] T. Basar, S. Meyn, and W. R. Perkins. Lecture notes on control system theory and design. *arXiv e-print 2007.01367*, 2010.
[30] N. Baumann. Too fast to fail: is high-speed trading the next Wall Street disaster? *Mother Jones*, January/February 2013.
[31] J. Baxter and P. L. Bartlett. Direct gradient-based reinforcement learning: I. gradient estimation algorithms. Technical report, Australian National University, 1999.
[32] J. Baxter and P. L. Bartlett. Infinite-horizon policy-gradient estimation. *Journal of Artificial Intelligence Research*, 15:319–350, 2001.
[33] J. Beck. *Strong Uniformity and Large Dynamical Systems*. World Scientific, Hackensack, NJ, 2017.
[34] R. Bellman. The stability of solutions of linear differential equations. *Duke Math. J.*, 10(4):643–647, 1943.
[35] R. Bellman. *Dynamic Programming*. Princeton University Press, Princeton, NJ, 1957.
[36] R. Bellman, J. Bentsman, and S. M. Meerkov. Stability of fast periodic systems. In *Proc. of the American Control Conf.*, volume 3, pages 1319–1320. IEEE, 1984.
[37] M. Benaïm. Dynamics of stochastic approximation algorithms. In *Séminaire de Probabilités, XXXIII*, pages 1–68. Springer, Berlin, 1999.
[38] A. Benveniste, M. Métivier, and P. Priouret. *Adaptive Algorithms and Stochastic Approximations*, volume 22 of *Applications of Mathematics (New York)*. Springer-Verlag, Berlin, 1990. Translated from the French by Stephen S. Wilson.
[39] A. Benveniste, M. Métivier, and P. Priouret. *Adaptive Algorithms and Stochastic Approximations*. Vol. 22. Springer Science & Business Media, Berlin, Heidelberg, 2012.
[40] A. Bernstein, Y. Chen, M. Colombino, E. Dall'Anese, P. Mehta, and S. Meyn. Optimal rate of convergence for quasi-stochastic approximation. *arXiv:1903.07228*, 2019.
[41] A. Bernstein, Y. Chen, M. Colombino, E. Dall'Anese, P. Mehta, and S. Meyn. Quasi-stochastic approximation and off-policy reinforcement learning. In *Proc. of the Conf. on Dec. and Control*, pages 5244–5251, March 2019.
[42] D. Bertsekas. Multiagent rollout algorithms and reinforcement learning. *arXiv preprint arXiv:1910.00120*, 2019.
[43] D. Bertsekas and S. Shreve. *Stochastic Optimal Control: The Discrete-Time Case*. Athena Scientific, Belmont, MA 1996.

[44] D. Bertsekas and J. N. Tsitsiklis. *Neuro-Dynamic Programming*. Athena Scientific, Cambridge, MA, 1996.

[45] D. P. Bertsekas. *Dynamic Programming and Optimal Control*, volume II. Athena Scientific, Belmont, MA, 4th ed., 2012.

[46] D. P. Bertsekas. *Dynamic Programming and Optimal Control*, volume 1. Athena Scientific, Belmont, MA, 4th ed., 2017.

[47] D. P. Bertsekas. *Reinforcement Learning and Optimal Control*. Athena Scientific, Belmont, MA, 2019.

[48] J. Bhandari and D. Russo. Global optimality guarantees for policy gradient methods. *arXiv preprint arXiv: 1906.01786*, 2019.

[49] J. Bhandari, D. Russo, and R. Singal. A finite time analysis of temporal difference learning with linear function approximation. In *Proc. COLT*, pages 1691–1692, 2018.

[50] S. Bhatnagar. Simultaneous perturbation and finite difference methods. *Wiley Encyclopedia of Operations Research and Management Science*, `https://onlinelibrary.wiley.com/doi/10.1002/9780470400531.eorms0784`, 2010.

[51] S. Bhatnagar and V. S. Borkar. Multiscale chaotic SPSA and smoothed functional algorithms for simulation optimization. *Simulation*, 79(10):568–580, 2003.

[52] S. Bhatnagar, M. C. Fu, S. I. Marcus, and I.-J. Wang. Two-timescale simultaneous perturbation stochastic approximation using deterministic perturbation sequences. *ACM Transactions on Modeling and Computer Simulation (TOMACS)*, 13(2):180–209, 2003.

[53] S. Bhatnagar, M. Ghavamzadeh, M. Lee, and R. S. Sutton. Incremental natural actor-critic algorithms. In *Proc. Advances in Neural Information Processing Systems*, pages 105–112, 2008.

[54] S. Bhatnagar, H. Prasad, and L. Prashanth. *Stochastic Recursive Algorithms for Optimization: Simultaneous Perturbation Methods*. Lecture Notes in Control and Information Sciences. Springer, London, 2013.

[55] S. Bhatnagar, D. Precup, D. Silver, R. S. Sutton, H. R. Maei, and C. Szepesvári. Convergent temporal-difference learning with arbitrary smooth function approximation. In *Proc. Advances in Neural Information Processing Systems*, pages 1204–1212, 2009.

[56] S. Bhatnagar, R. S. Sutton, M. Ghavamzadeh, and M. Lee. Natural actor–critic algorithms. *Automatica*, 45(11):2471–2482, 2009.

[57] C. M. Bishop. *Pattern Recognition and Machine Learning*. Springer, 2006.

[58] J. R. Blum. Multidimensional stochastic approximation methods. *The Annals of Mathematical Statistics*, 25(4): 737–744, 1954.

[59] V. Borkar and S. P. Meyn. Oja's algorithm for graph clustering, Markov spectral decomposition, and risk sensitive control. *Automatica*, 48(10):2512–2519, 2012.

[60] V. Borkar and P. Varaiya. Adaptive control of Markov chains, i: finite parameter set. *IEEE Trans. Automat. Control*, 24(6):953–957, 1979.

[61] V. Borkar and P. Varaiya. Identification and adaptive control of Markov chains. *SIAM J. Control Optim.*, 20(4):470–489, 1982.

[62] V. S. Borkar. *Identification and Adaptive Control of Markov Chains*. PhD thesis, University of California, Berkeley, 1980.

[63] V. S. Borkar. Convex analytic methods in Markov decision processes. In *Handbook of Markov Decision Processes*, volume 40 of *Internat. Ser. Oper. Res. Management Sci.*, pages 347–375. Kluwer Acad. Publ., Boston, MA, 2002.

[64] V. S. Borkar. Reinforcement learning – a bridge between numerical methods and Markov Chain Monte Carlo. In N. S. N. Sastry, B. Rajeev, M. Delampady, and T. S. S. R. K. Rao, editors, *Perspectives in Mathematical Sciences*, pages 71–91. World Scientific, Singapore, 2009.

[65] V. S. Borkar. *Stochastic Approximation: A Dynamical Systems Viewpoint*. Hindustan Book Agency and Cambridge University Press (jointly), Delhi, India, and Cambridge, UK, 2008.

[66] V. S. Borkar. *Stochastic Approximation: A Dynamical Systems Viewpoint (2nd ed., to appear)*. Hindustan Book Agency, Delhi, India, and Cambridge, UK, 2020.

[67] V. S. Borkar and V. Gaitsgory. Linear programming formulation of long-run average optimal control problem. *Journal of Optimization Theory and Applications*, 181(1):101–125, 2019.

[68] V. S. Borkar, V. Gaitsgory, and I. Shvartsman. LP formulations of discrete time long-run average optimal control problems: the non ergodic case. *SIAM Journal on Control and Optimization*, 57(3):1783–1817, 2019.

[69] V. S. Borkar and S. P. Meyn. The ODE method for convergence of stochastic approximation and reinforcement learning. *SIAM J. Control Optim.*, 38(2):447–469, 2000.

[70] J. A. Boyan. Technical update: Least-squares temporal difference learning. *Mach. Learn.*, 49(2–3): 233–246, 2002.

[71] S. Boyd, L. El Ghaoui, E. Feron, and V. Balakrishnan. *Linear Matrix Inequalities in System and Control Theory*, volume 15. SIAM, 1994.

[72] S. Boyd, N. Parikh, and E. Chu. *Distributed Optimization and Statistical Learning via the Alternating Direction Method of Multipliers*. Now Publishers Inc, Norwell, MA, 2011.

[73] S. Boyd and L. Vandenberghe. *Convex Optimization*, 1st edition. Cambridge University Press, New York, 1st ed., 2004.

[74] S. Bradtke, B. Ydstie, and A. Barto. Adaptive linear quadratic control using policy iteration. In *Proc. of the American Control Conf.*, volume 3, pages 3475–3479, 1994.

[75] S. J. Bradtke and A. G. Barto. Linear least-squares algorithms for temporal difference learning. *Machine Learning*, 22(1-3):33–57, 1996.

[76] W. L. Brogan. *Modern Control Theory*. Pearson, 3rd ed., 1990.

[77] J. Bu, A. Mesbahi, M. Fazel, and M. Mesbahi. LQR through the lens of first order methods: discrete-time case. *arXiv e-prints*, page arXiv:1907.08921, 2019.

[78] S. Bubeck and N. Cesa-Bianchi. Regret analysis of stochastic and nonstochastic multi-armed bandit problems. *Machine Learning*, 5(1):1–122, 2012.

[79] J. C. Butcher. *Numerical Methods for Ordinary Differential Equations*. John Wiley & Sons, New York, NY 2016.

[80] P. E. Caines. *Linear Stochastic Systems*. John Wiley & Sons, New York, NY, 1988.

[81] P. E. Caines. Mean field games. In J. Baillieul and T. Samad, editors, *Encyclopedia of Systems and Control*, pages 706–712. Springer London, London, UK, 2015.

[82] D. Chatterjee, A. Patra, and H. K. Joglekar. Swing-up and stabilization of a cart–pendulum system under restricted cart track length. *Systems & Control Letters*, 47(4):355–364, 2002.

[83] H. Chen and L. Guo. *Identification and Stochastic Adaptive Control*. Birkhauser, Boston, MA, 1991.

[84] R. T. Chen, Y. Rubanova, J. Bettencourt, and D. Duvenaud. Neural ordinary differential equations. In *Proc. Advances Neural Information Processing Systems*, volume 32, pages 6572–6583, 2018.

[85] S. Chen, A. Bernstein, A. Devraj, and S. Meyn. Stability and acceleration for quasi stochastic approximation. *arXiv:2009.14431*, 2020.

[86] S. Chen, A. Devraj, A. Bernstein, and S. Meyn. Accelerating optimization and reinforcement learning with quasi stochastic approximation. In *Proc. of the American Control Conf.*, pages 1965–1972, May 2021.

[87] S. Chen, A. Devraj, A. Bernstein, and S. Meyn. Revisiting the ODE method for recursive algorithms: fast convergence using quasi stochastic approximation. *Journal of Systems Science and Complexity. Special Issue on Advances on Fundamental Problems in Control Systems, in Honor of Prof. Lei Guo's 60th birthday*, 34(5):1681–1702, 2021.

[88] S. Chen, A. Devraj, V. Borkar, I. Kontoyiannis, and S. Meyn. The ODE method for asymptotic statistics in stochastic approximation and reinforcement learning. *Submitted for publication*, 2021.

[89] S. Chen, A. M. Devraj, A. Bušić, and S. Meyn. Explicit mean-square error bounds for Monte-Carlo and linear stochastic approximation. In S. Chiappa and R. Calandra, editors, *Proc. of AISTATS*, volume 108, pages 4173–4183, 2020.

[90] S. Chen, A. M. Devraj, F. Lu, A. Busic, and S. Meyn. Zap Q-Learning with nonlinear function approximation. In H. Larochelle, M. Ranzato, R. Hadsell, M. F. Balcan, and H. Lin, editors, *Advances in Neural Information Processing Systems, and arXiv e-prints 1910.05405*, volume 33, pages 16879–16890, 2020.

[91] T. Chen, Y. Hua, and W.-Y. Yan. Global convergence of Oja's subspace algorithm for principal component extraction. *IEEE Trans. Neural Networks*, 9(1):58–67, January 1998.

[92] W. Chen, D. Huang, A. A. Kulkarni, et al. Approximate dynamic programming using fluid and diffusion approximations with applications to power management. In *Proc. of the 48th IEEE Conf. on Dec. and Control; Held Jointly with the 2009 28th Chinese Control Conference*, pages 3575–3580, 2009.

[93] Y. Chen, A. Bernstein, A. Devraj, and S. Meyn. Model-free primal-dual methods for network optimization with application to real-time optimal power flow. In *Proc. of the American Control Conf.*, pages 3140–3147, September 2019.

[94] Y. Chow, O. Nachum, E. Duenez-Guzman, and M. Ghavamzadeh. A Lyapunov-based approach to safe reinforcement learning. In S. Bengio, H. Wallach, H. Larochelle, K. Grauman, N. Cesa-Bianchi, and R. Garnett, editors, *Proc. Advances in Neural Information Processing Systems*, pages 8092–8101, 2018.

[95] K. L. Chung et al. On a stochastic approximation method. *The Annals of Mathematical Statistics*, 25(3):463–483, 1954.

[96] M. Colombino, E. Dall'Anese, and A. Bernstein. Online optimization as a feedback controller: stability and tracking. *Trans. on Control of Network Systems*, 7(1):422–432, 2020.

[97] T. M. Cover and J. A. Thomas. *Elements of Information Theory*. John Wiley & Sons Inc., New York, NY, 1991.

[98] J. G. Dai. On positive Harris recurrence of multiclass queueing networks: a unified approach via fluid limit models. *Ann. Appl. Probab.*, 5(1):49–77, 1995.

[99] J. G. Dai and S. P. Meyn. Stability and convergence of moments for multiclass queueing networks via fluid limit models. *IEEE Trans. Automat. Control*, 40:1889–1904, 1995.

[100] J. G. Dai and J. H. Vande Vate. The stability of two-station multi-type fluid networks. *Operations Res.*, 48:721–744, 2000.

[101] G. Dalal, B. Szörényi, G. Thoppe, and S. Mannor. Concentration bounds for two timescale stochastic approximation with applications to reinforcement learning. *Proc. of the Conference on Computational Learning Theory*, pages 1–35, 2017.

[102] D. P. de Farias and B. Van Roy. The linear programming approach to approximate dynamic programming. *Operations Res.*, 51(6):850–865, 2003.

[103] D. P. de Farias and B. Van Roy. On constraint sampling in the linear programming approach to approximate dynamic programming. *Math. Oper. Res.*, 29(3):462–478, 2004.

[104] D. P. de Farias and B. Van Roy. A cost-shaping linear program for average-cost approximate dynamic programming with performance guarantees. *Math. Oper. Res.*, 31(3):597–620, 2006.

[105] A. Dembo and O. Zeitouni. *Large Deviations Techniques and Applications*. Springer-Verlag, New York, NY, 2nd ed., 1998.

[106] C. Derman. *Finite State Markovian Decision Processes*, volume 67 of *Mathematics in Science and Engineering*. Academic Press, Inc., Orlando, FL, 1970.

[107] A. M. Devraj. *Reinforcement Learning Design with Optimal Learning Rate*. PhD thesis, University of Florida, 2019.

[108] A. M. Devraj, A. Bušić, and S. Meyn. On matrix momentum stochastic approximation and applications to Q-learning. In *Allerton Conference on Communication, Control, and Computing*, pages 749–756, September 2019.

[109] A. M. Devraj, A. Bušić, and S. Meyn. Zap Q-Learning – a user's guide. In *Proc. of the Fifth Indian Control Conference*, `https://par.nsf.gov/servlets/purl/10211835`, January 9–11 2019.

[110] A. M. Devraj, A. Bušić, and S. Meyn. Fundamental design principles for reinforcement learning algorithms. In K. G. Vamvoudakis, Y. Wan, F. L. Lewis, and D. Cansever, editors, *Handbook on Reinforcement Learning and Control*, Studies in Systems, Decision and Control (SSDC) series (volume 325). Springer, 2021.

[111] A. M. Devraj, I. Kontoyiannis, and S. P. Meyn. Differential temporal difference learning. *IEEE Trans. Automat. Control*, 66(10): 4652–4667, doi: 10.1109/TAC.2020.3033417. October 2021.

[112] A. M. Devraj and S. P. Meyn. Fastest convergence for Q-learning. *ArXiv e-prints*, July 2017.

[113] A. M. Devraj and S. P. Meyn. Zap Q-learning. In *Proc. of the Intl. Conference on Neural Information Processing Systems*, pages, 2232–2241, 2017.

[114] A. M. Devraj and S. P. Meyn. Q-learning with uniformly bounded variance: large discounting is not a barrier to fast learning. *arXiv e-prints*, pages arXiv:2002.10301 (and to appear, IEEE Trans Auto Control), February 2020.

[115] P. Diaconis. The Markov chain Monte Carlo revolution. *Bull. Amer. Math. Soc. (N.S.)*, 46(2): 179–205, 2009.

[116] D. Ding and M. R. Jovanović. Global exponential stability of primal-dual gradient flow dynamics based on the proximal augmented Lagrangian. In *Proc. of the American Control Conf.*, pages 3414–3419. IEEE, 2019.

[117] R. Douc, E. Moulines, P. Priouret, and P. Soulier. *Markov Chains*. Springer, Cham, 2018.

[118] R. Douc, É. Moulines, and D. Stoffer. *Nonlinear Time Series : Theory, Methods and Applications with R Examples*. Texts in Statistical Science. Chapman et Hall–CRC Press, 2014.

[119] K. Duffy and S. Meyn. Large deviation asymptotics for busy periods. *Stochastic Systems*, 4(1): 300–319, 2014.

[120] K. R. Duffy and S. P. Meyn. Most likely paths to error when estimating the mean of a reflected random walk. *Performance Evaluation*, 67(12):1290–1303, 2010.

[121] K. Dupree, P. M. Patre, M. Johnson, and W. E. Dixon. Inverse optimal adaptive control of a nonlinear Euler–Lagrange system, Part I: Full state feedback. In *Proc. of the Conference on Decision and Control, Held Jointly with Chinese Control Conference*, pages 321–326, 2009.

[122] R. Durrett. Stochastic spatial models. *SIAM Review*, 41(4):677–718, 1999.

[123] E. B. Dynkin and A. A. Yushkevich. *Controlled Markov Processes*, volume 235 of *Grundlehren der Mathematischen Wissenschaften [Fundamental Principles of Mathematical Sciences]*. Springer-Verlag, Berlin, 1979. Translated from the Russian original by J. M. Danskin and C. Holland.

[124] E. Even-Dar and Y. Mansour. Learning rates for Q-learning. *J. of Machine Learning Research*, 5:1–25, 2003.

[125] V. Fabian et al. On asymptotic normality in stochastic approximation. *The Annals of Mathematical Statistics*, 39(4):1327–1332, 1968.

[126] A.-M. Farahmand and M. Ghavamzadeh. PID accelerated value iteration algorithm. In M. Meila and T. Zhang, editors, *Proc. ICML*, volume 139, pages 3143–3153, July 18–24 2021.

[127] M. Fazlyab, A. Ribeiro, M. Morari, and V. M. Preciado. Analysis of optimization algorithms via integral quadratic constraints: nonstrongly convex problems. *SIAM Journal on Optimization*, 28(3):2654–2689, 2018.

[128] E. Feinberg and A. Shwartz, editors. *Markov Decision Processes: Models, Methods, Directions, and Open Problems*. Kluwer Acad. Publ., Holland, 2001.

[129] E. A. Feinberg and A. Shwartz, editors. *Handbook of Markov Decision processes*. Intl. Series in Operations Research & Management Science, 40. Kluwer Academic Publishers, Boston, MA, 2002. Methods and applications.

[130] A. Feintuch and B. Francis. Infinite chains of kinematic points. *Automatica*, 48(5):901–908, 2012.

[131] Y. Feng, L. Li, and Q. Liu. A kernel loss for solving the Bellman equation. In *Proc. Advances in Neural Information Processing Systems*, pages 15456–15467, 2019.

[132] L. Finlay, V. Gaitsgory, and I. Lebedev. Duality in linear programming problems related to deterministic long run average problems of optimal control. *SIAM Journal on Control and Optimization*, 47(4):1667–1700, 2008.

[133] J. M. Flegal and G. L. Jones. Batch means and spectral variance estimators in Markov chain Monte Carlo. *Annals of Statistics*, 38(2):1034–1070, 04 2010.

[134] G. Fort, E. Moulines, S. P. Meyn, and P. Priouret. ODE methods for Markov chain stability with applications to MCMC. In *Valuetools '06: Proceedings of the 1st International Conference on Performance Evaluation Methodolgies and Tools*, page 42, ACM Press, New York, NY, 2006.

[135] F. G. Foster. On Markoff chains with an enumerable infinity of states. *Proc. Cambridge Phil. Soc.*, 47:587–591, 1952.

[136] A. Fradkov and B. T. Polyak. Adaptive and robust control in the USSR. *IFAC–PapersOnLine*, 53(2):1373–1378, 2020. 21th IFAC World Congress.

[137] K. Furuta, M. Yamakita, and S. Kobayashi. Swing up control of inverted pendulum. In *Proc. Intl. Conference on Industrial Electronics, Control and Instrumentation*, pages 2193–2198. IEEE, 1991.

[138] P. A. Gagniuc. *Markov Chains: From Theory to Implementation and Experimentation*. John Wiley & Sons, New York, NY, 2017.

[139] V. Gaitsgory, A. Parkinson, and I. Shvartsman. Linear programming formulations of deterministic infinite horizon optimal control problems in discrete time. *Discrete and Continuous Dynamical Systems – Series B*, 22(10):3821–3838, 2017.

[140] V. Gaitsgory and M. Quincampoix. On sets of occupational measures generated by a deterministic control system on an infinite time horizon. *Nonlinear Analysis: Theory, Methods and Applications*, 88:27–41, 2013.

[141] J. M. George and J. M. Harrison. Dynamic control of a queue with adjustable service rate. *Operations Res.*, 49(5):720–731, September 2001.

[142] P. W. Glynn. Stochastic approximation for Monte Carlo optimization. In *Proc. of the 18th Conference on Winter Simulation*, pages 356–365, 1986.

[143] P. W. Glynn. Likelihood ratio gradient estimation: an overview. In *Proc. of the Winter Simulation Conference*, pages 366–375, 1987.

[144] P. W. Glynn and S. P. Meyn. A Liapounov bound for solutions of the Poisson equation. *Ann. Probab.*, 24(2):916–931, 1996.

[145] G. C. Goodwin and K. S. Sin. *Adaptive Filtering Prediction and Control*. Prentice Hall, Englewood Cliffs, NJ, 1984.

[146] G. J. Gordon. Stable function approximation in dynamic programming. In *Proc. ICML* (see also the full-length technical report, CMU-CS-95-103), pages 261–268. Elsevier, Netherlands, 1995.

[147] G. J. Gordon. Reinforcement learning with function approximation converges to a region. In *Proc. of the 13th Intl. Conference on Neural Information Processing Systems*, pages 996–1002, Cambridge, MA, 2000.

[148] A. Gosavi. *Simulation-Based Optimization*. Springer, Berlin, 2015.

[149] R. L. Graham, D. E. Knuth, and O. Patashnik. *Concrete Mathematics: A Foundation for Computer Science*. Addison-Wesley Longman Publishing Co., Inc., Boston, MA, 2nd ed., 1994.

[150] L. Greenemeier. AI versus AI: self-taught AlphaGo Zero vanquishes its predecessor. *Scientific American*, 371(4), www.scientificamerican.com/article/ai-versus-ai-self-taught-alphago-zero-vanquishes-its-predecessor/, October 2017.

[151] E. Greensmith, P. L. Bartlett, and J. Baxter. Variance reduction techniques for gradient estimates in reinforcement learning. *Journal of Machine Learning Research*, 5:1471–1530, 2004.

[152] P. Guan, M. Raginsky, and R. Willett. Online Markov decision processes with Kullback–Leibler control cost. *IEEE Trans. Automat. Control*, 59(6):1423–1438, June 2014.

[153] A. Gupta, R. Jain, and P. W. Glynn. An empirical algorithm for relative value iteration for average-cost MDPs. In *Proc. of the Conf. on Dec. and Control*, pages 5079–5084, 2015.

[154] B. Hajek. *Random Processes for Engineers*. Cambridge University Press, Cambridge, UK, 2015.

[155] P. Hartman. On functions representable as a difference of convex functions. *Pacific Journal of Mathematics*, 9(3):707–713, 1959.

[156] T. Hastie, R. Tibshirani, and J. Friedman. *The Elements of Statistical Learning*. Springer Series in Statistics. Springer-Verlag, New York, NY, 2nd ed., 2001. Corr. 3rd printing, 2003.

[157] S. Henderson. *Variance Reduction via an Approximating Markov Process*. PhD thesis, Stanford University, 1997.

[158] S. G. Henderson and P. W. Glynn. Regenerative steady-state simulation of discrete event systems. *ACM Trans. on Modeling and Computer Simulation*, 11:313–345, 2001.

[159] S. G. Henderson, S. P. Meyn, and V. B. Tadić. Performance evaluation and policy selection in multiclass networks. *Discrete Event Dynamic Systems: Theory and Applications*, 13(1–2):149–189, 2003. Special issue on learning, optimization and decision making (invited).

[160] D. Hernández-Hernández, O. Hernández-Lerma, and M. Taksar. The linear programming approach to deterministic optimal control problems. *Applicationes Mathematicae*, 24(1):17–33, 1996.

[161] O. Hernández-Lerma and J. B. Lasserre. The linear programming approach. In *Handbook of Markov Decision Processes*, volume 40 of *Internat. Ser. Oper. Res. Management Sci.*, pages 377–407. Kluwer Acad. Publ., Boston, MA, 2002.

[162] O. Hernández-Lerma and J. B. Lasserre. *Discrete-Time Markov Control Processes: Basic Optimality Criteria*, volume 30. Springer Science & Business Media, New York, NY, 2012.

[163] B. Hu and L. Lessard. Dissipativity theory for Nesterov's accelerated method. In *Proc. ICML*, pages 1549–1557, 2017.

[164] B. Hu, S. Wright, and L. Lessard. Dissipativity theory for accelerating stochastic variance reduction: a unified analysis of SVRG and Katyusha using semidefinite programs. In *Proc. ICML*, pages 2038–2047, 2018.

[165] D. Huang, W. Chen, P. Mehta, S. Meyn, and A. Surana. Feature selection for neuro-dynamic programming. In F. Lewis, editor, *Reinforcement Learning and Approximate Dynamic Programming for Feedback Control*. Wiley, Hoboken, NJ, 2011.

[166] M. Huang, P. E. Caines, and R. P. Malhame. Large-population cost-coupled LQG problems with nonuniform agents: individual-mass behavior and decentralized ε-Nash equilibria. *IEEE Trans. Automat. Control*, 52(9):1560–1571, 2007.

[167] M. Huang, R. P. Malhame, and P. E. Caines. Large population stochastic dynamic games: closed-loop McKean–Vlasov systems and the Nash certainty equivalence principle. *Communications in Information and Systems*, 6(3):221–251, 2006.

[168] A. Iserles. *A First Course in the Numerical Analysis of Differential Equations*, volume 44. Cambridge University Press, 2009.

[169] T. Jaakola, M. Jordan, and S. Singh. On the convergence of stochastic iterative dynamic programming algorithms. *Neural Computation*, 6:1185–1201, 1994.

[170] K. G. Jamieson, R. Nowak, and B. Recht. Query complexity of derivative-free optimization. In *Proc. Advances in Neural Information Processing Systems*, pages 2672–2680, 2012.

[171] C. Jin, Z. Allen-Zhu, S. Bubeck, and M. I. Jordan. Is Q-learning provably efficient? *Proc. Advances in Neural Information Processing Systems*, 31:4863–4873, 2018.

[172] S. Kakade and J. Langford. Approximately optimal approximate reinforcement learning. In *Proc. ICML*, pages 267–274, 2002.

[173] S. M. Kakade. A natural policy gradient. In *Proc. Advances in Neural Information Processing Systems*, pages 1531–1538, 2002.

[174] D. Kalathil, V. S. Borkar, and R. Jain. Empirical Q-value iteration. *Stochastic Systems*, 11(1):1–18, 2021.

[175] R. E. Kalman. Contribution to the theory of optimal control. *Bol. Soc. Mat. Mexicana*, 5:102–119, 1960.

[176] R. E. Kalman. When is a linear control system optimal? *Journal of Basic Engineering*, 86:51, 1964.

[177] A. Kamoutsi, T. Sutter, P. Mohajerin Esfahani, and J. Lygeros. On infinite linear programming and the moment approach to deterministic infinite horizon discounted optimal control problems. *IEEE Control Systems Letters*, 1(1):134–139, July 2017.

[178] A. D. Kara and S. Yuksel. Convergence of finite memory Q-learning for POMDPs and near optimality of learned policies under filter stability. *arXiv preprint arXiv:2103.12158*, 2021.

[179] H. Karimi, J. Nutini, and M. Schmidt. Linear convergence of gradient and proximal-gradient methods under the Polyak–Łojasiewicz condition. In *European Conference on Machine Learning and Knowledge Discovery in Databases*, volume 9851, pages 795–811, Springer-Verlag, Berlin, Heidelberg, 2016.

[180] P. Karmakar and S. Bhatnagar. Two time-scale stochastic approximation with controlled Markov noise and off-policy temporal-difference learning. *Math. Oper. Res.*, 43(1):130–151, 2018.

[181] H. K. Khalil. *Nonlinear Systems*. Prentice Hall, Upper Saddle River, NJ, 3rd ed., 2002.

[182] J. Kiefer and J. Wolfowitz. Stochastic estimation of the maximum of a regression function. *Ann. Math. Statist.*, 23(3):462–466, September 1952.

[183] Y. H. Kim and F. L. Lewis. *High-Level Feedback Control with Neural Networks*, volume 21. World Scientific, Hackensack, NJ, 1998.

[184] B. Kiumarsi, K. G. Vamvoudakis, H. Modares, and F. L. Lewis. Optimal and autonomous control using reinforcement learning: a survey. *Transactions on Neural Networks and Learning Systems*, 29(6):2042–2062, 2017.

[185] G. Kohs. *AlphaGo*, Ro*co Films, 2017.

[186] P. Kokotović, H. K. Khalil, and J. O'Reilly. *Singular Perturbation Methods in Control: Analysis and Design*. Society for Industrial and Applied Mathematics, Philadelphia, PA, 1999.

[187] D. Koller and R. Parr. Policy iteration for factored MDPs. In *Proc. of the 16th conference on Uncertainty in Artificial Intelligence*, pages 326–334, 2000.

[188] V. Konda. *Actor-Critic Algorithms*. PhD thesis, Massachusetts Institute of Technology, 2002.

[189] V. R. Konda. Learning algorithms for Markov decision processes. Master's thesis, Indian Institute of Science, Dept. of Computer Science and Automation, 1997.

[190] V. R. Konda and V. S. Borkar. Actor-critic–type learning algorithms for Markov decision processes. *SIAM Journal on Control and Optimization*, 38(1):94–123, 1999.

[191] V. R. Konda and J. N. Tsitsiklis. Actor-critic algorithms. In *Proc. Advances in Neural Information Processing Systems*, pages 1008–1014, 2000.

[192] V. R. Konda and J. N. Tsitsiklis. On actor-critic algorithms. *SIAM J. Control Optim.*, 42(4): 1143–1166 (electronic), 2003.

[193] V. R. Konda and J. N. Tsitsiklis. Convergence rate of linear two-time-scale stochastic approximation. *Ann. Appl. Probab.*, 14(2):796–819, 2004.

[194] I. Kontoyiannis, L. A. Lastras-Montaño, and S. P. Meyn. Relative entropy and exponential deviation bounds for general Markov chains. In *Proc. of the IEEE Intl. Symposium on Information Theory*, pages 1563–1567, September 2005.

[195] I. Kontoyiannis, L. A. Lastras-Montaño, and S. P. Meyn. Exponential bounds and stopping rules for MCMC and general Markov chains. In *Proc. of the 1st Intl. Conference on Performance Evaluation Methodolgies and Tools*, Valuetools '06, pages 1563–1567, Association for Computing Machinery, New York, NY, 2006.

[196] I. Kontoyiannis and S. P. Meyn. Spectral theory and limit theorems for geometrically ergodic Markov processes. *Ann. Appl. Probab.*, 13:304–362, 2003.

[197] I. Kontoyiannis and S. P. Meyn. Large deviations asymptotics and the spectral theory of multiplicatively regular Markov processes. *Electron. J. Probab.*, 10(3):61–123 (electronic), 2005.

[198] N. B. Kovachki and A. M. Stuart. Continuous time analysis of momentum methods. *J. of Machine Learning Research*, 22(17):1–40, 2021.

[199] A. Krener. Feedback linearization. In J. Baillieul and J. C. Willems, editors, *Mathematical Control Theory*, pages 66–98. Springer, 1999.

[200] W. Krichene and P. L. Bartlett. Acceleration and averaging in stochastic descent dynamics. *Proc. Advances in Neural Information Processing Systems*, 30:6796–6806, 2017.

[201] V. Krishnamurthy. Structural results for partially observed Markov decision processes. *ArXiv e-prints*, page arXiv:1512.03873, 2015.

[202] M. Krstic, P. V. Kokotovic, and I. Kanellakopoulos. *Nonlinear and Adaptive Control Design*. John Wiley & Sons, Inc., New York, NY, 1995.

[203] P. R. Kumar and T. I. Seidman. Dynamic instabilities and stabilization methods in distributed real-time scheduling of manufacturing systems. *IEEE Trans. Automat. Control*, AC-35(3):289–298, March 1990.

[204] H. J. Kushner and G. G. Yin. *Stochastic Approximation Algorithms and Applications*, volume 35 of *Applications of Mathematics (New York)*. Springer-Verlag, New York, 1997.

[205] H. Kwakernaak and R. Sivan. *Linear Optimal Control Systems*. Wiley-Interscience, New York, NY, 1972.

[206] M. G. Lagoudakis and R. Parr. Model-free least-squares policy iteration. In *Proc. Advances in Neural Information Processing Systems*, pages 1547–1554, 2002.

[207] T. L. Lai. Information bounds, certainty equivalence and learning in asymptotically efficient adaptive control of time-invariant stochastic systems. In L. Gerencséer and P. E. Caines, editors, *Topics in Stochastic Systems: Modelling, Estimation and Adaptive Control*, pages 335–368. Springer Verlag, Heidelberg, Germany, 1991.

[208] T. L. Lai and H. Robbins. Asymptotically efficient adaptive allocation rules. *Adv. in Appl. Math.*, 6(1):4–22, 1985.

[209] C. Lakshminarayanan and S. Bhatnagar. A stability criterion for two timescale stochastic approximation schemes. *Automatica*, 79:108–114, 2017.

[210] C. Lakshminarayanan and C. Szepesvari. Linear stochastic approximation: how far does constant step-size and iterate averaging go? In *Intl. Conference on Artificial Intelligence and Statistics*, pages 1347–1355, 2018.

[211] S. Lange, T. Gabel, and M. Riedmiller. Batch reinforcement learning. In *Reinforcement learning*, pages 45–73. Springer, Freiberg, Germany, 2012.

[212] B. Lapeybe, G. Pages, and K. Sab. Sequences with low discrepancy generalisation and application to Robbins–Monro algorithm. *Statistics*, 21(2):251–272, 1990.

[213] S. Laruelle and G. Pagès. Stochastic approximation with averaging innovation applied to finance. *Monte Carlo Methods and Applications*, 18(1):1–51, 2012.

[214] J. M. Lasry and P. L. Lions. Mean field games. *Japan. J. Math.*, 2:229–260, 2007.

[215] J.-B. Lasserre. *Moments, Positive Polynomials and Their Applications*, volume 1. World Scientific, Hackensack, NJ, 2010.

[216] T. Lattimore and C. Szepesvari. *Bandit Algorithms*. Cambridge University Press, Cambridge, UK, 2020.

[217] M. Le Blanc. Sur l'electrification des chemins de fer au moyen de courants alternatifs de frequence elevee [On the electrification of railways by means of alternating currents of high frequency]. *Revue Generale de l'Electricite*, 12(8):275–277, 1922.

[218] D. Lee and N. He. Stochastic primal-dual Q-learning algorithm for discounted MDPs. In *Proc. of the American Control Conf.*, pages 4897–4902, July 2019.

[219] D. Lee and N. He. A unified switching system perspective and ODE analysis of Q-learning algorithms. *arXiv*, page arXiv:1912.02270, 2019.

[220] J. Lee and R. S. Sutton. Policy iterations for reinforcement learning problems in continuous time and space – fundamental theory and methods. *Automatica*, 126:109421, 2021.

[221] F. L. Lewis and D. Liu. *Reinforcement Learning and Approximate Dynamic Programming for Feedback Control*, volume 17. Wiley-IEEE Press, Hoboken, NJ, 2013.

[222] F. L. Lewis, D. Vrabie, and K. G. Vamvoudakis. Reinforcement learning and feedback control: using natural decision methods to design optimal adaptive controllers. *Control Systems Magazine*, 32(6):76–105, December 2012.

[223] M. Lewis. *Flash Boys: A Wall Street Revolt*. W. W. Norton & Company, New York, NY, 2014.

[224] L. Li and J. Fu. Topological approximate dynamic programming under temporal logic constraints. In *Proc. of the Conf. on Dec. and Control*, pages 5330–5337, 2019.

[225] T. M. Liggett. *Stochastic Interacting Systems: Contact, Voter and Exclusion Processes*, volume 324. Springer Science & Business Media, New York, NY, 2013.

[226] T. Lipp and S. Boyd. Variations and extension of the convex–concave procedure. *Optimization and Engineering*, 17(2):263–287, 2016.

[227] M. L. Littman and C. Szepesvári. A generalized reinforcement-learning model: convergence and applications. In *Proc. ICML*, volume 96, pages 310–318, 1996.

[228] S. Liu and M. Krstic. Introduction to extremum seeking. In *Stochastic Averaging and Stochastic Extremum Seeking*, Communications and Control Engineering. Springer, London, UK, 2012.

[229] L. Ljung. Analysis of recursive stochastic algorithms. *Trans. on Automatic Control*, 22(4):551–575, 1977.

[230] D. Luenberger. *Linear and Nonlinear Programming*. Kluwer Academic Publishers, Norwell, MA, 2nd ed., 2003.

[231] D. G. Luenberger. *Optimization by Vector Space Methods*. John Wiley & Sons Inc., New York, NY, 1969. Reprinted 1997.

[232] R. B. Lund, S. P. Meyn, and R. L. Tweedie. Computable exponential convergence rates for stochastically ordered Markov processes. *Ann. Appl. Probab.*, 6(1):218–237, 1996.

[233] D. J. C. MacKay. *Information Theory, Inference, and Learning Algorithms*. Cambridge University Press, Cambridge, UK, 2003. Available from `www.inference.phy.cam.ac.uk/mackay/itila/`.

[234] H. R. Maei, C. Szepesvári, S. Bhatnagar, and R. S. Sutton. Toward off-policy learning control with function approximation. In *Proc. ICML*, pages 719–726, Omnipress, Madison, WI, 2010.

[235] P. Mandl. Estimation and control in Markov chains. *Advances in Applied Probability*, 6(1):40–60, 1974.

[236] H. Mania, A. Guy, and B. Recht. Simple random search provides a competitive approach to reinforcement learning. In *Proc. Advances in Neural Information Processing Systems*, pages 1800–1809, 2018.

[237] A. S. Manne. Linear programming and sequential decisions. *Management Sci.*, 6(3):259–267, 1960.

[238] P. Marbach and J. N. Tsitsiklis. Simulation-based optimization of Markov reward processes: implementation issues. In *Proc. of the Conf. on Dec. and Control*, volume 2, pages 1769–1774. IEEE, 1999.

[239] P. Marbach and J. N. Tsitsiklis. Simulation-based optimization of Markov reward processes. *IEEE Trans. Automat. Control*, 46(2):191–209, 2001.

[240] I. M. Mareels, B. D. Anderson, R. R. Bitmead, M. Bodson, and S. S. Sastry. Revisiting the MIT rule for adaptive control. In K.J. Aström and B. Wittenmark, editors *Adaptive Systems in Control and Signal Processing 1986*, pages 161–166. Elsevier, Netherlands, 1987.

[241] N. Matni, A. Proutiere, A. Rantzer, and S. Tu. From self-tuning regulators to reinforcement learning and back again. In *Proc. of the Conf. on Dec. and Control*, pages 3724–3740, 2019.

[242] D. Mayne, J. Rawlings, C. Rao, and P. Scokaert. Constrained model predictive control: stability and optimality. *Automatica*, 36(6):789–814, 2000.

[243] D. Q. Mayne. Model predictive control: recent developments and future promise. *Automatica*, 50(12):2967–2986, 2014.

[244] E. Mazumdar, A. Pacchiano, Y.-a. Ma, P. L. Bartlett, and M. I. Jordan. On Thompson sampling with Langevin algorithms. *arXiv e-prints*, pages arXiv–2002, 2020.

[245] P. G. Mehta and S. P. Meyn. Q-learning and Pontryagin's minimum principle. In *Proc. of the Conf. on Dec. and Control*, pages 3598–3605, December 2009.

[246] P. G. Mehta and S. P. Meyn. Convex Q-learning, part 1: deterministic optimal control. *ArXiv e-prints:2008.03559*, 2020.

[247] P. G. Mehta, S. P. Meyn, G. Neu, and F. Lu. Convex Q-learning. In *Proc. of the American Control Conf.*, pages 4749–4756, 2021.

[248] J. Mei, C. Xiao, C. Szepesvari, and D. Schuurmans. On the global convergence rates of softmax policy gradient methods. *arXiv eprint 2005.06392*, 2020.

[249] F. S. Melo, S. P. Meyn, and M. I. Ribeiro. An analysis of reinforcement learning with function approximation. In *Proc. ICML*, pages 664–671, ACM, New York, NY, 2008.

[250] M. Metivier and P. Priouret. Theoremes de convergence presque sure pour une classe d'algorithmes stochastiques a pas decroissants. *Prob. Theory Related Fields*, 74:403–428, 1987.

[251] C. D. Meyer, Jr. The role of the group generalized inverse in the theory of finite Markov chains. *SIAM Review*, 17(3):443–464, 1975.

[252] S. P. Meyn. Workload models for stochastic networks: value functions and performance evaluation. *IEEE Trans. Automat. Control*, 50(8):1106–1122, August 2005.

[253] S. P. Meyn. Large deviation asymptotics and control variates for simulating large functions. *Ann. Appl. Probab.*, 16(1):310–339, 2006.

[254] S. P. Meyn. *Control Techniques for Complex Networks*. Cambridge University Press, 2007. Pre-publication ed. available online.

[255] S. P. Meyn and G. Mathew. Shannon meets Bellman: feature based Markovian models for detection and optimization. In *Proc. of the Conf. on Dec. and Control*, pages 5558–5564, 2008.

[256] S. P. Meyn and R. L. Tweedie. Computable bounds for convergence rates of Markov chains. *Ann. Appl. Probab.*, 4:981–1011, 1994.

[257] S. P. Meyn and R. L. Tweedie. *Markov Chains and Stochastic Stability*. Cambridge University Press, Cambridge, UK, 2nd ed., 2009. Published in the Cambridge Mathematical Library. 1993 ed. online.

[258] D. Michie and R. A. Chambers. Boxes: an experiment in adaptive control. *Machine Intelligence*, 2(2):137–152, 1968.

[259] V. Mnih, A. P. Badia, M. Mirza, A. Graves, T. P. Lillicrap, T. Harley, D. Silver, and K. Kavukcuoglu. Asynchronous methods for deep reinforcement learning. *CoRR*, abs/1602.01783, 2016.

[260] V. Mnih, K. Kavukcuoglu, D. Silver, A. Graves, I. Antonoglou, D. Wierstra, and M. A. Riedmiller. Playing Atari with deep reinforcement learning. *ArXiv*, abs/1312.5602, 2013.

[261] V. Mnih, K. Kavukcuoglu, D. Silver, etc. Human-level control through deep reinforcement learning. *Nature*, 518:529–533, 2015.

[262] M. Mohri, A. Rostamizadeh, and A. Talwalkar. *Foundations of Machine Learning*. MIT Press, Cambridge, MA, 2018.

[263] D. K. Molzahn, F. Dörfler, H. Sandberg, S. H. Low, S. Chakrabarti, R. Baldick, and J. Lavaei. A survey of distributed optimization and control algorithms for electric power systems. *Trans. on Smart Grid*, 8(6):2941–2962, November 2017.

[264] A. W. Moore. *Efficient Memory-Based Learning for Robot Control*. PhD thesis, University of Cambridge, Computer Laboratory, 1990.

[265] W. Mou, C. Junchi Li, M. J. Wainwright, P. L. Bartlett, and M. I. Jordan. On linear stochastic approximation: fine-grained Polyak–Ruppert and non-asymptotic concentration. *arXiv e-prints*, page arXiv:2004.04719, April 2020.

[266] E. Moulines and F. R. Bach. Non-asymptotic analysis of stochastic approximation algorithms for machine learning. In *Advances in Neural Information Processing Systems 24*, pages 451–459, 2011.

[267] K. P. Murphy. *Machine Learning: A Probabilistic Perspective*. MIT Press, Cambridge, MA, 2012.

[268] R. Murray. Feedback control theory: architectures and tools for real-time decision making. Tutorial series at the Simons Institute Program on Real-Time Decision Making. `https://simons.berkeley.edu/talks/murray-control-1`, January 2018.

[269] O. Nachum and B. Dai. Reinforcement learning via Fenchel–Rockafellar duality. *arXiv preprint arXiv:2001.01866*, 2020.

[270] O. Nachum, M. Norouzi, K. Xu, and D. Schuurmans. Bridging the gap between value and policy based reinforcement learning. In *Proc. Advances Neural Information Processing Systems*, volume 10, page 8, 2017.

[271] A. Nedic and D. Bertsekas. Least squares policy evaluation algorithms with linear function approximation. *Discrete Event Dynamic Systems: Theory and Applications*, 13(1-2):79–110, 2003.

[272] A. Nemirovski, A. Juditsky, G. Lan, and A. Shapiro. Robust stochastic approximation approach to stochastic programming. *SIAM Journal on Optimization*, 19(4):1574–1609, 2009.

[273] Y. Nesterov. *Lectures on Convex Optimization*. Springer Optimization and Its Applications 137. Springer Intl. Publishing, New York, NY, 2018.

[274] Y. Nesterov and V. Spokoiny. Random gradient-free minimization of convex functions. *Foundations of Computational Mathematics*, 17(2):527–566, 2017.

[275] J. Norris. *Markov Chains*. Cambridge Series in Statistical and Probabilistic Mathematics. Cambridge University Press, Cambridge, UK, 1997.

[276] M. A. Nowak. *Evolutionary Dynamics: Exploring the Equations of Life*. Harvard University Press, Cambridge, MA, 2006.

[277] E. Nummelin. *General Irreducible Markov Chains and Nonnegative Operators*. Cambridge University Press, Cambridge, UK, 1984.

[278] E. Oja. A simplified neuron model as a principal component analyzer. *J. Math. Biol.*, 15(3):267–273, 1982.

[279] D. Ormoneit and P. Glynn. Kernel-based reinforcement learning in average-cost problems. *Trans. on Automatic Control*, 47(10):1624–1636, October 2002.

[280] J. S. Orr and C. J. Dennehy. Analysis of the X-15 flight 3-65-97 divergent limit-cycle oscillation. *Journal of Aircraft*, 54(1):135–148, 2017.

[281] I. Osband, B. Van Roy, and Z. Wen. Generalization and exploration via randomized value functions. In *Proc. ICML*, pages 2377–2386, 2016.

[282] N. Parikh and S. Boyd. *Proximal Algorithms*. Foundations and Trends in Optimization. Now Publishers, Norwell, MA, 2013.

[283] J. B. Park and J. Y. Lee. Nonlinear adaptive control based on Lyapunov analysis: overview and survey. *Journal of Institute of Control, Robotics and Systems*, 20(3):261–269, 2014.

[284] T. J. Perkins and A. G. Barto. Lyapunov design for safe reinforcement learning. *J. Mach. Learn. Res.*, 3:803–832, 2003.

[285] J. Peters, S. Vijayakumar, and S. Schaal. Reinforcement learning for humanoid robotics. In *Proc. of the IEEE-RAS International Conference on Humanoid Robots*, pages 1–20, 2003.

[286] B. T. Polyak. Gradient methods for minimizing functionals. *Zhurnal Vychislitel'noi Matematiki i Matematicheskoi Fiziki*, 3(4):643–653, 1963.

[287] B. T. Polyak. A new method of stochastic approximation type. *Avtomatika i telemekhanika (in Russian). translated in Automat. Remote Control, 51 (1991)*, pages 98–107, 1990.

[288] B. T. Polyak and A. B. Juditsky. Acceleration of stochastic approximation by averaging. *SIAM J. Control Optim.*, 30(4):838–855, 1992.

[289] W. B. Powell. *Reinforcement Learning and Stochastic Optimization*. John Wiley & Sons, Hoboken, NJ, 2021.

[290] J. C. Principe. *Information Theory, Machine Learning, and Reproducing Kernel Hilbert Spaces*, pages 1–45. Springer New York, New York, NY, 2010.

[291] M. L. Puterman. *Markov Decision Processes: Discrete Stochastic Dynamic Programming*. John Wiley & Sons, New York, NY, 2014.

[292] G. Qu and N. Li. On the exponential stability of primal-dual gradient dynamics. *Control Systems Letters*, 3(1):43–48, 2018.

[293] M. Raginsky. Divergence-based characterization of fundamental limitations of adaptive dynamical systems. In *Conference on Communication, Control, and Computing*, pages 107–114, 2010.

[294] M. Raginsky and J. Bouvrie. Continuous-time stochastic mirror descent on a network: variance reduction, consensus, convergence. In *Proc. of the Conf. on Dec. and Control*, pages 6793–6800, 2012.

[295] M. Raginsky and A. Rakhlin. Information-based complexity, feedback and dynamics in convex programming. *Transactions on Information Theory*, 57(10):7036–7056, 2011.

[296] A. Ramaswamy and S. Bhatnagar. A generalization of the Borkar–Meyn theorem for stochastic recursive inclusions. *Math. Oper. Res.*, 42(3):648–661, 2017.

[297] A. Ramaswamy and S. Bhatnagar. Stability of stochastic approximations with "controlled Markov" noise and temporal difference learning. *Trans. on Automatic Control*, 64:2614–2620, 2019.

[298] L. Rastrigin. Extremum control by means of random scan. *Avtomat. i Telemekh*, 21(9):1264–1271, 1960.

[299] L. A. Rastrigin. Random search in problems of optimization, identification and training of control systems. *Journal of Cybernetics*, 3(3):93–103, 1973.

[300] Research Staff. Experience with the X-15 adaptive flight control system. TN D-6208, NASA Flight Research Center, Edwards, CA, 1971.

[301] H. Robbins and S. Monro. A stochastic approximation method. *Annals of Mathematical Statistics*, 22:400–407, 1951.

[302] J. S. Rosenthal. Correction: "Minorization conditions and convergence rates for Markov chain Monte Carlo." *J. Amer. Statist. Assoc.*, 90(431):1136, 1995.

[303] J. S. Rosenthal. Minorization conditions and convergence rates for Markov chain Monte Carlo. *J. Amer. Statist. Assoc.*, 90(430):558–566, 1995.

[304] W. Rudin. *Real and Complex Analysis*. McGraw-Hill, New York, NY, 2nd ed., 1974.

[305] D. Ruppert. A Newton–Raphson version of the multivariate Robbins–Monro procedure. *The Annals of Statistics*, 13(1):236–245, 1985.

[306] D. Ruppert. Efficient estimators from a slowly convergent Robbins–Monro processes. Technical Report Tech. Rept. No. 781, Cornell University, School of Operations Research and Industrial Engineering, Ithaca, NY, 1988.

[307] D. J. Russo, B. Van Roy, A. Kazerouni, I. Osband, and Z. Wen. *A Tutorial on Thompson Sampling*. Now Publishers Inc., Norwell, MA, 2018.

[308] A. N. Rybko and A. L. Stolyar. On the ergodicity of random processes that describe the functioning of open queueing networks. *Problemy Peredachi Informatsii*, 28(3):3–26, 1992.

[309] J. Sacks. Asymptotic distribution of stochastic approximation procedures. *The Annals of Mathematical Statistics*, 29(2):373–405, 1958.

[310] J. Schrittwieser, I. Antonoglou, T. Hubert, et al. Mastering Atari, Go, chess and Shogi by planning with a learned model. *ArXiv*, abs/1911.08265, 2019.

[311] J. Schulman, S. Levine, P. Abbeel, M. Jordan, and P. Moritz. Trust region policy optimization. In *Intl. Conference on Machine Learning*, pages 1889–1897, 2015.

[312] J. Schulman, F. Wolski, P. Dhariwal, A. Radford, and O. Klimov. Proximal policy optimization algorithms. *ArXiv*, abs/1707.06347, 2017.

[313] P. J. Schweitzer. Perturbation theory and finite Markov chains. *J. Appl. Prob.*, 5:401–403, 1968.

[314] P. J. Schweitzer and A. Seidmann. Generalized polynomial approximations in Markovian decision processes. *Journal of Mathematical Analysis and Applications*, 110(2):568–582, 1985.

[315] E. Seneta. *Non-Negative Matrices and Markov Chains*. Springer, New York, NY, 2nd ed., 1981.

[316] C. Shannon. A mathematical theory of communication. *Bell System Tech. J.*, 27:379–423, 623–656, 1948.

[317] H. Sharma, R. Jain, and A. Gupta. An empirical relative value learning algorithm for non-parametric MDPs with continuous state space. In *European Control Conference*, pages 1368–1373. IEEE, 2019.

[318] B. Shi, S. S. Du, W. Su, and M. I. Jordan. Acceleration via symplectic discretization of high-resolution differential equations. In H. Wallach, H. Larochelle, A. Beygelzimer, F. d'Alché-Buc, E. Fox, and R. Garnett, editors, *Proc. Advances in Neural Information Processing Systems*, pages 5744–5752, 2019.

[319] S. Shirodkar and S. Meyn. Quasi stochastic approximation. In *Proc. of the American Control Conf.*, pages 2429–2435, July 2011.

[320] S. Shivam, I. Buckley, Y. Wardi, C. Seatzu, and M. Egerstedt. Tracking control by the Newton–Raphson flow: applications to autonomous vehicles. *CoRR*, abs/1811.08033, 2018.

[321] R. Sikora and W. Skarbek. On stability of Oja algorithm. In L. Polkowski and A. Skowron, editors, *Rough Sets and Current Trends in Computing*, volume 1424 of *Lecture Notes in Computer Science*, pages 354–360. Springer Verlag, Berlin 2009.

[322] D. Silver, T. Hubert, J. Schrittwieser, et al. A general reinforcement learning algorithm that masters chess, Shogi, and Go through self-play. *Science*, 362(6419):1140–1144, 2018.

[323] D. Silver, G. Lever, N. Heess, T. Degris, D. Wierstra, and M. Riedmiller. Deterministic policy gradient algorithms. In *Proc. ICML*, pages 387–395, 2014.

[324] S. P. Singh, T. Jaakkola, and M. Jordan. Reinforcement learning with soft state aggregation. *Proc. Advances in Neural Information Processing Systems*, 7:361, 1995.

[325] S. Smale. A convergent process of price adjustment and global Newton methods. *Journal of Mathematical Economics*, 3(2):107–120, July 1976.

[326] R. D. Smallwood and E. J. Sondik. The optimal control of partially observable Markov processes over a finite horizon. *Oper. Res.*, 21(5):1071–1088, October 1973.

[327] J. C. Spall. Multivariate stochastic approximation using a simultaneous perturbation gradient approximation. *IEEE Transactions on Automatic Control*, 37(3):332–341, 1992.

[328] J. C. Spall. A stochastic approximation technique for generating maximum likelihood parameter estimates. In *Proc. of the American Control Conf.*, pages 1161–1167. IEEE, 1987.

[329] J. C. Spall. A one-measurement form of simultaneous perturbation stochastic approximation. *Automatica*, 33(1):109–112, 1997.

[330] M. W. Spong and D. J. Block. The pendubot: a mechatronic system for control research and education. In *Proc. of the Conf. on Dec. and Control*, pages 555–556. IEEE, 1995.

[331] M. W. Spong and L. Praly. Control of underactuated mechanical systems using switching and saturation. In A. S. Morse, editor, *Control Using Logic-Based Switching*, pages 162–172. Springer, Berlin, Heidelberg 1997.

[332] M. W. Spong and M. Vidyasagar. *Robot Dynamics and Control*. John Wiley & Sons, Chichester, UK, 2008.

[333] R. Srikant and L. Ying. Finite-time error bounds for linear stochastic approximation and TD learning. In *Proc. COLT*, pages 2803–2830, 2019.

[334] R. L. Stratonovich. Conditional Markov processes. *SIAM J. Theory Probab. and Appl.*, 5:156–178, 1960.

[335] W. Su, S. Boyd, and E. Candes. A differential equation for modeling nesterov's accelerated gradient method: theory and insights. In *Proc. Advances in Neural Information Processing Systems*, pages 2510–2518, 2014.

[336] J. Subramanian and A. Mahajan. Approximate information state for partially observed systems. In *Proc. of the Conf. on Dec. and Control*, pages 1629–1636. IEEE, 2019.

[337] J. Subramanian, A. Sinha, R. Seraj, and A. Mahajan. Approximate information state for approximate planning and reinforcement learning in partially observed systems. *arXiv:2010.08843*, 2020.

[338] R. Sutton and A. Barto. *Reinforcement Learning: An Introduction*. MIT Press, Cambridge, MA. Online ed. at `www.cs.ualberta.ca/~sutton/book/the-book.html`, Cambridge, MA, 2nd ed., 2018.

[339] R. S. Sutton. *Temporal Credit Assignment in Reinforcement Learning*. PhD thesis, University of Massachusetts, Amherst, 1984.

[340] R. S. Sutton. Learning to predict by the methods of temporal differences. *Mach. Learn.*, 3(1):9–44, 1988.

[341] R. S. Sutton. Generalization in reinforcement learning: successful examples using sparse coarse coding. In *Proc. of the Intl. Conference on Neural Information Processing Systems*, pages 1038–1044, 1995.

[342] R. S. Sutton and A. G. Barto. Toward a modern theory of adaptive networks: expectation and prediction. *Psychological Review*, 88(2):135, 1981.

[343] R. S. Sutton, A. G. Barto, and R. J. Williams. Reinforcement learning is direct adaptive optimal control. *Control Systems Magazine*, 12(2):19–22, 1992.

[344] R. S. Sutton, D. A. McAllester, S. P. Singh, and Y. Mansour. Policy gradient methods for reinforcement learning with function approximation. In *Proc. Advances in Neural Information Processing Systems*, pages 1057–1063, 2000.

[345] R. S. Sutton, C. Szepesvári, and H. R. Maei. A convergent O(n) algorithm for off-policy temporal-difference learning with linear function approximation. In *Proc. of the Intl. Conference on Neural Information Processing Systems*, pages 1609–1616, 2008.

[346] C. Szepesvári. The asymptotic convergence-rate of Q-learning. In *Proc. of the Intl. Conference on Neural Information Processing Systems*, pages 1064–1070, 1997.

[347] C. Szepesvári. *Algorithms for Reinforcement Learning*. Synthesis Lectures on Artificial Intelligence and Machine Learning. Morgan & Claypool Publishers, San Raphael, CA, 2010.

[348] Y. Tan, W. H. Moase, C. Manzie, D. Nešić, and I. Mareels. Extremum seeking from 1922 to 2010. In *Proc. of the 29th Chinese Control Conference*, pages 14–26. IEEE, 2010.

[349] A. Tanzanakis and J. Lygeros. Data-driven control of unknown systems: a linear programming approach. *ArXiv*, abs/2003.00779, 2020.

[350] G. Tesauro. TD-Gammon, a self-teaching backgammon program, achieves master-level play. *Neural Computation*, 6(2):215–219, 1994.

[351] G. Thoppe and V. Borkar. A concentration bound for stochastic approximation via Alekseev's formula. *Stochastic Systems*, 9(1):1–26, 2019.

[352] J. Tsitsiklis. Asynchronous stochastic approximation and Q-learning. *Machine Learning*, 16:185–202, 1994.

[353] J. Tsitsiklis and B. van Roy. Optimal stopping of Markov processes: Hilbert space theory, approximation algorithms, and an application to pricing high-dimensional financial derivatives. *IEEE Trans. Automat. Control*, 44(10):1840 –1851, 1999.

[354] J. N. Tsitsiklis and B. V. Roy. Average cost temporal-difference learning. *Automatica*, 35(11): 1799–1808, 1999.

[355] J. N. Tsitsiklis and B. Van Roy. Feature-based methods for large scale dynamic programming. *Machine Learning*, 22(1-3):59–94, 1996.

[356] J. N. Tsitsiklis and B. Van Roy. An analysis of temporal-difference learning with function approximation. *IEEE Trans. Automat. Control*, 42(5):674–690, 1997.

[357] Y. Z. Tsypkin and Z. J. Nikolic. *Adaptation and Learning in Automatic Systems*. Academic Press, New York, NY, 1971.

[358] B. Tzen and M. Raginsky. Theoretical guarantees for sampling and inference in generative models with latent diffusions. In A. Beygelzimer and D. Hsu, editors, *Proc. COLT*, volume 99, pages 3084–3114, 2019.

[359] K. G. Vamvoudakis, F. L. Lewis, and D. Vrabie. Reinforcement learning with applications in autonomous control and game theory. In P. Angelov, editor, *Handbook on Computer Learning and Intelligence*. World Scientific, Hackensack, NJ, 2nd ed., 2021.

[360] K. G. Vamvoudakis, Y. Wan, F. L. Lewis, and D. Cansever, editors. *Handbook on Reinforcement Learning and Control*. Studies in Systems, Decision and Control (SSDC), volume 325. Springer, Princeton, NJ, 2021.

[361] A. W. van der Vaart. *Asymptotic Statistics*. Cambridge Series in Statistical and Probabilistic Mathematics. Cambridge University Press, Cambridge, UK, 1998.

[362] R. van Handel. Lecture notes on hidden Markov models. https://web.math.princeton.edu/~rvan/, 2008.

[363] B. Van Roy. *Learning and Value Function Approximation in Complex Decision Processes*. PhD thesis, Massachusetts Institute of Technology, 1998. AAI0599623.

[364] L. Vandenberghe and S. Boyd. Applications of semidefinite programming. *Applied Numerical Mathematics*, 29(3):283–299, 1999.

[365] V. Vapnik. *Estimation of Dependences Based on Empirical Data*. Springer Science & Business Media, New York, NY, 2006.

[366] J. Venter et al. An extension of the Robbins–Monro procedure. *The Annals of Mathematical Statistics*, 38(1):181–190, 1967.

[367] R. Vinter. Convex duality and nonlinear optimal control. *SIAM Journal on Control and Optimization*, 31(2):518–21, 03 1993.

[368] N. Walton. A short note on soft-max and policy gradients in bandits problems. *arXiv preprint arXiv:2007.10297*, 2020.

[369] Y. Wang and S. Boyd. Performance bounds for linear stochastic control. *Systems Control Lett.*, 58(3):178–182, 2009.

[370] Y. Wardi, C. Seatzu, M. Egerstedt, and I. Buckley. Performance regulation and tracking via lookahead simulation: preliminary results and validation. In *Proc. of the Conf. on Dec. and Control*, pages 6462–6468, 2017.

[371] C. J. C. H. Watkins. *Learning from Delayed Rewards*. PhD thesis, King's College, Cambridge, UK, 1989.

[372] C. J. C. H. Watkins and P. Dayan. *Q*-learning. *Machine Learning*, 8(3-4):279–292, 1992.

[373] B. Weber. Swift and slashing, computer topples Kasparov. *New York Times*, 12:262, 1997.

[374] P. Whittle. *Risk-Sensitive Optimal Control*. John Wiley and Sons, Chichester, NY, 1990.

[375] A. Wibisono, A. C. Wilson, and M. I. Jordan. A variational perspective on accelerated methods in optimization. *Proc. of the National Academy of Sciences*, 113:E7351–E7358, 2016.

[376] R. J. Williams. Simple statistical gradient-following algorithms for connectionist reinforcement learning. *Machine Learning*, 8(3-4):229–256, 1992.

[377] I. H. Witten. An adaptive optimal controller for discrete-time Markov environments. *Information and Control*, 34(4):286–295, 1977.

[378] L. Wu. Essential spectral radius for Markov semigroups. I. Discrete time case. *Prob. Theory Related Fields*, 128(2):255–321, 2004.

[379] V. G. Yaji and S. Bhatnagar. Stochastic recursive inclusions with non-additive iterate-dependent Markov noise. *Stochastics*, 90(3):330–363, 2018.

[380] H. Yin, P. Mehta, S. Meyn, and U. Shanbhag. Synchronization of coupled oscillators is a game. *IEEE Transactions on Automatic Control*, 57(4):920–935, 2012.

[381] H. Yin, P. Mehta, S. Meyn, and U. Shanbhag. Learning in mean-field games. *IEEE Transactions on Automatic Control*, 59(3):629–644, March 2014.

[382] H. Yin, P. G. Mehta, S. P. Meyn, and U. V. Shanbhag. On the efficiency of equilibria in mean-field oscillator games. *Dynamic Games and Applications*, 4(2):177–207, 2014.

[383] J. Zhang, A. Koppel, A. S. Bedi, C. Szepesvari, and M. Wang. Variational policy gradient method for reinforcement learning with general utilities. *Proc. Advances in Neural Information Processing Systems*, 33:4572–4583, 2020.

[384] J. Zhang, A. Mokhtari, S. Sra, and A. Jadbabaie. Direct Runge–Kutta discretization achieves acceleration. In *Proc. of the Intl. Conference on Neural Information Processing Systems*, pages 3904–3913, 2018.

[385] J. Zhao and M. Spong. Hybrid control for global stabilization of the cart–pendulum system. *Automatica*, 37(12):1941–1951, 2001.

[386] K. Zhou, J. C. Doyle, and K. Glover. *Robust and Optimal Control*. Prentice Hall, Englewood Cliffs, NJ, 1996.

推荐阅读

机器学习实战：模型构建与应用

作者：Laurence Moroney 书号：978-7-111-70563-5 定价：129.00元

本书是一本面向程序员的基础教程，涉及目前人工智能领域的几个热门方向，包括计算机视觉、自然语言处理和序列数据建模。本书充分展示了如何利用TensorFlow在不同的场景下部署模型，包括网页端、移动端（iOS和Android）和云端。书中提供的很多用于部署模型的代码范例稍加修改就可以用于不同的场景。本书遵循最新的TensorFlow 2.0编程规范，易于阅读和理解，不需要你有大量的机器学习背景。

MLOps实战：机器学习模型的开发、部署与应用

作者：Mark Treveil,the Dataiku Team 书号：978-7-111-71009-7 定价：79.00元

本书介绍了MLOps的关键概念，以帮助数据科学家和应用工程师操作ML模型来驱动真正的业务变革，并随着时间的推移维护和改进这些模型。以全球众多MLOps应用课程为基础，9位机器学习专家深入探讨了模型生命周期的五个阶段——开发、预生产、部署、监控和治理，揭示了如何将强大的MLOps流程贯穿始终。

推荐阅读

AI加速器
架构设计与实现
Accelerator Based
on CNN Design

深度学习
及加速技术
入门与实践

迁移学习算法
应用与实践
TRANSFER LEARNING
ALGORITHMS

机器学习的
产业实践之路
MACHINE LEARNING

O'REILLY
MLOps
权威指南
Practical MLOps
Operationalizing Machine Learning Models

知识图谱实战
构建方法与行业应用
Knowledge Graph in Action

深度学习嵌入式
应用开发
基于RK3399Pro和RK3588

O'REILLY
移动端AI与ML
应用开发
基于iOS和Android
AI and Machine Learning for
On-Device Development

生成对抗
网络GAN
原理与实践